高等院校土木工程专业选修课教材

木结构设计原理

（第二版）

潘景龙　祝恩淳　编著

中国建筑工业出版社

图书在版编目（CIP）数据

木结构设计原理/潘景龙，祝恩淳编著．—2 版．—北京：中国建筑工业出版社，2019.5（2021.11重印）
高等院校土木工程专业选修课教材
ISBN 978-7-112-23508-7

Ⅰ.①木… Ⅱ.①潘…②祝… Ⅲ.①木结构-结构设计-高等学校-教材 Ⅳ.①TU366.204

中国版本图书馆 CIP 数据核字（2019）第 052446 号

本书结合《木结构设计标准》GB 50005—2017 所作的主要修订内容以及作者的部分研究成果，在第一版的基础上进行了重新编写。书中着重讲述木结构设计的基本原理，主要包括木材与木产品的物理力学性能、木结构连接、基本构件及拼合构件的设计原理、各类木结构体系及设计要点。同时，编入了较多的国外木结构的相关设计方法，便于读者全面了解和对比。书中附有适量例题，以便读者掌握木结构设计的基本方法。

本书主要供土木工程专业本科生和研究生教学使用，也可作为有关工程技术人员的参考用书。

责任编辑：刘瑞霞 辛海丽
责任校对：赵 颖

高等院校土木工程专业选修课教材
木结构设计原理（第二版）
潘景龙 祝恩淳 编著
*
中国建筑工业出版社出版、发行（北京海淀三里河路 9 号）
各地新华书店、建筑书店经销
霸州市顺浩图文科技发展有限公司制版
北京建筑工业印刷厂印刷
*
开本：787×1092 毫米 1/16 印张：33 字数：821 千字
2019 年 8 月第二版 2021 年 11 月第四次印刷
定价：**69.00** 元
ISBN 978-7-112-23508-7
（33796）

再版前言

《木结构设计原理》第一版出版发行迄今的近10年间，我国木结构事业又有长足发展，科学研究和工程应用都取得了更大的成就。《木结构设计规范》GB 50005—2003也完成了最新一轮修订工作，更名为《木结构设计标准》GB 50005—2017，于2018年8月颁布实施。新标准中，采用了新的木材与木产品强度设计值及确定方法和新的构件及连接承载力的计算方法。与此同时，《木结构工程施工质量验收规范》GB 50206—2012、《木结构试验方法标准》GB/T 50329—2012以及相关的木结构产品标准等也已颁布实施，我国木结构技术标准体系在过去10年间业已基本形成。为与木结构的发展相适应，原书作者完成了《木结构设计原理》第二版的编写工作。

第二版中，针对《木结构设计标准》GB 50005—2017所完成的主要修订工作，对原书相应章节中关于木材强度设计值、基本构件计算以及销连接设计方法等内容进行了更新与补充，并沿用了以论述我国木结构设计计算方法为主，兼述有关国家的设计计算方法的做法，以便读者较全面深入地了解木结构。同时，对所发现的原书中存在的不当和谬误之处进行了改正。将原书结构用木材拆分为3章，将基于清材的木材及物理力学性能、结构木材、工程木及预制木构件单独成章。新增了木结构抗震（第12章）和木结构加固与修缮（第14章）两章内容。针对木结构抗震，系统阐述了木结构抗震及工程设防原理与方法，且将散落于原书各章节中的抗震构造措施，归并入本章。尽管木结构抗震设防中有些课题尚待进一步研究解决，但将木结构抗震单独成章体现了其在木结构工程设计中应有的地位，在木结构建筑趋向于大型化、复杂化发展的今天，具有一定意义。木结构加固工程渐趋多见，加固设计既应符合木结构设计原理，又是工程力学原理结合实践经验的综合应用，但相关著作略显缺乏。因此，增加了木结构加固与修缮一章，较详细地叙述了木结构加固的原理、原则和方法。书中所介绍的某些我国木结构设计标准（规范）中尚未涉及的构件或连接的承载力、变形等验算方法，改变了前一版中直接引用国外有关设计指标的做法，已按我国木结构设计原则进行了必要的换算，本版书中取值时采用了“建议”或“可”等字样表述，以示与标准（规范）规定值的区别。

全书分为上、下两篇及绪论，上篇为木结构设计理论与方法，含第1章～第10章；下篇为木结构技术应用，含第11章～第14章。力图提供木结构从材料、设计原理与方法到技术应用的翔实信息，以期该书既能作为教学参考书使用，也可作为工程技术人员的参考用书，篇幅略显庞大。作为教学用书时，可根据不同的专业方向，选择相关内容讲授，其余内容可由读者自学。

本书部分内容出自国家自然科学基金项目——木结构设计计算理论关键问题研究(51278154)，感谢国家自然科学基金的资助。木结构研究中心研究生李天娥、乔梁（可靠度分析）、武国芳、张迪（压杆稳定）、刘志周、周晓强（螺栓连接）等同学的研究工作为本书提供了部分素材，王笑婷、霍亮亮、王书玉、姜子奇等同学完成了大量的绘图工作，谨向他们致以衷心的感谢。

限于作者的学识水平，书中难免存在谬误之处，敬请批评指正。

潘景龙　祝恩淳

2018年12月

目 录

第2章 结构木材

第3章 工程木及预制木构件

第4章 木结构设计方法与木材强度设计指标

第6章 受弯构件

第7章 轴心受力与偏心受力构件

第8章 桁架

第9章 剪力墙与横隔

第10章 拱与刚架

下篇 木结构技术应用

第11章 常见木结构形式

第12章　木结构抗震

第 13 章 木结构防火与防腐

第 14 章 木结构加固与修缮

附录 A 部分结构复合木材与木基结构板材的力学性能

绪　论

0.1　木结构的特点

木材是大自然赐予人类的一种天然材料，从钻木取火、弓弩制作到轮船、车辆乃至飞机制造，木材始终伴随着人类文明的发展史。在建筑领域，从利用树干、枝杈搭建遮风避雨的原始窝棚，到利用原木、方木建造住房和庙宇宫殿，再到利用工业化、标准化的木材和木产品（Wood and wood products）建造现代木结构住宅、体育场馆等大型公共建筑，人类开发利用木材作为建筑材料经历了一个漫长的历史过程。如今，砖瓦、砂石、水泥、钢材等建筑材料在我国可大量生产，但在欧美等许多国家，大量的住宅、学校、办公楼等建筑，甚至一些大型体育馆、展览馆等仍以木材为主要材料来建造。木结构究竟有什么优越性使其在缤纷的现代建筑中仍占有一席之地呢？其优越性可归结为如下几方面：

首先，木结构房屋是节能、环保的绿色建筑。据统计，一幢 200m^2 的建筑，假设分别以木材、钢材和混凝土为主要材料来建造，则木结构建筑的耗能分别为钢结构和混凝土结构的66%和45%；二氧化碳排放量分别为81%和66%；空气污染指数分别为57%和46%；生态资源耗用指数分别为88%和52%；水污染指数分别为29%和47%；固体废弃物为混凝土结构的76%，是钢结构的1.2倍。可见木结构的综合指标远优于钢结构和混凝土结构。

第二，木材是可再生资源，符合可持续发展战略。森林、树木依靠太阳能量而周期性地自然生长，一般周期为50～100年，速生树种周期可缩短至20～30年。通过合理采伐和科学种植，可以做到采伐量与生长量平衡。一些林业发达同时也是木结构广泛应用的国家，如加拿大、芬兰等，即使在大量出口木材的情况下，也已达到了这种平衡状态，甚至生长量大于采伐量，从而使木材成为一种取之不竭的材料。特别是工程木制品的出现，为充分利用木材、节约资源提供了新途径。

第三，木结构建筑安全可靠，最适合人居。木材具有轻质高强的特点，其密度与强度比不逊于钢材，木结构建筑的总质量远比其他结构类型建筑轻。质量轻则所受地震作用力小，结合科学合理的结构设计，木结构建筑具有良好的抗震能力。事实表明，木结构建筑在历次大的地震中，造成的人员伤亡、财产损失远低于其他建筑。另一方面，木材具有良好的隔热、隔声性质，木结构建筑供热、空调耗能较低，加之木材的天然纹理，给人以亲近、回归自然的感觉，居所温馨而舒适。

最后，现代木结构及其构件制作已基本上从传统的手工劳动转化为工厂化、标准化生产，极大地降低了工人的劳动强度，施工速度快、周期短。如轻型木结构房屋，使用的是工厂生产的、标准化了的规格材，无需再行锯解等操作；使用的覆面板也为工厂生产的、规格化的木基结构板材，现场基本上仅需拼装钉合。甚至门、窗等也是标准化产品，可在市场上直接购得。因此一幢这样的房屋包括室内装修和家用电器配置在内，仅需要 2～3 个月即可完成。性能优良的重组木材的研发，特别是层板胶合木技术的成熟，各类结构复合木材的出现和应用，为木结构的发展创造了广阔的前景。

事物总是一分为二的，木结构有优点也就有不足。其不足之处主要表现在以下方面：

木材的各种天然缺陷、各向异性和不可焊性，造成了木结构设计的复杂性。木材是自然生长的纤维质材料，其顺木纹和横木纹的抗拉、抗压强度有很大的不同，木材的节子等缺陷又极大地影响了木构件的强度；木材的不可焊性使构件间的连接复杂化，并削弱了某些结构体系应有的功能。

木材是有机物，易受不良环境的腐蚀。木材又是某些昆虫的食物，虫蛀是有些地区使用木结构的一大隐患。必要时木材需作防腐、防虫处理。

木材是一种可燃性材料，木结构建筑的防火安全受到特别关注。尽管研究结果和事实都表明，房屋的防火安全与建筑物结构材料的可燃性间并不存在直接的因果关系，而更大程度上取决于房屋使用者的防火意识和防火措施得当与否，但与其他结构相比，至少是增加了房屋可燃物的数量。木结构建筑需要周密考虑防火安全措施。

0.2 木结构的发展概况

0.2.1 我国木结构的兴衰

我国木结构建筑，历史悠久，别具一格，所形成的榫卯连接的梁柱体系至唐代已趋于成熟。重建于公元 857 年的山西佛光寺正殿（图 0.2.1-1）是唐代木结构殿堂建筑的典范；建于公元 1056 年的山西省应县佛宫寺的释迦塔（简称应县木塔），高 67.31m，底层直径 30.27m，明暗共九层（图 0.2.1-2）。木塔第一层为重檐，以上各层为单檐，是世界上最高的木塔建筑，气势雄伟。应县木塔地处大同盆地地震区，近千年来，经历了多次强烈地震和战争等人为破坏，至今仍巍然屹立，向世人展现着我国古代木结构高超的建筑技术与灿烂文化。唐代的《唐六典》、宋代著名建筑家李以仲所著《营造法式》以及清代《工程做法则例》等，从建筑、结构、施工等方面系统地总结了我国劳动人民在木结构建筑方面的智慧与经验，是我国非物质文明的一部分。

图 0.2.1-1 山西佛光寺正殿

图 0.2.1-2 山西应县释迦塔

我国古代木构建筑榫卯连接的梁柱体系如图 0.2.1-3 所示，其木梁、木柱是房屋的基本承重构件，砖墙仅起填充和侧向支撑作用。该体系的梁跨度有限且需用木材较多。随着西方科学技术的传入，出现了桁架这一构件形式，于是木结构房屋逐渐转变为由承重砖墙支承的木桁架结构体系所替代，称为砖木结构房屋。

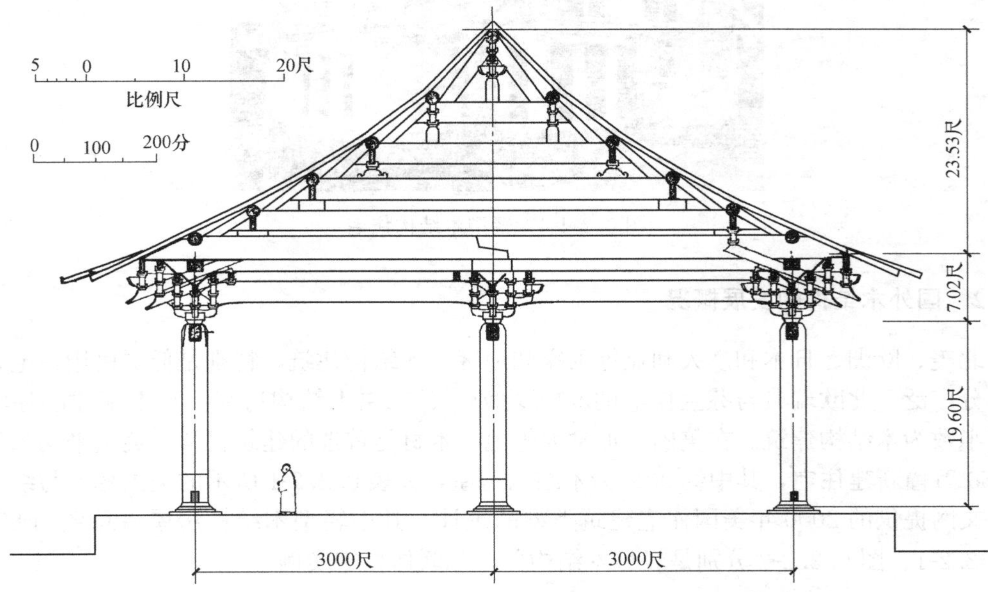

图 0.2.1-3　木构建筑构造（摘自《宋营造法式图注》）

由于建国初期钢材、水泥短缺，大多数民用建筑和部分工业建筑都采用了这种砖木结构形式（砖承重墙、木屋盖）。据 1958 年统计，这类房屋占总建筑的比例约为 46%。木结构虽基本上被限制在木屋盖应用范围内，但仍处于兴旺时期，高校、科研院所有众多人员从事木结构工程的教学、科研工作。随着我国国民经济建设发展的前三个“五年计划”的推进，基本建设的规模迅速扩大，木材需求量急剧增加，森林被大量砍伐。在重采轻植、毁林造田等思想影响下，木材资源几近耗尽，而又无足够资金进口木材。20 世纪 70 年代后，木结构在中国基本被停用，木结构工作者纷纷转行，高校木结构课程也逐渐停设，中国木结构被迫处于停滞状态，长达二十余年之久。回顾我国木结构被迫停滞的历史，其根本原因在于木材资源的缺乏，这从另一个侧面也告诫人们，植树造林是可持续发展并造福后代的良策。

我国成为世贸组织成员后，木材进口关税降低，进口量连年上升。同时，一些国家的木材贸易组织和生产企业也大力向我国建筑市场推销木材和木材制品，大力推荐新型的木结构建筑，并逐步取得政府建设主管部门的认可。沿海经济发达地区和北京等地已陆续建成大量轻型木结构住宅（图 0.2.1-4），因其可为人们提供温馨、舒适的居住条件而受到青睐，沉寂了二十余年的木结构终于开始复苏。同时，国家实施退耕还林、大力种植速生树种和适当进口木材的政策，为我国木结构再度兴起带来了希望。现阶段我国木结构需要认真学习国际先进的木结构科学技术，迎头赶上，使我国现代木结构像古代木结构那样取得光辉灿烂的成果，为人类做出新的贡献。

图 0.2.1-4　轻型木结构住宅

0.2.2　国外木结构的发展概况

北美、欧洲、日本和澳大利亚等国家和地区，木结构建筑，特别是低层民用住宅，应用十分广泛。北欧瑞典与芬兰住宅的 90％均为一、二层木结构房屋。日本新建的住宅中也有半数为木结构建筑。在美国、加拿大等地，木材是首选的建筑材料。美国平均每年约有 150 万幢新建住宅，其中约 90％为木结构房屋，如表 0.2.2-1 所示的美国林业与纸业协会中文网提供的 2000 年美国住宅建筑类型的统计，其中轻型木结构房屋占总数的 87％。图 0.2.2-1、图 0.2.2-2 分别是轻型木结构单体和联体住宅实例。

图 0.2.2-1　单体住宅

图 0.2.2-2　联体住宅

2000 年美国新建住宅结构类型统计　　**表 0.2.2-1**

结构形式	单户住宅	连体住宅	总计	比例(％)
轻型木结构	1114000	275000	1389000	87
混凝土结构	124000	45000	169000	11
钢结构	6000	9000	15000	<1
原木结构	5000	—	5000	<1
梁柱木结构	3000	—	3000	<1
其他结构形式	12000	1000	13000	<1
总计	1264000	330000	1594000	100

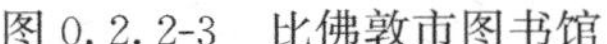

图 0.2.2-3 比佛敦市图书馆

图 0.2.2-4 美国塔科马市体育馆穹顶

除住宅建筑外，一些公共建筑也采用木结构。图 0.2.2-3 为 2000 年 9 月建于美国俄勒冈州比佛敦市的图书馆，大厅内的每根柱由四根曲线形的胶合木构件连结而成，犹如树干和树枝，象征着该市“树木之城”的别名。图 0.2.2-4 为美国华盛顿州塔科马市体育馆的木结构穹顶，直径 162m，矢高 45.7m，为建成时的世界最大木穹顶。图 0.2.2-5 为日本某柔剑道场的胶合木结构建筑。可见，世界各地的木结构建筑比比皆是，并非稀有之物。

图 0.2.2-5 日本某柔剑道场胶合木结构

近二、三十年来，国际木结构技术有了长足的进步。首先，随着木材规格化、标准化（如规格材）生产的进程，对木材强度的确定和定级方法有了重大改进。由清材小试件试验方法过渡到以足尺试件为基础的定级试验方法，从而导致对影响结构木材强度因素的新一轮的研究；由单纯的木材目测定级引入机械定级方法，使木材的利用更具科学性，更符合实际工程的需要。第二，层板胶合木技术发展成熟，旋切片等各种叠层胶合木得以研发和应用。这些木材产品不仅克服了天然木材的某些不足，还提高了木材的强度和利用率。可以说，这是木材工业和木结构发展的一个亮点。第三，一些新型连接技术的开发和利用取得了进展，如植筋技术的开发与应用。最后，木结构构件的标准化、工厂化生产，有些构件和连接的制造引入了数控机床模式，提高了加工精度，降低了工人的劳动强度。这些方面都是我国发展木结构事业的可借鉴之处。

0.3 木结构在我国的前景

节能环保、可持续发展、以人为本等理念已深入人心，木结构建筑的优越性恰好体现了这几个方面。日本在世界上也是人口密度较高的地区，但木结构建筑并未受地少人多的影响，在日本仍得到广泛应用。随着我国经济建设的发展，基础设施的完善，人民生活水平的进一步提高，近年来国家政策鼓励发展木结构建筑，应该说木结构的前途是光明的。

同时也必须认识到，我国是木材资源贫乏的国家，森林人均面积仅为世界人均面积的1/8。进口部分木材、木制品是必要的，但长期大量地依赖进口，将受到国际市场供应和国家外汇平衡的双重制约。因此，大力培育速生树种和扩大树种包括竹材的利用，研究和引进先进的木材加工技术，如工程木生产技术，充分利用现有资源，实现木结构本土化是林业和木结构工作者的重要任务。

上篇　木结构设计理论与方法

第1章　木材及其物理力学性能

作为结构工程材料，就力学性能而言，木材除具有优良的强度与质量比外，还具有下列特性：

树木的生长因素，决定了木材力学性能显著的不均匀性和变异性；

各向异性，力学性能与木纹方向密切相关；

力学性能受工程使用环境，特别是含水率的影响十分明显；

力学性能随荷载持续时间的增加而衰退，强度降低，变形增大。

木结构与其他结构，特别是钢结构，在结构分析、构件承载力及变形计算等方法上的基本原理是相同的，一些差异主要是材料性能不同所致。另一方面，尽管现代木结构已大量应用工程木（重组木材），但其力学性能仍受天然木材的影响。因此系统地掌握和了解天然木材的一些基本性能，将有益于木结构工程的设计与施工。

1.1　结构用木材的种类

1.1.1　结构用木材的树种

木材是林产品，由树干加工而成。树可分为针叶和阔叶树种两大类。早期结构用木材大多为优质的针叶树，随着优质针叶树种资源的短缺，需扩大树种利用，逐步开始利用具有某些缺点的针叶树种，如南方的云南松、北方的东北落叶松，以及某些阔叶树种，如桦木、水曲柳、椴木等。国产结构用木材有红松、松木、东北落叶松、鱼鳞云杉、西南云杉、新疆落叶松、云南松及樟子松等针叶树种18种；桦木、水曲柳及椆木等阔叶树种6种；另有20余种进口树种或树种组合，如北美的花旗松、南方松、北美山地松、粗皮落叶松，以及欧洲的俄罗斯红松、欧洲云杉等。《木结构设计标准》GB 50005—2017按其强度不同分组，如表1.1.1-1所示，同一组的各树种称为树种组合。随着我国大面积种植的速生树种开始成熟和采伐，如何利用这些速生树种作为结构用材，是木结构科技工作者需研究的一个课题。我国竹材资源丰富，竹材与木材具有类似的力学性能，如何将竹材用于建筑结构，也是需要研究的课题。

一般而言，优质的针叶树种木材具有树干长挺、纹理平直、材质均匀、木质软而易加工、干燥时不易产生干裂、扭曲等形变，并具有一定耐腐能力等特点，是理想的结构用木材树种。主要包括红松、杉木、云杉和冷杉等树种。相比之下，质地较差的针叶树和一般的阔叶树种木材其共性是强度较高、质地坚硬、不易加工、不吃钉、易劈裂、干燥过程中

针叶树种木材适用的强度等级　　表 1.1.1-1*a*

强度等级	组别	适用树种
TC17	A	柏木　长叶松　湿地松　粗皮落叶松
	B	东北落叶松　欧洲赤松　欧洲落叶松
TC15	A	铁杉　油杉　太平洋海岸黄柏　花旗松—落叶松　西部铁杉　南方松
	B	鱼鳞云杉　西南云杉　南亚松
TC13	A	油松　新疆落叶松　云南松马尾松　扭叶松　北美落叶松　海岸松
	B	红皮云杉　丽江云杉　樟子松　红松　西加云杉　俄罗斯红松　欧洲云杉　北美山地云杉　北美短叶松
TC11	A	西北云杉　新疆云杉　北美黄松　云杉—松—冷杉　铁—冷杉　东部铁杉　杉木
	B	冷杉　速生杉木　速生马尾松　新西兰辐射松

阔叶树种木材适用的强度等级　　表 1.1.1-1*b*

强度等级	适用树种
TB20	青冈　椆木　门格里斯木　卡普木　沉水稍克隆　绿心木　紫心木　李叶豆　塔特布木
TB17	栎木　达荷玛木　萨佩莱木　苦油树　毛罗藤黄
TB15	锥栗(栲木)桦木　黄梅兰蒂　梅萨瓦木　水曲柳　红劳罗木
TB13	深红梅兰蒂　浅红梅兰蒂　白梅兰蒂　巴西红厚壳木
TB11	大叶椴　小叶椴

易产生干裂、扭曲等形变，耐腐能力有的很强，有的却较弱。这类针叶树种主要有落叶松、马尾松、云南松；阔叶类树种有青冈、椆木、锥栗、桦木和水曲柳等树种木材。结构用木材除应考虑树种的木材强度外，尚需注意它们的特点，并采取相应的防范措施。

1.1.2　结构用木材的种类

制作木构件的木材和制品可分为是天然木材（Timber）、工程木（Engineered Wood Product）以及预制木构件三大类。

1. 天然木材

标准 GB 50005 中的结构用天然木材可分为两类：一类称为方木与原木（Sawn timber and round timber），尚不是应力定级木材。另一类是工厂化、标准化生产的锯材（Sawn lumber），是应力定级木材。北美的规格材（Dimension lumber）、梁材（Beams & Stringers）、柱材（Posts & Timber）和欧洲标准 EN 338 所列结构木材（Structural timber，又称实木，Solid timber）均为锯材。这两类结构木材强度的确定方法是不同的。

20 世纪五六十年代，我国木结构建筑工地将从林区采伐的木料（原木）运至施工现场（或木材加工厂），按结构设计图规定的构件截面尺寸加工成圆木或锯解成方木、板材，其中原木的锥度要求不大于 0.9%，即每米长直径不大于 9mm。再由技术人员现场定级后，制作成相应的木构件。标准 GB 50005 将这类结构用木材称为方木与原木。

锯材是经专业工厂将木料按系列化尺寸锯切、干燥、刨光、品质定级、标识等一系列工序生产的木产品。由于品质等级是根据每根木材产品上的某些特征、参数确定，并且能与其力学性能挂钩，例如某树种木材采用“目测定级”的方法，即根据生长因素如节疤、斜纹的相对位置和大小等诸多因素确定品质等级，并根据树种可直接确定其力学性能指标，又有标准的截面尺寸，因此这类木材与预制构件相似，使用时不应对其截面尺寸甚至长度等方面进行更改，否则需要重新进行品质等级的评定。目前我国这类锯材主要依赖进口，大多来自北美——加拿大和美国。北美锯材按不同用途分为三种：一是板材（Decking），公称厚度 1″～1.5″，宽度 2″～16″，主要用于承受较大荷载的楼板；二是规格材，主要用于轻型木结构，公称厚度 2″～4.5″，宽度 2″～16″；三是方木（Timbers），分为梁材和柱材。梁材截面最小边长不小于 5″，且长短边边长差不小于 2″，主要用作受弯构件；柱材截面最小边长不小于 5″，长短边边长差不超过 2″，主要用作受压构件。欧洲规范 EC 5 中无规格材、板材、梁柱材之分，统称为锯材或实木（Solid timber），只分为软木和硬木，有标准化尺寸系列，也可特殊加工专门的截面尺寸，但均为应力定级木材。

标准 GB 50005 中除方木与原木外，还采用了北美规格材和梁柱材，并将梁柱材称为工厂化生产的方木。但这类应力定级锯材除由北美进口外，实无国产产品供应。

2. 工程木

工程木（Engineered Wood Product，EWP）是一种重组木材，其中一类是由一定规格的木板粘合而成的层板类工程木；另一类则用更薄更细小的木片板、木片条、木条等粘结而成的结构复合木材（Structural Composite Lumber，SCL）。

将天然木材加工成一定厚度（50mm 以下）的木板（称为层板），再按一定的要求粘结成大截面木材。其中各层间木纹彼此平行的木材称为层板胶合木（Glued laminated timber），也称集成材，主要用作杆类受力构件。若各层间木纹彼此垂直而粘结在一起，则称为正交层板胶合木（Cross laminated timber，CLT），主要用作板类构件，如果用作受弯构件，表面层板的木纹应平行于主要受力方向。层板胶合木在我国规范中分为三种组坯方式，同等组坯（TC_T）、对称异等组坯（TC_{YD}）和非对称异等组坯（TC_{YF}），各有五个强度等级。同等组坯胶合木适用于受压构件，其余两种更适用于受弯构件。按标准制作的层板胶合木使用时，不应作截面尺寸方向的更改，否则规定的力学指标将失效。标准 GB 50005 尚保留了采用普通层板制作的普通层板胶合木。

有的结构复合木材成品是大型厚板材，可根据需要再锯解成木料。根据制造工艺不同，如粘结前木材被旋削成的薄木板、木片、木条等形式的不同，有旋切板胶合木（Laminated Veneer Lumber，LVL）、层叠木片胶合木（Laminated Strand Lumber，LSL）、定向木片胶合木（Oriented Strand Lumber，OSL）和平行木片胶合木（Parallel Strand Lumber，PSL）等数种。结构胶合板（Plywood）和定向木片板（Oriented Strand Board），也是重组木材（板），分别将木材旋切成厚度 3mm 的木板或薄木片、木条经胶合而成，厚度 8～36mm，平面尺寸为 2440mm×1220mm。这两类板材合称为木基结构板材，主要用于轻型木结构中的墙面板和楼、屋面板，也可用于工字形木搁栅的腹板等。

3. 预制木构件

这类木制品是工厂化生产的预制构件，是某些专用的结构构件，如预制工字形木搁栅以及专门用于轻型木结构屋盖的装配式轻型木桁架等。

1.2　木材的构造

可从宏观和微观两个方面认识木材的构造。通过肉眼或放大镜观察到的，为木材的粗视构造；通过显微镜观察到的，为木材的显微构造。了解木材的构造，有助于理解其各种物理力学性能。

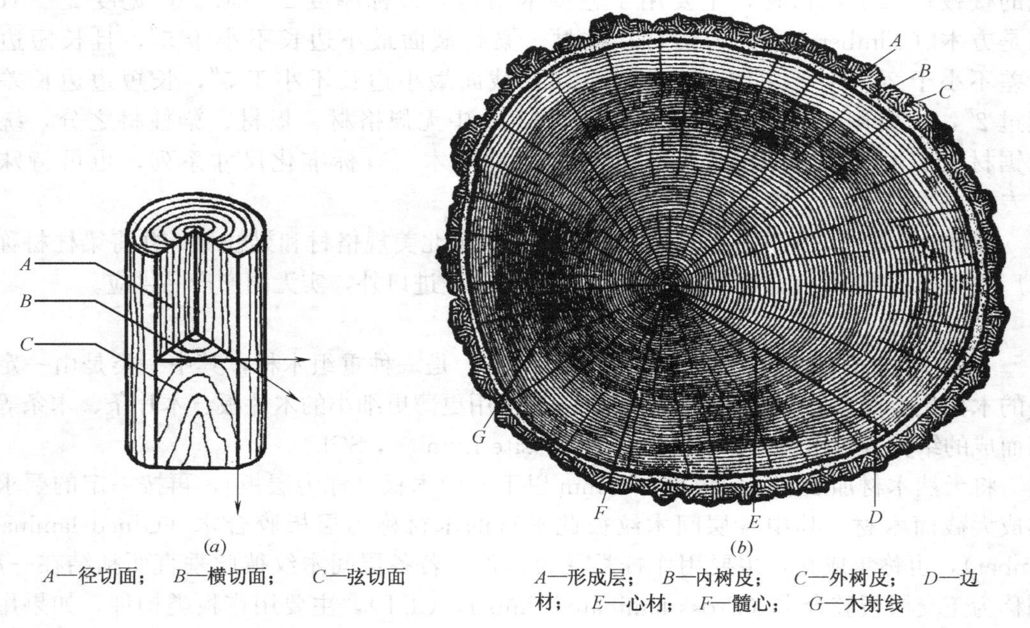

(a)
A—径切面；　B—横切面；　C—弦切面

(b)
A—形成层；　B—内树皮；　C—外树皮；　D—边材；　E—心材；　F—髓心；　G—木射线

图1.2.1-1　木材的切面
(a) 木材的三个切面；(b) 树干横切面

1.2.1　粗视构造

木材是典型的各向异性材料，其顺纹与横纹方向的物理力学性能有很大的不同，横纹方向的径向和弦向（切向）也有差别。这是因为天然生长因素使木材在这三个方向的构造不同。因此，研究木材的物理力学性能需从三个切面上去了解其构造。这三个切面分别为横切面、径切面和弦切面，如图1.2.1-1（a）所示。

从树干的横切面（图1.2.1-1b）上可清晰地看到，其主要部分是树皮、木质部和髓心。树皮与木质部之间为肉眼看不到的一层形成层，是生长木质部的母细胞组织。

某些树种木质部靠近树皮部的色泽较浅，且树伐倒后含水率较高，称为边材。树干的中央为髓心，常呈褐色或淡褐色，由薄壁细胞组成，质软而易开裂。髓心与边材间部分木质色较深，含水率较低，称为心材。心材系边材老化而成，二者强度相差不大，但其耐腐性较强。有些树种，如云杉、冷杉等，其横切面上木质部的材色几乎一致，仅中心部位含水率较低，称为隐心树种。还有些树种，如桦木、白扬等，其木质部分材色与含水率均较一致，称为边材树种。

树木从生长季节初期形成的色浅而质松的木质称作早材（春材），后期生长的色深而质密的木质称作晚材（秋材）。每一生长季节在截面上增加一个色泽深浅相间的圆环，称为生长轮。热带、亚热带树木生长与雨季和旱季相符，一年内能形成数个生长轮。而在温带和寒带地区树木生长与一年四季相符，一年仅有一个生长轮，称为年轮。

从髓心向树皮断续地穿过年轮呈辐射状的条纹称为木射线，它在树木生长期间起横向输送和储存养分的作用，由薄壁细胞组成，质地软强度低，木材干燥时常沿木射线开裂。

1.2.2 显微构造

1. 木材的细胞组成

针叶树木材的细胞组成简单，排列规则，故其木材质地较均匀。主要成分为纵向管胞、木射线和薄壁组织及树脂道等。纵向管胞占总体积的90%以上，是决定针叶树种木材物理力学性能的主要因素。而木射线仅占总体积的7%左右。管胞的形状细长，两端呈尖削形，平均长度3～5mm，是其宽度的75～200倍。早材管胞壁薄而空腔大，略呈正方形。晚材细胞壁则比早材厚约一倍，腔小而略呈矩形（图1.2.2-1）。

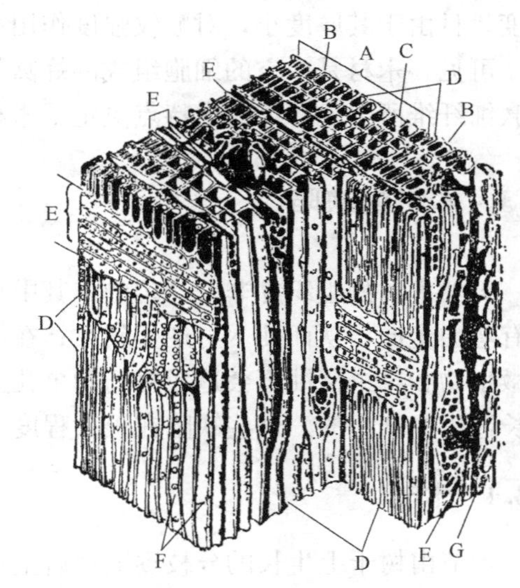

图1.2.2-1 针叶树的显微构造

A—年轮；B—晚材；C—早材；D—导管；E—木射线；F—纹孔；G—纵向树脂道

阔叶树木材的组成成分为木纤维、导管、管胞、木射线和薄壁细胞等。其中木纤维是一种厚壁细胞，占总体积的50%左右，是决定木材物理力学性能的主要因素。导管是纵向一连串细胞组成的管状结构，约占总体积的20%，木射线约占17%。

2. 细胞壁的构造

木材细胞壁上有纹孔，是纵向细胞及横向木射线细胞间水分和养分的输送通道，也是木材干燥或防护药剂处理时水分和药剂的渗透通道。

木材细胞的主要成分是纤维素、木质素和半纤维素，其中以纤维素为主，在针叶树中含量约占53%。纤维素的化学性能稳定，不溶于水和有机溶剂，弱碱对它几乎不起反应，这是木材本身化学稳定性好的主要原因。

针叶树中的木质素含量约为26%～29%，半纤维素含量约为23%～25%。木质素和半纤维素的化学稳定性较差。阔叶树木材半纤维素含量较多，纤维素和木质素含量较少。

构成木材细胞的基本元素的平均含量几乎与树种无关，其中碳约占49.5%，氢约占6.3%，氧约占44.1%，氮约占0.1%。

纤维素分子能聚集成束，形成细胞壁骨架，而木质素和半纤维素一起构成结合物质，包围在纤维素外边。在显微镜下可见到细胞壁各层的微细纤维如图1.2.2-2所示。细胞壁的主体是厚度最大的次生壁中层（S2层），其微细纤维紧密靠拢，与纵轴约呈10°～30°的交角，这是木材顺纹强度高且呈各向异性的基本原因。其他各层中的微纤维与轴向呈很大

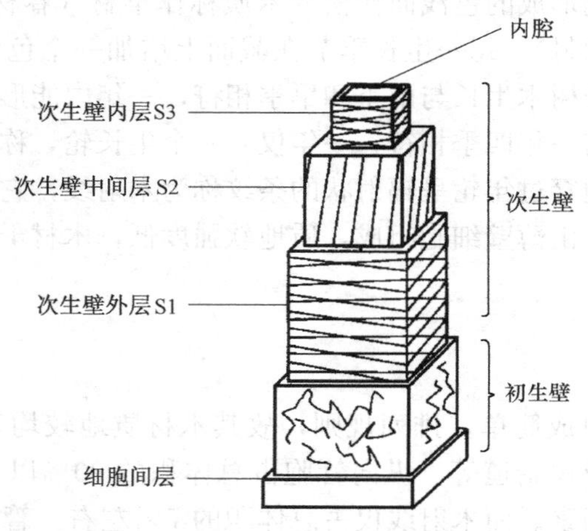

图 1.2.2-2　木材细胞壁构造

角度，且由于其厚度小，对顺纹强度作用小。

可见，木材是中空的细胞组成的蜂窝状结构，而细胞壁则主要由与其纵轴有不大交角的微细纤维所组成。这两个特点决定了木材的一系列特性。

1.3　木材的缺陷

天然木材的组织并非是均匀的，其中夹有各种木节；树干纵向纤维也并不完全平直，常有弯曲走向，从而使木材产生斜纹；在风等作用下可能造成应压木和树干的各种裂纹；在微生物和昆虫侵蚀下会造成腐朽和虫孔。这些统称为木材的缺陷，其中大部分是在树木生长过程中产生的。这些缺陷在很大程度上影响了木材的力学性能。

1.3.1　木节

木节由树干上生长的分枝逐渐被后生长的木质包藏而形成。木节从形状来分，有圆状节、掌状节和条状节三种（图 1.3.1-1），按节子质地及与周围的木材结合程度又可分为活节、死节和漏节三类。

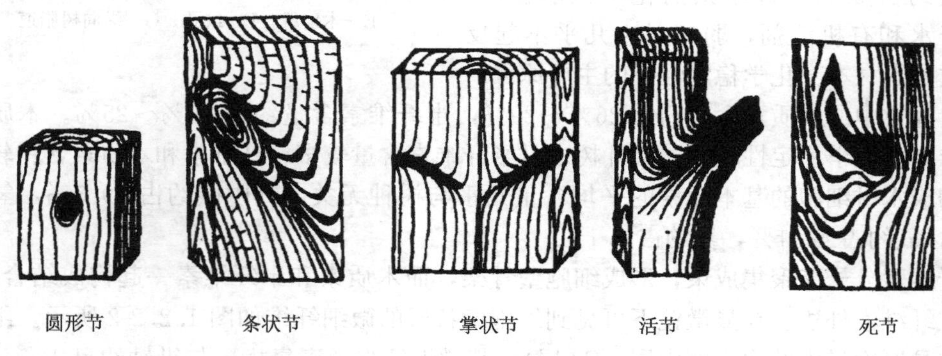

图 1.3.1-1　木节

活节材质坚硬，和周围木材紧密地结合。死节是枯树枝被树活体包围而形成，与周围的木材组织完全脱离或部分脱离。漏节是节子本身已经腐朽，并连同周围的木材也已受到影响，常呈筛孔状、粉末状或空洞状。

木节影响木材的均质性和力学性能。节子对木材顺纹抗拉强度影响最大，对顺纹抗压强度影响最小，对抗弯强度的影响则取决于木节在木构件截面高度上的位置，在受拉边影响最大，在受压区高度范围内影响较小。木节对木材力性能影响的程度尚与节子的种类有关，当然还与木节的大小和密集程度等因素有关。一般说活节的影响最小，死节的影响中等，漏节的影响最大。

1.3.2 斜纹

树木在生长过程中纤维或管胞的排列与树干轴线不平行，则在原木上产生斜纹。有些树种因遗传性影响常出现扭转纹或螺旋纹，如云南松，这种带扭纹的原木剖解成方木、板材时，其弦锯面会出现天然的斜纹。直纹但有一定锥度的原木沿平行于树干轴线方向锯解时，锯出的有些方木或板材也会产生斜纹；或锯成小方木时，因锯解方向与木材纤维不平行时亦可造成斜纹，这类斜纹通称人为斜纹。树干在木节或夹皮附近使年轮弯曲，纹理呈旋涡状，则锯解出的方木或板材存在局部斜纹。

斜纹导致锯解出的方木、板材纤维不连续，对其力学性能有较大影响。相比之下，天然斜纹对原木（圆木）的影响不大，特别是存在扭转纹的树干，以原木形式使用较合理。

1.3.3 裂纹

树木在生长过程中遇大风作用，一些树的树干横截面上可见到轮裂和径裂（图 1.3.3-1），这些树伐倒后和保存过程中因不适当的干燥方法，可造成这些裂纹进一步扩展。

木材在干燥过程中发生干裂是常见的现象。产生干裂的原因是树干三个切面方向的干缩率不同以及木材表层与其内部含水率不同。木材的切（弦）向干缩率最大，径向次之，纵向（顺纹）最小。因此干燥过程中切（弦）向会受到拉应力作用，同时，木材外表含水率的降低速度较快，而中间部位水分又不易丧失，外表干缩又加大了这种拉应力。木材横纹的抗拉能力很低，故易造成干裂（图 1.3.3-2）。木材的干缩率愈大，截面尺寸愈大则干裂现象越严重。

对于干缩率大、易干裂的树种，当需获得较大截面的方木时，可采用破心下料的方法锯解（图 1.3.3-3），以减少发生干裂的机率。

1.3.4 形变及扭曲

由于树干三个切面方向的干缩率不同和干燥过程中截面各部位含水率的差异，使锯解成的方木、板材会发生形变和扭曲，如图 1.3.4-1 所示。将一根平直的方木锯成更小截面的材料时，由于木材内应力的释放，也会使剖成的小截面木料扭曲（图 1.3.4-2）。

木材发生过大的形变和扭曲将会丧失其利用价值，因此研究合理的锯解方案和干燥工艺对提高木材利用率亦具有重要意义。

图 1.3.3-1　树干端截面上的轮裂和径裂

图 1.3.3-2　方木与原木的干裂

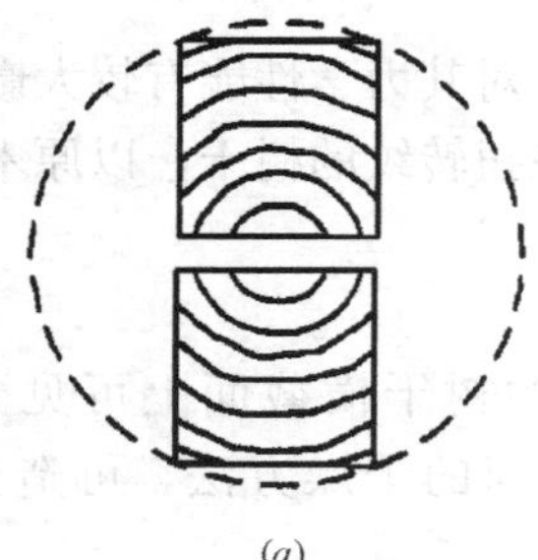
(a)
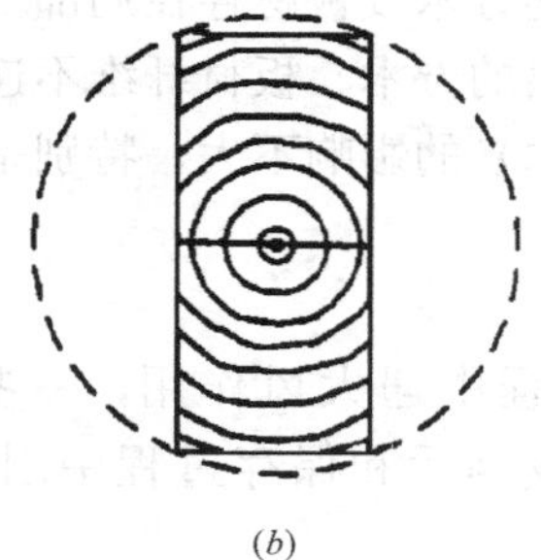
(b)

图 1.3.3-3　破心下料

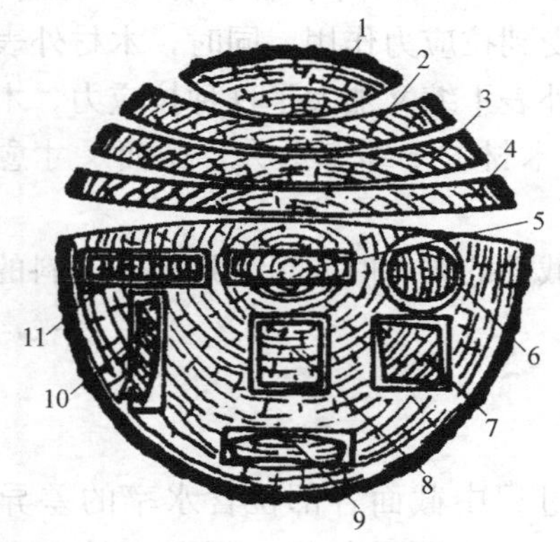

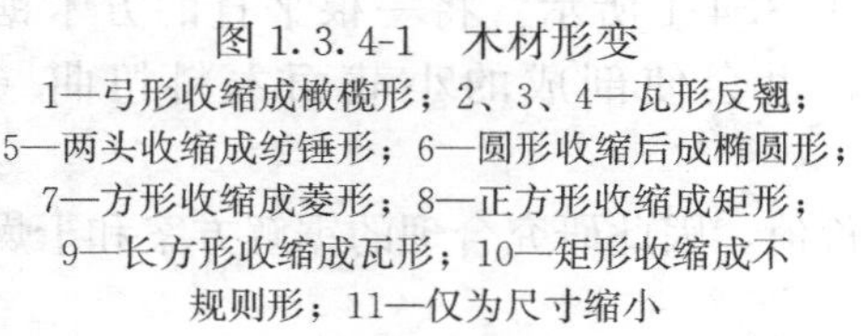

图 1.3.4-1　木材形变

1—弓形收缩成橄榄形；2、3、4—瓦形反翘；5—两头收缩成纺锤形；6—圆形收缩后成椭圆形；7—方形收缩成菱形；8—正方形收缩成矩形；9—长方形收缩成瓦形；10—矩形收缩成不规则形；11—仅为尺寸缩小

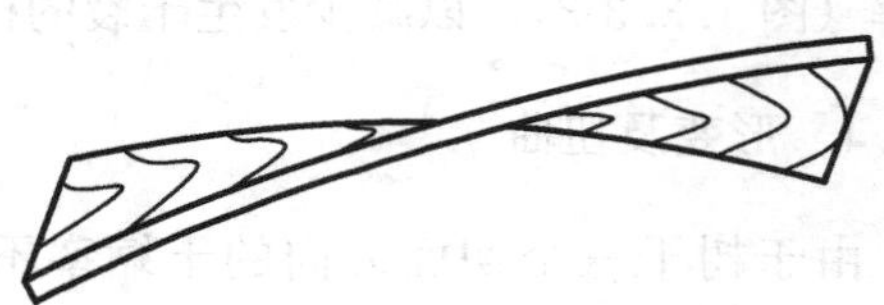

图 1.3.4-2　木料扭曲

1.3.5 变色与腐朽

菌类侵入并在木材中生长、繁殖会导致木材变色或腐朽。

变色菌主要是在边材的薄壁细胞中生长，并分泌出不同的色素。有青变，如云南松和马尾松；有红斑，如杨木、桦木和铁杉等树种木材。变色菌并不破坏木材的细胞壁，因此对木材的力学性能影响不大。化学侵入是木材变色的另一因素。新伐树的木材与空气接触后起氧化反应会使木材变色，如栎木中含单宁酸，氧化后呈栗褐色。

腐朽菌侵蚀木材，菌丝分泌酵素，破坏木材细胞壁，从而引起木材腐朽。白腐菌侵蚀造成的腐朽是破坏木质素，剩下纤维，使木材呈现白色斑点，木材变得松软如海棉，似蜂窝或筛孔状，故称“筛状腐朽”；若褐腐菌侵蚀木材，则腐蚀木材的纤维素，使其仅剩木质素，呈现红褐色，木材表面有纵横交错的裂隙，用手捻成粉末，故称“粉状腐朽”。腐朽对木材的力学性能有不利影响。

木材的变色与腐朽，部分是在树木生长过程中形成的，有很大部分是在树木伐倒加工成木材后，因储存保管不善形成的。

1.3.6 虫蛀

木材的木纤维、纤维素以及淀粉和糖类是某些昆虫的食物，因此我国南方某些暖湿地区的木结构常发生严重的虫蛀现象。对木材危害较大的昆虫有甲壳虫和白蚁两大类。其中甲壳虫类有家天牛、长蠹和粉蠹，而白蚁主要是土木栖类的害虫。遭虫蛀的木材内部有许多坑道，其内往往充满昆虫的排泄物和木屑等。如木结构的木材中存在昆虫活体或虫卵，最终将把木构件蛀空，造成房倒屋塌的事故。因此有昆虫灾害的地区，木结构的防虫蛀工作须充分重视。

1.3.7 应压木

生长在一些区域的树在风荷载作用下或位于斜坡上的树在重力作用下，在树干中产生的弯矩使截面一侧承受较大的压应力作用，从而形成应压木（Compression wood）。从树干横截面上观察，这部分木材色深，年轮宽，在化学成分上，木质素含量高于正常木材，管胞次生壁 S2（图 1.2.2-2）增厚，纤维素含量低。应压木密度较正常木材大，径向与弦向干缩较正常木小，但顺纹干缩大，因此木材干燥时会引起木板翘曲和扭转，甚至在与正常木相邻处会开裂，干燥后的压应木弹性模量、抗弯强度、韧性均较正常木低。因此应压木也是天然木材的一种缺陷。某些场合应用受限。

对应于应压木的是应拉木，即上述条件下生长树的树干截面另一侧，生长过程中受到拉应力作用的部分木材，但对木材物理力学性能的影响不大，在利用上并不受限。

1.4 木材的物理性质

本节介绍的木材物理性质是不包含缺陷等生长因素的木材，即所谓清材（Clear wood）的物理性质。

1.4.1　含水率

1. 含水率的测定方法

木材中的水分以两种状态存在：一是呈游离状态的自由水，存在于细胞腔和细胞的间隙中；二是吸附水，存在于细胞壁的微细纤维之间。木材含水率是指木材中水分的质量与木材绝干质量的比，并用百分比表示，按下式计算：

$$W=\frac{m-m_0}{m_0}\times100\% \tag{1.4.1-1}$$

式中：W 为含水率（%）；m 为试样烘干前的质量；m_0 为试样烘干后的质量。

木材含水率通常用烘干法测定。先将木材试样称重获得质量 m，然后将试样置于烘干箱在 103±2℃的温度条件下烘干。24h 后每隔 2h 用天平称一次质量，当相邻两次的质量差小于规定的限值时即认为已达到全干状态，此时其质量即为 m_0。更多细节可参阅国家标准《木材物理力学性能试验方法》GB 1927～1943—2009。测量木材含水率的另一个方法是电测法，利用木材导电率随木材含水率不同而变化的原理，间接测量含水率。该方法快速、简捷，但受木材的树种、密度和环境温度等因素影响，准确度不高，且仅能测量木材浅层范围内的含水率。因此，该方法适用于现场大批量地检查木材的含水率，特别是对含水率的均匀性检查。

当木材截面尺寸较大时，截面各部分含水率不尽相同，木材干燥过程中，往往木材外层含水率低于截面内部，而木材的受潮过程则与此相反。

2. 吸湿性与平衡含水率

木材的含水率随其周围空气相对湿度和温度的变化而增减，这种现象称为木材的吸湿性。木材的吸湿性实质上是空气中水分的蒸气压力随空气的相对湿度和温度而变化，当这个水蒸气压力大于木材表层水分的蒸气压力时，空气中的水蒸气就向木材中渗入，木材含水率增加，称之为木材“吸湿”；反之，当木材表层的水蒸气压力大于空气中的水蒸气压力时，木材中的水分就向空气中蒸发，称之为木材“解湿”。

如果空气的相对湿度和温度能在一段时间内保持相对稳定，木材表层的水蒸气压最终将与该相对湿度和温度下的空气中的水蒸气压平衡，木材的吸湿或解湿过程就会停止，此时的木材含水率称为平衡含水率。空气温、湿度与木材平衡含水率的关系如图 1.4.1-1 所示。木材完成这一平衡过程的时间与木材的树种、截面尺寸、堆放方式和通风条件等因素有关。

空气相对湿度和温度随地区和季节的影响而不同，因此木材的平衡含水率在各地区和各季节也有所差异，我国各地的木材平衡含水率大约在 10%～18%之间，这是《木结构设计标准》GB 50005—2017 确定木材强度取值的依据之一。

3. 纤维饱和点及其意义

在木材的吸湿过程中，水分首先以吸附水的状态吸附于木材细胞壁的微纤维间，达到饱和状态后，才以游离水的状态存于细胞腔中。解湿过程则相反，首先是游离水蒸发，然后处于饱和状态的纤维吸附水开始逐步蒸发。细胞壁微纤维间的吸附水处于饱和状态的木材含水率称为纤维饱和点。大多数木材的纤维饱和点含水率平均约为 30%，大致在 23%～33%范围内波动。

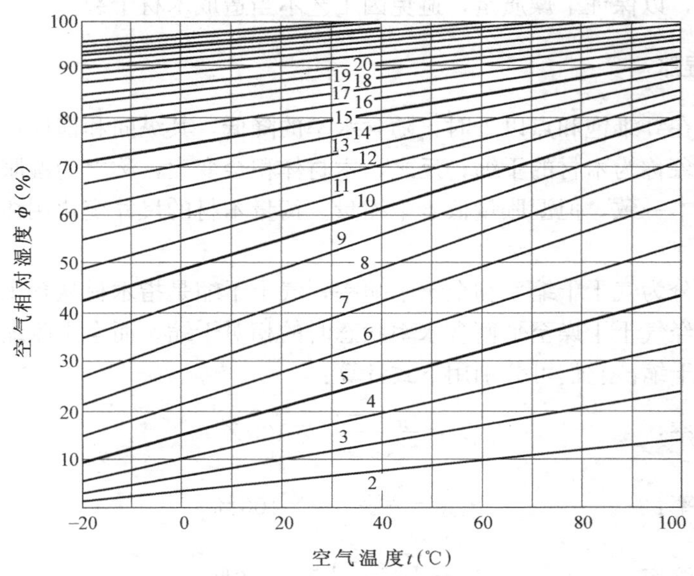

图 1.4.1-1 木材平衡含水率与空气温湿度关系

木材纤维饱和点是木材特性改变的转折点。当木材的含水率大于纤维饱和点时，其强度、体积、导电性能等均保持不变；当含水率小于纤维饱和点时，其强度、体积和导电性能均随之变化。含水率低，强度高，体积缩小，导电性降低；反之，则强度降低，体积增大，导电性能增强。

4. 结构用木材对含水率的要求

含水率除对木材强度等有影响外，干缩、湿胀尚能导致木材产生裂纹。含水率又是木材能否腐朽的一个重要因素。研究表明，木腐菌的生存条件为木材含水率在18%～120%之间，而在30%～60%的情况下，最适宜木腐菌繁殖生长，木材最易遭侵蚀。因此，结构用木材需严格控制其含水率。

木材在含水率大于25%时称为湿材，在18%以下称为干材，介于18%～25%间称为半干材。标准GB 50005规定，木结构构件制作时的含水率应满足下列要求：原木、方木构件含水率不应大于25%；锯材不应大于19%；受拉构件的连接板不应大于18%；层板胶合木的层板不应大于15%。北美锯材最大含水率不超过19%的干燥木材（Dry），并基于15%含水率计算力学性能指标。最大含水率超过19%的木材，称湿材（Green），设计中木材力学性能需在干材（<19%）基础上作调整。

新伐树木的含水率约为70%～140%，要满足上述含水率要求需要作干燥处理。木材的干燥方法分为气干（自然干燥）和人工干燥两种。气干法利用空气对流，将木材中的水分逐步蒸发掉。这个过程所需时间随木材树种、木材截面尺寸不同而不同，一般需要较长的周期。如截面为120mm×180mm的方木，从含水率42%～55%，经夏季三个月，表层木材含水率可降至25%；若全截面平均含水率降至平衡含水率（约18%），约需1年的时间。因此，气干法很难满足工程进度的要求。人工干燥大多采用窑干法，即将木材置于干燥窑中，通过加热升温使木材在1～2周时间内含水率降至要求值。人工干燥需由专业木材加工企业实施，以保证干燥质量，避免因工艺不当造成木材干裂。

1.4.2　干缩与湿胀

木材含水率在纤维饱和点以下时，随含水率的降低，其纵向和横向尺寸都会缩短，体积变小。这种现象称为木材的干缩；反之，木材体积会变大，称之为湿胀。木材干缩与湿胀的变化规律基本一致，但湿胀量低于干缩量。衡量木材的尺寸变化用线干缩率，体积变化用体积干缩率。

干缩率又可分为气干干缩率和全干干缩率，气干干缩是指木材从含水率大于纤维饱和点的湿材开始，经气干干燥至平衡含水率状态时的相对干缩；而全干收缩则是指干燥至全干状态时的相对干缩。它们可分别用下式计算：

气干线干缩率：
$$\beta_{w}=\frac{\ell_{max}-\ell_{w}}{\ell_{max}}\times 100\% \tag{1.4.2-1}$$

全干线干缩率：
$$\beta_{max}=\frac{\ell_{max}-\ell_{0}}{\ell_{max}}\times 100\% \tag{1.4.2-2}$$

气干体积干缩率：
$$\beta_{vw}=\frac{V_{max}-V_{w}}{V_{max}}\times 100\% \tag{1.4.2-3}$$

全干体积干缩率：
$$\beta_{vmax}=\frac{V_{max}-V_{0}}{V_{max}}\times 100\% \tag{1.4.2-4}$$

式中：l_{max}、l_{w}、l_{0}分别为木材试样在湿材、气干材和全干状态下的尺寸（纵向、径向或弦向）；V_{max}、V_{w}、V_{0}分别为木材试样在上述三种状态下的体积。

木材沿三个切面方向的线干缩率有较大差别。纵向最小，线干缩率约为 0.1%左右；弦向最大，可达 6%～12%；径向居中，约为 3%～6%，是弦向的 1/2～2/3，各方向的干缩率不同是木材产生干裂的原因之一。试验表明，在含水率 5%～20%范围内，尺寸变化与含水率间大致呈线性关系。

1.4.3　密度

木材的密度是单位体积内所含物质的质量。由于木材的含水率不同，体积和质量均不同，因此木材的密度可分为气干密度 ρ_{w}、全干密度 ρ_{0} 和基本密度 ρ_{r}，分别由下列各式计算：

$$\rho_{w}=\frac{m_{w}}{V_{w}} \tag{1.4.3-1}$$

$$\rho_{0}=\frac{m_{0}}{V_{0}} \tag{1.4.3-2}$$

$$\rho_{r}=\frac{m_{0}}{V_{max}} \tag{1.4.3-3}$$

式中：m_{w}、m_{0}分别为木材试样在气干和全干状态下的质量（g）；V_{max}、V_{w}、V_{0}分别为木材试样在湿材（纤维饱和点以上）、气干和全干状态下的体积（mm^{3}）。

各树种木材的基本密度在数值上较稳定，是判别树种的主要依据。

气干密度与全干密度之间有下列关系：

$$\rho_w = \frac{m_w}{V_w} = \frac{m_0(1+0.01w)}{V_0(1+0.01\beta_{v \cdot w}w)} = \rho_0 \frac{1+0.01w}{1+0.01\beta_{v \cdot w}w} \tag{1.4.3-4}$$

式中：$\beta_{v \cdot w}$为体积膨胀系数，即含水率增加1%时的体积膨胀量。

我国气干密度的定义与美国不同，美国的定义是全干质量与气干体积的比值，即：

$$\rho_w = \frac{m_0}{V_w} \tag{1.4.3-5}$$

根据试验结果统计，木材密度尽管随树种而变化，但其变异性较小，可取为10%，且基本符合正态分布。

木材的某些力学指标，常用炉干比重换算。炉干即全干，炉干相对密度即炉干密度与水密度之比。若木材的体积膨胀系数$\beta_{v \cdot w}$近似取0.5%。则炉干相对密度（G）与气干密度（取含水率为12%，按式（1.4.3-4）计算）平均值和标准值间有如下近似关系。

$$G = \rho_0/1000 = 0.000946\rho_m = 0.00113\rho_k \tag{1.4.3-6}$$

式中：ρ_m、ρ_k分别为木材气干密度的平均值和标准值，以kg/m^3为单位；G为炉干比重平均值（无量纲）。

1.4.4　热胀冷缩

木材与其他固体材料一样存在热胀冷缩现象，但由于其各向异性，温度线胀系数也有方向性差异，顺纹最小，约为$(3 \sim 4.5) \times 10^{-6}$，是钢材线胀系数的1/3；横纹方向的线胀系数约比顺纹大10倍，其中弦向可达$(30 \sim 45) \times 10^{-6}$，反比钢材大约3倍。由于木构件长度方向总是顺木纹的，故温度对木结构的作用效应要比钢结构轻。对比木材的干缩湿胀效应，木材一年四季随大气环境变化所造成的形变主要是木材含水率的变动，热胀冷缩的作用将不起控制作用。

1.5　木材的基本力学性能

天然木材是一种不均质的材料，特别是树木生长因素如木节、斜纹、髓心等宏观缺陷对其力学性能的影响尤为严重，因此在介绍木材的力学性能时通常将其分为两类，即宏观上无任何缺陷的木材——清材，另一类则是存在生长因素等缺陷的木材——结构木材。本节介绍的内容是清材的力学性能，称基本力学性能。木材的基本力学性能是采用清材标准小试件（也称无疵小试件，见附录H），在规定的含水率、温度和规定的试验方法等标准试验条件下获得的。一般规定试件应气干（含水率12%～15%），试验温度20±3℃，要求10min内匀速加载至破坏，但又不小于2min，最后试验结果应调整到含水率12%（ASTM规定15%），与试验条件不同情况下的木材力学性能将在影响木材力学性能的因素一节中一并介绍。

1.5.1　抗拉性能

木材标准的清材顺纹小试件具有很高的抗拉强度，其应力-应变曲线如图1.5.1-1中的曲线a所示。木材拉断前无明显的塑性变形，应力、应变几乎为线性关系，破坏是脆性的。以鱼鳞云杉为例，其顺纹抗拉极限强度平均可达$100.9N/mm^2$，弹性模量平均为$13.8 \times 10^3 N/mm^2$。

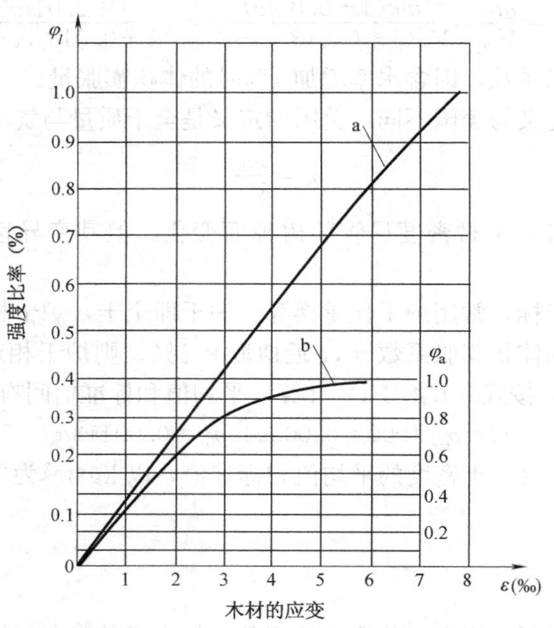

图 1.5.1-1　木材顺纹受拉及受压应力-应变曲线

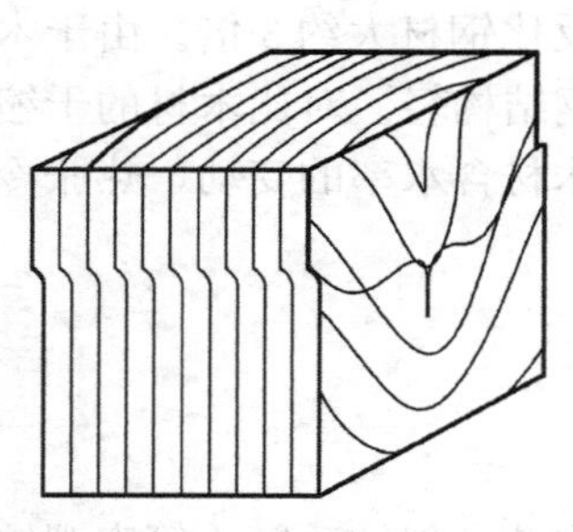
图 1.5.2-1　木材顺纹受压破坏特性

木材的横纹抗拉强度很低，仍以鱼鳞云杉为例，切向与径向仅为 2.5N/mm²，是顺纹抗拉强度的 1/40～1/10。因此在木结构中，应特别注意可能发生木材横纹受拉的情况，并尽量予以避免。

1.5.2　顺纹抗压性能

木材顺纹受压时，木纤维可能受压屈曲，破坏时试件表面因此出现皱折（图 1.5.2-1），并呈现明显的塑性变形特征（图 1.5.1-1 曲线 b）。应力在抗压极限强度的 20%～30%以前，应力、应变基本呈线性关系，之后呈非线性关系，变形增量不断增大。木材的顺纹抗压强度约为顺纹抗拉强度的 40%～50%，再如鱼鳞云杉，其平均抗压强度约为 42.4N/mm²。但其弹性模量与顺纹受拉基本相同。

木材顺纹受压具有塑性变形能力，使得缺陷对木构件抗压和抗拉承载力的影响程度不同。受压时缺陷区的应力集中一旦超过一定水平，木材产生塑性变形而发生应力重分布，从而缓解了应力集中造成的危害。这是木材受拉和受压缺陷敏感程度不同的主要原因。另一方面，木材中的某些裂缝、空隙会因受压而密实，这类缺陷的不利影响较之受拉情形也弱。因此，与清材小试件的试验结果相反，结构用木材的抗压强度反而高于抗拉强度。

1.5.3　抗弯性能

清材受弯小试件的破坏特征是截面受压区边缘的纤维失稳起皱，随着荷载的增加，纤维失稳区向截面中和轴发展，最终可将受拉区边缘的木纤维拉断而达到极限弯矩 M_u。按材料力学公式计算，可得其极限抗弯强度 f_{mu} 为：

$$f_{mu}=\frac{M_u}{W} \tag{1.5.3-1}$$

式中：W 为试件的抗弯截面模量。

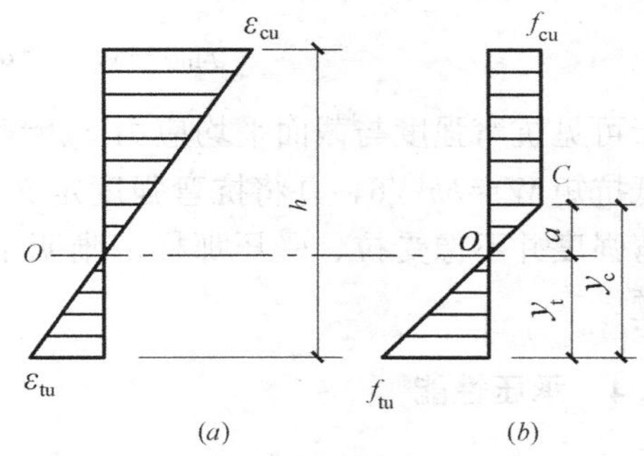

图 1.5.3-1 清材受弯试件截面上的应变与应力分布
(a) 应变分布；(b) 应力分布

按此公式算得的抗弯强度将介于同树种清材小试件的极限抗压强度 f_{cu} 和极限抗拉强度 f_{tu} 之间。例如鱼鳞云杉，其抗弯极限强度平均值为 75.5N/mm²，弹性模量为 10.6×10³N/mm²，小于抗拉弹性模量。抗弯强度高于抗压低于抗拉强度，简单说，是由于木材的抗弯性能是其抗压、抗拉性能综合作用的结果。还可以进一步从抗弯强度的计算方法上找到原因。在材料力学中，W 的计算是在平面假设下，矩形截面上的应力分布是反对称于中性轴的两个三角形，而在清材受弯小试件中，若仍符合平面假设（图 1.5.3-1a），则受压区的应力分布，应在平面假设基础上，按图 1.5.1-1 中的受压应力-应变曲线求得，简化后应力分布应如图 1.5.3-1（b）所示，并不为反对称于中性轴的两个三角形。仍以鱼鳞云杉为例，抗压极限强度 $f_{cu}=42.4\text{N/mm}^2$，抗拉极限强度 $f_{tu}=100.9\text{N/mm}^2$。为简化，图 1.5.3-1（$b$）中 C 点附近本为曲线，现简化为两直线相交的拐点，压区压应力为直角梯形，拉区为直角三角形，由于拉压弹性模量基本相同，故压区梯形斜边和拉区三角形斜边的斜率一致而重合。由平衡条件 $\sum F_x=0$，可得中性轴距受拉边缘的距离为：

$$y_t=\frac{2hf_{cu}f_{tu}}{(f_{tu}^2-f_{cu}^2)+2(f_{cu}f_{tu}+f_{cu}^2)}=\frac{2hf_{cu}f_{tu}}{(f_{cu}+f_{tu})^2};$$

C 点距中性轴距离：

$$a=\frac{f_{cu}y_t}{f_{tu}}=\frac{2hf_{cu}^2}{(f_{cu}+f_{tu})^2};$$

C 点距受拉边缘的距离为：

$$y_c=\frac{2f_{cu}h}{f_{cu}+f_{tu}};$$

则对受拉边缘取矩可得极限弯矩：

$$M_u=f_{cu}bh\frac{h}{2}-(f_{cu}+f_{tu})\frac{2f_{cu}h}{f_{cu}+f_{tu}}b\frac{1}{3}\frac{2hf_{cu}}{f_{cu}+f_{tu}}=\frac{bh^2}{6}f_{cu}\left[3-\frac{4f_{cu}}{f_{cu}+f_{tu}}\right]$$

由此可见，如果按弹性方法计算，清材试件的抗弯强度应为：

$$f_{mu}=f_{cu}\left[3-\frac{4f_{cu}}{f_{cu}+f_{tu}}\right] \tag{1.5.3-2}$$

将鱼鳞云杉抗压强度 42.4N/mm²、抗拉强度 100.9N/mm² 代入上式，可得抗弯强度 $f_{mu}=77.0\text{N/mm}^2$，与实测强度 75.5N/mm²（按式（1.5.3-1）计算）相差无几。

由以上计算可见，由清材试件测得的极限弯矩并按式（1.5.3-2）计算所得的木材抗弯强度是一个名义值，它仅适用于纯弯曲的矩形截面试件，对于其他如工字形、圆形截面的纯弯曲或即使是矩形截面但为偏心抗力（包括压弯、拉弯）构件，其抗弯强度并不能用式（1.5.3-2）表示。例如对于矩形截面偏心受力构件，可按上述方法推得其抗弯强度为：

$$f_{mu}=(f_{cu}+\sigma_N)\left[3-\frac{4(f_{cu}+\sigma_N)}{f_{cu}+f_{tu}}\right] \tag{1.5.3-3}$$

可见抗弯强度与截面平均应力 $\sigma_N=N/(bh)$ 有关，其原因是为简化计算，采用了弹性抵抗矩 $W=bh^2/6$，并将抗弯强度定义为 $f_{mu}=M_u/W$。由此看来，木材即使是清材其抗弯强度并不像受拉、受压那样清晰明了，与截面上的应力分布有关，是一个较复杂的问题。

1.5.4　承压性能

木材承压是指两构件相抵时，在其接触面上传递荷载的性能。该接触面上的应力称为承压应力，木材抵抗这种作用的能力称为承压强度。根据承压应力的作用方向与木纹方向的关系，可分为顺纹承压、横纹承压和斜纹承压，如图1.5.4-1所示。由于接触面不平整，木材的顺纹承压强度略低于顺纹抗压强度，但两者差别很小，一般不作区分。

按承压面积占构件全面积的比例，木材的横纹受压又可分为全表面承压和局部（表面）承压，如图1.5.4-2所示，后者可再分为局部长度和局部宽度承压。

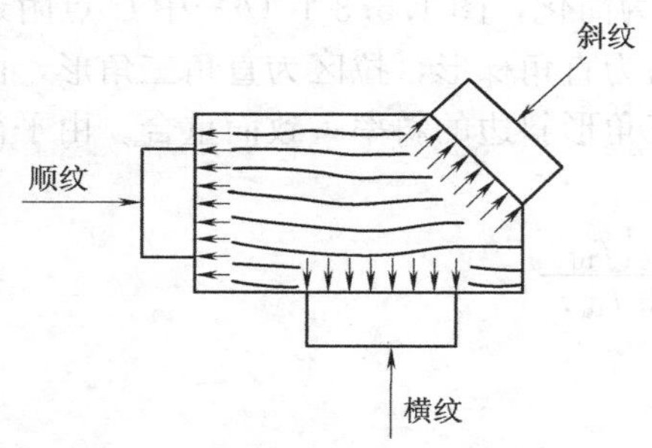

图1.5.4-1　承压类型

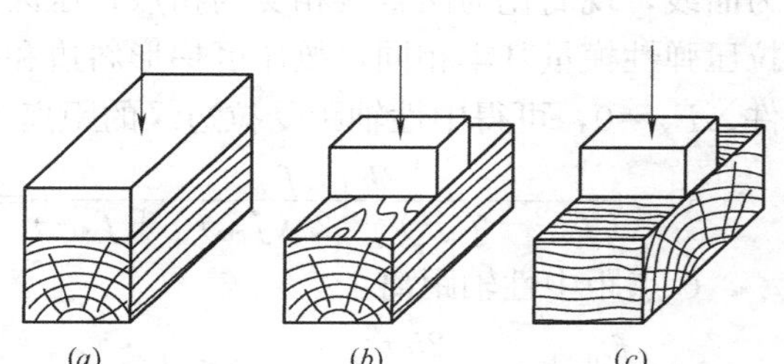

图1.5.4-2　横纹承压的分类

(a) 全面积受压；(b) 局部长度承压；(c) 局部宽度承压

全表面横纹承压时的应力-变形曲线如图1.5.4-3所示。受力初期变形与承压应力基本呈线性关系，这是细胞壁的弹性压缩阶段，承压应力达到一定数值后，变形急剧增大，曲线上出现一拐点，称之为比例极限 σ_a^b，是细胞壁因失稳而开始被压扁所致。细胞壁被压扁后，承压应力又可继续增加，变形又开始缓慢增长，出现另一个拐点，称之为硬化点。过硬化点后木材压缩变形已很大。工程设计中横纹承压按承载力极限状态验算时，通常用比例极限为承压强度指标。有些国家比如美国木结构设计规范（美国规范NDSWC）、加拿大木结构设计规范（加拿大规范CSA O86），取承压变形为1mm时的承压应力为强度指标，并不计荷载持续时间的影响（见1.6.4节），因此两者有较大差别，不能混淆。

局部横纹承压与全表面横纹承压有所不同。对于局部长度上的横纹承压（图1.5.4-

4a)，不单是承压接触面下的木材将荷载扩散，而且承压面两侧的木材纤维通过弯拉作用，也帮助其承压，从而可提高其承压强度，称枕木效应。实验表明，只有承压面边距端头一定距离，承压长度不大于200mm时强度才有提高，且与承压长度的相对比值有关，但当比值 $L/L_a \geqslant 3$ 后承压强度趋于恒定（图 1.5.4-5）。对于局部宽度承压（图 1.5.4-4b），因木材在横纹方向缺少纤维联系，两侧木材不能帮助其工作，荷载扩散能力也很弱，所以并不能提高承压强度。

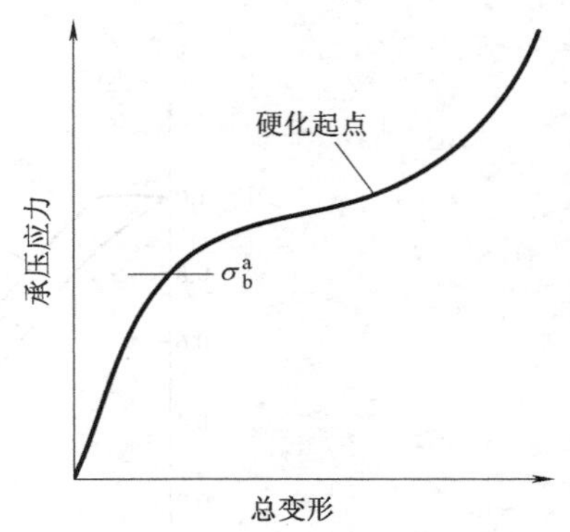

图 1.5.4-3　木材横纹承压应力-变形图

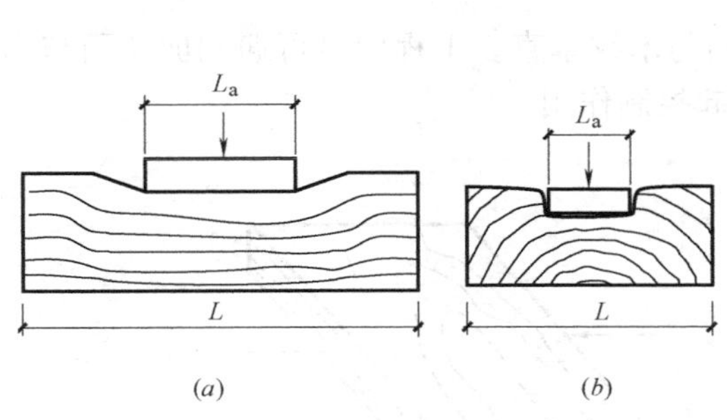

图 1.5.4-4　横纹局部承压工作

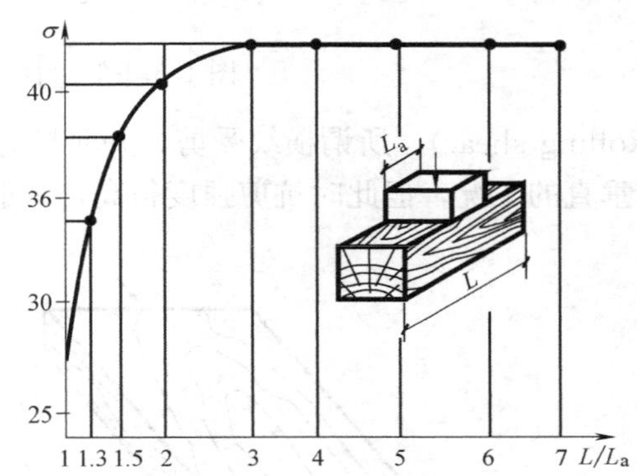

图 1.5.4-5　局部长度承压时承压相对长度对承压强度的影响

木材的斜纹承压强度随承压应力的作用方向与木纹的夹角 α 不同而变化，$\alpha=0°$时为顺纹承压强度 f_c；$\alpha=90°$时为横纹局部承压强度 f_{c90}；α 介于中间时，标准 GB 50005 用下式计算其斜纹局部承压强度（$\alpha \leqslant 10°$时取 $f_{c\alpha}=f_c$）：

$$f_{c\alpha}=\frac{f_c}{1+\left(\frac{f_c}{f_{c90}}-1\right)\frac{\alpha-10°}{80°}\sin\alpha} \tag{1.5.4-1}$$

国外木结构设计规范斜纹承压强度通常使用 Hankinson 公式计算，即：

$$f_{c\alpha}=\frac{f_c f_{c90}}{f_c \sin^2\alpha+f_{c90}\cos^2\alpha} \tag{1.5.4-2}$$

两者计算结果如图 1.5.4-6 所示，存在一定的差异。有些场合还用式（1.5.4-2）计算木材斜纹抗拉强度。

1.5.5　抗剪性能

木材受剪亦分为顺纹受剪、横纹受剪和成角度受剪三种形式，图 1.5.5-1 表示了前两种的剪力作用情况。成角度受剪的剪切面同以上两种情况，但剪力的作用方向与木纹成 α 角。所谓横纹受剪，是指剪力方向与木纹垂直而剪切面平行于木纹的情况，又称为滚剪

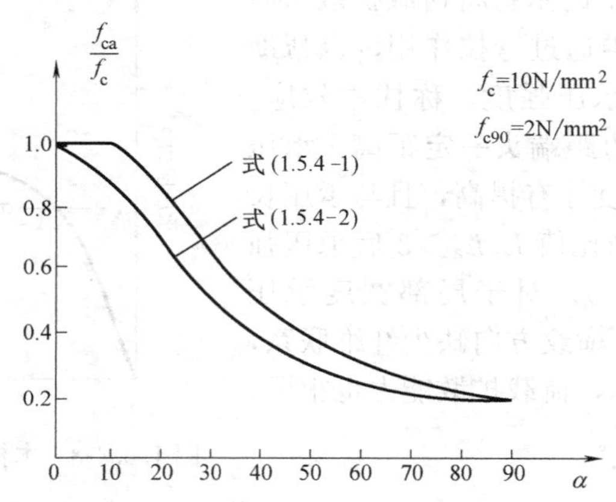

图 1.5.4-6　斜纹承压强度计算结果对比

(Rolling shear)。所谓横纹受剪，并非指剪切面与木纹垂直。工程中虽可遇到剪切面与木纹垂直的工况，但此时抗剪强度很高，一般不起控制作用。

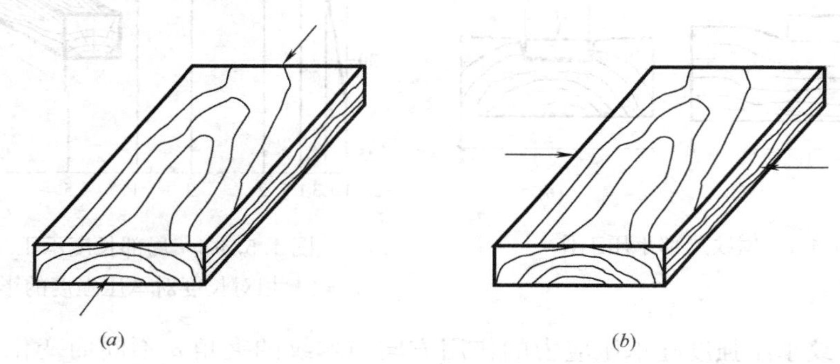

图 1.5.5-1　木材受剪

(a) 顺纹受剪；(b) 横纹受剪

木材的上述受剪形式，破坏时均具有明显的脆性特征，在无明显变形的情况下，破坏突然发生。鱼鳞云杉的顺纹抗剪强度平均为 6.5N/mm² (弦切面)、6.2N/mm² (径切面)；横纹抗剪强度平均为 2.6N/mm²，成角度的抗剪强度则介于两者之间。

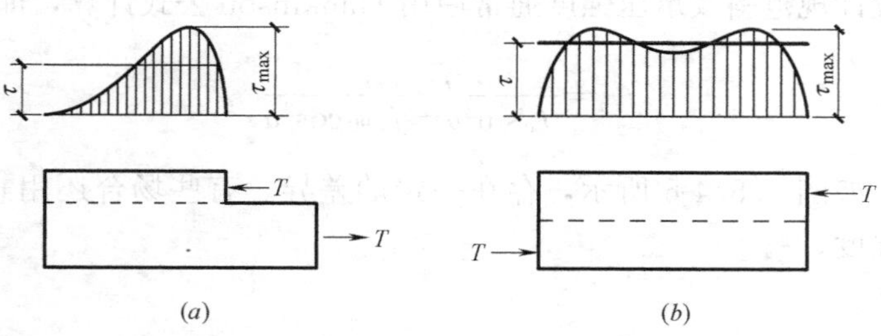

图 1.5.5-2　剪应力延长度分布

(a) 单侧受剪；(b) 双侧受剪

试验与理论分析均表明，剪应力沿受剪面长度上并不是均匀分布的，且其分布与剪力的作用方式有关。如图 1.5.5-2 所示的两种不同情况，一对剪力作用在剪切面同一端的单侧受剪，其剪应力分布要比一对剪力作用在两端的双侧受剪不均匀得多。一般说，剪切面长度短，剪应力分布均匀些，剪切面长则不均匀分布严重些。

实际工程中，在剪应力作用面上除有剪应力外，可能还有正应力作用。如图 1.5.5-3（*a*）所示，剪力作用端的拉应力常常导致木材横纹受拉而撕裂。为防止这种不利情况的出现，工程中常采用压紧措施，如图 1.5.5-3（*b*）所示的木桁架端节点的抵承面具有一定的斜度，使轴力 N_a 的竖向分量能压紧剪切面端部，能有效地防止木材横纹撕裂。

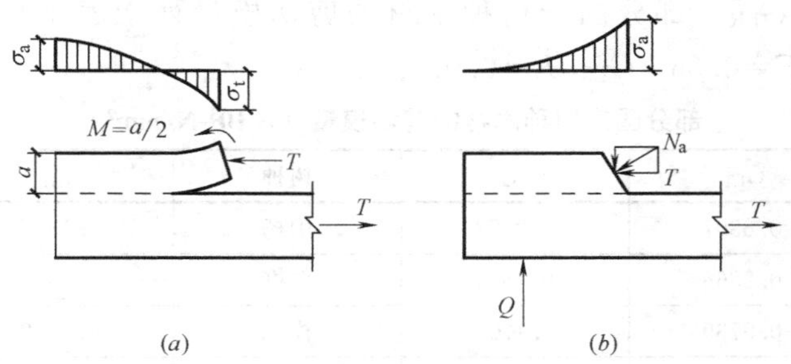

图 1.5.5-3　剪切面上的法向应力

木材顺纹受剪破坏表现在沿剪切面两侧木材的相对错动。若木材在该剪切面上恰好有干裂、斜纹、髓心等缺陷，会严重影响其抗剪承载力。因此工程中须正确选材，防止因用材不当造成过早破坏。

1.5.6　弹性模量

木材的弹性模量与树种、含水率等因素有关，其顺纹抗压和顺纹抗拉弹性模量基本相等。部分国产木材的抗拉、抗压弹性模量（平均值）列于表 1.5.6-1 中。木材的抗弯弹性模量略低于顺纹拉、压弹性模量，约差 10%。抗弯弹性模量的值与测定方法有关，若测得的试件挠度中包含有剪切变形成分，由此计算所得的抗弯弹性模量称为表观弹性模量，而不包含剪切变形成分的称为纯弯曲弹性模量，前者略小于后者。设计规范通常给出的是

部分国产木材顺纹抗拉、抗压弹性模量（$\times10^3$ N/mm²）　　表 1.5.6-1

树种	产地	顺纹抗拉	顺纹抗压
臭冷杉	东北长白山	10.7	11.4
落叶松	东北小兴安岭	16.9	—
鱼鳞云杉	东北长白山	14.7	14.2
红皮云杉	东北长白山	12.2	11.0
红松	东北	10.2	9.5
马尾松	广西	10.5	—
樟子松	东北	12.3	—
杉木	广西	10.7	—
木荷	福建	12.8	12.3
拟赤杨	福建	9.4	9.4

注：本表摘自《木结构设计手册》(第三版)。

一定剪跨比条件下的表观抗弯弹性模量，简称抗弯弹性模量或弹性模量。在结构变形计算中，顺纹抗拉、抗压与抗弯弹性模量不作区分，取同一值，但在涉及用抗弯弹性模量计算承载力或需分别按弯曲与剪切变形计算受弯构件的挠度时，理论上应采用纯弯曲弹性模量，为此可将规范给出的弹性模量适当提高，如提高 3%～5%。

木材横纹弹性模量分为径向 E_R 和切向 E_T 两种，亦随树种不同而不同。缺少数据时，与顺纹拉、压弹性模量之比可分别大致取 $E_R/E=0.10$ 和 $E_T/E=0.05$。

木材的剪切模量 G（剪变模量）亦与树种有关，并随剪力作用平面不同而异，弦切面为 G_{LT}，径切面为 G_{LR}。部分国产树种木材的剪切模量列于表 1.5.6-2 中。可近似取 $G/E=1/16$，$G_{LT}/E=0.06$，$G_{LR}/E=0.075$。

部分国产树种木材的剪切模量（$\times 10^3$ N/mm^2）　　**表 1.5.6-2**

树种	G_{LT}	G_{LR}	树种	G_{LT}	G_{LR}
红皮云杉	0.6307	1.2172	山杨	0.1827	0.9001
红松	0.2866	0.7543	白桦	0.9976	1.9310
马尾松	0.9739	1.1705	柞栎	1.2152	2.3795
杉木	0.2967	0.5348	水曲柳	0.8439	1.4783

注：本表摘自转载于《木结构设计手册》（第三版）的中国林业科学研究报告“木材剪变模量的研究”。

1.5.7　木材强度与密度的关系

大量试验表明，木材强度与密度有较紧密的关系，特别是同一树种的木材，其密度与强度间的关系更为紧密。表 1.5.7-1 列出了部分树种木材顺纹抗压强度与密度间的相关关系。

部分木材顺纹抗压强度与密度的关系　　**表 1.5.7-1**

树种	产地	关系式	树种	产地	关系式
落叶松	东北	$f_{15}=1191.75\rho_{15}-209$	杉木	湖南	$f_{15}=1455\rho_{15}-151$
黄花落叶松	东北	$f_{15}=1192.96\rho_{15}-188$	杉木	福建	$f_{15}=1119.34\rho_{15}-43$
红松	东北	$f_{15}=1067\rho_{15}-151$	白桦	东北	$f_{15}=832\rho_{15}-83$
马尾松	福建	$f_{15}=403.05\rho_{15}-149.6$			

注：1. 本表摘自转载于《木结构设计手册》（第三版）的中国林业科学研究报告“湖南贵州所产杉木的物理力学性质”，1957 年；“东北白桦、枫桦“水心材”物理力学性质的研究”，1954 年；“东北兴安落叶松和长白落叶松木物理学性质的研究”，1957 年；“红松木材力学性质的研究”，1958 年。
2. 本表强度单位为 kg/cm^2，ρ_{15} 是木材含水率为 15%时的密度（t/m^3）。

木材相对密度 G（气干相对密度）与清材小试件木材各种强度和弹性模量有下列关系可供参考：

顺纹抗压强度：$f_c=5.75+63.3G$　　（N/mm^2）

顺纹抗拉强度：$f_t=34.69+163.95G$　　（N/mm^2）

抗弯强度：$f_m=8.14+136.22G$　　（N/mm^2）

弹性模量：$E=2100+13720G$　　（N/mm^2）

1.6　影响木材力学性能的因素

工程中使用的天然木材不可避免地存在生长因素造成的各种缺陷，为与清材区别，称为结构木材。这些缺陷会使结构木材的力学性能与清材有所不同。结构木材在役期间力学性能还会受到使用环境的影响和荷载持续作用时间的影响，因此本书将使用环境和荷载持续作用效应也视为木材力学性能的影响因素。工程木的基材也是木材，其力学性能同样受这些因素的影响。

1.6.1　树木生长因素—缺陷

每根结构木材上均有随机分布的缺陷，如木节、斜纹等，除了木材天然生长因素所致，斜纹也可能是木材锯解造成的。缺陷的严重程度、分布位置等不同，对木材强度的影响程度也不相同。

斜纹对木材的抗拉强度影响最大，抗弯次之，抗压最小，如图 1.6.1-1 所示。总的来说，作用力与木纹间的夹角大小是影响程度的决定性因素。

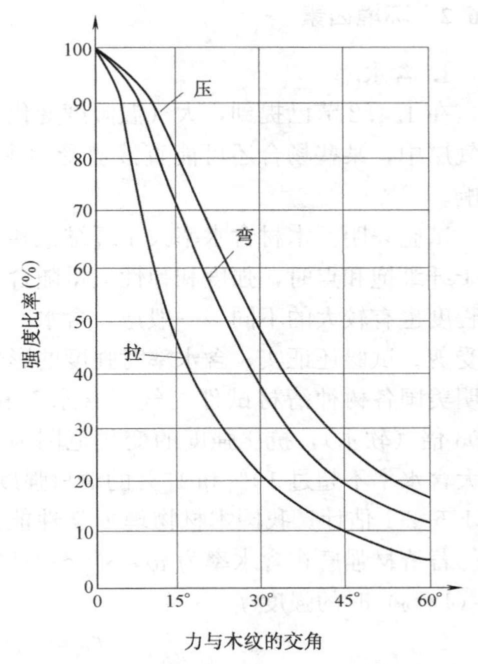

图 1.6.1-1　斜纹对木材强度的影响

木节对木材抗拉强度的影响也很大，原因一是木节与其周围的木质联系很差，既削弱了截面，也可能造成偏心作用；二是木节周围的纤维通常会环绕木节，形成涡纹，致使该处斜纹受拉；三是木节边缘存在应力集中现象，而木材顺纹受拉又无塑性变形能力，应力集中的程度不能缓解。木节对木材抗拉强度的影响程度尚与木节所在位置有关。试验表明，位于截面边缘的木节影响最大，例如边缘木节的宽度为截面宽度的 1/3 时，其抗拉承载力仅为同截面无木节构件的 25%～30%。这是木结构工程中受拉构件需选用高品质等级（缺陷极少）结构木材的主要原因。

木节对木材抗压强度的影响最小，如边缘木节的宽度为截面宽度的 1/3 时，其承载力为无木节构件的 60%～70%。

木节对木材抗弯强度的影响更复杂些。一方面木节对原木和锯材（方木、板材）的影响程度不尽相同，对原木影响小些，而对锯材影响大些；另一方面木节在锯材上的位置不同，影响程度也不同，木节在受拉边缘影响大，在受压边缘影响小些。一般说，木节对抗弯强度的影响程度亦介于受拉和受压之间。据统计，对于锯材，当木节宽度为截面宽度的 1/3 时，其承载力为无木节构件的 45%～50%，对于原木约为 60%～80%。

木材干燥过程中造成的木材干裂，若导致通长的贯通裂缝则不允许用作结构木材。干裂对顺纹受剪影响最大，受弯次之。这是因为干裂总是与木纹方向平行，它恰好与顺纹受剪的剪切面一致。因此凡构件剪应力较大的区域，木材上不应有干裂等裂缝。

上述关于缺陷对木材顺纹抗拉强度影响的讨论，也解释了清材受弯试件与结构木材受弯试件破坏特征的根本不同，前者在 1.5.3 节中已作说明，是受压区边缘纤维首先屈曲皱折而引起破坏，后者则往往为受拉区边缘斜纹或木节处被拉断而破坏，受压区边缘木材未见皱折现象。正是这一点，解释了有时锯材的抗弯强度低于抗压强度的现象。

1.6.2　环境因素

1. 含水率

在 1.4.2 节已提到，大气温湿度变化会改变木材的含水率，结构构件在役期间暴露在大气层中，某些场合还可能直接遭受雨水的侵入，因此需了解含水率对木材力学性能的影响。

试验表明，木材含水率大于纤维饱和点后，其力学性能不再受含水率变化的影响。但小于纤维饱和点时，强度和弹性模量随含水率降低而增大，且含水率变化对不同强度的影响程度也有较大的不同。一般地，含水率对抗压强度影响最大，其次是弯、拉，最小为顺纹受剪。试验还证实，含水率对强度的影响程度还与树种有关，例如标准 ASTM D 2555 表明美国各树种清材试件的气干含水率和饱和含水率的抗弯强度的变化范围为 1.25～2.06 倍（软木），抗压强度的变化范围为 1.64～2.24 倍。因此标准 ASTM D 245 规定，最大含水率不超过 19%和 15%的清材强度较饱和点含水率下相应强度的提高百分比可按表 1.6.2-1 估计。我国木材物理力学性能试验方法规定清材强度以含水率 $w=12\%$ 为基准。若清材强度在含水率为 $w=8\%\sim23\%$ 的范围内测得，采用下式将其换算成标准含水率（12%）时的强度 f_{12}：

$$f_{12}=f_{w}[1+\alpha(w-12)] \qquad (1.6.2\text{-}1)$$

式中：f_w 为含水率为 w 时测得的强度；α 为调整系数，不同受力状态的调整系数见表 1.6.2-2。

美国树种不同含水率条件的强度增量（%）　　**表 1.6.2-1**

受力性质	$w\leqslant19\%$	$w\leqslant15\%$
弯	25	35
弹性模量	14	20
顺纹受拉	25	35
顺纹受压	50	75
剪	8	13
横纹承压	50	50

木材含水率调整系数　　**表 1.6.2-2**

受力性质	α	树种
顺纹抗压强度	0.05	一切树种
弯曲强度	0.04	一切树种
弯曲弹性模量	0.015	一切树种
顺纹抗剪强度	0.03	一切树种
顺纹抗拉强度	0.015	阔叶树种
横纹全表面承压强度	0.045	一切树种
横纹局部承压强度	0.045	一切树种
横纹承压弹性模量(注)	0.055	一切树种

注：换算弹性模量时使用式（1.6.2-1），但将 f 改为 E，其拉、压弹性模量 α 系数可分别参照拉、压强度的 α 值。

20 世纪 70 年代开始，一些学者开展了含水率对结构木材力学性能影响的研究，发现含水率对同树种不同品质等级木材强度的影响是不同的，尤其是结构木材用其标准值来评价时，含水率对高品质等级木材的影响程度高，接近于清材；对于低品质等级木材则影响甚微，并几乎无规律可循。

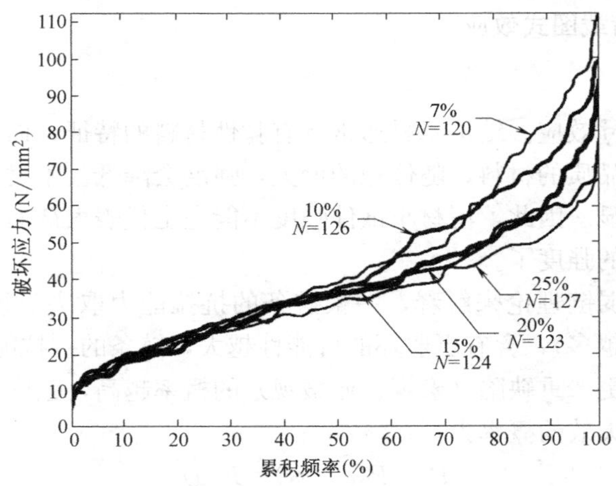

图 1.6.2-1　含水率对结构木材强度的影响

图 1.6.2-1 是含水率分别为 25%、20%、15%、10%和 7%时某树种同一批结构木材的抗弯强度试验结果。由图可见，在 0.4 分位值（图中 40%累积频率）或强度约为 35 N/mm^2处，已很难分清含水率对强度的影响规律。结构木材标准强度为实测强度的 0.05 分位值（即保证率为 95%），在此分位值下，五种含水率的木材强度已混在一起，已很难区分含水率对木材强度的影响。对于木材受拉也存在类似的情况。这种现象是可以理解的，低品质结构木材的缺陷严重，变异性大，已成为决定强度的主要因素，特别是高保证率（95%）下的强度，而含水率对强度虽有影响但已降为次要因素。高品质结构木材缺陷少，其强度更大程度上仍取决于清材，而清材的强度受含水率影响显著，木节等缺陷对木材的强度影响较小。含水率对不同品质等级木材强度影响的差别已体现在许多国家的木结构技术标准中。

木构件，特别是截面较大的层板胶合木构件，在大气循环作用下会产生开裂现象，从而影响构件的承载性能。大气相对湿度的变化使构件中表层木材吸湿和解湿，随着含水率的变化发生干缩湿胀变形，而木构件内部含水率保持相对稳定，从而导致构件中表层木材产生反复作用的拉、压应力。在多次循环作用下，其横纹拉应力会使木材开裂，从而影响构件的使用寿命，这一现象也值得注意。

2. 温度影响

在大气自然环境范围内，温度对结构木材力学性能的影响不大，随着温度增高，强度有所降低，大致呈线性关系。木材密度大的变化幅度大于密度低的木材。资料表明，对于木材的抗压、抗弯强度和弹性模量，温度每改变 5℃，强度和弹性模量变化 2.5%～5%（增加或减小），温度对抗拉强度的影响虽也呈线性关系，但幅度要小一些，大致为上述数值的 1/2。

如果木材长期处于 60～100℃条件下，其水分和某些挥发物被蒸发，木材将变成暗黑色；温度超过 140℃，木纤维开始分解，从而呈黑色，强度与弹性模量会显著减低，从而丧失使用功能。因此，标准 GB 50005 规定木结构不应长期处于高温下工作，木材表面温度达到 50℃，强度设计值降低 20%。

1.6.3　体积效应与荷载图式效应

1. 体积效应

体积效应又称尺寸效应。结构木材通常具有脆性材料的特征，而脆性材料往往存在明显的体积效应，即同品质的材料，随体积的增大，强度会降低。木材便具有这种特性，抗拉与抗弯强度尤为明显。因此，清材小试件强度不能完全代表大截面清材的强度，更不用说是大截面结构木材的强度了。

体积效应可用最弱链理论来解释，一根链条的抗拉能力取决于该链条中最弱的一个环，链条越长（环数越多），含有更弱环的可能性越大，链条的抗拉能力就越低。类似地，木材体积越大，出现更严重缺陷（宏观、亚微观）的概率越高，强度就越低。

设链条中某一环失效的概率为：

$$P_f=P(\sigma>\sigma_0)=F(\sigma) \tag{1.6.3-1}$$

存活概率为：

$$P_s=1-P_f=P(\sigma\leqslant\sigma_0)=1-F(\sigma) \tag{1.6.3-2}$$

式中：σ_0 为链条的抗拉强度；$F(\sigma)$ 为某环链条抗拉强度的分布函数（见图 1.6.3-1）。

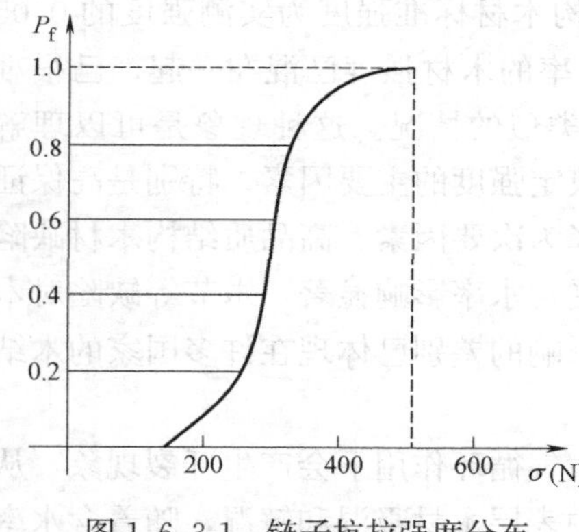

图 1.6.3-1　链子抗拉强度分布

脆性材料的强度通常服从韦伯分布（极值Ⅲ型分布）：

$$F(\sigma)=1-\exp\left[-\left(\frac{\sigma-l}{m}\right)^{1/k}\right] \tag{1.6.3-3}$$

式中：k 为形状参数（Shape parameter，也有文献将 $1/k$ 称形状系数）；m 为尺度参数（Scale parameter）；l 为位置参数（Location parameter）。式（1.6.3-3）称为三参数韦伯分布，如果式中的位置参数 l 取 0 值，则成为两参数韦伯分布：

$$F(\sigma)=1-\exp\left[-\left(\frac{\sigma}{m}\right)^{1/k}\right] \tag{1.6.3-4}$$

一根链子由 n 个环组成，则存活概率为：

$$p_s=p(\sigma_1\leqslant\sigma_0)p(\sigma_2\leqslant\sigma_0)\cdots p(\sigma_i\leqslant\sigma_0)\cdots p(\sigma_n\leqslant\sigma_0)=\prod_{i=1}^{n}p(\sigma_i\leqslant\sigma_0) \tag{1.6.3-5}$$

失效概率为：

$$\begin{aligned}P_f&=1-P_s=1-\prod_{i=1}^{n}P(\sigma_i\leqslant\sigma_0)=1-\prod_{i=1}^{n}[1-P(\sigma_i>\sigma_0)]\\&=1-\prod_{i=1}^{n}\left[1-\left(1-\exp\left(-\left(\frac{\sigma-l}{m}\right)^{\frac{1}{k}}\right)\right)\right]=1-\exp\left[-n\left(\frac{\sigma-l}{m}\right)^{\frac{1}{k}}\right]\end{aligned} \tag{1.6.3-6}$$

将链条的一环设为木材的单位体积，则一根木材的体积为 $V=n$，式（1.6.3-6）可写为：

$$P_{\mathrm{f}}=1-\exp\left[-V\left(\frac{\sigma-l}{m}\right)^{1/k}\right] \tag{1.6.3-7}$$

可见，相同体积的某树种木材具有不同的强度时，将对应于不同的失效概率。反之，具有不同体积的木材（V_1、V_2），如果失效概率相同（$P_{\mathrm{f1}}=P_{\mathrm{f2}}$），强度将是不同的，两者的强度比可由式（1.6.3-7）确定，即：

$$\frac{V_1}{V_2}=\left(\frac{\sigma_2-l}{\sigma_1-l}\right)^{1/k} \tag{1.6.3-8}$$

用两参数韦伯分布表示，则为：

$$\frac{V_1}{V_2}=\left(\frac{\sigma_2}{\sigma_1}\right)^{1/k} \tag{1.6.3-9}$$

以上三式就是体积效应的基本表达式。木材的体积由截面高度 h、宽度 B 及长度 L 连乘，故式（1.6.3-9）可写成：

$$\frac{\sigma_2}{\sigma_1}=\left(\frac{h_1}{h_2}\right)^{k_{\mathrm{h}}}\left(\frac{B_1}{B_2}\right)^{k_{\mathrm{B}}}\left(\frac{L_1}{L_2}\right)^{k_{\mathrm{L}}} \tag{1.6.3-10}$$

该式即为标准 ASTM D 1990 中，将非标准尺寸规格材的强度试验结果调整到标准尺寸（38mm×184mm×3658mm）规格材力学性能指标的尺寸效应调整公式。式中抗拉、抗弯、抗压强度和弹性模量的形状参数 k_{h}分别取为 0.29、0.29、0.13、0.13；k_{L}分别取为 0.14、0.14、0、0；而 k_{B}均取为 0。标准 GB 50005 在处理尺寸效应时十分简化，将清材小试件的抗拉、抗压、抗弯、抗剪强度分别乘以系数 0.75、1.00、0.89、0.90，即得足尺构件的相应强度。

对于受弯构件，一般认为其截面宽度变化不大，可以不计其影响，而受弯构件的强度指标又针对于一定的跨高比 β，故式（1.6.3-10）简化为：

$$\frac{\sigma_2}{\sigma_1}=\left(\frac{h_1}{h_2}\right)^{k_{\mathrm{h}}}\left(\frac{\beta h_1}{\beta h_2}\right)^{k_{\mathrm{L}}}=\left(\frac{h_1}{h_2}\right)^{k_{\mathrm{hL}}} \tag{1.6.3-11}$$

这一木材强度的尺寸效应修正公式已为许多国家的标准所采纳。如美国木结构设计规范 NDSWC，当锯材截面的高度大于 305mm（12″）时，尺寸调整系数取$\left(\frac{305}{h}\right)^{\frac{1}{9}}$；欧洲规范 EC 5，当锯材截面高度小于 150mm 时，取$\left(\frac{150}{h}\right)^{0.2}\leqslant 1.3$ 的强度提高系数。图 1.6.3-2 示出了北美花旗松-落叶松和铁杉规格材抗弯强度（5 分位值）尺寸效应的试验结果，含 2 个品质等级（SS、No1）、4 种截面高度（38mm×89mm、38mm×140mm、38mm×184mm、38mm×235mm）。可见规格材的截面高度越大，强度越低。

2. 荷载图式效应

上述体积效应的讨论中假设沿构件全长应力相同，即在拉力作用下，链条各环受到的拉力是相同的。在许多结构构件中，应力沿构件长度并不相同，构件上最大应力所在的位置与随机分布的最大致命缺陷所在的位置重合的概率极小。即使致命缺陷分布位置一致的构件，在不同的荷载图式作用下，按一般力学原理以截面最大应力为强度代表值时，其大小也是不同的，这一现象称为荷载图式效应。例如图 1.6.3-3 所示的两种荷载图式分别作用在两根品质完全相同的梁上，设梁的致命缺陷位于截面 A 的位置，则图 1.6.3-3（a）为均匀弯矩作用，最大（破坏）弯矩由截面 A 的抗弯强度 f_{mA} 决定，按材料力学计算的弯曲应力 σ_m，即为该梁的抗弯强度 f_{mA}；但对于图 1.6.3-3（b）的荷载图式，弯矩图为三角形，只有当截面 A 的弯曲应力 σ_{mA} 达到 f_{mA} 时，梁破坏。此时跨中弯矩大于截面 A 的弯矩，因此由跨中弯矩计算的弯曲应力 σ_m 为梁的抗弯强度 f_m，显然要高于图 1.6.3-3（a）梁的强度。仅当最致命的缺陷恰好处在弯曲应力最大处时，两者强度才相同，但出现这种情况的概率极小。这种现象称为荷载图式对木材强度的影响。

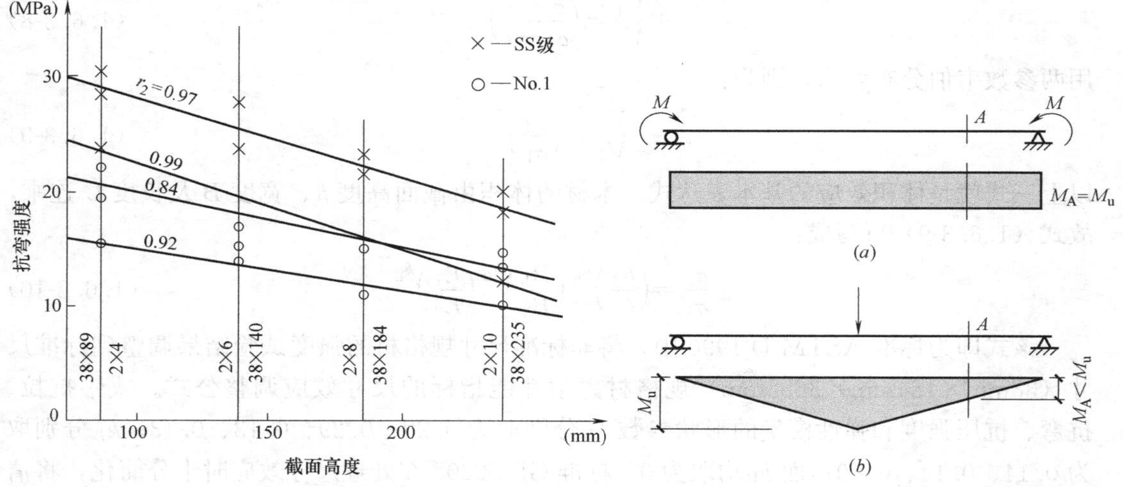

图 1.6.3-2　花旗松-落叶松和铁杉规格材的尺寸效应　　图 1.6.3-3　荷载图式效应示意图

一些学者研究指出，受弯构件仍可用式（1.6.3-9）计算荷载图式对抗弯强度的影响，仅需将式中 V_i 用对应的弯矩图形的丰满度系数 λ_i 替代。弯矩图形越丰满，抗弯强度越低。表 1.6.3-1 列出了数种不同荷载图式形状参数 $k=0.2$ 条件下的丰满度系数 λ 值和以第 2 种荷载图式为基准强度的强度调整系数。可见，木材的抗弯强度与荷载图式有关，但因抗弯强度韦伯分布形状参数 k 的取值不同，实际荷载图式的调整系数可能与表 1.6.3-1 的取值有所不同。例如标准 ASTM D 3737 中规定，对于层板胶合木受弯构件，若以简支梁均布荷载为基准强度 1.0，则跨中一个集中力作用时，调整系数取 1.08；跨中两个三分点集中力，调整系数为 0.97。荷载图式效应是许多木结构试验方法均明确规定试验荷载图式的一个依据。

丰满度系数 λ 和荷载图式调整系数（$k=0.2$）　　**表 1.6.3-1**

序号	荷载图式		丰满度系数 λ	强度调整系数
1	简支梁	均布弯矩	1.0	0.85
2		三分点两集中力	0.4444	1.00
3		均布荷载	0.3688	1.04
4		跨中一个集中力	0.1667	1.22
5	两端固定梁	跨中一个集中力	0.1667	1.22
6		三分点两集中力	0.1156	1.39
7		均布荷载	0.0743	1.47

1.6.4 荷载持续作用效应

木材是一种黏弹性材料，在荷载持续作用下，随时间的推移变形会增大，某些条件下还会破坏。前者称为木材的蠕变，后者称为荷载持续作用对强度的影响——荷载持续作用效应（Duration of load，DOL）。木材的这一特性始终为人们所关注，大约从 200 年前开始研究，至今仍未停止。

1. 荷载持续作用对强度的影响

恒定荷载作用下，持续时间不论多长也不至引起材料破坏的应力称木材的持久强度。换言之，只要应力超过持久强度，木材的破坏终将会发生。有学者断言，持久荷载产生的应力达到短期强度的 60%时就可能破坏；也有人认为应力不超过木材的比例极限（弯曲比例极限大约为 9/16 的短期抗弯强度）破坏就不致发生。实际木结构工程仅需保证有限使用年限内的安全可靠，因此需要解决的不完全是持久强度而是有限使用年限内的强度问题，复杂性还在于有限使用年限内荷载的不确定性影响。关于荷载持续作用效应的研究首先从清材小试件开始，后又发展到对结构木材的研究。

20 世纪 40 年代，美国林产品实验室（FPL）发表了著名的关于荷载持续作用效应的双曲线形的 Madison 曲线（图 1.6.4-1）。该曲线归纳了 Markwardt Liska 的短期加载试验结果，Elmendorf 的冲击试验结果和 Wood 的三分点受弯试件长期试验结果，因此 Madison 曲线上有三个控制点：冲击荷载（0.015s 破坏）破坏时的应力比（冲击强度/短期强度）150%；短期荷载（7.5min）破坏时的应力比 100%；以及持久荷载（3250h）破坏时的应力比 69%。持荷时间与破坏应力间的双曲线函数关系为

$$SL=18.3+108.4t^{-0.0464} \tag{1.6.4-1}$$

式中：SL 为持荷 t 时的强度与短期强度的百分比；荷载持续作用时间 t 以秒计。

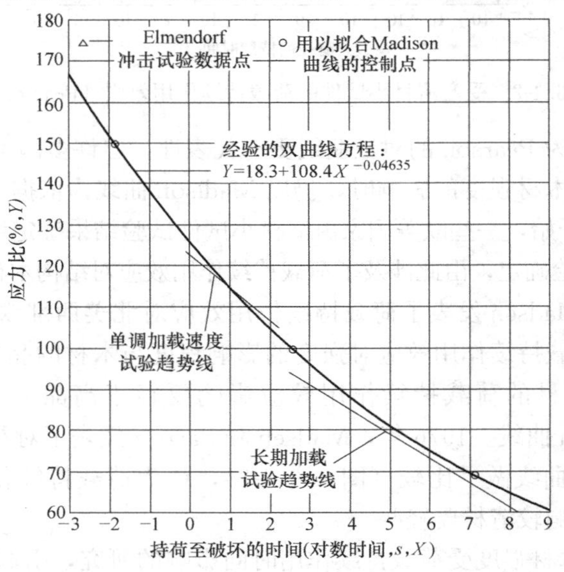

图 1.6.4-1 清材的荷载持续作用效应（Madison 曲线）

由此推算，荷载持续时间10年后的强度为短期强度的62%（$K_{DOL}=0.62$）。此后，Wood根据自己的持久荷载试验结果，归纳的最佳拟合结果为一对数曲线：

$$SL=90.4-6.3\lg t \quad (1.6.4\text{-}2)$$

式中：t以小时计。由此推算，荷载持续作用10年后，强度变为短期值的59%。

继Wood之后，Pearson对多家的研究成果进行了总结，发现尽管试件的含水率和尺寸有所不同，但荷载持续作用效应都具有很好的一致性。对于强度比在$SL=100\%$以内的试验结果，最佳拟合关系为（图1.6.4-2）：

$$SL=91.5-7\lg t \quad (1.6.4\text{-}3)$$

式中：t以小时计。由此可推得持荷10年后的强度为短期强度的58%。

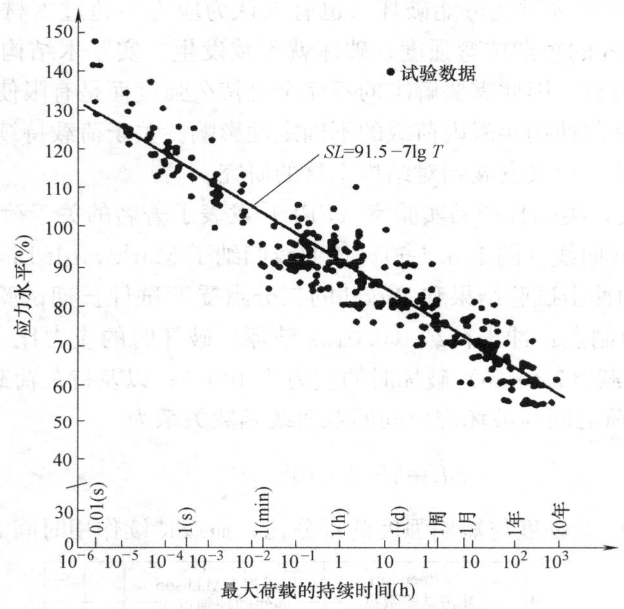

图1.6.4-2　受弯清材小试件的荷载持续作用效应（Pearson曲线）

尽管一些学者认为Pearson的对数曲线更有代表性，但许多国家的木结构设计规范在处理荷载持续作用对木材强度的影响时，仍以Madison曲线为依据。

20世纪60年代开始，一些欧美国家由清材小试件试验结果确定结构木材的强度，逐步转变到由足尺试件试验确定，由此涉及了荷载持续作用效应对结构木材强度影响的研究。

1973年，Borg Madsen发表了荷载持续作用效应对北美西部铁杉结构木材强度影响的试验结果，认为荷载持续作用效应对强度的影响程度与木材的品质有关。相同条件下，低品质（低强度）木材的荷载持续作用效应影响要轻于高品质木材，且显著地轻于（DOL值大）Madison曲线。1976年，Madsen和Barrett发表了对花旗松结构木材的试验结果，并与Madison曲线做了比较（图1.6.4-3），认为荷载持续作用时间在一年以内，对结构木材的强度影响较清材要轻些。

Madsen对结构木材强度受荷载持续作用时间影响的研究，引起了更多北美和欧洲学者的注意，从而引发了更广泛的研究。Sharp和Craig等学者于1996年报告了北美部分树种（西部铁杉、白松、花旗松、南方松）若干不同品质等级规格材的试验研究结果。其中

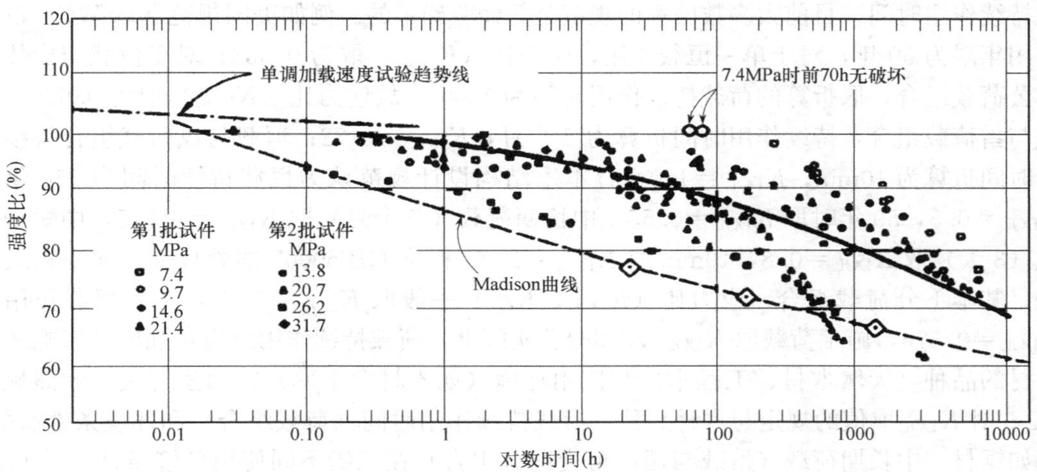

图 1.6.4-3 Madison 曲线与花旗松结构木材的荷载持续作用效应对比：第 1 批试件为 No.2 及以上级规格材（含部分 No.3 级），应力值 7.4～21.4MPa 分别为该批规格材的抗弯强度的 5、10、25 和 50 分位值乘以系数 0.71；第 2 批试件为 No.1 及以上级规格材，应力值 13.8～31.7MPa 也分别为该批规格材的抗弯强度 5、10、25 和 50 分位值乘以系数 0.71

一项研究所得应力比的平均值、最小值和最大值与 Madison 曲线的比较如图 1.6.4-4 所示。由图可见，在 1 小时到 1 年以内，其平均曲线的趋势与 Madison 曲线基本一致，之后应力比略低于 Madison 曲线。可进一步推定，10 年后的应力比经外插法推算大约为0.4～0.6。总之众多学者（Fewell、Glos、Hoffmeyer 等）的研究结果并没有证明木材品质不同引起的差别，即仍倾向于 Madison 曲线。

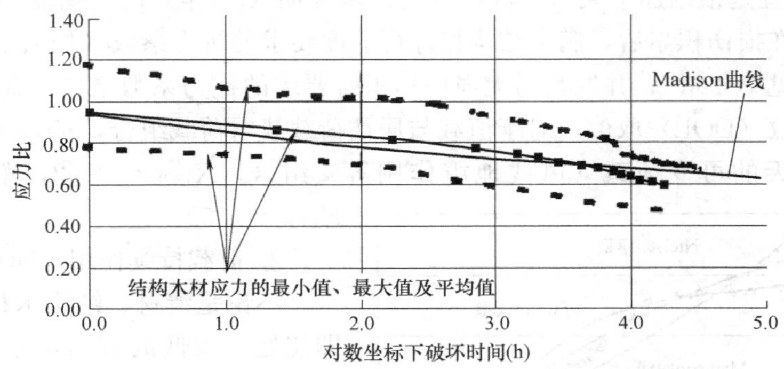

图 1.6.4-4 结构木材荷载持续作用效应与 Madison 曲线的对比：含（a）西部铁杉（Western Hemlock）-No.2 及以上，38mm×140mm；（b）白云杉（White Spruce）-质量 1 级（Quality 1），38mm×184mm，质量 2 级（Quality 2），38mm×184mm，质量 3 级（Quality 3），38mm×89mm；（c）花旗松-SS，No.2 及以上，38mm×89mm，38mm×140mm；（d）南方松- No.2 及以上级，38mm×89mm，高温干燥，CCA 处理。

以上介绍的是木材在恒定荷载作用下强度的衰减问题。实际工程中除恒载外，尚存在相当比例的可变荷载。如何利用恒定荷载作用下的研究成果来确定设计使用年限内的荷载持续作用影响系数（K_{DOL}），仍是个问题，需要确定一个恒载与可变荷载组合下的当量荷载持续作用时间。目前大多数国家的规范是凭经验确定的。例如美国规范 NDSWC，设计使用年限为 50 年，对于单一恒载作用，应力比（K_{DOL}）取为 0.563；对于恒载与居住或办公荷载组合，取折算的荷载持续作用时间为 10 年，故应力比（K_{DOL}）取为 0.625；恒载与雪荷载组合，持续作用时间折算为 2 个月，$K_{DOL}=0.72$；恒载与风荷载组合持续作用时间折算为 10min，$K_{DOL}=1.0$。日本木结构设计规范认为恒载持续时间为 250 年时 $K_{DOL}=0.5$，50 年时取 $K_{DOL}=0.55$，中长期荷载（三个月）取 $K_{DOL}=0.715$，中短期荷载（3 天）取 $K_{DOL}=0.8$，10min 取 $K_{DOL}=1.0$。标准 GB 50005 的处理方法显得粗线条些，基本不分荷载组合，应力比（K_{DOL}、K_{Q3}）一般取 $K_{DOL}=0.72$，单一恒载作用取 $K_{DOL}=0.576$，施工荷载取 $K_{DOL}=0.864$。实际上，荷载持续作用效应对强度的影响还与木材的品种（天然木材、工程木）和使用环境（如木材含水率）等因素有关。欧洲规范 EC 5 对 K_{DOL} 取值的规定与木材品种、荷载持续作用时间（荷载组合）和环境条件有关。例如锯材，中长期荷载（恒载与楼面可变荷载组合）在三级不同使用环境条件下，K_{DOL} 分别取为 0.8、0.8 和 0.65；对于 OSB，同为中长期荷载，对应于第 1、2 级环境 K_{DOL} 分别取为 0.7、0.55，且不能在第 3 级环境中使用。

荷载持续作用时间对木材强度影响的处理并不局限于对试验结果的直接利用，还激发了对其机理的研究，从而提出了不同的计算模型来估计不同场合的应力比（K_{DOL}）的取值。目前有两种较好的模型来描述荷载持续时间对强度的影响。一是损伤累积模型，二是建立在木材是一种存在损伤的黏弹性材料（Damaged viscoelastic material，DVM）基础上的断裂力学模型。损伤累积模型中有 Gerhard 和 Link 提出的两参数模型；有 Barrett 和 Foschi 等提出的四参数模型，经 Foschi 和 Yao 修正后的四参数模型更接近于试验结果（图 1.6.4-5），且用于确定加拿大木结构设计规范 CSA O86 中的荷载持续作用效应系数（K_{DOL}）。其过程是根据加拿大木结构建筑设计基准期（30 年）内的荷载历程，利用该模型计算木材存在损伤积累后，满足结构目标可靠度要求的抗力系数（相当于我国抗力分项系数的倒数，见第 4 章），并取其与无损伤累积时要求的抗力系数之比为荷载持续时间对强度的影响系数（DOL）取值。对于恒载与居住荷载或雪荷载组合，$K_{DOL}=0.8$；恒载与累积不超过七天的可变荷载（风或地震作用等）组合，$K_{DOL}=0.92$，单一恒载作用，$K_{DOL}=0.52$。

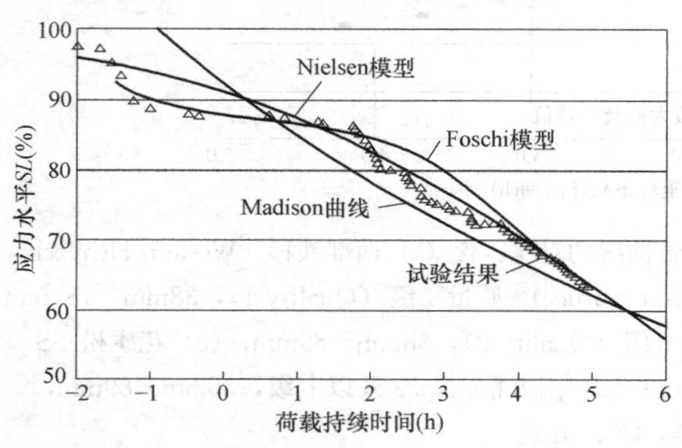

图 1.6.4-5　不同的荷载持续作用效应模型与试验结果对比：短时间内，Foschi 模型较为准确，中期，Nielsen 模型较为准确，20 个月之后，两模型均很准确。

2. 荷载持续作用时间对变形的影响

不论是清材、结构木材还是工程木，即使处于较低的应力水平下，随着持续作用时间的增加，变形会有一定的增加，这种现象称为蠕变（Creep）。木材试件在规定的速度下迅速加载（约 1min 左右）至某应力水平时产生的瞬时变形为弹性应变 δ_e，保持该应力水平并持续时间 t（以下简称时长 t）后，试件的总变形 δ_t 称为“长期”变形，差值（$\delta_t-\delta_e$）即为经时长 t 后的蠕变变形 δ_{crt}。研究木材蠕变的目的是为更好地了解木结构的长期变形，使其不致影响使用功能。一般将蠕变变形 δ_{crt} 与弹性变形 δ_e 之比定义为蠕变系数，即：

$$k_{crt}=\frac{\delta_{crt}}{\delta_e} \tag{1.6.4-4}$$

将总变形与弹性变形之比定义为相对蠕变变形系数 k_{deft}：

$$k_{deft}=\frac{\delta_t}{\delta_e} \tag{1.6.4-5}$$

则长期变形 δ_t 可由下式表示：

$$\delta_t=\delta_e k_{deft}=\delta_e(1+k_{crt}) \tag{1.6.4-6}$$

长期变形 δ_t、蠕变系数 k_{crt} 和相对蠕变变形系数 k_{deft} 均是时长 t 的函数。研究表明，蠕变变形在加载结束后的前 1、2 天内发展较快，其后逐渐趋缓。蠕变系数 k_{crt} 虽是时长 t 的函数，但同树种（品种）木材同一时长 t 的蠕变系数 k_{crt} 与应力水平（即弹性变形的大小）无关，不同应力水平下的蠕变系数 k_{crt} 基本相同。图 1.6.4-6 和图 1.6.4-7 所示为同一树种的结构复合木材（LVL）在三种不同应力水平（拉、压）下的长期变形（总变形）和蠕变系数与时长 t 间的关系曲线。蠕变系数与时长 t 可用指数关系表示

$$k_{crt}=At^B \tag{1.6.4-7}$$

式中：A、B 为与树种或木材品种以及木材所处的环境有关的系数；时长 t 以小时计。对于图 1.6.4-7 所示曲线，经回归得 $A=B=0.22$。日本木结构设计规范认为 $A=0.15\sim0.3$，$B=0.15\sim0.30$。

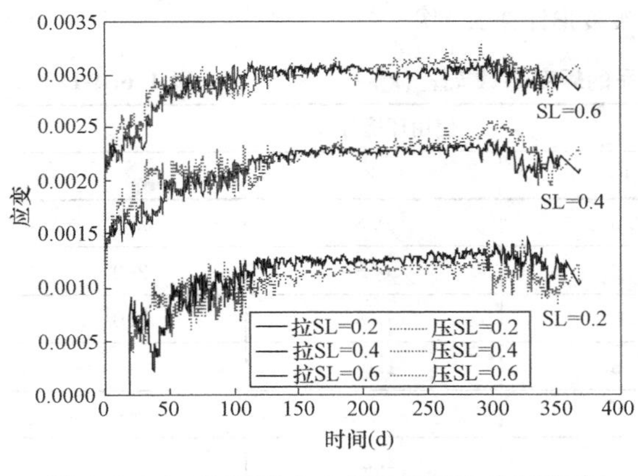

图 1.6.4-6 不同应力水平下的时间-变形曲线

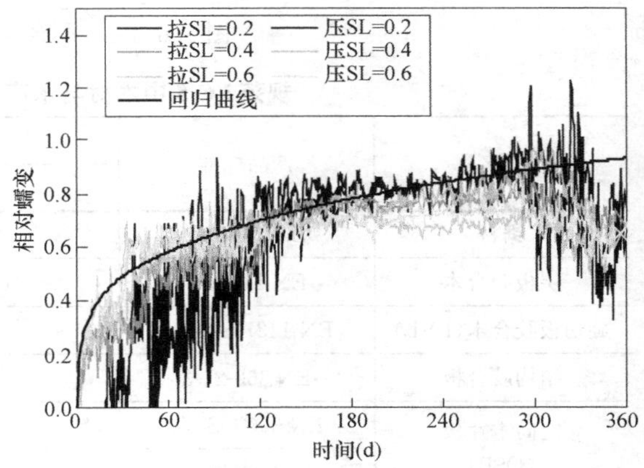

图 1.6.4-7 蠕变系数-荷载持续作用时间曲线

关于木材蠕变的机理，尽管有许多学者进行了研究，但对其中的一些现象认识并不完全一致。木构件在恒定荷载作用下的蠕变变形被认为由两部分组成，一是在恒定含水率条件下的黏弹性变形，含水率越大，蠕变愈严重，但卸载后可缓慢恢复，称为弹性后效。恢复的过程可用反向加载的变形发展过程描述。如图 1.6.4-8 所示，卸载后经时长 $t(=t_i-t_1)$ 后，剩余的蠕变变形 $\Delta\delta_{cr}=\delta_{t_0-t_i}-\delta_{t_1-t_i}$，多循环时会累积。产生蠕变的另一个因素是在恒载作用期间木材含水率变化造成的机械吸附变形（Mechano-sorptive deformation），这部分变形是不可逆的。尽管不少学者采用类似于麦克斯威尔等复杂模型研究蠕变机理，但有些现象至今未能明确解释。这也说明木材蠕变机理复杂。同时，保持木结构良好的使

用环境也是很重要的。

关于木材的蠕变系数，标准 GB 50005 尚未作出明确规定，但可以从某些国家的规范对木结构长期变形的计算规定中，了解蠕变系数的一般情况。美国规范 NDSWC-2005（1997）规定，恒载作用下的长期变形在干燥条件下为瞬时变形的 1.5 倍，潮湿条件下为 2 倍（相当于 $k_{\mathrm{deft}}=1.5$、2.0）。日本木结构设计规范认为恒载作用 50 年对于系数 $A=B=0.2$ 的木材，$k_{\mathrm{crt}\cdot 50}=1.42$；对于周期性的雪荷载，按每年积雪 30 天计，经 50 年，$k_{\mathrm{crt}\cdot 50}=0.46$（累积）。欧洲木结构设计规范 EC 5 则给出了设计使用年限内不同木材品种、不同使用环境下的变形修正系数 k_{def}，部分系数值见表 1.6.4-1，该系数其实就是相对蠕变变形系数 k_{deft}。

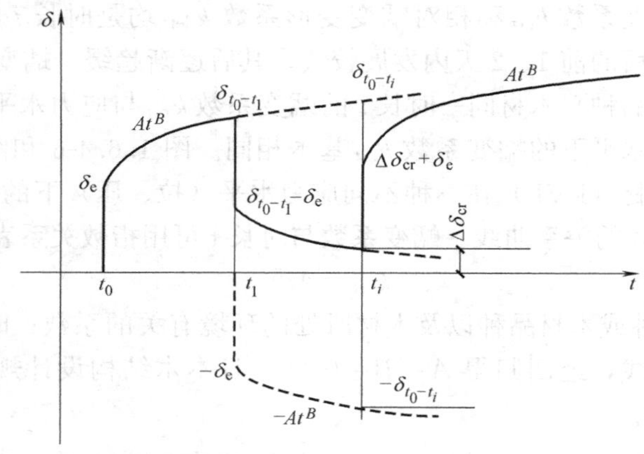

图 1.6.4-8　剩余蠕变变形计算示意图

规范 EC 5 中木材与木产品的蠕变系数 k_{def}（k_{crt}）　　**表 1.6.4-1**

产品名称	产品标准	使用环境等级		
		1	2	3
锯材	EN 14081-1	0.6	0.8	2.0
层板胶合木	EN 14081-1	0.6	0.8	2.0
旋切板胶合木(LVL)	EN 14279、14374	0.6	0.8	2.0
结构胶合板	EN 360-2、-3	0.8	1.00	—
定向木片板(OSB)	EN 300 OSB/2	2.25	—	—
	EN 300 OSB/3、OSB/4	1.5	2.25	—

其中 1 级使用环境为：温度为 20℃，1 年内相对湿度超过 65%的时间只有数周（此环境条件下木材的含水率不超过 12%）；2 级使用环境为：温度为 20℃，1 年内相对湿度超过 85%的时间只有数周（此环境条件下木材的含水率不超过 20%）；3 级使用环境为：使木材含水率超过使用环境等级 2 所对应的含水率的环境条件。

第 2 章　结构木材

2.1 概述

结构木材是指由天然木材加工的方木与原木以及经工厂化标准化生产的各类锯材。与其他建筑材料一样，其力学性能（强度和弹性模量）具有不确定性，因此需要根据力学性能分布函数的某些特征点来确定其取值。《建筑结构可靠度设计统一标准》GB 50068 规定，材料强度取其概率分布的 0.05 分位值，称为强度标准值，也称为强度特征值（Characteristic value）。强度标准值的失效率为 5%，或保证率为 95%，含义是如果做 100 个试件的强度试验，其中 95 个试件的强度不应低于该值。弹性模量、泊松比等则取其概率分布的 0.5 分位值作为标准值。木结构中弹性模量的 0.5 分位值仅用于计算变形，当用于构件稳定承载力验算时，弹性模量标准值仍取 0.05 分位值。标准 GB 50068 还规定，对于力学性能的概率分布函数和统计参数应建立在相应的标准试验方法基础上，以保证试验结果的可比性。由于试件容量有限，还需在一定置信水平下根据统计参数确定这些分位值。置信水平可以理解为所确定的强度标准值的可信程度。对于结构木材，这些分位值是置信水平为 75%条件下的下限估计值。

通过试验确定结构木材力学性能的方法可分为两种。一种是进行标准的清材小试件力学性能试验，根据木材上实际存在的生长因素（木节、斜纹、密度、纹理疏密）等缺陷不同对试验结果进行折算，来确定结构木材的力学性能指标；另一种方法是从木产品中直接取样作试件，并按规定的试验方法测得木材或木产品的力学性能指标，称为足尺试件试验方法。前一种方法是传统的方法，是木材“目测应力定级”的基础，且目前大截面的结构木材如北美方木（Timbers）的力学指标，以及规格材、工程木等抗剪、横纹承压等力学指标仍以该法确定。后一种方法能将结构木材的生长因素等缺陷对力学性能的影响直接反映在试验结果中，主要用于确定量大面广标准化生产的规格材等截面尺寸较小的木产品的力学指标。

需要说明的是，不论采用哪种方法确定结构木材的力学性能指标，均是在规定尺寸的试件、规定的含水率、试验环境和荷载图式，并在规定的加载速度、规定的时间内达到破坏所获得的。因此就木材与木产品而言，上述木材强度概率分布分位值所代表的力学性能指标是短期值。还需说明的一点是，本章介绍的一些非标准情况下的力学性能指标的各调整系数是用来确定木材的强度标准值和弹性模量平均值，并非用于工程设计中对材料强度设计值的调整。对木材强度设计值的调整见 4.3.3 节的有关说明。

由于树木生长因素以及加工造成的诸如木节、斜纹、裂缝、扭曲等缺陷，会影响结构木材的力学性能和使用功能。但每根木材产品上的这些缺陷的严重程度不尽相同，尽管可按规定方法确定木材的力学指标，但实践上并不可行。一方面，要确定每根木材的力学指标需花费大量的人力物力。另一方面，在木结构设计和施工中也无法选材。因此想到将规格化批量生产的锯材按不同用途，将某些缺陷严重程度相近的，对力学指标影响相差不大的，或某些特性指标相近的锯材划归为同一等级，依次划分为若干级，可按足尺试件试验方法确定每个等级的力学性能指标，这个过程称为结构木材定级。

目前结构木材的定级方法可分为目测定级和机械定级两种。早期的目测仅按外观缺陷的严重程度分级。现代的目测定级则要求按不同用途，在外观上不影响使用功能的以目测各类缺陷的严重程度不同来定级，且其力学性能指标经定期检验符合相应等级的规定值，故又称目测应力定级。机械应力定级则需在满足一定目测标准的条件下，经某种非破损检验方法测得木材的某些物理指标来定级。各级木材的力学性能指标也需要满足相关标准要求方法。机械定级目前仅用于规格材等截面尺寸较小的木产品定级。

尽管北美和欧洲锯材的定级均采用目测定级和机械定级的方法，但欧洲锯材并不区分目测定级和机械定级产品，均用字母 C（Coniferous，针叶材）或 D（Deciduous，阔叶材）后跟代表抗弯强度标准值的两位数字表示。北美锯材则有目测应力定级和机械应力定级之分，采用不同的产品标识。其中的目测应力定级木材的强度，既取决于木材的树种或树种组合，也取决于木材的品质等级。

2.2　确定结构木材力学性能指标的方法

2.2.1　按清材小试件试验结果确定

1. 清材力学性能指标的确定

天然木材的生长因素等原因使清材试件的尺寸有限，不同国家试验标准中规定的木材清材小试件的标准尺寸也各不相同。表 2.2.1-1 所列是国家标准《木材物理力学性能试验方法》GB 1927～1943—91 与美国标准 ASTM D 143 规定的部分清材小试件的有效截面尺寸对比，且受弯试验时两者的荷载图式也不同。标准 ASTM D 143 中为跨中一个集中力作用，而我国标准中为两集中力三分点加载。试件含水率我国标准要求调整至 12%，标准 ASTM D 143 要求试件气干至保持恒重为基准。试验环境类似，但加载速度有所不同。我国标准按每分钟施加的作用力计，如受压试验为 40kN/min，标准 ASTM D 143 则以试件夹具（或压段）每分钟的位移计，如受拉试验为 0.05mm/min，受压试验为 0.03mm/min。又如木材顺纹受剪试验，标准 ASTM D 143 规定荷载作用方向与木纹平行，我国标准则规定荷载作用方向与木纹的夹角约为 16.7°，以降低试件受力端横纹拉应力的影响。由于存在这些差异，两者的试验结果会有所不同，需作适当换算后才能比较。

清材小试件有效尺寸对比（mm）　　**表 2.2.1-1**

	GB 1927-1943—91	ASTM D 143
顺纹受拉	4×15×60	4.8×9.5×63
顺纹受压	20×20×30（20×20×60）*	50×50×200（25×25×410）**
受弯	20×20×300	50×50×760
顺纹受剪（剪切面）	25×20	50×50
局部横纹承压***	120×120×360（80×80×240）**	50×50×150

注：*弹性模量试件；**次要试件；***指中间 1/3 长度横纹承压。

试验表明，清材小试件的各种强度和弹性模量基本呈正态分布。某试验树种木材的弹性模量可取样本的平均值表示，在一定置信水平下的强度标准值（0.05 分位值）可按下式确定：

$$x_k=\bar{x}-ks=\bar{x}(1-k\upsilon) \tag{2.2.1-1}$$

标准误差（SE）可用下式估计：

$$SE=s\sqrt{\frac{1}{n}+\frac{k^2}{2(n-1)}} \tag{2.2.1-2}$$

以上两式中：x_k为清材强度的标准值；$\bar{x}=\frac{\sum x_i}{n}$，为样本平均值，$x_i$为第 i 个试件的强度试验值；$s=\sqrt{\frac{\sum(\bar{x}-x_i)^2}{n-1}}$为样本的标准差；$\upsilon=\frac{s}{\bar{x}}$，为变异系数；$n$ 为样本的试件数量（容量）；k 为分布函数 0.5 和 0.05 分位值且具有 75%置信水平下限的推定系数（见表 2.2.1-2）。美国标准 ASTM D 2915、D 5456 等对于强度指标要求 x_k的相对误差 SE/x_k不大于 5%，否则应增加样本的试件数量。

75%置信水平下限值的推定系数 k **表 2.2.1-2**

n	0.05 分位值	0.5 分位值	n	0.05 分位值	0.5 分位值	n	0.05 分位值	0.5 分位值
3	3.152	0.471	11	2.074	0.211	50	1.811	0.096
4	2.681	0.383	12	2.048	0.201	100	1.758	0.068
5	2.464	0.331	15	1.991	0.179	200	1.732	0.048
6	2.336	0.297	20	1.932	0.154	500	1.693	0.030
7	2.251	0.271	25	1.895	0.137	1000	1.679	0.021
8	2.189	0.251	30	1.869	0.125	1500	1.672	0.017
9	2.142	0.236	35	1.849	0.115	2000	1.669	0.015
10	2.104	0.222	40	1.834	0.100	3000	1.664	0.012

弹性模量理论上也应取 75%置信水平下限的 0.5 分位值，但由表 2.2.1-2 可见，其推定系数很小，在容量 n 较大的情况下，系数（$1-k\upsilon$）接近于 1.0，故在后续内容中不强调弹性模量 0.5 分位值推定系数的影响。

上述清材力学指标的确定仅对单个样本的处理，作为设计规范的取值，需要考虑到同一树种不同地域生长条件不同造成的力学指标差异。对此我国以某树种在某地区的储量为权重，按加权平均处理的方法确定该树种清材的力学指标。对于清材小试件的强度变异系数，标准 ASTM D 2555 规定抗弯强度取为 0.16，抗压取为 0.18，抗剪取为 0.14，横纹承压取为 0.28，弹性模量取为 0.22，密度取为 0.1，不计树种差别。资料表明，我国清材的抗拉、抗压、抗弯、抗剪强度变异系数分别为 0.217、0.12、0.13 和 0.148。

2. 结构木材力学性能指标的确定

将某树种清材力学性能指标（强度标准值、弹性模量平均值）乘以下列各因素导致的各调整系数，即为规范规定的标准条件下（如品质等级、截面尺寸、加载图式、使用环境等）该树种结构木材的力学性能指标（标准值等）。对此，美国标准 ASTM D 245 作了详细的规定，因此该标准成为结构木材目测应力定级的基础。

（1）生长因素调整

生长因素对木材强度影响的调整系数用强度比 SR 表示，定义为同截面的结构木材与清材的强度比。某种生长因素对抗拉、抗压、抗弯、抗剪等强度的影响程度是不同的，故而分别给出其强度比。同一根锯材上有可能存在多种生长因素影响，同一力学指标有不同的强度比，应取其中最低的强度比值为影响该强度的调整系数。

1）斜纹的影响

斜纹对木材强度影响的程度取决于木纹与作用力方向的夹角，其强度比 SR 见表 2.2.1-3。

木材斜纹强度比　　　　**表 2.2.1-3**

斜纹	受弯及顺纹受拉	受压
1∶6	0.40	0.56
1∶8	0.53	0.66
1∶10	0.61	0.74
1∶12	0.69	0.82
1∶14	0.74	0.87
1∶15	0.76	1.00
1∶16	0.80	—
1∶18	0.85	—
1∶20	1.00	—

2）木节的影响

① 抗弯强度比 SR_b 按木节的大小和位置计算

（a）位于构件跨中 1/3 区段内截面窄面的木节

$$\left.\begin{aligned}
&SR_b \geqslant 0.45\\
&b \geqslant 152\text{mm}\\
&SR_b = 1 - \frac{k-1.058}{\sqrt{152.4(b+12.7)}}\\
&b < 152\text{mm}\\
&SR_b = 1 - \frac{k-1.058}{b+9.525}\\
&SR_b < 0.45\\
&SR_b = 1 - \frac{k-1.058}{b}
\end{aligned}\right\} \tag{2.2.1-3}$$

（b）位于构件截面宽面中部位置的木节

$$\left.\begin{aligned}
&SR_b \geqslant 0.45\\
&152\text{mm} \leqslant h \leqslant 305\text{mm}\\
&SR_b = 1-\frac{k-1.058}{h+12.7}\\
&h<152\text{mm}\\
&SR_b = 1-\frac{k-1.058}{h+9.525}\\
&h>305\text{mm}\\
&SR_b = 1-\frac{k-1.058}{17.46\sqrt{h+12.7}}\\
&SR_b<0.45\\
&h \leqslant 305\text{mm}\\
&SR_b = 1-\frac{k-1.058}{h}\\
&h>305\text{mm}\\
&SR_b = 1-\frac{k-1.058}{17.46\sqrt{h}}
\end{aligned}\right\} \tag{2.2.1-4}$$

(c) 位于构件跨中 1/3 区段内截面宽面边缘的木节

$$\left.\begin{aligned}
&SR_b \geqslant 0.45\\
&152\text{mm} \leqslant h \leqslant 305\text{mm}\\
&SR_b = \left(1-\frac{k-1.058}{h+12.7}\right)^2\\
&h<152\text{mm}\\
&SR_b = \left(1-\frac{k-1.058}{h+9.525}\right)^2\\
&h>305\text{mm}\\
&SR_b = \left(1-\frac{k-1.058}{17.46\sqrt{h+12.7}}\right)^2\\
&SR_b<0.45\\
&h \leqslant 305\text{mm}\\
&SR_b = \left(1-\frac{k-1.058}{h}\right)^2\\
&h>305\text{mm}\\
&SR_b = \left(1-\frac{k-1.058}{17.46\sqrt{h}}\right)^2
\end{aligned}\right\} \tag{2.2.1-5}$$

以上各式中 k 为木节尺寸（mm）；h、b 分别为截面的高度与宽度（mm）。

② 抗压强度比 SR_c

抗压强度只计全长范围内宽面中心位置的木节的影响，强度比 SR_c 按式（2.2.1-4）计算。

③ 抗拉强度比 SR_t

木节抗拉强度比 SR_t 取对应的抗弯强度比 SR_b 的 0.55 倍。

④ 弹性模量的调整系数——品质系数 Q_F

对应于抗弯强度比 SR_b，品质系数 Q_F 取值为：$SR_b \geqslant 0.55$，取 $Q_F=1.0$；$SR_b=0.45 \sim 0.54$，$Q_F=0.9$；$SR_b \leqslant 0.44$，$Q_F=0.8$。

⑤ 横纹承压强度

木材的横纹承压强度不受木节影响，即强度比 $SR_c=1.0$。在美国规范 NDSWC 和加拿大规范 CSA O86 中，木材横纹承压强度是指承压变形达到 1mm 时对应的强度（应力）平均值。标准 GB 50005—2017 则将横纹承压比例极限作为木材的横纹承压强度。标准 ASTM D 2555 给出了木材的横纹承压比例极限 f_{c90}^{P} 与承压变形达到 1mm 时的横纹承压强度平均值 $f_{c90}^{1.0}$ 的相关关系：

$$f_{c90}^{1.0}=0.293+1.589 f_{c90}^{P} \tag{2.2.1-6}$$

3）裂纹的影响

不论木材厚度有多大，都存在各种尺寸的径裂、轮裂或劈裂等，受弯构件中水平受剪的强度比 SR_v 均取 0.5。

4）纹理密度的影响

因生长环境不同，某些北美树种木材如花旗松、南方松等，其纹理密度有一定差别，对强度也有影响。纹理密度被划分为三类：稠密纹理（Dense grain），密致纹理（Close grain）和中等纹理（Medium grain）。纹理密度对木材力学性能的影响用百分比表示，见表 2.2.1-4。

纹理密度对木材力学性能的影响（%）　　表 2.2.1-4

	稠密	密致纹理	中等纹理
抗弯、抗拉、抗压和横纹承压	117	107	100
弹性模量	105	100	100

（2）其他因素调整

① 体积效应

清材小试件的尺寸（表 2.2.1-1）远比结构木材构件的尺寸小，存在体积效应，其中抗弯强度还需考虑荷载图式效应的影响。根据标准 ASTM D 143 规定的受弯清材小试件的尺寸和跨中一个集中力的加载图式，调整至简支梁标准截面高度为 300mm（12″），跨高比为 21∶1 的均布荷载图式，调整系数为 0.743，其中包括体积效应调整系数取 $(50/h)^{1/9}$。这就是美国规范 NDSWC 中除规格材外锯材抗弯强度所对应的试件尺寸和荷载图式。对于抗弯弹性模量，也由于清材小试件和实际构件的跨高比和荷载图式不同，构件跨中挠度所含剪切变形的影响程度不同。因此弹性模量也需调整，一般调整系数取为 1/0.94。

② 含水率的调整

清材小试件的试验结果也要调整至含水率 $w=12\%$（标准 GB 50005、规范 EC 5）或 $w=15\%$（规范 NDSWC、CSA O86）的标准条件下的力学性能。标准 ASTM D 2555 给出了饱和含水率（Green clear wood）和气干条件下美国树种的木材强度比（表 1.6.2-1）。对于截面最小边长为 100mm 以下的木材可按该表中的提高系数对其力学性能进行调整。但对于截面最小边长大于 100mm 的木材，大气湿度变化对于木材平均含水率的变化影响较小，因为大气湿度周期性的变化很难波及截面核心部分木材的含水率。另外，湿胀干缩导致截面尺寸变化，可部分抵消含水率对强度的影响。因此，对于大截面木材如何考虑含水率对强度的调整，要更谨慎些。

标准 GB 50005 也由清材小试件试验的方法来确定方木与原木的力学性能指标，但针对上述因素的调整系数考虑得较为粗糙，不区分影响因素的严重程度，按不同受力方式给出了不同品质等级木材相同的调整系数 K_Q 和相应的变异系数 V_Q，如表 2.2.1-5 所示。表中天然缺陷、干燥缺陷两项基本上反映了生长因素的影响，认为木材的各类裂缝是干燥造成的。

缺陷对方木与原木力学性能影响的统计参数　　表 2.2.1-5

因素	类别	受弯	顺纹受压	顺纹受拉	顺纹受剪
天然缺陷	K_{Q1}	0.75	0.80	0.66	—
	V_{Q1}	0.16	0.14	0.19	—
干燥缺陷	K_{Q2}	0.85	—	0.90	0.82
	V_{Q2}	0.04	—	0.04	0.10
尺寸影响	K_{Q4}	0.89	—	0.75	0.90
	V_{Q4}	0.06	—	0.07	0.06
合计	$K=K_{Q1}K_{Q2}K_{Q4}$	0.567	0.80	0.456	0.738
	V_f	0.218	0.184	0.299	0.188

注：V_f 中已含清材试件强度的变异系数，故相当于结构木材的强度变异系数。

可根据结构木材表观生长因素造成的缺陷严重程度的量化处理，将其划分为若干目测品质等级，每一品质等级的强度可由该树种木材经含水率、体积等因素调整后的“标准”清材小试件强度乘以所在品质等级规定的上述生长因素（量化值）造成的最不利强度比，即可获得该树种某品质等级的结构木材强度指标。例如美国 WWPA 对厚 51～162mm、宽 203mm（名义尺寸）以下的结构搁栅类锯材（规格材）定级标准中，规定的品质等级与强度比之间的关系列于表 2.2.1-6。反之，也可根据规定的强度比，确定各品质等级允许生长因素的最不利条件。如 SS 级锯材，斜纹的斜率不得大于 1∶12，否则抗压强度可能不满足要求，而 No.1、No.2 级斜纹可放宽至 1∶8、1∶6。又如厚度为 51mm（名义尺寸）时，SS 级锯材窄边的木节尺寸不应超过 19mm（按式（2.1.2-3）计算），No.1、No.2、No.3 级分别不应超过 25mm、32mm 和 38mm，否则抗弯强度将不满足要求。

目测品质等级与强度的关系　　表 2.2.1-6

品质等级	SS	No. 1	No. 2	No. 3
受弯	0.64	0.54	0.45	0.26
顺纹受压	0.69	0.62	0.52	0.33
顺纹受拉	0.36	0.31	0.25	0.14
横纹承压	1.00	1.00	1.00	1.00
弹性模量	1.00	1.00	0.90	0.80

注：该表摘自 Keith F. Faherty，Thomas G. Wood Engineering and Construction Handbook (Third Edition)。

2.2.2　按足尺试件试验结果确定

1. 足尺试件试验

一些木结构技术较为发达的国家和地区，对于量大面广、标准化生产的锯材，如北美的规格材和结构复合木材等均采用足尺试件试验确定主要的力学性能指标。即通过足尺试件试验确定抗弯、抗拉、抗压强度和弹性模量等力学性能指标，其他如横纹承压强度和抗剪强度仍通过清材小试件试验确定。规格材试件直接从已定级的产品中随机抽取。结构复合木材试件从定级产品中取材，但试件截面的尺寸不小于实际构件最小截面的尺寸。下面以规格材为例说明确定其力学性能指标的过程。

为确定某树种某品质等级规格材的力学性能指标，试件直接从产品中随机抽取。例如抗弯强度试验，最小试件数量为 53 根。足尺试件的截面尺寸与产品规格一致，受弯试件的高跨比应为 17～21。受拉试件的长度不小于 20 倍的截面长边尺寸，当试验机具有自动对中功能时，可降至 8 倍边长。受压试验可采用短试件，试件高度 $L\leqslant 17r$（r 为截面的最小回转半径）；长试件（$L>17r$）应有侧向支撑，使不失稳。受弯试验采用两集中力三分点加载，试件截面高宽比大于 3 时，应有侧向支撑，使不发生平面外失稳。试件应为气干，即在温度为 20±3℃、相对湿度为 65％±5％的条件下养护至平衡含水率。试验应匀速加载，并应使试件在 1min 左右达到破坏。加载过程中小于 10s 或大于 10min 破坏的试验结果不予采用。

2. 确定强度标准值的方法

由足尺试件试验结果确定结构木材强度标准值的方法，可分为参数法和非参数法两种，弹性模量仍取平均值。参数法是根据分布函数的有关参数确定强度标准值和变异性；非参数法则不考虑分布函数的类型。当然，不论采用何种方法，强度标准值均为 0.05 分位值（保证率为 95％），并取 75％置信水平的下限。

（1）参数法

在美国和加拿大，一般认为结构木材（规格材）的抗拉、抗弯强度较好地符合两参数韦伯分布（式（1.6.3-4））。在我国则一般认为结构木材的强度符合对数正态分布。实际上，当材料强度的离散性（变异系数）不大时，采用不同的强度分布函数对木材强度标准值的估计不至于有大的差异。对于韦伯分布中的两参数取值（m、k），可采用全部试验数据回归而得，也可采用试验结果低端的数据分析而得（当试件总量超过 600 个时，取不少于总数 10％的低端数据且不少于 60 个试验数据分析）。一般认为采用低端数据获得的分布函数的参数值，能更可靠地确定标准值和更真实地反映结构构件可靠度。

采用两参数韦伯分布时，强度分位值可由下式获得：

$$f_{\mathrm{p}}=m[-\ln(1-p)]^{1/k_1}\Omega \tag{2.2.2-1a}$$

强度标准值即为 $p=0.05$ 时的分位值，故为：

$$f_{0.05}=m[-\ln(1-0.05)]^{1/k_1}\Omega \tag{2.2.2-1b}$$

变异系数为：

$$CV_{\mathrm{W}}=k_1^{-0.92} \tag{2.2.2-2}$$

式中：m、k_1分别为尺度参数和形状参数，其中 k_1 与式（1.6.3-4）中的 k 互为倒数；Ω 为取置信水平 75％时两参数韦伯分布确定标准值（0.05 分位值）下限估计的调整系数，见表 2.2.2-1。

置信水平 75%时标准值（0.05 分位值）下限估计的调整系数 Ω　　表 2.2.2-1

CV_W \ n	30	50	100	200	500	1000	5000
0.10	0.95	0.96	0.97	0.98	0.99	0.99	1.00
0.20	0.89	0.92	0.94	0.96	0.98	0.98	0.99
0.30	0.84	0.88	0.92	0.94	0.96	0.97	0.99
0.40	0.79	0.84	0.89	0.92	0.95	0.96	0.98
0.50	0.73	0.80	0.86	0.90	0.94	0.95	0.98

（2）非参数法

非参数法不必考虑强度分布函数的类型，按强度试验结果的大小排列顺序来确定，可分为置信水平 75%下的下限估计（Lower tolerance limit，LTL）和点估计（Nonparametric point estimate，NPE）。

标准 ASTM D 2915 规定了非参数法的估计程序。首先将试验结果按数值大小排列：

$$x_1 < x_2 < x_3 < \cdots < x_i < \cdots < x_k \qquad (2.2.2\text{-}3)$$

对于置信水平为 75%的下限值估计（LTL）按表 2.2.2-2 规定的低端序号从式（2.2.2-3）中取相应序号的强度为标准值。如试件数量 $n=53(k=53)$，低端序号为 2，则式（2.2.2-3）中的 x_2 为强度标准值。北美规格材通常就采用这种方法（通过 53 根试件试验）来检测产品的质量。

用 LTL 估计强度标准值时的顺序号（置信水平 75%）　　表 2.2.2-2

n	28	53	78	102	125	148	170	193	215	237	347	455	668	1089
序号	1	2	3	4	5	6	7	8	9	10	15	20	30	50

对于点估计（NPE），取下式计算结果的 i 值，查按式（2.2.2-3）排列的相应序号 i 的强度值，即为 NPE 估计值（标准值）：

$$i=0.05(n+1) \qquad (2.2.2\text{-}4)$$

当式（2.2.2-4）的计算结果为非整数时，可用线性内插法确定 NPE 估计值：

$$f_{0.05}=x_{j-1}+(x_j-x_{j-1})[0.05(n+1)-(j-1)] \qquad (2.2.2\text{-}5)$$

式中：x_{j-1}、x_j 分别为介于式（2.2.2-4）计算结果 i 序号前后的两个强度值，如 $i=3.2$，则 x_{j-1}、x_j 分别相当于序号 x_3、x_4 的强度。

点估计 NPE 法确定的标准值并未体现置信水平，而 NTL（Nonparametric tolerance limit）下限估计的标准值为某个范围的下限而偏于保守。因此，当满足式（2.2.2-6）时，可取 NPE 估计值为强度标准值，不满足则取 NTL 估计值为标准值或增加试件数量，重新评估，至满足为止。

$$(\text{NPE}-\text{NTL})/\text{NPE} < (0.1 \sim 0.01) \qquad (2.2.2\text{-}6)$$

3. 调整系数

足尺试件来自实际产品，产品的几何尺寸各不相同，试验荷载图式、含水率等也可能不同。作为某树种某品质等级结构木材力学性能的代表值，需统一在标准的条件下，因此需将试验结果进行必要的调整。

（1）体积效应与荷载图式效应调整

规格材抗弯强度试件的标准尺寸是 38mm×184mm×3658mm，两集中力三分点加载。几何尺寸不符合标准的需按式（1.6.3-10）调整。非两集中力三分点加载的，如层板胶合木中的抗弯强度，也需按 1.6.3 节介绍的方法调整。

如果足尺受弯试验试件的跨高比和荷载图式不同，弹性模量应按式（2.2.2-7）调整。

$$E_2=E_1\frac{1+k_1(h_1/L_1)^2(E/G)}{1+k_2(h_2/L_2)^2(E/G)} \tag{2.2.2-7}$$

式中：E_1、E_2分别为与高跨比 h_1/L_1 和 h_2/L_2 对应的弹性模量；E/G 为弹性模量与剪切模量的比值，一般取 16；k_1、k_2 分别为对应于高跨比 h_1/L_1 和 h_2/L_2 试件上的荷载图式系数，见表 2.2.2-3。

简支梁荷载图式系数 k_i　　**表 2.2.2-3**

荷载图式	挠度测点位置	k_i
跨中集中力	跨中	1.20
两集中力三分点	跨中	0.939
两集中力三分点	集中力下	1.080
两集中力四分点	跨中	0.873
两集中力四分点	集中力下	1.20
均布荷载	跨中	0.960

（2）含水率调整

足尺试件试验要求，试件应气干，标准含水率为 15%。当含水率在 15%±5%范围内时，对于抗弯强度≤16.66N/mm^2、抗拉强度≤21.72N/mm^{2}和抗压强度≤9.66N/mm^{2}的试件，其强度可不作含水率影响的调整，否则按下式调整：

$$f_2=f_1+(w_1-w_2)\frac{f_1-B_1}{B_2-w_1} \tag{2.2.2-8}$$

式中：f_1、f_2分别为对应于含水率 w_1 和 w_2 的强度；B_1、B_2 分别为含水率影响系数，见表 2.2.2-4。表 2.2.2-4 适用于较高强度的树种木材，较低强度树种木材的调整幅度要低些。

含水率对弹性模量的影响可按式（2.2.2-9）调整：

$$E_2=E_1\frac{B_1-(B_2-w_2)}{B_1-(B_2-w_1)} \tag{2.2.2-9}$$

式中：E_1、E_2分别为与含水率 w_1 和 w_2 对应的弹性模量；B_1、B_2 为经验系数，分别取 $B_1=1.857$，$B_2=0.0237$。

含水率对强度影响的调整系数　　**表 2.2.2-4**

系数 \ 特性	弯	拉	压
B_1	16.66	21.72	9.66
B_2	40	80	34

用足尺试件试验结果确定规格材的力学性能指标，并非拉、压、弯三类受力状态均需

进行试验。标准 ASTM D 1990 规定，可利用力学性能间的相关关系来保守地估计未做试验的某些力学性能，但必须是用受弯或受拉试验结果去估计其他强度，不能用抗压强度来估计抗弯或抗拉强度。例如抗拉强度为实测值，则保守估计抗弯强度取 $f_b=1.2f_t$；当 $f_t \leqslant 37.24\text{N/mm}^2$ 时，抗压强度取 $f_c=f_t(2.4-0.105f_t+0.001376{f_t}^2)$；当 $f_t>37.24\text{N/mm}^2$ 时，取 $f_c=0.52f_t$。如果抗弯强度 f_b 是实测值，则估计抗拉强度为 $f_t=0.45f_b$；当 $f_b \leqslant 49.66\text{N/mm}^2$ 时，抗压强度取 $f_c=f_b(1.55-0.0464f_b+0.000463{f_b}^2)$；当 $f_b>49.66\text{N/mm}^2$ 时，取 $f_c=0.39f_b$。

【例题 2-1】 鱼鳞云杉清材受弯小试件共计 35 个，经试验得平均抗弯强度 80.20N/mm²，标准差 $S=11.1\text{N/mm}^2$，试确定其抗弯强度标准值和相对误差。

解：$n=35$，查表 2.2.1-2，得推定系数 $k=1.849$，故抗弯强度标准值为

$$f_{0.05}=\overline{x}-kx=80.20-1.849\times11.1=59.68\text{N/mm}^2$$

标准值绝对误差：

$$SE=S\sqrt{\frac{1}{n}+\frac{k^2}{2(n-1)}}=11.1\times\sqrt{\frac{1}{35}+\frac{1.849^2}{2\times(35-1)}}=3.12\text{N/mm}^2$$

相对误差：$SE/f_{0.05}=3.12/59.68=0.052$，基本满足要求（0.05）。

【例题 2-2】 某树种 II_c 规格材抗弯强度试验共 215 根，其抗弯强度低端 60 个数据列于表 2.2.2-5。试分别用参数法和非参数法确定规格材的抗弯强度标准值。

规格材抗弯强度试验低端 60 个数据 **表 2.2.2-5**

n	1	2	3	4	5	6	7	8	9	10
x_n	9.34	10.44	11.09	12.00	12.71	13.02	13.64	14.09	14.50	14.89
n	11	12	13	14	15	16	17	18	19	20
x_n	15.26	15.60	15.95	16.12	16.53	16.88	17.02	17.34	17.61	17.92
n	21	22	23	24	25	26	27	28	29	30
x_n	18.15	18.30	18.52	18.77	19.02	19.15	19.39	19.61	19.75	19.97
n	31	32	33	34	35	36	37	38	39	40
x_n	20.31	20.34	20.52	20.70	20.92	21.12	21.21	21.38	21.52	27.70
n	41	42	43	44	45	46	47	48	49	50
x_n	21.92	22.02	22.16	22.34	22.45	22.62	22.80	22.98	23.05	23.18
n	51	52	53	54	55	56	57	58	59	60
x_n	23.41	23.50	23.61	23.79	23.82	24.00	24.15	24.28	24.44	24.45

解：

参数法：

表 2.2.2-5 实际上给出了失效概率为 0.00645～0.279(1/215～60/215) 的抗弯强度限值，因此可按二参数韦伯分布函数（式（1.6.3-4））反求系数 m 和 k_1，如可用 ASTM D 5457 给出的最大似然法或最小二乘法计算，但过程繁杂。现给出计算结果：尺度参数 $m=35.11$，形状参数 $k_1=3.70$，故 $CV_W={k_1}^{-0.92}=3.70^{-0.92}=0.300$。

$n=215$，查表 2.2.2-1，得 75%置信水平的下限估计的置信调整系数 $\Omega=0.94$，故抗弯强度标准值为：

$f_{0.05}=m[-\ln(1-0.05)]^{1/k_1}\Omega=35.11\times[-\ln(1-0.05)]^{1/3.70}\times0.94=14.80\text{N/mm}^2$

非参数法：

75%置信水平的下限估计 NTL，查表 2.2.2-2，$n=215$，序号为 9，由表 2.2.2-5 查得，$f_{\text{NTL}}=14.50\text{N/mm}^2$。

点估计 NPE：$i=0.05(n+1)=0.05\times(215+1)=10.8$(序号)

$f_{\text{NPE}}=x_{j-1}+(x_j-x_{j-1})[0.05(n+1)-(j-1)]=14.89+(15.26-14.89)\times[0.05\times(215+1)-(11-1)]$

$=15.19\text{N/mm}^2$

可见 NTL 比 NPE 保守，但

$$(f_{\text{NPE}}-f_{\text{NTL}})/f_{\text{NPE}}=(15.19-14.50)/15.19=0.045<0.1$$

按标准 ASTM D 2915，非参数法 NPE（点估计）值 15.19N/mm² 可作为标准值，与参数法（14.80N/mm²）相比较，误差在 5%以内。

2.3　结构木材定级

2.3.1　目测定级

目测定级即根据木材上肉眼可见的各类生长因素如木节、斜纹、裂纹、髓心、腐朽以及加工因素造成的如钝棱等缺陷的严重程度和所处位置对木材强度的影响程度不同，来划分木材的品质等级。我国方木与原木是一种粗材，标准 GB 50005 划分为 I_a、II_a、III_a 三个品质等级。在早期，木材的品质等级由技术人员对进入施工现场的木料逐根评定。由于相关技术人员并非专职，定级的精准程度不能令人满意，且木材的品质等级未能与力学性能指标挂钩，仅规定了如表 2.3.1-1 所示的不同用途。

方木与原木目测等级及用途　　**表 2.3.1-1**

目测等级	主要用途
I_a	受拉与抗弯构件
II_a	受弯与压弯构件
III_a	受压及其他次要构件

在加拿大和美国，对工业化生产的结构木材，如规格材、方木（Timbers）等，主要采用目测定级方法，将其划分为不同的品质等级，并作为一个重要的生产工艺流程，由专业人员实施。由 2.2.1 节的介绍可知，木节、斜纹等对木材强度的影响有一定的规律可循。因此，在严格、准确地执行了目测定级后，品质等级是可以与木材的力学性能指标挂钩的。北美按生产规程还规定需定期对规格材抽样作足尺试件试验，检验其力学性能指标，达到标准要求的才能认定合格。因此，这种定级方法又称为目测应力定级。

我国目测定级规格材的定级标准参照了加拿大的定级标准制定。加拿大根据规格材的截面尺寸和用途，划分为四类九个品质等级，其中的七个等级列于表 2.3.1-2 中。品质等级 SS（Select Structural-结构优选级）、No.1、No.2、No.3 与品质等级 Construction（施工级）、Standard（标准级）和 Stud（墙骨级），因用途不同，目测标准不具可比性。

标准 GB 50005 将规格材划分为 I_{c}、II_{c}、III_{c}、IV_{c}、IV_{c1}、II_{c1}和III_{c1}七个品质等级，该七个品质等级与北美规格材品质等级的对应关系亦列于表 2.3.1-2 中。

我国规格材与加拿大规格材等级的对应关系 **表 2.3.1-2**

加拿大规定				标准 GB 50005
截面尺寸	分类	品质等级	主要用途	
厚度 38mm 宽度最大 89mm	结构轻型框架	SS、No. 1、No. 2	最常用的重要构件，要求强度高、刚度好、良好的外观，优先用于屋架、椽条和屋盖搁栅等	I_{c}、II_{c}、III_{c}
		No. 3	对强度和外观要求不重要的构件，如非承重墙中的墙骨	IV_{c}
	轻型框架	施工级（Construction） 标准级 （Standard）	作一般构件，强度要求比 No. 2 低或跨度较小场合，但又强于 No. 3	II_{c1}(VI_{c})*、 III_{c1}(VII_{c})*
厚 38～89mm 宽度≥114mm	结构搁栅与厚板	SS、No. 1、No. 2	希望有高的强度和刚度；如楼盖搁栅，屋盖搁栅，椽条等	I_{c}、II_{c}、III_{c}
		No. 3	一般构件，强度要求不高	IV_{c}
厚度 38mm 宽度 38～140mm	墙骨	墙骨 （Stud）	专门用于木框墙中的墙骨	IV_{c1}(V_{c})*

注：*表中括号内的等级为规范 GB 50005—2003 中的品质等级代号。

用于梁（Beams & stringers）、柱（Posts & timbers）类截面较大的北美工业化生产的方木（Timbers），按目测定级方法分别划分为三个品质等级，即 SS、No. 1 和 No. 2 级。对应地，标准 GB 50005 将梁材分为 I_{e}、II_{e}、III_{e}三级，柱材分为 I_{f}、II_{f}、III_{f}三级。各类目测定级木材的定级标准可参见标准 GB 50005。

2.3.2 机械定级

机械定级是采用某种机械设备以非破损的方式，测定结构木材的某种物理指标，根据该指标的优劣程度来确定木材的品质等级，并与相应的力学指标（强度等级）挂钩。目前仅用于截面尺寸不大的标准化生产的规格材、板材等锯材。机械定级木材根据要求和用途不同，可分为机械评级木材（Machine evaluated lumber，MEL）和机械应力定级木材（Machine stress rated lumber，MSR），尚有专用于制作层板胶合木的机械弹性模量定级层板（*E*-rated lumber）。机械定级木材主要用于制作重要的受弯构件。各等级的抗拉、抗弯、抗压强度和横纹承压强度以及弹性模量指标的取值不分树种。但机械定级木材的抗剪强度仍由树种决定，一般取同树种的目测定级规格材的抗剪强度。

北美机械应力定级木材的品质等级标识由对应等级的抗弯强度设计值和弹性模量表示，如美国规范中的 $2000f-1.6E$，其抗弯强度（允许应力）为 $f_b=2000\text{psi}/145=13.8\text{N/mm}^2$，弹性模量为 $E=1.6\times10^6\,\text{psi}/145=11034\text{N/mm}^2$；机械评级木材则用字母

M 后加数字表示，数字并无具体的物理含义。规范 GB 50005—2003 和有关产品标准“机械应力分级锯材”也规定了机械定级木材，其品质等级用字母 M 后加数字表达，数字代表抗弯强度标准值，但一些指标并不符合北美关于 MSR 的标准要求，目前也无实际产品。

机械定级采用何种设备，测定何种物理指标作为定级依据，目前尚无统一的规定，但需证明所测得的物理力学指标具备可靠地区分结构木材力学性能指标的能力，且测试过程不造成测试对象外观或力学性能上的损伤。显然所测定的物理力学指标应与木材的力学指标有较密切的相关关系，测试设备能在产品生产过程中对每根木产品连续检测和分级。现阶段机械定级大都采用弯曲法测定“弹性模量”，也可采用振动法测定自振频率；波速法测定声波在木材中的传播速度；γ 射线测定密度等方法。

弯曲法将规格材的一段规定长度作为受弯试件，在跨中施加一个恒定荷载，测其跨中挠度，或迫使其跨中产生一定挠度测所需集中力的大小，由此可计算其“弹性模量”，并按“弹性模量”的大小来定级。如莱普西电脑分级机，连续地每间隔 100mm，测取跨度为 914mm 的平置受弯规格材在跨中恒定集中力作用下的挠度 Δ，并按下式计算“弹性模量”：

$$MOE_{\mathrm{p}}=\frac{PL^3}{bh^3\Delta} \tag{2.3.2-1}$$

式中：L 为规格材受弯段的跨度；b、h 分别为规格材截面的宽度和厚度。

振动法也将规格材作为平置受弯试件，使其受迫振动，用共振法或自由衰减振动原理测其第一自振频率 f_0，当规格材单位长度质量 m 已知时，其动态弹性模量为：

$$MOE_{\mathrm{vb}}=\frac{48L^3mf_0}{\pi^2bh^3} \tag{2.3.2-2}$$

声波法测定超声波在规格材中的传播速度 v，在规格材密度 ρ 已知条件下，可按下式计算“弹性模量”：

$$MOE_{\mathrm{sonic}}=\rho v^2 \tag{2.3.2-3}$$

由式（2.3.2-1）～式（2.3.2-3）可见，所含的弹性模量各不相同，更不是木材标准试验中获得的弹性模量。但各式中的弹性模量能在一定程度上反映结构木材的某些力学性能的高低。因此，在满足基本的目测标准条件下，可以作为定级的一种依据。根据测得的弹性模量分布范围，可将被测规格材划分为若干品质等级，再对每个等级规格材随机抽样，按 2.2.2 节的足尺试件试验方法获得的力学指标满足下列要求，则可定为该品质等级的机械定级木材：

机械应力定级木材（MSR）应满足下列条件：①测定的弹性模量应大于或等于规定等级的要求；②抗弯强度标准值应大于或等于规定等级的要求；③至少在 95%的被测试样数的测定弹性模量大于或等于规定等级平均弹性模量的 82%。

机械评级木材（MEL）应满足下列条件：①、② 同机械定级木材（MSR）①、②的要求；③ 至少有 95%的被测试样数的测定弹性模量大于或等于规定等级平均弹性模量的 75%；④ 抗拉强度标准值应大于或等于规定值。

E 定级木材，试件数量不小于 50 根，采用跨高比不小于 100（平置），跨中一个集中力试验，按跨中挠度计算弹性模量，其标准值（5%分位值）按下式计算：

$$E_{0.05}=0.955E_{\mathrm{mean}}-1600 \quad (\mathrm{N/mm^2}) \tag{2.3.2-4}$$

考虑置信水平要求，其平均值应满足下式要求：

$$E_{\mathrm{mean}}(1+0.237V)\geqslant E_{\mathrm{g}} \tag{2.3.2-5}$$

式中：E_{mean}为弹性模量平均值；V为样本的变异系数；E_{g}为目标要求的弹性模量。

机械定级木材的抗弯强度标准值，应由该等级的足尺试件的试验结果确定，而其抗拉强度标准值f_{tk}和抗压强度标准值f_{ck}可用下列公式保守估计：

$$f_{\mathrm{tk}}=0.45f_{\mathrm{bk}} \quad (\mathrm{N/mm^2}) \tag{2.3.2-6a}$$

$$f_{\mathrm{ck}}=0.338f_{\mathrm{bk}}+14.21 \quad (\mathrm{N/mm^2}) \tag{2.3.2-6b}$$

机械定级木材的抗剪强度和横纹承压强度原则上应取同树种木材的相应强度，但对于机械应力定级木材（MSR），也可采用木材的炉干相对密度G计算，如常用的S-P-F树种组合：

$$f_{\mathrm{vk}}=4.125G+0.39 \quad (\mathrm{N/mm^2}) \tag{2.3.2-7a}$$

$$f_{\mathrm{c90}}=25.842G-5.46 \quad (\mathrm{N/mm^2}) \tag{2.3.2-7b}$$

由于机械定级过程中，物理指标在很低的应力水平状态下测得，一些影响木材力学性能指标的致命因素尚未充分地反映在这些物理指标中，因此需要一定的目测要求来限制。例如对于机械应力定级木材（MSR），一些定级规则要求测试段的宽面边部特征（木节、孔洞、腐朽）和非测试段的斜纹需满足表2.3.2-1的规定，有些定级标准中的目测要求更严格。E定级木材也有类似规定，可参见标准ASTM D 6570。

机械应力定级木材的目测标准 **表2.3.2-1**

抗弯强度（$\mathrm{N/mm^2}$）	边部特征（净截面宽度）	非测试段斜纹（斜率）
$f_{\mathrm{bk}}\geqslant 30.4$	≤1/6	≤1/12
$21.7\leqslant f_{\mathrm{bk}}<30.4$	≤1/4	≤1/10
$14.5\leqslant f_{\mathrm{bk}}<21.7$	≤1/3	≤1/8
$f_{\mathrm{bk}}<14.5$	≤1/2	≤1/4

标准《机械应力分级锯材》GB/T 36407—2018和规范GB 50005—2003列出了机械定级木材的力学指标，前者还规定非破损检测方法为弯曲法，以测定的弹性模量为定级指标，并标明为机械应力定级木材（MSR）。但弹性模量的变异性不符合北美的机械应力定级木材（MSR）的要求，目测标准同表2.3.2-1要求，认为机械应力定级木材的抗弯强度标准值与其他强度标准值间符合下列关系：

顺纹抗拉强度标准值：$f_{\mathrm{t0k}}=0.6f_{\mathrm{mk}}$

顺纹抗压强度标准值：$f_{\mathrm{c0k}}=0.375f_{\mathrm{mk}}+11.25$

顺纹抗剪强度标准值：$f_{\mathrm{v0k}}=\min\{3.8,\ 0.84f_{\mathrm{mk}}+0.46\}$

横纹承压强度标准值：$f_{\mathrm{c90k}}=0.02f_{\mathrm{mk}}+2.2$

弹性模量：$E=(0.2f_{\mathrm{mk}}+6.0)\times 10^3$

第 3 章　工程木及预制木构件

3.1 概述

天然木材存在的一些不足，在很大程度上影响了其利用率和使用功能。树木的生长因素和木材的加工缺陷不可避免，尽管采用了科学的品质定级措施，但其力学性能指标的变异性仍然很大。例如北美目测定级规格材抗弯强度的变异系数 CV_{W} 可达 0.28～0.55，弹性模量的变异系数也达到了 0.25。因此，为保证木结构应有的可靠性，材料强度就可能定得较低。其次天然木材的截面尺寸、长度受到树种、树龄等自然条件限制，许多场合下不能满足实际工程的需要，导致结构构造的复杂化。天然木材又基本上只能制作直线形构件，一些场合难以满足建筑艺术要求。在此背景下，为改良木材的品质，拓宽应用范围，借助相邻学科的进展，将天然木材锯解、重组、胶合，由此形成木结构另一类用材——工程木。最早于 19 世纪末开始研发层板胶合木（Glued laminated timber，Glulam），20 世纪初出现了木基结构板材，中期开始研发各种结构复合木材（Structural composite lumber），20 世纪末出现了正交层板胶合木。工程木的发展过程如图 3.1-1 所示。随科学技术的发展，还会不断出现新品种的工程木。

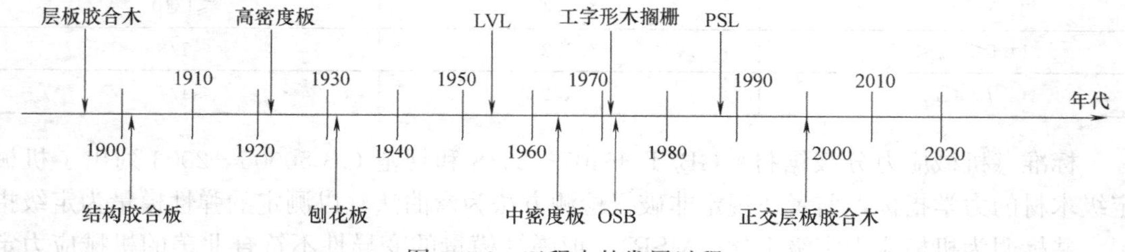

图 3.1-1　工程木的发展过程

3.2 层板胶合木

层板胶合木正是针对天然木材的不足而最早研发的一种重组木材——分割、重组、粘合。层板胶合木和正交层板胶合木，因其基材仍是天然木材，因此一些因素如含水率、尺寸效应、荷载持续时间等因素对其力学性能指标的影响，类似于天然木材，这里不重复介绍。

3.2.1 构造要求

早期的层板胶合木是针对具体工程经特殊设计将数层木板胶合在一起来制作大截面的木构件。现今国际上已有成熟的经验，将其作为一种标准化生产的木产品，已广泛应用于木结构工程。

层板胶合木又称结构集成材，是由数层厚度不大于50mm符合规定的品质等级的木板（层板），彼此顺木纹相叠胶合而成的直线形或弧形，等截面或不等截面的工程木，通常用作梁、柱、拱或大跨空间结构中的承重构件。精心选材和制作的层板胶合木，具有良好的力学性能指标，而变异性可大幅降低，如六层以上的层板胶合木，抗弯强度的变异系数可降至0.15，弹性模量变异系数可降至0.1。层板胶合木的力学性能除加工工艺（包括层板纵向的连接质量）外，主要取决于层板的品质等级、指接质量、组坯方式和粘结剂的品质。

同一层板胶合木构件宜用同树种或物理特性相近的树种制作，以免木材因干缩、湿胀不同产生内应力而影响使用功能。

1. 层板种类

《胶合木结构技术规范》GB/T 50708—2012和《结构用集成材》GB/T 26899—2011将层板分为普通层板、目测定级层板和机械弹性模量定级层板三类，其中普通层板实际上是我国早期制作胶合木所用的木板。国际上通用的是目测定级层板和机械弹性模量定级层板（E定级木材）两种，并建议尽量采用E定级层板。

普通层板划分为I_b、II_b、III_b三级，其目测定级标准与方木、原木有所不同，但其强度取值仍由树种或树种组合决定，即按相同树种的方木与原木的强度确定。也不分目测品质等级，但规定了不同等级层板在胶合木构件截面上的位置。层板在胶合前应四面刨平，厚度偏差应控制在±0.2mm以内，含水率不大于15%。

目测定级层板是一种目测应力定级木材，规范GB/T 50708—2012和标准GB/T 26899—2011参照清材力学性能指标将其划分为五类树种和树种组合—SZ1、SZ2、SZ3、SZ4、SZ5，并根据其目测标准各划分为I_d、II_d、III_d和IV_d四个品质等级，并规定了不同树种组合各等级层板的力学性能指标，如抗弯、抗拉强度和弹性模量的平均值和0.05分位值等。因此每个树种组合均对应有三个不同品质等级层板的力学性能指标，但相邻树种和相邻品质等级层板间的强度指标有互等关系，这样便于层板胶合木组坯。如树种组合SZ2品质等级为I_d层板的力学指标正好与树种组合SZ1品质等级为II_d的层板一致，树种组合SZ2的I_d层板可替代树种组合SZ1的II_d层板，更详细的情况可参见标准《结构用集成材》GB/T 26899—2011。

机械弹性模量定级层板标记为M_{E7}～M_{E18}，每个等级均规定有相应的抗拉、抗弯强度的平均值和0.05分位值，其弹性模量即为等级标识中的数字乘以1000（N/mm^2）。该弹性模量为层板平置抗弯跨高比不小于100、跨中作用一个集中力时测得的大跨弹性模量（Long-Span E，LSE），不同于机械应力定级木材（MSR）侧立抗弯、跨高比为17～21、三分点加载条件下测得的弹性模量。层板胶合木所用层板可以采用机械应力定级木材，但力学性能指标应满足E定级层板的相应要求。

现代层板胶合木虽有上述两种不同定级方法的层板，但在力学性能指标上有互等的关系，如树种SZ1目测品质等级为I_d的层板力学性能指标与机械弹性模量定级层板M_{E14}一致，以便互换应用。

2. 层板质量要求

制作直线形胶合木的目测和机械弹性模量定级层板净厚度不应超过50mm，弧形构件的层板厚度t取决于其曲率半径R，R/t大致为120～240，半径R越小，层板应越薄。曲率半径过小会使层板产生过大的损伤，胶合成弧形构件后，层板内的残余应力将会影响胶合木的力学性能，这是胶合木结构构件设计中需要考虑的一个因素。同一根胶合木构件层板的厚度宜相同，但为调节截面高度内层层板厚度可适当调整。

允许层板采用纵接接头接长，但同一层层板的接头间距不应小于 1.8m（或 1.5m，GB/T 50708），相邻层接头不得重叠，错开的距离不应小于 150mm（或 $10t$，t 为层板厚度，GB/T 50708），且不得呈踏步状分布。除层板的树种和品质等级外，影响层板质量最重要的就是纵接接头（也称端接，End joint），现均采用指接（见图 3.2.1-1）。关于指接的质量，标准 GB/T 26899—2011 要求用清材制作的指接接头的抗弯和抗拉强度的平均值和标准值，不小于层板品质等级规定的抗弯强度平均值和标准值，而规范 GB/T 50708—2012 要求指接的抗弯强度标准值不小于层板抗弯强度标准值的 1.2 倍。

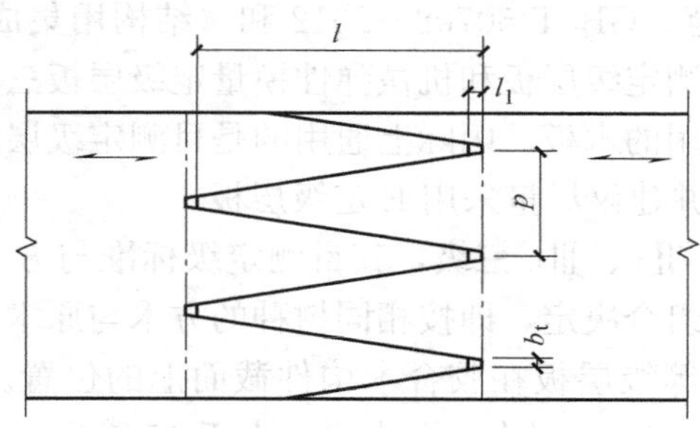

图 3.2.1-1　指接连接

l—指长；p—指距；b_t—指端宽度；l_1—指端间隙

欧洲标准 EN 1194 则要求指接的抗拉强度标准值 f_{tjk} 应比层板的抗拉强度标准值 f_{t0lk} 大 5N/mm^2 以上（$f_{tjk} \geqslant 5 + f_{t0lk}$），或抗弯强度标准值 f_{mjk} 满足 $f_{mjk} \geqslant 8 + 1.4 f_{t0lk}$。这些规定实际上是要求指接强度基本上能达到层板的清材强度，期望胶合木构件的破坏不由指接失效引发。

允许使用较窄的层板以拼接的方式拓宽，以满足胶合木截面宽度的要求。但相邻层拼缝应错开，一般不小于 40mm。对于使用宽度超过 200mm 的层板，为防止翘曲影响胶合质量，可在宽面中央开宽度不超过 4mm，深度不大于板厚 1/3 的切槽，以降低层板的抗扭刚度，使层板间的胶合面更严密均匀。

制作层板胶合木时，层板含水率应控制在 8%～15%的范围内，同一根胶合木各层板间的含水率差别不应超过±5%，层板应四面刨平，表面不得有粉尘特别是油脂类物质并需及时淋胶胶合，层板的厚度偏差应能保证胶缝的厚度偏差不大于 0.3mm，层板每米长度内的厚度偏差不大于 0.1～0.2mm。

3. 粘结剂（胶）

粘结剂将层板粘结在一起，使胶合木中的各层板能协调工作。因此，粘结剂本身应有足够的强度，与木材应有足够的粘结强度，不应低于层板树种木材的顺纹抗剪强度，其耐久性应满足建筑结构设计使用年限的要求，又不污染环境。

粘结剂的耐久性问题与使用环境有关，因此粘结剂的选择应根据胶合木构件的使用环境来确定。

我国 20 世纪 60 年代，曾用水泥酪素胶制作过胶合木屋架，但水泥酪素胶的耐水性差，且易受霉菌入侵。目前常用的粘结剂主要有酚类胶，如间苯二酚树脂，简苯二酚-苯酚（PRF）树脂和脲醛胶（UF），以及氨醛类胶如三聚氰胺脲醛树脂（MUF）等。这些粘结剂均被分为Ⅰ、Ⅱ型两种型号，其中Ⅱ型胶只能用于1、2类环境条件下，而Ⅰ型胶可运用于各类环境条件，但温度不得超过50℃。

粘结剂的环保要求主要限制甲醛含量，计量应由层板胶合木成品中取样，按规定的检验方法确定其等级，划分为 F_1、F_2、F_3、F_4 四级，要求样品甲醛释放量最大值分别不超过0.4mg/L、0.7mg/L、2.1mg/L、4.2mg/L平均值分别不超过0.3mg/L、0.5mg/L、1.5mg/L、3.0mg/L。

4. 层板胶合木的组坯方式

现代层板胶合木用作受弯构件时，层板可有两类排列方式，一是层板竖向排列（图3.2.1-2*a*），荷载作用在层板的窄面上，称竖向层板胶合木；二是层板水平层叠（图3.2.1-2*b*），荷载作用在层板的宽面上，称水平层板胶合木。早期的胶合木构件亦有混合配置的（图3.2.1-2*c*）。对于水平层板胶合木，各层板的品质等级沿截面高度的配置情况不同，又可分为同等组坯和异等组坯，异等组坯又可分为异等对称组坯和异等非对称组坯，如图3.2.1-3所示，目的是适应截面上的应力分布，更好地利用高品质层板的优势。

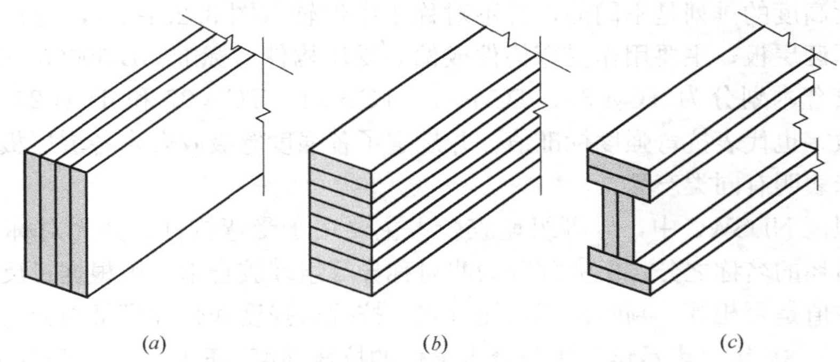

图3.2.1-2　层板排列方式

（*a*）竖向排列；（*b*）水平排列；（*c*）混合排列

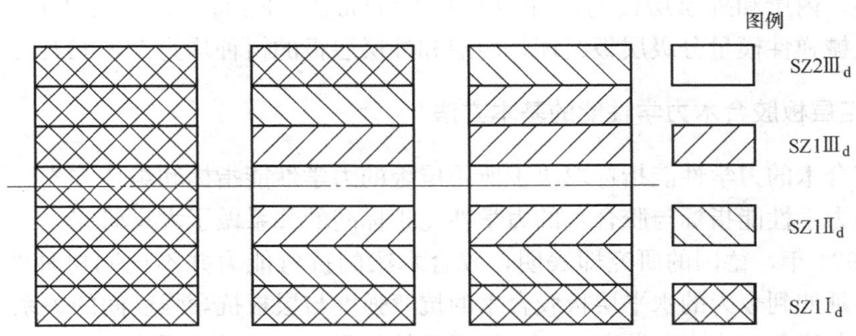

图3.2.1-3　胶合木组坯方式

（*a*）同等组坯；（*b*）异等对称组坯；（*c*）异等非对称组坯

同等组坯胶合木是由同一品质等级的层板制作的层板胶合木，主要用作受压构件，包括偏心受压构件。如果用作受弯构件，经济性会稍差些。对于标准产品，标准GB

50005—2017 将同等组坯胶合木划分为 TC_T40、TC_T36、TC_T32、TC_T28 和 TC_T24 五个强度等级，其中的数字代表抗弯强度标准值 f_{mk}。f_{mk} 与所用层板的抗拉强度 f_{tlk} 的关系为 $f_{mk}=1.25f_{tlk}+7.5$（N/mm^2），弹性模量是层板弹性模量的 1.05 倍，由此规定了各强度等级的层板胶合木所需层板的品质等级。欧洲同类产品在标准 EN 1194 中划分为 GL24h、GL28h、GL32h、GL36h 四个强度等级，其中的数字也代表胶合木的抗弯强度标准值，h 是英文 homogeneous 的首字母，表示同等组坯之意。在美国规范 NDSWC 中，同等组坯胶合木主要适用于轴心受拉或受压构件，用组坯代号＋树种代号＋等级代号表示，例如 1DFL3，即为 1（组坯）＋DF（树种）＋L3（等级）。

对称异等组坯胶合木，截面由不同品质等级的层板组成，但排列对称于截面中性轴，最外层的受拉和受压层板品质等级最好，向截面中部品质等级逐步降低，如图 3.2.1-3（*b*）所示。对称异等组坯制作的截面，宜用作受弯构件，因正反两向的抗弯能力相同，更适合做连续梁使用。标准 GB 50005—2017 将对称异等组坯胶合木划分为 $TC_{YD}40$、$TC_{YD}36$、$TC_{YD}32$、$TC_{YD}28$ 和 $TC_{YD}24$ 五个强度等级，其中的数字代表抗弯强度标准值。同类胶合木在欧洲标准 EN 1194 中划分为 GL24c、GL28c、GL32c、GL36c 四个强度等级，其中字母 c 取 combined 的首字母，表示异等组坯之意。非对称异等组坯胶合木，层板的品质等级沿截面高度的排列是不同的，且不对称于中性轴（图 3.2.1-3*c*），受拉区层板品质等级优于受压区层板，主要用作受弯构件或偏心受压构件。标准 GB 50005—2017 将非对称异等组坯胶合木划分为 $TC_{YF}38$、$TC_{YF}34$、$TC_{YF}31$、$TC_{YF}27$ 和 $TC_{YF}23$ 五个强度等级，其中的数字也代表抗弯强度标准值，并规定了各强度等级胶合木各层层板应有的品质等级。欧洲未表明有同类产品。

在美国规范 NDSWC 中，异等组坯胶合木主要用于受弯构件，并无对称异等组坯或非对称异等组坯的名称之分，但大部分为非对称异等组坯胶合木，可根据正反两个方向的抗弯强度允许值是否相等，判断出其组坯方式。按抗弯强度和弹性模量划分为七个强度等级，例如 16F-1.3E 级，表示该等级胶合木最低的抗弯强度（F-flexure）设计值为 1600psi（允许应力），最低的弹性模量为 1.3×10^6psi。每一强度等级中，含有若干种由组坯代号和树种组合表示的胶合木，例如 16F-1.3E 级中的 16F-V3DF/DF，表示胶合木由目测分级层板组坯，内层和外层层板的树种均为 DF（Douglas Fir）；而 16F-E2HF/HF 则表示胶合木由机械弹性模量分级层板组坯，内层和外层层板的树种均为 HF（Hemlock-Fir）。

3.2.2　确定层板胶合木力学性能的基本方法

层板胶合木的力学性能指标取决于所用层板的力学性能指标和组坯方式。因此，学者们对层板的力学性能指标与胶合木的力学性能指标间的关系做了大量研究。

早在 1924 年，德国的研究即表明，胶合木梁的抗弯能力并不比同树种的实木梁高。这个结论可延伸到今天的水平层板胶合木的抗弯强度与层板抗弯强度间的关系。如欧洲标准 EN1194 中胶合木的抗弯强度 f_{mgk} 与层板的抗拉强度 f_{t0lk} 的关系为 $f_{mgk}=1.15f_{t0lk}+7$，而层板抗弯强度 f_{mlk} 和抗拉强度 f_{t0lk} 的关系大约为 $f_{t0lk}=0.6f_{mlk}$，因此两者间的抗弯强度关系大致为 $f_{mgk}=1.15f_{mlk}+7$。由此推算，只要层板胶合木抗弯强度标准值不小于 $24N/mm^2$，其值将低于层板抗弯强度的标准值，实际上层板胶合木的抗弯强度标准值很少有低于 $24N/mm^2$ 的。

就胶合木构件的抗弯强度标准值而言，尽管并不比同树种的实木高，但其强度变异性得到了较大改善，一方面那些存在严重致命缺陷的木材在生产层板过程中已被剔除，另一方面，一般性缺陷被均匀化分布，不致集中在个别截面位置。

层板胶合木梁的试验结果表明，梁的破坏大部分起因于受拉边缘存在生长缺陷或纵向接头的位置，因此层板胶合木的抗弯强度似应取决于层板的抗拉强度，但层板胶合木的抗弯强度实际上会大于层板的抗拉强度。Larsen H. J. 的试验结果表明胶合木的抗弯强度为层板抗拉强度的 1.06～1.68 倍，Falk H. J. 等人的试验结果为 1.35～1.65 倍，具体数值与不同的组坯有关，这种现象称为层叠效应（Laminating effect）。层叠效应可归结为三方面的因素：①单块层板受拉时由于木节、层板的刚度不一致及其他偏心因素的不利影响，可能受弯工作（Lateral bending），而处于胶合木梁中的同一层板受到其他层板的约束作用，可避免这种弯曲受力；②层板胶合木中对缺陷具有分散效应，使胶合木较结构木材更趋均匀，降低了缺陷像对单块层板强度那样产生致命影响的可能性；③胶合木中可以发生应力重分布，或可认为较强的层板对较弱的层板有一定增强作用。

层板品质等级和组坯与层板胶合木强度等级间的关系，实际是大量试验研究的结果，即层板胶合木的理论分析和实际检验的结果，最终形成了上述标准组坯的层板胶合木能达到的力学性能指标。这个理论分析设计过程在标准 ASTM D 3737 中作了详细的规定。归结起来，大体需经过下列步骤：

（1）确定层板的强度指标

不论目测定级层板还是 E 定级层板，应由层板所用树种的清材小试件强度标准值，按规定的方法调整到标准状态的强度指标（SIV-Stress index value），如抗弯强度。截面高度为 300mm，跨高比为 21∶1，承受均布荷载，含水率为 12%时的抗弯强度和大跨弹性模量（LSE），以此为基本的层板抗弯强度指标（SIV）。对于目测定级层板的强度指标，也可由大截面构件的试验结果确定。规定强度指标（SIV）的截面高度为 300mm，是因为北美层板胶合木以截面高度 300mm 为标准（欧洲标准为 600mm）。层板的抗拉强度指标可通过抗弯强度推算，一般取 5/8 的抗弯强度，又如抗剪、横纹承压强度等可由相对密度、树种木材纹理的疏密程度推算，或由清材小试件试验方法确定。

（2）确定各层板上的生长因素造成的缺陷数据

这些缺陷数据是指层板上生长因素造成的缺陷如斜纹、木节以及涡纹等所占层板宽度比例的统计参数。主要用于层板胶合木受弯、受拉时受拉边最外层截面高度 5%范围内所用层板的木节和涡纹尺寸，以及次外层截面高度 5%范围内层板的木节尺寸所占层板宽度比例的统计数据。

（3）确定各层板在胶合木截面中的力学性能指标

将上述性能指标（SIV）乘以不同的调整系数（SMF，Stress modification factor），即获得胶合木截面中各层板的力学性能指标。调整系数（SMF）类似于第 2.2.1 节中介绍的强度比 SR，即考虑到层板上存在的生长因素等缺陷对各力学性能指标的影响。一般取木节和斜纹两因素中较小的调整系数。其中斜纹对抗拉、抗弯和抗压强度的调整系数仍取表 2.2.1-3 的规定。

木节对层板抗弯强度影响的调整系数（SMF），不论目测定级或 E 定级层板，首先要区分水平层板胶合木还是竖向层板胶合木，木节对两者调整系数的计算方法是不同的。例如对于水平层板胶合木，木节对抗弯强度的影响一方面与该层板上的木节大小有关，更与这些木节距截面中性轴的距离有关，距中性轴越远，影响越大。因此，调整系数（SMF）是木节面积对中性轴的惯性矩 I_{K} 与毛截面惯性矩 I_{G} 之比（$I_{\mathrm{K}}/I_{\mathrm{G}}$）的函数，但最低值不应小于按 2.2.1 节确定的强度比 SR_{b}。而竖向层板胶合木，层板实际呈侧立抗弯状态，因此调整系数（SMF）显然应与第 2.2.1 节中的强度比 SR_{b} 一致。木节对层板的抗拉、抗压强度影响的调整系数（SMF），因为与木节距中性轴距离无关，应是层板上木节所占该层板宽度比的函数，抗拉强度尚应考虑边部木节的影响，故其调整系数不同于抗弯强度。标准 ASTM D 3737 根据步骤（2）确定的木节等缺陷统计数据给出了计算这些调整系数的相应公式。弹性模量在层板胶合木的设计中一律用大跨弹性模量（LSE），采用目测定级层板和除 E 定级层板外的机械定级层板时，一律需按有关公式将其侧弯弹性模量换算为大跨弹性模量（式（2.2.2-7））。层板的抗剪强度调整系数（SMF）也要区分水平层板胶合木和竖向层板胶合木。水平层板胶合木不允许有振裂，当木节面积限制在一定范围内时，调整系数取 1.0，但若层板宽面边缘有缺陷时，如缺陷宽度达到板宽的 1/6，该层板抗剪强度调整系数取 2/3；对于竖向层板胶合木，有振裂者每一层折减 0.5，若由四层组成则调整系数取为 7/8。虽然目测定级层板和 E 定级层板的定级方式不同，但两者调整系数（SMF）的处理是一致的。

如前所述，层板胶合木作受弯构件时，破坏通常发生在受拉边缘的层板上。因此，在上述对层板抗拉强度调整的基础上，标准 ASTM D 3737 分别对受拉区 10%高度内最外侧 5%和次外侧 5%的层板的生长因素等造成的各类缺陷，作出了严格的限制，以保证受拉区层板具备良好的品质。

（4）以平面假设为依据，校核截面各层板强度

根据层板胶合木截面上各层板调整后的弹性模量（LSE），用一般力学原理，确定换算截面（详见 6.4.1 节）中性轴的位置和验算各层层板的强度。以异等组坯受弯构件为例，距换算截面中性轴距离 y_i，弹性模量（LSE）为 E_i，则该层板的抗弯强度 $f_{\mathrm{b}i}$ 应等于或大于 $f_{\mathrm{b0}}\dfrac{E_i}{E_0}\dfrac{y_i}{y_0}$。其中 f_{b0}、E_0 分别为截面受拉边缘层板的抗弯强度和弹性模量（LSE），y_0 为受拉边缘距换算截面中性轴的距离。如果层板的强度不满足上述条件，应提高该层层板的品质等级；如果层板的强度过高，则不经济。其他受力形式的层板胶合木构件，截面上各层板的强度校核方法与其类似，但对于非对称异等组坯，即使是轴心受力也需要考虑换算截面中性轴与截面几何形心轴不一致造成的偏心影响。

（5）层板胶合木力学性能的检验

按上述规定组坯或经设计要求制作的层板胶合木的力学性能指标最终仍应经足尺试件试验检验，其强度标准值仍取置信水平 75%下限的 0.05 分位值，弹性模量取平均值。一般作抗弯试验检验，要求试件的跨高比不小于 18，对称于跨中施加两个集中力，集中力的间距为 4 倍的试验截面高度；并应在规定时间内（不大于 10min）匀速加载至破坏，最终将试验结果调整到截面高度为 300mm，含水率为 12%的抗弯强度标准值和弹性模量，均不得小于产品或设计预期值。此外，尚应在制作完成的层板胶合木中切出垂直于木纹和胶层的受剪试件，作抗剪强度检验。层板胶合木的抗拉、抗压强度标准值的检验方法尚无规定，规范 GB/T 50708—2012 认为层板胶合木抗拉、抗压强度可由其抗弯强度标准值

确定：

同等组坯：

$f_{cgk}=0.76f_{mgk}-0.71$ （N/mm²）

$f_{tgk}=0.69f_{mgk}-0.87$ （N/mm²）

异等组坯：

$f_{cgk}=0.77f_{mgk}+2.6$ （N/mm²）

$f_{tgk}=0.73f_{mgk}-0.65$ （N/mm²）

欧洲标准 EN 1194 中层板胶合木与层板力学性能的关系 **表 3.2.2-1**

层板胶合木性能	关系式
抗弯强度 f_{mgk}	$=1.15f_{t0lk}+7$
抗拉强度 f_{t0gk} f_{t90gk}	$=5+0.8f_{t0lk}$ $=0.2+0.015f_{t0lk}$
抗压强度 f_{c0gk} f_{c90gk}	$=7.2f_{t0lk}^{0.45}$ $=0.7f_{t0lk}^{0.5}$
剪切强度 f_{vgk}	$=0.32f_{t0lk}^{0.8}$
弹性模量 E_{0gmean} $E_{0g0.05}$ $E_{90gmean}$	$=1.05E_{0lmean}$ $=0.85E_{0lmean}$ $=0.035E_{0lmean}$
剪切模量 G_{gmean}	$=0.065E_{0lmean}$

注：异等组坯时，表中 f_{t0gk}、f_{t90gk}、f_{c0gk}、f_{c90gk}、f_{vgk}应由内层层板抗拉强度确定；f_{mgk}和 E_{0gmean}、$E_{0g0.05}$由受拉边缘层板的抗拉强度和弹性模量确定；$E_{90gmean}$、G_{gmean}取内层层板抗拉弹性模量确定。角标 g 代表胶合木，l 代表层板。

（6）层板胶合木的力学性能指标

在木结构的承载力和变形验算中，一般采用“毛截面”（即截面高度 h、宽度 b）为几何尺寸，因此对层板胶合木标准产品，也需将上述截面受拉边缘层板的抗弯强度标准值 f_{b0} 和弹性模量 E_0 折算成用毛截面惯性矩计算的抗弯强度 f_{bk} 和弹性模量 E。如对于水平层板异等组坯胶合木，抗弯强度标准值为 $f_{bk}=f_{b0}T$（T 为换算截面和毛截面的惯性矩之比）；弹性模量取 $E=0.95E_0T$。竖向层板胶合木以及其他力学性能指标可用类似方法确定，详见标准 ASTM D 3737。

欧洲标准 EN 1194 将层板胶合木与层板间的力学性能指标关系，简化为与层板的抗拉强度和弹性模量间的相关关系，如表 3.2.2-1 所示。当异等组坯时，异等组坯的总高度不小于截面高度的 1/6 或两层层板的厚度之和，且取两者中的较大值。

3.3 正交层板胶合木

3.3.1 正交层板胶合木的构造

正交层板胶合木（Cross glued laminated timber，CLT）是近二十年来研发的一种重组木材，呈平面状的多层厚板（图3.3.1-1*a*），主要用作楼板、墙板（剪力墙），有良好的力学性能和减振、隔声、保温等建筑使用功能，是一种新型工程木产品，国外已有不少用其为主材建成的多、高层木结构工程实例。正交是指相邻两层层板相互垂直布置。必要时，亦可连续两层板顺纹粘结，如图3.3.1-1（*b*）所示。木板总层数一般不少于3层，也不大于11层，上、下表面层板木纹方向需一致，作受弯构件使用时，表面层板的木纹方向与跨度方向一致。板宽可分为0.6m、1.2m，最宽可达3.0m，最大板长可达18m，最大厚度可达400mm。

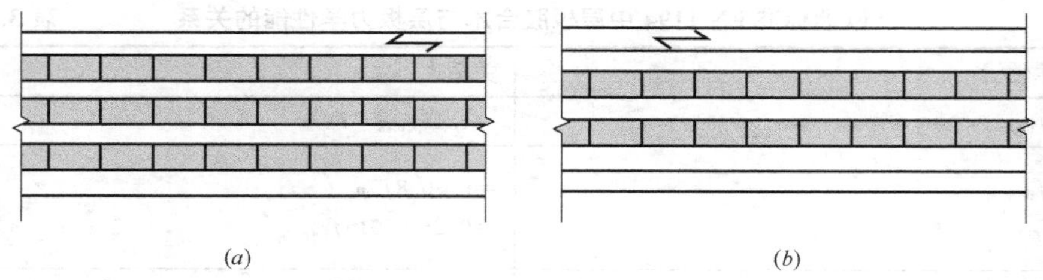

(*a*) (*b*)

图3.3.1-1 正交层板胶合木构造示意图

正交层板胶合木所用锯材层板的相对密度（S.G.）不小于0.35，顺纹层板抗弯强度标准值为20～30N/mm²。当使用强度等级较低的横纹层板制作CLT时，其抗弯强度标准值约为顺纹层板强度的1/4～1/2。还可采用LVL等结构复合木材作层板，但该类层板的厚度公差和表面不良物会影响上、下层板间的胶合质量，需作表面处理。锯材层板厚16～51mm，宽80～240mm。当同一层层板间拼缝（窄边缝）为非胶结时，层板的宽厚比不应小于3.5∶1。横纹层板尤应如此，以免CLT受弯构件的抗弯承载力受限于层板的滚剪强度。

3.3.2 正交层板胶合木的力学性能

正交层板胶合木具有平面尺度大的特点，可用以制作建筑结构中的柱、墙等竖向承重构件，楼盖、屋盖等水平承重构件，以及承受水平荷载的剪力墙等任一类型的承重构件。因此，需要研究分析正交层板胶合木在相应荷载作用下的力学性能（承载力、变形）。正交层板胶合木大体可归纳为如图3.3.2-1所示的几种受力形式，关键仍是其力学性能与所用层板力学性能的关系，这也是学者们正在研究的一个热门课题。一旦技术成熟，即可制订标准，进入大规模工程应用。

《木结构设计标准》GB 50005—2017已将正交层板胶合木作为一种新型的木结构用材，但仅对平面外受弯形式（图3.3.2-1*a*）的承载能力（承载力、变形）的计算方法作出了规定，即采用不计横纹层板的作用，采用换算截面的计算方法（见6.4.1节）。文献表明，有多种方法可用以计算这种受力形式的正交层板胶合木的承载能力，其中首推利用欧洲规范EC 5中规定的“机械连接梁”方法（Mechanically jointed beams，见6.7.2节）的计算方法，还有参照结构胶合板承载性能分析中采用的“复合理论”（Composite theory）的“K方法”（将CLT视为抗弯刚度不同的两种梁的叠加）、“剪力比拟法”（Shear analogy method）以及标准GB 50005—2017中采用的“简化设计法”。究竟哪种计算方法最符合实际，目前尚无定论，大概也不能一概而论。至于图3.3.2-1中其他受力形式下正

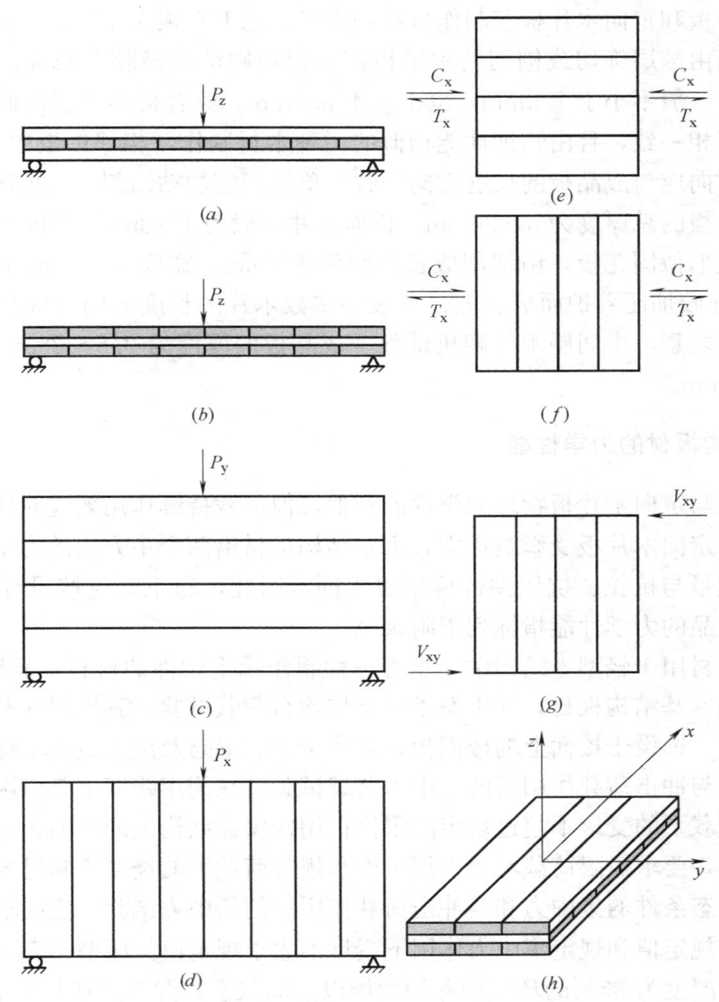

图 3.3.2-1 正交层板胶合木简化受力形式

(a) 平面外受弯，弯矩作用于 zx 平面内；(b) 平面外受弯，弯矩作用于 zy 平面内；(c) 平面内受弯，弯矩作用于 yx 平面内；(d) 平面内受弯，弯矩作用于 xy 平面内；(e) 平行于 x 轴的轴向力作用于平面内；(f) 垂直于 x 轴的轴向力作用于平面内；(g) 作用于 xy 平面内的剪力；(h) 正交层板胶合木的轴线定位

交层板胶合木的力学性能分析，也正处于研究中。

正交层板胶合木的出现使木结构建筑向多高层、多种结构形式的方向发展，有利于建筑节地环保，符合可持续发展的理念，但实现良好的应用前景，尚有许多工作要做。

3.4 木基结构板材

3.4.1 木基结构板材的构造

木基结构板材目前主要有两种，即结构胶合板（Structural plywood）和定向木片板（OSB），主要用作轻型木结构中的墙面、楼面和屋面的覆面板，不仅起围护作用，更用以承重。结构胶合板和定向木片板在制作材料和生产工艺上有很大差别。

结构胶合板由数层旋切或刨切的木单板按一定规则铺放经胶合而成。以软木树种为主，单板的厚度一般不小于 1.5mm，也不大于 5.5mm。胶合板中心层两侧对称位置上的单板木纹和厚度相一致，且由物理性能相似的树种木材制作，相邻单板的木纹相互垂直，表层板的木纹方向应与成品板的长度方向一致。单板间施加粘结剂，经加压加热养生而成成品。结构胶合板的总厚度为 5～30mm，板面尺寸一般为 1220mm×2440mm。

定向木片板形似刨花板，由切削成长度约为 100mm、宽度为 35mm 上下、厚度约为 0.8mm 的木片施胶加压养护而成。上、下表层多数木片的长度方向与成品板的长度方向一致，此即定向之意，中间层木片随机铺放。成品板的厚度为 9.5～28.5mm，板幅亦为 1220mm×2440mm。

3.4.2　木基结构板材的力学性能

结构胶合板与定向木片板物理力学性能相似，但荷载持续作用效应对两者力学性能的影响程度不同，定向木片板受影响更大，木基结构板材沿两个主方向的力学性能有较大不同，抗弯弹性模量与抗拉、抗压弹性模量也不同，因此，施工时应按设计规定的方向铺设。部分欧洲产品的力学性能指标列于附录 A。

木基结构板材用于轻型木结构中，作为一种制作承重构件的材料，需满足下列条件。铺设于墙面上的木基结构板材，在干态条件下作均布荷载试验，其极限荷载不得小于规定跨度下的允许值。铺设于楼面上的楼面板，需作干态、湿态及湿态重新干燥后的均布荷载试验和集中荷载与冲击荷载作用后的集中力荷载试验，在规定跨度下其极限荷载不得小于规定值和规定荷载下的变形不超过规定的限值；用作屋盖结构上的屋面板，需作干态条件的均布荷载试验，要求极限荷载不小于规定值和规定荷载下的挠度不超过规定值，屋面板尚需作干态和湿态条件的集中力和经冲击荷载作用后的集中力试验，也要求规定跨度下的极限荷载不小于规定值和规定集中力作用下变形不大于规定值。所谓干态是指板在温度为 20℃、空气相对湿度为 65%的环境中养护两周以上的状态；湿态是指板被淋水后，保持 3 天潮湿但又不被水浸泡的状态。湿态重新干燥是指保持 3 天潮湿后又经 2 周以上干态环境的状态。之所以如此要求，主要是为保证木基结构板材的性能满足作承重构件的质量要求和耐久性要求。关于这些木基结构板检验的试验方法，可参见《木结构试验方法标准》GB/T 50329—2012。

3.5　结构复合木材

3.5.1　结构复合木材的种类

结构复合木材（Structural composite lumber，SCL）是数种胶合木的总称，已在工程中应用的有如下几种：旋切板胶合木（Laminated veneer lumber，LVL），简称 LVL；平行木片胶合木（Parallel strand lumber，PSL），简称 PSL；定向木片胶合木（Oriented strand lumber，OSL），简称 OSL；层叠木片胶合木（Laminated strand lumber，LSL），简称 LSL。

1. 旋切板胶合木

旋切板胶合木，是将圆木旋切成厚度 2.5～4.8mm 的单板（Veneer），多层顺木纹施胶叠铺，加温加压而成。北美生产的 LVL 所用树种或树种组合为花旗松、落叶松、黄柏、西部铁杉和云杉，北欧主要为挪威云杉。制作时将旋切单板切割成一定宽度和长度的单板，并干燥至规定的含水率，切去单板条上的缺陷，定级分等，将高质量的板条铺放在外表层，各层单板条木纹平行于成品板长度方向。单板层间施胶，铺叠成毛坯送入滚压机并加热，经养护胶层固化后修边切割即为成品。切割后的成品 LVL 板厚 19.1～89mm，宽 63.5～1219mm，长度可达 25m，含水率约为 10%。使用时可在成品板的宽度和长度方向进行切割，但不应在厚度方向再作加工。作受弯构件时，一般均采用单板呈侧立状态，如图 3.5.1-1 所示。LVL 是目前最常用的一种结构复合木材，力学性能好，强度变异性小，试验表明变异系数不大于 7%。

2. 平行木片胶合木

平行木片胶合木（PSL）是将圆木旋切成的单板，再将单板切割成约 19mm 宽的板条，施胶加温加压而成。北美生产的 PSL 所用树种或树种组合同 LVL。旋切片单板厚度为 3.2mm，或不能用作 LVL 的短单板，经干燥达到规定含水率后劈成宽度约 19mm 的木片条，并筛选，剔除质量差或长度不足 300mm 的木片后，均匀施胶叠铺并使木片长度方向与成品板长度方向一致，使相邻各木片条的接头彼此错开，形成松软的毛坯后连续地送入滚压机，在密封状态下用微波加热，使胶体固化，制成截面 280mm×482mm、长度约 20m 的成品材，如图 3.5.1-2 所示。利用成品材时，长度和宽度方向可切割。它的力学性能可优于同树种制造的 LVL，这是因为它在制作过程中剔除了质量差的木片条且木片条有足够的长度。

图 3.5.1-1　旋切板胶合木 LVL

图 3.5.1-2　平行木片胶合木 PSL

3. 层叠木片胶合木

层叠木片胶合木（LSL）是将削成的薄木片均匀施胶，定向铺装加温、加压而成。LSL 采用速生树种如阔叶树白杨为原料，白杨经热水槽浸泡后剥皮，削成木片，片厚 0.9～1.3mm，宽度 13～25mm，长度约 300mm。经筛选去除碎片后干燥至含水率约 3%～7%，搅拌施胶，铺成厚垫并调整片长度方向，使平行于厚垫的长度方向，经加温加压而制成成品。成品材厚度 140mm，宽度约 1.2m，长度约 14.6m，含水率为 6%～8%。使用时可在宽度与长度方向作切割，如图 3.5.1-3 所示。

图 3.5.1-3　层叠木片胶合木

4. 定向木片胶合木

定向木片胶合木（OSL）是定向木片板技术的延伸，即仅是板的厚度增加，所用树种通常为白杨、黄杨或南方松，生产工艺类似于 LSL。成品板平面尺寸可达 3.6m×7.4m。OSL 胶合木有较高的抗剪强度，抗弯强度也高于同树种锯材。

结构复合木材是一类现代化的木产品，可在板的长、宽方向切割用以制作木结构工程中梁、柱等承重构件，更广泛地用以制作预制工字形木搁栅、定型系列木桁架。

3.5.2　结构复合木材力学性能指标的确定

结构复合木材已纳入《木结构设计标准》GB 50005，但未对其力学性能指标的确定等方面作必要说明，造成应用上的不便。首先，结构复合木材力学性能指标的确定方法，类似于 2.2.2 节介绍的规格材足尺试件试验方法确定其力学性能指标，抗拉、抗压、抗弯、抗剪强度也取 75%置信水平下限的 0.05 分位值作为标准值，而弹性模量取平均值。横纹承压强度在北美取承压变形 1mm 时的抗压应力平均值为性能指标。其试验要求受拉、受弯试件数量不小于 53 个，若要求标准值相对误差不大于 5%时，试件数量应更多。试件最小尺寸应与工程应用中的较小截面尺寸一致。受弯构件的高跨比取 17～21，两集中力三分点加载，受拉试件长度不少于 915mm（试验段长度）。强度标准值确定可用参数法，也可用非参数法。试验表明，其强度分布稍向右偏态，可认为符合正态或对数正态分布，强度变异系数不会超过 0.2。结构复合木材的强度设计值可按第 4 章介绍的方法确定。

结构复合木材大多是从北美或欧洲进口的，需要根据其产品的强度标准值和强度变异系数，按第 4 章介绍的方法确定强度设计指标。来自美国的结构复合木材，其强度指标均为符合美国规范 NDSWC 的“允许应力”。可将“允许应力”换算为强度标准值（抗拉、抗压、抗弯、抗剪强度分别乘以安全系数 2.1、1.9、2.1 和 2.1）。欧洲产品一般直接给出强度标准值（见附录 A）。结构复合木材的基材仍是天然木材，因此在确定设计强度时同样需考虑各种因素的影响。如荷载持续作用效应系数 K_{DOL}，OSL（OSB）比天然木材更严重（约低 20%）；关于体积效应，如侧立受弯构件截面高度大于 89mm 时，北美规范规定取调整系数 $(305/h)^s$，指数 s 对于 LVL、PSL、LSL、OSL 分别取 0.136、0.111、0.092 和 0。欧洲规范规定 LVL 受弯调整系数取 $(300/h)^s$，最大不超过 1.2，受拉构件以长度 3000mm 为基准，抗拉强度调整系数为 $(3000/l)^{s/2}$，最大不大于 1.1，s 由产品标准规定。

木结构工程中使用结构复合木材时的另一重要问题是连接承载力的计算，主要是销槽承压强度的取值问题。美国规范 NDSWC 规定各种复合木材产品需给出等同于锯材的等效相对密度 G_{eq}来确定销槽强度。等效相对密度 G_{eq}应由有资质的机构通过对比试验给出。

有些结构复合木材沿成品的长、宽两个方向的等效相对密度并不相同。欧洲规范 EC 5 中旋切板胶合木的销槽承压强度与实木一样，均采用密度的标准值计算。

3.6 预制木构件

结构构件工厂化生产，运到工地现场装配成整体建筑结构是建筑工业化的一个发展方向，国外有预制工字形木搁栅(Pre-fabricated wood I-joist)和轻型木结构住宅中使用的定型系列木桁架等预制木构件。

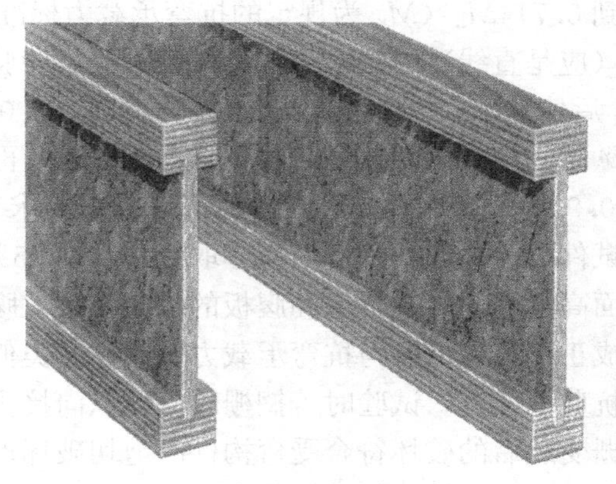

图 3.6.1-1 预制工字形木搁栅

3.6.1 预制工字形木搁栅

是一种翼缘由结构复合木材或目测应力定级木材制作，腹板由木基结构板构成的一种工字形截面受弯构件（图3.6.1-1），用作跨度较大或要求承载力较高的梁或楼、屋盖搁栅。常规标准产品翼缘为宽度 38mm、45mm，高度 38～89mm 的 LVL 或 LSL。腹板为厚度 9.5～12.7mm 的 OSB 板或结构胶合板，搁栅截面高度为 200～800mm。上、下翼缘在长度方向允许指接接长，腹板也可用斜接或齿接接长，关键技术是腹板与上、下翼缘的连接，因上、下翼缘可为整块木材，需将腹板嵌入翼缘连接，以提供足够的抗剪能力，为各生产厂家的专利。

取决于不同的翼缘材质和截面尺寸，工字形木搁栅的抗弯承载力标准值约为 6～85kN·m，抗剪承载力标准值约为 9～46kN，抗弯刚度 EI 约为（0.71～55）$\times 10^6$N·mm^2。搁栅的这些承载能力指标由理论计算和最终的足尺试验确定。例如搁栅的抗弯能力可由两种方法确定，一种是理论计算和少量的足尺试验验证。计算很简单，取上下翼缘中的较低轴向承载力乘以上下翼缘间的中心距离即为抗弯承载力。当然对于受拉翼缘的抗拉强度如采用标准的定级木材，则应分别计入体积（长度）效应和荷载图式效应的影响，以及纵接接头的影响；如使用虽有强度指标但为非标准定级木材，则应做抗拉强度试验，按实测的抗拉强度计算，其抗压强度也应按实测抗拉和规定抗拉强度比进行调整。在此理论分析基础上取该类搁栅中对抗弯承载力最不利的两种规格（如计算应力接近于材料强度的，或搁栅截面高度较高的）进行足尺试验验证，最少各 10 根，试验结果的抗弯承载力标准值不应小于规定值。另一种确定预制工字形木搁栅抗弯承载力的方法则完全依赖于足尺试验结果，并用非参数法取 75%置信水平下限的 0.05 分位值作为抗弯承载力标准值。这类产品往往用同一截面尺寸，同一品质等级的定级木材作翼缘，取该系列搁栅中若干种截面高度不同的产品作试样。例如 TJI 系列，TJI/L65 上下翼缘为结构复合木材 LVL，截面尺寸同为 38mm×65mm，搁栅截面高度为 241～762mm，共分 12 级。受弯构件的抗弯能力理论上与其截面高度成正比，因此，为确定某搁栅系列的抗弯强度可仅做几种不同高度的试件来推算其他搁栅高度的承载力。一般要求不少于四种高度，每种高度的试件数量为 28 根，搁栅高度级差不小于 76mm（3″）。试验时翼缘指接接头需放在最大弯矩区段，要求抗弯承载力与截面高度间回归曲线的相关系数 r^2 在 0.90 以上，则搁栅的抗弯承载力可由该回归曲线确定。如无法取得四种以上截面高度，则每种高度的试件数量应增至 53 根，用非参数法确定承载力标准值。搁栅的抗弯刚度 EI 要求取足尺试件试件结果的实测平均值，可与抗弯承载力试验同时进行，并规定可仅在前 10 个试件上测试。要求荷载达到 $0.714M_k$（M_k 为规定的抗弯承载力标准值）以前分四级加载，并以该四级的挠度曲线（应是直线）的斜率为抗弯刚度。为了检验这类搁栅产品的蠕变，要求荷载加至 $0.714M_k$ 后停歇 1h。取位移计读数计算荷载（$0.0952M_k$～$0.714M_k$）增量间的挠度增量 Δw，停歇时间结束后，试件卸载至 $0.0952M_k$，再停歇 15min，测得搁栅的挠度恢复量不应小于 $0.9\Delta w$，否则蠕变过大，不符合基本要求。预制工字形木搁栅的抗剪承载力，也由足尺试件试验决定，其标准值亦取置信水平 75%下限的 0.05 分位值，也由于同系列搁栅虽截面高度不同，但翼缘和腹板的品质一致，腹板厚度相同，因此抗剪承载力与搁栅截面高度成正比，从而可与抗弯承载力试验方案类似，取数种高度实测抗剪承载力的回归关系确定抗剪承载力。试验时若搁栅腹板有纵向接头，则应将接头处于剪力最大的区段。要保证搁栅受载后的破坏符合受弯构件的剪切破坏形态，不能将上下翼缘失效导致搁栅破坏的数据统计在内。搁栅抗剪承载力的分布函数符合正态分布，因此可用参数法确定标准值，详见标准 ASTM D 5055。

我国尚无正规的国产预制工字形木搁栅产品，工程中所用的均为进口产品，部分产品的力学性能指标见附录 B。在工程设计、施工中使用这些产品时应注意如下几点：

① 该类产品提供的力学性能指标大多是符合生产国木结构设计规范规定的指标，与我国设计规范并不一致。如北美产品，大多是根据美国规范 NDSWC 规定的允许应力或允许承载力。应按 3.5.2 节所述结构复合木材处理方法换算成我国设计规范要求的性能指标，如抗弯和抗剪承载力分别乘以 2.1 和 2.37 转换成相应承载力的标准值。如果已知其承载力的变异系数，则可参照第 4 章介绍的有关方法，确定设计值。

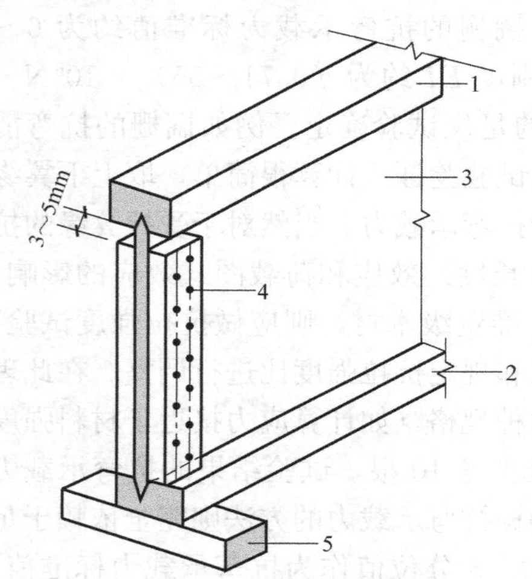

图 3.6.1-2　预制工字形木搁栅

② 预制工字形木搁栅的腹板很薄，易发生局部失稳，需要在集中力作用处如支座处的腹板两侧设置加劲肋（图 3.6.1-2），当截面高度超过 460mm 以上，不论荷载大小，集中力下也需设加劲肋。加劲肋可用锯材也可用结构复合木材，宽 60～90mm，厚 13～39mm，一端顶在梁集中力作用处的翼缘底，另一端距另一翼缘底表面 3～5mm，需用钉将两侧加劲肋彼此钉牢。

③ 搁栅为平面构件，使用中应防止侧翻和平面外失稳。为此，搁栅支座端部应设置与搁栅等高的封头板，一般用厚 30～40mm 的结构复合木材制作，也可预制封头板，用钉与搁栅上、下翼缘端部钉牢，封头板也需与下部支承构件钉牢。搁栅的平面外侧向稳定（详见 6.2.2 节）很难验算，因此需用构造措施解决，如上翼缘用满铺钉楼面板、屋面板或设置专门的

侧向支撑解决，有关规定见 6.5.1 节。

④ 由于搁栅腹板厚度不大，在计算搁栅挠度时应将剪变形造成的搁栅挠度估计在内，若已知搁栅的剪变形系数 k（由产品标准给出），则均布荷载 q 或跨中一个集中荷载 P 产生的剪变形挠度分别为 ql^2/k 和 $2Pl/k$。

⑤ 搁栅上下翼缘上不得开孔、开槽。腹板上开洞亦会影响搁栅的抗剪能力，因此需作限制。归结起来要求洞口距支座须有足够的距离，搁栅跨度越大，洞口距支座距离应越远。洞口大小也与距支座距离有关，越近，洞口尺寸越小，洞口与洞口的间距不应小于较大洞口直径的 2 倍，矩形洞口的长边等效于圆洞口直径的 0.8～0.7 倍，产品说明书上一般都有详细规定。

3.6.2 定型系列木桁架

定型系列木桁架是针对量大面广的轻型木结构住宅而生产的，用作屋盖承重构件的专利产品。工厂批量生产桁架的标准化构件和拼装时用的连接件（套筒、螺栓、螺帽），运至施工现场后像装配式家具一样拼装，见图 3.6.2-1，目前有屋面坡度为 40°、45°和跨度 6.5～8.5m 各四种。木桁架间距一般为 610mm，由于设计中采用了应力蒙皮原理，桁架上下弦杆截面小，上弦铺钉屋面板和下弦搁栅铺钉覆面板时必须施胶粘结和用钉子钉牢，特别是下弦不论屋架空间是否利用，均需铺设覆面板并施胶，按规定的钉距和直径铺钉厚度不小于 19mm 的覆面板。使用结构胶合板时，其表层的木纹方向应与桁架跨度方向一致。现有产品按美国规范 NDSWC 验算，可用于阁楼楼面荷载 1.9kN/m²，恒载 0.6kN/m²，屋面雪荷载 1.4kN/m²，恒载 0.7kN/m²，风速 129km/h。在我国使用，尚需考虑使用荷载和材料强度设计值不同的影响。

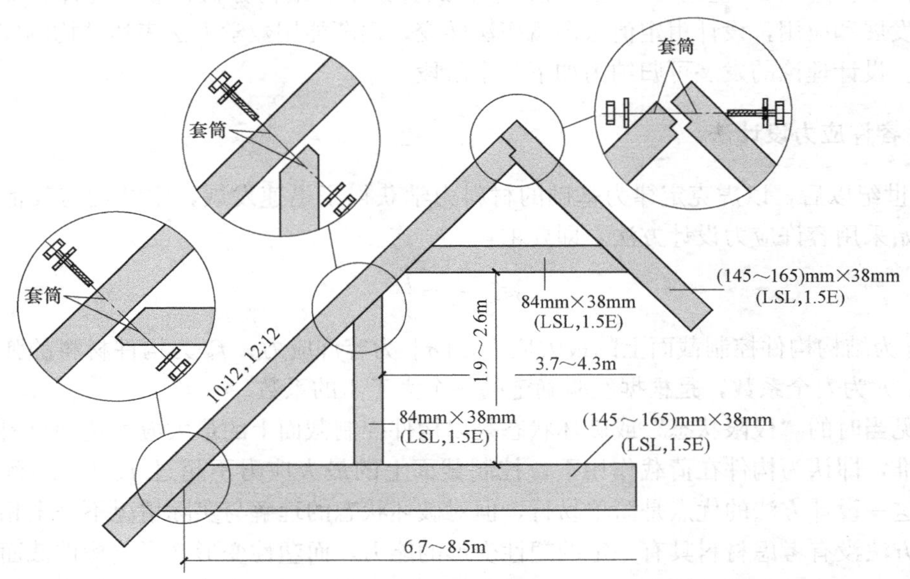

图 3.6.2-1 定型木桁架装配示意图

第 4 章　木结构设计方法与木材强度设计指标

4.1　结构设计理论的演变

结构设计的基本目标是用科学的手段，设计建造出经济合理、安全可靠又适用耐久的建筑，即能在“规定的时间内，规定的条件下，完成预期的功能”。与其他结构一样，木结构预定的功能应包括安全性，即在正常的施工和使用条件下，结构能承受可能出现的各种作用而不发生破坏，在偶然作用下结构能保持必要的稳定性；适用性，即在正常使用过程中，结构能具有良好的功能，如变形不过大，振动等不影响工作和生活；耐久性，即结构在正常的维护条件下，能在预期使用年限内满足上述两项功能。结构安全与不安全，适用与不适用的界限，可理解为一种“极限状态”，前者称为承载能力极限状态，后者称为正常使用极限状态。确切地理解和把握了这两种极限状态，结构设计的基本目标就可能达到。结构设计理论的发展史，实际上就是对这些“极限状态”认识和应用的过程。

早期的建筑结构，保证安全的手段主要是依赖经验，因为先前既无试验手段又无计算理论，只能依赖积累的经验。随着科学技术的发展和进步，结构的安全性和适用性才有了量化的标准。进入 20 世纪后，随工程力学、试验技术、结构分析、数理统计和概率论等学科的发展和应用，设计由定值法向概率法转变，逐渐能用数学方法表达结构的安全性和适用性。设计理论的发展可归纳为如下几个阶段。

4.1.1　容许应力设计法

19 世纪以后，以虎克定律为基础的材料力学获得了迅速发展，木结构与其他结构一样，开始采用容许应力设计方法，即要求：

$$\sigma \leqslant [\sigma] = \frac{f_s}{k} \tag{4.1.1-1}$$

式中：σ 为结构构件控制截面上的最大应力；$[\sigma]$ 为容许应力；f_s 为构件材料的弹性极限（强度）；k 为安全系数，是根据经验确定的一个大于 1 的系数。

可见当时的“极限状态”或破坏状态是以构件控制截面上的最大应力达到材料的弹性极限为准，即认为构件在荷载作用下，控制截面上的最大应力不超过 f_s/k，结构就是安全的。这一设计方法的优点是简单易行，但对破坏状态的理解与实际情况不完全相符。首先，该方法没有考虑材料具有一定的塑性变形的能力，而塑性变形会影响构件截面上的应力分布。正如清材小试件受弯试验表明的那样，跨中截面受压边缘应力达到木材抗压强度后，由于木材发生塑性变形，截面应力重分布，荷载可继续增大。另一方面，该设计方法没有考虑荷载和材料强度等因素的变异性（不定性），因此称为定值设计法。再则，由于对荷载和材料强度的认识不足，安全系数 k 由经验确定，缺乏科学依据。

由于容许应力法简便易行，易于工程技术人员理解掌握，故有些国家至今仍然使用。例如美国木结构设计规范 NDSWC 仍可采用容许应力设计法（ASD）（同时，也采用极限状态设计法（荷载与抗力系数设计法，LRFD）），日本木结构设计规范则完全采用容许应力设计法。但早期的容许应力定义为材料强度平均值除以安全系数，现定义为材料强度标准值（保证率 95%，亦称特征值）除以安全系数。

4.1.2 破损阶段设计法

破损阶段设计法的最大特点是改变了容许应力设计法“极限状态”的概念，将结构构件控制截面最大应力达到材料弹性极限，转变到构件控制截面达到极限承载力作为“极限状态”，因此要求：

$$\Sigma S_i \leqslant R(f \cdot A)/k \tag{4.1.2-1}$$

式中：S_i 为第 i 种荷载的作用效应（内力）；R（$f \cdot A$）为构件的抗力函数；A 为构件的几何参数；f 为构件材料的屈服强度；k 为安全系数。

较之于容许应力设计法，破损阶段设计法从计算构件截面应力转变到采用极限平衡原理计算构件截面的抗力，是个很大的进步。特别是在钢筋混凝土结构设计中，这一点得到了充分的体现。该设计法的主要不足是安全系数的确定缺乏科学依据，未能考虑作用效应和抗力不定性的影响，仍将抗力和作用效应等作定值处理。

4.1.3 多系数极限状态设计法

多系数极限状态设计法明确采用结构的承载能力和正常使用两种极限状态，以满足建筑结构的安全性和适用性要求。在构件承载力计算中采用极限平衡原理，认识到作用效应和结构抗力的不确定性，分别采用了具有一定的保证率的标准荷载和材料标准强度的概念。例如钢材的标准强度具有 97.73%的保证率，混凝土的标准强度具有 99.87%的保证率等。在承载能力极限状态下不再采用单一的安全系数，而是采用了多系数方法。在标准荷载效应组合基础上考虑不同的超载系数 n_i，在抗力方面考虑材料的不均质系数 k_i 和工作条件系数 m，以反映施工质量、使用环境对安全性的影响。结构承载能力极限状态的计算表达式为：

$$\Sigma n_i c_i q_i \leqslant mR(k_i f_i A_i \cdots) \tag{4.1.3-1}$$

式中：q_i、c_i 分别为第 i 种荷载标准值和作用效应系数；A_i 为构件中第 i 种材料的几何参数；f_i、k_i 分别为第 i 种材料的标准强度和不均质系数。

可见多系数极限状态设计法又有了较大进步，特别是安全系数在一定程度上考虑了荷载和抗力不定性的影响，是一种半经验半概率的方法。但该方法仍未脱离经验的定值设计方法，将结构的安全与不安全绝对化，按这些系数设计的结构就是安全的，否则就是不安全的。实际上，由于荷载、材料强度等诸方面的不定性因素影响，结构的安全性亦具有不确定性。显然该方法尚不能给出结构安全性的可靠程度。

在这个时期，从木结构设计表达式的形式上看，仍为容许应力设计法，但有了某些实质性的变化。木材容许应力 $[\sigma]$ 的取值，以具有 99%保证率的清材的“标准强度”（$=\overline{R}-2.33S$，$\overline{R}$为平均强度，S 为标准差）为基础，考虑了结构木材缺陷 K_5 以及荷载持续作用效应 K_4、超载系数平均值 1.2 和施工偏差等工作条件系数平均值 0.91 等影响而确定。

因此，容许应力 $[\sigma]$ 与清材强度 $\overline{R}$ 间存在下列关系：

$$[\sigma]=\frac{m}{K}K_3K_4K_5K_6\overline{R}=\widetilde{K}_{tot}\overline{R} \tag{4.1.3-2}$$

式中：K_3 为标准强度与平均强度的比值 $(1-\frac{2.33S}{\overline{R}})$；$K_6$ 为应力集中系数；K_{tot} 为总系数。这些系数在《木结构设计规范》GBJ 5—73 中的取值列于表 4.1.3-1。

确定容许应力的各系数取值　　**表 4.1.3-1**

应力类型	K	m	K_3	K_4	K_5	K_6	K_{tot}
顺纹受拉	1.2	1/1.1	0.50	0.67	0.32	0.90	0.075
顺纹受压	1.2	1/1.1	0.72	0.67	0.67	1.00	0.25
受弯	1.2	1/1.1	0.70	0.67	0.42	1.00	0.15
顺纹受剪	1.2	1/1.1	0.68	0.67	0.60	1.00	0.20

4.1.4　基于可靠性理论的极限状态设计法

20 世纪 40 年代，美国学者 A. M. Freudenthal 对结构可靠性问题作了开创性研究，提出了结构可靠性理论。C. A. Cornell 于 1969 年提出能体现结构失效概率的 β 值作为衡量结构安全性的统一定量指标，称 β 为“可靠指标”。1971 年，加拿大学者 N. C. Lind 将荷载和抗力分项系数与可靠指标 β 联系起来，为结构设计使用 β 值衡量结构可靠性提供了一种切实可行的方法，即现行各结构设计规范采用的极限状态分项系数表达式。虽在形式上与上述多系数极限状态设计法类似，但在本质上有了极大的不同，荷载与抗力分项系数的取值必须满足可靠指标 β 的要求。“可靠指标” β 是由人们可接受的并与国民经济发展水平相适应的结构功能失效概率相对应，而失效概率的取值又与作用效应和结构抗力的不定性紧密相关。由此确定的荷载分项系数和抗力分项系数，较按经验确定的定值的安全系数，更科学合理。

国际上将结构可靠度设计理论应用划分为三个水准，即水准Ⅰ——半概率法、水准Ⅱ——近似概率法和水准Ⅲ——全概率法。上述多系数极限状态设计法大致符合水准Ⅰ的半概率法，仅考虑了荷载与材料强度的不定性。基于可靠性理论的极限状态设计法可称为近似概率法，属水准Ⅱ，是目前国际上流行的一种设计的方法，采用失效概率来处理结构构件的可靠性问题。至于全概率法，无论在基础数据的统计上或在基于可靠性定量计算上均有大量工作要做，目前尚处于研究阶段。

4.2　基于可靠性理论的极限状态设计法

4.2.1　结构可靠度的概念

结构可靠度是结构可靠性的定量指标，定义为“结构在规定的时间内和规定的条件下，完成预期功能的概率”，这个概率称为结构的“可靠概率” P_s。不能完成预定功能的概率 P_f 称为结构的“失效概率”，即结构超越极限状态的概率，显然，$P_s+P_f=1$。结构功能所涵盖的内容在 4.1 节中已作了说明，不再重复。这里仅对可靠度作概念性介绍，不作可靠度理论和计算方法等方面的阐述。结构功能函数 Z 受结构抗力 R 和作用效应 S 控制，如果抗力和作用效应均为服从正态分布的随机变量，函数 Z 也将为服从正态分布的随机变量，可表示为：

$$Z=Z(R,S)=R-S \tag{4.2.1-1}$$

显然，结构处于极限状态时函数取值为零，即：

$$Z=Z(R,S)=R-S=0 \tag{4.2.1-2}$$

$Z<0$，结构处于失效状态，不满足功能要求；$Z>0$，结构处于可靠状态，满足功能要求，即处于图 4.2.1-1 中纵坐标轴右侧曲线所围区域。式（4.2.1-2）称为结构极限状态方程。

结构抗力 R 和作用效应 S 均为随机变量，结构功能函数 Z 也是随机变量。根据数理统计与概率论，当 R、S 均为正态分布的随机变量时，其统计参数分别为 R（μ_R，σ_R）和 S（μ_S，σ_S），则 Z 亦服从正态分布，统计参数为（μ_Z，σ_Z）。其中 μ_R、σ_R 分别为抗力的平均值和标准差；μ_S、σ_S 分别为作用效应的平均值和标准差。因此，用抗力 R 与作用效应 S 计算函数 Z，Z 不是定值，而是落在以平均值 $\mu_Z=\mu_R-\mu_S$ 为中心的 $-\infty\sim+\infty$ 的区间，偏离平均值 μ_Z 越远的取值出现的频数越少。假定 $Z<0$（不包括 0）的概率为 P_f，对于正态分布，Z 值为 0 的点距平均值 μ_Z 的距离为 $\beta\sigma_Z$，β 即为可靠指标，如图 4.2.1-1 所示。由式(4.2.1-2)可知，$Z<0$，结构处于失效状态，P_f 即为失效概率。由此，极限状态方程式（4.2.1-2）可进一步表示为：

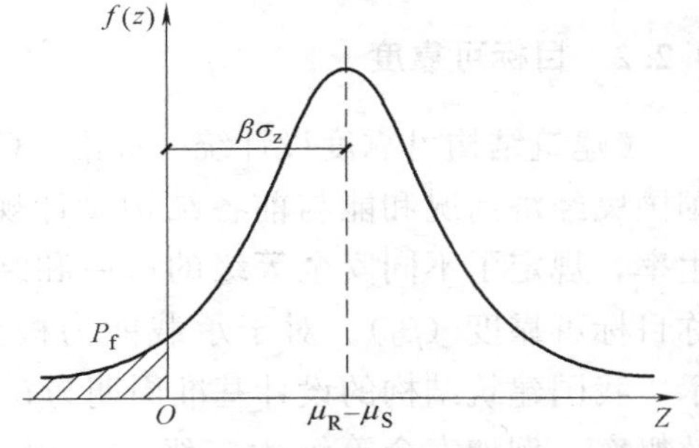

图 4.2.1-1　随机变量 Z 概率密度分布曲线

$$Z=\mu_R-\mu_S-\beta\sigma_Z=0 \tag{4.2.1-3}$$

式中：σ_Z 为功能函数 Z 的标准差。由于 $\sigma_Z{}^2=\sigma_R{}^2+\sigma_S{}^2$，由式（4.2.1-3）可得结构可靠指标 β 的计算式为：

$$\beta=\frac{\mu_R-\mu_S}{\sqrt{\sigma_R^2+\sigma_S^2}} \tag{4.2.1-4}$$

由图 4.2.1-1 可见，可靠指标 β 和失效概率 P_f 一一对应，即规定了失效概率 P_f，就等于规定了 β 值，失效概率 P_f 越低，可靠指标 β 越高。两者的数学关系取决于功能函数 Z 的分布规律，表 4.2.1-1 给出了函数 Z 为正态分布时的 β 与 P_f 的对应关系。

工程结构中，抗力和作用效应往往是多个随机变量的函数。因此大多数呈偏态分布，如果采用正态分布分析可靠度 β 会带来一定偏差。因此，通常采用对数正态分布来分析。经对式（4.2.1-4）变换，对于对数正态分布，可用下式计算可靠度：

$$\beta=\frac{\ln(\mu_R/\mu_S)}{\sqrt{V_R^2+V_S^2}} \tag{4.2.1-5}$$

式中：V_R、V_S 分别为抗力和作用效应的变异系数（$V_R=\sigma_R/\mu_R$，$V_S=\sigma_S/\mu_S$）。

可靠度指标 β 与失效概率 P_f 的对应关系　　表 4.2.1-1

β	P_f	β	P_f	β	P_f
1.0	1.59×10^{-1}	2.5	6.21×10^{-3}	4.0	3.17×10^{-5}
1.5	6.68×10^{-2}	3.0	1.35×10^{-3}	4.5	3.40×10^{-6}
2.0	2.28×10^{-2}	3.5	2.33×10^{-4}	5.0	2.90×10^{-7}

4.2.2　目标可靠度

《建筑结构可靠度设计统一标准》GB 50068 根据国际上可靠指标取值情况，考虑我国国民经济情况和能与前各结构设计规范的安全性相衔接，类比各行业安全事故年发生率，规定了不同安全等级的房屋和结构构件不同破坏性质应有的结构可靠指标，又称目标可靠度（β_0）。对于承载能力极限状态，目标可靠度 β_0 的规定如表 4.2.2-1 所示。我国建筑结构的设计基准周期为 50 年，对表中规定的失效概率除以 50 即为年均失效概率。例如安全等级为二级的一般建筑物，如果为延性破坏，则年均失效概率为 1.36×10^{-5}，比交通工具中年失效概率最低的飞机失效概率 1.0×10^{-5} 要高一些。需说明的是房屋结构失效是功能失效，并不一定是安全伤亡事故或房屋倒塌，而飞机失事往往伴随着人员伤亡。

设计基准期为 50 年的结构目标可靠指标 β_0 的规定及重要性系数 γ_0　　表 4.2.2-1

破坏类型	安全等级					
	一级		二级		三级	
	β_0	P_f	β_0	P_f	β_0	P_f
延性	3.7	1.0×10^{-4}	3.2	6.8×10^{-4}	2.7	3.4×10^{-3}
脆性	4.2	0.13×10^{-4}	3.7	1.0×10^{-4}	3.2	6.8×10^{-4}
重要性系数 γ_0	1.10		1.0		0.90	

对于正常使用极限状态，因不涉及结构安全，故可靠指标可低些，标准 GB 50068 规定取 0～1.5，失效概率为 0.5～0.0668。由于木结构变形的可逆性差，正常使用极限状态下可靠指标宜取为 1.5。

【例题 4-1】 某木梁按承受恒载标准值 1.0kN/m，可变荷载标准值 2.0kN/m 设计，目标可靠度为 $\beta_0=3.2$。已知恒载平均值与标准值之比以及可变荷载平均值与标准值之比分别为 $\overline{G}/G_k=1.06$ 和 $\overline{Q}/Q_k=0.644$，根据以往经验，抗力和作用效应的变异系数分别为 $V_R=0.35$，$V_S=0.25$。试求该梁应有的抗力平均值。

解： 作用效应平均值：$\mu_S=1.0\times1.06+2.0\times0.644=2.348\text{N/m}$

$$\beta=\frac{\ln\mu_R-\ln\mu_S}{\sqrt{{V_R}^2+{V_S}^2}}$$

$$\ln\mu_R=\beta\sqrt{{V_R}^2+{V_S}^2}+\ln\mu_S=3.2\times(0.35^2+0.25^2)^{1/2}+\ln2.348=2.23$$

该梁抗力平均值应为：$\mu_R=e^{2.23}=9.30\text{N/m}$

4.3　承载力极限状态和木材强度设计值

4.3.1　承载力极限状态的分项系数表达式

将式（4.2.1-3）转化成分项系数表达式：

$$\mu_R-\mu_S=\beta\sigma_Z=\beta\sqrt{\sigma_R^2+\sigma_S^2}=\beta\sigma_Z\frac{\sigma_R^2+\sigma_S^2}{\sigma_Z{}^2}$$

$$\mu_S+\beta\frac{\sigma_S^2}{\sigma_Z}=\mu_R-\beta\frac{\sigma_R^2}{\sigma_Z} \tag{4.3.1-1}$$

作用效应变异系数 $V_S=\sigma_S/\mu_S$，抗力变异系数 $V_R=\sigma_R/\mu_R$，抗力标准值为 $R_k=\mu_R(1-\alpha_R V_R)$，作用效应标准值 $S_k=\mu_S(1+\alpha_S V_S)$，其中 α_R 和 α_S 分别为抗力和作用效应对应规定分位值的推定系数。式（4.3.1-1）可转化为：

$$S_k\left(1+\beta\frac{V_S\sigma_S}{\sigma_Z}\right)\frac{1}{1+\alpha_S V_S}=R_k\left(1-\beta\frac{V_R\sigma_R}{\sigma_Z}\right)\frac{1}{1-\alpha_R V_R} \tag{4.3.1-2}$$

令荷载分项系数 γ_{SF} 和抗力分项系数 γ_R 分别为：

$$\gamma_{SF}=\frac{1+\beta\dfrac{V_S\sigma_S}{\sigma_Z}}{1+\alpha_S V_S} \tag{4.3.1-3}$$

$$\gamma_R=\frac{1-\alpha_R V_R}{1-\beta\dfrac{V_R\sigma_R}{\sigma_Z}} \tag{4.3.1-4}$$

则式（4.3.1-2）即可写成承载能力极限状态分项系数设计表达式的原始形式：

$$S_k\cdot\gamma_{SF}=R_k/\gamma_R \tag{4.3.1-5}$$

由式（4.3.1-5）可见，多系数极限状态设计法中各系数或容许应力设计法中的安全系数已为结构抗力分项系数和荷载分项系数所取代。更重要的是，式（4.3.1-3）和式（4.3.1-4）所表示的两个分项系数，已取决于衡量结构失效概率的可靠指标 β 并与抗力和作用效应的变异性有关，这在本质上已不同于由经验确定的多系数或安全系数。

荷载分项系数和抗力分项系数均相对于其标准值而言。对于单一材料组成的木构件，并考虑荷载持续作用效应对强度的影响系数 K_{DOL}，抗力设计值或承载力设计值应为：

$$R=\frac{R_k}{\gamma_R}=\frac{R(K_{DOL}\cdot f_k\cdot A_k)}{\gamma_R} \tag{4.3.1-6}$$

式中：$R(*)$ 为抗力函数；f_k 为结构木材的强度标准值；A_k 为构件截面的几何参数，如抗弯截面模量 W、横截面面积 A、惯性矩 I、静矩 S 等。再令荷载效应基本组合：

$$S=S_k\cdot\gamma_{SF} \tag{4.3.1-7}$$

则式（4.3.1-5）可写成结构承载能力极限状态设计表达式的一般形式：

$$\gamma_0 S\leqslant R \tag{4.3.1-8}$$

式中：γ_0 为结构重要性系数，用以调整安全等级不同时的荷载效应。对于钢结构、木结构等由单一材料构成的构件，式（4.3.1-6）可简化为：

$$R=\frac{K_{DOL}f_k}{\gamma_R}A_k \tag{4.3.1-9}$$

抗力分项系数 γ_R 也因而可称为材料分项系数（Partial factor of a material property）。令：

$$f=\frac{K_{DOL}f_k}{\gamma_R} \tag{4.3.1-10}$$

式中：f 为结构木材的强度设计值。木材或木产品的强度设计值，需经可靠度分析确定抗力分项系数 γ_R 后，由式（4.3.1-10）确定。

式（4.3.1-8）可改写为：

$$\frac{\gamma_0 S}{A_k}\leqslant f \tag{4.3.1-11}$$

式（4.3.1-11）形式上类似于容许应力设计法，是《木结构设计标准》GB 50005—2017 采用的承载能力极限状态的设计表达式。但为避免与容许应力设计法概念上混淆，本书将尽可能以式（4.3.1-8）的形式表述木结构设计原理。

4.3.2　荷载分项系数

结构所承受的有可变荷载和永久荷载。可变荷载又有不同的类型，如雪荷载、风荷载、楼面荷载和施工荷载以及偶然的地震作用等。这些荷载均有不同的分布函数，如果采用单一的荷载分项系数 γ_{SF}，尚不能反映不同荷载类型的不定性对结构可靠指标的影响，因此，需给出不同荷载类型的荷载分项系数。当有数个可变荷载同时作用时还应给出荷载的组合系数，因为这些可变荷载同时达到标准值的可能性更小了。为简明，取永久荷载和仅有一种可变荷载的情况予以说明。假设荷载效应符合线性叠加原理，则有：

$$S=S_G+S_Q=C_GG+C_QQ \tag{4.3.2-1}$$

式中：C_G、C_Q 分别为永久荷载和可变荷载的效应系数；G、Q 分别为永久荷载和可变荷载的设计值。G、Q 是随机变量，作用效应因而也是随机变量。假定 G、Q 均符合正态分布，则作用效应的平均值 μ_S 和标准差 σ_S 分别为：

$$\left.\begin{aligned}\mu_S&=C_G\mu_G+C_Q\mu_Q\\ \sigma_S^2&=(C_G\sigma_G)^2+(C_Q\sigma_Q)^2\end{aligned}\right\} \tag{4.3.2-2}$$

式中：μ_G、σ_G 分别为永久荷载的平均值和标准差；μ_Q、σ_Q 分别为可变荷载的平均值和标准差。荷载标准值和平均值间有下列关系：

$$\left.\begin{aligned}G_k&=\mu_G(1+\alpha_GV_G)\\ Q_k&=\mu_Q(1+\alpha_QV_Q)\end{aligned}\right\} \tag{4.3.2-3}$$

式中：G_k、V_G 分别为永久荷载的标准值和变异系数；Q_k、V_Q 分别为可变荷载的标准值与变异数；α_G、α_Q 分别为永久荷载和可变荷载某分位值的计算系数。

式（4.3.1-1）左侧为作用效应，将式（4.3.2-2）和式（4.3.2-3）代入得：

$$\mu_S+\beta\frac{\sigma_S^2}{\sigma_Z}=C_GG_k\left(1+\beta\frac{C_GV_G\sigma_G}{\sigma_Z}\right)\frac{1}{1+\alpha_GV_G}+C_QQ_k\left(1+\beta\frac{C_QV_Q\sigma_Q}{\sigma_Z}\right)\frac{1}{1+\alpha_QV_Q} \tag{4.3.2-4}$$

令 γ_G、γ_Q 分别为永久荷载和可变荷载的分项系数：

$$\left.\begin{aligned}\gamma_G&=\frac{1+\beta\dfrac{C_GV_G\sigma_G}{\sigma_Z}}{1+\alpha_GV_G}\\ \gamma_Q&=\frac{1+\beta\dfrac{C_QV_Q\sigma_Q}{\sigma_Z}}{1+\alpha_QV_Q}\end{aligned}\right\} \tag{4.3.2-5}$$

则式（4.3.2-1）可改写为：

$$S=C_{G}G_{k}\gamma_{G}+C_{Q}Q_{k}\gamma_{Q}=S_{Gk}\gamma_{G}+S_{Qk}\gamma_{Q} \tag{4.3.2-6}$$

式中：S_{Gk}、S_{Qk}分别为永久荷载和可变荷载的标准作用效应。

对两种或两种以上可变荷载组合时，《建筑结构荷载规范》GB 50009 作了如下规定：

$$S=S_{Gk}\gamma_{G}+S_{Qk1}\gamma_{Q1}+\sum_{i=2}^{n}\gamma_{Qi}\psi_{Qi}S_{Qik} \tag{4.3.2-7}$$

式中：S_{Qk1}、γ_{Q1}分别为可变荷载中作用效应最大的一个标准作用效应及其分项系数；S_{Qik}、γ_{Qi}分别为其余各可变荷载的标准作用效应和荷载分项系数；ψ_{ci}为第 i 个可变荷载效应组合系数。考虑到各类结构的情况，规范 GB 50009 统一规定了各荷载分项系数和组合系数的取值，如仅有一种可变荷载时，永久荷载分项系数为 1.20，可变荷载分项系数为 1.40；但当结构以永久荷载起控制作用时，式（4.3.2-7）右边第二项亦并入第三项中，此时，永久荷载分项系数取 1.35，可变荷载分项系数仍为 1.4，但组合系数取 0.7（个别可变荷载取 0.9）。

4.3.3　承载能力极限状态下木结构可靠度分析与抗力分项系数

荷载分项系数确定后，可根据各类结构的抗力特性，确定满足表 4.2.2-1 所规定的目标可靠度要求的抗力分项系数 γ_{R}。方法是首先要根据极限状态方程（4.2.1-2）建立功能函数，再作可靠度分析，确定相应的抗力分项系数。在各种不同的可靠度分析方法中，最易理解的是先假定不同的抗力分项系数 γ_{R} 的值，利用功能函数，并用蒙特卡洛法随机抽样若干万次，统计不同 γ_{R} 值条件下的失效概率（$Z<0$ 的次数与总抽样次数之比）。由失效概率与可靠指标对应的关系（表 4.2.1-1），可取失效概率不大于规定值中的最小 γ_{R} 为抗力分项系数。

1. 承载能力极限状态条件下的功能函数

木结构构件的抗力（承载力）是由数个随机变量构成的随机变量：

$$R=K_{P}K_{A}A_{k}fK_{Q3} \tag{4.3.3-1}$$

式中：f 为结构木材或木产品的实际强度，随机变量（$\overline{f}$，V_{f}）；A_{k} 为构件截面的几何参数（几何性质），定值；K_{A} 为构件实际尺寸与设计尺寸不同造成的几何偏差，随机变量（$\overline{K_{A}}$，V_{A}）；K_{P} 为抗力计算模式的不定性（偏差），随机变量（$\overline{K_{P}}$，V_{P}）；K_{Q3}为荷载持续作用效应对木材与木产品强度的影响系数，随机变量（$\overline{K_{Q3}}$，V_{Q3}）。上述各括号内的符号分别为随机变量的均值和变异系数。

对于安全等级为二级的结构构件，构件截面的几何参数 A_{k} 可由下式计算：

$$A_{k}=\frac{\gamma_{G}G_{k}+\gamma_{Q}Q_{k}}{f_{d}}=\frac{(\gamma_{G}G_{k}+\gamma_{Q}Q_{k})\gamma_{R}}{f_{k}K_{DOL}} \tag{4.3.3-2}$$

式中：G_{k}、Q_{k} 分别为恒载和可变荷载的标准值作用效应；γ_{G}、γ_{Q} 分别为恒载和可变荷载分项系数；f_{d} 为结构木材的强度设计值（拟确定的强度设计指标）；γ_{R} 为满足可靠度要求的抗力分项系数（待定）；K_{DOL}为荷载持续作用效应系数（设计规范中的规定值，如标准 GB 50005 取 $K_{DOL}=0.72$）；f_{k} 为结构木材的强度标准值（按第 2 章有关要求确定的性能指标）。以上各物理量均为定值。

木构件所受的作用效应是随机变量：

$$S=(G+Q)K_{B} \tag{4.3.3-3}$$

式中：K_B 为荷载效应计算模式的不定性（偏差），随机变量（$\overline{K_B}$，V_B）；G、Q 分别为作用在构件上的恒载与可变荷载效应，均为随机变量，统计参数分别为（$\overline{G}$，V_G）和（$\overline{Q}$，V_Q）。

设随机变量 $g=G/G_k$，$q=Q/Q_k$，其统计参数分别为（$\overline{g}$，V_g）和（$\overline{q}$，V_q），并设 $\rho=Q_k/G_k$，将式（4.3.3-1）、式（4.3.3-2）、式（4.3.3-3）带入式（4.2.1-2），经整理可获得如下功能函数：

$$Z=K_{A}K_{P}K_{Q3}f-\frac{f_{k}K_{DOL}(g+q\rho)K_{B}}{\gamma_{R}(\gamma_{G}+\psi_{c}\gamma_{Q}\rho)} \tag{4.3.3-4}$$

式（4.3.3-4）所采用的是在标准条件下结构木材或木产品的强度，未计入非标准条件下各调整系数的不定性。例如对于规格材，由于引入了截面尺寸对强度的调整系数，这些调整系数实际上也是随机变量（即有偏差，见图 1.6.3-2），这些偏差原则上也影响失效概率。

可见，式（4.3.3-4）木结构构件承载能力极限状态的功能函数是建立在构件承载力验算方法基础上的，较全面地考虑了各种随机因素对构件失效概率的影响，这与有些国家木结构的可靠度分析中所采用的功能函数有所不同。

2. 随机变量的统计参数

随机变量的统计参数通常用其分布函数的均值和变异系数（或方差）表示，其中荷载的统计参数适用于各类结构构件的可靠度分析，我国采用的荷载统计参数列于表 4.3.3-1。由于作用效应 S 是恒载和可变荷载分别乘以各自的效应系数（C_G、C_Q）后求和所得，而该两参数也具有不定性。因此，除表 4.3.3-1 中的荷载统计参数具有相同的统计参数外，作用效应尚应计入这类不定性的影响。现假定该两参数（C_G、C_Q）的不定性均为 K_B（$\overline{K_B}$，V_B），通常取 $\overline{K_B}=1.0$，$V_B=0.05$）。

荷载统计参数　　**表 4.3.3-1**

荷载种类	平均值/标准值	变异系数	分布函数
恒载	1.060	0.070	正态分布
办公室楼面可变荷载	0.524	0.288	极值Ⅰ型
住宅楼面可变荷载	0.644	0.233	极值Ⅰ型
风荷载(30 年重现期)	1.000	0.190	极值Ⅰ型
雪荷载(50 年重现期)	1.040	0.220	极值Ⅰ型

方木与原木构件的抗力统计参数是以清材小试件的强度为基准的。由清材小试件的强度和变异系数调整为结构木材的强度和变异系数的方法已在 2.2.1 节介绍，各统计参数值见表 2.2.1-5。其他结构木材的强度均由足尺试验结果获得。截面几何尺寸不定性、抗力计算模式不定性和荷载持续作用效应系数等，见表 4.3.3-2。

构件抗力统计参数　　**表 4.3.3-2**

参数		受弯	顺纹受压	顺纹受拉	顺纹受剪
K_{Q3}	$\overline{K_{Q3}}$	0.72	0.72	0.72	0.72
	V_{Q3}	0.12	0.12	0.12	0.12

续表

参数		受弯	顺纹受压	顺纹受拉	顺纹受剪
K_A	$\overline{K_A}$	0.94 (1.00)	0.96 (1.00)	0.96 (1.00)	0.96 (1.00)
	V_A	0.08 (0.05)	0.06 (0.03)	0.06 (0.03)	0.06 (0.03)
K_P	$\overline{K_P}$	1.00	1.00	1.00	0.97
	V_P	0.05	0.05	0.05	0.08

注：括号内的参数值适用于工厂化标准化生产的锯材、胶合木等。

规格材等木产品尽管其强度标准值可用非参数法确定，但如果采用两参数韦伯分布函数，其强度平均值可按下式计算：

$$\overline{f}=m[-\ln(1-0.5)]^{\frac{1}{k}} \tag{4.3.3-5}$$

我国在木结构可靠度分析中强度分布函数一般采用对数正态分布，其强度统计参数间存在下列关系：

强度平均值：

$$\overline{f}=\mathrm{e}^{(\overline{f}_{\ln x}+\frac{1}{2}\sigma_{\ln x}^{2})} \tag{4.3.3-6}$$

变异系数：

$$V_{\mathrm{f}}^{2}=\mathrm{e}^{\sigma_{\ln x}^{2}}-1 \tag{4.3.3-7}$$

强度平均值与标准值间的关系为：

$$\frac{\overline{f}}{f_{\mathrm{k}}}=\mathrm{e}^{1.645\sqrt{\ln(1+V_{\mathrm{f}}^{2})}}\sqrt{1+V_{\mathrm{f}}^{2}} \tag{4.3.3-8}$$

式中：$\overline{f}_{\ln x}$、$\sigma_{\ln x}$分别为变量（强度）取对数后的平均值和标准差。

3. 可靠度分析结果

获得满足目标可靠度要求所需的抗力分项系数的分析过程，统称为可靠度分析。验算可靠度的方法最简单的是均值一次二阶矩法，也称中心点法，即利用功能函数式(4.3.3-4)及式（4.2.1-5）计算（见例题4-2）。最常用的是随机变量正态化处理后改进的一次二阶矩法，计算过程需逐步迭代完成，简称JC法，以及最繁杂但又最易理解的蒙特卡洛法。以下的分析结果均来自JC法，但经复核，与蒙特卡洛法的分析结果是一致的。作为示例，图4.3.3-1给出了安全等级为二级（$\beta_0=3.2$）的受弯木构件在不同荷载组合下的分析结果。

图4.3.3-1中的各曲线表明，满足目标可靠度要求的抗力分项系数与以下三个因素有关。第一是结构木材与木产品的强度变异系数对抗力分项系数 γ_R 取值的影响。现代木结构结构木材与木产品种类多样，其强度变异系数有较大差别，致使木结构与钢结构、混凝土结构在可靠度分析与结果上处理有显著不同。不同钢材品种的强度虽然不同，但强度变异性差异不大，大致为5%～7%。强度等级为C15～C50的混凝土，强度变异系数在11%～25%范围内，而现代木结构木材与木产品强度变异性的变化范围大幅增加。如结构复合木材中的优质品种的强度变异系数不足10%，而低品质的锯材，如规格材的抗拉、抗弯强度的变异性可达50%以上。因此，必须考虑强度变异系数对抗力分项系数取值的影响。由图4.3.3-1可见，无论是哪种荷载组合，木材的强度变异系数对抗力分项系数的

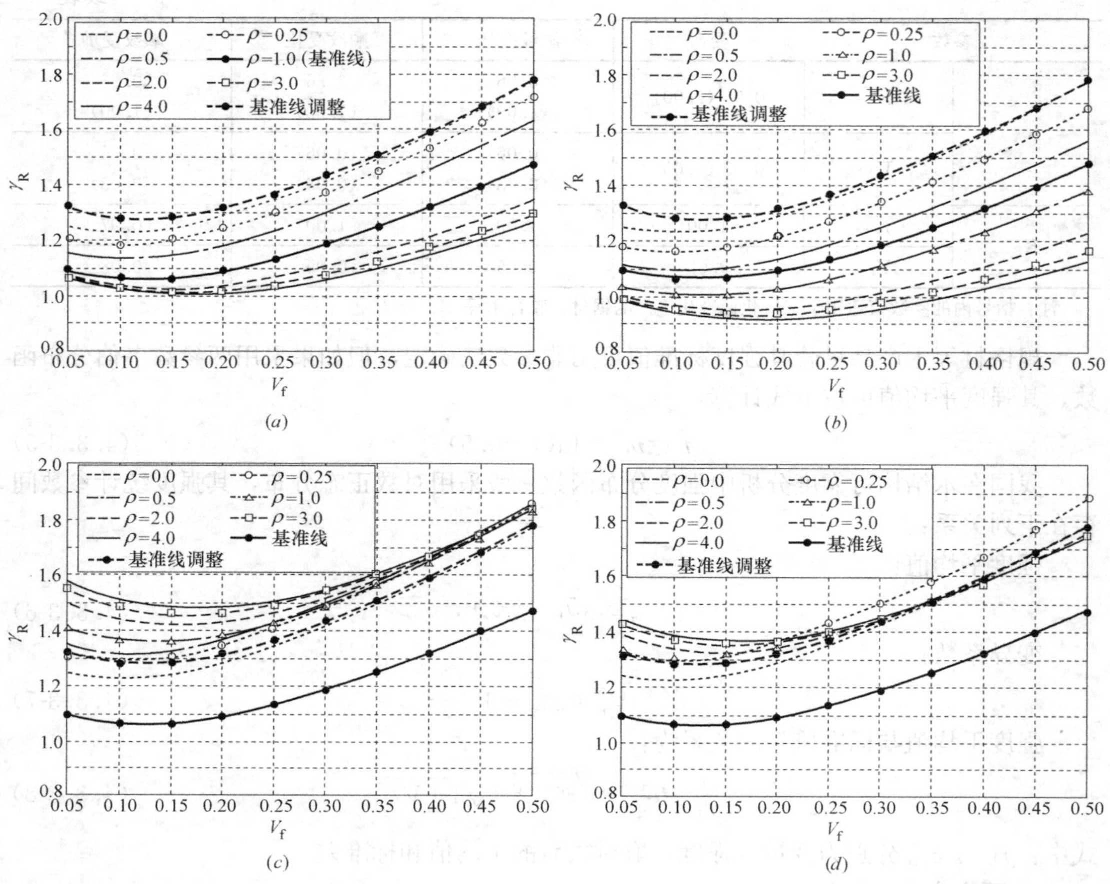

图 4.3.3-1　受弯木构件 γ_R-V_f 曲线（$\beta_0=3.2$）

（a）恒载+住宅楼面活荷载；（b）恒载+办公楼面活荷载；（c）恒载+雪荷载；（d）恒载+风荷载

取值都有很大影响。强度变异系数在 15%左右时，满足目标可靠度要求的抗力分项系数 γ_R 最小。超过 15%后，强度变异系数增大至 50%，抗力分项系数 γ_R 约增大 1.3 倍。如果强度变异系数小于 15%，抗力分项系数 γ_R 随强度变异系数降低反而有所增大，但增大的幅度较小，即使变异系数降至 5%，抗力分项系数 γ_R 的增大也不足 3%。产生这种现象的原因是，在抗力标准值一定的条件下，构件的可靠度取值并非是抗力变异系数 V_R（或标准差 σ_R）的单调函数。可靠度 β 在某变异系数 V_R^*（或 σ_R^*）处存在极大值。以正态分布为例，可由式（4.2.1-4）计算可靠度 β，由于抗力分项系数 γ_R 是相对于抗力标准值（R_k）而言的，因此将式中的抗力平均值 μ_R 代入标准值，即 $\mu_R=R_k+1.645\sigma_R$（$\sigma_R=\mu_R V_R$），则式（4.2.1-4）中分子、分母中均含有标准差 σ_R，且不能相消。如果将标准差 σ_R、σ_S 设为变量，则 β 将为二元非线性函数，取其偏导数 $\frac{\partial\beta}{\partial\sigma_R}=\frac{1.645\sigma_S^2-\sigma_R(R_k-\mu_S)}{(\sigma_R^2+\sigma_S^2)^{3/2}}=0$，故在 $\sigma_R^*=\frac{1.645\sigma_S^2}{R_k-\mu_S}$（或 $V_R^*=\frac{1.645\sigma_S^2}{\mu_R(R_k-\mu_S)}$）处存在极值，且可证明，当 $\sigma_R<\sigma_R^*$ 时，$\frac{\partial\beta}{\partial\sigma_R}$ 为正；$\sigma_R>\sigma_R^*$ 时，$\frac{\partial\beta}{\partial\sigma_R}$ 为负；或 $\sigma_R=\sigma_R^*$ 时，二阶偏导数 $\frac{\partial^2\beta}{\partial{\sigma_R}^2}$ 为负。故 β 在 $\sigma_R=\sigma_R^*$ 或

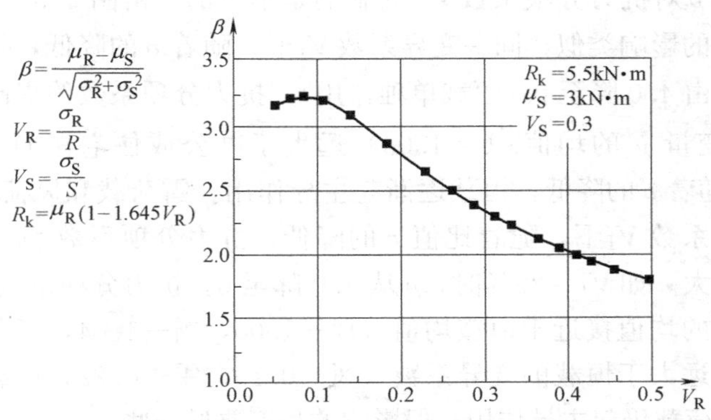

图 4.3.3-2 β-V_f曲线示意图

$V_R=V_R^*$处取得极大值β_{max}。

如图 4.3.3-2 所示例子中$V_R^*=0.8$处，存在最大值β_{max}。上述讨论中的抗力R_k和变异系数V_R（或标准差σ_R），虽由木材的强度、荷载持续作用效应以及构件的几何尺寸等若干个随机变量合成，但主要由木材的强度和变异系数V_f控制（见例题 4-2）。因此，β-V_R关系和β-V_f关系不会存在实质性差别，即在$V_f=V_f^*$处也存在β_{max}，关系曲线类似于图 4.3.3-2 所示的例子。在木材强度的标准值一定的条件下，抗力分项系数越大，强度设计值越低，需要更多的材料，故可靠度指标β也提高。图 4.3.3-1 所示的γ_R-V_f关系曲线是在木材的强度标准值恒定和可靠度指标等于目标可靠度的条件下获得的，因此，在对应于β-V_R曲线β具有最大值的$V_R=V_R^*$处，仅需采用较小的抗力分项系数γ_R，以提高木材的强度设计值，使β_{max}降至规定的目标可靠度。而在β-V_R曲线β值较小的位置，需采用较大的抗力分项系数γ_R，以降低木材的强度设计值，使可靠度指标能达到目标可靠度。因此图 4.3.3-1 所示的γ_R-V_f曲线与β-V_R曲线趋势相反，即在$V_f=V_f^*$处存在最小的抗力分项系数。

这种在γ_R-V_f曲线上出现极值的现象，与美国木结构设计规范 NDSWC 的 LRFD 设计法（标准 ASTM D 5457）中采用可靠度校准系数K_R（Reliability normalization factor）调整木材强度变异系数对可靠度指标影响的方法是一致的。从表面上看，该方法采用一致的抗力系数ϕ（相当于$1/\gamma_R$），但实际上采用了可靠度校准系数K_R调整抗力系数，表现在系数K_R与木材强度标准值相乘。因此，标准 ASTM D 5457 中的K_R-CV_W（韦伯分布的强度变异系数）关系与图 4.3.3-2 所示的β-V_R曲线类似，在$CV_W=0.12$处，存在最大值$K_R=1.253$（受弯构件），该点两侧，K_R逐渐下降（$CV_W=0.11$，$K_R=1.252$；$CV_W=0.13$，$K_R=1.251$）。

加拿大木结构设计规范 CSA O86 中的可靠度校准系数则简化为与强度变异系数的线性关系，如抗弯强度的可靠度校准系数为$B_b=1.58-2.18CV_W$，即随着强度变异系数减小，校准系数增大，但最大不超过 1.20，即CV_W降到一定值后（对应V_f^*），可靠度校准系数取定值，因强度变异系数降至V_f^*后，抗力分项系数γ_R的改变已很小（图 4.3.3-1），且木材与木产品的强度变异系数也几乎不能再低。

影响抗力分项系数的第二个因素是可变荷载与恒载的效应比$\rho=Q_k/G_k$。但不同类型

可变荷载的效应比 ρ 对抗力分项系数 γ_R 的影响是不同的。由图 4.3.3-1 可见，住宅和办公室楼面可变荷载的影响类似，同一变异系数 V_f 下，随着 ρ 的降低，抗力分项系数增大。如 $V_f=25\%$时，ρ 由 4.0 降至 0（恒载单独作用），抗力分项系数约提高 1.3～1.4 倍。主要因为恒载随机变量 g 的均值$\bar{g}$（=1.06）远大于办公或住宅楼面可变荷载$\bar{q}$（0.524、0.644）的均值，随着 ρ 的降低，恒载逐渐起主导作用。雪荷载和风荷载属另一类可变荷载，同一强度变异系数 V_f 下，随着比值 ρ 的降低，抗力分项系数 γ_R 不是增大，而是降低，但变化幅度不大。如 $V_f=20\%$时，ρ 从 4.0 降至 0，抗力分项系数约降低 1.1 倍。原因是这类可变荷载的均值接近于恒载均值（风—1.00，雪—1.04，恒载—1.06），而可变荷载的变异系数却远大于恒载的变异系数（风—0.19，雪—0.22，恒载—0.07），随着比值 ρ 的降低，可变荷载仍起主导作用，但影响的程度要低一些。

影响抗力分项系数取值的第三个因素是不同的荷载效应组合。这种影响也可分为两类，住宅或办公室楼面可变荷载与恒载作用效应的组合为一类，在相同的强度变异系数 V_f下，两类组合的抗力分项系数取值差别不大，原因是两种可变荷载的统计参数（均值、变异系数）相差也不大。另一类是雪或风荷载与恒载效应的组合，抗力分项系数取值也相差不大，原因是这两类可变荷载效应的统计参数接近。但这两类不同荷载效应组合，因其可变荷载统计参数的差别，导致同一强度变异系数 V_f和相同作用效应比 ρ 条件下，抗力分项系数存在较大差异。经统计分析，第二类可变荷载效应组合的抗力分项系数 γ_R 大致为第一类组合的 1.2 倍。

受拉和受压木构件的可靠度分析结果与受弯木构件是相似的。尽管受拉构件因破坏呈脆性，安全等级为二级时，目标可靠度为 3.7，但抗力分项系数的取值规律与受弯构件是相同的。

《木结构设计规范》GBJ 5—88 中方木与原木的强度设计指标，是通过早期的可靠度分析确定的。标准 GB 50005—2017 中的方木与原木仍沿用了既有强度设计指标，其抗拉、抗压、抗弯、抗剪强度的抗力分项系数 γ_R 取值仍分别为 1.95、1.45、1.60、1.50（安全等级为二级）。对于自规范 GB 50005—2003 以来新纳入的木材与木产品（规格材、胶合木、北美方木、欧洲锯材等），则根据上述可靠度分析的结果，确定抗力分项系数和相应的强度设计值。

仍采用以往的平均或加权平均法获得适用于不同荷载组合、不同可变荷载与恒载比、特别是不同强度变异系数条件下统一的抗力分项系数，对现代木结构构件而言已不可能。原因之一是《工程结构可靠度设计统一标准》GB 50153—2008 和《建筑结构可靠度统一标准》GB 50068—2001 要求可靠指标应不小于表 4.2.2-1 的规定，已取消了允许可靠指标波动±0.25 的规定。实际上，根据图 4.3.3-1 所示的 γ_R-V_f曲线，如果 γ_R 取定值，反演其可靠度指标，波动范围也已超过±0.25，因此，只能区别对待。首先，忽略住宅楼面可变荷载和办公楼面可变荷载分别与恒载组合之间的区别，并取住宅楼面荷载与恒载效应组合下，荷载标准作用效应比 $\rho=Q_k/G_k=1.0$ 时的 γ_R-V_f曲线为基准曲线。对于安全等级为二级、设计使用年限为 50 年的建筑结构，基准线确定的抗力分项系数 γ_{R0} 列于表 4.3.3-3，满足目标可靠度 $\beta_0=3.2$ 和 $\beta_0=3.7$ 要求。

建筑结构安全等级二级、设计使用年限 50 年的抗力分项系数 γ_{R0} 表 4.3.3-3

变异系数 V_f	≤0.1	0.15	0.20	0.25	0.30	0.35	0.40	0.45	0.50	可靠指标
延性破坏	1.07	1.07	1.09	1.13	1.19	1.25	1.32	1.39	1.48	3.2
脆性破坏	1.18	1.20	1.24	1.31	1.40	1.50	1.62	1.74	1.88	3.7

为使在不同条件下均满足目标可靠度的要求，需要在以下两种情况下对基准抗力分项系数作相应调整。一种情况是雪或风荷载与恒载效应组合，基准抗力分项系数需乘以调整系数 1.205（1/0.83），即该荷载效应组合下的抗力分项系数为 $1.205\gamma_{R0}$。另一种情况是住宅或办公楼面荷载与恒载组合，当 $\rho(=Q_k/G_k)<1.0$ 时，基准抗力分项系数需乘以调整系数 $(0.83+0.17\rho)^{-1}\geqslant1.0$，即抗力分项系数为 $(0.83+0.17\rho)^{-1}\gamma_{R0}$。这些措施是在遵守《建筑结构荷载规范》GB 50009 的有关规定的前提下作出的，如果允许将雪荷载和风荷载标准值提高约 1.7 倍，在与恒载组合时，就不必将抗力分项系数提高 1.205 倍。这将极大地方便工程设计。

【例题 4-2】 用北美云杉-松-冷杉（S-P-F）规格材，Ⅱ$_c$ 级（No.1），分别制作屋盖椽条和楼盖搁栅。规格材抗弯强度设计值为 9.4N/mm^2（规范 GB 50005—2003），屋盖椽条的雪荷载与恒载作用效应比为 $\rho=1.0$，楼盖搁栅的居住楼面可变荷载与恒载的效应比 $\rho=0.5$，试验算两者的可靠度指标。

解： 根据 Canadian Lumber Properties，截面尺寸为 38mm×235mm（2″×10″）等级为 No.1 的 S-P-F 规格材的当量正态化的抗弯强度平均值为 30.91N/mm^2，变异系数为 $V_f=0.33$。规范 GB 50005 中规格材的抗弯强度以 38mm×285mm 为基准给出，标准值（特征值）应为 $\mu_f=30.91/1.1=28.10\text{N/mm}^2$。

荷载统计参数按表 4.3.3-1 规定取值，即恒载 $g=G/G_k$ 的统计参数为（1.06，0.07），雪荷载 $q=Q/Q_k$ 的统计参数为（1.04，0.22），住宅楼面活荷载 $q=Q/Q_k$ 的统计参数为（0.644，0.233）。作用效应计算模式不定性 K_B 为（1.0，0.05）。

抗力统计参数按表 4.3.3-2 的规定取值，即 K_A 为（0.94，0.08），K_P 为（1.0，0.05）K_{Q3} 为（0.72，0.12）。

抗力平均值为：

$$\mu_R=K_PK_A\mu_fK_{Q3}=1.0\times0.94\times0.72\times28.1=19.02\text{N/mm}^2$$

抗力的变异系数为：

$$V_R^2=V_P^2+V_A^2+V_{KQ3}^2+V_f{}^2=0.05^2+0.08^2+0.12^2+0.33^2=0.1322$$

恒载和雪荷载组合作用效应平均值：

$$\mu_S=\frac{f_d(g+q\rho)K_B}{\gamma_G+\psi_c\gamma_Q\rho}=\frac{9.4\times(1.06+1\times1.04)\times1.0}{1.2+1.0\times1.4}=7.59\text{N/mm}^2$$

利用方差传递公式，荷载效应变异系数为：

$$V_S^2=V_B^2+\frac{(gV_g)^2+(qV_q\rho)^2}{(\gamma_G+\gamma_Q\rho)^2}=0.05^2+\frac{(1.06\times0.07)^2+(1.04\times0.22\times1.0)^2}{(1.2+1.0\times1.4)^2}=0.01166$$

同理，恒载与楼面可变荷载组合作用效应平均值和变异系数分别为：

$$\mu_S=\frac{f_d(g+q\rho)K_B}{\gamma_G+\psi_c\gamma_Q\rho}=\frac{9.4\times(1.06+0.644\times0.5)\times1.0}{1.2+1.4\times0.5}=6.84\text{N/mm}^2$$

$$V_S^2=V_B^2+\frac{(gV_g)^2+(qV_q\rho)^2}{(\gamma_G+\gamma_Q\rho)^2}=0.05^2+\frac{(1.06\times0.07)^2+(0.644\times0.233\times0.5)^2}{(1.2+0.5\times1.4)^2}=0.00558$$

根据式（4.2.1-5），可靠度指标为：

恒载与雪荷载组合：$\beta=\frac{\ln(\mu_R/\mu_S)}{\sqrt{V_R^2+V_S^2}}=\frac{\ln(19.02/7.59)}{\sqrt{0.1322+0.01166}}=2.43$

恒载与楼面可变荷载组合：$\beta=\frac{\ln(\mu_R/\mu_S)}{\sqrt{V_R^2+V_S^2}}=\frac{\ln(19.02/6.84)}{\sqrt{0.1322+0.00558}}=2.76$

4.4　木材强度设计值与弹性模量

除方木与原木外，《木结构设计标准》GB 50005—2017 列出的其他各类木材的强度设计值（详见附录 C），都是根据前述基准的抗力分项系数 γ_{R0} 和荷载持续作用效应系数 $K_{DOL}=0.72$，按式（4.3.1-10）计算而得。工程设计中当荷载效应组合或可变荷载与恒载标准值之比 ρ 与基准线的不同时，强度设计值就需要作出调整，即需相应地乘以 4.3.3 节中所述的抗力分项系数调整系数的倒数。应采取的调整措施为：①对于恒载与风荷载及恒载与雪荷载组合的情况，将按基准线确定的强度设计值乘以调整系数 0.83。②对于 $\rho<1.0$ 的恒载与住宅楼面活荷载及恒载与办公楼面活荷载组合的情况，即恒载产生的内力大于活荷载产生的内力时（$C_GG_k/C_QQ_k\geqslant1.0$），将按基准线确定的强度设计值乘以调整系数 $K_D=0.83+0.17\rho\leqslant1.0$。

基于可靠度分析结果所采取的这些强度调整措施，是为满足目标可靠度要求，不应与针对设计使用年限、含水率等因素所作的强度调整措施相混淆，当多种因素同时存在时，需要同时采取调整措施，即各相关调整系数应连乘。例如，标准 GB 50005 规定当恒载单独作用或恒载内力超过总内力的 0.8 倍时，强度设计值应乘以调整系数 0.8，含义是指恒载占比过大时，荷载持续作用效应更严重，由 $K_{DOL}=0.72$ 降至 $K_{DOL}=0.72\times0.8=0.576$。根据可靠度分析结果，恒载与风荷载及恒载与雪荷载组合情况下调整系数取 0.83，对于 $\rho<1.0$ 的恒载与住宅楼面活荷载及恒载与办公楼面活荷载组合的情况，调整系数也是基于 0.83 取值。这样在不同的荷载组合情况下，当 ρ 值趋近于 0 时，强度调整系数都将为 0.8×0.83，是协调一致的。

对于那些已知强度标准值 f_k 和变异系数 V_f 的木材与木产品，基于安全等级为二级的木结构，经计算确定的强度设计值列于附录 C 的各表中。对于方木与原木，仍沿用了规范 GBJ 5—88 的强度设计值。附录 C 还列出了木材与木产品的强度标准值和弹性模量。其中弹性模量不区分拉、压、弯等受力状态，均为平均值，一般为由受弯试件在规定的试验条件下测得的表观弹性模量。

在 1.6 节中已说明，木材的力学性能受使用环境、体积因素等影响，因此需对强度设计值作调整。对于承载力极限状态还需考虑安全等级不同和荷载效应组合不同等对强度设计值的影响，附录 C 列出了需要考虑的强度调整系数。以下各章中提到的强度设计值或弹性模量，除特别说明外，均指附录 C.1 各表中的强度设计值和弹性模量乘以附录 C.2 各表中相应的调整系数后的设计指标。在国外木结构设计规范中，类似于附录 C.1 中的强度值称为基准设计强度（Reference design value）或表列强度（Tabulated design value)，但不论是何种名称，关键在于正确理解其含义。

应予指出的是，由于标准 GB 50005—2017 对除方木与原木外的各类木材与木产品的强度设计值，采取考虑不同荷载组合和不同可变荷载与恒载比值的调整措施，使得某些情况下验算构件承载力的方法与以前不同。例如例题 4-3 中对梁的承载力进行验算，以前只需取雪荷载屋面可变荷载中的较大者与恒载组合进行验算即可，而按标准 GB 50005—2017，则需将雪荷载与屋面可变荷载分别与恒载组合进行验算，才能正确评估梁的承载力。

【例题 4-3】 某屋面梁的跨度为 4.0m，间距为 1.0m，截面尺寸为 60mm×150mm，采用欧洲结构木材制作，强度等级为 C24。梁上铺钉 24mm 厚的结构胶合板，上设保温层和防水层，非上人屋面。经核算，包括梁自重在内的恒载标准值为 0.75kN/m^2，可变荷载标准值为 0.5kN/m^2，所在地区的雪荷载标准值为 0.45kN/m^2。试验算梁的承载力。

解： 查附录 C，C24 的抗弯强度设计值为 $f_m=15.9\text{N/mm}^2$，截面高度调整系数为 $(150/h)^{0.2}=(150/150)^{0.2}=1.0$。

（1）按屋面可变荷载与恒载组合验算：

$$M_{Qk}=q_k l^2/8=1.0\times0.5\times4^2/8=1.0\text{kN}\cdot\text{m},M_{Gk}=g_k l^2/8=1.0\times0.75\times4^2/8=1.5\text{kN}\cdot\text{m}$$

$$\rho=M_{Qk}/M_{Gk}=1.0/1.5=0.667<1.0$$

抗弯强度设计值为 $f_m=15.9\times(0.83+0.17\times0.667)=15.0\text{N/mm}^2$

$$M=1.5\times1.2+1.0\times1.4=3.2\text{kN}\cdot\text{m},\sigma=\frac{M}{W}=\frac{3.2\times10^6}{60\times150^2/6}=14.22\text{N/mm}^2<15.0\text{N/mm}^2$$

满足屋面可变荷载与恒载组合的承载力要求。

（2）按雪荷载与恒载组合验算：

抗弯强度设计值为 $f_m=15.9\times0.83=13.2\text{N/mm}^2$

$$M=(1.0\times0.75\times4^2/8)\times1.2+(1.0\times0.45\times4^2/8)\times1.4=3.06\text{kN}\cdot\text{m},$$

$$\sigma=\frac{M}{W}=\frac{3.06\times10^6}{60\times150^2/6}=13.60\text{N/mm}^2>13.2\text{N/mm}^2$$

不满足雪荷载与恒载组合的承载力要求。

4.5　正常使用极限状态

与承载力极限状态类似，正常使用极限状态同样采用基于可靠度理论的设计方法，但由于注重于结构构件的建筑适用性问题，并不直接涉及结构的安全性，故可接受较大的失效概率。《建筑结构可靠度设计统一标准》GB 50068 规定的目标可靠度 β 为 0～1.5。由于木结构变形具有不可逆性，可靠度指标应不小于 1.5。木结构正常使用极限状态下验算的内容包括结构构件的竖向变形、振动控制以及结构侧移等。其中结构构件的竖向变形控制，如受弯构件的挠度控制，标准 GB 50005 中已有明确规定。对于水平侧移，如风荷载作用下的楼层层间位移等控制，尚无明确规定。对楼盖等的振动控制，标准 GB 50005 已开始涉及。即使是木结构构件的竖向变形控制也还存在如何处理 1.6.4 节提及的木材在持续荷载作用下的蠕变变形问题。因此，正常使用极限状态的验算仍是较为复杂问题。

4.5.1　受弯木构件的挠度

根据正常使用极限状态下的目标可靠度要求，受弯木构件挠度控制的设计表达式，与其他结构构件是一致的，即：

$$S \leqslant C \tag{4.5.1-1}$$

式中：S 为荷载效应标准组合下构件的变形响应；C 为满足正常使用要求的变形限值。标准 GB 50005 关于各类受弯构件挠度限值的规定见表 4.5.1-1。

受弯构件挠度限值　　表 4.5.1-1

<table>
<tr><th colspan="3">构件类别</th><th>挠度限值[w]</th></tr>
<tr><td rowspan="2">檩条</td><td colspan="2">l≤3.3m</td><td>l/200</td></tr>
<tr><td colspan="2">l>3.3m</td><td>l/250</td></tr>
<tr><td colspan="3">椽条</td><td>l/150</td></tr>
<tr><td colspan="3">吊顶中的受弯构件</td><td>l/250</td></tr>
<tr><td colspan="3">楼盖梁、搁栅</td><td>l/250</td></tr>
<tr><td rowspan="3">屋盖大梁</td><td colspan="2">工业建筑</td><td>l/120</td></tr>
<tr><td rowspan="2">民用建筑</td><td>无粉刷吊顶</td><td>l/180</td></tr>
<tr><td>有粉刷吊顶</td><td>l/240</td></tr>
<tr><td rowspan="2">墙骨水平荷载</td><td colspan="2">墙面为刚性材料贴面</td><td>l/360</td></tr>
<tr><td colspan="2">墙面为柔性材料贴面</td><td>l/250</td></tr>
</table>

如何理解式（4.5.1-1）中的限值 C，是一个重要问题。在其他结构种类中，钢结构中的钢材不计蠕变（基本不存在蠕变），混凝土结构的变形计算需考虑混凝土长期变形的影响。因此，限值 C 应理解为设计使用年限内的总变形。如果构件的使用功能一致，限值 C 应适用于各类结构的构件，至少不应有太大的差别。但标准 GB 50005 认为表4.5.1-1 中规定的限值是当量的“弹性变形”，即已考虑了木材长期变形影响后的当量弹性变形限值。因此，可采用标准 GB 50005 规定的弹性模量和荷载效应的标准组合计算变形，所得到的是瞬时弹性变形 δ_e。这种方法虽便于工程设计，但如何将满足设计使用年限内的“长期变形”所要求的限值 $[\delta_{fin}]$，转化为当量的弹性变形限值 $[\delta_e]$，是一个尚需研究的问题。

木结构受弯构件在设计使用年限内，承受持续的恒荷载作用和随机的可变荷载作用。恒载作用下长期变形可按式（1.6.4-6）计算。可变荷载作用下的长期变形计算，欧洲规范 EC 5 将其分为弹性变形和蠕变变形两部分，并分别取不同的荷载效应计算，前者按恒载与可变荷载效应组合计算，后者按恒载与准永久荷载效应（可变荷载乘以准永久系数 ψ）计算。例如均布荷载作用下受弯构件的长期（最终）挠度 δ_{fin} 可按下式计算：

$$\delta_{fin}=\frac{C_\delta(G_k+Q_k)}{EI}+\frac{C_\delta(G_k+\psi Q_k)}{EI}k_{cr} \tag{4.5.1-2}$$

式中：C_δ 为挠度计算系数（如 5/384 等）；EI 为构件的抗弯刚度；G_k、Q_k 分别为恒载和可变荷载标准值；k_{cr} 为蠕变系数。式（4.5.1-2）右侧第 1 项为弹性变形 δ_e，设 $\rho=Q_k/G_k$，弹性变形与长期变形的关系则为：

$$\delta_e=\delta_{fin}\frac{1}{1+k_{cr}\dfrac{1+\psi\rho}{1+\rho}}\tag{4.5.1-3}$$

可见，这种计算长期变形的方法与混凝土结构的变形计算方法相似。按这种思路，如果规定了允许的长期变形 $C=[\delta_{fin}]$，考虑满足正常使用极限状态的可靠度要求（标准 GB 50068 规定 $\beta=0\sim1.5$），允许的短期变形 $[\delta_e]$ 可由下式计算：

$$[\delta_e]=[\delta_{fin}]\frac{1}{\gamma_{ser}\left(1+k_{crd}\dfrac{1+\psi\rho}{1+\rho}\right)}\tag{4.5.1-4}$$

式中：k_{crd}为木材与木产品的蠕变系数（规范规定值）；γ_{ser}为满足正常使用极限状态可靠度要求的调整系数，相当于承载力极限状态下的抗力分项系数，应经可靠度分析确定。由于标准 GB 50005 中木材的弹性模量为平均值（其他国家的规范中也是如此），考虑到长期变形计算中涉及各物理量的变异系数，再考虑木结构构件变形的不可逆性，故系数 γ_{ser}的值应大于 1.0。

受弯木构件正常使用极限状态下的功能函数 Z_{ser}可由下式表示：

$$Z_{ser}=E_aI_a-\frac{g(1+k_{crt})+\rho q(1+\psi k_{crt})}{\gamma_{ser}[(1+k_{crd})+\rho(1+\psi k_{crd})]}\tag{4.5.1-5}$$

式中：$E_a=E/E_d$，随机变量，统计参数为（1.0，V_E），其中 E 为木材与木产品实测的弹性模量（随机变量），E_d 为规范规定的弹性模量（平均值）；$I_a=I/I_d$，随机变量，统计参数为（$\overline{I_a}$，V_I），其中 I 为木材与木产品构件实际的惯性矩（随机变量），I_d 为规范设计截面的惯性矩（定值）；k_{crt}为木材与木产品实际的蠕变系数，随机变量（$\overline{k_{crt}}$，V_{kcr}）。其余符号同式（4.3.3-4）。

在此功能函数基础上，采用类似于承载力极限状态可靠度分析的方法，获得满足正常使用极限状态下目标可靠度要求的调整系数 γ_{ser}，并按式（4.5.1-4）计算当量弹性变形 $[\delta_e]$ 或相对挠度限值 $[w]$。标准 GB 50005 对正常使用极限状态下的挠度限值虽进行过可靠度分析，但某些论证尚显不足。表 4.5.1-1 中某些构件的变形限值与欧洲规范 EC 5 的规定相比，显得过于宽松。规范 EC 5 规定受弯构件的弹性变形（即短期变形）限值为 $l/300\sim l/500$，考虑蠕变的长期变形限值为 $l/250\sim l/350$（与钢、混凝土接近）。正常使用极限状态的可靠度分析中，处理 k_{crt}、k_{crd}的问题与承载力极限状态下荷载持续作用效应系数 K_{DOL}的处理相似，实际上，恒载作用下 k_{crt}如何取值的问题及间断作用的可变荷载作用下如何计算在设计使用年限内的蠕变量问题，都尚未明确。式（4.5.1-2）是欧洲规范 EC 5 计算长期变形的方法，而日本规范则采用另一种方法计算雪荷载产生的蠕变变形（见 1.6.4 节），是考虑了周期性可变荷载作用下蠕变变形的累积问题。可见，木结构正常使用极限状态下的变形验算还有许多问题需要进一步开展研究。

4.5.2 木楼盖振动控制

木楼盖振动一定程度上会干扰人们的生活和工作。木楼盖振动与振动激励（干扰）源的特性和楼盖自身的动力特性有关。人在室内的活动等都是干扰源，但不可避免。某些设备产生的动荷载也是干扰源，可以采取某些隔振、减振措施解决。本节讨论的楼盖振动控制主要针对必不可少的人员室内活动为干扰源条件下，楼盖应有何种动力特性，才能使其振动达到人们可以接受的程度（舒适感）。

人对振动的感知来自三个渠道：一是人体平衡器官感受到振动产生的作用；二是视觉效果，人体自身处于振动状态，相对于远方静止物体的视觉位移，悬挂物体的摆动，光滑地面上物体的移动等；三是听觉效果，振动引起的物体间的碰撞声以及结构构件间的摩擦声等，会令人生厌。

研究表明，人们对振动的敏感度与下列因素有关：振动频率低于 8Hz 时，振动加速度的增大；频率高于 8Hz 时，振动速度的增大；对于 4～8Hz 的振动最敏感；振动持续时间的增加；意识到或与振源的距离减少；人自身活动程度的降低，静坐要比活动时对振动更敏感。

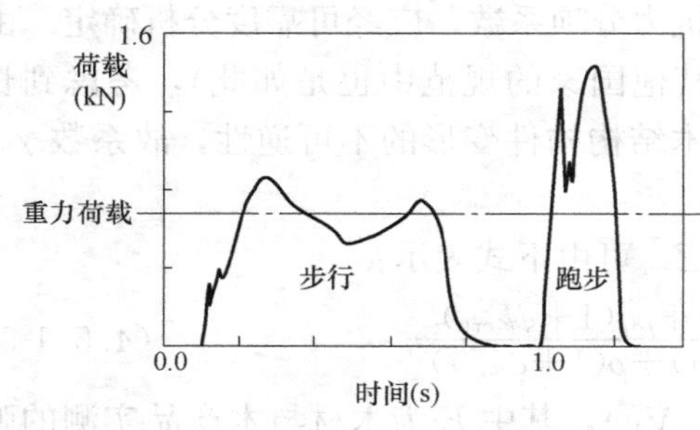

图 4.5.2-1　脚步动荷载

人在室内行走的速度每秒约为 2 步，即使跳舞每秒也不过是 4 步，作用于木楼盖的每步波形接近于方波，但在脚跟着地和脚尖离地时幅值较大，因此呈马鞍形方波（图 4.5.2-1）。方波持续时间约为 0.5～0.8s。功率谱分析表明，其能量集中在 0～6Hz 区间。可见，为避免共振，楼盖的第一自振频率 f_1 不应低于 8Hz，这已成为许多国家的木结构设计规范控制木楼盖振动的共识。根据结构动力学中的共振曲线，干扰源频率低于楼盖自振频率 f_1 时，楼盖的振幅将不会大于以扰力幅值为静荷载作用的楼盖挠度，其振动速度和加速度也会相应降低。干扰源频率接近于楼盖自振频率 f_1 时将发生共振，振动速度与加速度大幅增加，应予避免。理论上楼盖的自振频率与其跨度的平方成反比，与其刚度成正比，因此楼盖的自振频率可以通过合理选择这些参数来控制，使其满足不低于 8Hz 的要求。

干扰力下楼盖有较小的振动（振幅、速度和加速度），受到冲击荷载作用后振动能很快消失，将有益于人们的舒适感，这就要求楼盖不仅有足够的刚度还应有必要的阻尼能力。

根据上述对楼盖振动的基本认识，欧洲规范 EC 5 在规定楼盖第一自振频率 f_1 不小于 8Hz 的基础上，又规定了两个物理指标的取值来评价其舒适性：一是静单位集中力作用下，将楼盖平面上任一点的挠度 a 限制在一定范围内，要求不大于 1.5mm/kN；二是为具有必要的阻尼，规定在单位冲击力作用下，楼盖平面上在一点的振动响应速度不超过一定范围，其中第一自振频率 f_1 和单位冲击速率响应 V(m/N·s^2) 等的计算方法，见第 11.3.3 节。规范 EC 5 要求 $V \leqslant b^{(f_1\xi-1)}$，其中 ξ 为阻尼比，通常取 0.01，b 为与挠度相关的系数，见图 4.5.2-2。系数 b 越大，舒适度越好，一般要求 b 不小于 100。

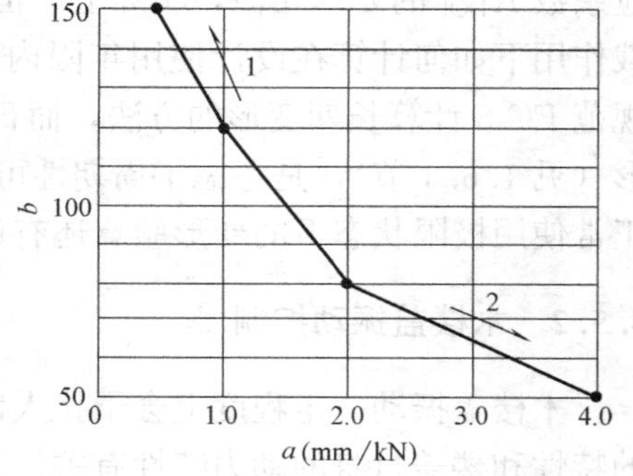

图 4.5.2-2　a、b 关系曲线

1—性能趋好；2—性能趋差

自振频率 f 低于 8Hz 的楼盖振动，规范 EC 5 要求作专门的评估。正如前文所述，有学者认为可

用振动加速度来衡量楼盖的适用性，提出楼盖振动可划分为5个等级，并分别给出了各等级的振动加速度限值，如表4.5.2-1所示。表中A为特殊级，房间内不会察觉到振动；B为较高级，能察觉到振动，但不引起心烦；C为正常级，有振动感觉，部分人感到心烦；D为较差级，有明显的振动感觉，多数人感到心烦；E为振动不受限制级，只用于对振动无要求的场所。

振动加速度分级标准 **表4.5.2-1**

级别	峰值加速度(m/s^2)	1kN集中力作用下的总位移(mm)
A	≤0.03	≤0.12
B	≤0.05	≤0.25
C	≤0.075	≤0.5
D	≤0.12	≤1.0
E	>0.12	>1.0

关于楼盖振动的控制问题，各国规范所采用的控制指标不尽相同。加拿大建筑规范（NBCC）采用了Onysko的建议，规定楼盖中心位置在1kN静荷载作用下，其挠度不大于2mm。当跨度超过3m时，挠度不超过$8/L^{1.3}$mm。后对于跨度大于5.5m的楼盖，挠度限值放宽到$2.55/L^{0.63}$mm。标准GB 50005—2017中，轻型木结构建筑通过限制楼盖跨度来控制振动。

4.5.3 木结构的水平位移

木结构建筑在风荷载或地震作用下的水平侧移应予控制，也应满足类似于式(4.5.1-1)的要求，特别是对于多高层木结构建筑。这一方面是防止室内装饰层等非结构构件的损坏，另一方面过大的水平位移会引起悬挂物体如吊灯等的摆动，低频加速度作用影响人们的舒适感。但风荷载与地震作用均为短时的甚至是瞬时的作用，并不需考虑木材蠕变的影响，这一点与受弯构件挠度控制是不同的。

标准GB 50005—2017规定地震作用下层间相对水平位移不宜超过1/250，而钢结构和混凝土框架结构规定的层间相对水平位移分别不超过1/400和1/500，美国《工程木结构荷载和抗力系数设计法》（AF&AP/ASCE 16-95）解释建筑设计常用层间相对位移为1/400和总高度的1/600来限制结构的水平侧移，认为在此层间相对位移下，不致使室内覆面物等受到损坏。可见，木结构层间相对位移不超过1/250的规定，显得有些宽松。

4.5.4 木构件的长细比限值

木结构构件的长细比（$\lambda=l_0/i$，i为回转半径）对使用性能有一定影响。即使通过验算能满足承载力要求，但构件不宜太细长，否则在干扰源作用下会引起过大振动，影响适用性。因此，应控制各类木构件的长细比，限值见表4.5.4-1。

木结构构件长细比限值 **表4.5.4-1**

构件类别	长细比限值[λ]
主要受压构件、桁架等上弦杆、受压端竖杆或斜压杆以及各类柱	≤120
一般受压构件	≤150
支撑	≤200

第 5 章　木结构连接

5.1　概述

连接是限制相交构件间产生某种相对位移的技术措施，而结构是由各种构件通过节点连接构成的静定或超静定的平面或空间体系；平面结构体系还需由若干构件通过连接构成稳定的空间体系，以满足使用功能要求。另外，木材是天然生长的材料，其长度与截面尺寸都受到一定限制，有时并不能满足构件长度和承载力的要求，需采取某种适当的连接方式，将有限尺寸的木材连接在一起，形成符合要求的构件。木材不像钢材那样具有可焊性，也不像钢筋混凝土那样可整体浇筑混凝土实现连接。木结构的连接及其计算方法与其他结构有很大不同。连接的质量会直接影响结构的可靠性，习惯上人们寄希望于结构的最终失效发生于构件本身而不是发生在连接处，但木结构有其特殊性，承载力往往取决于节点连接。因此，连接问题对木结构设计及研究具有重要的意义。

5.1.1　连接的类型

木结构的连接按不同功能可分为三类：①节点连接，木构件间或木构件与金属构件间的连接，以构成平面或空间结构。②接长，木材的长度不足时，可将两段木料对接起来以满足长度要求。如可用螺栓和木夹板将木料接长；在层板胶合木中，层板通过指接接长等。③拼接，单根木料的截面尺寸不足时，可用若干根木料在截面宽度或高度方向拼接，如规格材拼合梁、拼合柱以及胶合木层板在宽度高度方向的拼（胶）接等。

连接方式方法可分为如下几类：

1. 榫卯连接　是我国古代木结构普遍采用的连接方法（图 5.1.1-1*a*、*b*），国外有时也称为木工连接（Carpentry joint），特点是无需连接件或胶结材料作媒介，即可完成构件间作用力的传递。有些榫卯连接的形式尚可传递一定的拉力，用其构成的节点，有时可视为半刚性连接。齿连接是榫卯连接的一种，将一根木构件的一端抵承在另一根木构件的齿槽中，以传递压力（图 5.1.1-1*b*），常用于桁架节点的连接。但因榫卯对构件的截面有较大的削弱，限制了其应用。

2. 销连接　将钢质或木质的杆状物作连接件，将木构件彼此连接在一起，通过连接件的抗弯传递被连接件间的拉力或压力。常用的连接件有销、螺栓、钉、方头螺钉和木铆钉等（图 5.1.1-1*c*）。

3. 键连接　用钢质或木质的块状或环状物作连接件，将其嵌入两木构件的接触面间，阻止相对滑移，从而传递构件间的拉力或压力（图 5.1.1-1*d*）。这类连接件视为刚体，常用的有裂环与剪板。

4. 胶（粘结剂）连接　利用结构胶将木料粘结在一起通过粘结面的抗剪能力使其共

同受力，传递拉力或压力（图 5.1.1-1*e*）。

5. 植筋连接　在木构件的适当位置钻孔，插入带肋钢筋，注入胶结料，钢筋与木构件间可靠粘结，可传递构件间的拉、压力，钢筋也可作为销类连接件，传递侧向力（图 5.1.1-1*f*）。

6. 承拉连接　将钢拉杆视为连接件，阻止两被连接构件的分离（图 5.1.1-1*g*）。

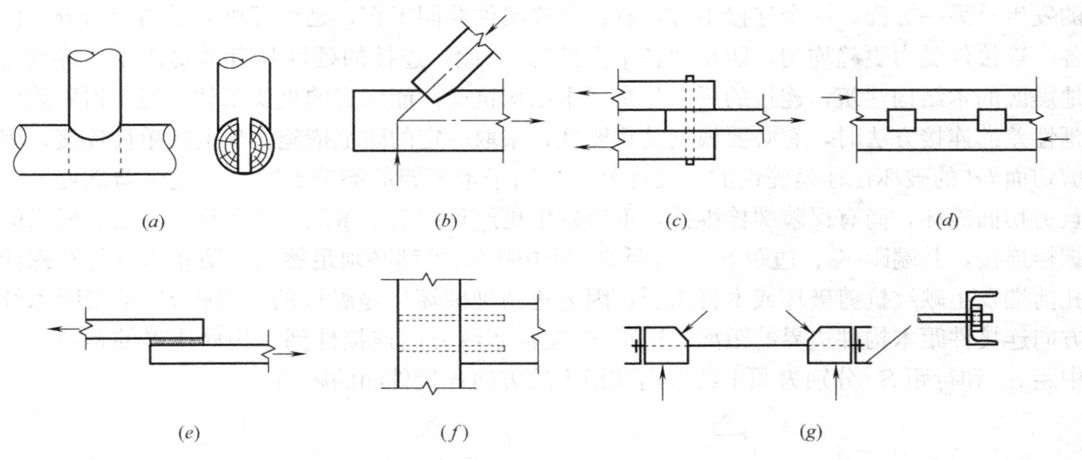

图 5.1.1-1　连接方法示意

（*a*）榫卯连接；（*b*）齿连接；（*c*）销连接；（*d*）键连接；（*e*）胶连接；（*f*）植筋连接；（*g*）承拉连接

5.1.2　连接的基本要求

木结构的连接应满足下列基本要求。

1. 传力明确、安全可靠

连接应有明确的传力路径，其计算模型应与实际工作状态相符。图 5.1.2-1 为最常见的木桁架端节点的单齿连接，其上弦杆的轴力 N_a 通过承压面 *ab* 传递至下弦杆并与支座反力平衡。这种连接不能理解为也不能设计成上弦轴力 N_a 的竖向分量通过 *bc* 面传递至下弦。较正确的构造应在图中 *c* 点处，开一裂隙伸向 *b* 点。承压面 *ab* 必须平整，使其紧密接触。明确了这一传力路径后，下弦的斜向承压面应有足够的承载力抵抗上弦轴力 N_a。剪切面 *bd* 必须有足够的抗剪能力抵抗上弦轴力 N_a 的水平分力，这样连接才能安全可靠。

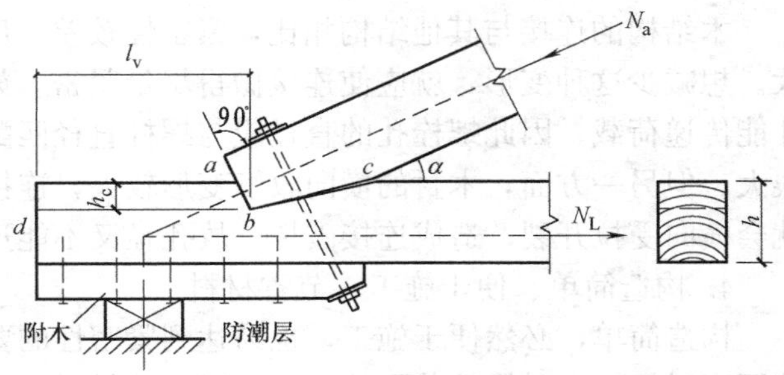

图 5.1.2-1　单齿连接

同一节点连接中可能有不同类型的连接方式同时存在，如图 5.1.2-1 中除单齿连接外，尚有保险螺栓。一旦剪切失效时，螺栓杆中的拉力与下弦杆的轴力 N_L、支反力、摩擦力平衡上弦轴力 N_a。在受剪面 *bd* 未失效的正常工作阶段，不能考虑保险螺栓的作用，这主要是因为螺栓受拉起作用时，上、下弦杆需有较大相对错动，而齿连接的剪切面 *bd*

是一种较脆性的连接，变形不大时即已达到承载力极限状态。两者的承载力峰值不能同步，往往会发生“各个击破”的现象。因此，同一节点连接中，一般只能采用同类型、同规格的多个连接件共同工作。

2. 具有良好的延性

延性好的连接，在破坏前往往有较大的变形，可提供一定的措置时间，避免更大事故的发生。另一方面，一个连接中常常有数个连接件共同工作，延性好可通过内力重分布使各个连接件受力更趋均匀，防止“各个击破”。因此，连接的延性具有重要作用，特别是地震区的木结构建筑，连接的延性是衡量木结构抗震性能优劣的重要条件。当不得不采用延性差的连接方法时，有必要根据其重要性，采取一定的防范措施。如上述单齿连接，因剪切面 bd 的破坏往往是脆性的，延性差，当用于木桁架的端节点时，应设保险螺栓，一旦剪切面破坏，尚有保险螺栓维持，不致发生更严重的安全事故。再如图 5.1.2-2 所示的螺栓连接，其端距 S_0、边距 S_2、行距 S_3 和中距 S_1 等都必须足够大，防止木构件在螺栓孔前端发生顺纹抗剪破坏或木材撕裂，因为这两种破坏均是脆性的。端距 S_0 是指顺木纹方向连接件距木构件边界的距离，边距 S_2 是横木纹方向连接件到木构件边界的距离，而中距 S_1 和行距 S_3 分别为顺木纹方向和横木纹方向连接件间的距离。

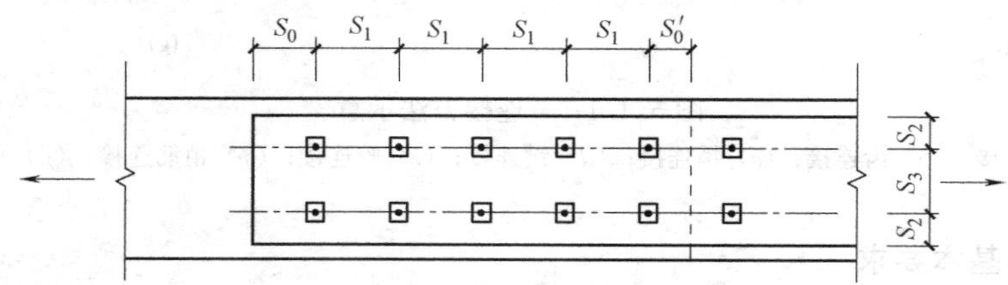

图 5.1.2-2　螺栓排列的间距

3. 具有一定的紧密性

木结构的连接与其他结构相比，紧密性较差，反映在结构第一次受载后的残余变形较大。想减少这种变形，就应使连接做得尽量紧密。如螺栓连接中，由于螺杆与孔壁接触后才能传递荷载，因此螺栓孔的直径应与螺杆直径匹配，不应过大，否则连接的滑移变形会很大。但另一方面，木材的横向收缩变形较大，连接不应阻碍这种收缩变形，否则，木材就会横向受拉开裂，造成连接破坏。故孔径又不能过小。

4. 构造简单、便于施工、节省材料

构造简单，必然便于施工，也易达到紧密性的要求，还便于连接施工质量的检查。连接还应尽量减少对构件截面的削弱，以节省材料。如图 5.1.2-1 所示的单齿连接，下弦杆上的刻槽深度不能太深，否则下弦杆的截面将受较大的削弱而影响承载力。

5.1.3　影响连接承载力的因素

各种连接承载力的计算方法是通过大量试验和理论分析获得的，是建立在一种标准状态基础之上的。工程中的连接不大可能与标准状态一致，这会影响连接的承载力。故需要考虑状态不同时连接承载力的修正。影响连接承载力的主要有木材的强度、几何布置和群体效应等因素。

1. 与木材强度有关的因素

连接承载力在很大程度上与被连接木材的局部承压强度有关，木材的局部承压强度与其他强度一样，同样受荷载持续作用效应、使用环境等因素影响，因此，处于非标准条件下的连接承载力亦需作相应的调整。这些调整仅用于连接失效因与木材因素有关而发生，与木材因素无关而发生的失效，连接承载力无需引入该因素的修正。例如图 5.1.2-2 中的夹板 2 是金属板，则夹板承载力无需作含水率、荷载持续作用效应的调整。在调整方法上，除齿连接外，都是直接修正连接承载力，而不是采用修正木材承压强度的方法。

2. 几何因素

采用连接件连接时，连接件在木构件上的边距 S_2、端距 S_0 和中距 S_1、行距 S_3（图 5.1.2-2）会影响连接的失效形式。有些失效形式是不允许出现的，如螺栓连接时的边距过小会产生木材撕裂破坏，中距和端距不足会导致木材顺纹受剪破坏。这些都是脆性破坏，在设计中应予避免。因此连接中有最小边距、中距和端距要求。其次边距、中距和端距的大小对连接承载力的大小有一定影响。当然这些几何尺寸大到一定程度就不会影响单个连接件的承载力了，而连接承载力的计算方法恰恰是在边、中、端距并不影响承载力的条件下建立的。因此当这些距离仅满足最低要求，但不满足不影响承载力的条件时，需要乘以系数 C_Δ 来修正。再如 1.5.5 节中提到剪力在剪切面上的分布是不均匀的，单齿连接的剪切面 bd（图 5.1.2-1）上的剪应力分布即如此。当其剪切面长度 l_v 超过一定值时，也需对抗剪承载力作修正，这也是一种几何因素的修正。

3. 群体作用因素

图 5.1.2-2 是一采用多个螺栓连接的受拉接头。螺栓按两行布置，接头一侧每行有 5 个螺栓。连接接头的总承载力是否等于 10 个螺栓连接的承载力之和，这是需要研究的。群体作用因素是指在这种连接中每行中的五个螺栓能否均匀地传递荷载。试验研究表明，如果连接件的抗滑移刚度较大，外荷载不能均匀地分配到各个连接件上，因此这一行的螺栓连接总承载力不能简单地为各个螺栓连接承载力之和，需采用群栓系数 C_g 进行修正。

标准 GB 50005—2017 采用了美国规范 NDSWC 的修正方法，对一行中沿荷载作用方向有多个裂环、剪板或直径 $d \leqslant 25.4$mm 的螺栓、方头螺钉的连接，采用以下公式计算群栓系数：

$$C_g=\frac{m(1-m^{2n})}{n(1+R_{EA}m^n)(1+m)-1+m^{2n}}\cdot\frac{1+R_{EA}}{1-m} \tag{5.1.3-1}$$

式中：n 为一行中连接件的数量；$R_{EA}=E_sA_s/E_mA_m$ 或 $R_{EA}=E_mA_m/E_sA_s$，取两者中之较小者；E_m、A_m 分别为被连接的中部（双剪）或较厚（单剪）构件木材的弹性模量和截面面积；E_s、A_s 分别为边部或较薄构件的弹性模量和截面面积；$m=u-\sqrt{u^2-1}$，$u=1+r\frac{s}{2}\left(\frac{1}{E_mA_m}+\frac{1}{E_sA_s}\right)$，其中 s 为一行中相邻连接件的中距，r 称为连接的滑移模量。对于 102mm 的裂环和剪板，$r=87500$N/mm；对于 63.5mm 的裂环和剪板，$r=70000$N/mm；对于螺栓和方头螺钉采用木夹板连接时，$r=246D^{1.5}$，采用钢夹板时，$r=369D^{1.5}$（D 为连接件的直径）。

计算表明，连接的滑移模量愈大，群栓效应影响越大，即 C_g 愈小。滑移模量小，则影响小。因此，钉和木螺钉连接在直径小于 6.35mm 时，不计群体因素影响。如图 5.1.3-1 所示，当连接件呈多行错列布置时，且当中距 S_1 大于等于 4 倍行距 S_3 时，应将 2 行并 1 行计算每行连接件数量 n。如果总行数为奇数，应按每行两种不同连接件数 n 分

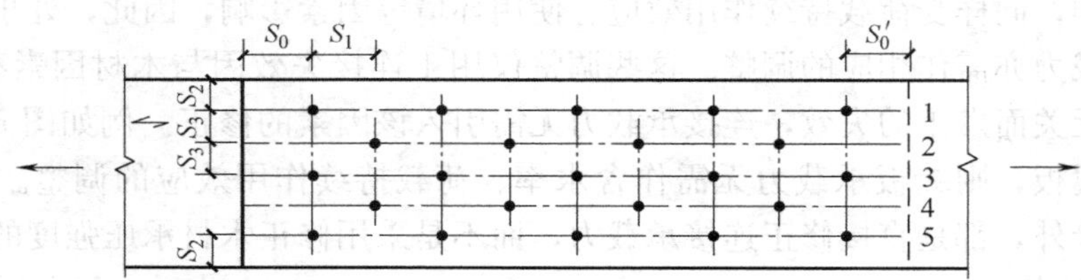

图 5.1.3-1　错列时行数及连接件数计算

别计算群体系数C_g。图中一种按每行 9 个连接件，计算得 C_{g9}；另一种按每行 5 个连接件，计算得 C_{g5}，然后分别计算对连接承载力的影响。图 5.1.3-1 中 18 个连接件的承载力应乘以调整系数 C_{g9}，5 个连接件的承载力应乘以调整系数 C_{g5}。如果总行数为偶数，则应将 2 行合并为 1 行，按 1 行的连接件数量来计算 C_g。如果间距 S_1（错行排列）小于 4 倍行距 S_2，则按每行实有的连接件数计算 C_g。当连接接头一侧木材为横纹受力时，如图 5.1.3-2（*a*）中的水平构件，其截面面积 A_m（A_s）应取该构件厚度 b 乘以两外行连接件的中心距离，即 $A_m=(S_3+S_3)b$。如果仅有一行（图 5.1.3-2*b*），则为厚度 b 乘以该行中连接件中的最小间距 S_1。

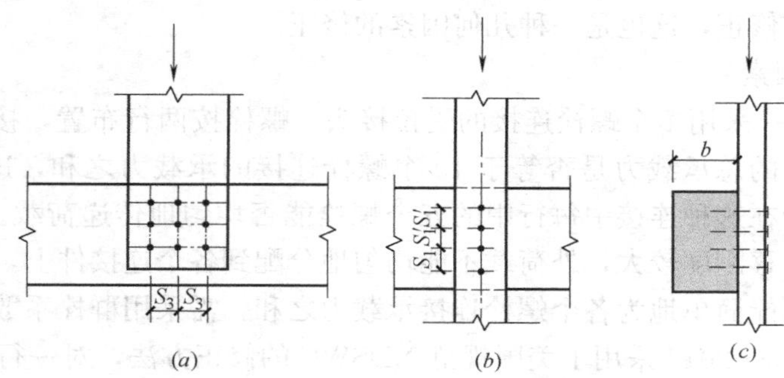

图 5.1.3-2　横纹连接 A_S 计算规则

欧洲规范 EC 5 对连接件群体因素的处理有所不同，是计算每一行连接件的有效个数 n_{ef}。钉连接，与荷载作用方向平行的每行有效钉数 $n_{ef}=n^{k_{ef}}$，其中 n 为每行中钉的数目，指数 k_{ef} 近似取 $0.5+0.25\left[0.25\left(S_1/d\right)-1\right]\leqslant 1.0$。螺栓连接取 $n_{ef}=\min\left\{n^{0.9}\sqrt[4]{\dfrac{S_1}{13d}},\ n\right\}$（横纹受力取 $n_{ef}=n$）。木螺钉连接，当无螺纹段钉杆直径大于 6mm 时，有效螺钉数按螺栓连接计算，当小于 6mm 时，按钉连接计算。抗拔时取 $n_{ef}=n^{0.9}$。裂环、剪板连接取$n_{ef}=2+(1-n/20)(n-2)$。

4. 与连接的某些特殊性有关的影响因素

穿入深度影响系数 C_d：如果采用方头螺钉作裂环、剪板的紧固件，有螺纹段钉杆拧入主构件需要达到一定的深度，否则连接的承载力达不到标准拧入深度的计算结果。当达不到标准深度时，需作穿入深度影响的修正。

端木纹影响系数 C_{eg}：销、方头螺钉等连接件从木构件端面顺木纹拧入，连接件在端木纹中（连接件平行于木纹）使木材横纹受力，与标准的受力状态不同，导致连接承载力降低，故需引入端木纹（End grain）影响系数。

金属侧板影响系数 C_{st}：在木铆钉连接中，当使用了小于标准厚度的钢侧板时，承载力需通过金属侧板影响系数修正（$C_{st} \leqslant 1.0$）。在剪板连接中，当采用钢夹板替代木夹板时，承载力有所提高，可以乘以大于 1.0 的金属侧板影响系数。

斜钉因素 C_m：钉连接中考虑钉子从构件一端大约在 1/3 钉长处斜向钉入时的连接承载力修正系数（$C_m \leqslant 1.0$）。

横隔因素 C_{di}：钉连接用于横隔中，连接承载力可提高，通过横隔系数（$C_{di} > 1.0$）调整承载力。

以上影响因素并不是每种连接均需考虑，美国规范 NDSWC 对各种连接方式承载力计算中需要考虑的影响因素列于表 5.1.3-1，其中多数影响因素已为标准 GB 50005—2017 所采用。

各种连接件连接承载力的影响因素 **表 5.1.3-1**

连接件类型	受力性质	荷载持续时间 C_D	潮湿环境 C_M	温度环境 C_t	群体作用因素 C_g	几何因素 C_Δ	穿透因素 C_d	端木纹因素 C_{eg}	金属侧板因素 C_{st}	横隔因素 C_{di}	斜钉因素 C_{tn}
螺栓	Z	√	√	√	√	√	—	—	—	—	—
方头螺钉	W	√	√	√	—	—	—	√	—	—	—
	Z	√	√	√	√	√	—	√	—	—	—
裂环、剪板	P	√	√	√	√	√	√	—	√	—	—
	Q	√	√	√	√	√	√	—	—	—	—
木螺钉	W	√	√	√	—	—	—	—	—	—	—
	Z	√	√	√	—	—	—	√	—	—	—
钉	W	√	√	√	—	—	—	—	—	—	—
	Z	√	√	√			—	√	—	√	√
木铆钉	P	√①	√	√	—	√	—	—	√	—	—
		√	√	√		√			√	—	—

注：Z—侧向受力；W—抗拔；P—侧向顺纹受力；Q—侧向横纹（90°）受力。

①仅适用于由木材销槽承压强度控制的连接承载力。

5.1.4 连接部位木材的局部应力

构件必须通过连接才能构成可供使用的结构空间，但连接会在构件的连接处造成截面上的损失或产生附加应力，这些也是连接设计中需认真验算的工作。首先连接处构件应按净截面验算承载力，即应扣除因连接在构件上开挖的缺口、螺栓孔等，特别是对于错列布置的螺栓或裂环、剪板等连接，当相邻行间连接件的顺纹间距 $S_1 < 4d$（图 5.1.3-1，d 为连接件直径）时，应视为同一截面上的孔洞。其次，需考虑截面损失或连接件的布置不对称于被连接构件纵轴线时所造成的偏心，如图 5.1.2-1 开挖齿槽对下弦杆造成的偏心作用，又如两行螺栓的连接若不对称于纵轴线也会造成偏心作用。最后，不少连接中常因构件连接处出现较大的横纹拉应力而导致构件受损甚至失效，如图 5.1.4-1 所示的连接节点。对此，建议采用欧洲规范 EC 5 的方法，对软木类构件采用下式验算抗劈裂承载力：

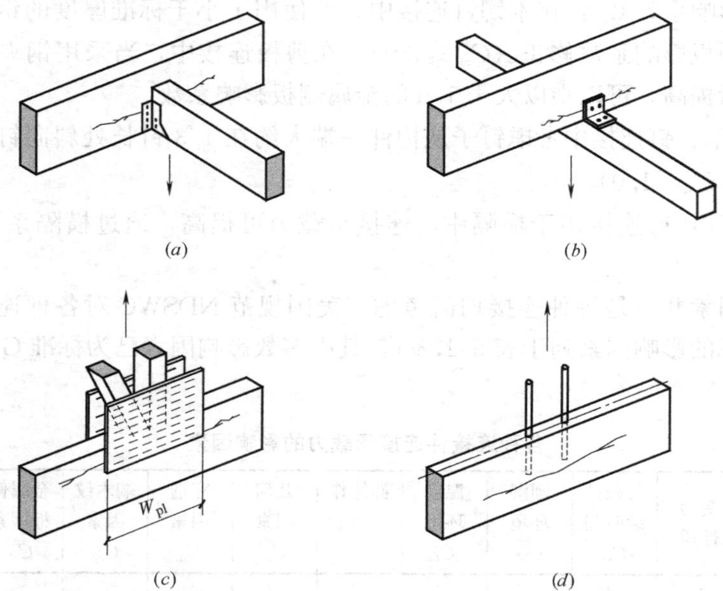

图 5.1.4-1　连接处横纹拉应力引起木构件撕裂

(a) 搁栅挂件连接；(b) 吊顶搁栅连接；(c) 齿板连接；(d) 植筋连接抗拔

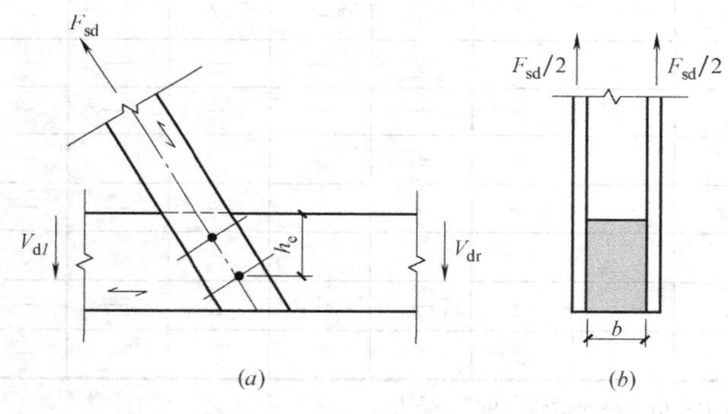

图 5.1.4-2　连接横纹受拉简图

$$F_{90,Rd}=7.2bw\sqrt{\frac{h_e}{1-\frac{h_e}{h}}}\geqslant V_d \tag{5.1.4-1}$$

式中：$F_{90,Rd}$为抗劈裂承载力设计值（N）；b、h、h_e 均为构件的几何尺寸（图 5.1.4-2）；w 为计算系数，对于齿板连接，$w=\max\{(w_{pl}/100)^{0.35}, 1.0\}$，对于所有其他连接，$w=1.0$，其中 w_{pl} 为平行于木纹方向的齿板的宽度（图 5.1.4-1，齿板连接节点）；V_d 为横纹受力构件剪力设计值，如图 5.1.4-2 所示应取 V_{dl}、V_{dr} 中的较大者。当作用力 F_{sd}作用在悬臂端时，$V_d=F_{sd}$，作用在简支梁的跨度中点时，$V_d=F_{sd}/2$，不在中点位置时，按图 5.1.4-2 的规定取值。

美国规范 NDSWC 对 F_{sd}作用在梁端引起木材横纹劈裂的承载力按木材抗剪强度验算，即当 F_{sd}距梁端不足 $5h$（梁高）时，由下式验算：

$$\tau=\frac{3V}{2bh_e}\left(\frac{h_e}{h}\right)^2\leqslant f_v \tag{5.1.4-2a}$$

大于 $5h$ 时

$$\tau=\frac{3V}{2bh_e}\leqslant f_v \tag{5.1.4-2b}$$

式中：V 为剪力设计值，即等于 F_{sd}；f_v为横纹受力木构件木材的抗剪强度设计值。

5.1.5 节点中连接件受力分析

构件间相连往往需要多个连接件。当构件仅传递轴力，连接件对称布置于构件纵轴线上时，可以认为轴力均匀分配于每个连接件上。但当节点受扭矩作用时，需经受力分析确定每个连接件所受的剪力。

如图 5.1.5-1 所示的节点，木构件用 n 个连接件固定在木柱上，O 为连接件的合力作用点。节点受到轴力 N、剪力 V 和扭矩 $M_T=Ve$ 的联合作用。需进行受力分析，确定每个连接件所受的荷载和作用方向。较保守地采用弹性分析方法。

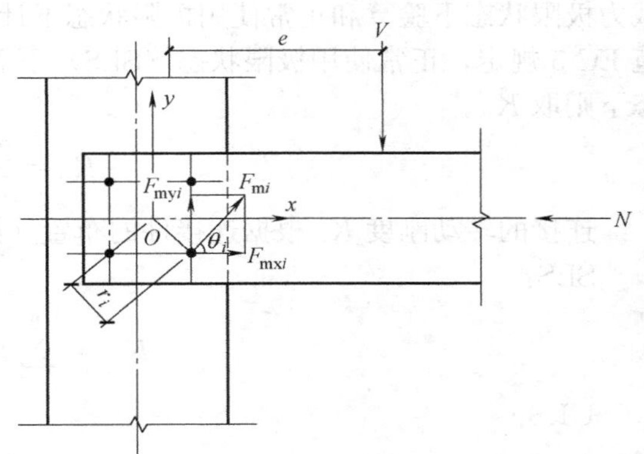

图 5.1.5-1 连接件受力分析

轴力、剪力均匀地分配在每个连接件上，即

$$\left.\begin{aligned}F_{yi}&=\frac{V}{n}\\F_{xi}&=\frac{N}{n}\end{aligned}\right\}\tag{5.1.5-1}$$

弯矩 $M_T=Ve=\sum_{i=1}^{n}r_iF_{mi}$ 在第 i 个连接件上产生的作用力为：

$$F_{mi}=\frac{M_Tr_i}{\sum_{i=1}^{n}r_i^2}\tag{5.1.5-2}$$

该作用力的水平和竖向分量为：

$$\left.\begin{aligned}F_{mxi}&=F_{mi}\cos\theta_i\\F_{myi}&=F_{mi}\sin\theta_i\end{aligned}\right\}\tag{5.1.5-3}$$

每个连接件上的总剪力为：

$$F_i=\sqrt{(F_{xi}+F_{mxi})^2+(F_{yi}+F_{myi})^2}\tag{5.1.5-4}$$

作用方向为：

$$\tan\alpha_i=\frac{F_{yi}+F_{myi}}{F_{xi}+F_{mxi}}\tag{5.1.5-5}$$

按 F_i 和 α_i 验算每个连接件的抗侧承载力。

5.1.6 连接的刚度

连接在荷载作用下（图 5.1.5-1），相连的构件间沿着荷载作用方向会产生相对滑移，在扭矩（Ve）作用下两构件间会产生角位移（转动）。这些变形会影响结构的总变形，某些情况下还会影响结构构件的内力分布。连接抵抗变形的能力称为刚度，可分别用滑移模量 K_{ser}（Slip modulus，N/mm）和转动刚度 K_r（Rotational stiffness，N·mm/rad）来表示。

由于木材发生蠕变，连接的滑移或角位移在瞬时和长期荷载作用下显然是不同的，因此滑移模量应区分瞬时（Instantanous）值和长期“终”值（Final）。又由于木材应力-应变的非线性关系，荷载大小对滑移模量也有影响，荷载大时，滑移模量降低。因此，在承载力极限状态下验算和正常使用极限状态下计算构件变形时滑移模量需取不同值。欧洲规范 EC 5 规定，正常使用极限状态（SLS）下验算变形取 K_{ser}，而承载力（ULS）极限状态下则取 K_u。

$$K_u = \frac{2}{3} K_{ser} \tag{5.1.6-1}$$

连接的转动刚度 K_r 根据连接件的布置（如图 5.1.5-1 所示）和滑移模量按下式计算：

SLS：

$$K_r = \sum_{i=1}^{n} K_{ser} \cdot \gamma_i^2 \tag{5.1.6-2}$$

ULS：

$$K_r = \sum_{i=1}^{n} K_u \gamma_i^2 \tag{5.1.6-3}$$

作为参考，欧洲规范 EC 5 给出了木构件与木构件相连接时，连接件每个剪切面的滑移模量（抗滑移系数）K_{ser}，如表 5.1.6-1 所示。当相连的两构件密度不同时，表中密度 $\rho_m = \sqrt{\rho_{m1}\rho_{m2}}$，$\rho_m$ 为木材的气干密度平均值（kg/m^3）；当木与钢或与混凝土构件相连接时，滑移模量增大一倍，即为 $2K_{ser}$。

木构件与木构件相连的滑移模量 K_{ser}　　　　**表 5.1.6-1**

连接件类型	K_{ser}(N/mm)	连接件类型	K_{ser}(N/mm)
销 螺栓 木螺钉 钉(预钻孔)	$\rho_m^{1.5} d/23$	钉(不钻孔)	$\rho_m^{1.5} d^{0.8}/30$
		裂环 剪板	$\rho_m d_c/2$

考虑荷载持续作用效应影响时，对于正常使用极限状态验算，滑移模量取：

$$\left.\begin{aligned} K_{SLS \cdot ser \cdot inst} &= K_{ser} \\ K_{SLS \cdot ser \cdot fin} &= \frac{K_{ser}}{1+2k_{cr}} \end{aligned}\right\} \tag{5.1.6-4}$$

对于承载力极限状态验算，木构件与木构件连接的滑移模量：

$$\left.\begin{aligned} K_{SLS \cdot u \cdot inst} &= K_u \\ K_{SLS \cdot u \cdot fin} &= \frac{K_u}{1+2\psi_d k_{cr}} \end{aligned}\right\} \tag{5.1.6-5}$$

式中：k_{cr} 为蠕变系数，见表 1.6.4-1；ψ_d 为可变荷载的准永久系数。

5.2 榫卯连接

5.2.1 齿连接

1. 构造要求

齿连接又称抵承连接，将一构件的端头做成齿榫，在另一个构件上开凿出齿槽（卯口），使齿榫直接抵承在齿槽的承压面上，通过承压面传递作用力。齿连接只能传递压力，无需连接件，这是其基本特点。

齿连接构造简单、传力明确，可用简易工具制作；连接外露，易于检查，是方木与原木桁架节点最常用的连接形式。齿连接的最大缺点是因在一个构件上开齿槽而削弱了该构件的截面，从而增加了木材用量。其另一个缺点是齿槽承压使构件木材顺纹受剪，具有脆性破坏的特征，需有保险螺栓设防。

齿连接有单齿连接、双齿连接两种形式。单齿连接承载力较低，但制作简单，应优先采用。当内力较大，采用单齿连接需构件过大截面时，可采用双齿连接。

图 5.1.2-1 和图 5.2.1-1 所示是木桁架中这类连接的基本构造。以桁架端节点单齿连接为例来说明其构造要求（图 5.2.1-1b、图 5.1.2-1）。上弦轴力通过承压面 ab 传给下弦，承压面 ab 应设计成与上弦杆轴力垂直，并使上弦杆的中心线通过承压面的中心。这样处理的目的是使上弦杆轴力均匀分布在承压面上，其垂直分力能压紧受剪面 bd 的端部，利于提高其抗剪能力。在 c 点宜留一缝隙，原因是除使上弦杆轴力仅作用于承压面 ab 上外，尚可允许上、下弦间稍有相对转动的能力，从而不影响连接的传力路径。下弦杆开齿槽的深度需限制，否则会对下弦杆截面的削弱过大。齿槽过深还可能使剪切面 bd 落在木材的髓心部位，影响其抗剪承载力。对于方木桁架端节点，一般规定不大于 $h/3$(h 为下弦截面高度)，原木桁架不大于 $d/3$(d 为原木直径)。对于其他节点，方木桁架不大于 $h/4$，原木桁架不大于 $d/4$。但为了保证承压面的可靠性，齿槽深度又不能太浅，通常规定方木桁架不小于 20mm，原木桁架不小于 30mm。

木桁架端节点齿连接的剪切面 bd 的长度 l_v 由抗剪承载力决定，但也受到建筑要求的檐口处理方法影响。一般要求 $l_v \geqslant 4.5h_c$（h_c 为齿槽深度），但太长也无作用，因为剪应力沿剪切面长度上的分布是不均匀的，太长的切剪面末端剪应力很小或为零，无助于提高抗剪承载力。因此，一般规定 $l_v \leqslant 8h_c$。如果 $l_v < 4.5h_c$，抵遇偶然因素作用的能力过低，增大了失效风险。由于该类节点的安全性主要取决于其剪切面的抗剪能力，为防止干裂影响，设计规范规定一般不能用湿材制作，必须用湿材时，其长度需在满足承载力要求的基础上增加 50mm。

图 5.2.1-1（c）所示的双齿连接，上弦杆端做成两个齿榫，分别抵承在下弦两个齿槽的 ab 和 cd 承压面上，制作要求稍高，务使两个抵承面同时受力。双齿连接一般只用于桁架的端节点，通常要求第一齿的顶点 a 位于上、下弦杆边缘的交点上，第二齿的顶点 c 位于上弦杆轴线与下弦上边缘的交点处。为防止木材斜纹影响导致第二剪切面沿 bd 破坏，第二齿槽的深度 h_c 应比第一齿槽深度 h_{c1} 大 20mm 以上，但深度也不应大于 $h/3$(或 $d/3$)。不论第一还是第二齿槽其受切面长度 l_v 或 l_v' 均不应小于 4.5 倍的齿槽深度（h_c 或 h_{c1}），而 l_v 也不应大于 $10h_c$。对比图 5.2.1-1（c）与图 5.1.2-1 可见，当齿槽深度 h_c 相同时，双齿连接的承压面总面积要比单齿大，因此承压面的承载力也可有一定提高，但连接的抗剪承载力仅由 l_v 确定，并非为 l_v 与 l_v' 之和。

桁架端节点采用齿连接时，应注意下弦杆轴线的处理。方木桁架，若采用毛截面中心线作为轴线，则因开槽造成截面缺失，使下弦杆变为偏心受拉构件，在槽口顶点的木材应力应由净面积的平均拉应力和偏心弯矩作用的拉应力叠加；若用净截面为中心线，则只存在净面积的平均拉应力。验算结果表明，采用净面积中心线作弦杆轴线更为有利。对于原木桁架，因为原木在支座处其底部需砍平才能安装，砍平后的深度和开齿槽的深度大致相

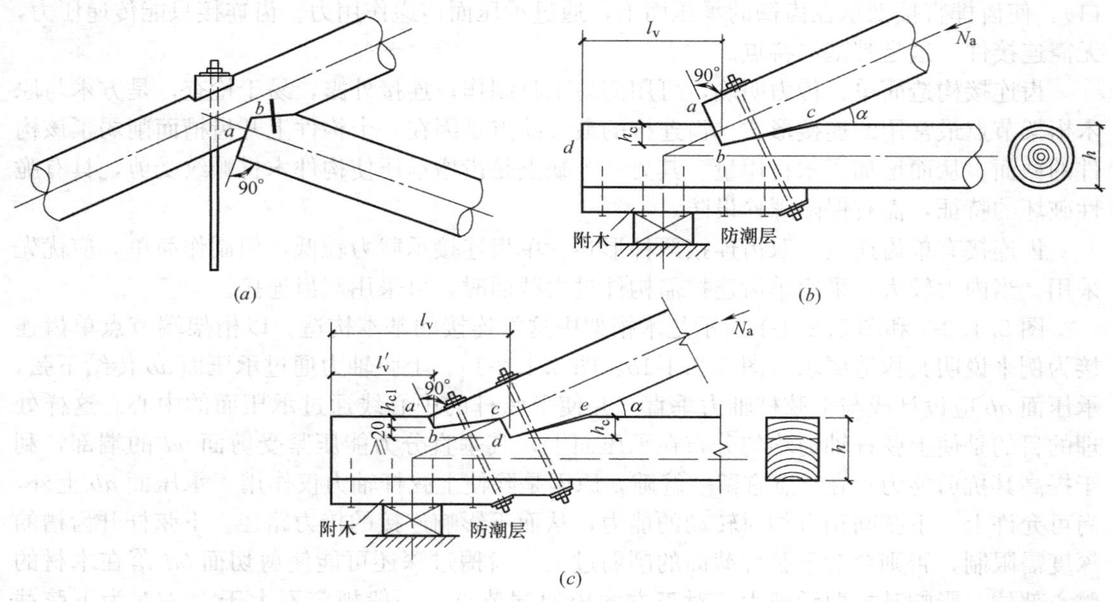

图 5.2.1-1　齿连接基本构造

(a) 上弦与复杆的齿连接；(b) 原木桁架端节点单齿连接 (c) 方木桁架端节点双齿连接

同，故可采用毛截面的中心线而不致造成过大的偏心弯矩。

桁架端节点是桁架的重要部位，为防止剪切面失效造成重大事故，不论单齿或双齿连接均需设保险螺栓。保险螺栓应垂直于上弦杆轴线，每个剪切面各设一个，如图 5.2.1-1 (b)、(c) 所示。对于其他节点的齿连接，为防止在较小荷载下因木材干缩或振动造成节点松动，甚至腹杆脱落等，需用扒钉将相交于节点处的杆件两侧彼此钉牢，如图 5.2.1-1 (a) 所示。

齿连接构造简单，其承载力验算主要包括承压面承载力验算、剪切面承载力验算、下弦杆净截面承载力验算和保险螺栓的设计计算。

2. 连接承载力验算

(1) 承压面承载力

不论单齿或双齿，齿榫端为顺纹承压，齿槽为斜纹承压，故其承载力取决于齿槽的斜纹承压强度，承载力 N_R 可用下式计算，且不应小于上弦轴力设计值 N_a。

$$N_R = f_{ca} A_\alpha \tag{5.2.1-1}$$

式中：$f_{c\alpha}$ 为木材斜纹承压强度设计值，可根据木材承压强度设计值按式（1.5.4-1）计算；A_α 为承压面面积，可根据齿槽深度和相应的几何关系计算。对原木桁架，该承压面为椭圆弓形，计算时可简化为圆弓形面积的几何关系；对于双齿连接，承压面为两槽齿的承压面积之和。

桁架支座处，应验算木材的横纹承压承载力，不小于支座反力设计值。

(2) 剪切面的承载力

剪切面的抗剪承载力 V_R 可用下式计算，且不应小于上弦轴力设计值的水平分量 V_d：

$$V_R = \psi_v f_v l_v b_v \tag{5.2.1-2}$$

式中：ψ_v 为剪应力在剪切面长度上不均匀分布对抗剪承载力的影响系数，按表 5.2.1-1 取用；f_v 为木材的顺纹抗剪强度设计值；l_v 为剪切面的长度，双齿连接取第二齿的剪切面长度。不论单齿或双齿连接实际剪切面长度不应小于 $4.5h_c$（h_c为槽齿深度），单齿连接也不应大于 $8h_c$，双齿连接不应大于 $10h_c$；b_v 为切剪面宽度，方木下弦杆即下弦截面宽度，原木下弦则为槽齿深度 h_c 处的截面宽度。

剪应力不均匀对抗剪承载力的影响系数 ψ_v　　表 5.2.1-1

l_v/h_c	4.5	5	6	7	8	10
单齿	0.95	0.89	0.77	0.70	0.64	—
双齿	—	—	1.00	0.93	0.85	0.71

（3）保险螺栓

单、双齿连接中，保险螺栓均垂直于上弦轴线，一般设在 *bc* 和 *de* 边（图 5.2.1-1b、c）的中部位置并可按附木的构造作适当调整。图 5.2.1-2 为单齿连接剪切面发生破坏后保险螺栓的作用示意图。剪切面一旦破坏，上弦杆将向图示左边滑移，其齿尖支承在剪切面上，存在向上的反作用力和向右的摩擦力，因木材的摩擦角大致为 30°，故两者的合力 R' 与水平线的夹角约为 60°。设上弦杆轴力为 N_a，螺栓拉力为 T，由平衡条件可得螺栓的拉力为

$$T=N_a\tan(60°-\alpha) \tag{5.2.1-3}$$

式中：α 为上、下弦间的夹角。

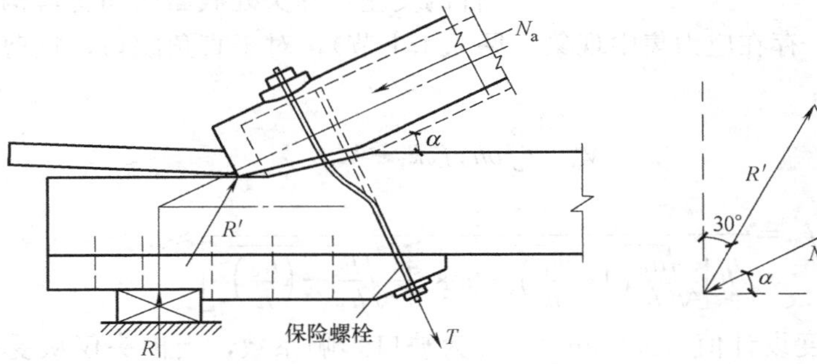

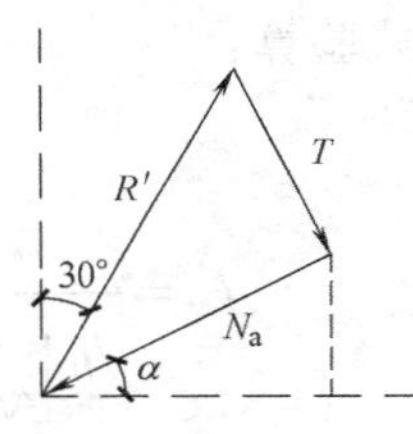

图 5.2.1-2　保险螺栓作用示意

保险螺栓的抗拉承载力可按下式计算：

$$T_r=1.25f_yA \tag{5.2.1-4}$$

式中：f_y为保险螺栓所用钢材的抗拉强度设计值；1.25 为保险螺栓钢材强度调整系数，这是考虑到保险螺栓只是在齿连接失效时起到一种临时的承载作用，其可靠度可适度降低；A 为保险螺栓的净面积，即螺杆面积扣除螺纹所占的面积（见表 5.2.1-2），双齿时为两根保险螺栓净面积之和，且应采用两根同直径的螺栓。

需要说明的是保险螺栓既不能与齿连接共同传递上、下弦的杆间作用力，也不能用作永久性的连接。在上述保险螺栓的设计中，并未对螺栓孔壁的木材承压承载力验算，也未对螺栓螺帽垫板下的木材承压承载力验算。实际上，这些验算结果一般是不满足要求的，但保险螺栓破坏前会有很大的变形，有一定的缓冲时间，可提供采取应急措施的一个时段，避免桁架突然倒塌而造成更大的事故。

普通螺栓净截面面积　　**表 5.2.1-2**

公称直径(mm)	12	14	16	18	20	22	24	27	30
净面积(mm^2)	84	115	157	192	245	303	353	459	561

(4) 构件净截面承载力验算

因开齿槽造成构件截面缺损，应按受力情况，进行净截面承载力验算，详见第 7 章有关内容。

5.2.2　直榫连接

典型的榫卯连接（Tenon-mortise joints）如图 5.2.2-1 所示，又称直榫连接，有半榫（图中所示）和长榫（贯通柱截面）两种情况。榫眼（Mortise）亦称卯口，应开凿在柱中心或梁的受压区位置，尺寸应与榫头（Tenon）尺寸相匹配，榫头高度 h_e 通常不小于截面高度的 1/3，底边宜与梁受拉边平齐。如果无其他辅助连接，半榫头长度 d 一般不小于 40～60mm。

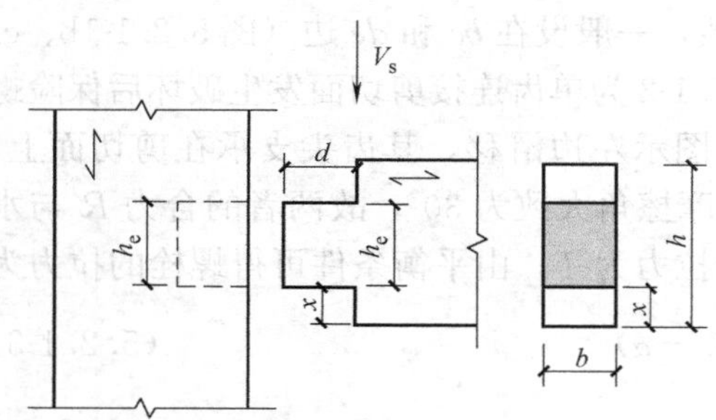

图 5.2.2-1　榫卯连接示意图

对于受弯构件端部的榫头，即为该受弯构件的支座，榫头处截面如同受弯构件支座处受拉边缘开缺口那样，存在应力集中现象（见 6.4.1 节），对于直角缺口，抗剪承载力可参照 EC5 按下式验算：

$$V_r = \frac{2}{3} b h_e f_v k_v \geqslant V_s \tag{5.2.2-1}$$

$$k_v = \frac{5}{\sqrt{h}\left[\sqrt{\frac{h_e}{h}\left(1-\frac{h_e}{h}\right)} + 0.8\frac{x}{h}\sqrt{\frac{h}{h_e} - \left(\frac{h_e}{h}\right)^2}\right]} \leqslant 1.0 \tag{5.2.2-2}$$

式中：f_v 为抗剪强度设计值（N/mm^2）；k_v 为缺口影响系数，当榫头仅从受弯构件底边伸出时（即受压区不开缺口）$k_v = 1.0$，其他情况按式（5.5.2-2）计算；x 为支座反力作用点距受拉边缺口边缘的距离，其他符号见图 5.5.2-1。榫头的横纹承压承载力按下式验算：

$$R_r = b d f_{c90} \tag{5.2.2-3}$$

式中：f_{c90} 为全面积木材横纹承压强度设计值。

【例题 5-1】　某三角形豪式桁架端支座处节点，上弦杆轴向压力 $N_a = 62.5$kN，截面尺寸为 120mm×150mm，下弦杆轴力为 55.9kN，截面尺寸为 120mm×180mm。上、下弦杆的交角 $\alpha = 26°34'$，木材为西南云杉 TC15B。试设计此桁架单齿连接的端节点。

解： 采用单齿连接的端节点构造如图 5.2.2-2 所示。

由附录 C 查得西南云杉（TC15B）木材的强度设计值：

$f_c = 12N/mm^2$，$f_t = 9.0N/mm^2$，

$f_{c90} = 3.1N/mm^2$，$f_v = 1.5N/mm^2$。

保险螺栓钢材为 Q235，由钢结构设计规范查得 $d \geqslant 16$mm 时，$f_y = 205N/mm^2$。

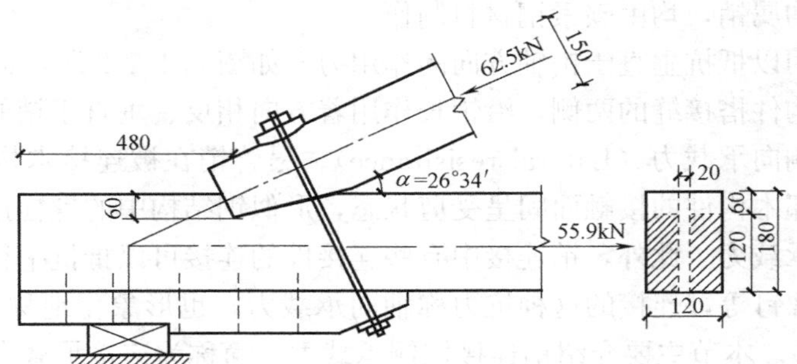

图 5.2.2-2 单齿连接

(1) 承压面验算

上弦杆轴力与下弦齿槽承压面木纹夹角为 $\alpha=26°34'=26.57°$。

斜纹承压强度设计值 $f_{c\alpha}$：

$$f_{c\alpha}=\frac{f_c}{1+\left(\frac{f_c}{f_{c,90}}-1\right)\frac{26.57°-10°}{80°}\sin\alpha}=\frac{12}{1+\left(\frac{12}{3.1}-1\right)\times\frac{26.57-10}{80}\sin 26.57°}$$

$=9.48\text{N/mm}^2$

$$A_a=\frac{bh_c}{\cos\alpha}=\frac{120\times 60}{\cos 26.57°}=8050\text{mm}^2$$

斜纹承压承载力：

$$N_r=f_{c\alpha}A_a=9.48\times 8050=76136\text{N}>N_a=62.5\text{kN}$$

(2) 剪切面验算

剪切面作用剪力 $V=N_a\cos\alpha=62.5\times 10^3\times\cos 26.57°=55.9\times 10^3\text{N}$

剪切面承载力 $V_r=\psi_v f_v l_v b_v$

$l_v=480\text{mm}$，$b_v=120\text{mm}$，$l_v/h_c=480/60=8$，查表 5.2.2-1 得 $\psi_v=0.64$

$V_r=0.64\times 1.5\times 480\times 120=55.3\times 10^3\text{N}\approx 55.9\times 10^3\text{N}$ 尚可满足。

(3) 保险螺栓设计

保险螺栓的拉力：

$$T=N_a\tan(60°-\alpha)=62.5\tan(60°-26.57°)=41.3\text{kN}$$

$$A\geqslant\frac{T}{1.25f_s}=\frac{41.3\times 10^3}{1.25\times 205}=161.17\text{mm}^2$$

取公称直径 18mm 的螺栓，净面积 $A=192\text{mm}^2$ 可满足要求。

(4) 下弦净截面抗拉验算

$$N_r=f_tA_0=9\times 120\times(180-60)=129.6\times 10^3\text{N}>55.9\times 10^3\text{N}$$

5.3 销连接的基本原理

在木结构的各种连接方式中，销连接应用最为广泛。连接件——销可以是钢销，也可以是木质销或其他材质的销。销截面可呈方形或圆形，但现今基本上只用呈圆截面状的钢销，原因是钢材的机械性能好，又易加工。钢销、螺栓、钉、方头螺钉、木螺钉以及非圆截面状的木铆钉均属销，均由碳素钢材料制作。

销连接主要用以抵抗垂直于销轴方向的作用力，如图 5.1.2-2 所示的连接，在拉力作用下，在两相邻构件搭接缝的两侧，沿销长作用着方向相反、垂直于销的侧向力，其抗力一般称为连接的侧向承载力（Lateral resisitance）。尽管销在被连接木构件中整体呈受弯状态，但在两相邻木构件的接触面间呈受剪状态，形似钢结构中的螺栓连接，故有时也称为销连接的抗剪承载力。此外，销连接中有些连接件的连接可以抵抗平行于销轴方向的作用力，如钉、木螺钉等，连接的这种抗力称轴向承载力，也形象化地称为抗拔力（Withdrawal resistance）。本节主要介绍销连接抗侧承载力（简称为连接承载力）的计算原理。

5.3.1　销连接的形式

根据外力作用方式以及销穿过被连接构件间拼合缝的数目不同，销连接可分为对称双剪连接、单剪连接、反对称连接三种形式。

1. 对称双剪连接

一根销对称地穿过两个或多个拼合缝，如图 5.3.1-1 所示，是木结构连接中最常见的一种形式。图中两侧的构件称为夹板，可以用木材制作，也可用钢板制作（图 5.3.1-1*c*）。销贯入夹板的深度，称为销槽承压长度，用 a 表示，即侧边构件的长度；销贯穿中间构件的长度（销槽承压长度）为 c。对于双剪连接，a 代表边部构件的销槽承压长度，c 代表中部构件的销槽承压长度。

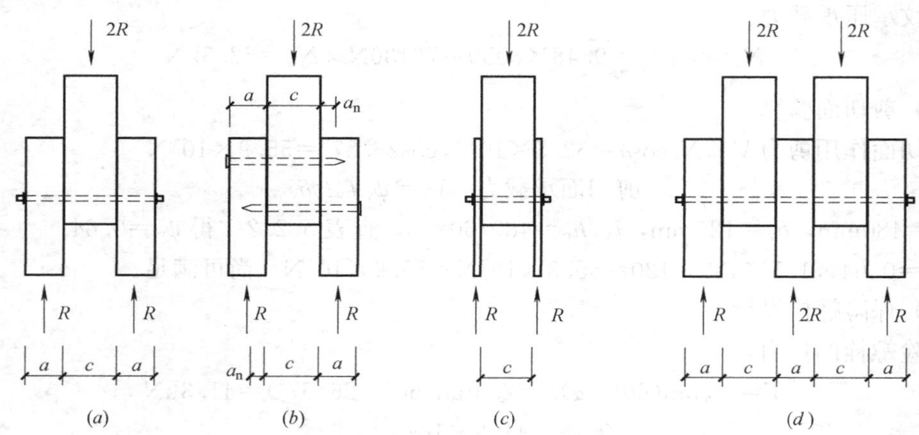

图 5.3.1-1　对称双剪连接

(*a*)、(*b*) 木夹板对称双剪连接；(*c*) 钢夹板对称双剪连接；(*d*) 对称多剪连接

2. 单剪连接

一根销仅穿过一个拼合缝，如图 5.3.1-2 所示。其中图 5.3.1-2（*c*）形似对称连接，但因两侧夹板各自用销连接，每根销仅穿过一个拼合缝，故实为单剪连接。需注意单剪连接中销槽承压长度 a、c 的表示方法。螺栓连接中，因螺栓贯穿两构件，故 a 为较薄构件的厚度，c 为较厚构件的厚度；但钉连接中，钉尖不一定贯穿两构件，如图 5.3.1-2（*b*）、（*c*）、（*d*）所示，则其中销槽较短的一侧长度为 a，较长的一侧为 c。无论何种连接件，两销槽长度相等时，均用 c 表示。以下 a 简称为较薄的构件，c 为较厚的构件。

3. 反对称连接

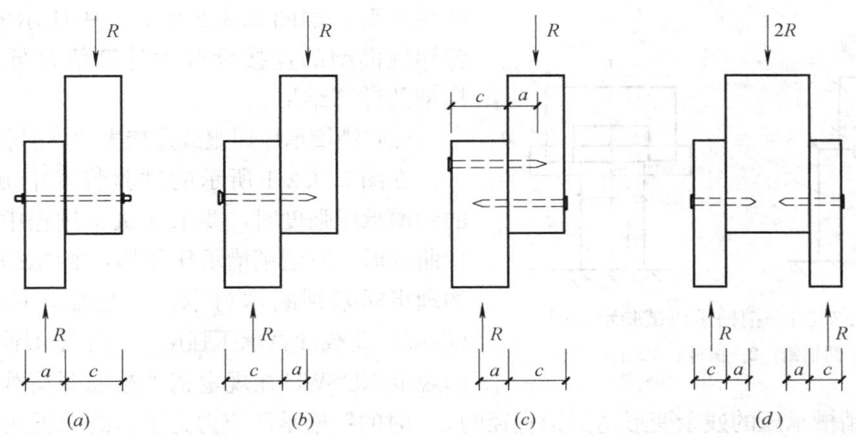

图 5.3.1-2 单剪连接
(a)、(b) 单剪连接；(c) 双销单剪连接；(d) 对称单剪连接

一根销穿过两个拼合缝，但在两个拼合面上的剪力作用方向是相反的，如图 5.3.1-3 所示。

这是销连接的三种基本形式，由此三种形式尚可组合成更多种连接形式。

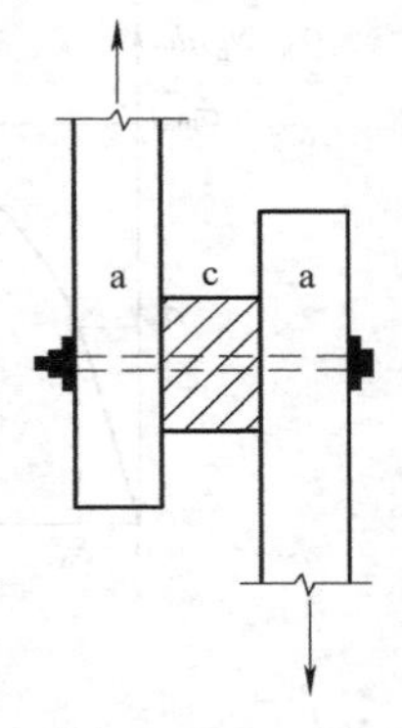

图 5.3.1-3 反对称连接

5.3.2 销连接承载力分析的基本假定

若对销连接的构造不作限制，其破坏可有多种形式。如因端距或多个销共同工作时顺纹中距不足木材剪切破坏；因销的边距不足或多排销共同工作时行距不足木材撕裂破坏；因销槽（木材孔壁）承压承载力不足而破坏；或因销槽挤压变形过大导致销受弯破坏。大量试验表明，后两种破坏呈延性特征，而前两种呈脆性破坏特征。为了保证连接的延性，需对其构造作相应的规定，如规定销连接中的最小端距、中距、行距和边距，使销连接不发生前两种破坏形式。以下销连接的承载力分析仅适用于后两种破坏形式。

分析销槽承压破坏或因销槽挤压变形导致销的承弯破坏时的连接承载力，关键是搞清楚销槽承压面上的压应力沿销槽长度的分布规律。研究表明，承压应力分布除与较厚构件和较薄构件的承压强度比（$\beta=f_{hc}/f_{ha}$）、厚度比（$\alpha=c/a$）以及厚径比（$\eta=a/d$）等构造因素有关外，尚与对销槽和销轴的应力-应变关系（本构关系）的假设有关。不同的假设将使销连接承载力的计算方法和结果产生差异，主要表现在如下几个方面。

(1) 木材销槽承压的应力-应变关系（荷载-承压变形曲线）

在如图 5.3.2-1 所示的试验装置中做销槽承压试验，当销杆不发生弯曲变形的情况下，可得如图 5.3.2-2 (a) 所示的销槽承压应力-承压变形曲线。应力水平较低的一段，即 o-σ_e 段，基本为直线，呈弹性状态。应力超过 σ_e 后变形发展较快，呈弧形曲线状，直至破坏时的最大应力 σ_{max}。规范 GB 50005—2003 及以前版本和苏联木结构设计规范将此应力-变形曲线简化为理想弹塑性曲线模型，如图 5.3.2-2 (b) 中所示的粗实线。欧美许多国家则采用 Johansen 屈服模式，也称欧洲屈服模式（EYM），将其简化为更简单的刚

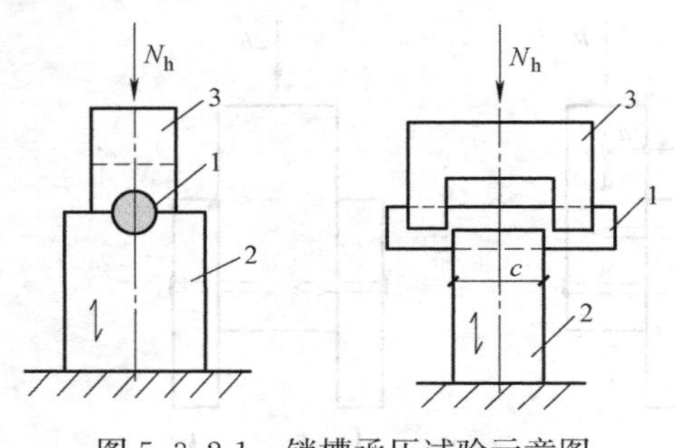

图 5.3.2-1 销槽承压试验示意图

1—圆钢销；2—试件；3—上压头

塑性模型，如图 5.3.2-2（*c*）中所示的粗实线。弹塑性模型的连接承载力计算值略低于刚塑性模型的计算结果。

（2）销槽承压屈服或连接失效（屈服）的标志

在图 5.3.2-1 所示的试验装置中测试木材 *c* 的销槽承压强度时，要求在试验过程中销不发生弯曲变形。所谓销槽承压屈服的标志是指以什么物理指标来判断木材承压已屈服，从而可按此（屈服）荷载计算承压强度。对于刚塑性模型，美国规范 NDSWC 在规定销连接屈服荷载计算方法时，认为销槽承压的残余变形达到销直径的 5%时的销槽承压应力为销槽的承压强度 f_h，如图 5.3.2-2（*c*）所示。对于销连接达到屈服荷载的标志，也取两构件间残余相对滑移变形为销直径的 5%时对应的荷载。欧洲规范 EC 5 尽管也采用刚塑性模型，但屈服荷载取极限荷载，并依此计算销槽承压强度和连接的承载力。弹塑性模型认为销槽变形达到 2 倍弹性变形 δ_e 时，连接失效，与其相应的销槽承压应力即为销槽承压强度，如图 5.3.2-2（*b*）所示。

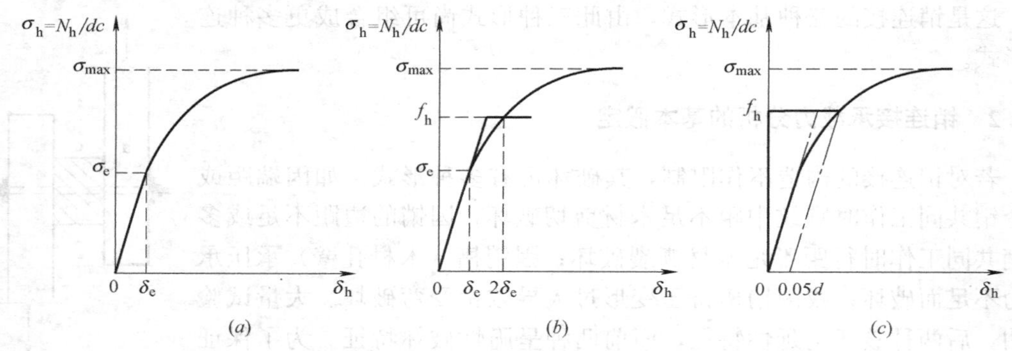

图 5.3.2-2 销槽荷载-变形曲线示意图

（3）销变形的假设

对于销变形的假设，两种模型是一致的。由于销和木材均非刚体，特别是厚径比较大的情况下，在受载过程中销轴线将呈圆滑弯曲的曲线，这是木结构销连接与钢结构螺栓连接的最大不同点。但为了更简单地求得连接承载力，两种模型均假定销在发生塑性铰前保持直线，一旦销在某截面达到屈服弯矩而产生塑性铰，销将绕该截面（塑性铰）转动，但除塑性铰截面外，铰两侧销轴仍为直线，不考虑销弯曲变形对销槽承压应力分布的影响。

由上述三个假设，可获得承压应力沿销槽长度的分布。但由于假设的不同造成了承压应力的分布形式和连接承载力的计算结果的差别。如图 5.3.2-3 所示的单剪连接当销产生塑

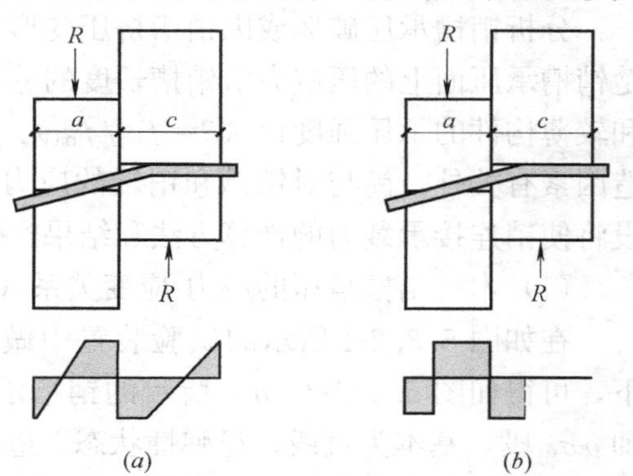

图 5.3.2-3 单剪连接销槽承压应力分布对比示意图

（*a*）弹塑性模型；（*b*）刚塑性模型

性铰后销槽承压应力的分布图，在较薄或较厚构件外边缘的承压应力是不同的。这种差别会影响到连接承载力的计算结果，刚塑性模型会比弹塑性模型高一些。

5.3.3 销连接承载力的计算

1. 失效模式

失效模式即连接达到屈服荷载时木材销槽和销破坏的形式，是销槽达到承压强度（屈服）或销产生塑性铰使连接失效（屈服）。在单剪连接中，是较薄构件或较厚构件销槽达到承压强度失效，因为两构件木材的销槽承压强度可能不同，或销弯曲呈一个塑性铰或两个塑性铰失效。这些不同失效模式与两构件的厚度比 $\alpha=c/a$、强度比 $\beta=f_{hc}/f_{ha}$ 以及厚径比 $\eta=a/d$ 等构造因素有关。欧洲规范 EC 5 与美国、加拿大规范中失效的标志有所不同，但都是指连接失效了。失效（破坏）模式（Failure mode）在规范 NDSWC 和规范 CSA O86 中称为屈服模式（Yield mode），标准 GB 50005—2017 也采用了屈服模式的名称，故本章以下称为屈服模式。

销连接的屈服模式 **表 5.3.3-1**

屈服模式	单剪示意	双剪示意
I_m	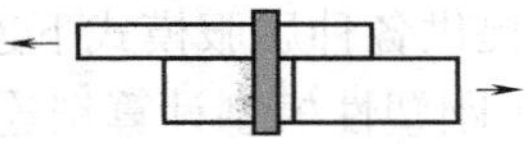	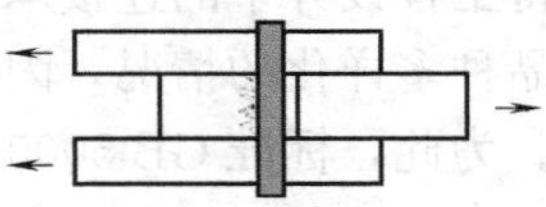
I_s	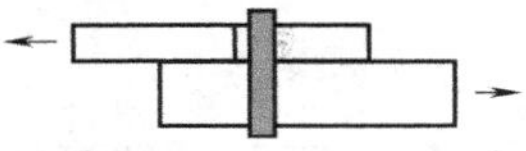	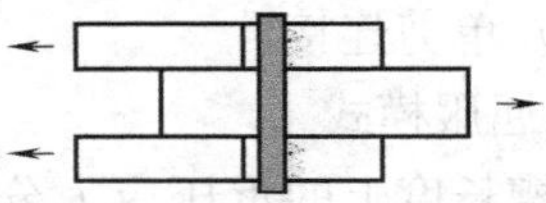
Ⅱ		—
III_m		—
III_s	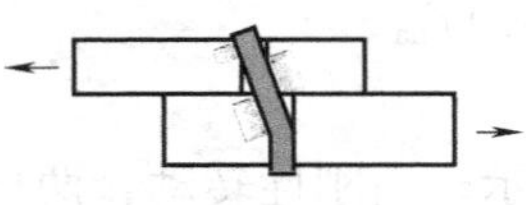	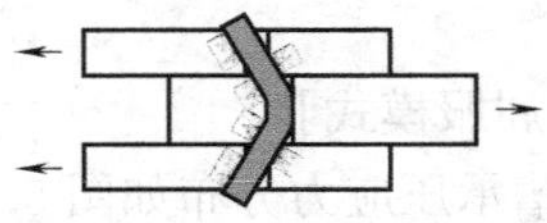
Ⅳ	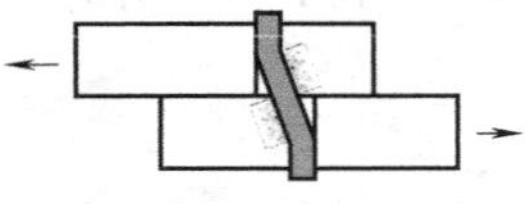	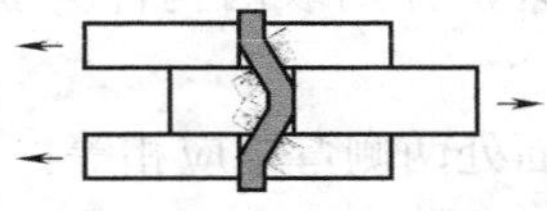

注：m—单剪连接中的较厚构件或双剪连接中的中部构件；s—单剪连接中的较薄构件或双剪连接中的边部构件；I_m—较厚或中部构件屈服；I_s—较薄或边部构件屈服；Ⅱ—销刚体转动，较厚、较薄构件均屈服；III_m—销在较薄构件中形成塑性铰；III_s—销在较厚或中部构件中形成塑性铰；Ⅳ—销在较薄和较厚构件或在边部和中部构件中皆形成塑性铰。

木-木相连的单剪连接有六种屈服模式，对称双剪连接有四种。参照美国规范 NDSWC 规定的代号，示于表 5.3.3-1 中，代号中的脚标 m、s 分别代表连接失效时，销槽承压应力达到承压强度的是较厚构件（或双剪连接中的中部构件）和较薄构件（或双剪连接中的边部构件），相当于前文中的厚度分别为 c、a。图中模式 $\mathrm{I_m}$、$\mathrm{I_s}$和Ⅱ发生于厚径比较小的情况，如规范 GB 50005—2003 认为厚径比 $\eta<2.5$ 时才会发生，仅因销槽承压应力达到承压强度而失效。模式Ⅱ是因为两侧木构件均无阻止销转动的嵌固能力，导致两侧构件的销槽承压应力均达到承压强度。其他三种模式（$\mathrm{III_s}$、$\mathrm{III_m}$、Ⅳ）均因销弯曲形成塑性铰而失效。对称双剪连接无模式Ⅱ、$\mathrm{III_m}$，这是因为中部构件处于对称位置，销不可能转动也不可能仅有一侧边部构件产生塑性铰。实际上，发生塑性铰失效时，销未发生塑性铰一侧构件的销槽长度上必然有部分区段上的承压应力达到承压强度而形成塑性区。如果没有这段塑性区，销不可能形成塑性铰，会像钢结构中的螺栓连接那样，螺杆受剪失效。

弹塑性模型，由于规范 GB 50005—2003 中仅有 $\beta=f_{\mathrm{hc}}/f_{\mathrm{ha}}=1$ 的情况，即被连接构件的木材品种相同，具有相同的强度，故不计屈服模式 $\mathrm{I_m}$、$\mathrm{III_m}$。又规定较厚构件的厚度不小于 $7d$（d 为销直径），即较厚构件对销有足够的嵌固能力，不允许销刚体转动，故不计模式Ⅱ，使得单剪连接仅有屈服模式 $\mathrm{I_s}$、$\mathrm{III_s}$和Ⅳ，双剪连接还可能出现 $\mathrm{I_m}$模式。这种处理使得工程设计中的连接承载力计算较为简便，但过多的限制条件已不适合现代木结构中木材品种多样化的情况，因此，较全面地提供各种屈服模式下连接承载力的计算方法是必要的。为此，标准 GB 50005—2017 采用了刚塑性模型计算销连接的承载力。

2. 销连接承载力计算式

（1）单剪连接

① 屈服模式 $\mathrm{I_m}$

销槽长度上的承压应力分布如图 5.3.3-1（a）所示，较厚构件上的销槽承压应力达到承压强度 f_{hc}，取较厚构件为脱离体，由$\sum F_{\mathrm{y}}=0$ 得：

$$R=cdf_{\mathrm{hc}}=\alpha\beta adf_{\mathrm{ha}} \tag{5.3.3-1}$$

式中：f_{hc}、f_{ha}分别为较厚和较薄构件的销槽承压强度；d 为销的直径；c、a 分别为较厚和较薄构件的厚度（销槽长度）；$\alpha=c/a$，$\beta=f_{\mathrm{hc}}/f_{\mathrm{ha}}$。

② 屈服模式 $\mathrm{I_s}$

销槽承压应力分布如图 5.3.3-1（b）所示，较薄构件上的销槽承压应力达到承压强度 f_{ha}，取较薄构件为脱离体，由$\sum F_{\mathrm{y}}=0$ 得：

$$R=adf_{\mathrm{ha}} \tag{5.3.3-2}$$

③ 屈服模式Ⅱ

销槽承压应力分布如图 5.3.3-1（c）所示，销刚性转动，两构件的销槽均有不同长度的塑性区，分别取两构件为脱离体，由$\sum F_{\mathrm{y}}=0$ 得：$R=b_1df_{\mathrm{ha}}=b_2df_{\mathrm{hc}}=\beta b_2df_{\mathrm{ha}}$，故 $b_1=\beta b_2$。

界面处两侧弯矩应相等：

$$df_{\mathrm{ha}}(b_1^2/2-a_1^2)=df_{\mathrm{hc}}(a_2^2-b_2^2/2)=\beta df_{\mathrm{ha}}(a_2^2-b_2^2/2),\text{故}\frac{b_1^2}{2}\cdot\frac{\beta+1}{\beta}=\beta a_2+a_1^2。$$

由于 $a_1=\dfrac{a-b_1}{2}$，$a_2=\dfrac{c-b_2}{2}=\dfrac{\beta c-b_1}{2\beta}$，故

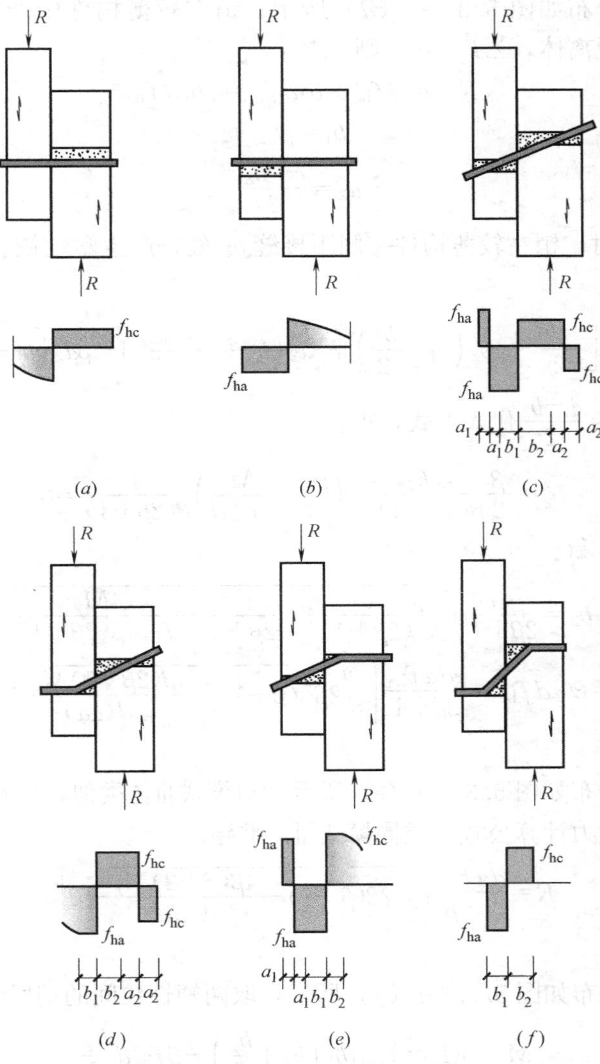

图 5.3.3-1 各屈服模式对应的销槽承压应力分布

(a) 模式 I_m；(b) 模式 I_s；(c) 模式 Ⅱ；(d) 模式 Ⅲ_m；(e) 模式 Ⅲ_s；(f) 模式 Ⅳ

$$b_1^2\left(\frac{\beta+1}{\beta}\right)+2b_1(a+c)-(a^2+\beta c^2)=0$$

或

$$b_1^2\left(\frac{\beta+1}{\beta}\right)+2b_1a(1+\alpha)-a^2(1+\beta\alpha^2)=0$$

解得：

$$b_1=\frac{a}{1+\beta}\left[\sqrt{\beta+2\beta^2(1+\alpha+\alpha^2)+\alpha^2\beta^3}-\beta(1+\alpha)\right]$$

$$R=b_1df_{ha}=\frac{daf_{ha}}{1+\beta}\left[\sqrt{\beta+2\beta^2(1+\alpha+\alpha^2)+\alpha^2\beta^3}-\beta(1+\alpha)\right] \tag{5.3.3-3}$$

④ 屈服模式 Ⅲ_m

销槽承压应力分布如图 5.3.3-1（d）所示，销在较薄构件中产生塑性铰，同样地，界面两侧构件均取脱离体，$\sum F_y=0$，则：

$$R=b_1 d f_{ha}=b_2 d f_{hc}=\beta b_2 d f_{ha}$$

$$b_1=\beta b_2$$

$$a_2=\frac{c-b_2}{2}$$

因荷载达到 R 时，销在较薄构件一侧距接缝 b_1 处，产生塑性铰。设销的屈服弯矩为 M_y，则：

$$M_y=f_{ha}d\left[\frac{-b_1^2}{2}+\beta b_2\left(b_1+\frac{b_2}{2}\right)+\beta a_2\left(b_1+c-\frac{3a_2}{2}\right)-\beta a_2\left(b_2+c-\frac{a_2}{2}\right)\right]$$

将 $b_1=\beta b_2$、$a_2=\dfrac{c-b_2}{2}$代入上式，得：

$$b_2^2+\frac{\beta}{2}\frac{4cb_2}{\beta(2\beta+1)}-\left(\frac{\beta c^2}{4}+\frac{M_y}{f_{ha}d}\right)\frac{4}{\beta(2\beta+1)}=0$$

由上式求解 b_2，得：

$$b_2=\frac{-c}{2\beta+1}+\sqrt{\frac{c^2}{(2\beta+1)^2}+\frac{c^2}{2\beta+1}+\frac{4M_y}{f_{ha}d\beta(2\beta+1)}}$$

$$R=\beta b_2 d f_{ha}=\frac{\alpha d a f_{ha}}{2\beta+1}\left[\sqrt{2\beta^2(\beta+1)+\frac{4\beta(2\beta+1)M_y}{f_{ha}d(\alpha a)^2}}-\beta\right] \tag{5.3.3-4}$$

⑤ 屈服模式Ⅲ$_s$

销槽承压应力分布如图 5.3.3-1（e）所示，与模式Ⅲ$_m$ 类似，仅在较厚构件中产生塑性铰，因此连接承载力计算公式可类同模式Ⅲ$_m$ 推导。

$$R=\frac{d a f_{ha}}{2+\beta}\left[\sqrt{2\beta(\beta+1)+\frac{4\beta(\beta+2)M_y}{f_{ha}d\alpha^2}}-\beta\right] \tag{5.3.3-5}$$

⑥ 屈服模式Ⅳ

销槽承压应力分布如图 5.3.3-1（f）所示，取两塑性铰间的销段的平衡 $M=0$，则：

$$M_y+M_y=f_{ha}db_1\left(b_2+\frac{b_1}{2}\right)-\beta f_{ha}d\frac{b_2^2}{2}$$

因为 $b_1=\beta b_2$，解得：$b_1=\sqrt{\dfrac{2M_y}{f_{ha}d}}\sqrt{\dfrac{2\beta}{(\beta+1)}}$

$$R=db_1 f_{ha}=\sqrt{\frac{2\beta}{1+\beta}}\sqrt{2M_y f_{ha}d}=\sqrt{\frac{4\beta M_y f_{ha}d}{1+\beta}}=d a f_{ha}\sqrt{\frac{4\beta M_y}{(1+\beta)a^2 d f_{ha}}} \tag{5.3.3-6}$$

（2）对称双剪连接

每个剪面的承载力按如下公式计算：

① 屈服模式Ⅰ$_m$，仅当 $\alpha\beta<2.0$ 时发生

$$R=\frac{c}{2}d f_{hc}=\frac{1}{2}\alpha\beta a d f_{ha} \tag{5.3.3-7}$$

② 屈服模式Ⅰ$_s$，当 $\alpha\beta\geqslant 2.0$ 时发生，按式（5.3.3-2）计算，即 $R=a d f_{ha}$。

③ 屈服模式Ⅲ$_s$，同单剪连接屈服模式Ⅲ$_s$，按式（5.3.3-5）计算。

④ 屈服模式Ⅳ，同单剪连接屈服模式Ⅳ，按式（5.3.3-6）计算。

连接的承载力 R，单剪连接应取上述六种屈服模式计算结果的最低值，双剪取四种屈服模式中的最低值。

以上是基于刚塑性模型推导的销连接承载力表达式，为各国木结构设计规范所采用。在欧洲规范 EC 5 中，对应于销出现塑性铰的各屈服模式，其承载力还增加了一项绳索效应（Rope effect）的贡献，取销的抗拔承载力的 1/4，意思是拉紧的绳索可以承担一定的横向荷载作用。但绳索效应一方面销两端需可靠锚固，另一方面连接在相对滑移很大时才能承受侧向荷载。如果连接失效的标志定义为相对滑移的残余变形为 $0.05d$（d 为销直径）时，销变形并不太大，绳索效应很小，不宜计入。

3. 刚塑性与弹塑性模型连接承载力计算结果的比较

对于弹塑性模型，由于规定 $f_{ha}=f_{hc}$（$\beta=1.0$），且要求 $c\geqslant 7d$，因此，对于单剪连接就仅有三种失效模式（Ⅰ$_s$、Ⅲ$_s$、Ⅳ），其中失效模式Ⅰ$_s$的承载力与刚塑性模型相同，屈服模式Ⅳ稍有差别，也可近似认为与刚塑性模型一致。但对于屈服模式Ⅲ$_s$，弹塑性模型失效时很难确定两构件外侧边缘的承压应力取值，理论计算十分繁琐，故通过对试验结果回归，得如下经验公式：

$$R=\left(0.958+0.0282\frac{a^2 d f_{ha}}{M_y}\right)\sqrt{d f_{ha} M_y} \tag{5.3.3-8}$$

表 5.3.3-2 列出了两种不同模型屈服模式Ⅲ$_s$ 的承载力计算结果的比较，弹塑性模型按式（5.3.3-5）计算，钢塑性模型按式（5.3.3-8）计算，两种模型中假定木材的销槽承压强度和销屈服弯矩取值相同。

屈服模式Ⅲ$_s$ 对应的刚塑性和弹塑性模型连接承载力计算结果比较　　表 5.3.3-2

$\beta=1.0$，$f_{ha}=35\text{N/mm}^2$，$M_y=(\pi d^3/32)\times 235\times 1.4$（N·mm），左侧：$a/d=3.5$；右侧：$d=16$mm					
销直径(mm)	刚塑性模型(N)	弹塑性模型(N)	a/d	刚塑模型(N)	弹塑模型(N)
22	24000	21679	2.5	10471	9858
20	19835	17917	3.0	11530	10611
18	16066	14512	3.5	12694	11466
16	12694	11466	4.0	13908	12453
14	9718	8778	4.5	15218	13571
12	7141	6449	5.0	16542	14821

由表 5.3.3-2 可见，屈服模式Ⅲ$_s$ 的连接承载力弹塑性模型约比刚塑性模型低 11%。

5.3.4 钢夹板和钢填板销连接的工作原理

工程中销连接在很多情况下可采用钢夹板或钢填板（内置式钢板）作为连接板，对于单剪连接中的钢板，也称为钢侧板。有的外国规范中将钢夹板或钢填板螺栓连接表示为钢-木连接（Steel-to-timber connection）。这类销连接的工作原理与全部为木构件的销连接（Timber-to-timber connection）是相同的，但承载力计算式可进一步简化。

表 5.3.4-1 所列是钢夹板或钢填板销连接可能发生的屈服模式，代号与表 5.3.3-1 协调一致。无论是钢侧板单剪连接还是钢夹板对称双剪连接，都将木构件的厚度记为 a，木

钢夹板和钢填板销连接的屈服模式 　　　　**表 5.3.4-1**

屈服模式	厚钢板		薄钢板		钢填板
	单剪连接	双剪连接	单剪连接	双剪连接	双剪连接
I_m	—	—	—	—	—
I_s	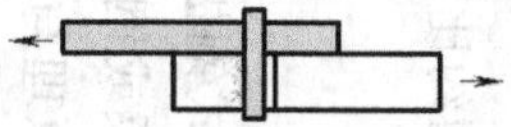	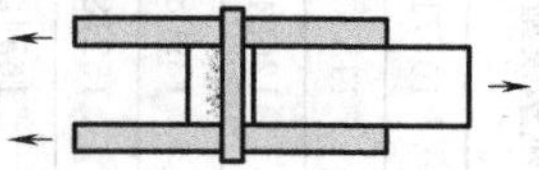	—	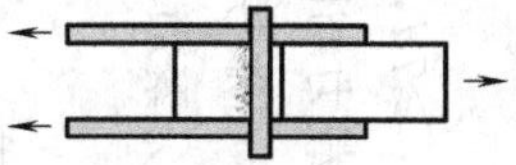	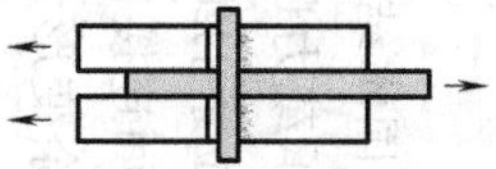
Ⅱ	—	—	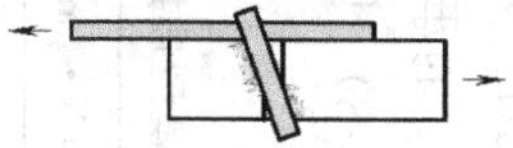	—	—
$Ⅲ_m$	—	—	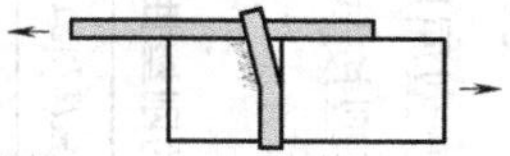	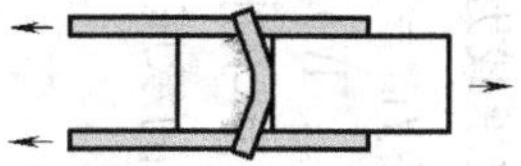	—
$Ⅲ_s$		—	—	—	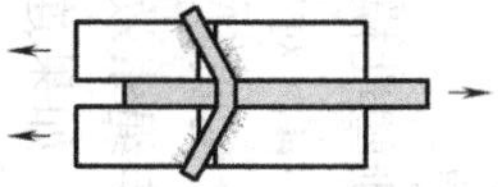
Ⅳ	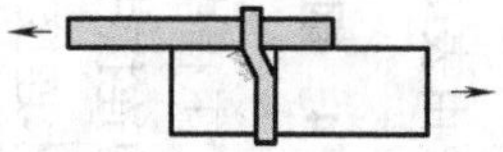	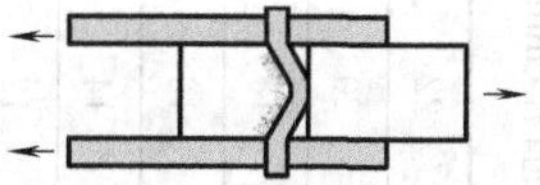	—	—	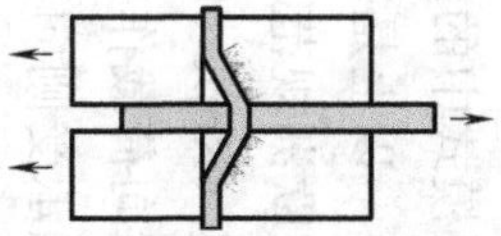

构件的销槽承压强度记为 f_{ha}，即 m 代表钢板，s 代表木构件，并假设钢板不会发生销槽承压破坏（按钢结构方法另行验算），因此不考虑屈服模式 $\mathrm{I_m}$。

当钢夹板或钢侧板较厚时，单剪连接钢侧板对销转动有足够的钳制作用，不会发生屈服模式Ⅱ，只可能发生屈服模式 $\mathrm{I_s}$、$\mathrm{III_s}$ 和Ⅳ。屈服模式 $\mathrm{III_s}$ 中销的塑性铰发生在钢板边部，即发生在木构件和钢板的交界面上。对称双剪连接只可能发生失效模式 $\mathrm{I_s}$和Ⅳ。

当钢夹板或钢侧板较薄时，单剪连接钢侧板对销转动约束能力不足，所以不会发生屈服模式 $\mathrm{I_s}$、$\mathrm{I_m}$，也不会发生屈服模式 $\mathrm{III_s}$、Ⅳ，只可能发生屈服模式Ⅱ（销刚体转动）和 $\mathrm{III_m}$（在木构件中形成一个塑性铰，在薄钢侧板中转动，即构件 m 约束能力不足）。对称双剪连接不会发生屈服模式 $\mathrm{I_m}$，也不会发生屈服模式 $\mathrm{III_s}$、Ⅳ，因薄的钢板（即边部构件，但记为 m）对销转动的约束能力不足，不能在边部构件中形成塑性铰。可能发生屈服模式 $\mathrm{I_s}$(中部木构件销槽承压屈服，也可能发生屈服模式 $\mathrm{III_m}$（在中部木构件中形成两个塑性铰，但相对于每一个剪面为一个塑性铰）。

钢填板销连接，不会发生屈服模式 $\mathrm{I_m}$(中部钢板销槽承压屈服），可能发生屈服模式 $\mathrm{I_s}$、$\mathrm{III_s}$（在厚钢板两侧各形成一个塑性铰，在薄钢板的中心形成一个塑性铰），也可能发生屈服模式Ⅳ（在边部木构件内各形成一个塑性铰，在厚钢板两侧各形成一个塑性铰，在薄钢板的中心形成一个塑性铰）。厚钢填板与薄钢填板销连接承载力的计算结果是相同的，设计中不必区分厚薄。下面以钢侧板单剪连接为例，进一步说明销连接的工作原理。

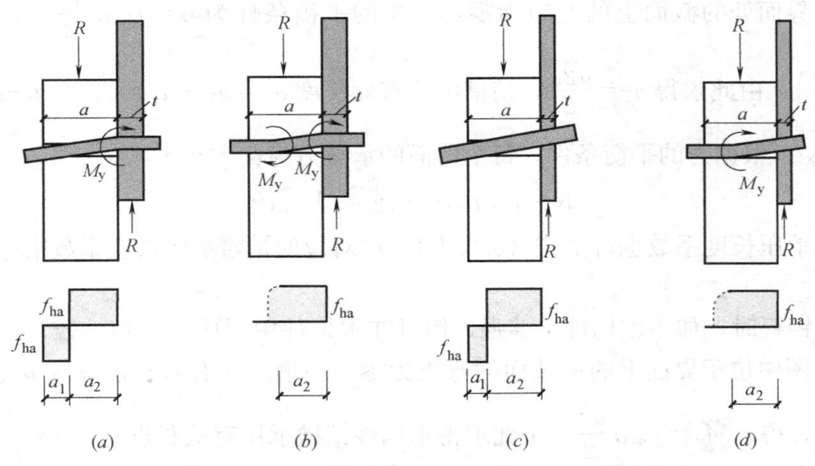

图 5.3.4-1 钢夹板和钢填板销连接销槽承压应力分布

（*a*）模式 $\mathrm{III_s}$-厚钢板；（*b*）模式Ⅳ-厚钢板；（*c*）模式Ⅱ-薄钢板；（*d*）模式 $\mathrm{III_m}$-薄钢板

图 5.3.4-1（*a*）所示是采用厚钢板销连接屈服模式 $\mathrm{III_s}$ 对应的销槽承压应力分布图。由于厚钢板对销转动的约束能力足够强，销在钢板的边缘形成一个塑性铰。由于塑性铰位于钢板和木构件的交界面上，销塑性铰截面上的剪力并不为零，而是等于销连接的承载力。力矩的平衡条件为 $M_y=f_{ha}d\dfrac{a_2^2}{2}-f_{ha}d\ (a-a_2)\left(a_2+\dfrac{a-a_2}{2}\right)$，其中 M_y 为塑性铰弯矩。求解该关于 a_2 的一元二次方程，得 $a_2=\sqrt{\dfrac{a^2}{2}+\dfrac{M_y}{f_{ha}d}}$。销槽承压有效长度 $a_0=a_2-a_1=a_2-(a-a_2)=2a_2-a=\left(\sqrt{2+\dfrac{4M_y}{f_{ha}da^2}}-1\right)a$。再根据图 5.3.4-1（*a*）中的销槽承压

应力分布，可得对应于一个剪面的承载力为：

$$R=f_{\mathrm{ha}}da_0=f_{\mathrm{ha}}da\left(\sqrt{2+\frac{4M_{\mathrm{y}}}{f_{\mathrm{ha}}da^2}}-1\right) \tag{5.3.4-1}$$

等式右侧括号内的数值，即为销槽承压有效长度系数。

图 5.3.4-1（*b*）所示是采用厚钢板销连接屈服模式Ⅳ对应的销槽承压应力分布图。由于木构件也比较强（较厚、较高的强度），在交界面上和木构件内各形成了一个塑性铰，木构件内塑性铰处剪力为零，销槽承压有效长度 $a_0=a_2$。力矩的平衡条件为：$2M_{\mathrm{y}}=f_{\mathrm{ha}}d\dfrac{a_0^2}{2}$，由此可得 $a_0=2\sqrt{\dfrac{M_{\mathrm{y}}}{f_{\mathrm{ha}}d}}$，进而可得每个剪面的承载力为：

$$R=f_{\mathrm{ha}}da_0=\sqrt{2}\sqrt{2M_{\mathrm{y}}f_{\mathrm{ha}}d} \tag{5.3.4-2}$$

同为形成两个塑性铰的情况，式（5.3.4-2）为式（5.3.3-6）当 $\beta=1$ 时，即相同材质等级木材相连时所表示的承载力的 1.42 倍（$\sqrt{2}$倍），原因是厚钢板时塑性铰形成于钢板的边部，侧向作用力的力臂小于在木构件内部形成塑性铰的情况，故形成塑性铰所需的作用力增大。

图 5.3.4-1（*c*）所示是采用薄钢板销连接屈服模式Ⅱ对应的销槽承压应力分布图。薄钢板和木构件对销转动都没有足够的钳制力，故销连接发生屈服模式Ⅱ。由于是薄钢板，故销位于交界面处的截面上的弯矩为零，力矩的平衡条件为 $0=f_{\mathrm{ha}}d\dfrac{a_2^2}{2}-f_{\mathrm{ha}}d(a-a_2)\left(a_2+\dfrac{a-a_2}{2}\right)$，由此求得 $a_2=\dfrac{\sqrt{2}a}{2}$，销槽承压有效长度 $a_0=a_2-a_1=a_2-(a-a_2)=2a_2-a=(\sqrt{2}-1)a$。根据力的平衡条件，每个剪面的承载力为：

$$R=f_{\mathrm{ha}}da_0=(\sqrt{2}-1)f_{\mathrm{ha}}da \tag{5.3.4-3}$$

式中的销槽承压长度系数也可由式（5.3.4-1）中对应的销槽承压长度系数中令弯矩 $M_{\mathrm{y}}=0$ 直接得到。

采用薄钢板时，如果木构件足够强，销可在木构件中形成一个塑性铰，如图 5.3.4-1（*d*）所示。图中位于界面上的销截面的弯矩为零，销槽承压有效长度 $a_0=a_2$。根据力矩的平衡条件，得，$M_{\mathrm{y}}=f_{\mathrm{ha}}d\dfrac{a_0^2}{2}$，由此求得木构件销槽承压有效长度为 $a_0=\sqrt{\dfrac{2M_{\mathrm{y}}}{f_{\mathrm{ha}}d}}$，再根据力的平衡条件，得每个剪面的承载力为：

$$R=f_{\mathrm{ha}}da_0=\sqrt{2M_{\mathrm{y}}f_{\mathrm{ha}}d} \tag{5.3.4-4}$$

式（5.3.4-4）表示的薄钢板销连接形成一个塑性铰所对应的承载力与式（5.3.3-6）所表示的形成两个塑性铰的木-木相连（$\beta=1$）的螺栓连接的承载力相同。

所谓厚、薄钢板之分，欧洲规范 EC 5 是以钢板厚度 t 与销直径 d 的相对关系区分的。若 $t/d\geqslant1$，则视为厚钢板；$t/d\leqslant0.5$，视为薄钢板。厚度为 $0.5<t/d<1.0$ 时，可按厚、薄钢板的情况分别计算承载力，然后用线性插值的办法，确定销连接的承载力。

无论是厚钢板还是薄钢板，采用钢填板的销连接的屈服模式是相同的，可能的屈服模式如表 5.3.4-1 中的 $\mathrm{I_s}$、$\mathrm{III_s}$ 和Ⅳ所示。屈服模式 $\mathrm{III_s}$ 是指木构件较模式 $\mathrm{I_s}$中的强，但尚不足以使销在木构件中形成塑性铰，但销能够在钢板边部（厚）或中部（薄）形成塑性铰，其每个剪面的承载力与厚钢夹板连接的屈服模式Ⅲ$_s$所对应的承载力相同。屈服模式Ⅳ是指木构件足够强，足以使销在木构件中形成塑性铰，且销能够在钢板边部（厚）或中部（薄）形成塑性铰，其每个剪面的承载力与厚钢夹板连接的屈服模式Ⅳ所对应的承载力相同。

由上述分析可以看出，采用钢夹板和钢填板的销连接，凡是形成两个塑性铰的屈服模式，每个剪面的承载力都是形成两个塑性铰的屈服模式的木-木相连的销连接的承载力的1.42倍。对于薄钢夹板连接，对应每个剪面不能形成两个塑性铰，但其承载力与木-木相连并形成两个塑性铰的屈服模式的承载力相同。

规范GB 50005—2003规定当采用钢夹板时，销连接的承载力取系数k_v的最大值（自规范GBJ 5—73开始即如此规定），即按木-木相连的销连接形成两个塑性铰的屈服模式计算。这显然是针对薄钢板销连接而言的。对于钢填板销连接的承载力，只在教科书中陈述过承载力可为完全木构件销连接的1.42倍，但规范中并未见相关规定。

5.4　螺栓连接和钉连接

螺栓连接和钉连接均属销连接，有许多共同点。

5.4.1　连接的构造要求

1. 螺栓连接

螺栓宜用延性良好的钢材制作，常用低碳钢Q235或4.6级螺栓。木构件在连接处不应有明显的天然或加工造成的缺陷。构件上的螺栓孔径通常比螺杆直径大1.00mm左右，被连接构件的外侧应设垫圈（垫板），并用螺帽拧紧，螺杆应露出螺帽约1.5倍直径。一个连接中的螺栓数量除应满足承载力要求外，原则上还应使螺栓的直径小些、数量多些，直径通常为12～25mm。使用直径大、数量少的螺栓连接，延性差，增大失效风险。

连接中多个螺栓共同工作时，不宜仅排成平行于作用力方向的一行，以免螺栓位置与木构件上的木髓心或干缩裂缝重合而导致连接失效。应采取多行齐列或错列排列（图5.4.1-1）。使用钢夹板连接时为防止钢夹板因妨碍被连接木材径向或弦向干缩变形而导致构件横纹开裂，多行螺栓排列时，最外两行间的距离不宜大于125mm。不满足此条件时，

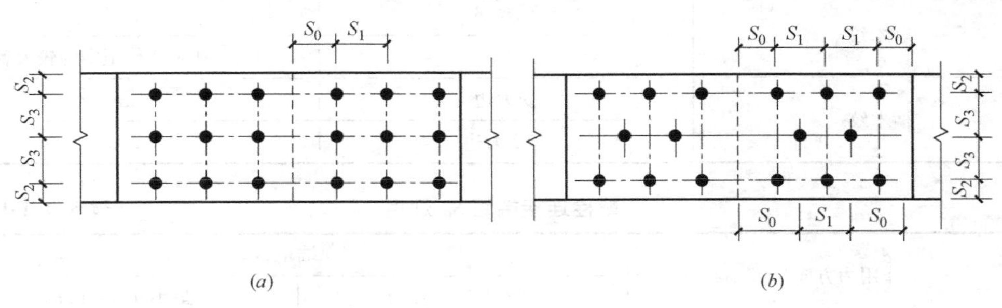

图5.4.1-1　销连接排列形式

(a) 齐列；(b) 错列

采用钢夹板连接的钢夹板应分为上下两块，但如果每块上螺栓仍排为两行或以上时，最外两行的间距仍不能超过 125mm（图 5.4.1-2）。

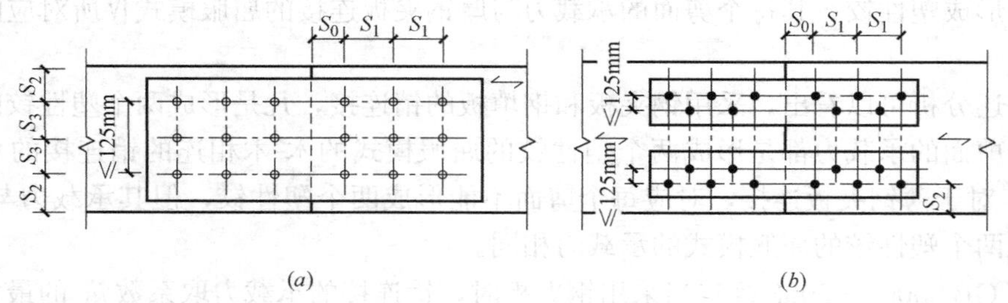

图 5.4.1-2　钢夹板布置

(*a*) 最外两行距离不大于 125mm 时的布置；(*b*) 分条布置要求

为防止螺栓连接处木构件劈裂、顺纹受剪破坏等，螺栓的边距、端距、中距及行距等应分别满足表 5.4.1-1*a*、*b*、*c*、*d* 的要求，其中顺纹受力边距、端距等定义见图 5.1.2-2，横纹受力边距、端距等定义见图 5.4.1-3。

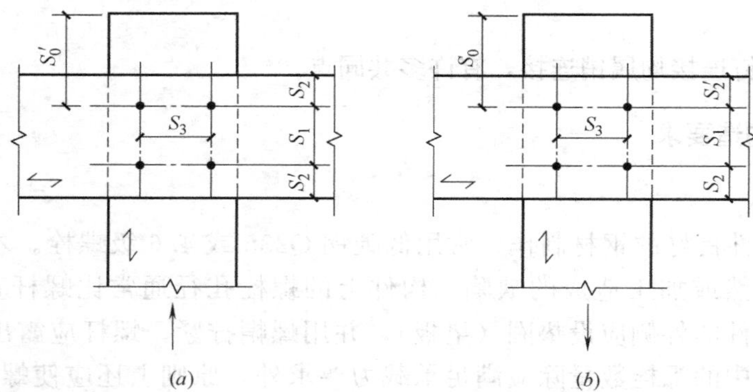

图 5.4.1-3　横纹端、边、行距

(*a*) 竖杆受压；(*b*) 竖杆受拉

S_0—受力边顺纹端距；S_0'—非受力边顺纹端距；S_1—横纹中距；

S_2—受力边横纹边距；S_2'—非受力边横纹边距；S_3—横纹行距。

螺栓连接边距 S_2 规定　　**表 5.4.1-1*a***

作用力方向	条件	最小边距
顺木纹	$l/d \leqslant 6$	1.5*d*
	$l/d > 6$	1.5*d* 和 1/2 行距中的较大者
横木纹	受力边	4*d*
	非受力边	1.5*d*

螺栓连接端距 S_0 规定　　**表 5.4.1-1*b***

作用力方向	端距 S_0	
	标准($C_\triangle=1.0$)	最小($C_\triangle=0.5$)
横木纹	4*d*	2*d*
顺木纹，销槽承压背离端部	4*d*	2*d*

续表

作用力方向		端距 S_0	
		标准($C_\triangle=1.0$)	最小($C_\triangle=0.5$)
顺木纹，销槽承压朝向端部	软木	$7d$	$3.5d$
	硬木	$5d$	$2.5d$

螺栓连接中距 S_1 规定 **表 5.4.1-1c**

作用力方向	中距	
	标准($C_\triangle=1.0$)	最小($C_\triangle=0.75$)
顺木纹	$4d$	$3d$
横木纹	—	$3d$

螺栓连接行距 S_3 规定 **表 5.4.1-1d**

作用力方向		行距
顺木纹		$1.5d$
横木纹	$l/d\leqslant 2$	$2.5d$
	$2<l/d\leqslant 6$	$(5l+10d)/8$
	$l/d\geqslant 6$	$5d$

注：表中 d 为螺栓直径；l 应取两构件厚度（a、c）中的较小值；“标准”是指连接承载力能达到相应公式的计算结果；“最小”是指允许的最小间距，但承载力达不到计算结果，应乘以小于 1.0 的几何调整系数 $C_\triangle$。调整系数列于括号内，当实际间距介于“标准”与“最小”间距之间时，可采用线性插入法计算。

2. 钉连接

国内早期木结构连接用钉多由低碳钢经多次冷拔加工而成，因此钉径越细、强度愈高，钉杆呈光圆截面。钉杆除光圆状外，尚有表面呈螺旋状的螺纹钉和非圆截面钉。

钉连接施工简便，钉径较小时，可用手锤直接打入木构件。为防止木构件被钉裂，直径 6.0mm 及以上的钉应预钻孔，再钉入。炉干相对密度 $G>0.6$ 的木材，预钻孔直径为钉径的 90%；相对密度 $G\leqslant 0.6$ 的木材，预钻孔直径为钉径的 75%。是否需要预钻孔尚与木构件的厚度有关，越薄越易被钉裂。如欧洲规范 EC 5 规定，一般树种木构件厚度小于 $7d$ 和 $(13d-30)\rho_k/400$ 两者中的较大者时（ρ_k 为木材气干密度标准值），需作预钻孔处理，且对于易劈裂的树种木材，当厚度小于上述计算值 2 倍厚度时，也应预钻孔。尽管预钻孔带来施工不便，但因销槽木材未遭钉钉入时的挤压损伤，因此其销槽承压强度将高于未钻孔的木材。

钉连接的抗滑移刚度小，连接的节点具有良好的延性，但每一个连接节点中，应用两枚以上的同规格的钉子以增强连接的可靠性。钉可以斜向钉入木构件，称趾钉连接（Toe-nailing，图 5.4.1-4），要求钉轴线与构件倾角约 30°，并从钉长的 1/3 高度处钉入。

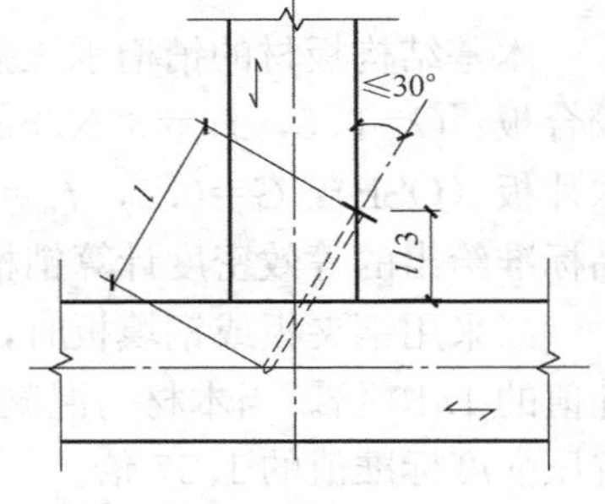

图 5.4.1-4 趾钉连接

对于钉连接的端、边、中、行距等要求，一般应区分是否作预钻孔处理。作预钻孔处理的，可按螺栓连接的相关要求处理；对于未作预钻孔的钉连接，考虑到钉钉入木构件时的挤压，木材受到横纹拉应力作用而可能受损，端、边、中、行距应适当增加，可按螺栓连接要求的 1.5～2 倍取用。又因其抗滑移刚度小，钉在齐列或错列多行布置时，即使采用钢夹板连接，两最外行间的距离也不受限制（螺栓连接≤125mm）。

钉连接中计算销槽承压强度 a 或 c 时，建议扣除两构件间的叠合缝宽度（按 2mm 计）和钉尖长度 $1.5d$。当钉穿透一侧构件时，该构件的销槽承压强度尚应扣除钉穿透时造成的构件边部损伤厚度，也以 $1.5d$ 计算。

5.4.2　销槽承压强度与圆钢销的屈服弯矩

1. 销槽承压强度

销连接中的销槽承压强度实际是木材顺纹、横纹或斜纹的局部承压强度。显然，销槽承压强度在很大程度上与树种木材（清材）的顺纹和横纹抗压强度等力学性能相关。规范 GB 50005—2003 及以前各版，顺木纹时销槽承压强度直接取用该树种结构木材抗压强度 f_c 的某一固定比例值。这种做法对于方木与原木尚可，因为某树种或树种组合木材，不同品质等级的抗压强度是相同的。但现代锯材进行品质定级后，同树种不同品质等级的锯材（如规格材）具有不同的抗压强度，用抗压强度来代替销槽承压强度，显然就不适用了。因为在销连接的构造要求中说明了连接件所在位置的木构件区段木材，不应有天然和加工等缺陷，而同一树种定级锯材的抗压强度却与这些缺陷因素有关。因此，利用锯材抗压强度 f_c 代替销槽承压强度的方法不适用于现代木结构用木材与木产品。

当前许多国家的木结构设计规范均利用构件所用木材树种的密度和承压强度间的相关关系确定销槽承压强度。尽管计算公式不同，取值也有所不同，但趋势相同。标准 GB 50005—2017 采用美国规范 NDSWC 的方法确定销槽承压强度。

螺栓连接销槽顺纹承压强度：

$$f_h = 77G \tag{5.4.2-1}$$

横纹承压强度：

$$f_{h90} = 212G^{1.45}/\sqrt{d} \tag{5.4.2-2}$$

以上两式中：G 为木材的全干相对密度（无量纲，见附录 D）。计算所得的销槽承压强度实为平均值，单位为 N/mm²。斜纹承压强度按 Hankinson 公式（式（1.5.4-2））计算。

对于钉连接，当直径大于 6.0mm 且预钻孔时，销槽承压强度按螺栓连接计算，钉直径小于等于 6.0mm 时，木材销槽承压强度与方向无关，按下式计算：

$$f_h = 114.5G^{1.84} \tag{5.4.2-3}$$

木基结构板材的销槽承压强度，钉连接不计木纹方向，建议按如下方法取定值：结构胶合板：$G=0.5$，$f_h=32\text{N/mm}^2$，$G=0.42$ 或未知炉干相对密度，$f_h=23\text{N/mm}^2$；定向木片板（OSB）：$G=0.5$，$f_h=32\text{N/mm}^2$。结构复合木材按 3.5.2 节介绍的方法，需由产品标准给出的等效密度计算销槽承压强度。

当采用钢夹板或钢填板时，钢板的销槽承压强度取普通 C 级螺栓下钢板承压强度设计值的 1.10 倍。当木材与混凝土构件通过螺栓连接时，混凝土的销槽承压强度取立方体抗压强度标准值的 1.57 倍。

正交层板胶合木（CLT）销槽承压强度的确定方法，各国尚处在研究中。根据 Uibel 和 Blass 的研究成果，仍采用欧洲屈服模式计算销连接的承载力，建议按下述方法确定销槽承压强度。

钢销或螺栓由 CLT 板面穿入时，销槽承压强度可取为 $f_h=\dfrac{0.384\ (1-0.015d)\ \rho_k^{1.16}}{1.1\sin^2\alpha+\cos^2\alpha}$ (N/mm^2)，其中 ρ_k 为 CLT 的气干密度标准值 (kg/m^3)；α 为销的侧向受力方向与表层层板木纹方向的夹角。当销平行于板面穿入时，销槽承压强度可取为 $f_h=0.054(1-0.017d)\rho_{plyk}^{0.91}$ (N/mm^2)，其中 ρ_{plyk} 为所穿入层板的气干密度标准值。

正交层板胶合木钉（$d\leqslant12mm$）连接的销槽承压强度，可按以下方法确定：钉从 CLT 板面钉入，可取 $f_h=0.0247d^{-0.3}\rho_k^{1.24}$ (N/mm^2)，钉从 CLT 板厚度方向钉入，可取 $f_h=0.984d^{-0.5}\rho_{plyk}^{0.56}$ (N/mm^2)。

2. 圆钢销的屈服弯矩

圆钢销受弯时，当截面边缘弯曲应力达到屈服强度时，开始进入弹塑性状态。此后，钢销抗弯能力的增大依赖销截面上应力的重分布和某些钢种屈服后的强化。因此，圆钢销的屈服弯矩可用下式表示：

$$M_y=Wf_yk_{ep}k_w \tag{5.4.2-4}$$

式中：f_y 为销钢材的屈服强度；W 为圆钢销的抗弯截面模量，$W=\pi d^3/32$；k_{ep} 为强化系数，即钢材屈服后某一应变对应的应力与屈服强度之比；k_w 为钢销截面的塑性系数，即钢销处于弹塑性状态下的抗弯截面模量与全截面处于弹性状态下的抗弯截面模量之比，当截面中性轴上下高度范围内的拉压应力均达到屈服强度时称为全截面塑性状态，此时对于圆钢销，$k_w=1.7$。

实际上，塑性抗弯截面模量 W_p 是个变量，与钢销弯曲变形的大小有关。弯曲变形越大，塑性区越向截面中性轴发展，W_p 越大，k_w 也越大。圆钢销的弹性抗弯截面模量为 $W=\pi d^3/32$，塑性区发展到全截面，塑性抗弯截面模量为 $W_p=d^3/6$，塑性系数 $k_w=1.7$，塑性系数的取值区间为 1.0～1.7。根据前文所述，连接屈服的标志相对滑移变形不大，销的弯曲变形也不致太大。根据我国螺栓连接的试验结果，钢销在规定的滑移变形下，尚未进入全截面屈服状态，取 $k_w=1.4$ 较为符合实际情况。

在螺栓连接中，通常采用 Q235 钢或 4.6 级螺栓，均为软钢，具有较长的流幅，强化系数应取 $k_{ep}=1.0$。对于钉连接，有些钉经冷拔后制作，流幅变小，会使 k_{ep} 大于 1.0，应按实际情况取用。

5.4.3 连接承载力设计值

由 5.3.3 节获得的各种屈服模式下的连接承载力计算公式，代入销槽承压强度标准值和销屈服弯矩标准值后得连接承载力的标准值，再除以抗力分项系数，并计入荷载持续作用效应对连接承载力的影响系数，即为连接承载力设计值。由于满足目标可靠度的木材销槽承压和钢材抗弯的抗力分项系数是不同的，因此不同的屈服模式应有的连接抗力分项系数各不相同，需分别给出。

尽管各屈服模式的连接承载力标准值 R_k 计算公式不同，但每个剪面的承载力均可表示为：

$$R_k=K_{ai}adf_{ha} \tag{5.4.3-1}$$

式中：K_{ai} 为销连接第 i 屈服模式对应的较薄构件销槽承压有效长度系数；$K_{ai}a$ 相当于较

薄构件销槽的有效承压长度。

1. 螺栓连接

考虑到常用螺栓的材质，取 $k_w=1.4$，与各屈服模式对应的较薄构件销槽承压有效长度系数 K_{ai} 按下列各式计算。

$$K_{a\mathrm{I}}=\alpha\beta\leqslant 1.0 \quad （单剪连接） \tag{5.4.3-2}$$

$$K_{a\mathrm{I}}=\alpha\beta/2\leqslant 1.0 \quad （双剪连接） \tag{5.4.3-3}$$

$$K_{a\mathrm{II}}=\frac{\sqrt{\beta+2\beta^2(1+\alpha+\alpha^2)+\alpha^2\beta^3}-\beta(1+\alpha)}{1+\beta} \quad （仅用于单剪） \tag{5.4.3-4}$$

$$K_{a\mathrm{III}m}=\frac{\alpha\beta}{1+2\beta}\left[\sqrt{2(1+\beta)+\frac{1.647(1+2\beta)k_{ep}f_{yk}}{3\beta f_{ha}\alpha^2\eta^2}}-1\right] \quad （仅用于单剪） \tag{5.4.3-5}$$

$$K_{a\mathrm{III}s}=\frac{\beta}{2+\beta}\left[\sqrt{\frac{2(1+\beta)}{\beta}+\frac{1.647(2+\beta)k_{ep}f_{yk}}{3\beta f_{ha}\eta^2}}-1\right] \tag{5.4.3-6}$$

$$K_{a\mathrm{IV}}=\frac{1}{\eta}\sqrt{\frac{1.647\beta k_{ep}f_{yk}}{3(1+\beta)f_{ha}}} \tag{5.4.3-7}$$

上述各式中：$\alpha=c/a$，为木构件的厚度比；f_{ha}、f_{hc}分别为较薄或边部构件和较厚或中部构件的销槽承压强度标准值；$\beta=f_{hc}/f_{ha}$，为木构件的销槽承压强度比；d 为销直径；$\eta=a/d$，为销径比；f_{yk} 为圆钢销的屈服强度标准值；k_{ep} 为弹塑性强化系数。当式（5.4.3-2）中计算值 $\alpha\beta<1.0$ 或式（5.4.3-3）中 $\alpha\beta/2<1.0$ 时，对应于屈服模式 I_m；当式（5.4.3-2）中计算值 $\alpha\beta\geqslant 1.0$ 或式（5.4.3-3）中 $\alpha\beta/2\geqslant 1.0$ 时，对应模式 I_s，取 $K_{a\mathrm{I}}=1.0$。式（5.4.3-4）～式(5.4.3-7）分别对应于屈服模式Ⅱ、III_m、III_s 和Ⅳ，双剪连接不计式（5.4.3-4)、式（5.4.3-5)。式（5.4.3-5)～式(5.4.3-7）中含圆钢销屈服强度的各项是与圆钢销的塑性铰对应的，其处理方法与欧美国家的规范有所不同。例如美国规范 NDSWC 考虑圆钢销塑性完全发展，塑性铰弯矩标准值取为 $M_{yk}=\pi d^3 f_{yk}k_w/32=d^3 f_{yk}/6$，其中 $k_w\approx1.7$。而规范 GB 50005 销连接计算中，考虑塑性并不充分发展，取 $k_w\approx1.4$。另一不同之处是采用了弹塑性系数 k_{ep}，以体现所用钢销材质特性对连接承载力的影响。对于我国木结构常用的 Q235 钢等低碳钢，符合理想弹塑性假设，取 $k_{ep}=1.0$；美国规范 NDSWC 则考虑钢材的强化性质，取 $k_{ep}=1.3$。

每销每剪面的连接承载力设计值为：

$$R_d=K_{ad}adf_{ha} \tag{5.4.3-8}$$

式中：a 为较薄或边部构件的厚度；d 为螺栓的直径；f_{ha}为较薄或边部构件的销槽承压强度；K_{ad}为确定螺栓连接承载力设计值的销槽承压有效长度系数。

$$K_{ad}=\min\left\{\frac{K_{a\mathrm{I}}}{\gamma_{\mathrm{I}}},\frac{K_{a\mathrm{II}}}{\gamma_{\mathrm{II}}},\frac{K_{a\mathrm{III}s}}{\gamma_{\mathrm{III}}},\frac{K_{a\mathrm{III}m}}{\gamma_{\mathrm{III}}},\frac{K_{a\mathrm{IV}}}{\gamma_{\mathrm{IV}}}\right\} \tag{5.4.3-9}$$

其中，屈服模式 I_m、I_s都是销槽均匀承压破坏，故采用同一抗力分项系数 γ_{I}；屈服模式 III_m、III_s 都是螺栓形成一个塑性铰，也采用同一抗力分项系数 γ_{III}。这样，对应于6种屈服模式，共有4个抗力分项系数。还需指出，各抗力分项系数已包含了荷载持续作用对销槽承压强度的影响系数。经与规范 GB 50005—2003 中螺栓连接承载力校准，对应各屈服模式的抗力分项系数分别为：

$$\gamma_{\mathrm{I}}=4.38,\gamma_{\mathrm{II}}=3.63,\gamma_{\mathrm{III}}=2.22,\gamma_{\mathrm{IV}}=1.88$$

对于钢-木连接，每销每剪面的承载力仍可按上述各式计算，其中 a 或 c 取钢板厚度，钢板的销槽承压强度取钢材承压强度标准值，但如果屈服模式 $\mathrm{I_m}$ 或 $\mathrm{I_s}$ 发生在钢板侧，则取 $\gamma_{\mathrm{I}}=1.1$。

连接节点含多个螺栓时，连接承载力设计值按下式计算：

$$R_{\mathrm{tl}}=mR_{\mathrm{d}}\sum_{i=1}^{j}n_j\Pi C_{ji} \tag{5.4.3-10}$$

式中：n_j 为节点连接中第 j 行的螺栓数；m 为每个螺栓的剪面数；ΠC_{ji} 为第 j 行连接的各种调整系数连乘。

当一根螺栓穿过 4 个及以上的木构件时，各剪面承载力按单剪计算，并取其最低值计算总承载力。

螺栓连接需考虑的调整系数见表 5.1.3-1，其中：

C_{m} 为含水率调整系数，$w>15\%$，$C_{\mathrm{m}}=0.8$（$w>19\%$，$C_{\mathrm{m}}=0.7$，)。C_{T} 为温度调整系数，低于 40℃时，$C_{\mathrm{T}}=1.0$，温度为 45～50℃时，$C_{\mathrm{T}}=0.8$。$C_{\triangle}$ 为几何因素调整系数，端距和中距介于表 5.4.1-1 规定的标准情况值和最小值之间时，按线性内插法求得调整系数 $C_{\triangle}$。连接中只要有一个螺栓的端距 S_0 或两个螺栓间的中距 S_1 小于标准距离，则需按此端距和中距计算 $C_{\triangle}$，并取其中的较低值作为整个连接的几何因素调整系数。对于两构件有交角的螺栓连接，如图 5.4.3-1 所示，可按图中所示的 a、c 构件厚度计算连接的承载力，且不应小于斜杆的水平分力，但其端距 S_0 几何因素调整系数可取 $C_{\triangle}=\frac{0.5ab}{S_0a}=\frac{b}{2S_0}\leqslant 1.0$，且不应小于 0.5，式中 S_0 为表 5.4.1-1b 中的标准端距。C_{g} 为群栓（销）系数，按式（5.1.3-1）计算确定。

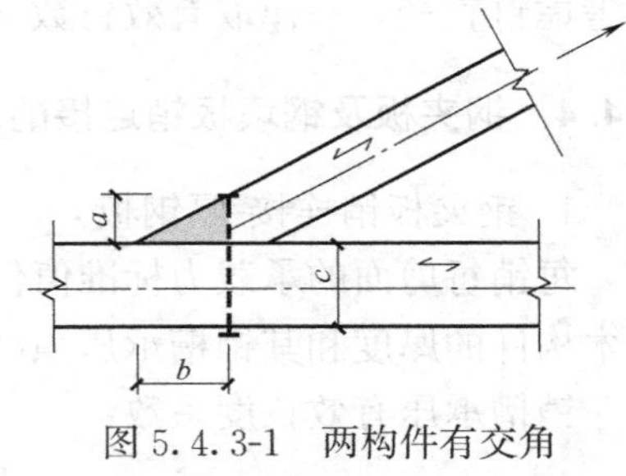

图 5.4.3-1 两构件有交角连接的端距 b

2. 钉连接

钉连接每个剪面承载力标准值，设计值 R_{d} 和节点连接的总承载力设计值仍可采用螺栓连接相应的公式计算，但经与规范 GB 50005—2003 钉连接的承载力校准，对应各屈服模式的抗力分项系数分别为 $\gamma_{\mathrm{I}}=3.42$，$\gamma_{\mathrm{II}}=2.83$，$\gamma_{\mathrm{III}}=2.22$，$\gamma_{\mathrm{IV}}=1.88$。钉连接的抗力分项系数 γ_{III}、γ_{IV} 数值上与螺栓连接相同，说明规范 GBJ 5—88 中所用钉的直径一般都较大，因为主要用以连接方木与原木构件。

如果钉所用钢材具有明显的强化段，则应在钉弯曲试验的基础上，取得残余弯曲变形达到 $0.05d$ 时的强化段，应在试验的基础上，确定残余弯曲变形为 $0.05d$ 时的强化系数 k_{ep}，并将式（5.4.3-5）、式（5.4.3-6）、式（5.4.3-7）中的螺栓屈服强度标准值改为钉的屈服强度标准值乘以 k_{ep} 代入，求得相应的连接承载力标准值。规范 GB 50005—2003 及 GBJ 5—88 中钉的强度标准值取为 $f_{\mathrm{yk}}\approx 657.7\mathrm{N/mm^2}$。

利用螺栓连接承载力公式计算钉连接承载力时，a、c 的取值应根据钉在两构件中的实际长度来确定，长度短的取值为 a，长的取值为 c，不以两构件的厚度确定，销槽的长度还应扣除钉尖长度 $1.5d$。

当钉横纹钉入木构件时，尚可承担一定的抗拔荷载，每根钉的抗拔承载力设计值，建议按下式计算：

$$W_{d}=13.5dG^{2.5}l_{ef} \tag{5.4.3-11}$$

式中：d 为钉直径（mm）；G 为构件树种木材的炉干相对密度；l_{ef}为钉横纹钉入木构件的有效深度（mm，扣除钉尖 1.5d）；抗拔承载力 W_{d} 的单位为 N。当钉连接受侧向荷载和轴向（拔出）荷载共同作用时，斜向抗力设计值可按下式计算：

$$W_{d\alpha}=\frac{R_{d}W_{d}}{W_{d}\cos^{2}\alpha+R_{d}\sin^{2}\alpha} \tag{5.4.3-12}$$

式中：α 为作用力与构件表面的夹角。当为多钉连接时，可累加求和。

钉连接的各项调整系数与螺栓连接基本一致，但对于几何因素的调整仅适用于预钻孔的场合。采用趾钉连接时，连接侧向承载力的趾钉调整系数取 $C_{tn}=0.83$，抗拔承载力 $C_{tn}=0.67$。潮湿使用条件不允许用于抗拔荷载作用；构件端截面顺纹钉入钉子，其侧向承载力应乘以端木纹调整系数 $C_{eg}=0.67$。钉直径不大于 6mm 时，可不计群栓调整系数 C_{g} 和几何因素系数 $C_{\triangle}$，直径大于 6mm 时群栓调整系数 C_{g} 同螺栓连接。欧洲规范 EC 5 不考虑钉直径，一律取有效钉数 $n_{ef}=n^{0.9}$（n 为沿作用力方向一行中的钉数）。

5.4.4　钢夹板及钢填板销连接的承载力

1. 钢夹板销连接-厚钢板

每销每剪面的承载力标准值仍由式（5.4.3-1）计算，但式中的 a、f_{ha}应分别为被连接木构件的厚度和其销槽承压强度。

销槽承压有效长度系数：

$$K_{a\mathrm{I}}=1.0 \quad \text{（单剪连接）} \tag{5.4.4-1}$$

$$K_{a\mathrm{I}}=0.5 \quad \text{（钢夹板对称双剪连接）} \tag{5.4.4-2}$$

对于屈服模式Ⅲ$_{s}$，由式（5.3.4-1）并取 $k_{w}=1.4$，得：

$$K_{a\mathrm{III}s}=\sqrt{2+\frac{0.55k_{ep}f_{yk}}{\eta^{2}f_{ha}}}-1 \tag{5.4.4-3}$$

对于屈服模式Ⅳ，由式（5.3.4-2）并取 $k_{w}=1.4$，得：

$$K_{a\mathrm{IV}}=\frac{1}{\eta}\sqrt{\frac{0.55k_{ep}f_{yk}}{f_{ha}}} \quad \text{（钢夹板对称双剪 } K_{a\mathrm{IV}}\leqslant 0.5\text{）} \tag{5.4.4-4}$$

式中：f_{yk}是销的屈服强度标准值；f_{ha}是木构件的销槽承压强度；η 为销径比，是木构件的厚度与销直径的比值。式中仍保留了弹塑性系数 k_{ep}，可根据销钢材的性质决定其取值，但对我国的低碳钢，应取 $k_{ep}=1.0$。式（5.4.4-3）、式（5.4.4-4）成立的前提是假设钢板不发生销槽承压破坏（厚、薄钢板均不发生销槽承压破坏），这样在式（5.4.3-6）、式（5.4.3-7）中令 $\beta\rightarrow\infty$，也可推得式（5.4.4-3）、式（5.4.4-4）。

最小销槽承压有效长度系数为：

$$K_{a}=\min\{K_{a\mathrm{I}},K_{a\mathrm{III}s},K_{a\mathrm{IV}}\} \tag{5.4.4-5}$$

将最小销槽承压有效长度系数 K_{a} 代入式（5.4.3-1）即得每个剪面的承载力标准值。注意式中的 a 为木构件的厚度。每销每剪面的承载力设计值为：

$$K_{ad}=\min\left\{\frac{K_{a\mathrm{I}}}{\gamma_{\mathrm{I}}},\frac{K_{a\mathrm{III}s}}{\gamma_{\mathrm{III}}},\frac{K_{a\mathrm{IV}}}{\gamma_{\mathrm{IV}}}\right\} \tag{5.4.4-6}$$

式中的抗力分项系数 γ_{I}、γ_{III}、γ_{IV} 等与木-木相连的螺栓连接或钉连接相应的值相同。将 K_{ad} 代入式（5.4.3-8）即得每销每剪面的承载力设计值。

2. 钢夹板销连接-薄钢板

销槽承压有效长度系数：

$$K_{a\mathrm{I}}=0.5 \quad \text{（钢夹板对称双剪）} \tag{5.4.4-7}$$

对于屈服模式Ⅱ，由式（5.3.4-3）并取 $(\sqrt{2}-1)\approx 0.4$，得

$$K_{a\mathrm{II}}=0.4 \tag{5.4.4-8}$$

对于屈服模式Ⅲ$_s$，由式（5.3.4-4）并取 $k_w=1.4$，得

$$K_{a\mathrm{III}m}=\frac{1}{\eta}\sqrt{\frac{0.275k_{ep}f_{yk}}{f_{ha}}} \quad \text{（钢夹板对称双剪 } K_{a\mathrm{III}m}\leqslant 0.5\text{）} \tag{5.4.4-9}$$

最小销槽承压有效长度系数为：

$$K_a=\min\{K_{a\mathrm{I}},K_{a\mathrm{II}},K_{a\mathrm{III}s}\} \tag{5.4.4-10}$$

将最小销槽承压有效长度系数 K_a 代入式（5.4.3-1）即得每个剪面的承载力标准值。每销每剪面的承载力设计值为：

$$K_{ad}=\min\left\{\frac{K_{a\mathrm{I}}}{\gamma_{\mathrm{I}}},\ \frac{K_{a\mathrm{II}}}{\gamma_{\mathrm{II}}},\ \frac{K_{a\mathrm{III}s}}{\gamma_{\mathrm{III}}}\right\} \tag{5.4.4-11}$$

式中的抗力分项系数 γ_{I}、γ_{II}、γ_{III} 等与木-木相连的螺栓连接或钉连接相应的值相同。将 K_{ad} 代入式（5.4.3-8）即得每销每剪面的承载力设计值。

3. 钢填板销连接

销槽承压有效长度系数：

$$K_{a\mathrm{I}}=1.0 \tag{5.4.4-12}$$

对于屈服模式Ⅲ$_s$，由式（5.3.4-1）并取 $k_w=1.4$，得

$$K_{a\mathrm{III}s}=\sqrt{2+\frac{0.55k_{ep}f_{yk}}{\eta^2 f_{ha}}}-1 \tag{5.4.4-13}$$

对于屈服模式Ⅳ，由式（5.3.4-2）并取 $k_w=1.4$，得

$$K_{a\mathrm{IV}}=\frac{1}{\eta}\sqrt{\frac{0.55k_{ep}f_{yk}}{f_{ha}}} \tag{5.4.4-14}$$

最小销槽承压有效长度系数为：

$$K_a=\min\{K_{a\mathrm{I}},K_{a\mathrm{III}s},K_{a\mathrm{IV}}\} \tag{5.4.4-15}$$

每销每剪面的承载力设计值为：

$$K_{ad}=\min\left\{\frac{K_{a\mathrm{I}}}{\gamma_{\mathrm{I}}},\ \frac{K_{a\mathrm{III}s}}{\gamma_{\mathrm{III}}},\ \frac{K_{a\mathrm{IV}}}{\gamma_{\mathrm{IV}}}\right\} \tag{5.4.4-16}$$

式中的抗力分项系数 γ_{I}、γ_{III}、γ_{IV} 等与木-木相连的螺栓连接或钉连接相应的值相同。将 K_{ad} 代入式（5.4.3-8）即得每销每剪面的承载力设计值。

4. 钢夹板、钢填板销连接由块剪切和塞头剪切决定的承载力

采用多个销的钢夹板、钢填板销连接，尚需避免木构件端部发生如图 5.4.4-1 所示的块状剪切破坏（Block shear）或塞头剪切破坏（Plug shear）。参考规范 EC 5 的有关规定，建议按下式确定承载力设计值：

$$R_d=\max\{1.5A_{net,t}f_t,\ 0.7A_{net,v}f_v\} \tag{5.4.4-17}$$

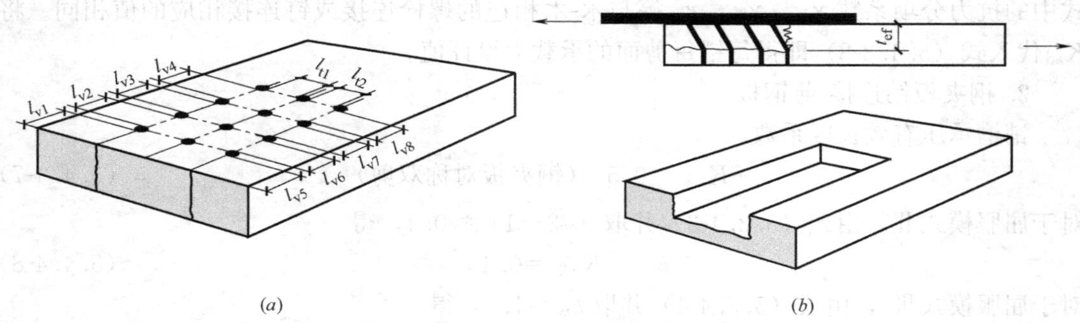

(a)　(b)

图 5.4.4-1　块剪切和塞头剪切破坏示意图

(a) 块剪切破坏；(b) 塞头剪切破坏

式中：f_t、f_v 分别为木材的抗拉和抗剪强度设计值；$A_{net,t}$、$A_{net,v}$分别为连接部位的有效受拉和受剪面积。可按下式计算：

$$A_{net,t}=l_{net,t}a=a\sum l_{ti} \quad (5.4.4\text{-}18)$$

$$A_{net,v}=l_{net,v}a=a\sum l_{vi} \quad (5.4.4\text{-}19)$$

或

$$A_{net,v}=\frac{l_{net,v}}{2}(l_{net,t}+2t_{ef})=\frac{\sum l_{vi}}{2}(\sum l_{ti}+2t_{ef}) \quad (5.4.4\text{-}20)$$

式中：l_{ti}、l_{vi}分别为各受拉段和受剪段的长度（图 5.4.4-1）；a 为木构件的厚度；t_{ef}为塞头的等效厚度。式（5.4.4-19）适用于厚钢夹板单剪连接屈服模式Ⅲ$_s$、钢填板连接屈服模式Ⅰ$_s$以及厚薄钢夹板双剪连接屈服模式Ⅰ$_s$、Ⅲ$_s$、Ⅳ。式（5.4.4-20）适用于除上述屈服模式外的其他屈服模式（见表 5.3.4-1），其中等效厚度按以下各式计算：

薄钢板：

$$t_{ef}=0.4a \quad (5.4.4\text{-}21)$$

或

$$t_{ef}=1.4d\sqrt{\frac{0.55k_{ep}f_{yk}}{f_{ha}}} \quad (5.4.4\text{-}22)$$

厚钢板：

$$t_{ef}=2d\sqrt{\frac{0.55k_{ep}f_{yk}}{4f_{ha}}} \quad (5.4.4\text{-}23)$$

或

$$t_{ef}=a\left(\sqrt{2+\frac{0.55k_{ep}f_{yk}}{4\eta^2 f_{ha}}}-1\right) \quad (5.4.4\text{-}24)$$

式中：a 为木构件的厚度或连接件贯入木构件的深度。式（5.4.4-21）适用于薄钢夹板销单剪连接屈服模式Ⅱ，式（5.4.4-22）适用于薄钢夹板销单剪连接屈服模式Ⅲ$_s$。式（5.4.4-23）适用于厚钢夹板销单剪连接屈服模式Ⅲ$_s$和钢填板销连接屈服模式Ⅳ，式（5.4.4-24）适用于厚钢夹板单剪连接屈服模式Ⅰ$_s$和钢填板屈服模式Ⅲ$_s$。

【例题 5-2】　某桁架下弦节点，各杆内力（荷载效应基本组合）如图 5.4.4-2（a）所示，下弦杆②截面为 2×40mm×140mm，受压斜腹杆①截面为 2×40mm×90mm，受拉斜腹杆③为 2×40mm×90mm，中竖杆④为 1×40mm×90mm，树种为东北落叶松（G=

0.55），各杆布置如图 5.4.4-2（*b*）所示。拟用 Q235 钢材，一根直径为 20mm 的螺栓将其连接成节点。假定螺栓的边、端距满足标准要求，试验算该桁架节点螺栓连接的承载力是否满足要求。

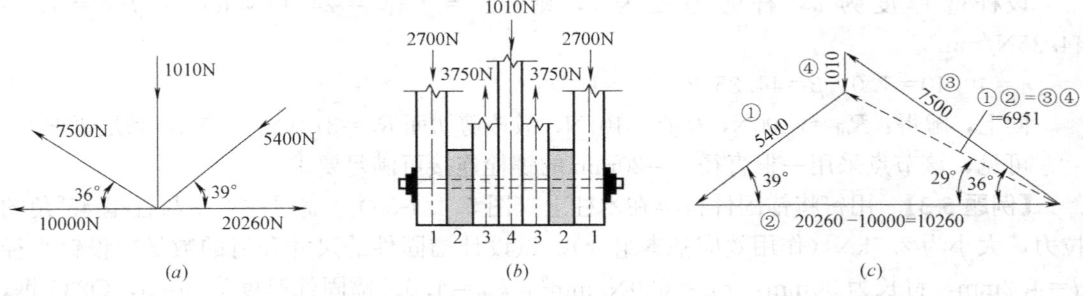

图 5.4.4-2 桁架下弦节点连接

（*a*）节点荷载；（*b*）节点构件布置；（*c*）节点各杆内力矢量图和杆间作用力

解：绘制节点各杆内力矢量图，如图 5.4.4-2（*c*）所示，解得杆①、②的合力（等于杆③、④的合力）为 6951N。

销槽承压强度：$f_{\mathrm{h}}=77G=77\times0.55=43.35\mathrm{N/mm^2}$；

$$f_{\mathrm{h90}}=212G^{1.45}/\sqrt{d}=212\times0.55^{1.45}/\sqrt{20}=19.9\mathrm{N/mm^2}$$

根据 Hankinson 公式（式（1.5.4-2）），计算图中各 θ 角对应的销槽承压强度：

$f_{\mathrm{h7^\circ}}=42.61\mathrm{N/mm^2}$，$f_{\mathrm{h29^\circ}}=33.95\mathrm{N/mm^2}$，$f_{\mathrm{h39^\circ}}=29.57\mathrm{N/mm^2}$，$f_{\mathrm{h54^\circ}}=24.49\mathrm{N/mm^2}$

杆件各接触面间的抗剪承载力按单剪连接计算：

杆①、②间的作用力：5400/2=2700N（杆①、②各由两根规格材组成）

设杆①为较薄构件，杆②为较厚构件，故 $f_{\mathrm{ha}}=f_{\mathrm{h}}=43.35\mathrm{N/mm^2}$；$f_{\mathrm{hc}}=f_{\mathrm{h39^\circ}}=29.57\mathrm{N/mm^2}$

$\alpha=40/40=1.0$；$\beta=29.57/43.35=0.682$

屈服模式 $\mathrm{I_s}$：

$R_{\mathrm{dI}}=K_{\mathrm{aI}}adf_{\mathrm{ha}}/\gamma_{\mathrm{I}}=\alpha\beta adf_{\mathrm{ha}}/\gamma_{\mathrm{I}}=1.0\times0.682\times40\times20\times43.35/4.38=5400\mathrm{N}$

屈服模式Ⅱ：

$$R_{\mathrm{dII}}=K_{\mathrm{aII}}adf_{\mathrm{ha}}/\gamma_{\mathrm{II}}=\frac{\sqrt{\beta+2\beta^2(1+\alpha+\alpha^2)+\alpha^2\beta^3}-\beta(1+\alpha)}{1+\beta}adf_{\mathrm{ha}}/\gamma_{\mathrm{II}}$$

$$=\frac{\sqrt{0.682+2\times0.682^2\times(1.0+1.0+1.0^2)+1.0^2\times0.682^3}-0.682(1+1.0)}{1+0.682}$$

$$\times40\times20\times43.35/3.63=3309\mathrm{N}$$

由于 $\eta=a/d=40/20=2.0<2.5$，可不计算屈服模式 $\mathrm{III_s}$、$\mathrm{III_m}$ 及Ⅳ对应的承载力。

故该剪切面（杆①、②间）$R_{\mathrm{d}}=3309\mathrm{N}>2700\mathrm{N}$，满足要求。

杆②、③间接触面的剪力应为杆①、②或杆③、④间的合力，故作用力为 6951/2=3476N（见矢量图）。

设杆②厚度为 a，杆③厚度为 c，则 $f_{\mathrm{ha}}=f_{\mathrm{h29^\circ}}=33.95\mathrm{N/mm^2}$；$f_{\mathrm{hc}}=f_{\mathrm{h7^\circ}}=42.61\mathrm{N/mm^2}$。

$\alpha=40/40=1.0$；$\beta=42.61/33.95=1.255$。

同上，解得：$R_{d\mathrm{I}}=7782\mathrm{N}$，$R_{d\mathrm{II}}=3487\mathrm{N}$，故该剪切面 $R_d=3487\mathrm{N}>3476\mathrm{N}$，满足要求。

杆③、④杆间接触面的剪力由杆④确定：作用力为 1010/2=505N

设杆③厚度为 a，杆④厚度为 c，则 $f_{ha}=f_{h54^\circ}=24.49\mathrm{N/mm^2}$；$f_{hc}=f_h=44.35\mathrm{N/mm^2}$。

$\alpha=40/40=1.0$；$\beta=44.35/24.49=1.811$。

同上，解得：$R_{d\mathrm{I}}=8100\mathrm{N}$，$R_{d\mathrm{II}}=3101\mathrm{N}$，故该剪切面 $R_d=3101\mathrm{N}>505\mathrm{N}$，满足要求。

可见，该节点采用一根直径 $d=20\mathrm{mm}$ 的螺栓连接可满足要求。

【例题 5-3】 用钉将锚固件钉牢在木柱上（图 5.4.4-3*a*），锚固件承受与柱呈 45°角的拉力，大小为 2.5kN（作用效应基本组合）。试设计锚固件的尺寸和钉的数量。设钉直径 $d=4.2\mathrm{mm}$，钉长为 90mm，$f_{yk}=620\mathrm{N/mm^2}$，$k_{ep}=1.0$。锚固件厚度为 6mm，Q235 钢，$f_{ha}=305\times1.1=355.5\mathrm{N/mm^2}$，柱子的截面尺寸为 140mm×140mm，木材的树种等级为 TC17，$G=0.55$。

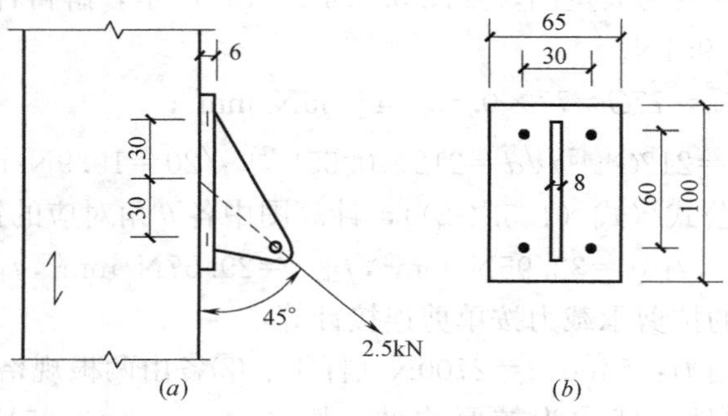

图 5.4.4-3　木柱上的锚固件

(*a*) 受力示意图；(*b*) 钉布置图

解：$a=6\mathrm{mm}$，$c=90-6-1.5\times4.2=77.7\mathrm{mm}$

$f_{hc}=114.5\times0.55^{1.84}=38.11\mathrm{N/mm^2}$，

$\alpha=77.7/6=12.95$；$\beta=38.11/335.5=0.114$，$\eta=a/d=6/4.2=1.43$

$K_{a\mathrm{I}}=K_{a\mathrm{I}}/\gamma_{\mathrm{I}}=\alpha\beta/\gamma_{\mathrm{I}}=12.95\times0.114/3.42=0.432>1.0/3.42=0.292$

$$K_{a\mathrm{II}}=\frac{1}{2.83}\frac{\sqrt{\beta+2\beta^2(1+\alpha+\alpha^2)+\alpha^2\beta^3}-\beta(1+\alpha)}{1+\beta}=\frac{1}{2.83}$$
$$\times\frac{\sqrt{0.114+2\times0.114^2\times(1+12.95+12.95^2)+12.95^2\times0.114^3}-0.114\times(1+12.95)}{1+0.114}$$
$$=0.221$$

$$K_{a\mathrm{III}m}=\frac{1}{2.22}\frac{\alpha\beta}{1+2\beta}\left[\sqrt{2(1+\beta)+\frac{1.647(1+2\beta)k_{ep}f_{yk}}{3\beta f_{ha}\alpha^2\eta^2}}-1\right]=\frac{1}{2.22}$$
$$\times\frac{12.95\times0.114}{1+2\times0.114}\times\left[\sqrt{2\times(1+0.114)+\frac{1.647\times(1+2\times0.114)\times1.0\times620}{3\times0.114\times335.5\times12.95^2\times1.43^2}}-1\right]$$
$$=0.271$$

$$K_{a\mathrm{III}s}=\frac{1}{2.22}\frac{\beta}{2+\beta}\left[\sqrt{\frac{2(1+\beta)}{\beta}+\frac{1.647(2+\beta)k_{ep}f_{yk}}{3\beta f_{ha}\eta^2}}-1\right]=\frac{1}{2.22}$$

$$\times\frac{0.114}{2+0.114}\times\left[\sqrt{\frac{2\times(1+0.114)}{0.114}+\frac{1.647\times(2+0.114)\times1.0\times620}{3\times0.114\times335.5\times1.43^2}}-1\right]$$

$$=0.0995$$

$$K_{a\mathrm{IV}}=\frac{1}{1.88}\frac{1}{\eta}\sqrt{\frac{1.647\beta k_{ep}f_{yk}}{3(1+\beta)f_{ha}}}=\frac{1}{1.62}\times\frac{1}{1.43}\sqrt{\frac{1.647\times0.114\times1.0\times620}{3\times(1+0.114)\times335.5}}=0.1199$$

$R_d=0.0995\times6\times4.2\times335.5=841.23\text{N}$

$W_d=13.5dG^{2.5}l_{ef}=13.5\times4.2\times0.55^{2.5}\times77.7=988.35\text{N}$

$$W_{d\alpha}=\frac{R_dW_d}{W_d\cos^2\alpha+R_d\sin^2\alpha}=\frac{841.23\times988.35}{988.35\cos^2 45^\circ+841.23\sin^2 45^\circ}=908.87\text{N}$$

$n=2.5\times1000/908.87=2.75$ 枚，取 4 枚。

钉排列如图 5.4.4-3（b）所示，中距＝60mm＞$2\times4d=33.6$mm，行距＝30mm＞$2\times3d=25.2$mm。

5.5 方头螺钉与木螺钉连接

方头螺钉与木螺钉是连接件，主要用于单剪连接、木构件与木构件连接或钢构件与木构件连接。螺杆上刻有螺纹，但其承受侧向荷载时的工作机理仍为销连接。方头螺钉和木螺钉连接的特别之处是当螺钉垂直木纹拧入木材后，有较大的承受轴向荷载（抗拔）的能力。方头螺钉与木螺钉在国外木结构工程中有较多应用，在我国应用较少，方头螺钉的设计方法已列于规范 GB/T 50708—2012。

5.5.1 方头螺钉连接

1. 方头螺钉及连接的构造要求

虽称为方头，方头螺钉实际大多为六角头，如图 5.5.1-1 所示。方头螺钉通常由屈服强度约为 310～480N/mm^2 的钢材制作，直径为 6.35～31.75mm（1/4″～1-1/4″），公称长度为 $L=25.4$～302mm。图中 S 为无螺纹段的长度，约占公称长度的 1/2；D 为无螺纹段直径，D_r 为有螺纹段的根径，E 称为钉尖长度，在承载力计算中是一段无效长度。

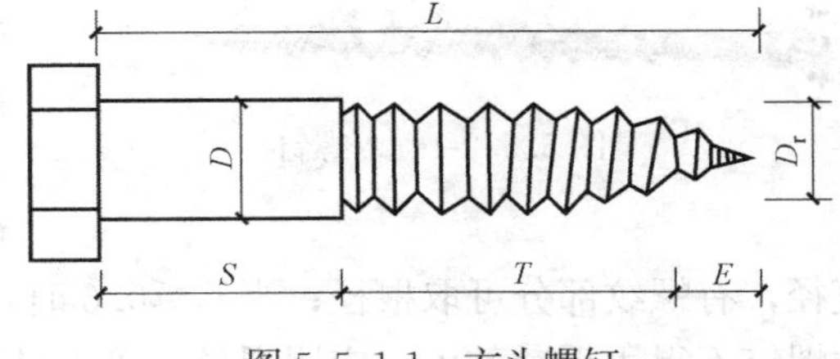

图 5.5.1-1　方头螺钉

方头螺钉连接施工时，木构件需引孔。在无螺纹段，引孔孔径等于公称直径 D。在有螺纹段，引孔孔径与木材的树种有关。当木材的绝干密度 G 大于 0.6 时，引孔孔径为公称直径的 65%～85%；当 $0.5<G\leqslant0.6$ 时，引孔孔径为公称直径的 60%～75%；$G\leqslant0.5$ 时，引孔孔径为公称直径的 40%～70%；方头螺钉直径较大时引孔孔径取上述孔径范围的较大值。当连接的边距、端距足够大，公称直径小于 9.5mm，构件木材树种相对密度 G 小于 0.5，且以承受轴向荷载为主时，不作引孔处理。安装方头螺钉时需用扳手拧入，不能用锤敲入，阻力大时可用肥皂等润滑剂润滑。

以承受侧向荷载为主的方头螺栓连接的端、边、中距及行距，可按螺栓连接的要求执行，最小边、端、中距应取螺栓连接中“标准”列规定的距离。当仅承受轴向荷载时，端距不小于 $4D$，边距不小于 $1.5D$，行距、中距不小于 $4D$。

2. 方头螺钉连接的侧向承载力

单剪连接中螺钉一般从较薄构件或钢夹板一侧向较厚构件方向拧入，螺钉拧入较厚构件的深度（不计钉尖长度）不应小于 $4D$。当边、端、中距及行距符合要求时，其屈服模式有 $\mathrm{I_s}$、$\mathrm{III_s}$ 和Ⅳ三种。不计屈服模式Ⅱ是因为六角头压紧在构件上，可阻止螺杆整体转动。销槽承压强度和每个剪面的侧向承载力设计值按相应的螺栓连接公式计算。销直径 d 的取值，当两构件相交面位于无螺纹段时，取公称直径 D，位于有螺纹段时，取根径 D_r。

采用多个连接件的连接，承载力按式（5.4.3-10）计算，应采用的调整系数见表 5.1.3-1。当螺钉从构件的端截面拧入时，应计入端木纹调整系数 $C_{eg}=0.67$。

3. 轴向承载力（抗拔承载力）

方头螺钉垂直于木纹拧入，单钉轴向承载力建议按下式计算：

$$W_d=39D^{0.75}G^{1.5}l_{ef} \tag{5.5.1-1}$$

式中：l_{ef} 为拧入木构件的有螺纹长度（mm，不计钉尖 E）；G 为构件树种木材的炉干相对密度。若从构件端头顺纹拧入，调整系数取 $C_{eg}=0.75$。

4. 侧向与轴向共同受力

侧向荷载与轴向荷载共同作用，螺钉承载力 $W_{d\alpha}$ 按式（5.4.3-12）计算。

5.5.2　木螺钉连接

1. 木螺钉及连接的构造要求

木螺钉的直径通常都在 12mm 以下，全长有螺纹或间断有螺纹，如图 5.5.2-1 所示。螺纹段外径一般与光滑段直径一致，螺纹段根径约为外径的 0.6～0.75 倍。通常用屈服强度为 300～700N/mm² 的钢材制造。

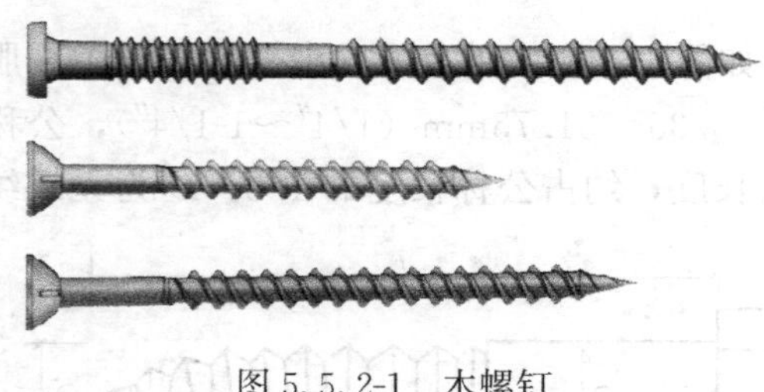

图 5.5.2-1　木螺钉

安装木螺钉时是否需要作引孔，应根据受荷类别和木材的密度确定。需要承受轴向荷载的木螺钉连接，当 $G>0.6$ 时，引孔孔径需取根径（螺纹段净直径）的 90%；当 $0.5<G\leqslant 0.6$ 时，取根径的 70%；$G\leqslant 0.5$ 时，一般不需引孔。仅承受侧向荷载的木螺钉，当 $G>0.6$ 时，无螺纹部分引孔直径可取螺杆的直径，有螺纹部分可取根径；当 $G\leqslant 0.6$ 时，引孔直径取螺杆直径或根径的 7/8。安装时木螺钉不得用手锤敲入，应用螺丝刀等工具拧入，也可用肥皂类润滑剂润滑，减少阻力。

以承受侧向荷载为主的木螺钉，直径大于 6mm 时连接的端、边、中距及行距可按螺栓连接的要求执行。不引孔安装时按钉连接处理。以承受轴向荷载为主时，最小边、端、中距同方头螺钉的规定，拧入最后一木构件的深度不应小于 $4D$。

2. 侧向承载力

木螺钉垂直构件表面拧入时，每个剪面的侧向承载力计算公式与方头螺钉连接相同，但销槽承压强度和抗力分项系数 γ_i 的取值视螺钉的直径而定。直径大于 6mm 时，按螺栓连接取值；直径小于等于 6mm 时，按钉连接取值。计算中直径 d 按方头螺栓的规定取值，即两构件的交界面位于无螺纹段时取外径，位于螺纹段时取根径。

多钉连接时按式（5.4.3-10）计算承载力并应按表5.1.3-1引入各项调整系数。直径D不大于6mm的木螺钉，不作C_g、$C_\triangle$调整（$C_g=1.0$，$C_\triangle=1.0$），大于6mm时按螺栓连接处理。当较厚构件为木构件端截面时，取端木纹调整系数$C_{eg}=0.67$。其他调整系数同螺栓连接。

正交层板胶合木结构中大量采用极限强度为800N/mm^{2}以上、直径为4.2～12mm的木螺钉作连接件。根据Uibel和Blass的研究成果，CLT的销槽承压强度可按5.4.2节中介绍的CLT钉连接销槽承压强度取用，并建议将屈服模式$\mathrm{I_s}$、$\mathrm{I_m}$对应的抗力分项系数改为$\gamma_\mathrm{I}=2.6$。

3. 轴向承载力

木螺钉垂直构件表面拧入时，单钉轴向承载力设计值可按下式计算：

$$W_d=27.5DG^2l_{ef} \tag{5.5.2-1}$$

式中：l_{ef}为木螺钉钉尖一侧拧入木构件的有效深度，只计有螺纹段长度，不计钉尖长度，无专门规定时，钉尖长度取$1.5d$。多个木螺钉共同工作时，总承载力可将单钉承载力乘以木螺钉数量n，并按表5.1.3-1的规定确定各调整系数。

4. 斜向拧入的木螺钉的承载力

木螺钉斜向拧入木构件，当与木纹交角α不小于30°时，其抗拔承载力建议按下式计算：

$$W_{d\alpha}=\frac{W_dK_d}{1.2\cos^2\alpha+\sin^2\alpha} \tag{5.5.2-2}$$

式中：系数$K_d=D/8\leqslant1.0$，D为螺钉外径。

斜向拧入时的多钉共同工作系数取$C_g=n^{0.9}/n$。其边、端、中距应满足图5.5.2-2的要求。斜向拧入的钉抗拔时还需验算钉帽拉脱和木螺钉自身抗拉强度满足抵抗式（5.5.2-2）计算的拔出力要求。

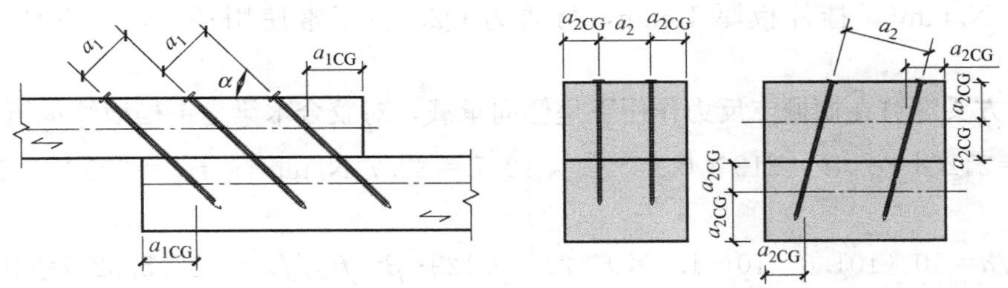

$\alpha\geqslant30°$；$a_1\geqslant7d$；$a_2\geqslant5d$；$a_{1CG}\geqslant10d$；$a_{2CG}\geqslant4d$

图5.5.2-2 斜拧木螺钉的边距规定

正交层板胶合木，中间层层板间缝隙≤6mm、木螺钉直径≥8mm、从板面拧入时，可不区分垂直和斜向，可按下式计算抗拔承载力设计值：

$$W_\alpha=\frac{0.196D^{0.8}l_{ef}^{0.9}\rho_k^{0.75}}{1.5\cos^2\alpha+\sin^2\alpha}\quad(\mathrm{N}) \tag{5.5.2-3}$$

式中：D为木螺钉外径（mm）；l_{ef}为有螺纹段在CLT中的有效锚固长度（mm）；α为木螺钉（轴线）与CLT板面木纹方向的夹角（垂直CLT板面拧入为90°，由CLT窄面拧入为 0°）；ρ_k 为 CLT 的气干密度标准值（kg/m³）。

由 CLT 窄边拧入，有效锚固长度不小于 $10D$ 时，抗拔承载力设计值为：

$$W_d = 0.131D^{0.8}l_{ef}^{0.9}\rho_k^{0.75}\quad (N)\tag{5.5.2-4}$$

由 CLT 窄边斜向拧入时（图 5.5.2-3），通常应成对布置，倾角约为 30°，每个螺钉的抗拔承载力可取式（5.5.2-4）计算结果的 1/2。如果有 n 对螺钉，群栓系数可取 $C_g = 1.15n^{0.1}$。

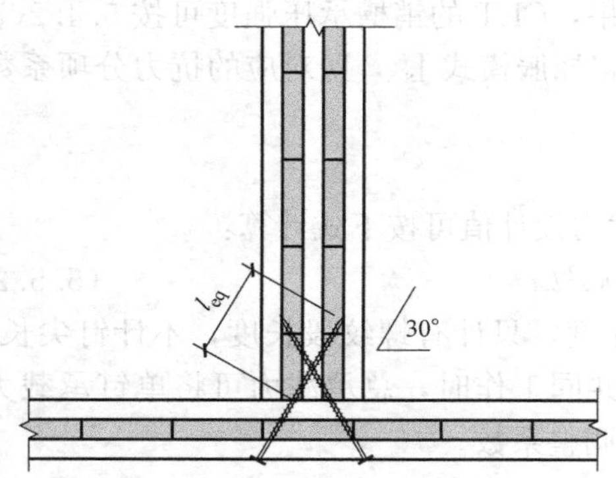

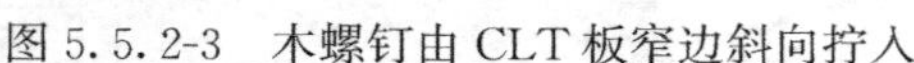

图 5.5.2-3　木螺钉由 CLT 板窄边斜向拧入

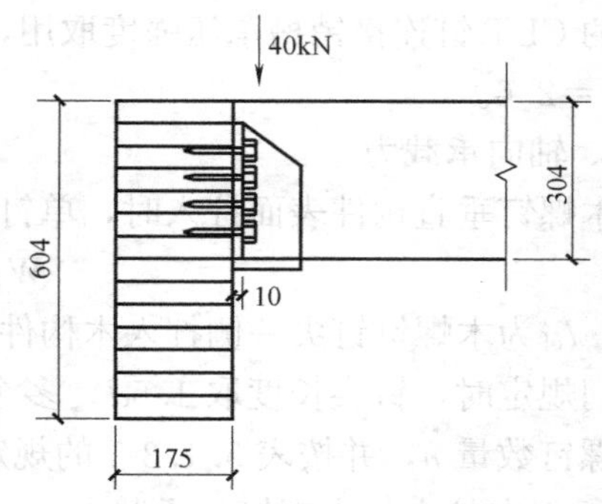

图 5.5.2-4　搁栅支承在胶合梁侧面示意图

5. 侧向荷载与轴向荷载共同作用

木螺钉垂直构件表面拧入时，侧向荷载与轴向荷载共同作用下的承载力设计值 $W_{d\alpha}$ 仍按式（5.4.3-12）计算。

【例题 5-4】　一搁栅截面为 130mm×304mm，用金属挂件支承在截面为 175mm×604mm 的胶合木梁侧面（图 5.5.2-4）。胶合木梁为南方松（$G=0.55$，$E=12000$ N/mm²），同等组坯制作。已知搁栅支座反力为 40kN（恒载设计值）。拟采用方头螺钉固定金属挂件。方头螺钉直径为 12.7mm，$d_r=9.42$mm，长 101.6mm，屈服强度标准值为 $f_{yk}=235$ N/mm²。挂件板厚 10mm，材质为 Q235。正常使用环境，试设计方头螺钉连接。

解： 方头螺钉在搁栅支反力作用下呈侧向承载，对胶合木梁为销槽横纹承压。

$f_{ha}=212G^{1.45}/\sqrt{d}=212\times0.55^{1.45}/\sqrt{12.7}=32.7$ N/mm²；$f_{hc}=305\times1.1=335.5$ N/mm²

$\alpha=c/a=10/(101.6-10-1.5\times9.42)=0.129$；$\beta=f_{hc}/f_{ha}=335.5/32.7=10.26$；

$\eta=a/d=(101.6-10-1.5\times9.42)/12.7=6.1$

挂件板与胶合木梁接触面位于方头螺钉的无螺纹段，有 Ⅰ$_s$、Ⅲ$_s$ 和Ⅳ三种屈服模式：

$$K_{a\text{Ⅲ}s}=\frac{\beta}{2+\beta}\left[\sqrt{\frac{2(1+\beta)}{\beta}+\frac{1.647(2+\beta)k_{ep}f_{yk}}{3\beta f_{ha}\eta^2}}-1\right]$$

$$=\frac{10.26}{2+10.26}\times\left[\sqrt{\frac{2\times(1+10.26)}{10.26}+\frac{1.647\times(2+10.26)\times1.0\times235}{3\times10.26\times32.7\times6.1^2}}-1\right]=0.438$$

$$K_{a\text{Ⅳ}}=\frac{1}{\eta}\sqrt{\frac{1.647\beta k_{ep}f_{yk}}{3(1+\beta)f_{ha}}}=\frac{1}{6.1}\sqrt{\frac{1.647\times10.26\times1.0\times235}{3\times(1+10.26)\times32.7}}=0.311$$

$K_{a\text{Ⅰ}}=\alpha\beta=0.129\times10.26=1.32>1.0$，取 $=1.0$。

$$K_{ad}=\min\left\{\frac{K_{a\mathrm{I}}}{\gamma_{\mathrm{I}}},\frac{K_{a\mathrm{III}s}}{\gamma_{\mathrm{III}}},\frac{K_{a\mathrm{IV}}}{\gamma_{\mathrm{IV}}}\right\}=\min\left\{\frac{1}{4.38},\frac{0.438}{2.22},\frac{0.311}{1.88}\right\}=0.165$$

$$R_d=32.7\times(101.6-10-1.5\times9.42)\times12.7\times0.165=5308\text{N}$$

恒载强度调整系数 $C_D=0.8$；

方头螺钉排列见图 5.5.2-5，按两列排列，每列 6 枚，间距为 40mm，挂件钢板厚 10mm。

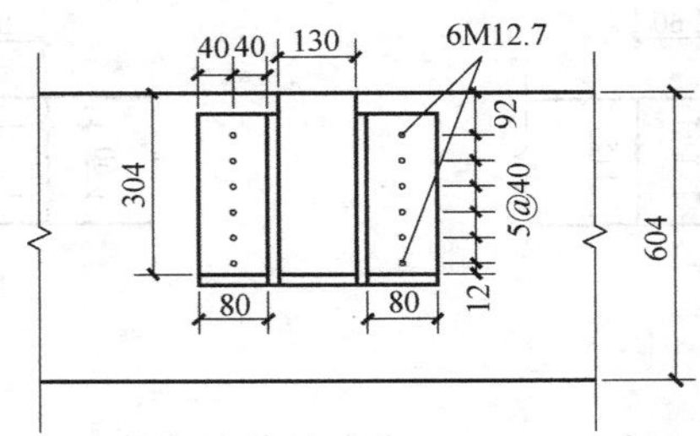

图 5.5.2-5 方头螺钉布置

群销系数 C_g：

因连接件拧在胶合木梁上，横纹受力，故

$R_{EA}=E_sA_s/(E_mA_m)=(2\times10^5\times10)(2\times80+2\times10+130)/[12000\times175\times(40\times2+10\times2+130)]=1.28$

$R_{EA}=E_mA_m/(E_sA_s)=0.78$，故取

$$R_{EA}=E_mA_m/(E_sA_s)=0.78, r=369D^{1.5}=369\times12.7^{1.5}=16700$$

$$u=1+r\frac{s}{2}\left(\frac{1}{E_mA_m}+\frac{1}{E_sA_s}\right)$$

$$=1+16700\times\frac{40}{2}\times\left(\frac{1}{12000\times175\times230}+\frac{1}{2\times10^5\times10\times310}\right)=1.00123$$

$$m=u-\sqrt{u^2-1}=1.00123-\sqrt{1.00123^2-1}=0.95$$

$$C_g=\frac{m(1-m^{2n})}{n(1+R_{EA}m^n)(1+m)-1+m^{2n}}\cdot\frac{1+R_{EA}}{1-m}$$

$$=\frac{0.95\times(1-0.95^{2\times6})}{6\times(1+0.78\times0.95^6)\times(1+0.95)-1+0.95^{2\times6}}\cdot\frac{1+0.78}{1-0.95}=0.867$$

故 $R_{tol}=mR_d\sum_{i=1}^{j}n_j\prod C_{ji}=1\times(5308\times0.8)\times(6\times0.867+6\times0.867)=44180\text{N}=44.1\text{kN}>40\text{kN}$ 满足承载力要求。

【例题 5-5】 试比较 A、B 两种木螺钉布置方案的承载力（图 5.5.2-6），均为正常使用环境，两方案均用 12 枚 8mm×160mm 的木螺钉连接。木螺钉的外径为 8mm，螺纹根径为 6mm，$f_{yk}=310\text{N/mm}^2$，边部构件为 38mm×115mm，中部构件为 89mm×115mm，均为 S-P-F 规格材，$G=0.42$，$E=10000\text{N/mm}^2$。

解： A 方案抗侧承载力计算：

每列上 4 枚木螺钉，群销系数 C_g：

$R_{EA}=38/89=0.427$；$r=246\times8^{1.5}=5566$

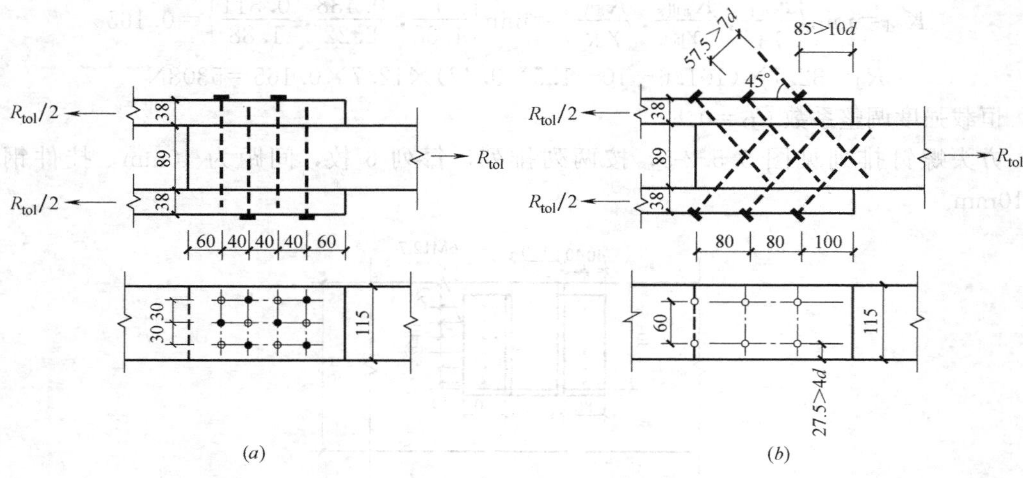

图 5.5.2-6　木螺钉连接的两种方案
(a) A 方案；(b) B 方案

$$u=1+r\frac{s}{2}\left(\frac{1}{E_{\mathrm{m}}A_{\mathrm{m}}}+\frac{1}{E_{\mathrm{s}}A_{\mathrm{s}}}\right)$$

$$=1+5566\times\frac{40}{2}\times\left(\frac{1}{10000\times38\times115}+\frac{1}{10000\times89\times115}\right)=1.00363$$

$$m=u-\sqrt{u^2-1}=1.00363-\sqrt{1.00363^2-1}=0.918$$

$$C_{\mathrm{g}}=\frac{m(1-m^{2n})}{n(1+R_{\mathrm{EA}}m^n)(1+m)-1+m^{2n}}\cdot\frac{1+R_{\mathrm{EA}}}{1-m}$$

$$=\frac{0.918\times(1-0.918^8)}{4\times(1+0.427\times0.918^4)\times(1+0.918)-1+0.918^8}\cdot\frac{1+0.427}{1-0.918}=0.988$$

剪面①：$a=38\mathrm{mm}$，$c=89\mathrm{mm}$；$\theta=0°$，$f_{\mathrm{h}}=77G=77\times0.42=32.34\ \mathrm{N/mm^2}$；

$\alpha=c/a=89/38=2.34$；$\beta=f_{\mathrm{hc}}/f_{\mathrm{ha}}=1.0$；$\eta=a/d=38/6=6.33$

$K_{\mathrm{a\,I}}/3.42=\alpha\beta/3.42=1/3.42=0.292$　($\alpha\beta=1\times2.34>1.0$，取 $\alpha\beta=1.0$)

$$\frac{K_{\mathrm{a\,III\,s}}}{2.22}=\frac{1}{2.22}\frac{\beta}{2+\beta}\left[\sqrt{\frac{2(1+\beta)}{\beta}+\frac{1.647(2+\beta)k_{\mathrm{ep}}f_{\mathrm{yk}}}{3\beta f_{\mathrm{ha}}\eta^2}}-1\right]$$

$$=\frac{1}{2.22}\times\frac{1}{2+1}\times\left[\sqrt{\frac{2\times(1+1)}{1}+\frac{1.647\times(2+1)\times1.0\times310}{3\times1\times32.34\times6.33^2}}-1\right]=0.165$$

$$\frac{K_{\mathrm{a\,IV}}}{1.88}=\frac{1}{1.88}\frac{1}{\eta}\sqrt{\frac{1.647\beta k_{\mathrm{ep}}f_{\mathrm{yk}}}{3(1+\beta)f_{\mathrm{ha}}}}=\frac{1}{1.88}\times\frac{1}{6.33}\sqrt{\frac{1.647\times1\times1.0\times310}{3\times(1+1)\times32.34}}=0.136$$

故 $R_{\mathrm{d}}=K_{\mathrm{ad,\,min}}adf_{\mathrm{ha}}=0.136\times38\times6\times32.34=1002.8\mathrm{N}$

剪面②：$a=160-38-89-1.5\times6=24\mathrm{mm}$，$c=89\mathrm{mm}$；$\alpha=c/a=89/24=3.71$；$\beta=f_{\mathrm{hc}}/f_{\mathrm{ha}}=1.0$；$\eta=a/d=24/6=4$

$$K_{\mathrm{a\,I}}/3.42=\alpha\beta/3.42=1/3.42=0.292$$

$$\frac{K_{\mathrm{a\,III\,s}}}{2.22}=\frac{1}{2.22}\frac{\beta}{2+\beta}\left[\sqrt{\frac{2(1+\beta)}{\beta}+\frac{1.647(2+\beta)k_{\mathrm{ep}}f_{\mathrm{yk}}}{3\beta f_{\mathrm{ha}}\eta^2}}-1\right]$$

$$=\frac{1}{2.22}\times\frac{1}{2+1}\times\left[\sqrt{\frac{2\times(1+1)}{1}+\frac{1.647\times(2+1)\times1.0\times310}{3\times1\times32.34\times4^2}}-1\right]=0.185$$

$$\frac{K_{a\text{IV}}}{1.88}=\frac{1}{1.88}\frac{1}{\eta}\sqrt{\frac{1.647\beta k_{ep}f_{yk}}{3(1+\beta)f_{ha}}}=\frac{1}{1.88}\times\frac{1}{4}\sqrt{\frac{1.647\times1\times1.0\times310}{3\times(1+1)\times32.34}}=0.216$$

故 $$R_d=K_{ad,\min}adf_{ha}=0.185\times24\times6\times32.34=861.5\text{N}$$

$$R_{tl}=nmR_d\prod C_i=(12\times861.5+12\times861.5)\times0.988=20427.9\text{N}=20.43\text{kN}$$

B方案承载力计算：

$$\alpha=45°, \sin45°=\cos45°=0.707$$

$$l_{ef}=160-38\times1.414-1.5\times6=97.3\text{mm}<89\times1.414=126\text{mm}$$

（木螺钉的尾端尚在中部构件内）

$$W_d=27.5DG^2l_{ef}=27.5\times8\times0.42^2\times97.3=3776.02\text{N}$$

$$K_d=d/8=1.0$$

$$W_{d\alpha}=\frac{W_dK_d}{1.2\cos^2\alpha+\sin^2\alpha}=\frac{3776\times1.0}{1.2\times0.707^2+0.707^2}=3432.74\text{N}$$

$$R_{tl}=W_{d\alpha}nC_g\cos\alpha=3432.74\times12\times0.988\times0.707=28773.92\text{N}=28.77\text{kN}$$

按欧洲规范 EC 5，群销系数 $C_g=n_{ef}/n=3^{0.9}/3=0.896$，则：

$$R_{tl}=3432.74\times12\times0.896\times0.707=26093.33\text{N}=26.09\text{kN}$$

可见，方案B优于方案A。

5.6 裂环与剪板连接

用裂环或剪板作连接件的连接是一种典型的键连接形式。这种连接的特点是每个剪面的承载力较高，滑移模量较大，但群体因素影响较大。当连接承载力由连接件端距范围内的木材抗剪能力控制时，特别是连接中仅用一个连接件的情况下，连接的延性差，存有一定风险。

裂环和剪板均为圆形连接件，前者为圆环状，后者呈圆盘状，故又称为剪盘。两者均需用螺栓或方头螺钉作紧固件，使被连接的构件能彼此贴紧，但两者紧固件的作用有很大不同。在裂环连接中，同一裂环对称地镶嵌于被连接的两构件中，由裂环自身抵抗两构件的相对滑移而传递作用力，紧固件不直接参与作用力的传递。剪板连接中，例如木-木相连时，需同时使用两块剪板，分别镶嵌在两被连接的木构件侧面，用穿过两剪板中心孔的紧固件来阻止两构件相对滑移，从而传递作用力。因此，紧固件需有足够的抗剪能力。如果紧固件直径过小，连接的滑移变形会过大，影响连接的承载性能。可见，剪板连接中的紧固件类似于钢结构中的普通螺栓，承受剪力作用。实际上，需按规定的钢材和直径选用与剪板配套使用的紧固件，其抗剪能力远大于每个剪面的抗力要求，连接设计中不需验算紧固件中的抗剪能力。因此，剪板和裂环可用同一种方法估计其侧向承载力。

国外木结构工程中，特别是在层板胶合木构件间的连接中，剪板与裂环有较多的应用。《胶合木结构技术规范》GB/T 50708—2012 中引入了美国规范 NDSWC 关于剪板连接的设计方法。

5.6.1 裂环与剪板及连接的构造要求

裂环用热轧碳素钢由专业工厂生产，直径为 60～200mm，但在北美，只有两种常用的规格，即直径为 63.5mm$\left(2\frac{1}{2}''\right)$和 102mm（4″）两种，环截面高度分别为 19mm（3/4″）和 25.4mm（1″），适用紧固件的直径为 12.7mm（1/2″）和 19mm（3/4″）。裂环为闭合的正圆形，呈手镯状，闭合口处有槽、齿相嵌（图 5.6.1-1*a*）。环截面呈腰鼓状，高度中央截面宽约 4mm，上下两端稍窄，目的是使环能顺利地嵌入木构件上预钻的环槽中。图 5.6.1-1（*b*）为裂环连接的基本构造。

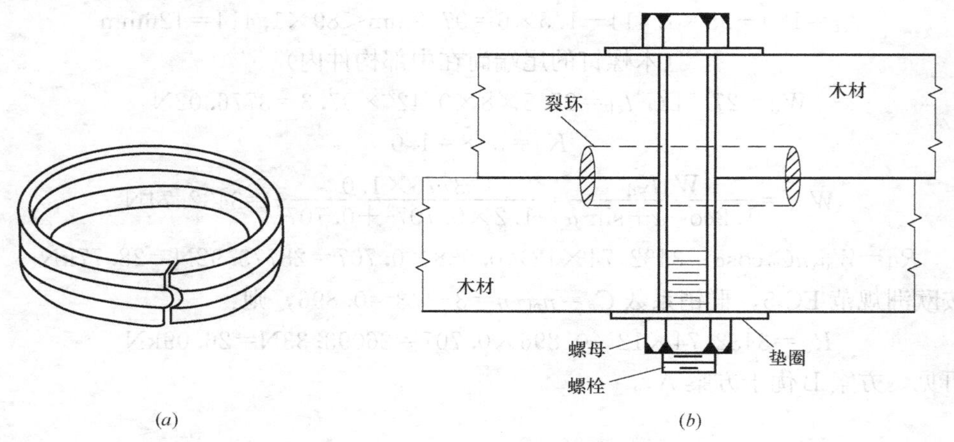

图 5.6.1-1　裂环及连接的构造

剪板也由专业工厂生产，有热轧碳素钢或锻铁制作的。剪板呈圆盘状，但盘中央有供紧固件穿过的圆孔，锻铁剪板围绕该孔尚均匀分布一些小孔。剪板的直径在北美也只有两种，分别为 66.7mm$\left(2\frac{5}{8}''\right)$和 102mm（4″），盘边高分别为 10.7mm 和 15.75mm，中央圆孔分别可供直径为 19mm（3/4″）和 22mm（7/8″）的紧固件穿过，孔壁周围的板厚加大，使紧固件与剪板间有较大的承压面。图 5.6.1-2 为剪板外貌和连接的基本构造。木-木连

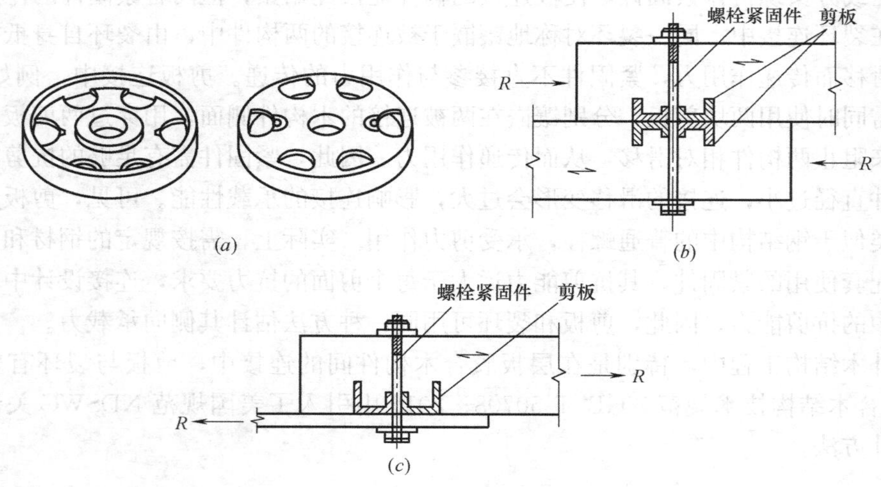

图 5.6.1-2　剪板及连接构造

（*a*）剪板外貌；（*b*）木-木相连；（*c*）钢-木相连

接时剪板需成对使用，钢-木连接时可用一个剪板，而另一侧则利用紧固件与钢夹板孔承压工作，故钢夹板需有足够的厚度 t，可按钢结构有关公式计算确定。

安装裂环或剪板时，木构件上的圆形环槽或圆形凹槽应精心制作。为防止紧固件中心与裂环或剪板中心不同心，木构件上这些环槽或凹槽应用专用钻具一次成形（图 5.6.1-3）。当采用方头螺钉作紧固件时，穿入木构件一侧的深度不小于 $7d$，木构件在有螺纹段长度内的引孔孔径取 70% 的螺钉直径。穿入紧固件后需拧紧。如果安装时木材含水率尚未达到当地木材平衡含水率，需定期复拧，直至达到平衡含水率。

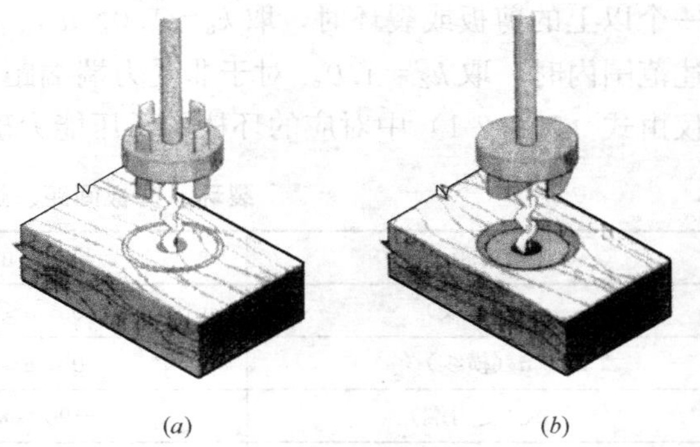

图 5.6.1-3 裂环与剪板连接施工钻具
(a) 裂环；(b) 剪盘

5.6.2 裂环与剪板连接的承载力

裂环、剪板连接侧向承载力的设计方法，美国、加拿大规范与欧洲规范 EC 5 存在较大差异，美国规范 NDSWC 和加拿大规范 CSA O86 用表格形式给出承载力，欧洲规范 EC 5 则通过公式计算。同一连接两者承载力的设计结果也不相同，有时偏差还较大。不同国家的设计规范所采用的设计理论与方法不同，美国规范 NDSWC 采用允许应力设计法，欧洲规范 EC 5 采用基于可靠度的极限状态设计法。因此，将规范 NDSWC 或规范 EC 5 的设计值转换成符合我国规范要求的设计值时，难以做到精确。

1. 侧向承载力的计算

裂环、剪板连接的侧向承载力由连接件对木构件上的环槽侧壁的承压能力和连接件受力端距范围内的木构件的抗剪能力的较低者决定。因此，在规定的边、端、中距条件下，连接的每个剪面顺木纹承载力设计值可按下式计算：

$$R_{\mathrm{d}}=\min\{17.5k_1k_2k_3k_4d_{\mathrm{c}}^{1.5},\ 15.75k_1k_3h_{\mathrm{e}}d_{\mathrm{c}}\} \tag{5.6.2-1}$$

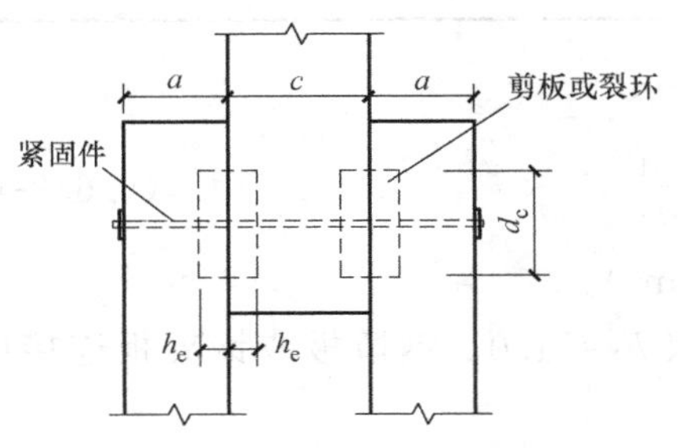

图 5.6.2-1 剪板裂环连接几何尺寸

式中：d_{c} 为裂环或剪板的直径（mm）；h_{e} 为裂环或剪板嵌入一侧木构件的深度（mm）（图5.6.2-1），并规定较薄构件的厚度 $a\geqslant 2.25h_{\mathrm{e}}$，较厚构件厚度 $c\geqslant 3.75h_{\mathrm{e}}$；$k_1$、$k_2$、$k_3$、$k_4$ 分别为与连接构造有关的计算系数。式（5.6.2-1）右侧括号内的前一项对应连接的抗剪承载力，后一项对应承压承载力。

k_1 为构件厚度影响系数：

$$k_1=\min\left\{1.0,\ \frac{a}{3h_{\mathrm{e}}},\ \frac{c}{5h_{\mathrm{e}}}\right\} \tag{5.6.2-2}$$

k_2 为连接件受力端端距 $a_{3\mathrm{t}}$（$-30°\leqslant\alpha\leqslant 30°$）影响系数：

$$k_2=\min\left\{k_{\mathrm{a}},\ \frac{a_{3\mathrm{t}}}{2d_{\mathrm{c}}}\right\} \tag{5.6.2-3}$$

式中：k_{a} 为常数，当一个剪面上只有一个剪板或裂环时，取 $k_{\mathrm{a}}=1.25$；当一个剪面上有一个以上的剪板或裂环时，取 $k_a=1.0$。a_{3t}、α 等符号和规定见表 5.6.2-1。当 α 角不在上述范围内时，取 $k_2=1.0$。对于非受力端端距 a_{3c}，当 $210°\leqslant\alpha\leqslant270°$时，剪面抗剪承载力仅由式（5.6.2-1）中对应的环槽的承压能力确定。

裂环、剪板间距、边距、端距最小值　　表 5.6.2-1

间距、边距、端距	与木纹的交角	最小值
a_1（顺纹）	$0°\leqslant\alpha\leqslant360°$	$(1.2+0.8\vert\cos\alpha\vert)d_c$
a_2（横纹）	$0°\leqslant\alpha\leqslant360°$	$1.2d_c$
a_{3t}（受力端）	$-90°\leqslant\alpha\leqslant90°$	$1.5d_c$
a_{3c}（非受力端）	$90°\leqslant\alpha\leqslant150°$ $150°\leqslant\alpha\leqslant210°$ $210°\leqslant\alpha\leqslant270°$	$(0.4+1.6\vert\sin\alpha\vert)d_c$ $1.2d_c$ $(0.4+1.6\vert\sin\alpha\vert)d_c$
a_{4t}（受力边）	$0°\leqslant\alpha\leqslant180°$	$(0.6+0.2\vert\sin\alpha\vert)d_c$
a_{4c}（非受力边）	$180°\leqslant\alpha\leqslant360°$	$0.6d_c$

图例

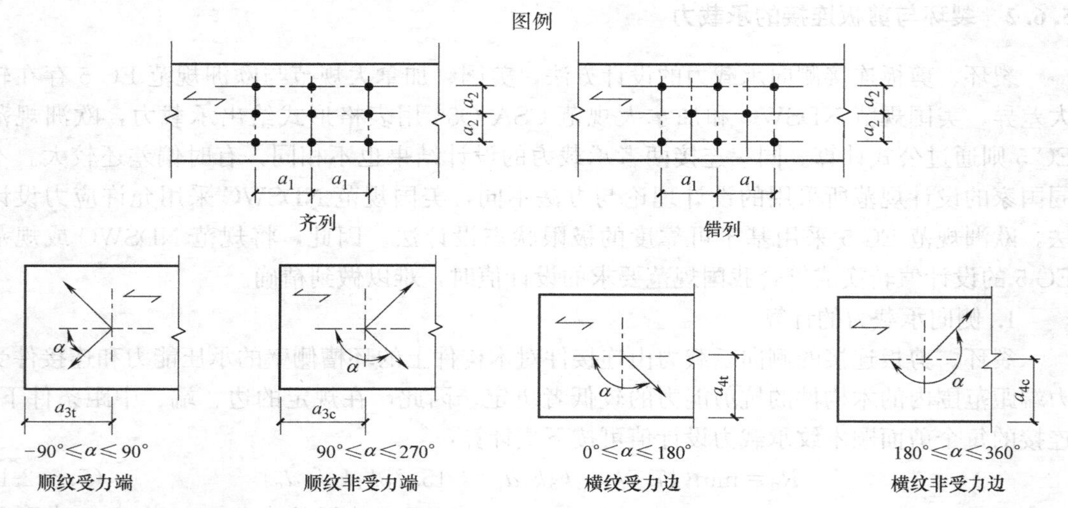

k_3 为被连接构件的材质影响系数：

$$k_3=\min\left\{1.75,\ \frac{\rho_k}{350}\right\} \tag{5.6.2-4}$$

式中：ρ_k 为含水率为 12%时木材密度的标准值（kg/m^3）。

k_4 为被连接构件的材料影响系数，木-木连接取 $k_4=1.0$，钢填板或钢夹板连接取 $k_4=1.10$。

当连接的传力方向与木纹呈 α 角时，每剪面的斜纹连接承载力设计值按下式计算：

$$R_{d\alpha}=\frac{R_d}{k_{90}\sin^2\alpha+\cos^2\alpha} \tag{5.6.2-5}$$

式中：$k_{90}=1.3+0.001d_c$。

当连接采用多个裂环或剪板时，承载力设计值可参照式（5.4.3-10）计算，其中 $n\times m$ 为总剪面数；参照欧洲规范 EC 5，群体调整系数为：

$$C_g=\frac{n_{ef}}{n} \tag{5.6.2-6}$$

式中：n 为一行中顺木纹排列的剪板或裂环数（$n\geqslant 2$）；n_{ef} 为等效剪板或裂环数，$n_{ef}=2+(1-n/20)(n-2)$。

裂环、剪板连接中的边、端、中距应符合表 5.6.2-1 的最小值规定。连接件呈错列排列时，连接件的顺纹和横纹最小间距可适当减少，但顺纹间距折减系数 k_{a1}（$\leqslant 1$）和横纹间距折减系数 k_{a2}（$\leqslant 1$）应满足下式：

$$k_{a1}{}^2+k_{a2}^2\geqslant 1 \tag{5.6.2-7}$$

如果顺纹间距进一步减小至 $a_1k_{a1}k_{s,red}$（a_1 为表中顺纹间距最小值），系数 $k_{s,red}$ 可取 $0.5\leqslant k_{s,red}\leqslant 1.0$，承载力设计值需乘以折减系数：

$$k_{R,red}=0.2+0.8k_{s,red} \tag{5.6.2-8}$$

如果横纹间距 $a_2k_{a2}<0.5a_1k_{a1}$，应视为排成一行处理。

2. 表格法

美国规范 NDSWC、加拿大规范 CSA O86 在试验研究与计算分析的基础上，制定了表格来表示裂环、剪板连接每剪面的承载力。对于只有两种规格的裂环和剪板，这种处理方法便于应用。

首先按炉干相对密度将木材树种区分为 A、B、C、D 四组，由此规定了不同规格裂环、剪板每剪面顺纹和横纹的承载力基准值 P_u 和 Q_u，分别见表 5.6.2-2a 和表 5.6.2-2b。

裂环、剪板连接每剪面顺纹基准承载力 P_u（kN）　　　表 5.6.2-2a

组别	相对密度	裂环		剪板		树种例子(北美产品)
		63.5(mm)	102(mm)	66.7(mm)	102(mm)	
A	$G\geqslant 0.6$	15.7	27.9	13.7	24.8	花旗松-落叶松
B	$0.49\leqslant G<0.6$	13.7	24.8	12.2	22.3	杉类
C	$0.42\leqslant G<0.49$	11.6	22.8	11.6	21.8	云杉-松-冷杉
D	$G<0.42$	10.7	21.3	11.1	20.3	北部树种

裂环、剪板连接每剪面横纹基准承载力 Q_u（kN）　　　表 5.6.2-2b

组别	相对密度	裂环		剪板		树种例子(北美产品)
		63.5(mm)	102(mm)	66.7(mm)	102(mm)	
A	$G\geqslant 0.6$	11.1	21.3	11.6	17.7	花旗松-落叶松
B	$0.49\leqslant G<0.6$	9.1	17.8	9.7	14.2	杉类
C	$0.42\leqslant G<0.49$	8.6	15.7	8.6	13.2	云杉-松-冷杉
D	$G<0.42$	7.6	14.2	7.6	12.2	北部树种

每剪面的侧向承载力设计值按下列两式计算：

$$\text{顺纹}: R_d=P_uJ_t \tag{5.6.2-9}$$

$$\text{横纹}: Q_d=Q_uJ_t \tag{5.6.2-10}$$

式中：J_t 为被连接木构件的厚度影响系数，见表 5.6.2-3。

斜纹承载力 $R_{d\alpha}$ 按 Hankinson 公式（1.5.4-2）计算。

对于钢夹板剪板连接，上述各式计算结果的顺纹、横纹或斜纹的侧向承载力设计值取值不应超过所用连接钢夹板的孔壁承压承载力（按钢结构计算）。

裂环、剪板连接木构件厚度影响系数 J_t　　**表 5.6.2-3**

连接件类别	同一个紧固件在木构件上的剪面数	木构件厚度（mm）	影响系数 J_t
裂环 63.5mm	1	25.4	0.85
		≥38	1.00
	2	38	0.8
		≥51	1.00
裂环 102mm	1	25.4	0.65
		38	0.98
		≥42.3	1.00
	2	38	0.65
		51	0.8
		64	0.95
		≥76	1.00
剪板 67mm	1	38	0.95
		51	0.95
		64	1.00
	2	38	0.75
		51	0.95
		64	1.00
剪板 102mm	1	38	0.85
		44	1.00
	2	44	0.65
		51	0.75
		64	0.85
		76	0.95
		89	1.00

注：剪面数是指一个被连接构件上的剪面数，如图 5.6.2-1 的例子，两侧边构件中剪面数为 1，中间构件剪面数为 2。

当裂环或剪板被安装在木构件的端部时，每剪面的侧向承载力需特殊计算。常有两种端面：一是直角端面，即端面在两个方向均垂直于构件轴线，如图 5.6.2-2 所示；二是斜切端面，即端面与构件轴线单向呈 α 角，另一方向仍保持垂直，如图 5.6.2-3 所示。对于直角端面不论连接中的作用力方向如何，每个剪面的侧向承载力可用下式计算：

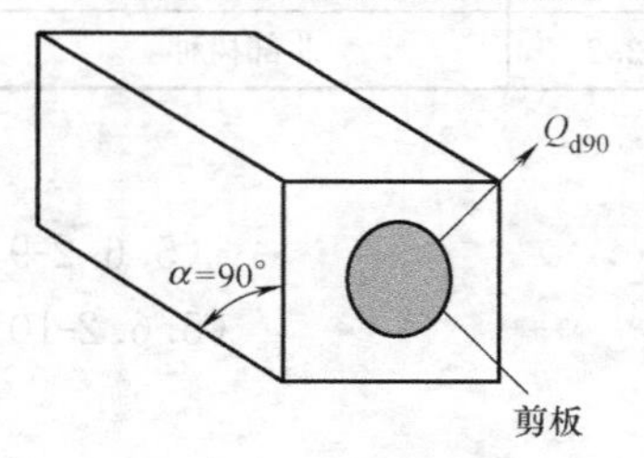

图 5.6.2-2　直切端

$$Q_{d90}=0.6Q_d \quad (5.6.2\text{-}11)$$

对于斜切端，当图 5.6.2-3（a）中 $0°<\alpha<90°$，$\varphi=0°$

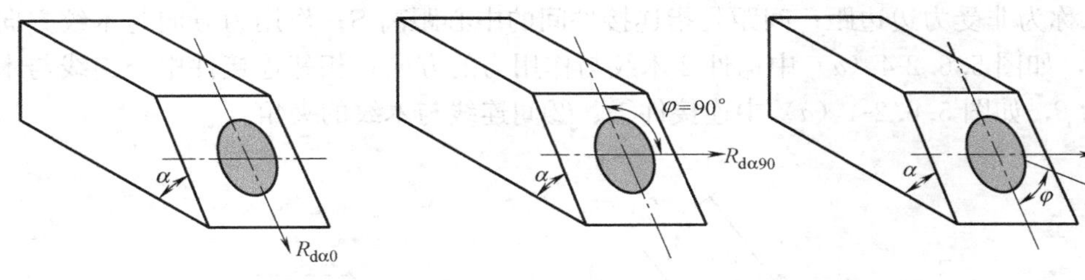

图 5.6.2-3　斜切端

时，承载力按下式计算：

$$R_{d\alpha0}=\frac{R_d Q_{d90}}{R_d \sin^2\alpha+Q_{d90}\cos^2\alpha} \tag{5.6.2-12}$$

0°＜α＜90°，φ=90°时（图 5.6.2-3b），承载力按下式计算：

$$Q_{d\alpha90}=\frac{Q_d Q_{d90}}{Q_d \sin^2\alpha+Q_{d90}\cos^2\alpha} \tag{5.6.2-13}$$

0°＜α＜90°，0°＜φ＜90°时（图 5.6.2-3c），承载力按下式计算：

$$R_{d\alpha\varphi}=\frac{R_{d\alpha0} Q_{d\alpha90}}{R_{d\alpha0} \sin^2\alpha+Q_{d\alpha90}\cos^2\alpha} \tag{5.6.2-14}$$

一个连接节点中有多个连接件时，连接承载力 R_{tl} 可参照式（5.4.3-10）计算，并应按表 5.1.3-1 的规定，进行各调整因素的修正。其中荷载持续作用效应、群体因素、温度、湿度等因素的调整系数取值与螺栓连接相似处理。当剪板采用与钢侧板或钢夹板连接时，则钢侧板因素 C_{st} 对应于表 5.6.2-2 中 A、B、C、D 各组分别取 1.18、1.11、1.05 和 1.00。如果裂环或剪板连接中采用方头螺钉（直径 D）作紧固件，则标准的穿入深度 L_{st}、最小穿入深度 L_{min} 和相应的调整系数见表 5.6.2-4。当穿入深度介于两者之间时，穿入深度因素调整系数 C_d 可用线性插入法求得，即：$(L_{st}-L_{min})/(1-C_{d0})=(L_{st}-L_{act})/(1-C_d)$，其中，$L_{act}$ 为实际的方头螺栓穿入较厚中部木构件的深度；C_{d0} 为表 5.6.2-4 中规定的对应于最小穿入深度的调整系数。

裂环、剪板使用方头螺钉时的穿入深度及调整系数　　　表 5.6.2-4

裂环、剪板直径	边部构件	穿入深度类别	穿入中部构件的深度(钉杆直径的倍数)				C_d
			A	B	C	D	
63.5mm 裂环 102mm 裂环 102mm 剪板	木材或金属	标准	7	8	10	11	1.00
		最小	3	3.5	4	4.5	0.75
67mm 剪板	木材	标准	4	5	7	8	1.00
		最小	3	3.5	4	4.5	0.75
	金属	标准	3	3.5	4	4.5	1.00

裂环或剪板连接端、边、间距的定义如图 5.6.2-4 所示。对构件 2 而言，端距是指剪板、裂环中心顺木纹方向至构件端部的距离，如图 5.6.2-4（*a*）中的距离 A。当连接位于斜端时（图 5.6.2-4*b*），端距 A 应偏心 $d_c/4$ 计量；边距是指连接件中心横木纹方向到构件边缘的距离，如图 5.6.2-4（*a*）中的 B、C，根据构件 1 作用力的方向，C 称为受力边

边距，B 称为非受力边边距；间距是指连接件间的中心距离 S；作用力方向与木纹方向的夹角为 θ，如图 5.6.2-4（a）中构件 2 木纹与作用力的方向；相邻连接件中心连线与木纹的夹角为 β，如图 5.6.2-4（a）中连接件①、②间连线与木纹的夹角。

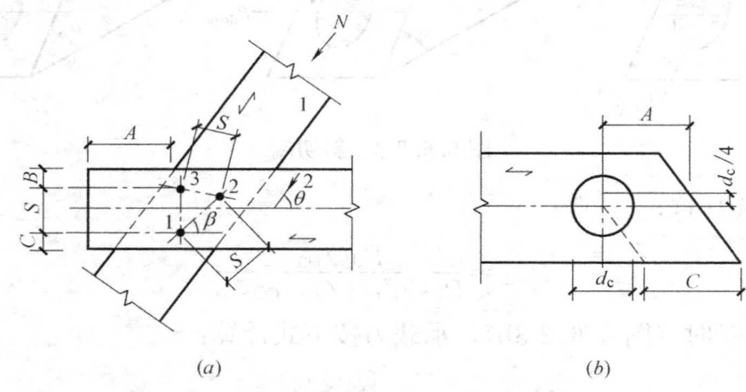

图 5.6.2-4　裂环剪板端、边、中距示意图

（a）直端；（b）斜端

裂环和剪板连接的边、端、间距要求及几何调整系数 C_{Δ} 的取值方法，美国规范 NDSWC 和加拿大规范 CAS O86 中的要求较为复杂。规范 GB/T 50708—2012 采用了规范 NDSWC 的有关规定，详见附录 E。规范 CSA O86 则直接采用表格的形式，详见附录 F。两者边、端、间距要求及几何调整系数 C_{Δ} 存在一定差异。

【例题 5-6】 某桁架下弦节点各杆轴力（荷载效应基本组合）如图 5.6.2-5（a）所示，连接件用一组裂环（3×63.5mm）并采用符合规定要求直径的螺栓作紧固件。考虑到裂环组（3 个）的合力作用点应与桁架各杆纵轴线基本重合，其布置如图 5.6.2-5（d）所示。试用表格法检验恒荷载作用下，下弦杆与斜腹杆间的裂环承载力能否满足要求。桁架各杆木材树种为 S-P-F，No. 2，截面尺寸为 63.5mm×235mm。

解： 由节点处各杆的布置可见，作用力的传递过程是下弦的水平力之差传给斜腹杆，裂环组对下弦每侧的作用力为（49.2−18）/2=15.6kN，与下弦木纹的夹角为 $\theta=0°$。裂环组对斜腹杆每侧的作用力也为 15.6kN，与其木纹的夹角为 $\theta=30°$。竖杆的轴力传给两侧的斜腹杆，之间的裂环组受每侧竖杆的作用力各为 18/2=9kN，$\theta=0°$。裂环传给每根斜腹杆一侧的作用力也为 9kN，但 $\theta=60°$。可见，下弦杆与斜腹杆连接的承载力主要取决于斜腹杆上的裂环连接的承载力，因为它是斜纹受力，且在一个构件上有两个剪面。查表 5.6.2-2（a）、（b），得 $P_u=11.6$kN，$Q_u=8.6$kN，查表 5.6.2-3，$t=63.5$mm>51mm。因该斜腹杆两面有裂环，故 $J_t=1.0$，每剪面承载力：$R_d=11.6\times1.0=11.6$kN，$Q_d=8.6\times1.0=8.6$kN

斜纹 $\theta=30°$时承载力设计值为

$$R_{d30}=\frac{R_d Q_{d90}}{R_d\sin^2\alpha+Q_{d90}\cos^2\alpha}=\frac{11.6\times8.6}{11.6\times\sin^2 30+8.6\times\cos^2 30}=10.7\text{kN}$$

该连接中 3 个裂环呈三角形布置，其中 2 个呈一列基本平行于木纹，经计算群体调整系数 $C_g=1.0$。

几何调整系数：根据附录 F，端距（受拉）190mm，查表 F.2.1-1，$C_{\Delta}=0.92$。

边距 60mm，受力边，$\theta=30°$，查表 F.2.2-1，$C_{\Delta}=0.98$。

间距，3 种，查表 F.2.3-1，$\theta=30°$，$\beta=60°$，$S=90$mm，$C_{\Delta}=0.75$；$\beta=30°$，$S=$

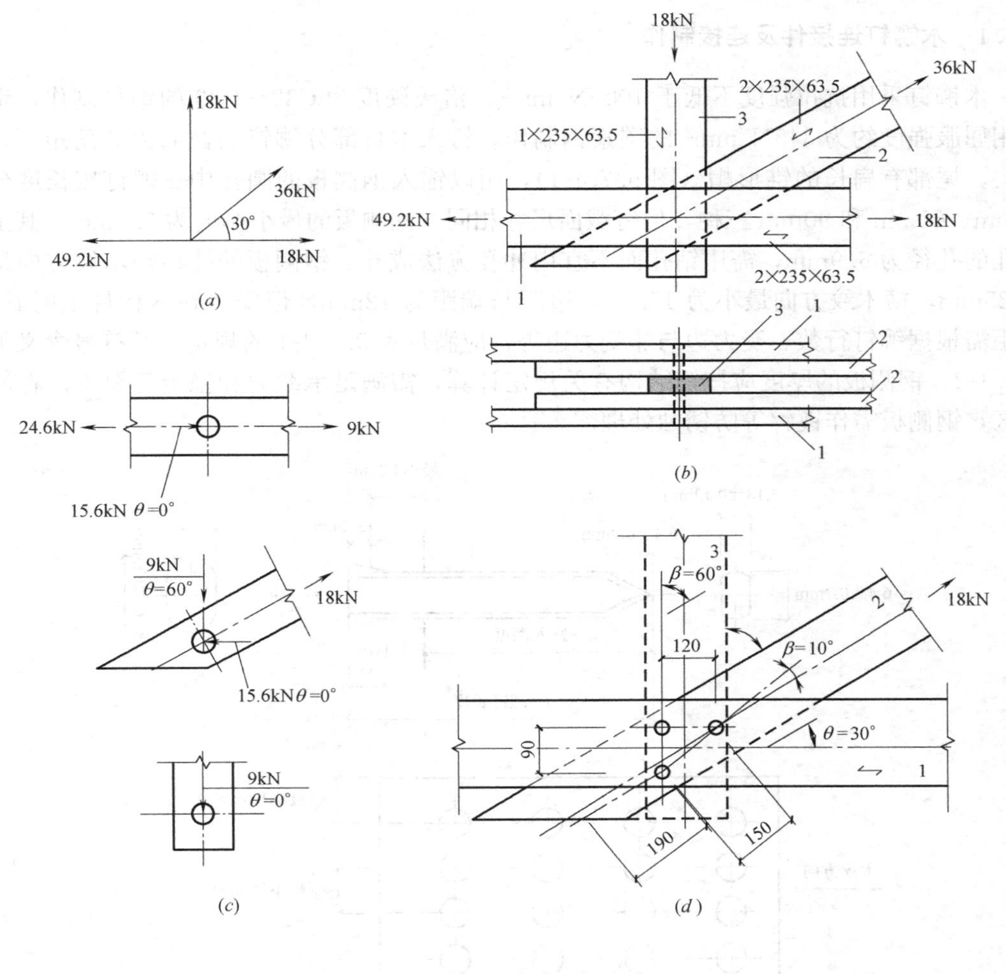

图 5.6.2-5 裂环连接节点

(a) 节点受力图；(b) 节点构造；(c) 分解杆力；(d) 裂环布置

120mm，$C_{\Delta}=1.0$；$\beta=10°$，$S=150$mm，$C_{\Delta}=1.0$。

可见最小的几何调整系数由间距 90mm，$\theta=30°$，$\beta=60°$决定，$C_{\Delta}=0.75$。恒荷作用下 $C_{D}=0.8$，故该裂环连接的承载力为：

$R_{d30tl}=(1\times10.7+2\times10.7)\times0.75\times0.8=19.26\text{kN}>15.6\text{kN}$，满足承载力要求。

5.7 木铆钉连接

木铆钉连接是用许多排列整齐的钢质铆钉通过专门制作的钢侧（夹）板将木构件对接连接起来，传递构件间的作用力。一个节点连接中木铆钉数量可达上百个，因此连接的承载力可以很高。通常应用于层板胶合木构件连接中，亦可用于厚度不小于 65mm 的方木（锯材）构件的连接。这里参照加拿大规范 CSA O86 和美国规范 NDSWC 中有关木铆钉的设计规定，作简要介绍。

5.7.1　木铆钉连接件及连接制作

木铆钉采用抗拉强度不低于 1000N/mm²、洛氏硬度为 C32～C39 的钢材制作，钢侧板用屈服强度约为 345N/mm² 的碳素钢制作。钉入木材部分铆钉的截面为圆角矩形，头部尖，尾部有扁长的锥形帽（图 5.7.1-1），用以锚入钢侧板的圆孔中。铆钉按长度分为 40mm、65mm 和 90mm 三种，但钉截面尺寸相同。钢侧板的最小厚度为 3.2mm，其上铆钉孔的孔径为 6.9mm，需用钻孔而不宜用冲孔方法成孔。钢侧板的孔距顺木纹方向最小为 25mm，横木纹方向最小为 15mm，边距与端距为 12mm，但安装在木构件上时其边、端距需根据铆钉行数、受力边与非受力边等，应满足表 5.7.1-1 的规定，其符号含义见图 5.7.1-2。钢侧板的厚度应按钢结构有关规定计算，需满足承载力和稳定等要求。在潮湿地区，钢侧板需作镀锌等防锈蚀处理。

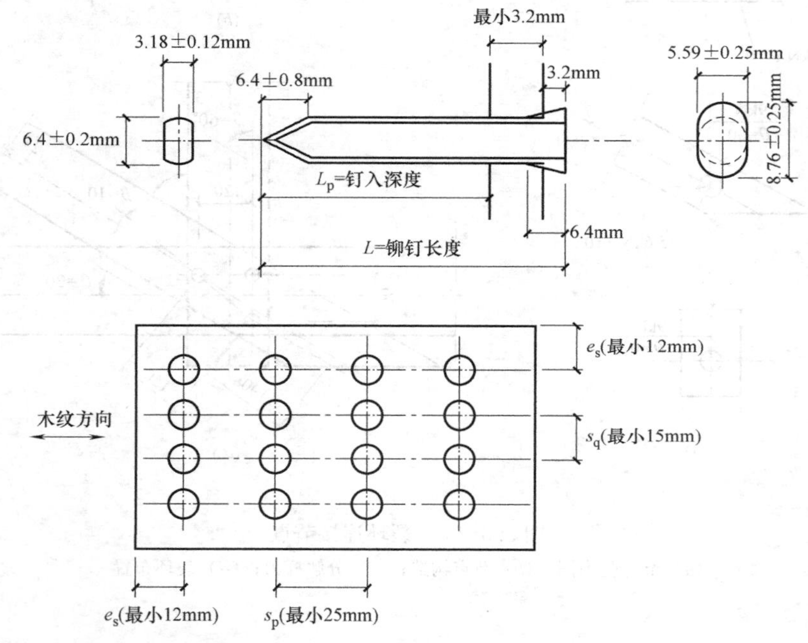

图 5.7.1-1　木铆钉和钢侧板

木铆钉连接的最小端、边距　　**表 5.7.1-1**

铆钉列数 n_R	最小端距(mm)		最小边距(mm)	
	顺纹受力 a_p	横纹受力 a_q	非受力边 e_p	受力边 e_q
1,2	76	51	25	51
3～8	76	76	25	51
9,10	102	79	25	51
11,12	127	102	25	51
13,14	152	121	25	51
15,16	178	140	25	51
17 以上	203	159	25	51

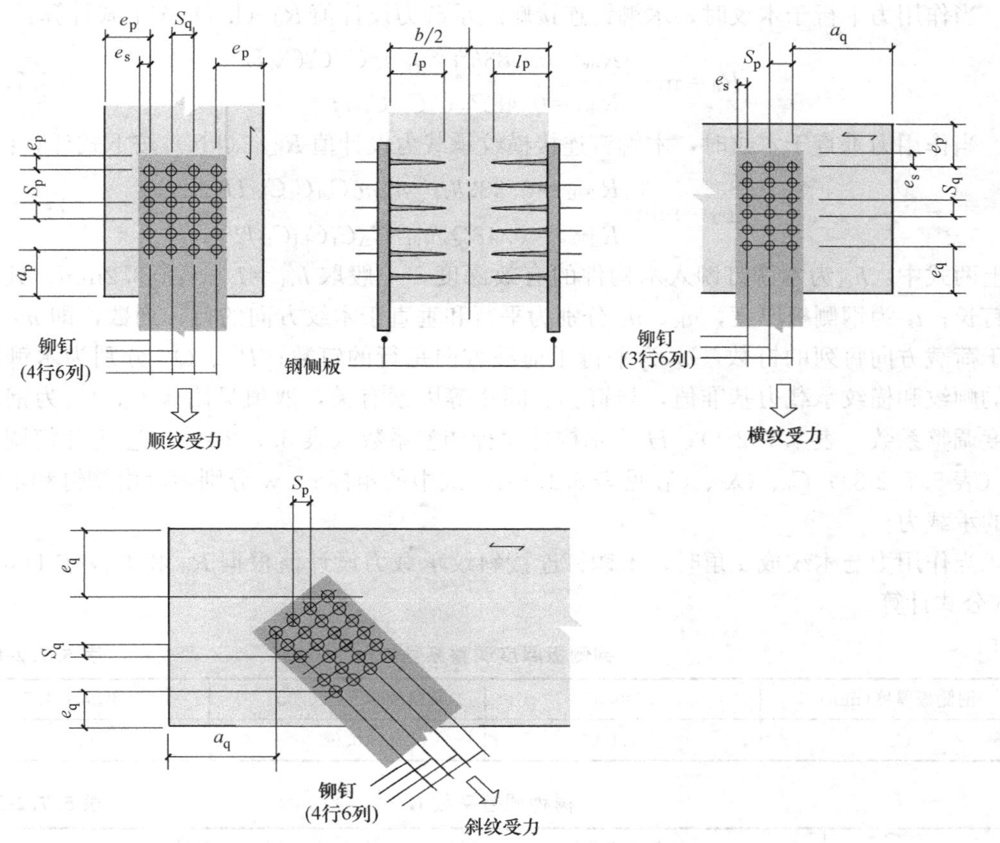

说明：1. 边距横纹测量，受力边为 e_q，非受力边为 e_p；2. 端距顺纹测量，顺纹受力为 a_p，横纹受力为 a_q；3. 顺纹间距为 S_p，横纹间距为 S_q。

图 5.7.1-2 木铆钉连接的边、端距

设计与安装木铆钉连接时应注意以下几点：

(1) 根据需要，铆钉（包括钢侧板）可在构件的两侧或一侧打入，但钉入木构件的深度不应大于木构件厚度的 70%。两侧钉入时铆钉尖不能搭叠，需彼此错开，错开的最小距离顺纹方向为 25mm，横纹方向为 15mm。

(2) 不论钢侧板轴线与构件木纹间交角如何，铆钉截面的宽面（铆钉截面 6.4mm 方向）应与木纹平行。用锤子打入铆钉时应使其尾部坚固地卡牢在钢侧板的孔壁上，但不应将铆钉尾部锤至与钢侧板相平，在规定的钢侧板钉孔（6.9mm）条件下，应外露约 3.2mm。

(3) 应先钉入钢侧板四周的铆钉，再以螺旋方式由外向中心逐个钉入铆钉。

5.7.2 木铆钉连接的承载力

1. 承载力公称设计值

当铆钉在木构件上的边、端距满足标准边、端距要求时，每块钢侧板上的铆钉连接承载力（作用力在钢侧板平面内）公称设计值取铆钉承载力和构件木材承载力中的较低值。

当作用力平行于木纹时，木铆钉连接顺纹承载力设计值 R_d（kN）按下式计算：

$$R_d=\min\begin{cases}R_{dr}=0.583h_{ef}^{0.32}n_R n_C C_{st} C_t C_M H\\R_{dw}=0.48P_w C_t C_M C_D H\end{cases} \tag{5.7.2-1}$$

当作用力垂直于木纹时，木铆钉连接横纹承载力设计值 R_{d90}（kN）按下式计算：

$$R_{d90}=\min\begin{cases}R_{d90r}=0.332h_{ef}^{0.32}n_R n_C C_{st} C_t C_M H\\R_{d90w}=0.48Q_w h_{ef}^{0.8} C_\Delta C_t C_M C_D H\end{cases} \tag{5.7.2-2}$$

以上两式中：h_{ef}为木铆钉铆入木构件的有效深度，一般取 $h_{ef}=L-t_s-3.2\text{mm}$，其中 L 为钉长；t_s 为钢侧板厚度；n_R、n_c 分别为平行和垂直于木纹方向的行、列数，即 n_R 为垂直于荷载方向每列的钉数，n_c 为平行于荷载方向每行的钉数；P_w、Q_w 分别为木铆钉连接的顺纹和横纹承载力基准值，与钉长、间距等因素有关，取值见附录 G；C_{st} 为钢侧板厚度调整系数（表 5.7.2-1）；H 为木构件树种调整系数（表 5.7.2-2）；C_Δ 为几何调整系数（表 5.7.2-3）；C_t、C_M、C_D 见表 5.1.3-1。式中的角标 r、w 分别表示由铆钉和木材决定的承载力。

当作用力与木纹成 α 角时，木铆钉连接斜纹承载力设计值根据 R_d 和 R_{d90} 按 Hankinson 公式计算。

钢侧板厚度调整系数 C_{st} 表 5.7.2-1

钢侧板厚度(mm)	$t_s\geqslant 6.35$	$4.76\leqslant t_s<6.35$	$3.2\leqslant t_s<4.76$
C_{st}	1.0	0.9	0.8

树种调整系数 H 表 5.7.2-2

木材品种及树种组合	层板胶合木		锯材			
	花旗松-落叶松	云杉-扭叶松、短叶松类	A	B	C	D
H	1.0	0.8	0.50	0.45	0.40	0.35

注：树种组合 A、B、C、D 见表 5.6.2-2。

几何调整系数 C_Δ 表 5.7.2-3

$e_p/((n_c-1)S_q)$	C_Δ	$e_p/((n_c-1)S_q)$	C_Δ	$e_p/((n_c-1)S_q)$	C_Δ
0.1	5.76	1.4	1.02	7.0	0.68
0.2	3.19	1.6	0.96	8.0	0.66
0.3	2.36	1.8	0.32	9.0	0.64
0.4	2.00	2.0	0.89	10.0	0.63
0.5	1.77	2.4	0.85	12.0	0.61
0.6	1.61	2.8	0.81	14.0	0.59
0.7	1.47	3.2	0.79	16.0	0.57
0.8	1.36	3.6	0.77	18.0	0.56
0.9	1.28	4.0	0.76	20.0	0.55
1.0	1.20	5.0	0.72	25.0	0.53
1.2	1.10	6.0	0.70	30.0	0.51

注：e_p、S_q 分别为木铆钉的横纹端距和横纹间距。

【例题 5-7】 某层板胶合木桁架节点采用木铆钉连接，各杆截面尺寸、内力如图 5.7.2-1 所示。层板胶合木为花旗松-落叶松，目测定级层板，同等组合，承受永久荷载。试设计该节点的木铆钉布置并验算其承载力。

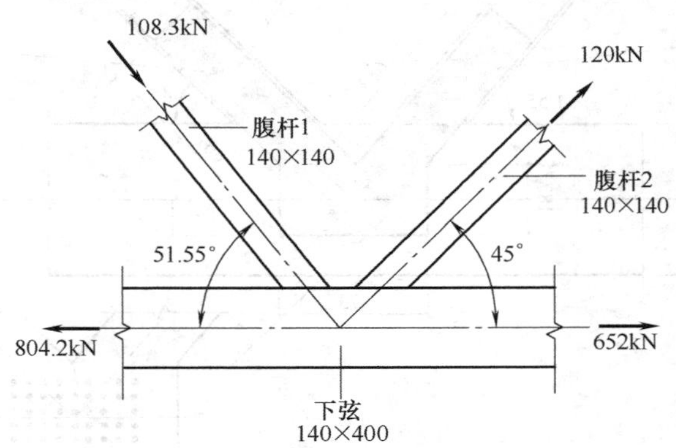

图 5.7.2-1 层板胶合木桁架下弦节点

解：桁架节点应采用双侧木铆钉连接，拟选钢侧板厚 8mm，树种调整系数 $H=1.0$，选用 65mm 长木铆钉，实长 $L=63.5$mm。

钉入木构件的有效深度：$h_{ef}=63.5-8-3.2=52.3\text{mm}<0.7\times140=98\text{mm}$，不超过钉入深度限值。$2\times52.3=104.6\text{mm}<140\text{mm}$，两侧钉不重叠。

(1) 腹杆 1

木铆钉平行于作用力方向排成 4 行，每行用钉 10 枚，顺纹间距和横纹间距均取 25.4mm。因顺木纹受力，故由木铆钉决定的承载力为：

$$R_{dr}=2\times0.583\times52.3^{0.32}\times4\times10\times1.0\times1.0\times1.0\times1.0=165.5\text{kN}$$

由木材决定的承载力，查附录 G 并经线性内插得（$n_R=4$，$n_C=10$）：

$$P_w=145.5\text{kN}$$

$$R_{dw}=2\times0.48\times145.5\times0.8\times1.0\times1.0=111.7\text{kN}$$

其中各调整系数：荷载持续作用效应调整系数 $C_D=0.8$，湿度调整系数 $C_M=1.0$，温度调整系数 $C_t=1.0$，钢侧板调整系数，因 8mm>6.35mm，$C_{st}=1.0$，

故腹杆 1 木铆钉连接承载力设计值为：

$$R_d=\min\{165.5, 111.7\}=111.7\text{kN}>108.3\text{kN}$$

(2) 腹杆 2

木铆钉平行于作用力方向排成 4 行，每行用钉 11 枚，顺纹和横纹间距均取 25.4mm，如图 5.2.2-2 所示。因顺木纹受力，故由木铆钉决定的承载力为：

$$R_{dr}=2\times0.583\times52.3^{0.32}\times4\times11\times1.0\times1.0\times1.0\times1.0=182.0\text{kN}$$

由木材决定的承载力，查附录 G 并经线性内插得：$P_w=153.1\text{kN}$

$$R_{dw}=2\times0.48\times153.1\times0.8\times1.0\times1.0=117.6\text{kN}$$

故木铆钉连接的承载力设计值为：

$$R_d=\min\{182.0, 117.6\}=117.6\text{kN}<120\text{kN}$$

但仅差 2%，尚在工程设计误差（5%）范围内。

(3) 下弦杆

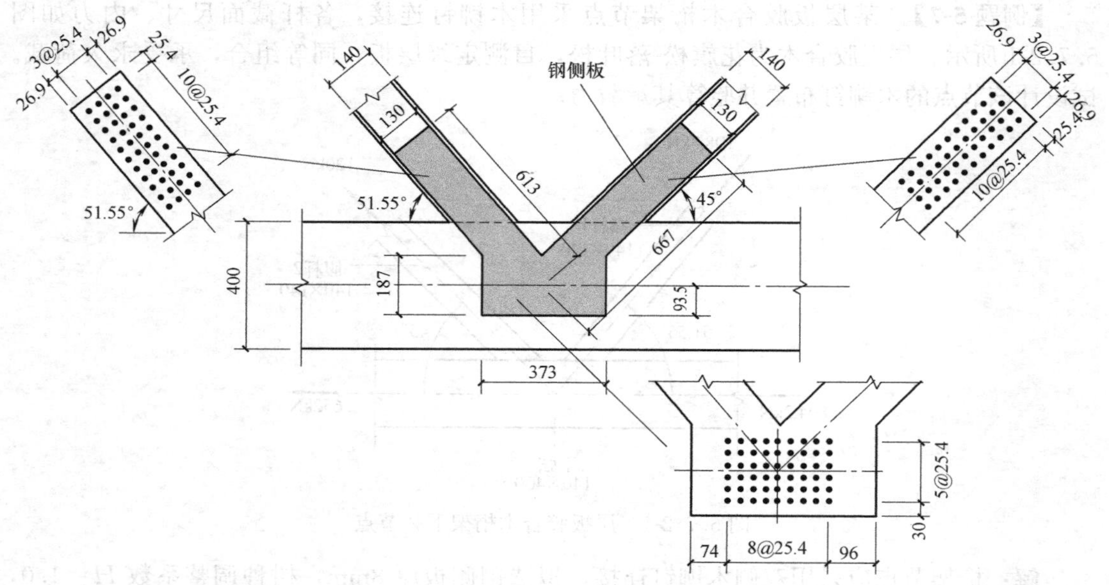

图 5.7.2-2　木铆钉布置

木铆钉连接需承受的作用力为 ΔT＝804.2-652＝152.2kN

拟将铆钉排成 6 行，每行用钉 9 枚，顺纹与横纹间距均取 25.4mm

因顺木纹受力，故由铆钉决定的承载力为：

$$R_{dr}=2\times0.583\times52.3^{0.32}\times6\times9\times1.0\times1.0\times1.0\times1.0=223.4\text{kN}$$

由木材决定的承载力，查附录 G 并经线性内插得：

$$P_w=212.8\text{kN}$$

$$R_{dw}=2\times0.48\times212.8\times0.8\times1.0\times1.0=163.5\text{kN}$$

故下弦杆木铆钉连接的承载力设计值为：

$$R_d=\min\{223.4, 163.5\}=163.5\text{kN}>152.2\text{kN}$$

（4）钢侧板及铆钉布置

见图 5.7.2-2。下弦杆木铆钉的合力中心应位于各杆交点上，边、端距均等于或大于规定的最小要求。

【例题 5-8】 某楼盖搁栅（130mm×304mm）用挂件支承在层板胶合木大梁上，大梁的截面尺寸为 190mm×604mm，由花旗松制作。搁栅的支反力为 20kN（恒荷载效应基本组合），正常使用环境。挂件钢板厚 10mm，Q345 钢，拟采用 90mm 长木铆钉固定。试确定木铆钉的数量和布置。

解： t_s＝10mm，钻孔孔径 6.9mm，C_{st}＝1.0，C_D＝0.8（恒载），树种木材调整系数 H＝1.0，C_t＝1.0，C_M＝1.0

$$h_{ef}=90-10-3.2=76.8\text{mm}$$

预估木铆钉数 $n_r=20/(0.332\times76.8^{0.32})$＝15 个，取 16 个，布置如图 5.7.2-3 所示。挂件两侧各设 1 行（平行于力的作用方向为行），每行用钉 8 枚。

S_q＝25mm，e_p＝304－7×25－12＝117mm，$e_p/[(n_c-1)S_q]$＝117/(7×25)＝0.669

查表 5.7.2-3，C_Δ＝1.47＋(1.61－1.47)×0.032/0.1＝1.51

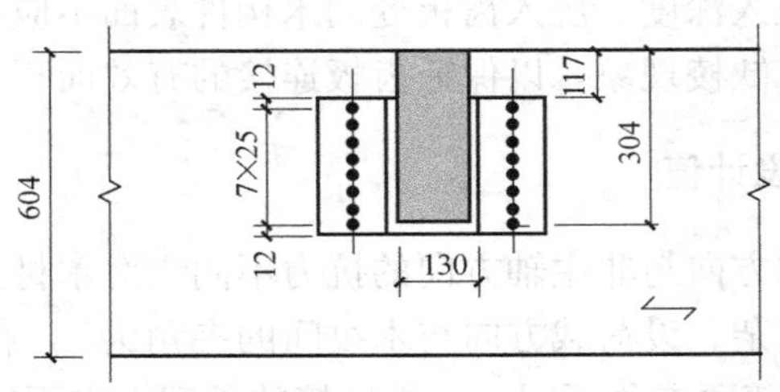

图 5.7.2-3 铆钉连接布置图

由附录 G，查得 $q_w = 1.01$kN

$$R_{d90} = \min\begin{cases} R_{d90r} = 0.332h_{ef}^{0.32} n_R n_C C_{st} C_t C_M H \\ R_{d90w} = 0.48 q_w h_{ef}^{0.8} C_\Delta C_t C_M C_D H \end{cases}$$

$$= \min\begin{cases} 0.332\times 76.8^{0.32}\times 2\times 8\times 1.0\times 1.0\times 1.0\times 1.0 = 21.31 \\ 0.48\times 1.01\times 76.8^{0.8}\times 1.51\times 1.0\times 1.0\times 0.8\times 1.0 = 37.75 \end{cases} = 21.31\text{kN}$$

故 $R_{d90} = 21.31\text{kN} > 20\text{kN}$

由图 5.7.2-3，$S_q = 25$mm，非受力端横纹间距 $e_p = 117$mm，受力边端横纹间距 $a_q = 604 - 304 + 12 = 312\text{mm} > 51\text{mm}$，均满足要求。

5.8 齿板连接

齿板由厚度 1～2mm 的薄钢板冲齿而成，使用时将其成对地压入构件对接缝处的构件两侧面，齿板连接可归类于销连接。齿板连接的承载力不大，且不能传递压力，主要用于规格材制作的桁架节点连接中（称为齿板桁架）。齿板有时还用于木构件局部部位的加固，如梁支座处局部横纹承压强度不足时的加固。齿板必须在构件的两侧设置，因此在以下的承载力计算中，虽不说明两侧但是指两侧承载力的总和。

虽然标准 GB 50005 采用了北美规范的齿板承载力计算方法，但北美规范与欧洲规范 EC 5 的计算方法有较大不同，这里对两种方法分别作简要介绍。

5.8.1 齿板及其连接的构造

齿板（图 5.8.1-1）应由 Q235 碳素结构钢或 Q345 低碳合金钢制作，视型号不同，表面积约为 $3.0\times 10^3 \sim 3.0\times 10^6\text{mm}^2$ 不等。因厚度较薄，需镀锌防腐，镀锌量不小于 275g/m²。尽管如此，考虑其耐久性，齿板不能在有高腐蚀性或潮湿的环境中使用。

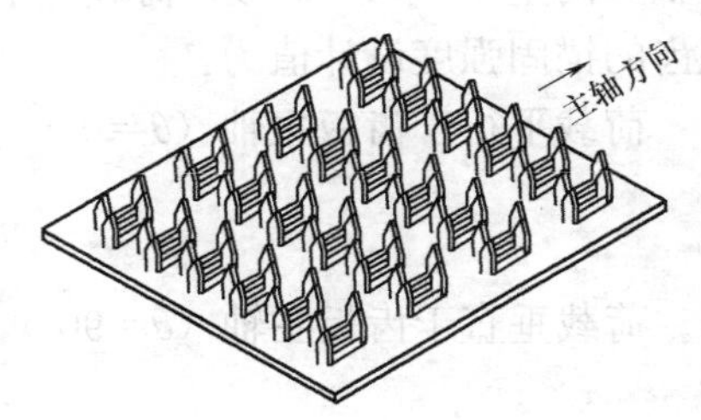

图 5.8.1-1 齿板

齿板上与齿平面相垂直的轴线称齿板的主轴，安装齿板时应按规定的主轴方向将齿板压入被连接构件的侧面，不得歪斜。压入齿板需用专用的液压工具，防止齿板上的齿一部分先压入而另一部分齿后压入木构件，导致齿不垂直或部分齿不能垂直地进入木构件。压入木构件的齿板应紧贴构件表面，以保证齿的压入深度。压入齿板处的木构件表面不应有木节、孔洞和腐朽等缺陷，木构件边部也不应有缺棱现象，以保证齿板连接的有效面积。

5.8.2 齿板连接的强度设计值

由于齿在齿板的主轴方向与非主轴方向的抗力不同，对木材的承压面积也不同，齿板连接的承载力计算较为繁杂。设荷载方向与木纹间的夹角为 α，荷载方向与齿板主轴方向夹角为 θ（图 5.8.2-1），随两夹角不同，齿板连接的承载力也不同。

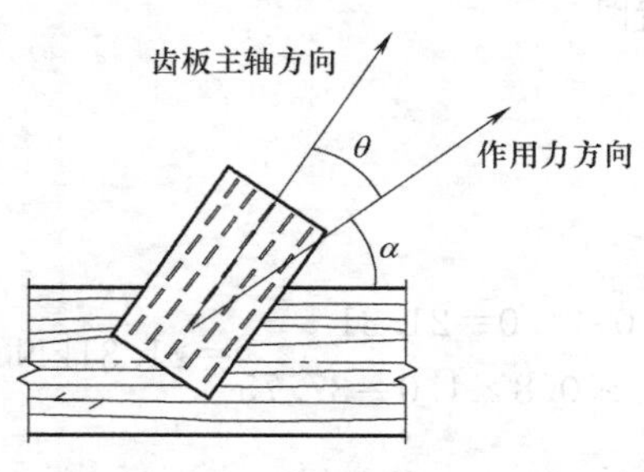

图 5.8.2-1 齿板连接中 α、θ 角定义

齿板连接有三种破坏模式：一种是齿屈服或齿从木构件中拔出；二是齿板被拉断；三是齿板被剪坏。对应这三种模式的强度分别称板齿强度（亦称锚固强度）、齿板的抗拉强度和抗剪强度。齿屈服或从木材拔出有一个过程，即齿板与木构件间的相对滑移量不断增加。在正常使用中这个滑移量不能过大，加拿大齿板协会设计规程（TPIC 2014）的规定为 0.8mm，对应于这个滑移量的连接抗力称为板齿的抗滑移强度。因此，齿板连接共有四种强度控制指标，是计算其承载力和变形的基础，并均依据试验决定。当然试验所用的规格材、齿板品种应与某一工程中使用的一致，但规格材的材质应取该工程所用规格材的平均等级以下的，以保证所获结果有较广的代表性，因为试件的数量毕竟有限。如果材质用平均密度 ρ 表示，试验用规格材的密度应为 $0.8\rho \pm 0.03$，含水率应控制在 14%±0.2%。确定齿板连接 4 种强度设计值的方法如下。

1. 板齿强度设计值（锚固强度设计值）n_r、n_r'（N/mm^2）

需制作如图 5.8.2-2 所示的 4 种情况的齿板连接试件各 10 个。4 种情况为荷载方向与木纹方向和齿板主轴方向分别呈 0°和 90°角的组合。试件的设计应使板齿屈服并从木材中拔出，而齿板不被拉断。试验过程中记录各级荷载下的滑移量，并获得峰值荷载。根据峰值荷载计算每个试件的齿板单位净面积的抗力（N/mm^2）。每组试件中取最低的 3 个承载力的平均值除以系数 k，即得相应于图 5.8.2-2 中 4 种情况齿板连接的抗力 P、P'、Q、Q'，其中 P、Q 分别代表荷载作用方向与主轴方向一致（$\theta=0°$），荷载与木纹方向分别呈 0°（$\alpha=0°$）和 90°（$\alpha=90°$）时的抗力（强度设计值）；P'、Q' 分别代表荷载作用方向与主轴方向呈 90°（$\theta=90°$），荷载与木纹方向分别呈 0°（$\alpha=0°$）和 90°（$\alpha=90°$）时的抗力。板齿的锚固强度设计值为：

荷载平行于齿板主轴（$\theta=0°$），与木纹呈 α 角：

$$n_r = \frac{PQ}{P\sin^2\alpha + Q\cos^2\alpha} \tag{5.8.2-1}$$

荷载垂直于齿板主轴（$\theta=90°$），与木纹呈 α 角：

$$n_r' = \frac{P'Q'}{P'\sin^2\alpha + Q'\cos^2\alpha} \tag{5.8.2-2}$$

当荷载方向与齿板主轴呈 θ 角（0°～90°）时，板齿的强度设计值可在 n_r、n_r' 间用线

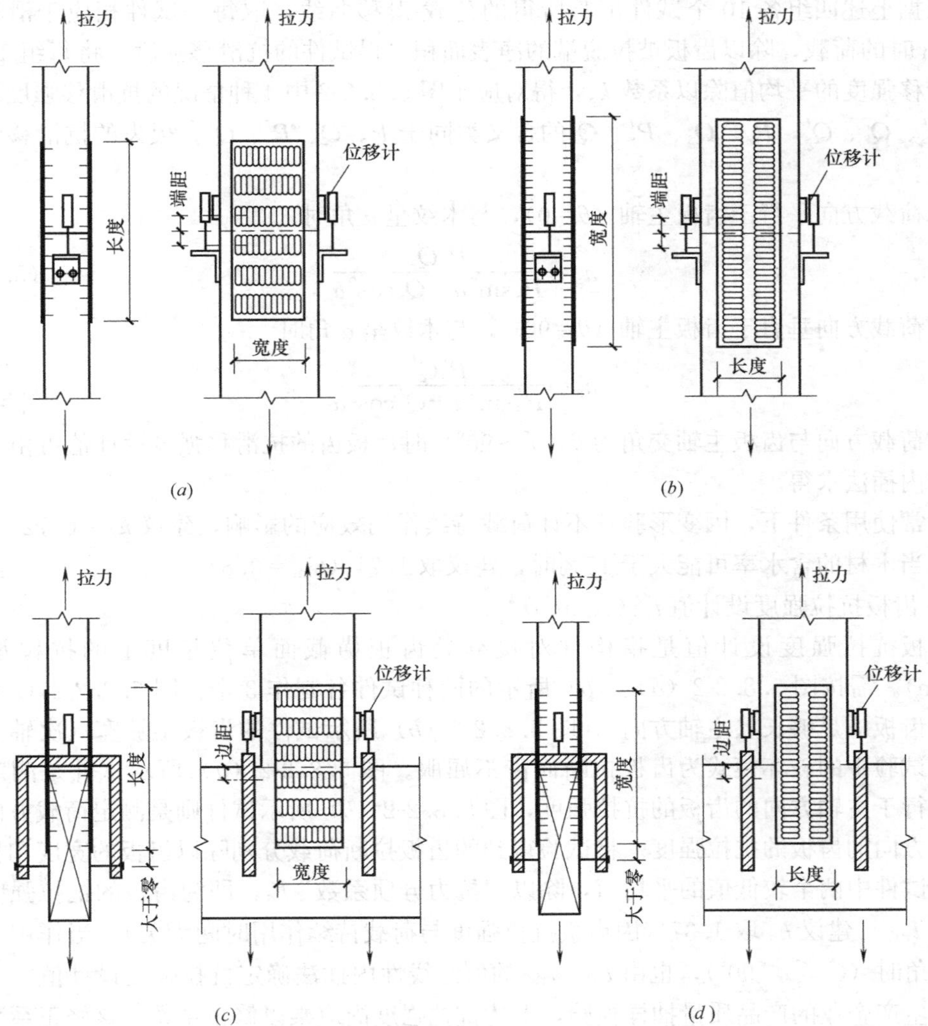

图 5.8.2-2 板齿强度试件

(*a*) 荷载平行于木纹及齿板主轴 $\alpha=0°$，$\theta=0°$；(*b*) 荷载垂直于木纹平行于齿板主轴 $\alpha=0°$，$\theta=90°$；(*c*) 荷载垂直于木纹平行于齿板主轴 $\alpha=90°$，$\theta=0°$；(*d*) 荷载垂直于木纹及齿板主轴 $\alpha=90°$，$\theta=90°$

性内插法求得，即 $n_{r\theta}=n_r-(n_r-n_r')\theta/90$。

齿板的净表面积是指被拉脱端齿板覆盖在构件上的面积减去该端的无效面积。对于图 5.8.2-2（*a*）、（*b*）中的试件，无效面积是端距乘以齿板宽度，端距应从平行木纹方向自拼合缝开始取 12mm 和 1/2 倍齿长中的较大者；对于图 5.8.2-2（*c*）、（*d*）中的试件，齿板被拉脱端应在木材横纹受力端，若不发生在该端，试验结果将是无效的。其无效面积是边距产生的影响面积，边距应从垂直于木纹方向自拼合缝开始取 6mm 和 1/4 倍齿长中的较大者。

系数 k 可视为抗力分项系数和荷载持续作用效应的综合，正常条件下，建议取 1.9；当木材的含水率可能大于 15%时，建议取 2.37（$C_M=0.8$）。

2. 齿的抗滑移强度设计值 n_s、n_s'（N/mm²）

根据上述四组各 10 个试件试验所得的荷载-滑移曲线，取每一试件相应于滑移量为 0.8mm 时的荷载，除以齿板被拉脱端的净表面积，得试件的抗滑移强度。将每组 10 个试件抗滑移强度的平均值除以系数 k_s，得对应于图 5.8.2-2 中 4 种情况的抗滑移强度设计值 P_s、P'_s、Q_s、Q'_s，P_s、Q_s、P'_s、Q'_s的含义类同于 P、Q、P'、Q'。板齿的抗滑移强度设计值为：

当荷载方向平行于齿板主轴（$\theta=0$），与木纹呈 α 角时

$$n_s=\frac{P_sQ_s}{P_s\sin^2\alpha+Q_s\cos^2\alpha} \tag{5.8.2-3}$$

当荷载方向垂直于齿板主轴（$\theta=90°$），与木纹呈 α 角时

$$n'_s=\frac{P'_sQ'_s}{P'_s\sin^2\alpha+Q'_s\cos^2\alpha} \tag{5.8.2-4}$$

当荷载方向与齿板主轴交角为 θ（0°～90°）时，板齿的抗滑移强度设计值可由 n_s、n'_s 经线性内插法求得。

正常使用条件下，因变形验算不计荷载持续作用效应的影响，建议 $k_s=0.72\times1.9=1.37$。当木材的含水率可能大于 15%时，建议取 1.71（$C_m=0.8$）。

3. 齿板抗拉强度设计值 t_r（N/mm）

齿板抗拉强度设计值是指构件对接缝处齿板横截面单位长度上的抗拉承载力（N/mm）。需按图 5.8.2-2（*a*）、（*b*）所示的两种试件各制作 3 个，图 5.8.2-2（*a*）所示试件的齿板应足够长（主轴方向），图 5.8.2-2（*b*）所示试件的齿板足够宽（次轴方向），以保证试验中的破坏模式为齿板拉断而齿不屈服。图 5.8.2-2（*a*）所示试件是测定荷载方向平行于主轴方向的齿板的抗拉强度，图 5.8.2-2（*b*）所示试件则是测定荷载方向垂直于主轴方向的齿板的抗拉强度。将试验得到的齿板拉断荷载分别除以齿板的宽度和长度并取三个试件中两个较低值的平均值，除以"抗力分项系数"k_s，即为齿板的抗拉强度设计值 t_{r0}、t_{r90}。建议 k_s 取 1.37（因齿板抗拉强度与荷载持续作用时间无关）。当作用力与主轴呈 α 角时（$0°\leqslant\alpha\leqslant90°$），也由 t_{r0}、t_{r90} 的值经线性内插法确定抗拉强度设计值。如果是对齿板生产企业的产品质量抽样检验，上述抗拉强度尚应乘以修正系数。该修正系数是指本批齿板所用钢材的力学性能与标准要求有偏差而进行的修正。要求从制造本批齿板的钢板中取 3 块钢板，作抗拉强度试验，取其抗拉强度平均值，则修正系数为标准要求的最低抗拉强度除以 3 块钢板强度的平均值，修正后的强度设计值应不低于该型号齿板的标准要求。

4. 齿板的抗剪强度设计值 v_r（N/mm）

齿板的抗剪强度设计值是指单位长度剪切面上的抗剪承载力。需按图 5.8.2-3 所示的 6 种形式各制作 3 个试件，图中荷载方向与齿板主轴方向呈 0°和 90°为纯剪切；30°T 和 60°T、120°T 和 150°T 为拉剪；30℃和 60℃、120℃和 150℃为压剪。将试验结果的最大极限荷载除以相应试件的剪切面长度并取各组中两个较小值的平均值，除以抗力分项系数 k_s，即为上述各种情况齿板的抗剪强度设计值 v_r（N/mm）。建议 k_s 取 1.37。当荷载方向与图 5.8.2-3 所示方向不同时，可在相应区间内由线性内插法获得抗剪强度。剪切面长度取齿板覆盖木构件拼合缝的长度，修正系数的取值同齿板抗拉强度设计值中的修正系数的取值。最终分别以压剪强度 v_{rc}、拉剪强度 v_{rt}和纯剪切强度 v_r 表示。对于齿板生产企业的

产品抽样检验，所获抗剪强度设计值也需乘以与抗拉强度试验相同的修正系数，以判定各生产环节是否满足预定的标准要求。

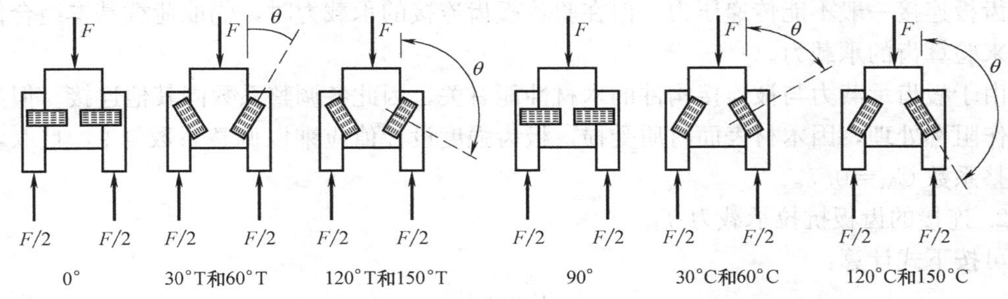

图 5.8.2-3　齿板抗剪试件

5.8.3　齿板连接的承载力

1. 连接的板齿锚固承载力 N_r

齿板连接的板齿承载力按下式计算：

$$N_r = n_r k_h A_0 \tag{5.8.3-1}$$

式中：n_r 为齿的强度设计值，需视荷载作用方向与齿板主轴和木纹方向夹角 α、θ 不同按式（5.8.2-1）和式（5.8.2-2）确定；A_0 为齿板与拼合缝一侧构件相接触的净面积；k_h 为弯矩影响系数，一般仅在验算桁架端节点中才予考虑。k_n 可按下式计算，齿板桁架中取：

$$k_h = 0.85 - 0.05(12\tan\alpha - 2.0) \qquad 0.65 \leqslant k_h \leqslant 0.85$$

式中：α 为上、下弦杆的交角（当下弦杆水平时，即为屋面坡度）。

净面积 A_0 即为铆钉在构件表面的齿板（毛）面积扣除部分无效面积后的面积。无效面积是由于齿的边距、端距不足使齿无法正常发挥作用而产生，因此，规定齿板位于距构件横纹边距 e（6mm 和 1/4 齿长中的较大者）顺纹端距 a（12mm 和 1/2 齿长中的较大者）范围内的齿板面积为无效面积。根据连接部位，如果齿板完全覆盖构件端头表面，如图 5.8.3-1（a）中构件①、②，无效面积为 e、a 分别乘以相应的齿板长度和宽度之和；如果齿板不完全覆盖构件端头表面，且齿板边到构件边的距离超过边距 e 或端距 a，就不存在无效面积，如图 5.8.3-1（a）中构件③的下边缘和如图 5.8.3-1（b）中两构件上的齿

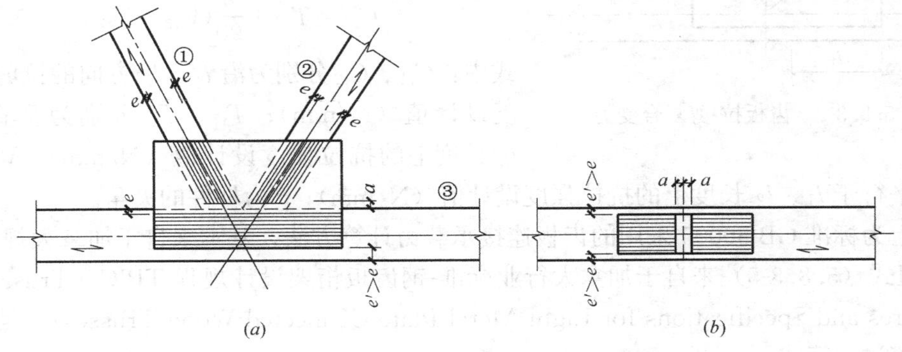

图 5.8.3-1　齿板连接的端距、边距示意图

板边距 $e'>e$，就不存在边距 e 造成的无效面积，图 5.8.3-1（b）中只有端距造成的无效面积。

齿板连接一般不能传递压力，但在验算板齿连接的承载力时，仍取荷载基本组合值的 65%来验算齿的承载力。

由于板齿承载力与被连接构件的木材性能有关，因此各调整系数同其他连接。但如果木材作阻燃处理，因木材表面材质受损，板齿强度设计值应乘以调整系数 0.9，且取含水率调整系数 $C_M=0.7$。

2. 连接的齿板抗拉承载力 T_r

可按下式计算：

$$T_r=t_r b \tag{5.8.3-2}$$

式中：t_r 为齿板抗拉强度设计值，按第 5.8.2 节的规定确定；b 为垂直于拉力方向齿板的截面宽度（mm）。

3. 连接的齿板抗剪承载力 V_r

可按下式计算：

$$V_r=v_r b_v \tag{5.8.3-3}$$

式中：v_r 为齿板的抗剪强度设计值，需视剪力方向与齿板主轴和木纹的夹角不同，按第 5.8.2 节的规定确定（v_{rc}、v_{rt}、v_r）；b_v 为平行于剪力作用方向的齿板受剪面长度（mm）。

4. 连接的板齿抗滑移承载力 N_s

可按下式计算：

$$N_s=n_s A \tag{5.8.3-4}$$

式中：n_s 为板齿的抗滑移强度设计值，需视荷载方向与齿板主轴和木纹方向不同，按第 5.8.2 节的规定确定；A 为齿板与拼合缝一侧构件相接触的净表截面积。

在连接的抗滑移承载力验算中，N_s 不应小于该构件的荷载效应的标准组合。

5. 拉剪复合作用下齿板连接承载力设计值

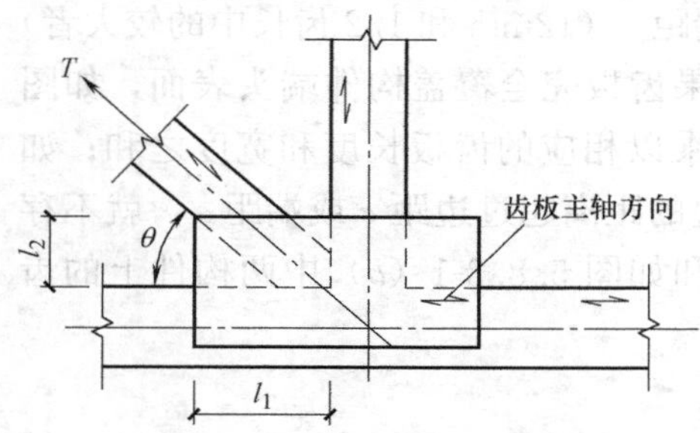

图 5.8.3-2　齿板拉-剪复合受力

拉剪复合荷载作用下的齿板承载力设计值 C_r（图 5.8.3-2）按下列各式计算：

$$C_r=C_{r1}l_1+C_{r2}l_2 \tag{5.8.3-5a}$$

$$C_{r1}=V_{r1}+\frac{\theta}{90}(T_{r1}-V_{r1}) \tag{5.8.3-5b}$$

$$C_{r2}=T_{r2}+\frac{\theta}{90}(V_{r2}-T_{r2}) \tag{5.8.3-5c}$$

式中：C_{r1}、C_{r2}分别为沿 l_1、l_2 方向的拉剪复合强度设计值（N/mm）；T_{r1}、T_{r2}分别为垂直于 l_1、l_2 长度上的抗拉强度设计值（N/mm）；V_{r1}、V_{r2}分别为平行于 l_1、l_2 长度上的抗拉强度设计值（N/mm）；θ 为杆件的夹角。

以上为标准 GB 50005 采用的齿板连接承载力计算方法，基本来自于加拿大规范 CSA O86，但式（5.8.3-5）来自于加拿大行业标准-钢齿板桁架设计规程 TPIC（Truss Design Procedures and Specifications for Light Metal Plate Connected Wood Trusses），是仍需要进一步探讨的算式。

5.8.4 欧洲规范 EC 5 中齿板连接承载力的计算方法

欧洲木结构设计规范 EC 5 中齿板连接的承载力计算方法与上述方法存在很大不同，表明对这种连接在认识上尚存在差异。现简要介绍规范 EC 5 中的有关计算方法，以供参考。

齿板连接的失效模式同样为 3 种，即齿失效和齿板受拉或受剪失效。齿失效也称为齿锚固失效，其强度用 $f_{a\theta,\alpha}$（N/mm²）表示，齿板的抗拉、抗剪强度分别用 $f_{t,0}$、$f_{t,90}$ 和 $f_{v,0}$、$f_{v,90}$（N/mm²）表示，有时也用 $f_{c,0}$、$f_{c,90}$ 表示齿板的抗压强度。角标中的 α 是荷载 F 方向与木纹的夹角，θ 是荷载方向与齿板主轴的夹角，0、90 分别表示荷载方向与齿板主轴的夹角为 0°和 90°。用 γ 角表示齿板主轴（x）与被连接构件交界面（线，即接缝）的夹角，如图 5.8.4-1所示。

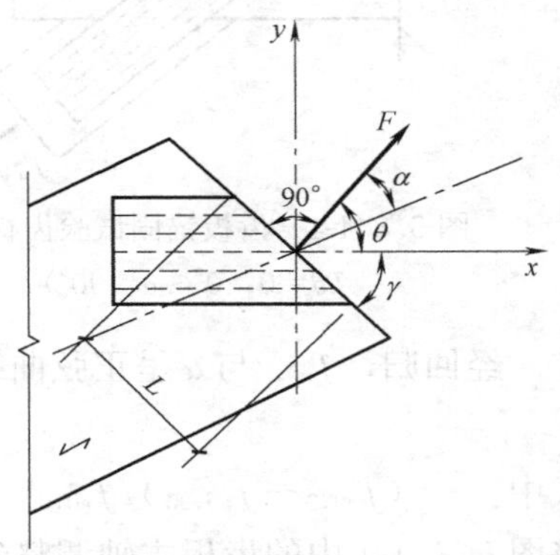

图 5.8.4-1 齿板连接几何关系

上述强度值均应通过试验确定。用与工程所用相同的木材和齿板制作试件，通过规定的试验程序获得具有 95%保证率的强度标准值，对于齿锚固强度 $f_{a\theta,\alpha k}$（单位面积的承载力标准值）乘以荷载持续作用效应调整系数 K_{DOL} 并除以抗力分项系数 γ_d 得齿锚固强度设计值 $f_{a\theta,\alpha d}$。建议锚固强度设计值取 $f_{a\theta,\alpha d}=0.53f_{a\theta,\alpha k}$。齿板的抗拉强度（单位长度承载力）、抗剪强度（单位长度承载力）单纯是钢材的强度问题，不计荷载持续作用效应，强度设计值 $f_{t,0d}$、$f_{t,90d}$、$f_{v,0d}$、$f_{v,90d}$ 取对应强度标准值的 0.74 倍。

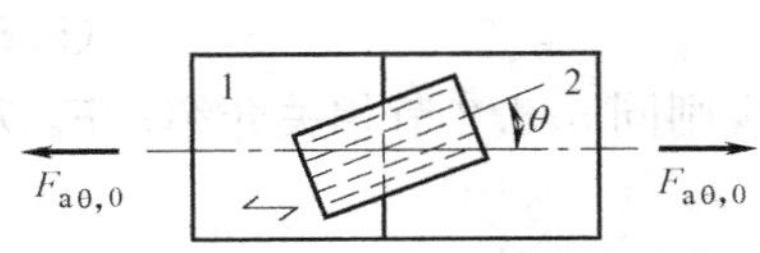

图 5.8.4-2 齿板锚固强度试验齿板布置
（$\alpha=0$，$0°\leqslant\theta\leqslant90°$）

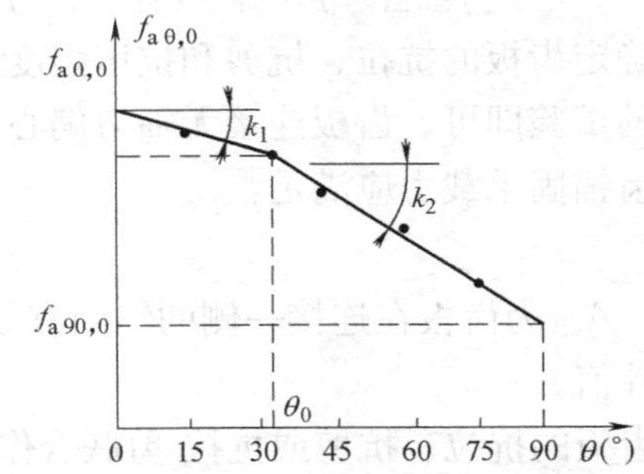

图 5.8.4-3 齿板锚固强度与 θ 角关系曲线
（$\alpha=0$，$0°\leqslant\theta\leqslant90°$）

较为复杂的是确定齿的锚固强度。首先作如图 5.8.4-2 所示的试验，应保证锚固失效发生在构件 2 上（使该侧锚固面积远小于另一侧），先取 $\alpha=0°$，再分别取 $\theta=0°$、15°、30°、…、75°、90°进行试验，获得对应的齿锚固强度值。经回归得如图 5.8.4-3 所示的锚固强度值下限的双段直线关系曲线，两直线的交点在 $\theta=\theta_0$ 处，斜率分别为 k_1、k_2。锚固强度设计值则为：

$$f_{a\theta,0d}=\begin{cases}f_{a0,0d}+k_1\theta & (\theta\leqslant\theta_0)\\ f_{a0,0d}+k_1\theta_0+k_2(\theta-\theta_0) & (\theta_0<\theta\leqslant90°)\end{cases} \tag{5.8.4-1}$$

再在 $\theta=0°$ 条件下，由试验确定不同 α 角情况下的锚固强度 $f_{a0,\alpha}$，试验布置如图 5.8.4-4 所示，改变不同的 α 角，应保证锚固失效发生在构件 2 上，试验结果的关系曲线如图 5.8.4-5 所示。

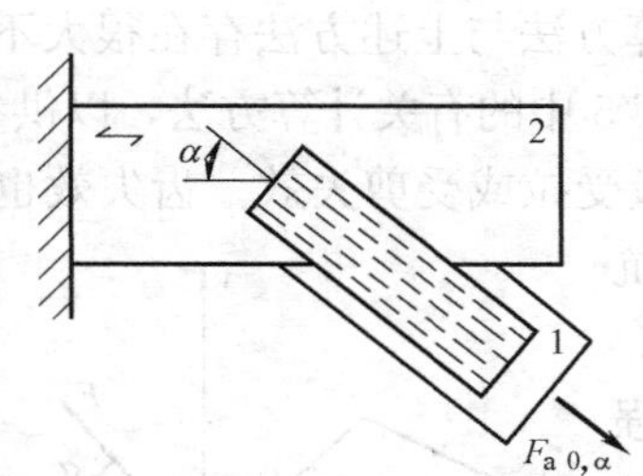

图 5.8.4-4 齿板锚固试验齿板布置
($\theta=0$, $0°\leqslant\alpha\leqslant90°$)

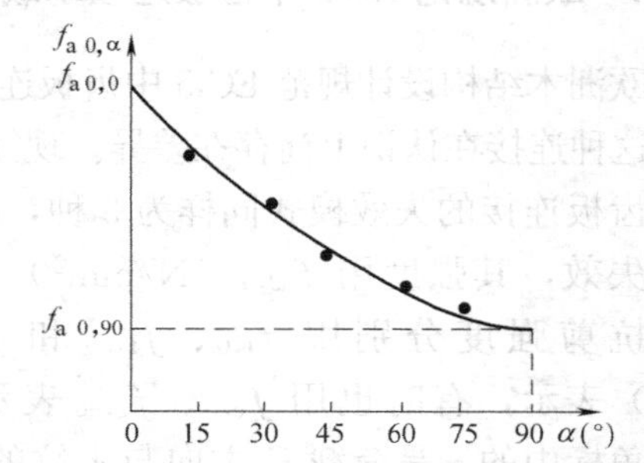

图 5.8.4-5 齿板锚固强度与 α 角关系曲线
($\theta=0$, $0°\leqslant\alpha\leqslant90°$)

经回归，$f_{a0,\alpha}$与 α 呈正弦曲线关系：

$$f_{a0,\alpha}=f_{a0,0}(1-c\sin\alpha) \tag{5.8.4-2}$$

式中：$c=(f_{a0,0}-f_{a0,90})/f_{a0,0}$。试验还表明 $f_{a0,90}\approx f_{a90,90}$。$f_{a90,90}$也可由试验获得，即将图 5.8.4-4 中的齿板主轴调整到垂直于木纹，且垂直于齿板主轴加载而得。

规范 EC 5 将上述试验结果采用内插法，获得了任意 θ、α 角下的齿锚固强度设计值，即：

$$f_{a\theta,\alpha d}=\max\begin{cases}f_{a\theta,0d}-(f_{a\theta,0d}-f_{a90,90d})\dfrac{\alpha}{45} \\ f_{a0,0d}-(f_{a0,0d}-f_{a90,90d})\sin(\max\{\theta,\alpha\})\end{cases}\quad \alpha\leqslant45° \tag{5.8.4-3a}$$

$$f_{a\theta,\alpha d}=f_{a0,0d}-(f_{a0,0d}-f_{a90,90d})\sin(\max\{\theta,\alpha\})\quad 45°<\alpha\leqslant90° \tag{5.8.4-3b}$$

确定齿板的抗拉、抗剪和抗压强度设计值，仅需作荷载与齿板主轴呈 0°和 90°的两种情况的试验即可。齿板连接无轴力偏心等弯矩时，连接承载力的验算较为简单。

齿锚固承载力应满足：

$$f_{a\theta,\alpha d}A_{eff}\geqslant F_s \tag{5.8.4-4}$$

式中：A_{eff}为齿板在连接一侧的锚固有效面积，计算规则同 5.8.2 节相关介绍；F_s 为作用力设计值。

齿板的抗拉、抗剪或抗拉-剪联合作用承载力按下式验算：

$$\left(\frac{F_{xEd}}{F_{xRd}}\right)^2+\left(\frac{F_{yEd}}{F_{yRd}}\right)^2\leqslant1.0 \tag{5.8.4-5}$$

式中：F_{xEd}、F_{yEd}分别为连接处荷载在主轴 x 和次轴 y 方向的分量（图 5.8.4-1），即 $F_{xEd}=F\cos\theta$，$F_{yEd}=F\sin\theta$，如果荷载为压力，则取 1/2 荷载值验算；F_{xRd}、F_{yRd}分别为齿板在主轴 x 和次轴 y 方向的承载力设计值，分别按下列公式计算：

$$F_{xRd}=\max\{|f_{n0d}L\sin[\gamma-\gamma_0\sin(2\gamma)]|,|f_{v0d}L\cos\gamma|\} \tag{5.8.4-6}$$

$$F_{yRd}=\max\{|f_{n90d}L\cos\gamma|,|kf_{v90d}L\sin\gamma|\} \tag{5.8.4-7}$$

$$f_{n0d}=\begin{cases}f_{t,0,d} & \text{当 } F_{xEd}>0\text{（拉）} \\ f_{c,0,d} & \text{当 } F_{xEd}\leqslant0\text{（压）}\end{cases} \tag{5.8.4-8}$$

$$f_{n90d}=\begin{cases}f_{t,90,d} & \text{当 } F_{yEd}>0\text{（拉）} \\ f_{c,90,d} & \text{当 } F_{yEd}\leqslant0\text{（压）}\end{cases} \tag{5.8.4-9}$$

$$k=\begin{cases}1-k_{v}\sin(2\gamma) & \text{当 } F_{yEd}>0(\text{拉})\\ 1.0 & \text{当 } F_{yEd}\leqslant 0\ (\text{压})\end{cases} \tag{5.8.4-10}$$

式中：L 为连接处齿板的长度；f_{n0d}、f_{n90d}分别为与齿板主轴成 0°和 90°的轴向抗拉或抗压强度设计值；γ 为齿板主轴与接缝间的夹角；k_v、γ_0 为齿板的特性系数，由供应商提供或由齿板抗剪试验结果确定，但两者均取 0 不会产生过大的偏差。

当齿板连接节点上齿板与连接构件间有两条接缝时，应将荷载分解作用在两接缝的齿板上，再按上述方法验算抗拉、抗剪承载力。当齿板连接处存在弯矩作用时，计算将更为复杂些，参见规范 EC 5。

【例题 5-9】 试验算图 5.8.4-6 所示节点的齿板连接承载力，斜杆轴力设计值为 8kN（标准组合 6.30kN）。

已知：斜腹杆截面为 40mm×65mm，下弦杆截面为 40mm×140mm。

齿板平面尺寸为 200mm×150mm，齿板主轴平行于下弦

板齿强度设计值：

$P=1.92\text{N/mm}^2$，　$Q=1.35\text{N/mm}^2$

$P'=1.97\text{N/mm}^2$，　$Q'=1.35\text{N/mm}^2$

$P_s=2.03\text{N/mm}^2$，　$Q_s=1.04\text{N/mm}^2$

$P'_s=1.97\text{N/mm}^2$，　$Q'_s=1.23\text{N/mm}^2$

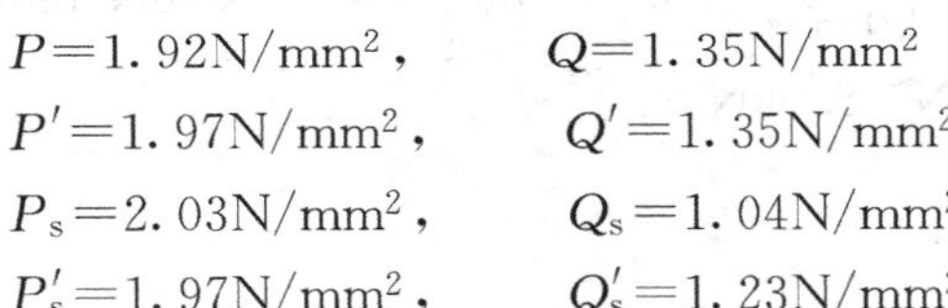

图 5.8.4-6　齿板节点

齿板抗拉强度设计值：$t_{r0}=180.11\text{N/mm}$，$t_{r90}=136.23\text{N/mm}$。

齿板抗剪强度设计值：见表 5.8.4-1。

齿板抗剪强度设计值（N/mm）　表 5.8.4-1

0°	30°	60°	90°	120°	150°
$v_0=85.39$	$v_{30C}=84.11$ $v_{30T}=115.93$	$v_{60C}=91.7$ $v_{60T}=146.1$	$v_{90}=105.51$	$v_{120C}=74.97$ $v_{120T}=89.18$	$v_{150C}=88.23$ $v_{150T}=114.93$

解：

（1）斜腹杆连接

1）板齿承载力验算：

净表面积 A_0 如图 5.8.4-7 所示

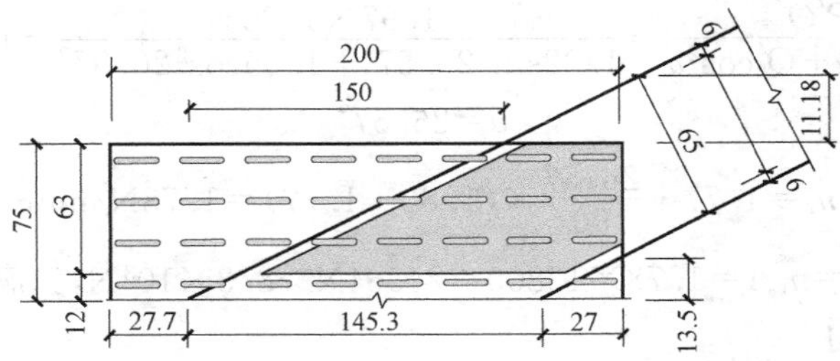

图 5.8.4-7　净面积计算

$A_0=75\times200-[75\times27.7+(1/2)\times75\times150+(1/2)\times27\times13.5+6\times75/\sin26.57°$
$+6\times13.5/\sin26.57°+145.3\times12]=4184.45\text{mm}^2$

$\alpha=0$，$n_r=P=1.92\text{N/mm}^2$，$n'_r=P'=1.97\text{N/mm}^2$，$\theta=26.57°$

$n_{r\theta}=1.92+(1.97-1.92)\times26.57/90=1.93\text{N/mm}^2$

$N_r=n_{r\theta}A_0=1.93\times4184.45=8076\text{N}=8.08\text{kN}>8.0\text{kN}$

2）抗滑移承载力

$\alpha=0$，$n'_s=p'_s=2.03\text{N/mm}^2$，$n'_s=p'_s=1.97\text{N/mm}^2$，$\theta=26.57°$

$n_s=2.03\times\dfrac{26.57}{90}\times(1.97-2.03)=2.01\text{N/mm}^2$

$N_r=2.01\times4184.45=8410.74\text{N}=8.41\text{kN}>6.3\text{kN}$

3）拉、剪联合作用

仅有一条接缝，故仅用式（5.8.3-5a）和式（5.8.3-5b）计算，取 $l_2=0$。

$V_{r1}=v_0=85.39\text{N/mm}$

$T_{r1}=t_{r90}=136.23\text{N/mm}$

$C_r=C_{r1}l_1+C_{r2}l_2$，$l_1=200\text{mm}$，$l_2=0$

$C_{r1}=V_{r1}+\dfrac{\theta}{90}(T_{r1}-V_{r1})=85.39+\dfrac{26.57}{90}\times(136.23-85.39)=100.40\text{N/mm}$

$C_r=100.4\times200=20080\text{N}=20.08\text{kN}>8.0\text{kN}$

按欧洲规范 EC 5 方法验算

拉力 $T=8.0\times\sin26.57°=3.58\text{kN}$

剪力 $V=8.0\times\cos26.57°=7.16\text{kN}$

齿板受拉抗力：$\theta=90°$　　$T_r=t_{t90}\times b=136.23\times200=27246\text{N}$

齿板受剪抗力：$\theta=0°$　　$v_r=v_0=85.39\text{N/mm}$，$V_r=85.39\times200=17078\text{N}$

按椭圆公式验算齿板抗力：

$\left(\dfrac{T}{T_r}\right)^2+\left(\dfrac{V}{V_r}\right)^2=\left(\dfrac{3580}{27246}\right)^2+\left(\dfrac{7160}{17078}\right)^2=0.193\leqslant1.0$，满足要求。

（2）弦杆连接

1）板齿承载力验算：

净面积 $A=200\times(75-6)=13800\text{mm}^2$

$$\alpha=26.57°$$

$$n_r=\frac{PQ}{P\sin^2\alpha+Q\cos^2\alpha}=\frac{1.92\times1.35}{1.92\sin^2 26.57°+1.35\cos^2 26.57°}=1.77\text{N/mm}^2$$

$$n'_r=\frac{P'Q'}{P'\sin^2\alpha+Q'\cos^2\alpha}=\frac{1.97\times1.35}{1.92\sin^2 26.57°+1.35\cos^2 26.57°}=1.80\text{N/mm}^2$$

$$\theta=26.57°$$

$$n_r=1.77+\frac{26.57}{90}\times(1.80-1.77)=1.78\text{N/mm}^2$$

$$N_r=n_rA=1.78\times13800=24564\text{N}>8.3\times10^3\text{N}，\ 满足$$

2）抗滑移承载力

$$\alpha=26.57°$$

$$n_s=\frac{2.03\times1.04}{2.03\sin^2 26.57°+1.04\cos^2 26.57°}=1.71\text{N/mm}^2$$

$$n_s'=\frac{1.97\times1.23}{1.97\sin^2 26.57°+1.23\cos^2 26.57°}=1.76\text{N/mm}^2$$

$$\theta=26.57°$$

$$n_s=1.71+\frac{26.57}{90}\times(1.76-1.71)=1.72\text{N/mm}^2$$

$$N_s=1.72\times13800=23736\text{N}>6.3\times10^3\text{N},\quad 满足$$

5.9 胶连接与植筋连接

木结构连接用胶除应有足够的粘结强度外，胶粘剂、树脂胶等其化学成分不应危及人畜安全，不污染环境，满足环保要求，应具有与木结构工程设计使用年限相适应的耐久性。胶连接是指利用胶的粘结能力将木构件连接起来并构成类似刚接的节点。胶连接具有明显的脆性破坏特征，现场施工又较难保证施工质量而未纳入标准 GB 50005—2017 的连接设计计算中，目前只用于工程木（层板胶合木、结构复合木材）等产品生产过程中。但将其视为连接中的一种辅助形式，例如用以克服销连接中的初始滑移变形，增加正常使用荷载下的节点刚度，仍有显著作用。植筋连接（Glued in rod）是将带肋螺纹钢筋用胶粘剂植入木材上预钻的孔中，通过钢筋轴向抗拉、抗压能力和横向抗弯、抗剪能力来传递被连接木构件间的作用力。植筋连接（植筋深度足够时）的优良抗拉性能，将使其可能发展成为木结构的一种新的连接形式。

5.9.1 胶连接

木构件连接用胶（粘结剂）已在第 3.2.1 节作过介绍，取材较方便的则是环氧树脂类粘结剂。胶的性能是影响胶连接性能的基本因素。

胶缝抗剪承载力的计算，是一个较复杂的问题，与胶的性能有密切关系。胶缝微单元的应力-应变（τ-δ）关系体现了其基本力学性能，图 5.9.1-1 为不同胶种的 3 种基本特性。其中 a 为应变硬化模型，b 为理想的弹塑性模型，c 为应变软化模型。达到胶缝抗剪强度 τ_f（拐点）后曲线与横坐标间的面积体现了胶缝的断裂能量 G_f，G_f 越小，胶的脆性愈明显。酚醛间苯二酚和氨基树脂胶表现得非常脆，胶缝达到 τ_f 后的软化速率很快，迅速断裂；环氧树脂胶随固化剂类型和填料不同，可能发生应变硬化，甚至可呈理想的弹塑性应力-应变关系。胶缝微单元的抗剪强度除与胶的种类有关外，尚与胶层的厚度、木纹方向和胶粘面的加工精度及胶的养护条件等因素有关。

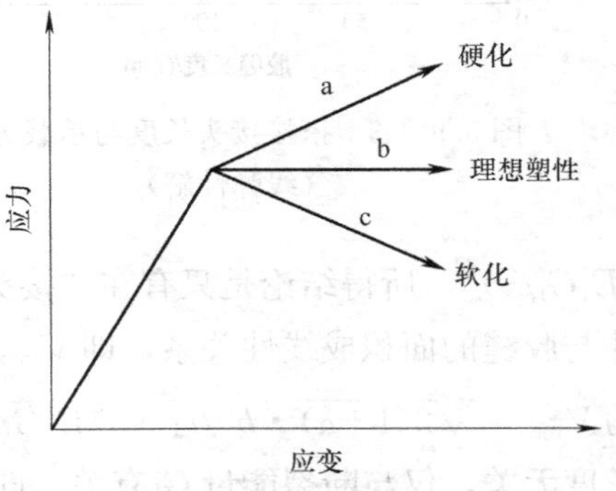

图 5.9.1-1 胶缝受剪时的三种应力-应变关系

胶缝的抗剪承载力不能简单地看作与胶缝面积成线性关系。图 5.9.1-2 为两块几何特性与刚度特性相同木板间搭接胶缝的剪应力和正应力分布图，可见剪应力沿胶缝长度分布是不均匀的，且有因轴力偏心产生的正应力。针对胶缝微单元应力-应变的不同特性，胶缝抗剪承载力的计算有不同的方法。

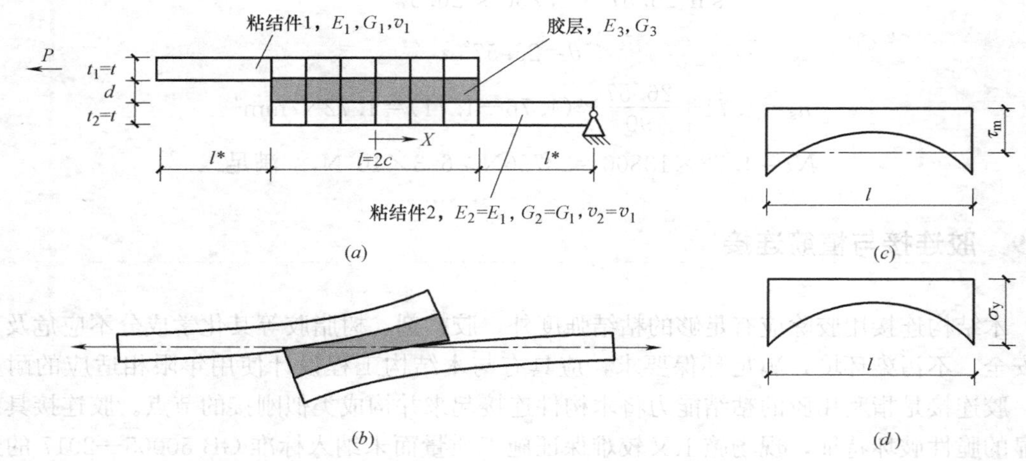

图 5.9.1-2 胶缝的应力分析

(a) 计算简图；(b) 接头的变形；(c) 剪应力分布；(d) 正应力分布

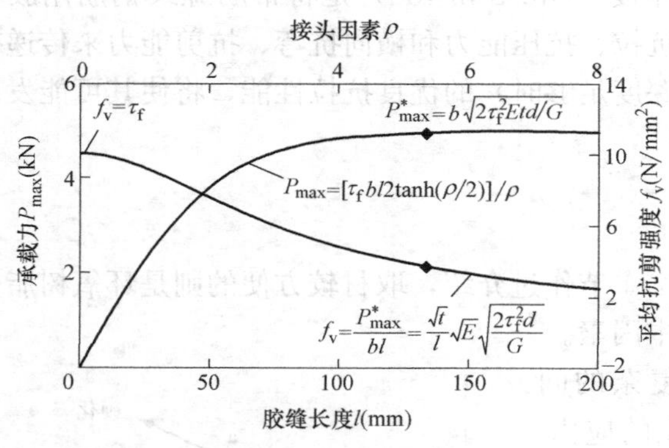

图 5.9.1-3 搭接接头长度与承载力关系（线弹性解）

根据 Volkersen 的线弹性理论求解图 5.9.1-2 所示的单侧搭接胶连接接头的承载力，得如图 5.9.1-3 所示的结果。可见，当胶缝达到一定长度后承载力不再增加，而胶缝的平均剪应力（即胶缝强度）随胶缝长度的增加而降低。非线性断裂力学广义 Volkersen 理论将图 5.9.1-2 中的两块木板的轴向抗拉刚度比 $\alpha=E_1t_1b_1/E_2t_2b_2$、接头因素 $\rho=\sqrt{t_1}/l$、木材弹性模量 E_1 及胶缝微单元力学特性 G_f 和抗剪强度 τ_f 组合成“接头的脆性比” $\omega=[(1+\alpha)/2][\tau_f/(E_1G_f\rho^2)]$，所得结论是只有在“接头脆性比” $\omega<0.1(1+\alpha)$ 条件下，胶缝的抗剪承载力才与胶缝的面积成线性关系，即 $V_{max}=\tau_f bl$；当 $0.1(1+\alpha)\leqslant\omega\leqslant10(1+\alpha)$ 时，胶缝承载力 $V_{max}=\sqrt{2(1+\alpha)}\cdot b\sqrt{t_1}\cdot\sqrt{E_1G_f}$。可见，胶缝承载力似乎与微单元抗剪强度 τ_f 和胶缝长度无关，仅与断裂能量 G_f 有关。即在构件宽度一定的条件下，增加构件的搭接（胶接）长度并不能提高承载力，关键是要改善胶的断裂性能 G_f。但这并非木结构技术人员的专长，可能是目前结构构件间连接尚不能只采用胶连接的又一原因。

木结构构件间的胶连接尚未有相关的标准可循，在这种情况下，如工程中必须使用，则应通过这种连接的足尺试验论证，并应考虑到可能脆性断裂造成的后果，配置适当的类似保险螺栓之类的辅助连接是必要的，以保证安全。

5.9.2 植筋连接

1. 植筋工艺及基本性能

木结构植筋技术源于瑞典、丹麦等国，后传入苏联，至今已有 40 多年历史。植筋可采用制作层板胶合木所用的胶粘剂，如酚类胶、单组分聚氨酯等，但最常用的是能常温固化的环氧树脂胶（环氧树脂＋固化剂＋增塑剂＋石英粉填料）。当长期处于较高温度（≥35℃）条件下或有特殊要求时，需采用特殊的配方。植筋是借用混凝土结构后锚固技术的术语，木结构中的植筋应采用注胶的施工工艺，即钢筋先插入孔中，再从注浆孔中注入胶粘剂，但要保证钢筋居中、胶层均匀，又要保证钢筋的植入深度。木材孔径宜比钢筋直径大 4～6mm，至少大 2mm，最大钢筋直径不超过 25mm。一般认为植筋深度超过 d^2（变形钢筋直径），拔出力即可不低于钢筋的屈服拉力。

加拿大不列颠哥伦比亚大学做过不同试验条件下 30 个植筋拔出试验。结果表明，横纹植入钢筋只要有足够深度，承受轴向拉力作用时，钢筋可屈服而不致拔出。典型的荷载-拔出位移的关系曲线（钢筋直径 16mm，植入深度 465mm）如图 5.9.2-1 所示。图中曲线类似于钢筋受拉的荷载-变形曲线，说明植筋连接具有良好的延性。采用环氧树脂粘结剂的植筋具有良好的环境适应能力，木材含水率、温度变化（−30～50℃）等对抗拔性能影响不大。

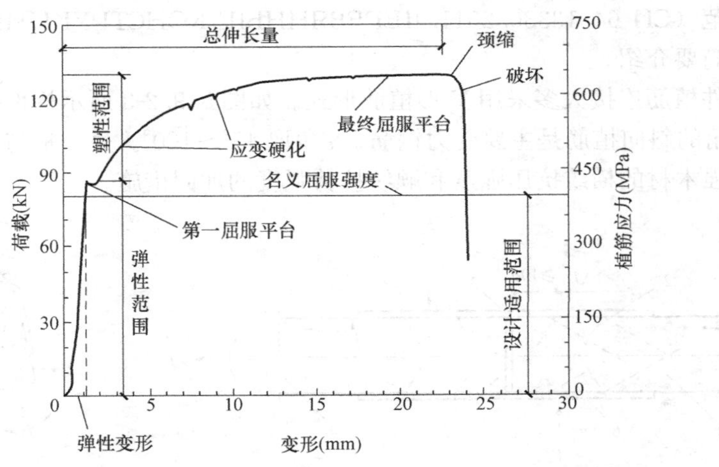

图 5.9.2-1 植筋的荷载（拔出力）-变形曲线

钢筋抗拔性能与植筋深度密切相关。植入深度不足，钢筋被拔出则表现为明显的脆性特征。因此植入深度是植筋连接的关键参数。试验表明，植筋的抗拔承载力与植入深度并非线性关系，因为植筋在受拉过程中，胶粘层所受到的剪应力（粘结应力）沿植筋深度分布是不均匀的，类似于钢筋在混凝土构件中的锚固粘结应力分布。图 5.9.2-2 为植筋在拉力作用下沿深度的钢筋拉应力分布。该曲线的一次导数不可能为平行于 x 轴的直线，因此胶粘层的剪应力分布是不均匀的，距木材表面越近，剪应力越大，这一现象也可用 Volkersen 理论来证明。当胶粘剂在塑性变形能力有限的条件下，发生剪应力重分布的可能性不大，植筋的胶粘层的破坏将从剪应力最大处即木材表面开始，并快速向深层发展而钢筋被拔出，这就限制了高强度钢筋在植筋中的应用。

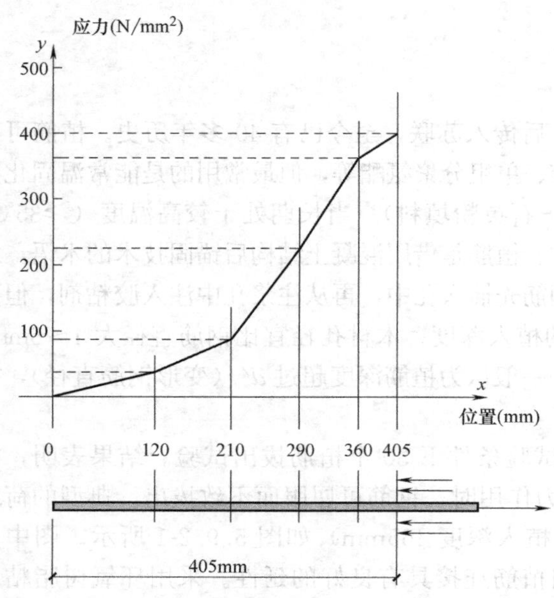

图 5.9.2-2　植筋的应力分布

植筋连接承受侧向荷载作用时，类似于销连接。由于钢筋和木材间被胶层填满，又有粘结力，试验表明比同直径销连接的侧向承载力要高。顺纹受力约高 1.25 倍，横纹约高 1.55 倍。因钢筋与孔间无缝隙，接触紧密，故初始滑移变形小，连接刚度大。

可见，利用植筋技术，可期望获得一种承载性能良好的木结构连接方法。但施工现场的质量检验远难于诸如钉连接、螺栓连接等机械连接，胶粘剂在温度较高情况下可能发生软化、植筋深度不足拔出破坏呈脆性等问题，是大多数国家的木结构设计规范中尚未将其纳入的主要原因。

2. 植筋连接设计建议

对于植筋连接的设计，俄罗斯木结构设计规范（СП 64.13330.2011. ДЕРЕВЯННЫЕ КОНСТРУКЦИИ）有较详细的规定，对其作简要介绍。

承重构件植筋连接大多采用 V 形植筋形式。如图 5.9.2-3 所示构件接头的植筋，其中与木纹呈 α 角的斜向植筋是主要受力钢筋，α 角取 45°～120°。另一根与其成直角的斜向植筋是为了加强木材的横纹抗压强度和顺纹抗剪强度的加固措施。

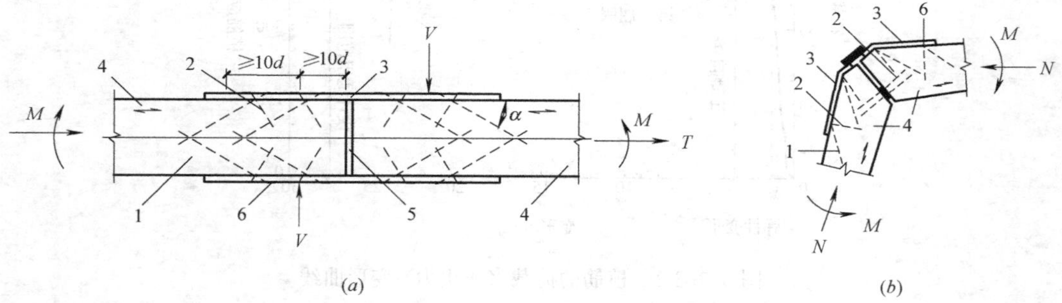

图 5.9.2-3　植筋连接的接头

(*a*) 对接接头；(*b*) 三铰拱脊节点

1—主要受力筋；2—加固筋；3—钢板；4—木构件；5—聚合物砂浆；6—钢筋与锚筋焊点

斜向植筋要求钢筋轴线与木纹的夹角不小于 20°，否则称为顺纹植筋。顺纹植筋需与横纹或斜纹植筋配合使用。

对于松、杉类软木，顺纹和横纹植筋的抗拔和抗压承载力 T，建议按下式计算：

$$T = f_v d_1 \pi l k_c \tag{5.9.2-1}$$

$$k_c = 1.2 - 0.02 l/d \tag{5.9.2-2}$$

式中：f_v 为木材顺纹抗剪强度设计值（N/mm²）；d_1 为孔径（mm）；l 为植筋深度

(mm)；k_c 为胶缝剪应力不均匀系数；d 为钢筋直径。

斜向植筋植入层板胶合木中的抗拔和抗压承载力由下式确定：

$$T=f_G d_1 \pi l_P k_c k_\sigma k_d \leqslant f_y A_s \tag{5.9.2-3}$$

$$k_\sigma=1-0.01\sigma \tag{5.9.2-4}$$

$$k_d=1.12-0.01d \tag{5.9.2-5}$$

式中：f_G 为植筋拔出或压入时的木材计算强度，取 4.0N/mm²；f_y 为钢筋强度设计值；A_s 为钢筋面积；l_P 为植筋净深度（mm），如植筋端头部与钢板相焊，则 $l_P=l-3d$；k_σ 为植筋区域木材应力对拔出、压入承载力的影响系数，拉应力按式（5.9.2-4）计算，压应力取 $k_\sigma=1.0$；k_d 为钢筋直径对承载力的影响系数；k_c 为胶缝剪应力分布不均匀系数，仍按式（5.9.2-2）计算。

斜向植筋时，横纹边距不小于 $2d$，且不小于 30mm，横纹间距不小于 $2d$，顺纹端距不小于 100mm，顺纹间距不小于 100mm。当倾斜角达到 30°时，间距不小于 $4d$，30°～60°时不小于 $10d$，60°以上时不小于 $7.5d$。多根斜向植筋作抗拔筋使用时，承载力计算公式与木螺丝、方头螺钉等计算公式一致，但总根数不应小于 1 根，也需计入群体系数，2 根时取 0.9，2 根以上取 0.75。

植筋也可作销连接用，顺纹的中距、端距不小于 $8d$，边距、行距不小于 $3d$。由于植筋深度很深，a/d 或 c/d 很大，故侧向荷载作用下的屈服模式有 $\mathrm{III_m}$、$\mathrm{III_s}$ 和 Ⅳ。俄罗斯规范对销连接仍采用简化公式计算，基本上不考虑木材种类的差别。例如对于 A240 钢材，每销每剪面的承载力为 $R_d=1.8d^2+0.02a^2$，与规范 GB 50005—2003 销连接承载力 $R_d=k_v d^2\sqrt{f_c}$ 比较，接近于 k_v 取 $a/d=6$，$f_c=11\text{N/mm}^2$ 时的连接承载力。建议按第 5.4.3 节介绍的销连接的承载力计算方法计算植筋连接的侧向承载力。

关于各种植筋连接节点承载力的验算方法的更详细规定，可参见俄罗斯木结构设计规范。

第6章 受弯构件

6.1 概述

承受横向荷载或弯矩作用的构件称受弯构件，当弯矩沿构件纵轴不均匀分布时，构件中还存在剪力。根据不同的使用情况，弯矩可能只作用在构件的一个主平面内，称为平面弯曲；弯矩也可能作用在构件的两个主平面内，称为斜弯曲，也称为双向弯曲。

受弯构件是木结构中最基本的受力构件，按使用场合不同，有不同名称。类似于钢筋混凝土和钢结构中的主梁的受弯构件，在木结构中一般称为梁，其他受弯构件很少称为梁。例如在楼盖、顶棚中除梁外受弯构件一般称为搁栅；在屋盖中，垂直于跨度方向的受弯构件称檩条、挂瓦条等，平行于跨度方向的称为搁栅、椽条等；甚至门窗洞口上的过梁称为门楣和窗楣。这也许是木结构的一种独特文化。

受弯构件除应满足抗弯强度、抗剪强度要求外，尚应满足整体稳定要求。这些皆属于承载力极限状态问题。受弯构件尚应满足正常使用极限状态的要求，即其变形不能影响正常使用。本章介绍受弯构件的设计原理和构造要求。

6.2 受弯构件的强度和侧向稳定

6.2.1 受弯构件的强度

受弯构件的抗弯承载力 M_r 可按下式计算，且不应小于弯矩设计值：

$$M_r = Wf_m \tag{6.2.1-1}$$

式中：f_m 为结构木材的抗弯强度设计值；W 为构件截面的抗弯截面模量。

斜弯曲构件按下式验算承载力：

$$\frac{M_x}{W_x f_{mx}} + \frac{M_y}{W_y f_{my}} \leqslant 1.0 \tag{6.2.1-2a}$$

当 $f_{mx} = f_{my}$ 时，可按下式计算承载力：

$$M_{rx} = \frac{\omega}{\omega + m} W_x f_m \geqslant M_x \tag{6.2.1-2b}$$

式中：f_{mx}、f_{my} 分别为木材绕 x、y 轴弯曲的抗弯强度；M_x、M_y 分别为作用在构件两个主平面内的弯矩设计值（荷载效应的基本组合）；W_x、W_y 分别为验算截面对两个主轴的抗弯截面模量；$m = M_y/M_x$；$\omega = W_y/W_x$（矩形截面 $\omega = b/h$）。原木受弯构件无需作双向抗弯承载力验算。

矩形截面双向受弯构件，按式（6.2.1-2a）验算，只计算截面角部的应力。考虑到应力重分布等因素，这种验算方法偏于保守。因此，欧洲规范 EC 5 引入应力重分布系数 k_m 来验算：

$$\left.\begin{aligned}\frac{M_x}{W_x f_{mx}}+k_m\frac{M_y}{W_y f_{my}}\leqslant 1\\ k_m\frac{M_x}{W_x f_{mx}}+\frac{M_y}{W_y f_{my}}\leqslant 1\end{aligned}\right\}\tag{6.2.1-3}$$

式中：矩形截面的锯材、层板胶合木、LVL 等受弯构件取 $k_m=0.7$，其他截面受弯构件或其他木产品构件取 $k_m=1.0$。

受弯构件的抗剪承载力 V_r 可按下式计算，且不应小于剪力设计值：

$$V_r=\frac{f_v Ib}{S}\tag{6.2.1-4a}$$

矩形截面受弯构件还可按下式计算：

$$V_r=\frac{2}{3}f_v A\tag{6.2.1-4b}$$

式中：f_v 为木材的顺纹抗剪强度设计值；I 为截面的惯性矩；S 为截面最大剪应力所在位置以上或以下部分截面对形心轴的静矩；b 为最大剪应力所在位置的截面宽度；A 为构件横截面的面积。

支座附近作用于构件顶面的荷载可通过斜向受压的方式直接传递给支座。因此，在计算剪力设计值时，可对这部分荷载作折减处理甚至忽略不计。例如美国规范 NDSWC 忽略距支座内侧边缘为构件截面高度范围内的均布荷载，对于集中荷载则乘以折减系数 x/h（x 为集中荷载距支座内侧边缘的距离，h 为截面高度）。标准 GB 50005—2017 则忽略该范围内的全部荷载。

受弯构件支座处的支承长度除满足构造要求外（如梁不小于 90mm），尚应满足木材横纹承压强度要求。方木与原木及普通层板胶合木构件，横纹承压强度决定的承载力 R_r 可按下式计算：

$$R_r=bl_b f_{c90}\tag{6.2.1-5a}$$

式中：b 为构件的截面宽度；l_b 为支承面的长度；f_{c90} 为木材的横纹承压强度设计值。当支承长度 $l_b\leqslant 150$mm，且支承面外边缘距构件端部不小于 75mm 时，f_{c90} 可取木材的局部表面横纹承压强度，否则应取全表面横纹承压强度。

对于北美规格材、北美方木等其他木材和木产品，可按下式计算支座横纹承压承载力：

$$R_r=bl_b K_B K_{Zcp} f_{c90}\tag{6.2.1-5b}$$

式中：K_B、K_{Zcp} 分别为承压长度（顺木纹测量）调整系数和构件截面尺寸调整系数，分别见表 6.2.1-1 和表 6.2.1-2。

此外，加拿大规范 CSA O86 还规定，尚需验算距支座中心线为构件截面高度范围内的荷载所引起的支座处的横纹承压问题。该范围内的荷载效应不应超过按下式计算的横纹承压承载力：

$$R_r'=(2/3)bl_b' K_B K_{Zcp} f_{c90}\tag{6.2.1-6}$$

式中：l_b' 为横纹承压计算长度，$l_b'=(l_{b1}+l_{b2})/2\leqslant 1.5l_{b1}$，$l_{b1}$、$l_{b2}$ 分别为受弯构件顶面、底面横纹承压长度的较小值和较大值。

承压长度调整系数 K_B 表 6.2.1-1

*承压长度(顺纹测量)或垫圈直径(mm)	K_B
≤12.5	1.75
25.0	1.38
38.0	1.25
50.0	1.19
75.0	1.13
100.0	1.10
≥150.0	1.0

注：* 支承面外缘距构件端部不小于 75mm。

构件截面尺寸调整系数 K_{Zcp} 表 6.2.1-2

构件截面宽度与高度比 b/h	K_{Zcp}
1.0 或更小	1.0
2.0 或更大	1.15

注：b/h 介于 1.0 与 2.0 之间时，按线性内插法计算。

6.2.2 受弯构件的侧向稳定

当受弯构件的截面高宽比较大，如超过 4：1，且跨度较大时，有可能发生侧向失稳而丧失承载能力（图 6.2.2-1）。这是因为受弯构件截面的中性轴以上为受压区，以下为受拉区，犹如受压构件和受拉构件的组合体。当压杆达到一定应力值时，在偶遇的横向扰力的作用下可沿刚度较小的方向发生平面外失稳。但同时受到稳定的受拉杆沿长度方向的连续约束作用，发生侧移的同时会带动整个截面扭转，这时称受弯构件发生了整体弯扭失稳，也称侧向失稳（Lateral buckling），所对应的弯矩 M_{cr} 称为临界弯矩，对应的弯曲应力称为临界应力。当临界应力小于比例极限时，受弯构件的整体失稳属于弹性弯扭失稳；当临界应力超过比例极限时，称为弹塑性弯扭失稳。

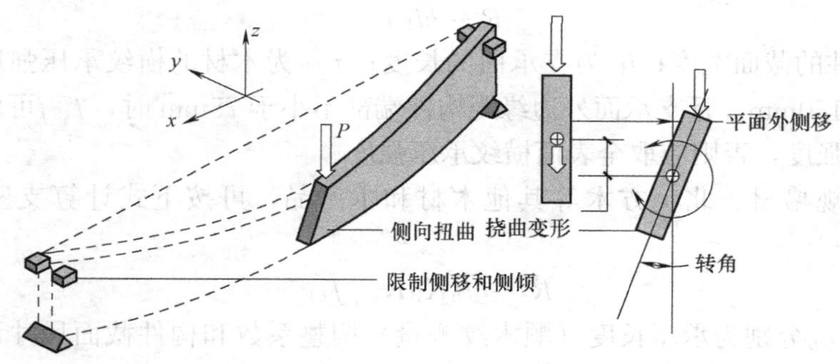

图 6.2.2-1 受弯构件的整体失稳

承受等弯矩作用的简支梁，按弹性理论求解临界状态下的微分方程，可得临界弯矩 M_{cr} 为：

$$M_{cr}=\frac{\pi}{l_{ef}}\sqrt{\frac{EI_{tor}I_zG}{1-\frac{I_z}{I_y}}} \tag{6.2.2-1a}$$

式中：I_z、I_y 分别为梁截面对两主轴 z、y 的惯性矩；I_{tor} 为截面的扭转惯性矩；E、G 分别为木材的纯弯弹性模量和剪切模量；l_{ef} 为无侧向支撑段的长度。如果不考虑翘曲等二次效应，式（6.2.2-1a）可简化为：

$$M_{cr}=\frac{\pi}{l_{ef}}\sqrt{EI_{tor}I_zG} \tag{6.2.2-1b}$$

矩形截面（$b\times h$）受弯构件的临界弯矩 M_{cr} 除以抗弯截面模量 $W_y=bh^2/6$，即为发生弹性失稳时的临界应力 $\sigma_{m,cr}$，将矩形截面的 I_z 和 I_{tor} 用截面尺寸 b、h 表示，则由式（6.2.2-1a）得临界应力 $\sigma_{m,cr}$ 为：

$$\sigma_{m,cr}=\frac{E\pi b^2}{l_{ef}h}\sqrt{\frac{G}{E}}\sqrt{\frac{1-0.63b/h}{1-\left(\frac{b}{h}\right)^2}} \tag{6.2.2-2}$$

常用矩形截面梁的宽高比 b/h 大约在 0.1～0.7 范围内，上式右边根号内的值约为 0.94～1.10，木材的剪切模量 G 近似取为 $E/16$，并令 λ_B 为受弯构件的长细比：

$$\lambda_B=\sqrt{\frac{l_{ef}h}{b^2}} \tag{6.2.2-3}$$

式（6.2.2-2）可简化为：

$$\sigma_{m,cr}=\frac{(0.75\sim0.82)E}{\lambda_B^2} \tag{6.2.2-4}$$

受弯构件侧向失稳的临界应力计算式与轴心压杆临界应力的欧拉公式具有相似的形式，即临界应力与构件材料的弹性模量成正比，与构件长细比的平方成反比。将式（6.2.2-4）中的弹性模量代之以其标准值（具有 95%的保证率），则得临界应力的标准值 $f_{m,cr,k}$，于是，受弯构件的稳定承载力可按下式计算：

$$M_{cr,d}=\frac{f_{m,cr,k}}{\gamma_{R,cr}}K_{DOL,cr}W=f_{m,cr,d}W \tag{6.2.2-5}$$

式中：$\gamma_{R,cr}$ 为受弯构件侧向稳定承载力满足可靠度要求的抗力分项系数；$K_{DOL,cr}$ 为稳定承载力的荷载持续作用效应系数；$f_{m,cr,d}$ 为验算受弯构件稳定性的强度（临界应力）设计值；W 为抗弯截面模量。

工程设计中通常采用下式计算受弯构件的稳定承载力：

$$M_{cr,d}=\frac{f_{m,k}}{\gamma_R}K_{DOL}W\varphi_l=f_m\varphi_lW \tag{6.2.2-6}$$

式中：$f_{m,k}$、f_m 分别为构件的抗弯强度标准值和设计值；K_{DOL} 为荷载持续作用效应系数（对强度的）；φ_l 为受弯构件的侧向稳定系数。

与轴心受压木构件类似，如果 $\gamma_{R,cr}=\gamma_R$，$K_{DOL,cr}=K_{DOL}$，则有：

$$\varphi_l=\frac{f_{m,cr,k}}{f_{m,k}} \tag{6.2.2-7}$$

如果 $\gamma_{R,cr}\neq\gamma_R$，$K_{DOL,cr}\neq K_{DOL}$，则有：

$$\varphi_l=\frac{f_{m,cr,d}}{f_m} \tag{6.2.2-8}$$

式（6.2.2-7）表示的侧向稳定系数是抗弯强度的标准值之比，而式（6.2.2-8）表示的侧向稳定系数是抗弯强度的设计值之比。与欧洲规范 EC 5 等相同，我国规范采用的侧向稳定系数符合式（6.2.2-7）的定义，而美国规范 NDSWC 和加拿大规范 CAS O86 采用的侧向稳定系数符合式（6.2.2-8）的定义。

以上讨论中假定受弯构件的弯曲应力在比例极限以内。如果超过比例极限，弹性模量 E 将随应力的增加而逐步降低，侧向稳定系数需分为比例极限以内和超过比例极限两段计算，且在后一段更复杂一些。《木结构设计标准》GB 50005—2017 结合式（6.2.2-7）并参照轴心压杆稳定系数的计算方法，采用下列各式计算 φ_l：

$$\lambda_B > 0.9\sqrt{\frac{E_k}{f_{m,k}}} \quad \varphi_l = \frac{0.7E_k}{\lambda_B^2 f_{m,k}} \tag{6.2.2-9a}$$

$$\lambda_B \leqslant 0.9\sqrt{\frac{E_k}{f_{m,k}}} \quad \varphi_l = \left(1 + \frac{\lambda_B^2 f_{m,k}}{4.9E_k}\right)^{-1} \tag{6.2.2-9b}$$

式中：λ_B 为受弯构件的长细比，按式（6.2.2-3）计算，且要求 $\lambda_B \leqslant 50$；E_k 为纯弯弹性模量标准值 $E_k = E\mu(1-1.645v)$，v 为弹性模量的变异系数，目测应力定级锯材，取 $v=0.25$；机械评级木材，取 $v=0.15$；机械应力定级木材，取 $v=0.11$；层板胶合木，取 $v=0.10$；μ 为由表观弹性模量到纯弯弹性模量的转换系数，层板胶合木取 $\mu=1.05$，锯材取 $\mu=1.03$）；$f_{m,k}$ 为抗弯强度标准值，需考虑体积或尺寸效应的影响，但当效应系数小于 1.0 时，可偏于安全地不予考虑；对于方木与原木受弯构件，式中的 $E_k/f_{m,k}=220$（取定值，不计尺寸效应）。

欧洲规范 EC 5 中采用的受弯构件的侧向稳定系数符合式（6.2.2-7）的定义，按下式计算：

$$\varphi_l = \begin{cases} 1 & \lambda_{rel,m} \leqslant 0.75 \\ 1.56 - 0.75\lambda_{rel,m} & 0.75 < \lambda_{rel,m} \leqslant 1.4 \\ \dfrac{1}{\lambda_{rel,m}^2} & \lambda_{rel,m} > 1.4 \end{cases} \tag{6.2.2-10a}$$

$$\lambda_{rel,m} = \sqrt{\frac{f_{m,k}}{\sigma_{m,cr,k}}} = \sqrt{\frac{f_{m,k}\lambda_B^2}{0.78E_k}} \tag{6.2.2-10b}$$

式中：$\lambda_{rel,m}$ 称为受弯构件的相对长细比。

美国规范 NDSWC 中采用的受弯构件的侧向稳定系数符合式（6.2.2-8）的定义，按下式计算：

$$\varphi_l = \frac{1 + f_{bE}/f_b}{1.9} - \sqrt{\left(\frac{1 + f_{bE}/f_b}{1.9}\right)^2 - \frac{f_{bE}/f_b}{0.95}} \tag{6.2.2-11a}$$

$$f_{bE} = \frac{1.2E_{min}}{\lambda_B^2} \tag{6.2.2-11b}$$

式中：f_{bE} 为弯曲临界应力设计值；f_b 为木材或木产品的抗弯强度设计值；E_{min} 为弹性模量的设计值，计算方法同式（7.3.5-7b）中的 E_{min}；λ_B 为受弯木构件的长细比，按式（6.2.2-3）计算。

如果将式（6.2.2-11）中的抗弯强度设计值和弹性模量设计值均改用标准值，美国规范 NDSWC 中的侧向稳定系数的定义就与中国规范和欧洲规范的定义一致了。在这个基础上，可以比较各规范中侧向稳定系数计算结果的差异。图 6.2.2-2 所示为受弯木构件侧向稳定系数计算结果的比较。可见，如果将受弯构件的侧向稳定系数 φ_l 统一在对有关参数相同的认识和处理方法的基础上，各国规范的计算结果相差无几。

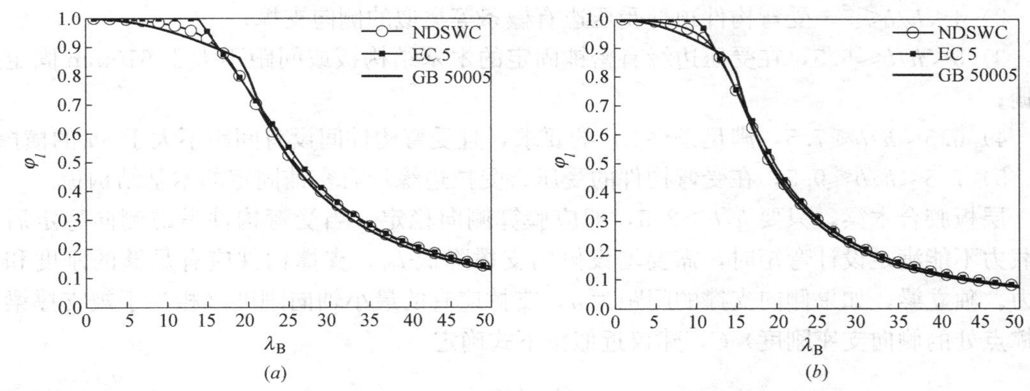

图 6.2.2-2 受弯木构件侧向稳定系数计算结果比较

（a）北美锯材受弯构件（S-P-F No. 2 2″×10″）；（b）层板胶合木受弯构件（TC_T32）

受弯构件的临界弯矩 M_{cr} 与许多因素有关。首先，临界弯矩与构件上的弯矩图形有关。以上讨论的是沿构件跨度作用等值弯矩的情况。如果是简支梁跨中受一个集中力作用，式（6.2.2-2）中的 π（3.14）需用常数 4.24 替代；如果是均布荷载作用，就需用常数 3.57 替代。因为这两种情况下弯矩并非常数，临界弯矩的值要高一些。其次，临界弯矩与支承条件密切相关，约束越弱，临界弯矩越低。最后，临界弯矩尚与荷载在构件截面上的作用位置有关，荷载作用在受压区顶部，临界弯矩低些；作用在受拉区底边，临界弯矩高些。对于这些较复杂的情况，通常采用调节无支撑段的长度 l_{ef}（也可称为计算长度）的方法来解决。例如相同条件下的简支梁，承受等弯矩作用的情况和承受跨中一个集中力的情况，可采用不同的无支撑段长度来计算临界弯矩。当然这并不是唯一的方法，例如澳大利亚木结构设计规范 AS 1720 是根据受弯构件的边界条件和荷载情况，用不同的算式计算长细比来反映临界弯矩的不同。但是由于人们的认识不同，各国木结构设计规范对于相同条件的受弯构件，无支撑段长度 l_{ef} 的取值并不完全相同。标准 GB 50005—2017 中计算长度系数 μ_l 的取值见表 6.2.2-1，与欧洲规范 EC 5 基本一致。

受弯构件侧向稳定计算长度系数 **表 6.2.2-1**

支座(承)及荷载形式	荷载作用在截面的位置		
	顶部	中部	底部
简支梁、两端相同弯矩	—	1.0	—
简支梁、均布荷载	0.95	0.9	0.85
简支梁、跨中集中力	0.8	0.75	0.7
悬臂梁、均布荷载	—	1.2	—
悬臂梁、自由端集中力	—	1.7	—
悬臂梁、自由端弯矩	—	2.0	—

注：简支梁两端支座处和悬臂梁自由端处应有抗侧倾措施。

受弯构件的侧向稳定与其截面的高宽比有很大关系。规格材受弯构件，当构件支座两侧存在有效的侧向支撑时，下列情况下的简支构件可以不验算侧向稳定，即 $\varphi_l=1.0$。

1）$h/b\leqslant4$，跨中可以不设支撑；

2）$4<h/b\leqslant5$，受弯构件顶部受压边有檩条等类似的侧向支撑；

3）$5<h/b\leqslant6.5$，在受压边缘有密铺固定的木基结构板或间距不大于610mm固定的搁栅；

4）$6.5<h/b\leqslant7.5$，满足条件3）的要求，且受弯构件间设有间距不大于$8h$的横撑；

5）$7.5<h/b\leqslant9.5$，在受弯构件的受压、受拉边缘均有密铺固定的木基结构板。

层板胶合木梁，只要$h/b>2.5$，即应验算侧向稳定。当受弯构件考虑侧向稳定后的承载力不能满足设计弯矩时，需要增设侧向支撑降低l_{ef}，支撑构件应有足够的刚度和承载力。独立梁，如果侧向支撑的间距为a，支撑应有的最小轴向刚度（相当于被支撑梁在支撑点处的侧向支座刚度）C，建议近似按下式确定：

$$C=k_{s}\frac{N_{d}}{a} \tag{6.2.2-12}$$

支撑应有的轴向承载力F_d为：

$$F_{d}=\frac{N_{d}}{k_{f}} \tag{6.2.2-13}$$

$$N_{d}=(1-\varphi_{l})\frac{M_{d}}{h} \tag{6.2.2-14}$$

式中：φ_l为不设平面外侧向支撑时受弯构件的侧向稳定系数；M_d为受弯构件上的最大弯矩设计值；k_s为计算系数，在4～1间取值，通常取4；k_f也为计算系数，锯材取值为50～80，层板胶合木取值为80～100，通常均取下限值。

6.3 受弯构件的变形

正常使用极限状态下受弯构件的变形应符合规范的规定。本节介绍木结构受弯构件变形的计算原理和如何正确理解木结构设计规范对变形要求的规定。

6.3.1 受弯构件的变形计算

受弯构件在荷载作用下某点的挠度，是由弯矩和剪力分别产生的挠度之和（图6.3.1-1）。根据虚功原理，有：

$$\delta=\delta_{m}+\delta_{v}=\int\frac{\overline{M}M_{x}}{EI}dx+\int\frac{\overline{Q}Q_{x}}{GA}dx \tag{6.3.1-1}$$

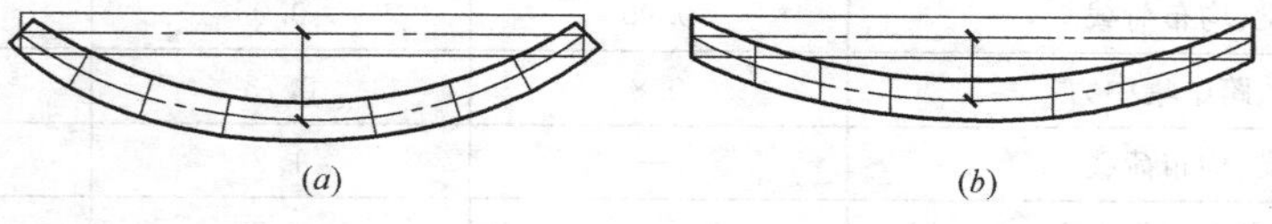

图6.3.1-1 受弯构件的弯曲和剪切变形

（a）弯曲变形；（b）剪切变形

式中：$\overline{M}$、$\overline{Q}$分别为单位力作用下构件的弯矩和剪力；M_x、Q_x分别为荷载作用下构件的弯矩与剪力；E、G分别为构件木材的弹性模量与剪切模量；I、A分别为构件截面的惯性矩与截面面积。

实腹木构件，如矩形截面梁，在均布荷载作用下，剪切变形产生的跨中挠度约为弯曲变形挠度的 $13/B^2$，B 为梁的跨高比（l/h）。对于 $B=15$ 的梁，剪切挠度与弯曲挠度之比不足 6%。因此，对跨高比较大的梁，与钢筋混凝土结构和钢结构受弯构件一样，通常可不计剪力产生的挠度。但对于那些用木基结构板材作腹板的梁则需计入剪力产生的挠度。这主要是因为这类受弯构件的腹板薄，剪应力大且在整个腹板高度范围内分布较均匀，剪切变形不可忽略。

双向受弯构件的挠度计算，一般按几何叠加原理处理，即：

$$\delta=\sqrt{\delta_x{}^2+\delta_y{}^2} \tag{6.3.1-2}$$

式中：δ_x、δ_y分别为构件沿 x 轴和 y 轴产生的挠度。

受弯构件的挠度可按式（6.3.1-1）计算。均布荷载作用下的简支梁，弯矩与剪力产生的跨中挠度可分别按下列算式计算：

$$\delta_m=\frac{5q_kl^4}{384EI} \tag{6.3.1-3a}$$

$$\delta_v=\frac{q_kl^2}{8GAK} \tag{6.3.1-3b}$$

式中：q_k 为荷载的标准值；E、G 分别为弹性模量和剪切模量，一般取 $G=E/16$；I、A 分别为截面的惯性矩和截面面积；K 为剪切系数，矩形截面 $K=5/6$。相对值 $\omega=(\delta_m+\delta_v)/l$ 不应超过表 4.5.1-1 的规定。

6.3.2　受弯构件的长期挠度

木材在长期荷载作用下的蠕变已在 2.6.4 节作了介绍，木构件在正常使用荷载作用下在设计使用年限内的最终变形的计算，一方面与木材的蠕变系数有关，另一方面需正确估计可变荷载产生的蠕变变形的累积。标准 GB 50005 尚未涉及这两方面的问题，国际上似乎也没有统一的处理准则。美国规范 NDSWC 长期变形 $\delta_{\rm fin}$ 按下式计算：

$$\delta_{\rm fin}=k_{\rm def}\delta_{\rm Ge}+\delta_{\rm Qe} \tag{6.3.2-1}$$

式中：$\delta_{\rm Ge}$为恒载产生的弹性变形（短期变形）；$\delta_{\rm Qe}$为可变荷载产生的弹性变形；$k_{\rm def}$相当于蠕变变形系数，即 $k_{\rm def}=1+k_{\rm cr}$（$k_{\rm cr}$为蠕变系数），干燥条件取 $k_{\rm def}=1.5$，潮湿条件取 $k_{\rm def}=2.0$。式（6.3.2-1）说明木结构长期变形中不计可变荷载产生的蠕变变形。

欧洲规范 EC 5 按下式计算长期变形 $\delta_{\rm fin}$：

$$\delta_{\rm fin}=\delta_{\rm Ge}(1+k_{\rm cr})+\delta_{\rm Qe}(1+\psi k_{\rm cr}) \tag{6.3.2-2}$$

式中：$k_{\rm cr}$为木材的蠕变系数；ψ 为可变荷载的准永久系数。式（6.3.2-2）等号右边的第 2 项表明在计算长期变形时，可变荷载产生的变形是两项之和，一是全部可变荷载产生的弹性变形，二是可变荷载中的准永久荷载产生的蠕变变形。欧洲规范 EC 5 计算长期变形时，恒载产生的长期变形可采用当量弹性模量 $E_{\rm fin}=E/(1+k_{\rm cr})$ 和当量剪切模量 $G_{\rm fin}=G/(1+k_{\rm cr})$ 计算；可变荷载长期变形可用当量弹性模量 $E_{\rm Qfin}=E/(1+\psi k_{\rm cr})$ 和当量剪切模量 $G_{\rm Qfin}=G/(1+\psi k_{\rm cr})$ 计算。

考虑木材蠕变对木构件长期变形与刚度的影响，将使某些由不同种类木材和木产品制作的构件的长期变形甚至承载力的计算变得繁琐。

6.4 等截面直梁

6.4.1 承载力与变形验算

等截面直梁是应用最为广泛的受弯构件，以矩形截面为主，多数为简支梁。在某些情况下，可以设计成多跨梁，以节省材料，例如以承受均布荷载为主的檩条。考虑到木梁对接接头的抗弯能力差、刚度低等原因，多跨梁的接头位置应设置在各跨弯矩最小的截面。如图 6.4.1-1 所示的多跨梁，接头位置距支座约为 $0.15l$，梁在均布荷载作用下，此处弯矩基本为 0，仅有剪力，且第一跨和最后一跨不设接头。为保持稳定，中间隔跨两端设接头，伸臂跨和简支跨相间布置，使跨中和支座弯曲均为 $ql^2/16$，梁的接头可用斜接头或采用金属挂件连接。

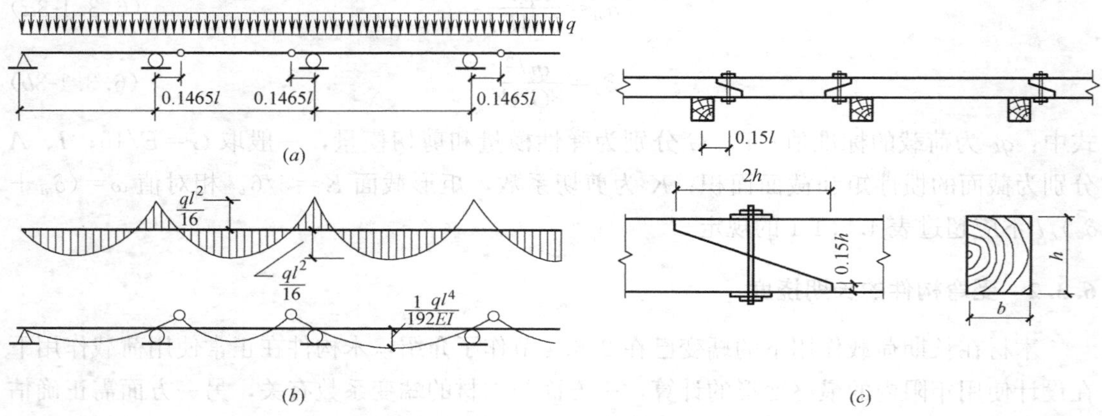

图 6.4.1-1　连续梁檩条的接头位置及形式

(a) 荷载简图；(b) 弯矩及变形；(c) 接头位置及形式

方木、结构复合木材制作的简支梁，截面高宽比宜控制在 5：1 以内。受压区铺设木基结构板或木板的多根构件共同工作的搁栅、椽条等可放宽至 8：1。层板胶合木、应力定级木材等宜选用标准产品，且不得更改截面尺寸。梁的跨高比 l/h 决定了梁的截面尺寸由强度控制还是变形控制，两种情况跨高比的区分点约为 11～17，与木材强度和弹性模量的比值有关。比值越大，跨高比越小。另一方面梁的跨高比还决定梁的承载能力由抗弯强度还是抗剪强度决定，跨度比较小时承载能力往往由抗剪强度决定，因此实腹梁设计需认真验算抗弯、抗剪承载力和变形要求。

锯材制作的受弯构件可按 6.2.1～6.2.3 节介绍的方法，验算其承载力、稳定性和变形。对于符合组坯标准的层板胶合木梁，也可按规定的力学性能设计指标验算，无需考虑异等组坯中不同层板的品质等级。普通层板胶合木或用非标准组坯的水平层板胶合木制作的受弯构件，也可通过考虑不同品质层板的影响，计算承载力和变形。例如图 6.4.1-2 (a) 所示由三种不同品质等级木板胶合而成的梁截面，其品质等级依次为，外层 L_1、中间层 L_2、内层 L_3，每层分别由 n_1、n_2 和 n_3 层层板组成，层板厚度均为 t，抗弯强度设计值分别为 f_{m1}、f_{m2}、f_{m3}，弹性模量分别为 E_1、E_2、E_3。如果胶层的粘结强度均能超过各层层板的顺纹抗剪强度，可视为实木梁。该梁抗弯承载力和变形验算的关键是确定其抗弯刚度 $(EI)_e$。梁受弯变形虽符合平面假设，但由于该梁各层板的弹性模量不同，弯曲应力（正应力）将不是简单的线性分布。因此该矩形截面梁的惯性矩不同于普通锯材矩形截面的梁惯性矩，截面需换算处理，即将沿截面高度弹性模量不同的各层板折算成同一弹性模量的木板，并且构成的梁截面能保持这些木板沿截面高度的重心位置不变。通常通过改变各层木板的宽度作换算截面处理。如本例外层宽度为 b，弹性模量为 E_1，若换算截面外层宽度取 $b_1=b$，高度仍为 n_1t_1，则中间层宽度取 $b_2=bE_2/E_1$，内层宽度取 $b_3=bE_3/E_1$，各层高度仍为 n_2t_2、n_3t_3，构成如图 6.4.1-2（b）所示的换算截面。以该截面形状计算惯性矩，再乘以弹性模量 E_1，即为该梁的等效刚度 $(EI)_e$，简化后可表示为：

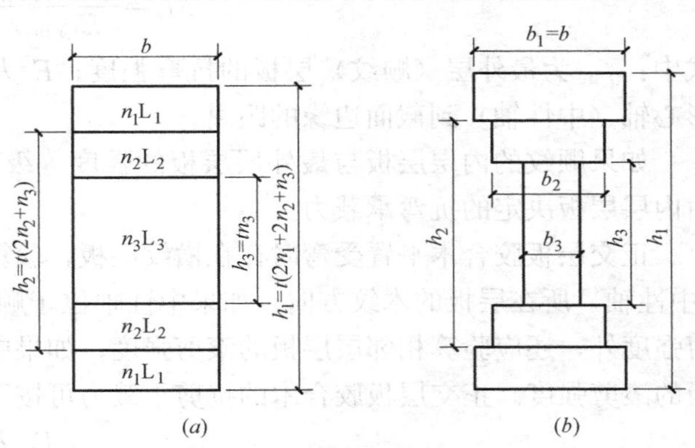

图 6.4.1-2　层板胶合木梁截面及换算截面

$$(EI)_e=\frac{b}{12}[h_1^3E_1-h_2^3(E_1-E_2)-h_3^3(E_2-E_3)] \tag{6.4.1-1}$$

梁各层板的抗弯强度不同，抗弯承载力应按下式计算：

$$M_r=\min\left\{\frac{(EI)_e f_{mi}}{E_i y_i}\right\} \tag{6.4.1-2}$$

式中：f_{mi}、E_i、y_i 分别为第 i 层板抗弯强度设计值、弹性模量和层板底边到中性轴的距离。

理想的设计应使由各层板决定的承载力基本相同。按层板胶合木的规定，抗弯承载力还应乘以体积调整系数或截面高度调整系数（见附录 C）。对于抗剪承载力，最大剪应力发生在截面中性轴处，如果截面不对称组坯，需按一般力学原理计算确定。对于图 6.4.1-2 所示胶合木梁，可按下式计算：

$$V_r=f_v\frac{(EI)_e b}{S_e} \tag{6.4.1-3a}$$

$$S_e=E_1b_1\frac{(h_1-h_2)^2}{8}+E_2b_2\frac{(h_2-h_3)^2}{8}+E_3b_3\frac{{h_3}^2}{8} \tag{6.4.1-3b}$$

式中：S_e 为换算截面中性轴一侧的面积对中性轴的静矩。

可采用按式（6.4.1-1）计算的刚度计算梁的挠度。

正交层板胶合木的用途之一是作平置受弯的板，在工作机理上可视为一种水平胶合的等截面直梁。但由于存在横纹层板，各国学者尚未对其承载力和变形的计算方法取得一致。《木结构设计标准》GB 50005—2017 采用简化法计算承载力与变形。该方法实际上就是利用"换算"截面的计算方法，将截面中横纹层板的弹性模量取为零，其有效抗弯刚度 $(EI)_{ef}$ 按下式计算：

$$(EI)_{ef}=\sum_{i=1}^{n}\left[\frac{E_ibt_i^3}{12}+E_ibt_ia_i^2\right] \tag{6.4.1-4}$$

式中：E_i、t_i 分别为第 i 层层板的弹性模量和厚度（横纹层板弹性模量为零）；a_i 为换算截面形心轴至第 i 层板形心轴的距离。

如果顺纹的内层层板与最外层层板的强度等级相差不大，抗弯承载力可按下式计算：

$$M_r = \frac{(EI)_{ef} f_m}{E_l y_{max}} \tag{6.4.1-5}$$

式中：f_m 为最外层（顺纹）层板的抗弯强度；E_l 为最外层层板的弹性模量；y_{max} 为截面形心轴（中性轴）到截面边缘的距离。

如果顺纹的内层层板与最外层层板的强度等级相差过大，尚应按式（6.4.1-2）计算由内层层板决定的抗弯承载力。

正交层板胶合木平置受弯时存在横纹层板，验算抗剪承载力时需区分换算截面形心轴（中性轴）所在层板的木纹方向。如果中性轴位于顺纹层板，除需验算该层层板的顺纹抗剪强度外，还应验算相邻层层板的滚剪强度；如果中性轴位于横纹层板，仅需验算该层层板的滚剪强度。正交层板胶合木的抗剪承载力可按下式计算：

$$V_r = f_v \frac{(EI)_{ef} b}{(ES)_{ef}} \tag{6.4.1-6a}$$

$$V_r = f_{vr} \frac{(EI)_e b}{(ES)_{ef}} \tag{6.4.1-6b}$$

$$(ES)_{ef} = \sum_{i=1}^{n'} E_i b t_i e_i \tag{6.4.1-6c}$$

式中：$(ES)_{ef}$ 为截面的有效静矩与弹性模量的乘积，剪应力验算点以下（或以上）各层层板（含验算点所在层）弹性模量与静矩的乘积之和；e_i 为各层层板形心至中性轴的距离，验算最大剪应力时，$e_i = a_i$；n' 为剪应力验算点以下的层数（含验算点所在层）。

标准 GB 50005 还规定，均布荷载作用下的板或梁的挠度按下式计算：

$$W = \frac{5qbl^4}{384(EI)_{ef}} \tag{6.4.1-7}$$

式中：q 为均布荷载标准值；l 为板或梁的跨度。式（6.4.1-7）显然忽视了剪切变形对梁、板挠度的影响。

由不同品质等级的层板竖向胶合的普通层板胶合木梁，抗弯强度设计值可按下式确定：

$$f_m = E_{cp} \left(\frac{f_{mi}}{E_i}\right)_{min} \tag{6.4.1-8}$$

式中：E_{cp} 各层板弹性模量的加权平均值（以侧立层板截面宽度为权重）；$(f_{mi}/E_i)_{min}$ 为该截面上各层板的侧立抗弯强度与弹性模量比值中的最小值。抗弯承载力按毛截面的抗弯截面模量计算，梁的变形按弹性模量 E_{cp} 计算。抗剪承载力可以取各层板抗剪强度中的最低值作保守估计。

6.4.2　构造要求

独立梁（不计相邻梁共同工作的抗弯强度调整系数）的支座支承长度除应满足局部承压要求外，不应小于 90mm，凡梁截面高宽比大于 2.0 者，支座两侧应有防止侧向倾斜及侧向位移的装置，但需要特别注意梁支座的锚固点位置，不正确的锚固方法因梁支座转角常会引起梁端的裂缝，见图 6.4.2-1，简支梁宜仅在梁高的下部锚固。

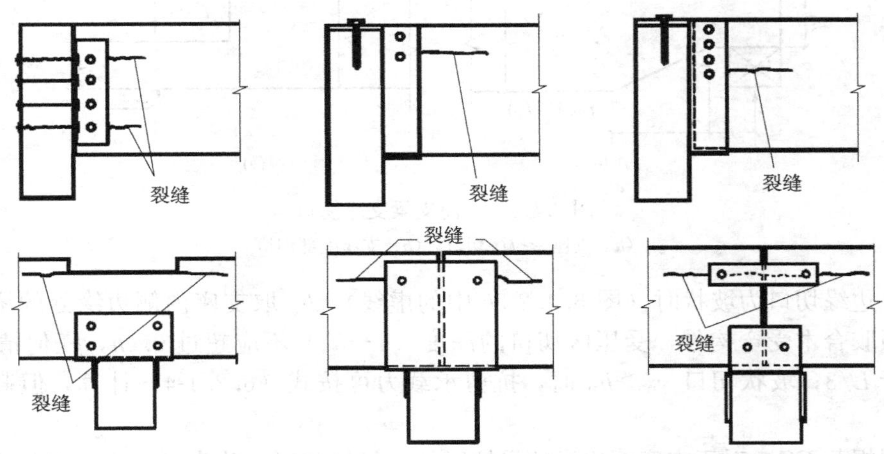

图 6.4.2-1 梁支座处不正确连接造成的裂缝

梁侧向稳定不满足要求时，应设平面外支撑，这些支撑应保证梁的受压区有可靠的侧向限位作用。例如设置在主梁受压区高度范围内并与其有可靠连接的次梁可以做主梁的侧向支撑。支撑的刚度与强度应满足 6.2.2 节的要求，长细比不应大于 200。梁截面高度不大时，支撑可为单杆形式，截面高度很大时宜用交叉状支撑，甚至用平行弦桁架作支撑。

有时因建筑上要求在梁支座处降低截面高度，需在截面上缘或下缘开缺口。这些缺口，特别是下缘受拉区的缺口，不应切为直角，直角缺口会造成较大的应力集中。如图 6.4.2-2 所示，除剪应力外，缺口处还存在横纹拉应力（实线为按弹性理论计算结果，虚线为实用中的估算结果），致使梁支座处木材撕裂。一般要求在梁跨度中间 $l/3$ 范围内，不允许开缺口，其他部位缺口深度不超过 $h/4$。

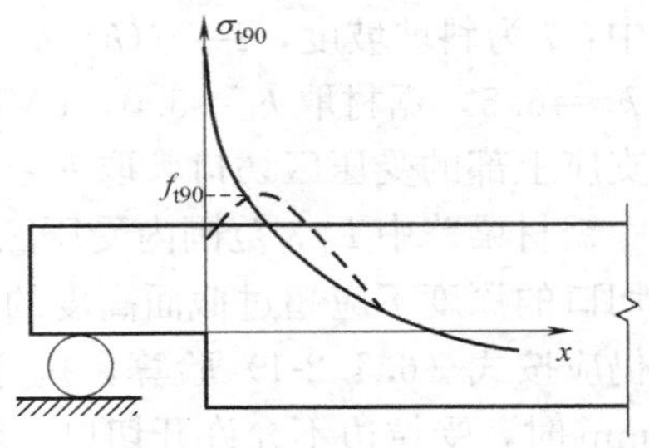

图 6.4.2-2 梁受拉区切口产生的横纹拉应力

切口一般应呈坡形（图 6.4.2-3*a*），以减缓应力集中，支座处下边缘受拉区缺口起点 a 距支反力作用点的距离 x 不应大于 $h/2$。切口深度，锯材梁不应大于 $h/4$，层板胶合木梁不应大于 $h/10$ 和 75mm 中的较小值，坡度 $i=c/(h-h_n)\leqslant 10\sim 15$。支座上部的受压区斜坡可适当放宽。

这类缺口处的强度验算，各国木结构设计规范有不同的规定。标准 GB 50005 参照美国规范 NDSWC 的计算方法，对于受拉区切口（图 6.4.2-3*a*），抗剪承载力设计值 V_r 按下式计算：

$$V_r=\frac{2}{3}f_v bh_n\left(\frac{h_n}{h}\right)^2 \tag{6.4.2-1}$$

对于支座上部受压区切口，当切口起点距支座内侧边距离 y_n 不大于净截面高度 h_n 时，受剪承载力设计值按下式计算：

$$V_r=\frac{2}{3}f_v b\left[h-\frac{y_n(h-h_n)}{h_n}\right] \tag{6.4.2-2}$$

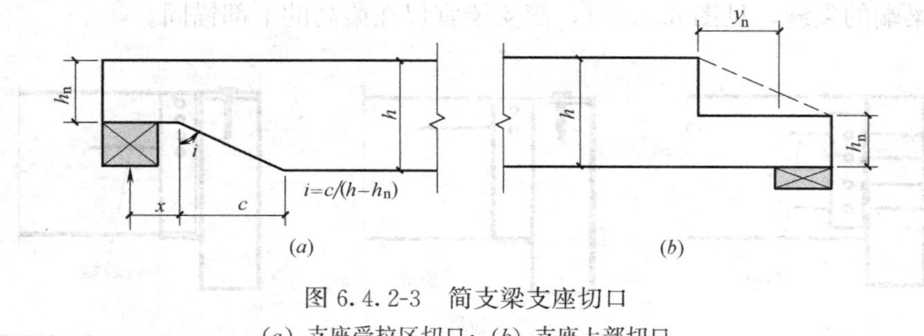

图 6.4.2-3　简支梁支座切口

(a) 支座受拉区切口；(b) 支座上部切口

当上边缘切口为坡状时（图 6.4.2-3b 中的虚线），h_n 取支座内侧边缘处的梁截面净高。层板胶合木受弯构件，受压区切口的深度（$h-h_n$）不应超过 $0.4h$，任何情况下 y_n 不应大于 $L/3$；坡状切口 $y_n>h_n$ 时，抗剪承载力可按式（6.2.1-4）计算，但截面高度取 h_n。

欧洲规范 EC 5 对于支座下边缘的受拉区切口呈坡状时，认为可减缓应力集中，并与切口距支座边的距离有关，抗剪承载力可按截面净高 h_n 计算（不计式（6.4.2-1）中 $(h_n/h)^2$ 项），但木材的抗剪强度设计值应乘以调整系数 k_v。

$$k_v=\frac{k_n\left(1+\frac{1.1i^{1.5}}{\sqrt{h}}\right)}{\sqrt{h}\left[\sqrt{\alpha(1-\alpha)}+0.8\frac{x}{h}\sqrt{\frac{1}{\alpha}-\alpha^2}\right]}\leqslant 1.0 \tag{6.4.2-3}$$

式中：i 为斜坡坡度，$i=c/(h-h_n)$；$\alpha=h_n/h$；k_n 为与木材种类有关的系数，层板胶合木取 $k_n=6.5$，锯材取 $k_n=5.0$，LVL 取 $k_n=4.5$；x 为支座中心线到切口顶端的距离。对于支座上部的受压区切口，取 $k_v=1.0$。

锯材梁跨中 $L/3$ 范围内受压区不得开切口，两侧 $L/3$ 跨范围内受压区边缘可开切口，但切口的深度不应超过截面高度的 1/6，切口长度不应超过截面高度的 2/3，且抗剪承载力仍应按式（6.4.2-1）验算，抗弯承载力按该处的净截面验算。锯材梁截面宽度超过 90mm 时，受拉边不允许开切口。层板胶合木梁，不允许在支座区以外的受拉、受压边缘开切口。

梁上应避免开设方形、矩形孔洞，即使圆孔也应加限制。不论在梁上开水平孔或竖向孔，均会削弱截面并导致应力集中，特别是贯穿整个截面高度的竖向孔，所造成的承载力损失并非与其截面损失率成简单的线性关系。分析表明，它对抗弯承载力的影响大致为因钻孔造成的截面损失率的 1.5 倍，如孔径与截面宽度比为 0.15，则抗弯承载力约下降 22.5%。因此在任何情况下，竖向钻孔的截面损失率不应超过 0.25，并应选择在弯矩和剪力不大的区段施钻，并应参照上述损失率验算承载力。水平孔应在梁抗弯能力大约有 2 倍余量的区段设置，对于均布荷载作用的简支梁，可开水平孔的位置如图 6.4.2-4 所示。其中竖线区允许开水平孔穿越管线，斜纹区允许开孔固定管线。水平孔的孔径一般不应超过截面高度的 1/10，间距不应小于 600mm。层板胶合木梁的孔径还不应大于层板厚度。梁上开设水平孔后吊挂重物，应按式（5.1.4-1）验算木材横纹抗拉承载力，如果通过销吊挂重物，横纹端距应取孔中心距梁边缘的距离。如果采用裂环、剪板连接件吊挂，则取裂环或剪板边缘至梁边缘距离（净距）为横纹端距。

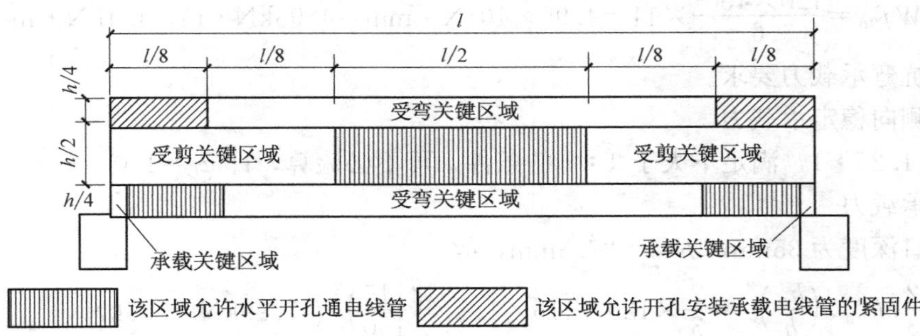

图 6.4.2-4 简支梁允许开水平孔位置

【例题 6-1】 一冷杉方木梁，受如图 6.4.2-5（*a*）所示的集中力作用，每个集中荷载设计值为 4kN，标准值为 3kN。梁的计算跨度为 2.9m，无侧向有效支撑，梁截面为 120mm×150mm，梁支座处有切口，形状见图 6.4.2-5（*b*）。验算其承载力和变形是否满足安全和正常使用要求。

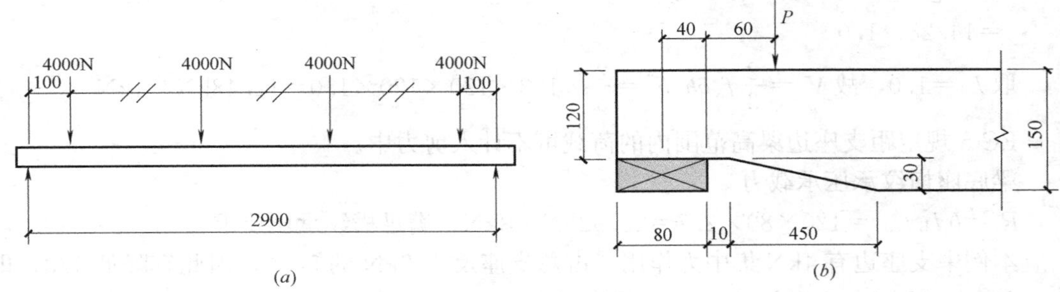

图 6.4.2-5 冷杉方木梁

（*a*）受力图；（*b*）支座处切口

解：

（1）作用效应计算及木材强度设计值：

梁支座反力

$R_A=R_B=4\times4/2=8\text{kN}$

梁跨中弯矩设计值

$M=8\times1.45-4\times1.35-4\times0.45=4.4\text{kN}\cdot\text{m}$

支座剪力设计值

因第一个集中力距支座边缘不足 150mm，故 $V=8-4\times(1-60/150)=5.6\text{kN}$

梁跨中弯矩标准值

$M_k=4.4\times3/4=3.3\text{kN}\cdot\text{m}$

材料强度设计值：$f_m=11\text{N/mm}^2$，$f_v=1.3\text{N/mm}^2$，

$f_{c90}=2.7\text{N/mm}^2$，$E=9000\text{N/mm}^2$

（2）验算

梁的抗弯承载力

$$M_r=Wf_m=\frac{120\times150^2}{6}\times11=4.95\times10^6\text{N}\cdot\text{mm}=4.95\text{kN}\cdot\text{m}>4.4\text{kN}\cdot\text{m}$$

满足抗弯承载力要求。

梁的侧向稳定承载力

$h/b=1.25:1$，满足不大于 4 : 1 的条件，可不必验算，即 $\varphi_l=1.0$

抗剪承载力

梁切口深度为 35mm$<h/4=37.5$mm，故

$$V_r=\frac{2}{3}bh_n f_v\left(\frac{h_n}{h}\right)^2=\frac{2}{3}\times120\times115\times1.3\times\left(\frac{115}{150}\right)^2=7.99\text{kN}>5.6\text{kN}$$

故满足抗剪承载力要求。

按欧洲规范 EC 5 验算：

$x=50$mm，$\alpha=120/150=0.8$，$i=450/30=15$，$k_n=5$

$$k_v=\frac{k_n\left(1+\frac{1.1i^{1.5}}{\sqrt{h}}\right)}{\sqrt{h}\left[\sqrt{\alpha(1-\alpha)}+0.8\frac{x}{h}\sqrt{\frac{1}{\alpha}-\alpha^2}\right]}=\frac{5\times\left(1+\frac{1.1\times15^2}{\sqrt{150}}\right)}{\sqrt{150}\left[\sqrt{0.8\times(1-0.8)}+0.8\frac{50}{150}\sqrt{\frac{1}{0.8}-0.8^2}\right]}$$

$$=14.28>1.0$$

取 $k_v=1.0$，故 $V_r=\frac{2}{3}f_v bh_n k_v=\frac{2}{3}\times1.3\times120\times120\times1.0=12.48\text{kN}>4\text{kN}$

EC 5 规定距支座边梁高范围内的荷载可不计入剪力中。

梁底座横纹承压承载力

$R_r=b\,l_b f_{c90}=120\times80\times2.7=25.92\text{kN}>8\text{kN}$，满足横纹承压要求。

本例中支座边有 4kN 集中力作用，占总支座反力 8kN 的 50%，因此宜降低 1/3，即 $R_r=25.92\times2/3=17.28\text{kN}>8\text{kN}$，仍满足要求。

梁的挠度验算

$$\delta=\frac{5M_k l^2}{48EI}=\frac{5\times3.3\times10^6\times2900^2}{48\times9000\times\frac{120\times150^3}{12}}=9.52\text{mm}<2900/250=11.6\text{mm}$$

满足正常使用要求。

梁的承载力与变形均满足要求。

【例题 6-2】 某楼盖层板胶合木矩形截面梁，跨度为 6.0m，截面尺寸为 130mm×600mm，胶合木的强度等级为 TC_{YD}24。跨中梁顶作用集中力 60.8kN（标准值为 48.78kN）。除支座处设抗侧倾支撑外，无其他平面外支撑，正常使用环境。试验算梁的承载力和变形。

解：

查附录 C，TC_{YD}24：$f_{mk}=24\text{N/mm}^2$，$f_m=16.6\text{N/mm}^2$，$f_v=1.8\text{N/mm}^2$，$f_{c90}=2.7\text{N/mm}^2$，$E=8000\text{N/mm}^2$，密度 $\rho=500\text{kg/m}^3$

抗弯强度调整系数：

$$C_v=\left(\frac{130}{b}\times\frac{305}{h}\times\frac{6400}{L}\right)^{0.1}=\left(\frac{130}{130}\times\frac{305}{600}\times\frac{6400}{6000}\right)^{0.1}=0.94$$

弹性模量标准值：

$E_{0.05}=1.05E(1-1.645v)=1.05\times8000\times(1-1.645\times0.1)=7018\text{N/mm}^2$

梁的侧向稳定系数 φ_l：

$l_{ef}=L\mu_{ef}=6000\times0.8=4800\text{mm}$（集中力作用在梁顶）

$$\lambda_B=\sqrt{\frac{l_{ef}h}{b^2}}=\sqrt{\frac{4800\times600}{130^2}}=13.05<0.9\sqrt{\frac{E_{0.05}}{f_{mk}C_v}}=0.9\sqrt{\frac{7018}{24\times0.94}}=15.87$$

$$\varphi_l=\left(1+\frac{\lambda_B^2 f_{mk}}{4.9E_{0.05}}\right)^{-1}=\left[1+\frac{13.05^2\times24\times0.94}{4.9\times7018}\right]^{-1}=0.900$$

梁自重的重力荷载设计值：$q=0.13\times0.6\times5\times1.2=0.468\text{kN/m}$

梁跨中弯矩设计值：$M_s=ql^2/8+Pl/4=0.468\times6^2/8+60.8\times6/4=93.31\text{kN}\cdot\text{m}$

剪力设计值：$V_s=q(l-1.2)/2+P/2=0.468\times4.8/2+60.8/2=31.52\text{kN}$

抗弯承载力：

$$M_r=Wf_mC_v\varphi_l=\frac{130\times600^2}{6}\times16.6\times0.94\times0.9=109.42\text{kN}\cdot\text{m}>93.31\text{kN}\cdot\text{m}$$

满足要求

抗剪承载力：$V_r=\frac{2}{3}Af_v=\frac{2}{3}\times130\times600\times1.8=93.6\text{kN}>31.52\text{kN}$ 满足要求

挠度验算：$q_k=0.13\times0.6\times5=0.39\text{kN/m}$，$P_k=48.78\text{kN}$，$G=E/16=500\text{N/mm}^2$

自重产生的挠度：

$$\delta_q=\frac{5q_kl^4}{384EI}+\frac{q_kl^2}{8GAK}=\frac{5\times0.39\times10^3\times6000^4\times12}{384\times8000\times130\times600^3}+\frac{0.39\times10^3\times6000^2}{8\times500\times130\times600\times5/6}=0.406\text{mm}$$

集中力产生的挠度：

$$\delta_P=\frac{P_kl^3}{48EI}+\frac{P_kl}{2GAK}=\frac{48.78\times10^3\times6000^3\times12}{48\times8000\times130\times600^3}+\frac{48.78\times10^3\times6000}{2\times500\times130\times600\times5/6}=16.228\text{mm}$$

总挠度：$\delta=\delta_q+\delta_P=16.228+0.406=16.6\text{mm}<6000/250=24\text{mm}$

该梁满足承载力和正常使用要求。

6.5 弧形梁和变截面梁

层板胶合木可制作成弧形梁、变截面单坡或双坡梁以及双坡拱梁等。这类梁除需像等截面直梁验算其抗弯、抗剪承载力和变形外，还需根据其特点进行某些补充验算，这些验算可能对梁的承载力起决定性作用。《胶合木结构技术规范》GB/T 50708—2012 采用了美国规范 NDSWC 和加拿大规范 CSA O86 的验算方法，这些方法与欧洲规范 EC 5 是有所不同的。

6.5.1 等截面弧形梁

等截面弧形梁（图 6.5.1-1*a*）是将层板按要求的曲率在弧形模具上弯曲后胶合而成，制作时层板的实际弯曲程度尚需考虑梁从模具上放松后的回弹量。制作完成的弧形梁的层板中均存在一定的弯曲应力（残余应力）。这部分应力将与荷载产生的弯曲应力叠加，从而影响梁的最终承载力。因此，设计中首先需对弧形梁的抗弯强度设计值进行考虑弧形曲率影响的调整。

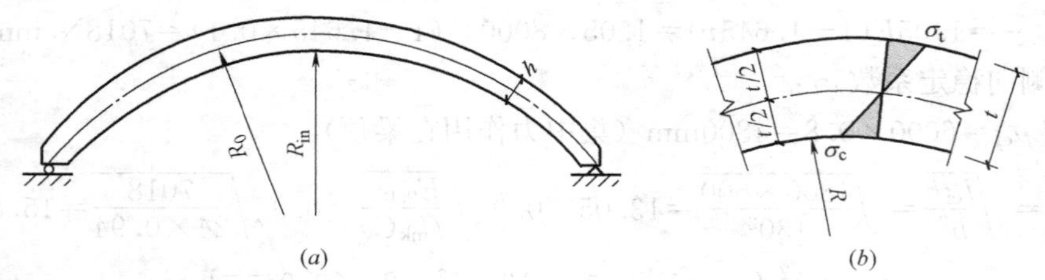

图 6.5.1-1　弧形梁

(a) 弧形梁；(b) 层板弯曲应力分布

设层板厚度为 t，弧形梁制作完成后，某层层板的弯曲应力如图 6.5.1-1（b）所示，设底边的曲率半径为 R，则该层板的弯曲应力为：

$$\sigma_{\mathrm{m}}=\frac{E\dfrac{t}{2}}{R+\dfrac{t}{2}}=\frac{E}{2\dfrac{R}{t}+1} \tag{6.5.1-1}$$

通常 R/t 约为 125～300，而木材的抗弯强度与弹性模量比约为 300 左右，由此可推算弯曲应力约为木材抗弯强度的 0.5～1.2 倍。可见制作弧形梁时层板的弯曲应力很大，故R/t 不能过小。但试验表明，这种应力对梁的最终抗弯承载力影响并非十分严重，原因不甚明了。有学者认为层板在施胶过程中受潮，使应力松弛所致，弯曲应力要比计算值低。也有学者认为是胶合后撤压回弹，使层板中发生应力重分布。弧形梁设计中层板弯曲对层板胶合木抗弯强度影响的调整系数取：

$$\varphi_{\mathrm{m}}=1-2000\left(\frac{t}{R}\right)^{2} \tag{6.5.1-2}$$

式中：R 为梁内侧边缘的曲率半径。欧洲规范 EC 5 取 $\varphi_{\mathrm{m}}=0.76+0.001R/t$，在允许的 R/t 范围内与式（6.5.1-2）计算结果相差不大。通常规定 R/t 不小于 300，较薄层板时，R/t 可取 125～150。这样弧形梁抗弯承载力的计算与直梁相同，但抗弯强度取 $f_{\mathrm{m}}\varphi_{\mathrm{m}}$。由于这类梁的曲率并不很大，其挠度可近似按直梁计算。如果截面组坯和层板品质符合 3.2.2 节中的有关规定，除抗弯强度 f_{m} 需乘以折减系数 φ_{m} 外，其他各项力学指标，如 f_{t}、f_{c90}、f_{v}、E 等，均可采用标准产品的数值。

弧形梁的另一显著特点是，当荷载使梁的曲率减小时，梁中会产生横纹的径向拉应力，其抗弯承载力可能由木材的横纹抗拉强度决定。图 6.5.1-2（a）所示为一从承受弯矩作用的弧形梁上切出的微段，图 6.5.1-2（b）为在该微段受压区顶部切出厚度为 Δy 的一片。在两端压力 N 的作用下，产生向上的分量 P，由 $\sum F_{\mathrm{y}}=0$，该分量必由法向拉应力 σ_{R}（木材的横纹拉应力）的合力平衡，显然有：

$$P=2N\sin\frac{\mathrm{d}\varphi}{2}\approx N\mathrm{d}\varphi \tag{6.5.1-3}$$

两端的作用力 N 可表示为

$$N=\int_{y}^{h/2}\sigma_{\mathrm{m}}b\mathrm{d}y=\frac{Mb}{2I}\left(\frac{h^{2}}{4}-y^{2}\right) \tag{6.5.1-4}$$

径向拉应力 σ_{R} 为

$$\sigma_{\mathrm{R}}=\frac{P}{b\mathrm{d}\varphi(R_0+y)}=\frac{3}{2}\frac{M}{bh(R_0+y)}\left[1-\left(\frac{2y}{h}\right)^{2}\right] \tag{6.5.1-5a}$$

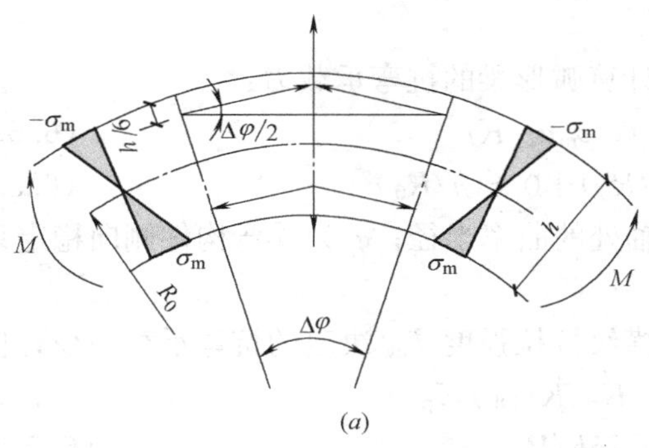

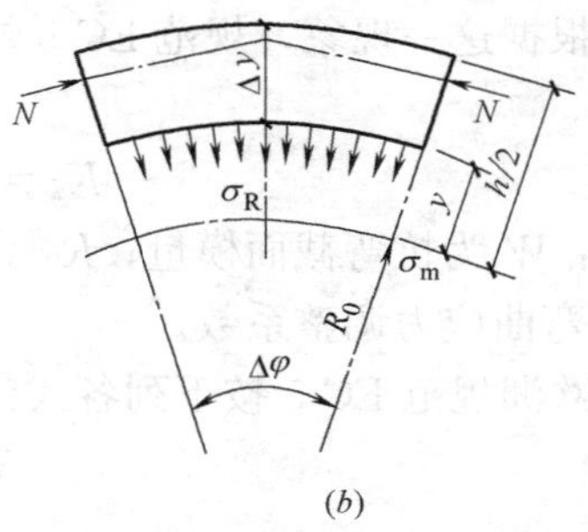

图 6.5.1-2 弧形梁径向拉应力

对于矩形截面，最大径向拉应力发生在中性轴（$y=0$）处，可得：

$$\sigma_R=\frac{3M}{2bhR_0} \tag{6.5.1-5b}$$

式中：R_0 为弧形梁截面形心轴位置的曲率半径。

因此弧形梁满足木材横纹抗拉强度并考虑体积效应的抗弯承载力 M_{rt90} 可用下式计算：

$$M_{rt90}=\frac{2}{3}AR_0f_{t90}K_{VOL} \tag{6.5.1-6}$$

式中：f_{t90} 为胶合木的横纹抗拉强度设计值，可取顺纹抗剪强度设计值的 1/3。K_{VOL} 为横纹抗拉强度的体积调整系数。规范 GB/T 50708—2012 不计该系数，即取 $K_{VOL}=1.0$。加拿大规范 CSA O86 则按表 6.5.1-1 的规定取值。

弧形梁、双坡梁、双坡拱梁径向拉应力体积调整系数 K_{VOL}（CSA O86） 表 6.5.1-1

荷载类型	弧形梁	双坡梁	双坡拱梁
均布荷载	$\frac{24}{(AR_0\beta)^{0.2}}$	$\frac{36}{(Ah_{ap})^{0.2}}$	$\frac{35}{(AR_0\beta)^{0.2}}$
其他荷载	$\frac{20}{(AR_0\beta)^{0.2}}$	$\frac{23}{(Ah_{ap})^{0.2}}$	$\frac{22}{(AR_0\beta)^{0.2}}$

注：表中 A 为横截面面积，双坡梁、双坡拱梁取顶点（脊点）处的截面；β 为包角（弧度），等截面弧形梁取最大弯矩所在截面位置至两侧弯矩降至 85%时，两点间的圆心角（$\beta=S/R_0$，S 为弧长）；双坡拱梁取左、右两切点间的包角。

反之，如果荷载使弧形梁的曲率增大（曲率半径减小），将产生径向压应力，木材的横纹承压强度应能满足承受该压应力的要求。

弧形梁抗弯承载力的计算，欧洲规范 EC 5 的方法有所不同。首先，对于抗弯承载力的验算，矩形截面直梁因中性轴和截面形心轴一致，该处纤维应力、应变均为零。因截面对称，上下边缘的应变也相等。但对于弧形梁，从梁上切出的微段（图 6.5.1-2a）上下边缘的纤维长度是不同的。在弯矩作用下，根据平面假设，与形心轴对称的上、下边缘处变形量相同，但由于纤维长度不同，使下边缘的应变、应力均较大。为使截面上 $\sum F_x=0$（仅有弯矩），中性轴将降至形心轴的下方，应力分布如图 6.5.1-3 所示，底边弯

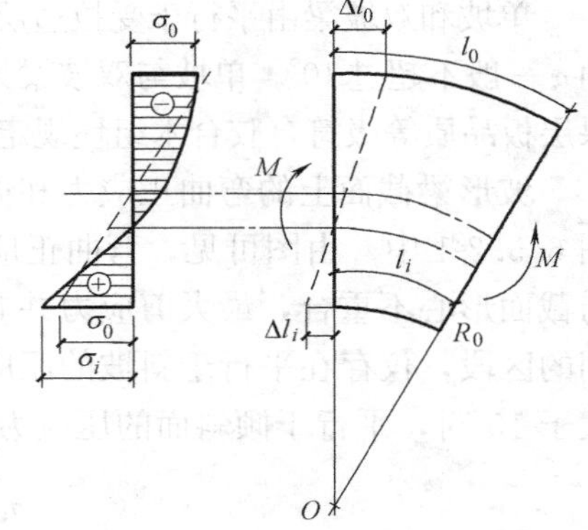

图 6.5.1-3 弧形梁弯曲应力分布

曲拉应力将增大至 σ_i。

根据这一现象，规范 EC 5 规定按下式计算弧形梁的抗弯承载力：

$$M_{r,m}=Wf_m\varphi_m\varphi_l/K_l \tag{6.5.1-7}$$

$$K_l=1+0.35(h/R_0)+0.6(h/R_0)^2 \tag{6.5.1-8}$$

式中：W 为抗弯截面模量；R_0 为截面形心轴处的曲率半径；φ_l为受弯构件侧向稳定系数；K_l为弯曲应力调整系数。

欧洲规范 EC 5 按下列各式计算由木材横纹抗拉强度 f_{t90}决定的抗弯承载力设计值：

$$M_{rt90}=Wf_{t90}K_{dis}K_{VOL}/K_p \tag{6.5.1-9}$$

$$K_p=0.25h/R_0 \tag{6.5.1-10}$$

$$K_{VOL}=(0.01/V)^{0.2} \tag{6.5.1-11}$$

式中：K_{dis}为横纹拉应力分布修正系数，等截面弧形梁取 1.4；K_p 为横纹拉应力计算系数；K_{VOL}为横纹抗拉强度体积调整系数；V 为横纹受拉区的木材体积（m^3），计算方法见表 6.5.1-2。

弧形梁、双坡梁、双坡拱梁计算调整系数 K_{VOL} 所用的体积 V（EC 5）　表 6.5.1-2

类型	V	限值(V_{max})
弧形梁	$\frac{\beta\pi}{180}b[h^2+2hR_{in}]$	$\frac{2}{3}V_b$
双坡梁	$\approx b(h_{ap})^2$	$\frac{2}{3}V_b$
双坡拱梁	$b\left[\sin\alpha_{ap}\cos\alpha_{ap}(R_{in}+h_{ap})^2-R_{in}\frac{\alpha_{ap}\pi}{180}\right]$	$\frac{2}{3}V_b$

注：表中 β 为弧形梁轴线在支座处的切线与水平线的夹角（°）；α_{ap}为坡面的倾角；R_{in}为梁底边缘的曲率半径；V_b 为全梁的体积。

弧形梁截面中性轴处既有横纹拉应力又有剪应力时，需按下式验算拉、剪联合工作：

$$\frac{\tau}{f_v}+\frac{\sigma_{t90}}{f_{t90}K_{dis}K_{VOL}}\leqslant 1 \tag{6.5.1-12}$$

式中：f_v、f_{t90}分别为木材的抗剪强度和横纹抗拉强度设计值；τ 为验算截面处的剪应力；σ_{t90}为横纹拉应力，$\sigma_{t90}=K_p(6M/bh^3)$。

6.5.2　单坡梁与双坡梁

单坡和双坡梁由平行于受拉边层叠的层板胶合而成，并按规定的斜坡加工成坡梁，坡度角 α 一般不超过 10°。单坡与双坡梁为变截面直梁，如图 6.5.2-1 所示。应采用同等组坯。如果层板品质等级符合胶合木组坯规定，基本力学性能指标可采用标准产品的规定值。

坡形梁截面上的弯曲正应力和剪应力分布与矩形截面直梁有所不同，示意性地表示于图 6.5.2-1 中。由图可见，弯曲正应力分布类似于弧形梁，呈非线性分布。中性轴下移，与截面形心不重合，最大剪应力并非一定在中性轴位置。容易理解，梁坡面无荷载直接作用的区段，仅存在平行于斜坡的压应力，与木纹成 α 角。如果斜坡面位于受压边，坡度不大于 10°时，平行于倾斜面的压应力 $\sigma_{m,\alpha}$（图 6.5.2-2a）可由下式确定：

$$\sigma_{m,\alpha}=(1-4\tan^2\alpha)\frac{6M}{bh^2} \tag{6.5.2-1}$$

梁下边缘平行于木纹的弯曲拉应力近似为：

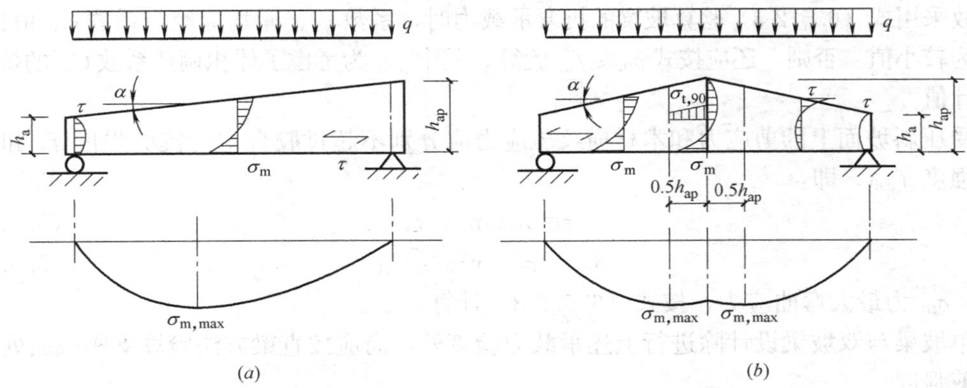

图 6.5.2-1 坡梁及在均布荷载下的应力分布

(a) 单坡梁；(b) 双坡梁

$$\sigma_{m,0}=(1+4\tan^2\alpha)\frac{6M}{bh^2} \quad (6.5.2\text{-}2)$$

式中：M 为某截面位置的作用弯矩；b、h 分别为相应于作用弯矩位置的截面宽度和高度。

可见，如果坡角为 5°～6°，受拉边拉应力与矩形截面直梁相比增加量不超过 5%。主要问题在于坡面上的弯曲压应力，其值有所减小，但属复杂应力。转轴分析后可知，木材承受顺纹压应力 σ_0、横纹压应力 σ_{90} 和剪应力 τ 的联合作用，如图 6.5.2-2 (b) 所示。

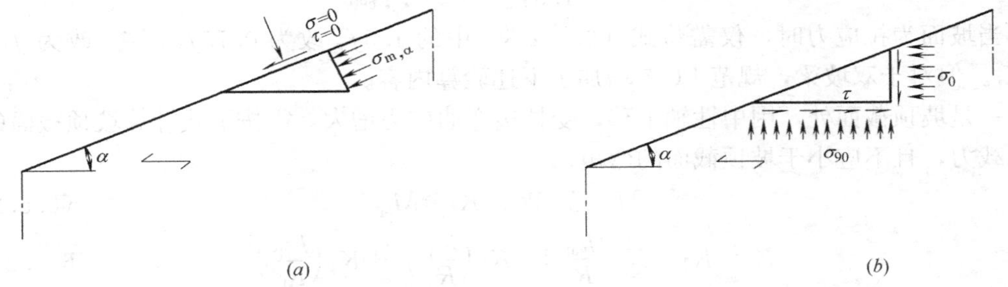

图 6.5.2-2 坡形梁坡面应力

式 (6.5.2-1) 计算的 $\sigma_{m,\alpha}$ 是斜纹压应力，早期曾采用 Hankinson 公式（式 (1.5.4-2)）验算，现已改用 Norris 强度准则验算。规范 GB/T 50708—2012 参照美国规范 NDSWC 给出了验算坡面受压时木材抗弯强度的修正系数。坡梁的抗弯承载力可按下式验算：

$$\sigma_m=\left(\frac{M}{W}\right)_{max}\leqslant\varphi_l k_i f'_m \quad (6.5.2\text{-}3)$$

$$k_i=\frac{1}{\sqrt{1+\left(\frac{f'_m\tan\alpha}{f_v}\right)^2+\left(\frac{f'_m\tan^2\alpha}{f_{c90}}\right)^2}} \quad (6.5.2\text{-}4)$$

式中：φ_l 为受弯构件侧向稳定系数；k_i 为坡面复杂应力对抗弯强度的影响系数；f'_m 为不计体积调整系数 C_V 的抗弯强度设计值；f_v、f_{c90} 分别为胶合木的抗剪强度和横纹抗压强度设计值；α 为坡面倾角；$(M/W)_{max}$ 为坡梁的最大弯曲正应力，根据条件 $d[M(x)/W(x)]=0$ 确定。按规范 NDSWC 的本意，抗弯强度体积调整系数 C_V 与系数 k_i 不能同时应用，应取两者中的较小者；体积调整系数 C_V 也不能与侧向稳定系数 φ_l 同时应用，也应取两者中的较小者，故采用式（6.5.2-3）验算坡梁的抗弯承载力时，系数 φ_l、k_i 均应经与系数 C_V 值比较，确认为较小值。否则，还应按式 $\sigma_m \leqslant f_m$ 验算，其中 f_m 为考虑了体积调整系数 C_V 的抗弯强度设计值。

受压斜坡面上的剪应力和木材横纹压应力应分别不超过胶合木的抗剪强度 f_v 和横纹承压强度 f_{c90}，即：

$$\tau = \sigma_m \tan\alpha \leqslant f_v \tag{6.5.2-5}$$

$$\sigma_{c90} = \sigma_m \tan^2\alpha \leqslant f_{c90} \tag{6.5.2-6}$$

式中：σ_m 为最大弯曲应力，按式（6.5.2-3）计算。

单坡梁与双坡梁设计除进行上述承载力验算外，尚应按直梁方法验算支座截面处的顺纹抗剪强度。

欧洲规范 EC 5 中坡梁的设计验算方法也有所不同，单坡梁和双坡梁并不按式（6.5.2-5）、式（6.5.2-6）验算抗剪和横纹承压强度。式（6.5.2-3）中抗弯强度调整系数 K_i 区分为斜坡边受压和受拉两类。斜坡边为压应力时，将式（6.5.2-3）和式（6.5.2～4）分别改为：

$$\sigma_m = \left(\frac{M}{W}\right)_{max} \leqslant k_i f_m \tag{6.5.2-7}$$

$$k_i = \frac{1}{\sqrt{1 + \left(\frac{f_m \tan\alpha}{1.5 f_v}\right)^2 + \left(\frac{f_m \tan^2\alpha}{f_{c90}}\right)^2}} \tag{6.5.2-8}$$

当坡面为拉应力时，仅需将式（6.5.2-8）中的 $1.5f_v$ 改为 $0.75f_v$，f_{c90} 改为 f_{t90} 计算 K_i。但对于双坡梁，规范 EC 5 增加了下述验算内容。

一是坡顶截面处，因中性轴下移，受拉边弯曲应力增大，需按下式计算坡顶截面的抗弯承载力，且不应小于坡顶截面的弯矩。

$$M_r = f_m W_{ap} / K_l \geqslant M_{ap} \tag{6.5.2-9}$$

$$K_l = K_1 + K_2\left(\frac{h_{ap}}{R_0}\right) + K_3\left(\frac{h_{ap}}{R_0}\right)^2 + K_4\left(\frac{h_{ap}}{R_0}\right)^3 \tag{6.5.2-10}$$

式中：W_{ap}、h_{ap} 分别为坡顶截面的抗弯截面模量和截面高度；R_0 为中性轴处的曲率半径，双坡梁的曲率半径 R_0 为无穷大（∞）；$K_1 = 1 + 1.4\tan\alpha + 5.4\tan^2\alpha$；$K_2 = 0.35 - 8\tan\alpha$；$K_3 = 0.6 + 8.3\tan\alpha - 7.8\tan^2\alpha$；$K_4 = 6\tan^2\alpha$。

二是坡顶区域存在与弧形梁相似的径向拉应力，需按下式计算坡顶截面的抗弯承载力，且不应小于坡顶截面的弯矩。

$$M_r = f_{t90} W_{ap} K_{dis} K_{VOL} / K_p \geqslant M_{ap} \tag{6.5.2-11}$$

$$K_p = K_5 + K_6\left(\frac{h_{ap}}{R_0}\right) + K_7\left(\frac{h_{ap}}{R_0}\right)^2 \tag{6.5.2-12}$$

式中：K_p 为横纹拉应力计算系数；f_{t90} 为胶合木横纹抗拉强度设计值；K_{dis} 为横纹拉应力分布系数，$K_{dis} = 1.4$；K_{VOL} 为横纹抗拉强度体积修正系数，仍按式（6.5.1-11）计算；R_0 为中性轴处的曲率半径，双坡梁中 R_0 为无穷大（∞）；$K_5 = 0.2\tan\alpha$；$K_6 = 0.25 - 1.5\tan\alpha + 2.6\tan^2\alpha$；$K_7 = 2.1\tan\alpha - 4\tan^2\alpha$。

三是需按式（6.5.1-12）验算坡顶截面中性轴处横纹拉应力和剪力联合作用下的强度。

单坡梁与双坡梁最大弯曲正应力所在截面的位置应由下式确定：

$$\frac{\mathrm{d}}{\mathrm{d}x}\left[\frac{M(x)}{W(x)}\right]=0 \tag{6.5.2-13}$$

因此，承受均布荷载的简支坡梁，最大弯曲正应力所在截面距截面高度较低端（支座处）的距离 z 可由下式计算：

$$z=\frac{h_{\mathrm{a}}L}{2h_{\mathrm{a}}+L\tan\alpha} \tag{6.5.2-14}$$

最大弯曲正应力所在截面的高度 h_z 为：

$$h_{\mathrm{z}}=2h_{\mathrm{a}}\frac{h_{\mathrm{a}}L}{2h_{\mathrm{a}}+L\tan\alpha} \tag{6.5.2-15}$$

式中：h_{a} 为坡梁截面较低端（支座处）的高度。

受一个集中力作用的坡梁（单、双坡），如果集中力作用位置的梁高大于较低端的截面高度的 2 倍，则最大弯曲正应力将发生在距截面高度较低端距离为 $z=h_{\mathrm{a}}/\tan\alpha$ 的截面上；反之，若作用点位置的梁高小于或等于较低端截面高度的 2 倍，则最大弯曲正应力将发生在集中力作用位置的截面上。

因为是变截面，坡梁的抗弯刚度需用等效截面高度 h_{ef} 计算，均布荷载作用下简支坡梁的等效截面高度可按下式计算：

$$h_{\mathrm{ef}}=K_{\mathrm{C}}h_{\mathrm{a}} \tag{6.5.2-16}$$

式中：K_{C} 为换算系数，见表 6.5.2-1。

简支梁等效截面高度换算系数 K_{C} **表 6.5.2-1**

对称双坡梁		单坡梁	
$0<c\leqslant1.0$	$1.0<c\leqslant3.0$	$0<c\leqslant1.1$	$1.1<c\leqslant3.0$
$1+0.66c$	$1+0.63c$	$1+0.46c$	$1+0.43c$

注：表中 $c=(h_{\mathrm{ap}}-h_{\mathrm{a}})/h_{\mathrm{a}}$。

弯矩作用下坡梁产生的挠度按一般力学原理计算，均布荷载作用下剪应力产生的挠度可用下式计算：

$$\delta_{\mathrm{v}}=\frac{3\mathrm{q}l^2}{20\mathrm{G}bh_{\mathrm{a}}} \tag{6.5.2-17}$$

6.5.3 双坡拱梁

双坡拱梁坡角较大，受拉底边呈全弧形或直线段与弧形组合，如图 6.5.3-1 所示。截面应采用同等组坯，并由弯曲成弧形的层板施胶后制作而成。

规范 GB/T 50708—2012 规定，双坡拱梁的非脊区段应按坡梁的有关要求进行强度验算，即应满足式（6.5.2-3）、式（6.5.2-5）和式（6.5.2-6）的要求，以及支座截面的抗剪承载力要求。双坡拱梁的脊区段，还应进行受拉边的抗弯强度验算和径向拉应力所致木材横纹抗拉强度验算。

脊截面处受拉边的弯曲正应力 σ_{m} 会增大，其抗弯承载力按下式计算，且不应小于脊截面处的弯矩 M_{ap}。

$$M_{\mathrm{r}}=f'_{\mathrm{m}}W_{\mathrm{ap}}\varphi_{\mathrm{m}}\varphi_l/K_\theta\geqslant M_{\mathrm{ap}} \tag{6.5.3-1}$$

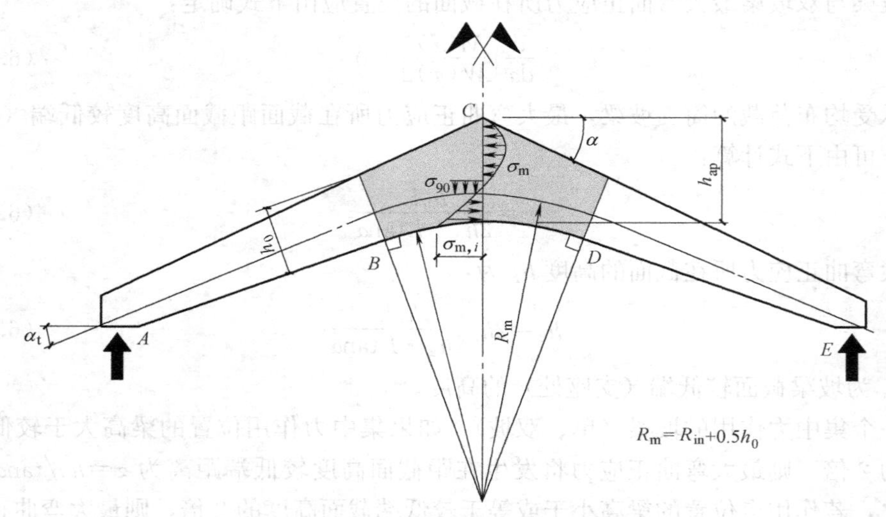

图 6.5.3-1　双坡拱梁的截面应力分析

$$K_\theta=D+H\left(\frac{h_{ap}}{R_m}\right)+F\left(\frac{h_{ap}}{R_m}\right)^2 \tag{6.5.3-2}$$

式中：f'_m为不计体积调整系数的抗弯强度设计值；φ_l为梁的侧向稳定系数；φ_m 为弧形层板抗弯强度调整系数；K_θ 为由于中性轴下移受拉边缘的弯曲应力增大系数；R_m 为弧形段中轴线的曲率半径（$R_{in}+h_0/2$）；D、H、F 均为计算系数，见表 6.5.3-1。

计算系数 *D*、*H*、*F* 及 *A*、*B*、*C* 取值　　　　**表 6.5.3-1**

坡角 α	D	H	F	A	B	C
2.5°	1.042	4.247	−6.201	0.0079	0.1747	0.1284
5.0°	1.149	2.063	−1.825	0.0174	0.1251	0.1939
7.5°	1.240	1.018	−0.449	0.0279	0.0937	0.2162
10°	1.330	0.00	0.927	0.0391	0.0754	0.2119
15°	1.738	0.00	0.00	0.0629	0.0619	0.1722
20°	1.961	0.00	0.00	0.0893	0.0608	0.1393
25°	2.625	−2.829	3.538	0.1214	0.0605	0.1238
30°	3.062	−2.594	2.440	0.1649	0.0603	0.115

注：可用线性内插法确定中间角度的计算系数，α 为受压边倾斜角。

脊区段径向拉应力决定的抗弯承载力可由下式计算，且不应小于脊截面处的弯矩 M_{ap}。

$$M_{rt90}=W_{ap}f_{t90}/K_rC_r\geqslant M_{ap} \tag{6.5.3-3}$$

$$K_r=A+B\left(\frac{h_{ap}}{R_m}\right)+C\left(\frac{h_{ap}}{R_m}\right)^2 \tag{6.5.3-4}$$

$$C_r=\alpha+\beta\left(\frac{h_{ap}}{R_0}\right) \tag{6.5.3-5}$$

式中：f_{t90}为双坡拱梁胶合木的横纹抗拉强度；K_r 为径向拉应力计算系数，其中系数 A、B、C 见表 6.5.3-1；C_r 为荷载形式系数，见表 6.5.3-2；α、β 为计算系数，见表 6.5.3-3。

集中荷载作用下的系数 C_r **表 6.5.3-2**

两集中力三分点加载		跨中一个集中力	
L/L_C	C_r	L/L_C	C_r
任何值	1.05	1	0.75
		2	0.8
		3	0.85
		4	0.9

注：表中 L/L_C 为跨度与构件弧线段长度之比。

均布荷载作用下的计算系数 α、β 值 **表 6.5.3-3**

屋面坡度	L/L_C	α	β
1∶6	1	0.44	−0.55
	2	0.68	−0.65
	3	0.82	−0.75
	4	0.89	−0.68
	≥8	1.00	0.00
1∶3	1	0.71	−0.87
	2	0.88	−0.82
	3	0.97	−0.82
	4	1.00	−0.23
	≥8	1.00	0.00
1∶2	1	0.85	−0.88
	2	1.00	−0.73
	3	1.00	−0.43
	4	1.00	0.00
	≥8	1.00	0.00

欧洲规范 EC 5 对双坡拱形梁的设计与上述方法类同，即应对非脊区段按单坡梁或双坡梁验算斜坡受拉、压边缘的抗弯强度，并验算脊区段（图中阴影区）受拉边的弯曲应力、径向拉应力以及拉应力和剪应力联合作用下的强度，可分别按式（6.5.2-7）～式（6.5.2-12）计算，但横纹拉应力分布系数取 $K_{dis}=1.70$。

双坡拱梁的抗弯刚度计算较复杂，均布荷载作用下的简支梁截面惯性矩可用下式表示的等效截面高度计算：

$$h_{ef}=(h_a+h_{ap})(0.5+0.735\tan\alpha)-1.41h_{ap}\tan\alpha \tag{6.5.3-6}$$

【例题 6-3】 某体育场观礼台，屋顶承重构件由层板胶合木曲梁制成，如图 6.5.3-2 所示。A、B 两点为简支支座，曲梁由三段构成，AB 段和 CD 段为单坡状，BC 段为弧状，三段梁上下边之间彼此相切。A、D 点截面尺寸为 160mm×350mm，B、C 点截面尺寸为 160mm×633mm，BC 段为弧形等截面，即 160mm×633mm。屋顶设檩条，能保证曲梁的侧向稳定。曲梁为同等组坯，强度等级为 TC_T36，层板厚 33.3mm，BC 段的内曲率半径 R_{in} 为 17000mm。结构自重和雪荷载组合的设计值为 3kN/m，设计使用年限拟为

25 年，试验算曲梁的承载力。

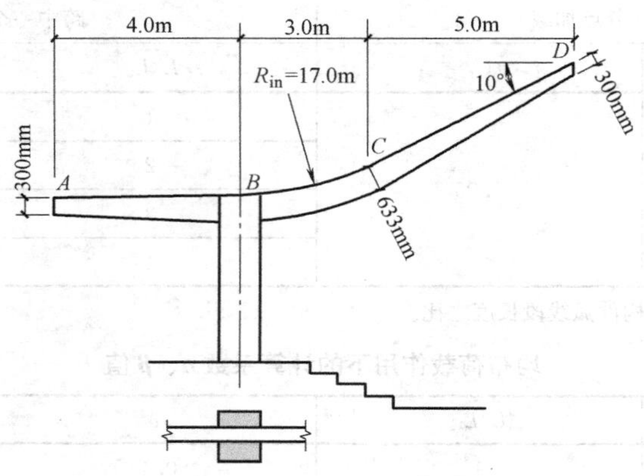

图 6.5.3-2　体育场看台屋顶

解：TC_T36 力学性能设计指标：$f_m=24.9N/mm^2$，$f_v=2.0N/mm^2$，$f_{c90}=2.5N/mm^2$

强度设计值的调整：

体育场观礼台屋顶属室外露天环境，强度调整系数为 0.8

恒载与雪荷载组合，强度调整系数为 0.83

使用年限 25 年，强度调整系数为 1.05

受弯构件强度的体积调整系数

$$C_v=\left(\frac{130}{b}\times\frac{305}{h}\times\frac{6400}{L}\right)^{0.1}=\left(\frac{130}{160}\times\frac{305}{633}\times\frac{6400}{12000}\right)^{0.1}=0.885$$

$$\varphi_m=1-2000\left(\frac{t}{R}\right)^2=1-2000\times\left(\frac{33.3}{17000}\right)^2=0.99\approx1.0$$

故该曲梁的强度设计值：

抗弯强度：$f_m=24.9\times0.8\times0.83\times1.05\times0.855=14.84N/mm^2$

$f_m'=24.9\times0.8\times0.83\times1.05=17.36N/mm^2$

抗剪强度：$f_v=2\times0.8\times0.83\times1.05=1.39N/mm^2$

横纹承压强度：$f_{c90}=2.5\times0.8\times0.83\times1.05=1.74N/mm^2$

横纹抗拉强度：$f_{t90}=f_v/3=1.39/3=0.46N/mm^2$

支反力、最大弯矩及剪力：

$R_A=3\times12\times2/4=18kN$（向下）

$R_B=3\times12\times6/4=54kN$（向上）

$M_B=3\times8\times8/2=96kN\cdot m$

$M_C=3\times5\times5/2=37.5kN\cdot m$

$V_{Br}=3\times8=24kN$

$V_{Bl}=24\text{-}54=-30kN$

AB 段承载力验算：

单坡受压边斜坡角 $\tan\alpha=(633-300)/4000=0.083(\alpha=4.76°)$。最大弯曲应力发生在 *B* 支座处：

$$\sigma_{\mathrm{m}}=\frac{M}{W}=\frac{6\times96\times10^{6}}{160\times633^{2}}=8.98\mathrm{N/mm^{2}}$$

$$k_{i}=\frac{1}{\sqrt{1+\left(\frac{f'_{\mathrm{m}}\tan\alpha}{f_{\mathrm{v}}}\right)^{2}+\left(\frac{f'_{\mathrm{m}}\tan^{2}\alpha}{f_{\mathrm{c90}}}\right)^{2}}}=\frac{1}{\sqrt{1+\left(\frac{17.36\tan4.76^{\circ}}{1.39}\right)^{2}+\left(\frac{17.36\tan^{2}4.76^{\circ}}{1.74}\right)^{2}}}=0.692$$

$\varphi_{l}k_{i}f'_{\mathrm{m}}=1.0\times0.692\times17.36=12.01\mathrm{N/mm^{2}}$

$\varphi_{l}f_{\mathrm{m}}=1.0\times14.84=14.84\mathrm{N/mm^{2}}>\sigma_{\mathrm{m}}=8.98\mathrm{N/mm^{2}}$，满足要求

$\tau=\sigma_{\mathrm{m}}\tan\alpha=8.98\times\tan4.76^{\circ}=0.745\mathrm{N/mm^{2}}<f_{\mathrm{v}}=1.39\mathrm{N/mm^{2}}$，满足要求

$\sigma_{\mathrm{c90}}=\sigma_{\mathrm{m}}\tan^{2}\alpha=8.98\times\tan^{2}4.76^{\circ}=0.062\mathrm{N/mm^{2}}<f_{\mathrm{c90}}=1.74\mathrm{N/mm^{2}}$，满足要求

CD 段承载力验算：

单坡受压边斜坡角 $\tan\alpha=(633-300)/5000=0.0666(\alpha=3.81^{\circ})$，最大弯曲应力发生在 *C* 点处：

$$\sigma_{\mathrm{m}}=\frac{M}{W}=\frac{6\times37.5\times10^{6}}{160\times633^{2}}=3.51\mathrm{N/mm^{2}}<\varphi_{l}k_{i}f_{\mathrm{m}}'=1.0\times0.769\times17.36=13.35\mathrm{N/mm^{2}},$$

满足要求

其中：

$$k_{i}=\frac{1}{\sqrt{1+\left(\frac{f'_{\mathrm{m}}\tan\alpha}{f_{\mathrm{v}}}\right)^{2}+\left(\frac{f'_{\mathrm{m}}\tan^{2}\alpha}{f_{\mathrm{c90}}}\right)^{2}}}=\frac{1}{\sqrt{1+\left(\frac{17.36\tan3.81^{\circ}}{1.39}\right)^{2}+\left(\frac{17.36\tan^{2}3.81^{\circ}}{1.74}\right)^{2}}}=0.769$$

A 支座抗剪：

$$\tau=\frac{3V}{2A}=\frac{3\times18\times10^{3}}{2\times160\times300}=0.563\mathrm{N/mm^{2}}<1.39\mathrm{N/mm^{2}}$$，满足要求

B 支座抗剪：

$$\tau=\frac{3V}{2A}=\frac{3\times30\times10^{3}}{2\times160\times633}=0.444\mathrm{N/mm^{2}}<1.39\mathrm{N/mm^{2}}$$，满足要求

BC 弧形段验算：

由径向拉应力（横纹拉应力）控制的抗弯承载力：

$M_{\mathrm{rt90}}=\frac{2}{3}AR_{0}f_{\mathrm{t90}}K_{\mathrm{VOL}}$　　（规范 GB/T 50708—2012 不计 K_{VOL}）

$R_{0}=R_{\mathrm{in}}+h/2=17000+633/2=17316.5\mathrm{mm}$

最大弯矩由 96kN·m 降至 0.85×96=81.6kN·m 的截面位置为距 *B* 点 8−7.38=0.62m，故 $\sin(\beta/2)=0.62/(2\times17.3165)$，$\beta=2.05^{\circ}$

$$K_{\mathrm{VOL}}=\frac{24}{(AR_{0}\beta)^{0.2}}=\frac{24}{(160\times633\times17316.5\times0.03576)^{0.2}}=0.66$$

$M_{\mathrm{rt90}}=(2/3)\times0.46\times160\times633\times17316.5\times0.66=355\mathrm{kN\cdot m}>96\mathrm{kN\cdot m}$，满足要求

由受拉边弯曲应力控制：

$M_{\mathrm{r,m}}=Wf_{\mathrm{m}}\varphi_{\mathrm{m}}=(1/6)\times14.84\times160\times633^{2}\times0.99=158.57\mathrm{kN\cdot m}>96\mathrm{kN\cdot m}$，满足要求

BC 弧形段按规范 EC 5 验算：

受拉边弯曲应力控制的抗弯承载力

$M_{r,m}=Wf_m\varphi_m\varphi_l/K_1=(1/6)\times14.84\times160\times633^2\times0.99/1.014=156.35\text{kN}\cdot\text{m}>96\text{kN}\cdot\text{m}$，满足要求

其中

$K_1=1+0.35(h/R_0)+0.6(h/R_0)^2=1+0.35\times(633/17316.5)+0.6\times(633/17316.5)^2$
$=1.014$

由径向拉应力（横纹拉应力）控制的抗弯承载力：

$M_{rt90}=Wf_{t90}K_{dis}K_{VOL}/K_p$

$K_p=0.25h/R_0=0.00914$，$K_{dis}=1.4$

$K_{VOL}=(0.01/V)^{0.2}$

弧形段 BC 的体积（约为长度乘以面积）：

$V\approx Lbh=3\times0.16\times0.633=0.304\text{m}^3$

$\beta=10°$，

$V=\frac{\beta\pi}{180}b(h^2+2hR_{in})=10\times3.14\times0.16/180\times(0.633^2+2\times0.633\times17)=0.612\text{m}^3>2V_b/3=0.203\text{m}^3$，故取 $V=0.203\text{m}^3$

$K_{VOL}=(0.01/V)^{0.2}=(0.01/0.203)^{0.2}=0.548$

$M_{rt90}=Wf_{t90}K_{dis}K_{VOL}/K_p=(1/6)\times160\times633^2\times0.46\times1.4\times0.548=412.6\text{kN}\cdot\text{m}>96\text{kN}\cdot\text{m}$，满足要求

弧形段剪应力与横纹拉应力复合作用验算：

$\sigma_{t90}=K_p\frac{6M}{bh^2}=0.00914\times\frac{6\times96\times10^6}{160\times633^2}=0.0821\text{N/mm}^2$

$\tau=\frac{3R}{2bh}=\frac{3\times30\times10^3}{2\times160\times633}=0.444\text{N/mm}^2$

$\frac{\tau}{f_v}+\frac{\sigma_{t90}}{f_{t90}K_{dis}K_{VOL}}=\frac{0.444}{1.39}+\frac{0.0821}{0.46\times1.4\times0.548}=0.552<1.0$，满足要求

【例题 6-4】 某俱乐部屋盖为 20m 跨双坡梁，端部截面为 190mm×700mm，脊部截面为 190mm×1698mm（见图 6.5.3-3），间距为 6.0m，坡顶设间距为 2.4m 的檩条。双坡梁采用层板胶合木制作，强度等级为 TC_T28（北美南方松）。屋面恒载为 0.6kN/m²，双坡梁自重为 1.1kN/m，预期雪荷载为 1.0kN/m²，试验算双坡梁的承载力和变形。

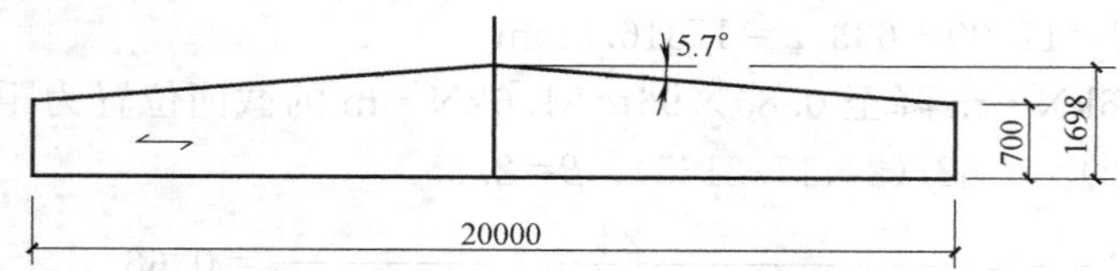

图 6.5.3-3　双坡梁（截面宽度为 190mm）

解： TC_T28 的强度设计指标：

$f_m=19.4\text{N/mm}^2$，$f_{mk}=28\text{N/mm}^2$，$f_{c90}=2.5\text{N/mm}^2$，$f_{t90}=0.67\text{N/mm}^2$，$f_v=2.0\text{N/mm}^2$，

$E=8000\text{N/mm}^2$，$E_{0.05}=1.05\times8000\times(1-1.645\times0.1)=7018\text{N/mm}^2$。

抗弯强度调整系数：

$$C_v=\left(\frac{130}{b}\times\frac{305}{h}\times\frac{6400}{L}\right)^{0.05}=\left(\frac{130}{190}\times\frac{305}{0.5\times(700+1698)}\times\frac{6400}{20000}\right)^{0.05}=0.865$$

因与雪荷载组合，故各强度设计值为：

$f_m=19.4\times0.83\times0.865=13.93\text{N/mm}^2$，$f_{c90}=2.5\times0.83=2.075\text{N/mm}^2$，

$f_{t90}=0.67\times0.83=0.556\text{N/mm}^2$，$f_v=2.0\times0.83=1.66\text{N/mm}^2$，

$E=8000\text{N/mm}^2$，$E_{0.05}=7018\ \text{N/mm}^2$，$f'_m=19.4\times0.83=16.10\text{N/mm}^2$。

荷载效应标准组合：$q_k=1.0\times6+0.6\times6+1.1=10.7\text{kN/m}$

荷载效应基本组合：$q=1.0\times6\times1.4+(0.6\times6+1.1)\times1.2=14.04\text{kN/m}$

全跨雪荷载时的支座反力：$R=ql/2=14.04\times20/2=140.4\text{kN}$

最大弯曲应力距支座距离：$z=\dfrac{h_a l}{2h_a+l\tan\alpha}=\dfrac{700\times20000}{2\times700+20000\times\tan5.7°}=4122\text{mm}$

最大弯曲应力截面高度：$h_z=h_a+z\tan\alpha=700+4122\times\tan5.7°=1111\text{mm}$

$W_z=bh_z^2/6=190\times1111^2/6=3.91\times10^7\text{mm}^3$

$W_{ap}=bh_{ap}^2/6=190\times1698^2/6=9.13\times10^7\text{mm}^3$

最大弯曲应力截面的弯矩：

$M_z=qz(l-z)/2=14.04\times4.122\times(20-4.122)/2=459.45\text{kN}\cdot\text{m}$

跨中弯矩：

$M_{ap}=ql^2/8=14.04\times20^2/8=702\text{kN}\cdot\text{m}$

梁侧向稳定系数 φ_l，檩条作侧向支撑，将使计算长度 $l_{ef}=2400\text{mm}$

$$\lambda_B=\sqrt{\frac{l_{ef}h}{b^2}}=\sqrt{\frac{1111\times2400}{190^2}}=8.59<0.9\sqrt{\frac{E_k}{f_{mk}}}=0.9\sqrt{\frac{7018}{28}}=14.25$$

$$\varphi_l=\left(1+\frac{\lambda_B^2 f_{mk}}{4.9E_{0.05}}\right)^{-1}=\left(1+\frac{8.59^2\times28}{4.9\times7018}\right)^{-1}=0.943$$

此处 f_{mk}未乘以 C_v，因 $C_v<1.0$，将使计算所得的 $\varphi_l>0.943$，故偏于安全可不计 C_v 的影响。

强度验算：

规范 GB/T 50708	欧洲规范 EC 5
最大弯曲应力截面斜坡顶复杂应力	
$\sigma_m=\left(\frac{M}{W}\right)_{max}\leqslant\min\{\varphi_l f_m,\varphi_l k_i f'_m\}$ $k_i=\dfrac{1}{\sqrt{1+\left(\frac{f'_m\tan\alpha}{f_v}\right)^2+\left(\frac{f'_m\tan^2\alpha}{f_{c90}}\right)^2}}$ $=\dfrac{1}{\sqrt{1+\left(\frac{16.1\times\tan5.7°}{1.66}\right)^2+\left(\frac{16.1\times\tan^2 5.7°}{2.075}\right)^2}}=0.718$ $\sigma_m=\dfrac{459.5\times10^6}{39.1\times10^6}=11.75\text{N/mm}^2$ $f_m\varphi_l=0.943\times13.93=13.14\text{N/mm}^2$ $\varphi_l K_i f'_m=0.943\times0.718\times16.1$ $=10.90\text{N/mm}^2$ $11.75\text{N/mm}^2>10.90\text{N/mm}^2$ 不满足要求，约差 7%	$\sigma_m=\left(\frac{M}{W}\right)_{max}\leqslant K_i f_m$ $k_i=\dfrac{1}{\sqrt{1+\left(\frac{f_m\tan\alpha}{1.5f_v}\right)^2+\left(\frac{f_m\tan^2\alpha}{f_{c90}}\right)^2}}$ $=\dfrac{1}{\sqrt{1+\left(\frac{13.93\times\tan5.7°}{1.5\times1.66}\right)^2+\left(\frac{13.93\times\tan^2 5.7°}{2.075}\right)^2}}$ $=0.872$ $\sigma_m=\dfrac{459.5\times10^6}{39.1\times10^6}=11.75\text{N/mm}^2$ $<13.93\times0.872=12.14\text{N/mm}^2$ 满足要求

续表

规范 GB/T 50708	欧洲规范 EC 5
最大弯曲应力截面上边缘剪应力和横纹拉应力验算	
$\tau=\sigma_m\tan\alpha=11.75\times\tan5.7=1.17\text{N/mm}^2$ $<f_v=1.66\text{N/mm}^2$ $\sigma_{c90}=\sigma_m\tan^2\alpha=11.75\times\tan^2 5.7°=0.117\text{N/mm}^2$ $<f_{c90}=0.285\text{N/mm}^2$	无要求
侧向稳定	
$\sigma_m=\dfrac{459.5\times10^6}{39.1\times10^6}=11.75\text{N/mm}^2$ $<f_m\varphi_l=0.943\times13.93=13.14\text{N/mm}^2$	$\sigma_m=\dfrac{459.5\times10^6}{39.1\times10^6}=11.75\text{N/mm}^2$ $<f_m\varphi_l=0.943\times13.93=13.14\text{N/mm}^2$
支座抗剪	
$\tau=\dfrac{3R}{2h_ab}=\dfrac{3\times140.4\times10^3}{2\times700\times190}$ $=1.58\text{N/mm}^2<1.66\text{N/mm}^2$	$\tau=\dfrac{3R}{2h_ab}=\dfrac{3\times140.4\times10^3}{2\times700\times190}$ $=1.58\text{N/mm}^2<1.66\text{N/mm}^2$
跨中底边缘抗弯承载力验算	
无要求	$M_R=f_mW_{ap}/K_l\geqslant M_{ap}$ $K_l=K_1+K_2\left(\dfrac{h_{ap}}{R_0}\right)+K_3\left(\dfrac{h_{ap}}{R_0}\right)^2+K_4\left(\dfrac{h_{ap}}{R_0}\right)^3$ $h_{ap}/R_0=1689/\infty=0$ $K_1=1+1.4\tan\alpha+5.4\tan^2\alpha=1.194$ $M_r=13.93\times91.3\times10^6/1.194$ $=1065.2\text{kN}\cdot\text{m}>702\text{kN}\cdot\text{m}$ 满足要求
脊区(坡顶)径向拉应力决定的抗弯承载力验算	
无要求	$M_{rt90}=f_{t90}W_{ap}K_{dis}K_{VOL}/K_p\geqslant M_{ap}$ $K_p=K_5+K_6\left(\dfrac{h_{ap}}{R_0}\right)+K_7\left(\dfrac{h_{ap}}{R_0}\right)^2$ $h_{ap}/R_0=1689/\infty=0$ $K_5=0.2\tan\alpha=0.02$;$K_{dis}=1.4$ $K_{VOL}=(0.01/V)^{0.2}=(0.01/0.548)^{0.2}=0.449$ $V=h_{ap}{}^2b=0.19\times0.698^2=0.548\text{m}^3$ $M_{rt90}=0.556\times91.3\times10^6\times1.4\times0.449/0.02$ $=1595.5\text{kN}\cdot\text{m}>702\text{kN}\cdot\text{m}$ 满足要求
跨中径向拉应力与剪应力联合作用验算	
无要求	$\dfrac{\tau}{f_v}+\dfrac{\sigma_{t90}}{f_{t90}K_{dis}K_{VOL}}\leqslant1.0$ 半跨雪荷载作用下，跨中存在剪应力，经计算，$M_{ap}=492\text{kN}\cdot\text{m}$，$V_{ap}=21\text{kN}$ $\sigma_{t90}=K_p\dfrac{M_{ap}}{W_{ap}}=0.02\times\dfrac{492\times10^6}{91.3\times10^6}$ $=0.108\text{N/mm}^2$ $\tau=\dfrac{3V}{2A}=\dfrac{3\times21\times10^3}{2\times1698\times190}=0.098\text{N/mm}^2$ $\dfrac{0.098}{1.66}+\dfrac{0.108}{0.56\times0.449\times1.4}=0.37<1.0$ 满足要求

变形验算：

$c=(h_{ap}-h_a)/h_a=(1698-700)/700=1.426$

查表 6.5.2-1：$K_C=1+0.63c=1.898$，$h_{ef}=700\times1.898=1329\text{mm}$

$EI=8000\times190\times1329^3/12=2.97\times10^{14}\text{mm}^4$

$$\delta_m=\frac{5q_kl^4}{384EI}=\frac{5\times10.7\times20000^4}{384\times2.97\times10^{14}}=75.06\text{mm}$$

$$\delta_v=\frac{3ql^2}{20Gbh_a}=\frac{3\times10.7\times20000^2}{20\times8000\times0.0625\times190\times700}=9.65\text{mm}$$

$$\delta=\delta_m+\delta_v=75.06+9.65=84.71\text{mm}<20000/180=111\text{mm}$$

6.6 胶合薄腹梁与胶合薄翼缘梁

上下翼缘由锯材、层板胶合木或结构复合木材制作，腹板由木基结构板制作并用胶粘剂将其构成工字形或箱形截面的受弯构件，称为胶合薄腹梁。上下翼缘由木基结构板而腹板由截面宽度较大的锯材或结构复合木材制作并由胶粘剂将其粘结在一起的工字形或 T 形截面受弯构件，称为胶合薄翼缘梁，又称应力蒙皮板（Stressed skin panel）。这两种受弯构件首先要保证翼缘与腹板的连接是可靠的，不产生相对滑移，或连接接缝处的剪切模量不会低于腹板的剪切模量，简称为刚性连接。这两类受弯构件由于采用不同种类的木材，具有不同的蠕变系数，从而导致荷载持续期间构件截面上发生应力重分布，会影响构件的结构性能。标准 GB 50005 尚未有这类梁的设计方法，这里参照欧洲规范 EC 5 的设计方法作简要介绍。

6.6.1 胶合薄腹梁

1. 胶合薄腹梁的构造

薄腹梁常用的截面形式如图 6.6.1-1 所示。上下翼缘可以对称（截面尺寸、材质等级）布置，也可为非对称布置，翼缘与腹板间完全依赖胶粘剂粘结，其中工字形截面薄腹梁与预制工字形木搁栅类似，但后者尚依赖于特殊的制作工艺，以保证翼缘与腹板连接的可靠性。

翼缘沿长度方向可以采用指接接长，但指接的抗拉或抗弯强度不应低于所用木材的抗拉或抗弯强度。腹板沿长度方向可用斜接头或对接接头接长。斜接头的坡度不应大于 1∶8，并应用胶粘结。对接接头则需在腹板的一侧或两侧粘结同厚度的连接板，连接板宽度不小于 12 倍板厚，对称粘结在接缝两侧，连接板的高度至少为上下翼缘间的净距。

腹板的净高度不应大于板厚的 70 倍（$h_w-2h_g\leqslant70b_w$）。为防止在剪应力作用下局部失稳，腹板两侧可对称设置加劲肋，间距可按图 6.6.1-2 所示曲线确定。一般间距不大于腹板高度 h_w 的 2 倍，加劲肋截面高度不小于 $6t_w$，工字形梁加劲肋截面高度可取 0.5（$b-t_w$）。当腹板的抗剪强度有较大富余时，加劲肋间距可按下式调整，但仍不应大于 $2h_w$。

$$S'=S\left[1+\frac{100-\rho}{25}\right]\leqslant3S \qquad (6.6.1\text{-}1)$$

式中：S 为按图 6.6.1-2 确定的加劲肋间距；S' 为调整后的间距；ρ 为剪应力与板的抗剪强度之比（百分比，$\geqslant$50%）。另一类加劲肋应设置在支座和集中力作用处，具体要与预制工字形木搁栅相同，详见 3.4.1 节。

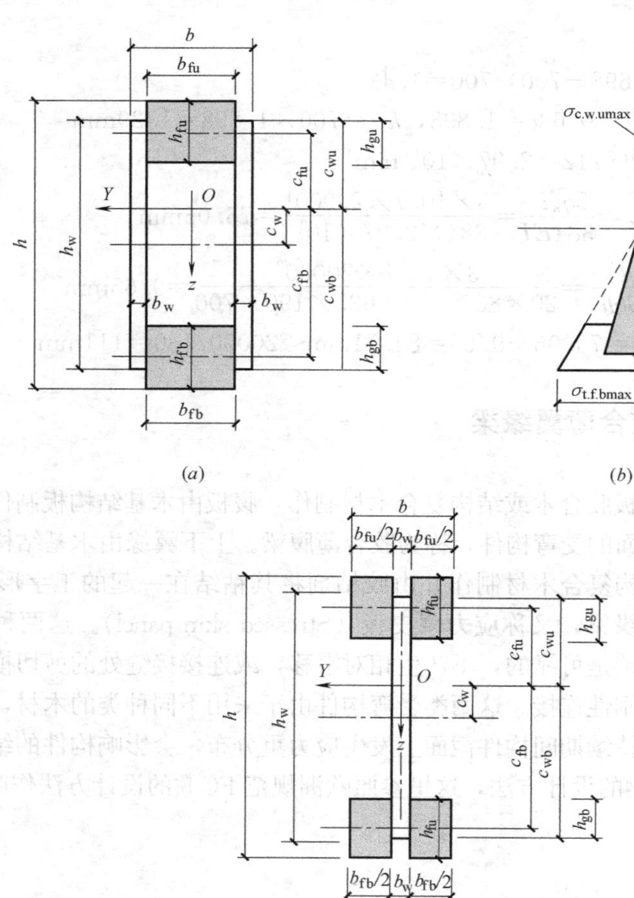

图 6.6.1-1 胶合薄腹梁截面及弯曲应力分布（O点为换算截面中心）

（a）箱形；（b）弯曲正应力分布；（c）工字形

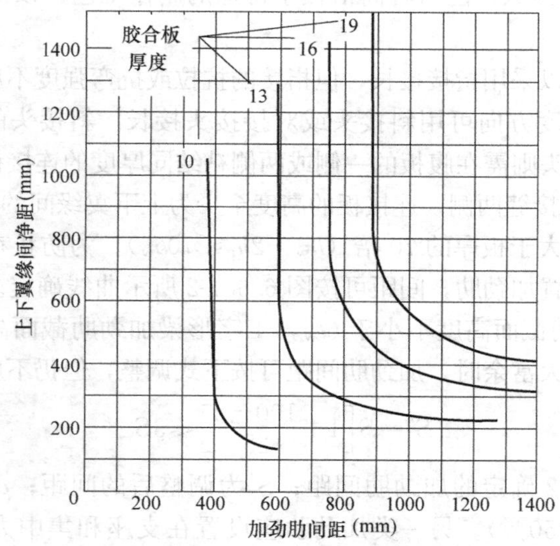

图 6.6.1-2 加劲肋间距

薄腹梁使用过程中需要设置平面外支撑，以保证侧向稳定。支撑设置主要取决于两个主轴方向的惯性矩之比，一般规定：

(1) $I_x/I_y \leqslant 5$，可不设平面外支撑；

(2) $5 < I_x/I_y \leqslant 10$，需在支座处梁的下翼缘加以侧向约束限位；

(3) $10 < I_x/I_y \leqslant 20$，需将梁的两端加以约束限位；

(4) $20 < I_x/I_y \leqslant 30$，需将梁受压翼缘边加以约束限位；

(5) $30 < I_x/I_y \leqslant 40$，需增设间距不大于 2.4m 的剪刀撑或其他侧向支撑；

(6) $I_x/I_y > 40$，需将梁的受压翼缘完全约束。

2. 胶合薄腹梁的设计原理

胶合薄腹梁上下翼缘与腹板间视为刚性连接，截面是一个整体，在弯矩作用下，变形符合平面假设。但由于是由 2 种甚至 3 种不同力学性能的木材制作，在验算梁的力学性能指标时，也应按 6.4.1 节介绍的等效刚度方法来计算，其换算截面可以取翼缘弹性模量或腹板弹性模量为基准弹性模量来确定翼缘和腹板的折算宽度。以图 6.6.1-1 (*a*) 为例，如果以腹板弹性模量为基准，上下翼缘的"瞬时"(弹性，不计蠕变影响) 折算宽度分别为 b_{fuinst}和 b_{fbinst}，由下式计算：

$$b_{\mathrm{fuinst}}=\frac{E_{\mathrm{fu}}}{E_{\mathrm{w}}}b_{\mathrm{f}} \tag{6.6.1-2a}$$

$$b_{\mathrm{fbinst}}=\frac{E_{\mathrm{fb}}}{E_{\mathrm{w}}}b_{\mathrm{f}} \tag{6.6.1-2b}$$

式中：E_{fu}和 E_{fb}分别为上、下翼缘木材的弹性模量，其他符号见图 6.6.1-1。腹板弹性模量应取木基结构板的抗拉或抗压弹性模量，但应注意其方向性。如果胶合梁中的腹板板面木纹方向与跨度方向一致，应取其 0°方向的轴向弹性模量；如果腹板板面木纹方向与跨度方向垂直，应取其 90°方向的轴向弹性模量。有些木基结构板产品给出称为轴向劲度 (Stiffness) 的力学指标 B_{a}，则轴向弹性模量可取 B_{a}/t，t 为板厚 (板平面外的抗弯弹性模量为 $E_{\mathrm{b}}=12B_{\mathrm{b}}/t^3$，$B_{\mathrm{b}}$ 为板的抗弯劲度)。

式 (6.6.1-2) 所谓的"瞬时"折算宽度，即不考虑材料蠕变情况下的折算宽度。这类构件的特点往往是翼缘材料和腹板材料的蠕变系数 K_{cr}有很大不同，例如腹板采用 OSB 板，其蠕变系数大约为锯材的 3 倍。在持久荷载作用下，随着蠕变发生，弯曲应力将重分布。因腹板的蠕变变形大于翼缘，腹板上的弯曲应力将逐步减小，而翼缘的弯曲应力将增大，从而影响梁的承载性能，特别是长期变形性能。因此，需要注意不同条件下的折算宽度，以便获得相应条件下的等效刚度来计算这类梁的承载力和变形。

对于承载力极限状态 (ULS)，"瞬时"换算宽度按式 (6.6.1-2) 计算。考虑蠕变影响时，腹板弹性模量取 $E_{\mathrm{w,fin}}^{\mathrm{ULS}}=\dfrac{E_{\mathrm{w}}}{1+\psi K_{\mathrm{cr,w}}}$，上、下翼缘弹性模量分别为 $E_{\mathrm{fu,fin}}^{\mathrm{ULS}}=\dfrac{E_{\mathrm{fu}}}{1+\psi K_{\mathrm{cr,fu}}}$和 $E_{\mathrm{fb,fin}}^{\mathrm{ULS}}=\dfrac{E_{\mathrm{fb}}}{1+\psi K_{\mathrm{cr,fb}}}$，"最终"(fin) 折算宽度可按下式计算：

$$b_{\mathrm{fu,fin}}^{\mathrm{ULS}}=\frac{E_{\mathrm{fu}}(1+\psi K_{\mathrm{cr,w}})}{E_{\mathrm{w}}(1+\psi K_{\mathrm{cr,fu}})}b_{\mathrm{fu}} \tag{6.6.1-3a}$$

$$b_{\mathrm{fb,fin}}^{\mathrm{ULS}}=\frac{E_{\mathrm{fb}}(1+\psi K_{\mathrm{cr,w}})}{E_{\mathrm{w}}(1+\psi K_{\mathrm{cr,fb}})}b_{\mathrm{fb}} \tag{6.6.1-3b}$$

对于正常使用极限状态（SLS），“瞬时”折算宽度同式（6.6.1-2）。考虑蠕变影响时，式中腹板弹性模量取 $E_{\mathrm{w,fin}}^{\mathrm{SLS}}=\dfrac{E_{\mathrm{w}}}{1+K_{\mathrm{cr,w}}}$，上、下翼缘弹性模量分别为 $E_{\mathrm{fu,fin}}^{\mathrm{SLS}}=\dfrac{E_{\mathrm{fu}}}{1+K_{\mathrm{cr,fu}}}$ 和 $E_{\mathrm{fb,fin}}^{\mathrm{SLS}}=\dfrac{E_{\mathrm{fb}}}{1+K_{\mathrm{cr,fb}}}$，则“最终”（fin）折算宽度可按下式计算：

$$b_{\mathrm{fu,fin}}^{\mathrm{SLS}}=\frac{E_{\mathrm{fu}}(1+K_{\mathrm{cr,w}})}{E_{\mathrm{w}}(1+K_{\mathrm{cr,fu}})}b_{\mathrm{fu}} \tag{6.6.1-4a}$$

$$b_{\mathrm{fb,fin}}^{\mathrm{SLS}}=\frac{E_{\mathrm{fb}}(1+K_{\mathrm{cr,w}})}{E_{\mathrm{w}}(1+K_{\mathrm{cr,fb}})}b_{\mathrm{fb}} \tag{6.6.1-4b}$$

以上各式中：K_{cr} 为蠕变系数（相当于欧洲规范 EC 5 中的系数 K_{def}）；ψ 为可变荷载的准永久系数；脚标 w、fu、fb 分别为腹板（Web）、上翼缘（Upper flange）和下翼缘（Bottom flange）。

由此可获得三种不同条件下的换算截面。腹板厚度是定值，上下翼缘的宽度由式（6.6.1-2）、式（6.6.1-3）、式（6.6.1-4）确定，并可按 6.4.1 节介绍的方法获得三种不同条件下的抗弯刚度。瞬时刚度 $(EI)_{\mathrm{einst}}$ 适用于不计蠕变影响的承载力验算和弹性变形验算；“最终”抗弯刚度 $(EI)_{\mathrm{efin}}^{\mathrm{ULS}}$ 用于验算梁考虑蠕变影响的长期承载力；“最终”抗弯刚度 $(EI)_{\mathrm{efin}}^{\mathrm{SLS}}$ 适用于验算“长期”变形。以“瞬时”抗弯刚度为例，根据换算截面计算可得：

$$(EI)_{\mathrm{einst}}=E_{\mathrm{w}}\left[\frac{1}{12}(b_{\mathrm{fuinst}}h_{\mathrm{fu}}^{3}+b_{\mathrm{fbinst}}h_{\mathrm{fb}}^{3}+b_{\mathrm{w}}h_{\mathrm{w}}^{3})+b_{\mathrm{fuinst}}h_{\mathrm{fu}}c_{\mathrm{fuinst}}^{2}+b_{\mathrm{fbinst}}h_{\mathrm{fb}}c_{\mathrm{fbinst}}^{2}+b_{\mathrm{w}}h_{\mathrm{w}}c_{\mathrm{winst}}^{2}\right] \tag{6.6.1-5}$$

式中：c_{w} 为换算截面形心（由计算确定）与原截面形心间的距离，其他符号见图 6.6.1-1。

胶合薄腹梁在设计弯矩 M 作用下（ULS），应验算下列各部位的弯曲应力不超过相应的强度设计值。

上翼缘边缘的最大弯曲压应力 $\sigma_{\mathrm{fu}}^{\max}$ 不应大于上翼缘木材的抗弯强度 $f_{\mathrm{m,fu}}$，即：

$$\sigma_{\mathrm{fu}}^{\max}=\frac{E_{\mathrm{fu}}M}{(EI)_{\mathrm{e}}}\left(c_{\mathrm{fu}}+\frac{h_{\mathrm{fu}}}{2}\right)\leqslant f_{\mathrm{m,fu}} \tag{6.6.1-6}$$

下翼缘边缘的最大弯曲拉应力 $\sigma_{\mathrm{fb}}^{\max}$ 不应大于下翼缘木材的抗弯强度 $f_{\mathrm{m,fb}}$，即：

$$\sigma_{\mathrm{fb}}^{\max}=\frac{E_{\mathrm{fb}}M}{(EI)_{\mathrm{e}}}\left(c_{\mathrm{fb}}+\frac{h_{\mathrm{fb}}}{2}\right)\leqslant f_{\mathrm{m,fb}} \tag{6.6.1-7}$$

上翼缘边缘平均压应力不应大于上翼缘木材的抗压强度 $f_{\mathrm{c,fu}}$，并应计入压杆稳定系数 φ_{fu}（长细比取 $\lambda=\sqrt{12}\dfrac{l_{\mathrm{ef}}}{b}$，$l_{\mathrm{ef}}$ 为上翼缘无侧向支撑段的长度），即：

$$\sigma_{\mathrm{fu}}^{\mathrm{cp}}=\frac{E_{\mathrm{fu}}Mc_{\mathrm{fu}}}{(EI)_{\mathrm{e}}}\leqslant f_{\mathrm{c,fu}}\varphi_{\mathrm{fu}} \tag{6.6.1-8}$$

下翼缘边缘平均拉应力不应大于下翼缘木材的抗拉强度 $f_{\mathrm{t,fb}}$，即：

$$\sigma_{\mathrm{fb}}^{\mathrm{cp}}=\frac{E_{\mathrm{fb}}Mc_{\mathrm{fb}}}{(EI)_{\mathrm{e}}}\leqslant f_{\mathrm{t,fb}} \tag{6.6.1-9}$$

腹板受压边缘的最大压应力 $\sigma_{\mathrm{wu}}^{\max}$ 不应大于腹板的抗压强度设计值 $f_{\mathrm{c,w}}$，即：

$$\sigma_{\mathrm{wu}}^{\max}=\frac{E_{\mathrm{w}}Mc_{\mathrm{wu}}}{(EI)_{\mathrm{e}}}\leqslant f_{\mathrm{c,w}} \tag{6.6.1-10}$$

腹板受拉边缘的最大拉应力 $\sigma_{\mathrm{wb}}^{\max}$ 不应大于腹板的抗拉强度设计值 $f_{\mathrm{t,w}}$，即：

$$\sigma_{\mathrm{wb}}^{\max}=\frac{E_{\mathrm{w}}Mc_{\mathrm{wb}}}{(EI)_{\mathrm{e}}}\leqslant f_{\mathrm{t,w}} \tag{6.6.1-11}$$

以上各式中的等效抗弯刚度（EI）$_{\mathrm{e}}$ 和弹性模量均应取“瞬时”值，或均应取“最终值”，取决于是否考虑蠕变的影响。各国设计规范的规定并不统一，加拿大规范 CSA O86 有关公式表达为采用上述的“瞬时”刚度和瞬时弹性模量，欧洲规范 EC 5 对翼缘强度验算则采用“最终”抗弯等效刚度 $(EI)_{\mathrm{efin}}^{\mathrm{ULS}}$ 和相应的“最终”弹性模量 $E_{\mathrm{fin}}^{\mathrm{ULS}}$ 等，而对于腹板强度验算（式（6.6.1-10），式（6.6.1-11）），则用“瞬时”等效抗弯刚度 $(EI)_{\mathrm{einst}}$ 和“瞬时”弹性模量 E_{w}。当然这里还存在一个“瞬时”状态时，腹板强度是否需要计入荷载持续作用效应系数 K_{DOL} 的问题，加拿大规范 CSA O86 是计 K_{DOL} 的，而规范 EC 5 并未规定是否计入 K_{DOL}，但计入 K_{DOL} 将偏于安全。

胶合薄腹梁的侧向稳定验算比较复杂，故采用前文所述的构造措施，防止侧向失稳。

胶合薄腹梁截面上的剪应力分布类似于钢结构中的工字型钢梁，腹板上的剪应力分布较均匀，故可按腹板高度范围内的平均剪应力来验算腹板的抗剪强度。但腹板高度较大的情况下，其主压应力可使腹板局部失稳，因此在欧洲规范 EC 5 中，即使 $h_{\mathrm{w}}<70b_{\mathrm{w}}$，腹板抗剪能力也应按高度不同，分别验算：

$$h_{\mathrm{w}}/b_{\mathrm{w}}\leqslant 35,\qquad V\leqslant b_{\mathrm{w}}h_{\mathrm{w}}\left[1+\frac{0.5(h_{\mathrm{fu}}+h_{\mathrm{fb}})}{h_{\mathrm{w}}}\right]f_{\mathrm{v,w}} \tag{6.6.1-12}$$

$$35\leqslant h_{\mathrm{w}}/b_{\mathrm{w}}\leqslant 70,\qquad V\leqslant b_{\mathrm{w}}^{2}\left[1+\frac{0.5(h_{\mathrm{fu}}+h_{\mathrm{fb}})}{h_{\mathrm{w}}}\right]f_{\mathrm{v,w}} \tag{6.6.1-13}$$

式中：$f_{\mathrm{v,w}}$ 为腹板抗剪强度设计值，有些木基结构板给出厚度剪力 V_{p}，则 $f_{\mathrm{v,w}}=V_{\mathrm{p}}/\mathrm{t}$；$V$ 为腹板的最大剪力设计值，一般在支座截面处。

此外，尚需分别验算腹板与上、下翼缘胶结面的抗剪强度，如“瞬时”条件下，按下式验算剪应力：

$$\tau_{\mathrm{g}}=\frac{S_{\mathrm{f,ef,inst}}V}{L_{\mathrm{g}}I_{\mathrm{efinst}}}\leqslant f_{\mathrm{v,rol}}K_{\mathrm{lg}} \tag{6.6.1-14a}$$

$$S_{\mathrm{f,ef,inst}}=\max\{h_{\mathrm{fu}}b_{\mathrm{fu,inst}}c_{\mathrm{fu}},\ h_{\mathrm{fb}}b_{\mathrm{fb,inst}}c_{\mathrm{fb}}\} \tag{6.6.1-14b}$$

式中：I_{efinst} 为“瞬时”换算截面惯性矩，$I_{\mathrm{efinst}}=\dfrac{(EI)_{\mathrm{einst}}}{E_{\mathrm{w,inst}}}$；$S_{\mathrm{f,ef,inst}}$ 为“瞬时”换算截面上翼缘或下翼缘对换算截面中性轴的静矩 $S_{\mathrm{f,ef,inst,u}}$、$S_{\mathrm{f,ef,inst,b}}$；L_{g} 为腹板与上翼缘或下翼缘胶结面的总长度 L_{gu}、L_{gb}（如图 6.6.1-1 所示，取 $L_{\mathrm{gu}}=2h_{\mathrm{gu}}$，$L_{\mathrm{gb}}=2h_{\mathrm{gb}}$）；$f_{\mathrm{v,rol}}$ 为滚剪强度设计值，应取腹板和上下翼缘间的最低者，无特殊规定，滚剪强度可取顺纹抗剪强度的 1/3；K_{lg} 为胶结面剪应力分布不均匀系数，$h_{\mathrm{f}}\leqslant 4b_{\mathrm{ef}}$ 时，$K_{\mathrm{lg}}=1.0$；$h_{\mathrm{f}}>4b_{\mathrm{ef}}$ 时，$K_{\mathrm{lg}}=(4b_{\mathrm{ef}}/h_{\mathrm{g}})^{0.8}$；$b_{\mathrm{ef}}$ 相应于验算胶结面的长度 h_{gu} 或 h_{gb}，工字形截面，取 $b_{\mathrm{ef}}=b_{\mathrm{w}}/2$，箱形截面，取 $b_{\mathrm{ef}}=b_{\mathrm{w}}$。

承载力极限状态（ULS）下的“最终”条件的胶结面抗剪强度验算，实际是长期强度验算，仅需将式（6.6.1-14）中角标为“inst”（瞬时）的物理量改为“fin”（最终）物理量即可。

胶合薄腹梁的挠度计算需计入腹板剪切变形对梁的挠度的贡献。弯矩产生的挠度可按 6.3.1 节介绍的方法计算，其瞬时（弹性变形）抗弯刚度取为 $(EI)_{\mathrm{e,inst}}^{\mathrm{SLS}}$，考虑蠕变的长期性取为 $(EI)_{\mathrm{e,fin}}^{\mathrm{SLS}}$。在近似计算中，仅考虑腹板由于剪切变形产生的挠度，按下式计算：

$$\delta_{\mathrm{v}}=\frac{B}{G_{\mathrm{w}}A_{\mathrm{w}}} \tag{6.6.1-15}$$

式中：A_{w} 为腹板净截面面积，即（$h_{\mathrm{w}}-2h_{\mathrm{g}}$）$\times b_{\mathrm{w}}$；$G_{\mathrm{w}}$ 为腹板的剪切模量，计算"最终"剪切变形时，$G_{\mathrm{w,fin}}^{\mathrm{SLS}}=\frac{G_{\mathrm{w}}}{1+\psi k_{\mathrm{cr,w}}}$，有些木基结构板给出厚度剪切刚度 B_{v}，则 $G_{\mathrm{w}}=B_{\mathrm{v}}/t$；$B$ 为荷载形式计算系数，如简支梁均布荷载时 $B=q_{\mathrm{k}}l^2/8$。

加拿大规范 CSA O86 给出了更精细的计算剪力产生的挠度的方法，有兴趣的读者可以详细参阅其有关条款。在长期变形的计算中，不论是弯矩作用还是剪力作用，均需注意产生长期变形的荷载取值问题，其中可变荷载仅有准永久值 ψQ_{k} 才产生蠕变变形，因此计算这类梁的"最终"（长期）变形很是繁琐。

实际上，3.5.1 节介绍的预制工字形木搁栅也是一种胶合薄腹梁，但在标准 ASTM D 5055 中，采用极限平衡原理计算其抗弯承载力，不计腹板对抗弯承载力的贡献，与本节介绍的欧洲规范 EC 5（加拿大规范 CSA O86 类似）方法有所不同。可能前者仅适用于标准木产品的研发，后者适用于工程设计中的承载力验算。

6.6.2　胶合薄翼缘梁

1. 构造和特点

胶合薄翼缘梁的翼缘是木基结构板，腹板是锯材或结构复合木材胶合而成。腹板截面宽度为 b_{w}，高度 h_{w} 不大，但相对于翼缘高度（厚度）要大得多。薄翼缘梁的截面可划分为仅有受压区翼缘的 T 形和拉、压区均有翼缘的工字形两类，如图 6.6.2-1 所示。由于木基结构板平面尺寸为 1220mm×2440mm，可供数根腹板共用，因此该类梁可制作成大板

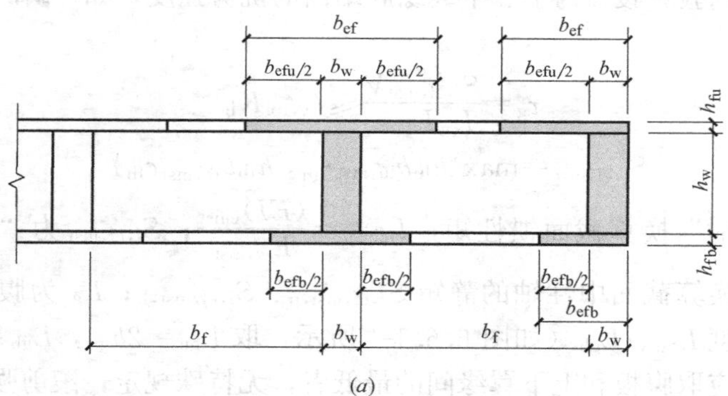

(*a*)

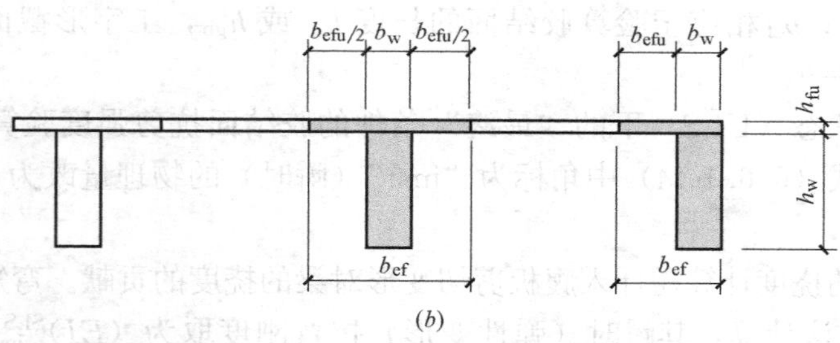

(*b*)

图 6.6.2-1　胶合薄翼缘梁截面

（*a*）工字形截面；（*b*）T 形截面

的形式，T 形截面的又称为应力蒙皮板，通常用作墙板和楼、屋面板。由于翼缘和腹板间的连接使用胶粘剂粘结，可视为刚性连接，故其结构性能（承载力、变形）远比两者间采用钉连接的墙板和楼、屋面板优越，有较好的经济性。

薄翼缘梁的显著特点是上、下翼缘宽度范围内的弯曲正应力分布不均匀，如图 6.6.2-2 所示。翼缘上的弯曲正应力随距腹板边缘距离的增加逐步减少，这种现象称剪力滞后（Shear lag）。实际是指翼缘的剪应力随距腹板边缘距离的增大逐渐变弱（Lag），应力变弱的程度与比值 b/L（b 为腹板间距，相当于翼缘的全宽度，L 为跨度）和翼缘弹性模量与剪切模量之比（E_f/G_f）有关。可以理解，距腹板边缘达到一定距离后剪应力为 0，弯曲正应力亦将为 0。因此，在计算该类梁的抗弯性能时，并不能计入翼缘全部宽度。为计算方便，通常取有效宽度 b_{ef}，并假定该宽度上的正应力是均匀分布的，这与混凝土结构中对 T 形截面受弯构件上翼缘（受压区）宽度限制是相似的。通常划分为两种截面类型，如图 6.6.2-1（a）所示。翼缘有效宽度 b_{ef} 在欧洲规范 EC 5 中规定按下式计算：

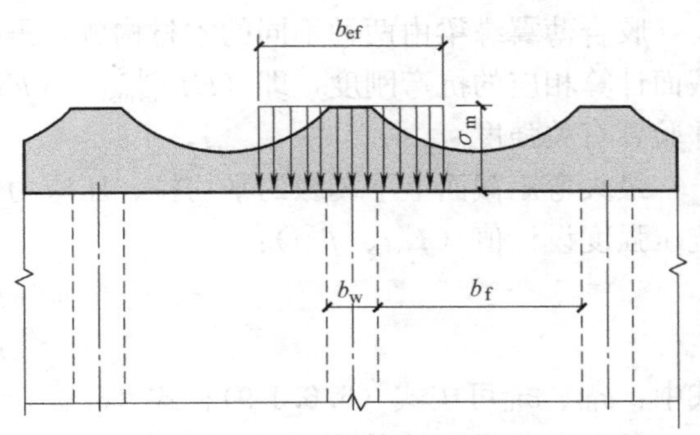

图 6.6.2-2 正应力在翼缘中的分布

工字形截面上、下翼缘分别为：

$$b_{ef}=b_w+b_{efu} \qquad (6.6.2\text{-}1a)$$

$$b_{ef}=b_w+b_{efb} \qquad (6.6.2\text{-}1b)$$

[形截面上、下翼缘分别为：

$$b_{ef}=b_w+b_{efu}/2 \qquad (6.6.2\text{-}2a)$$

$$b_{ef}=b_w+b_{efb}/2 \qquad (6.6.2\text{-}2b)$$

式中：b_{efu}、b_{efb} 分别为上翼缘和下翼缘扣除腹板宽度后的有效宽度限值，取值见表 6.6.2-1。表中 L 为跨度，h_f 为翼缘高度（厚度），但 b_{efu} 和 b_{efb} 均应 $\leqslant 0.5b_f$，b_f 为腹板间翼缘净距。

b_{efu} 和 b_{efb} 的取值 **表 6.6.2-1**

翼缘材料		剪力滞后	受压翼缘屈曲
结构胶合板	表层木纹平行于腹板	$0.1L$	$20h_f$
	表层木纹垂直于腹板	$0.1L$	$25h_f$
OSB		$0.15L$	$25h_f$
刨花板、纤维板		$0.20L$	$30h_f$

胶合薄翼缘梁由于翼缘较薄，受压翼缘可能局部失稳。因此，翼缘宽度也需控制在一定范围内。这与钢结构焊接的梁，需控制翼缘板厚不致过薄类似。对于胶合薄翼缘梁受压翼缘的宽度，不应超过表 6.6.2-1 中考虑屈曲规定的最大宽度限值。如果受压翼缘处于非约束状态（如独立工字形截面翼缘），则宽度不应超过表中规定值的 1/2。

2. 胶合薄翼缘梁的设计要点

构成大板状的应力蒙皮板的结构性能可以整体计算，加拿大规范 CSA O86 就规定了这样的方法。也可将其分解为若干工字形、槽形截面的独立梁计算后求总和的，欧洲规范 EC 5 采用的就是这种方法。标准 GB 50005 尚未涉及该部分内容。因采用独立梁形式计算方法更易理解，予以简要介绍。

胶合薄翼缘梁由两种不同的木材构成，需按 6.6.1 节介绍的方法，由不同状态的换算截面计算相应的抗弯刚度，即 $(EI)^{SLS}_{e,inst}$、$(EI)^{SLS}_{e,fin}$、$(EI)^{ULS}_{e,inst}=(EI)^{SLS}_{e,inst}$、$(EI)^{ULS}_{e,fin}$等，并验算有关强度。

最大弯矩截面上下翼缘的平均拉、压应力（σ_{fu}、σ_{fb}）不超过相应的翼缘材料的抗拉、抗压强度设计值（$f_{t,f}$、$f_{c,f}$）：

$$\sigma_{fb}\leqslant f_{t,f} \tag{6.6.2-3a}$$

$$\sigma_{fu}\leqslant f_{c,f} \tag{6.6.2-3b}$$

式中：σ_{fb}、σ_{fu}可按式（6.6.1-9）、式（6.6.1-8）计算。

最大弯矩截面处的腹板上下边缘的拉、压应力（σ_{wb}、σ_{wu}）不应超过腹板材料的抗拉、抗压强度设计值（$f_{t,w}$、$f_{c,w}$）：

$$\sigma_{wb}\leqslant f_{t,w} \tag{6.6.2-4a}$$

$$\sigma_{wu}\leqslant f_{c,w} \tag{6.6.2-4b}$$

式中：σ_{wb}、σ_{wu}可分别按式（6.6.1-11）、式（6.6.1-10）计算。

最大剪力截面处腹板中性轴处的剪应力 τ_w 不应超过腹板材料的抗剪强度设计值 $f_{v,w}$：

$$\tau_w=\max\left\{\frac{V(0.5E_wb_wc_{wu}^2+E_{fu}h_{fu}b_{efu}c_{fu})}{(EI)_eb_w},\frac{V(0.5E_wb_wc_{wb}^2+E_{fb}h_{fb}b_{efb}c_{fb})}{(EI)_eb_w}\right\} \tag{6.6.2-5a}$$

$$\tau_w\leqslant f_{v,w} \tag{6.6.2-5b}$$

式中：b_{efu}、b_{efb}分别为上、下翼缘的有效宽度，T 形截面 b_{efb} 为 0；c_{wu}、c_{wb}分别为腹板上、下边距中性轴的距离；c_{fu}、c_{fb}分别为腹板上、下翼缘中心距中性轴的距离。上、下翼缘与腹板间的胶结面的剪应力应满足下列要求：

当 $b_w\leqslant 8h_f$ 时：

$$\tau_g\leqslant f_v \tag{6.6.2-6a}$$

当 $b_w>8h_f$ 时：

$$\tau_g\leqslant f_v(8h_f/b_w)^{0.8} \tag{6.6.2-6b}$$

工字形截面、[形截面：

$$\tau_g\leqslant f_v(4h_f/b_w)^{0.8} \tag{6.6.2-6c}$$

式中：τ_g 为梁最大剪力所在截面上、下翼缘与腹板间的剪应力，可按式（6.6.1-14）计算（L_g 代之以 b_w）；f_v 为抗剪强度设计值，取腹板和翼缘两者中的较低值，当木基结构板表面木纹方向与梁跨垂直时，应取滚剪强度设计值 $f_{v,rol}$。

在上述验算中，仍需满足"瞬时"和"最终"两种条件下的强度要求。因此利用上述公式验算时应取相应的弹性模量和等效抗弯刚度。

加拿大规范 CSA O86 对应力蒙皮板的计算虽不针对单独的工字形或槽形截面梁，但需作的承载力验算内容与上述基本一致，也不计算蠕变对结构性能的影响。在应力蒙皮板整体（多腹板梁）计算换算截面等效刚度时，也不计有效翼缘宽度 b_{ef}的影响，但在抗弯承载力验算中，需引入折减系数 $X_G=1-4.8(S/l_p)^2$，以反映翼缘有效宽度的影响，其中 S 为腹板间的净距，l_p 为板跨度。受压翼缘局部失稳问题，通过规定翼缘最小厚度来控制。如果木基结构板主轴方向与蒙皮板跨度方向一致，$t_{min}\geqslant S/50$，否则 $t_{min}\geqslant S/40$。

对于胶合薄翼缘梁的挠度计算，可采用与 6.6.1 节胶合薄腹梁相同的方法，不再重复介绍。

【例题 6-5】 某简支胶合薄腹梁截面如图 6.6.2-3 所示，计算跨度为 7.0m，上下翼缘由 TC15A 方木制作，腹板为 OSB，厚度为 15mm。腹板设加劲肋，间距为 1.0m，受压翼缘（上翼缘）铺设 20mm 厚楼面板，能保证梁的侧向稳定。试验算该梁在恒载 $g_k=1.35$kN/m 和办公楼面可变荷载 $q_k=3.60$kN/m 作用下的强度和变形。

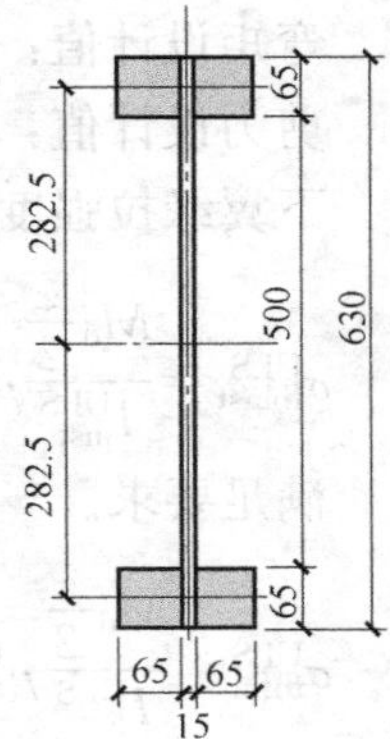

图 6.6.2-3 胶合薄腹梁截面尺寸

解：查相关规范及有关资料得：

方木 TC15A：$f_m=15$N/mm^2，$f_c=13$N/mm^2，$f_t=9$N/mm^2，$f_v=1.6$N/mm^2，$E=10000$N/mm^2。

OSB：$f_{v,rol}=0.55$N/mm^2，$f_c=7.06$N/mm^2，$f_t=4.31$N/mm^2，$f_v=3.12$N/mm^2，$E=3800$N/mm^2，$G=1090$N/mm^2。办公楼面可变荷载的准永久系数 $\psi=0.4$。

参考规范 EC 5，方木（TC15A）$k_{cr,f}=0.8$，OSB 的 $k_{cr,w}=2.35$

以腹板弹性模量 E_w 为基准，翼缘各状态下的宽度换算系数为

$$\mu_{f,inst}^{SLS}=\frac{E_f}{E_w}=\frac{10000}{3800}=2.63$$

$$\mu_{f,fin}^{SLS}=\frac{E_f(1+k_{cr,w})}{E_w(1+k_{cr,f})}=\frac{10000\times(1+2.25)}{3800\times(1+0.8)}=4.75$$

$$\mu_{f,inst}^{ULS}=\mu_{f,inst}^{SLS}=2.63$$

$$\mu_{f,fin}^{ULS}=\frac{E_f(1+\psi k_{cr,w})}{E_w(1+\psi k_{cr,f})}=\frac{10000\times(1+0.4\times2.25)}{3800\times(1+0.4\times0.8)}=3.79$$

不计腹板宽度 b_w，上下翼缘折算宽度：

$$B_{f,inst}^{SLS}=2b_{f,inst}^{SLS}=2\times65\times2.63=341.9\text{mm}$$

$$B_{f,fin}^{SLS}=2b_{f,fin}^{SLS}=2\times65\times4.75=617.5\text{mm}$$

$$B_{f,inst}^{ULS}=B_{f,inst}^{SLS}=341.9\text{mm}$$

$$B_{f,fin}^{ULS}=2b_{f,fin}^{ULS}=2\times65\times3.79=492.7\text{mm}$$

换算截面惯性矩：

$$I_{inst}^{SLS}=356.9\times630^3/12-341.9\times500^3/12=3.876\times10^9\text{mm}^4$$

$$I_{fin}^{SLS}=632.5\times630^3/12-617.5\times500^3/12=6.784\times10^9\text{mm}^4$$

$$I_{inst}^{ULS}=I_{inst}^{SLS}=3.876\times10^9\text{mm}^4$$

$$I_{fin}^{ULS}=507.7\times630^3/12-492.7\times500^3/12=5.447\times10^9\text{mm}^4$$

等效抗弯刚度：

$$(EI)_{effinst}^{SLS}=E_w I_{inst}^{SLS}=3800\times3.876\times10^9=1.473\times10^{13}\text{N}\cdot\text{mm}^2$$

$$(EI)_{effin}^{SLS}=\frac{E_w}{1+k_{cr,w}}I_{fin}^{SLS}=[3800/(1+2.25)]\times6.748\times10^9=0.789\times10^{13}\text{N}\cdot\text{mm}^2$$

$(EI)_{\mathrm{effinst}}^{\mathrm{ULS}}=(EI)_{\mathrm{effinst}}^{\mathrm{SLS}}=1.473\times10^{13}\mathrm{N\cdot mm^2}$

$(EI)_{\mathrm{effin}}^{\mathrm{ULS}}=\dfrac{E_{\mathrm{w}}}{1+\psi k_{\mathrm{cr,w}}}I_{\mathrm{fin}}^{\mathrm{ULS}}=[3800/(1+0.4\times2.25)]\times5.447\times10^{9}=1.089\times10^{13}\mathrm{N\cdot mm^2}$

荷载标准组合：$g_{\mathrm{k}}+q_{\mathrm{k}}=1.35+3.60=4.95\mathrm{kN/m}$

荷载基本组合：$q_{\mathrm{d}}=1.35\times1.2+3.60\times1.4=6.66\mathrm{kN/m}$

弯矩设计值：$M_{\mathrm{d}}=q_{\mathrm{d}}l^2/8=6.66\times7^2/8=40.79\mathrm{kN\cdot m}$

剪力设计值：$V_{\mathrm{d}}=q_{\mathrm{d}}l/2=6.66\times7/2=23.31\mathrm{kN}$

下翼缘拉强度验算：

$$\sigma_{\mathrm{fbinst}}^{\mathrm{ULS}}=\frac{M_{\mathrm{d}}\frac{z}{2}}{I_{\mathrm{inst}}^{\mathrm{ULS}}}\mu_{\mathrm{inst}}^{\mathrm{ULS}}=\frac{40.79\times10^{6}\times282.5}{3.876\times10^{9}}\times2.63=7.81\mathrm{N/mm^2}<f_{\mathrm{t,f}}=9\mathrm{N/mm^2}$$

满足要求。

$$\sigma_{\mathrm{fbfin}}^{\mathrm{ULS}}=\frac{M_{\mathrm{d}}\frac{z}{2}}{I_{\mathrm{fin}}^{\mathrm{ULS}}}\mu_{\mathrm{fin}}^{\mathrm{ULS}}=\frac{40.79\times10^{6}\times282.5}{5.447\times10^{9}}\times3.79=8.05\mathrm{N/mm^2}<f_{\mathrm{t,f}}=9\mathrm{N/mm^2}$$

满足要求。

翼缘抗弯强度验算：

$$\sigma_{\mathrm{fminst}}^{\mathrm{ULS}}=\frac{M_{\mathrm{d}}\frac{h}{2}}{I_{\mathrm{inst}}^{\mathrm{ULS}}}\mu_{\mathrm{inst}}^{\mathrm{ULS}}=\frac{40.79\times10^{6}\times315}{3.876\times10^{9}}\times2.63=8.27\mathrm{N/mm^2}<f_{\mathrm{m,f}}=15\mathrm{N/mm^2}$$

$$\sigma_{\mathrm{fmfin}}^{\mathrm{ULS}}=\frac{M_{\mathrm{d}}\frac{h}{2}}{I_{\mathrm{fin}}^{\mathrm{ULS}}}\mu_{\mathrm{fin}}^{\mathrm{ULS}}=\frac{40.79\times10^{6}\times315}{5.447\times10^{9}}\times3.79=8.94\mathrm{N/mm^2}<f_{\mathrm{m,f}}=15\mathrm{N/mm^2}$$

腹板边缘抗拉强度验算：

$$\sigma_{\mathrm{wtinst}}^{\mathrm{ULS}}=\frac{M_{\mathrm{d}}\frac{h}{2}}{I_{\mathrm{inst}}^{\mathrm{ULS}}}=\frac{40.79\times10^{6}\times315}{3.876\times10^{9}}=3.32\mathrm{N/mm^2}<f_{\mathrm{t,w}}=4.31\mathrm{N/mm^2}$$

$$\sigma_{\mathrm{fmfin}}^{\mathrm{ULS}}=\frac{M_{\mathrm{d}}\frac{h}{2}}{I_{\mathrm{fin}}^{\mathrm{ULS}}}=\frac{40.79\times10^{6}\times315}{5.447\times10^{9}}=2.36\mathrm{N/mm^2}<f_{\mathrm{t,w}}=4.31\mathrm{N/mm^2}$$

上翼缘抗压强度不必验算，因上翼缘有侧向支撑（铺板），稳定系数 $\varphi=1.0$，且 $f_{\mathrm{c}}>f_{\mathrm{t}}$。

腹板抗剪强度验算：

$h_{\mathrm{w}}/b_{\mathrm{w}}=500/15=33.3<35$

$$V_{\mathrm{r}}=b_{\mathrm{w}}h_{\mathrm{w}}\left[1+\frac{0.5(h_{\mathrm{fu}}+h_{\mathrm{fb}})}{h_{\mathrm{w}}}\right]f_{\mathrm{v,w}}=15\times500\times\left[1+\frac{0.5\times(65+65)}{630}\right]\times3.12$$

$=25.81\mathrm{kN}>23.31\mathrm{kN}$，满足要求

腹板与翼缘胶结面抗剪强度验算：

$$\tau_{\mathrm{g}}=\frac{S_{\mathrm{f,ef,inst}}^{\mathrm{ULS}}V}{L_{\mathrm{g}}I_{\mathrm{efinst}}^{\mathrm{ULS}}}\leqslant f_{\mathrm{v,rol}}K_{\mathrm{lg}}$$

$$S_{\mathrm{f,ef,inst}}^{\mathrm{ULS}}=h_{\mathrm{f}}B_{\mathrm{finst}}^{\mathrm{ULS}}\frac{z}{2}=65\times341.9\times282.5=6.28\times10^{6}\mathrm{mm^3}$$

$h_f=65\text{mm}>4b_{ef}=4\times15/2=30\text{mm}$

$K_{lg}=(4b_{ef}/b_f)^{0.8}=(4\times7.5/65)^{0.8}=0.539$

$\tau_{ginst}=\dfrac{6.28\times10^6\times23.31\times10^3}{3.876\times10^9\times65\times2}=0.29\text{N/mm}^2<K_{lg}f_{v,rol}=0.539\times0.55=0.296\text{N/mm}^2$

满足要求

$S^{ULS}_{f,ef,fin}=h_f B^{ULS}_{ffin}\dfrac{z}{2}=65\times492.7\times282.5=9.05\times10^6\text{mm}^3$

$\tau_{ginst}=\dfrac{9.05\times10^6\times23.31\times10^3}{5.447\times10^9\times65\times2}=0.298\text{N/mm}^2\approx K_{lg}f_{v,rol}=0.539\times0.55=0.296\text{N/mm}^2$

基本满足要求

变形验算：

弯曲瞬时变形

$\delta_{minst}=\dfrac{5(g_k+q_k)l^4}{384(EI)^{SLS}_{e,inst}}=\dfrac{5\times4.95\times7000^4}{384\times1.473\times10^{13}}=10.51\text{mm}$

剪切瞬时变形

$\delta_{vinst}=\dfrac{(g_k+q_k)l^2}{8GA_w}=\dfrac{4.95\times7000^2}{8\times1080\times630\times15}=2.97\text{mm}$

总瞬时变形（挠度）

$\delta_{inst}=\delta_{minst}+\delta_{vinst}=13.48\text{mm}<l/250=28\text{mm}$（美国有关设计资料建议的限值为 $l/480=14.58\text{mm}$）

计入蠕变产生的总挠度

$$\delta_{fin}=\frac{5g_kl^4}{384(EI)^{SLS}_{e,fin}}+\frac{5\psi q_kl^4}{384(EI)^{SLS}_{e,fin}}+\frac{5(1-\psi)q_kl^4}{384(EI)^{SLS}_{e,inst}}+\frac{(g_k+q_k)l^2(1+k_{cr,w})}{8GA_w}$$

$$=\frac{5\times1.35\times7000^4}{384\times0.789\times10^{13}}+\frac{5\times3.6\times0.4\times7000^4}{384\times0.789\times10^{13}}+\frac{5\times(1-0.4)\times3.6\times7000^4}{384\times1.473\times10^{13}}$$

$$+\frac{4.95\times7000^4\times(1+2.25)}{8\times630\times15\times1080}=25.59\text{mm}$$

可见蠕变对挠度的影响很大，本例长期（fin）挠度为短期（inst）挠度的 1.9 倍。

6.7 拼合梁

将数块锯材或结构复合木材通过机械连接（采用钉、螺栓、裂环、剪板等连接件）形成的组合截面受弯构件，称为拼合梁。我国 20 世纪 50 年代采用苏联木结构技术制作的板销梁，也是一种拼合梁。同一拼合梁中木材或木产品的种类可以不同。采用类似的连接方式，由木材或木产品与混凝土或钢材构成的组合截面受弯构件，也属此类拼合梁。根据不同的拼合形式，可分为竖向拼合、水平拼合和空腹拼合梁。这类受弯构件的主要特点是，节点连接在受力过程中使各木料间存在相对滑移，拼合梁为半刚性连接（Semi-rigid connection）的组合截面梁。半刚性连接对不同形式的拼合梁的承载性能的影响是不同的。例如竖向拼合梁的抗弯刚度为各组成部分之和，水平拼合梁则不为各组成部分之和，也不能按完整截面计算其抗弯刚度，而应计入各组成部分间半刚性连接对抗弯刚度的影响。空腹拼合梁的连接类似于水平拼合梁，也需考虑半刚性连接的影响。这类梁的结构性能虽远不及层板胶合木梁，但在木结构工程加固改造或不易获得大截面锯材或层板胶合木的情况下，仍不失为解决工程需要或提高原有木构件承载性能的一种可行方法。

6.7.1　竖向拼合梁

将侧立的 3～5 块板材或规格材用钉或螺栓连接在一起，即成为竖向拼合梁，承受作用在原板材窄面上的横向荷载。在轻型木结构中，常采用厚度为 38mm（名义尺寸为 2″）的规格材制作。当采用钉连接时，钉长不小于 90mm，并需将规格材两两彼此钉合（图 6.7.1-1）。钉沿梁高布置成 2 行，钉边距与行距 $S_2=S_3\geqslant 4d$（d 为钉直径），顺纹间距 $S_1\leqslant 450$mm，端距 $S_0=100\sim150$mm。当采用螺栓连接时，对于 38mm 厚规格材，螺栓直径不小于 12mm。当截面高度不大时，螺栓可排成 1 行或 1 行错列布置，间距 $S_1\leqslant 1.2$m，端距 $S_0\leqslant 600$mm。

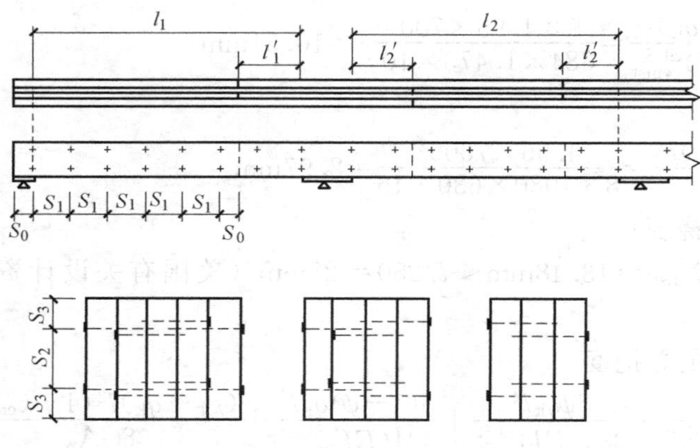

图 6.7.1-1　规格材拼合梁

竖向拼合梁各板在宽度方向不应拼接（宽）。用作简支梁时，各板长度方向不应有对接接头，允许有质量合格的指接接头。用作连续梁时，每块板在各跨允许有一个对接接头，相邻板间接头应错开，接头应设在连续梁各跨的反弯点处，通常设在距支座 $l/4\pm$ 150mm 的范围内（图 6.7.1-1），两边跨的端支座处不应设接头。

满足上述构造要求，且各板材的树种和材质等级相同时，由于连接件所受荷载不大，简支梁的抗弯、抗剪和变形等可按实木的锯材直梁验算。连续梁的抗剪承载力可按将验算截面处±600mm 范围内有对接接头的板材截面扣除后的“净截面”验算。当简支梁用 5 块以上规格材拼合时，还可考虑共同工作系数调整抗弯强度。

由不同树种或不同材质等级的规格材组成的竖向拼合梁，由于连接件受力不大，承载力与变形验算可近似参照 6.4 节介绍的竖向胶合的普通层板胶合木梁的方法。

6.7.2　水平拼合梁

1. 构造要求

水平拼合梁是指如图 6.7.2-1（a）所示的组合截面梁，是由上下两块木料通过机械连接的方式拼合在一起。与仅将两块木料叠在一起，之间无连接的情况相比，由于连接在结合面处能传递一定的剪力，梁的抗弯刚度要强一些。但这类连接是半刚性的，组成部分间有一定的相对滑移，因此，其抗弯刚度并不能按完整的 T 形截面计算，实际抗弯刚度应处于无连接和刚性连接两种极端情况之间。图 6.7.2-1（b）所示的组合截面梁也属水平拼合梁，虽然拼合面并非水平，但工作原理与水平拼合梁是相同的，即抗弯刚度不能简单叠加，也不能按整体截面计算。

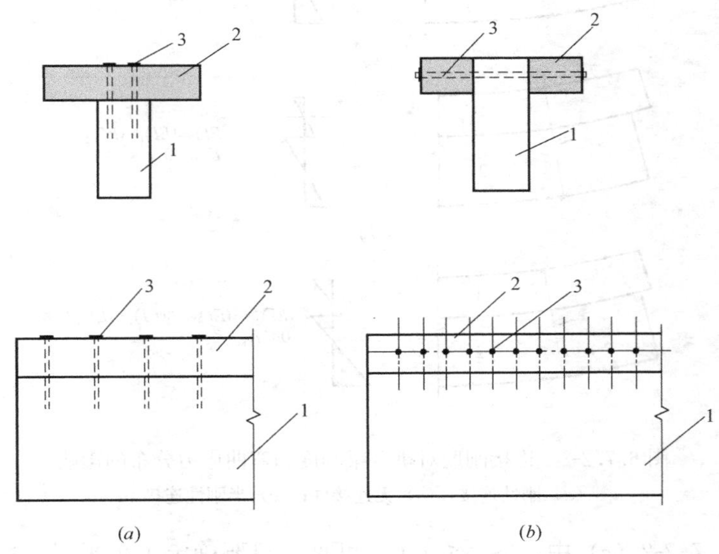

图 6.7.2-1　水平拼合梁

1、2—被连接木料；3—连接件

水平拼合梁的构造较为简单，要求每块板材平直，拼合面处不留缝隙即可。连接件沿梁长可均匀布置，也可非均匀布置。在剪力大的区段连接件的间距应小些，剪力小的区段（如均布荷载作用的跨中区段）间距可大些，但要求最大间距不超过最小间距的 4 倍，即 $S_{max} \leqslant 4S_{min}$。连接件非均匀布置时抗力计算中可采用有效间距 S_{ef}，按下式取值：

$$S_{ef} = 0.75S_{min} + 0.25S_{max} \tag{6.7.2-1}$$

各类机械连接件连接的滑移模量可见 5.1.6 节。

2. 水平拼合梁的设计原理

水平拼合梁因结合面上下的被连接构件间存在相对滑移，平面假设不再成立。图 6.7.2-2 所示是三种“拼合”梁截面上的弯曲应力分布。图 6.7.2-2（a）中的结合面为胶结，是刚性连结，形成一完整截面，符合平面假设。如果两块木材的材质等级一致，弯曲应变和正应力沿拼合截面高度线性分布，抗弯刚度 $(EI)_\infty$ 可按完整截面计算。图 6.7.2-2（b）为两块木材仅叠在一起，之间无任何连接，上下两木构件各自受弯工作，仅需变形协调（两者挠度相同）。叠合在一起的截面在弯矩作用下，整体变形不符合平面假设，但两构件各自符合平面假设，弯曲正应力也呈线性分布，总抗弯刚度为 $(EI)_0 = (EI)_1 + (EI)_2$，即上下两部分刚度之和。图 6.7.2-2（c）所示是前两种情况的中间状态，结合面处有相对滑移，两部分在结合面处虽变形不相同，但相互约束，使两者在结合面处的应力差远小于图 6.7.2-2（b）所示的情况。图 6.7.2-2（c）中的上下两部分各自符合平面假设，但整个截面不符合平面假设，其抗弯刚度介于图 6.7.2-2（a）、（b）截面形式之间。三种拼合梁的有效抗弯刚度可统一表示为：

$$(EI)_{ef} = (EI)_0 + \gamma[(EI)_r - (EI)_0] \tag{6.7.2-2}$$

式中：γ 为拼合梁的连接效应系数。显然，图 6.7.2-2（a）中，$\gamma = 1.0$；图 6.7.2-2（b）

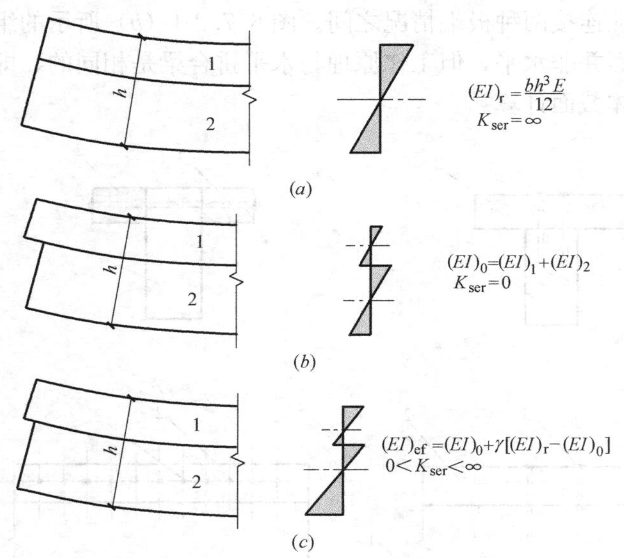

图 6.7.2-2　连接刚度对拼合梁刚度和弯曲应力分布的影响
（a）刚性连接；（b）无连接件；（c）半刚性连接

中，$\gamma=0$；图 6.7.2-2（c）中，$0<\gamma\leqslant1.0$。可见，只要确定了水平拼合梁的连接效应系数 γ，即可计算梁的承载力与变形。一些学者通过理论分析表明连接效应系数 γ 的值不仅与连接的滑移模量 K_{ser}、有效间距 S_{ef}、被连接木材的弹性模量以及上下两部分截面的大小等因素有关，还与荷载的分布形式有关，且除简支梁荷载按正弦半波形式分布以外，在其他分布形式的荷载作用下，梁不同位置的挠度也不完全按同一抗弯刚度计算，即连接效应系数 γ 并非为同一值。但如果采用简支梁荷载分布为正弦半波形式求得的连接效应系数 γ 来计算等效刚度 $(EI)_{ef}$（式（6.7.2-2）)，不致产生明显的偏差。因此拼合面的连接效应系数 γ 可按下式计算：

$$\gamma=\left[1+\frac{\pi^2(EA)_r}{kL^2}\right]^{-1} \tag{6.7.2-3}$$

式中：k 为拼合面上机械连接单位长度的滑移模量，即正常使用极限状态下（SLS），$k=K_{ser}/S_{ef}$，K_{ser} 为销连接正常使用阶段的滑移模量（见欧洲规范 EC 5）；承载力极限状态下(ULS)，$k=K_u/S_{ef}$，K_u 为销连接承载能力极限状态下的滑移模量（见欧洲规范 EC 5）；L 为梁的跨度；$(EA)_r$ 为拼合梁相邻两层木材的轴向串联刚度：

$$(EA)_r=\frac{E_1A_1\cdot E_2A_2}{E_1A_1+E_2A_2} \tag{6.7.2-4}$$

欧洲规范 EC 5 规定了弯矩图呈正弦曲线或抛物线形状的三种典型水平拼合梁（图 6.7.2-3）的承载力验算方法。水平拼合梁的有效抗弯刚度按下式计算：

$$(EI)_{ef}=\sum_{i=1}^{3}(E_iI_i+\gamma_iE_iA_ia_i^2) \tag{6.7.2-5}$$

$$\gamma_i=\left(1+\frac{\pi^2E_iA_iS_i}{K_iL^2}\right)^{-1} \tag{6.7.2-6}$$

式中：E_i、I_i、A_i 分别为拼合截面第 i 部分的弹性模量、惯性矩和面积；S_i、K_i 分别为

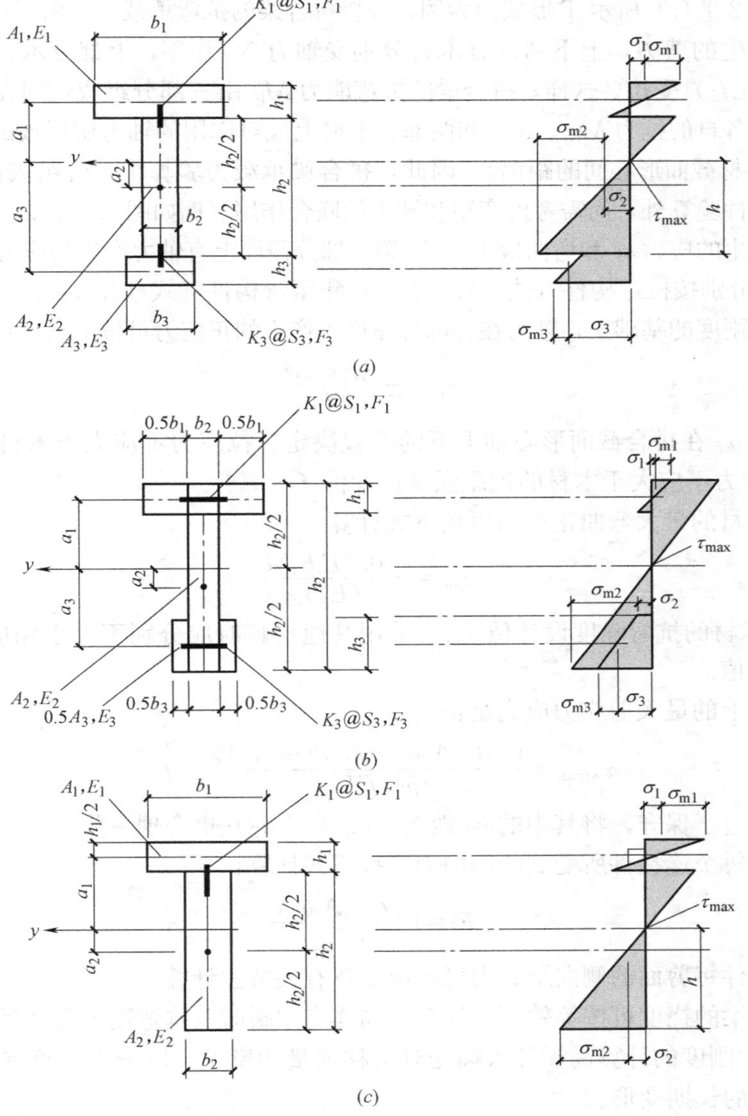

图 6.7.2-3 三种典型水平拼合梁及弯曲应力分布

(*a*) 工字形；(*b*) 工字形竖向拼合面；(*c*) T 形

第 i 个拼合面上连接件的有效间距和每个连接件每剪面的滑移模量（K_{ser} 或 K_u）；L 为简支梁的跨度，连续梁取 0.8L，悬臂梁取 2L；γ_i 为（多个拼合面时）第 i 个拼合面的连接效应系数，其中 γ_2 取 1.0；a_i 为拼合截面第 i 部分的截面形心到拼合截面 y 轴的距离，其中 a_2 为第 2 组成部分截面（腹板）的形心距 y 轴的距离，按下式计算：

$$a_2 = \frac{\gamma_1 E_1 A_1 (h_1 + h_2) - \gamma_3 E_3 A_3 (h_3 + h_2)}{2\sum_{i=1}^{3} \gamma_i E_i A_i} \tag{6.7.2-7}$$

对于图 6.7.2-3（*b*）所示的拼合截面，式（6.7.2-7）中的（$h_1 + h_2$）、（$h_3 + h_2$）分别改为（$h_2 - h_1$）、（$h_2 - h_3$）；对于图 6.7.2-3（*c*）所示的 T 形拼合截面，$h_3 = 0$，$\gamma_3 = 0$。

以图 6.7.2-3（c）所示 T 形截面为例，分析拼合梁的抗弯承载力。由于拼合面上存在连接件抗滑移产生的剪力，上下两部分木材分别受轴力 N_v 作用，上部分木材（EI_1）受压，下部分木材（EI_2）受拉。这样，拼合梁的抗弯能力 M_R 由三部分组成，即在变形协调条件下上下两部分各自的抗力 M_{R1}、M_{R2} 和两部分木材上成对作用的轴力所形成的抵抗矩 $N_v \cdot r$（r 为两部分木材截面形心间的距离）。因此，拼合梁承载力验算中，各组成部分除按受拉、受压和受弯构件验算外，尚需考虑弯矩和轴力的联合作用（例如图 6.7.2-3c 中，第 1 部分截面上有轴力产生的应力 σ_1 和弯曲应力 σ_{m1}，第 2 部分截面上有轴力产生的应力 σ_2 和弯曲应力 σ_{m2}），即尚应分别按拉弯构件（式（7.2.2-1））和压弯构件（式（7.4.2-1））验算。在上述计算有效抗弯刚度的基础上，轴力在各部分截面上产生的正应力可按下式计算：

$$\sigma_i = \pm \frac{r_i E_i a_i M}{(EI)_{ef}} \tag{6.7.2-8}$$

σ_i 的正负号由 a_i 在拼合截面形心轴上下的位置决定。拉应力不应大于木材的抗拉强度设计值 f_t；压应力不应大于木材的抗压强度设计值 f_c。

各部分木材的最大弯曲正应力可按下式计算：

$$\sigma_{mi} = \pm \frac{0.5 E_i h_i M}{(EI)_{ef}} \tag{6.7.2-9}$$

σ_{mi} 不应大于木材的抗弯强度设计值 f_m。采用其他材料时应分别不大于相应材料的抗拉、抗压强度设计值。

拼合截面上的最大剪应力应满足：

$$\tau_{wmax} = \frac{(\gamma_3 E_3 A_3 a_3 + 0.5 E_2 b_2 h_2^2) V}{b_2 (EI)_{ef}} \leqslant f_{v,w} \tag{6.7.2-10}$$

该式似乎过于保守，将其中的 h_2 改为（$0.5h_2 + a_2$）更合理一些。

拼合面上每个连接件所受到的侧向力可按下式计算：

$$F_i = \frac{S_i \gamma_i E_i A_i a_i V}{(EI)_{ef}} \tag{6.7.2-11}$$

每个连接件每剪面的侧向承载力可按第 5 章有关方法计算。

水平拼合梁的挠度可按等效刚度计算，同样有"瞬时"抗弯刚度和"最终"抗弯刚度之分。"最终"刚度的计算尚需计入蠕变对滑移模量的影响，以分别计算弹性（短期）变形和考虑蠕变的长期变形。

当截面由数种不同类别木材组合时，其蠕变特性不同，同样会造成截面上的应力重分布而影响构件的结构性能。两种极限状态（SLS、ULS）下计算"瞬时"和"最终"等效抗弯刚度时材料弹性模量取值的方法同 6.6.1 节中的胶合薄腹梁，其中不同极限状态下连接的滑移模量见 5.1.6 节。如果拼合面上下（左右）两部分木材的蠕变系数 k_{cr} 不同，则取其折算值，即 $2\sqrt{k_{cr1} k_{cr2}}$。

根据上述原理，还可以验算采用机械连接的木材与混凝土或与钢材组合梁的承载力，但木-木连接与木-混凝土（或钢材）连接的滑移模量取值不同，因为木-混凝土（或钢材）连接时混凝土（或钢材）一侧基本不必考虑变形，故连接滑移模量可取木-木连接相应状态的 2 倍。

平置受弯的正交层板胶合木构件，横纹层板处于滚剪受力状态。滚剪的剪切模量仅为顺纹剪切模量的 1/10，剪切变形将在一定程度上影响构件的抗弯刚度和截面上的应力分布。机械连

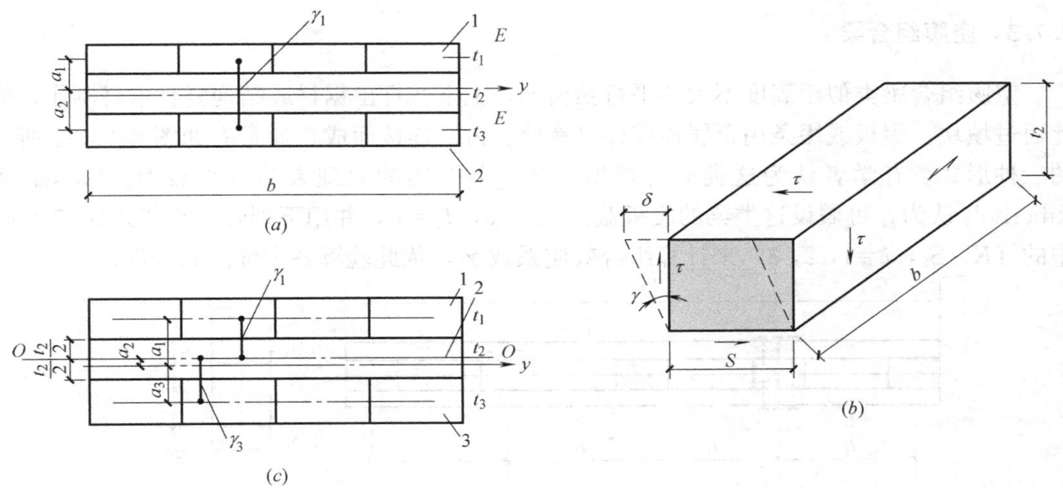

图 6.7.2-4 CLT 平置受弯构件模拟为机械连接水平拼合截面受弯构件示意图

接（非刚性连接）水平拼合梁设计原理可用以分析 CLT 受弯构件。可将 CLT 截面中的横纹层板视为一种特殊的“机械连接件”，将其横纹剪切变形视为机械连接件的滑移变形。例如图 6.7.2-4 所示的由 3 层层板制作的 CLT 板，宽度为 b，可将横纹的中间层（t_2）视为连接件，将顺纹的第 1、3 层连接成半刚性截面的受弯构件，与图 6.7.2-3（c）所示的拼合截面类似（第 1、3 层相当于构件 1、2)。式（6.7.2-5)～式（6.7.2-10）可用以分析 CLT 平置受弯构件的抗弯刚度和应力分布，但利用式（6.7.2-6）计算连接效应系数 γ_1（$\gamma_2=1.0$）时，其中的 K_i/S_i 取值应另行计算。为此，将横纹层（t_2）沿构件跨度方向切出一长度为 S 的单元体，如图 6.7.2-4（b）所示。该单元体在剪应力作用下产生剪应变，$\gamma=\tau/G_r$，G_r 为层板木材的滚剪剪切模量，第 1、3 层间的相对滑移为 $\delta=\gamma t_2=\tau t_2/G_r$，上、下剪面（界面）上的剪力为 $V=bS\tau$，长度为 S 的横纹层的抗滑移刚度为 $K=V/\delta=bSG_r/t_2$。K_i/S_i 的物理含义是受弯构件沿跨度方向单位长度的滑移模量，因此，CLT 拼合截面的滑移模量可按下式计算：

$$\frac{K_i}{S_i}=\frac{bG_r}{t_2} \tag{6.7.2-12}$$

也可以按图 6.7.2-3（a）或图 6.7.2-3（b）所示的拼合截面分析 3 层层板 CLT 的平置受弯构件的结构性能（刚度与截面应力分布）。可设想在横纹层板（t_2）的 1/2 厚度处有一虚拟层 O-O（图 6.7.2-4c），厚度为 0，弹性模量为 E，宽度也为 b。该虚拟层视为图 6.7.2-3 中的构件 2，与第 1 层层板 t_1（相当于构件 1）和第 3 层层板 t_3（相当于构件 3）的连接效应系数分别为 γ_1 和 γ_3（$\gamma_2=1.0$）。γ_1 和 γ_3 中的 K_i/S_i 值可按上述类似方法推算，均为 $2bG_r/t_2$。尽管用两种不同拼合截面推算的 K_i/S_i 不同，但并不会影响受弯构件结构性能的分析结果。

在更复杂的情况下，例如图 6.7.2-3 中的三种拼合截面，如果腹板（构件 2）较薄且采用剪切模量较低的木材制作，则腹板的剪切变形与机械连接件的滑移变形将共同影响受弯构件的结构性能。结构分析中需将两者的抗滑移刚度并联起来，例如对于图 6.7.2-3（a）、(b）所示的拼合截面，式（6.7.2-6）中的 S_i/K_i 可用（$S_i/K_i+h_2/2Gb_2$）代替，以计算连接效应系数 γ_i。

6.7.3　空腹组合梁

空腹组合梁类似于高度不大的平行弦桁架，上下弦杆由锯材或结构复合木材制作，彼此通过填块、缀板或缀条用金属连接件（螺栓、钉）连接而成，通常有如图6.7.3-1所示的三种形式。有学者认为这类梁可根据6.7.2节介绍的原理来验算承载力。Larsen和Riberholt认为，可假设这类梁的腹板截面 $A_2=0$，$I_2=0$，并用下列各式替代式(6.7.2-6)中的（K_i/S_i，$i=1$，2，3）来计算组合效应系数 γ_i，依此验算各项强度和变形。

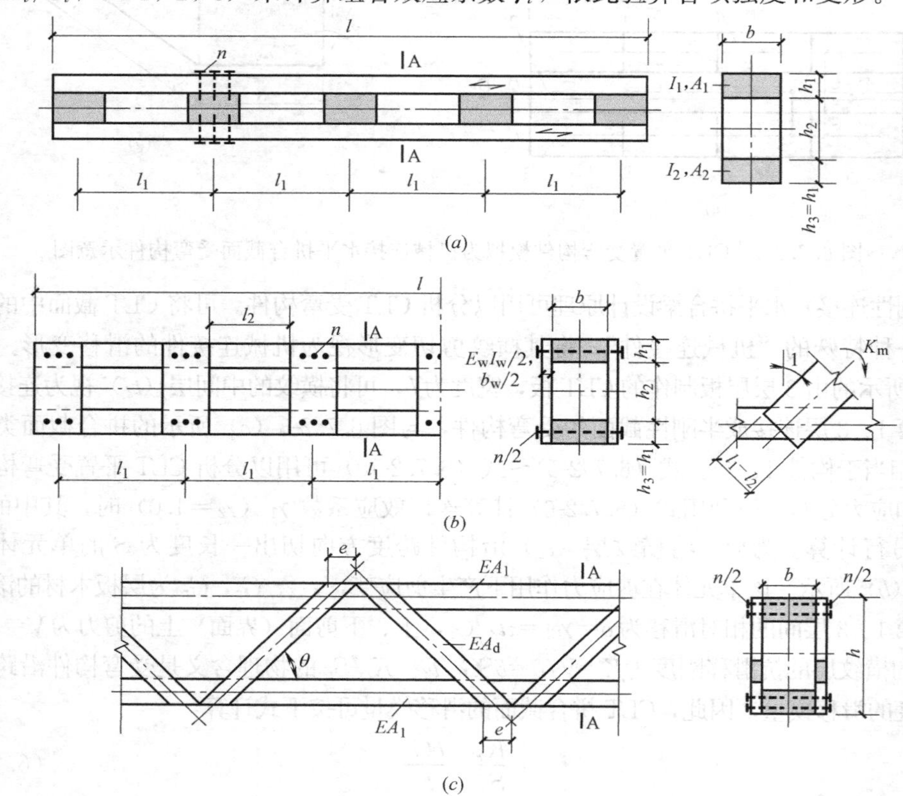

图6.7.3-1　空腹组合梁

（*a*）填块式；（*b*）缀板式；（*c*）缀条式

对于填块组合梁：

$$\frac{K_i}{S_i}=\frac{l_1}{nK_{\mathrm{ser}}}+\frac{(h_1+h_2)^2 l_1^2}{48E_1 I_1} \tag{6.7.3-1a}$$

$$\frac{K_1}{S_1}=\frac{K_3}{S_3} \tag{6.7.3-1b}$$

对于缀板组合梁：

$$\frac{K_i}{S_i}=\frac{l_1}{nK_{\mathrm{ser}}}+(h_1+h_2)^2 l_1\left[\frac{l_1}{48E_1 I_1}+\frac{h_1+h_2}{24(EI)_{\mathrm{w}}}+\frac{1}{4K_{\mathrm{m}}}\right]+\frac{h_2 l_1}{2Gb_{\mathrm{w}}(l_1-l_2)} \tag{6.7.3-2a}$$

$$(EI)_{\mathrm{w}}=E_{\mathrm{w}}\frac{b_{\mathrm{w}}(l_1-l_2)^3}{12} \tag{6.7.3-2b}$$

$$\frac{K_1}{S_1}=\frac{K_3}{S_3} \tag{6.7.3-2c}$$

对于缀条柱：

$$\frac{K_i}{S_i}=\frac{l_1}{n\cos\theta}\left[\frac{l_1}{4E_{\mathrm{d}}A_{\mathrm{d}}\cos\theta}+\frac{l_1e^2}{6E_1I_1}\left(1-\frac{2e}{l_1}\right)^2\sin^2\theta+\frac{1}{K_{\mathrm{d}}}\right] \tag{6.7.3-3}$$

式（6.7.3-1）～式（6.7.3-3）中：$K_{\mathrm{d}}=nK_{\mathrm{ser}}$；$K_{\mathrm{m}}$ 为缀板的转动刚度，即转动力矩/单位弧度（见 5.4.1.6 节）；$E_{\mathrm{d}}A_{\mathrm{d}}$ 为缀条的轴向刚度；n 为每个连接点处的连接件数量；K_{ser}为每个连接件（一个剪面）的滑移模量，必要时可区分 SLS 和 ULS 状态以及“瞬时”和“最终”状态进行验算。其他符号见图 6.7.3-1。

【例题 6-6】 某既有建筑中的一简支木梁，原截面为65mm×285mm，跨度为4000mm，木材强度等级为 TC15B。因房间使用功能改变，梁荷载增大为 $G_{\mathrm{k}}=1.0$kN/m（含自重），$Q_{\mathrm{k}}=4.5$kN/m。拟采用两根强度等级也为 TC15B，截面为 65mm × 90mm 的木料，利用直径为 10mm、间距为 $s=100$mm 的螺栓（两行），对称加在原梁截面的上部两侧，如图 6.7.3-2 所示。试验算不计木材蠕变和侧向稳定影响条件下的强度。

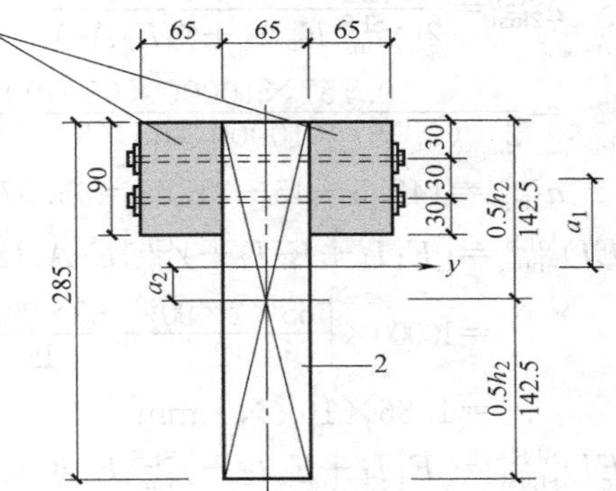

图 6.7.3-2 拼合梁截面

1—原梁截面；2—加固用木料

解：TC15B：$E=10000\text{N/mm}^2$，$f_{\mathrm{m}}=15\text{N/mm}^2$，$f_{\mathrm{t}}=9\text{N/mm}^2$，$f_{\mathrm{c}}=12\text{N/mm}^2$，$f_{\mathrm{v}}=1.5\ \text{N/mm}^2$，平均密度 $\rho_{\mathrm{m}}=550\text{kg/m}^3$，$k_{\mathrm{cr}}=0.8$，准永久系数 $\psi=0.4$，螺栓直径 $d=10$mm，侧向承载力每剪面为 2500N。

荷载标准组合：$S_{\mathrm{k}}=1.0+4.5=5.5$kN/m

作用效应基本组合：

$$M=\frac{ql^2}{8}=\frac{(1\times1.2+4.5\times1.4)\times4^2}{8}=15\text{kN}\cdot\text{m}$$

$$V=\frac{ql}{2}=\frac{(1\times1.2+4.5\times1.4)\times4}{2}=15\text{kN}$$

原截面强度验算：

$$M_{\mathrm{r}}=Wf_{\mathrm{m}}=\frac{65\times285^2}{6}\times15=13.20\text{kN}\cdot\text{m}<15\text{kN}\cdot\text{m}$$

$$V_{\mathrm{r}}=\frac{2}{3}f_{\mathrm{v}}bh=\frac{2}{3}\times1.5\times285\times65=18.525\ \text{kN}>15\text{kN}$$

原有梁抗弯强度不足，抗力与作用效应比为 0.88，故需加固。直径 10mm 螺栓连接的抗滑移模量因有 4 个剪面，故为

$$K_{\mathrm{ser}}=4\times\rho_{\mathrm{m}}^{1.5}d/23=4\times550^{1.5}\times10/23=22432\text{N/mm}$$

$$K_{\mathrm{u}}=(2/3)\times K_{\mathrm{ser}}=2\times22432/3=14954\text{N/mm}$$

$$\begin{aligned}\gamma_{\mathrm{1inst}}^{\mathrm{ULS}}&=[1+\pi^2E_1A_1S/(K_{\mathrm{u}}l^2)]^{-1}\\&=[1+3.14^2\times10000\times2\times65\times90\times100/(14954\times4000^2)]^{-1}=0.675\end{aligned}$$

$$\gamma_{1inst}^{SLS}=[1+3.14^2\times10000\times2\times65\times90\times100/(22432\times4000^2)]^{-1}=0.757$$

$$\gamma_2=1.0$$

$$a_{2inst}^{ULS}=\frac{\gamma_{1inst}^{ULS}E_1A_1(h_2-h_1)}{2(\gamma_{1inst}^{ULS}E_1A_1+\gamma_2E_2A_2)}$$

$$=\frac{0.675\times10000\times65\times90\times2\times(285-90)}{2\times(0.675\times10000\times65\times90\times2+1\times10000\times65\times285)}=29.14\text{mm}$$

$$a_{1inst}^{ULS}=142.5-45-29.14=68.36\text{mm}$$

$$a_{2inst}^{SLS}=\frac{\gamma_{1inst}^{SLS}E_1A_1(h_2-h_1)}{2(\gamma_{1inst}^{SLS}E_1A_1+\gamma_2E_2A_2)}$$

$$=\frac{0.757\times10000\times65\times90\times2\times(285-90)}{2\times(0.757\times10000\times65\times90\times2+1\times10000\times65\times285)}=31.53\text{mm}$$

$$a_{1inst}^{SLS}=142.5-45-31.53=65.97\text{mm}$$

$$(EI)_{efinst}^{ULS}=[E_1I_1+E_2I_2+\gamma_{1inst}^{ULS}E_1A_1(a_{1inst}^{ULS})^2+\gamma_2E_2A_2(a_{2inst}^{ULS})^2]$$

$$=10000\times\left[\frac{65\times2\times90^3}{12}+\frac{65\times285^3}{12}+0.675\times65\times90\times2\times68.36^2+1\times65\times285\times29.14^2\right]$$

$$=1.86\times10^{12}\text{N}\cdot\text{mm}^2$$

$$(EI)_{efinst}^{SLS}=[E_1I_1+E_2I_2+\gamma_{1inst}^{SLS}E_1A_1(a_{1inst}^{SLS})^2+\gamma_2E_2A_2(a_{2inst}^{SLS})^2]$$

$$=10000\times\left[\frac{65\times2\times90^3}{12}+\frac{65\times285^3}{12}+0.757\times65\times90\times2\times65.97^2+1\times65\times285\times31.53^2\right]$$

$$=1.90\times10^{12}\text{N}\cdot\text{mm}^2$$

平均应力验算：

$$\sigma_1=\frac{\gamma_{1inst}^{ULS}E_1a_{1inst}^{ULS}M}{(EI)_{efinst}^{ULS}}=\frac{0.675\times10000\times68.36\times15\times10^6}{1.86\times10^{12}}=3.72\text{N/mm}^2<f_c=12\text{N/mm}^2$$

$$\sigma_2=\frac{1\times10000\times29.14\times15\times10^6}{1.86\times10^{12}}=2.29\text{N/mm}^2<f_t=9\text{N/mm}^2$$

弯曲应力验算：

$$\sigma_{m1}=\frac{0.5E_1h_1M}{(EI)_{efinst}^{ULS}}=\frac{0.5\times10000\times90\times15\times10^6}{1.86\times10^{12}}=3.63\text{N/mm}^2<f_m=15\text{N/mm}^2$$

$$\sigma_{m2}=\frac{0.5E_2h_2M}{(EI)_{efinst}^{ULS}}=\frac{0.5\times10000\times285\times15\times10^6}{1.76\times10^{12}}=11.49\text{N/mm}^2<f_m=15\text{N/mm}^2$$

压弯及拉弯复合作用下的强度验算：

$$\frac{\sigma_{m1}}{f_m}+\frac{\sigma_1}{f_c}=\frac{3.63}{15}+\frac{3.72}{12}=0.51<1，满足要求$$

$$\frac{\sigma_{m2}}{f_m}+\frac{\sigma_2}{f_t}=\frac{11.49}{15}+\frac{2.29}{9}=1.02\approx1，基本满足要求$$

最大剪应力验算：

$$\tau_{max}=\frac{0.5E_2b_2h_2^2V}{b_2(EI)_{efinst}^{ULS}}=\frac{0.5\times10000\times65\times285^2\times15\times10^3}{65\times1.76\times10^{12}}=3.46\text{N/mm}^2>f_v=1.5\text{N/mm}^2$$

加固前抗剪承载力是满足要求的，计算显然合理。宜取：

$$\tau_{max}=\frac{0.5E_2b_2(h_2/2+a_{2inst}^{ULS})^2V}{b_2(EI)_{efinst}^{ULS}}=\frac{0.5\times10000\times65\times(285/2+23.72)^2\times15\times10^3}{65\times1.76\times10^{12}}$$

$=1.18\text{N/mm}^2<f_v=1.5\text{N/mm}^2$

每个连接件所受到的侧向作用力：

$$F_i=\frac{\gamma_{1\text{inst}}^{\text{ULS}}E_1A_1Sa_{1\text{inst}}^{\text{ULS}}V}{(EI)_{\text{efinst}}^{\text{ULS}}}=\frac{0.675\times10000\times65\times2\times90\times100\times68.36\times15\times10^3}{1.86\times10^{12}}$$

$=4.35\text{kN}<2\times2500=5000\text{N}=5\text{kN}$

瞬时挠度：

$$\delta_{\text{inst}}=\frac{5\times5.5\times4000^4}{384\times1.9\times10^{12}}=9.65\text{mm}$$

若不计连接滑移刚度受蠕变的影响，则最终挠度：

$$\delta_{\text{fin}}=\frac{5\times1.0\times4000^4}{384\times1.9\times10^{12}}\times(1+0.8)+\frac{5\times4.5\times4000^4}{384\times1.9\times10^{12}}\times(1+0.4\times0.8)=13.58\text{mm}$$

讨论：复合受力验算中，原梁木材在弯、拉应力作用下略超规定（$\sigma_m/f_m+\sigma_t/f_t=1.02$）。如果将相同截面的加固木材配置在梁的受拉边，并采用相同的连接件（$S=100$mm，$d=10$mm）连接，有效抗弯刚度将相同。由于拼合截面的形心轴下移，原梁木材中的轴力将由拉力变为压力，绝对值不变，故复合受力下的验算改为$\dfrac{\sigma_m}{f_m}+\dfrac{\sigma_t}{f_t}=\dfrac{3.63}{15}+\dfrac{3.72}{9}=0.655<1$（按欧洲规范 EC 5 则为$\dfrac{\sigma_m}{f_m}+\left(\dfrac{\sigma_t}{f_t}\right)^2=\dfrac{3.63}{15}+\left(\dfrac{3.72}{9}\right)^2=0.413<1$）。

【例题 6-7】 某商场木-混凝土组合楼盖，计算跨度为 9.0m，采用方头螺钉（$f_{yk}=345\text{N/mm}^2$，直径 $D=19.1$mm，长度 $L=229$mm，$D_r=14.71$mm，$S=102$mm）作层板胶合木梁和混凝土板间的连接件，如图 6.7.3-3 所示。梁间距为 3.6m，层板胶合木梁截面尺寸为 190mm×600mm，强度等级为 $\text{TC}_\text{T}28$（东北落叶松），上铺压型钢板 YX35-125-750，混凝土板厚 60mm（不计肋高 35mm），混凝土为 C25（纵筋双层 $\phi10@125$），恒载 $g_k=1.5\text{kN/m}^2$（包括混凝土板自重），可变荷载 $q_k=3.0\text{kN/m}^2$，准永久系数 $\psi=0.5$。试验算组合梁"最终"承载力是否满足要求（设木梁 $k_{cr}=0.8$）。

解：

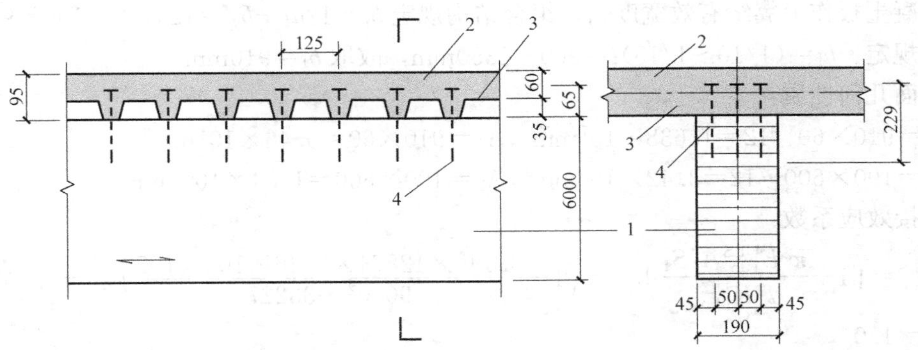

图 6.7.3-3 拼合梁

1—层板胶合木；2—混凝土板；3—压型钢板；4—方头螺钉

由规范查得：$\text{TC}_\text{T}28$ 胶合木，$f_m=19.4\text{N/mm}^2$，$f_t=12.4\text{N/mm}^2$，$f_v=2\text{N/mm}^2$，$E=8000\text{N/mm}^2$，全干相对密度 $G=0.55$。

C25 混凝土，$f_c=11.9\text{N/mm}^2$，$E=28000\text{N/mm}^2$

胶合木抗弯强度体积调整系数：

$$C_v=\left(\frac{130}{b}\times\frac{305}{h}\times\frac{6400}{L}\right)^{0.1}=\left(\frac{130}{190}\times\frac{305}{600}\times\frac{6400}{9000}\right)^{0.1}=0.87$$

参照式（1.4.3-6），$\rho_m=G\times(1000\times1.057)=0.55\times1000\times1.057=581\text{kg/m}^3$

胶合木梁自重：$g'_k=0.19\times0.6\times1.0\times5.81=0.66\text{kN/m}$

荷载设计值：$q_d=(3.0\times1.4+1.5\times1.2)\times3.6+0.59\times1.2=22.39\text{kN/m}$

剪力设计值：$V=22.308\times9/2=100.76\text{kN}$

弯矩设计值：$M=ql^2/8=22.39\times9^2/8=226.70\text{kN}\cdot\text{m}$

不按拼合截面梁验算承载力：

抗弯：$M_r=(190\times600^2/6)\times19.4\times0.87=192.32\text{kN}\cdot\text{m}<226.7\text{kN}\cdot\text{m}$，不满足要求

抗剪：$V_r=(2/3)\times190\times600\times2=152\text{kN}>100.76\text{kN}\cdot\text{m}$，满足要求，不需加固

按拼合截面梁验算承载力：

连接件构造要求，顺纹间距 125mm＞$4d=19.1\times4=76.4$mm，非受力横纹边距 45mm＞$1.5d=19.1\times1.5=28.7$mm，行距 50mm＞$2d=19.1\times2=38.2$mm，因此可全额计算连接承载性能，锚入混凝土深度＝30＋35（肋高）＝65mm。

$\rho_m=581\text{kg/m}^3$

$K_{ser}=2\rho_m^{1.5}d/23=2\times581^{1.5}\times19.1/23=23259\text{N/mm}$

$K_u=(2/3)\times K_{ser}=2\times23259/3=15506\text{N/mm}$

每连接点处有三枚方头螺钉，且属木-混凝土连接，故 $K_u=3\times15506=46519\text{N/mm}$

$$K_{ufin}^{ULS}=\frac{K_u}{1+\psi k_{cr}}=\frac{46519}{1+0.5\times0.8}=33227\text{N/mm}$$

根据有关资料，混凝土的徐变系数 $K_{crcon}=2.35$

$$E_{1fin}^{ULS}=\frac{28000}{1+0.5\times2.35}=12874\text{N/mm}^2, E_{2fin}^{ULS}=\frac{8000}{1+0.5\times0.8}=5714\text{N/mm}^2$$

混凝土板作上翼缘有效宽度 b_f，组合结构规定 $b_f=12h_f+b_w=12\times60+190=910$mm，木结构规定：$b_f=(1/10\sim1/15)l=900\sim1350$mm，故取 $b_f=910$mm。

截面几何性质：

$I_1=910\times60^3/12=1.638\times10^7\text{mm}^4, A_1=910\times60=5.46\times10^4\text{mm}^2$

$I_2=190\times600^3/12=3.42\times10^9\text{mm}^4, A_2=190\times600=11.4\times10^4\text{mm}^2$

连接效应系数：

$$\gamma_{1fin}^{ULS}=\left(1+\frac{\pi^2E_{1fin}^{ULS}A_1S_1}{l^2K_{ufin}^{ULS}}\right)^{-1}=\left(1+\frac{3.14^2\times12874\times5.46\times10^4\times125}{9000^2\times33227}\right)^{-1}=0.757$$

$\gamma_2=1.0$

$$a_{2fin}^{ULS}=\frac{\gamma_{1fin}^{ULS}E_1A_1(h_1+h_2)}{2\sum_{i=1}^{2}\gamma_{ifin}^{ULS}E_{ifin}^{ULS}A_i}=\frac{0.757\times12874\times5.46\times10^4\times(600+95)}{2\times(0.757\times12874\times5.46\times10^4+1.0\times5714\times11.4\times10^4)}$$

$$=156.3\text{mm}$$

$a_1=300-156.3+35+30=208.7$mm

$$(EI)_{\text{effin}}^{\text{ULS}} = \sum_{i=1}^{3}[E_{\text{ifin}}^{\text{ULS}}I_i + \gamma_{\text{ifin}}^{\text{ULS}}E_{\text{ifin}}^{\text{ULS}}A_i(a_{\text{ifin}}^{\text{ULS}})^2]$$

$$=12874\times1.638\times10^7+5714\times3.42\times10^9+0.757\times12874\times5.46\times10^4\times208.7^2$$

$$+1.0\times5714\times11.4\times10^4\times156.3^2=0.588\times10^{14}\text{N}\cdot\text{mm}^2$$

拼合截面各部分的平均应力验算：

上翼缘混凝土平均压应力：

$$\sigma_c=\frac{\gamma_{\text{1inst}}^{\text{ULS}}E_1a_1M}{(EI)_{\text{effin}}^{\text{ULS}}}=\frac{0.757\times12874\times208.7\times226.7\times10^6}{0.588\times10^{14}}=7.84\text{N/mm}^2<11.9\text{N/mm}^2$$

满足要求

胶合木平均拉应力：

$$\sigma_t=\frac{\gamma_2E_{\text{2fin}}^{\text{ULS}}a_{\text{2fin}}^{\text{ULS}}M}{(EI)_{\text{effin}}^{\text{ULS}}}=\frac{1.0\times5714\times156.3\times226.7\times10^6}{0.588\times10^{14}}=3.44\text{N/mm}^2<12.4\text{N/mm}^2$$

满足要求

拼合截面各部分弯曲应力验算：

上翼缘混凝土：

$$\sigma_{m1}=\frac{0.5E_{\text{1fin}}^{\text{ULS}}h_1M}{(EI)_{\text{effin}}^{\text{ULS}}}=\frac{0.5\times12874\times95\times226.7\times10^6}{0.588\times10^{14}}=2.36\text{N/mm}^2<11.9\text{N/mm}^2$$

满足要求

胶合木底边抗弯强度：

$$\sigma_{m2}=\frac{0.5E_{\text{2fin}}^{\text{ULS}}h_2M}{(EI)_{\text{effin}}^{\text{ULS}}}=\frac{0.5\times5714\times600\times226.7\times10^6}{0.588\times10^{14}}=6.61\text{N/mm}^2<16.87\text{N/mm}^2$$

满足要求

复合受力强度验算：

层板胶合木：$\frac{\sigma_m}{f_m}+\frac{\sigma_t}{f_t}=\frac{6.61}{19.4\times0.87}+\frac{3.44}{12.4}=0.669<1$，满足要求

但规范 NDSWC 规定，抗弯强度不进行体积调整

$\frac{\sigma_m}{f_m}+\frac{\sigma_t}{f_t}=\frac{6.61}{19.4}+\frac{3.44}{12.4}=0.618<1$，满足要求

混凝土板：

上表面 $\sigma_c+\sigma_m=7.84+2.36=10.20\text{N/mm}^2<11.99\text{N/mm}^2$，满足要求

下表面 $\sigma_c+\sigma_m=-7.84+2.39=-5.45\text{N/mm}^2$，处于受压状态，不会开裂。

抗剪强度验算：

$$\tau_w=\frac{0.5E_{\text{2fin}}^{\text{ULS}}b_2h_2^2V}{b_2(EI)_{\text{effin}}^{\text{ULS}}}=\frac{0.5\times5714\times190\times600^2\times100.76\times10^3}{190\times0.588\times10^{14}}=1.76\text{N/mm}^2<2.0\text{N/mm}^2$$

满足要求

（如果不按拼合截面验算，胶合木梁剪应力为 $\tau_w=\frac{3V}{2bh}=\frac{3\times100.76\times10^3}{2\times190\times600}=1.32\text{N/mm}^2$，按拼合截面处理后 $\tau_w=1.47\text{N/mm}^2$，反大于 1.32N/mm^2，不合常理。将按拼合截面计算剪应力的公式中的 h_2 改为 $(h_2/2+a_2)$，则 τ_w 将降低至 1.01N/mm^2）

每个连接点处的荷载：

$$F_i=\frac{\gamma_{1\text{fin}}^{\text{ULS}}E_{1\text{fin}}^{\text{ULS}}A_1S_1a_{1\text{fin}}^{\text{ULS}}V}{(EI)_{\text{effin}}^{\text{ULS}}}=\frac{0.757\times5.46\times10^4\times12874\times125\times208.7\times100.76\times10^3}{0.588\times10^{14}}$$

$=23787\text{N}$

方头螺钉连接承载力验算：

C25 混凝土，$f_{\text{ha}}=25\times1.57=39.25\text{N/mm}^2$，$a=65\text{mm}$

胶合木 $G=0.55$，$f_{\text{hc}}=0.55\times77=42.35\text{N/mm}^2$

螺钉直径 $d=19.1\text{mm}$，$\eta=a/d=65/19.1=3.4$，$f_{\text{yk}}=345\text{N/mm}^2$

$\beta=f_{\text{hc}}/f_{\text{ha}}=42.35/39.25=1.08$，$c=229-65-14.71\times1.5=141.9\text{mm}$，$\alpha=c/a=141.9/65=2.18$

$K_{\text{aI}}=\alpha\beta=2.18\times1.08>1.0$，取 $K_{\text{aI}}=1.0$

$$K_{\text{aII}}=\frac{\sqrt{\beta+2\beta^2(1+\alpha+\alpha^2)+\alpha^2\beta^3}-\beta(1+\alpha)}{1+\beta}$$

$$=\frac{\sqrt{1.08+2\times1.08^2(1+2.18+2.18^2)+2.18^2\times1.08^2}-1.08\times(1+2.18)}{1+1.08}=0.759$$

$$K_{\text{aIII s}}=\frac{\beta}{2+\beta}\left[\sqrt{\frac{2(1+\beta)}{\beta}+\frac{1.647(2+\beta)k_{\text{ep}}f_{\text{yk}}}{3\beta f_{\text{ha}}\eta^2}}-1\right]$$

$$=\frac{1.08}{2+1.08}\left[\sqrt{\frac{2\times(1+1.08)}{1.08}+\frac{1.647\times(2+1.08)\times345}{3\times1.08\times39.25\times3.4^2}}-1\right]=0.438$$

$$K_{\text{aIII m}}=\frac{\alpha\beta}{1+2\beta}\left[\sqrt{2(1+\beta)+\frac{1.647(1+2\beta)k_{\text{ep}}f_{\text{yk}}}{3\beta f_{\text{ha}}\alpha^2\eta^2}}-1\right]$$

$$=\frac{2.18\times1.08}{1+2\times1.08}\left[\sqrt{2\times(1+1.08)+\frac{1.647\times(1+2\times1.08)\times345}{3\times1.08\times39.25\times2.18^2\times3.4^2}}-1\right]=0.821$$

$$K_{\text{aIV}}=\frac{1}{\eta}\sqrt{\frac{1.647\beta k_{\text{ep}}f_{\text{yk}}}{3(1+\beta)f_{\text{ha}}}}=\frac{1}{3.4}\sqrt{\frac{1.647\times1.08\times345}{3\times(1+1.08)\times39.25}}=0.466$$

$$K_{\text{ad,min}}=\min\left\{\frac{K_{\text{aI}}}{\gamma_{\text{I}}},\frac{K_{\text{aII}}}{\gamma_{\text{II}}},\frac{K_{\text{aIII}_s}}{\gamma_{\text{III}}},\frac{K_{\text{aIII}_m}}{\gamma_{\text{III}}},\frac{K_{\text{aIV}}}{\gamma_{\text{IV}}}\right\}=\min\left\{\frac{1}{4.38},\frac{0.759}{3.63},\frac{0.438}{2.22},\frac{0.821}{2.22},\frac{0.466}{1.88}\right\}=0.197$$

$R_{\text{d}}=K_{\text{ad, min}}adf_{\text{ha}}=0.197\times65\times19.1\times39.25=9599.6\text{N}$

连接点总承载力：

$F_{\text{R}}=nR_{\text{d}}=3\times9599.6=28798.8\text{N}>23787\text{N}$，满足要求。

【例题 6-8】 试按机械连接拼合梁原理验算如图 6.7.3-4 所示的 5 层正交层板胶合木楼板的承载力。板的跨度为 5.0m，层板厚度均为 45mm，外层及中心层（纵向）层板的强度等级为 C24，正交层（横向）层板的强度等级为 C18。均布荷载标准值为 14.56kN/m^2，设计值为 20.0kN/m^2。

解： 查附录 C，C24 的力学指标：

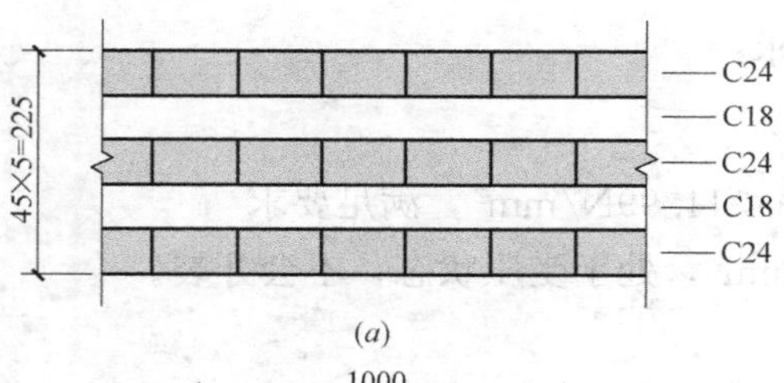

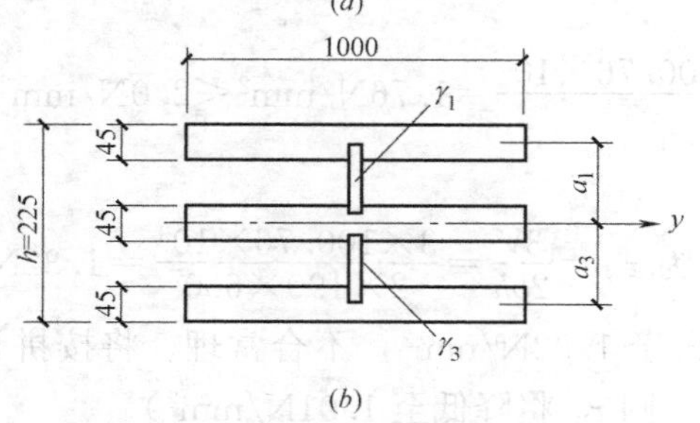

图 6.7.3-4　某正交层板胶合木楼板示意图

$f_m = 15.9\text{N/mm}^2$，$f_c = 12.5\text{N/mm}^2$，$f_t = 7.5\text{N/mm}^2$，$f_v = 1.9\text{N/mm}^2$，$E = 11000\text{N/mm}^2$；

C18 的力学指标：

$f_m = 11.9\text{N/mm}^2$，$f_v = 1.6\text{N/mm}^2$，$E = 9000\ \text{N/mm}^2$，并取 $G = E/16 = 562.5\text{N/mm}^2$，$G_{rol} = G/10 = 56.25\text{N/mm}^2$，$E_{90} = E/30 = 300\text{N/mm}^2$。

层板宽度为 160～170mm，每米宽度上布置 6 块，层板抗弯、抗拉强度体系调整系数为 $k_{sys} = 1 + 0.025n = 1 + 0.025n = 1 + 0.025 \times 6 = 1.15$。

按机械连接拼合梁的原理验算承载力：将横向层板视为连接件，则其弹性模量为 0。机械连接单位长度（板跨度方向）的滑移模量为 $(K_{ser}/S)' = 2G_w b_w / h_w = G_{rol}\, b/t = 56.25 \times 1000/45 = 1250\text{N/mm/mm}$，取 1m 板宽的换算截面，如图 6.7.3-4（b）所示。

连接效应系数：$\gamma_1 = \gamma_3 = \left(1 + \dfrac{\pi^2 E_1 A_1 S_1}{K_1 L^2}\right)^{-1} = \left(1 + \dfrac{3.14^2 \times 11000 \times 45 \times 1000}{1250 \times 5000^2}\right)^{-1} = 0.865$

$\gamma_2 = 0$。

换算截面为对称截面，各层板到对称轴的距离分别为：

$a_1 = a_5 = 90\text{mm}$，$a_3 = 0$，$a_2 = a_4 = 45\text{mm}$。

有效刚度为：

$$(EI)_{ef} = \sum_{i=1}^{3}(E_i I_i + \gamma_i E_i A_i a_i^2) = \frac{11000 \times 1000 \times 45^3}{12} \times 3 + 0.865 \times 11000 \times 45 \times 1000 \times 90^2 \times 2$$
$$= 7.19 \times 10^{12}\text{N} \cdot \text{mm}^2$$

弯矩设计值：$M_d = \dfrac{ql^2}{8} = \dfrac{20 \times 1 \times 5^2}{8} = 62.5\text{kN} \cdot \text{m}$

剪力设计值：$V_d = \dfrac{ql}{2} = \dfrac{20 \times 1 \times 5}{2} = 50\text{kN}$

上、下表层板中产生的拉、压应力：

$$\sigma_i = \pm \frac{r_i E_i a_i M}{(EI)_{ef}} = \pm \frac{0.865 \times 11000 \times 90 \times 62.5 \times 10^6}{7.19 \times 10^{12}} \pm 7.44\text{N/mm}^2$$

$\sigma_t = 7.44\text{N/mm}^2 < f_t(= 7.5 \times 1.15 = 8.625\text{N/mm}^2)$，$\sigma_c = 7.44\text{N/mm}^2 < f_c(= 12.5\text{N/mm}^2)$

上、下表层板中产生的弯曲应力：

$$\sigma_{mi} = \pm \frac{0.5 E_i h_i M}{(EI)_{ef}} = \pm \frac{0.5 \times 11000 \times 45 \times 62.5 \times 10^6}{7.19 \times 10^{12}} = \pm 2.15\text{N/mm}^2$$

$\sigma_{tm} = 2.15\text{N/mm}^2 < f_m(= 15.9 \times 1.15 = 17.49\text{N/mm}^2)$

上表层（1）轴向压应力与弯曲应力联合作用，按欧洲规范 EC 5 验算：

$$\left(\frac{\sigma_c}{f_c}\right)^2 + \frac{\sigma_m}{f_m k_{sys}} = \left(\frac{7.44}{12.5}\right)^2 + \frac{2.15}{15.9 \times 1.15} = 0.473 < 1$$

下表层（5）轴向拉应力与弯曲应力联合作用，按欧洲规范 EC 5 验算：

$$\frac{\sigma_t}{f_t k_{sys}} + \frac{\sigma_m}{f_m k_{sys}} = \frac{7.44}{7.5 \times 1.15} + \frac{2.15}{15.9 \times 1.15} = 0.95 < 1$$

满足抗弯承载力要求。

抗剪承载力验算：应计入第 2、4 层的静矩。

第 3 层中性轴处剪应力验算：

$$(ES)_{\mathrm{ef}}=E\gamma_3 b_5 t_5 a_5+E_{90} b_4 t_4 a_4+E\gamma_2 b_3 \frac{t_3}{2}\frac{t_3}{4}=11000\times0.865\times1000\times45\times90$$

$$+300\times1000\times45\times45+11000\times1000\times\frac{45}{2}\times\frac{45}{4}=4.19\times10^{10}\mathrm{N\cdot mm}$$

$$\tau_3=\frac{V_{\mathrm{d}}\ (ES)_{\mathrm{ef}}}{(EI)_{\mathrm{ef}} b_{\mathrm{b}}}=\frac{50\times10^3\times4.19\times10^{10}}{7.19\times10^{12}\times1000}=0.291\mathrm{N/mm^2}<1.9\mathrm{N/mm^2}$$

第 2、3 层滚剪应力验算：

$$(ES)_{\mathrm{ef}}=E\gamma_3 b_5 t_5\left(a_4+\frac{t_5}{2}\right)+E_{90} b_4 t_4 \frac{t_4}{2}$$

$$=11000\times0.865\times1000\times45\times\left(45+\frac{45}{2}\right)+300\times1000\times45\times\frac{45}{2}=2.92\times10^{10}\mathrm{N\cdot mm}$$

$$\tau_{\mathrm{rol}}=\frac{V_{\mathrm{d}}(ES)_{\mathrm{ef}}}{(EI)_{\mathrm{ef}} b_4}=\frac{50\times10^3\times2.92\times10^{10}}{7.19\times10^{12}\times1000}=0.203\mathrm{N/mm^2}<f_{\mathrm{rol}}=1.6\times0.22=0.352\mathrm{N/mm^2}$$

故满足抗剪承载力要求。

挠度验算：

$$W=\frac{5q_{\mathrm{k}}l^4}{384(EI)_{\mathrm{ef}}}=\frac{5\times10^{12}\times14.56\times5000^4}{384\times7.19\times10^{12}}=16.48\mathrm{mm}<\frac{l}{250}=20\mathrm{mm}$$

变形满足要求。

按标准 GB 50005—2017 验算：

$$(EI)=\sum_{i=1}^{n}(E_i I_i+E_i A_i e_i^2)=\left(3\times\frac{1000\times45^3}{12}+2\times1000\times45\times90^2\right)\times11000$$

$$=8.27\times10^{12}\mathrm{N\cdot mm^2}$$

$$W=\frac{5q_{\mathrm{k}}l^4}{384(EI)}=\frac{5\times10^{12}\times14.56\times5000^4}{384\times8.27\times10^{12}}=14.33\mathrm{mm}<\frac{l}{250}=20\mathrm{mm}$$

挠度低 13%，原因是忽略了第 2、4 层横向层板的剪切变形产生的挠度。

第 7 章　轴心受力与偏心受力构件

7.1　概述

轴心受力构件是指荷载作用线平行于构件纵轴且通过截面形心的构件，包括轴心受拉构件与轴心受压构件。偏心受力构件是指荷载作用线平行于构件纵轴但不通过截面形心的构件，包括偏心受拉构件和偏心受压构件。偏心受力构件的特点是构件截面上不仅有轴向力 N，而且还有因荷载偏心 e_0 产生的偏心弯矩 Ne_0，且弯矩沿构件纵轴是均匀分布的。工程中还有另一类构件，即构件上不仅作用有轴向荷载，也有横向荷载，构件截面上同时存在轴力和弯矩，且弯矩沿构件纵轴不是常量，这类构件称为拉弯或压弯构件。由于受力特点与偏拉、偏压构件相似，均为轴力与弯矩联合作用，将拉弯或压弯构件也纳入本章。

轴心与偏心受力构件是木结构的基本构件，具有广泛的用途。木柱就是典型的轴心或偏心受力构件。木屋盖系统中的平面桁架，在节点荷载作用下，上弦杆为压杆，下弦杆为拉杆，腹杆则有的受拉，有的受压。当桁架存在节间荷载时，上弦杆就成为压弯构件。如设计不当，下弦杆可能成为偏拉构件。结构系统中的全部支撑，均属拉杆或压杆。因此，掌握轴心和偏心受力构件的基本性能是学习木结构的重要方面。

轴心与偏心受力构件的截面形状除采用原木或因外观需要采用圆形截面外，大多采用方形、矩形截面，并以实腹构件居多。一些木结构中有时也采用锯材如规格材等制作成拼合柱（Built-up column），或填块分肢柱（Spaced column）。在木材选择上，承重结构的拉杆与偏拉杆件应选用节子少、纹理平直的等级较高的锯材，方木与原木则应选 I_a 等材。对于轴压和小偏压杆件，则可选用较低等级的锯材或 II_a 等方木与原木。采用层板胶合木或结构复合木材则不限等级，但层板胶合木宜选用同等组坯。当弯矩较大时也可采用非对称异等组坯的层板胶合木。

轴心与偏心受力构件均应满足强度和刚度要求，轴压与偏压构件还应满足稳定性要求。其中刚度要求是指构件不能太细长（通常用长细比 λ 来量化），以免在运输安装，甚至使用过程中偶遇横向荷载作用时变形或振动过大，甚至损坏。木结构受压构件的长细比 λ，对于主要构件如桁架弦杆、支座端竖杆与斜腹杆以及柱等，不应大于 120，一般压杆不应超过 150，支撑等不应超过 200。

7.2　轴心受拉与偏心受拉构件

7.2.1　轴心受拉构件

轴心受拉构件的承载力可按下式计算，且不应小于轴力设计值：

$$T_{\mathrm{r}}=f_{\mathrm{t}}A_{\mathrm{n}} \tag{7.2.1-1}$$

式中：f_{t} 为木材顺纹抗拉强度设计值；A_{n} 为构件的净截面面积。构件的截面积和净截面面积的差别在于，前者是构件截面的轮廓面积，又称毛面积，而净面积是指构件上有缺损时截面的有效面积，即毛面积扣除缺损的面积，如缺口、孔洞（如螺栓连接的穿孔）等。但应注意如下两点：一是分布在截面不同高度上但在构件长度 150mm 范围内的缺损需视为同一截面的缺损；二是同一截面的缺损应对称于截面形心（或力作用线），特别是截面边缘有缺口时，更需注意。如图 7.2.1-1（a）所示构件尽管有两个缺口，但缺口对称分布，仍为轴心受拉构件。而图 7.2.1-1（*b*）所示构件仅有一个缺口，但不对称于力作用线，不能视为轴心受拉构件，而应以偏心受拉构件计算承载力。

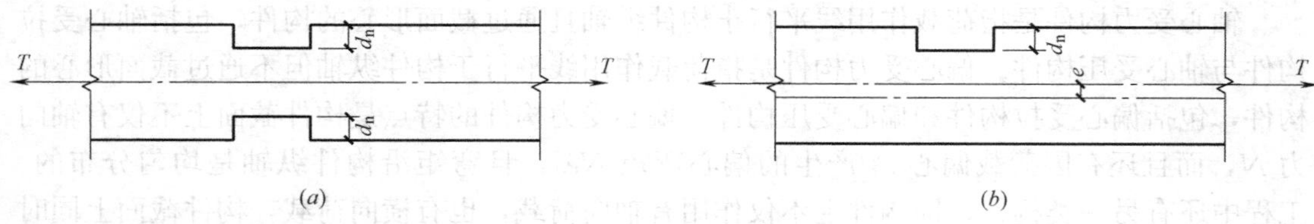

图 7.2.1-1　带缺口的轴心受拉构件

7.2.2　偏心受拉构件

单向偏心受拉和拉弯构件的承载力通常由构件受拉边缘的拉应力控制，因此，可按式（7.2.2-1*a*）计算抗力设计值 T_{r} 或按式（7.2.2-1*b*）验算承载力：

$$T_{\mathrm{r}}=\frac{A_{\mathrm{n}}f_{\mathrm{t}}f_{\mathrm{m}}}{f_{\mathrm{m}}+\dfrac{e}{e_{\mathrm{n}}}f_{\mathrm{t}}} \tag{7.2.2-1a}$$

$$\frac{T}{f_{\mathrm{t}}A_{\mathrm{n}}}+\frac{M}{f_{\mathrm{m}}W_{\mathrm{n}}}\leqslant 1.0 \tag{7.2.2-1b}$$

式中：M、T 分别为构件验算截面上的弯矩与轴力设计值；e 为拉力相对于净截面形心的偏心距，拉弯构件 $e=M/T$；W_{n} 为构件验算截面的净抗弯截面模量；e_{n} 为验算截面的净截面核心距，$e_{\mathrm{n}}=W_{\mathrm{n}}/A_{\mathrm{n}}$。

式（7.2.2-1）是以构件失效发生在受拉边缘而建立的，拉弯构件中若拉力不大但弯矩较大时，构件失效并不一定会发生在受拉边，仅用式（7.2.2-1）验算并不能保证构件安全可靠。因构件受压区存在较大的压应力，可能造成类似于梁的整体稳定问题。因此，美国规范 NDSWC 规定尚应满足（$\sigma_{\mathrm{m}}-\sigma_{\mathrm{t}}$）/（$\varphi_l f_{\mathrm{m}}$）$\leqslant 1.0$ 的要求，其中 σ_{m}、σ_{t} 分别为构件的弯曲应力和拉力产生的正应力；φ_l 为梁的侧向稳定系数，可按式（6.2.2-9）计算。如果不满足，则应增大截面尺寸或增设侧向支撑，增大 φ_l 值。

【例题 7-1】　图 7.2.2-1 所示为方木桁架端节点齿连接，因开齿槽引起下弦杆截面缺损，从而使下弦杆成为偏心受力构件。下弦杆轴线可有两种设置方式，一是按开槽后的净截面形心设置，另一种按原毛面积形心设置。试通过验算，说明何种设置方式更为合理。已知下弦杆木材强度等级为 TC15A，轴力设计值为 120.8kN。上弦杆轴力设计值为 －135.0kN，上下弦夹角为 26.57°，下弦杆截面为 150mm×200mm（宽×高），上弦杆为 150mm×180mm。第二齿深为 60mm，正常使用环境，设计使用年限为 50 年。

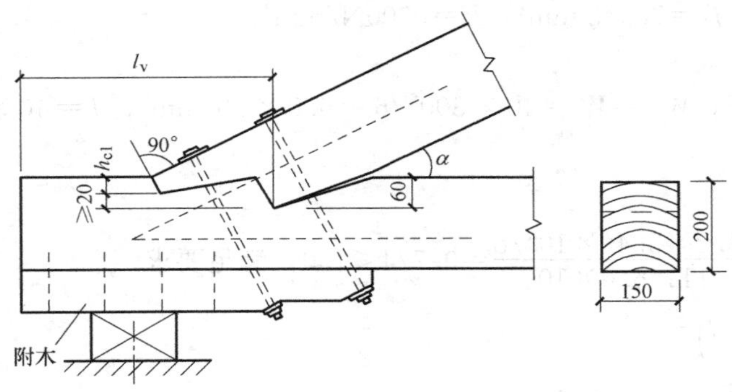

图 7.2.2-1 双齿连接

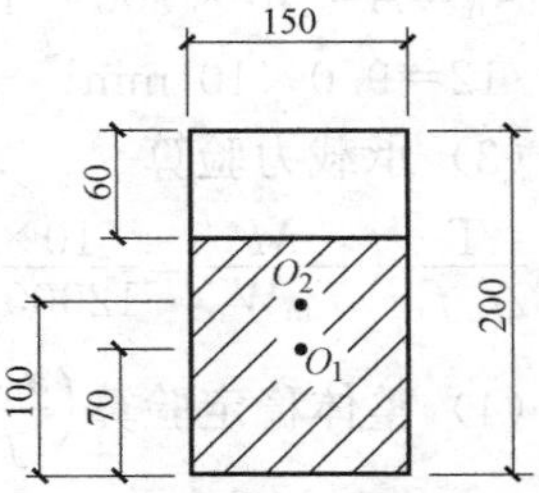

图 7.2.2-2 开槽后截面几何特性

解：（1）木材强度设计值

查附录 C：$f_t=9\text{N/mm}^2$；$f_m=15\text{N/mm}^2$。

截面最小尺寸为 150mm，按方木与原木的规定，乘以强度调整系数 1.1：

$f_t=9\times1.1=9.9\text{N/mm}^2$；$f_m=15\times1.1=16.5\text{N/mm}^2$。

（2）几何特性

如图 7.2.2-2 所示，按题意，当按毛截面形心为下弦轴线时，轴线 O_2 距下边缘为 100mm，按净面积形心为下弦轴线时，轴线 O_1 距下边缘为 70mm。

（3）以净面积形心为轴线时下弦杆承载力验算

第二槽齿处截面为轴心受拉

$T_r=f_tA_n=9.9\times150\times(200-60)=207.9\times10^3\text{N}>120.8\times10^3\text{N}$，满足要求

无槽齿处截面为偏心受拉

$$\frac{T}{Af_t}+\frac{Te_0}{Wf_m}=\frac{120.8\times10^3}{150\times200\times9.9}+\frac{120.8\times10^3\times30}{\frac{150\times200^2}{6}\times16.5}=0.627<1.0\text{，满足要求}$$

（4）以原毛截面形心作桁架下弦杆轴线验算

无槽齿截面为轴心受拉

$T_r=f_tA_n=9.9\times150\times200=297\times10^3\text{N}>120.8\times10^3\text{N}$，满足要求

第二槽齿处截面为偏心受拉

$$\frac{T}{A_nf_t}+\frac{Te_0}{W_nf_m}=\frac{120.8\times10^3}{150\times(200-60)\times9.9}+\frac{120.8\times10^3\times30}{\frac{150\times140^2}{6}\times16.5}=1.029>1.0\text{，不满足要求}$$

由以上验算结果可见，按第二齿槽处的净截面形心为下弦杆轴线更为合理，以毛面积形心为轴线承载力则不满足要求。

【例题 7-2】 某顶棚搁栅，跨度为 5.4m，无支撑长度段为 1800mm。承受屋盖椽条传来的轴向拉力设计值为 10kN，以及阁楼楼面的均布荷载设计值 $q=1.20\text{kN/m}$（含搁栅自重），标准值 $q_k=0.9\text{kN/m}$。采用进口铁杉-冷杉（南部）制作的方木，强度等级为 TC11A，截面为尺寸为 40mm×300mm，正常使用条件，设计年限 50 年。试验算搁栅的承载力及变形。

解：（1）木材强度设计值

查表附录 C：$f_m=11\text{N/mm}^2$，$f_t=7.5\text{N/mm}^2$，$E=9000\text{N/mm}^2$。

(2) 搁栅几何性质

$A_n=A=40\times300=12000\text{mm}^2$；$W_n=W=40\times300^2/6=6.0\times10^5\text{mm}^3$；$I=40\times300^3/12=9.0\times10^7\text{mm}^4$

(3) 承载力验算

$$\frac{T}{A_n f_t}+\frac{M}{f_m W_n}=\frac{10\times10^3}{12000\times7.5}+\frac{1.2\times5.4^2\times10^6/8}{11\times6.0\times10^5}=0.774<1.0\text{，满足要求}$$

(4) 整体稳定验算$\left(\frac{\sigma_m-\sigma_t}{f_m\varphi_l}\leqslant1.0\right)$

此搁栅弯曲应力较大：$\sigma_m=\frac{1.2\times5.4^2\times10^6/8}{6.0\times10^5}=7.29\text{N/mm}^2$

拉应力较小：$\sigma_t=\frac{10\times10^3}{12000}=0.83\text{N/mm}^2$

$$\lambda_B=\sqrt{\frac{l_{ef}h}{b^2}}=\sqrt{\frac{1800\times0.95\times300}{40^2}}=17.90>0.9\sqrt{\frac{E_k}{f_{mk}}}=0.9\times\sqrt{220}=13.35$$

(荷载作用于顶部，故 $l_{ef}=1800\times0.95$)

$$\varphi_l=\frac{0.7E_k}{\lambda_B^2 f_{mk}}=\frac{0.7\times220}{17.90^2}=0.480$$

$$\frac{\sigma_m-\sigma_t}{f_m\varphi_l}=\frac{7.29-0.83}{11\times0.480}=1.22>1\text{，不满足要求}$$

因此应将搁栅的平面外无支撑长度降为 900mm。

$$\lambda_B=\sqrt{\frac{l_{ef}h}{b^2}}=\sqrt{\frac{900\times0.95\times300}{40^2}}=12.66<\lambda_{Bp}=13.35$$

$$\varphi_l=\left(1+\frac{\lambda_B^2 f_{mk}}{b_b E_k}\right)^{-1}=\left(1+\frac{12.66^2}{4.9\times220}\right)^{-1}=0.871$$

$$\frac{\sigma_m-\sigma_t}{f_m\varphi_l}=\frac{7.29-0.83}{11\times0.871}=0.674<1\text{，满足要求}$$

偏心受拉构件中的拉力对挠度有利，故不计拉力影响。

$$\delta=\frac{5q_k l^4}{384EI}=\frac{5\times0.9\times5.4^4\times10^{12}}{384\times9000\times9.0\times10^7}=12.3\text{mm}<l/250=21.6\text{mm}$$

7.3　轴心受压构件的稳定及承载力计算

当作用力通过构件截面形心且平行于纵轴时，木构件可能发生两种失效形式，一是构件较短时，在轴向力的作用下截面的平均压应力达到木材的抗压强度 f_{cu} 而破坏；二是构件较细长时，截面的平均应力还未达到木材的抗压强度 f_{cu} 时构件发生弯曲而丧失继续承载的能力。前者称为强度问题，后者称为稳定问题，分别对应于抗压承载力和稳定承载力。

7.3.1　压杆失稳

无缺陷的理想直杆轴心受压时，在压力不大的情况下，压杆只产生轴向压缩变形，并保持直线的平衡状态。若有微小的横向扰力作用，压杆会产生微小的弯曲，一旦扰力消失，又恢复到直线平衡状态，这是一种稳定的平衡状态。当轴向力增大至某一值时，这种平衡状态就会发生改变，即使横向扰力消失，压杆也不能恢复到原先的直线状态，而是处于一种微弯曲的平衡状态，该现象称平衡状态的分枝。在该压力作用下，压杆的平衡是随遇的，即可以是直线平衡状态，也可以是微弯的平衡状态，称为随遇平衡或中性平衡。若轴向力再增大一点，压杆的侧向弯曲变形将迅速增大而立即丧失继续承载的能力，这种现象称为压杆失稳。可见，随遇平衡是稳定平衡过渡到不稳定平衡（失稳）的临界状态，故此时的轴向压力称为临界力 N_{cr}，截面对应的平均应力称临界应力 σ_{cr}。无缺陷理想直杆在轴向压力作用下达到临界力 N_{cr}时突然弯曲而丧失承载力的现象亦称分枝屈曲，常称其为压杆的第一类稳定问题。压杆的第二类稳定问题是指压杆在发生随遇平衡状态之前即已发生弯曲变形（由于存在初曲率、初偏心等），失稳时其弯曲平衡状态并未发生变化，只是由于弯曲骤然增大而导致构件不能继续承载。第二类稳定问题又称极值点屈曲，这是因为在荷载-侧移曲线上可见到有荷载的峰值点。由于存在各种几何与材料缺陷，理想直杆在实际工程中并不存在，工程中的失稳现象均属第二类稳定问题。

7.3.2　弹性屈曲与弹塑性屈曲

构件失稳又称屈曲，失稳现象发生在构件材料的弹性阶段还是弹塑性阶段，对求解临界力 N_{cr}的计算方法有很大影响。欧拉公式就是材料处于弹性阶段临界力的解，即：

$$N_{cr}=\frac{\pi^2EI}{(\mu l)^2}=\frac{\pi^2EI}{l_0^2}=\frac{\pi^2EA}{\lambda^2} \tag{7.3.2-1}$$

或临界应力：

$$\sigma_{cr}=\frac{\pi^2E}{\lambda^2} \tag{7.3.2-2}$$

式中：E 为材料的弹性模量；I、A 分别为构件截面的惯性矩和截面积；l 为构件长度；l_0 为构件的计算长度；λ 为构件的长细比（$\lambda=\mu l/i=l_0/i$；回转半径 $i=\sqrt{I/A}$）。计算长细比所采用的长度系数 μ，是压杆失稳形态的半波长与原长 l 的比值。压杆失稳形态与构件两端的支承方式（约束条件）有关，常见的支承方式与 μ 值的关系见表 7.3.2-1。

由于材料的弹性模量仅在应力小于比例极限 σ_p 时才为常数，因此欧拉公式仅适用于临界应力 σ_{cr} 小于比例极限情况，即压杆的长细比超过下式表示的界限长细比 λ_p 时才适用。

$$\lambda_p=\pi\sqrt{\frac{E}{\sigma_p}} \tag{7.3.2-3}$$

压杆的长细比小于界限长细比 λ_p 失稳时，构件截面的应力将超过比例极限 σ_p，材料进入弹塑性阶段，弹性模量不再是常数，即发生所谓的弹塑性屈曲。

1889 年恩格塞尔（Engesser）提出切线模量理论求解弹塑性阶段的临界应力，该理论将切线模量 $E_t=\frac{d\sigma}{d\varepsilon}$替代欧拉公式中的弹性模量 E，将欧拉公式从形式上推广到非弹性范围，即

临界力

$$N_{cr}=\frac{\pi^2E_tI}{l_0{}^2}=\frac{\pi^2E_tA}{\lambda^2} \tag{7.3.2-4}$$

临界应力

压杆的计算长度系数 表 7.3.2-1

两端支承情况	两端铰支	上端自由下端固定	上端铰支下端固定	两端固定	上端可移动但不转动下端固定	上端可移动但不转动下端铰支
屈曲形式	N, l, $l_0=l$	N, l, $l_0=2l$	N, l, $l_0=0.7l$	N, l, $l_0=0.5l$	N, l, $l_0=l$	N, l, $l_0=2l$
计算长度 $l_0=\mu l$ 其中 μ 为理论计算值	1.0l	2.0l	0.7l	0.5l	1.0l	2.0l
μ 的设计建议值	1.0	2.0	0.8	0.65	1.2	2.0

$$\sigma_{cr}=\frac{\pi^2 E_t}{\lambda^2} \tag{7.3.2-5}$$

1895 年恩格塞尔接受了俄国学者雅辛斯基（Феликс Ясинский）的建议，考虑到构件微弯时，弯曲凸出边卸载，凸边仍为弹性，而凹边则进入弹塑性状态，提出了与弹性模量 E 和切线模量 E_t 有关的双模量理论，又称折算模量理论，并依此来求解临界力和临界应力。1910 年卡门（Karman）推导出了矩形截面的折算模量 E_r，为

$$E_r=\frac{4EE_t}{(\sqrt{E}+\sqrt{E_t})^2}=\frac{4E}{\left(\sqrt{\frac{E}{E_t}}+1\right)^2} \tag{7.3.2-6}$$

将其替换 E 代入欧拉公式，获得了按折算模量计算的临界力和临界应力。

之后，发现折算模量理论的计算结果往往偏高于试验值，而切线模量理论的计算结果似乎更接近于实际。1947 年香莱（Shanley）从理论与试验上证明了压杆弹塑性屈曲的临界力以折算模量理论计算值为上限，而以切线模量理论计算值为下限，解释了切线模量理论计算结果更接近于实际的原因。因此，切线模量理论更有实用价值。

7.3.3 缺陷对压杆稳定的影响

无缺陷的理想直杆在工程中是不存在的，材料缺陷，特别是木材的天然缺陷、构件的制作缺陷、安装偏差等普遍存在，这些因素对稳定的影响是值得关注的问题。对这类问题

的分析中，通常用压杆的初弯曲、初偏心来模拟这些缺陷。初弯曲是指压杆不直，有一定的挠曲。初偏心是指轴力不通过截面形心，有偏心距 e_0。由此可解释实际压杆的失稳与上述理想直杆失稳现象的不同。

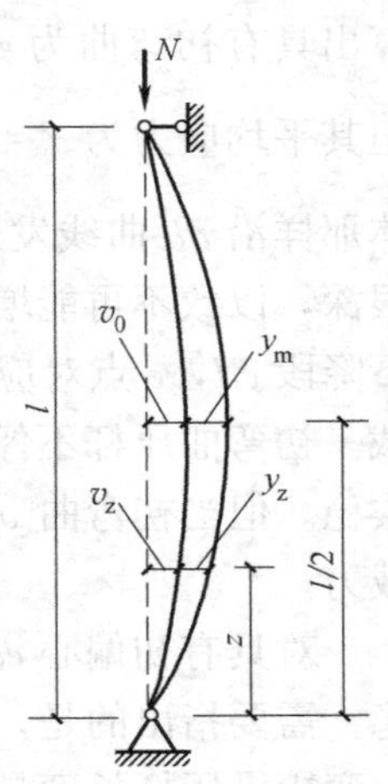

图 7.3.3-1 有初弯曲的压杆变形

图 7.3.3-1 为两端铰连接、杆中央高度处有初弯曲 v_0 的压杆。假设压杆的轴线方程为 $y=v_0\sin\pi z/l$，施加轴向压力后，高度中央的挠曲增量为 y_m，则杆轴线方程变为 $y=(v_0+y_m)\sin\pi z/l$。压杆在轴力 N 作用下，任一截面上的弯矩为 $M_z=(v_0+y_m)N\sin\pi z/l$，压杆高度中央是最大的弯矩所在截面。可由平衡微方程求解高度中央的挠度 y_m。这里近似以弯矩图呈二次抛物线计算，不会影响定性分析。若高度中央处的弯矩为 M_m，则

$$y_m=\frac{5M_m l^2}{48EI}=\frac{5\pi^2 M_m}{48N_{cr}}$$

其中 $N_{cr}=\dfrac{\pi^2 EI}{l^2}$。因为 $M_m=(v_0+y_m)N$，$5\pi^2/48\approx1.0$，所以

$$y_m=\frac{v_0\dfrac{N}{N_{cr}}}{1-\dfrac{N}{N_{cr}}}=\frac{v_0\alpha}{1-\alpha} \tag{7.3.3-1}$$

$$M_m=\frac{v_0 N}{1-\alpha} \tag{7.3.3-2}$$

式中：$\alpha=N/N_{cr}$。

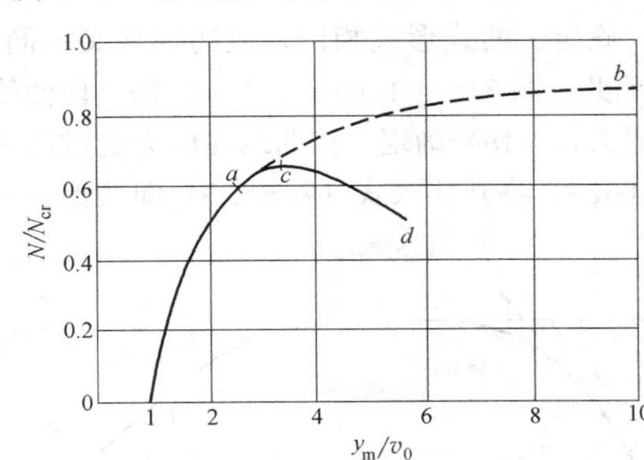

图 7.3.3-2 有初弯曲压杆的挠曲变形曲线

可见，当轴向力 $N=N_{cr}$ 时，压杆的挠曲增量将为初弯曲 v_0 的 $\alpha/(1-\alpha)$ 倍，弯矩将比初弯矩（Nv_0）增大 $1/(1-\alpha)$ 倍。由式（7.3.3-1）可绘制出有初弯曲压杆的轴向压力 $\alpha=N/N_{cr}$、总挠度（v_0+y_m）与初弯曲 v_0 之比间的关系曲线，如图 7.3.3-2 所示。由图可见，随轴力增大，挠度迅速增大。理论上轴向压力能达到 N_{cr}（但要求 $\alpha=1$），如图中虚线所示，变形不断增大，可达到 $N/N_{cr}=1.0$。但这种情况是挠曲为无穷大，实际上没有材料可有这么大的挠曲而不破坏。另一种情况是 $v_0=0$，即为理想直杆，可达到 $\alpha=1$。由此可见，有初挠曲压杆的承载力总是低于以弹性模量 E 计算的临界力 N_{cr}。

以上分析基于材料为弹性体。压应力达到一定水平后，材料即进入屈服状态，因此，当压杆总挠曲（v_0+y_m）达到一定数值后，在压杆的中央高度处（$l/2$）的凹侧截面边缘将首先进入屈服状态。压弯构件受压边缘的最大压应力为 $\sigma_m=\dfrac{N}{A}+\dfrac{(v_0+y_m)N}{W}$，由此计

算出具有初弯曲为 v_0 的构件受压边缘应力为 $\sigma_m = \sigma_y = f_y$ 时，对应图 7.3.3-2 中的 a 点，但其平均应力为 $\sigma_c = \dfrac{N}{A}$。随 N 的增大，截面的一部分将进入塑性状态，挠曲不再象弹性体那样沿 ab 曲线发展，而增加得很快。当到达曲线上的 c 点时，截面上的塑性区发展得很深，以致不再能增大荷载 N，要维持平衡必须在增大挠曲的同时不断卸载，曲线出现下降段 cd，c 点对应的荷载为具有初弯曲压杆的极限承载力，称稳定极限承载力或压溃荷载。初弯曲压杆不像理想直杆那样发生平衡分枝失稳，而是发生第二类稳定问题的极值点失稳。但当初弯曲 v_0 小到一定程度，c 点对应的承载力将趋近于第一类稳定问题的极限承载力。

对具有初偏心 e_0 的情况，可以得到同样的结论，即属第二类稳定问题，是极值点失稳。需要指出的是，若初偏心 e_0 与初挠曲 v_0 相同，初偏心比初挠曲将更为不利。因为偏心弯矩沿压杆长度是均匀分布的，而初弯曲仅是高度中央最大，两端为零。

如前面所述，工程中的轴心受压构件总是存在这样或那样的缺陷，受压构件所谓的临界力实指对应于图 7.3.3-2 中 c 点的压溃荷载。因图中的 a、c 两点相差不大，往往可用 a 点的荷载来代替 c 点的压溃荷载。实际上，c 点的压溃荷载可通过大量的试验结果获得，这样建立起来的压杆稳定计算方法既有理论基础，又有试验验证。

7.3.4　柱子曲线与临界应力计算

1. 理想直杆的柱子曲线

根据上述介绍，可获得理想直杆的临界应力与长细比的关系曲线，称为柱子曲线（λ-σ_{cr} 曲线），见图 7.3.4-1（a）。显然应力-应变曲线（图 7.3.4-1b）上的比例极限 σ_p（$=f_p$）处是柱子曲线的转折点，对应的长细比为 λ_p。当 $\lambda \geqslant \lambda_p$ 时，临界应力由式（7.3.2-2）确定；当 $\lambda < \lambda_p$ 时，临界应力由式（7.3.2-5）确定。两式形式相同，但物理含义不同。式（7.3.2-5）中 E_t 为切线模量或折算模量，因此，图 7.3.4-1（a）中 $\lambda < \lambda_p$ 的一段曲线需借助该材质的短柱试验的应力-应变曲线（图 7.3.4-1b）确定。该曲线在应力超过比例极限 σ_p（f_p）后的各点斜率即为 E_t（图 7.3.4-1c），将其代入式（7.3.2-5）即获得柱子

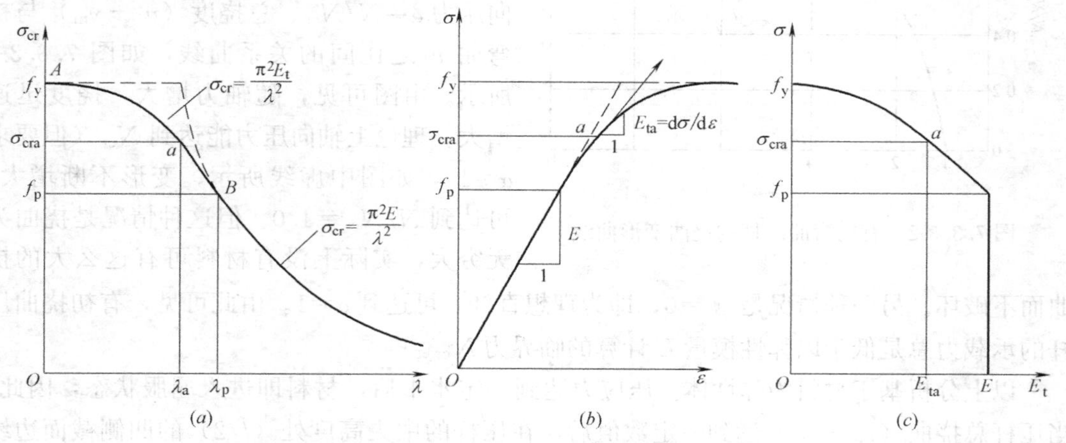

图 7.3.4-1　柱子曲线

（a）σ_{cr}-λ 曲线；（b）σ-ε 曲线；（c）σ-E_t 曲线；

曲线对应 $\lambda<\lambda_p$ 的一段曲线，于是获得了完整的柱子曲线。实际上，将图 7.3.4-1（a）所示曲线的纵坐标除以材料强度 f_y 即为原始的长细比与压杆稳定系数间的关系曲线。

2. 木压杆临界应力与稳定系数的计算

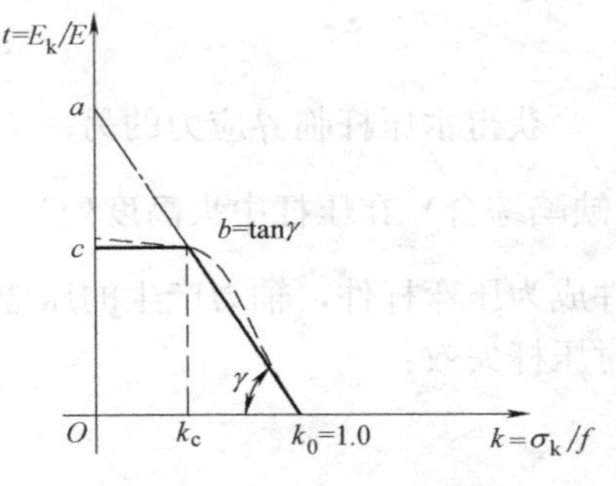

图 7.3.4-2　k-t 关系曲线

木压杆在轴心压力作用下同样存在弯曲失效的现象，但结构木材是一种非均质材料，生长、加工等因素影响其力学性能，且使截面形心和物理中心不一致。由于这些因素的影响，由木压杆试验得到的临界应力会不同于理论计算值。例如，对一定品质等级的某树种木材作不同长细比试件的轴心受压试验，根据试验结果可按下述方法获得不同长细比压杆的临界应力。设 t、k 两个无量纲数分别作为纵、横坐标：

$$t=E_k/E \tag{7.3.4-1}$$

$$k=\sigma_k/f \tag{7.3.4-2}$$

式中：E、f 分别为结构木材的弹性模量和抗压强度；E_k 为根据试件的压溃荷载按欧拉公式推算的“弹性模量”；σ_k 为试件压溃时截面的平均压应力，相当于临界应力 σ_{cr}。

由此可获得图 7.3.4-2 中虚线所示的 k-t 曲线，并将其近似地归纳为两相交的直线关系。两段直线方程分别为：

$$k\leqslant k_c,\qquad t=C \tag{7.3.4-3}$$

$$k>k_c,\qquad t=a-bk \tag{7.3.4-4}$$

式中：a、b 分别为回归直线的截距和斜率。

这样，按第一类稳定问题理解，$k=k_c$ 即为压杆弹性失稳与弹塑性失稳的分界点。因为 $k<k_c$ 后，压杆换算的“弹性模量”（$E_k=CE$）保持常数。只有在弹性范围内失稳，不同长细比压杆的弹性模量才为常数。因此，k_c 对应的长细比为界限长细比 λ_p：

$$\lambda_p=\sqrt{\frac{\pi^2 EC}{k_c f}} \tag{7.3.4-5}$$

图中 k_0 理论上应为 1.0，因此当全截面 $E_k=0$ 时，意味着试件压溃，不存在长细比 λ 的影响，对应的平均应力 σ_k 应为 f（结构木材的抗压强度）；C 则表示各种缺陷造成的偏心对理想直杆临界应力的折减系数，等同于对弹性模量 E 的折减。

将式（7.3.4-3）、式（7.3.4-4）乘以弹性模量 E，将其（折算弹性模量）代入欧拉公式，得临界应力：

$$\lambda>\lambda_p,\sigma_{cr}=\frac{C\pi^2 E}{\lambda^2} \tag{7.3.4-6}$$

$$\lambda\leqslant\lambda_p,\sigma_{cr}=\frac{a\pi^2 E/\lambda^2}{1+b\pi^2 E/\lambda^2 f} \tag{7.3.4-7}$$

如果将受压构杆的稳定系数定义为 $\varphi=\dfrac{\sigma_{cr}}{k_0 f}$，稳定系数可进一步表示为

$$\lambda>\lambda_p,\varphi=\frac{\pi^2 EC/k_0}{\lambda^2 f} \tag{7.3.4-8}$$

$$\lambda \leqslant \lambda_{\mathrm{p}}, \varphi=\left(1+\frac{\lambda^{2} f}{b \pi^{2} E}\right)^{-1} \tag{7.3.4-9}$$

获得木压杆临界应力的另一方法为基于第二类稳定理论的分析方法。由于初弯曲 υ_0（缺陷综合）在压杆中央高度处产生了附加弯矩 $M_{\mathrm{m}}=\frac{\upsilon_0 N}{1-\alpha}$（式（7.3.3-2）），轴心受压构件成为压弯杆件，轴力产生的压应力 $\sigma_{\mathrm{c}}=N/A$ 和弯曲应力 $\sigma_{\mathrm{m}}=M_{\mathrm{m}}/W$ 叠加，当满足下式时压杆失效：

$$\frac{N}{A f_{\mathrm{c}}}+\frac{M_{\mathrm{m}}}{W f_{\mathrm{m}}}=1 \tag{7.3.4-10}$$

对于第二类稳定问题，将满足式（7.3.4-10）的极限压应力定义为“临界应力”，即 $\sigma_{\mathrm{cr}}=\sigma_{\mathrm{c}}=N/A=N_{\mathrm{cr}}/A$，则 $\alpha=N_{\mathrm{cr}}/N_{\mathrm{E}}=\sigma_{\mathrm{cr}}/\sigma_{\mathrm{E}}$，这里的 σ_{E} 为欧拉临界应力（式（7.3.2-2））。令相对初曲率 $\varepsilon_0=A\upsilon_0/W$，式（7.3.4-10）可改写为：

$$\frac{\sigma_{\mathrm{cr}}}{f_{\mathrm{c}}}+\frac{\sigma_{\mathrm{cr}} \varepsilon_{0}}{f_{\mathrm{m}}} \frac{\sigma_{\mathrm{E}}}{\sigma_{\mathrm{E}}-\sigma_{\mathrm{cr}}}=1 \tag{7.3.4-11}$$

式（7.3.4-11）为关于临界应力 σ_{cr} 的一元二次方程，其解为：

$$\sigma_{\mathrm{cr}}=\frac{f_{\mathrm{c}}+(1+\varepsilon_{0} f_{\mathrm{c}}/f_{\mathrm{m}}) \sigma_{\mathrm{E}}}{2}-\sqrt{\left[\frac{f_{\mathrm{c}}+(1+\varepsilon_{0} f_{\mathrm{c}}/f_{\mathrm{m}}) \sigma_{\mathrm{E}}}{2}\right]^{2}-f_{\mathrm{c}}/\sigma_{\mathrm{E}}} \tag{7.3.4-12a}$$

进一步整理为：

$$\sigma_{\mathrm{cr}}=\frac{f_{\mathrm{c}}}{\frac{f_{\mathrm{c}}/\sigma_{\mathrm{E}}+(1+\varepsilon_{0} f_{\mathrm{c}}/f_{\mathrm{m}})}{2}+\sqrt{\left[\frac{f_{\mathrm{c}}/\sigma_{\mathrm{E}}+(1+\varepsilon_{0} f_{\mathrm{c}}/f_{\mathrm{m}})}{2}\right]^{2}-f_{\mathrm{c}}/\sigma_{\mathrm{E}}}} \tag{7.3.4-12b}$$

式中：σ_{cr} 为非理想直杆的临界应力，即对应图 7.3.3-2 中 c 点的压应力。将其除以抗压强度 f_{c} 即为稳定系数 φ。式（7.3.4-12a、b）可称为临界应力的柏利公式，式（7.3.4-12a）是我国钢结构设计标准计算轴心受压构件稳定系数的基础，只不过对钢材而言，$f_{\mathrm{c}}=f_{\mathrm{m}}=f_{\mathrm{y}}$；而式（7.3.4-12$b$）则是欧洲规范 EC 5 计算受压木构件稳定系数的基础。

美国规范 NDSWC 将芬兰学者 Arvo Ylinen 于 1956 年提出临界应力除以材料的屈服强度计算稳定系数。所采用的应力-应变关系为：

$$\varepsilon=\frac{1}{E}\left[c \sigma-(1-\mathrm{c}) \sigma_{\mathrm{y}} \ln \left(1-\frac{\sigma}{\sigma_{\mathrm{y}}}\right)\right] \tag{7.3.4-13}$$

式中：c 是反映材料非线性性质（包括材料缺陷影响）的参数，一般情况下 $c \leqslant 1$，如果 $c=1$，则代表理想弹塑性材料，上式即简化为虎克定律；σ_{y} 是材料的屈服强度。令切线弹性模量 $E_{\mathrm{t}}=\mathrm{d}\sigma/\mathrm{d}\varepsilon$，代入式（7.3.4-13）得：

$$E_{\mathrm{t}}=E \frac{\sigma_{\mathrm{y}}-\sigma}{\sigma_{\mathrm{y}}-c \sigma} \tag{7.3.4-14}$$

可见切线模量随压应力的改变而改变，当压应力 σ 达到临界应力 σ_{cr} 时，将式(7.3.4-14)代入式（7.3.2-5），得：

$$\sigma_{\mathrm{cr}}=\sigma_{\mathrm{E}} \frac{\sigma_{\mathrm{y}}-\sigma_{\mathrm{cr}}}{\sigma_{\mathrm{y}}-c \sigma_{\mathrm{cr}}} \tag{7.3.4-15}$$

式中：σ_{E} 为欧拉临界应力，即 $\sigma_{\mathrm{E}}=\frac{\pi^{2} E}{\lambda^{2}}$。式（7.3.4-15）为关于临界应力 σ_{cr} 的一元二次方程，求解得：

$$\sigma_{cr}=\frac{\sigma_E+\sigma_y}{2c}-\sqrt{\left(\frac{\sigma_E+\sigma_y}{2c}\right)^2-\frac{\sigma_E\sigma_y}{c}} \quad (7.3.4\text{-}16)$$

式（7.3.4-16）即为美国规范 NDSWC 计算轴心受压木构件稳定系数的基础。

可见，不同国家的规范中，受压木构件临界应力（或稳定系数）的计算方法各有特点，各不相同。标准 GB 50005 基于第一类稳定问题经对试验结果的回归，计算稳定系数，欧洲规范 EC 5 是基于第二类稳定理论的弹性解，美国规范 NDSWC 则为基于切线模量理论的解。

7.3.5 轴心受压木构件的承载力和稳定系数

轴心受压木构件的承载力可用下式计算：

$$N_r=A_n f_c \quad (7.3.5\text{-}1)$$

式中：A_n 为构件的净面积，其定义和缺损的处理原则同式（7.2.1-1）的有关规定。轴心受压木构件的稳定承载力理论上应按下式计算：

$$N_{r,cr}=f_{d,cr}A_0=\frac{f_{cr,k}K_{DOL,cr}}{\gamma_{R,cr}}A_0 \quad (7.3.5\text{-}2)$$

式中：$N_{r,cr}$为构件由稳定控制的承载力设计值；$f_{d,cr}$为符合考虑稳定问题的受压木构件可靠度要求的木材强度设计值，或称为临界应力设计值；$f_{k,cr}$为临界应力标准值（5 分位值，也称特征值）；$K_{DOL,cr}$为稳定承载力的荷载持续作用效应系数；$\gamma_{R,cr}$为满足可靠性要求的稳定承载力的抗力分项系数；A_0 为构件截面计算面积。但设计中习惯上采用下式计算承载力：

$$N_{r,cr}=\varphi f_c A_0=\frac{\varphi f_{ck}K_{DOL}}{\gamma_R}A_0 \quad (7.3.5\text{-}3)$$

式中：f_c 为木材或木产品的抗压强度设计值；f_{ck}为木材或木产品的抗压强度标准值；φ 为木压杆的稳定系数；K_{DOL}为木材或木产品强度的荷载持续作用效应系数；γ_R 为满足可靠性要求的抗力分项系数。（上述式中 A_0 为压杆计算面积，一般情况下取毛面积 A，但当缺口在构件高度中部位置需考虑他们对稳定承载力的影响，如缺口在截面中部位置取 $A_0=0.9A$，缺口在两边且对称，则取 $A_0=A_n$，不对称时应计入偏心弯矩影响，见 7.4 节。）

根据式（7.3.5-2）和式（7.3.5-3）可得稳定系数：

$$\varphi=\frac{f_{k,cr}K_{DOL,cr}\gamma_R}{f_{ck}K_{DOL}\gamma_{R,cr}} \quad (7.3.5\text{-}4a)$$

由于对式（7.3.5-4*a*）中的一些物理量的认识不同和处理，各国规范中稳定系数 φ 的含义有所不同。例如美国规范 NDSWC，将弹性模量处理为不受荷载持续作用效应影响的物理量（$K_{DOL,cr}=1.0$），且稳定承载力和强度决定的承载力需有不同的抗力分项系数或不同的安全系数（稳定问题的安全系数为 1.66，强度问题的安全系数为 $1.9\times K_{DOL}=1.9\times0.625=1.19$）。因此，式（7.3.5-4*a*）可简化为

$$\varphi=\frac{f_{d,cr}}{f_c} \quad (7.3.5\text{-}4b)$$

即规范 NDSWC 中的稳定系数是临界应力设计值与抗压强度设计值之比。利用式（7.3.4-16）计算稳定系数时，木材的抗压强度和临界应力均代入设计值 f_c 和 $f_{d,cr}$。

欧洲规范 EC 5，则认为稳定问题和强度问题具有相同的荷载持续作用效应系数和抗力分项系数，故稳定系数为

$$\varphi=\frac{f_{k,cr}}{f_{ck}} \tag{7.3.5-4c}$$

即规范 EC5 中的稳定系数是临界应力标准值与抗压强度标准值之比。利用式(7.3.4-12b)计算稳定系数时，木材抗压强度和临界应力（或弹性模量）均用标准值代入。

规范 GB 50005—2003 中压杆稳定系数的定义，符合式（7.3.5-4c）所表达的物理含义。将抗压强度标准值 f_{ck}和弹性模量标准值 E_k 代入式（7.3.4-8）、式（7.3.4-9），即可获得标准 GB 50005—2017 采用的轴心受压木构件稳定系数的计算公式。

$$\lambda>\lambda_p,\quad \varphi=\frac{a_c\pi^2E_k}{\lambda^2 f_{ck}} \tag{7.3.5-5a}$$

$$\lambda\leqslant\lambda_p,\quad \varphi=\left(1+\frac{\lambda^2 f_{ck}}{b_c\pi^2E_k}\right)^{-1} \tag{7.3.5-5b}$$

$$c_c=\pi\sqrt{a_cb_c/(b_c-a_c)} \tag{7.3.5-5c}$$

$$\lambda_p=c_c\sqrt{E_k/f_{ck}} \tag{7.3.5-5d}$$

式中：E_k、f_{ck}分别为木材与木产品的弹性模量标准值和抗压强度标准值；系数 a_c、b_c、c_c 为与木产品种类有关的系数，脚标 c 表示受压构件。系数 a_c、b_c、c_c 的值经回归分析获得，列于表 7.3.5-1。

受压木构件稳定系数算式中常数 a_c、b_c、c_c 的值　　表 7.3.5-1

木材品种		a_c	b_c	c_c	E_k/f_{ck}*
方木与原木	TC15 TC17 TB20	0.92	1.96	4.13	330
	TC11 TC13 TB11 TB13 TB15 TB17	0.95	1.43	5.28	300
应力定级锯材		0.88	2.44	3.68	—
层板胶合木		0.91	3.69	3.45	—

注：* 方木与原木 E_k/f_{ck}取定值。

欧洲规范 EC 5 中轴心受压木构件的稳定系数符合式（7.3.5-4c）的定义，计算式为：

$$\varphi=\frac{1}{\frac{1+\beta(\lambda_{rel}-0.3)+\lambda_{rel}^2}{2}+\sqrt{\left[\frac{1+\beta(\lambda_{rel}-0.3)+\lambda_{rel}^2}{2}\right]^2-\lambda_{rel}^2}} \tag{7.3.5-6}$$

式中：λ_{rel}为相对长细比，$\lambda_{rel}=\sqrt{f_{ck}/\sigma_{Ek}}=(\lambda/\pi)\sqrt{f_{ck}/E_k}$，$\lambda_{rel}\leqslant0.3$（$\lambda\leqslant15$）时，取 $\varphi=1.0$，即不考虑稳定问题；β 为与木产品种类有关的参数，实际上反映的是初曲率的影响，锯材取 $\beta=0.2$（相当于初弯曲为 $0.005l$），层板胶合木和旋切板胶合木（LVL）取 $\beta=0.1$（相当于初弯曲为 $0.003l$）。

美国规范 NDSWC 中轴心受压木构件的稳定系数符合式（7.3.5-4b）的定义，计算式为：

$$\varphi=\frac{1+f_{cE}/f_c}{2c}-\sqrt{\left(\frac{1+f_{cE}/f_c}{2c}\right)^2-\frac{f_{cE}/f_c}{c}} \tag{7.3.5-7a}$$

$$f_{cE}=\frac{\pi^2 E_{min}}{\lambda^2} \tag{7.3.5-7b}$$

式中：c 为与木材种类有关的系数，实际上反映的是材料非线性的影响，应力定级锯材取 $c=0.80$，层板胶合木或结构复合木材取 $c=0.90$，圆木柱或桩取 $c=0.85$；E_{min} 系由纯弯弹性模量的标准值除以安全系数 1.66 所得，即 $E_{min}=\mu E(1-1.645V_E)/1.66$；$f_{cE}$ 为临界应力的设计值；f_c 为木材的抗弯强度设计值。

对同一木构件，如果分别按原规范 GB 50005—2003 的稳定系数计算式、欧洲规范 EC 5 的式（7.3.5-6）和美国规范 NDSWC 的式（7.3.5-7）计算稳定系数，结果会有很大不同，原因是各国规范中对稳定系数的定义以及计算稳定系数式对有关材料参数（例如弹性模量与抗压强度的比值 E/f）的处理方法各不相同。如果单纯比较各国规范稳定系数的计算结果，其差别之大会使人陷于困惑。但如果将稳定系数的定义以及对相关参数的处理方法统一起来，或统一到式（7.3.5-4b）的基础上，或统一到式（7.3.5-4c）的基础上，式（7.3.5-5）、式（7.3.5-6）和式（7.3.5-7）将给出近似相同的稳定系数计算结果。了解了这一点，对认识和改进规范 GB 50005—2003 现有的稳定系数计算式，满足木结构设计的需要，是有益的。

图 7.3.5-1 和图 7.3.5-2 分别给出了稳定系数式（7.3.5-5）计算结果与美国规范 NDSWC（调整到稳定系数符合式（7.3.5-4c）的定义，即采用弹性模量的标准值 E_k 和抗压强度标准值 f_{ck} 代替式（7.3.5-7）中的弹性模量设计值 E_{min} 和抗压强度设计值 f_c）和欧洲规范 EC 5 计算结果和试验结果的比较。可以看出，计算结果之间差别很小，且计算结果与试验结果也吻合良好。

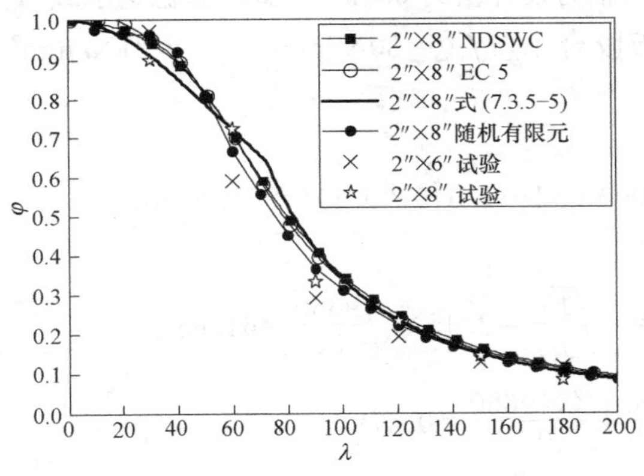

图 7.3.5-1　规格材受压构件稳定系数计算结果比较（S-P-F No.2 2″×8″）

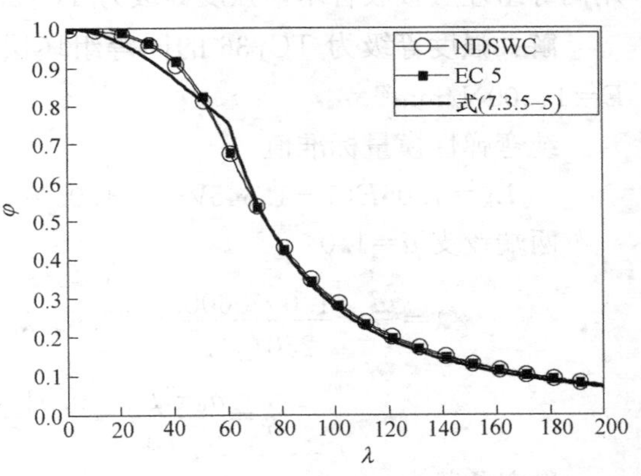

图 7.3.5-2　层板胶合木受压构件稳定系数计算结果比较（TC_T32）

【例题 7-3】　某方木柱，一端固定，一端铰支。柱高 3.0m，截面尺寸为 150mm×200mm，柱高中部截面两侧开有槽口，各深 30mm（图 7.3.5-3）。木材树种为铁杉，正常环境使用，轴心受压，轴向压力设计值为 200kN，试验算其承载力。

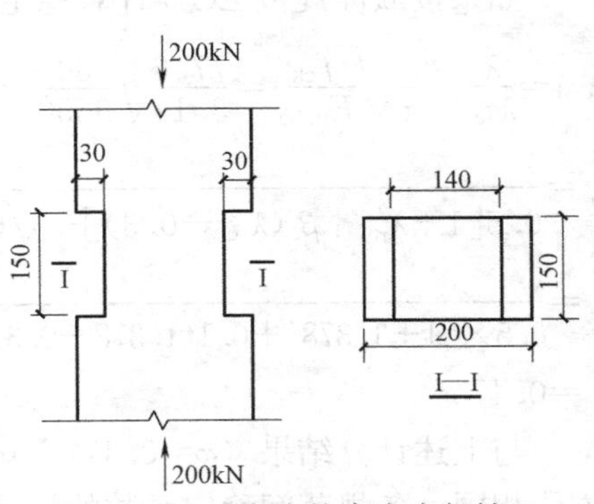

图 7.3.5-3　方木柱高度中部缺口

解：（1）木材强度设计值：

铁杉属 TC15A，$f_c=13\text{N/mm}^2$

（2）强度：

承载力为

$N_r=f_cA_n=13\times150\times(200-30\times2)=273\times10^3\text{N}=273\text{kN}>200\text{kN}$ 满足要求

（3）稳定：

一端固定，一端铰支，$\mu=0.8$

$$\lambda=\frac{\mu l}{i}=\frac{0.8\times3000}{150/\sqrt{12}}=55.43<\lambda_p=c_c\sqrt{\frac{E_k}{f_{ck}}}=4.13\times\sqrt{330}=75$$

$$\varphi=\left(1+\frac{\lambda^2 f_{ck}}{b_c\pi^2 E_k}\right)^{-1}=\left(1+\frac{55.43^2}{1.96\times3.14^2\times330}\right)^{-1}=0.675$$

稳定承载力：$N_{r,cr}=\varphi f_cA_0=0.675\times13\times140\times150=184.28\times10^3\text{N}=184.28\text{kN}<200\text{kN}$ 不满足稳定承载力要求。但按美国规范 NDSWC 的方法，如果槽口开在柱的端部，稳定承载力可不考虑槽口的影响，则

$N_{r,cr}=\varphi f_cA_0=0.675\times13\times200\times150=263.25\times10^3\text{N}=263.25\text{kN}>200\text{kN}$

满足稳定承载力要求。

【例题 7-4】 某轴心受压构件长 5.6m，两端铰支，截面尺寸为 250mm×250mm，采用同等组坯层板胶合木，强度等级为 TC_T36，轴力设计值为 600kN，试验算稳定承载力。

解：强度等级为 TC_T36 的同等组坯层板胶合木，$f_{ck}=30\text{N/mm}^2$，$f_c=21\text{N/mm}^2$，$E=11000\text{N/mm}^2$。

纯弯弹性模量标准值

$$E_k=1.05E(1-1.645V_E)=1.05\times11000\times(1-1.645\times0.1)=9650\text{N/mm}^2$$

两端铰支 $\mu=1.0$

$$\lambda=\frac{\mu l}{i}=\frac{1.0\times56000}{250/\sqrt{12}}=77.6>\lambda_p=c_c\sqrt{\frac{E_k}{f_{ck}}}=3.45\times\sqrt{\frac{9650}{30}}=61.88$$

$$\varphi=\frac{a_c\pi^2E_k}{\lambda^2 f_{ck}}=\frac{0.91\times3.14^2\times9650}{77.6^2\times30}=0.479$$

稳定承载力：

$N_{r,cr}=\varphi f_cA_0=0.479\times21\times250\times250=628.69\times10^3\text{N}=628.69\text{kN}>600\text{kN}$

如果按欧洲规范 EC 5 计算稳定系数，则：

$$\lambda_{rel}=\frac{\lambda}{\lambda_{fc}}=\frac{\lambda}{\pi}\sqrt{\frac{f_{ck}}{E_{0.05}}}=\frac{77.6}{3.14}\sqrt{\frac{30}{9650}}=1.378$$

$$\varphi=\frac{1}{0.5[1+\lambda_{rel}^2+\beta_c(\lambda_{rel}-0.3)]+\sqrt{0.5[1+\lambda_{rel}^2+\beta_c(\lambda_{rel}-0.3)]^2-\lambda_{rel}^2}}$$

$$=\frac{1}{0.5\times[1+1.378^2+0.1(1.378-0.3)]+\sqrt{0.5\times[1+1.378^2+0.1(1.378-0.3)]^2-1.378^2}}$$

$$=0.475$$

与上述计算结果（$\varphi=0.479$）偏差不超过 1%。可见，如果对有关参数的认识和处理方法相同，各规范间稳定系数的计算结果基本相同。

7.4 偏心受压与压弯构件

偏心受压与压弯构件中，除轴力外，尚有因轴力偏心或横向荷载产生的弯矩。这类构件不仅有弯矩作用平面内的强度和稳定问题，而且有弯矩作用平面外的整体稳定问题。

7.4.1 弯矩作用平面内的稳定承载力计算

偏心受压与压弯构件受力时类似于非理想压杆，均需考虑挠度产生的附加弯矩，称为二阶效应。但非理想压杆求解临界力时采用了线性叠加原理，即所谓的二阶效应的弹性分析。木材实际上并非线弹性材料，线性叠加原理并不适用。黄绍胤教授在进行大量轴心、偏心受压构件试验研究的基础上，提出了简化分析方法，并推导出了考虑木材非线性性质和二阶效应影响的稳定承载力计算公式，由试验结果确定公式中的特定参数。这一方法为规范 GBJ 5—88 和规范 GB 50005—2003 所采纳，简要介绍如下。

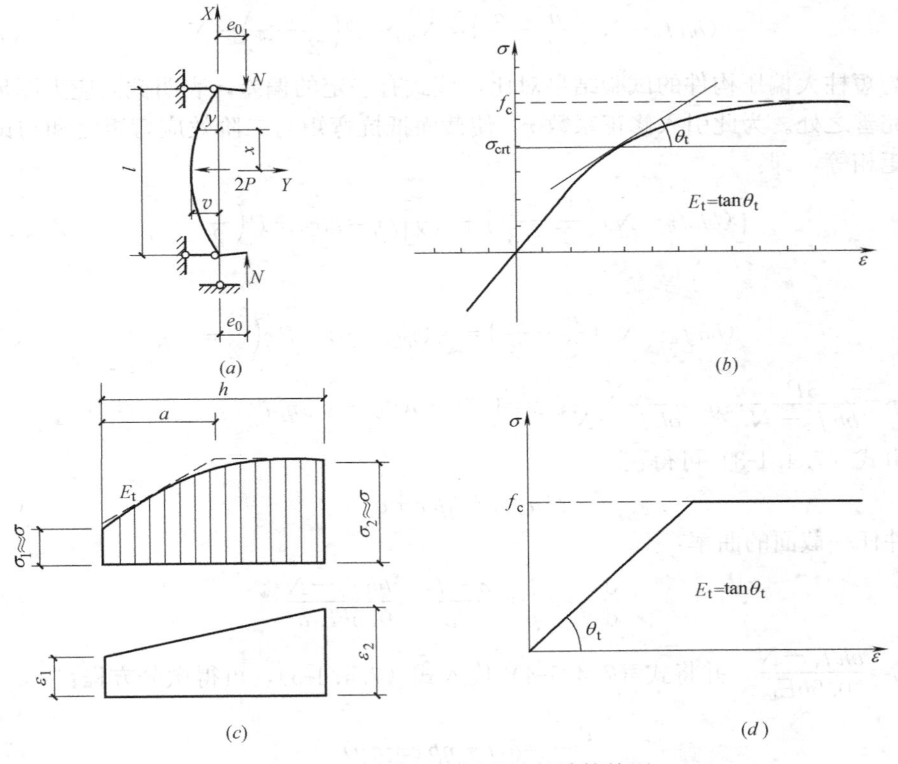

图 7.4.1-1 偏压与压弯构件计算简图

图 7.4.1-1（a）为一两端铰支的偏心受压构件，受到偏心距为 e_0 的轴向力 N 的作用，且在构件中央高度上横向作用有 $2P$ 的集中力。因此构件截面上除轴力 N 外，尚有偏心弯矩 Ne_0 和横向力产生的弯矩 P（$l/2-x$）。木材的应力-应变关系为如图 7.4.1-1（b）所示的非线性曲线。当达到极限状态时，最大弯矩截面的凸、凹侧的应变分别为 ε_1 和 ε_2，根据平面假设和图 7.4.1-1（b）所示应力-应变关系可得截面的应力和应变分布如图 7.4.1-1（c）的实线所示。应力分布在凹侧较平缓，其边缘处应力达到了木材的顺纹抗压

强度 f_c，且有一段塑性区。假设塑性区内木材应力均达到了抗压强度 f_c，截面应力分布如图 7.4.1-1（c）中的直角梯形所示，其转折点距凸边距离为 a。凸边一侧（区段 a）的应力分布的斜率与破坏时该区段的弹性模量有关，显然也与构件的长细比、偏心距等有关，因此很难确定边缘应力 σ 和该段虚直线的斜率。如果假设用单一的切线模量 E_t 作为截面在区段 a 内各点的弹性模量，凸侧边缘的应力则为 $\sigma=E_t\varepsilon_1$，区段 a 的斜率为 E_t。这样处理，实际上采用了图 7.4.1-1（d）所示的应力-应变关系，其中 θ_t 即图 7.4.1-1（b）中的 θ_t。这个假设的应力-应变模型将为下述偏心受压构件临界力反演的切线模量所证明。

根据图 7.4.1-1（c）所示的截面应力分布，由静力平衡条件得：

$\sum F_X=0$：$N=bhf_c-\frac{1}{2}ba(f_c+\sigma)$

$$\sigma=\frac{bhf_c-N}{0.5ba}-f_c \tag{7.4.1-1}$$

$\sum M=0$：

$$(bhf_c-N)\left(\frac{h}{2}-\frac{a}{3}\right)=Ne_0+P\left(\frac{l}{2}-x\right)-Ny \tag{7.4.1-2}$$

但与短柱大偏压构件的试验结果对比，该式有一定的偏差，表明截面应力图形的假设仍有不完善之处。为此引入修正系数 η，使截面抵抗弯矩与二阶效应弯矩之和与试验时的作用弯矩相等，即：

$$\left[(bhf_c-N)\left(\frac{h}{2}-\frac{a}{3}\right)+Ny\right]/\eta=Ne_0+P\left(\frac{l}{2}-x\right)$$

得

$$(bhf_c-N)\left(\frac{h}{2}-\frac{a}{3}\right)=N(\eta e_0-y)+P\eta\left(\frac{l}{2}-x\right) \tag{7.4.1-3}$$

设 $p=\frac{3P}{bhf_c-N}$；$q=\frac{3N}{bhf_c-N}$；$t=1.5h-\eta qe_0-0.5\eta pl$

则由式（7.4.1-3）可得：

$$a=t+\eta px+qy \tag{7.4.1-4}$$

构件任一截面的曲率：

$$\frac{dy^2}{dx^2}=\frac{1}{\rho}=\frac{\sigma+f_c}{E_t a}=\frac{bhf_c-N}{0.5bE_t a^2} \tag{7.4.1-5}$$

令 $\delta=\frac{bhf_c-N}{0.5bE_t}$，并将式（7.4.1-4）代入式（7.4.1-5），可得微分方程：

$$\frac{dy^2}{dx^2}=\delta(t+\eta px+qy)^{-2} \tag{7.4.1-6}$$

求解微分方程（7.4.1-6）并按稳定条件确定有关参数，简化后，可得临界力为：

$$N=\frac{\pi^2E_tI}{l^2}(1-k)^2(1-k_0) \tag{7.4.1-7}$$

$$k=\frac{2\eta(M+Ne_0)}{(bhf_c-N)h} \tag{7.4.1-8}$$

$$k_0=\frac{2\eta Ne_0}{(bhf_c-N)h} \tag{7.4.1-9}$$

式（7.4.1-7）中$\frac{\pi^2 E_t I}{l^2}$即为轴心受压构件的临界力，按稳定承载力设计值考虑，可取$\frac{\pi^2 E_t I}{l^2}=\varphi A f_c$，故

$$N=\varphi f_c A_0 (1-k)^2 (1-k_0) \tag{7.4.1-10}$$

当$e_0=0$，为压弯构件时，$k_0=0$，有

$$N=\varphi A f_c (1-k)^2 \tag{7.4.1-11}$$

当$M=0$，为偏压构件时，$k=k_0$，有

$$N=\varphi A f_c (1-k_0)^3 \tag{7.4.1-12}$$

偏心受压构件稳定承载力算式（7.4.1-12）中，当$\lambda \to 0$时，对应不考虑稳定问题时的构件承载力。根据大量试验结果，该承载力可由下式计算：

$$\frac{Ne_0}{Wf_m}=1-\frac{N}{Af_c}+\left(\frac{N}{Af_c}\right)^{\frac{1}{2}}-\left(\frac{N}{Af_c}\right)^{\frac{1}{3}} \tag{7.4.1-13}$$

这是因为构件凸面的拉应变很小，凹面的木材受压起褶，木材的抗弯强度不能充分利用，故承载力低于线性叠加结果。同理，对于压弯构件，当$\lambda \to 0$时，也不应考虑稳定问题，故有：

$$\frac{N}{Af_c}=1-\frac{M}{Wf_m} \tag{7.4.1-14}$$

这两个特例是确定修正系数η的依据。例如，对于压弯构件$\lambda \to 0$，式（7.4.1-11）中$\varphi=1.0$，将其代入式（7.4.1-8）并取$e_0=0$，得：

$$M=\left(1-\sqrt{\frac{N}{Af_c}}\right)\left(1-\frac{N}{Af_c}\right)bh^2 f_c/2\eta \tag{7.4.1-15}$$

上式表示的弯矩应等于式（7.4.1-14）中的弯矩M，由此解得：

$$\eta=3\,\frac{f_c}{f_m}\left(1-\sqrt{\frac{N}{Af_c}}\right) \tag{7.4.1-16}$$

将η分别代回式（7.4.1-8）和式（7.4.1-9），得：

$$k=\frac{M+Ne_0}{Wf_m\left(1+\sqrt{\frac{N}{Af_c}}\right)} \tag{7.4.1-17}$$

$$k_0=\frac{Ne_0}{Wf_m\left(1+\sqrt{\frac{N}{Af_c}}\right)} \tag{7.4.1-18}$$

令：$\varphi_m=(1-k)^2(1-k_0)$，则由式（7.4.1-10）得稳定承载力计算式：

$$N_r=f_c \varphi \varphi_m A \tag{7.4.1-19}$$

φ_m称为偏心力弯矩和横向力弯矩对压杆稳定的影响系数。

7.4.2 偏心受压与压弯构件的承载力

1. 偏心受压和压弯构件的承载力

偏心受压和压弯构件可按下式计算（强度）承载力，且不应小于轴力设计值：

$$N_r=\frac{A_n f_c f_m}{f_m+\frac{|e+e_0|}{e_n}f_c} \tag{7.4.2-1a}$$

或用下式验算承载力：

$$\frac{N}{A_{\mathrm{n}}f_{\mathrm{c}}}+\frac{|Ne_0+M|}{W_{\mathrm{n}}f_{\mathrm{m}}}\leqslant 1.0 \tag{7.4.2-1b}$$

式中：M、N 分别为构件上横向荷载产生的最大弯矩设计值和轴力设计值；e_0 为轴力的偏心距；$e=M/N$；e_{n} 为净截面的核心距，$e_{\mathrm{n}}=W_{\mathrm{n}}/A_{\mathrm{n}}$，矩形截面 $e_{\mathrm{n}}=h/6$，h 为截面高度面。

利用式（7.4.2-1）计算时尚需注意 e、e_0 和 Ne_0、M 的方向性，取其代数和并按代数和的绝对值计算。

2. 偏心受压和压弯构件弯矩作用平面内的稳定承载力

偏心受压和压弯构件弯矩作用平面内的稳定承载力可按下式计算，且不应小于轴力的设计值：

$$N_{\mathrm{r}}=f_{\mathrm{c}}\varphi\varphi_{\mathrm{m}}A_0 \tag{7.4.2-2}$$

$$\varphi_{\mathrm{m}}=(1-k)^2(1-k_0) \tag{7.4.2-3}$$

$$k=\frac{|Ne_0+M|}{Wf_{\mathrm{m}}\left(1+\sqrt{\dfrac{N}{Af_{\mathrm{c}}}}\right)} \tag{7.4.2-4}$$

$$k_0=\frac{Ne_0}{Wf_{\mathrm{m}}\left(1+\sqrt{\dfrac{N}{Af_{\mathrm{c}}}}\right)} \tag{7.4.2-5}$$

式中：φ 为轴心受压构件的稳定系数；φ_{m} 为偏心力弯矩和横向力弯矩的稳定影响系数；M 为横向荷载在构件中产生的最大初始弯矩；e_0 为轴向力的初始偏心距。

计算中需注意 M 与 Ne_0 的方向性，取代数和并按代数和的绝对值计算 k；k_0 取正值，不计 Ne_0 的正负号。

3. 偏心受压和压弯构件弯矩作用平面外的稳定承载力验算

压弯构件或偏心受压构件弯矩平面外的稳定，根据弹性稳定理论，对于两端简支，受轴心压力 N 和等弯矩 M_{x} 作用的双轴对称实腹式构件（无缺陷），可获得其弯扭屈曲的临界状态方程为

$$\left(1-\frac{N}{N_{\mathrm{Ey}}}\right)\left(1-\frac{N}{N_{\theta}}\right)-\left(\frac{M_{\mathrm{x}}}{M_{\mathrm{crx}}}\right)^2=0 \tag{7.4.2-6}$$

式中：N_{Ey} 为构件弯矩作用平面外的欧拉临界力；N_{θ} 为构件绕纵轴的扭转临界力；M_{crx} 为构件受沿 x 轴定值弯矩作用时的临界弯矩。

一般情况下，$N_{\theta}/N_{\mathrm{Ey}}>1.0$，故可偏于安全地取 $N_{\theta}/N_{\mathrm{Ey}}=1.0$，即得到构件弯矩平面外稳定性的线性相关方程：

$$\frac{N}{N_{\mathrm{Ey}}}+\frac{M_{\mathrm{x}}}{M_{\mathrm{crx}}}=1 \tag{7.4.2-7}$$

将式（7.4.2-7）中 N_{Ey} 和 M_{crx} 分别代之以轴心受压构件的稳定承载力 $\varphi_y A_0 f_{\mathrm{c}}$ 和受弯构件的稳定承载力 $\varphi_l W_{\mathrm{x}} f_{\mathrm{m}}$，并考虑等效弯矩系数 β_{M}，对于矩形截面则可按下式验算压弯构件或偏心受压构件弯矩平面外的稳定性：

$$\frac{N}{\varphi_{\mathrm{y}}A_0f_{\mathrm{c}}}+\frac{\beta_{\mathrm{M}}M_{\mathrm{x}}}{\varphi_l W_{\mathrm{x}}f_{\mathrm{m}}}\leqslant 1.0 \tag{7.4.2-8}$$

式中：β_M 为等效弯矩系数，当仅为偏心受压或仅为轴心受压与横向力弯矩作用时，可取 $\beta_M=1.0$；当既为偏心受压又有横向力弯矩时，同号弯矩时取 $\beta_M=1.0$，异号弯矩时 β_M 取小于 1.0 的数（如 0.85，M_x取代数和的绝对值）；φ_l为受弯构件的侧向稳定系数；φ_y为作为轴心压杆（出平面）的稳定系数。这是钢结构中验算压弯构件平面外稳定的计算式。

如果压弯或偏压构件为方形或高宽比不大的矩形截面，构件绕纵轴的扭转屈曲临界力N_θ将会很大，$N/N_\theta\to 0$，式（7.4.2-6）即转化为《木结构设计标准》GB 50005 验算该类构件弯矩作用平面外稳定的计算式：

$$\frac{N}{\varphi_y A_0 f_c}+\left(\frac{M_x}{\varphi_l W_x f_m}\right)^2\leqslant 1.0 \tag{7.4.2-9}$$

式中：φ_y为作为轴心受压构件的稳定系数，按式（7.3.5-5）计算；φ_l为作为受弯构件的侧向稳定系数，按式（6.2.2-9）计算。

本节从强度、弯矩作用平面内和作用平面外的稳定三方面讨论了偏心受压和压弯构件的承载力计算问题。对弯矩作用平面内、外的稳定承载力验算方法，其他国家的木结构设计规范与我国规范有所不同，如美国、加拿大等国的规范中并不按弯矩作用平面内、外分别验算。以美国规范 NDSWC 为例，对压弯构件稳定承载力验算，考虑弯矩沿柱高不同分布的影响，给出了三种不同受力情况的验算式。

一是轴心受压与单向或双向弯矩联合作用的情况：

$$\left(\frac{f_c}{F'_c}\right)^2+\frac{f_{b1}}{F'_{b1}(1-f_c/F_{cE1})}+\frac{f_{b2}}{F'_{b2}[1-f_c/F_{cE2}-(f_{b1}/F_{bE})^2]}\leqslant 1.0 \tag{7.4.2-10}$$

式中：f_c 为轴力产生的平均压应力；f_{b1}、f_{b2}分别为作用在两个主平面内的弯矩产生的最大弯曲应力（窄边和宽边边缘）；$F_c{}'$为木材抗压强度设计值与轴心受压构件稳定系数 φ 的乘积，即考虑稳定问题的轴心抗压强度设计值；$F_{b1}{}'$、$F_{b2}{}'$分别为对两个形心主轴的抗弯强度设计值与将构件视为梁对各自的侧向稳定系数 φ_l 的乘积，即分别为对两个形心主轴的考虑侧向稳定问题的抗弯强度设计值；F_{cE1}、F_{cE2}分别为轴心受压构件对两个形心主轴的临界应力设计值（式（7.3.5-7））；F_{bE}为将构件视为梁其侧向失稳的临界应力设计值（式（6.2.2-11））。

当轴向应力 $f_c=0$ 时，式（7.4.2-10）可验算双向受弯构件的稳定承载力。当 $f_{b2}=0$ 时，式（7.4.2-10）即为本节讨论的压弯构件稳定承载力验算式，用熟悉的符号表示，即为：

$$\left(\frac{N}{\varphi f_c A}\right)^2+\frac{M}{\varphi_l f_m W(1-N\gamma_{R,cr}/N_{cr}K_{DOL,cr})}\leqslant 1.0 \tag{7.4.2-11}$$

式中：φ、N_{cr}需用λ_x、λ_y中的较大值计算；$(1-N\gamma_{R,cr}/N_{cr}K_{DOL,cr})$ 实际是式（7.3.3-2）中的弯矩增大系数；N_{cr}由弹性模量标准值按欧拉公式计算；$\gamma_{R,cr}$为压杆稳定承载力的抗力分项系数。

二是双向偏心受压构件：

$$\left(\frac{f_c}{F'_c}\right)^2+\frac{f_c(6e_1/h)(1+0.234f_c/F_{cE1})}{F'_{b1}(1-f_c/F_{cE1})}+\frac{f_c(6e_2/b)\left\{1+0.234f_c/F_{cE2}+0.234\left[\frac{f_c(6e_1/h)}{F_{bE}}\right]^2\right\}}{F'_{b2}\left\{1-f_c/F_{cE2}-\left[\frac{f_c(6e_1/h)}{F_{bE}}\right]^2\right\}}\leqslant 1.0 \tag{7.4.2-12}$$

式中：b、h 分别为构件截面的宽度和高度；e_1、e_2 分别为作用力沿两个方向的偏心距；其余符号同式（7.4.2-10）。

三是双向偏心受压并与单向或双向弯矩联合作用：

$$\left(\frac{f_c}{F'_c}\right)^2+\frac{f_{b1}+f_c(6e_1/h)(1+0.234f_c/F_{cE1})}{F'_{b1}(1-f_c/F_{cE1})}+$$

$$\frac{f_{b2}+f_c(6e_2/b)\left\{1+0.234f_c/F_{cE2}+0.234\left[\frac{f_c(6e_1/h)}{F_{bE}}\right]^2\right\}}{F'_{b2}\left\{1-f_c/F_{cE2}-\left[\frac{f_c(6e_1/h)}{F_{bE}}\right]^2\right\}}\leqslant 1.0 \quad (7.4.2\text{-}13)$$

式中各符号的含义同式（7.4.2-10）和式（7.4.2-12）。

参考使用式（7.4.2-10）、式（7.4.2-12）和式（7.4.2-13）时，需注意美国规范NDSWC与我国标准GB 50005对涉及稳定承载力计算的各有关参数的处理方法上的不同，应统一到标准GB 50005的处理方法上来，详见6.2.2节和7.3.5节。

当$\lambda_{rel,y}$、$\lambda_{rel,z}$均小于0.3时，欧洲规范EC 5采用下式对受弯和轴向受压构件进行强度验算：

$$\left.\begin{aligned}&\left(\frac{\sigma_c}{f_c}\right)^2+k_m\frac{\sigma_{mz}}{f_{mz}}+\frac{\sigma_{my}}{f_{my}}\leqslant 1.0\\&\left(\frac{\sigma_c}{f_c}\right)^2+\frac{\sigma_{mz}}{f_{mz}}+k_m\frac{\sigma_{my}}{f_{my}}\leqslant 1.0\end{aligned}\right\} \quad (7.4.2\text{-}14)$$

式中：k_m 为组合系数（式（6.2.1-2c））；σ_c、σ_{mz}、σ_{my}分别为荷载在构件中产生的轴向压应力和绕两个形心主轴弯曲产生的弯曲应力；f_c、f_{mz}、f_{my}分别为木材的抗压强度和绕两个形心主轴弯曲的抗弯强度。

拉弯构件的强度验算，只需以（σ_t/f_t）代替式（7.4.2-14）中的（σ_c/f_c）^{2}即可。

规范EC 5分两种情况验算压弯构件的稳定承载力，即考虑与不考虑构件受弯的侧向稳定问题两种情况。压弯构件的稳定承载力与构件的截面形状和弯矩所在的平面有关。扁而宽的矩形截面柱，如果弯矩绕弱轴作用，显然不必考虑侧向稳定问题；如果弯矩绕强轴作用，则需考虑侧向稳定的影响。

不计构件受弯侧向稳定影响时，压弯木构件的稳定承载力按下式验算（$\lambda_{rel,y}\geqslant 0.3$，$\lambda_{rel,z}\geqslant 0.3$）：

$$\left.\begin{aligned}&\frac{\sigma_c}{\varphi_y f_c}+k_m\frac{\sigma_{mz}}{f_{mz}}+\frac{\sigma_{my}}{f_{my}}\leqslant 1.0\\&\frac{\sigma_c}{\varphi_z f_c}+\frac{\sigma_{mz}}{f_{mz}}+k_m\frac{\sigma_{my}}{f_{my}}\leqslant 1.0\end{aligned}\right\} \quad (7.4.2\text{-}15)$$

考虑构件受弯侧向稳定影响的压弯木构件按下式验算稳定承载力：

$$\left(\frac{\sigma_m}{\varphi_l f_m}\right)^2+\frac{\sigma_c}{\varphi_z f_c}\leqslant 1.0 \quad (7.4.2\text{-}16)$$

以上两式中：φ_z、φ_y为轴心受压木构件分别绕两个形心主轴失稳的稳定系数；φ_l为木构件受弯的侧向稳定系数。

可见，偏心受压和压弯构件的稳定承载力验算是一个较复杂的问题，尚没有统一的计算方法。

【例题 7-5】 某方木桁架上弦杆如图 7.4.2-1 所示，承受均布荷载 $q=4.35\text{N/mm}$，轴力为 59.3kN，上弦截面为 160mm×200mm，计算跨度为 4190mm。为抵消弯矩，采用偏心抵承，$e_0=30\text{mm}$，木材强度等级为 TC13A。试验算桁架在正常使用环境中上弦杆的承载力。

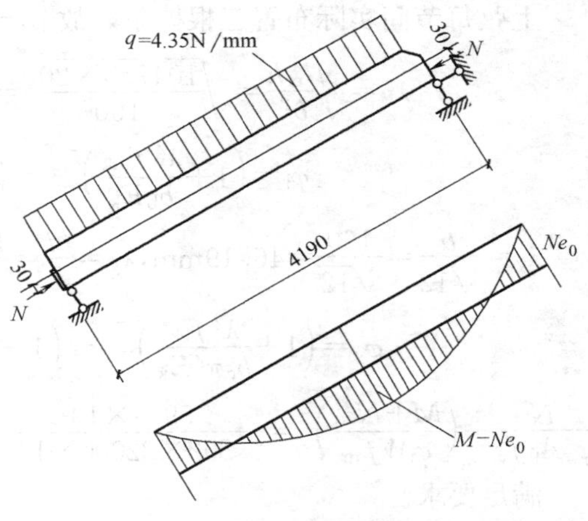

图 7.4.2-1 某桁架上弦杆

解：

(1) 木材的强度设计值和截面的几何性质

因截面最小尺寸为 160mm，故

$f_c=12\times1.1=13.2\text{N/mm}^2$，$f_m=13\times1.1=14.3\text{N/mm}^2$

$W_n=W=160\times200^2/6=1.067\times10^6\text{mm}^3$，$A_n=A=160\times200=32000\ \text{mm}^2$

$e_n=W/A=h/6=33.3\text{mm}$

(2) 荷载作用效应

横向力弯矩：$M=ql^2/8=4.35\times4.19^2/8=9.546\text{kN}\cdot\text{m}$（+）

偏心力弯矩：$Ne_0=59.3\times0.03=1.779\text{kN}\cdot\text{m}$（−）

横向力弯矩对应偏心距：$e=M/N=0.161\text{m}$

(3) 上弦杆强度

$$N_r=\frac{A_n f_c f_m}{f_m+\dfrac{|e+e_0|}{e_n}f_c}=\frac{3.2\times10^4\times13.2\times14.3}{14.3+\dfrac{161-30}{33.3}\times13.2}=91.205\times10^3\text{N}=91.205\text{kN}>59.30\text{kN}$$

满足要求。

(4) 弯矩作用平面内的稳定承载力

$$k=\frac{|Ne_0+M|}{Wf_m\left(1+\sqrt{\dfrac{N}{Af_c}}\right)}=\frac{|-1.779+9.546|\times10^6}{1.067\times10^6\times14.3\left(1+\sqrt{\dfrac{59.3\times10^3}{32000\times13.2}}\right)}=0.370$$

$$k_0=\frac{Ne_0}{Wf_m\left(1+\sqrt{\dfrac{N}{Af_c}}\right)}=\frac{1.779\times10^6}{1.067\times10^6\times14.3\left(1+\sqrt{\dfrac{59.3\times10^3}{32000\times13.2}}\right)}=0.085$$

$$\varphi_m=(1-k)^2(1-k_0)=(1-0.370)^2\times(1-0.085)=0.363$$

$$i=\frac{h}{2\sqrt{3}}=\frac{200}{2\sqrt{3}}=57.73\text{mm}$$

$$\lambda=\frac{\mu l}{i}=\frac{4190}{57.73}=72.58<\lambda_p=5.28\times\sqrt{300}=91.45$$

$$\varphi=\left(1+\frac{\lambda^2 f_{ck}}{b_c\pi^2E_k}\right)^{-1}=\left(1+\frac{72.58^2}{1.43\times3.14^2\times300}\right)^{-1}=0.445$$

$$N_r=f_c\varphi\varphi_m A_0=13.2\times0.445\times0.363\times32000=68.29\times10^3\text{N}=68.29\text{kN}>59.3\text{kN}$$

满足要求。

(5) 弯矩作用平面外的稳定验算

上弦每节间实际布置三根檩条，故 $l_{ef}=4190/4=1047.5$

$$\lambda_B=\sqrt{\frac{l_{ef}h}{b^2}}=\sqrt{\frac{1047.5\times 200}{160^2}}=2.86<\lambda_{Bp}=0.9\times\sqrt{220}=13.35$$

$$\varphi_l=\left(1+\frac{\lambda_B^2 f_{mk}}{b_b E_k}\right)^{-1}=\left(1+\frac{2.86^2}{4.9\times 220}\right)^{-1}=0.992$$

$$i_y=\frac{b}{\sqrt{12}}=\frac{160}{\sqrt{12}}=46.19\text{mm},\lambda_y=\frac{\mu l}{i}=\frac{1047.5}{46.19}=22.68<\lambda_p=5.28\times\sqrt{300}=91.45$$

$$\varphi_y=\left(1+\frac{\lambda^2 f_{ck}}{b_c\pi^2 E_k}\right)^{-1}=\left(1+\frac{22.68^2}{1.43\times 3.14^2\times 300}\right)^{-1}=0.892$$

$$\frac{N}{\varphi_y A_0 f_c}+\left(\frac{M+Ne_0}{\varphi_l W f_m}\right)^2=\frac{59.3\times 10^3}{0.892\times 32000\times 13.2}+\left(\frac{9.546\times 10^6-1.779\times 10^6}{0.992\times 1.067\times 10^6\times 14.3}\right)^2=0.403<1.0$$

满足要求。

该上弦杆强度及弯矩作用平面内和弯矩作用平面外稳定均满足要求。

7.5　柱

柱是典型的轴心或偏心受力构件。按柱身的构造特点，木柱可分为实腹柱、拼合柱和填块分肢柱等几种。不论何种类型的柱，承载力验算中都应合理确定计算长度，一般可按表 7.3.2-1 的规定计算。当柱由于长细比 λ 过大，导致承载力不足时，可设侧向支撑减少长细比。但侧向支撑除应满足表 4.5.4-1 规定的长细比要求外，还应有足够的轴向刚度（相当于支座刚度）和强度。欧洲规范 EC 5 规定，当柱的初始弯曲满足标准要求（实木 $\leqslant l/300$，层板胶合木 $\leqslant l/500$）时，侧向支撑的轴向刚度不小于 $C=k_s N_d/a$，所受轴力为 $F_d=N_d/k_{f,1}$（锯材柱），$F_d=N_d/k_{f,2}$（层板胶合木柱）。其中 a 为侧向支撑的间距（mm）；k_s、$k_{f,1}$、$k_{f,2}$ 分别为计算系数。$k_s=1\sim 4$，常取 4；$k_{f,1}=50\sim 80$，常取 50；$k_{f,2}=80\sim 100$，常取 80；N_d 为柱的竖向荷载作用效应设计值。

本节对不同类型柱的构造要求和承载力验算方法作简要介绍。

7.5.1　实腹柱

实心且构成柱截面的各部分木料间均为刚性连接的柱，可称为实腹柱。截面通常为方形或矩形，有时也采用圆形。实腹柱的柱身由完整的方木与原木、层板胶合木或结构复合木材制作。实腹柱构造简单，柱脚、柱头与基础和梁的连接很重要。柱与基础间的连接一般均视为铰接，原则上仅需保证柱不发生平移。古代木结构中木柱与柱础间仅设暗销，现代木结构中常用的连接形式如图 7.5.1-1 所示。连接螺栓宜设在柱纵轴线的位置，如果柱和基础间的连接设计为半刚性连接（可承担一定的弯矩），应使连接件的边、端、间距满足构造要求，防止木柱横纹受拉劈裂。柱底距室外地面高度不应小于 300mm。柱子不宜插入封闭的钢柱靴中，防止水浸或水进入柱靴中无法排出造成木材腐朽。柱与梁的连接，一种方式是梁支承在柱的侧面，采用金属挂件连接的可视为铰接，如图 7.5.1-2（*a*）所示；采用内置钢板连接的，能承担一定的弯矩，可视为半刚性连接，如图 7.5.1-2（*b*）所示。另一种连接方式是梁支承在柱顶，如图 7.5.1-3 所示。两简支梁支承在柱顶时，应避免如图 6.4.2-1 所示的不良连接。

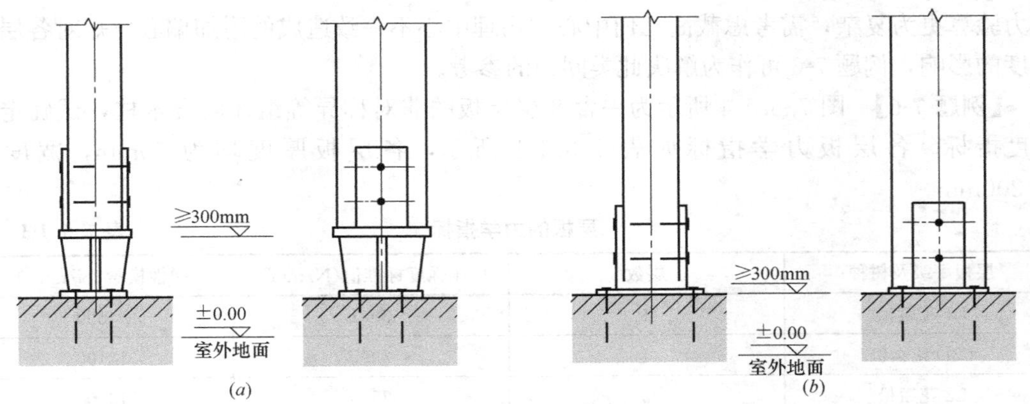

图 7.5.1-1 柱与基础的连接
（a）钢柱础连接；（b）无柱础连接

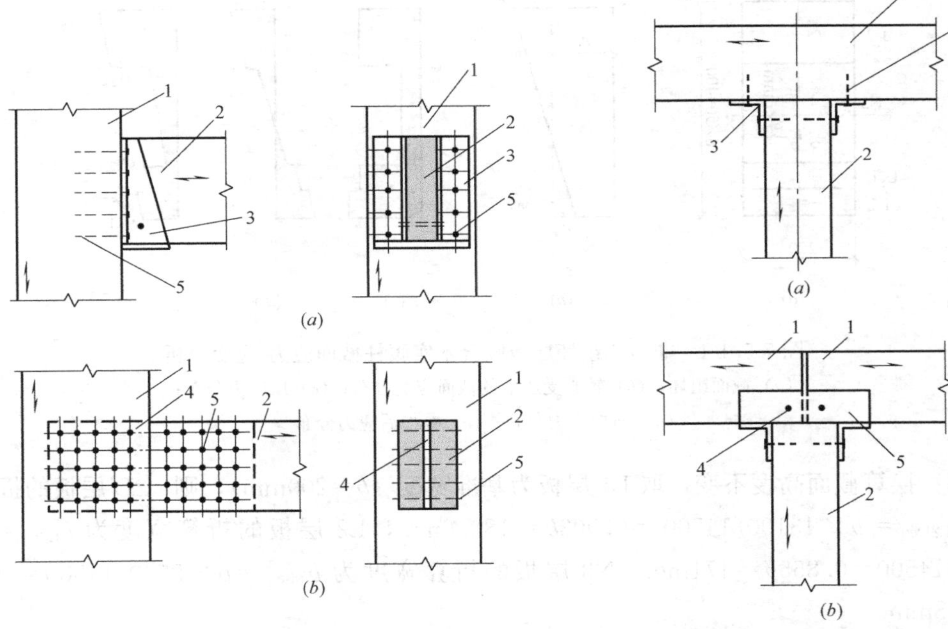

图 7.5.1-2 梁柱连接示意图
（a）挂件连接；（b）内置钢板连接
1—柱子；2—梁；3—挂件；4—内置钢板；
5—销连接件；6—定位销

图 7.5.1-3 梁柱连接示意图
（a）连续梁；（b）简支梁
1—梁；2—柱子；3—角铁；
4—销连接件；5—系板

实腹柱的承载力验算，对锯材柱或单一品质等级层板制作的胶合木柱，或符合标准组坯的层板胶合木，即便是异等组坯或非对称异等组坯的胶合木，均可按第 7.4 节介绍的方法，进行强度和稳定性验算。对于非标准的异等组坯特别是非对称异等组坯胶合木柱的验算，谨慎对待。异等组坯胶合木的中心受压柱，需按平面假设求解其承载力，不能取各层板承载力之和。计算稳定系数 φ 时弹性模量的取值应由等效抗弯刚度获得，不应简单地取弹性模量的加权平均值计算刚度。对于非对称的异等组坯胶合木，即使为中心受压柱，承载力验算更为复杂，需考虑截面几何中心和物理中心不一致造成的附加偏心弯矩对各层板强度的影响，例题 7-6 可作为解决此类问题的参考。

【例题 7-6】 图 7.5.1-4 所示为一含 8 层层板的非对称异等组坯胶合木柱，试确定其强度指标。各层板力学指标如表 7.5.1-1 所示，各层板厚度均为 50mm，宽度均为 200mm。

层板的力学指标　　**表 7.5.1-1**

层板等级及树种	层数	抗压强度标准值(N/mm²)	弹性模量(N/mm²)
L1 花旗松	1	30.1	14500
L2D 花旗松	1	29.9	13100
L2 花旗松	2	25.6	12400
N3 白松	4	8.0	5500

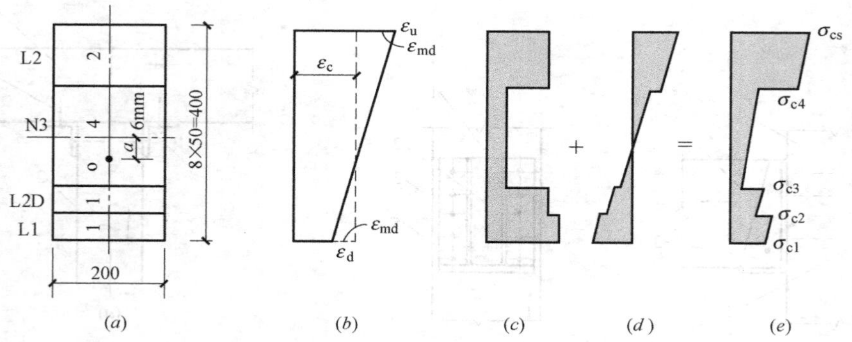

图 7-5.1-4　非对称组坯层板胶合木实腹柱截面应力-应变分析

(a) 截面组坯；(b) 轴心受压下的截面应变分布；(c) 压应力分布；(d) 弯曲应力分布；(e) 叠加后应力分布

解：换算截面高度不变，取 L1 层板为基准宽度（b=200mm），则 L2D 层板的折算宽度为 $b_{\mathrm{L2Deq}}=b\times13100/14500=0.903b=180.6\mathrm{mm}$，L2 层板的折算宽度为 $b_{\mathrm{L2eq}}=b\times12400/14500=0.855b=171\mathrm{mm}$，N3 层板的折算宽度为 $b_{\mathrm{N3eq}}=b\times5500/14500=0.379b=75.8\mathrm{mm}$。

等效截面宽度系数：

$$T_{\mathrm{a}}=\frac{\sum b_i n_i}{b\sum n_i}=\frac{1\times b+1\times0.903b+2\times0.855b+4\times0.379b}{8b}=0.641$$

等效截面中性轴至原截面几何中心的距离 a（层板厚度为 t，宽度为 b）：

$(3.5t-a)\times t\times b+(2.5t-a)\times t\times0.903b-a\times4t\times0.379b-(3t+a)\times2t\times0.855b=0$

解得：$a\approx0.12t=0.12\times50=6\mathrm{mm}$。

截面的等效抗弯刚度：

一层板厚惯性矩：$I_1=200\times50^3/12=2.08\times10^6\mathrm{mm}^4$

二层板厚惯性矩：$I_2=200\times100^3/12=16.7\times10^6\mathrm{mm}^4$

四层板厚惯性矩：$I_4=200\times200^3/12=133.3\times10^6\mathrm{mm}^4$

八层板厚惯性矩：$I_8=200\times400^3/12=1.0667\times10^9\text{mm}^4$

$(EI)_e=[2.08\times10^6+200\times50\times(200-6-25)^2]\times1.45\times10^4$

$+[2.08\times10^6+200\times50\times(200-6-75)^2]\times1.31\times10^4$

$+[133.3\times10^6+200\times200\times6^2]\times0.55\times10^4$

$+[16.7\times10^6+200\times100\times(200+6-50)^2]\times1.24\times10^3=13.04\times10^{12}\text{Nmm}^2$

等效弹性模量：$E_{eq}=(EI)_e/I_8=13.04\times10^{12}/1.0667\times10^9=12225\text{N/mm}^2$

截面惯性矩换算系数：$T_i=(EI)_e/(E_LI_8)=13.04\times10^{12}/(14500\times1.0667\times10^9)=0.843$

荷载作用在截面形心位置，距截面等效中性轴的距离为 a，系偏心受力，但应变仍符合平面假设，如图 7.5.1-4（b）所示。图 7.5.1-4（c）为压应力分布，图 7.5.1-4（d）为偏心弯矩的弯曲应力分布，合成后的应力分布如图 7.5.1-4（e）所示。因此，各层的应力不同于轴心受压，各层界面处的应力当量 S_i 可由下式计算：

$$S_i=\frac{E_j}{E_L}\left(\frac{1}{T_a}\pm\frac{12a}{T_ih^2}x_i\right)$$

式中：E_L 为换算截面采用的基准弹性模量（14500N/mm²）；E_j 为第 j 区层板的弹性模量；x_i 为第 i 层界面距中性轴的距离；弯曲应力拉区取-号，压区取＋号。若为对称截面，则 $S_i=E_j/E_LT_a$。

弯曲应力受拉区：

L1 层板 σ_{c2}，$S_{c2}=\dfrac{1.45\times10^3}{1.45\times10^3}\times\left(\dfrac{1}{0.641}-\dfrac{12\times0.12}{0.843\times8^2}\times2.88\right)=1.483$

L2D 层板 σ_{c3}，$S_{c3}=\dfrac{1.31\times10^3}{1.45\times10^3}\times\left(\dfrac{1}{0.641}-\dfrac{12\times0.12}{0.843\times8^2}\times1.88\right)=1.361$

弯曲应力受压区：

N3 层板 σ_{c4}，$S_{c4}=\dfrac{0.55\times10^3}{1.45\times10^3}\times\left(\dfrac{1}{0.641}+\dfrac{12\times0.12}{0.843\times8^2}\times2.12\right)=0.613$

L2 层板 σ_{c5}，$S_{c5}=\dfrac{1.24\times10^3}{1.45\times10^3}\times\left(\dfrac{1}{0.641}+\dfrac{12\times0.12}{0.843\times8^2}\times4.12\right)=1.428$

该层板胶合木的抗压强度指标应由上述四区层板强度的最低值确定：

L1 层板：$f_c=36.5/1.483=20.3\text{N/mm}^2$；L2D 层板：$f_c=29.9/1.361=22.0\text{N/mm}^2$

N3 层板：$f_c=8.0/0.613=13.1\text{N/mm}^2$；L2 层板：$f_c=25.6/1.428=17.9\text{N/mm}^2$

因此该层板胶合木的抗压强度标准值取 13.1N/mm²，弹性模量为 $E_g=12225\text{N/mm}^2$。如果上述计算中的弹性模量为大跨度弹性模量 E（LSE），则该层板胶合木的弹性模量取 $0.95E_g$。

【例题 7-7】 某建筑工地混凝土大梁模板需设底模立柱，采用 TC11A 木材，截面尺寸为 90mm×140mm，立柱高 5400mm，间距为 2700mm。为保证立柱绕弱轴的稳定，用 65mm×65mm 的木材（TC11A）在立柱 1/2 高度水平支撑，如图 7.5.1-5 所示。支撑两端各用 1 枚直径为 5.6mm、长度为 140mm 的圆钉与立柱钉牢。试验算对称设置的拉条和连接能否满足有效支撑的要求。

解：

强度等级为 TC11A 的木材的强度为：$f_c=10\text{N/mm}^2$，$f_t=7.5\text{N/mm}^2$。因受短期荷

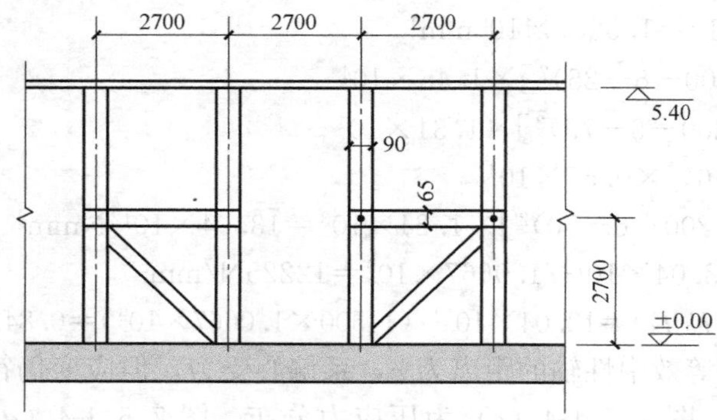

图 7.5.1-5　底模立柱布置

载作用，强度可乘以系数 1.2，即 $f_c=10\times1.2=12\text{N/mm}^2$，$f_m=7.5\times1.2=9\text{N/mm}^2$。平均密度 $\rho_m=370\text{kg/m}^3$，$E_k/f_{ck}=300$，$E=9000\text{N/mm}^2$。

如果拉条支撑有效，则计算长度为 $l_{ef}=5400/2=2700\text{mm}$

$$\lambda=\frac{\mu l}{i}=\frac{2700}{90/\sqrt{12}}=103.9>\lambda_p=5.28\times\sqrt{300}=91.45$$

$$\varphi=\frac{a_c\pi^2E_k}{\lambda^2 f_{ck}}=\frac{0.95\times3.14^2\times300}{103.9^2}=0.260$$

$N_d=\varphi f_cA=0.26\times12\times90\times140=39321\text{N}$

$F_d=N_d/k_{f,1}=39321/60=655\text{N}$（垂直于立柱支撑的作用力）

$C=k_sN_d/a=4\times39312/2700=58.24\text{N/mm}$（要求的刚度）

受拉时的抗拉能力 $P_r=f_tA=9\times65\times65=38025\text{N}>655\text{N}$

受压时：$\lambda=\dfrac{2700}{65/\sqrt{12}}=143.89>91.45$，$\varphi=\dfrac{0.95\times3.14^2\times300}{143.9^2}=0.136$

$N_r=\varphi f_cA=0.136\times12\times65\times65=68951\text{N}>655\text{N}$

钉连接承载力，$d=5.6\text{mm}$，单剪连接，经计算每剪面承载力为 800N，因受短期荷载，故承载力可提高 20%，即 $R_d=800\times1.2=960\text{N}>655\text{N}$

钉连接的刚度（一端）：

$$K_u=\frac{2}{3}K_{er}=\frac{2}{3}\times\frac{\rho_m^{1.5}d^{0.8}}{30}=\frac{2}{3}\times\frac{370^{1.5}\times5.6^{0.8}}{30}=627\text{N/mm}$$

拉条的抗拉刚度：$K=\dfrac{EA}{l}=\dfrac{9000\times65\times65}{2700}=14083\text{N/mm}$

拉条两端各有 1 枚圆钉连接，故拉条的刚度为 2 个钉连接刚度和拉条刚度三者的串联刚度。由于拉条的刚度相对很大，其变形可忽略不计，故拉条支撑的刚度为 $C_a=K_u/2=627/2=313.5\text{N/mm}>58.24\text{N/mm}$。

7.5.2　拼合柱

拼合柱是由数根截面尺寸较小的木材经机械连接形成的大截面的木柱。轻型木结构中可见到由数根规格材或结构复合木材用钉或螺栓连接而成的拼合柱，如图 7.5.2-1 所示。如果以纵轴为 z 轴，拼合柱在 yoz 平面（图 7.5.2-1b）的承载力可按实腹柱计算，故 x 轴称为截面实轴。但在 xoz 平面内，由于机械连接存在滑移变形，绕 x 轴的截面惯性矩不同于实腹柱，需考虑半刚性连接的影响。y 轴称为截面虚轴。对此问题，各国的木结构设计规范采用了不同的处理方法。

美国规范 NDSWC 对这类拼合柱的构造要求是，柱由 2～5 根规格材拼合，各层板厚度宜相同，且不小于 38mm；规格材不能采用对接接头接长；各层板的树种、材质等级不

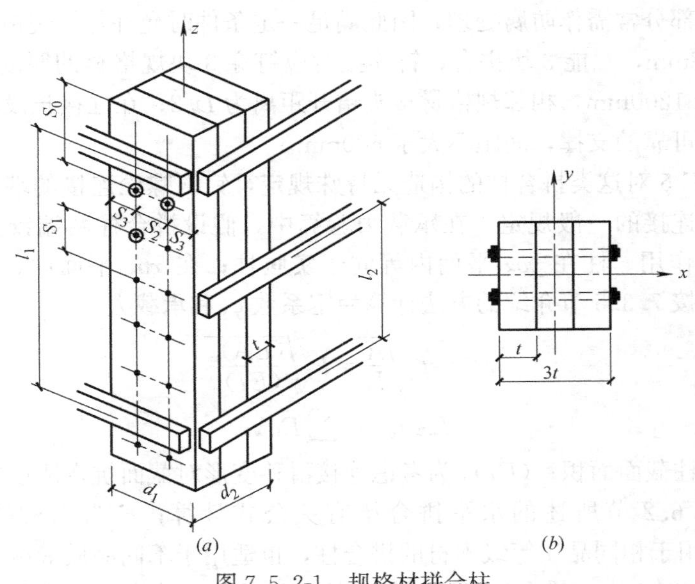

(*a*) (*b*)

图 7.5.2-1 规格材拼合柱

(*a*) 拼合柱构造；(*b*) 拼合柱截面

同时，按最低等级规格材的力学指标计算柱的承载力。用钉作连接件时，相邻的钉应从两相对侧面交替钉入，钉穿入最后一块规格材的深度不得小于其厚度的3/4。设钉直径为d，则端距S_0取$15d \leqslant S_0 \leqslant 18d$；中距$S_1$取$20d \leqslant S_1 \leqslant 6t_{min}$，$t_{min}$为拼合截面中最薄板的厚度；边距$S_2$取$5d \leqslant S_2 \leqslant 20d$，当板宽度（图7.5.2-1中的$d_1$）大于$3t_{min}$时，钉至少应排列成两纵行，行距$S_3$取$10d \leqslant S_3 \leqslant 20d$；当纵行为三行或三行以上时，应排成错列，只需一纵行时，也应排成错列。采用螺栓连接时，螺栓头和螺帽下均应有垫圈（板），螺帽应拧紧，使各层规格材彼此紧密接触。设螺栓直径为d，对于软木类木材，端距S_0取$7d \leqslant S_0 \leqslant 8.4d$；硬木类取$5d \leqslant S_0 \leqslant 6d$；中距$S_1$取$4d \leqslant S_1 \leqslant 6t_{min}$；边距$S_2$取$1.5d \leqslant S_2 \leqslant 10d$；当宽度大于$3t_{min}$时，螺栓也应排列成两纵行或更多行；行距$S_3$取$1.5d \leqslant S_3 \leqslant 10d$。

按美国规范NDSWC中，对于满足上述构造要求的规格材拼合柱，计算承载力时稳定系数取两个方向的较低值。如图7.5.2-1所示的拼合柱，在yoz平面内（绕实轴x失稳）取"长细比"l_1/d_1，并按实腹柱计算稳定系数φ_x；在xoz平面内（绕虚轴y失稳）取"长细比"l_2/d_2，也按实腹柱计算稳定系数φ_y，但应乘以调整系数k_f，然后取φ_x和$k_f\varphi_y$中的较小者计算承载力。钉连接通常取$k_f=0.6$，螺栓连接取$k_f=0.75$。对于不满足上述构造要求的规格材拼合柱，则将每块层板视为单独的受压构件，计算其承载力，然后求和。

加拿大规范CSA O86同样规定了对规格材拼合柱类似的构造要求，承载力的计算方法可概括为：①考虑绕虚轴的稳定性，当满足所规定的构造要求时，钉连接拼合柱的承载力取相同截面实心柱的60%；螺栓连接拼合柱的承载力取相同截面实心柱的75%；裂环连接拼合柱的承载力取相同截面实心柱的80%。②不满足所规定的构造要求时，拼合柱绕虚轴的稳定承载力则将每块层板视为单独的受压构件，计算其承载力，然后求和。③拼合柱的承载力可取①、②两步骤中计算值的较大者。④考虑绕实轴的稳定性，拼合柱的承载力按相同截面的实心柱计算。可见，规范NDSWC与规范CSA O86的计算方法是相似的。考虑到柱根部分常需作防腐处理，因此满足一定条件时允许每块规格材对接接长。例如板厚不小于38mm，只能3块拼合，钉连接时应钉穿3块规格材的厚度；3块接长区的总长度L不小于1200mm，相邻规格材接头错开距离为$L/2$；在柱接长段范围内，垂直于板宽面方向应有可靠的支撑，间距不大于600mm。

欧洲规范EC 5对这类拼合柱的构造无特殊规定，钉、螺栓连接的端、中、边距的要求，等同于该类连接的一般规定。在承载力验算中，假设拼合柱两端铰支，各层板无接头，受轴心压力作用。柱在yoz平面内等同于实腹柱；在xoz平面内，按式（7.5.2-1）计算长细比，并按7.3.5节介绍的方法计算稳定系数φ_y和承载力。

$$\lambda_{ef}=l\sqrt{\frac{A}{I_e}}=l\sqrt{\frac{(EA)_e}{(EI)_e}} \tag{7.5.2-1a}$$

$$(EA)_e=\sum E_iA_i \tag{7.5.2-1b}$$

式中：A为拼合柱截面面积；$(EI)_e$为考虑连接滑移变形对截面抗弯刚度的影响后的等效刚度，可按第6.6.2节所述的水平拼合梁有关公式计算；E为木材的弹性模量。式（7.5.2-1）既适用于相同品质等级木材的拼合柱，也适用于不同品质等级木材的拼合柱。

在欧洲规范EC 5中，拼合柱尚需验算连接的承载力。确定连接件所受作用力的原理是考虑柱失稳时的弯曲变形（v_x）和初弯曲弯（v_0）在轴向力作用下沿柱高引起的附加弯矩，如图7.5.2-2（a）所示。弯矩的一次导数为剪力（图7.5.2-2b），剪力则由连接件承担。剪力设计值按下式计算：

$$V_d=\begin{cases}\dfrac{N}{120\varphi_y} & \lambda_{ef}<30\\ \dfrac{N\lambda_{eq}}{3600\varphi_y} & 30\leqslant\lambda_{ef}<60\\ \dfrac{N}{60\varphi_y} & 60\leqslant\lambda_{ef}\end{cases} \tag{7.5.2-2}$$

每个连接件所受作用力的确定方法与拼合梁相同，按式（6.7.2-11）计算。

【例题7-8】 分别按美国规范NDSWC的方法和欧洲规范EC 5的方法计算如图7.5.2-3所示规格材拼合柱的承载力。规格材为Ⅱ$_c$级S-P-F（63.5mm×185mm×3），螺栓直径为12mm，中距为50mm，单行错列布置。柱两端为铰支。

解： Ⅱ$_c$级S-P-F规格材，$f_{ck}=16.7\text{N/mm}^2$，$f_c=11.5\text{N/mm}^2$，$E=10000\text{N/mm}^2$。抗压强度尺寸调整系数为1.05，$f_{ck}=16.7\times1.05=17.54\text{N/mm}^2$，$f_c=11.5\times1.05=12.075\text{N/mm}^2$，$E_k=1.03\times10000\times(1-1.645\times0.25)=6054\text{N/mm}^2$。

（1）按美国规范NDSWC计算

端距90mm，符合$7d\leqslant S_0\leqslant8.4d$的规定（$84\text{mm}\leqslant S_0\leqslant100.08\text{mm}$）；

中距50mm，符合S_1不小于$4d$也不大于$6t_{min}$的规定（$48\text{mm}\leqslant S_1\leqslant387\text{mm}$）；

边距60mm，符合$1.5d\leqslant S_2\leqslant10d$的规定（$18\text{mm}\leqslant S_2\leqslant120\text{mm}$）；

行距65mm符合$1.5d\leqslant S_3\leqslant10d$的规定（$18\text{mm}\leqslant S_3\leqslant120\text{mm}$）。

$$\lambda_y=\frac{\mu l}{i}=\frac{3680}{185/\sqrt{12}}=68.9>\lambda_p=3.68\times\sqrt{\frac{6064}{17.54}}=68.42$$

$$\varphi_y=\frac{a_c\pi^2E_k}{\lambda^2f_{ck}}=\frac{0.88\times3.14^2\times6064}{68.9^2\times17.54}=0.632$$

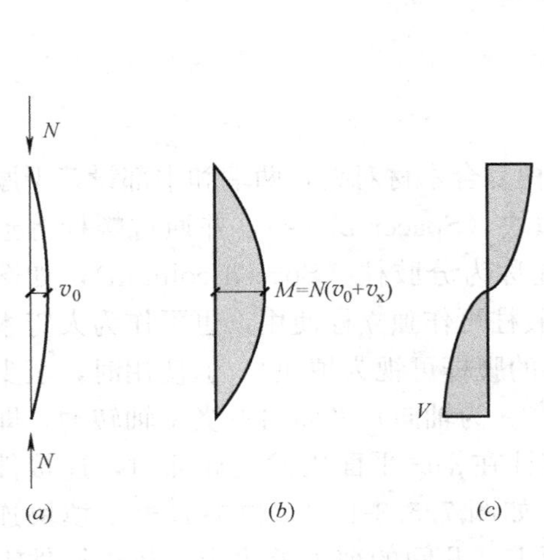

图 7.5.2-2 失稳时柱中弯矩与剪力

(a)初弯曲；(b)弯矩图；(c)剪力图

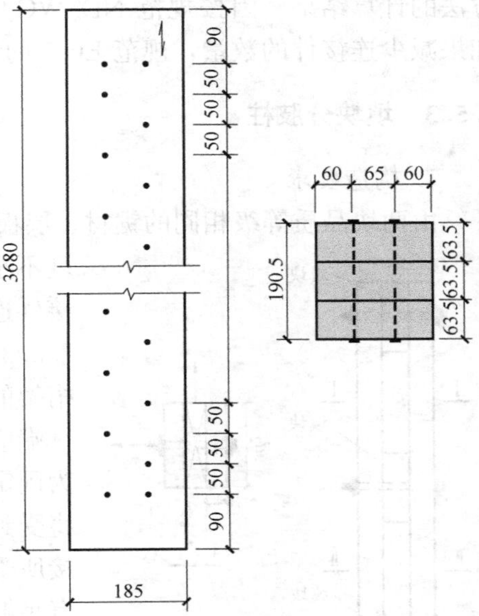

图 7.5.2-3 规格材拼合柱

$$\lambda_x=\frac{\mu l}{i}=\frac{3680}{190.5/\sqrt{12}}=66.92<\lambda_p=3.68\times\sqrt{\frac{6064}{17.54}}=68.42$$

$$\varphi_x=0.75\left(1+\frac{\lambda^2 f_{ck}}{b_c\pi^2 E_k}\right)^{-1}=0.75\times\left(1+\frac{72.58^2}{1.43\times3.14^2\times300}\right)^{-1}=0.488$$

$$N_d=\varphi f_c A=0.488\times12.075\times63.5\times185\times3=207.67\text{kN}$$

(2) 按欧洲规范 EC 5 计算

S-P-F $G=0.42$，参照式（1.4.3-6），$\rho_m==G\times(1000\times1.057)=0.42\times1000\times1.057=444\text{kg/m}^3$

按瞬时状态（Inst）$K_u=\frac{2}{3}K_{er}=\frac{2}{3}\times\frac{\rho_m^{1.5}d}{23}=\frac{2}{3}\times\frac{444^{1.5}\times12}{23}=3254\text{N/mm}$

连接效应系数：

$$\gamma_{1,3}=\left(1+\frac{3.14^2\times10000\times63.5\times185\times50}{3254\times3680^2}\right)^{-1}=0.435$$

$$(EI)_e=10000\times(3\times185\times63.5^3/12+2\times63.5\times185\times63.5^2\times0.435)=53.05\times10^{10}\text{mm}^4$$

$$\lambda_{eq}=l\sqrt{\frac{EA}{(EI)_e}}=3680\times\sqrt{\frac{10000\times63.5\times185\times3}{53.05\times10^{10}}}=94.85>3.68\times\sqrt{\frac{6064}{17.54}}=68.42$$

$$\varphi=\frac{a_c\pi^2 E_k}{\lambda^2 f_{ck}}=\frac{0.88\times3.14^2\times6064}{94.85^2\times17.54}=0.333$$

$N_d=\varphi f_c A=0.333\times12.075\times63.5\times185\times3=141.89\text{kN}$，低于按美国规范 NDSWC 的计算结果 211.07kN。

（暂不计算螺栓连接的承载力要求）

可见，对于该类分肢柱承载力，按规范 EC5 方法的计算结果远低于按规范 NDSWC

方法的计算结果。因按规范 NDSWC 的要求，本例连接件的布置数量已达到了最大值，如果减少连接件的数量，规范 EC 5 的计算结果将更低。

7.5.3　填块分肢柱

1. 构造要求

由两块品质等级相同的锯材、层板胶合木或结构复合木材对夹，两端和中部设若干厚度不小于肢厚的填块（Spacer block），并通过螺栓等连接件连成整体的柱称为分肢柱（Spaced column），如图 7.5.3-1 所示。分肢柱可作独立柱使用，也可作为大跨木桁架的弦杆（被夹的腹杆可视为填块），但使用时，至少一端应保证在 xoz（z 为轴向）平面内不绕 y 轴转动，即为固定端。当分肢柱在 xoz 平面内发生屈曲时，连接件将受到剪力作用，如图 7.5.3-1 中，顶端起第 2 填块连接所受剪力由截面Ⅰ、Ⅱ间的剪力差决定。故连接件需有足够的抗侧承载力。填块亦应满足安装连接件的构造要求。由于连接件处填块的存在，填块间的分肢在 xoz 平面内可视为两端固接的短柱，从而提高了分肢柱的稳定承载力。x 轴、y 轴也分别称为截面的实轴与虚轴。

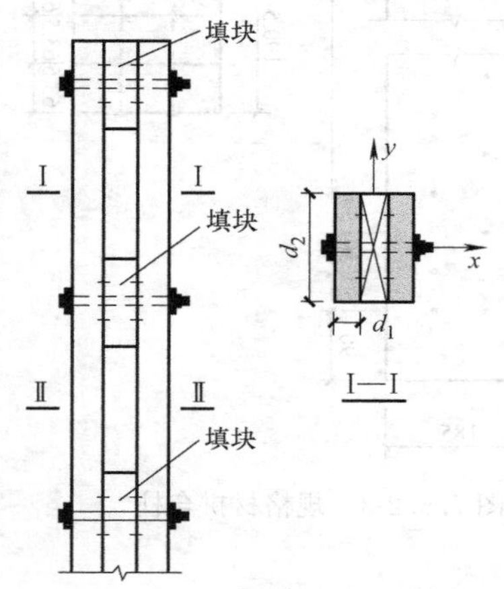

图 7.5.3-1　填块分肢柱

美国规范 NDSWC 对分肢柱的构造要求是：拼合柱两端需采用裂环或剪板连接；如果中间只有一个填块且位于中部 1/10 柱长范围内，中间可不需裂环或剪板连接；如果中间有两个以上的填块，则需裂环或剪板连接，且填块间的距离不应大于端部填块裂环或剪板中心距离的 1/2。两分肢板材的高厚比应满足：$l_1/d_1 \leqslant 80$，$l_2/d_2 \leqslant 50$，$l_3/d_1 \leqslant 40$，其中 l_1 为垂直于分肢截面宽面方向横向支撑的间距，即 xoz 平面内无支撑段的长度（图 7.5.3-2）；l_2 为平行于分肢截面宽面方向横向支撑的间距；l_3 为填块间距。分肢柱的端部约束程度分为条件 a 和条件 b，两种端部条件下柱的承载力是不同的。端部填块的端距（指端填块上连接件合力中心至柱端的距离）不大于 $l_1/20$ 的情况，为条件 a；端距大于 $l_1/20$ 但小于等于 $l_1/10$ 的情况，为条件 b。

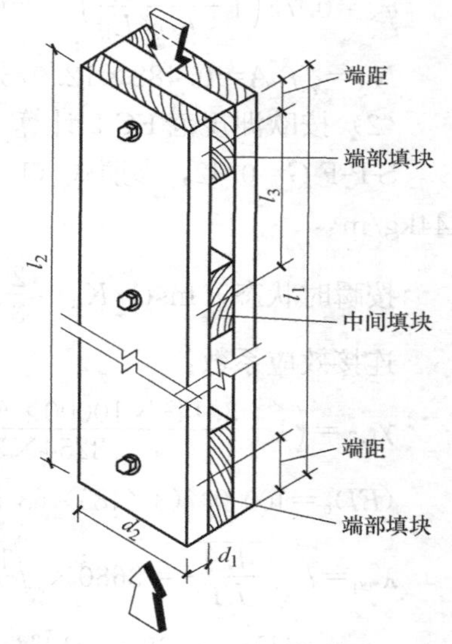

图 7.5.3-2　分肢的构造尺寸

填块上连接件所需抗侧承载力由计算确定。美国规范 NDSWC 规定，填块与分肢间的剪力为 $A_0 \cdot K_s$，其中 A_0 为单肢木材的截面面积，K_s 取决于树种（组合），对于北美树种，建议取：

树种组合 A　$K_s = 0.102(l_1/d_1 - 11) \leqslant 5.02\text{N/mm}^2$；

B　$K_s = 0.087(l_1/d_1 - 11) \leqslant 4.28\text{N/mm}^2$；

C　$K_s = 0.072(l_1/d_1 - 11) \leqslant 3.54\text{N/mm}^2$；

D　$K_s = 0.057(l_1/d_1 - 11) \leqslant 2.80\text{N/mm}^2$。

树种组合 A、B、C、D 见表 5.6.2-2。

2. 轴心受压填块分肢柱的稳定承载力

分肢柱的强度承载力和绕实轴的稳定承载力均可按实腹柱计算。绕虚轴的稳定承载力，规范 NDSWC 的方法是，长细比和稳定系数按单肢计算，即 $\lambda=\frac{l_1\sqrt{12}}{d_1}$，但按式（7.3.5-7$b$）计算临界应力设计值时需乘以拼合柱端部影响系数 K_x，端部为条件 a 时，$K_x=2.5$，端部为条件 b 时，$K_x=3.0$，这相当于将长细比表示为 $\lambda=\frac{l_1\sqrt{12}}{d_1\sqrt{K_x}}$。可按该长细比确定对虚轴的稳定系数，然后按实轴、虚轴中稳定系数的较小者计算填块分肢柱的稳定承载力。

欧洲规范 EC 5 中规定分肢柱（Spaced columns with packs or gussets）可由 2～4 根相同肢组成，且柱肢应对称布置。柱肢间可采用填块或缀板（如金属板、木板等）并通过裂环或剪板、钉或螺栓连接，也可采用胶连接，如图 7.5.3-3 所示。分肢柱除两端设填块或缀板外，至少还应在高度的两个三分点处设填块或缀板。填块分肢柱一般要求柱肢间的净距 a 不大于柱肢厚度（h）的 3 倍；缀板分肢柱净距 a 不大于柱肢截面厚度的 6 倍。填块的长度（沿柱高方向）l_2 不小于 $1.5a$，缀板长度 l_2 不小于 $2a$。每个剪面至少用 4 枚钉或 2 根螺栓作连接件，两端头节点采用钉连接时每行（沿柱纵向，即力的作用方向）至少用 4 枚钉子。

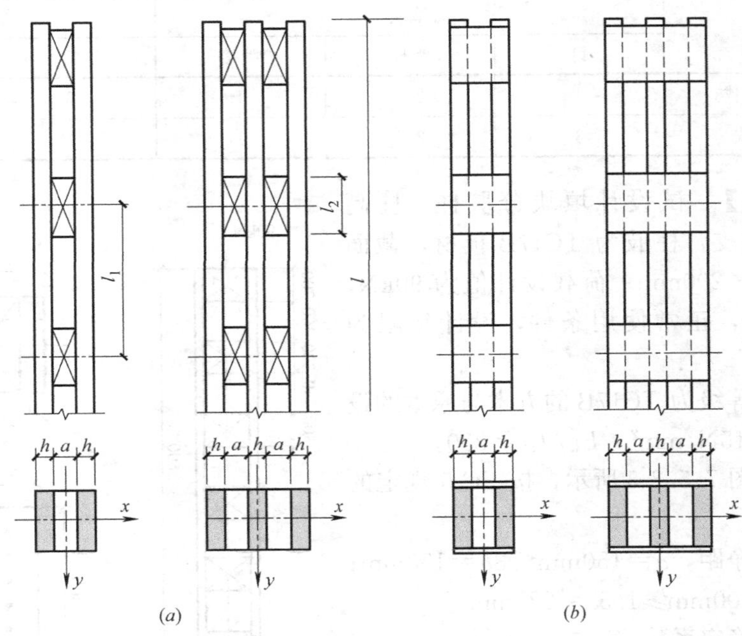

图 7.5.3-3　填块、缀板分肢柱类型

（a）填块分肢柱 $l_2/a\geqslant1.5$，$a\leqslant3h$；（b）缀板分肢柱 $l_2/a\geqslant2.0$，$a\leqslant6h$

分肢柱只能承受轴心压力，绕实轴（x）的稳定承载力为各柱肢的稳定承载力之和（与填块、缀板等无关）；绕虚轴（y）的稳定承载力按组合截面计算，但计算稳定系数时应采用等效长细比 λ_{ef}，按下述方法确定。计算截面面积 $A_{tot}=2A_0$（双肢柱，A_0 为单个

柱肢的截面面积）；$A_{tot}=3A_0$（三肢柱）。计算惯性矩 $I_{tot}=b[(2h+a)^3-a^3]/12$（双柱肢）；$I_{tot}=b[(3h+2a)^3-(h+2a)^3+h^3]/12$（三柱肢）。等效长细比为

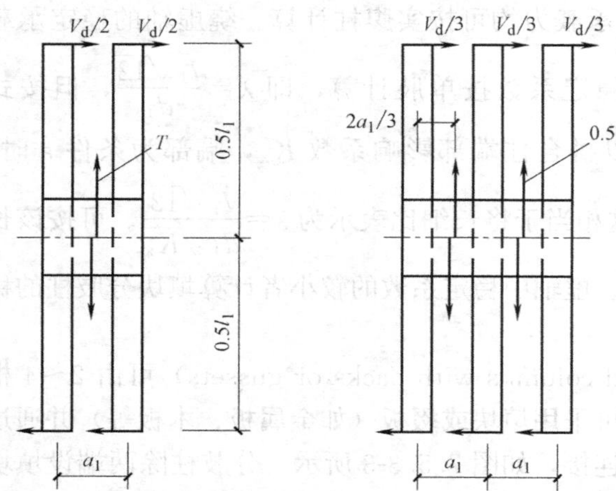

图 7.5.3-4　填块、缀板柱的剪力分配及填块或缀板所受的力

$$\lambda_{ef}=\sqrt{\lambda^2+\eta\frac{n}{2}\lambda_1^2} \tag{7.5.3-1a}$$

$$\lambda=l\sqrt{\frac{A_{tot}}{I_{tot}}} \tag{7.5.3-1b}$$

$$\lambda_1=\frac{l_1}{h/\sqrt{12}} \tag{7.5.3-1c}$$

式中：h 为柱肢厚度；n 为柱肢数（2 或 3）；η 为系数，见表 7.5.3-1。

分肢柱截面上的剪力 V_d 按式（7.5.2-2）计算，作用于填块或缀板上的力 T 按下式计算（见图 7.5.3-4）：

$$T=\frac{V_d l_1}{a_1} \tag{7.5.3-2}$$

式中各符号含义见图 7.5.3-3 和图 7.5.3-4。

系数 η　　**表 7.5.3-1**

连接方法	填块			缀板	
	钉	螺栓	胶接	钉	胶接
永久、长期荷载	4	2.5	1	6	3
中、短期荷载	3	2.5	1	4.5	2

【例题 7-9】　试设计填块分肢柱。柱高 3.6m，两端铰支，柱肢为 TC17B 板材，截面尺寸为 50mm×200mm。荷载设计值为 90kN，支承楼盖荷载，正常使用条件，设计年限为 50 年。

解：强度等级为 TC17B 的方木与原木的设计指标为 $f_c=15\text{N/mm}^2$，$E_k/f_{ck}=330$。

设构造如图 7.5.3-5 所示，按 EC 5 规定的方法设计。

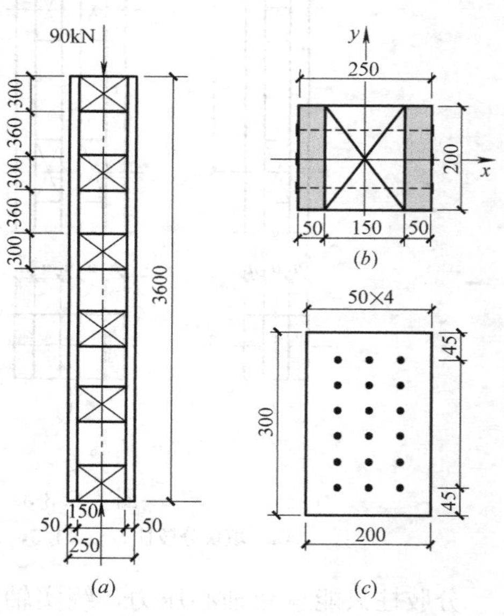

图 7.5.3-5　填块分肢柱
（a）填块布置；（b）截面；（c）钉连接的布置

柱肢间的净距，$a=150\text{mm}\leqslant 3h=150\text{mm}$；填块高度 $l_2=300\text{mm}\geqslant 1.5a=225\text{mm}$。

绕 y 轴的稳定系数：

$A_{tot}=2\times50\times200=20000\text{mm}^2$

$I_{tot}=b[(2h+a)^3-a^3]/12=200\times[(2\times50+150)^3-150^3]/12=2.04\times10^8\ \text{mm}^4$

$\lambda=l\sqrt{\frac{A_{tot}}{I_{tot}}}=3600\times\sqrt{\frac{2\times10^4}{2.04\times10^8}}=35.65$

$$\lambda_1=\frac{l_1}{h/\sqrt{12}}=\frac{660}{50/\sqrt{12}}=45.73$$

采用钉连接，查表 7.5.3-1，得 $\eta=4$

$$\lambda_{eq}=\sqrt{\lambda^2+\eta\frac{n}{2}\lambda_1^2}=\sqrt{35.65^2+4\times\frac{2}{2}\times45.73^2}=98.16>\lambda_p=c_c\sqrt{\frac{E_k}{f_{ck}}}=4.13\times\sqrt{330}=75$$

绕 x 轴的长细比：$\lambda=\frac{\mu l}{b/\sqrt{12}}=\frac{3600}{200/\sqrt{12}}=62.35<\lambda_{eq}$

故，$\varphi_x>\varphi_y$，绕虚轴失稳

$$\varphi_y=\frac{a_c\pi^2E_k}{\lambda^2f_{ck}}=\frac{0.92\times3.14^2\times330}{98.16^2}=0.311$$

稳定承载力 $N_r=\varphi_y f_c A=0.311\times15\times20000=93.3\text{kN}$

钉连接设计

$$\lambda_{eq}>60,\quad 故\ V_d=\frac{N}{60\varphi_y}=\frac{90000}{60\times0.311}=4823\text{N}$$

填块每个剪面侧向作用力：

$$T=\frac{V_d l_1}{a_1}=\frac{4823\times660}{150+50}=15916\text{N}$$

采用直径 $d=5\text{mm}$，长 140mm 的圆钉连接，经计算每钉每剪面承载力约为 870N，故填块每剪面用钉数 $n=15916/870=18.3$ 枚，取 18 枚，排列如图 7.5.3-5（c）所示。

7.5.4 格构式分肢柱

格构式分肢柱（Lattice column）相当于钢结构中的格构式缀条柱，通常有如图 7.5.4-1 所示的两种缀条布置形式——V 形和 N 形。不论何种形式，柱两端必须布置垂直于分肢的缀条。

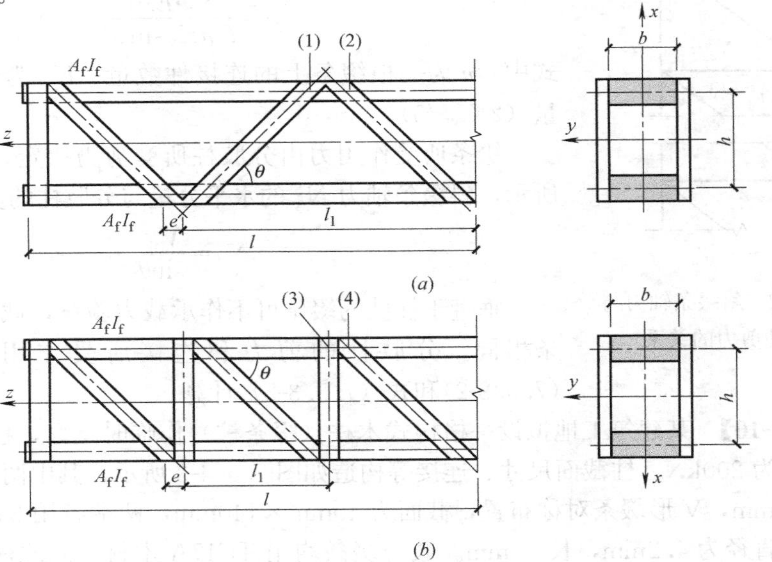

图 7.5.4-1 格构式分肢柱

（a）V 形；（b）N 形

格构式分肢柱的截面一般对称于两主轴，图 7.5.4-1 中 y 轴为虚轴，x 轴为实轴。在构造上，柱沿高度至少分为 3 段。例如 V 形格构式分肢柱，一侧柱肢为 3 l_1（3 段），另一侧柱肢为 2 l_1+2（$l_1/2$）（4 段）。每段的长细 $\lambda = l_1/i$ 不应超过 60（对虚轴），也不应超过下列计算中的 l_{ef}。如果采用钉连接，每根斜缀条每端至少用 4 枚钉子与柱肢钉牢。在 N 形分肢柱中，竖缀条（垂直于柱肢）每端的钉子数不少于斜缀条用钉量的 $\sin\theta$ 倍，θ 为斜缀条的倾角。

承载力验算时，绕 x 轴的稳定承载力按实腹柱计算；绕 y 轴，计算截面面积取两分肢面积之和，需按式（7.5.4-1）和式（7.5.4-2）计算长细比，并按其计算稳定系数和稳定承载力。

$$\lambda_{eq}=\max\{\lambda_{tot}\sqrt{1+\mu},\ 1.05\lambda_{tot}\} \tag{7.5.4-1}$$

对于两柱肢截面相同的分肢柱，λ_{tot} 可按下式计算：

$$\lambda_{tot}=l\sqrt{\frac{2A_f}{I_{tot}}} \tag{7.5.4-2a}$$

或近似取：

$$\lambda_{tot}=\frac{2l}{h} \tag{7.5.4-2b}$$

式中：l 为柱总高度；A_f 为柱肢的截面面积；I_{tot} 为计算惯性矩（见 7.5.3-3 节）；h 为两柱肢截面中心间的距离；μ 为考虑节点机械连接滑移变形对计算长细比的影响系数，对于 V 形和 N 形缀条可分别按式（7.5.4-3a）和式（7.5.4-3b）计算。

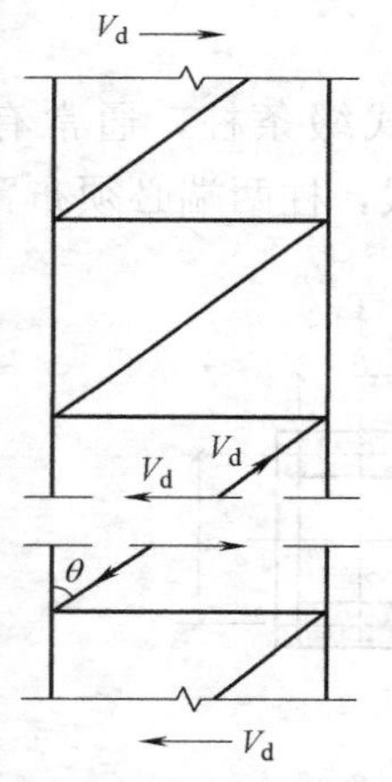

图 7.5.4-2　斜缀条轴力与分肢柱剪力的关系

V 形缀条：

$$\mu=\frac{25hEA_f}{l^2 nK_u\sin 2\theta} \tag{7.5.4-3a}$$

对于 N 形缀条：

$$\mu=\frac{50hEA_f}{l^2 nK_u\sin 2\theta} \tag{7.5.4-3b}$$

式中：n 为一根缀条上的连接件数量；K_u 为连接的滑移模量（$2K_{ser}/3$）。

缀条所受作用力由分肢柱所受剪力决定，如图 7.5.4-2 所示，斜缀条轴力 N_d 的水平分量与分肢柱的剪力 V_d 平衡。

$$N_d=\frac{V_d}{\sin\theta} \tag{7.5.4-4}$$

垂直于柱肢的缀条可不作承载力验算，截面通常与斜缀条相同。分肢柱的剪力和连接所受作用力分别按式(7.5.2-2)和式（7.5.3-2）计算。

【例题 7-10】 某建筑工地拟设一格构式木柱（缀条柱）作临时支撑，柱高 6m，轴心压力设计值为 200kN。柱截面尺寸、连接等构造如图 7.5.4-3 所示，其中两柱肢截面均为 65mm×285mm，V 形缀条对称布置，截面为 40mm×140mm，两端各用 8 枚圆钉与柱肢钉牢。圆钉直径为 4.2mm，长 90mm。肢与缀条均用 TC17A 木材（东北落叶松）。试验算该缀条柱和钉连接等的承载力。

解： 东北落叶松 TC17A，$f_c=15\text{N/mm}^2$，$f_t=9.5\text{N/mm}^2$，$E=10000\text{N/mm}^2$，实测

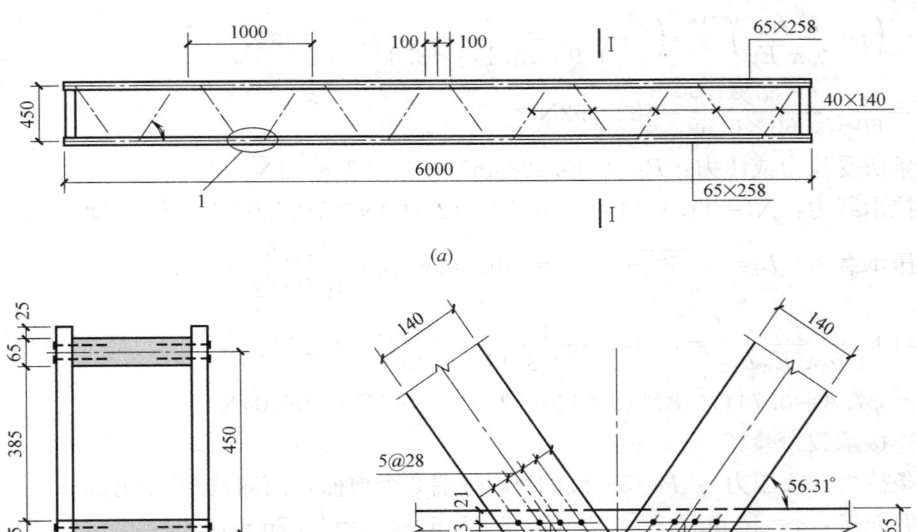

图 7.5.4-3 格构式分肢柱

(a)侧视图;(b)截面尺寸;(c)钉连接节点

平均密度 $\rho_m=690\text{kg/m}^3$，$E_k/f_{ck}=330$。作为临时支撑，强度可乘以系数 1.2，即 $f_c=15\times1.2=18\text{N/mm}^2$，$f_t=9.5\times1.2=11.4\text{N/mm}^2$，绝干相对密度 $G=0.55$。

由图可见，柱高被缀条分割为 6 段，符合不少于 3 段的要求。

$\lambda=\dfrac{\mu l}{b/\sqrt{12}}=\dfrac{1000}{65/\sqrt{12}}=53.29<60$，满足构造要求

对实轴的长细比 $\lambda_y=\dfrac{\mu l}{h/\sqrt{12}}=\dfrac{6000}{285/\sqrt{12}}=72.93$

对虚轴的长细比 $\lambda_x=\lambda_{eq}$

$$\lambda_{tot}=\frac{2l}{h}=\frac{2\times6000}{450}=26.67$$

$$K_u=\frac{2}{3}K_{er}=\frac{2}{3}\times\frac{\rho_m^{1.5}d^{0.8}}{30}=\frac{2}{3}\times\frac{690^{1.5}\times4.2^{0.8}}{30}=1286.2\text{N/mm}$$

$$\mu=\frac{25hEA_f}{l^2nK_u\sin2\theta}=\frac{25\times450\times10000\times65\times285}{6000^2\times16\times1286.2\times\sin(2\times56.31)}=3.05$$

$$\lambda_x=\lambda_{eq}=\max\{\lambda_{tot}\sqrt{1+\mu},1.05\lambda_{tot}\}=\max\{26.67\times\sqrt{1+3.05},26.67\times1.05\}=53.67$$

$\lambda_x<\lambda_y$，缀条柱的承载力由绕实轴失稳决定。

$$\lambda_y=72.93<\lambda_p=c_c\sqrt{\frac{E_k}{f_{ck}}}=4.13\times\sqrt{330}=75$$

$$\varphi_y=\left(1+\frac{\lambda^2f_{ck}}{b_c\pi^2E_k}\right)^{-1}=\left(1+\frac{72.93^2}{1.96\times3.14^2\times330}\right)^{-1}=0.545$$

$N_r=\varphi f_cA=0.545\times18\times65\times285\times2=363.62\text{kN}>200\text{kN}$

缀条柱中的剪力：$\lambda_x=53.67<\lambda_p=75$

$$\varphi_x=\left(1+\frac{\lambda^2 f_{ck}}{b_c\pi^2 E_k}\right)^{-1}=\left(1+\frac{53.67^2}{1.96\times3.14^2\times330}\right)^{-1}=0.69$$

$$V_d=\frac{N}{60\varphi_x}=\frac{200\times10^3}{60\times0.69}=4830.92\text{N}$$

缀条所受拉力或压力：$P=4830.92/\sin56.31=5806.04\text{N}$

抗拉承载力：$N_r=11.4\times40\times140\times2=127600\text{N}>5806.04\text{N}$，满足要求

抗压承载力：$l_{ef}=\sqrt{450^2+300^2}=540.8\text{mm}$，$\lambda=\dfrac{540.8}{40/\sqrt{12}}=46.84$

$$\varphi=\left(1+\frac{\lambda^2 f_{ck}}{b_c\pi^2 E_k}\right)^{-1}=\left(1+\frac{46.84^2}{1.96\times3.14^2\times330}\right)^{-1}=0.744$$

$N_r=\varphi f_c A=0.744\times18\times40\times140\times2=150000\text{N}>5806.04\text{N}$

钉连接承载力验算：

缀条拉力（或压力）：$P=5806.04\text{N}$，每端 8 个剪面，两侧共 16 个剪面。

单剪连接：$a=40\text{mm}$，$c=90-40-2-1.5\times4.2=41.7\text{mm}$，$\alpha\approx1.0$

$f_{ha}=f_{hc}=115G^{1.84}=115\times0.55^{1.84}=32.28\text{N/mm}^2$，$\beta=1.0$

$\eta=a/d=9.5$，可能的屈服模式为Ⅲ$_s$（Ⅲ$_m$）、Ⅳ。钉强度的标准值 $f_{yk}=235\ \text{N/mm}^2$

$K_{aI}=K_{aI}/\gamma_I=\alpha\beta/\gamma_I=1.0\times1.0/3.42=0.293$

$$K_{a\text{II}}=\frac{1}{2.83}\frac{\sqrt{\beta+2\beta^2(1+\alpha+\alpha^2)+\alpha^2\beta^3}-\beta(1+\alpha)}{1+\beta}$$

$$=\frac{1}{2.83}\times\frac{\sqrt{1+2\times1^2\times(1+1+1^2)+1^2\times1^3}-1\times(1+1)}{1+1}=0.146$$

$$K_{a\text{III}m}=\frac{1}{2.22}\frac{\alpha\beta}{1+2\beta}\left[\sqrt{2(1+\beta)+\frac{1.647(1+2\beta)k_{ep}f_{yk}}{3\beta f_{ha}\alpha^2\eta^2}}-1\right]$$

$$=\frac{1}{2.22}\times\frac{1\times1}{1+2\times1}\times\left[\sqrt{2\times(1+1)+\frac{1.647\times(1+2\times1)\times1.0\times235}{3\times1\times32.28\times1^2\times9.5^2}}-1\right]=0.155$$

$$K_{a\text{III}s}=\frac{1}{2.22}\frac{\beta}{2+\beta}\left[\sqrt{\frac{2(1+\beta)}{\beta}+\frac{1.647(2+\beta)k_{ep}f_{yk}}{3\beta f_{ha}\eta^2}}-1\right]$$

$$=\frac{1}{2.22}\times\frac{1}{2+1}\times\left[\sqrt{\frac{2\times(1+1)}{1}+\frac{1.647\times(2+1)\times1.0\times235}{3\times1\times32.28\times9.5^2}}-1\right]=0.155$$

$$K_{a\text{IV}}=\frac{1}{1.88}\frac{1}{\eta}\sqrt{\frac{1.647\beta k_{ep}f_{yk}}{3(1+\beta)f_{ha}}}=\frac{1}{1.88}\times\frac{1}{9.5}\sqrt{\frac{1.647\times1\times1.0\times235}{3\times(1+1)\times32.28}}=0.079$$

中距 $S_1=23/\sin56.34°=27.6$，$S_1/d=6.6$，按欧洲规范 EC 5，预钻孔，$k_{eq}=0.67$

$$C_g=\frac{n^{k_{eq}}}{n}=\frac{2^{0.67}}{2}=0.8$$

故缀条钉连接总承载力：

$P_d=mC_g adf_{ha}K_{ad,min}=16\times0.8\times40\times4.2\times32.28\times0.079=5483.78\text{N}<5806.04\text{N}$

但按标准 GB 50005—2017，$d<6\text{mm}$，$C_g=1.0$，则 $P_d=6854.72\text{N}>5806.04\text{N}$

因此，钉连接承载力大致满足要求。为防止钉裂，应预钻孔。

【例题 7-11】 试验算如图 7.5.4-4 所示的正交层板胶合木墙在竖向荷载和侧向风荷载作用下的承载力。竖向荷载设计值（恒载与楼面活荷载基本效应组合）$N_d=120\text{kN}$，侧

向风荷载设计值 $q_d=2.0\text{kN/m}^2$。墙板为两端铰支，计算高度为 3.0m，宽 0.8m。正交层板胶合木由三层层板（欧洲锯材）组成，层板厚度均为 30mm，每层 4 块。上、下表层（纵向）层板的强度等级为 C24，中间层（横向）层板的强度等级为 C18。

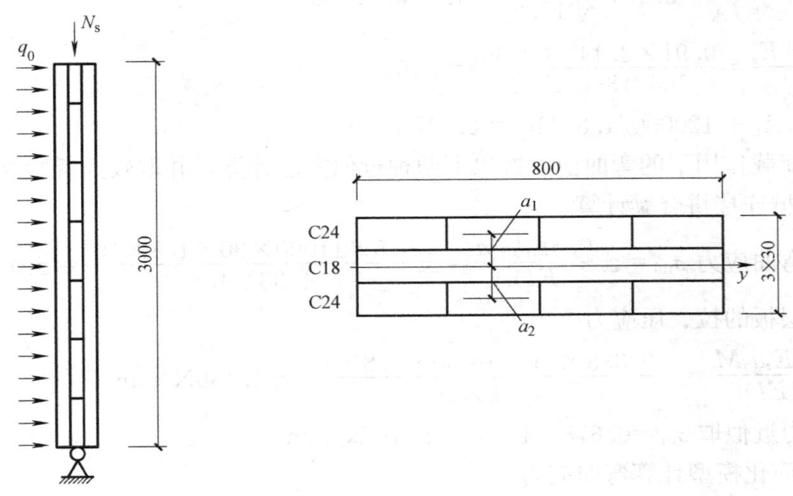

图 7.5.4-4 正交胶合木墙板

解：查附录 C，C24 锯材的力学指标：

$f_m=15.9\text{N/mm}^2$，$f_c=12.5\text{N/mm}^2$，$f_{ck}=17.2\text{N/mm}^2$，$E=11000\text{N/mm}^2$；

C18 的力学指标：

$E=9000\text{N/mm}^2$，并取 $G=E/16=562.5\text{N/mm}^2$，$G_{rol}=G/10=56.25\text{N/mm}^2$。

层板抗弯强度体系调整系数为 $k_{sys}=1+0.025n=1+0.025\times4=1.10$

恒载与风荷载组合下木材强度调整系数：$k_D=0.91$

轴向力设计值：$N_d=120\text{kN}$

弯矩设计值：$M_d=\dfrac{ql^2}{8}=\dfrac{2.0\times0.8\times3^2}{8}=1.8\text{kN}\cdot\text{m}$

上、下两层拼合，中间层（C18）为模拟机械连接件，$\gamma_2=1.0$。

$$\gamma_1=\left(1+\frac{\pi^2E_iA_iS_i}{K_iL^2}\right)^{-1}=\left(1+\frac{\pi^2E_1t_1}{L^2}\frac{t}{G_{90}}\right)^{-1}=\left(1+\frac{3.14^2\times11000\times30}{3000^2}\times\frac{30}{56.25}\right)^{-1}=0.838$$

换算截面对称轴在 1/2 板厚处，故 $a_1=a_2=30\text{mm}$。

有效刚度为：

$$(EI)_{ef}=\sum_{i=1}^{2}(E_iI_i+\gamma_iE_iA_ia_i^2)=\frac{11000\times800\times30^3}{12}\times2+$$
$$0.838\times11000\times30\times800\times30^2\times2=4.38\times10^{11}\text{N}\cdot\text{mm}^2$$

$I_{ef}=\dfrac{(EI)_{ef}}{E}=\dfrac{4.38\times10^{11}}{11000}=3.98\times10^7\text{mm}^4$，　$A_{net}=2\times800\times30=4.8\times10^4\text{mm}^2$

$i_{ef}=\sqrt{\dfrac{I_{ef}}{A_{net}}}=\sqrt{\dfrac{3.98\times10^7}{4.8\times10^4}}=28.80\text{mm}$，　$\lambda_{ef}=\dfrac{l_0}{i_{ef}}=\dfrac{3000}{28.8}=104.18$

$E_k=E\left(1-\dfrac{1.645V_E}{\sqrt{2n-1}}\right)=11000\times\left(1-\dfrac{1.645\times0.2}{\sqrt{2\times4-1}}\right)=9636\text{N/mm}^2$（考虑 4 块共同工

作，变异系数可降低）

按层板胶合木计算压杆稳定系数：

$$\lambda_{\mathrm{p}}=3.45\sqrt{\frac{E_{\mathrm{k}}}{f_{\mathrm{ck}}}}=3.45\times\sqrt{\frac{9636}{17.2}}=81.66,\quad \lambda>\lambda_{\mathrm{p}}$$

$$\varphi_{\mathrm{y}}=\frac{a_{\mathrm{c}}\pi^2E_{\mathrm{k}}}{\lambda^2 f_{\mathrm{ck}}}=\frac{0.91\times3.14^2\times9636}{104.18^2\times17.2}=0.463$$

$$\sigma_{\mathrm{N}}=N_{\mathrm{d}}/A_{\mathrm{net}=}\,120000/4.8\times10^4=2.5\mathrm{N/mm^2}$$

侧向风荷载作用下的弯曲应力按以下两种近似方法计算，并取较大者验算：

① 按机械连接拼合梁计算

各层板弯曲应力 $\sigma_{\mathrm{m}i}=\pm\dfrac{0.5E_ih_iM}{(EI)_{\mathrm{ef}}}=\pm\dfrac{0.5\times11000\times30\times1.8\times10^6}{4.38\times10^{11}}=\pm0.678\mathrm{N/mm^2}$

上、下层板的拉、压应力

$$\sigma_i=\pm\frac{r_iE_ia_iM}{(EI)_{\mathrm{ef}}}=\pm\frac{0.838\times11000\times30\times1.8\times10^6}{4.38\times10^{11}}\pm1.136\mathrm{N/mm^2}$$

弯曲应力近似取 $\sigma_{\mathrm{m}}=0.678+1.136=1.814\mathrm{N/mm^2}$

② 利用简化模型计算弯曲应力

$$(EI)_{\mathrm{net}}=\sum_{i=1}^{n}(E_iI_i+E_iA_ie_i^2)=\left(2\times\frac{800\times30^3}{12}+2\times800\times30\times30^2\right)\times11000$$
$$=5.148\times10^{11}\mathrm{N\cdot mm^2}$$

$$\sigma_{\mathrm{m}}=\frac{EM(t_1+t_2+t_3)}{2(EI)_{\mathrm{net}}}=\frac{11000\times1.8\times10^6\times90}{2\times5.148\times10^{11}}=1.73\mathrm{N/mm^2}$$

两者差别不大。

按欧洲规范 EC 5 验算压弯构件的承载力（式（7.4.2-13）），弯矩作用在垂直于墙板的平面内，可不计受弯构件侧向稳定：

$$\frac{\sigma_{\mathrm{c}}}{\varphi f_{\mathrm{c}}}+\frac{\sigma_{\mathrm{my}}}{f_{\mathrm{my}}k_{\mathrm{sys}}}=\frac{2.5}{0.463\times12.5\times0.91}+\frac{1.814}{15.9\times0.91\times1.10}=0.586<1$$

按标准 GB 50005—2017 验算（式（7.4.2-2）～式（7.4.2-5））：

$$W=I_{\mathrm{ef}}/(h/2)=4.68\times10^7/45=1.04\times10^6\mathrm{mm^3}$$

$$k=\frac{M}{Wf_{\mathrm{m}}\left(1+\sqrt{\dfrac{N}{Af_{\mathrm{c}}}}\right)}=\frac{1.8\times10^6}{1.04\times10^6\times15.9\times0.91\times\left(1+\sqrt{\dfrac{120\times10^3}{4.8\times10^4\times12.5\times0.91}}\right)}=0.081$$

$$k_0=0,\varphi_{\mathrm{m}}=(1-k)^2(1-k_0)=(1-0.086)^2\times1=0.845$$

$N_{\mathrm{r}}=f_{\mathrm{c}}\varphi\varphi_{\mathrm{m}}A_0=12.5\times0.91\times0.463\times0.845\times4.8\times10^4=2.136\times10^5\mathrm{N}=213.6\mathrm{kN}$ $>120\mathrm{kN}$

满足承载力要求。

第 8 章　桁　　架

8.1　桁架及设计原理

桁架是一种平面结构的构件，可视为由梁转化而来。如果在梁的腹部按一定规则开洞口，成为空腹梁（刚架），再将各杆由刚接改为铰接并加斜杆，则形成静定的杆系结构，即为桁架。简支桁架的上弦杆是压杆，下弦杆是拉杆。相当于简支梁的上部受压区和下部受拉区。桁架的腹杆则有拉、有压，取决于腹杆的布置及斜腹杆倾斜的方向。腹杆起着梁腹部的抗剪作用，在平行弦桁架中，与梁主拉应力方向一致的斜腹杆受拉，与主压应力方向相同的腹杆受压，竖腹杆一般为拉杆。由于桁架的矢高可以较大，其跨度可远超过梁，且能节省材料。桁架又可称为组合构件。

桁架在建筑结构中通常称为屋架，是屋盖体系中的主要承重构件。为排水和满足建筑造型要求，上弦杆常形成一定的坡度，呈三角形或梯形屋架。在跨度较大的木结构楼盖中，有时也用桁架，多为平行弦桁架。在桥梁结构中，大多采用梯形或平行弦桁架。桁架是统称，屋架是其用于屋盖中的特称。本章主要介绍屋架，但采用桁架这一术语。

桁架本身只能承受其平面内的横向荷载，为保证平面外的稳定，必须设置可靠的支撑系统。这些内容将在第 11 章中介绍。

8.1.1　桁架的形式

建筑结构中常用的桁架从外形上可有三角形、梯形、多边形或弧形等（图 8.1.1-1）。其中以多边形、弧形桁架受力最为合理，因为这些桁架的上弦节点一般均位于一条二次抛物线上，与简支梁在均布荷载作用下的弯矩图形状基本一致，其弦杆内力较均匀，腹杆内力较小；其次是以梯形桁架受力较为合理。这些桁架常在跨度较大的场合使用。三角形桁架受力性能较差，自重大，用料多，但构造简单，宜用于跨度较小的场合，一般不宜超过 18m。

按所用材料不同，桁架可分为木桁架和钢木桁架。木桁架的上、下弦杆和除受拉竖腹杆外的全部斜腹杆均用方木与原木、锯材或层板胶合木制作，竖腹杆则用圆钢（早期竖腹杆也用木材制作）。钢木桁架上弦和斜腹杆用方木与原木、锯材或层板胶合木制作，下弦及竖腹杆则采用圆钢，下弦也可采用型钢。如图 8.1.1-1（*g*）所示，大跨弧形桁架用层板胶合木制作，跨度可达 80～100m。还有一类主要用于轻型木结构的桁架，所有杆件均采用规格材制作，称为轻型木桁架，因节点采用齿板连接，也称为齿板桁架。

8.1.2　桁架的刚度

桁架的高跨比 h/l（h 为矢高，即桁架顶节点中心至支座连线的垂直距离；l 为跨度）

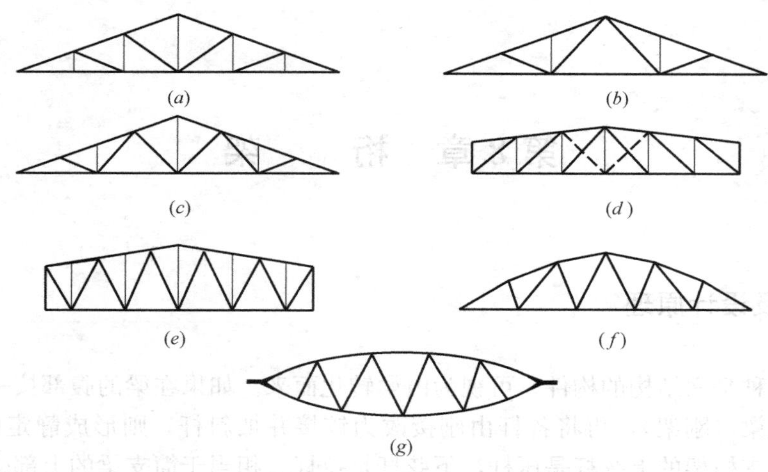

图 8.1.1-1　桁架的形式

(a) 三角形豪式桁架；(b) 芬克式桁架；(c) 三角形桁架；(d) 梯形豪式桁架；
(e) 梯形桁架；(f) 多边形桁架；(g) 层板胶合木弧形桁架

是决定其刚度的基本因素。影响桁架刚度的其他因素有桁架各杆件的材料、截面尺寸、节点类型与制作质量等。一般要求桁架挠度不大于 $l/300$。如果桁架的高跨比满足表8.1.2-1的要求，可不必验算桁架的变形，正常使用功能一般会得到满足。

桁架最小高跨比（h/l）　　　　**表 8.1.2-1**

桁架形式	原木、方木桁架		胶合木桁架
	木桁架	钢木桁架	
三角形	1/5	1/6	1/6
梯形、平行弦	1/6	1/7	1/8
多边形、弧形	1/6	1/7	1/6～1/9

桁架的变形（挠度）不仅包括构件和连接的弹性变形，还包括因连接的滑移、木材干缩、横纹承压等因素产生的不可恢复变形，特别是齿连接的原木、方木桁架，不可恢复变形往往占总变形的相当部分。桁架受荷后的变形可分为两个阶段：第一阶段为瞬时变形，即受荷即产生的变形，约占总变形的 40%～50%；第二阶段为荷载持续作用期内发生的长期变形，最初一、二年长期变形发展较快，约占总变形的 40%，之后由于制作偏差造成的不紧密性被压实，木材的蠕变减缓，木材含水率达到平衡状态，变形虽还有一定的发展，但每年的增量已不大，并逐渐收敛。

为消除桁架的可视垂度（挠度），在桁架制作时可起拱，起拱量一般为 $l/200$。起拱应保持桁架的矢高不变，而将下弦中央节点上提（图 8.1.2-1），其他下弦节点上提量按跨中上提量（$l/200$）和节点所在位置的比例计算。木桁架一般在下弦接头处上提，钢木桁架在下弦节点处上提。

考虑到吊装时桁架平面外的强度和刚度需要，桁架杆件的截面宽度不宜过小。当采用原木、方木时，弦杆的梢径或方木的截面宽度宜控制在 $l/150$～$l/120$ 的范围内，且梢径或边长不宜小于 100mm。腹杆的截面宽度宜与弦杆相同，以便于制作时对中，截面高度

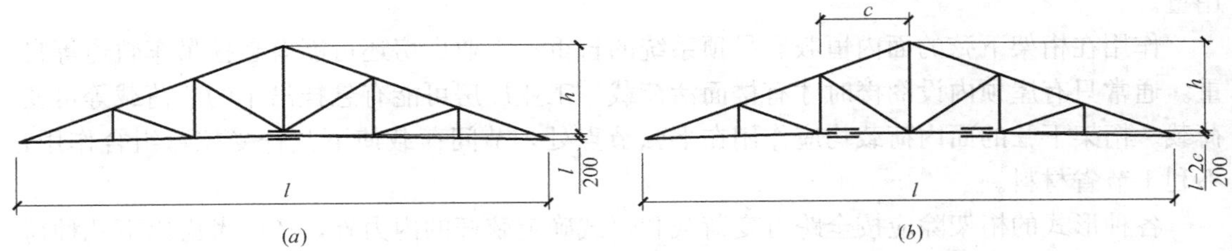

图 8.1.2-1 桁架的起拱

(a) 木桁架的起拱；(b) 钢木桁架的起拱

不宜小于 80mm。桁架中钢受拉腹杆的直径不宜小于 12mm，并应作防锈处理。对于齿板桁架中杆的最小截面要求见 8.4 节。

8.1.3 桁架的节间划分及压杆的计算长度

桁架弦杆相邻节点间的水平距离称节间（距）。一般情况下，上弦各节间距相等，而桁架的形式决定了上、下弦杆的节间是否相等或重合。节间距的大小主要取决于上弦杆的承载力，因此在跨度一定的情况下，应根据当地可获得的木材截面尺寸、强度等级、荷载情况，在满足承载力要求的条件下，尽量加大节间距，以减少节点数。对仅有上弦荷载的钢木桁架更应扩大下弦节间距。节间距小则节点多，这一方面增加了施工难度，另一方面因节点制作的不密实性也会增加桁架的变形。当然在桁架矢高一定的条件下，过大的节间会导致斜腹杆与弦杆的交角过小，从而不利于节点制作和斜腹杆工作的可靠性，节点间距通常为 2.0～4.5m。

木结构节点一般为铰接，对构件转动不起约束作用，故桁架压杆，即便是连续的上弦杆，计算长度一般取节点间的中心距。这一点与钢结构或混凝土结构是不同的。桁架上弦杆平面外的计算长度由上弦杆的平面外支撑条件决定。如果檩条与上弦间有可靠锚固，檩条间距即为计算长度。

8.1.4 桁架的荷载与荷载效应组合

作用于桁架上弦杆的面内荷载有恒载和可变荷载。可变荷载即雪荷载或屋面活荷载，恒载主要是屋面系统的自重及桁架自重。在常见的桁架间距情况下，桁架自重 g_{swt} 可按下式估计：

$$g_{swt}=0.01(0.7l+7)B \qquad (kN/m) \tag{8.1.4-1}$$

式中：B 为桁架间距；l 为桁架的跨度（m）。

由于桁架自重所占总荷载的比例不大，因此桁架设计后的自重与计算值即使有偏差，也不必重新验算。可变荷载主要是雪荷载和屋面活荷载，如果是方木与原木屋架，只取其较大者即可；如果是胶合木等现代木产品制作的屋架，因不同荷载组合的强度调整措施不同，雪荷载与屋面活荷载均应考虑，分别验算。木桁架上弦坡度一般不超过 30°（齿板桁架除外），所以除设天窗架的桁架，亦可不计风荷载对承载力的影响，但应考虑风吸力对屋盖构件的掀起作用。屋面坡度超过 30°时，需计入风荷载作用。上弦的面内荷载可以作用在上弦节点处，也可以作用在节间，但宜选择作用在节点处，这样能节省上弦木材用量。

作用在桁架下弦的面内恒载有吊顶系统的自重，工业厂房还可能有悬挂吊车轨道等自重。通常只有屋顶内设阁楼时才有楼面活荷载，工业厂房可能有悬挂吊车的活荷载等可变荷载。桁架下弦的面内荷载均应作用在下弦节点处，节间荷载使下弦杆受拉弯组合作用，不利于节省材料。

各种形式的桁架除应按全跨可变荷载和恒载确定弦杆的内力外，还应考虑以下几种荷载组合：三角形豪式桁架，尚应按全跨恒荷和半跨可变荷载确定中央两斜腹杆的内力差，以验算下弦中央节点的连接（图 8.1.4-1*a*）；在有悬挂吊车的情况下，需考虑其不利影响。梯形豪式桁架，应按全跨恒载和半跨可变荷载组合确定中部腹杆内力的正负号和大小（图 8.1.4-1*b*）；对于多边形或弧形桁架则应按全跨恒载和 3/4 及 1/4 跨可变荷载或 2/3 及 1/3 跨的可变荷载组合（图 8.1.4-1*c*、*d*），确定腹杆内力的正负号及大小。主要是因为这类桁架腹杆的内力并不大，但其正负号对荷载分布很敏感。

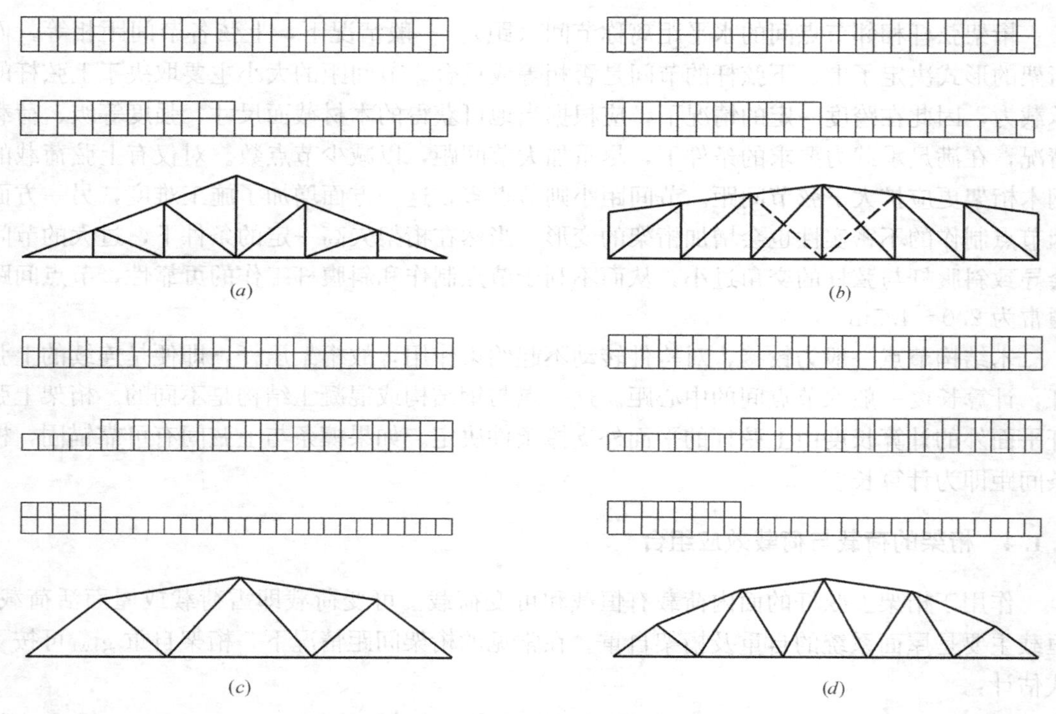

图 8.1.4-1　桁架荷载组合

8.1.5　内力分析

除齿板桁架和特殊的层板胶合木桁架外，桁架的内力分析和变形计算均可用简化方法。即使上、下弦杆实际上是连续的，木桁架或钢木桁架仍假设为各节点为铰接的静定结构体系，并视荷载作用在上、下弦节点上来求解内力和变形，节点荷载取该节点所分担区间内的荷载总和。对于承受节间荷载所引起的上弦杆弯矩，不论上弦杆实际上连续与否，一律按简支梁计算。这是因为即使上弦杆为连续的，但跨中弯矩与支座弯矩的分配与中间支座的沉降有关。试验表明，节点的沉降量较大，特别是采用齿连接的桁架，连续上弦的支座负弯矩大部分被这种支座沉降引起的正弯矩抵消。只要该处的刻槽深度在规定的范围内，所产生的支座弯矩对上弦截面的选择将不起控制作用。因此，内力分析时可假定节点支座处的弯矩正负抵消，节间跨中弯矩又恢复到简支梁状态，即仍可按简支梁计算跨中弯矩。但为安全，上弦杆支座负弯矩可取 $ql^2/10$。

在内力分析时，假定各杆轴线汇交于节点中心，桁架制作时也应遵守这一点。只有腹杆受力较小的桁架（多边形桁架），才允许存在不大的偏心。因腹杆偏心连接引起的偏心弯矩（Ne），由通过该节点的弦杆承担，若弦杆在该节点附近无接头，则偏心弯矩平均分配于两侧节间的弦杆；若一侧弦杆有接头，则由另一侧的节间弦杆承担。腹杆偏心弯矩仅影响本节点的弦杆，不影响其他节点的弦杆。

重要的大跨桁架，宜在上述简化分析的基础上，再作更精细的内力和变形分析。为此，需将连续的上下弦杆和腹杆的连接取为半铰接计算简图，并恢复原有的节间荷载状态。另一方面，因桁架计算简图已成为超静定体系，故应考虑节点连接的滑移对内力分布的影响，方法是桁架各杆的截面面积 A_i 按下式调整：

$$A_i^* = A_i / \left[1 + \frac{EA_i}{l_i}\left(\frac{1}{n_{ai}K_u} + \frac{1}{n_{ei}K_u}\right)\right] \tag{8.1.5-1}$$

式中：A_i 为第 i 根杆的截面面积；A_i^* 为第 i 根杆调正后的截面面积；l_i 为第 i 根杆的杆长；K_u（$=2K_{ser}/3$）为每个连接剪面的滑移模量（计算变形时，K_u 改用 K_{ser}）；n_{ai}、n_{ei} 分别为第 i 根杆两端连接件（销）的个数，可以根据简化分析所得内力和选用的连接件的连接承载力确定。由于精细分析的计算简图为多次超静定体系，需利用计算机建模分析。对比计算机分析结果与简化分析结果，对设计作最终调整。

8.2 木桁架

上下弦杆和腹杆用木材或木制品制作的桁架称为木桁架。齿连接的桁架将受拉腹杆采用圆钢拉杆后具有明显的优点。例如三角形和梯形豪式桁架中的竖向受拉腹杆采用圆钢拉杆不仅克服了木拉杆连接的困难，将圆钢拉杆一端套制丝扣后可用螺帽拧紧，能使桁架节点各杆间的接触更加紧密，从而大幅降低了桁架受载后非弹性的初始变形。这类腹杆为圆钢拉杆的桁架也称为木桁架。

在早期，木桁架的节点主要依靠简单而承载力较高的齿连接传递杆件之间的作用力。但是齿连接不能传递拉力，因此在决定腹杆布置形式的时候，要求斜腹杆受压。因为桁架中同一节点上斜腹杆内力的绝对值总是大于竖腹杆的内力，例如三角形桁架端斜腹杆向跨中下倾（图 8.1.1-1*a*），梯形桁架端斜腹杆向外侧下倾（图 8.1.1-1*d*）。这些端斜腹杆均为压杆，竖腹杆为拉杆，且上下弦节间重合，此类桁架称为豪式桁架。

随着现代木制品和连接技术的发展，齿连接不再作为主要的连接方式，上述要求可以不再遵循。如图 8.1.1-1（*e*）所示的梯形桁架，采用了相当于支座位于上弦的腹杆布置形式，内力最大的端斜腹杆为拉杆。这种桁架形式亦可视为下沉式桁架，端斜腹杆可视为下弦杆的一部分，但是该杆的两端需要解决拉力的传递问题。

8.2.1　三角形豪式木桁架

1. 方木桁架

桁架的节间长度宜控制在 2～3m，尽量避免节间荷载，主要节点构造如图 8.2.1-1 所示。跨度不大时，上弦可用整根木材；跨度大需要做接头时，四节间桁架接头可设在中间节点一侧，六节间以上的接头不应设在脊节点两侧，也不宜设在端部第一间节内。接头应尽量靠近节点，避免有节间荷载时接头受较大的弯矩作用。接头形式应为平接对接接头，抵承面应锯平相互顶紧，并设置木夹板，通过螺栓拧紧，接头两侧各设 2 根螺栓，直径不小于 12mm。木夹板高度同上弦截面高度，厚度不小于上弦宽度的 1/2，长度不小于上弦宽度的 5 倍，以保证上弦在接头处有必要的平面外刚度（图 8.2.1-1*c*）。

下弦通常需要做接头，常采用木夹板螺栓连接形式。连接螺栓的数量由计算确定，且接头每侧不小于 6 根。木夹板需选用干燥、纹理平直、天然缺陷少无裂纹的 I_a 等材，厚度不应小于下弦截面宽度的 1/2，高度与下弦截面一致，长度由螺栓的排列要求决定。螺

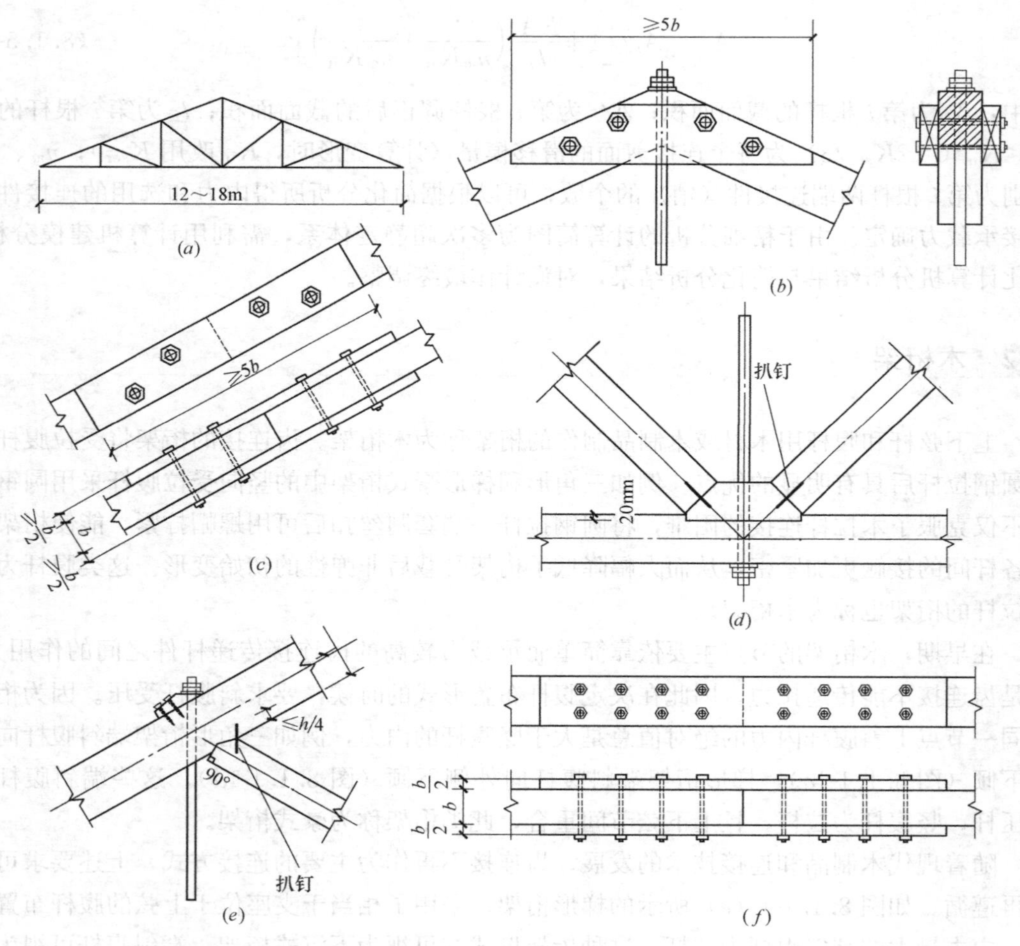

图 8.2.1-1　三角形豪式木桁架基本构造（一）

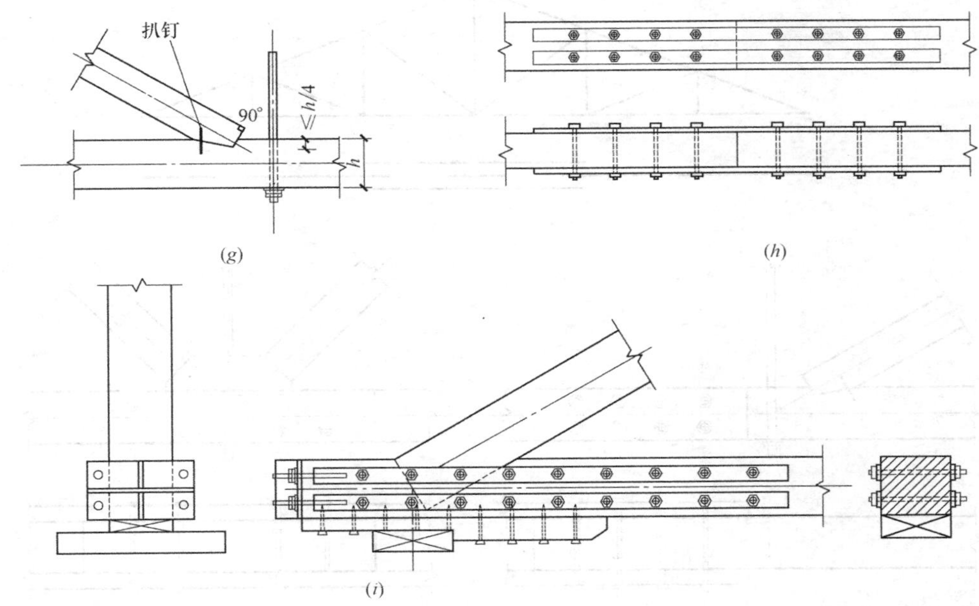

图 8.2.1-1 三角形豪式木桁架基本构造（二）

栓应排列成两行齐列（图 8.2.1-1f），下弦截面高度较小时，应排成两行错列，以免螺栓落在下弦杆木材的髓心部位。木夹板的质量直接影响桁架的可靠性，在缺乏优质木材的情况下，可选用钢夹板方案，但钢夹板应分成上下两条（图 8.2.1-1h），以防止整条钢夹板影响木材干缩变形导致下弦杆开裂。

上、下弦杆中间节点与斜腹杆的连接均采用单齿连接（图 8.2.1-1e、g）。上弦杆一般以毛截面对中，需控制刻槽深度不大于上弦杆截面高度的 1/4。方木桁架下弦杆一般以净截面对中，但刻槽深度也应控制，不得超过支座节点的刻槽深度。

圆钢竖腹杆与上、下弦杆相连时，螺帽下应设钢垫板，其平面尺寸由木材横纹或斜纹局压承载力决定。垫板应有足够的厚度，以使垫板下的压应力均匀分布。任何情况下，垫板厚度不应小于式（8.2.1-1）的计算结果。

$$t \geqslant \sqrt{N_t/2f} \tag{8.2.1-1}$$

式中：N_t 为圆钢竖腹杆的拉力设计值；f 为钢材强度设计值。

上弦脊节点（图 8.2.1-1b）采用抵承连接，两上弦杆端头斜锯平整，相互顶紧，并在两侧设木夹板用螺栓系紧。为放置中央拉杆螺帽垫板，脊节点顶部需水平切割，中央拉杆孔一般在系紧木夹板后施钻，以使孔在两弦杆端部对称。下弦中央节点则是五杆相交，为使各杆轴线能相交于节点中心并有足够的抵承面传递杆力，一般需设元宝木（图 8.2.1-1d）。元宝木需卡入下弦杆的刻槽中，槽口深度约 20mm，以抵抗在半跨可变荷载作用下两斜腹杆的内力在水平方向的差值。如两斜腹杆内力差很大时，尚需对槽口承压按下弦木材的顺纹承压强度和元宝木顺纹抗剪强度进行验算。若能获得优质的长夹板木料，则长夹板可通过中央节点，而元宝木可设在两夹板空隙中的垫木上（图 8.2.1-2）。

支座端节点虽仅有上、下弦杆相交，但其连接也是桁架安全可靠工作的关键。弦杆内

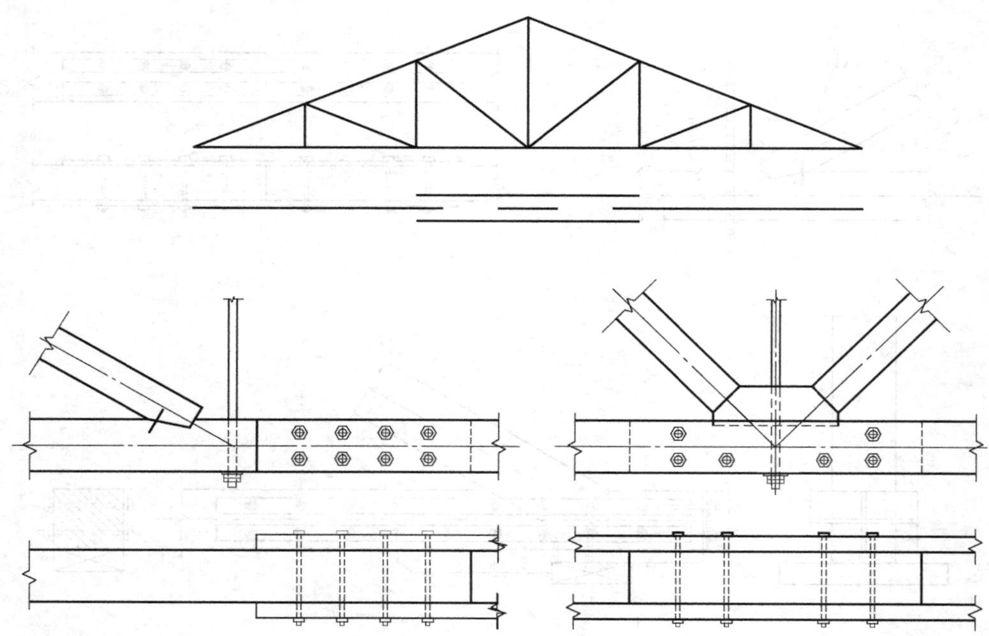

图 8.2.1-2　木桁架下弦长夹板接头和中央节点构造

力不大时，可采用单齿或双齿连接，承载力可按 5.2 节介绍的方法验算。当承载力不能满足要求时，可采用图 8.2.1-1（i）所示的蹬式端节点连接。其上弦杆抵承在一另设的木垫块上，水平分力通过该垫块传给节点端部的钢靴，并通过短圆钢传至钢夹板，再由螺栓连接传至下弦杆并与拉力平衡。钢夹板需上、下两对，钢靴上的短圆钢孔径需比圆钢直径大，以避免约束木材横纹干缩变形而导致弦杆开裂。由于钢靴承弯，为降低用钢量，可在较薄的底板上设置加劲肋以提高钢靴的抗弯能力。短圆钢螺栓是受拉杆，需用双螺帽拧紧互锁。

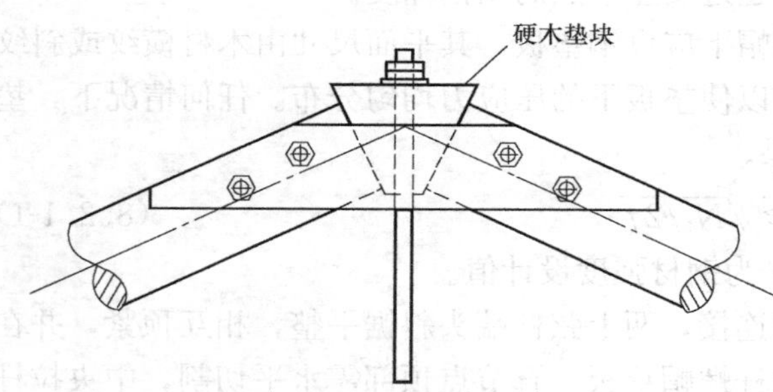

图 8.2.1-3　原木桁架脊节点

2. 原木桁架

原木的特点是有大小头，即截面尺寸沿杆长是不同的。下料时应将大头放置在杆力大的一端，如三角形豪式桁架的上弦杆，大头应置于端支座处。若采用不等节间距的三角形桁架，据统计可节省木材 10%～18%。原木小头朝上，在脊节点处，因斜纹承压可能会造成承载力不足，则可在该节点处另设三角形的硬木垫块（图 8.2.1-3），使原木端部的斜纹承压变为顺纹受压，以提高承载力。

斜腹杆与上弦杆的夹角大于与下弦杆的夹角，为均能获得较大的承压面，也应将大头与上弦杆相抵。原木桁架下弦杆接头也用木夹板螺栓连接，每块木夹板的截面面积不应小于原木下弦净面积的 1/2，要使夹板与原木贴紧，需将原木两侧各削去约 20mm 厚（图 8.2.1-4），下弦截面净面积以弓形截面计。

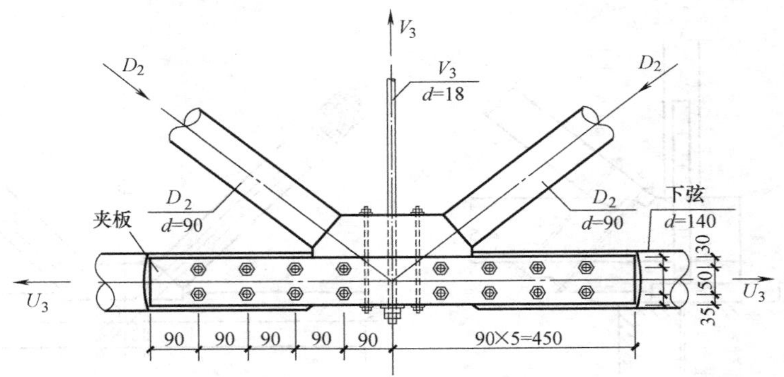

图 8.2.1-4 原木桁架下弦中央节点构造

原木三角形桁架的其他构造同方木桁架，不再重述。原木桁架的杆件承载力验算中，有效面积应取该节间的较小端直径计，但稳定承载力验算中，面积 A_0 以平均直径 d_m 计，取 $d_m = d_{max} - 0.009l/2$。

8.2.2 梯形豪式木桁架

梯形豪式木桁架的受力性能优于三角形桁架，在跨度较大的场合，宜优先采用。梯形木桁架的矢高不小于 $l/6$。轻钢彩板屋面上弦坡度可取 $i=1/5$。桁架斜腹杆通常设为向外侧下倾斜（图 8.2.2-1*a*），即梯形豪式桁架。这些斜腹杆在全跨荷载作用下为压杆。在雪荷载不大的地区，半跨雪荷载下中间斜腹杆也不致产生受拉的情况。在雪荷载较大的地区，半跨雪荷载下可能产生一定的拉力。可用钢夹板螺栓连接解决受拉问题，且一般仅需一个螺栓即可（图 8.2.2-1*d*、*f*）。当螺栓连接承载力不足时，需设置交叉腹杆，以抵抗变号轴力。交叉腹杆应设螺栓固定，防止内力变号时齿连接失效使斜腹杆脱落。

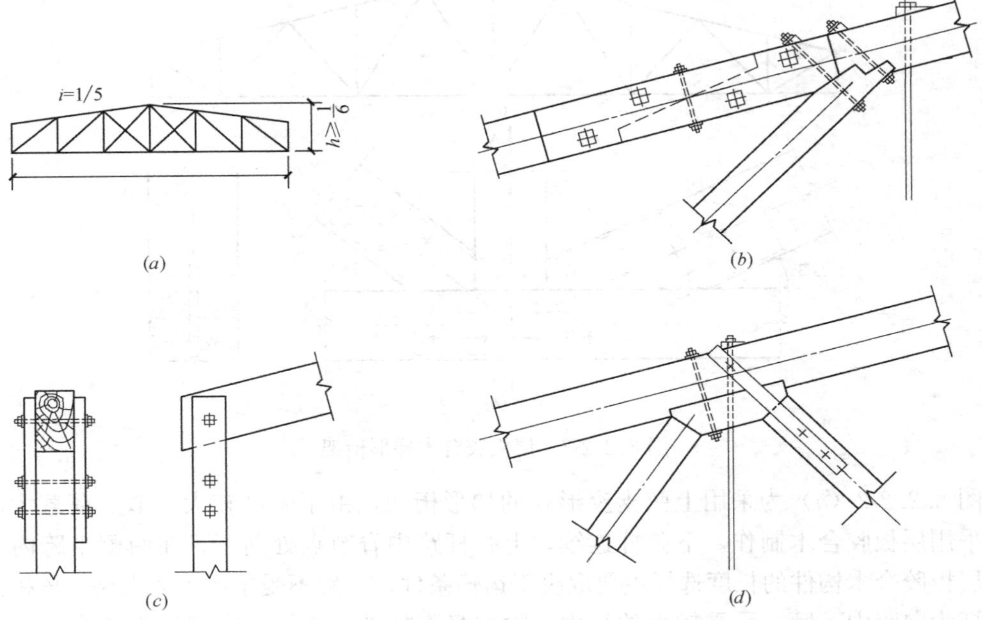

图 8.2.2-1 梯形桁架主要节点构造（一）

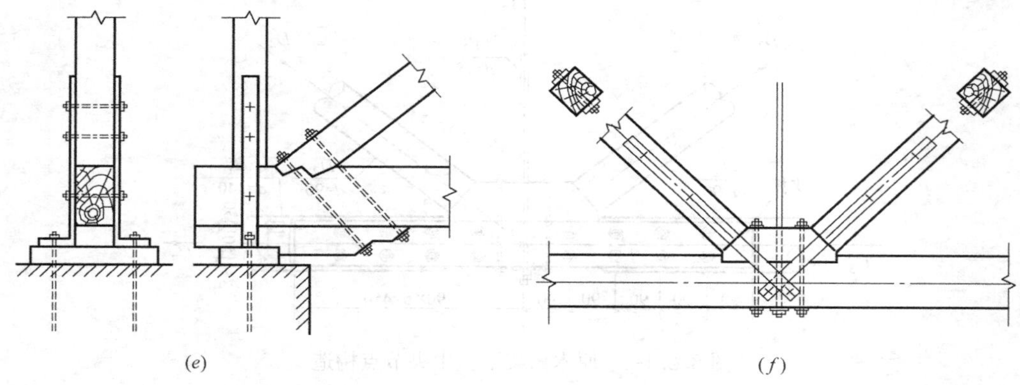

图 8.2.2-1　梯形桁架主要节点构造（二）

梯形木桁架的节点构造基本同三角形桁架。支座节点由于端斜腹杆与下弦交角较大，一般需采用双齿连接（图 8.2.2-1*e*）。端竖杆内力很小，可直接支承在下弦杆端部。桁架支座下应设附木，若附木横纹承压强度不足，可选用优质硬木。支座两侧设 L 形钢夹板并延伸至端竖杆，下端与支座预埋螺栓锚固。

端节间上弦杆无轴力，为受弯杆件。端节间上弦杆一端可采用斜接头与相邻节间的上弦悬挑部分搭接，并用木夹板、螺栓系紧，以防止脱落（图 8.2.2-1*b*）。另一端则直接支承在端竖杆上，也用木夹板、螺栓系牢（图 8.2.2-1*c*）。上、下弦杆的木料长度不够时，接长方法与位置类似于三角形豪式桁架。

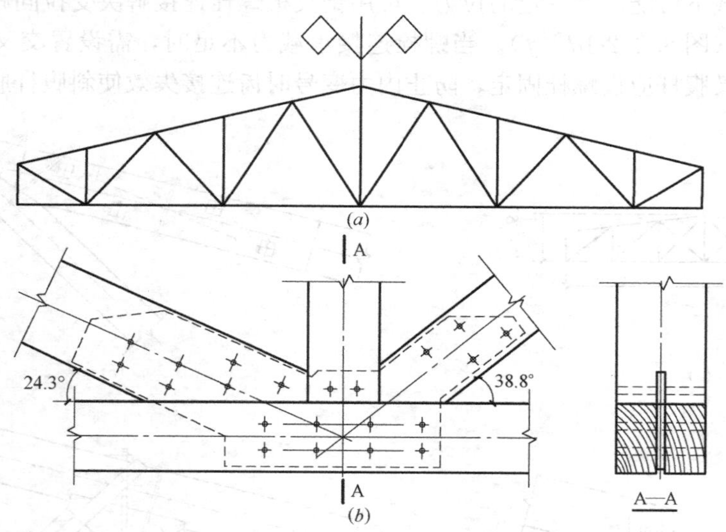

图 8.2.2-2　层板胶合木梯形桁架

图 8.2.2-2（*a*）为采用上弦支座形式的梯形桁架，由于跨度较大，节点荷载大，各杆均采用层板胶合木制作。下弦杆连续，上弦杆跨中脊节点处断开，在两侧半跨内亦连续。层板胶合木构件的长度选择主要取决于运输条件，一般不受生产工艺限制。该桁架端斜腹杆为向跨中下倾，承受较大的拉力。除中竖腹杆外，其他竖腹杆仅为减小上弦节间

距、降低弯矩而设。设计时需根据各杆轴力大小，选择合理的节点连接构造和相应的弦、腹杆截面尺寸。例如该桁架选用内置钢板销（螺栓）连接的节点（图 8.2.2-2*b*），弦、腹杆可布置在同一平面内，均为单一构件。若采用裂环连接节点，一些腹杆需分为两片对夹，且排列、对中等构造复杂。这种节点的延性差，抗震区应慎用。内置钢板销连接节点构造简单、经济又具有较好的耐火性能。当然，对于跨度更大，杆件内力更大的桁架，亦可采用木铆钉连接的节点形式。

8.2.3 弧形大跨胶合木桁架

合理的弦杆弧形轴线，能使弦杆各节间的轴力均匀，减小腹杆内力，跨度大的状况下可选用弧形桁架。只有层板胶合木才能制作成弧形构件，形成真正弧形的桁架。图 8.2.3-1 所示为俄罗斯木结构设计规范中的 4 种弧形层板胶合木桁架形式，最大跨度可达 100m。

大跨度弧形桁架，内力分析时应用前文所述的精细化内力与变形分析方法。承载力验算时，弧形构件在弯矩使其曲率半径增大时，将产生径向拉应力，应验算木材的横纹抗拉强度。当荷载较大时，可采用两榀合一榀的方案，彼此用螺栓并排绑成一榀。桁架节点多数采用多层内置钢板销连接，俄罗斯木结构设计规范（СП 64.13330.2011. ДЕРЕВЯННЫЕ КОНСТРУКЦИИ）还允许采用植筋连接节点，如图 8.2.3-2 所示的端节点，并规定了这些连接的计算方法。

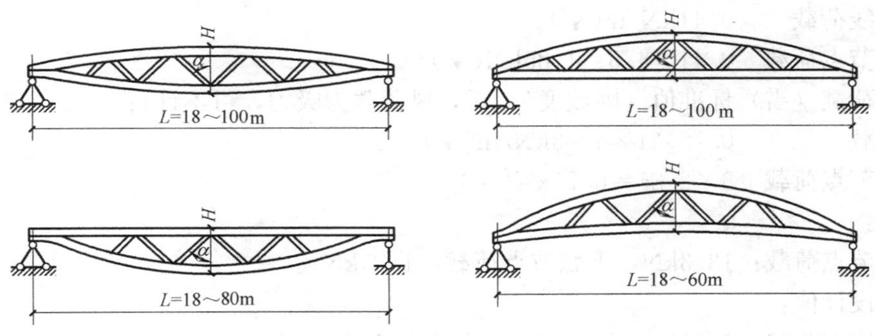

图 8.2.3-1 几种大型弧形胶合木桁架

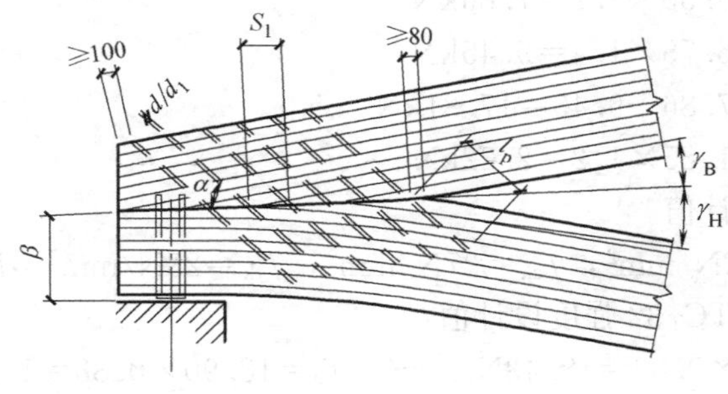

图 8.2.3-2 植筋端节点

【例题 8-1】 某滑雪场餐厅拟采用如图 8.2.3-3 所示的梯形木桁架。桁架间距为 4.0m，跨度为 22.5m。采用 TC_T32 同等组合层板胶合木，钢板为 Q235，销钢材为 Q345。建设地点雪荷载标准值为 0.75kN/m²（设计使用年限为 50 年），风荷载标准值为 0.5kN/m²。按屋盖其他构造核算，檩条（间距为 0.75m）、屋面板、支撑等折合恒荷载为 2.0kN/m²（↓）。下弦悬挂灯具、通风管道等重力折合为 0.41kN/m²（↓）。试作桁架初步设计。

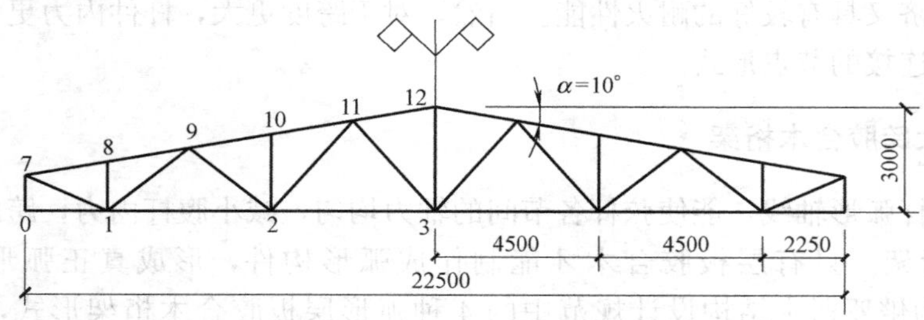

图 8.2.3-3　层板胶合木桁架

解：

（1）荷载恒载标准值：

桁架自重　$0.01(0.7l+7)\times4=0.01\times(0.07\times22.5+7)\times4=0.91$kN/m(↓)

屋盖其他构造　2.0kN/m(↓)

上弦线荷载　$2.0+0.91=2.91$kN/m(↓)

上弦节点荷载　$2.91\times2.25=6.55$kN(↓)

下弦线荷载　0.41kN/m(↓)

下弦节点荷载　$0.41\times4.5=1.85$kN(↓)

可变荷载（雪）标准值（因坡度为 10°，风荷载为吸力，可不计）：

线荷载　$0.75\times1\times4=3$kN/m(↓)

上弦节点荷载　$3\times2.25=6.75$kN(↓)

合计：

上弦节点荷载：13.3kN，下弦节点荷载：1.85kN。

荷载设计值：

上弦均布荷载：$2.91\times1.2+3.0\times1.4=7.69$kN/m(↓)

上弦节点荷载：

恒载：　$6.55\times1.2=7.86$kN

雪荷载：　$6.75\times1.4=9.45$kN

合计：　$7.86+9.45=17.31$kN

下弦节点荷载：$1.85\times1.2=2.22$kN

（2）材料强度设计值

TC_T32：$f_{mk}=32\text{N/mm}^2$，$f_{ck}=27\text{N/mm}^2$，$f_{tk}=23\text{N/mm}^2$，$E_k=8334\ \text{N/mm}^2$。

与雪荷载组合，TC_T32 强度设计值：

$f_m=22.2\times0.83=18.43\text{N/mm}^2$；$f_c=18.90\times0.83=15.69\text{N/mm}^2$；

$f_t=14.3\times0.83=11.87\text{N/mm}^2$；$f_v=2\times0.83=1.66\text{N/mm}^2$；$E=9500\text{N/mm}^2$。

Q235 承压强度标准值 $305\text{N/mm}^2\times1.1=336\ \text{N/mm}^2$，Q345：$f_{yk}=345\text{N/mm}^2$。

（3）桁架内力分析

采用简化分析，即按节点荷载作用下的铰接桁架分析，各杆截面几何性质、内力如表8.2.3-1所示。

桁架各杆几何尺寸及内力　　表 8.2.3-1

杆号	杆长（mm）	截面尺寸 $b\times t$（mm）	抗拉（压）刚度 $EA\times 10^8$（N）	全跨恒载＋全跨雪荷载设计值（kN）	全跨恒载＋半跨雪荷载设计值（kN）	下弦中央节点作用单位力时的内力系数	全跨标准荷载（kN）
7-0	1016	200×128	2.432	－100.76	－88.94	－0.5	－77.78
8-1	1410	200×128	2.432	－17.31	－17.31	0	－13.30
10-2	2210	200×128	2.432	－17.31	－17.31	0	－13.30
12-3	3000	200×128	2.432	＋44.32	＋33.27	＋0.662	＋34.30
0-1	2250	200×160	3.04	0	0	0	0
1-2	4500	200×160	3.04	＋181.12	＋158.88	＋1.24	＋139.87
2-3	4500	200×160	3.04	＋191.37	＋150.45	＋1.731	147.77
7-9	4569	200×200	3.80	－134.99	－115.90	－0.809	－102.29
9-11	4569	200×200	3.80	－200.80	－164.15	－1.553	－150.09
11-12	2285	200×200	3.80	－175.97	－130.94	－1.906	－135.92
7-1	2469	200×200	3.80	＋145.76	＋125.16	＋0.874	＋112.61
9-1	2888	160×160	2.432	－64.62	－50.01	－0.574	－49.83
9-2	2888	160×160	2.432	＋18.57	＋18.05	＋0.367	＋14.38
11-2	3438	160×160	2.432	＋36.73	＋29.36	－0.308	＋28.31
11-3	3438	160×160	2.432	－30.48	－32.90	＋0.223	－23.48

（4）桁架主要杆件承载力验算

下弦杆拟采用截面宽200mm、高160mm，内置钢板厚8mm，两行销，销径16mm，下弦净截面面积 A_n：

$$A_n=(200-8)\times(160-16\times 2)=24576\text{mm}^2$$

最大下弦拉力为：$T_{2\text{-}3}=191.37\text{kN}$

抗力为：$T_r=11.87\times 24576=291.72\text{kN}>191.37\text{kN}$

若考虑下弦均布荷载：$g_d=0.41\times 1.2=0.492\text{kN/m}$

跨中弯矩：$M=ql^2/8=0.492\times 4.5^2/8=1.245\text{kN}\cdot\text{m}$

节点处弯矩：$M=ql^2/10=0.492\times 4.5^2/10=0.996\text{kN}\cdot\text{m}$

$$\frac{191370}{11.87\times 200\times 160}+\frac{1.245\times 10^6}{18.43\times 200\times 160^2/6}=0.50+0.08=0.58<1$$

$$\frac{191370}{11.87\times 24576}+\frac{0.996\times 10^6}{18.43\times 192\times 160^2/6}=0.66+0.06=0.72<1$$

上弦杆为压弯构件，最大轴力 $N_{9\text{-}11}=-200.8\text{kN}$，每个节间设2根檩条。

檩条反力 $R=7.69\times 2.25/3=5.77\text{kN}$

跨中弯矩 $M_{9\text{-}10}=5.77\times 2.25/3=4.33\text{kN}\cdot\text{m}$

上弦杆拟选用截面尺寸200mm×200mm，最不利压力 $N_{9\text{-}11}=200.8\text{kN}$。

$$\lambda=\frac{\mu l}{i}=\frac{2250}{200/\sqrt{12}}=38.97<\lambda_p=c_c\sqrt{\frac{E_k}{f_{ck}}}=3.45\times\sqrt{\frac{8334}{27}}=60.6$$

$$\varphi=\left(1+\frac{\lambda^2 f_{ck}}{b_c\pi^2 E_k}\right)^{-1}=\left(1+\frac{38.97^2\times 27}{3.69\times 3.14^2\times 8334}\right)^{-1}=0.881$$

$$k=\frac{|Ne_0+M|}{Wf_{\mathrm{m}}\left(1+\sqrt{\frac{N}{Af_{\mathrm{c}}}}\right)}=\frac{4.33\times10^6}{\frac{200\times200^2}{6}\times18.43\times\left(1+\sqrt{\frac{200.8\times10^3}{200\times200\times15.69}}\right)}=0.113$$

$k_0=0$

$\varphi_{\mathrm{m}}=(1-k)^2(1-k_0)=(1-0.113)^2\times(1-0)=0.787$

$N_{\mathrm{r}}=f_{\mathrm{c}}\varphi\varphi_{\mathrm{m}}A_0=15.69\times0.881\times0.787\times200\times200=435.14\mathrm{kN}>200.8\mathrm{kN}$

上弦杆平面外稳定：$\lambda=\frac{\mu l}{i}=\frac{2285}{3\times200/\sqrt{12}}=13.2$，长细比很小，$\varphi$ 远大于 $\varphi_{\mathrm{m}}=0.787$，无需验算。

两端斜腹杆截面尺寸为 200mm × 200mm，其他斜腹杆和竖腹杆均为 160mm × 160mm，端斜腹杆 $T_{7\text{-}1}$ 抗拉承载力：

$A_{\mathrm{n}}=(200-15)\times(200-16\times3)=28120\mathrm{mm}^2$

$T_{\mathrm{r}}=f_{\mathrm{t}}A_{\mathrm{n}}=11.87\times28120=333.78\mathrm{kN}>145.76\mathrm{kN}$

最不利斜腹杆压力 $N_{1\text{-}9}=64.62\mathrm{kN}$，杆长 2.888m

$$\lambda=\frac{\mu l}{i}=\frac{2888}{160/\sqrt{12}}=62.53>\lambda_{\mathrm{p}}=c_{\mathrm{c}}\sqrt{\frac{E_{\mathrm{k}}}{f_{\mathrm{ck}}}}=3.45\times\sqrt{\frac{8334}{27}}=60.6$$

$$\varphi=\frac{a_{\mathrm{c}}\pi^2E_{\mathrm{k}}}{\lambda^2f_{\mathrm{ck}}}=\frac{0.91\times3.14^2\times8334}{62.53^2\times27}=0.708$$

$$N_{\mathrm{r}}=\varphi f_{\mathrm{c}}A_0=0.708\times15.69\times160\times160=284.4\mathrm{kN}>64.62\mathrm{kN}$$

（5）连接设计

内置钢板 Q235，厚 8mm，（销槽）承压强度 $f_{\mathrm{hc}}=336\mathrm{N/mm}^2$；销 Q345，$d=16\mathrm{mm}$；$\mathrm{TC_T32}$，$G=0.52$，$f_{\mathrm{ha}}=77\times0.52=40.04\mathrm{N/mm}^2$。

截面宽度为 200mm 的连接：

$\alpha=c/a=8/(100-4)=0.0833$，$\beta=f_{\mathrm{hc}}/f_{\mathrm{ha}}=336/40.04=8.39$，$\eta=a/d=96/16=6$。

$K_{\mathrm{aI}}=\alpha\beta/2=0.0833\times8.39/2=0.349<1.0$，说明就屈服模式 $\mathrm{I_m}$、$\mathrm{I_s}$ 而言，发生屈服模式 $\mathrm{I_m}$，即钢板销槽承压屈服。

$$K_{\mathrm{aIII s}}=\frac{\beta}{2+\beta}\left[\sqrt{\frac{2\ (1+\beta)}{\beta}+\frac{1.647\ (2+\beta)\ k_{\mathrm{ep}}f_{\mathrm{yk}}}{3\beta f_{\mathrm{ha}}\eta^2}}-1\right]$$

$$=\frac{8.39}{10.39}\times\left[\sqrt{\frac{2\times\ (1+8.39)}{8.39}+\frac{1.647\times\ (2+8.39)\ \times1.0\times345}{3\times8.39\times40.04\times6^2}}-1\right]=0.444$$

$$K_{\mathrm{aIV}}=\frac{1}{\eta}\sqrt{\frac{1.647\beta k_{\mathrm{ep}}f_{\mathrm{yk}}}{3(1+\beta)f_{\mathrm{ha}}}}=\frac{1}{6}\times\sqrt{\frac{1.647\times8.39\times1.0\times345}{3\times(1+8.39)\times40.04}}=0.343$$

$$K_{\mathrm{admin}}=\min\left\{\frac{K_{\mathrm{aI}}}{\gamma_{\mathrm{I}}},\frac{K_{\mathrm{aIII_s}}}{\gamma_{\mathrm{III}}},\frac{K_{\mathrm{aIV}}}{\gamma_{\mathrm{IV}}}\right\}=\min\left\{\frac{0.344}{1.1},\frac{0.444}{2.22},\frac{0.343}{1.88}\right\}=0.182$$

式中针对钢板销槽承压屈服的模式，抗力分项系数按钢结构取为 1.1。

每剪面的承载力：

$R_{\mathrm{d}}=K_{\mathrm{ad,min}}adf_{\mathrm{ha}}=0.182\times96\times16\times40.04=11193.3\mathrm{N}$

截面宽度为 160mm，$\alpha=c/a=8/(80-4)=0.105$，$\beta=f_{\mathrm{hc}}/f_{\mathrm{ha}}=336/40.04=8.39$，$\eta=a/d=(80-4)/16=4.75$。

$K_{\mathrm{aI}}=\alpha\beta/2=0.105\times8.39/2=0.440<1.0$

$$K_{a\text{III}s}=\frac{\beta}{2+\beta}\left[\sqrt{\frac{2(1+\beta)}{\beta}+\frac{1.647(2+\beta)k_{ep}f_{yk}}{3\beta f_{ha}\eta^2}}-1\right]$$

$$=\frac{8.39}{10.39}\times\left[\sqrt{\frac{2\times(1+8.39)}{8.39}+\frac{1.647\times(2+8.39)\times1.0\times345}{3\times8.39\times40.04\times4.75^2}}-1\right]=0.469$$

$$K_{a\text{IV}}=\frac{1}{\eta}\sqrt{\frac{1.647\beta k_{ep}f_{yk}}{3(1+\beta)f_{ha}}}=\frac{1}{4.75}\times\sqrt{\frac{1.647\times8.39\times1.0\times345}{3\times(1+8.39)\times40.04}}=0.433$$

$$K_{\text{admin}}=\min\left\{\frac{K_{a\text{I}}}{\gamma_{\text{I}}},\frac{K_{a\text{III}_s}}{\gamma_{\text{III}}},\frac{K_{a\text{IV}}}{\gamma_{\text{IV}}}\right\}=\min\left\{\frac{0.440}{1.1},\frac{0.469}{2.22},\frac{0.433}{1.88}\right\}=0.211$$

每剪面的承载力：

$R_d=K_{ad,\min}adf_{ha}=0.211\times76\times16\times40.04=10273.3\text{N}$

节点①连接：

下弦杆 1-2 拉力 $T_{1\text{-}2}=181.12\text{kN}$，$n\cdot m=181.12\times10^3/11193.3=16.18$，

剪切面 $m=2$，n 取 8，可满足承载力要求。

端斜腹杆 1-7 拉力 $T_{1\text{-}7}=145.76\text{kN}$，$n\cdot m=145.76\times10^3/11193.3=13.02$，

剪切面 $m=2$，取 $n=7$，$n\cdot m=14>13.02$。

竖腹杆 1-8 压力 $V_{1\text{-}8}=17.31\text{kN}$，$n\cdot m=17.31\times10^3/10273.3=1.68$，

剪切面 $m=2$，取 $n=2$，$n\cdot m=4>1.68$。

斜腹杆 1-9 压力 $V_{1\text{-}9}=64.62\text{kN}$，$n\cdot m=64.62\times10^3/10273.3=6.29$，

剪切面 $m=2$，取 $n=4$，$n\cdot m=8>6.29$。

螺栓布置如图 8.2.3-4 所示。

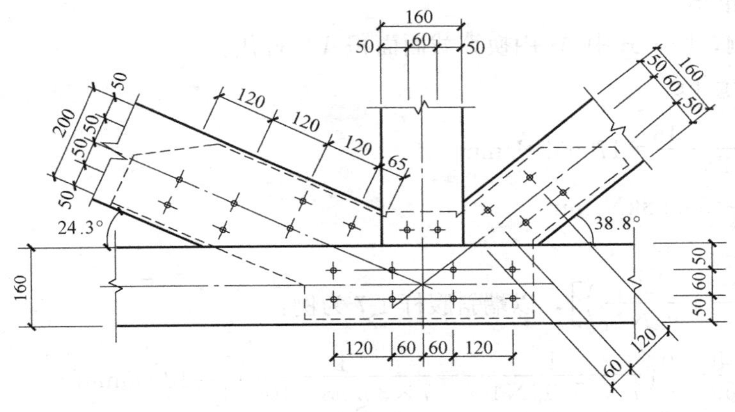

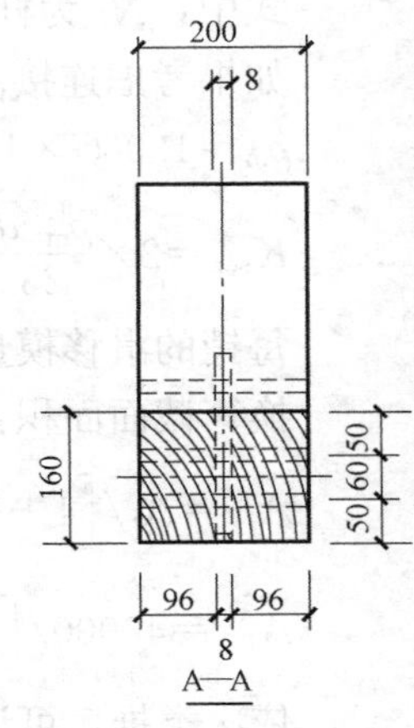

图 8.2.3-4 节点①连接

节点⑦连接：

上弦杆 7-9 压力 $N_{7\text{-}9}=134.99\text{kN}$，$n\cdot m=134.99\times10^3/11193.3=12.06$，

剪切面 $m=2$，取 $n=6$，$n\cdot m=12\approx12.06$。

端斜腹杆 1-7 拉力 $T_{1\text{-}7}=145.76\text{kN}$，$n\cdot m=145.76\times10^3/11193.3=13.02$，

剪切面 $m=2$，取 $n=7$，$n\cdot m=14>13.02$。

端竖杆 0-7 压力 $V_{0\text{-}7}=100.76\text{kN}$，$n\cdot m=100.76\times10^3/10273.3=9.81$，

剪切面 $m=2$，取 $n=6$，$n\cdot m=12>9.81$。

螺栓布置如图 8.2.3-5 所示。

节点⑫连接：采用与上述类似的计算方法，节点两侧的上弦杆（杆 11-12）对接，节点处不计木材承压传力，应设 8 根 $\phi16$ 螺栓，中竖腹杆设 3 根 $\phi16$ 螺栓，布置如图 8.2.3-6 所示。

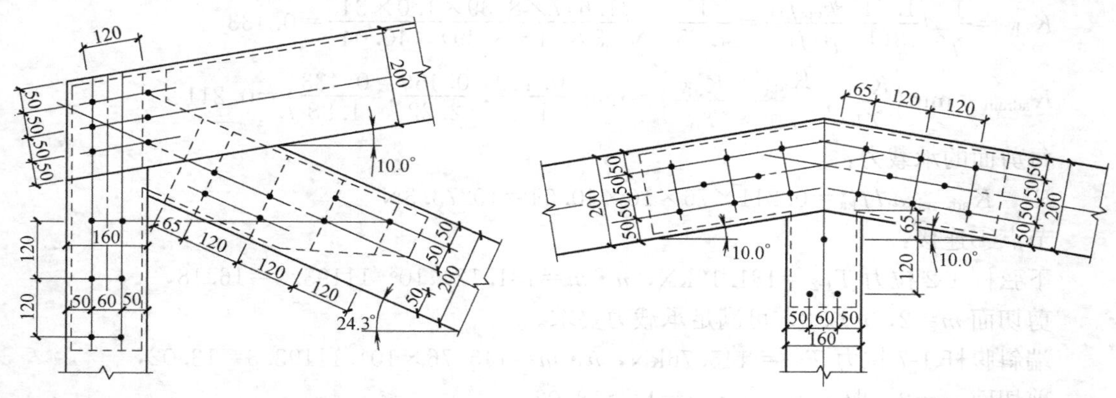

图 8.2.3-5　节点⑦连接

图 8.2.3-6　节点⑫连接

（6）桁架挠度

不计连接的滑移，计算下弦中央节点处的短期挠度：

$$\delta_{\mathrm{inst}} = \sum \frac{N_i \overline{N}_i l_i}{EA_i} = 26.02\mathrm{mm} < l/300 = 75\mathrm{mm}$$

式中：N_i 为杆件内力标准值。

如果考虑连接滑移的影响，则上式中 A_i 用换算截面面积 A_i^* 替代。

$\rho_{\mathrm{m}} = 1.06G \times 1000 = 551\mathrm{kg/m^3}$

$$K_{\mathrm{ser}} = 2 \times \frac{\rho_{\mathrm{m}}^{1.5} d}{23} = 2 \times \frac{551^{1.5} \times 16}{23} = 17.99\mathrm{kN/mm}$$

每销的滑移模量为 $2K_{\mathrm{ser}} = 35.98\mathrm{kN/mm}$

换算截面面积：

$$A_i^* = A_i \Big/ \left[1 + \frac{EA_i}{l_i}\left(\frac{1}{n_{ai}K_{\mathrm{ser}}} + \frac{1}{n_{ei}K_{\mathrm{ser}}}\right)\right]$$，以端斜腹杆 1-7 为例：

$$A_{1\text{-}7}^* = 40000 \Big/ \left[1 + \frac{9500 \times 40000}{2469}\left(\frac{1}{7 \times 35.98 \times 10^3} + \frac{1}{7 \times 35.98 \times 10^3}\right)\right] = 18005\mathrm{mm^2}$$

依次类推，可计算出桁架各杆的换算截面面积，由此得计入连接滑移的挠度为：

$$\delta_{\mathrm{inst}} = \sum \frac{N_i \overline{N}_i l_i}{EA_i^*} = 33.75\mathrm{mm} < l/300 = 75\mathrm{mm}$$

8.3　钢木桁架

木桁架受拉的下弦杆需要用品质优良的木材，如原木、方木桁架的下弦杆均应采用 $\mathrm{I_a}$ 等材。20 世纪 60 年代初开始，我国木材资源渐趋紧缺，优良品质的木材已很难获得，于是人们开始用钢材替代木材用于木桁架的下弦杆。随着这种技术的成熟，形成了一类所谓的钢木桁架。尽管从现代木结构技术而言，钢木桁架并非是一项先进技术，从建筑节能、环保、可持续发展的理念衡量，也非是一种具有良好发展前景的技术，但作为我国木结构工程方面的传统技术，仍作简要介绍。

8.3.1　钢木桁架的形式

由于钢木桁架用钢材（圆钢、型钢）作下弦杆，其节点构造较繁琐、费工时，故宜选择节点少，尤其是下弦节点少的桁架类型，如图 8.3.1-1 所示。其中图 8.3.1-1（*a*）、（*b*）所示桁架形式的跨度≤15m，图 8.3.1-1（*c*）所示形式的跨度≤18m，图 8.3.1-1（*d*）所示形式的跨度可达 21m。

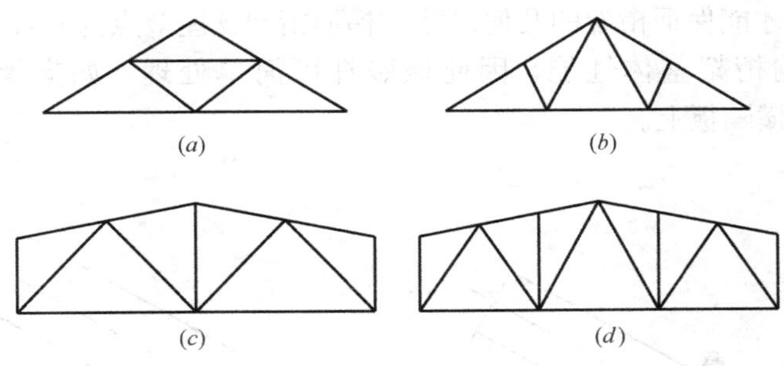

图 8.3.1-1　钢木桁架的形式

8.3.2　下弦钢拉杆

钢木桁架下弦通常采用圆钢，视拉力大小，采用单圆钢或双圆钢。当拉力很大或有悬挂吊车时，或在抗震设防烈度为 8 度及以上的地区，应采用型钢，以满足承载力要求或避免振动过大。单圆钢下弦具有拉杆锚固简单的优点，在荷载不大的场合，宜优先采用。双圆钢下弦不易调整至两者均匀受力。

圆钢作下弦时需调直，且应有调节长度的措施。为此通常在拉杆两端加工螺纹，用螺帽来调节长度。圆钢在长度方向可设接头，但接头必须采用双面绑条焊，不得采用搭接焊形式。若采用对接焊，需作专项检验，保证其屈服强度与延伸率能达到圆钢拉杆的材质指标。采用螺帽锚固时，任何情况下均需用双螺帽锁紧。

拉杆钢材宜采用符合国家标准的碳素结构钢 Q235。受振动或使用温度可能低于－30℃的场合，宜采用 Q235D 结构钢，保证具有一定的冲击韧性。

下弦钢拉杆承载力应按净面积计算。当采用双圆钢作下弦拉杆时，考虑其受力的不均匀性，钢材强度设计值宜降低 15%。在振动较大的场合，下弦拉杆应控制长细比。圆钢下弦的自由长度超过 250d（d 为圆钢直径）时应设吊杆；型钢下弦的长细比不应超过 350。当下弦节间距较大时，为防止自重作用下下垂，可设吊杆拉结。

8.3.3　下弦节点构造

钢木桁架下弦节点的困难在于要求各杆轴线汇交于节点中心，应避免可能的局部偏心。只有腹杆内力很小的桁架，才允许腹杆在节点连接处有不大的偏心存在。节点所用钢板的尺寸应根据满足构造要求的最低值和焊缝尺寸要求确定。节点钢板的厚度一般为 6～

10mm，太薄的钢板焊接质量不易保证。同一桁架中，节点钢板的厚度不宜超过两种，且厚度差应在2mm以上，以便制作时识别。

1. 支座节点

三角形钢木桁架的支座节点仅有两弦杆相交，上弦杆可直接支承到支座顶面，因此其构造简单，可采用如图8.3.3-1所示的几种形式。由图8.3.3-1（*a*）到图8.3.3-1（*d*）所对应的下弦杆拉力依次增大。例如图8.3.3-1（*a*）中下弦杆的拉力往往受上弦杆垫板下端部局部斜纹承压的影响，适用于跨度不大或荷载较小的情况。图8.3.3-1（*d*）所示方案则不受木材局部斜纹承压的影响，适用于大跨度或荷载很大的情况。

采用圆钢拉杆的优点是可以利用拉杆两端螺纹和螺帽将下弦杆拉紧，型钢下弦则要求其长度十分精确，才能保证桁架的几何尺寸。梯形桁架支座节点为三杆相连，但端竖杆内力很小，也不影响桁架整体性能，因此该竖杆可简单处理，如支承在全钢节点（图8.3.3-1*d*）靴梁的横隔板上。

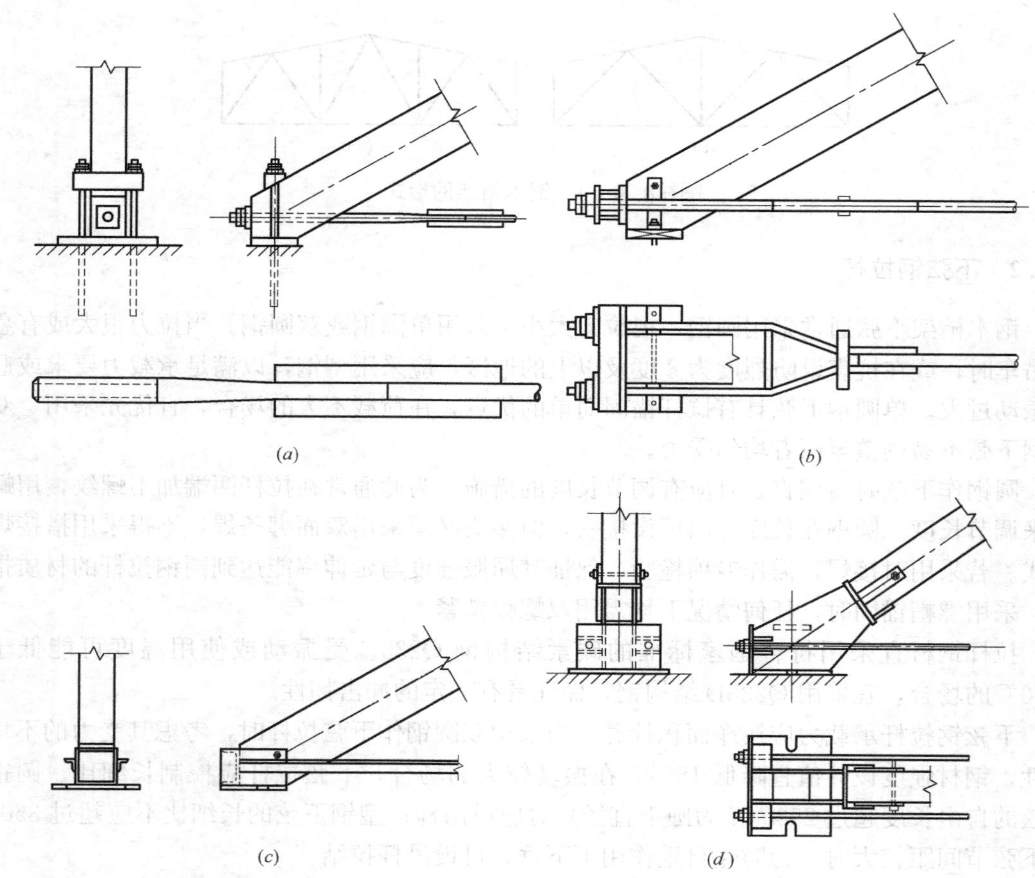

图8.3.3-1 钢木桁架支座端节点构造

2. 下弦中央节点

下弦中央节点的构造与两斜腹杆交角的大小有关，对于节间较多的桁架，如六节间以上的桁架，斜腹杆与下弦杆交角较大，两腹杆间交角不大，其端部可割成相互抵承的承压面，如图 8.3.3-2（*a*）、（*d*）所示，其中腹杆用螺栓连接，连接的承载力应满足半跨雪荷载下两腹杆的水平方向的内力差。节间较少的桁架，中央斜腹杆与下弦夹角较小时，需要采用元宝木，构成承压面（8.3.3-2*b*）。采用型钢作下弦杆时，中央节点也可采用这两个方案之一。无论采用何种方案，下弦杆需连续，不能以节点的水平板作下弦杆的连接件，如图 8.3.3-2（*c*）的处理，会产生偏心弯矩作用在节点的底板上。如图 8.3.3-2（*a*）、（*b*）所示，被切割断的圆钢两侧亦需要加焊绑条钢筋 3，绑条需贯通底板 2 全长。多边形钢木桁架下弦中央节点可采用图 8.3.3-2（*e*）的连接形式，腹杆通过钢夹板将轴力传递至节点的竖向钢板上，因腹杆内力小，允许有不大的偏心，两斜腹杆的交点至型钢上表面的距离不超过 25mm。

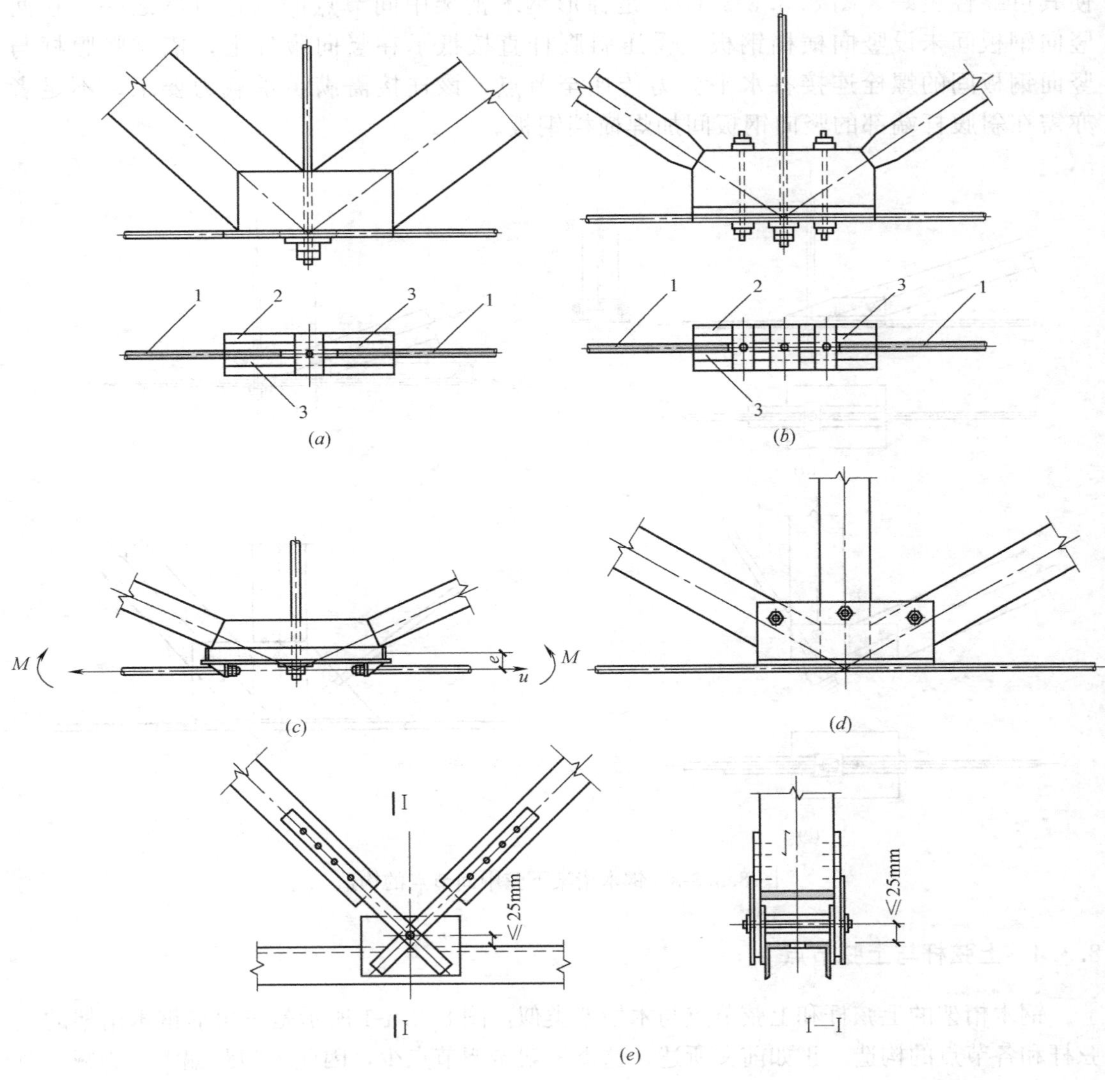

图 8.3.3-2　钢木桁架下弦中央节点构造

3. 下弦中间节点

三角形豪式钢木桁架的下弦中间节点可采用图 8.3.3-3（a）所示的方案，受压斜腹杆端部抵承在节点的水平钢板和竖向横档钢板上。理论上应使杆端两抵承反力的合力方向与斜腹杆方向一致，因此横档钢板的位置应由计算决定。下弦拉杆的处理同中央节点，水平钢板与斜腹杆间的螺栓为系紧螺栓，不传递杆力。图 8.3.3-3（b）的方案是不宜采用的，虽较上述方案简单一点，但钢底板边缘与竖腹杆间的下弦杆会产生偏心弯矩，而图 8.3.3-3（a）所示的方案中，该弯矩是由钢板与三角形肋所构成的 T 形截面的小钢靴承担。图 8.3.3-3（c）为芬克式钢木桁架的下弦中间节点构造，在节点的两竖向钢板间焊了一块竖向的横档钢板，目的是使斜腹杆的水平分力不传递至竖向的受压腹杆上，使该杆与竖向钢板的螺栓仅起系紧作用而不传递作用力，使其可靠性更好。图 8.3.3-3（d）是梯形钢木桁架中间节点的构造方案之一，在两竖向钢板间未设竖向横档钢板，受压斜腹杆直接抵承在竖向腹杆上，依靠竖腹杆与竖向钢板间的螺栓连接将水平分力传递至节点，该连接需满足承载力要求，不足者亦需在斜腹杆端部的竖向钢板间加焊横档钢板。

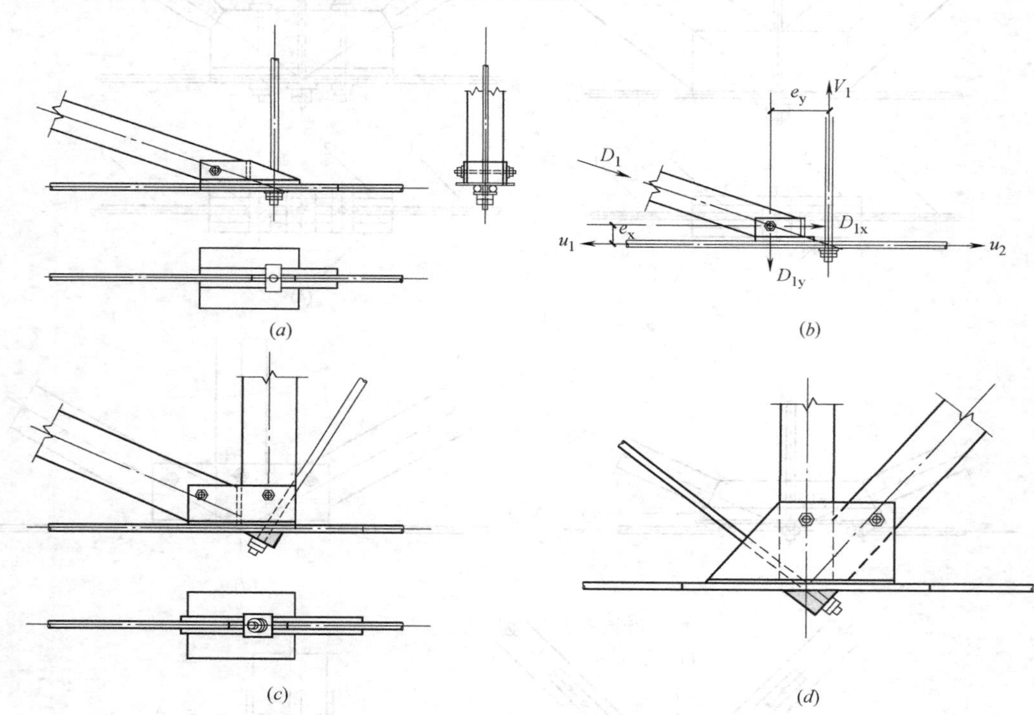

图 8.3.3-3　钢木桁架下弦中间节点的构造

8.3.4　上弦杆与上弦节点

钢木桁架的上弦杆和上弦节点与木桁架类似，图 8.3.4-1 所示是三角形钢木桁架的上弦杆和各节点的构造。正如前文所述，这类桁架希望节点少，因此节间距偏大。为减少节间荷载在上弦杆内产生的弯矩，可采用两种措施：一是人为增设上弦杆附加偏心距 e，使其产生偏心负弯矩 Ne，以抵消部分上弦杆的跨中弯矩，如例题 7-5 所示的上弦杆就采用了这种措施。当上弦杆为连续时，附加偏心距可仅设在两端节点处。一般认为该偏心弯矩

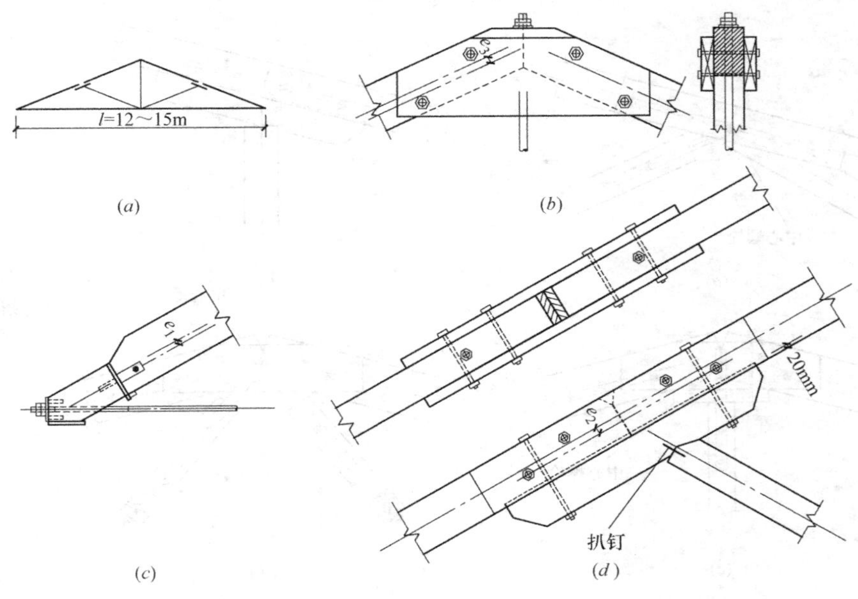

图 8.3.4-1 上弦偏心抵承钢木桁架

仅能抵消部分两端节间上弦杆的跨中弯矩，其他中间节间的上弦杆不考虑该偏心弯矩的有利作用。二是适当对称地加长托木（图 8.3.4-1*d*），并能具有足够的抗弯刚度。托木可视作对称悬臂梁，上弦杆支承在该悬臂梁上，若该悬臂梁有足够的抗弯刚度，即可减少上弦杆的抗弯计算跨度。如若托木和它所支承弦杆的抗弯刚度基本一致，计算跨度可减少 $0.2l$，如图 8.3.4-2 所示的长度 a_0，因此，托木的一侧长度可取 $0.2l+100\text{mm}$，托木两端应设系紧螺栓，上弦杆对接处两侧应设夹板固定。

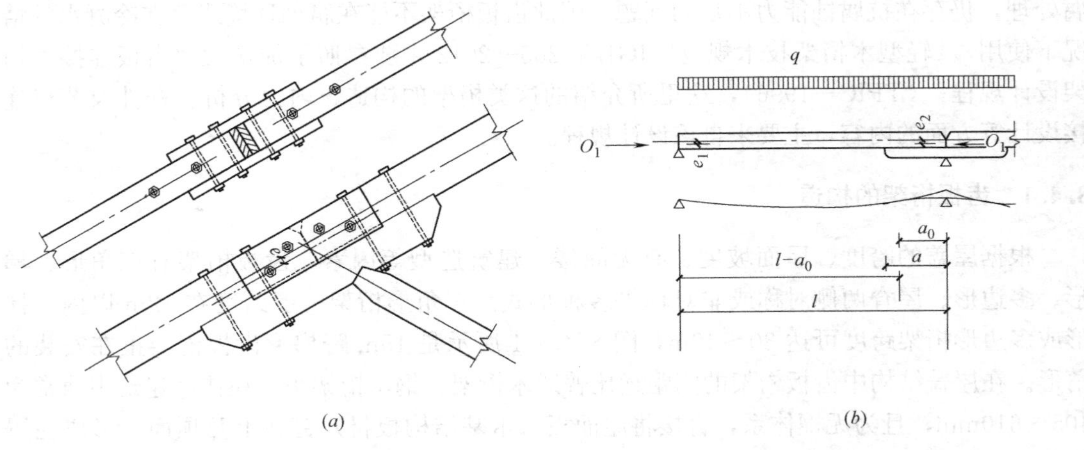

图 8.3.4-2 长托木节点（*a*）节点构造；（*b*）计算简图

图 8.3.4-3 所示为梯形钢木桁架上弦杆和有关节点构造。为减少上弦杆的弯矩，同样可设偏心或加长托木（图 8.3.4-3*a*、*b*）。节点采用中心螺栓的方法，构造简单，但只适用于梯形桁架腹杆内力较小的情况。

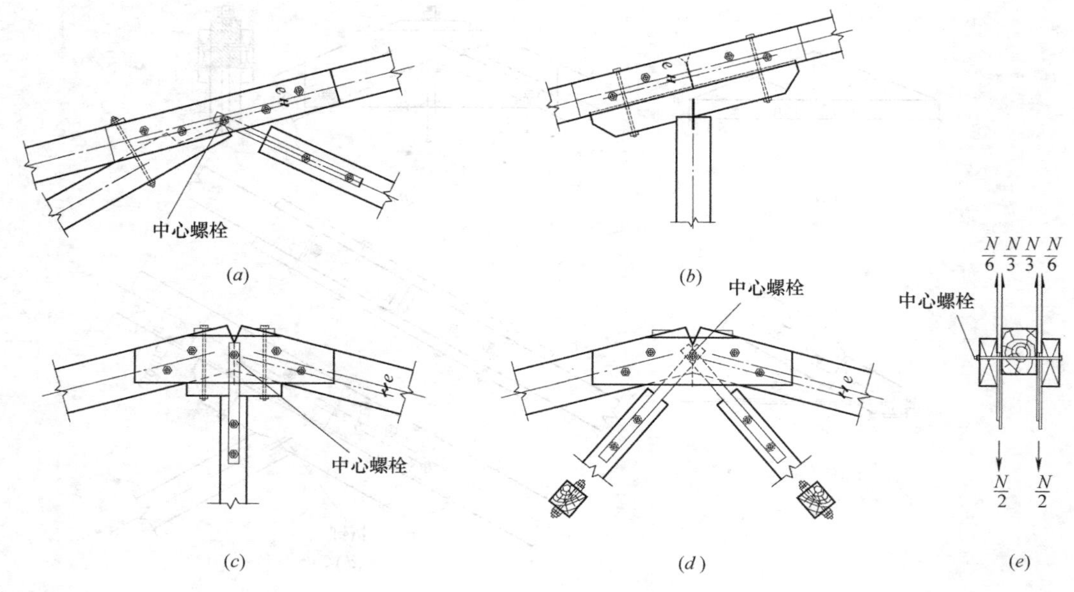

图 8.3.4-3　梯形多边形木桁架上弦节点构造

8.4　齿板桁架

由规格材作杆件并采用齿板连接的木桁架称为齿板桁架。齿板桁架主要用作轻型木结构屋盖，在较大跨度的轻型木结构中也可用平行弦齿板桁架作楼盖的承重构件。在荷载较大的情况下还可将数榀桁架钉合在一起共同承载。但齿板采用薄钢板制成，虽经电镀等防腐处理，仍存在抗腐蚀能力不足的问题。因此齿板桁架不能在腐蚀环境或存在冷凝水的情况下使用。《轻型木桁架技术规范》JGJ/T 265—2012 主要参照了加拿大“齿板连接木桁架设计规程”（TPIC—1996），这里所介绍的这类桁架的构造、内力分析、杆件及节点连接设计等方面的内容，主要来自该设计规程。

8.4.1　齿板桁架的构造

根据屋盖的跨度、屋面坡度、有无阁楼、建筑造型等因素，齿板桁架有三角形、梯形、多边形、屋脊两侧对称或非对称等多种形式。三角形桁架一般跨度在 12m 以内，梯形或多边形桁架跨度可达 30～40m，图 8.4.1-1 所示是 15m 跨梯形齿板桁架正在安装的情形。在屋盖结构中齿板桁架的间距远比普通木桁架、钢木桁架小，在住宅建筑中通常为 405～610mm，且为无檩体系，直接将屋面板（木基结构板材）钉在上弦顶面，形成在屋盖平面内能承受剪力作用的横隔（见第 9 章）。

齿板桁架的特点之一是上、下弦和拉、压腹杆均采用规格材制作，大多数采用侧立放置，即规格材宽面平行于桁架平面。规格材也可平置，即宽面垂直于桁架平面。所用规格材的厚度一般为 38mm（名义上为 2″），跨度较大的屋架规格材厚度可为 64mm（3″）。弦杆截面尺寸不小于 38mm×64mm（2″×3″），目测等级不低于 II_c；腹杆等级不限，但当截面小于 38mm×64mm 时，也不宜低于Ⅱ$_c$。齿板桁架用规格材需作防腐处理时，不允许作刻痕。

齿板桁架上、下弦杆均允许有对接接头，但接头应设在杆件弯矩较小的位置，通常设在反弯点处，否则在桁架内力分析时应将接该头视为铰接或对接头处作抗弯承载力验算。根据这一原则，接头不应设在节点处，一般可设在距节点 1/4 节间距处并可在±10%节间长度范围内调节。接头不应设在端节间内，只有单竖杆桁架，接头可设在下弦中央节点处。上、下弦杆对接接头不应设在同一节间内。桁架安装就位时，宜将相邻桁架的弦杆接头彼此错开。

图 8.4.1-1 梯形齿板桁架

屋盖的檐口应建筑造型要求，往往有较大变化，致使桁架上、下弦杆轴线的交点不能落在支座中心的垂直线上，且大多数场合交点落在支座垂直线之外，形成所谓的短悬臂桁架。桁架下弦杆端部距支座外边缘的距离称为悬臂长度（C），如图 8.4.1-2 所示。一般规定，桁架两端悬臂的总长度不宜超过跨度的 1/4，每端悬臂长度不应超过 1.4m。桁架端支座垫木应完整地落在上、下弦杆交接面的长度范围内，垫木侧边距交接面边的距离不应小于 13mm（0.5″）。因此，其最大悬臂长度为 $C=S-L_b-13$mm，S 为上、下弦杆交接面的里端距下弦杆端部的距离，L_b 为支座垫木的宽度。需要更大的悬臂长度时，支座垫木将超过允许位置（即垫木侧边距交接面边的距离不足 13mm），此时，上、下弦杆交接处需加设楔块（图 8.4.1-3），但楔块高度不宜超过下弦杆截面高度，从而决定了楔块与下弦杆交接面的最大长度 S_2。若保持桁架支座垫木侧边与楔块和下弦杆相交面端部的距离仍为 13mm，则设楔块时的最大悬臂长度为 $C=S_1+89$mm，其中 S_1 为下弦杆外切端至

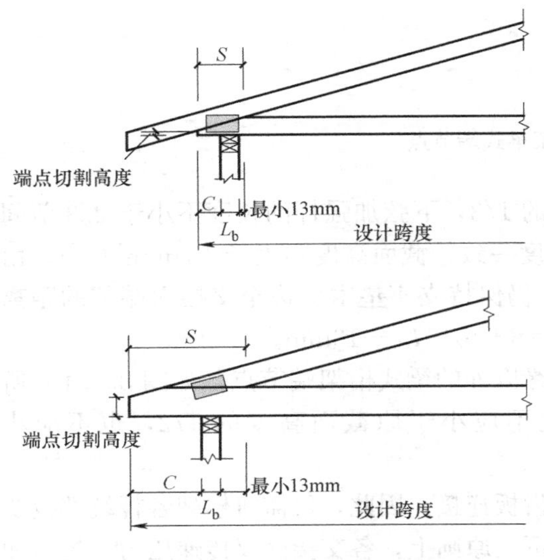

图 8.4.1-2 短悬臂桁架端节点图

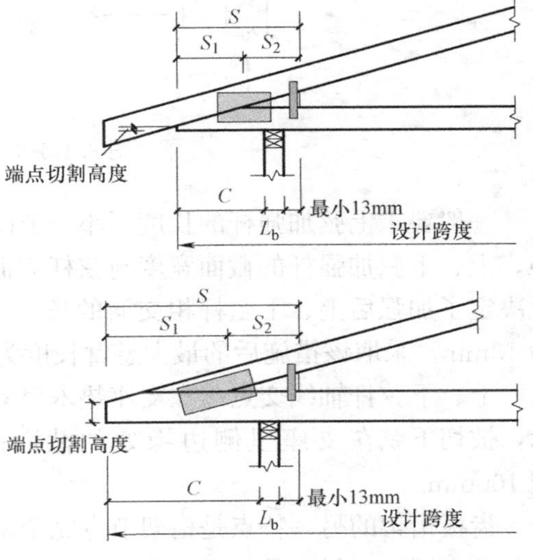

图 8.4.1-3 设垫块的短悬臂桁架端节点

上、下弦杆交接面内边缘的距离，要求最小的 $S_2=L_b+102\text{mm}$。当需要进一步加大悬臂长度时需采取加强上、下弦杆的措施，分别如图 8.4.1-4 和图 8.4.1-5 所示。

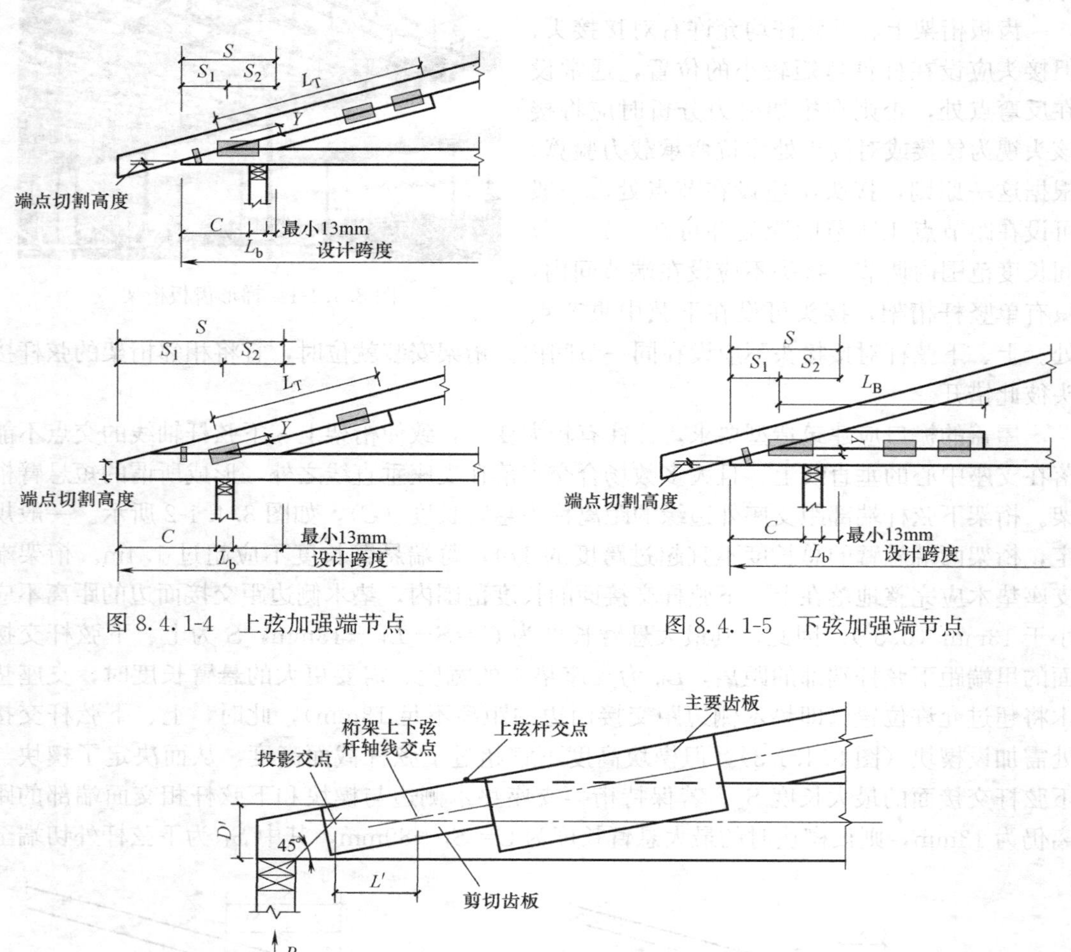

图 8.4.1-4 上弦加强端节点

图 8.4.1-5 下弦加强端节点

图 8.4.1-6 桁架梁式端节点

一般要求上弦加强杆的长度不小于节间距的 1/3，下弦加强杆的长度不小于 2/3 节间距，上、下弦加强杆的截面宽度与弦杆截面宽度一致，截面高度不大于 184mm（8″），由此决定了加强后上、下弦杆相交面的长度 S_2，仍保持支座垫木侧边至交接面端部的距离为 13mm。采取该措施后的最大悬臂长度为 $C=S+S_2-L_b-13\text{mm}$。

上、下弦杆轴线交点落在支座垫木里侧边缘以外的梁式桁架端节点，如图 8.4.1-6 所示，被切下弦在支座里侧边缘处的截面高度不应小于原截面高度的 1/2，也不应小于 100mm。

齿板桁架的另一特点是桁架节点完全采用齿板连接。因此，仅需将桁架各杆端部按要求的角度锯切成斜面并相互顶紧，压入齿板即可。原则上，各交接面仅传递压力，拉力和剪力由齿板连接传递。齿板需根据节点的尺寸，并经承载力和抗滑移验算确定，同时尚应满足构造要求。齿板需对称地安装在节点处构件的两侧，为避免两侧板齿对顶，板齿嵌入杆件的深度不应超过杆件截面宽度的 1/2；上、下弦杆的对接接头，齿板的宽度不应小于弦杆截面高度的 65%；除承载力满足要求外，考虑到连接面上可能存在局部缺陷，齿板连接需有一定的最小连接尺寸要求。齿板在与弦杆连接面上两个方向的尺寸和齿板在腹杆连接面上宽度与沿杆轴线方向的尺寸不应小于表 8.4.1-1 的规定。应特别注意齿板在端节点处的布置，除主齿板（经承载力验算的）外，两杆交接面较长的接缝处应设系齿板，如图 8.4.1-3 所示的楔块与上、下弦杆交接面的端部；上、下弦与加强杆相叠处的端部（图 8.4.1-4、图 8.4.1-5）均需设系齿板，系齿板的面积不应小于主齿板面积的 20%。这里主齿板嵌入上、下弦杆的宽度 Y 不得小于 25mm。上、下弦加强杆与原上、下弦杆间的齿板连接，应有足够能力将原弦杆轴力传递至加强杆，若仅用一块齿板，则其承载力验算时按 120%的弦杆轴力计算。

齿板与桁架杆件连接的最小尺寸规定（mm）　　表 8.4.1-1

桁架杆件截面尺寸（mm）	桁架跨度（m）		
	$L\leqslant12$	$12<L\leqslant18$	$18<L\leqslant24$
40×65	40	45	
40×90	40	45	50
40×115	40	45	50
40×140	40	50	50
40×185	50	60	65
40×235	65	70	75
40×285	75	75	85

齿板桁架并不严格强调节点处各杆轴线必须汇交于一点。这主要为能使齿板的尺寸小一点，或使杆件有足够的承压面，但这使齿板桁架的内力分析复杂化，不易用常规的解析法求解。

齿板桁架应由专业加工厂生产，制作时一般需按跨度的 1/200 起拱。齿板压入节点处的木杆件时需用专门的液压设备，不得用重物、锤等敲入。齿板桁架平面外抗力与刚度较差，在运输和安装过程中应做好临时加固措施。安装就位后应设临时支撑，防止因风作用等而倾倒。设计时还应有抵抗风荷载掀起的措施，防止发生掀顶事故。

8.4.2　齿板桁架内力分析

前面已经提到齿板桁架的上弦杆上直接铺钉屋面板（木基结构板材），桁架间距较小，在很多情况下，例如屋顶因设老虎窗而在屋面板开洞，导致不同位置的刚架实际刚度不同，因此每个桁架按所受荷载面积来分析各杆内力并不十分合理。显然，刚度较大的桁架将分担更多荷载。分析齿板桁架的内力，理论上可采用整体（上弦为非刚接的应力蒙皮板）的三维有限元模型，直杆用梁、杆单元，木基结构板材用板壳单元，采用不同的连接单元模拟节点并考虑节点各杆的偏心情况，整体分析每榀桁架的内力和木基结构板材中的内力等。但三维模型的建模与求解较为复杂，付诸实施尚需进行较多的研究工作。目前可行的方法仍是将各桁架单独地按二维单元（平面结构）来分析，所受恒荷载和可变荷载仍按所受荷载面积来计算，根据实际情况，上、下弦杆均受均布荷载作用。

一般将齿板桁架视为简支构件，即一端为滚动铰支座，另一端为固定铰支座。上、下弦杆均应考虑为连续杆件，只要其对接接头位置符合前述规定。当接头必须设在节间中部位置时，则需变为铰接，但桁架体系尚需是稳定的。因上、下弦杆是连续的，与腹杆的连接只能按半铰处理。上、下弦杆相交的端节点，因连接处有齿板存在，且两者的交接面较长，实际上是可以承担一定弯矩的半刚性连接。由此可见，齿板桁架即使以平面结构分析，也是一个多次超静定的体系，内力分析也较繁杂。

以三角形芬克式桁架为例（图 8.4.2-1），早期采用简化的近似分析法，如图 8.4.2-1（*a*）的计算模型Ⅰ，即采用与木桁架、钢木桁架相同的内力分析方法，按铰接静定桁架求解轴力，视上、下弦杆为连续梁，跨中按简支梁计算弯矩，支座负弯矩按经验取值（见标准 GB 50005）。对于桁架各杆轴线能汇交于一点的情况，包括端支座上、下弦杆轴线交点位于垫木中心线上及桁架端节处无楔块或无上、下弦加强杆的情况，该方法的偏差尚可接受。但齿板桁架大多数情况偏离这些要求甚远，分析结果与实际情况偏差较大。因此提出了改进的计算模型Ⅱ（图 8.4.2-1*b*），用辅助的短杆来考虑节点的偏心影响。其中上、下弦杆是连续的，从而可计算出弦杆的弯矩和各杆的轴力。但大量的试验研究表明，齿板桁架的端节点是半刚性连接，承担一定的弯矩，于是又提出了模型Ⅲ（图 8.4.2-1*c*），其中上、下弦杆均为连续的，端节点处不仅有模拟偏心的短杆，还增加了模拟杆件，从支座直接连向上弦，模拟杆件的配置和刚度选择决定了节点处的弯矩分布。经 Lau（1986）和 Riberholt（1982～1990）等学者多年研究，给出如图 8.4.2-2 所示的两种端节点模拟杆的布置方案，曾被成功地应用。加拿大齿板桁架协会在制定的齿板桁架设计规程 TPIC-2014 中，规定了一整套齿板桁架各种类型节点的模拟处理方法。现已有据此开发的分析软件，可供齿板桁架内力分析和变形验算使用。但用于工程设计，尚需符合我国的可靠度要求。

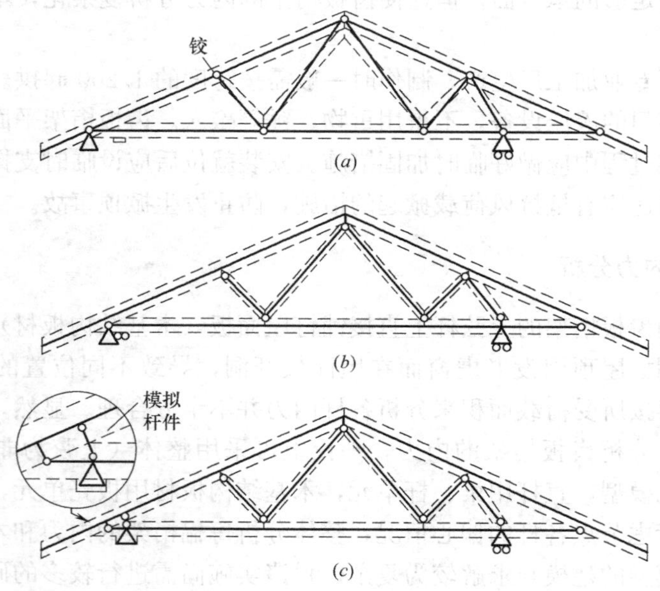

图 8.4.2-1　齿板桁架内力分析模型

（*a*）模型Ⅰ；（*b*）模型Ⅱ；（*c*）模型Ⅲ

利用有限元分析，预测任意形状齿板桁架的承载力、破坏类型、节点变形等方面的研究，国外学者已进行了大量工作，其关键仍是齿板连接节点的计算模型问题。在模型Ⅲ中，尽管端节点增设了模拟杆件，以体现弯矩作用，但该模拟杆是线弹性的，并不能模拟齿板连接的非线性特性，因此这种模型只能用于弹性内力分析，以便工程应用。桁架在达到承载力极限状态时，齿板连接的非线性已有了充分的发展，内力重分布现象不可避免，因此齿板桁架的最终承载力很难用弹性内力分析来精确预测。1977 年，Foschi 基于齿板连接节点内力传递过程的宏观分析，提出了一个比较完善的齿板连接节点的计算模型，为解决这一问题提供了条件。如图 8.4.2-3 所示，一个有楔块的桁架端节点，上、下弦杆的部分内力通过齿板嵌入上、下弦杆齿组传递，因此齿板在上、下弦杆交接面处的截面上存在拉力 N_{pi}、剪力 V_{pi} 和弯矩 M_{pi}。另一方面，上、下弦杆的接触面可传递压力 F_{com} 和摩擦力 F_{fric}，上、下弦杆脱离体应各自处于平衡状态。根据这一简单的内力传递机理，Foschi 将齿板桁架的杆件及连接用五种单元来模拟（图 8.4.2-4），即：梁单元，是主要单元，模拟桁架的直线型杆件，均为线弹性体，其面积和惯性矩按实际杆件计算；齿单元：模拟齿板与木杆件间的连接，齿单元位于嵌入木杆件部分的齿组重心，其刚度取决于齿组与木纹及与荷载间的夹角等因素的非线性荷载-滑移关系；辅助单元：模拟节点偏心距，其长度（偏心距）为内、外力的合力作用点距杆轴线的距离，如齿组重心至杆轴线的距离等，该单元被描述为比木杆件刚度大得多的线弹性体；接触单元：用以模拟木杆件接触面间传递的压力和摩擦力，其抗压刚度需考虑木杆件相接处木材的承压特性；板单元：模拟齿组间的内力传递，其刚度取决于节点区域齿板的材料特性，一般按线性或双折线考虑。Foschi（1977）及 Nielsen（1996）等学者还推导了齿单元、接触单元和板单元等的刚度矩阵，使齿板桁架的有限元分析成为可能。

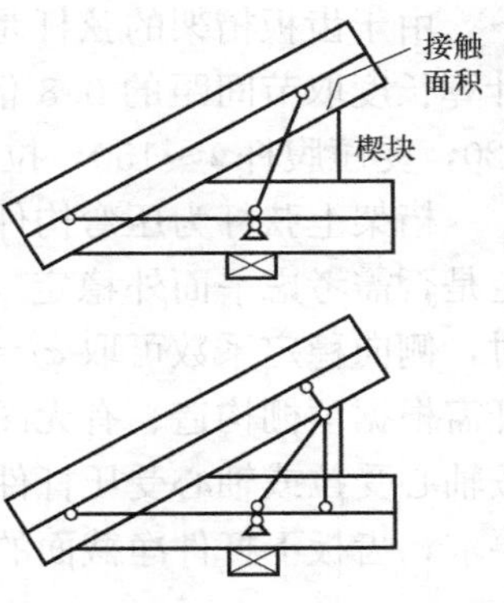

图 8.4.2-2 两种具有模拟杆的端节点模型

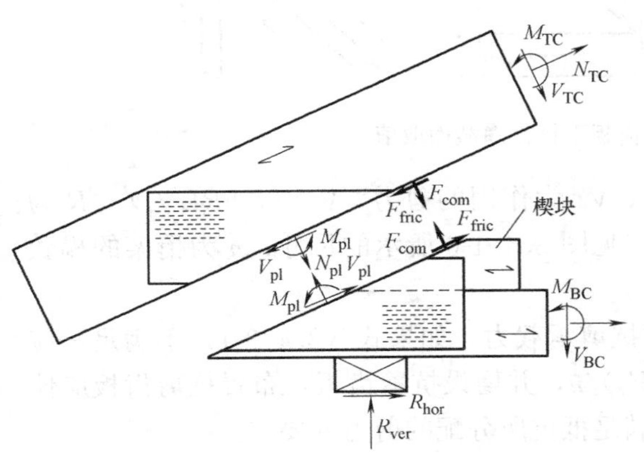

图 8.4.2-3 有楔块端节点的计算模型

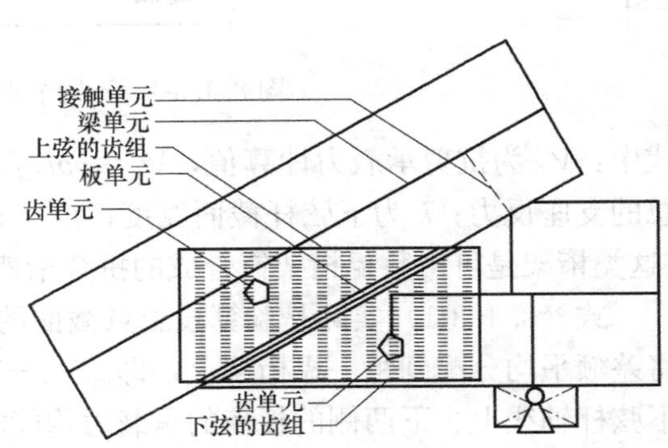

图 8.4.2-4 Foschi 模型端节点的五种单元

8.4.3 齿板桁架杆件及连接的承载力与变形验算

1. 杆件的承载力验算

由于齿板桁架的弦杆是连续的，故规范 JGJ/T 265—2012 规定弦杆在桁架平面内的计算长度取节间距的 0.8 倍，腹杆计算长度取实际的切割长度。受压弦杆的长细比 $\lambda \leqslant 120$，受压腹杆 $\lambda \leqslant 150$，拉杆 $\lambda \leqslant 280$。

桁架上弦杆为压弯构件，应验算其平面内、外的强度与稳定性，并按屋面结构布置决定是否需考虑平面外稳定。当上弦杆截面和节间平面外支撑等布置满足表 8.4.3-1 规定时，侧向稳定系数可取 $\varphi_l=1.0$，否则应按 6.2.2 节中有关方法计算侧向稳定系数。下弦杆需根据顶棚构造、有无阁楼等因素，决定按轴心受拉或拉弯构件验算其承载力。腹杆可按轴心受拉或轴心受压杆件验算。节点处齿板下的杆件净面积尚应满足抵抗杆轴力的强度要求，齿板下杆件净截面的高度 h' 可参照图 8.4.3-1 确定。

$\varphi_l=1.0$ 时的平面外支撑条件要求　　**表 8.4.3-1**

杆件截面(mm)	支撑条件
40×(65～140)	无需中间支撑
40×185	有檩条支撑
40×235	受压边缘有直接连接的屋面板或间距不超过 610mm 的檩条支撑
40×285	受压边缘有直接连接的屋面板或间距不超过 610m 的檩条支撑，且有间距不超过 2280mm 的剪刀撑或横撑

三角形齿板桁架端节点的连接验算，应考虑弯矩影响系数 k_h（式（5.8.3-1））。齿板桁架因无齿槽连接，故需验算规格材顺纹受剪的部位不多，但对于图 8.4.1-6 所示的梁式端节点，需按式（8.4.3-1）验算图中 L' 长度内下弦杆规格材的顺纹抗剪强度：

$$V_r \geqslant V_s \tag{8.4.3-1}$$

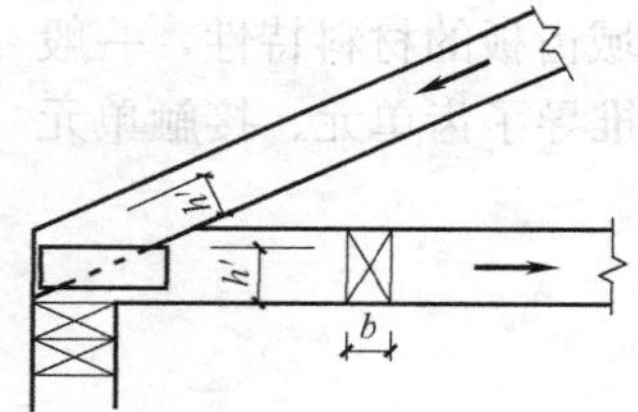

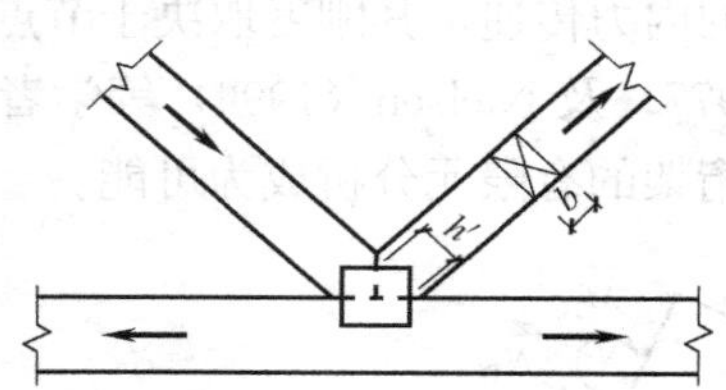

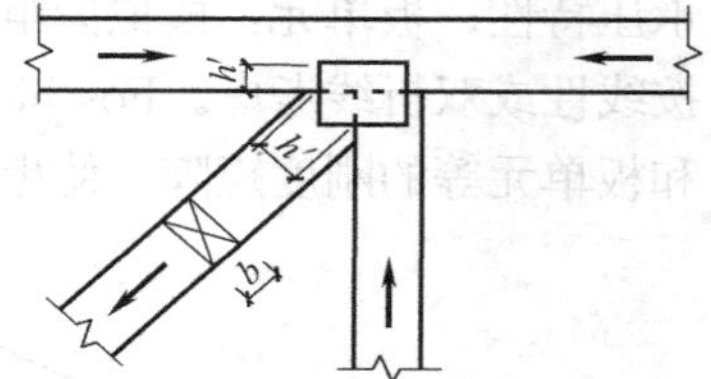

图 8.4.3-1　不同节点齿板下杆件净截面取值

式中：V_r 为抗剪承载力计算值，$V_r=nbL'f_v$；V_s 为作用的剪力，$V_s=1.5RL'/D'$；R 为总的支座反力；b 为下弦杆截面宽度；D'、L' 见图 8.4.1-6 所示的尺寸；n 为桁架的榀数（这类桁架是可由数榀桁架钉合成的拼合桁架）。

式（8.4.3-1）实际是验算投影点截面的抗剪承载力，如果式（8.4.3-1）不满足，应将差额平均分配到每一榀桁架上，即 $(V_s-V_r)/n$，并增设抗剪齿板。布置抗剪齿板应使下弦杆轴线上、下两侧的板齿的承载力均能满足抵抗所分配的剪力的要求。

节点处两杆件交接面如果传递压力，需作规格材横纹承压强度验算（式（6.2.1-5b））。如图 8.4.3-2 所示的桁架支座处下弦杆木材横纹局部承压承载力验算，仍可按式（6.2.1-5b）计算，但抗力应降低 1/3，式中局压宽度 l_b 按下式计算：

$$l_b=\frac{l_{b1}+l_{b2}}{2}\leqslant 1.5l_{b1} \tag{8.4.3-2}$$

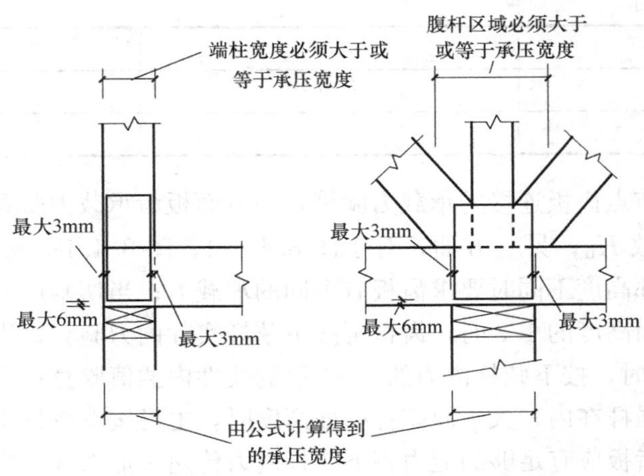

图 8.4.3-2 桁架支座局压及齿板加强的构造要求

式中：l_{b1}、l_{b2}分别为规格材上、下两边的局压长度，其中 l_{b1}为两者中的较小者。

如果该类支座节点上的齿板布置能满足图 8.4.3-2 所示的构造要求，因齿板对横纹承压有增强作用，局压承载力可按式（6.2.1-5*b*）计算，且抗力不需降低 1/3，但下弦杆上部的腹杆在其上的承压长度也需满足该式要求，若不满足需增大腹杆宽度。

2. 齿板连接的承载力与变形验算

齿板将汇交于节点的各杆连接起来形成桁架，因此齿板连接的承载力和抗滑移验算均应以桁架杆端的内力来计算，即在荷载效应的基本组合下，根据各种受力状态进行板齿承载力和齿板受拉、受剪或拉剪联合作用的承载力验算；在荷载效应标准组合下进行连接变形的抗滑移验算。齿板并不传递杆件间的压力，但仍需按 65%的杆压力来验算板齿的承载力，并将该 65%的杆压力与节点上其他腹杆的拉力求矢量和，以验算齿板对弦杆连接的承载力。

受拉对接接头的验算中，齿板受拉承载力可按式（5.8.3-2）计算，当齿板宽度 b 大于杆件截面高度 h 时（图 8.4.3-3），需对式中垂直于作用力方向的齿板宽度 b 进行调整，即乘以调整系数 K。调整系数 K 是当齿板宽度 b 超过被连接受拉杆件截面高度时的一种有效性系数。当对接接头处无垫块或有垫块但垫块的突出高度 $x \leqslant$ 25mm 时，$K=1.0$，但 b 最大取 $h+13$mm；当接头处有垫块且 $x \geqslant 25$mm 时，$K=a+\beta b$，其中系数 a、b 见表 8.4.3-2，β为齿板突出下弦杆的高度 x 与下弦杆截面高度 h 之比。任何情况下，突出高度 x 都不应大于 89mm。如接头在下弦杆的节点上，与下弦杆相连接的腹杆可视为垫块。

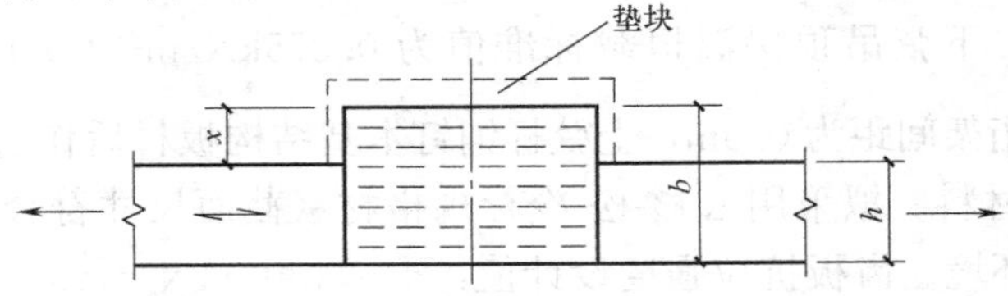

图 8.4.3-3 齿板宽度超过构件截面高度 x 示意图

齿板宽度有效性系数中的 a、b 值 **表 8.4.3-2**

弦杆截面高度(mm)	a	b
65	0.96	−0.228
90～185	0.962	−0.228
285	0.97	−0.079

需重视桁架端节点齿板连接的承载力验算。一方面板齿承载力验算中应计入桁架支座节点的弯矩影响系数 K_h；另一方面，对于图 8.4.1-4、图 8.4.1-5 所示有加强杆的端节点，桁架下弦杆端部高度不同时要求齿板有不同的承载力；当切割后下弦端部截面高度小于或等于原弦杆截面高度的 1/2 时，齿板可按下弦杆实际内力验算；当高度在原截面高度的 1～1/2 倍范围内时，按下弦杆内力的 2～1 倍的线性内插值验算；当下弦杆有加强杆而端部高度（包括加强杆在内）大于原弦杆截面高度时，也可按下弦杆实际拉力验算，但上弦杆与下弦杆间的齿板应有足够的能力将下弦杆内力传递至加强杆，当仅用一块齿板连接时，应按 1.2 倍下弦杆内力验算。

3. 齿板桁架及杆件变形验算

在正常使用荷载作用下，简支桁架的跨中挠度不应超过 $l/360$。桁架的悬臂端和上弦节点等的变形也应作验算，需满足表 8.4.3-3 的一般要求。齿板桁架的各部变形均可由桁架的静力弹性杆系模型经计算机分析获得。

齿板桁架的变形限值 **表 8.4.3-3**

变形位置	用途	
	住宅(屋盖)	楼盖
上弦杆节间	$PL/180$	$PL/180$
下弦杆节间	$PL/360$	$PL/360$
悬臂	$CL/120$	$CL/120$
悬挑	$CL/120$	不适用
桁架下弦杆最大挠度	$L/180$ $L/360(DL)$	$L/180$ $L/360(DL)$
下弦节点有荷载时 (a)灰泥/石膏板天花板 (b)其他天花板 (c)无天花板	 $L/360(LL)$ $L/240(LL)$ $L/240(LL)$	 $L/360(LL)$ $L/360(LL)$ $L/360(LL)$
允许最大水平位移		
在滚动支座端	25mm	25mm

注：1. LL 代表活荷载；DL 代表仅恒荷载；PL 代表节间距；CL 代表悬臂长度；L 代表跨度。
2. 上下弦杆节间变形指相对于其节点的局部变形。

【例题 8-2】 试设计验算图 8.4.3-4 所示的齿板桁架。已知屋面恒荷载标准值为 0.885kN/m² (↓/)，下弦吊顶保温恒载标准值为 0.275kN/m² (↓)，雪荷载标准值为 0.5kN/m² (↓)。桁架间距为 0.6m，上弦杆铺钉木基结构板材后作防水处理，下弦铺钉石膏板后铺放保温材料。拟采用云杉-松-冷杉规格材（截面尺寸符合国产规格材要求），桁架处于正常使用环境。齿板抗拉强度设计值：$t_{r0}=180.11$N/mm，$t_{r90}=136.23$N/mm。齿板抗剪强度设计值：见例题 5-9 表 5.8.4-1。

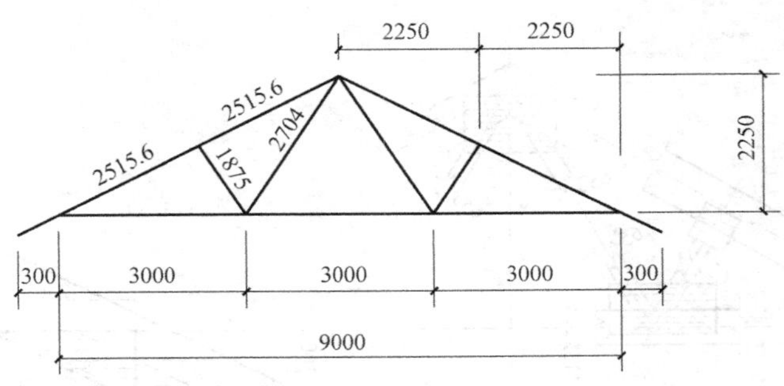

图 8.4.3-4　齿板桁架形式

解：

(1) 桁架荷载

上弦：

恒载标准值　　　0.885×0.6=0.531kN/m（↓）

恒载设计值　　　0.531×1.2=0.637kN/m（↓）

雪荷载标准值　　0.5×0.6=0.30kN/m（↓）

雪荷载设计值　　0.3×1.4=0.42kN/m（↓）

节点雪荷载标准值　0.3×2.25=0.675kN

节点雪荷载设计值　0.675×1.4=0.945kN

桁架自重标准值　　0.1×0.6=0.06kN/m（↓）

桁架自重设计值　　0.06×1.2=0.072kN/m（↓）

上弦合计荷载标准值 0.531+0.3+0.06=0.891kN/m（↓），其中恒载为 0.591kN/m（↓）

荷载设计值：0.637+0.42+0.072=1.129kN/m（↓），其中恒载为 0.709kN/m（↓）

上弦节点恒载标准值　　（0.531+0.06）×2.25=1.330kN

上弦节点恒载设计值　　1.33×1.2=1.596kN

下弦：

恒载标准值　　　0.275×0.6=0.165kN/m（↓）

节点恒载标准值　　0.165×3=0.495kN

恒载设计值　　　0.165×1.2=0.198kN/m（↓）

节点恒载设计值　　0.495×1.2=0.594kN

(2) 桁架杆件截面初选及节点构造

根据给定的桁架形式，确定其构造如图 8.4.3-5 所示。由图可见，除支座节点处支反力未能通过上、下弦杆轴线的交点外（向内侧偏离 156mm），其余各杆轴线均能交于节点上。支座节点齿板布置如图 8.4.3-6 所示。

根据该桁架的跨度和荷载均不大的情况，上弦杆初选截面规格为 40mm×140mm，II_c 等规格材；下弦初选 40mm×115mm，I_c 等规格材，腹杆均初选为 40mm×65mm，II_c 等规格材。

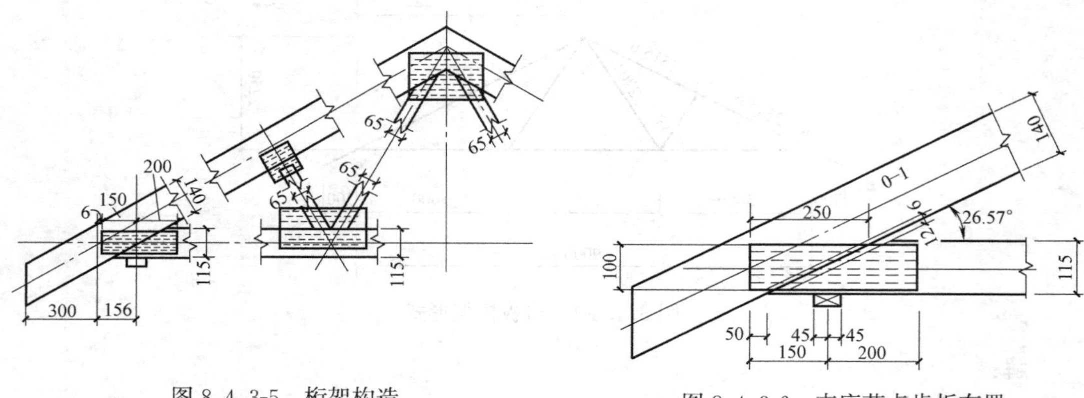

图 8.4.3-5 桁架构造

图 8.4.3-6 支座节点齿板布置

(3) 材料强度设计指标

上弦杆为 40mm×140mm，Ⅱ$_c$（S-P-F），由附录 C 查得设计强度并乘以相应的尺寸调整系数，并考虑与雪荷载组合：

$f_{mk}=16.1\times1.3=20.93\text{N/mm}^2$，$f_{ck}=16.7\times1.1=18.37\text{N/mm}^2$，$E_k=10000\times1.03\times(1-1.645\times0.25)=6064\text{N/mm}^2$，$f_m=9.8\times1.3\times0.83=10.57\text{N/mm}^2$；$f_c=11.5\times1.1\times0.83=10.5\text{N/mm}^2$；$E=10000\text{N/mm}^2$。

下弦杆截面尺寸为 40mm×115mm，S-P-F，Ⅰ$_c$：

$f_{mk}=22.1\times1.4=30.94\text{N/mm}^2$，$f_{ck}=18.8\times1.1=20.68\text{N/mm}^2$，$E_k=10500\times1.03\times(1-1.645\times0.25)=6067\text{N/mm}^2$，$f_m=13.4\times1.4\times0.83=15.57\text{N/mm}^2$；$f_t=5.7\times1.4\times0.83=6.62\text{N/mm}^2$；$f_{c90}=4.9\text{N/mm}^2$；$E=10500\text{N/mm}^2$。

腹杆截面尺寸为 40mm×65mm，S-P-F，Ⅱ$_c$：

$f_{mk}=16.1\times1.5=24.15\text{N/mm}^2$，$f_{ck}=16.7\times1.15=19.21\text{N/mm}^2$，$E_k=6064\text{N/mm}^2$，$f_c=11.5\times1.15\times0.83=10.98\text{N/mm}^2$；$f_t=4.0\times1.5\times0.83=4.98\text{N/mm}^2$；$f_m=9.8\times1.5\times0.83=12.20\text{N/mm}^2$；$E=10000\text{N/mm}^2$。

(4) 内力分析

该桁架除支座端节点反力不通过上、下弦杆轴线交点外，其他节点均无偏心。悬臂段仅为 156mm，又未设楔块和加强杆，故仍可将荷载简化到节点上，用节点法或截面法求解各杆轴力，并按节间荷载计算上弦杆的弯矩。这与精确的分析方法可能有一定误差，但不致过大。内力的计算结果列于表 8.4.3-4 和表 8.4.3-5 中。

桁架内力分析 **表 8.4.3-4**

荷载形式	杆力系数	恒载(kN)		可变荷载(kN)	
		标准值	设计值	标准值	设计值
1.0 1.0 1.0 O_1 O_2 O_3 O_4 U_1 U_2 U_3 U_4 T_1 T_2 T_3	$O_1=O_4=-3.355$	−4.46	−5.35	−2.26	−3.17
	$O_2=O_3=-2.796$	−3.72	−4.46	−1.89	−2.64
	$T_1=T_3=+3.000$	+3.99	+4.79	+2.03	+2.84
	$T_2=+2.000$	+2.66	+3.19	+1.35	+1.89
	$U_1=U_4=-0.901$	−1.20	−1.44	−0.61	−0.85
	$U_2=U_3=+0.901$	+1.20	+1.44	+0.61	+0.85

续表

荷载形式	杆力系数	恒载(kN)		可变荷载(kN)	
		标准值	设计值	标准值	设计值
(图：O_1、O_2、O_3、O_4、U_1、U_2、U_3、U_4、T_1 1.0↓ T_2 1.0↓ T_3)	$O_1=O_4=-2.236$	−1.11	−1.33		
	$O_2=O_3=-2.236$	−1.11	−1.33		
	$T_1=T_3=+2.000$	+0.99	+1.19		
	$T_2=+1.333$	+0.66	+0.79		
	$U_1=U_4=0$	0	0		
	$U_2=U_3=+1.202$	+0.59	+0.71		
(图：1.0↓、0.5↓、O_1、O_2、O_3、O_4、U_1、U_2、U_3、U_4、T_1、T_2、T_3)	$O_1=-2.236$			−1.51	−2.11
	$O_2=-1.677$			−1.13	−1.58
	$O_3=O_4=-1.118$			−0.75	−1.06
	$T_1=+2.000$			+1.35	+1.89
	$T_2=T_3=+1.000$			+0.68	+0.95
	$U_1=-0.901$			−0.61	−0.85
	$U_2=+0.901$			+0.61	+0.85
	$U_3=U_4=0$			0	0
(图：O_1、O_2、O_3、O_4、U_1、U_2、U_3、U_4、T_1 1.0↓ T_2、T_3)	$O_1=O_2=-1.491$	−0.74	−0.89		
	$O_3=O_4=-0.745$	−0.37	−0.44		
	$T_1=+1.333$	+0.66	+0.79		
	$T_2=T_3=+0.667$	+0.33	+0.40		
	$U_1=U_3=U_4=0$	0	0		
	$U_2=+1.20$	+0.59	+0.71		

表中上弦节点恒荷载标准值为 1.330kN，设计值为 1.596kN；活荷载标准值为 0.675kN，设计值为 0.945kN；下弦节点荷恒载标准值为 0.495kN，设计值为 0.594kN。

桁架各杆内力 **表 8.4.3-5**

形式 / 杆号	正常使用极限状态杆力(kN)		承载力极承状态杆力(kN)	
	全跨恒、活荷载	全跨恒荷和半跨活荷	全跨恒、活荷载	全跨恒载和半跨活荷
O_1	−7.83	−7.08	−9.85	−8.79
O_2	−6.72	−5.96	−8.43	−7.37
O_3	−6.72	−5.58	−8.43	−6.85
O_4	−7.83	−6.32	−9.85	−7.74
T_1	+7.01	+6.33	+8.82	+7.87
T_2	+4.67	+4.00	+5.87	+4.93
T_3	+7.01	+5.66	+8.82	+6.93
U_1	−1.81	−1.81	−2.29	−2.29
U_2	+2.40	+2.40	+3.00	+3.00
U_3	+2.40	+1.79	+3.00	+2.15
U_4	−1.81	−1.20	−2.29	−1.44

(5) 桁架杆件承载力验算

1) 上弦杆

最不利为 O_1、O_4，轴力 $N=O_1=O_4=-9.85$kN

节间跨中弯矩 $M=ql^2/8=1.129\times2.25^2/8=0.714$kN·m

上弦杆是压弯构件，无截面缺损，铺钉的木基结构板材可作为平面外支撑，$h/b=3.5<4.0$，故可仅验算弯矩平面内的稳定承载力。

$$\lambda=\frac{\mu l}{i}=\frac{2515.6\times0.8}{140/\sqrt{12}}=49.80<\lambda_{\mathrm{p}}=c_{\mathrm{c}}\sqrt{\frac{E_{\mathrm{k}}}{f_{\mathrm{ck}}}}=3.68\times\sqrt{\frac{6064}{18.37}}=66.36$$

$$\varphi=\left(1+\frac{\lambda^2 f_{\mathrm{ck}}}{b_{\mathrm{c}}\pi^2 E_{\mathrm{k}}}\right)^{-1}=\left(1+\frac{49.8^2\times18.37}{2.44\times3.14^2\times6064}\right)^{-1}=0.762$$

$$k=\frac{|Ne_0+M|}{Wf_{\mathrm{m}}\left(1+\sqrt{\dfrac{N}{Af_{\mathrm{c}}}}\right)}=\frac{0.714\times10^6}{\dfrac{40\times140^2}{6}\times10.57\times\left(1+\sqrt{\dfrac{9.85\times10^3}{40\times140\times10.5}}\right)}=0.367$$

$k_0=0$

$\varphi_{\mathrm{m}}=(1-\mathrm{k})^2(1-k_0)=(1-0.367)^2\times(1-0)=0.401$

$N_{\mathrm{r}}=f_{\mathrm{c}}\varphi\varphi_{\mathrm{m}}A_0=10.5\times0.762\times0.401\times40\times140=17.97\mathrm{kN}>9.85\mathrm{kN}$

满足要求

2）下弦杆

下弦杆是拉弯构件，轴力设计值 $T=T_1=T_3=8.82\mathrm{kN}$

节间跨中弯矩 $M_1=ql^2/8=0.198\times3^2/8=0.223\mathrm{kN\cdot m}$

支座反力未通过上、下弦轴线交点，存在偏心弯矩 M_2。

支座反力 $R_{\mathrm{A}}=R_{\mathrm{B}}=9\times(0.198+1.129)/2=5.97\mathrm{kN}$

$M_2=R_{\mathrm{A}}C=5.97\times0.156=0.932\ \mathrm{kN\cdot m}$　　$|M_2|>M_1$

$e=M/N=0.932/8.82=0.106\mathrm{m}=106\mathrm{mm}$，$e_{\mathrm{n}}=115/6=19.17\mathrm{m}$

$$T_{\mathrm{r}}=\frac{A_{\mathrm{n}}f_{\mathrm{t}}f_{\mathrm{m}}}{f_{\mathrm{m}}+\dfrac{e}{e_{\mathrm{n}}}f_{\mathrm{t}}}=\frac{40\times115\times15.57\times6.62}{15.57+\dfrac{106}{19.17}\times6.62}=9272\mathrm{N}=9.27\mathrm{kN}>8.82\mathrm{kN}$$

满足要求

支座节点处：拉杆净截面面积 $A_{\mathrm{n}}=(115-7.5\times2)\times40=4000\mathrm{mm}^2$；

$T_{\mathrm{r}}=4000\times6.62=26.48\mathrm{kN}>8.82\mathrm{kN}$，满足要求

3）斜腹杆

U_1、U_4 为压杆，轴力设计值 $N=U_1=U_4=-2.29\mathrm{kN}$

$$\lambda=\frac{\mu l}{i}=\frac{1352}{40/\sqrt{12}}=117.1>\lambda_{\mathrm{p}}=c_{\mathrm{c}}\sqrt{\frac{E_{\mathrm{k}}}{f_{\mathrm{ck}}}}=3.68\times\sqrt{\frac{6064}{27}}=65.38$$

$$\varphi=\frac{a_{\mathrm{c}}\pi^2E_{\mathrm{k}}}{\lambda^2f_{\mathrm{ck}}}=\frac{0.88\times3.14^2\times6064}{117.1^2\times19.21}=0.1997$$

$N_{\mathrm{r}}=\varphi f_{\mathrm{c}}A_0=0.1997\times10.98\times40\times65=5.70\mathrm{kN}>2.29\mathrm{kN}$

节点连接处，齿板全覆盖，故净面积承载力：

$N_{\mathrm{r}}=40\times(65-12)\times10.98=23.28\mathrm{kN}>2.29\mathrm{kN}$，满足要求

U_2、U_3 为拉杆，轴力设计值 $T=U_2=U_3=3.0\mathrm{kN}$

$T_{\mathrm{r}}=A_{\mathrm{n}}f_{\mathrm{t}}=40\times65\times4.98=12.95\mathrm{kN}>3.0\mathrm{kN}$，满足要求

节点处齿板覆盖斜腹杆宽度

$T_{\mathrm{r}}=A_{\mathrm{n}}f_{\mathrm{t}}=40\times(65-12)\times4.98=10.56\mathrm{kN}>3.0\mathrm{kN}$，满足要求

4）支座横纹承压

支座垫木宽 90mm，其下弦横纹承压可按式（6.2.1-5b）及式（6.2.1-6）验算，但支座处的竖向荷载由上弦传来，故承载力应降低 1/3。支承长度按式（8.4.3-2）计算，即 $l_b=(l_{b1}+l_{b2})/2=(90+230)/2=160\text{mm}>1.5\times90=135\text{mm}$，故取 $l_b=135\text{mm}$。关于式中的长度调整系数 K_B；一方面承压面靠近端头，另一方面这里又有较大的弯曲应力，虽承压面长度<150mm，K_B 仍应取 1.0；$K_{ZCP}=1.0$。

$$R_r=\frac{2}{3}bl_bK_BK_{ZCP}f_{c90}=\frac{2}{3}\times40\times135\times4.9=17.64\text{kN}>5.97\text{kN}，满足要求$$

（6）变形验算

1）上弦杆为压弯构件，目前无具体计算方法，本例按受弯构件计算挠度，并依此挠度为初始挠度按式（7.3.3-1）计算轴力对挠度的影响。

$$w_0=\frac{5ql^4}{384EI}=\frac{5\times0.891\times2250^4}{384\times10000\times40\times140^3/12}=3.25\text{mm}$$

$$w=w_0\left(1+\frac{\alpha}{1-\alpha}\right),\quad \alpha=\frac{N}{N_{cr}}$$

$$N_{cr}=\frac{\pi^2E_kA}{\lambda^2\gamma_R}=\frac{3.14^2\times6064}{49.8^2\times1.09}=123.86\text{kN}$$

$N=7.83$，$\alpha=7.83/123.86=0.063$

$w=3.25\times[1+0.063/(1-0.063)]=3.47\text{mm}<l/180=12.5\text{mm}$，满足要求

2）下弦杆为拉弯构件，节间变形，本例中不考虑拉力对挠度的减少作用

$$w_0=\frac{5ql^4}{384EI}=\frac{5\times0.165\times3000^4}{384\times10500\times40\times115^3/12}=3.27\text{mm}<l/180=16.67\text{mm}，满足要求$$

3）下弦杆节点挠度

$$\delta_{inst}=\sum\frac{N_i\overline{N}_il_i}{E_iA_i}=3.13\text{mm}<l/360=9000/360=25\text{mm}，满足要求$$

（7）节点齿板连接验算

1）支座节点

齿板节点的布置如图 8.4.3-6 所示，齿板长 350mm，宽 100mm，主轴平行于下弦轴线。

上弦杆 O_1：

板齿强度：净面积 $A_0=[(50-6/\sin26.57°)+(250-6/\sin26.57°)]\times100/2=13659\text{mm}^2$；

$\alpha=0°$，$n_r=p=1.92\text{N/mm}^2$，$n_r'=p'=1.97\text{N/mm}^2$

$\theta=26.57°$，采用内插法得沿 $\theta=26.57°$方向的板齿强度为

$$n_{r\theta}=n_r+\frac{\theta}{90}(n_r'-n_r)=1.92+\frac{26.57}{90}\times(1.97-1.92)=1.935\text{N/mm}^2$$

$k_h=0.85-0.05\times(12\tan26.57°-2.0)=0.65$

$N_r=n_{r\theta}k_hA_0=1.935\times0.65\times13659=17.18\text{kN}>9.85\text{kN}$，满足要求

抗剪强度：剪切面净长 $l_0=100/\sin26.57°=223.57\text{mm}$

$\theta=26.57°$

$$v_\theta=v_0+\frac{\theta}{30}(v_{30T}-v_0)=85.39+\frac{26.57}{30}\times(115.93-85.39)=112.44\text{N/mm}$$

$V_r=v_\theta l_0=112.44\times223.57=25.14\text{kN}>9.85\text{kN}$，满足要求

板齿抗滑移：

$\alpha=0°$，$n_s=p_s=2.03\text{N/mm}^2$，$n'_s=p'_s=1.97\text{N/mm}^2$

$\theta=26.57°$

$$n_{s\theta}=2.03+\frac{26.57}{90}\times(1.97-2.03)=2.01\text{N/mm}^2$$

$N_s=n_{s\theta}k_hA_0=2.01\times0.65\times13659=17.85\text{kN}>7.83\text{kN}$，满足要求

下弦杆 T_1：

板齿强度：净面积 $A_0=[(100-12)+(300-12)]\times100/2=18800\text{mm}^2$

该节点上弦杆并非将轴力的竖向分力直接传至支座，而是通过下弦端斜面传递，故齿板的作用力也为 O_1 轴力。

$\alpha=26.57°$

$$n_r=\frac{PQ}{P\sin^2\alpha+Q\cos^2\alpha}=\frac{1.92\times1.35}{1.92\sin^2 26.57°+1.35\cos^2 26.57°}=1.77\text{N/mm}^2$$

$$n'_r=\frac{P'Q'}{P'\sin^2\alpha+Q'\cos^2\alpha}=\frac{1.97\times1.35}{1.97\sin^2 26.57°+1.35\cos^2 26.57°}=1.80\text{N/mm}^2$$

$\theta=26.57°$

$$n_{r\theta}=n_r+\frac{\theta}{90}(n'_r-n)=1.77+\frac{26.57}{90}\times(1.80-1.77)=1.79\text{N/mm}^2$$

$N_r=n_{r\theta}k_hA_0=1.79\times0.65\times18800=21.87\text{kN}>9.85\text{kN}$，满足要求

抗剪强度：同与 O_1 杆的连接。

抗滑移：

$$n_s=\frac{P_sQ_s}{P_s\sin^2\alpha+Q_s\cos^2\alpha}=\frac{2.03\times1.04}{2.03\sin^2 26.57°+1.04\cos^2 26.57°}=1.71\text{N/mm}^2$$

$$n'_s=\frac{P'_sQ'_s}{P'_s\sin^2\alpha+Q'\cos^2\alpha}=\frac{1.97\times1.23}{1.97\sin^2 26.57°+1.23\cos^2 26.57°}=1.76\text{N/mm}^2$$

$\alpha=26.57°$

$$n_{s\theta}=n_s+\frac{\theta}{90}(n'_s-n_s)=1.71+\frac{26.57}{90}\times(1.76-1.71)=1.73\text{N/mm}^2$$

$N_s=n_{s\theta}k_hA_0=1.73\times0.65\times18800=21.14\text{kN}>7.83\text{kN}$，满足要求

节点齿板下的拉杆净截面强度验算：

$h'=115-7.5=107.5\text{mm}$

$T_r=40\times107.5\times6.62=28.47\text{kN}>8.82\text{kN}$，满足要求

2）其他节点

其他节点连接验算，可参照例题 5-9，这里从略。

第 9 章　剪力墙与横隔

9.1　剪力墙与横隔的基本功能与构造要求

9.1.1　基本功能

建筑结构一方面需要有足够的竖向承载能力并将荷载传递至基础，例如在屋盖和楼盖上作用的竖向荷载需通过墙、柱等竖向构件传递至基础，以避免坍塌。另一方面，建筑结构又必须有足够的抵御风、地震等引起的水平荷载的能力，并亦能将水平荷载传递至基础。剪力墙与横隔是木结构中抵抗水平荷载并将其传递至基础的重要构件。

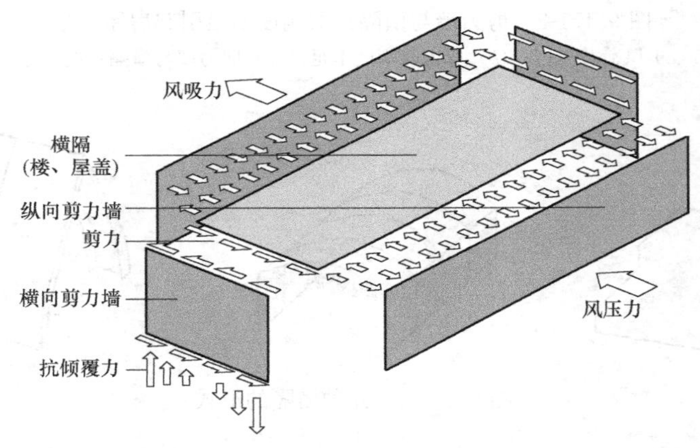

图 9.1.1-1　剪力墙与横隔分析

北美的住宅建筑很多采用轻型木结构房屋，实际上就是由剪力墙与横隔（楼盖、屋盖）等板式构件组成的盒子式结构，房屋的每个单元可视为一个封闭的六面体，六面体的每块板在其平面内均可承受一定的剪力。因此，板与板间即便是铰接，房屋也能抵御水平荷载，并将其传递至基础，如图 9.1.1-1 所示。在这个结构体系中，四周的板即为剪力墙，不仅抵御竖向荷载，还抵御水平荷载并传递至基础。剪力墙的两端还有锚固装置，以免结构整体倾覆。水平布置的楼盖和屋盖称为横隔，不仅承受竖向荷载（受弯），也能承受平面内的水平荷载，类似于两端支承在山墙上的深梁。如果剪力墙和横隔无足够的抵抗水平荷载的能力或面内的抗侧刚度不足，房屋将发生如图 9.1.1-2 所示的过大变形。

水平布置的楼盖和屋盖是典型的横隔，斜坡屋盖、弧形屋盖、尖顶屋盖因与剪力墙组合，也可以看作横隔，如图 9.1.1-3 所示，其折面或曲面内的抗力在水平面上的投影，即为横隔的水平抗剪能力。至于剪力墙与横隔承受和传递竖向荷载，可分别按受压、受拉或受弯构件设计，相关内容在前几章中已作介绍，本章不再重复。

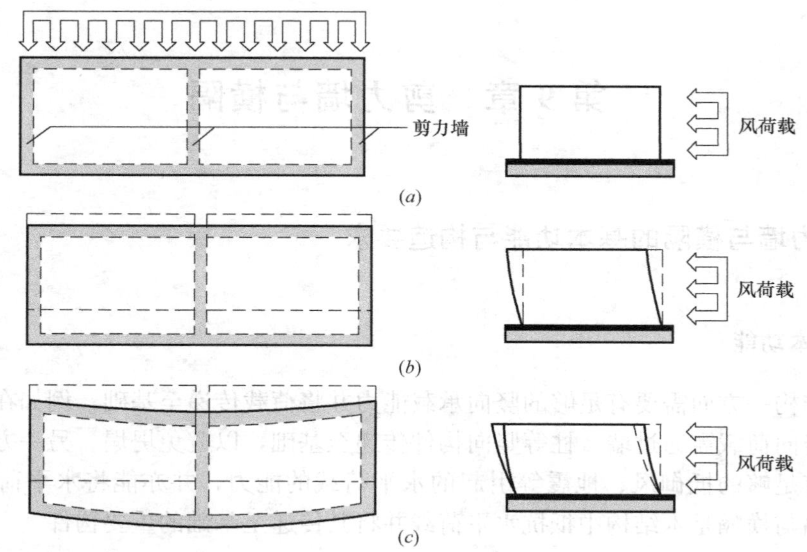

图 9.1.1-2　剪力墙与横隔抗剪刚度不足引起房屋变形

(*a*) 风荷载作用；(*b*) 剪力墙刚度不足；(*c*) 剪力墙与横隔刚度不足

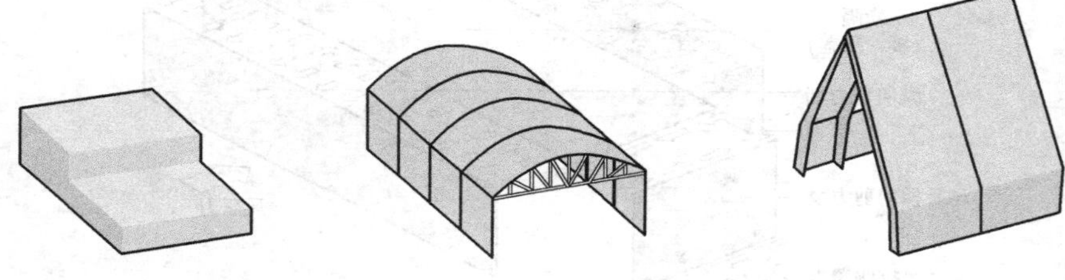

图 9.1.1-3　几种横隔的形式

9.1.2　构造要求

轻型木结构中的剪力墙与横隔均由规格材钉合的木构架和铺钉其上的覆面板组成。随使用部位不同，木构架需承受不同的面内、面外荷载，其组成部分有不同的名称。用规格材制作的剪力墙木构架中有墙骨和底梁板、顶梁板等，墙骨承受竖向荷载和横向水平风荷载。横隔中的楼、屋盖木构架，在楼盖中称为搁栅，屋盖中称为椽条，均为受弯构件。剪力墙与横隔的覆面板多数采用木基结构板（定向木片板、结构胶合板），有时也可采用斜铺 45°的单层木板或交叉斜铺的双层木板。

1. 剪力墙

剪力墙木构架如图 9.1.2-1 所示。墙骨通常采用截面尺寸为 40mm×90mm～40mm×140mm 的规格材制作，间距有 300mm（305mm）、400mm（406mm）或 600mm（610mm）等，以便使覆面板的接缝恰好位于墙骨上。墙骨上端与顶梁板用钉钉牢，下端与底梁板钉牢。底（地）梁板一般可用一层与墙骨同规格的规格材制作。顶梁板由两层叠放的与墙骨同规格的规格材组成。木构架钉合时，要求顶梁板沿剪力墙的宽度方向是连续的，以使顶梁板能用作上部横隔边缘的受拉杆件。因此，两层顶梁板各自的对接接头至少应错开一个墙骨的间距，且第一层顶梁板的对接接头应落在墙骨顶端的中心处。顶梁板也可用单层（一根）规格材制作，但对接接头处需有薄钢板可靠拉结，以保持连续性。墙骨与顶、底梁板间至少使用 2 枚长度为 89mm 的圆钉钉牢。

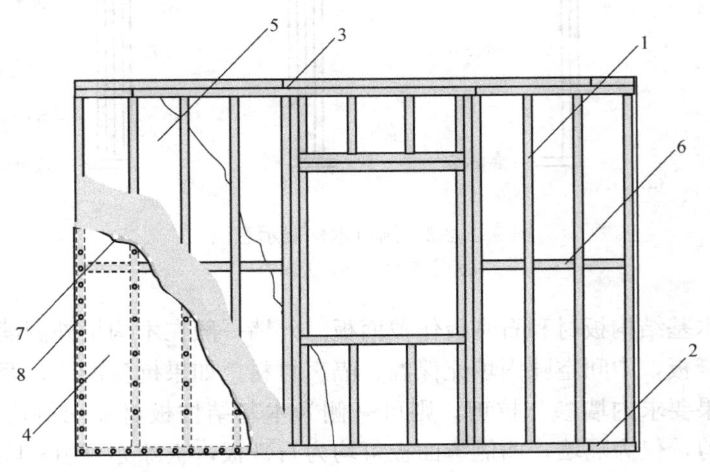

图 9.1.2-1 剪力墙构造示意图

1—墙骨；2—底梁板；3—顶梁板；4—外侧覆面板；5—内侧覆面板；6—横撑；7—保温隔音材料；8—钉

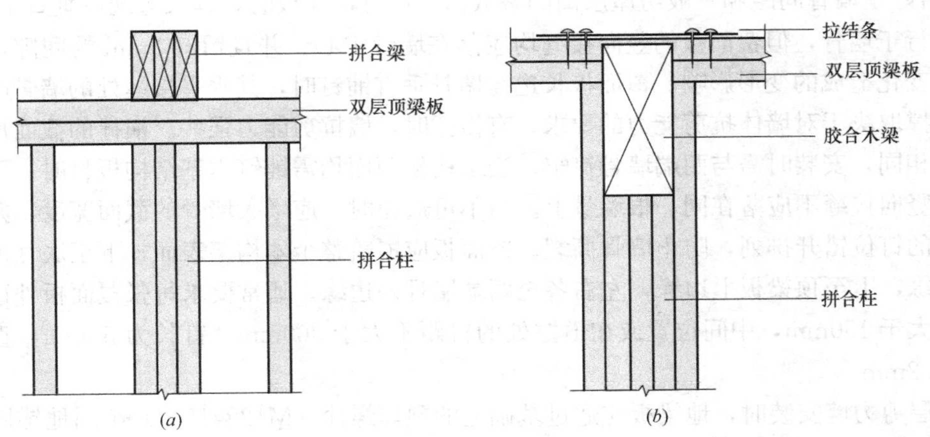

图 9.1.2-2 剪力墙中设拼合柱

(a) 梁支承在顶梁板上；(b) 梁直接支承在拼合柱上

当剪力墙需要支承楼、屋盖中的梁或桁架时，如果单根墙骨承载力不足，可在支承处的剪力墙中增加墙骨形成拼合柱（图 9.1.2-2）。在剪力墙的门、窗洞口边也需增设短墙骨以支承门楣、窗楣（图 9.1.2-3）。

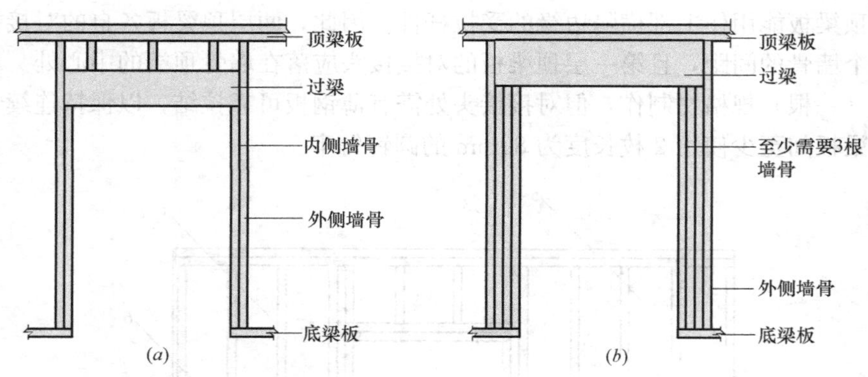

图 9.1.2-3　洞口木构架示意图

(a) 小洞口；(b) 大洞口

剪力墙采用木基结构板材和石膏板作覆面板。外墙一般在木构架外侧铺钉木基结构板材，内侧铺钉石膏板，中间空隙内填充保温、隔声材料。如果抗剪需要，两侧均可铺钉木基结构板材；如果要求内墙参与抗剪，则可一侧为木基结构板材或两侧均为木基结构板材；若不参与抗剪，仅为隔墙，两侧覆面板可均为石膏板，空隙亦可填充隔声材料。木基结构板材的厚度应与墙骨间距相适应，以满足风荷载作用下覆面板平面外的承载力和变形要求，并保证在水平剪力产生的主压应力作用下不失稳。对于 400mm（406mm）或 600mm（610mm）的墙骨间距，板厚一般不小于 9mm。

剪力墙的抗剪刚度除与钉连接的抗滑移能力有关外，尚与覆面板的整体性有关，因此覆面板应尽量大张铺钉于木构架上。覆面板的平面尺寸通常为 1220mm×2440mm（宽×长），恰好是墙骨间距和一般房屋层高的整数倍。铺钉覆面板时，其长边既可垂直于墙骨，亦可平行于墙骨，但覆面板的竖向接缝均应落在墙骨中心，并且留有 3mm 的间隙，以消除环境变化造成的变形影响。覆面板长边与墙骨垂直铺钉时，其水平接缝处的墙骨间是否设置横撑取决于对墙体抗剪能力的要求。有横撑时，墙抗剪能力强些。横撑的截面尺寸亦与墙骨相同，安装时需与两端墙骨钉牢。当木构架两面均需铺钉木基结构板材时，两面覆面板的竖向接缝不应落在同一根墙骨上。当不可避免时，应增大墙骨的截面宽度，并将相邻两板的钉位错开排列，防止墙骨撕裂。覆面板应覆盖整个木构架表面，下至底（地）梁板下边缘，上至顶梁板上边缘，左右各至两端墙骨外边缘。通常要求每张覆面板外边缘的钉距不大于 150mm，中间位置或在横撑处的钉距不大于 300mm，钉长为 53mm，直径为 2.8～3.2mm。

首层剪力墙安装时，地梁板应通过基础上的预埋螺栓（M12@1200）牢固地锚固在基础顶面，墙的两端墙骨还需与基础压紧锚固（Hold-down）。必要时门、窗洞口边的墙骨也要压紧锚固，以抵抗水平荷载下的倾覆力矩。上层剪力墙的底梁板应用钉与下层楼盖钉牢，两端墙骨和窗洞口两侧墙骨应与下层对应墙骨作相应的压紧锚固处理。

随着轻型木结构体系扩展到较大型房屋建筑中使用，按上述构造的剪力墙的抗剪能力有时尚不能满足要求。因此引发了对剪力墙构造的进一步研究，通过采取下列措施，可较大地提高其抗剪能力。

(1) 增设墙骨间的斜撑(图 9.1.2-4),使木构架承担较大的剪力。

(2) 加强覆面板边缘部分,增强钉连接的强度。如采用金属片加强边缘,防止钉连接的钉子穿透或撕裂覆面板边缘。

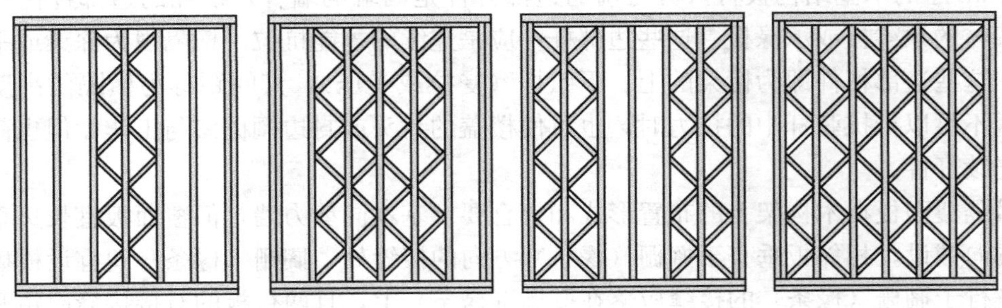

图 9.1.2-4 墙骨间增设斜撑

(3) 采用夹层剪力墙(图 9.1.2-5)。由于中间层覆面板的钉连接变成了双剪面,亦可有效地提高钉连接承载力。

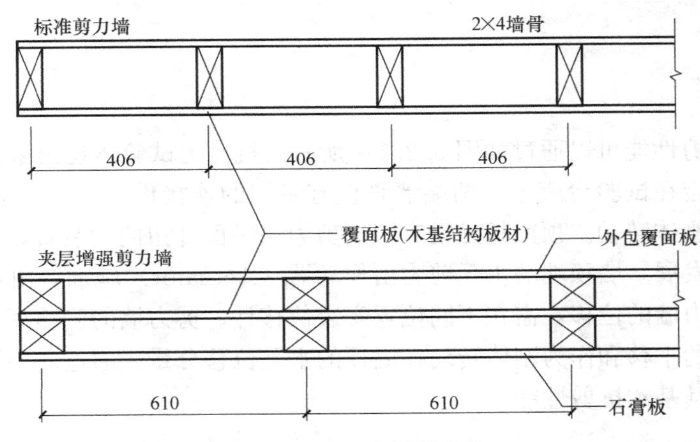

图 9.1.2-5 夹层剪力墙

(4) 采用更大平面尺寸的覆面板。定向木片板的生产线可生产平面尺寸为 3m×8m 的板材,然后切割为常规产品尺寸,如采用 2.4m×2.4m 的覆面板,抗剪能力可显著提高,且可提高其抗震性能。

(5) 改进剪力墙各墙肢两端的压紧锚固措施,克服因木材干缩造成的松动,能有效地改善剪力墙的抗侧刚度。

可见,在剪力墙中,木基结构板材不仅是围护材料,还是构成结构抗剪能力的一种构件。抵御水平荷载,墙骨的主要作用是将覆面板连成整体,并保证覆面板在剪力作用下不屈曲。只有在墙骨间加设斜撑,木构架本身才具有一定的抗剪能力。

2. 横隔

轻型木结构房屋中的楼盖与屋盖即为横隔。横隔的木构架为楼盖的搁栅系统和屋盖的椽条系统。当采用齿板桁架作为屋盖承重构件时,桁架上弦和横撑系统成为木构架。木构架一方面要承担楼盖和屋盖的竖向荷载,一方面又要满足横隔对木构架的要求。实际上,只要能满足其竖向荷载要求，也就基本上能满足横隔对木构架的要求。楼盖搁栅和屋盖椽条的间距通常有 400mm（406mm）和 600mm（610mm）两种，搁栅和椽条的截面尺寸均不小于 40mm×140mm。楼盖覆面板通常为 15～22mm 厚的木基结构板材，屋面覆面板为 9～12mm 厚的木基结构板材。剪力墙的边部杆件是两端的墙骨，横隔的边部杆件一般是其下墙体的顶梁板或承椽板，这些边部杆件应是连续的才能抗拉。横隔视为深梁或平行弦桁架，这些边部杆件即为桁架的上、下弦杆（受拉或受压），其间距称为横隔的高度。当顶梁板不足以抵抗弦杆中的拉力时，也可使楼盖的封头或封边搁栅参与工作，但也需将其构成连续杆件。

横隔覆面板在木构架上的布置形式和钉合要求基本同剪力墙，但覆面板宜长边垂直于剪力方向铺设，相邻板垂直于搁栅（椽条）方向的接缝处，搁栅（椽条）间宜设横撑。覆面板平行于搁栅（椽条）的接缝应落在搁栅（椽条）上，且两行板的对接接缝应错开，不应落在同一搁栅（椽条）上。

楼盖（横隔）更详细的构造可参见第 11.3.4 节。

9.2　剪力墙与横隔的抗剪性能

9.2.1　抗剪性能

剪力墙的抗剪性能可以通过如图 9.2.1-1 所示的抗侧力试验体现出来。剪力墙采用螺栓通过地梁板固定在试验台座上，两端墙骨设有专门的连接件（Hold-down），也用螺栓压紧锚固，以防刚体转动。顶梁板处设有限制剪力墙平面外扭曲的装置，但不影响剪力墙水平位移的自由发展。墙顶端的水平剪力由作动器（Actuator）施加，由荷载传感器测定大小。为量测剪力墙的位移，需在不同位置安装位移计。剪力墙的侧移变形应为实测墙顶位移扣除剪力墙的平移和作为刚体转动在墙顶的水平位移分量。通过对不同类型剪力墙进行试验，可获得其基本抗剪性能。

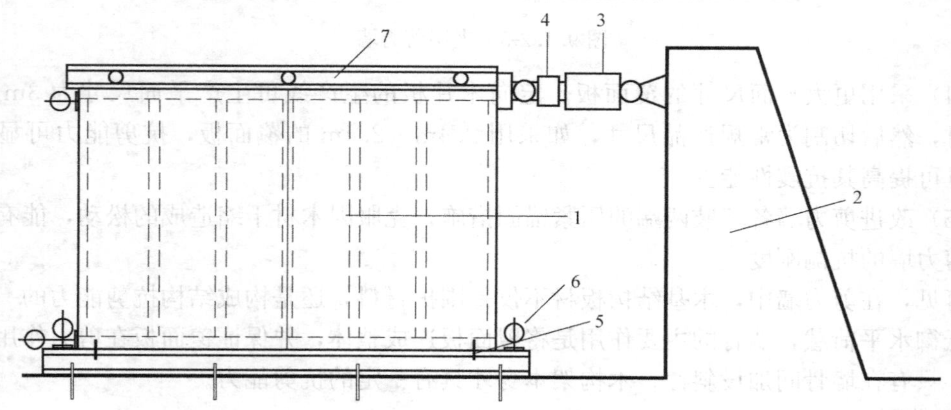

图 9.2.1-1　剪力墙抗侧力试验

1—试验剪力墙；2—反力墙的试验台座；3—作动器；4—荷载传感器；
5—压紧锚固螺栓；6—位移计；7—平面外支撑

1. 变形特性

剪力墙单调加载的荷载-位移曲线如图 9.2.1-2 所示，具有非线性特征，且大体上与覆面板和墙骨间的钉连接的荷载-滑移曲线相似（图 9.2.1-3）。即使在较小荷载作用下再卸载，剪力墙也会产生一定的残余变形。第二次重复加载时会有一段明显的直线段。一定荷载范围内多次重复加载，残余变形将趋于稳定。用木基结构板材作覆面板时，剪力墙在极限荷载作用下的侧移变形很大，可达 $H/40$（H 为墙高），且与剪力墙的高宽比有关，高宽比越小极限荷载作用下变形越小（图 9.2.1-4）。剪力墙的抗侧移刚度随墙的宽度增大而增加，但并非完全呈线性关系，只有在一定宽度范围内，才呈线性关系。试验表明横隔在平面内的抗侧力和变形特性与剪力墙相似。

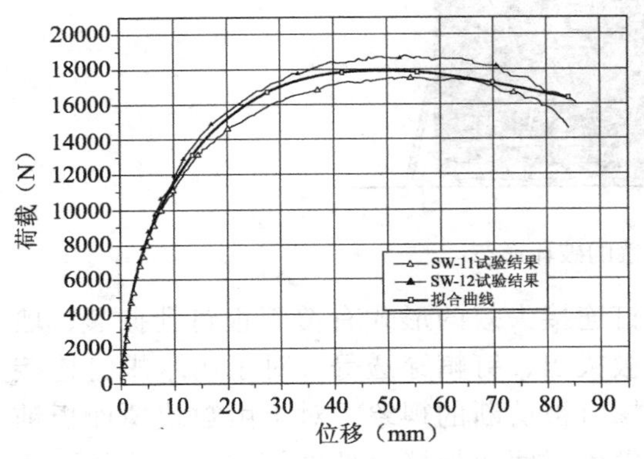

图 9.2.1-2 剪力墙荷载-位移曲线

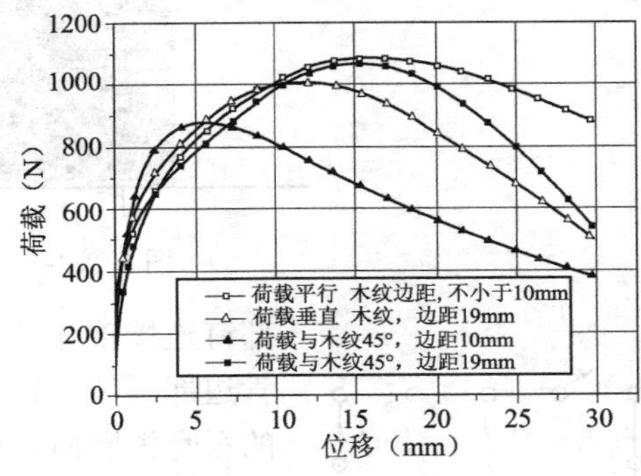

图 9.2.1-3 钉连接荷载-滑移曲线

当剪力墙采用石膏板作覆面板时，极限荷载下的侧移变形较小，仅为 $H/150 \sim H/200$，但其抗侧移刚度反而比同厚度的木基结构板材大。

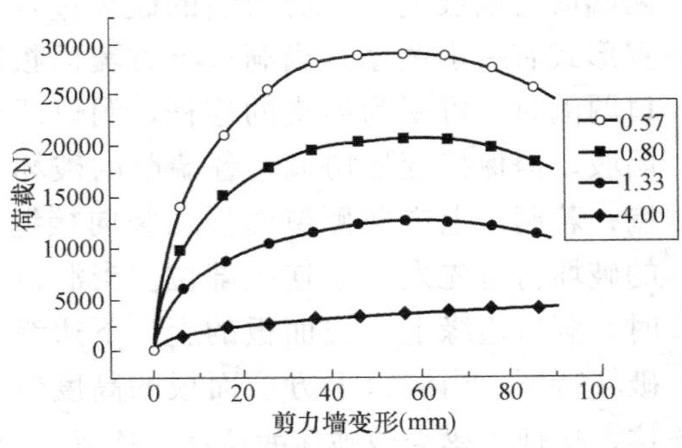

图 9.2.1-4 剪力墙高宽比对变形的影响

2. 破坏特征

用木基结构板材作覆面板的剪力墙达到极限荷载时因覆面板接缝错开墙骨略有弯曲，木构架从矩形变为菱形，覆面板与木构架间有明显的相对错动，如图 9.2.1-5 所示，破坏主要来自覆面板与墙骨间的钉连接。对于无洞口的剪力墙，极限状态下覆面板的剪应力甚低，远小于覆面板的抗剪强度。覆面板各部位钉连接所受剪力方向和大小如图 9.2.1-6 所示，数值上边部的钉要比中部的大些。钉连接失效首先发生在覆面板四周尤其是角部，中

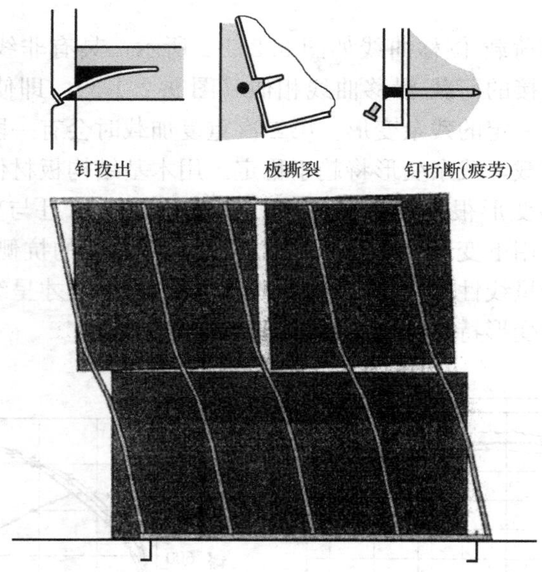

图 9.2.1-5　剪力墙的破坏形态

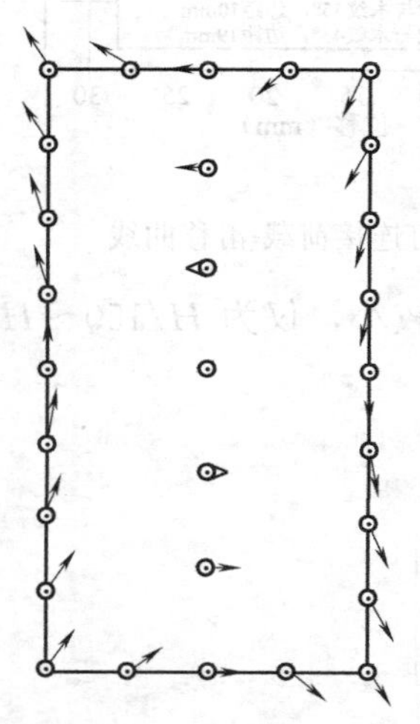

图 9.2.1-6　剪力墙钉连接的受力方向

部钉连接破坏甚少。钉连接失效的形式有覆面板钉孔撕裂、墙骨边部撕裂、钉弯曲被拔出、钉帽穿透等。对于用木螺钉连接的石膏板墙面，也有螺钉被剪断的现象。对于由数块覆面板铺钉的剪力墙，破坏常发生于两块板接缝处的钉连接，这是因为用 40mm（实为 38mm）厚的规格材作墙骨时，钉连接的边距不足。

当剪力墙上存在较大洞口时，洞口上方的墙体可视为连系两端剪力墙肢的梁，剪力墙的破坏过程与洞口上方的覆面板布置形式有一定关系。当洞口上方覆面板的竖向接缝恰好沿着洞口两侧时，可视为简支的连杆，洞口两侧的剪力墙变成独立的墙肢，但保持变形协调，各墙肢的破坏特征类似于无洞口剪力墙；若洞口上方两侧覆面板无竖向接缝，可视为连梁，剪力墙的破坏将首先发生于连梁部位。当洞口上方覆面板的高度较小时，洞口边缘上方覆面板的上、下边缘先被撕裂，呈连梁受弯破坏特征；当洞口上方覆面板的高度较大时，破坏首先发生于覆面板竖向接缝处的钉连接，呈现连梁受剪破坏的特征。连梁失效后剪力墙的抗力将有所降低，逐步进入洞口两侧墙肢独立工作的破坏过程。

3. 抗剪承载力

剪力墙与横隔的受剪破坏主要是由覆面板与木构架间钉连接的破坏引起的，因此它们的抗剪承载力主要取决于钉连接的销槽承载力与钉间距。影响钉连接承载力的因素有钉的直径、强度和被连接构件木材的销槽承压强度和边距等因素。但对于轻型木结构的剪力墙和横隔，已对其构造要求作出规定，因此，承载力仅与木构架木材和覆面板的材质等级有关。试验还表明，当剪力墙覆面板竖向铺钉时（长边平行于墙骨），墙骨间有无横撑对抗剪承载力影响不大；但对于水平铺钉（长边垂直于墙骨），水平接缝处墙骨间有无横撑对抗剪承载力影响较大。横隔尚需注意剪力作用方向与搁栅或椽条方向的关系，当剪力与搁栅或椽条方向垂直时，结果与剪力墙类似；若剪力作用方向平行于搁栅或椽条，则覆面板长向与搁栅或椽条垂直铺钉并在平行于长向的接缝处设横撑（搁栅或椽条间）能获得较高的抗剪承载力。

宽度不大的剪力墙，其抗剪承载力大致与剪力墙宽度成正比；横隔的抗剪承载力则与剪力作用方向的横隔高成正比。当剪力墙两侧铺钉相同材质的覆面板时，其抗剪承载力为两侧覆面板抗剪能力之和。当剪力墙一侧铺钉木基结构板材，另一侧铺钉石膏板时，由于两者达到极限承载力时的侧移变形不同，最终的承载力并不为两者的简单叠加。特别是在反复荷载作用下，其值小于两者的承载力之和。

各国木结构设计规范对剪力墙承载力的取值大致为剪力墙侧移达 $H/200$ 时剪力墙所抵抗的作用力的值。这主要是考虑石膏板达到该侧移变形时（连接）接近破坏，实际抗剪承载力高出该值约 50%。剪力墙洞口对抗剪承载力的影响是明显的，但与洞口上方覆面板的布置形式有关。布置使其成为简支连梁时，承载力基本上为各肢剪力墙承载力之和。当上方覆面板布置使其成为连续连梁时，其抗剪承载力将高于洞口两侧剪力墙的抗剪承载力之和，即连梁对承载力有一定贡献。

4. 抗震性能

如果对剪力墙以一定速度重复加载，其荷载-侧移曲线如图 9.2.1-7 所示。可见当侧移较大时，抗力和变形能力都有较大的衰退。在低周往复荷载（称为伪静力试验）作用下，墙体的滞回曲线形状随墙体的宽高比、竖向荷载的大小不同而有所差异，其形状一般如图 9.2.1-8 所示。可见，其滞回环大体呈 Z 形，表明剪力墙侧移变形中存在较大的滑移变形。该类剪力墙具有较好的变形能力和一定的延性，有一定的耗能能力，这些主要来自于钉弯曲和销槽承压塑性变形的发生与发展。在国外，轻型木结构房屋在历次较大的地震中都经受了考验，表明具有较好的抗震能力。这也应得益于轻型木结构自重轻、刚度小、所受的地震力小等特点。针对剪力墙的这些特点，有学者研究在剪力墙中增设耗能器，进一步提高其抗震性能。图 9.2.1-9 所示为在剪力墙的对角线方向加设耗能器后的滞回曲

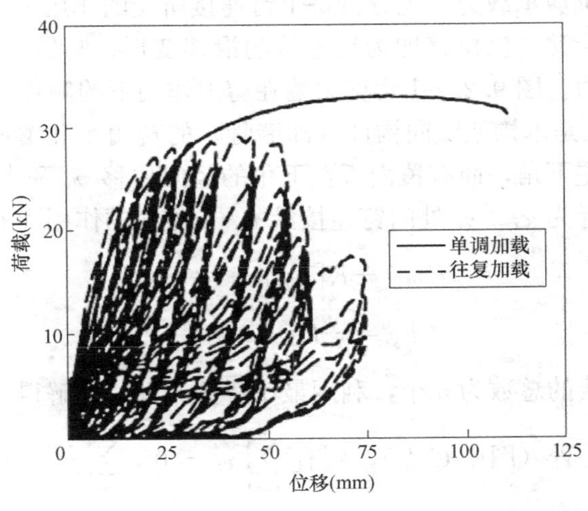

图 9.2.1-7 重复荷载作用下剪力墙的荷载-侧移曲线

线，可见延性（见12.1.2节）大幅增加，滞回环面积增大，表明有较好的效果。

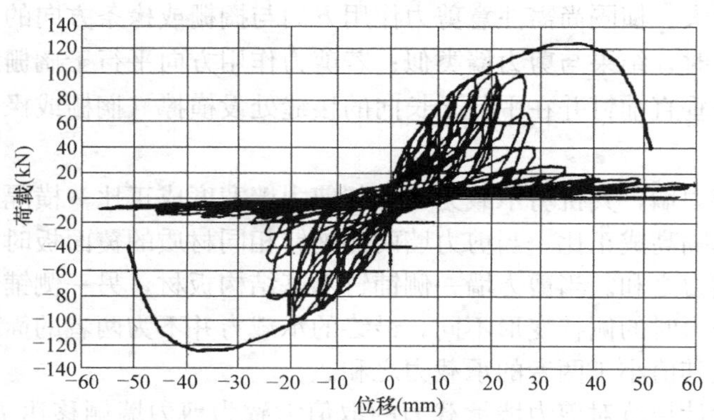

图9.2.1-8　剪力墙的滞回曲线

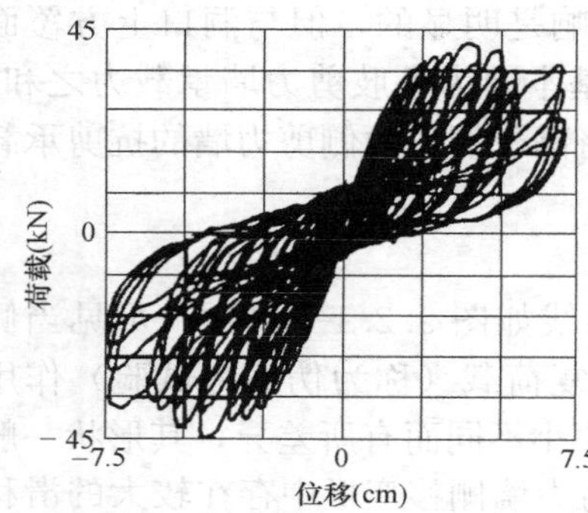

图9.2.1-9　设置耗能器的剪力墙的滞回曲线

9.2.2　理论分析

1. 剪力墙与横隔的抗剪承载力

在大量试验研究基础上，学者们对剪力墙与横隔的抗剪性能进行了理论分析。Kallsner 和 Lam 建议分别采用线弹性方法和塑性方法分析剪力墙与横隔的承载力。

线弹性方法分析剪力墙与横隔的抗剪承载力建立在以下基本假设上：

（1）木构架各杆为刚性体，杆间为铰接；

（2）覆面板亦为刚性体，相邻板之间无直接接触；

（3）覆面板与木构架间的钉连接在破坏前线弹性工作；

（4）与平面尺寸相比，剪力墙的侧向位移变形很小。

为获得剪力墙的抗剪承载力，先分析每个钉连接所受的作用力。为此，需计算出覆面板与木构架间的相对位移，该位移即为钉连接的滑移变形，与钉连接的滑移刚度 K 之乘积即为钉连接的作用力。图9.2.2-1为剪力墙在剪力作用下的侧移变形示意图。侧移共有4个几何变形量，分别是木构架竖向构件（即墙骨）的转角 γ 和覆面板的转角 φ，如果将坐标原点设在木构架左下角，尚有覆面板左下角的竖向位移 υ_0 和水平位移 u_0。如果这些变形量已知，位于坐标为 x_i、y_i 处的钉连接沿 x、y 方向的作用力 F_{xi}、F_{yi} 分别为：

$$F_{xi}=-K[u_0+y_i(\gamma-\varphi)] \tag{9.2.2-1a}$$

$$F_{yi}=-K(\upsilon_0+\varphi x_i) \tag{9.2.2-1b}$$

设剪力墙上钉连接的总数为 n 个，利用最小势能原理，可解得4个几何变形量，并将坐标原点移至板的中心处（图中 C 点），则有 $\sum_{i=1}^{n}x_i=0$，$\sum_{i=1}^{n}y_i=0$，故：

$$u_0=0 \tag{9.2.2-2a}$$

$$\upsilon_0=0 \tag{9.2.2-2b}$$

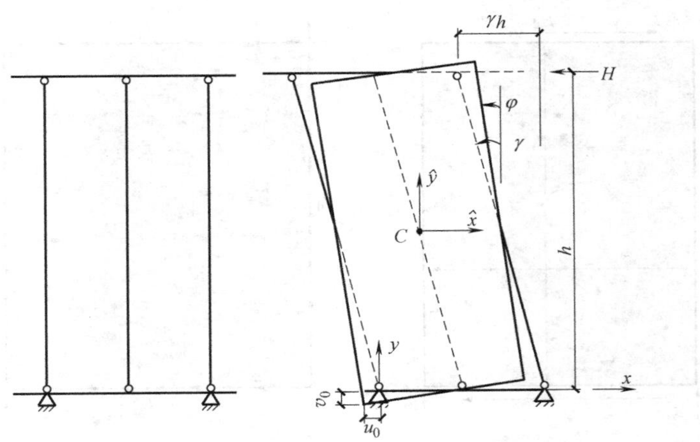

图 9.2.2-1　剪力墙线弹性分析模型

$$\varphi=\frac{1}{K}Hh\frac{1}{\sum_{i=1}^{n}\hat{x}_i^2} \tag{9.2.2-2c}$$

$$\gamma=\frac{1}{K}Hh\left(\frac{1}{\sum_{i=1}^{n}\hat{x}_i^2+\sum_{i=1}^{n}\hat{y}_i^2}\right) \tag{9.2.2-2d}$$

将其代入式（9.2.2-1*a*、*b*），得：

$$F_{xi}=-Hh\frac{\hat{y}_i}{\sum_{i=1}^{n}\hat{y}_i^2} \tag{9.2.2-3a}$$

$$F_{yi}=-Hh\frac{\hat{x}_i}{\sum_{i=1}^{n}\hat{x}_i^2} \tag{9.2.2-3b}$$

显然距连接中心（*C* 点）最远处（$\hat{x}_{\max}$，$\hat{y}_{\max}$）（角点处）的钉连接所受作用力最大。矢量合成后为：

$$F_{\max}=\sqrt{F_{xi}^2+F_{yi}^2}=Hh\sqrt{\left(\frac{\hat{y}_{\max}}{\sum_{i=1}^{n}\hat{y}_i^2}\right)^2+\left(\frac{\hat{x}_i}{\sum_{i=1}^{n}\hat{x}_i^2}\right)^2} \tag{9.2.2-4}$$

如果已知钉连接的承载力为 $F_{\mathrm{d}}(=F_{\max})$，剪力墙或横隔的承载力 H_{d}（$=H$）则为：

$$H_{\mathrm{d}}=\frac{F_{\mathrm{d}}}{h\sqrt{\left(\frac{\hat{y}_{\max}}{\sum_{i=1}^{n}\hat{y}_i^2}\right)^2+\left(\frac{\hat{x}_i}{\sum_{i=1}^{n}\hat{x}_i^2}\right)^2}} \tag{9.2.2-5}$$

式（9.2.2-5）即为用线弹性方法分析剪力墙和横隔抗剪承载力的计算式。

塑性分析的基本假设是剪力墙上覆面板四周的每个钉连接均能达到其极限承载力。该假设成立的依据是钉连接的非线性滑移可以在各钉连接间实现内力重分配。因此，如图 9.2.2-2 所示，角部和其他部位的钉连接均可达到承载力 F_{d}。设角部的钉连接在水平与垂直两个方向上各分得 $F_{\mathrm{d}}/2$，不计覆面板板面中部的钉连接承载力。这样，抗剪承载力可

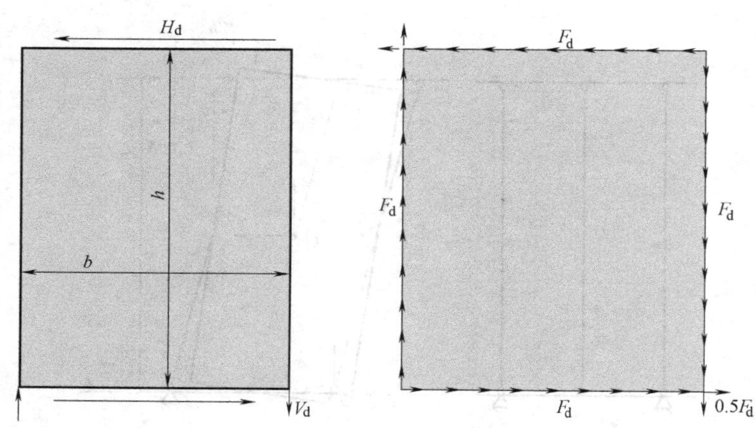

图 9.2.2-2 剪力墙塑性分析模型

用下式计算：

$$H_d = n_H F_d \tag{9.2.2-6}$$

式中：n_H 为剪力墙覆面板与顶梁板间钉连接的数量。抗倾覆边的承载力为：

$$T_d = n_V F_d \tag{9.2.2-7}$$

式中：n_V 为覆面板在剪力墙端墙骨上钉连接的数量。

以上是塑性模型的下限解。尚有塑性模型的上限解，是利用虚动原理求解剪力墙的抗剪承载力，这里不作介绍。一般而言，剪力墙的实际抗剪承载力要比线弹性解高，比塑性解低。因此，有些国家的木结构设计规范中剪力墙的承载力并不采用理论解，而是直接采用对试验结果的归纳。

横隔的抗剪承载力和剪力墙可以用相同的方法计算。横隔与剪力墙受剪形式的区别在于剪力墙受剪类似于悬臂梁，横隔受剪类似于简支梁，支座处剪力最大，中部剪力接近于零。

2. 剪力墙的抗侧移刚度

剪力墙抗侧移刚度的计算目前尚无统一的方法，有些国家的木结构设计规范中也无相应的规定。一个重要原因是抗侧移刚度的试验结果离散性较大，且认为在剪力墙的抗剪承载力计算中，已含有对侧移变形控制的因素，即抗剪极限承载力的取值为侧移变形为 $H/200$时对应的剪力墙抗力，并非其最大抗力。

Kallsner 和 Lam 在研究剪力墙抗剪承载力的线弹性解时给出了在剪力 H 作用下的侧移。考虑覆面板的剪切变形，剪力墙顶端的侧移 U 为：

$$U = \frac{1}{K} H h^2 \left(\frac{1}{\sum\limits_{i=1}^{n} \hat{x}_i^2 + \sum\limits_{i=1}^{n} \hat{y}_i^2} \right) + \frac{Hh}{Gbt} \tag{9.2.2-8}$$

式中：K 为钉连接的滑移刚度（N/mm）；b 为覆面板的宽度；t 为覆面板的厚度；G 为覆面板的剪切模量；其他符号见图 9.2.2-1。

由式（9.2.2-8）可见，顶端侧移由两项组成，前一项为钉连接产生的滑移，后一项为覆面板的剪切变形。

1979 加拿大不列题哥伦比亚省林业理事会（COFI）和 1980 年 Jephcott 分别提出，

单层剪力墙顶端的侧移由三项组成，即弯曲变形、剪切变形和钉连接的滑移变形，可按下式计算（设横撑的剪力墙）：

$$\Delta=\frac{2V_0h^3}{3EAb}+\frac{V_0h}{B_v}+0.0025he_n \quad (9.2.2\text{-}9)$$

横隔的跨中位移用下式计算：

$$\delta=\frac{5V_0L^3}{96EAb}+\frac{V_0L}{4B_v}+0.0006Le_n \quad (9.2.2\text{-}10)$$

式中：V_0 为单位宽度剪力墙或单位高度横隔上的剪力；L 为横隔长度（跨度）；h 为剪力墙高度；b 为剪力墙宽度或横隔高度；E 为边缘（弦杆）杆件的弹性模量；A 为边缘杆件的截面面积；e_n 为钉的滑移量；B_v为覆面板的剪切刚度（N/mm）。

实际工程中，剪力墙和横隔的变形很难准确估计，与许多随机因素有关，例如剪力墙侧移与剪力墙两端压紧锚固（Hold-down）的效果有很大关系，锚固地梁板的螺栓受拉会变形（伸长），螺帽垫板下地梁板横纹挤压变形；再如木材干缩变形以及端墙骨与底梁板间钉连接的滑移、拔出变形等。这些变形均会使剪力墙发生刚体转动，从而使其顶端产生侧移。多层建筑中，上层剪力墙传下的弯矩也会影响下层剪力墙的变形，而下层剪力墙顶梁板的转角又会影响上层剪力墙的侧移。这些变形因素均应予以估计，但又很难准确计算，特别是对压紧锚固因素估计的准确性。变形计算结果的偏差影响剪力墙的刚度分析和剪力分配的正确性。刚体转动对剪力墙顶端位移的负面影响是不同的，对衡量结构的受损程度不起作用，但对使用功能存在负面影响，是一个需要具体分析的问题。

3. 洞口对抗剪承载力的影响

许多学者研究过洞口对剪力墙抗剪承载力的影响。当洞口不大时，剪力墙类似于开洞口的深梁。基于这一认识，1994 年 Sugiyama 和 Matsumoto 提出用与洞口和剪力墙面积比有关的折减系数来计算剪力墙的抗剪承载力，折减系数是指同一尺寸有洞口和无洞口剪力墙的抗剪承载力之比。事实证明这种处理方法对洞口上、下方墙体高宽比不小于 1/8 和覆面率不小于 30%的情况，是较为准确的。覆面率由下式计算：

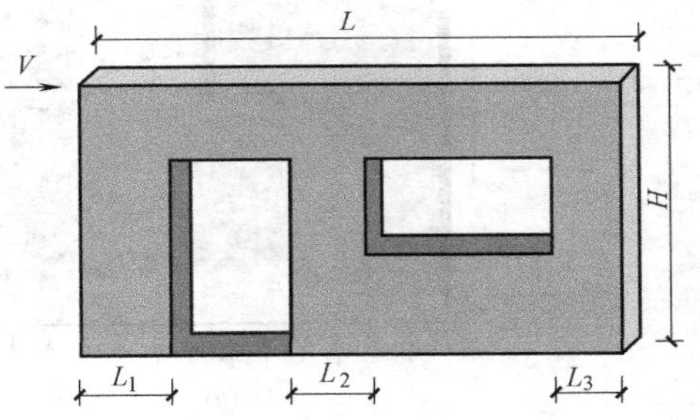

图 9.2.2-3　开洞口的剪力墙

$$r=1/(1+\alpha/\beta)=1/(1+A_0/H\sum L_i) \quad (9.2.2\text{-}11)$$

式中：α 为开洞率，$\alpha=A_0/(HL)$；β 为剪力墙的有效宽度比，$\beta=(L_1+L_2+L_3)/L=\sum L_i/L$（图 9.2.2-3）；$A_0$ 为开洞口的总面积；H 为剪力墙高。

折减系数可用下列公式计算，当侧移不超过 $H/300$ 时：

$$\eta=3r/(8-5r) \quad (9.2.2\text{-}12a)$$

当侧移为 $H/150$～$H/60$ 时：

$$\eta=r/(2-r) \quad (9.2.2\text{-}12b)$$

在 9.4 节中将会看到，各国木结构设计规范均采用保守的简化方法计算开洞口剪力墙的承载力，即认为洞口上、下方的墙体对剪力墙的抗剪承载力贡献不大，可视为连杆，因此将洞口两侧的剪力墙视为独立的两肢，连杆使两肢变形协调，承载力为两肢之和。

9.3 剪力墙与横隔内力分析

本节仅将讨论剪力墙与横隔在风荷载或地震作用水平分量作用下的内力分析。至于在竖向荷载作用下的内力分析，可按一般的力学原理进行。例如楼面荷载对横隔木构架（搁栅）的受弯、受剪问题等，均可根据材料力学及第 6 章介绍的方法计算，这里不作介绍。

9.3.1 剪力墙内力分析

风荷载、水平地震作用通常被简化为作用在各层横隔（楼、屋盖）上的均布线荷载，并由横隔传递至剪力墙上。多数情况下，支承横隔的剪力墙会多于两片，形成超静定体系。每片墙分担的剪力大小主要取决于剪力墙的抗侧移刚度和横隔平面内的抗弯刚度。若已知剪力墙与横隔的刚度特性，则无论用有限元法还是解析法均可准确地获得每片剪力墙分担的剪力。正如前节所述，在横隔刚度尚不能精确估计的情况下，可考虑两种极端的情况，即横隔是完全柔性的或完全刚性的，尽管横隔实际上是有限刚度的。

完全柔性横隔不能使下部剪力墙顶的侧移协调一致（图 9.3.1-1a）。因此就风荷载而言，可以按从属于剪力墙的风荷载面积来分配每片剪力墙所受的剪力；地震作用则由该剪力墙从属的重力荷载来分配。这个方法不计剪力墙的刚度，简单而被广泛接受。

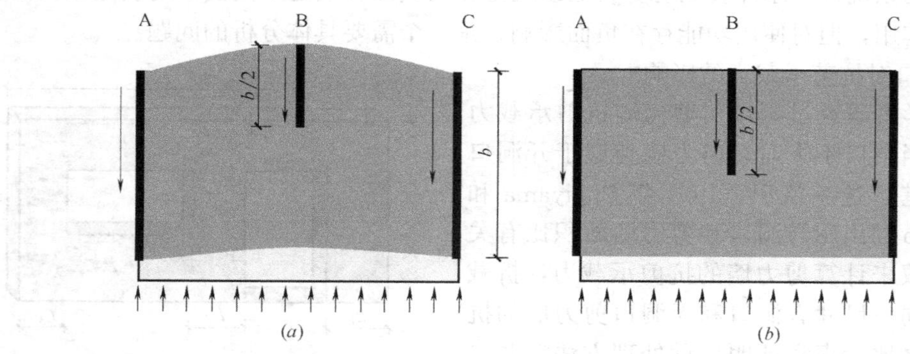

图 9.3.1-1　柔性与刚性横隔对剪力墙剪力分配的影响

（a）柔性横隔；（b）刚性横隔

横隔完全刚性方案则假定横隔不变形，从而约束了下部剪力墙顶间的相对位移，使其协调一致。当横隔在水平剪力作用下仅发生平移时，可采用按剪力墙刚度分配的原则来计算每片剪力墙所受的剪力。即第 i 片剪力墙所受剪力 V_i 为：

$$V_i = V\frac{K_i}{\sum K_i} \tag{9.3.1-1}$$

式中：K_i 为第 i 片剪力墙的刚度（N/mm）；V 为风荷载或地震作用产生的总剪力。显然，当横隔下的各片墙具有相同的构造和高度时，可简化为按各片剪力墙的宽度分配剪力。

采用完全柔性和完全刚性横隔假设，剪力墙的剪力分配结果有很大不同。如图 9.3.1-1（a）所示的柔性横隔，剪力墙 B 受 50% 的总水平剪力作用，而图 9.3.1-1（b）

所示的刚性横隔，因剪力墙 B 的刚度仅占总刚度的 20%，故分得的剪力亦仅为总剪力的 20%。在有限横隔刚度的情况下，剪力墙分配的剪力取多少合理，需要从概念出发去判断，如取上述两种结果的平均值也未尝不可。

当风荷载的合力与全部剪力墙的抗侧刚度中心不一致，或地震作用下房屋的质量中心与全部剪力墙的抗侧刚度中心不一致时，刚性横隔除产生平移外，还发生扭转。扭转在各片剪力墙中产生的剪力是根据各剪力墙中心线距全部剪力墙的抗侧刚度中心的距离和各片剪力墙的刚度来分配。如图 9.3.1-2 所示，总剪力距刚度中心为 e，而剪力墙 A、B、C 分别距刚度中心为 a、b、c，每片剪力墙的剪力为：

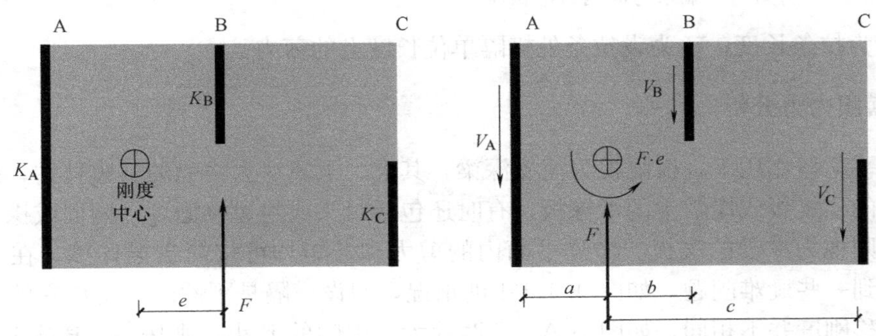

图 9.3.1-2 扭转分量在剪力墙中的分配

$$\left.\begin{aligned} V_{tA} &= FeaK_A/J \\ V_{tB} &= FebK_B/J \\ V_{tC} &= FecK_C/J \end{aligned}\right\} \tag{9.3.1-2}$$

式中：$J=K_Aa^2+K_Bb^2+K_Cc^2$；K_A、K_B、K_C 分别为各片剪力墙的抗侧移刚度。

按式（9.3.1-1），平移对应的剪力为：

$$\left.\begin{aligned} V_{dA} &= \frac{K_A}{\Sigma K}F \\ V_{dB} &= \frac{K_B}{\Sigma K}F \\ V_{dC} &= \frac{K_C}{\Sigma K}F \end{aligned}\right\} \tag{9.3.1-3}$$

总剪力为上述两项剪力的叠加。由于两项剪力的方向不一定相同，总剪力应取代数和。考虑到刚度中心和质量中心的计算方法不一定准确，实际工程中两者同号时取叠加值，异号时仅当代数和的绝对值大于平移值时才取叠加值，否则应仅取平移值，这也是从概念出发的一种考虑。

剪力墙视为悬臂构件，除剪力外尚有弯矩。在计算剪力墙的弯矩抗力时，将其视为工字形截面梁，剪力墙两端的墙骨分别为梁的两个翼缘，木基结构板材为腹板（除端墙骨外，中部墙骨视为保证腹板不失稳的加劲肋），因此剪力墙肢的端墙骨受拉或受压可按下式计算：

$$N=\pm\frac{M}{B_0} \tag{9.3.1-4}$$

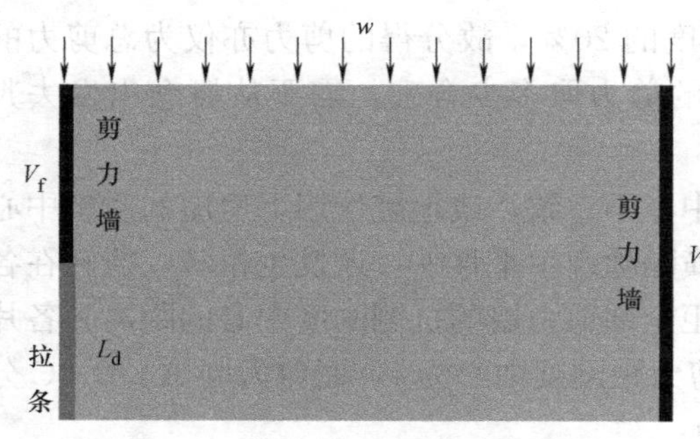

图 9.3.1-3　剪力剪一端未与横隔封边相连

式中：M 为剪力墙的最大弯矩；B_0 为剪力墙的宽度（两端墙骨的中心距离）。

当剪力墙的宽度小于横隔高度而未到达横隔的封边杆件时（图 9.3.1-3），可能导致横隔的水平剪力不能可靠地传至剪力墙顶，为此需在剪力墙顶端设拉条与横隔封边杆件相连，其拉力为：

$$T_f = V_f L_d \tag{9.3.1-5}$$

式中：L_d为拉条长度；V_f为设拉条处横隔单位长度上的剪力。

9.3.2　横隔内力分析

在水平荷载作用下，横隔视为简支深梁，其上、下翼缘为横隔的封边杆件，即横隔之下剪力墙的顶梁板或屋盖中的承椽板，有时还包括封头或封边搁栅等，搁栅或椽条上铺钉的覆面板则视为深梁的腹板。横隔平面内的剪力和弯矩均可按简支梁计算。在实际工程中，会遇到一些疑难问题，如图 9.3.1-1 的情况，假设横隔是刚性的，支承它的三片剪力墙的抗侧移刚度并不相同，如图中 A、C 两片大，中间的 B 小，则按 A、B 或 B、C 间简支跨计算得的 A、C 支座剪力可能比实际剪力小。因 B 抗侧移刚度较小，实际剪力更接近按 A、C 间的跨度计算结果，这也需要从概念上去判断。

横隔的弯矩由封边杆件承担，杆件的轴力可按下式计算：

$$N = \pm \frac{wL_D^2}{8L_w} \tag{9.3.2-1}$$

式中：L_w为横隔的高度；L_D为横隔的长度（跨度）；w 为横隔所受的风或地震水平作用(均布线荷载)。

当横隔边部开较大洞口时（图 9.3.2-1），封边杆件 A 的压力可按下式计算：

$$N_A = \frac{wL_D^2}{8L_w} + \frac{wL_0^2}{\beta a} \tag{9.3.2-2}$$

封边杆件 B 的拉力为：

$$T_B = \frac{wL_0^2}{\beta a} \tag{9.3.2-3}$$

式中：β 为弯矩计算系数，图 9.3.2-1 中宽度为 a 的条带，按简支梁计算，$\beta=8$，按两端固支梁计算，$\beta=16$，β 实际上应介于两者之间；其他符号见图 9.3.2-1。

横隔的边缘杆件应连续，但图 9.3.2-2 所示有凸出或凹进部的横隔，封边杆件可能不连续，使上述计算方法失效。有学者经研究认为，如果凸出高度或凹进深度不大于 1.2m，上述方法还是有效的，但横隔高度 L_w应不计凸出高度，凹进时应取凹底

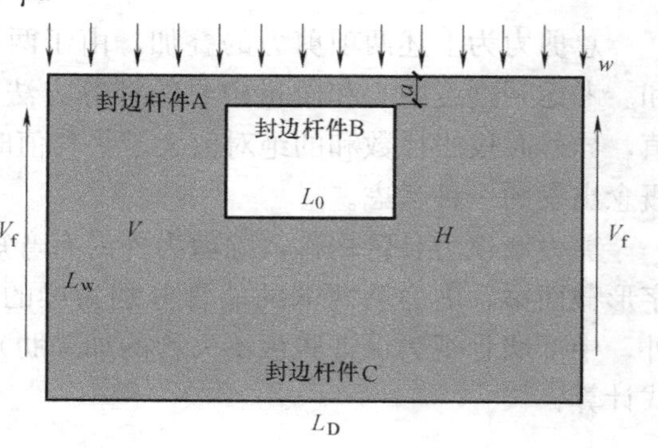

图 9.3.2-1　横隔边部开洞

高度；如果大于 1.2m，应另设连续的封边杆件（图 9.3.2-2*b*）。

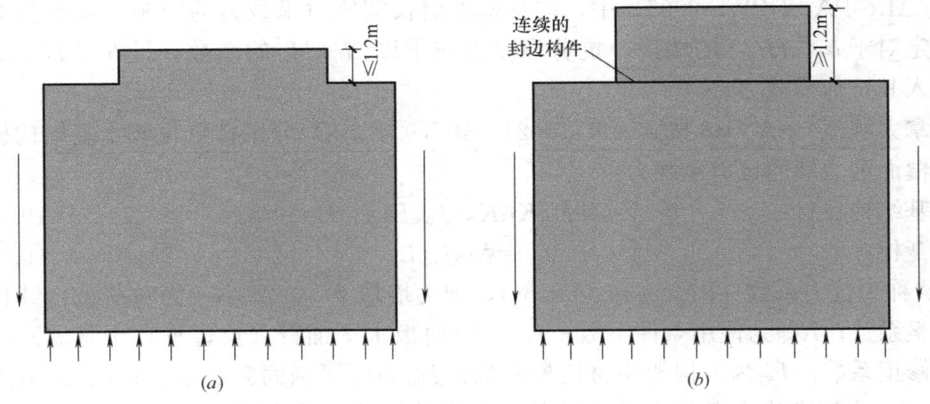

图 9.3.2-2 横隔有凸出部
（*a*）不设连续封边杆件；（*b*）设连续的封边杆件

9.4 剪力墙与横隔设计

以上两节中介绍了剪力墙与横隔抗剪承载力的计算原理，但这些计算式有的并未直接用于工程设计。一方面理论分析结果与试验结果比较尚有一定差别，另一方面分析过程过于繁琐，不便于工程设计人员使用。基于上述计算原理，各国木结构设计规范采用与试验结果较吻合且更简便的方法设计验算。剪力墙与横隔在抵抗水平荷载作用时，抗力设计值中如何考虑荷载持续作用效应对木材强度的影响，也是一个需研究的问题。各国木结构设计规范的处理并不相同。例如，欧洲规范 EC 5、美国规范 NDSWC 不计荷载持续作用效应，原因是风和地震作用持续时间短，不影响木材强度。加拿大规范 CSA O86 则考虑荷载持续作用效应影响系数 K_{DOL}，从正常值 0.80 提高到 0.8×1.15=0.92。说明在既有木结构中，木材强度在荷载持续作用下已受影响，故地震或风荷载作用下应计入荷载持续作用效应影响系数，只是程度要轻一些。《木结构设计标准》GB 50005 对此尚无明确规定，但对于剪力墙与横隔的抗剪强度，已引用了加拿大规范 CSA O86 的规定。

9.4.1 剪力墙设计

各国木结构设计规范对剪力墙抗剪承载力的计算方法略有不同，但共同点是剪力墙抗剪承载力主要取决于钉连接的承载力。

欧洲规范 EC 5 规范中的方法是，每肢剪力墙的抗剪承载力由式（9.4.1-1）确定，每片剪力墙的承载力为各肢剪力墙承载力之和（线性叠加）。由式（9.4.1-1）可见，该计算方法直接利用了钉连接的承载力，类似于塑性解的下限。

$$F_{iv}=\frac{F_{fRd}C_i b_i}{S} \tag{9.4.1-1}$$

式中：F_{fRd}为钉连接的承载力设计值（按 5.4 节计算，并乘以提高系数 1.2）；b_i 为第 i 肢剪力墙的宽度；S 为钉连接的间距；C_i 为与第 i 肢剪力墙高宽比有关的系数，当 $b_i \geqslant H_i/$

2 时，$C_i=1.0$，否则 $C_i=2b_i/H_i$（H_i 为剪力墙的高度）。美国抗风抗震设计专门规定（ANSI/AF&PA SDPWS-2005）中，涉及剪力墙长宽比对承载力的影响时也有类似的处理，规定对于 $b_i<H_i/2$ 的墙段，抗剪强度也应乘以 $2b_i/H_i$ 的系数，且 $b_i\leqslant H_i/3.5$ 后，不再计入其抗剪承载力。

加拿大规范 CSA O86 按式（9.4.1-2）、式（9.4.1-3）分别计算每肢木基结构板材和石膏板覆面剪力墙的抗剪承载力：

木基结构板材：

$$V_{rs}=\phi v_d K_D K_{SF} J_{ub} J_{sp} J_{hd} L_w \tag{9.4.1-2}$$

石膏板：

$$V_{rs}=\phi v_d J_{ub} L_w \tag{9.4.1-3}$$

式中：ϕ 称为抗力系数（Resistance factor），剪力墙取 $\phi=0.7$；K_D 为对荷载持续作用效应的调整系数；K_{SF} 为使用条件系数；J_{ub} 为覆面板水平铺钉（长边垂直于骨墙）时有无横撑的修正系数；J_{sp} 为木构架用材树种系数；J_{hd} 为压紧锚固影响系数；L_w 为剪力墙肢的宽度；v_d 为标准构造条件下剪力墙单位宽度的抗剪承载力设计值，以表格形式给出。当一片剪力墙由若干墙肢组成时，亦取各墙肢抗剪承载力的线性叠加结果，并规定了两侧覆面板品种不同时的处理方法。标准构造主要是指钉连接的要求，规定每块覆面板四周钉间距为 150mm，中间墙骨上钉间距为 300mm，钉直径为 2.8～3.2mm，长为 53mm。

标准 GB 50005 采用了加拿大规范 CSA O86 的方法，抗剪承载力表示为：

$$V_r=f_{vd}k_1k_2k_3l \tag{9.4.1-4}$$

式中：f_{vd} 为标准构造条件下单面铺钉覆面板时剪力墙单位宽度的抗剪承载力设计值（表 9.4.1-1）；l 为剪力墙肢宽度；k_1 为使用条件系数（Service condition factor），与剪力墙与横隔的使用条件（干、湿环境）和制作时木骨架材料，即与规格材的含水率有关（Condition of lumber when fabricated）。如果制作时规格材的含水率 $w\leqslant15\%$（干材），在干燥条件下使用，$k_1=1.0$，在潮湿条件下使用 $k_1=0.67$；如果构件制作时规格材的含水率 $w>15\%$，在干燥条件下使用，$k_1=0.8$，在潮湿条件下使用 $k_1=0.67$；k_2 为树种调整系数，花旗松-落叶松及南方松，$k_2=1.0$；铁杉-冷杉类，$k_2=0.9$；云杉-松-冷杉类，$k_2=0.8$；其他北美树种 $k_2=0.7$；k_3 为覆面板水平铺钉时有、无横撑的调整系数，根据钉间距和墙骨间距，取 0.4～1.0 不等（表 9.4.1-2 及图 9.4.1-1）。同一剪力墙由若干肢剪力墙组成时，承载力也为线性叠加，但不计高宽比（H_i/b_i）大于 3.5 的剪力墙肢。

上述规范均未考虑剪力墙洞口上、下墙体对抗剪承载力的贡献，因此计算时需将洞口两侧的剪力墙视为独立的墙肢，仅需符合变形协调条件，共同工作。木构架两侧均铺钉覆面板的剪力墙，标准 GB 50005 和加拿大规范 CSA O86 均采用线性叠加方法处理，但标准 GB 50005 不计石膏板覆面板的承载力，只有两侧均为木基结构板时，抗剪承载力方可线性叠加。欧洲规范 EC 5 规定，当两侧覆面板和钉连接类型相同时承载力方可叠加。当两侧条件不同但钉连接的滑移模量相同时，可考虑较弱面承载力的 75%，否则只计其承载力的 50%。

剪力墙端墙骨（End stud）的承载力验算，应考虑式（9.3.1-4）计算的轴力与竖向荷载产生的轴力的组合。剪力墙的抗倾覆验算应针对每一墙肢进行，特别是最外两端的墙肢。如果不设置压紧锚固装置，抗倾覆力矩仅考虑恒荷载的作用，倾覆力矩则需考虑恒荷载与可变荷载的组合，并应根据荷载规范规定，选取相应的荷载分项系数。由于风与地震作用方向的不定性，需考虑双向抗倾覆能力，并确定剪力墙两端的抗倾覆锚固措施。

作为横隔支座的剪力墙宽度小于横隔高度时，设置的拉条的抗拉承载力应满足抵抗按式（9.3.1-5）计算的拉力的要求。

轻型木结构剪力墙抗剪强度设计值 f_{vd} 和抗剪刚度 K_w **表 9.4.1-1**

面板最小名义厚度(mm)	钉入骨架构件的最小深度(mm)	钉直径(mm)	面板边缘钉的间距(mm)											
			150			100			75			50		
			f_{vd}(kN/m)	K_w(kN/mm)		f_{vd}(kN/m)	K_w(kN/mm)		f_{vd}(kN/m)	K_w(kN/mm)		f_{vd}(kN/m)	K_w(kN/mm)	
				OSB	PLY		OSB	PLY		OSB	PLY		OSB	PLY
9.5	31	2.84	3.5	1.9	1.5	5.4	2.6	1.9	7.0	3.5	2.3	9.1	5.6	3.0
9.5	38	3.25	3.9	3.0	2.1	5.7	4.4	2.6	7.3	5.4	3.0	9.5	7.9	3.5
11.0	38	3.25	4.3	2.6	1.9	6.2	3.9	2.5	8.0	4.9	3.0	10.5	7.4	3.7
12.5	38	3.25	4.7	2.3	1.8	6.8	3.3	2.3	8.7	4.4	2.6	11.4	6.8	3.5
12.5	41	3.66	5.5	3.9	2.5	8.2	5.3	3.0	10.7	6.5	3.3	13.7	9.1	4.0
15.5	41	3.66	6.0	3.3	2.3	9.1	4.6	2.8	11.9	5.8	3.2	15.6	8.4	3.9

注：1. OSB—定向木片板，PLY—结构胶合板；
2. 表中抗剪强度和刚度为钉连接的木基结构板材的面板，干燥使用条件下，标准荷载持续时间的值；当考虑风荷载和地震作用时，抗剪强度和刚度应乘以调整系数 1.25（本书作者注：标准 GB 50005 原文如此，但 1.25 系荷载持续作用效应调整系数，不应用于调整刚度；加拿大规范 CSA O86 中对应的调整系数为 1.15）；
3. 当钉的间距小于 50mm 时，位于面板拼缝处的骨架构件的宽度不得小于 64mm，钉应错开布置；可采用两根 40mm 宽的构件组合在一起传递剪力；
4. 当直径为 3.66mm 的钉的间距小于 75mm 或钉入骨架构件的深度小于 41mm 时，位于面板拼缝处的骨架构件的宽度不应小于 64mm，钉应错开布置；可采用两根 40mm 宽的构件组合在一起传递剪力；
5. 当剪力墙面板采用射钉或非标准钉连接时，表中抗剪强度和刚度应乘以折算系数 $(d_1/d_2)^2$，其中，d_1 为非标准钉的直径，d_2 为表中标准钉的直径；
6. 本表摘自《木结构设计标准》GB 50005—2017。表中规定的设计值，仅适用于剪力墙两端设置长压紧锚固螺栓的情况。如果不设置压紧锚固螺栓，设计值应适当降低。

采用木基结构板材的剪力墙强度调整系数 k_3 **表 9.4.1-2**

边支座上钉的间距(mm)	中间支座上钉的间距(mm)	墙骨间距(mm)			
		300	400	500	600
150	150	1.0	0.8	0.6	0.5
150	300	0.8	0.6	0.5	0.4

注：1. 墙骨间无横撑剪力墙的抗剪强度可将有横撑剪力墙的抗剪强度乘以抗剪调整系数。有横撑剪力墙的面板边支座上钉的间距为 150mm，中间支座上钉的间距为 300mm。
2. 本表摘自《木结构设计标准》GB 50005—2017。

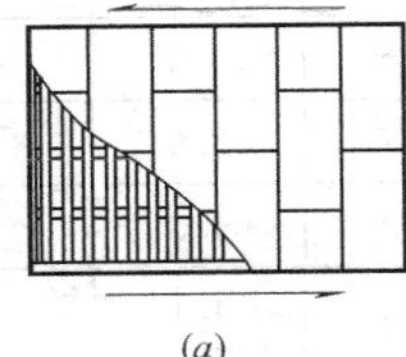
(a)

(b)

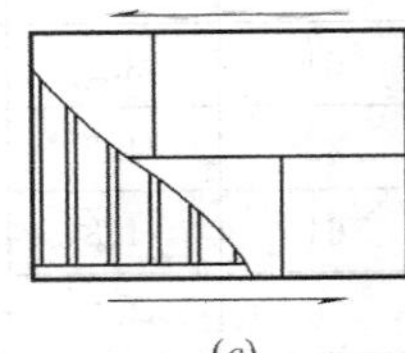
(c)

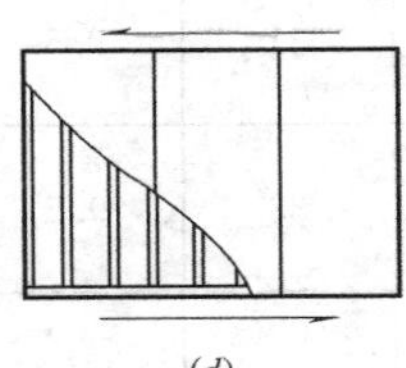
(d)

图 9.4.1-1 剪力墙覆面板的铺设方式

(a) 竖向铺板 有横撑；(b) 水平铺板 有横撑；(c) 水平铺板 无横撑；(d) 竖向铺板 无横撑

剪力墙顶的侧移计算，在式（9.2.2-9）的基础上增加了 3 项内容，即压紧锚固装置拉拔变形 d_a 产生的侧移 $d_a(h/b)$、下层剪力墙转角 θ 对所在层产生的刚体转动位移 θh 以及上层剪力墙传来的弯矩 M 产生的侧移 Mh^2/EAb^2，且规定钉连接的滑移变形 e_n 取 $(V_0S/77d_0{}^2)^2$。故第 i 层顶的侧移按下式计算：

$$\Delta=\frac{2V_{0i}h_i^3}{3E_iA_ib_i}+\frac{V_{0i}h_i}{B_{vi}}+0.0025h_ie_{n_i}+d_{ai}\frac{h_i}{b_i}+\theta_{i-1}h_i+\frac{M_{i+1}h_i^2}{E_iA_ib_i^2} \tag{9.4.1-5}$$

式（9.4.1-5）右侧第 2、3 项可合二为一，表示为$\dfrac{V_{0i}h_i}{K_w}$，其中 K_w 为计入了钉连接滑移变形的单位长度剪力墙的抗剪刚度，取值见表 9.4.1-1。

9.4.2 横隔设计

与剪力墙类似，横隔的抗剪承载力按下式计算：

$$V_r=f_{vd}k_1k_2B_0 \tag{9.4.2-1}$$

式中：f_{vd}为标准构造条件下横隔单位高度抗剪强度设计值，见表 9.4.2-1 和图 9.4.2-1；k_1 为使用条件系数，取值同式（9.4.1-4）中的 k_1；k_2 为树种调整系数，取值也同式（9.4.1-4）；B_0 为横隔高度，取上、下封边杆件的中心间距。

有斜坡的横隔，可按横隔斜坡平面内的抗剪承载力在水平面上的投影满足计算剪力要求来验算。一个简单方法是将式（9.4.2-1）中的 B_0 用斜坡横隔高度的水平投影代入即可。

横隔边缘杆件的抗拉、抗压承载力应满足抵抗按式（9.3.2-1）～式（9.3.2-3）计算的杆力要求。

采用木基结构板材的楼、屋盖抗剪强度设计值 f_{vd}（KN/mm） 表 9.4.2-1

<table>
<tr><td rowspan="4">普通圆钉直径（mm）</td><td rowspan="4">钉在骨架构件中最小钉入深度（mm）</td><td rowspan="4">面板最小名度厚度（mm）</td><td rowspan="4">骨架构件最小宽度（mm）</td><td colspan="4">有填块</td><td colspan="2">无填块</td></tr>
<tr><td colspan="4">平行于荷载的面板边缘连续的情况下（c 和 d），面板边缘钉的间距（mm）</td><td colspan="2">面板边缘钉的最大间距为 150mm</td></tr>
<tr><td>150</td><td>100</td><td>65</td><td>50</td><td rowspan="3">荷载与面板连续边垂直的情况下（a）</td><td rowspan="3">所有其他情况下（b、c、d）</td></tr>
<tr><td colspan="4">在其他情况下（a 和 b），面板边钉的间距（mm）</td></tr>
<tr><td></td><td></td><td></td><td></td><td>150</td><td>150</td><td>100</td><td>75</td></tr>
<tr><td rowspan="2">2.84</td><td rowspan="2">31</td><td rowspan="2">9.5</td><td>38</td><td>3.3</td><td>4.5</td><td>6.7</td><td>7.5</td><td>3.0</td><td>2.2</td></tr>
<tr><td>64</td><td>3.7</td><td>5.0</td><td>7.5</td><td>8.5</td><td>3.3</td><td>2.5</td></tr>
<tr><td rowspan="2">3.25</td><td rowspan="2">38</td><td rowspan="2">9.5</td><td>38</td><td>4.3</td><td>5.7</td><td>8.6</td><td>9.7</td><td>3.9</td><td>2.9</td></tr>
<tr><td>64</td><td>4.8</td><td>6.4</td><td>9.7</td><td>10.9</td><td>4.3</td><td>3.2</td></tr>
<tr><td rowspan="4">3.25</td><td rowspan="4">38</td><td rowspan="2">11.0</td><td>38</td><td>4.5</td><td>6.0</td><td>9.0</td><td>10.3</td><td>4.1</td><td>3.0</td></tr>
<tr><td>64</td><td>5.1</td><td>6.8</td><td>10.2</td><td>11.5</td><td>4.5</td><td>3.4</td></tr>
<tr><td rowspan="2">12.5</td><td>38</td><td>4.8</td><td>6.4</td><td>9.5</td><td>10.7</td><td>4.3</td><td>3.2</td></tr>
<tr><td>64</td><td>5.4</td><td>7.2</td><td>10.7</td><td>12.1</td><td>4.7</td><td>3.5</td></tr>
</table>

续表

普通圆钉直径(mm)	钉在骨架构件中最小钉入深度(mm)	面板最小名度厚度(mm)	骨架构件最小宽度(mm)	有填块				无填块	
				平行于荷载的面板边缘连续的情况下(c 和 d),面板边缘钉的间距(mm)				面板边缘钉的最大间距为 150mm	
				150	100	65	50	荷载与面板连续边垂直的情况下(a)	所有其他情况下(b、c、d)
				在其他情况下(a 和 b),面板边钉的间距(mm)					
				150	150	100	75		
3.66	41	12.5	38	5.2	6.9	10.3	11.7	4.5	3.4
			64	5.8	7.7	11.6	13.1	5.2	3.9
		15.5	38	5.7	7.6	11.4	13.0	5.1	3.9
			64	6.4	8.5	12.9	14.7	5.7	4.3
		18.5	64	—	11.5	16.7	—	—	—
			89	—	13.4	19.2	—	—	—

注：1. 表中数值用于钉连接的木基结构板材的楼、屋盖面板，在干燥使用条件上，标准荷载持续时间；抗震、抗风验算时承载力乘以 1.25 的系数（见表 9.4.1-1 作者注）；

2. 当钉的间距小于 50mm 时，位于面板拼缝处的骨架构件的宽度不得小于 65mm（可用两根 40mm 宽的构件组合在一起传递剪力），钉应错开布置；

3. 当直径为 3.7mm 的钉的间距小于 75mm 时，位于面板拼缝处的骨架构件的宽度不得小于 65mm（可用两根 40mm 宽的构件组合在一起传递剪力），钉应错开布置；

4. 当钉的直径为 3.7mm，面板最小名义厚度为 18mm 时，需布置两排钉；

5. 当楼、屋盖所用的钉的直径不是表中规定数值时（采用射钉），抗剪承载力应按以下方法计算：将表中承载力乘以折算系数 $(d_1/d_2)^2$，式中 d_1 为非标准钉的直径，d_2 为表中标准钉的直径。

6. 表中适用的 a、b、c、d 铺板形式见图 9.4.2-1；

7. 本表摘自《木结构设计标准》GB 50005—2017。

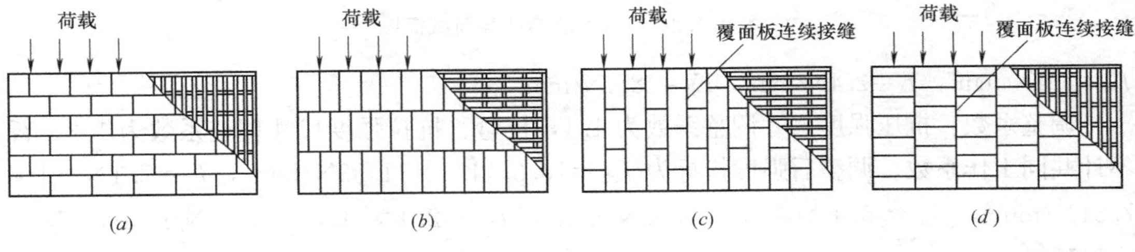

图 9.4.2-1　楼、屋盖构造

【例题 9-1】 某轻型木结构二层剪力墙，经分析各层竖向荷载与风荷载如图 9.4.2-2 所示。图中 G_k 和 Q_k 分别为恒荷载和活荷载标准值；F_{1k} 和 F_{2k} 分别为楼、屋盖传给 1、2 层剪力墙的风荷载标准值，垂直于墙面的风荷载标准值为 0.2kN/m² （吸力或者压力）。剪力墙的构造如 1-1 剖面所示，墙骨为 40mm×140mm@406mm，规格材品质等级为 Ⅳ_{c1} 花旗松-落叶松（南）。结构胶合板作覆面板，厚 12.5mm，竖向铺钉。钉的直径为 3.2mm，长 53mm，板四周钉间距为 150mm，中间墙骨处为 300mm，墙体自重为 0.4kN/m²，剪力墙两端由贯通两层剪力墙高的压紧螺栓锚固。试验算第一层墙体的承载力和抗倾覆能力。

解： Ⅳ_{c1} 级花旗松-落叶松规格材的各项强度指标：$f_{ck}=10.3\text{N/mm}^2$，$f_c=7.1\text{N/mm}^2$，

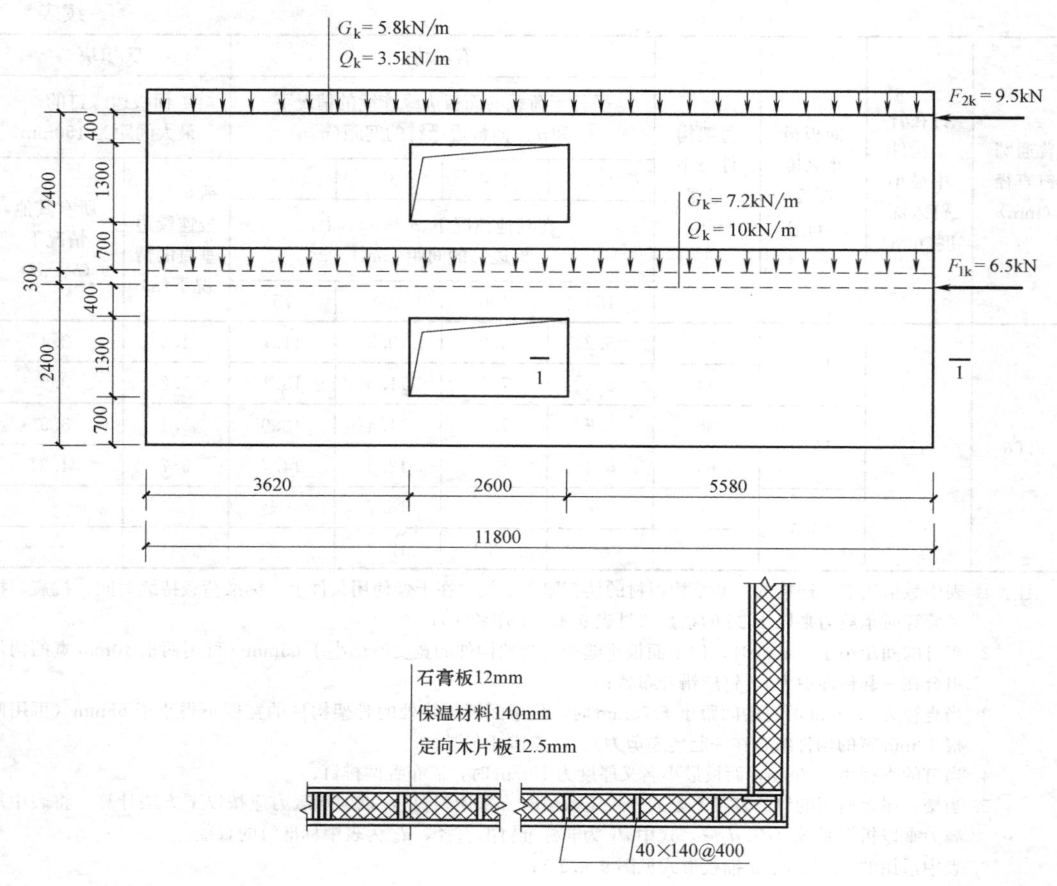

图 9.4.2-2　剪力墙构造与荷载简图

f_m=5.4N/mm², f_t=2.4N/mm², E_k=5871N/mm²

调整系数：抗压强度尺寸调整系数为 1.1，抗弯、抗拉强度尺寸调整系数为 1.3，暂不计共同工作系数。调整后强度指标为 f_{ck}=10.3×1.1=11.33N/mm²，f_c=7.1×1.1=7.81N/mm²，f_m = 5.4 × 1.3 = 7.02N/mm²，f_t = 2.4 × 1.3 = 3.12N/mm²，E_k = 5871N/mm²

(1) 墙骨承载力验算：

墙体自重：0.4×5.1×0.406×1.2=0.994kN

楼、屋盖传来的荷载设计值：[(5.8+7.2)×1.2+(10+3.5)×1.4] ×0.406=14.01kN

轴力设计值：N=14.01+0.994=15.0kN

垂直于墙面的风荷载引起的弯矩设计值为：

M=(0.2×1.4×0.406)×2.4²/8=0.082kN・m

本层楼盖搁栅支承在剪力墙上的偏心距为 e_0=140/2−(140−40/)/2=20mm

偏心弯矩为 Ne_0=(7.2×1.2+10×1.4)×0.406×0.02=0.184kN・m

墙骨为偏心受压柱，因截面无缺损可仅验算稳定承载力。

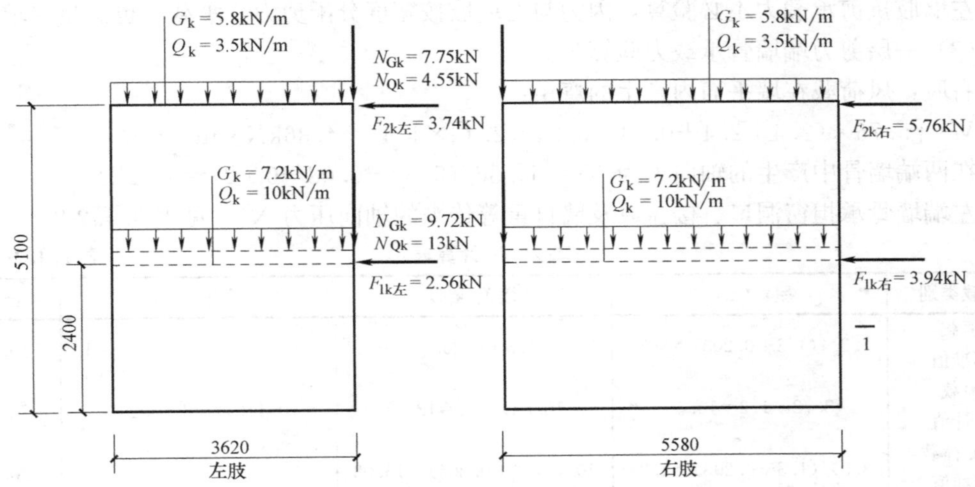

图 9.4.2-3　分解成两肢剪力墙

$$\lambda=\frac{\mu l}{i}=\frac{2400}{140/\sqrt{12}}=59.38<\lambda_p=c_c\sqrt{\frac{E_k}{f_{ck}}}=3.68\times\sqrt{\frac{5871}{11.33}}=83.77$$

$$\varphi=\left(1+\frac{\lambda^2 f_{ck}}{b_c\pi^2 E_k}\right)^{-1}=\left(1+\frac{59.8^2\times 11.33}{2.44\times 3.14^2\times 5871}\right)^{-1}=0.78$$

$$k=\frac{|Ne_0+M|}{Wf_m\left(1+\sqrt{\frac{N}{Af_c}}\right)}=\frac{(0.082+0.184)\times 10^6}{\frac{40\times 140^2}{6}\times 7.02\times\left(1+\sqrt{\frac{15.08\times 10^3}{40\times 140\times 7.81}}\right)}=0.182$$

$$k_0=\frac{Ne_0}{Wf_m\left(1+\sqrt{\frac{N}{Af_c}}\right)}=\frac{0.184\times 10^6}{\frac{40\times 140^2}{6}\times 7.02\times\left(1+\sqrt{\frac{15.08\times 10^3}{40\times 140\times 7.81}}\right)}=0.126$$

$\varphi_m=(1-k)^2(1-k_0)=(1-0.182)^2\times(1-0.126)=0.585$

恒载产生的墙骨轴力标准值为 $0.4\times 5.1\times 0.406+(5.8+7.2)\times 0.406=6.11$kN

可变荷载产生的墙骨轴力标准值为 $(10+3.5)\times 0.406=5.48$kN

$\rho=Q_k/G_k=5.48/6.11=0.897$

故抗压强度调整系数为 $K_D=0.83+0.17\rho=0.83+0.17\times 0.897=0.983$

$N_r=f_c\varphi\varphi_m A_0=7.81\times 0.983\times 0.78\times 0.585\times 40\times 140=19.62\text{kN}>15.0\text{kN}$

(2) 一层剪力墙抗剪承载力验算

由于不计窗口上下墙体的抗剪作用，故可以按照两墙肢的刚度（宽度）将风荷载和竖向荷载分别作用在左右肢，如图 9.4.2-3 所示。

右肢墙剪力设计值：$V=(5.76+3.94)\times 1.4=13.58$kN

抗剪承载力设计值：

$f_{vd}=4.7$kN/m，荷载持续作用效应调整系数为 1.15；干燥条件使用，故使用条件调整系数 $k_1=1.0$；花旗松-落叶松规格材，故树种调整系数 $k_2=1.0$；覆面板垂直铺钉，$k_3=1.0$。

$V_r=f_{vd}k_1k_2k_3l=4.7\times 1.15\times 1.0\times 1.0\times 1.0\times 5.58=30.16\text{kN}>13.58\text{kN}$

满足要求。

左墙肢抗剪承载力不必验算，因为与右墙肢按宽度分配剪力，承载力也满足要求。

(3) 一层剪力端墙骨承载力验算

右肢：风荷载在墙平面内产生的弯矩：

$M=[5.76\times(2.4+2.4+0.3)+3.94\times2.4]\times1.4=54.36\text{kN}\cdot\text{m}$

在两端墙骨中产生的轴向力为 $N_1=54.36/(5.58-0.08-0.02)=9.92\text{kN}$

左端墙骨承担窗洞口、楼盖以及墙自重等传来的轴向压力 N_2，见表 9.4.2-2。

轴力 N_2 计算表 **表 9.4.2-2**

荷载类别	屋盖(kN)	楼盖(kN)	墙体(kN)	合计
恒载标准值	5.8×(1.3+0.203)=8.72	7.2×(1.3+0.203)=10.82	0.40×5.1× 0.203=0.414	19.95
恒载设计值	8.72×1.2=10.46	10.83×1.2=12.98	0.416×1.2=0.497	23.94
可变荷载标准值	3.5×(1.3+0.203)=5.26	10×(1.3+0.204)=15.03	—	20.29
可变荷载设计值	5.26×1.4=7.36	15.03×1.4=21.04	—	28.40

$N_2=23.94+28.40=52.34\text{kN}$，$N_{2\text{k}}=40.24\text{kN}$

搁栅偏心荷载弯矩 $Ne_0=(7.2\times1.2+10\times1.4)\times0.203\times0.02=0.092\text{kN}\cdot\text{m}$

垂直于墙面的风荷载产生的弯矩 $M=(1.3+0.2)\times0.2\times1.4\times2.4^2/8=0.303\text{kN}\cdot\text{m}$

由 4 根规格材组成的端墙骨（拼合柱）

$A_0=A=4\times40\times140=22400\text{mm}^2$

$$\lambda=\frac{\mu l}{i}=\frac{2400}{140/\sqrt{12}}=59.38<\lambda_\text{p}=c_\text{c}\sqrt{\frac{E_\text{k}}{f_\text{ck}}}=3.68\times\sqrt{\frac{5871}{11.33}}=83.77$$

$$\varphi=\left(1+\frac{\lambda^2 f_\text{ck}}{b_\text{c}\pi^2 E_\text{k}}\right)^{-1}=\left(1+\frac{59.8^2\times11.33}{2.44\times3.14^2\times5871}\right)^{-1}=0.78$$

$$k=\frac{|Ne_0+M|}{Wf_\text{m}\left(1+\sqrt{\dfrac{N}{Af_\text{c}}}\right)}=\frac{(0.303+0.092)\times10^6}{4\times\dfrac{40\times140^2}{6}\times7.02\times\left(1+\sqrt{\dfrac{62.24\times10^3}{4\times40\times140\times7.81}}\right)}=0.067$$

$$k_0=\frac{Ne_0}{Wf_\text{m}\left(1+\sqrt{\dfrac{N}{Af_\text{c}}}\right)}=\frac{0.092\times10^6}{4\times\dfrac{40\times140^2}{6}\times7.02\times\left(1+\sqrt{\dfrac{62.24\times10^3}{4\times40\times140\times7.81}}\right)}=0.0157$$

$\varphi_\text{m}=(1-k)^2(1-k_0)=(1-0.067)^2\times(1-0.0157)=0.857$

抗压强度调整系数：

$$\frac{N_1+N_2}{Af_\text{c}}=\frac{(9.92+52.34)\times10^3}{22400\times7.81}=0.356>\frac{Ne_0+M}{Wf_\text{m}}=\frac{(0.092+0.303)\times10^6}{7.02\times4\times40\times140^2/6}=0.108$$

故应由轴力因素的荷载效应标准组合确定调整系数。左肢风荷载轴力标准值为 9.92/1.4=7.09kN，其他可变荷载效应的标准值为 20.29kN，后者大于前者，故可不考虑风荷载组合影响。左肢恒载标准值为 19.97kN，可变荷载效应标准值为 20.29＋7.09＝27.38kN，后者大于前者，故可不计比值 $\rho<1.0$ 的调整，即抗压强度可取 $f_\text{c}=7.81\text{N/mm}^2$，不需调整。

$N_\text{r}=f_\text{c}\varphi\varphi_\text{m}A_0=7.81\times0.78\times0.857\times22400=116.94\text{kN}>62.97\text{kN}$

右墙肢右端墙骨三根规格材，因为有纵墙支撑，不承担垂直于墙面的风荷载，风荷载在剪力墙面内弯矩产生的轴力 N_1（9.92kN）平均分配给三根规格材，每根轴力为±3.31kN。其他荷载均比中间墙骨小（见验算步骤（1）），可满足要求。右端墙骨每根规格材受拉验算：最不利拉力设计值为 $N_1/3=3.31\text{kN}$，轴向压力设计值 N 为

$$N=\{[(5.8+7.2)\times1.2+(3.5+10)\times1.4]\times0.203+0.4\times5.1\times1.2\times0.203\}/3$$
$$=2.50\text{kN}$$

风荷载大于其他可变荷载，故抗拉强度应乘以强度调整系数 0.91。

$$T_r=f_tA_n=3.12\times0.91\times40\times140=15.90\text{kN}>3.31-2.5=0.81\text{kN}$$

（4）抗倾覆验算

右墙肢逆时针方向和顺时针方向的倾覆力矩 M 均为

$$M=(5.76\times5.1+3.94\times2.4)\times1.4=54.36\text{kN}\cdot\text{m}$$

逆时针方向的抗倾覆力矩为

$$M_r=(5.8+7.2+0.4\times5.1)\times0.8\times5.58^2/2+0.4\times5.1\times4\times5.58\times0.8$$
$$=223.75\text{kN}\cdot\text{m}>54.36\text{kN}\cdot\text{m}$$

右墙肢顺时针方向的抗倾覆力矩为

$$M_r=(5.8+7.2+0.4\times5.1)\times0.8\times5.58^2/2+(7.75+9.72)\times0.8\times5.58$$
$$=265.3\text{kN}\cdot\text{m}>54.36\text{kN}\cdot\text{m}$$

按同样方法验算左墙肢，抗倾覆也满足要求。

第 10 章 拱与刚架

10.1 概述

拱与刚架是一种平面结构，木结构的刚架和拱常用作体育馆、展览馆等公共建筑的主要承重构件，亦可用以建造机库、厂房等。刚架的适用跨度一般为 50m 以下，而拱的跨度可达百米以上。早期的木结构拱与刚架往往采用如图 10.1-1 所示的构架形式。随着工程木（层板胶合木、结构复合木材等）的出现和应用，现今除超大跨之外，主要采用实腹式，杆截面形状可为矩形、T 形或工字形等。

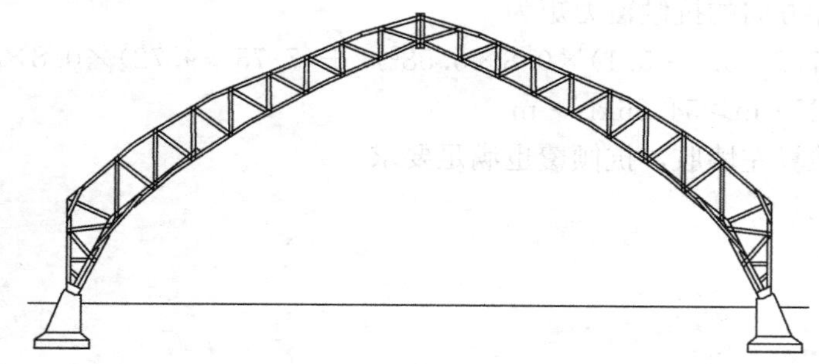

图 10.1-1 构架式拱结构

拱由弧形构件组成，有无铰拱（落地拱）、两铰拱和三铰拱（图 10.1-2*a*）之分。由于连接性能受限，木结构通常采用两铰拱或三铰拱的形式。早期采用拱的结构形式主要是为使构件以承受轴心压力为主，降低对构件的抗弯能力要求。如果合理选择拱轴线，可使拱在特定荷载作用下，截面上仅有轴力而无弯矩。现代建筑中，拱轴线往往服从于建筑造型的要求。图 10.1-2（*b*）所示为刚架，梁（折线坡梁）与柱间为刚接，柱与基础间可刚

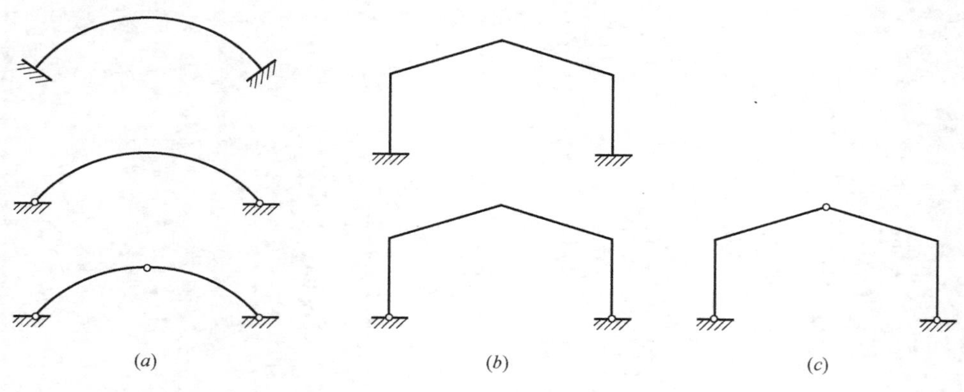

图 10.1-2 拱与刚架的基本形式

接或铰接。因受限于连接性能，木结构刚架与基础间基本上仅采用铰接形式。实腹式刚架的构件以承担弯矩为主，特别是梁或斜梁。10.1-2（*c*）所示结构在双斜坡梁跨中设了一个铰，柱与基础间也为铰接，类似于三铰拱。因此，可将其称为拱。该类结构的轴线不易做到与合理拱轴线相吻合，轴力与弯矩均对承载性能有较大影响。

10.2 拱及设计要点

10.2.1 一般要求

理想情况下，按合理拱轴确定拱的几何形状，以使结构内的弯矩为零。然而不同的荷载组合，其合理拱轴是不同的，不可能完全消除弯矩。一般采用圆形或抛物线形拱，使其几何形状尽可能接近于合理拱轴。与刚架相比，拱内产生的弯矩较小，故更适用于大跨结构。

图 10.2.1-1 给出了几种常见拱的几何形式。图 10.2.1-1（*a*）是一圆拱，可有效抵抗竖向均布荷载，适用于建造大跨度的体育场、馆。可以采用独立的混凝土基础，承担圆拱的竖向和水平作用力；也可以在拱支座间设置拉杆，平衡其水平推力。图 10.2.1-1（*b*）是一抛物线形拱，能最有效地抵抗竖向均布荷载（最接近于合理拱轴）。由于在顶点附近的曲率半径较小，需采用较薄的层板制作，生产成本较高。图 10.2.1-1（*c*）是由三段圆拱组成的近似椭圆拱，其结构性能并不具优势，但在室内净高有特殊要求的情况下可以采用。图 10.2.1-1（*d*）所示的三角架式结构，其整体工作性能类似于拱，适用于建造娱乐场所或化工产品仓库。

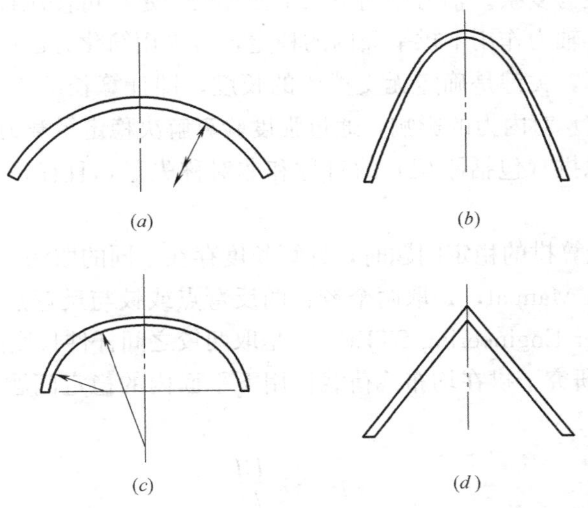

图 10.2.1-1 几种常见形式的拱

工程中，一类拱用于屋盖承重构件，需解决好拱的推力问题。另一类为落地拱，拱脚与室内地坪基本处于同一标高上，拱推力由基础平衡。由于拱不垂直于地面，为门窗洞口的设置带来一定的困难。除三角形拱外，拱的曲线形状也不利于铺设屋面材料。

木结构拱可设计成两铰拱或三铰拱的形式，如图 10.1-2（*a*）所示。其中三铰拱形式最简单。鉴于木结构连接的限制，很难满足无铰拱拱脚锚固的抗弯要求。

10.2.2　设计要点

拱设计时注意以下要点：

(1) 按拱的跨度、曲率半径或矢高，结合建筑造型要求，合理确定拱的轴线方程和几何尺寸。

(2) 计算拱在不同荷载组合（包括竖向和水平荷载）作用下的支座反力及各截面内力（弯矩、轴力）。其中三铰拱为静定结构，内力分析较为简单。两铰拱为一次超静定结构，矢跨比较小的抛物线拱，应计入几何非线性（P-Δ 效应）和可能的拱支座位移，如拱设拉杆时拉杆变形或支承拱的结构在拱推力作用下侧移等，对拱内力的影响。

(3) 按最大弯矩所在截面的抗弯承载力初选截面尺寸。考虑到轴力的存在，截面尺寸适当选大些。

(4) 按压弯构件验算截面的承载力，或其他认为是危险截面的承载力，并应验算在平面和平面外的稳定性。

(5) 必要时，按单位力法通过积分计算拱的变形。也可以采用分段求和的方法或有限元法。至于两铰拱的设计，需要求解超静定结构。通常忽略轴向变形和剪切变形，用单位力法或有限元法求解。

拱的承载力验算主要是稳定问题的验算。拱的稳定问题涉及弯矩作用下拱的侧向稳定和轴力作用下拱的平面内、平面外的稳定。若拱轴线接近理想拱轴，弯矩很小，且拱侧面有檩条等支撑，一般可不考虑侧向稳定对承载力的影响。否则，需计算侧向稳定系数 φ_l，但计算长度的确定较为复杂。轴力作用下拱平面外的稳定，可按压杆计算，计算长度取平面外支撑间的弧长。轴力作用下拱平面内的稳定，可采用简化方法或二阶矩方法验算。简化方法是按压杆验算，关键是确定无支撑段的长度，即计算长度 l_{ef}。二阶矩方法考虑初始偏心距（P-Δ 效应）对内力的影响，通过强度验算解决稳定承载力的验算问题。但不论哪种方法，均需考虑拱（包括刚架）的对称和非对称失稳，且往往非对称失稳的承载力更低。

采用简化方法验算拱的稳定问题时，计算长度存在不同的取法。北美有关资料，例如加拿大 Wood Design Manual，是取两个铰、两反弯点或铰与反弯点之间的距离。欧洲有关资料，例如 Timber Engineering STEP 1，是取两铰之间杆件长度的 1.25 倍。

Timoshenko 等研究了拱在均布线荷载作用下平面内的稳定问题，所提出的临界荷载计算式为：

$$q_{cr}=\gamma_4\frac{EI}{l^3} \tag{10.2.2-1}$$

式中：EI 为拱的抗弯刚度；l 为拱的跨度；γ_4 为与拱的矢跨比（h/l）和失稳形式有关的计算系数，如图 10.2.2-1 所示。图中实线为非对称失稳，虚线为对称失稳的情况。可见最不利的是两铰拱（γ_4 最小），且不存在对称失稳的情况。

以木结构三铰拱为例，一般取 $h/l=0.14\sim0.15$，轴线弧长约为跨度的 1.06 倍。在均布的失稳荷载 q_{cr}（图 10.2.2-2）作用下，拱平面内失稳时拱顶处的临界轴力 H_{cr} 为：

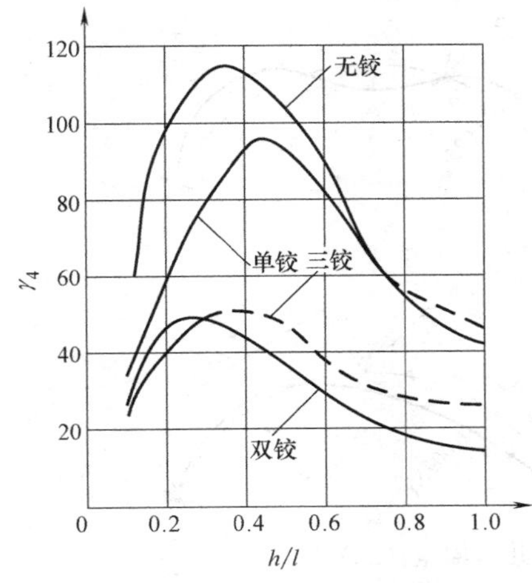

图 10.2.2-1　矢跨比与计算系数 γ_4 的关系曲线

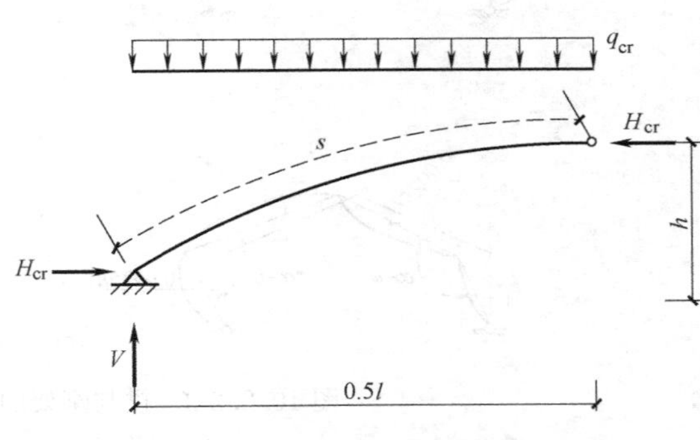

图 10.2.2-2　三铰拱计算简图

$$H_{\mathrm{cr}}=\frac{q_{\mathrm{cr}}l^2}{8h}=\gamma_4\frac{EI}{8hl} \tag{10.2.2-2}$$

将半跨拱（弧长 $s=1.06l/2$）比作轴心受压构件，根据欧拉公式，临界力 N_{cr} 为：

$$N_{\mathrm{cr}}=\frac{\pi^2 EI}{(\mu s)^2}=\frac{\pi^2 EI}{(0.53\mu l)^2} \tag{10.2.2-3}$$

式中：μ 即为长度系数。按最不利的两铰拱估计 γ_4，由图 10.2.2-1 可见，当 h/l 在 0.14～0.15 时，$\gamma_4\approx30$。按式（10.2.2-2）、式（10.2.2-3）可推算长度系数 μ，即：

$$\mu=\sqrt{\frac{8\pi^2 h}{0.53^2 l\gamma_4}}\approx1.18 \tag{10.2.2-4}$$

所推算的长度系数介于上述两种取法之间。可见，设计中取 $\mu=1.25$，即可取 $l_{\mathrm{ef}}=1.25s$，且是偏于保守的。三铰刚架的计算长度也可取 $1.25a$，a 为半肢刚架的弧长。确定长度系数后，即可按压杆验算拱平面内的稳定承载力。

关于考虑几何非性的二阶矩分析方法，欧洲规范 EC 5 给出了刚架与拱在对称与非对称失稳定情况下刚架内角 α 的初始角位移 ϕ 和拱轴线的初始偏心距 e（图 10.2.2-3），分别取：

$$\left.\begin{aligned}&\phi=0.005 &&(h\leqslant5\mathrm{m})\\&\phi=0.005\sqrt{5/h} &&(h\leqslant5\mathrm{m})\\&e=0.0025l\end{aligned}\right\} \tag{10.2.2-5}$$

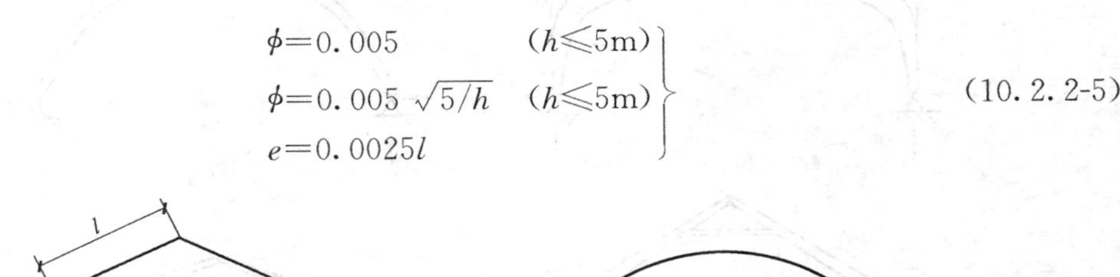

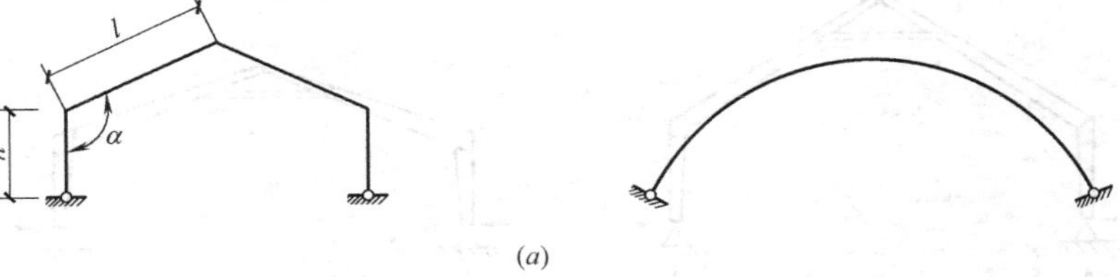

(a)

图 10.2.2-3　拱与刚架的初始几何偏差（一）

（a）拱与刚架

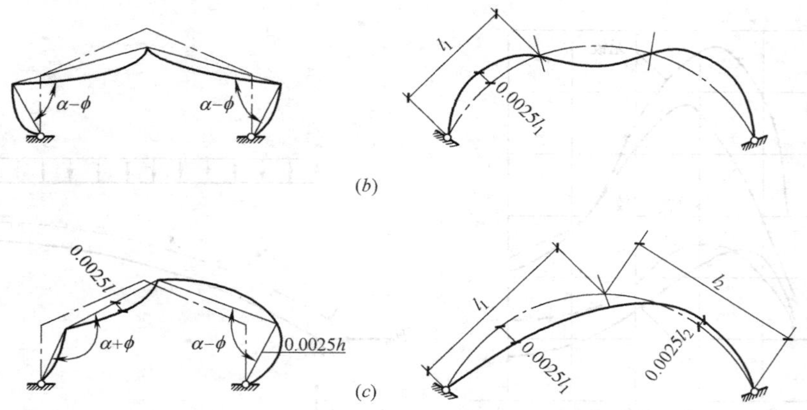

图 10.2.2-3　拱与刚架的初始几何偏差（二）
(*b*) 对称荷载；(*c*) 非对称荷载

根据初偏心、初角位移，采用考虑 P-Δ 效应的二阶矩分析获得拱或刚架的内力，即可按强度问题验算承载力。这种方法相当于验算拱或刚架在平面内的稳定承载能力。

10.3　刚架及设计要点

10.3.1　一般要求

图 10.3.1-1 给出了几种常见的刚架形式。图 10.3.1-1 (*a*)、(*b*) 是由左、右两曲线构件形成的刚架，经济美观，其适用跨度为 10～50m，其屋面宜采用轻质材料。图 10.3.1-1 (*b*)为斜肢刚架，适用于建造散货仓库，可减小货物对墙壁的侧压力。这类刚架截面为实腹式，梁柱连续无需节点连接，可采用层板胶合木制作。构件曲线部分的内径一般为 3～5m，不宜过小，以免层板预弯时受损过大。刚架的最大弯矩都发生在转角处的截面上，也是刚架的最大截面所在位置。斜梁截面由转角部位向跨中顶点处可逐渐减小；立

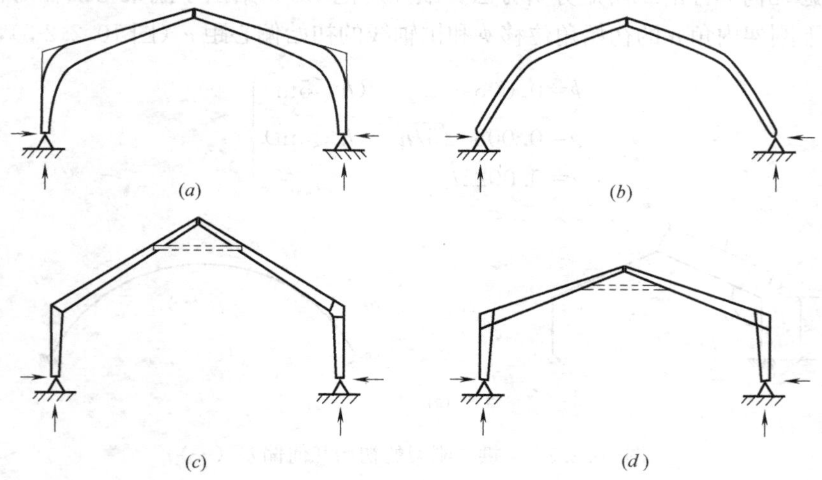

图 10.3.1-1　几种常见形式的刚架

柱直线段的截面亦可向柱脚逐渐减小。

图 10.3.1-1（c）、（d）采用的是折角形式的刚架，适用跨度为 10～35m。图 10.3.1-1（c）所示刚架，斜梁与立柱在折角处采用一个（左）或两个（右）指接接头连接（即所谓大指接）。采用两个指接接头减小了被连接构件间的夹角，提高了接头的抗弯能力。指接接头位于最大弯矩区，其制作质量直接影响结构安全，有关国家的规范对此类接头的质量有严格规定。如果刚架屋脊处增加如虚线所示的水平杆并与两斜梁铰接或屋脊处两斜梁增大截面后相连处做成刚接，将与钢结构中的门式刚架完全相同。

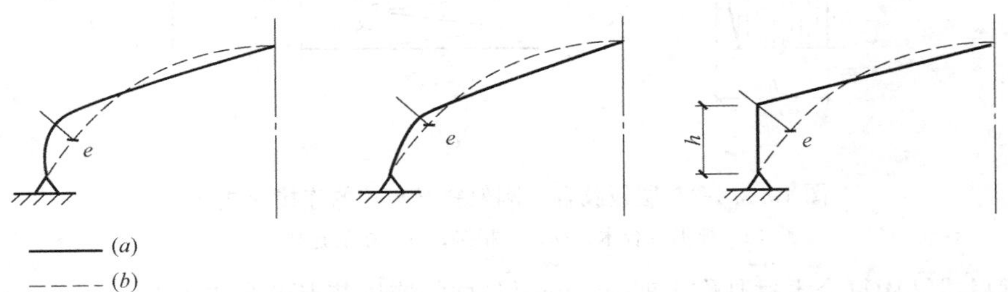

图 10.3.1-2　刚架的偏心距

（a）实际拱轴；（b）"合理拱轴"

图 10.3.1-1 所示的刚架也是三铰拱。因此，在确定其外形尺寸时，根据建筑功能要求，应尽可能使刚架的轴线接近于"合理拱轴"，即尽量减小图 10.3.1-2 中的偏心距 e。因为刚架在梁、柱转角处弯矩最大，该处轴线越接近于合理拱轴，产生的弯矩越小，结构将越经济。显然，曲线形刚架的偏心距较小，更适用于较大跨度的结构。各种刚架的檐口高度（柱高）越低，刚架中的弯矩越小。所谓合理拱轴，理论上是指使构件中各截面上仅有轴力作用而无弯矩作用的拱轴线。合理拱轴显然与刚架所受的荷载形式有关，例如对于全跨均布荷载，可推得其合理拱轴线为：

$$y=\frac{4f}{l^2}x(l-x) \tag{10.3.1-1}$$

式中：f 为刚架顶端的高度（矢高）；x、y 分别为以左支座为坐标原点的坐标；l 为刚架跨度。

采用层板胶合木制作的刚架，斜梁与立柱的连接处为弧形时（图 10.3.1-3a），连接由连续的层板弯曲胶合而成。曲率半径与层板厚度之比应符合 6.5.1 节的要求，并需计入层板弯曲对胶合木抗弯强度的影响。如果连接处为钝角，可采用大指接的连接节点，如图 10.3.1-3（b）所示。当然亦可采用钢连接板植筋连接构成节点（图 10.3.1-3c）。考虑指接对截面造成的损失，连接处截面的有效面积和抗弯截面模量可分别按下式计算：

$$A_{\text{joint}}=\frac{bh}{\cos\beta}\left(1-\frac{b_{\text{t}}}{p}\right) \tag{10.3.1-2a}$$

$$W_{\text{joint}}=\frac{bh^2}{6\cos^2\beta}\left(1-\frac{b_{\text{t}}}{p}\right) \tag{10.3.1-2b}$$

式中：b、h 分别为指接处截面的宽度和高度；b_{t} 为指端宽度；p 为指距；夹角 β 见图 10.3.1-3（b）。

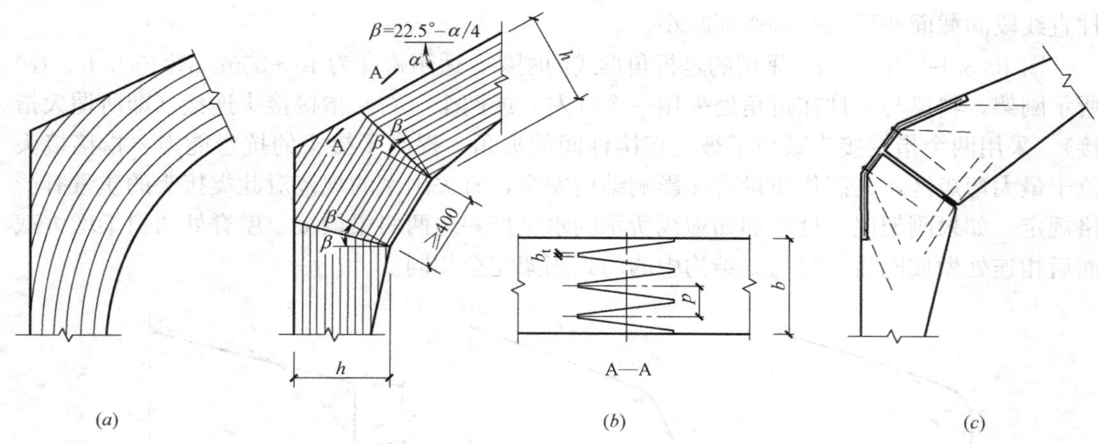

图 10.3.1-3 层板胶合木刚架斜梁与柱的连接形式

(*a*) 弧形胶合木；(*b*) 大指接；(*c*) 植筋连接

采用锯材或结构复合木材制作刚架时，斜梁与柱的连接节点可有如图 10.3.1-4 所示的几种形式。如果建筑功能允许，亦可用 V 形支撑解决斜梁与柱连接处的受弯问题（图 10.3.1-5）。

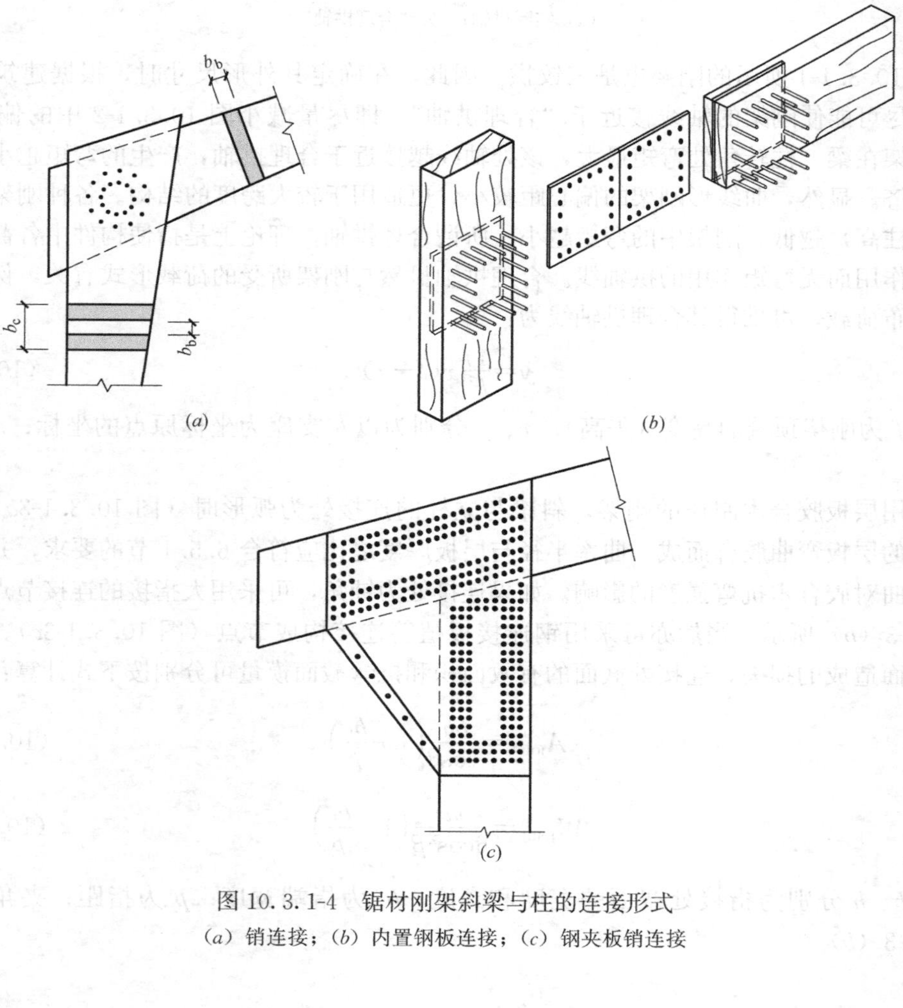

图 10.3.1-4 锯材刚架斜梁与柱的连接形式

(*a*) 销连接；(*b*) 内置钢板连接；(*c*) 钢夹板销连接

10.3.2 设计要点

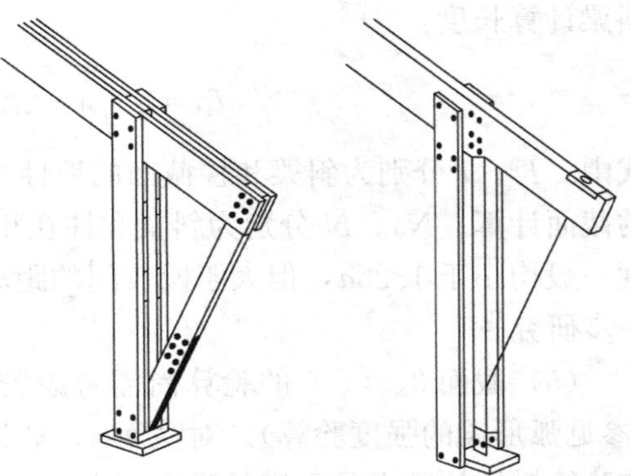

图 10.3.1-5 V形斜杆连接

刚架设计一般采用试算法，即先按建筑功能要求确定其总体几何尺寸并估计其截面尺寸，然后计算其内力，进行强度、刚度验算。根据验算结果，调整截面尺寸。这一过程可以按材料力学和结构力学方法实施求解，也可以基于有限元法利用计算机求解。设计时注意以下要点：

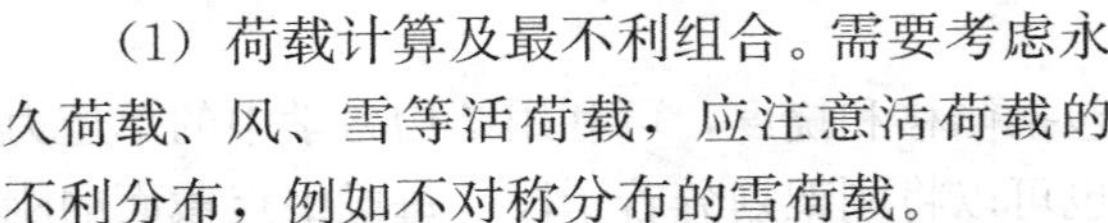

(1) 荷载计算及最不利组合。需要考虑永久荷载、风、雪等活荷载，应注意活荷载的不利分布，例如不对称分布的雪荷载。

(2) 选取控制截面。以图 10.3.2-1 所示刚架为例，控制截面一般选择刚架顶点 1、斜梁中点 2、上切点 3（圆弧与刚架外廓线的切点）、转角处截面 4、下切点 5 及柱脚截面 6。其中截面 1、6 按抗剪强度计算；其他截面按压弯构件计算。当然，控制截面的选择方案并不是唯一的。譬如 2 点的位置还可以按最大正应力所在的截面选择。还可以将梁、柱各划分若干份，分段进行验算。

(3) 根据经验，在截面 1、6 抗剪强度是起控制作用的因素，按此条件验算即可。但截面 1 的高度除满足抗剪要求外，还要考虑布置剪板等连接件的间距要求。

(4) 其他截面按压弯构件验算。验算时需考虑平面内和出平面的稳定问题。平面内的稳定问题可以采用简化方法，也可以采用二阶矩分析方法。出平面稳定验算则根据檩条间距及侧向支撑的设置情况确定计算长度。

刚架平面内的稳定验算中的计算长度 l_{ef}，根据 10.2.2 节的介绍，可取 1.25 倍的半跨刚架弧长。但来自不同文献的计算长度取值存在很大差别，如加拿大和美国有关资料中，将 l_{ef}取为刚架两铰之间的直线距离。对于如图 10.3.2-2 所示的柱倾角 α 不大于 15°的刚架，假设斜梁与柱间的连接刚度为 K_r，柱的计算长度可取：

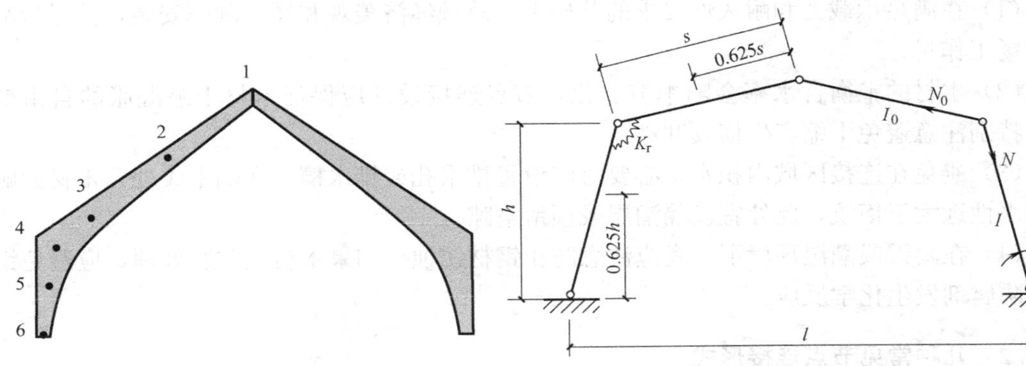

图 10.3.2-1 刚架设计的控制截面

图 10.3.2-2 三铰拱刚架几何尺寸

$$l_{ef}=h\sqrt{4+3.2\frac{Is}{I_0 h}+10\frac{EI}{hK_r}} \tag{10.3.2-1}$$

斜梁计算长度：

$$l_{\mathrm{ef}}=h\sqrt{4+3.2\frac{Is}{I_0h}+10\frac{EI}{hK_{\mathrm{r}}}}\sqrt{\frac{I_0N}{IN_0}} \tag{10.3.2-2}$$

式中：I_0、I 分别为斜梁和柱截面的惯性矩，当为变截面时，取图中 0.625s 和 0.625h 处的截面计算；N_0、N 分别为斜梁和柱在相交处的轴力。按这种方法计算，刚架的计算长度一般均小于 1.25a，但大于两铰间的距离。可见，刚架在平面内计算长度的取值尚需进一步研究。

（5）截面 3、4、5 的验算尚需考虑胶合木制作中层板的弯曲导致的抗弯强度的降低（参见弧形梁的强度验算）。对截面 4，如果某一荷载组合产生的弯矩使其内侧受拉，则还需验算横纹拉应力是否满足强度要求。

（6）验算刚架的变形　刚架的变形验算包括侧移和挠度，可利用结构力学中的单位力法，通过积分计算求得变截面构件的位移，也可以将刚架划分若干段，每段中点截面的刚度作为其平均值，通过分段求和的方法计算位移。如果位移超过限值，则需增大截面，以满足刚度要求。

（7）给出支座反力特别是水平推力，对基础设计提出相应要求。

10.4 刚架与拱的支座节点及脊节点连接

木结构能否满足使用功能要求并具有足够的耐久性，很大程度上取决于其节点连接设计是否正确和施工质量是否得以保证。刚架与拱也是如此，应足够重视其节点连接的设计与施工。

10.4.1 节点连接设计一般要求

刚架与拱的节点连接一般采用钢板、销、螺栓或木铆钉制作，其设计原理原则上与第 5 章介绍的计算方法和构造要求相同，设计时应综合考虑以下事项，选择合适的连接方式。

（1）在满足承载力和耐久性要求的基础上，兼顾经济美观和便于制作安装，并尽量减少现场工作量。

（2）木材的平衡含水率会随季节变化，节点连接设计应保证木材干缩湿胀的自由变形，特别注意避免干缩产生横纹开裂。

（3）避免在连接区域内积水，必要时应设置排水孔或排水槽。在端木纹处，木材的顺纹吸水性远大于横纹，此处宜设隔潮层或预留空隙。

（4）在露天或潮湿环境下，尚应注意防止钢材锈蚀。如果木材经防腐处理，应避免钢材与防腐剂发生化学反应。

10.4.2 几种常见节点连接形式

图 10.4.2-1 所示是刚架与拱顶点节点连接的几种常见形式。图 10.4.2-1（a）是三铰拱顶点节点连接的一种形式，即所谓的板销铰。左侧的销轴卡入右侧的销槽中，可转动并传递剪力。左、右两半跨间的竖向力和水平力通过螺栓和钢板传递。图 10.4.2-1（b）、 (*c*) 是屋面坡度较大时可采用的刚架顶点的连接形式（参见例题 10-1），其中图 10.4.2-1 (*c*) 可传递较大的竖向作用力。采用斜切端是为了接头的接触面受压均匀，避免局部压坏，中间设置钢填板是为了避免端木纹相互咬合使木材损坏。注意到其中至少一对剪板的螺杆是考虑能够传递拉力的，需保证螺帽垫片下木材的局压强度。屋面坡度较小时，如果仍采用图 10.4.2-1 (*b*)、(*c*) 所示的连接形式，受拉螺杆会过长，而应采用图 10.4.2-1 (*d*) 所示的连接形式。剪板仍然传递竖向作用力，而水平作用力是通过螺栓和钢侧板传递的。

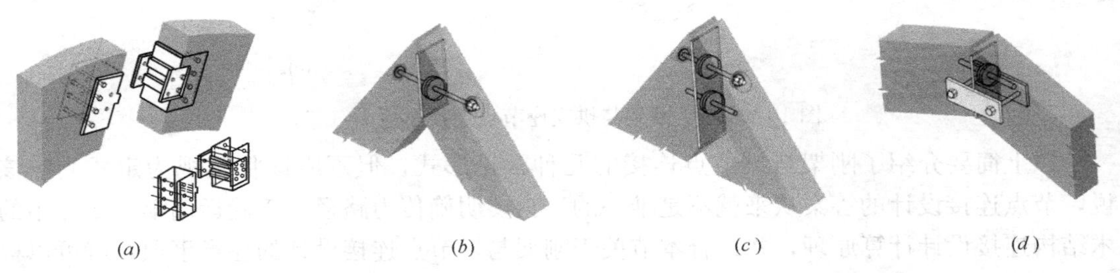

(*a*) (*b*) (*c*) (*d*)

图 10.4.2-1 刚架与拱顶点节点连接示意图

图 10.4.2-2 所示是刚架与拱支座节点连接的几种常见形式，其共同特点是犹如将木柱或拱插入一“钢靴”中，钢靴的外侧钢板承受木构件的推力，钢板受弯，木构件受挤压。图 10.4.2-2 (*a*)、(*b*) 所示系将木构件安装到混凝土基础上，其中图 10.4.2-2 (*a*) 中的木铆钉在无上拔力的情况下只起安装定位作用，而螺栓受剪，抵抗水平推力，注意其内侧留有排水空隙；图 10.4.2-2 (*b*) 的支座形式类似于钢木屋架中的支座端节点，水平推力由钢拉杆承担，螺栓只起安装定位作用，可在下部结构有空间容纳水平拉杆时采用。这种连接形式需要在刚架或拱中预留螺栓孔。图 10.4.2-2 (*c*)、(*d*) 所示系将刚架或拱安装到下部木或钢梁上，前一种情况中的水平推力是靠木铆钉传递到木梁上的，当然也可以用螺栓代替木铆钉；而后一种情况是通过焊缝将水平推力传递到钢梁上。图 10.4.2-2 (*e*) 所示系“真正”的铰接连接，适用于荷载较大、截面尺寸较大的情况。连接钢靴与木构件的螺栓也是只起安装定位作用，钢靴底部都留有排水空隙。

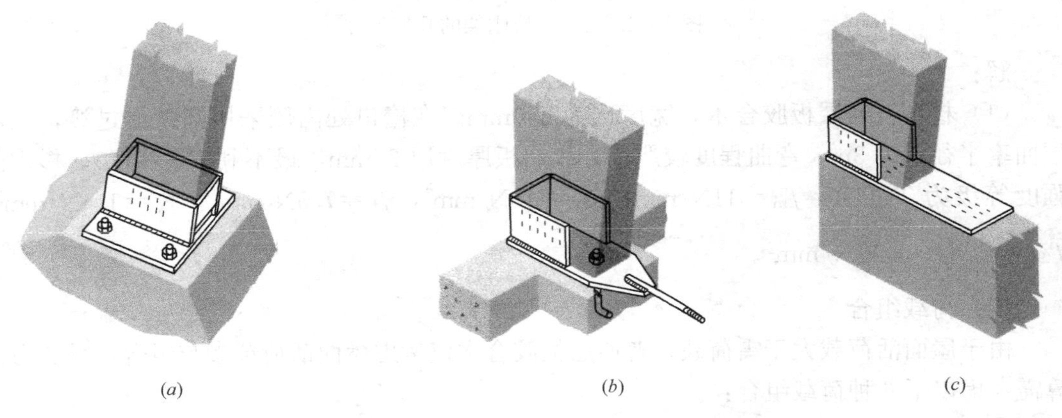

(*a*) (*b*) (*c*)

图 10.4.2-2 刚架与拱支座节点连接示意图（一）

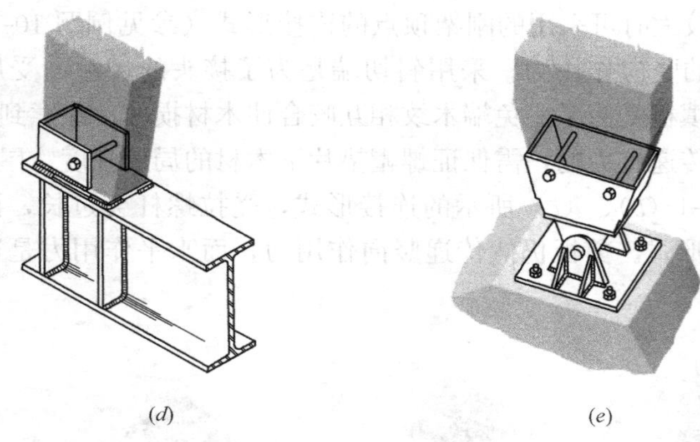

图 10.4.2-2 刚架与拱支座节点连接示意图（二）

以上简要介绍了刚架与拱节点连接的几种常见形式，但不应该将其视为定式。应该说，节点连接设计的答案从来就不是唯一的。只要明确传力路径，正确运用第5章介绍的木结构连接设计计算原理，并结合本节关于刚架与拱节点连接设计的注意事项，就可以根据具体情况，设计出形式多样、受力合力的节点连接。

【例题 10-1】 图 10.4.2-3 所示三铰刚架，间距为 4m，恒载标准值为 0.8N/mm²，基本风压为 0.5N/mm²，基本雪压为 0.5N/mm²，屋面活荷载为 0.6N/mm²（不上人屋面）。采用杉木类普通层板胶合木制作，刚架处正常使用环境（常温、不潮湿）。试设计该刚架的截面尺寸。

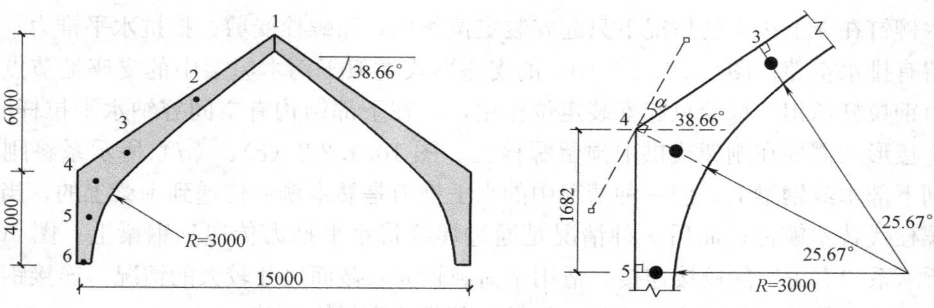

图 10.4.2-3 三铰刚架的几何尺寸

解：

（1）杉木普通层板胶合木，宽度选为 250mm。在檐口处内侧采用圆弧形过渡，最内层曲率半径选为 3m，弯曲程度较严重，故层板厚度取 25mm，最不利 $R/t=120$。杉木的强度等级为 TC11A，$f_m=11\text{N/mm}^2$，$f_c=10\text{N/mm}^2$，$f_t=7.5\text{N/mm}^2$，$f_v=1.4\text{N/mm}^2$，$f_{t90}\approx\frac{1}{3}f_v=0.47\text{N/mm}^2$。

（2）荷载组合

由于屋面活荷载大于雪荷载，普通层板胶合木仅考虑屋面活荷载参与组合，承载力验算需考虑以下 6 种荷载组合：

① 1.2 恒荷＋1.4 屋面活荷（全跨）＋1.4×0.6 风荷

② 1.2 恒荷+1.4 屋面活荷（左半跨）+1.4×0.6 风荷

③ 1.2 恒荷+1.4 屋面活荷（右半跨）+1.4×0.6 风荷

④ 1.2 恒荷+1.4 风荷+1.4×0.7 屋面活荷（全跨）

⑤ 1.2 恒荷+1.4 风荷+1.4×0.7 屋面活荷（左半跨）

⑥ 1.2 恒荷+1.4 风荷+1.4×0.7 屋面活荷（右半跨）

在弧线段，需根据弯矩的方向采用不同的计算方法，还需考虑不同的风向产生的弯矩，故实际上共考虑 12 种荷载组合。虽为静定刚架，但荷载组合情况较多，内力求解计算量大，本例采用简单的有限元分析程序，求解各控制截面的内力。

（3）控制截面

截面 1、4、6 的位置可直接确定。为便于制作，上、下切点处通常取相同的截面高度，并按 $L/30$，初估为 500mm（层板厚度的整数倍）。上、下切点的位置可由几何关系计算确定，将各点坐标列于表 10.4.2-1 中。

刚架控制截面的坐标（m）　　　　表 10.4.2-1

截面	1	2	3	4	5	6
x	0.00	3.10	6.19	7.50	7.50	7.50
y	10.00	7.53	5.05	4.00	2.30	0.00

将电算所得各点内力列于表 10.4.2-2 中，其中粗体字为可能的控制内力。

控制截面的内力（kN 或 kN·m）　　　　表 10.4.2-2

荷载组合	风向	内力＼截面	1	2	3	4	5	6
①	左风	M	0	−17.08	−85.33	−119.92	**−71.74**	0
		N	−21.96	−36.87	−51.82	−58.12	**−58.82**	−58.82
		V	−3.86	9.62	23.13	28.83	−29.56	−32.59
	右风	M	0	31.03	17.60	**47.14**	23.84	0
		N	−8.59	−23.49	−38.439	−44.75	−51.69	−51.69
		V	20.58	−0.44	−21.506	−30.40	−12.45	−7.62
②	左风	M	0	−26.82	−79.17	−104.15	−62.20	0
		N	−22.16	−31.66	−41.18	−45.20	−43.07	−43.07
		V	2.70	9.42	16.15	18.99	−25.62	−28.64
	右风	M	0	37.51	4.559	31.37	14.69	0
		N	−2.23	−17.13	−32.073	−38.38	−46.42	−46.42
		V	22.21	1.21	−19.858	−28.75	−8.51	−3.67
③	左风	M	0	−10.60	−72.32	−104.15	−62.50	0
		N	−15.61	−30.51	−45.45	−51.75	−53.55	−53.55
		V	−5.49	7.98	21.48	27.18	−25.62	−28.64
	右风	M	0	21.30	11.418	31.37	14.69	0
		N	−8.78	−18.28	−27.806	−31.82	−35.93	−35.93
		V	14.02	−0.23	−14.525	−20.56	−8.51	−3.67

续表

荷载组合	风向	截面 内力	1	2	3	4	5	6
④	左风	M	0	−37.58	**−104.01**	**−135.30**	**−82.30**	0
		N	−23.88	−37.17	**−50.48**	**−56.10**	**−53.23**	−53.23
		V	4.89	12.47	20.07	23.28	−33.09	**−38.38**
	右风	M	0	**46.62**	14.562	7.92	−1.53	0
		N	−0.47	**−13.75**	−27.072	−32.69	−40.74	−40.74
		V	24.37	3.60	−17.232	−26.02	−3.15	5.31
⑤	左风	M	0	**−44.39**	−99.70	−124.26	−75.90	0
		N	−24.02	**−33.52**	−43.04	−47.06	−42.20	−42.20
		V	9.48	12.33	15.19	16.39	−30.34	−35.62
	右风	M	0	**51.16**	23.67	−3.12	−7.94	0
		N	3.98	**−9.30**	−22.616	−28.23	−37.05	−37.05
		V	**25.51**	4.74	−16.079	−24.86	−0.39	8.07
⑥	左风	M	0	−33.04	−94.90	−124.26	−75.90	0
		N	−19.43	−32.71	−46.03	−51.64	−49.54	−49.54
		V	3.75	11.33	18.92	22.13	−30.34	−35.62
	右风	M	0	39.80	18.868	−3.12	−7.94	0
		N	−0.61	−10.11	−19.629	−23.65	−29.71	−29.71
		V	19.78	3.74	−12.345	−19.13	−0.39	8.07

正负号规定：弯矩以下侧受拉为正，轴力拉为正，剪力使所在脱离体顺时针转动为正。

(4) 按抗剪承载力确定支座截面 6 的高度

剪力 $V=38.38\text{kN}$，按式 (6.2.1-4b)，$V\leqslant V_{\rm r}=\dfrac{2}{3}f_{\rm v}A=\dfrac{2}{3}f_{\rm v}bh$

$$h\geqslant\frac{3}{2}\frac{V}{f_{\rm v}b}=\frac{3}{2}\times\frac{38.38\times10^3}{1.4\times250}=164.49\text{mm}，取 h=200\text{mm}。$$

(5) 验算下切点截面 5 的承载力

不利内力 $M=82.3\text{kN}\cdot\text{m}$，$N=53.23\text{kN}$

设刚架由墙、檩条等提供足够的侧向支撑，出平面的稳定问题得以保证。按式 (7.4.2-2)，压弯构件在平面内的稳定承载力为 $N_{\rm r}=f_{\rm c}\varphi\varphi_{\rm m}A_0$。刚架并非等直杆，这里按北美资料简单地取支座与顶点两铰间的直线距离作为计算长度、切点处的截面高度为等效截面高度，则 $l=\sqrt{10^2+7.5^2}=12.5\text{m}$，

$$\lambda=\frac{\mu l}{i}=\frac{12.5\times10^3}{500/\sqrt{12}}=86.6<\lambda_{\rm p}=c_{\rm c}\sqrt{\frac{E_{\rm k}}{f_{\rm ck}}}=5.28\times\sqrt{300}=91.4$$

对于 TC11A 强度等级木材

$$\varphi=\left(1+\frac{\lambda^2 f_{\rm ck}}{b_{\rm c}\pi^2E_{\rm k}}\right)^{-1}=\left(1+\frac{86.6^2}{1.43\times3.14^2\times300}\right)^{-1}=0.361$$

$$\varphi_m=(1-k)^2(1-k_0)$$

$$k_0=\frac{Ne_0}{wf_m\left(1+\sqrt{\frac{N}{Af_c}}\right)}=0(e_0=0),k=\frac{|Ne_0+M|}{Wf_m\left(1+\sqrt{\frac{N}{Af_c}}\right)}$$

其中抗弯强度需按标准 GB 50005 调整为

$$f_m=1.15\times11\times(0.76+0.001R/t)=1.15\times11\times(0.76+0.001\times3000/25)=11.13\text{N/mm}^2$$

$$k=\frac{|Ne_0+M|}{Wf_m\left(1+\sqrt{\frac{N}{Af_c}}\right)}=\frac{0+82.3\times10^6}{\frac{250\times500^2}{6}\times11.13\times\left(1+\sqrt{\frac{53.23\times10^3}{10\times250\times500}}\right)}=0.588$$

$$\varphi_m=(1-k)^2(1-k_0)=(1-0.588)^2\times(1-0)=0.169$$

$$N_r=f_c\varphi\varphi_mA_0=10\times0.361\times0.169\times250\times500=76.26\text{kN}>53.23\text{kN}$$

如果按欧洲有关资料，计算长度取 1.25 倍的刚架半跨杆长，$l_{ef}=1.25\times(4.0+\sqrt{6^2+7.5^2})=17\text{m}$，稳定系数将降至 $\varphi=0.202$，则：

$N_r=f_c\varphi\varphi_mA_0=10\times0.202\times0.169\times250\times500=42.67\text{kN}<53.23\text{kN}$，不满足要求。

(6) 验算上切点截面 3 的承载力

不利内力 $M=104.01\text{kN}\cdot\text{m}$，$N=50.48\text{kN}$

$$k=\frac{|Ne_0+M|}{Wf_m\left(1+\sqrt{\frac{N}{Af_c}}\right)}=\frac{0+104.01\times10^6}{\frac{250\times500^2}{6}\times11.13\times\left(1+\sqrt{\frac{50.48\times10^3}{10\times250\times500}}\right)}=0.747$$

$$e_0=0,k_0=0$$

$$\varphi_m=(1-k)^2(1-k_0)=(1-0.747)^2\times(1-0)=0.064$$

$$N_r=f_c\varphi\varphi_mA_0=10\times0.361\times0.064\times250\times500=28.88\text{kN}<N=50.48\text{kN}$$

不满足承载力要求，需重新选择截面高度。取 $h=550\text{mm}$，则抗弯强度为

$$f_m=1.1\times11\times(0.76+0.001R/t)=1.1\times11\times(0.76+0.001\times3000/25)=10.65\text{N/mm}^2$$

$$\lambda=\frac{\mu l}{i}=\frac{12.5\times10^3}{550/\sqrt{12}}=78.73<\lambda_p=c_c\sqrt{\frac{E_k}{f_{ck}}}=5.28\times\sqrt{300}=91.4$$

$$\varphi=\left(1+\frac{\lambda^2f_{ck}}{b_c\pi^2E_k}\right)^{-1}=\left(1+\frac{78.73^2}{1.43\times3.14^2\times300}\right)^{-1}=0.406$$

$$k=\frac{|Ne_0+M|}{Wf_m\left(1+\sqrt{\frac{N}{Af_c}}\right)}=\frac{0+104.01\times10^6}{\frac{250\times550^2}{6}\times10.65\times\left(1+\sqrt{\frac{50.48\times10^3}{10\times250\times550}}\right)}=0.650$$

$$\varphi_m=(1-\text{k})^2(1-k_0)=(1-0.65)^2\times(1-0)=0.122$$

$$N_r=f_c\varphi\varphi_mA_0=10\times0.406\times0.122\times250\times550=68.11\text{kN}>N=50.48\text{kN}$$

满足要求

(7) 斜梁中点截面 2 的承载力

左向来风不利内力 $M=44.39\text{kN}\cdot\text{m}$，$N=33.52\text{kN}$

初选截面高度 $h=400\text{mm}$，$f_m=1.15\times11=12.65\text{N/mm}^2$

$$\lambda=\frac{\mu l}{i}=\frac{12.5\times10^3}{400/\sqrt{12}}=108.25>\lambda_p=c_c\sqrt{\frac{E_k}{f_{ck}}}=5.28\times\sqrt{300}=91.4$$

对于 TC11A 强度等级树种，

$$\varphi=\frac{a_c\pi^2E_k}{\lambda^2f_{ck}}=\frac{0.95\times3.14^2\times300}{108.25^2}=0.240$$

$$k=\frac{|Ne_0+M|}{Wf_m\left(1+\sqrt{\frac{N}{Af_c}}\right)}=\frac{0+44.39\times10^6}{\frac{250\times400^2}{6}\times12.65\times\left(1+\sqrt{\frac{33.52\times10^3}{10\times250\times400}}\right)}=0.445$$

$$e_0=0, k_0=0$$

$$\varphi_m=(1-k)^2(1-k_0)=(1-0.445)^2\times(1-0)=0.308$$

$$N_r=f_c\varphi\varphi_mA_0=10\times0.24\times0.308\times250\times400=73.95\text{kN}>N=33.52\text{kN}$$

右向来风不利内力 $M=46.62\text{kN}\cdot\text{m}$，$N=13.75\text{kN}$ 和 $M=51.16\text{kN}\cdot\text{m}$，$N=9.30\text{kN}$

$$k=\frac{|Ne_0+M|}{Wf_m\left(1+\sqrt{\frac{N}{Af_c}}\right)}=\frac{0+46.62\times10^6}{\frac{250\times400^2}{6}\times12.65\times\left(1+\sqrt{\frac{13.75\times10^3}{10\times250\times400}}\right)}=0.495$$

$$e_0=0, k_0=0$$

$$\varphi_m=(1-k)^2(1-k_0)=(1-0.495)^2\times(1-0)=0.255$$

$$N_r=f_c\varphi\varphi_mA_0=10\times0.24\times0.255\times250\times400=61.20\text{kN}>N=13.75\text{kN}$$

对另一组不利内力的验算结果亦满足承载力要求。

(8) 檐口处截面4的承载力

偏心受压验算，不利内力 $M=135.30\text{kN}\cdot\text{m}$，$N=56.10\text{kN}$

截面高度 $h=\sqrt{3500^2+1682^2}-3000=883\text{mm}$，$h/b=883/250=3.53<7.5$

$$f_m=0.889\times11\times(0.76+0.001R/t)=0.889\times11\times(0.76+0.001\times3000/25)=8.61\text{N/mm}^2$$

$$\lambda=\frac{\mu l}{i}=\frac{12.5\times10^3}{883/\sqrt{12}}=49.04<\lambda_p=c_c\sqrt{\frac{E_k}{f_{ck}}}=5.28\times\sqrt{300}=91.4$$

$$\varphi=\left(1+\frac{\lambda^2f_{ck}}{b_c\pi^2E_k}\right)^{-1}=\left(1+\frac{49.04^2}{1.43\times3.14^2\times300}\right)^{-1}=0.637$$

$$k=\frac{|Ne_0+M|}{Wf_m\left(1+\sqrt{\frac{N}{Af_c}}\right)}=\frac{0+135.3\times10^6}{\frac{250\times883^2}{6}\times8.61\times\left(1+\sqrt{\frac{56.1\times10^3}{10\times250\times883}}\right)}=0.417$$

$$e_0=0, k_0=0$$

$$\varphi_m=(1-k)^2(1-k_0)=(1-0.417)^2\times(1-0)=0.340$$

$$N_r=f_c\varphi\varphi_mA_0=10\times0.637\times0.34\times250\times883=478.10\text{kN}>N=56.1\text{kN}$$

验算径向横纹拉应力决定的承载力

不利弯矩由右向来风产生，$M=47.14\text{kN}\cdot\text{m}$

$$\sigma_{t90}=K_rC_r\frac{M_{ap}}{W_{ap}}\leqslant f_{t90}K_{VOL}$$

$$K_{VOL}=\frac{35}{(AR\beta)^{0.2}}=\frac{35}{[250\times883\times(3000+883/2)\times(2\times25.67\pi/180)]^{0.2}}=0.599$$

$l/l_c=12500/2910=4.3$，$\alpha=25.67°$，即屋面坡度为 1：2.08

查表 6.5.3-3，$\alpha=1.0$，$\beta=0.00$，故 $C_r=1.0$

$$K_r=A+B\frac{h_{ap}}{R_0}+C\left(\frac{h_{ap}}{R_0}\right)^2$$

查表 6.5.3-1，得：$A=0.1272$，$B=0.0605$，$C=0.1222$

$$K_r=0.1272+0.0605\times\frac{883}{3000+883/2}+0.1222\times\left(\frac{883}{3000+883/2}\right)^2=0.1508$$

$$\sigma_{t90}=K_rC_r\frac{M_{ap}}{W_{ap}}=0.1508\times1.0\times\frac{47.14\times10^6}{250\times883^2/6}=0.219\text{N/mm}^2$$

$$\sigma_{t90}<f_{t90}K_{VOL}=0.47\times0.599=0.282\text{N/mm}^2$$

满足要求。

（9）确定顶点截面 1 的高度

最不利剪力由右向来风产生，$V=25.51\text{kN}$

$$V\leqslant V_r=\frac{2}{3}f_vA=\frac{2}{3}f_vbh$$

$h\geqslant\frac{3}{2}\frac{V}{f_vb}=\frac{3}{2}\times\frac{25.51\times10^3}{1.4\times250}=109.33\text{mm}$，取 $h=200\text{mm}$。

在顶点两斜梁的对顶面上设置 2 对直径为 102mm（4″）的剪板传递竖向剪力，如图 10.4.2-4 所示。

$$V=25.51\cos38.66°-3.98\sin38.66°=17.43\text{kN}$$

查表 5.6.2-2a、b，每对剪板连接的顺纹和横纹承载力设计值分别为 $P=20.3\text{kN}$，$Q=12.2\text{kN}$。设剪板的布置满足几何调整系数为 1 的条件，按题给条件，其他调整系数也为 1，则调整后的承载力为 $R_d=P$，$Q_d=Q$。该两对剪板连接还需要考虑端木纹的影响（$\alpha=90-38.66=51.34°$，$\varphi=90°$）：

$$R_{d\alpha\varphi}=\frac{R_dQ_{d\alpha\varphi}}{R_d\sin^2\alpha+Q_{d\alpha\varphi}\cos^2\alpha}$$

其中 α 为端部斜切面与构件纵轴的夹角，而

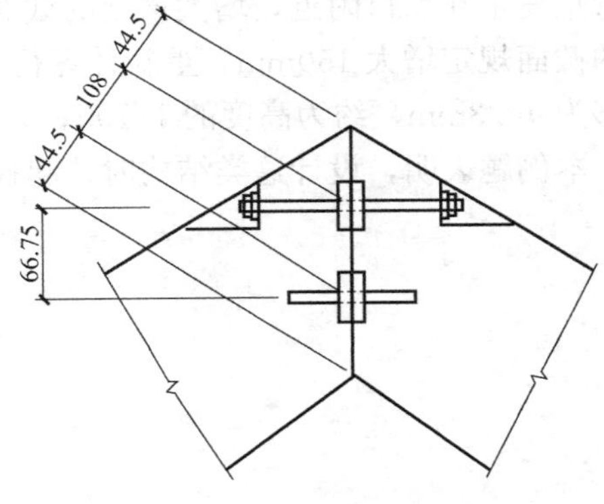

图 10.4.2-4　顶点处剪板布置图

$$Q_{d\alpha\varphi}=0.6Q_d=0.6\times12.2=7.32\text{kN}$$

$$2R_{d\alpha\varphi}=2R_{d6090}=2\frac{R_dQ_{d\alpha\varphi}}{R_d\sin^2\alpha+Q_{d\alpha\varphi}\cos^2\alpha}$$

$$=2\times\frac{20.3\times7.32}{20.3\times\sin^2 51.34°+7.32\times\cos^2 51.34°}=19.51\text{kN}>17.43\text{kN}$$

满足传递竖向剪力的要求。

几何调整系数为 1，按表 5.6.2-5～表 5.6.2-7，最小边距为 70mm，间距为 153mm，满足该要求所需的最小截面高度为 $h=70\times2+153=293\text{mm}>200\text{mm}$，取为 300mm。

（10）变形计算

设计的刚架，除满足承载力要求，还应满足正常使用的要求。通过控制刚架顶点的竖向位移和檐口处的侧移，可以达到满足正常使用的要求。计算中可将弯曲、剪切和拉压变

形考虑在内，即

$$\Delta=\int\frac{\overline{M}M_{\mathrm{x}}}{EI}\mathrm{d}x+\int\frac{\overline{Q}Q_{\mathrm{x}}}{GA}\mathrm{d}x+\int\frac{\overline{N}N_{\mathrm{x}}}{EA}\mathrm{d}x$$

需要考虑的荷载组合情况与承载力验算相同，但不计荷载分项系数，即

① 1.0 恒荷＋1.0 屋面活荷（全跨）＋0.6 风荷

② 1.0 恒荷＋1.0 屋面活荷（左半跨）＋0.6 风荷

③ 1.0 恒荷＋1.0 屋面活荷（右半跨）＋0.6 风荷

④ 1.0 恒荷＋1.0 风荷＋0.7 屋面活荷（全跨）

⑤ 1.0 恒荷＋1.0 风荷＋0.7 屋面活荷（左半跨）

⑥ 1.0 恒荷＋1.0 风荷＋0.7 屋面活荷（右半跨）

其计算过程将较为繁杂，条件允许的情况下，可采用有限元法计算。这里采用简单的有限元分析程序计算，按前述计算所确定的截面尺寸，并取弹性模量 $E=9000\mathrm{N/mm^2}$，泊松比 $\mu=0.4$，剪切模量 $G=E/2(1+\mu)\approx3200\mathrm{N/mm^2}$。经计算，第④种荷载组合产生最大的顶点竖向位移，其值为 23.2mm，约为跨度的 1/650，满足对挠度的要求。在第⑤种荷载组合作用下产生的檐口处的最大侧移达 67.9mm，是高度的 1/60。各国规范对刚架的侧移限值虽无明确规定，但过大的侧移对围护墙体是不利的。参照我国钢结构设计标准，单层框架的柱顶位移容许值为 $H/150$，而轻型框架结构的柱顶位移可适当放宽。对本例在前述设计的截面尺寸的基础上，可适当增大截面高度，以减小水平侧移。考虑到最大弯矩发生在檐口附近，增大该处的截面高度对减小水平侧移最为有效，故将上、下切点间的截面规定增大 150mm。重新计算得出在第⑤种荷载组合作用下产生的檐口处的最大侧移为 40.3mm，约为高度的 1/100。

本例题表明，设计这类结构时，起控制作用的往往是刚度要求。

下篇　木结构技术应用

第 11 章　常见木结构形式

在第 6 章至第 10 章中，分别介绍了木结构基本构件和组合构件的设计计算原理。但这些构件仅能构成结构中的一根杆或一个面，尚不能提供所要求的使用空间，以满足建筑的使用功能要求。本章介绍由这些基本构件和组合构件组成的三维空间结构系统，称之为结构形式或结构体系。在钢筋混凝土结构中有排架、框架、剪力墙、筒以及薄壳等结构形式；在钢结构中有排架、框架、网架、网壳、悬索和膜等结构形式。对于木结构的结构形式分类，似乎尚未形成统一认识。《木结构设计标准》GB 50005 基本按所用木材的种类划分，以方木与原木为主材的木结构，一度称为普通木结构，现称为方木与原木结构；以规格材、木基结构板材为主材的木结构称为轻型木结构；以层板胶合木为主材的木结构称为胶合木结构。本章从不同的角度介绍木结构的形式。首先将介绍中国古代木结构和中华人民共和国成立后的约二十年间大量使用的木屋盖系统。木屋盖虽只是整个结构体系的一部分，不具备全部建筑功能，但代表我国木结构发展的一个重要历史阶段，相关的研究成果和经验也是宝贵的知识财富。随后将分别介绍另外几种常见的木结构形式。一种是板式结构（“盒子房”），主要以轻型木结构为例来介绍；属于板式结构的还有古老的井干式木结构，俗称木刻楞；目前世界各地兴起的 CLT 多高层木结构，也可归属于板式结构。二是梁柱体系木结构，将借鉴日本小型梁柱体系木结构的研究成果，作简要介绍。最后介绍由刚架与拱等构成的大跨木结构以及网壳、穹顶之类的空间木结构。

11.1　中国古代木结构

11.1.1　概述

作为对建设领域生产、科研活动的恰当描述，土木工程一词沿用至今。诚然，土和木是人类最易获得、最早使用的建筑材料。考古发现表明，早在距今约 4 万～1 万年前的旧石器时代晚期，已有中国古人类“掘土为穴”（穴居）和“构木为巢”（巢居）的原始营造遗迹。而分别代表两河流域文明的浙江余姚河姆渡遗址和西安半坡遗址，则表明早在 7000～5000 年前，中国古代木结构技术已达到了相当高的水平。

图 11.1.1-1 是发掘的河姆渡晚期木柱残段及柱脚。其时，木柱已用石斧等工具加工成矩形截面；由于此地水丰湿润，土质软弱，已采用木桩或图中可见的木板作基础。不可否认，这就是现代桩基础和片筏基础的鼻祖。更为惊奇的是，遗址残存木构件表明榫卯连

接在当时已相当完善。图 11.1.1-2 是归纳出的几种常用形式。这类榫卯连接在随后的数千年岁月里沿用、演化，以致成为我国木结构连接的特点之一。图 11.1.1-3 是半坡遗址某房屋木构架的复原图，其木柱布置已略呈规则柱网，房屋已具"间"的雏形，中间一列四柱高出檐柱以承托脊檩。中国木结构典型的梁柱式构架初见于此。

图 11.1.1-1　河姆渡晚期木柱残段及柱脚

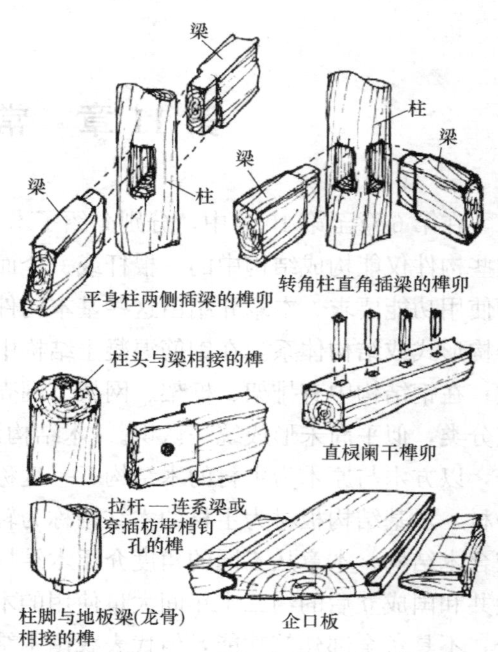

图 11.1.1-2　河姆渡遗址中榫卯连接的形式

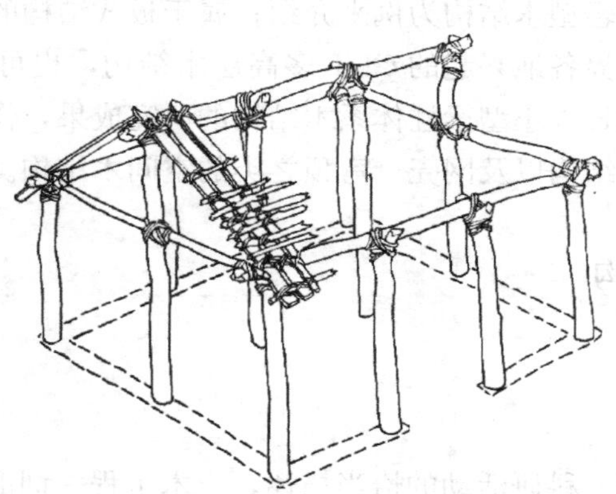

图 11.1.1-3 半坡遗址某房屋木构架的复原图

11.1.2　古代木结构的结构体系

斗转星移，中国古代木结构在上述原始雏形的基础上不断演化改进，逐渐形成了梁柱式构架和穿斗式构架两类主要体系。战国以降，迄至清末甚或今日，这两种体系一直沿用。穿斗式又称立帖式木构架，主要用于规模不大的民居建筑，我国西南广大地区仍大量应用。抬梁式又称梁柱式木构架，主要用于寺庙、殿堂建筑，特点是大屋顶，外观雄伟庄重。清代的“官式”建筑也是抬梁式木构架形式。抬梁式木构架建筑的构造细节，最早系统地又载于北宋崇宁二年（1103年）颁布的《营造法式》，经历代演变，后又载于清雍正十二年工部颁布的《工程做法则例》。无论是穿斗式还是抬梁式，中国古代木结构的共同特点之一是，墙体（砖、土墙）自承重，仅起围护和分隔房屋空间的作用，木构架（结构）是承受楼、屋盖等竖向荷载的主体。木构架具有良好的变形能力，在地震等水平荷载作用下能达到“墙倒屋不塌”的效果。这是中国古代木结构能存世千年的重要原因之一。

1. 穿斗式木结构

穿斗式木结构（构架）的特点是檩子直接支承在柱顶上，如图11.1.2-1所示。柱子可全部落地，也可部分落地。不落地的柱子称为瓜柱，插在由落地柱支承的穿枋上。穿斗式木结构构造简单，主要由柱、穿枋、斗枋、纤子和檩子5种构件组成。落地柱通常为圆形截面，住宅建筑中的柱子直径不大，约为200～300mm。柱子下端支承在由石料制作的柱础上，多为平搁，即使有暗销，配合也不十分紧密。穿枋为矩形截面，高宽比约为2∶1或3∶1，宽度仅为50～100mm。穿枋沿房屋横向穿过各落地柱子，形成横向木构架。斗枋则沿房屋纵向穿过柱子，以固定各榀横向木构架，从而形成可以承重的空间构架。纤子置于斗枋之上，其上可铺设楼板。檩子支承于柱顶上，是屋盖的主要承重构件，上铺椽子与望板。望板可以是木板，当椽子很密时，也可铺望砖（薄的黏土砖），望板或望砖上铺瓦防雨。内外墙设于柱子间。墙、柱间可留缝隙，也可不留缝隙而相嵌，但墙体均不承受楼、屋盖等竖向荷载。

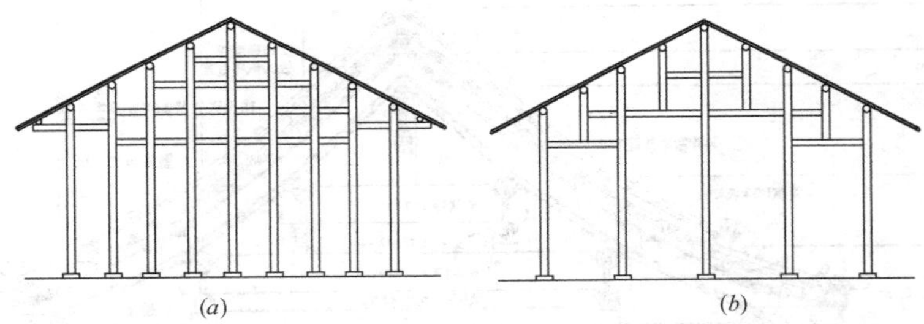

图11.1.2-1 穿斗式木构架示意图

(*a*) 全部柱子落地式；(*b*) 部分柱子落地式

2. 抬梁式木结构

抬梁式木结构构造复杂，古代建筑中的木结构称为大木作。《工程做法则例》中抬梁式木结构分为两种，一种是整个木结构由下部的梁柱构架与上部的屋盖梁架组成（图11.1.2-2*a*），有大式与小式两种不同规模。另一种则在下部梁柱构架与上部屋盖梁架间增设一层斗拱铺作层（图11.1.2-2*b*），均为大式。设置斗拱层，使檐口外挑更大，更显雄壮。

（1）下部梁柱构架

规模较大的建筑，下部梁柱构架通常为双向两跨以上布置，较为典型的平面布置如图11.1.2-3所示，对称规则，与现代建筑的抗震设防要求一致。如果为重檐，可将中部金柱升起，檐柱与金柱间的边跨顶支承副檐屋顶，升高的金柱则支承主檐屋顶。柱身通常为直通圆截面或棱形圆截面，棱形柱在高度的2/3后开始按一定的曲线缩径（称作卷杀），柱下端支承在柱础上。《营造法式》要求柱顶内倾约为柱高的 2.5%，后《工程做法则例》改为约 1%，称作“侧脚”。在建筑阔面上的柱还要求“生起”，即外侧柱依次比内侧柱略高，生起量与阔面的开间（柱步）数有关。如果阔面上有 m 个开间，则最外侧柱应比最中心位置的柱高（$m-1$）寸，其他位置的柱高按此幅度调节。例如有 8 个开间，最外侧（角）柱应比最中心柱高 7 寸。这些措施，特别是“侧脚”，可使梁柱构架中的榫卯连接在竖向荷载作用下产生一定的压紧力，对防止榫卯连接在水平荷载作用下拔出，有一定的帮助。但至清代，“生起”已基本取消，“侧脚”的幅度也被降低。

柱间至少采用上、下两道纵、横向的梁相连（图 11.1.2-2a），以形成可承重的木构架。古代建筑中梁称为额枋，柱顶处的两道纵、横额枋中上层的称为大额枋（《营造法式》中称为阑额），下层的称为小额枋，有的横向的大小额枋间还镶有额垫板。沿纵向在檐柱顶设檐枋，有的也设上、下层枋（也称大、小额枋），枋间可设雕花垫板。有些建筑在小额枋与柱相连处下设贯通柱截面的雀替。除起装饰作用外，雀替尚可加强柱与檐枋的连接刚度，并提高檐枋的抗拔出能力。重檐时，檐柱通过穿插枋与金柱相连，或通过檐柱顶斗拱上的枋（《营造法式》中称为乳栿、月梁）与金柱相连。柱与额枋间的连接均为榫卯连接。如果这类连接视为半刚性连接，古代木结构中的下部梁柱构架则是一种多次超静定的半刚性木框架。

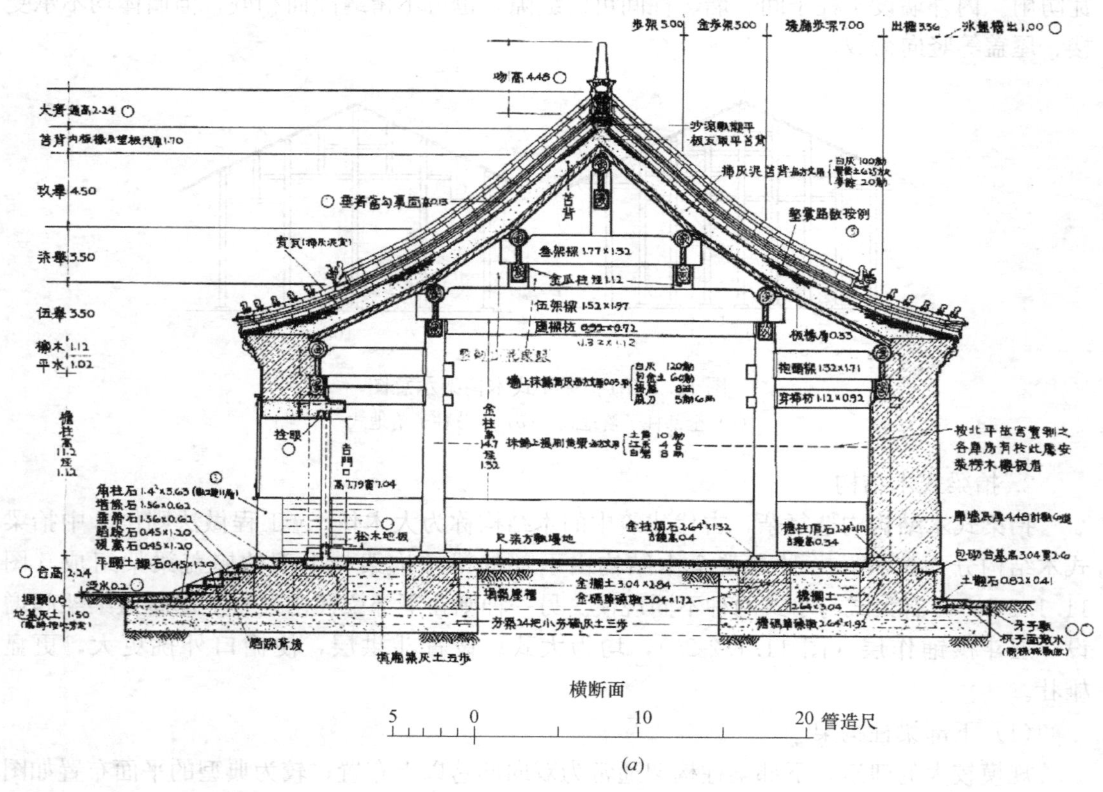

(a)

图 11.1.2-2　抬梁式木结构示例（一）

（摘自梁思成《清工部〈工程做法则例〉图解》）

（a）梁柱构架与屋盖梁架

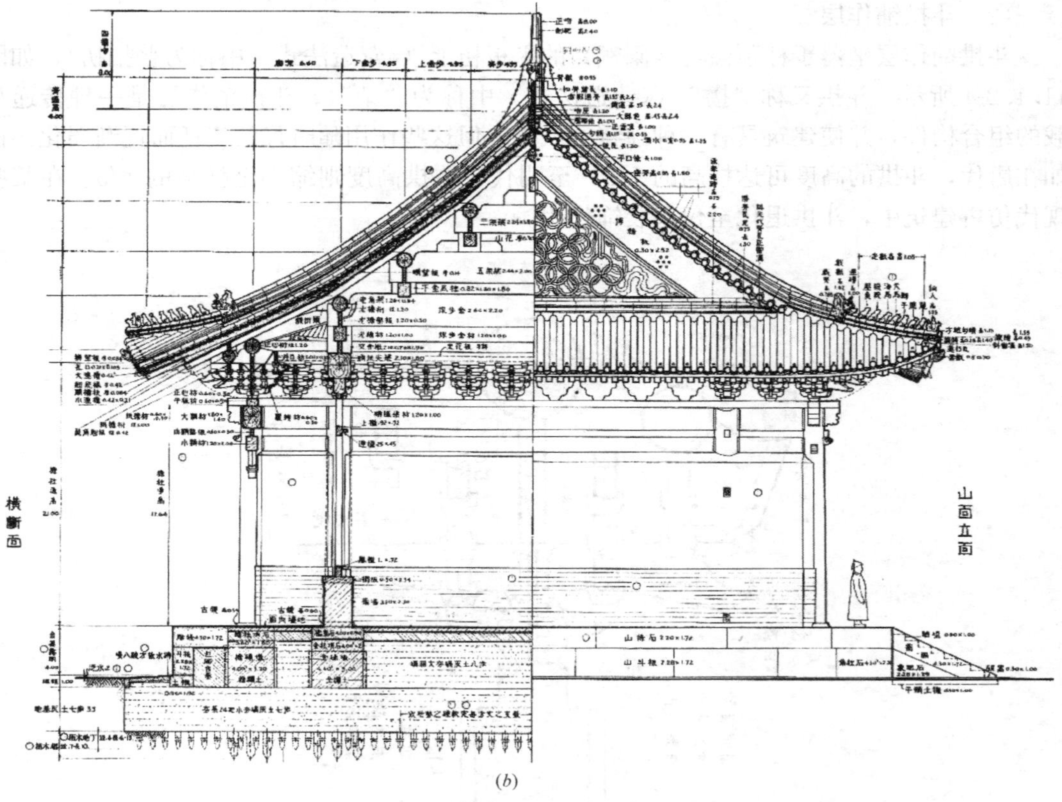

(*b*)

图 11.1.2-2 抬梁式木结构示例（二）

（摘自梁思成《清工部〈工程做法则例〉图解》）

（*b*）梁柱构架与屋盖梁架及斗拱铺作层

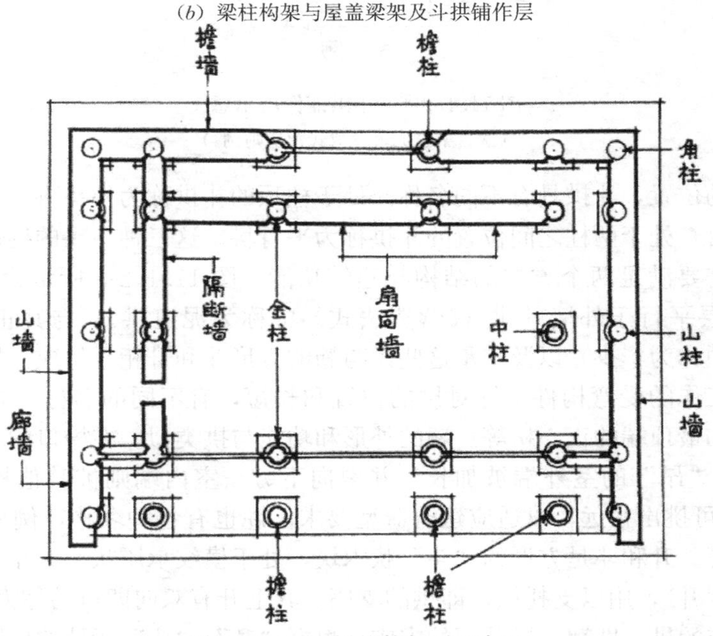

图 11.1.2-3 梁柱构架平面布置

（摘自梁思成著《清式营造则例》）

（2）斗拱铺作层

斗拱铺作层坐落于柱顶额枋（阑额）的平板枋上（《营造法式》中称为普拍枋），如图11.1.2-4所示。斗拱又称“攒”（《营造法式》中称为“朵”）。斗拱铺作层是一种传递荷载的组合构件，并使建筑具有一种独特的风格，但这些作用随时代的变迁而逐渐弱化。例如在唐代，斗拱的高度可达柱高的1/2。至明代，斗拱高度则缩小至柱高的1/5。在某些现代仿古建筑中，斗拱退化至仅起装饰作用。

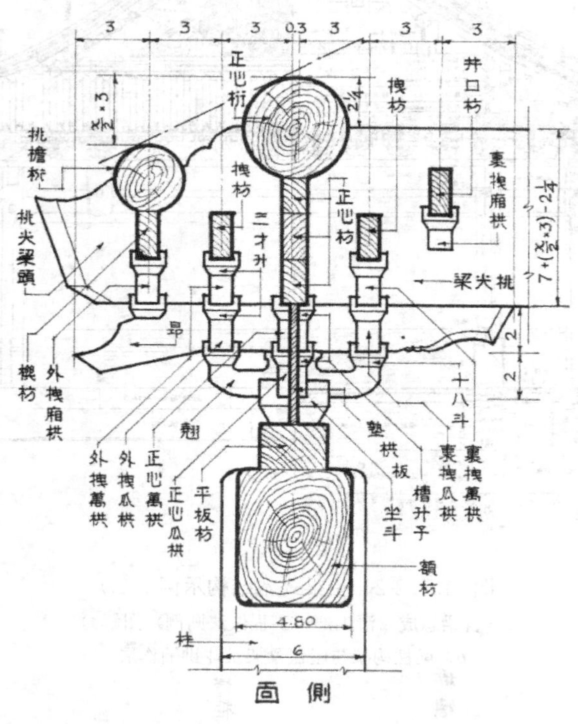

图11.1.2-4　斗拱铺作层示意图

（摘自梁思成著《清式营造则例》）

根据所处的位置，斗拱具有不同名称。处于柱顶的斗拱称为柱头科，出于房屋转角处的斗拱称为角科，处于两柱之间位置的斗拱称为平身科。这三种斗拱的构造大致相同，最复杂的角科，需要满足两个方向的结构与建筑功能。图11.1.2-5所示为平身科的构造。平身科由若干层平行于外墙的拱（《营造法式》中称为泥道拱）、与其正交的若干层翘（《营造法式》中称为华拱）以及支承这些拱与翘的方形斗和升相叠组成。拱为略呈弓状且类似于双悬臂工作的受弯构件。针对拱的位置和长短，有不同的名称。如图中的正心瓜拱、外拽瓜拱和最顶端的正心枋等。翘的外形和功能与拱类似。在檐口的斗拱，某些翘常被“昂”取代。“昂”的室外端被加长，并斜向下方，室内端则被其他构件压住，因此“昂”的室外端可挑出很远，以适应建筑造型要求。翘也有各种名称，例如最顶端的称为耍头、蚂蚱头等。升和斗是方形的“斗”状木块，处于横纹承压状态。斗状木块上开有单向卯口的称为“升”，用以支托拱，即拱的支座。其上开有双向卯口的称为“斗”，用以支托翘和与之正交的拱，即翘、拱共用的支座。根据“升”、“斗”所处的位置，也有不同的名称。例如图中的槽升子、三才升、十八斗、最底部的坐斗（又称大斗）等。可见，在斗拱这种组合构件中，拱和翘是受弯构件，斗与升是横纹承压构件，因此斗拱的竖向刚度不大。如果将斗拱视为一种节点连接，其抗滑移刚度和转动刚度也不大。如果斗拱层上部支承的是大屋顶、重屋面，斗拱层将是良好的缓冲层，利于结构抗震。

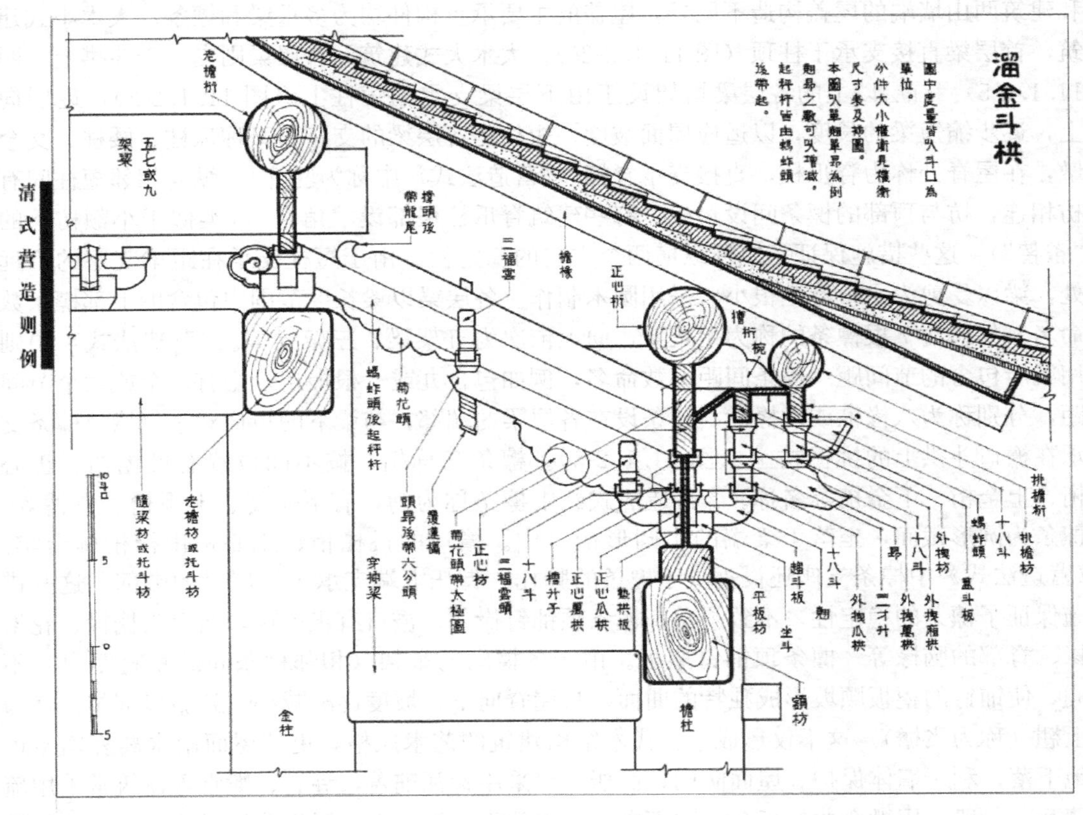

图 11.1.2-5 斗拱铺作层示意图
（摘自梁思成著《清式营造则例》）

古代塔、阁楼等多层建筑，多采用多层梁柱构架叠建的方法，将上层的柱根锯切成四瓣，叉骑在下层拱翘交叉处，有的直抵坐斗四角顶面；或将柱根锯切成两瓣，骑于下层斗拱顶的乳栿（一种梁）上。这两种构造分别称为叉柱造和骑栿式。为增强结构的稳定性，梁柱构架分为抗侧刚度不同的明、暗层，竖向间隔布置，即一明一暗式布置。明层梁柱构架与上述介绍相同，柱间无斜撑，外墙开设窗户，是供活动和观赏室外景色的场所。暗层梁柱构架不仅布置了更密集的水平构件（梁类），柱间也设置了斜撑，仅作为楼梯、通道，无其他使用功能。这类典型的古代木结构建筑有山西应县木塔、天津蓟县独乐寺观音阁等，其竖向结构布置的形式似乎不符合现代结构抗震设防的基本要求，即竖向抗侧刚度应规则，但应县木塔已屹立千年，历经多次地震不倒，其抗震机理值得研究。

(3) 上部屋盖梁架

寺庙、殿堂和某些“官式”建筑的一显著特点是大屋顶、重屋面，屋面自重可超过 500kg/m^2，在梁柱构架有“侧脚”、“生起”的情况下，有利于榫卯连接的抗拔出。屋顶的构造大致可分为五种：两面坡，屋面伸出山墙，称为“悬山顶”；两面坡，屋面与山墙平齐，称为“硬山顶”；四面坡，山墙不露山尖，称为“庑殿顶”，如故宫太和殿；四面坡，山墙下部为“庑殿”，上部为“悬山”，称为“歇山顶”，如北京德胜门箭楼屋顶；锥体屋脊汇交于一点，平面可为正方形或圆形，称为“攒尖顶”，如天坛屋顶。除“攒尖顶”和建筑两山墙端的屋盖构造不同外，屋盖的主要承重构件均为多重梁和檩条。大木小式建筑，首层梁直接支承于柱顶（图 11.1.2-2*b*）。大木大式建筑，首层梁则支承于斗拱上（图 11.1.2-5）。首层以上的各层梁均架设于由下层梁支承的短柱上（图 11.1.2-2），逐层向上，逐步缩短梁的长度，以适应屋面坡度。短柱是各层梁的支座，又称瓜柱、矮柱、交金墩，在屋脊处称为脊瓜柱，直接支承脊檩（《营造法式》中称为驼峰）。纵向相邻短柱间有枋相连，枋与顶部的檩条间设垫板，有些建筑脊瓜柱根部设“角背”（类似于小额枋下的“雀替”）。这些措施保证了短柱纵横两个方向的稳定性。由于短柱支承在距梁支座的不远处，梁以受剪为主，弯矩很小，采用圆木制作。各层梁以梁长度范围内包含的上部檩条数命名，如包含 7 根檩条的称为七架梁，向上依次为五架梁、三架梁等。《营造法式》中则用梁所包含的节间距（檩条间距）数命名，例如包含九或七根檩条，则有八个或六个节间距，分别称为八椽栿或六椽栿。檩条设在各层梁的端部，与梁下的短柱对中。檐口檩条支承在檐口斗拱上的挑檐枋上（图 11.1.2-5）。檩条又称桁，按不同位置有挑檐桁、正心桁、上金桁、下金桁等名称。《营造法式》中檩条称为槫，有下平槫、上平槫、脊槫等。檩条为圆形截面，坐落于梁端的半圆形槽口中。檐口的挑檐桁、正心桁由槽桁椀卡牢。《营造法式》中檩条支座还设垂直于檩条的脚托，脚托下端支承于下层梁的端部。这些措施保证了檩条的稳定性，不致滑落。檩条顶铺钉椽条，檐口有飞檐椽，向上为檐椽、花架椽、脊部的脑椽等。檩条顶铺钉望板。由于各檩间的举架（相邻檩条间的垂直距离）不同，使铺钉的望板顺坡形成独特的曲面。自屋脊向下，坡度逐渐减小，到檐口部位又略为上翘（称为飞檐）。这不仅形成了古代木结构建筑的艺术风格，更使屋面雨水离外墙更远地下落，利于墙体保护。屋面防雨，民居一般采用青瓦铺盖，寺庙、殿堂等建筑常采用琉璃瓦。一般先用微弯曲的板瓦，凹面向上，沿屋面自下而上至屋脊分排铺放，上一块瓦压下一块瓦的 70%。两派瓦间的缝隙，民居一般用相同的板瓦反扣其上，寺庙、殿堂等建筑则扣放半圆的筒瓦。

（4）墙

与穿斗式木结构建筑相同，抬梁式木结构建筑的墙体也不是竖向承重构件，是自承重的维护构件，或起分隔空间的作用。由于楼、屋盖荷载完全由梁柱构架承担，门窗开设不受限制。墙体有砖砌墙，也有土墙。因位置不同，有山墙、檐墙、隔断墙等不同名称（图 11.1.2-3）。柱被围在墙中，柱、墙间留有空隙。墙厚超出柱两侧各约为柱径的 1/4，但外墙内侧和内墙两侧在柱位处留出八字形的“柱门”。墙下段有裙肩，上段则向上略微带稍，升到檐枋下皮，并呈圆弧状外包至枋顶，称为墙肩。大木小式则逐层外挑至屋顶檐口，称为拔檐。不少建筑前脸无砖墙，檐柱外露，金柱间设地栿、门窗及木隔断等。

（5）构件截面选择

在古代并无力学计算，工匠们依据先辈匠师传授的经验（如口诀）确定各类构件的尺寸，以达到适用、坚固、美观等要求。在《营造法式》和《工程做法则例》中，则以斗拱用料的尺寸来度量建筑的等级、规模以及各部位用材的尺度，即不同等级不同规模的建筑，需采用与之匹配的斗拱尺度和与斗拱尺度相匹配的其他用材的尺寸。例如《营造法式》规定了“凡构屋之制，皆以材为祖”的原则。斗拱中拱、翘用材共分八等：一等材（截面）广（高）9寸，厚6寸；二等材广8寸2分5厘，厚5.5寸；三等材广7.5寸厚5寸；四等材广7寸2分，厚4寸8分；五等材广6寸6分，厚4寸4分；六等材广6寸，厚4寸；七等材广5寸2分5厘，厚3寸5分；八等材广4寸5分，厚3寸。无论哪一等级，构件截面的高宽比均为1.5∶1（3∶2），并将其高划分为15份，宽划分为10份，每份用分°表示，且以该分°作为建筑各部尺寸的计量单位，包括构件的截面尺寸。分°的大小并非定值，与上述各等级相对应，一等材1分°的实际尺寸为9寸/15＝6分；二等材1分°的实际尺寸为8.25寸/15＝5分5厘；八等材1分°的实际尺寸为4.5寸/15＝3分。这样按相邻等级间分°值的不同，将上述八等材分为三组。第一组含一、二、三等材，相邻等级间的分°值差为5厘（6分-5.5分）；第二组含四、五、六等材，分°值差为4分；第三组含七、八等材，分°值差又为5厘。这样，用材的大致规律是，用材组别决定于建筑的等级，而组别中的用材等级取决于建筑的规模。斗拱中上下相邻两层拱间的净距称为契，规定契广（高）6分°，分°值对应于拱的用材等级。建筑各部截面尺寸，甚至构件的细部尺寸，均用分°来标注，或用材和契来表示。一材一契称为足材，实指截面高度为15＋6＝21分°（一层拱的总高度）。例如某厅堂金柱的直径为二材一契，则柱径为（15×2＋6）＝36分°。如果斗拱用材为四等材，实际直径则为（7.2寸/15）×36＝17.28寸。如图11.1.2-6所示为某乳栿的细部尺寸要求。

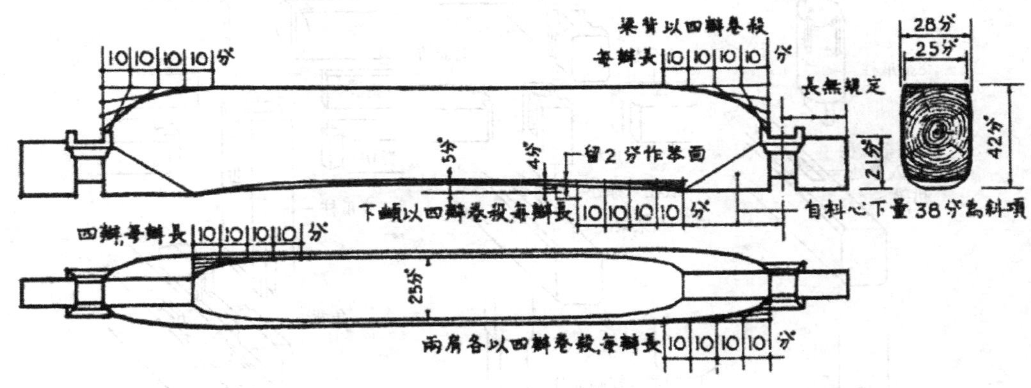

图11.1.2-6 乳栿细部尺寸要求

清《工程做法则例》则以“斗口”作为各部构件包括截面尺寸等的计量单位。构件截面的高宽比降为14∶10。一个斗口的实际长度为建筑所用平身科斗拱中的坐斗上安装翘的槽口宽度（图11.1.2-4），亦即翘截面的宽度（相当于《营造法式》中宽度为10分°）。大木大式中木构架的各类构件的尺寸均用“斗口”数表示。例如檐口平身科斗拱的间距（称为瓦当）为11斗口，檐桁为3斗口，檐柱高60斗口，直径为6斗口。建筑阔面（正立面）檐柱间距为7瓦当（实际间距为11×7＝77斗口）等，均有详细规定。

尽管宋《营造法式》、清《工程做法则例》对建筑木构架各部的尺寸，尤其是比例关系，有明确的要求，但对现存古代木结构建筑进行测绘表明，除宋代构件截面高宽比1.5∶1较为一致外，各部尺寸和比例关系并不完全符合《营造法式》或《工程做法则例》中的有关规定。部分原因可能是，各部木材在长期荷载作用下的蠕变性能不同，建造时的加工精度以及各地量具不统一，甚至与匠师的主观意图有关。

11.1.3 古代木结构的连接

古代木结构除椽条与檩相连、木望板与椽条用钉连接外，主要用榫卯连接将各部构件连接起来。有些榫卯连接中辅设暗销或一定规格的钉子，防止产生过大的相对滑移。各式榫卯连接是古代匠师对木作连接技术的贡献，根据构件不同位置的连接要求，至清代榫卯连接可大体分为如下几种。

1. 管脚榫和馒头榫

管脚榫用于柱与柱础和屋盖中瓜柱与梁架间的连接，如图 11.1.3-1 所示。柱的管脚榫有两种，一是檐柱、金柱的柱根底留不大的榫，长约 2～3 寸，直径约为柱径的1/5～1/4，插入“古镜”柱础的卯口中，承压面为柱的外环；二是柱插入“套柱础”的管脚榫，柱根在榫头高度范围内沿外边缘切去一圈，构成大榫头，插入柱础，柱与柱础顶面接触的一圈称为庥，但柱传递荷载的承压面是榫端面。瓜柱与架梁的管脚榫则是长方形的，长向顺纹插入架梁上开设的卯口中。榫长与瓜柱边长（或直径）一致，宽为瓜柱另一边长（或直径）的 1/7～1/6，榫高 2～3 寸，不贯通下部架梁的截面。瓜柱有角背时，可以做成双榫，庥则是瓜柱传递荷载的承压面。

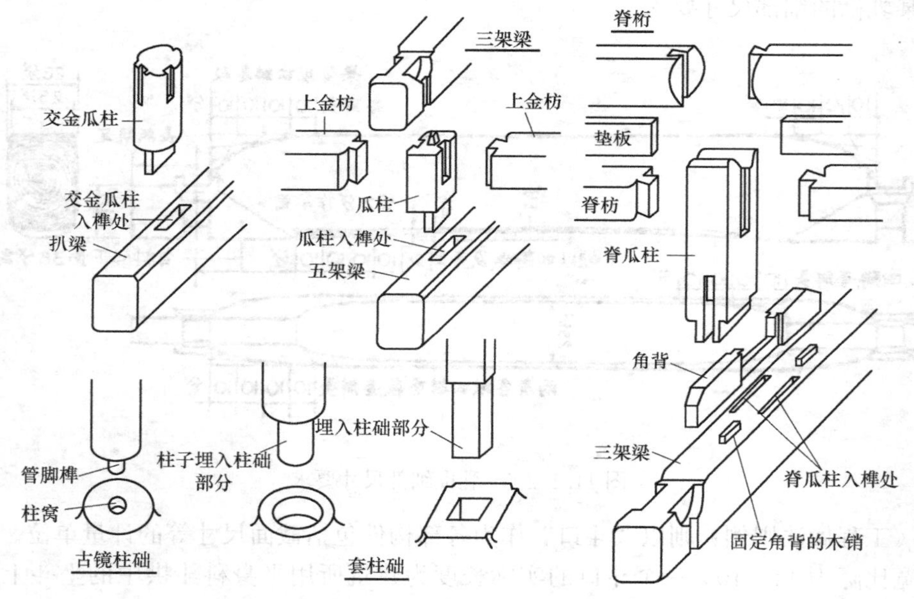

图 11.1.3-1 管脚榫示意图

馒头榫位于柱顶中心，用于与其上的枋、斗拱的座斗等连接，如图 11.1.3-2 所示。榫为正方形台锥状，上小下大，榫长约 3 寸。插入上部枋、座斗等底部开设的同尺寸的卯口。馒头榫的作用主要是定位，阻止滑移。

2. 燕尾榫

燕尾榫又称银锭榫，是竖向构件顶端与水平构件连接的一种主要方法。榫头设在水平构件端头，卯口设在竖向构件上。榫平面状如燕尾（图 11.1.3-1、图 11.1.3-2），外口宽度大，里口略小，坡度约为10：1，榫高约为竖向构件直径的1/4～3/10，榫长等同于水平构件的截面高度，沿榫长榫的宽度可略为缩小，上宽下窄（图11.1.3-2），便于安装。卯口的形状与榫头形状相同，但反置，如卯口平面外口宽度小，里口宽度大。燕尾榫的另一用途是水平构件接长（末端连接），此时榫、卯分别设置在两相连构件的端部。

梁柱间的燕尾榫连接除可作梁的支座外，尚有一定的抗拔出能力。如果梁（枋）顶部有平板枋（《营造法式》中称为普拍枋），将燕尾榫压住，则对梁（枋）可有一定的嵌固作用。

3. 搭接榫

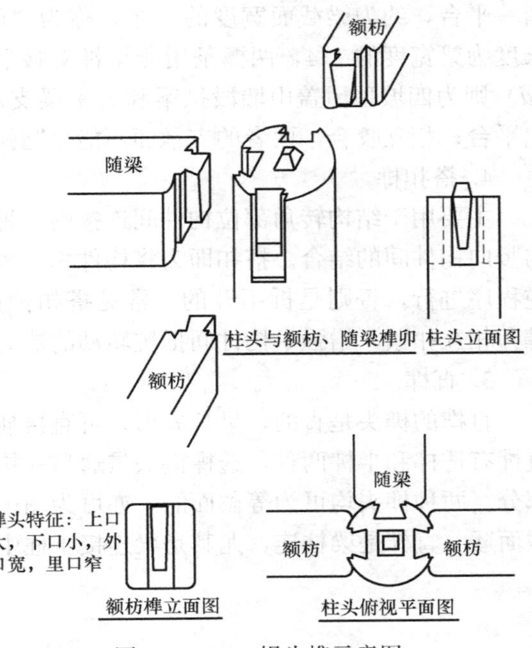

图11.1.3-2 馒头榫示意图

搭接榫又称压梁榫，用于上、下两构件搭接所开的榫，实际上是简支梁的一些支座构造。在构件的端头加工成一定形状的榫头，在支承构件上开凿相匹配的卯口，榫头安装在卯口中后，构件（梁）不致滑落，传力可靠。如图11.1.3-3所示是几个搭接榫的例子，其中图11.1.3-3（a）为檩条支承在瓜柱上的榫头，瓜柱顶挖出檩椀，两檩用燕尾榫对接，接缝对准瓜柱中线，坐落在檩椀内。图11.1.3-3（b）为檩条支承在架梁端部的连接榫头，梁端两侧刻出檩椀，中间

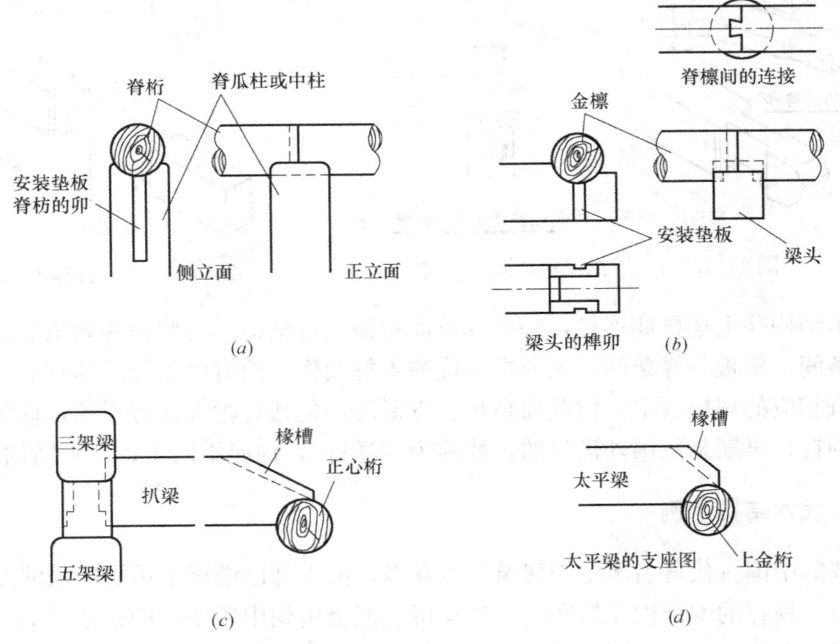

图11.1.3-3 搭接榫示意图

留一平台，约为梁截面宽度的一半，称为“鼻子”。两对接的檩条端头也要刻出一平台，长度为梁宽度的 1/4，两檩条用燕尾榫对接后，坐落于梁端的卯口中。图 11.1.3-3（*c*）、（*d*）则为四坡顶屋盖山墙段扒梁和太平梁支承在檩条（桁）上的支座，梁端和檩上均刻出平台，相互咬合，两者的支承面不能呈圆弧形，以防梁对檩产生斜向作用力。

4. 搭扣榫

主要用于结构转角部位构件间连接的一种榫接，有水平构件间的衔接，也有水平构件与竖向构件间的结合。搭扣即为将构件相互咬合在一起。这种榫接在拆卸时需按安装时的逆程序进行，否则是拆不开的。常见搭扣榫如图 11.1.3-4 所示，这类榫卯连接特点是，榫卯相互扣紧，增强了构件间抵抗转动的能力，使木构架更稳定。

5. 直榫

直榫的榫头是直的，呈长方形，可直接插入另一构件的卯口中，如图 11.1.3-5 所示。直榫有透榫和半榫两种，透榫榫头贯通另一构件的截面，半榫榫头则插入另一构件截面一部分。两种榫头均可为等截面的，亦可为图中所示的不等截面的，根部榫截面高，端部榫截面矮。直榫是梁柱连，尤其是梁连接于柱中部高度时最常用的榫卯连接方法。

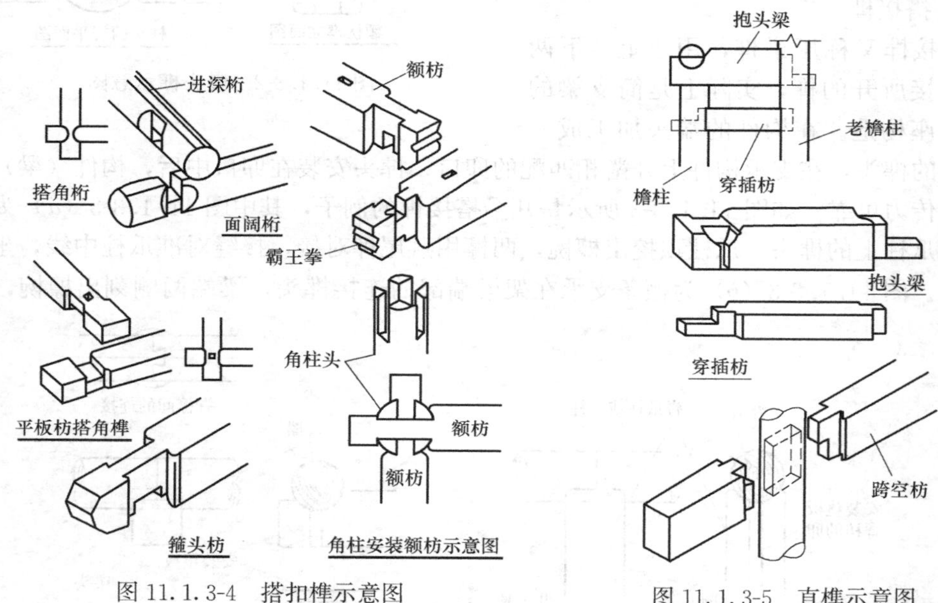

图 11.1.3-4　搭扣榫示意图

图 11.1.3-5　直榫示意图

古代木结构除上述榫卯连接，一些部位尚有销或钉辅助，有些构件则依靠钉固定。如椽条与檩条间、望板与椽条间。销通常由优质木材制作，而钉由铁匠炉锤打而成。根据所用位置，有相应的规格要求，但截面是矩、方形的，包括钉帽也是方形的，称为脑。现代的圆截面的钉，早期是从国外进口的，故称为“洋钉”，性能不同于古代木结构中的方钉。

11.1.4　古代木结构范例

有记载的中国古代著名木结构建筑为数众多，但大都已湮灭于历史的长河之中，无从寻觅其踪影。现存的木结构建筑实物，最早可追溯至唐朝中后期，例如建于 782 年的山西五台县南禅寺和建于 857 年同地的佛光寺，但均系毁而后代重建。自辽宋各代，遗留建筑实物渐多，而明清最多。以下略举几例，以展现中国古代木结构的建筑成就。

1. 应县佛宫寺释迦塔——我国现存最古老、最高的阁楼式木结构

应县佛宫寺释迦塔位于山西应县城内西北佛宫寺内，俗称应县木塔，图 11.1.4-1 为其剖面图。木塔建于辽清宁二年（公元 1056 年），金明昌六年（公元 1195 年）增修完毕。是我国现存最高最古老的一座木构塔式建筑，也是唯一一座木结构楼阁式塔。塔建造在 4m 高的台基上，塔高 67.31m，底层直径 30.27m，呈平面八角形。第一层立面重檐，以上各层均为单檐，共五层六檐。各层间夹设暗层，故木塔实为九层。塔身采用内外两环的柱网布置，内环柱以内为内槽，在明层内形成高敞空间供奉佛像，外槽则提供人流活动空间。暗层为容纳平座结构和各层屋檐提供空间，同时亦为承托其上明层的平台。这一点有类于平台式轻型木结构的概念。

木塔所有各层间的上下柱是不连续的，此亦有类于平台式轻型木结构。上层柱的柱脚

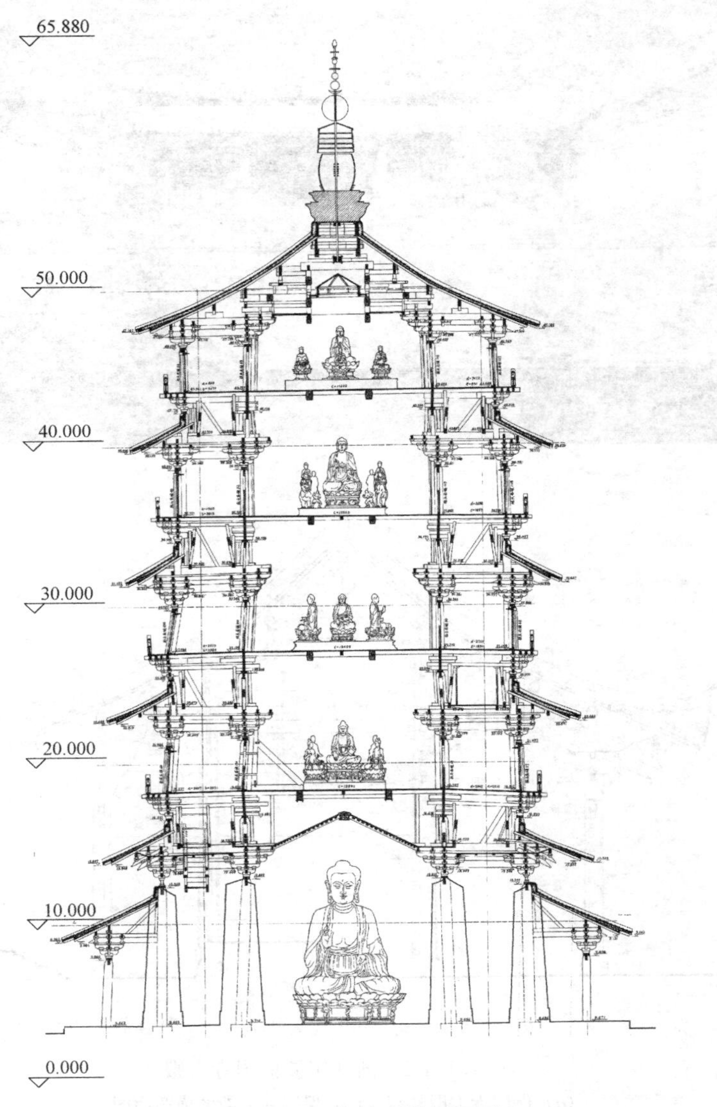

图 11.1.4-1　应县木塔剖面图

插入下层柱柱头的斗拱中，但外檐柱与其下方平座层柱共轴线，而比下层外檐柱内移半个柱径。这种构造方式称为“叉柱造”，是唐、宋、辽时期木构建筑的传统做法。与之对应的是“永定柱造”，即柱子由地面立起直通二层平座层，类似于连续墙骨式轻型木结构。现存永定柱造的唯一实例是河北正定隆兴寺慈氏阁。

木塔采用当时质量较高的华北落叶松修建，历经近千年后的今天，部分构件已发生残损，材性发生退化，如普拍枋压裂、阑额压弯等。如何采取维修加固措施，保证木塔屹立不倒，是摆在人们面前的紧迫课题。

2. 宁波保国寺大殿——最早采用拼合构件的实物木结构

图 11.1.4-2 是建于宋代的浙江宁波保国寺大殿。大殿面阔进深各三间，是典型的厅

(*a*)

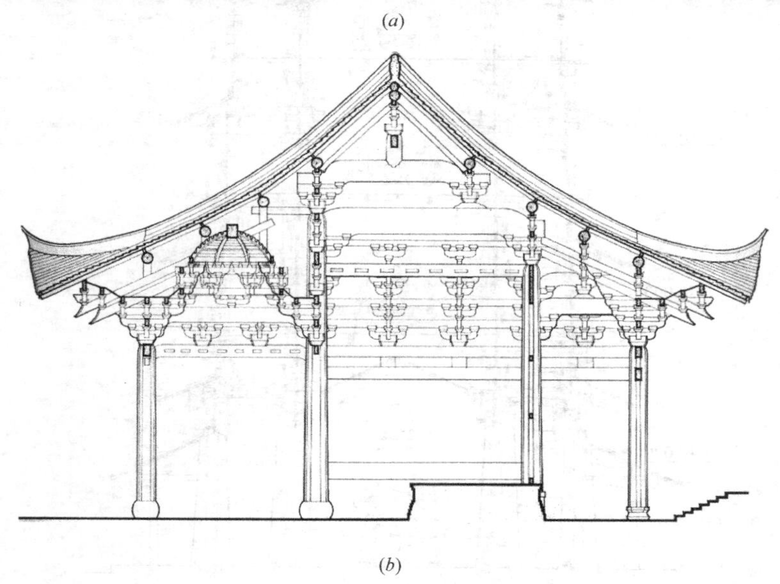

(*b*)

图 11.1.4-2　浙江宁波保国寺大殿

(*a*) 保国寺大殿外貌；(*b*) 保国寺大殿的横截面图

堂式建筑。《营造法式》将木构架划分为三大类，即殿堂式、厅堂式和柱梁作。殿堂式一般用于大型建筑，其主要特点是建筑的内、外槽柱高度约略相等。厅堂式则是“屋内柱皆随举势定其短长”，即内柱比檐柱高。厅堂式一般用于中小型建筑。

选择保国寺大殿作为示例是因为它是现知最早采用拼合构件的实物建筑。拼合构件的记载最早见于宋代，《营造法式》即对拼合柱作了描述，而最早的实例即保国寺大殿。如图 11.1.4-3 所示，其外围十二根柱子为整根木料砍制成的“瓜棱柱”，殿内四根柱则为拼合柱。其中三根是用四条圆木相拼，接缝处贴以“瓜棱”，实由八根木料拼成；另一根中心为整根圆木，周围贴以八条“瓜棱”，实由九根木料拼成。

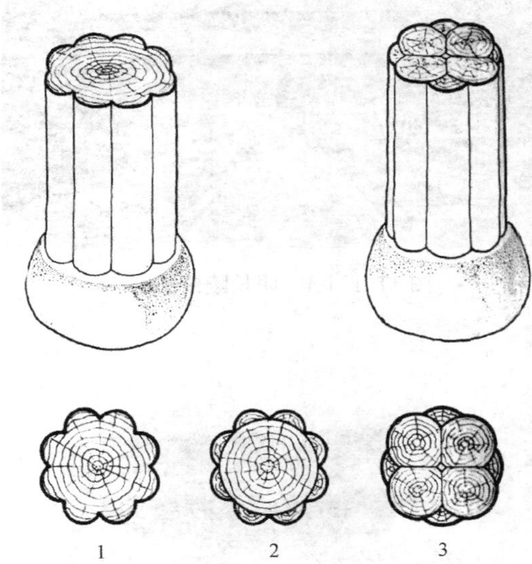

图 11.1.4-3　浙江宁波保国寺大殿拼合柱
1—瓜棱柱；2—贴棱柱；3—拼合柱

采用拼合构件的目的是为了节约大截面木材，做到小材大用。以此推测，早在宋代，即已面临木材短缺的问题，否则就没有必要制作拼合构件了。实际上，到明清时期，华北地区木材资源行将采伐殆尽，拼合构件在这一时期已大量、普遍地采用。即便是北京故宫太和殿和天坛祈年殿这样重要的大型建筑，其直径达 1.06m 的绘金龙柱子，就是由多块木料拼合而成。

另一方面，拼合柱构件的产生与发展，也是劳动人民智慧的体现。现代木结构组合构件，包括胶合木等一类工程木构件的制作，盖可从中国古代木结构中溯其本源。

3. 明长陵棱恩殿——现存规模最大、殿柱最巨之木结构

图 11.1.4-4 所示是于 1415 年建成的明长陵棱恩殿，面阔九间（通阔 66.56m），进深五间（通深 29.12m），与北京故宫太和殿面积大致相等，同为国内最大之木构建筑。棱恩殿是典型的梁柱式结构，柱子全部用整根的金丝楠木制作，殿中央四根柱子直径达 1.17m，高 13m。其柱材质量之高，尺寸之巨，施工质量之精，虽太和殿不能过之，为古代木结构建筑中绝无仅有。

4. 悬空寺与真武阁——构思最巧妙、大胆之木结构

悬空寺（图 11.1.4-5）建于山西浑源翠屏山北麓离地几十米的悬崖上，初建于金代（1176 年），现存建筑多系明清时期重建。其在结构设计方案上的大胆独特之处是，在绝壁上凿洞，插入木梁成悬臂梁，再在悬臂梁上铺设楼板，设置立柱和梁架，建成一组空中楼阁。在有的部位还从绝壁上升起立柱对悬臂梁加以承托。相传建于唐代的河北涉县娲皇宫，也是一座位于悬崖峭壁上的寺庙，与悬空寺有异曲同工之妙。

真武阁位于广西容县（图 11.1.4-6），建于明万历元年（1573 年）。其面阔三间，长 13.8m，进深三间，宽 11.2m，高 13.2m。其结构方案的独特之处是，中央四根金柱虽上托楼盖和屋盖，而其下端却悬空离地寸许。其中的奥妙之一是将斗拱的拱杆延长穿过檐柱

图11.1.4-4 明长陵棱恩殿

图11.1.4-5 山西浑源悬空寺

图11.1.4-6 广西容县真武阁

再插入中央金柱，拱杆以檐柱为支点，外承屋檐荷载、内承金柱。由于支点两侧长度不同，根据杠杆原理，很小的屋檐荷载即可抵消很大的金柱压力；其另一措施是用横梁穿过中央金柱，横梁两端支承在檐柱上，即通过檐柱抬立金柱。

以上两中国古代木结构实例，其构思之奇，设计施工之妙，实乃空前绝后之举，令今人叹为观止。

中国古代木结构，从考古发现、典籍记载到实物存在，浩如烟海，数不胜数，亦美不胜收。这里似沿一种“之最”的思路，略举几例，难免有挂一漏万、瞎子摸象之嫌。有兴趣的读者可选择这方面的专著，作更深入的研究。值得一提的是，我国古代还有为数众多的少数民族木结构建筑以及木桥、木栈道等木结构工程，同样体现出劳动人民高超的智慧和技术水平。限于篇幅，这里不再详述。

11.2 木屋盖

自新中国成立至第三个五年计划期间，大部分民用建筑和部分工业厂房、仓库等建筑均采用木屋盖结构。这类木屋盖有的至今还在安全使用，有的则需加固改造。另外对于林区的一部分建筑和随着速生树种成熟期的到来，部分民用住宅采用木屋盖的可能性尚在；随着经济的发展，对市容、市貌有了新的要求，以及为改善居住条件，城市现有建筑的平改坡工程在全国各地兴起，轻型木屋盖也不失为一种可选的方案。基于这些原因，本节简要介绍木屋盖的构造和设计要点。

11.2.1 木屋盖的组成

1. 方木与原木结构屋盖

一般由以下部分组成

(1) 屋面构件　又称屋面木基层，主要包括支承和传递屋面荷载的构造构件和承重构件，如挂瓦条、木望板、椽条和檩条等（图 11.2.1-1*a*）。当檩条间距较小时，可不设椽条，望板直接铺钉在檩条上。也可在椽条直接钉挂瓦条，铺设黏土瓦，不设木望板，俗称楞（冷）摊瓦屋面，保温层设在吊顶中。采用铁皮屋面作防水材料时可不用挂瓦条。当保温（包括隔气层）材料设在屋面中时，需要双层木板（图 11.2.1-1*b*），上层称木望板，下层称铺板。铺板支承在檩侧的小方木上。

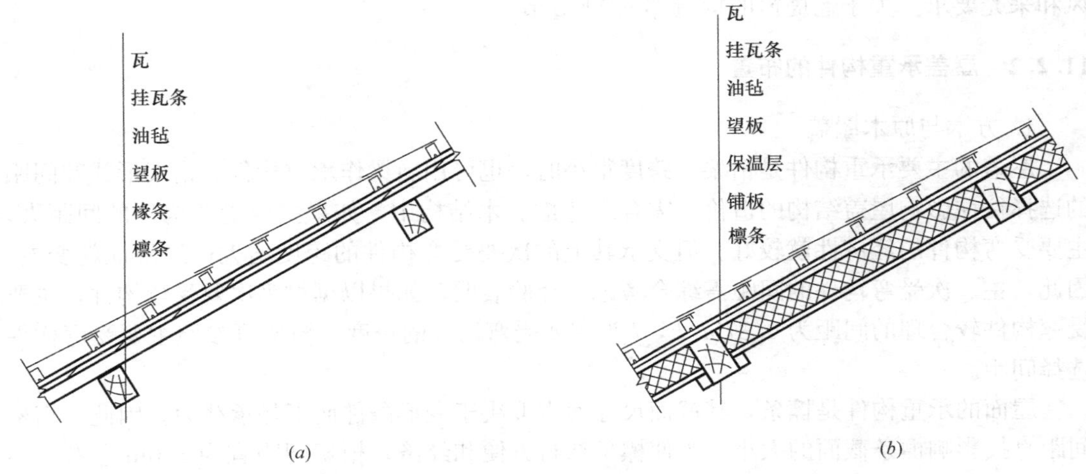

图 11.2.1-1　屋面的几种构造

(2) 桁架　是屋盖结构系统中的主要承重构件，已在第 8 章中介绍。

(3) 支撑　为保证桁架稳定性和屋盖结构的空间刚度而设置的杆件体系。桁架是平面构件，为保证其平面外的稳定并能承受和传递山墙风荷载或地震作用产生的纵向作用力，需设置必要的支撑，以构成稳定的空间体系。

(4) 天窗架　跨度较大的工厂业房，为通风和采光，可能需要设置天窗。天窗架是支承在桁架上的一个平面结构（图 11.2.1-2），需要与桁架一起考虑支撑，以保证其稳定性。

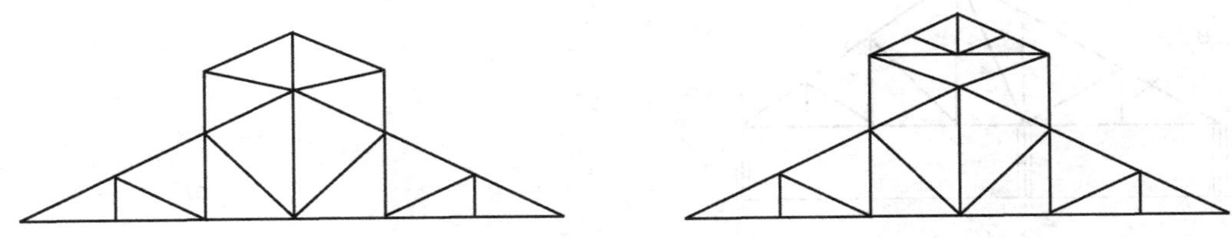

图 11.2.1-2　天窗架的形式

(5) 吊顶　根据建筑功能要求，以满足防尘、保温隔热、隔声和美观等需要而专门设置。吊顶一般通过悬吊在桁架下弦节点上的木梁来承载。

(6) 屋架支座　应在墙或顶梁上设置经防腐处理的垫木作屋架支座，并有锚固螺栓固定，支座不能封闭在砖墙、混凝土墙中，应具有良好的通风条件。屋架支座处，往往是屋面最低标高处，在建筑构造上，应有良好的防雨水渗漏的措施，以避水分入侵导致木材腐朽。

2. 平改坡木屋盖

为实现某种建筑风格或提供更多的使用空间，在屋顶筑有混凝土顶板时可使用这类木屋盖，如部分城市中的建筑平改坡工程。这类木屋盖也可称为轻型木屋盖，其组成较为简单，屋盖承重构件为椽条及其支承构件，或齿板桁架。与方木和原木屋盖一样，轻型木屋盖也需有支撑系统，以保证其空间稳定性。也可在椽条或齿板桁架上弦直接铺钉屋面板（如木基结构板材）。轻型木屋盖的一个特点是房顶上均设有不同类型的老虎窗，以满足通风和采光要求。关于老虎窗的构造详见 11.3 节。

11.2.2　屋盖承重构件的布置

1. 方木与原木屋盖

屋盖的主要承重构件是桁架，跨度很小时，也可用斜梁作承重构件。桁架形式和间距的选择往往影响屋盖结构的造价，需合理考虑。木结构中，如果主要受弯构件的间距大，主要受弯构件的经济性就较好。但支承其上的次要受弯构件的跨度增大，经济性就变差。因此，主、次受弯构件的间距需综合考虑。经验表明，如果以锯材为次要受弯构件，主要受弯构件较合理的间距为 $0.375l^{0.8}$，l 为主要受弯构件的跨度。桁架可参照主要受弯构件选择间距。

屋面的承重构件是檩条，其截面尺寸通常取决于变形条件而不是承载力。因此，桁架间距直接影响檩条截面的大小。为使檩条选材方便和经济，桁架间距宜为 3.0m 左右，不应大于 4.0m。6m 柱距的工业厂房，应设托架梁，使桁架间距在 3.0m 以内。

桁架的形式已在第 8 章予以介绍，但在民用建筑尤其是住宅建筑中，往往有承重的纵墙可利用，将其作为桁架支座可节省木材。图 11.2.2-1 为具有一道内纵墙的情况，即使不在跨度中央，也可予以利用。可设两个小跨度三角形桁架 A、B，图中虚线并非桁架杆件，而是独立的斜梁和竖压杆，两小跨度的桁架可不在一个平面内，相互错开，以使其在内纵墙上的支座节点有足够支承长度（承压面）。图 11.2.2-2 为有两道内纵墙的情况，可考虑两种方案。一种是为两侧设单坡的三角桁架 abd 和 $a'b'd'$，并支承小三角形桁架 ded'；另一种是设立柱 bd 和 $b'd'$ 支承小三角形桁架 ded'。cd 和 $c'd'$ 为斜梁，并不是桁架弦杆，

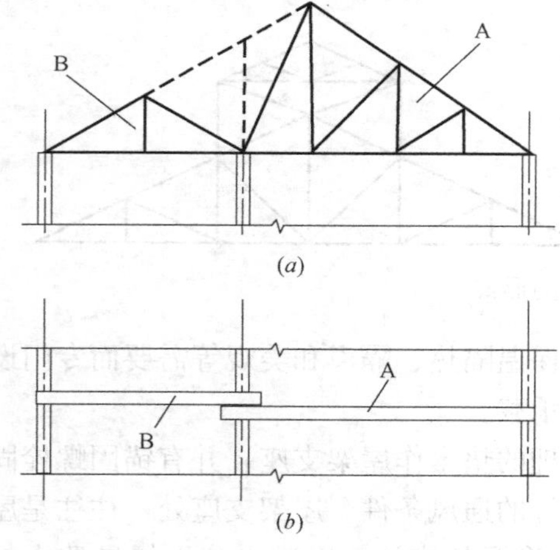

图 11.2.2-1　有一道内纵墙的桁架布置形式

(a) 侧视图；(b) 平面图

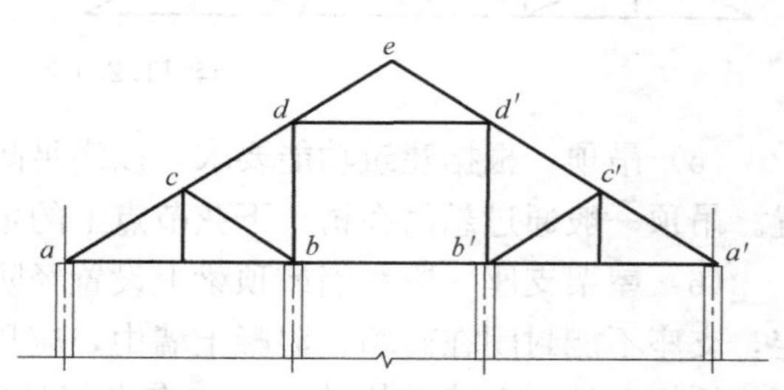

图 11.2.2-2　有两道内纵墙的桁架布置形式

abc 和 $a'b'c'$ 是两个小桁架。这两种形式均为三榀简支桁架。bb' 并不是桁架下弦的一部分，而是系杆，理论上并不受力。当然，为保证这两种方案桁架的稳定性，在竖杆 bd 和 $b'd'$ 处均应设纵向的垂直支撑，可每隔 3～4 榀设一道。木桁架不宜做成多支座的连续的超静定形式，以免节点构造复杂而浪费材料。利用房屋内横、纵承重墙作屋盖构件支座的木屋盖结构，也称人字木屋架，在很大程度上节省了桁架下弦杆高等级木材的用量。人字木屋架的间距一般可做得更小，以便用更小截面尺寸的檩条，甚至不设檩条，在上弦杆上直接铺钉木望板。

四坡屋顶在两山墙处的桁架设置方案也有两种。当山墙处第一榀桁架距山墙距离小于其他桁架间距时，可采用图 11.2.2-3（a）方案，脊面由三个三角形桁架组成，三者的一端共同支承在第一榀桁架的中央节点上。第二种方案在第一榀桁架距山墙距离大于其他桁架间距，或第一种方案经对原桁架承载力验算不足的情况下采用，需另行设置一榀梯形桁架和两榀三角形桁架以及角脊斜梁（图 11.2.2-3b）。考虑到梯形桁架的矢高较低，可能刚度不足，可将其靠近第一榀桁架设置，使更多的屋面荷载由斜放的两三角形桁架承担。

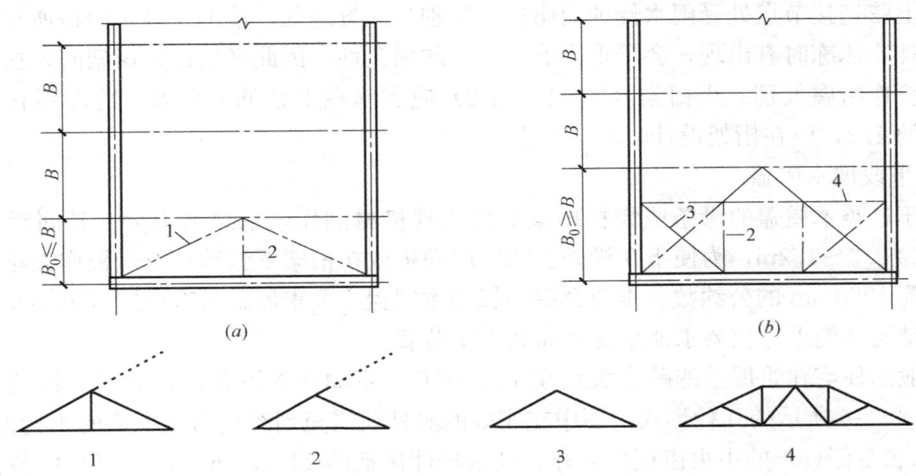

图 11.2.2-3 四坡屋顶的桁架布置

歇山屋顶（图 11.2.2-4）在一些仿古建筑中尚可见到。在第一开间内的檩条全为斜梁，一端支承在山墙上，另一端则支承在端头第一榀桁架的上弦或设置在桁架受压腹杆的木夹板上。因角部的斜梁受荷面较大，需用较大截面的木料。

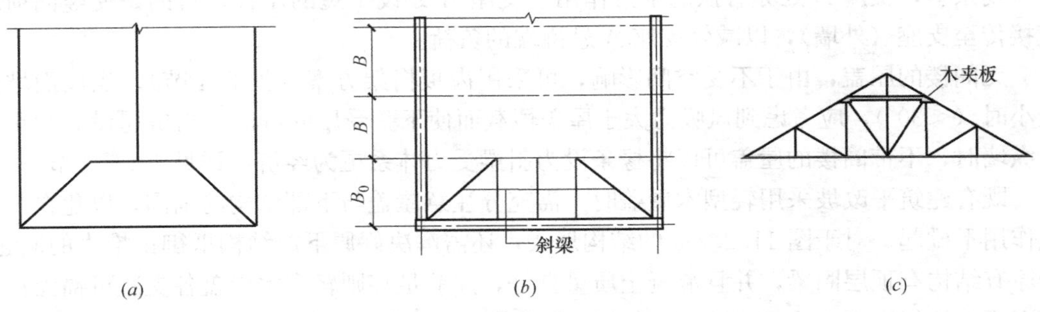

图 11.2.2-4 歇山屋顶端部承重构件布置

（a）俯视图；（b）承重构件布置图；（c）屋架处理示意图

多跨房屋采用木屋盖时，需特别注意天沟的处理。由于天沟排水不畅造成渗漏，常导致桁架杆件特别是支座节点腐朽而影响其耐久性。因此木屋盖不宜多于三跨。为做成无天沟的外排水屋面，两跨时采用两单坡梯形桁架（图 11.2.2-5*a*），三跨时中间跨采用梯形桁架，而两边跨采用单坡梯形屋架，且将中跨支座适当提高，使该跨两侧能开窗，以便通风和采光（图 11.2.2-5*b*）。

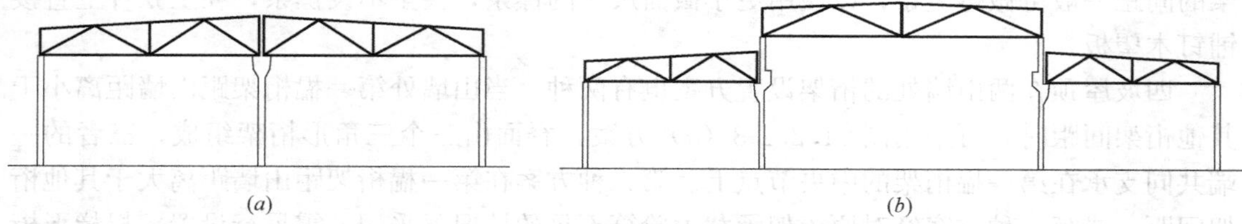

图 11.2.2-5　无天沟外排水多跨屋盖桁架形式

工业厂房采用木屋盖时首选方案是不设天窗架，因为天窗开启后易使天窗架侧立柱和与桁架上弦连接节点处受雨水侵蚀而腐朽。特别是北方地区，该部位又是冷桥所在，凝结水甚至挂霜冰冻时有出现，会严重影响木桁架的耐久性。因此必须设天窗架时，这些部位的木材应作防腐处理。天窗架（图 11.2.1-2）应支承在上弦的节点处，跨度不宜超过桁架跨度的 1/3，应在桁架设计时统一考虑。

2. 平改坡木屋盖

由于这类木屋盖的椽条或齿板桁架等均由规格材制作，承载力不大，其间距不宜过大，约为 0.3～1.2m，为便于在椽条上铺钉屋面板或在桁架下弦铺钉石膏板作天花板，其间距应为 1220mm 的公约数。本节介绍的轻型木屋盖不要求屋盖具有横隔（见第 9 章）功能，在结构功能上，仅要求能承受竖向和水平荷载。

一般的住宅建筑屋盖的跨度大致在 12m 左右。带阁楼的屋盖，较有代表性的桁架有如图 11.2.2-6 所示的几种形式。图中支座处的竖杆还需充当阁楼两侧纵墙的木构架墙骨，除图 11.2.2-6（*c*）的中央齿板桁架外，其余杆件包括图 11.2.2-6（*a*）、（*b*）的各杆均可采用现场钉连接安装，亦可用齿板连接成构架后安装。图 11.2.2-6（*a*）、（*b*）桁架类似于三铰拱受力体系，椽条类似于桁架上弦杆，是压弯杆件。但由于阁楼地面上不能出现拱拉杆，只能在支座 *B* 处切断，这样拱的推力需通过支座 *B* 传至下部结构。各杆内力和支座反力等均需考虑竖向荷载、风荷载和地震作用后经内力分析获得。图 11.2.2-6（*c*）结构布置复杂些，支座 *B* 处亦有拱的推力作用，支座 *A* 处设了短的压杆，目的是使竖向荷载直接传至支座（外墙），以减轻支座 *A* 悬挑端的负荷。

无阁楼的屋盖，由于不受空间影响，可采用齿板桁架方案（见 8.4 节）。当屋面坡度较小时（<30°），应考虑到风吸力大于屋盖恒载而使下弦受压的可能。当房屋设有承重的内纵墙时，不带阁楼的屋盖可以将椽条设为斜梁受力体系更为经济，详见 11.3.4 节。

既有建筑平改坡采用轻型木屋盖时，需充分注意屋盖与下部结构的锚固，以免在风荷载作用下掀起。对于图 11.2.2-6 的结构形式，还需解决好原下部结构抵御拱推力的问题。若原有结构有顶层圈梁，并且混凝土质量良好，配筋足够则轻型木屋盖各支座可锚固在这些圈梁上，但支座 *B* 处需增设水平的抗弯构件。若不能锚固在整体现浇混凝土顶板上，较可靠的方案是另设圈梁，并在单元横墙处拉通，拉通的圈梁需适当配筋，以承担该单元

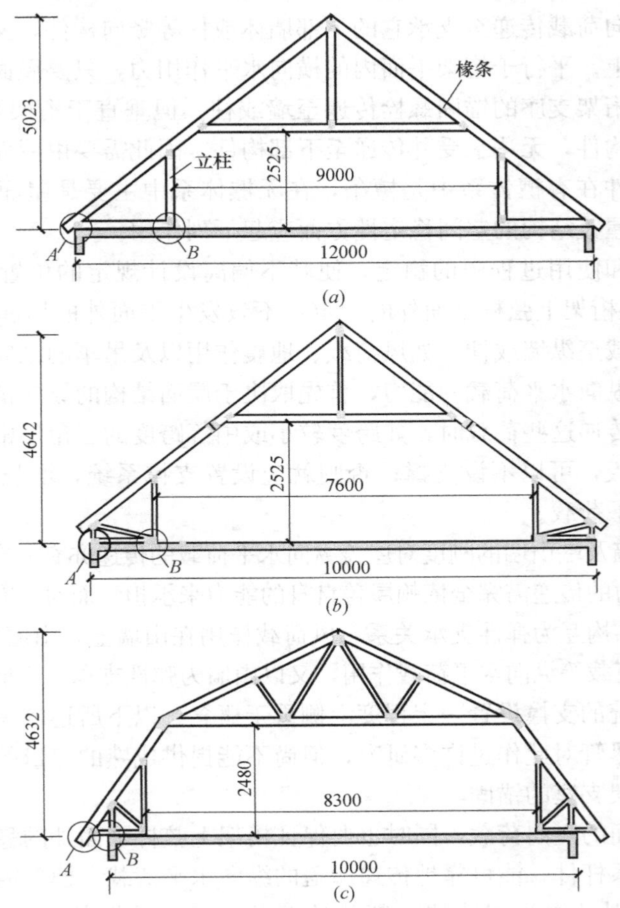

图 11.2.2-6 带阁楼的轻型木结构屋盖承重构件形式

内全部拱的总推力。在支座 B 处也需设纵梁，该纵梁与外墙圈梁间设若干斜杆，构成平行弦桁架，以承担单元内各拱的推力（图 11.2.2-7）。

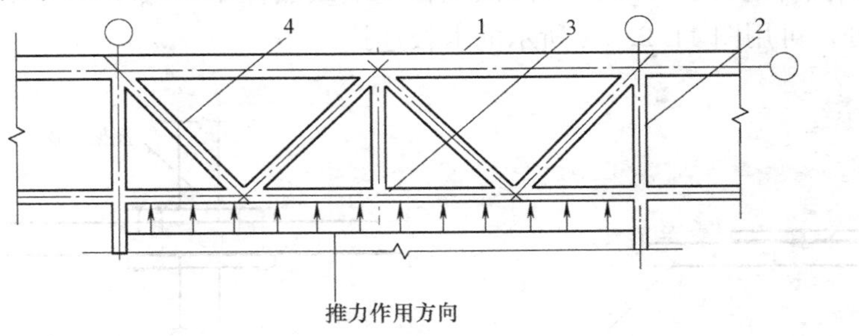

图 11.2.2-7 圈梁平面设置示意

1—外墙圈梁；2—单元横墙圈梁；3—支座 B 纵梁；4—斜杆

11.2.3 保证屋盖结构空间稳定的措施

1. 方木与原木屋盖

(1) 纵向水平力的传递及屋面系统与支撑的作用

桁架既需将竖向荷载传递至支承它的下部墙体或柱等竖向构件，又需将水平作用力传递至支承它的构件上。平行于桁架平面内的横向水平作用力，只要屋面系统有一定的面内刚度，即可以通过桁架支座的锚固螺栓传递至墙或柱。但垂直于桁架平面的纵向水平力，因桁架本身是平面构件，无法承受并传递至下部构件。因此需要由屋面承重构件与支撑来完成。屋面承重构件在有檩体系中是檩条，在无檩体系中主要是屋面板（桁架间距小）。屋面系统与支撑在屋盖结构的空间稳定性方面应起下列作用。

保证桁架安装和使用过程中的稳定，使其不偏离设计规定的位置（一般垂直于水平面），不倾倒；保证桁架上弦杆平面外的稳定，不致发生平面外的屈曲；传递垂直于桁架平面的纵向水平荷载至纵墙或柱，如风荷载、地震作用以及吊车的纵向刹车力等。

屋盖结构传递纵向水平荷载的能力，首先取决于屋面结构的纵向抗剪能力与刚度。当有足够能力承受和传递这些荷载时，如跨度较小或中等跨度的三角形桁架，屋面结构有檩条又有密铺的木望板，可以不设支撑；否则就应设置支撑系统，增强屋盖结构的纵向刚度，以抵御纵向水平荷载。

房屋有无端山墙及端山墙的刚度对屋盖纵向水平荷载的传递亦有一定影响。无山墙或柔性山墙，纵向水平力的传递需完全依赖屋盖自身的能力来承担。而对于有较大刚度的端山墙情况，山墙与屋盖结构互为弹性支承关系，风荷载作用在山墙上，山墙以屋盖为弹性支座；屋盖受到诸如吊车荷载等纵向水平荷载作用，又以山墙为弹性支承，山墙帮助屋盖工作。

可见，屋盖系统的支撑设置一定程度上侧重于概念。以下所述的一些规定就是这种概念和经验的总结。尽管对此作过许多研究，但尚不能提供成熟的定量的设计方法。

（2）檩条、桁架支座的锚固

檩条需承受屋面的竖向荷载，同时也要保证桁架上弦杆平面外的稳定，也是桁架间及桁架与山墙间的联系杆件，能可靠地传递屋盖的纵向水平荷载。檩条需与山墙和桁架上弦节点可靠连接，特别是作为支撑的一部分的檩条，更应重视其连接，防止与桁架相对错动。

檩条在山墙上不能简单搁置，特别是位于桁架上弦节点处的檩条需作如图 11.2.3-1 所示的 L 形锚固件连接。L 形锚固件预埋在垫块或墙体中。檩条与桁架上弦可用螺栓连接，非节点处，可用图 11.2.3-2 所示的卡板连接。

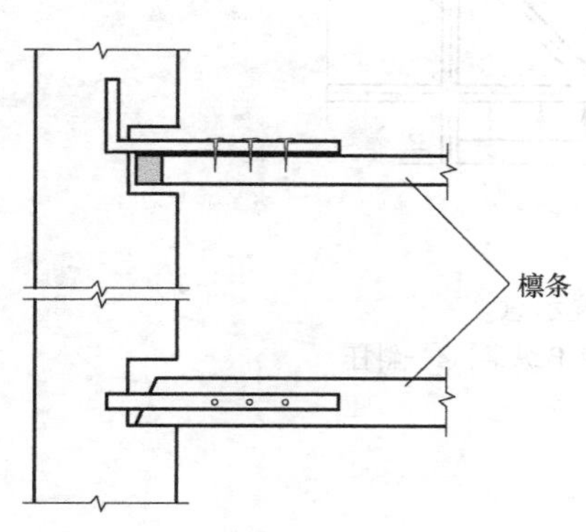

图 11.2.3-1　檩条与山墙锚固

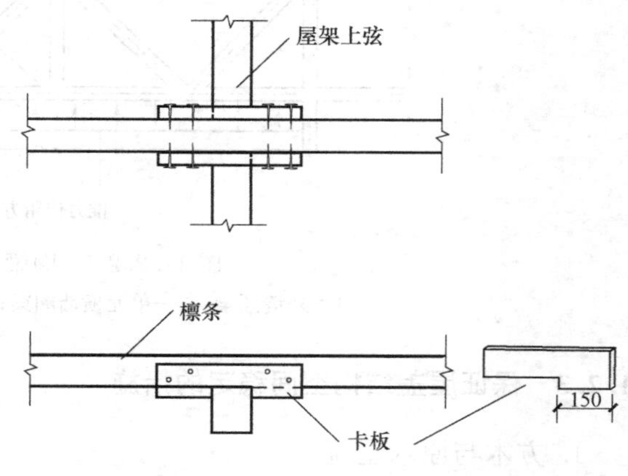

图 11.2.3-2　檩条与桁架连接

屋盖所受到的水平荷载，无论是纵向的还是横向的，均需通过桁架支座传递至支承它的墙或柱。因此桁架端支座的锚固措施十分重要，一般采用预埋螺栓锚固（图 11.2.3-3）。

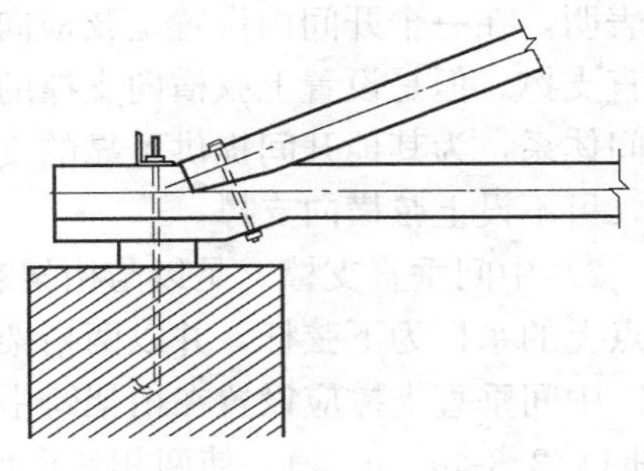

图 11.2.3-3　桁架支座的锚固

（3）支撑

方木与原木屋盖的支撑可分为上弦横向支撑、中间垂直支撑、桁架端部垂直支撑和天窗架垂直支撑等 4 种。

1）上弦横向支撑　是以两相邻桁架的上弦杆为支撑的上、下弦杆，以与桁架有可靠连接的檩条为竖杆，另设斜向的腹杆所组成的在桁架上弦平面内的一"平行弦桁架"（图 11.2.3-4*d*）。横向支撑不能视为仅是另加的斜向腹杆，而是指斜腹杆与原桁架上弦杆、檩条所构成的一平面桁架。该平行弦桁架的抗弯、抗剪刚度主要取决于桁架的间距，如果需增加刚度，则可连续在两个桁架间隔内设置斜撑，使平行弦桁架的高度增大一倍。图 11.2.3-4（*a*）、（*b*）、（*c*）、（*d*）中，3 种桁架的屋盖在纵向的若干开间内设置上弦横向支撑，对增加屋盖的纵向水平刚度有很大的作用，对传递风荷载和地震作用有明显效果。屋盖刚度的实测结

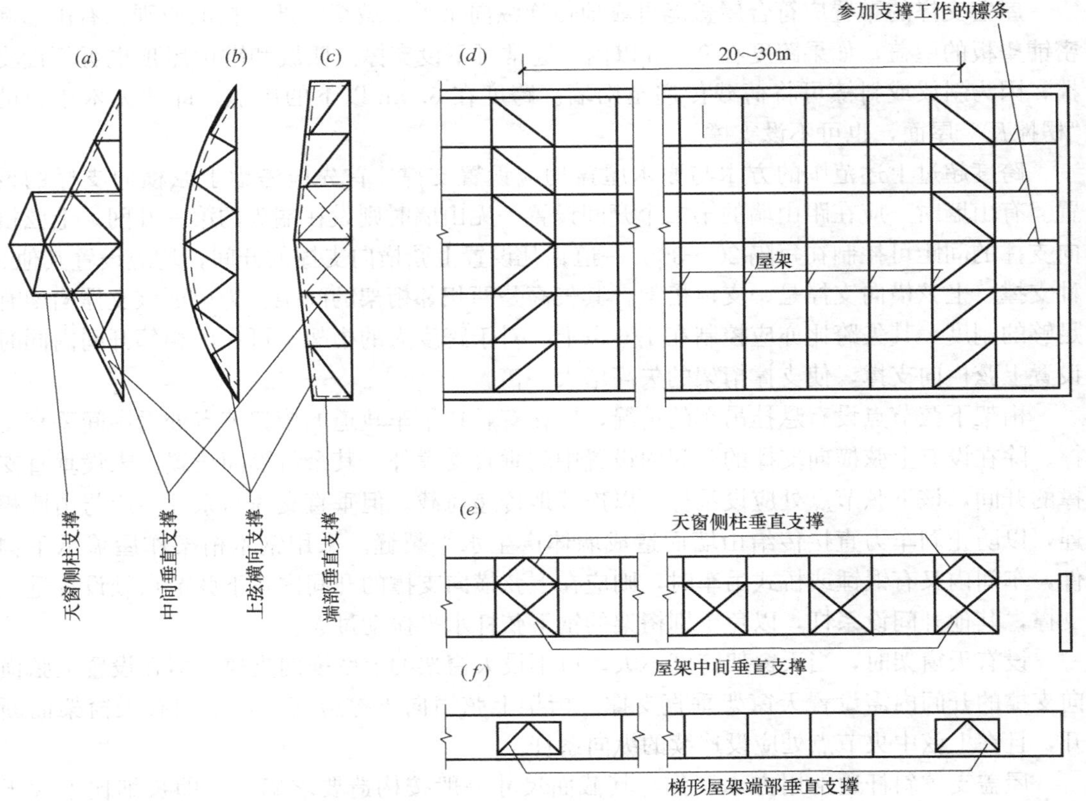

图 11.2.3-4　屋盖支撑系统

果表明，在一个开间内设置上弦横向支撑，其效果相当于在 6～10 个开间内连续设置中间垂直支撑。但是设置上弦横向支撑的开间应同时设置中间垂直支撑，使该开间成为稳定的空间体系，为其他开间提供可靠的支撑。在非抗震设防区，如果檩条或椽条上密铺钉木望板，可不设上弦横向支撑。

2）中间垂直支撑　是以与桁架有可靠连接的檩条为上弦杆，固定在两相邻桁架下弦节点上的系杆为下弦杆，并以两桁架的腹杆为端竖杆，另加相交叉的斜腹杆的竖向平面桁架。中间垂直支撑应设置在桁架跨中节点处，跨度较大时应设在两侧 1/3～1/4 跨节点处（图 11.2.3-4*a*、*c*、*e*），使两相邻桁架与中间垂直支撑以及桁架端部垂直支撑共同形成一稳定的空间体系，作用是将桁架下弦平面内的纵向水平荷载传递至屋面系统再传至整个屋盖。设置中间垂直支撑的桁架下弦节点处，应设连接各桁架的通长纵向系杆。

3）桁架端部垂直支撑　该类支撑仅在平行弦桁架或梯形桁架中采用。是在两相邻桁架端竖杆的纵向平面内，由连接两桁架端竖杆两端的水平系杆和 K 形腹杆组成的平行弦桁架（图 11.2.3-4*c*、*f*）。端部垂直支撑亦应设在上弦横向支撑的同一开间内，可视为上弦横向支撑的延续，使屋盖纵向水平荷载直接传递至支承桁架的墙或柱。

4）天窗架垂直支撑　是设在两相邻天窗架侧立柱纵向平面内的支撑桁架（图 11.2.3-4*a*、*e*），由天窗架侧立柱、檩条和另设的系杆和 K 形腹杆构成，其作用与桁架端部垂直支撑相似，也应设在有上弦横向支撑的开间内。

屋盖支撑的布置应符合屋盖能可靠地传递纵向水平荷载至下部结构的原则。有山墙和密铺望板的屋盖，如果跨度在 9.0m 以内，通常可不设支撑。四坡和歇山屋顶也可不设支撑，因为斜梁或斜檩可将荷载传递至山墙。跨度在 6.0m 以下的屋盖，即使无木望板的“椤摊瓦”屋面，也可不设支撑。

跨度超过上述范围的方木与原木屋盖均应设置支撑。首先应考虑上弦横向支撑的设置。有山墙时，应在距山墙的第二个开间设置。无山墙时则设在端头的第一开间。上弦横向支撑的间距可控制在每隔 20～30m 一道；凡设置上弦横向支撑的开间，均应设置其他 3 种支撑。上弦横向支撑是一支撑桁架，其矢高是两相邻桁架的间距。为保证该支撑桁架有足够的刚度，其矢跨比亦应控制在 1/6 以上。对于跨度大的桁架，可在两相邻开间内同时设置上弦横向支撑，使支撑桁架的矢高增大一倍。

桁架下弦节点设有悬挂吊车的情况，应在有悬挂吊车轨道的桁架节点处设中间垂直支撑。除在设有上弦横向支撑的开间内设置中间垂直支撑外，其余可隔间设置。未设垂直支撑的开间，该下弦节点处应设系杆，以连续地传递荷载。但垂直支撑与系杆不应与山墙相连，以防止刹车力直接传给山墙而造成墙体产生水平裂缝。采用钢木桁架作屋盖承重构件，车间内又有锻锤或桥式吊车时，则应在上弦横向支撑的开间内各下弦节点处设置垂直支撑，其他开间设系杆，以免个别桁架的钢下弦杆水平振动过大。

设有天窗架时，当天窗架跨度不大，可不设天窗架的上弦横向支撑，但在设置上弦横向支撑的开间内需设置天窗架垂直支撑。桁架上弦横向支撑应连续，不因有天窗架而断开，且在上弦中央节点处应设连续的纵向系杆。

屋盖支撑斜杆通常用方木制作，其截面尺寸一般按构造要求确定（即长细比不大于 200）。与桁架和檩条通常用直径不小于 12mm 的螺栓连接，连接点应尽量靠近桁架节点，以避免桁架杆件产生附加的横向弯矩。桁架上弦横向支撑的斜杆可用圆钢替代，但应用两根圆钢交叉设置，使圆钢仅起受拉斜腹杆的作用。安装圆钢拉杆时，需有调节圆钢长度的措施，使圆钢处于张紧状态。

2. 平改坡木屋盖

平改坡木屋盖同样需要解决空间稳定问题。因椽条或齿板桁架均是平面构件，需要保证上弦杆的平面外稳定和抵抗纵向水平荷载，并将其传递至下部支承结构。解决平改坡木屋盖空间稳定的方法有下列几种：

（1）在椽条或三角形桁架上弦铺设木基结构板材而构成横隔。因横隔在纵横两个方向上均有足够的抗剪能力和刚度，能将水平荷载可靠地传递至下部结构，屋盖能保持稳定。但对于梯形桁架，除非支座处设置由端竖杆作墙骨的剪力墙，否则应像方木与原木屋盖那样，在支座处设置纵向垂直支撑。

（2）上弦杆顶不铺设木基结构板，则可在山墙端设置支撑桁架和在屋盖上设置交叉钢拉杆（图 11.2.3-5）。支撑桁架由靠近山墙处的两椽条或两桁架上弦间增设必要的腹杆构成。交叉钢拉杆由 3～4mm 厚、宽度约为 30～40mm 的钢板制作，需与相交的每根椽条或桁架上弦杆钉牢，两端更应牢固地连接在最末端椽条或上弦上。传递屋盖两个方向水平荷载的原理如图 11.2.3-6 所示，钢板条只能受拉不能受压，而屋脊和檐口处的檩条或挂瓦条或檐口处支撑桁架的卧梁充当了支撑系统中的压杆。再次说明，支撑是一个结构体系，而不只是某个单一构件的问题。

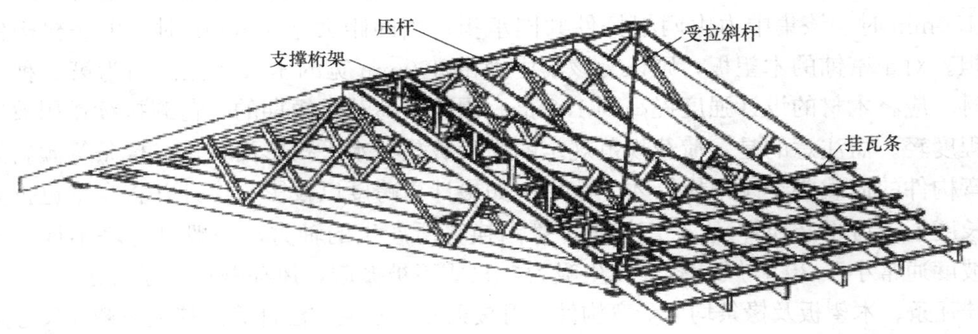

图 11.2.3-5　支撑桁架与交叉拉杆保证屋盖稳定

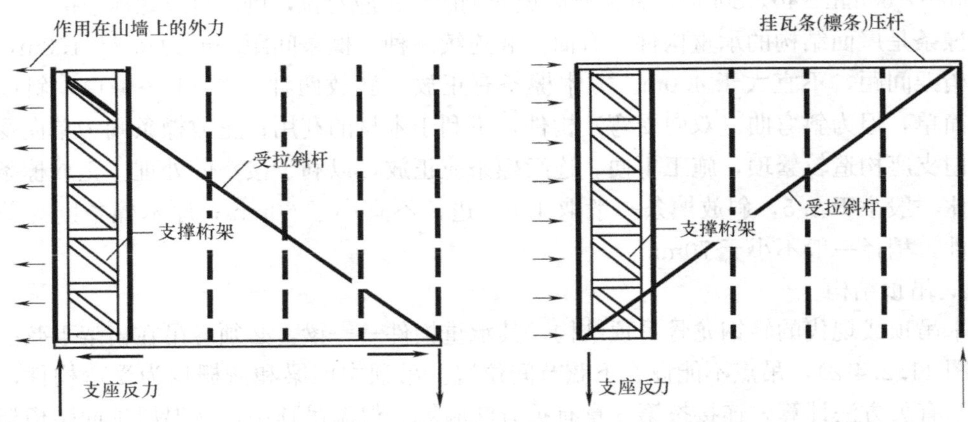

图 11.2.3-6　支撑桁梁与交叉钢拉杆传递纵向水平荷载的途径

（3）四坡屋顶的端部斜脊面布置的椽条和挂瓦条等具有良好的纵向支撑作用（图 11.2.3-7），能保证轻型木屋盖的空间稳定，故可不另设支撑系统。

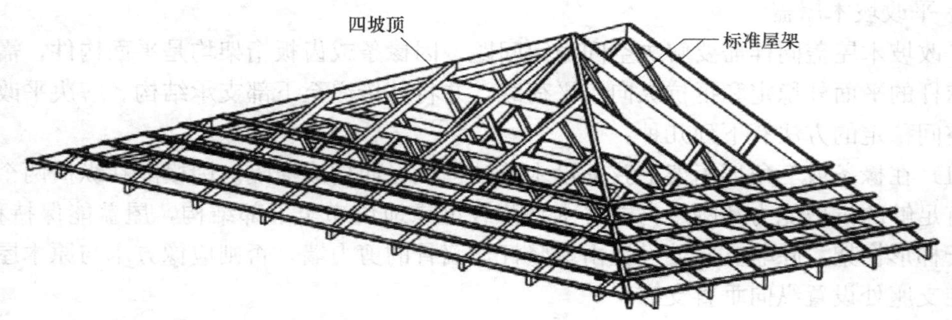

图 11.2.3-7　四坡屋顶可保证空间稳定

11.2.4　方木与原木屋盖的屋面与吊顶

1. 屋面结构

木屋盖屋面结构所受屋面荷载的种类与其他结构相似，但在荷载效应组合上稍有差别，一般需考虑两种组合：一种是恒荷载和可变荷载组合，取值应符合荷载规范的要求；另一种是恒荷载和 1.0kN 的集中力组合，该集中力是检修荷载。当屋面承重构件间距不大于 150mm 时，该集中力由两根杆件共同承担；当间距大于 150mm 时，由一根构件独立承担。对于密铺的木望板，则认为该集中力由 300mm 宽的木板承担。当为第二种荷载组合时，应将木材的设计强度提高到 1.2 倍。因检修荷载是短期的，荷载持续作用效应的影响程度轻。需注意的是，荷载规范规定的面荷载是以水平投影面积计，椽条等倾斜放置的受弯构件的荷载要经倾角换算才能使用（如果计算跨度以投影长度计并将自重也折算到投影长度上，可不必换算）。受弯构件计算因换算所产生的轴力，一般可忽略不计。木屋盖的坡度通常小于 30°，风荷载会产生吸力，只要不被掀起，风荷载可不予考虑。

挂瓦条、木望板及椽条均为受弯构件，可按第 6 章有关方法计算。挂瓦条截面尺寸通常为 35mm×35mm～45mm×45mm，木望板厚 15mm，椽条间距一般为 0.5～0.7m，截面尺寸为 30mm×60mm～40×80mm，在屋脊处坡两侧的椽条应对拉，可用钉或螺栓连接。

檩条是屋面结构的承重构件，有简支和连续两种。檩条间距一般为 0.8～1.0m，跨度即为桁架间距，不宜大于 4.0m。方木檩条有正放和斜放两种（图 11.2.4-1），斜放檩条支座简单，但为斜弯曲（双向受弯）构件，不利于木材的利用；正放檩条则为单向受弯构件，但支座构造较繁琐，施工不便。连续檩条应正放，以利于接头的处理。正放檩条截面高宽比一般小于 2.5，斜放檩条一般取 1.5，边长不宜小于 60mm；原木檩条则为单向受弯构件，梢径一般不小于 70mm。

2. 吊顶结构

木吊顶或现代的轻钢龙骨吊顶结构，其承重构件——梁，必须悬吊在桁架下弦的节点处（图 11.2.4-2），吊点不能设在下弦节间位置。吊顶中的梁和搁栅均为受弯构件，可按第 6 章有关方法计算，连接按第 5 章有关方法验算。保温吊顶中，保温层顶面距桁架下弦杆底的距离不应小于 100mm，目的是使下弦杆通风，便于检查。

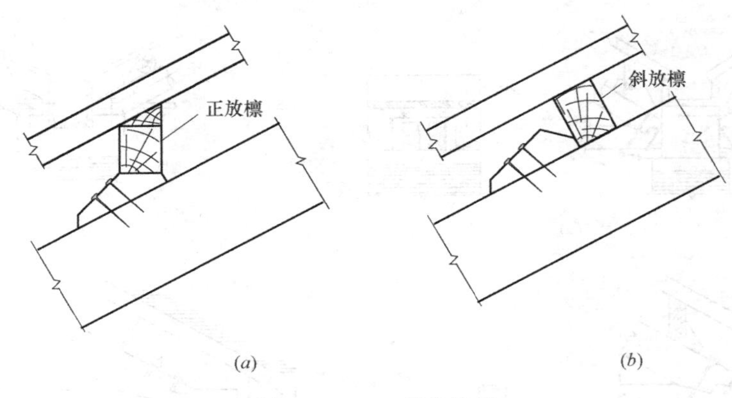

图 11.2.4-1 檩条放置
(a) 正放；(b) 斜放

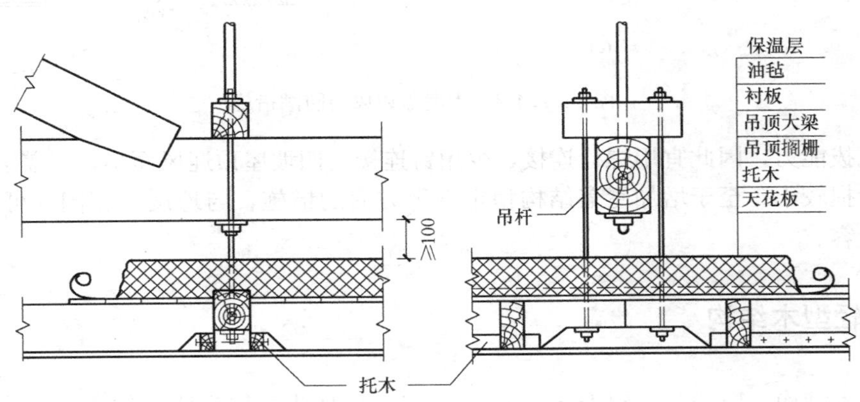

图 11.2.4-2 保温吊顶构造

3. 通风与防腐

前面已提到，多跨木屋盖应尽量避免采用天沟内排水形式。必须设天沟时，应用钢筋混凝土天沟（图 11.2.4-3*a*、*b*）。应特别注意檐口防渗漏，宜适当增加防水层。

有吊顶的木屋盖通风良好，也是保证耐久性的重要措施。图 11.2.4-3（*c*）为通风檐口的构造示意，必要时，屋盖上可设置老虎窗通风。

支承在砌体或混凝土结构上的桁架支座和檩条支座不得密封，不得砌入墙体或埋入混凝土中，周围需留有通风空隙（图 11.2.4-3*d*）。必要时，支座处木材应作防腐处理，并设置防潮层。

寒冷地区的木屋盖还应注意保温层的设置，不应使构件穿越保温区和非保温区，以免在冷暖交界处出现冷凝水导致木材受潮腐朽。

4. 抗风措施

强风区木屋盖风致破坏的过程，大致为迎风面的门窗首先被吹坏，屋面的檐口部分被掀起，大风直贯室内，导致瓦、木望板、檩条等掀起，最后桁架甚至墙体倾倒。可见，强风区屋盖不发生倒塌事故首先在于屋面结构不被掀起。因此，房屋顶层的门窗必须要牢固，外挑檐口不宜过大，最好是封闭式的，不使强风贯入吊顶内。屋面构件和桁架的连接

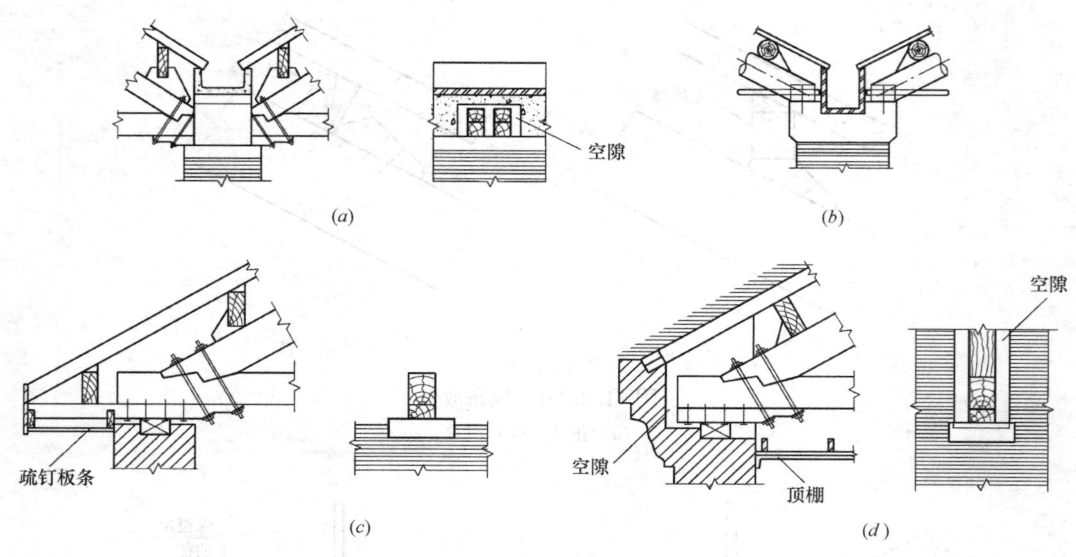

图 11.2.4-3 木屋盖通风与防潮措施

要考虑抗拔能力，因此宜用螺栓连接，少用钉连接。四坡屋顶迎风面小，屋盖刚度好，在强风区受损较小。至于增加屋盖结构稳定性等方面的措施，与地震区相同，可参见第 12 章有关内容。

11.3 轻型木结构

轻型木结构（Light wood frame construction）是北美住宅建筑的主要结构形式，也是我国自木结构复兴以来研究和工程应用的一个热点。

11.3.1 轻型木结构的结构体系与设计规定

1. 结构体系

轻型木结构基本上由规格材和木基结构板材钉合的剪力墙和横隔组合而成，常用于单体和联体住宅建筑中。根据上、下层墙体木构架的墙骨（stud）是否连续，轻型木结构可分为连续墙骨式木框架结构（Balloon framing）和平台式木框架结构（Platform framing），见图 11.3.1-1。前者流行于 19 世纪至 20 世纪中期的北美地区，后者由于构造更简单，又不需要长的木材作墙骨，是现今轻型木结构房屋的主要形式。

实际上，不论上下层墙骨连续与否，仅就墙体、楼、屋盖的木构架而言，均不是稳定的结构。因为这个所谓“框架”的各节点均为钉连接而成，不可视为刚接，只能是铰接，因此不能承受水平荷载作用。要使其成为稳定的结构，一种方法是在上述木构架中增设斜撑，覆面板只起围护作用；另一种方法是在墙体、楼、屋盖的木构架上铺钉平面内能承受剪力作用的覆面板，如斜撑作用一样，使木构架成为稳定的结构，所以覆面板亦是承重构件。轻型木结构采用的是后一种方法，正如第 9 章所述，轻型木结构应是由剪力墙和横隔构成的板式结构。

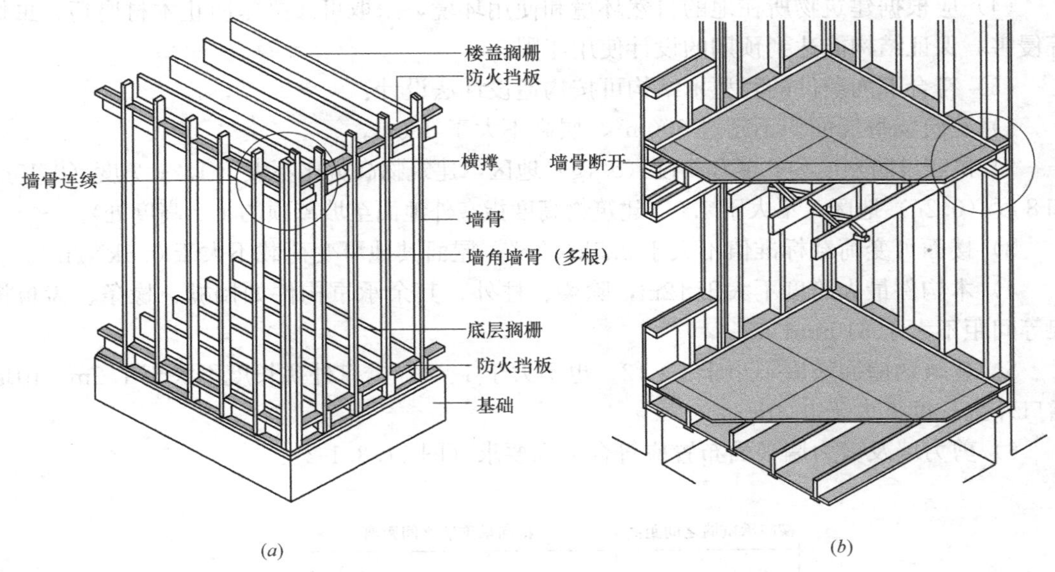

图 11.3.1-1　两种墙体构架
(a) 连续墙骨；(b) 非连续墙骨

2. 设计方法

根据轻型木结构的特点，其设计方法有两种，工程计算设计法和构造设计法。

工程计算设计法即常规的结构工程设计程序设计。首先根据建筑所在场地、建筑功能（建筑设计）确定荷载类型和性质，并据此进行结构布置。进行竖向和水平荷载作用下的结构分析，根据结构分析的结果，按木结构设计标准的有关规定，验算主要承重构件和连接的承载力和变形，并提出必要的构造措施等。

构造设计则是基于经验的一种设计方法。满足一定条件的房屋，如单体住宅，建筑面积不大，层数限于一～三层，则可以不作抗侧力等结构分析。只需分析验算结构构件的竖向承载力和变形，其他的满足规定的构造要求即可。在美国和加拿大，受弯构件等还可从设计标准中的跨度表中直接查得不同跨度和荷载情况下应选择的树种、规格材等级及截面尺寸等，而不必验算。这种方式可提高工作效率，避免重复劳动。

本节主要介绍符合构造设计法的轻型木结构的构造。

3. 设计的一般规定

不论采用何种方法，设计应符合下列规定：

(1) 轻型木结构应由符合规定构造的剪力墙和横隔组成，建筑层数一般不应超过三层。超过三层时，出于消防安全考虑，下部应为砌体或混凝土结构。

(2) 所选用的材料应是合格的规格材、木基结构板材、结构复合木材等。

(3) 结构布置宜规则、对称，剪力墙上下层贯通，建筑物质量中心和结构刚度中心应重合，特别在抗震设防区，这一点尤为重要。所有结构构件应有可靠的连接和必要的锚固，保证结构的稳定性。

剪力墙可按从属面积分配风荷载和水平地震作用。当按剪力墙的刚度分配水平荷载时，应计入楼盖的扭转效果。

(4) 应根据建筑物所在地的自然环境和使用环境，采取可靠措施防止木材腐朽、虫蛀等侵害，保证结构能达到预期的设计使用年限。

(5) 符合下列条件的轻型木结构可按构造设计法设计：

1) 建筑物每层面积不超过 600m^2，层高不大于 3.6m。

2) 抗震设防烈度为 6 度和 7 度（0.1g）地区，建筑物高宽比不大于 1.2；7 度（0.15g）和 8 度（0.2g）地区，不大于 1.0（建筑物高度指室外地面至坡屋顶的 1/2 高度处）。

3) 楼面可变荷载标准值不大于 2.5kN/m^2，屋面其他可变荷载不大于 0.5kN/m^2。

4) 木构件最大跨度不大于 12m，除梁、柱外，其余承重构件如搁栅、椽条、齿板桁架等间距不大于 610mm。

5) 建筑物屋面坡度不小于 1∶12，也不大于 1∶1，檐口外挑长度不大于 1.2m，山墙檐口外挑长度不大于 0.4m。

6) 剪力墙及剪力墙平面布置应符合下列要求（图 11.3.1-2）：

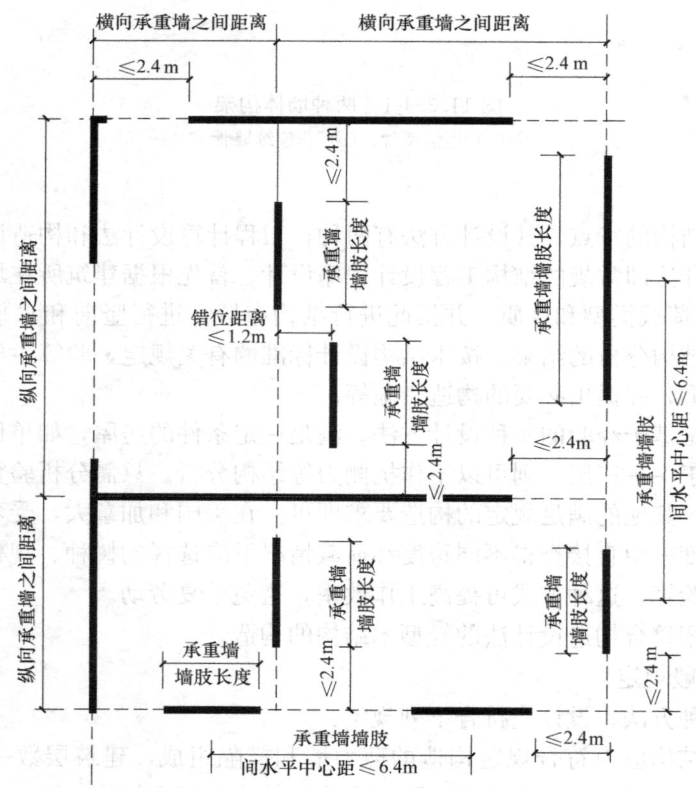

图 11.3.1-2 剪力墙的平面布置要求

① 单肢的高宽比不大于 3.5∶1，宽（长）度不小于 0.6m；

② 同一轴线上各墙肢间净距不大于 6.4m；

③ 墙端距最近垂直方向剪力墙的距离不应大于 2.4m；

④ 一道剪力墙各肢轴线错开的距离不大于 1.2m；

⑤ 不同抗震设防烈度和风荷载作用下每道剪力墙的最小宽度应分别满足表 11.3.1-1 和表 11.3.1-2 的规定；

按抗震构造设计要求的每道剪力墙最小宽度（m）　表 11.3.1-1

设防烈度		允许层数	剪力墙最大间距（m）	最小长度		
				单层、二层或三层的顶层	二层的首层或三层的二层	三层的首层
6 度	—	3	10.6	0.02A	0.03A	0.04A
7 度	0.10	3	10.6	0.05A	0.09A	0.14A
	0.15	3	7.6	0.15A	0.15A	0.23A
8 度	0.20	2	7.6	0.10A	0.20A	—

注：1. 表中 A 为建筑物的最大楼层面积（m^2）；

2. 表中最小长度以单侧有木基结构板材覆面板，且剪力墙的抗剪强度设计值 $f_{vd}=3.5kN/m$ 为基准，当剪力墙的抗剪强度设计值 f_{vd} 不为 3.5kN/m 时，剪力墙的最小长度应乘以系数 $3.5/f_{vd}$；当剪力墙两侧均采用木基结构板材作覆面板时，墙体宽度取表中规定宽度的 1/2；

3. 基础顶至首层间的架空层剪力墙最小长度取首层最小长度；

4. 楼面设混凝土层时，剪力墙最小长度应不小于表中规定值的 1.2。

风荷载作用下剪力墙的最小宽度（m）　表 11.3.1-2

基本风压（kN/m²）				剪力墙最大间距（m）	最大允许层数	每道剪力墙的最小宽度		
地面粗糙度						单层、二层或三层的顶层	二层的底层或三层的二层	三层的底层
A	B	C	D					
—	0.30	0.40	0.50	10.6	3	0.34L	0.68L	1.03L
—	0.35	0.50	0.60	10.6	3	0.40L	0.80L	1.20L
0.35	0.45	0.60	0.70	7.6	3	0.51L	1.03L	1.54L
0.40	0.55	0.75	0.80	7.6	2	0.62L	1.25L	—

注：1. 表中 L 指垂直于剪力墙方向的建筑物长度（m）；

2. 表中最小长度以单侧有木基结构板材覆面板，且剪力墙的抗剪强度设计值 $f_{vd}=3.5kN/m$ 为基准，当剪力墙的抗剪强度设计值 f_{vd} 不为 3.5kN/m 时，剪力墙的最小长度应乘以系数 $3.5/f_{vd}$；当剪力墙两侧均采用木基结构板材作覆面板时，墙体宽度取表中规定宽度的 1/2；

3. 基础顶至首层地面间架空层的剪力墙最小长度不小于相应楼一层的规定。

⑥ 上、下层剪力墙应位于同一轴线上，错开距离不应超过 4 倍搁栅高度和 1.2m 中的较小值；

⑦ 无侧向支撑的外伸剪力墙长度不应超过 1.8m。

7）楼盖开洞面积不超过本层建筑面积的 30%，洞口长边不超过房间边长的 50%，错层时相邻房间标高差不超过 1 倍搁栅高度。

11.3.2 墙体

轻型木结构的承重墙可以分两类，即剪力墙与一般承重墙。前者既承受竖向荷载又起抗侧力作用，后者仅承受竖向荷载。两类承重墙均由规格材钉合的木构架，上铺钉覆面板组成。除允许构造设计的房屋外，剪力墙至少在木构架的一侧用木基结构板材作覆面板，而内承重墙则可两侧均用石膏板。剪力墙的构造在第 9 章中已作了介绍，但为了防火需要，墙的室内侧不论是否钉有木基结构板材均需铺钉耐火石膏板，承重墙的构造与剪力墙相似。墙体一般采用目测等级为 IV_{C1} 的规格材作木构架，墙骨间距为 406mm 或 610mm，最小截面尺寸为 38mm×64mm。

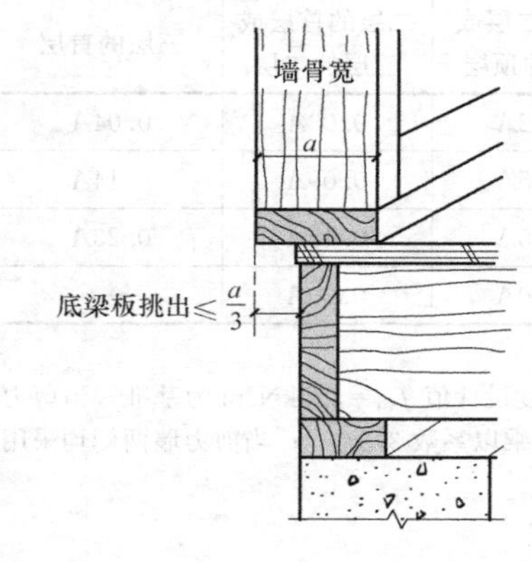

图 11.3.2-1　上层墙体外挑规定

外墙空腔中一般填充保温隔热材料，内墙中填充隔声材料。当管网设在墙体空腔中时，允许在木构架杆件上开缺口或钻孔，但开缺口或钻孔后的墙骨剩余截面高度不应小于原截面高度的 2/3，顶梁板剩余宽度不小于 50mm。

安装首层墙体时，地梁板需用螺栓锚固在基础上，墙体底梁板则钉牢在首层楼盖搁栅和封头（封边）搁栅上。为扩大使用面积，允许上层底梁板挑出下层墙面，但不得大于 1/3 的墙骨截面高度（图 11.3.2-1）。上层剪力墙的底梁板应通过楼板与下层搁栅支承端及封头（封边）搁栅钉牢。在抗震设防区和强风区，剪力墙至少在两端的墙骨与基础间和上、下层墙骨间有可靠的压紧锚固措施（图 11.3.2-2），以增大结构的抗侧移能力和房屋整体抗倾覆能力。

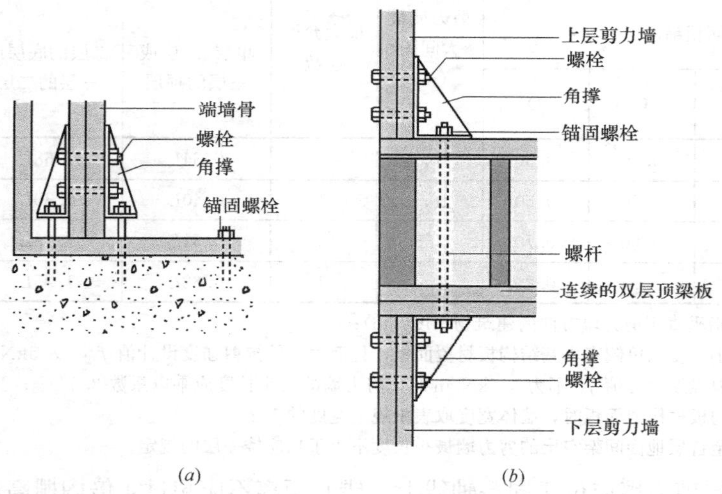

图 11.3.2-2　剪力墙端的一种压紧锚固措施

(*a*) 首层剪力墙端墙骨与基础锚固；(*b*) 上下层剪力墙端墙骨彼此锚固

外墙转角和内、外承重墙相交处，至少需设两根规格材作墙骨（图 11.3.2-3），相交处的规格材间需用钉子彼此钉牢，必要时可用 0.4mm 厚的铁皮连接件相互牵牢。双层相交处的顶梁板在角部应错叠放置（图 11.3.2-4）并用钉子钉牢。

墙体覆面板最小厚度如表 11.3.2-1 所示，覆面板在剪力墙上的布置方式应符合设计要求，构造设计时各剪力墙宽度（长度）应符合表 11.3.1-1、表 11.3.1-2 的要求，工程计算设计时应满足抗剪承载力和层间变形要求。覆面板长向可平行或垂直于墙骨铺钉。

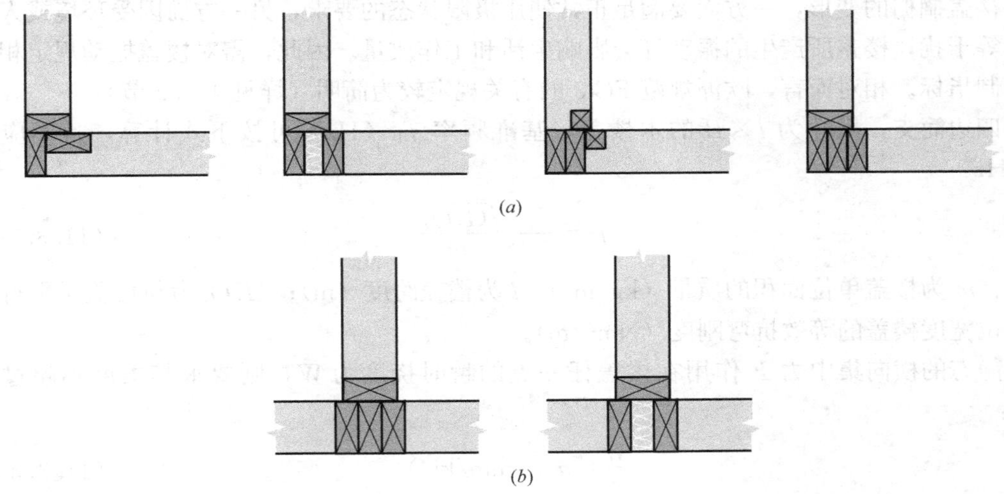

图 11.3.2-3 剪力墙相交处的墙骨布置

（a）外墙转角处的几种墙骨布置；（b）内外墙交接处的墙骨布置

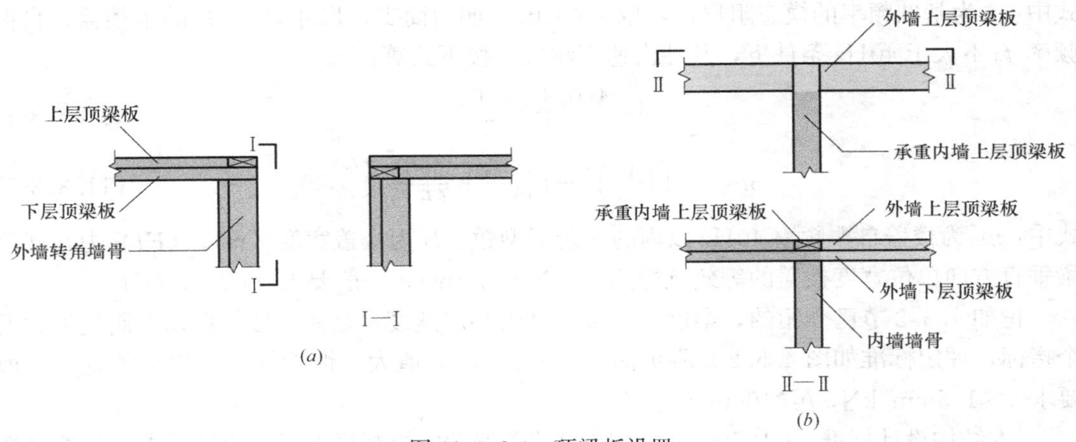

图 11.3.2-4 顶梁板设置

（a）外墙转角处；（b）内外承重墙交接处

墙体覆面板最小厚度（mm） **表 11.3.2-1**

墙骨间距(mm)	木基结构板材	石膏板
406	9	9
610	11	12

11.3.3 楼盖

1. 楼盖设计

楼盖在轻型木结构中又称横隔，其在结构抗侧力体系中的作用以及抗侧力验算已在第 9 章中予以介绍。楼盖的另一作用是承受楼面竖向荷载。楼盖搁栅是受弯构件，需按第 6 章有关方法作承载力、变形等验算，不再重复。

楼盖搁栅的变形，一方面要满足正常使用极限状态的要求，另一方面因受环境或人员走动等干扰，楼盖所产生的振动等会影响生活和工作质量。因此，需对楼盖振动规定相应的控制指标。相对而言，欧洲规范 EC 5 的有关规定较为简明（详见 4.5.2 节）。

四边简支，尺寸为 $l \times B$ 的木楼盖，基准频率 f_1（Hz）可按下式计算，且不应小于 8Hz：

$$f_1 = \frac{\pi}{2l^2}\sqrt{\frac{(EI)_l}{m}} \tag{11.3.3-1}$$

式中：m 为楼盖单位面积的质量（kg/m^2）；l 为楼盖跨度（m）；$(EI)_l$ 为与楼盖梁平行方向单位宽度楼盖的等效抗弯刚度（Nm^2/m）。

静态的横向集中力 F 作用在楼盖任一点的瞬时挠度为 W，则要求其柔度不超过柔度 a：

$$\frac{W}{F} \leqslant a \quad (mm/kN) \tag{11.3.3-2}$$

标准的单位冲击（1N · s）作用下，楼盖的冲击速率响应 v（$m/N \cdot s^2$）应满足要求：

$$v \leqslant b^{f_1 \xi - 1} \tag{11.3.3-3}$$

式中：ξ 为基准频率的模态阻尼比，取 $\xi = 0.01$。四边简支，尺寸为 $l \times B$ 的木楼盖，自振频率 f_1 不大于 40Hz 条件下，其冲击速率响应应按下式算：

$$v = \frac{4(0.4 + 0.6n_{40})}{mBl + 200} \tag{11.3.3-4}$$

$$n_{40} = \left\{\left[\left(\frac{40}{f_1}\right)^2 - 1\right]\left(\frac{B}{l}\right)^4 \frac{(EI)_l}{(EI)_b}\right\}^{0.25} \tag{11.3.3-5}$$

式中：n_{40} 为楼盖自振频率 40Hz 以内的一阶振型数；B 为楼盖宽度（m）；$(EI)_b$ 为与楼盖梁垂直方向单位宽度楼盖的等效抗弯刚度（$N \cdot m^2/m$），一般要求 $(EI)_l > (EI)_b$。

正如 4.5.2 节已介绍的，柔度 a 和单位冲击响应速度 b 是评定楼板振动控制优劣的两个指标，评定标准如图 4.5.2-2 所示曲线。a 值小，b 值大，性能好。反之性能差。一般要求 $a \leqslant 1.5mm/kN$，$b \geqslant 100m/N \cdot s^2$。

《木结构设计标准》GB 50005—2017 对楼盖振动的控制提出了一般性要求，仅控制搁栅的跨度，意在控制楼盖的自振频率，并不控制楼板柔度和冲击速度响应。这对仅有单层覆面板的楼盖，振动控制并不完善。优点是该方法考虑了覆面板以上面板刚度对楼盖自振频率的影响，还考虑了覆面板与搁栅间钉连接滑移对刚度的影响，但计算过于繁杂。

2. 楼盖构造

图 11.3.3-1 为楼盖的构造示意图，楼盖搁栅一般支承在承重墙或剪力墙的顶梁板上。当遇较大洞口或为减少搁栅跨度时，其一端或两端需支承在梁上，支承方法有如图 11.3.3-2 所示的几种方式。

跨度不大的楼盖，通常采用规格材作搁栅。当跨度较大又不设梁时可采用预制工字形木搁栅，甚至采用平行弦齿板桁架。采用规格材作搁栅时，规格材的目测等级不低于 $Ⅲ_c$，间距不大于 600mm，截面宽度不小于 40mm，高度由计算决定，支承长度不小于 40mm。楼盖梁除可用规格材拼合外，也可用结构复合木材制作，截面尺寸由计算决定，支承长度也由计算确定，但不应小于 90mm。

沿外墙四周楼盖应设垂直于楼盖搁栅的封头搁栅和平行于楼盖搁栅的封边搁栅（见图11.3.3-1）。楼盖搁栅需与顶梁板用钉斜向钉牢。封头搁栅亦应与顶梁板斜向钉牢，并与楼盖搁栅垂直钉牢。封边搁栅则与顶梁板用钉斜向钉牢，并与封头搁栅垂直钉牢。为保证侧向稳定性，楼盖搁栅间需设置连续的侧向支撑。搁栅的侧向支撑可有如图11.3.3-1所示的三种形式，即木底撑、剪刀撑和横撑，可任取一种。木底撑是截面不小于20mm×65mm的通长小木方，钉在各搁栅底部；剪刀撑是用截面为20mm×65mm或40mm×40mm的小方木交叉地钉在搁栅间；横撑则由与搁栅同截面的规格材制作，一端垂直钉，另一端用斜钉钉在搁栅间。采用横撑可以获得较好的效果。不论何种形式，支撑的间距和支撑至搁栅支座的距离均不得大于2100mm。当楼盖搁栅下采用木基结构板材作天花板，且与每根搁栅钉牢时，可不设上述支撑。

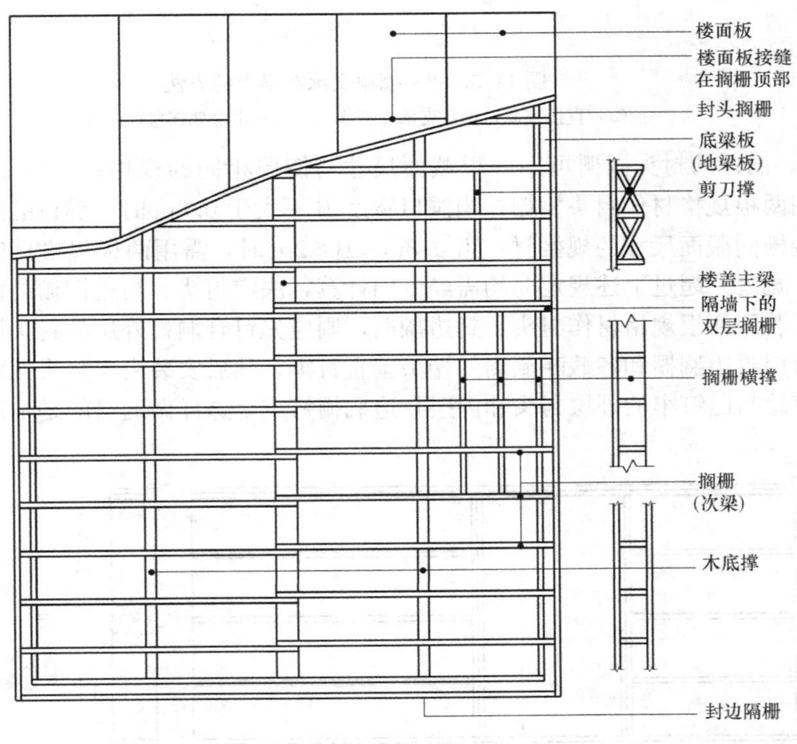

图11.3.3-1 楼盖构造示意图

楼盖上设内墙时，需区分承重与非承重墙。平行于搁栅的非承重墙可支承在一根搁栅上。当处于两根搁栅之间时，可支承在两搁栅间增设的横撑上，横撑间距不大于1.2m，截面尺寸不小于40mm×90mm；非承重墙垂直于搁栅时，位置不限。承重墙一般应设在梁上，必须设在楼盖上时，应垂直于搁栅设置。并且当仅支承屋盖时，距搁栅支座的距离不应大于0.9m；当需支承上层楼盖时，则不得大于0.6m。超过这些规定，则需由计算确定。

楼盖可以根据需要开洞口，但洞口的边长不宜超过3.5m或楼盖长度的1/2，洞边距楼盖边缘不应小于0.6m。构造上应满足下列要求（图11.3.3-3）：当洞口长度l不大于

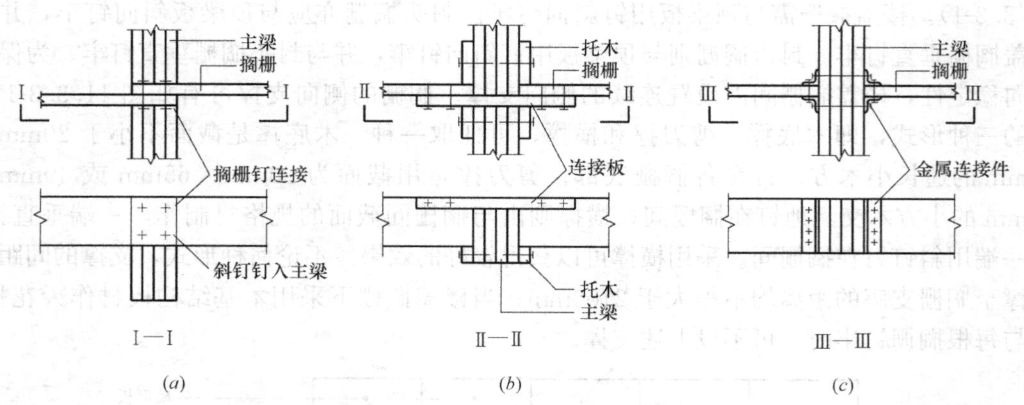

图 11.3.3-2 搁栅支承在梁上的方法

(a) 直接支承；(b) 支承在托木上；(c) 用金属连接件连接

1.2m 时，洞口的封头搁栅可用一根截面尺寸与搁栅相同的规格材；当 1.2m<l<3.2m 时，需用两根规格材作封头搁栅；当洞口宽度 B 不大于 0.8m 时，洞口的封边搁栅亦可用一根与搁栅同截面尺寸的规格材；当 0.8m<B<2m 时，需用两根规格材作封边搁栅。洞口的长、宽之一超过上述规定时均需经专门计算，决定封头、封边搁栅的截面尺寸。洞口制作时，若用两根规格材作封头、封边搁栅，则应先钉合洞口外层的封头搁栅，应与洞口两侧的内层封边搁栅和各截断搁栅的端头垂直钉牢，然后安装内层封头搁栅和外层封边搁栅，垂直地与已钉牢的外层封头和内层封边搁栅钉牢，这样做的目的是不用斜钉。

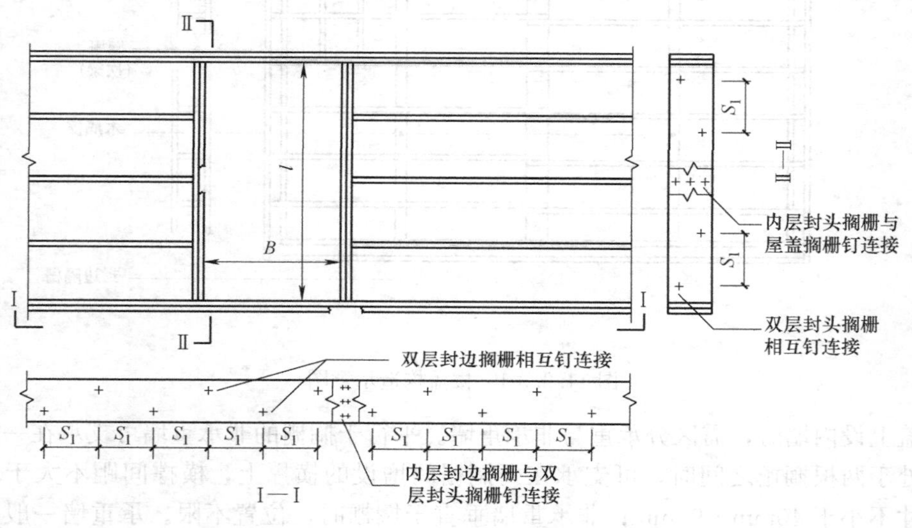

图 11.3.3-3 楼盖开洞口构造

楼盖可局部外挑（图 11.3.3-4），以增加使用面积或用作阳台，这也是轻型木结构住宅常见的一种方式。当局部外挑的方向与楼盖搁栅方向垂直时（图 11.3.3-4a），外挑搁栅的抗倾覆端长度不得小于 6 倍的外挑长度。外挑搁栅是通长的，与之相交的楼盖搁栅需截断，但在外挑搁栅间需连续地设横撑。若外挑端仅承受屋盖荷载，不承受上层楼盖的荷载，则不论外挑的方向如何，当外挑搁栅间距不大于 0.6m 时，对于 40mm×185mm 的规格材，其外挑长度不应大于 0.4m；对于 40mm×235mm 的规格材，其外挑长度不应大于 0.6m。超过上述外挑长度，则需经专门设计。当外挑的方向与搁栅方向一致时（图 11.3.3-4*b*），处理比较简单，切断封头搁栅外挑即可，原封头搁栅改为横撑。外挑搁栅的封边、封头搁栅和楼盖搁栅的安装、钉合，类似于楼盖开洞的处理。

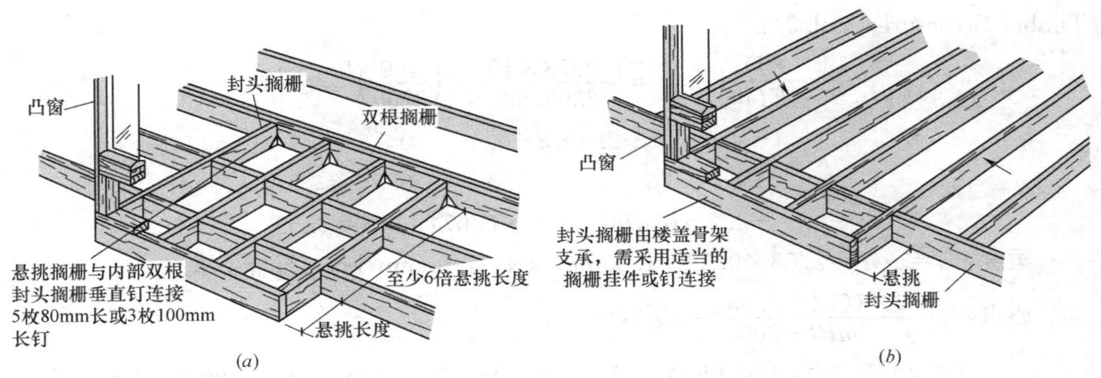

图 11.3.3-4 楼盖局部外挑的搁栅布置

（*a*）外挑垂直于楼盖搁栅；（*b*）外挑平行于楼盖搁栅

楼盖搁栅顶面需铺钉木基结构板材作楼面板，其厚度取决于搁栅间距和楼面可变荷载的大小。按构造设计时，不得小于表 11.3.3-1 的规定。其铺钉方式取决于横隔的设计要求。搁栅底面通常铺钉耐火石膏板充当天花板。搁栅间的空腔中可设置隔声材料。当需铺设管网时，搁栅开缺口和钻孔需遵守 6.4.1 节的有关规定。

构造设计时楼面板最小厚度（mm） **表 11.3.3-1**

最大搁栅间距(mm)	$Q_k \leqslant 2.5\text{kN/m}^2$	$2.5\text{kN/m}^2 < Q_k \leqslant 5.0\text{kN/m}^2$
400	15	15
500	15	18
600	18	22

【例题 11-1】 某木楼盖平面尺寸为 $l \times B = 4.4\text{m} \times 3.7\text{m}$，$l$ 为搁栅的跨度，搁栅间距 $s=0.4\text{m}$，截面尺寸为 40mm×235mm。选用兴安落叶松规格材 II_c，上铺钉 18mm 厚 OSB 板，试按欧洲规范 EC 5 的方法评定楼盖振动。已知，规格材 II_c：$E=12000\text{N/mm}^2$，OSB：$E=4930\text{N/mm}^2$，楼盖平均密度为 35kg/m^2。

解：搁栅截面惯性矩：$I=40\times235^3/12=43.26\times10^6\text{mm}^4=43.26\times10^{-6}\text{m}^4$

单位宽度楼盖的等效抗弯刚度：

$$(EI)_l=12000\times10^6\times43.26\times10^{-6}/0.4=1.2978\times10^6\text{N}\cdot\text{m}^2/\text{m}$$

OSB 板单位宽度惯性矩：$I=1000\times18^3/12=0.486\times10^6\text{mm}^4/\text{m}=0.486\times10^{-6}\text{m}^4/\text{m}$

垂直于搁栅方向的等效抗弯刚度：

$(EI)_b=4930\times10^6\times0.486\times10^{-6}=2395.98\text{Nm}$

$$f_1=\frac{\pi}{2l^2}\sqrt{\frac{(EI)_l}{m}}=\frac{3.14}{2\times3.7^2}\sqrt{\frac{1.2978\times10^6}{35}}=22.1\text{Hz}>8\text{Hz}，符合要求$$

1kN 集中力作用在搁栅跨中所产生的挠度：

$$w=\frac{Pl^3}{48(EI)_e}=\frac{1000\times3700^3}{48\times12000\times43.26\times10^6}=2.03\text{mm}$$

搁栅顶铺设的 18mm 厚 OSB 板具有一定的抗弯刚度，可视为双向板，使挠度减小。为此可以乘以一个楼板双向抗弯刚度比 β 有关的系数 $\kappa\leqslant1.0$，根据有关文献（Design of Timber Structures Vol. 3）：

$$\beta=\frac{(EI)_l}{(EI)_b}\left(\frac{s}{l}\right)^4=\frac{1.2978\times10^6}{2395.98}\times\left(\frac{400}{3700}\right)^4=0.074$$

$$\kappa=\begin{cases}-4.7\times\beta^2+2.9\times\beta+0.4 & 0\leqslant\beta<0.3\\ 0.8+0.2\beta & 0.3\leqslant\beta\leqslant1.0\end{cases}$$

$$\kappa=-4.7\times0.074^2+2.9\times0.074+0.4=0.59$$

柔度：$a=w/F=2.03\times0.59=1.20\text{mm/kN}<1.50\text{mm/kN}$，符合要求

要求：$v=\dfrac{4\times(0.4+0.6n_{40})}{mBl+200}\leqslant b^{f_1\xi-1}$

$$n_{40}=\left\{\left[\left(\frac{40}{f_1}\right)^2-1\right]\left(\frac{B}{l}\right)^4\frac{(EI)_l}{(EI)_b}\right\}^{0.25}=\left\{\left[\left(\frac{40}{22.1}\right)^2-1\right]\left(\frac{4.4}{3.7}\right)^4\times\frac{1.2978\times10^6}{2395.98}\right\}^{0.25}$$

$$=7.05$$

$$v=\frac{4\times(0.4+0.6n_{40})}{mBl+200}=\frac{4\times(0.4+0.6\times7.05)}{35\times4.4\times3.7+200}=0.024$$

查 a-b 关系曲线（见 4.5.2 节），由 $a=1.2$，得 $b=110$

$$b^{f_1\xi-1}=110^{22.1\times0.01-1}=0.0257>v=0.024$$

可见，楼盖 $f_1=22.1\text{Hz}>8\text{Hz}$，柔度 $a=1.2\text{mm/kN}<1.5\text{mm/kN}$，单位冲击速度响应 $v=0.024<0.0257$，即 $b=110>100$，楼板振动控制可满足要求。

11.3.4 屋盖

屋盖具有防雨、避风、遮阳的建筑功能，亦是构建特定建筑风格的一个重要部分。轻型木结构屋盖的结构功能既要承受各种竖向荷载，又是结构的横隔，与楼盖一样，是结构抗侧力体系中的一个重要组成部分。这两种功能由屋盖木构架和铺钉其上的木基结构板材共同完成，而木构架则主要承担竖向荷载并将其传递至下部结构。早期的轻型木结构屋盖木构架的承重构件是由椽条和顶棚搁栅钉合的三铰拱（图 11.3.4-1），或单独由椽条充当的斜梁（图 11.3.4-2）。20 世纪 80 年代兴起采用齿板桁架作屋盖的主要承重构件，以适应建筑构件的工厂化生产。齿板桁架已在第 8.4 节作了介绍，本节主要介绍以三铰拱和斜梁为主要承重构件的屋盖。

1. 椽条与顶棚搁栅的布置

房屋顶层一般是有顶棚（天花板）的，因此屋盖木构架无论是三铰拱或斜梁式，总有椽条和顶棚搁栅。一般可通过屋面坡度和屋脊处有无竖向支承来区分这两种受力体系。屋面坡度大于 1/3，或屋脊处无竖向支承者通常为三铰拱（图 11.3.4-1），其中椽条为压弯构件，而顶棚搁栅则为拱的拉杆，也可能为拉弯构件。屋面坡度小于 1/3，或屋脊处有竖

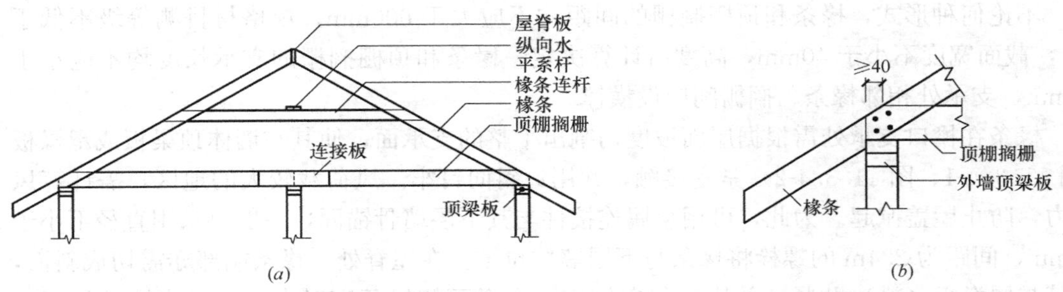

(a) (b)

图 11.3.4-1 屋面坡度≥1/3 或屋脊处无竖向支承的椽条、顶棚搁栅布置

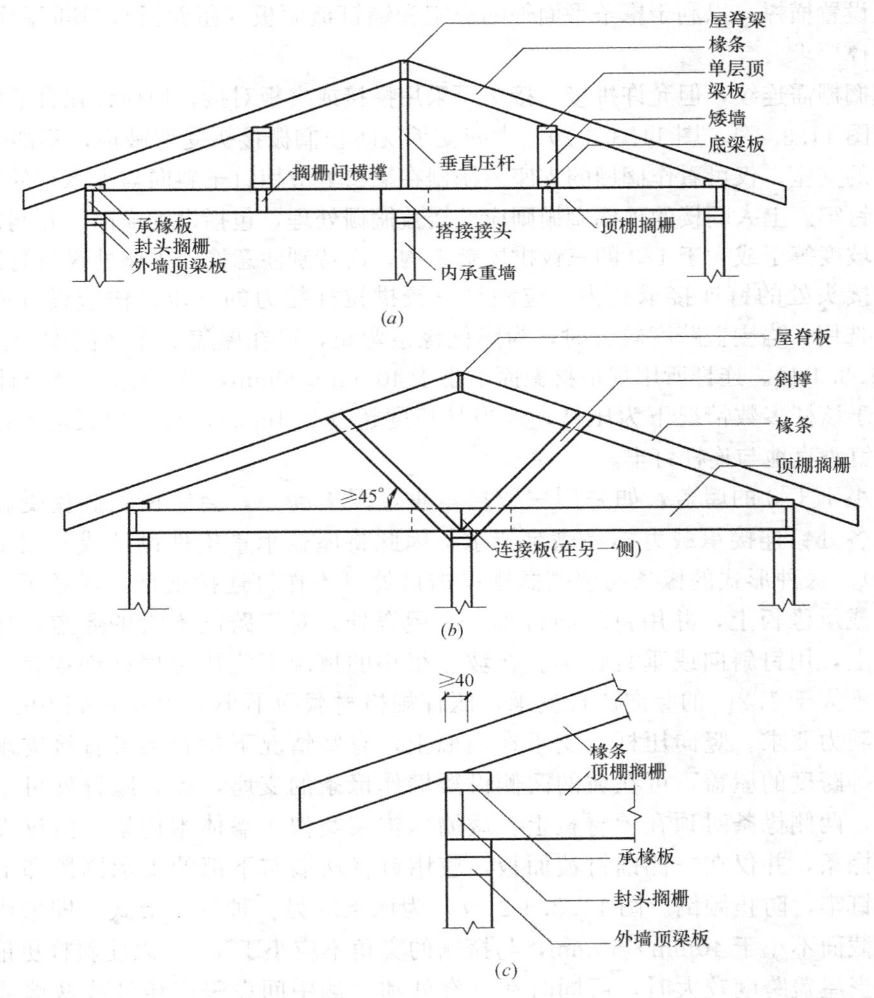

(a)

(b)

(c)

图 11.3.4-2 屋面坡度<1/3 或屋脊处有竖向支承的椽条、顶棚搁栅布置

向支承者则为斜梁体系（图 11.3.4-2），椽条基本以受弯为主。前者椽条与顶棚搁栅一一对应，彼此紧贴，并在相交处有可靠的钉连接，顶棚搁栅起拱的拉杆作用；后者顶棚搁栅

仅为受弯构件，与斜梁间无相互作用。两类屋盖的跨度均在 12m 以下。

不论何种形式，椽条和顶棚搁栅的间距均不应大于 600mm，规格材目测等级不低于 $Ⅲ_c$，截面宽度不小于 40mm，高度由计算决定。椽条和顶棚搁栅的支承长度均不应小于 40mm，支承处相邻椽条、搁栅间应设横撑。

椽条在檐口支承处需根据屋面坡度切割出平整的支承面，使其与墙体顶梁板或承椽板（图 11.3.4-1、图 11.3.4-2）紧密接触，并用钉斜向钉牢。风荷载较大的地区，需计算风吸力，防止屋盖掀起。为此，可用金属连接件与其下层墙骨锚固，一般要求用直径不小于 12mm，间距为 2.4m 的螺栓将椽条与下层墙体拉结。在屋脊处，椽条端部亦需切成斜面，使其与屋脊板（梁）贴紧，并用钉斜向钉牢。屋脊两侧椽条宜对中，并用连接板相互对拉。在屋脊板（梁）截面较大的场合，两侧椽条可有不超过椽条截面宽度的错开。椽条间宜连续地设置横撑，以利于椽条平面外的稳定和铺钉覆面板（屋面板），其间距同楼盖搁栅间的横撑要求。

顶棚搁栅需连续，但允许拼接，接头可采用搭接或夹板对接，但应设在合适的中间支承上（见图 11.3.4-1、图 11.3.4-2）。中间支承仅防止搁栅接头受弯破坏，不能视为屋盖承重构件的支座，仅可看作搁栅的支座。搁栅在檐口处应用钉子斜向与支承它的顶梁板或承椽板等钉牢。上人阁楼的顶棚搁栅则应按楼盖搁栅处理，包括设置横撑、开洞口等。

屋面坡度等于或大于 1/3 的三铰拱屋盖结构，需特别注意檐口支座处椽条与顶棚搁栅间和搁栅接头处的钉连接承载力，应满足三铰拱拉杆拉力的要求，构造设计时可按表 11.3.5-3 选用。当屋盖跨度较大时，为降低椽条弯矩，可在屋盖的 1/2 高度处设椽条连杆（图 11.3.4-1）。连杆所用规格材截面不小于 40mm×90mm，其两端应用钉与椽条可靠连接。由于该杆多数情况下为压杆，故当其长度超过 2.4m 时，跨中应设通长的纵向系杆，并用钉垂直地与连杆钉牢。

坡度小于 1/3 的屋盖，如采用三铰拱承重，因矢高小，会使顶棚搁栅受较大的拉力，导致各处钉连接承载力不易满足要求，因此将屋盖承重构件设计成斜梁形式（图 11.3.4-2）。这种形式的椽条与顶棚搁栅在檐口处可不作钉连接处理，椽条可直接支承在顶梁板或承椽板上，并用钉斜向钉牢。在屋脊处，对于跨度不大的屋盖，椽条支承在屋脊梁上，用钉斜向或垂直钉牢。在坡度很小的情况下宜用金属挂件连接。屋脊梁应由间距不大于 1.2m 的竖向压杆支承，压杆规格材截面不小于 40mm×140mm，需满足稳定承载力要求。竖向压杆可支承在内墙上，有些情况下屋脊梁可直接支承在内横墙上。中等跨度的屋盖，可在坡的两侧设矮墙作椽条的支座，此时屋脊处可不设竖向压杆支承，两侧椽条对顶在屋脊板上。矮墙木构架类似于墙体木构架，但仅设一层顶梁板支承椽条，并仅在一侧铺钉覆面板，应用钉将矮墙与下部的支承搁栅和上部被支撑的椽条钉牢，防止倾倒。图 11.3.4-2（*b*）为椽条的另一种支承形式，即采用斜杆支承，斜杆截面不小于 40mm×90mm，与搁栅的交角不应小于 45°，以使斜杆更能发挥支座作用。当屋盖跨度较大时，可同时在屋脊处和两侧中间设竖向压杆或矮墙或斜杆支承，以进一步降低椽条所受弯矩。

因建筑平面和建筑风格不同，屋盖的形式可千变万化，图 11.3.4-3 为两种不同形式的屋盖在戗角、坡谷等部位的椽条布置。戗角和坡谷椽条因荷载较大，且因与所支承的脊面、谷面等短椽条的几何关系，所用规格材截面高度至少比其他椽条大 50mm。支承在戗角、坡谷椽条上的短椽条，端头应切成斜面，两侧对应的短椽条应顶紧，并用钉斜向与戗角、坡谷椽条钉牢。

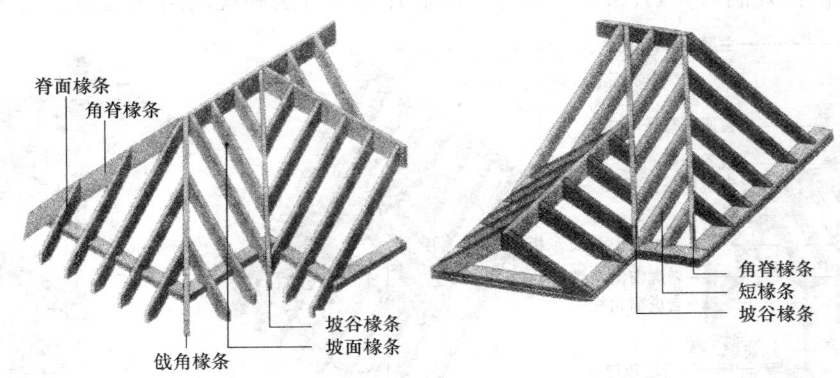

图 11.3.4-3 戗角、坡谷处的椽条布置

山墙处的椽条一般由两根规格材构成，由下部顶梁板上竖立的山墙墙骨支承（图 11.3.4-4）。当屋盖在山墙端需要外挑时，外挑长度不大于 400mm，可将外挑椽条构成梯式骨架，梯式骨架宽度至少为外挑长度的三倍。平屋顶外挑时（图 11.3.4-5），椽条布置与楼盖外挑相似，但当外挑方向与椽条垂直时，墙内的抗倾覆长度可降低至外挑长度的 2 倍。

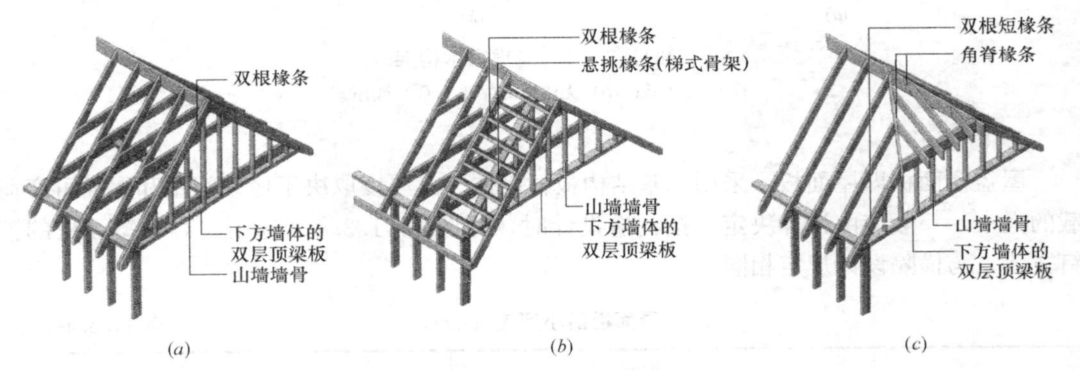

图 11.3.4-4 山墙处椽条布置

(*a*) 山墙面；(*b*) 屋盖外挑；(*c*) 坡形

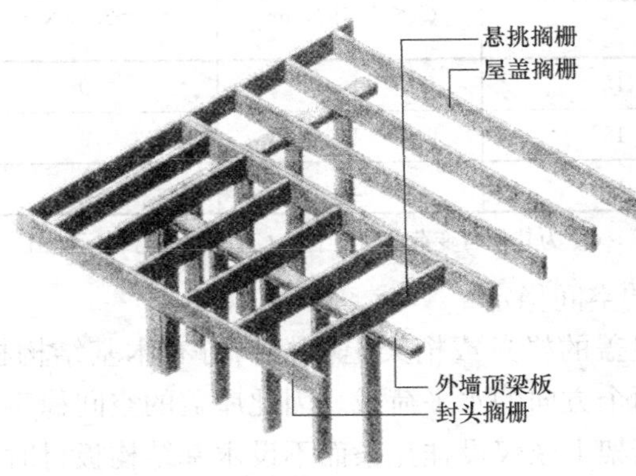

图 11.3.4-5 平屋顶外挑椽条布置

屋顶设置各种花式的老虎窗是轻型木结构屋盖的另一特色，图 11.3.4-6 给出了几种形式的老虎窗木构架构造。老虎窗除自身的木构架外，主要是屋盖椽条系统开洞口的问题，相当于楼盖开洞口，11.3.3 节中有关楼盖开洞的方法和规定同样适用于屋盖开洞。

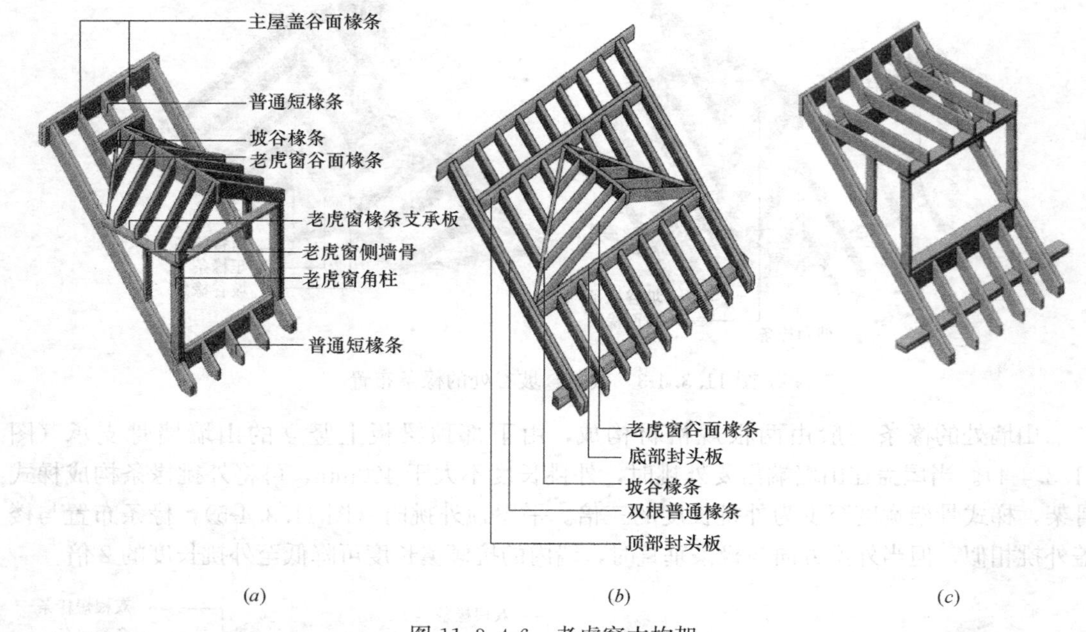

图 11.3.4-6 老虎窗木构架

(*a*) 人字形；(*b*) 无侧墙人字形；(*c*) 棚屋式

2. 覆面板

屋盖覆面板即屋面板，采用木基结构板材制作。其厚度取决于椽条间距和屋面可变荷载的大小，一般应由计算决定。按构造设计时，可按表 11.3.4-1 选用。对于覆面板的铺钉方式，与横隔设计规定相同。

屋面板最小厚度（mm） **表 11.3.4-1**

椽条间距(mm)	上人屋面		不上人屋面	
	$Q_k \leqslant 2.5\text{kN/m}^2$	$2.5\text{kN/m}^2 < Q_k \leqslant 5.0\text{kN/m}^2$	$G_k = 0.3\text{kN/m}^2$ $S_k = 2.0\text{kN/m}^2$	$0.3\text{kN/m}^2 < G_k \leqslant 1.3\text{kN/m}^2$ $S_k \leqslant 2.0\text{kN/m}^2$
400	15	15	9	11
500	15	18	9	11
600	18	22	12	12

注：表中 S_k 为雪荷载标准值，Q_k 为其他可变荷载标准值，G_k 为永久荷载标准值。

3. 轻型木结构屋盖的空间稳定

轻型木结构房屋其屋盖的椽条或桁架上弦杆均钉有木基结构板材，本身就是一个横隔，可抵御和传递纵横两个方向的水平荷载。因此屋盖的空间稳定性是有保证的。在某些特殊情况下，如椽条或桁架上弦仅设挂瓦条而不设木基结构板材时，则需采取空间稳定的保证措施，详见 11.2.3 节。

11.3.5　轻型木结构的钉连接要求

轻型木结构构件间基本都是钉连接，凡需传递荷载的钉连接均应按 5.4 节介绍的有关方法进行承载力验算。符合构造设计条件的轻型木结构，其钉连接的最低要求不应低于表 11.3.5-1 和表 11.3.5-2 的规定。当屋面坡度≥1/3，屋脊处无竖向支承时，檐口处椽条与顶棚搁栅间的钉连接不得低于表 11.3.5-3 的规定。采用金属连接件与木构件连接，所用钉的直径、数量或所用螺栓的直径、数量应满足这些连接件使用说明的规定。

构造设计时轻型木结构的钉连接要求　　表 11.3.5-1

序号	连接构件名称	最小钉长(mm)	钉的最少数量或最大间距(钉直径≥2.8mm)
1	楼盖搁栅与墙体顶梁板或底梁板——斜向钉连接	80	2 颗
2	边框梁或封边搁栅与墙体顶梁板或底梁板——斜向钉连接	60	150mm
3	木底撑或扁钢底撑与楼盖搁栅	60	2 颗
4	搁栅间剪刀撑	60	每端 2 颗
5	开洞周边双层封边搁栅或双层加强搁栅	80	300mm
6	木梁两侧附加托木与木梁	80	每根搁栅处 2 颗
7	搁栅与搁栅连接板	80	每端 2 颗
8	被切搁栅与开洞封头搁栅(沿洞口周边垂直钉连接)	80	5 颗
		100	3 颗
9	开洞处每根封头搁栅与封边搁栅的连接(沿洞口周边垂直钉连接)	80	5 颗
		100	3 颗
10	墙骨与墙体顶梁板或底梁板，采用斜向钉连接或垂直钉连接	60	4 颗
		80	2 颗
11	开洞两侧双根墙骨，或在墙体交接或转角处的墙骨	80	610mm
12	双层顶梁板	80	610mm
13	墙体底梁板或地梁板与搁栅或封头搁栅(用于外墙)	80	400mm
14	内隔墙与框架或楼面板	80	610mm
15	墙体底梁板或地梁板与搁栅或封头搁栅(用于外墙)	80	150mm
16	非承重墙开洞顶部水平构件每端	80	2 颗
17	过梁与墙骨	80	每端 2 颗
18	顶棚搁栅与墙体顶梁板——每侧采用斜向钉连接	80	2 颗
19	椽条、桁架或屋面搁栅与墙体顶梁板——斜向钉连接	80	3 颗
20	椽条与顶棚搁栅	100	2 颗
21	椽条与顶棚搁栅(屋脊板有支座时)	80	3 颗
22	两侧椽条在屋脊通过连接板连接，连接板与每根椽条的连接	60	4 颗
23	椽条与屋脊板——斜向钉连接或垂直钉连接	80	3 颗

续表

序号	连接构件名称	最小钉长(mm)	钉的最少数量或最大间距(钉直径≥2.8mm)
24	椽条拉杆每端与椽条	80	3颗
25	椽条拉杆与纵向系杆	60	2颗
26	屋脊椽条与屋谷椽条	80	2颗
27	椽条斜撑杆与椽条	80	3颗
28	椽条斜撑杆与承重墙——斜向钉连接	80	2颗

注：本表摘自《木结构设计标准》GB 50005—2017。

墙面板、楼（屋）面板与支承构件的钉连接要求　　表11.3.5-2

连接面板名称	连接件的最小长度(mm)				钉的最大间距
	普通圆钢钉	螺纹圆钉或麻花钉	屋面钉或木螺钉	U形钉	
厚度小于13mm的石膏墙板	不允许	不允许	45	不允许	沿板边缘支座150mm，沿板中间支座300mm
厚度小于10mm的木基结构板材	50	45	不允许	40	
厚度10～20mm的木基结构板材	50	45	不允许	50	
厚度大于20mm的木基结构板材	60	50	不允许	不允许	

注：本表摘自《木结构设计标准》GB 50005—2017。

屋面坡度≥1/3或屋脊处无支承时椽条与顶棚搁栅钉连接要求　　表11.3.5-3

屋面坡度	椽条间距(mm)	钉长不小于80mm的最少钉数											
		椽条与每根顶棚搁的连接						椽条每隔1.2m与顶棚搁栅的连接					
		房屋宽度达到8m			房屋宽度达到9.8m			房屋宽度达到8m			房屋宽度达到9.8m		
		屋面雪荷载(kPa)			屋面雪荷载(kPa)			屋面雪荷载(kPa)			屋面雪荷载(kPa)		
		≤1.0	1.5	≥2.0	≤1.0	1.5	≥2.0	≤1.0	1.5	≥2.0	≤1.0	1.5	≥2.0
1∶3	400	4	5	6	5	7	8	11	—	—	—	—	—
	600	6	8	9	8	—	—	11	—	—	—	—	—
1∶2.4	400	4	4	5	5	6	7	7	10	—	9	—	—
	600	5	7	8	7	9	11	7	10	—	—	—	—
1∶2	400	4	4	4	4	4	5	6	8	9	8	—	—
	600	4	5	6	5	7	8	6	8	9	8	—	—
1∶1.71	400	4	4	4	4	4	4	5	7	8	7	9	11
	600	4	4	5	5	6	7	5	7	8	7	9	11
1∶1.33	400	4	4	4	4	4	4	4	5	6	5	6	7
	600	4	4	4	4	4	5	4	5	6	5	6	7
1∶1	400	4	4	4	4	4	4	4	4	4	4	4	5
	600	4	4	4	4	4	4	4	4	4	4	4	5

注：本表摘自《木结构工程施工规范》GB/T 50772—2012。顶棚搁栅接头钉连接的用钉数目，至少应比本表的规定多1枚。

11.4　井干式木结构

采用井干式木结构建造的房屋俗称木刻楞（图 11.4.1-1），通常为一层平房或一层带阁楼房屋。早期的井干式木结构基本上是由圆木或方木叠积而成，是一种古老的板壁（盒）式结构。由于木材用量大，目前仅在林区的少数民宅或景点别墅式建筑中采用。《木结构设计标准》GB 50005—2017 已将其列为一种可采用的方木与原木结构形式。

图 11.4.1-1　井干式木结构房屋外貌

11.4.1　基本构造

图 11.4.1-2 为采用以圆木为主材的井干式木结构房屋的构造示意图，现今主材亦有用方木或胶合木的。层叠而成的木墙是最重要的承重构件，既要承受竖向荷载，又要抵御地震和风荷载产生的水平作用。竖向荷载使木材横纹受压，而木材的横纹抗压弹性模量很低；另一方面，上、下两根木料间的叠缝处无抗拉能力，层叠木墙受压时的稳定系数显然

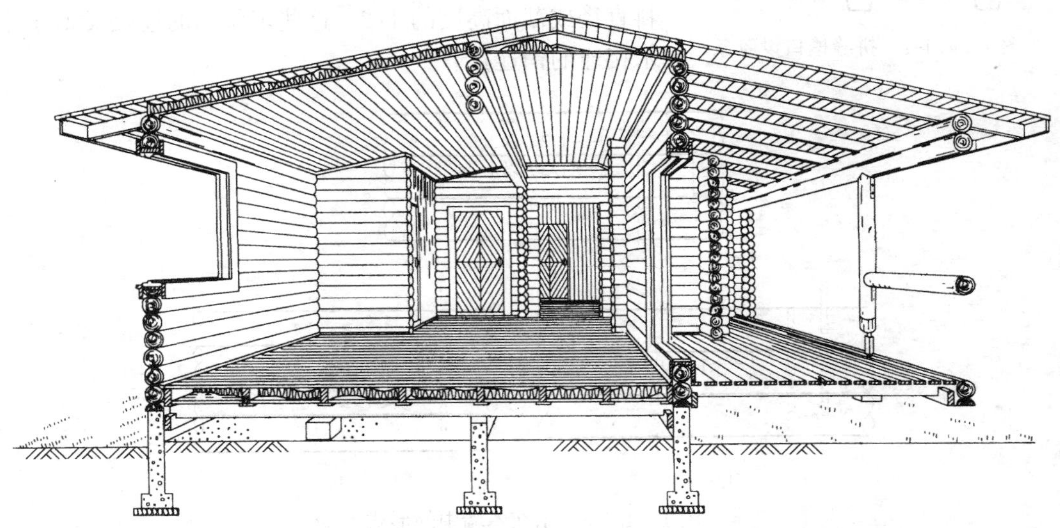

图 11.4.1-2　井干式木结构房屋构造示意图

要比顺纹受压的情况低，且目前尚无该稳定系数的计算方法。因此，这种层叠而成的承重木墙的高厚比和无约束墙垛的长度要严格控制，以保证其稳定性。因此，标准GB 50005—2017规定，当墙体无约束长度超过6.0m时，层叠木墙沿墙高应设不妨碍竖向变形的对拉夹板（方木）加固。此外，在寒冷地区，除非在室内一侧另设保温层，外墙墙体厚度尚需考虑保温要求。层叠木墙通常采用截面为120～1400cm^{2}的木料，其下限值是为了满足抵御垂直于墙面的风荷载所需。

为保证圆木、方木层叠木墙拼缝处的紧密性，每根木料的上、下边需开阴阳槽口，常见的形式有如图11.4.1-3所示的几种。为使外墙的气密性更好，尚可在拼缝槽口两侧加设弹性胶条（图11.4.1-4）。

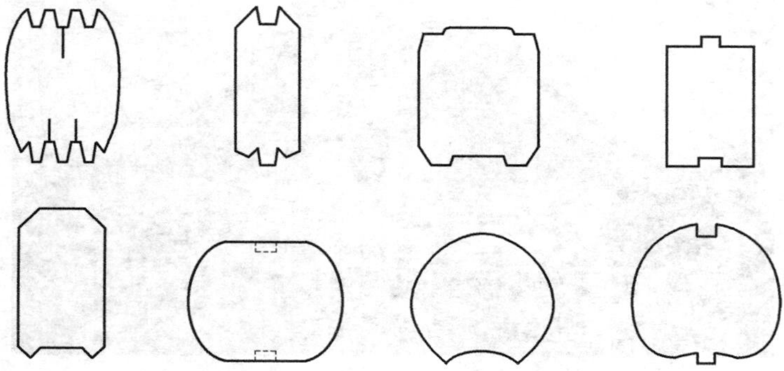

图11.4.1-3 拼缝槽口形式

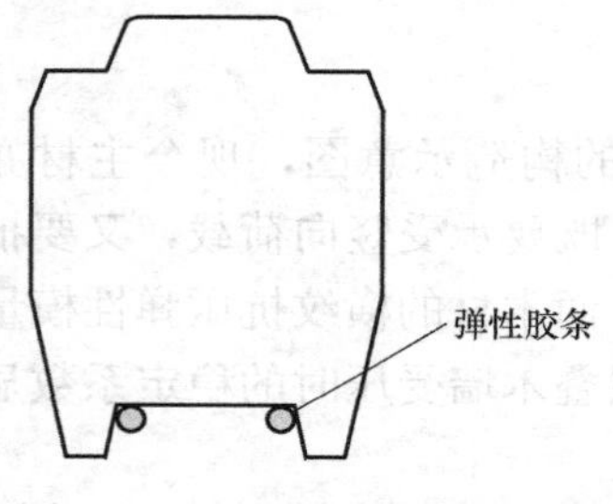

图11.4.1-4 拼缝槽口设胶条

层叠木墙中相邻的两根木料间需按一定的间距设定位销——钢销或木销。钢销直径不小于9mm，木销由优质硬木制作，圆形木销直径不小于25mm，方形的截面尺寸不小于25mm×25mm。销需要通过引孔打入木料中，打入的方式有图11.4.1-5所示的几种。不论何种打入方式，销留在上、下木料中的深度均不应小于木料直径或截面高度的1/2。这些定位销的连接类似于木-木相连的销连接。

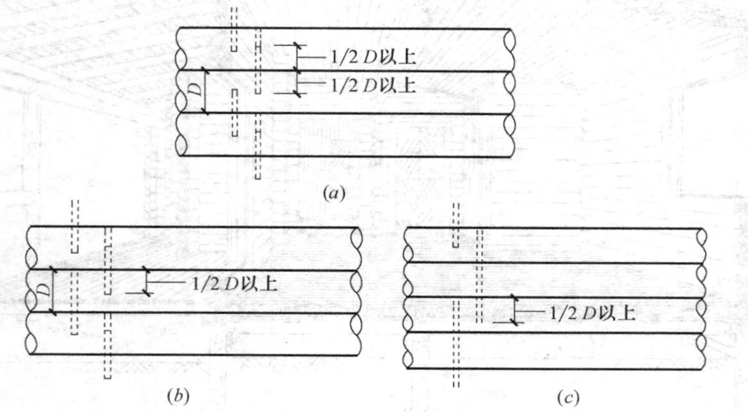

图11.4.1-5 销在木墙中的形式

(*a*) 销长为1*D*；(*b*) 销长为1.5*D*；(*c*) 销长为2.5*D*

各国对井干式木结构层叠木墙中定位销的作用尚有不同认识。在日本有关规范中，十分重视定位销的作用，将其视为确定层叠木墙抗剪承载力和侧移变形的唯一因素；而美国与芬兰的有关规范，并不强调层叠墙中定位销的作用。标准 GB 50005—2017 仅规定了间距不大于 2.0m、距墙端不大于 0.7m 的构造要求。实际上，层叠木墙平面内的抗剪承载力由层叠木之间的摩擦力和定位销的抗剪承载力组成，但摩擦力随墙体高度不同而变化，摩擦系数也随许多因素的影响而变化。这可能是日本规范不计摩擦力的主要原因。在日本规范中，将某墙肢中的定位销数乘以销连接的侧向承载力作为该墙肢的抗剪承载力，并应该满足抵抗墙肢所受水平剪力的要求；又依销连接的滑移量计算层间相对滑移，如不超过 1/200（1/120）等规定。定位销的侧向承载力和滑移变形理论上可按 5.3 节有关规定计算。但是在日本规范中规定定位销达到屈服荷载时的滑移量以 3mm 计，因此要满足层间位移不超过限值，每根定位销的实际负荷远低于销连接的屈服承载力。

纵横墙相交处通常采用鞍形槽口连接，并将两墙各外伸一段翼墙（图 11.4.1-6），外伸宽度约为 1.0～1.5 倍墙厚，交叉点处或翼墙两端设直径不小于 12mm 的通长圆钢螺栓，将墙端锚固在基础上，以抵御水平荷载产生的倾覆力矩和增强房屋的整体抗滑移能力。翼墙段的作用是增大槽口端部木材的抗剪面积，增强节点抵抗角位移的能力，也构成了这类房屋独特的建筑风格。纵横墙间的这种连接可视为半刚连接节点，从而可放宽对横隔平面内的刚度要求。如果在层叠木墙长度的中部也设置类似的相交翼墙（图 11.4.2-1），将类似于砌体结构中的砖墙壁柱，可约束木墙平面外变形，因此，两相交翼墙间的距离，可视为木墙的无约束长度。

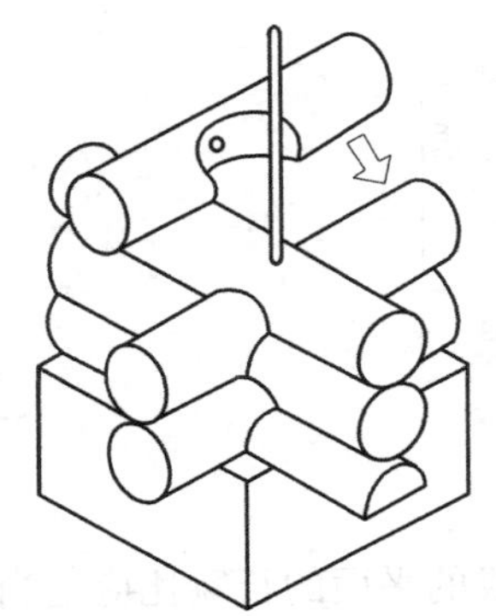
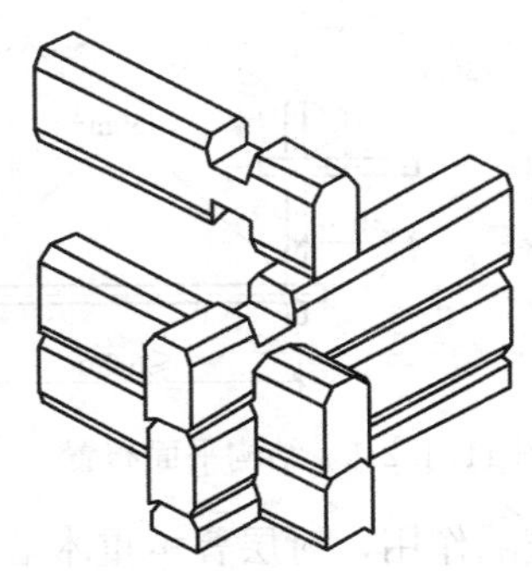
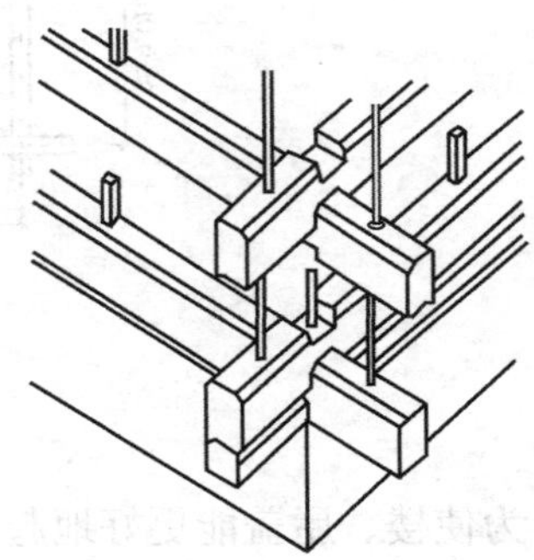

图 11.4.1-6 纵横墙相交处的连接

层叠木料沿墙长可采用对接接头接长，但接头两端木料均应设定位销，上、下层木料的对接接头应错开。门窗洞口上方的各层木料均不应有对接接头，当相邻洞口的净距不大时，所留的墙垛不应视为受力墙垛，因此，两相邻洞口应视为一个大洞口，其上方的木料均不得有对接接头。

井干式木结构房屋的屋顶一般将檩条直接支承在横墙上，檩条上设椽条。山墙上的山尖墙体大多数用木构架制作，较少用木料叠积而成，内横墙顶部设高度不等的短柱支承檩条。当需要在两横墙间设置檩条支座时，老式的井干式木结构一般也用木料叠积成山尖似的梁，个别的采用短柱抬梁式（见 11.1.2 节）。

当需要在房顶设阁楼时，搁栅可直接支承在纵墙顶部，上铺厚实的企口板作楼面板。

在这种情况下，由于山墙的山尖高度较高，为保证其稳定性，应使该层楼盖能成为山墙在楼盖高度处的水平支撑。

由于层叠木墙的木料横纹受压，在持久荷载作用下，其压缩变形较大，因此门窗洞口在高度方向的尺寸需留有一定的富余，以免影响门窗扇的开启。

井干式木结构房屋的主要承重构件外露在大气中，应优先采用抗腐性能较好的树种木材，如东北落叶松等。混凝土或砌体基础顶面应距自然地面有足够的距离，以免墙体与土壤接触，并应对距地面高度 1.0m 以下的木材作防腐处理，距基础顶面 300mm 以内使用的铁件也应作镀锌防腐处理。

11.4.2 设计要点

为确保井干式木结构房屋在不同荷载作用下的稳定性，日本有关标准要求每幢房屋的建筑面积不超过 300m²，层数以一层平房或一层带阁楼房屋为宜，也可建在一层混凝土或砌体结构的顶部。在上述构造要求下，房屋的檐口高度不应超过 4.0m（基础顶面算起），房屋总高度不超过 8.0m。

在结构的平面布置上，层叠承重木墙间距不大于 6.0m，由承重木墙围成的房间面积不大于 30.0m²（图 11.4.2-1），内外墙因开门窗洞口后的翼墙宽度不小于 0.3h（h 为墙高）。这些规定是为了保证层叠木墙平面外的稳定性。

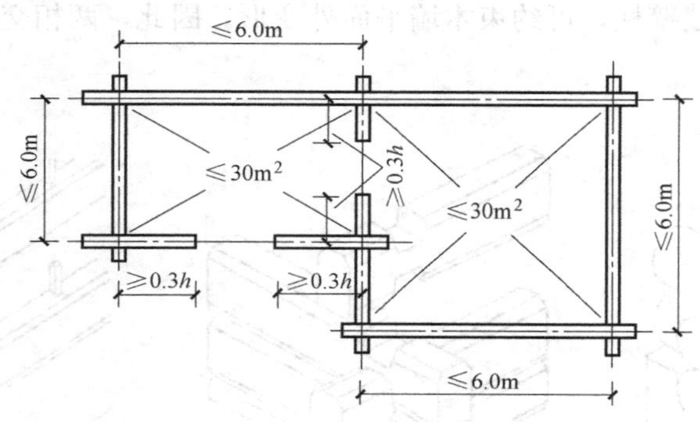

图 11.4.2-1 结构平面布置

为使楼、屋盖能更好地起到横隔作用，对层叠承重木墙围成的平面的长宽比应适当控制，楼、屋盖不同覆面板条件下的长宽比建议限值，列于表 11.4.2-1。

楼、屋盖的长宽比限值 **表 11.4.2-1**

覆面板	长宽比
木基结构板材(搁栅间无横撑)	3∶1
木基结构板材(搁栅间有横撑)	4∶1
直铺一层木板(板与梁或搁栅垂直)	2∶1
斜铺一层木板	3∶1
斜铺双层木板(交叉铺钉)	4∶1

层叠木墙每条拼缝间的销数量应满足抗震和抗风的需要。理论上应按不同地域的抗震设防烈度和风压等经计算确定，但为简化，亦可采用构造设计法解决。例如日本有关设计

标准规定，对于地震，不分地区（即按地震烈度较大的计），但考虑屋顶积雪厚度的不同，给出了单位建筑轴线面积所需销的根数（销构造要求同上）。一般地区的一层平房，为0.34 根/m^2，带阁楼的为 0.44 根/m^2；积雪达 1.0m 时，所需根数分别为 0.43 根/m^2 和 0.53（根/m^2）；积雪达 2.0m 时，分别为 0.52 根/m^2 和 0.62 根/m^2；积雪处于 1.0～2.0m 间，可取线性插入值。房屋以一层建筑轴线面积计算每条拼缝的总用销数，但纵、横两个方向的墙体需分别满足。对于风荷载，以单位迎风面积计，取 0.41～0.61 根/m^2，风压大的地区取上限，需分别按纵、横两个迎风面的面积计算两个方向需要的销数量。取地震作用与风荷载所需销数量的较大者，作为纵、横墙中每条拼缝需要的销总数量，不考虑沿墙高的每条拼缝销数量的差别。销在拼缝中应均匀布置，在日本有关标准中，因剪力墙的抗剪承载力取决于定位销数量，故可用定位销代替 11.5.3 节中剪力墙的“壁倍率”来计算偏心率不超过相应的限值，达到销布置均匀、对称，使其刚度中心和水平作用中心基本吻合。此外，尚需根据销连接的滑移验算楼层的侧移。

井干式木结构的抗倾覆能力除建筑物自重以外，主要依靠设置于纵横墙交叉点处的通长锚固螺栓，应细致验算。

至于楼盖设计，与一般木结构房屋相同，不再赘述。

11.5　梁柱体系木结构

在 11.1 节中已介绍了古代木结构建筑，无论是殿堂建筑、“官式”建筑还是民间住宅建筑，均是梁柱体系。虽然采用半刚性的榫卯连接，但采取了大截面、多重梁架等不计经济性的诸多构造措施，使梁柱构架不仅能承受竖向荷载，也能抵御水平荷载的作用。现代木结构追求安全性与经济性的协调，构件布置、截面选择等是建立在力学分析的基础上的。根据常用的节点连接的刚度特性分析，简捷的纯梁柱布置的木构架，并不能满足抵抗水平荷载的需要。因此，现代的梁柱体系木结构转变为带斜撑的铰接木框架、设木剪力墙的铰接木框架以及植筋连接的梁柱木框架三种形式。当然，当侧移不能满足要求时，第三种形式也可以增设斜撑或剪力墙。《木结构设计标准》GB 50005—2017 将前两种形式划归方木与原木结构，部分条款也借鉴了日本木结构设计规范。本节结合日本的有关设计方法作简要介绍。

在日本，包括梁柱体系（轴组）在内的木结构建筑，按建筑高度划分为三个级别，对各级木结构建筑，特别是对于抗震设计，采取不同的设计方法。每个级别中随木结构类别（梁柱体系、板式结构和大断面木结构三类）不同，验算内容也有所不同。对于量大面广建筑高度不超过 13m、面积不超过 500m^2、檐口高度小于 9m 级别中的一至二层的小型木结构建筑，基本采用类似于轻型木结构的“构造设计法”；对于三层以上或面积超过500m^2 的木结构建筑，则需要作结构的抗力验算和小震（多遇地震）条件下层间位移验算。在有关设计方法中，将带斜撑的墙也视为木剪力墙，且与木剪力墙的设计方法相同。

11.5.1　构造要点

图 11.5.1-1 为采用柱间斜撑作抗侧力构件的梁柱体系木结构构造全貌。住宅建筑的层高通常为 2.7～3.0m，木框架用针叶树种木材制作，截面较大的梁、柱亦可用层板胶合

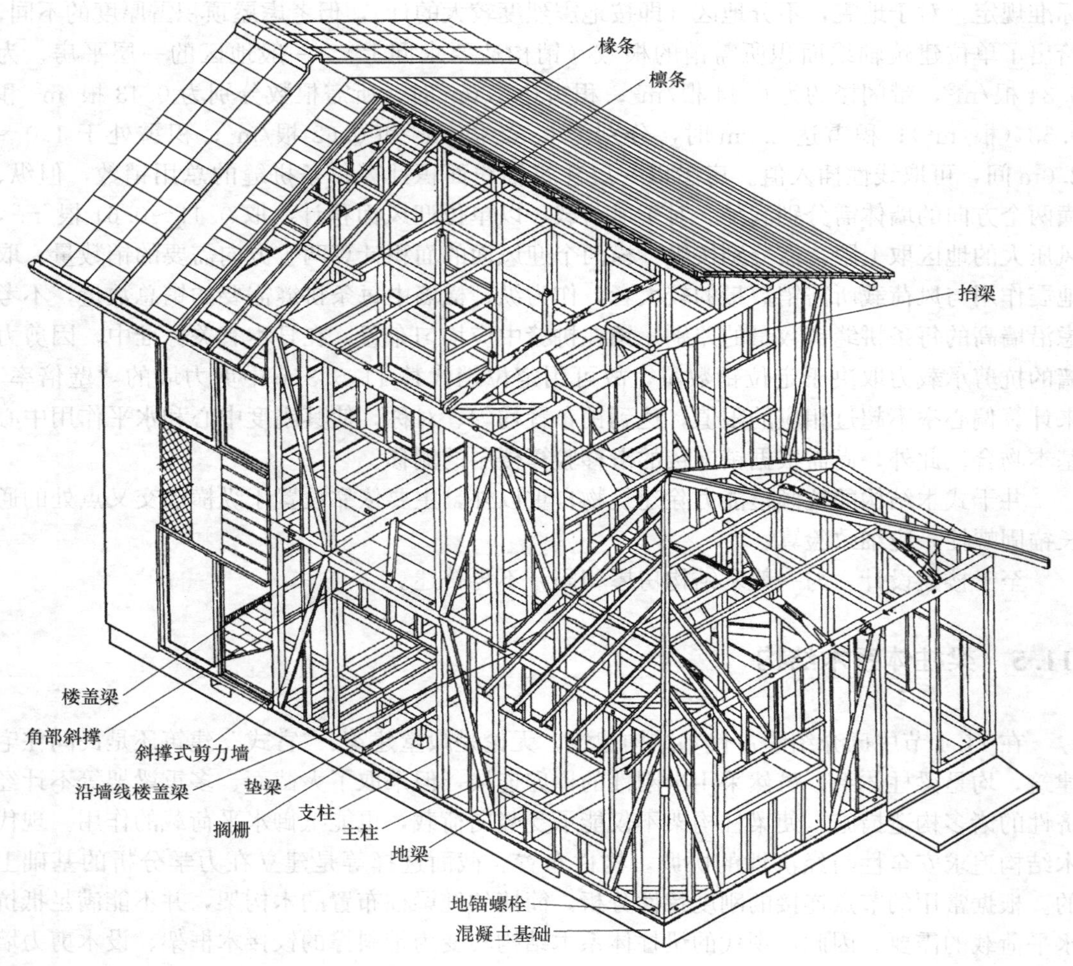

图 11.5.1-1 小型梁柱木结构建筑构造全貌

木制作。

1. 基础

为防腐并使木楼盖通风，混凝土基础顶面至少距室外地坪 300mm，室内架空木地面下的土地面上一般浇筑一层厚 120mm 钢筋混凝土板，以便设置木地梁的中间支座。在外露的基础上，需开设通风洞口，外置百叶窗，防止雨水浸入。基础顶面设置连续的木垫梁，垫梁底可设垫片，也可不设垫片，垫梁截面应与上部的柱截面尺寸相适应，一般为 120mm×120mm 或 105mm×105mm。木垫梁需与基础可靠锚固，因此在构筑基础时需按要求的间距和位置设置预埋螺栓。锚固点通常在外墙角部两侧及内外墙上各距交点不大于 200mm 处，以及距充当抗侧力构件之一的主柱和支柱不大于 200mm 处，锚固点间距也不应大于 3m，螺栓直径一般不小于 12mm，目的是防止房屋在水平荷载作用下倾覆和滑移。

2. 柱

柱有主柱和支柱之分。主柱沿楼层高度方向是连续的，故称通天柱。小型建筑中的主柱网在 6.0m×6.0m 以下，一般为 900（910）mm 的倍数，以适应日本标准宽度的墙面和楼、屋面板的布置。主柱截面为 120mm×120mm 或 105mm×105mm。支柱沿内、外墙线布置，间距为 900（910）mm，截面尺寸一般为 105mm×105mm。支柱在层间是不连续的，被各层楼盖梁所阻断，主柱与首层支柱均站立在基础顶面的木垫梁上，并用金属连接件可靠固定。上层各支柱则站立在各层沿墙线布置的楼盖梁上。除部分主柱和支柱间需设置剪力墙外，其余柱的一侧或两侧设围护墙板，如石膏板等。也有在柱间镶嵌 30mm 厚、耐火极限为 0.5h 的实木拼板作内、外墙板，需要保温者则在夹层中设置保温材料，或铺钉具有保温性能的围护墙板。这类墙为围护墙，不承受竖向和水平荷载。

3. 楼盖

首层架空木地面的承重构件是地梁与搁栅，搁栅顶面铺钉楼面板。地梁截面一般为 105mm×105mm，间距取决于所采用搁栅的允许跨度。地梁两端支承在基础顶面的木垫梁上，跨内往往设若干高度可适当调节的中间支座，因此地梁可不用整根长木料，并允许在长度方向拼接。搁栅的间距有 0.303m 和 0.455m 两种，是楼面标准宽度 910mm 的公约数。搁栅截面宽 45mm，高 45～120mm，分为若干规格，允许的跨度可由类似于“跨度表”的表格查得。有些工法（房屋设计、施工一体化的成套技术）采用厚度为 28mm 的企口结构胶合板或 30mm 厚的大张实木拼板作覆面板，适当改变地梁间距后可取消搁栅，直接将其铺钉在地梁顶面。当木地面需作保温处理时，可将保温围护板材通过金属挂件吊挂在地梁下解决。

各层楼盖的主要承重构件是楼盖梁和搁栅。沿墙线布置的楼盖梁两端支承在通天柱侧面并以支柱为中间支座。为减小搁栅跨度，可在楼盖梁上设次梁，梁截面宽度通常为 115mm，高度为 150～450mm，并由计算决定。梁的挠度要求不大于 1/300（搁栅不大于 1/250）。搁栅可直接支承在沿墙线的楼盖梁或支承在次梁上，其间距、截面尺寸、允许跨度等与首层架空地面搁栅相同。

4. 屋盖

屋盖支承在内、外墙线处的顶层梁上，墙线间的距离以间计（屋盖承重构件的跨度），一间的长度为 1.82m（2×910mm，即 6 尺）。墙间距在 3.5 间以内时，屋盖承重构件的布置常采用图 11.5.1-2 所示的几种形式。由图可见，是采用了类似于我国古代木结构的抬梁为屋盖承重构件。屋顶的斜坡是由站立在屋盖抬梁上的不同高度的短柱（瓜柱）形成，短柱顶端架设檩条，再在其上设椽条和屋面板（木望板）。当屋面板用厚实的结构胶合板或实木拼板并适当减小檩条间距时，可不设椽条。屋盖抬梁是主要承重构件，其间距不大于 3m，用原木时梢径为 100～210mm。可根据间数查有关表格决定。檩条是屋面承重构件，方木檩条截面宽度为 120mm，高 120～300mm，由跨度决定。图中平行于屋面斜坡的木料是系杆，并非普通桁架的上弦杆，是为保证各短柱稳定而设，在一些短柱间还应设纵向支撑。当墙间距较大时（如 3.5 间以上），可采用全木的三角形豪式屋架（图 11.5.1-3）。与第 8 章所述的木桁架相似，但竖腹杆也用木材。至于四坡或歇山屋顶的构造则类似于 11.2 节的有关介绍。有些工法屋盖承重构件采用由短柱支承的平行于屋面坡度的斜梁形式，或用带木拉杆的三铰拱形式，并非一成不变。

5. 抗侧力构件

由于梁柱节点连接的刚度不足，所构成的铰接框架并无能力抵抗风荷载和地震水平作用，甚至在施工阶段需用临时斜支撑来保持其稳定性。因此这种结构体系必须设置一定数

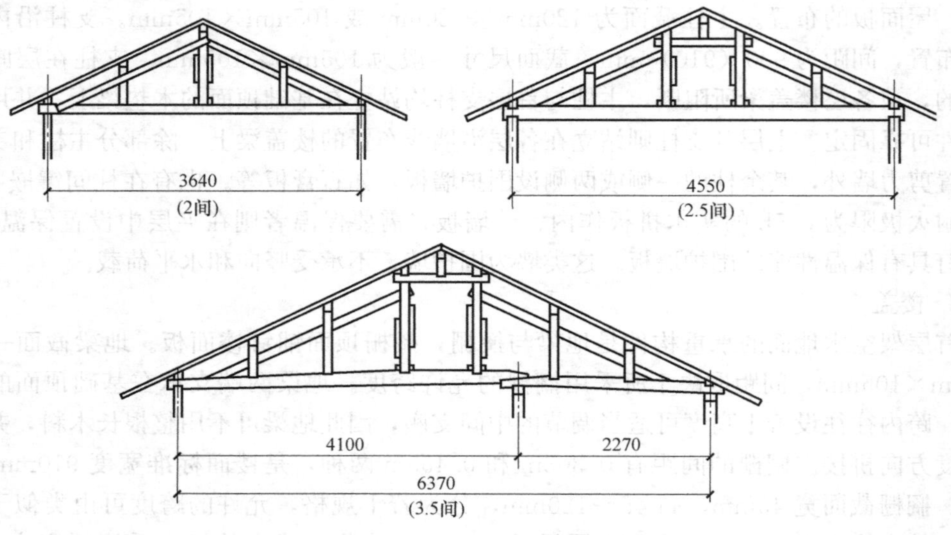

图 11.5.1-2　间数不多时的屋盖承重构件布置

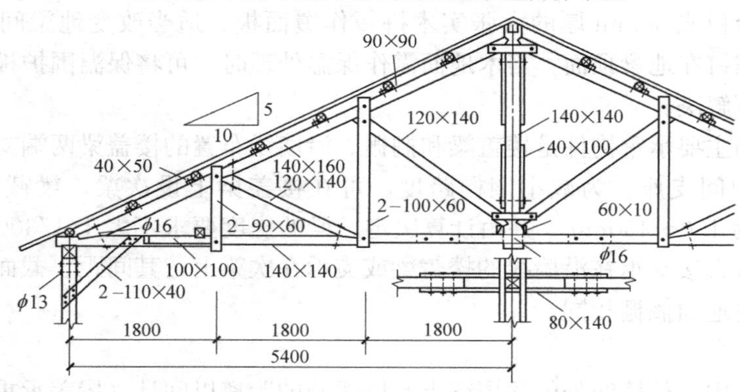

图 11.5.1-3　三角形豪式屋架示例

量的抗侧力构件，即剪力墙。剪力墙基本上可分为斜撑式与板壁式两类，并规定每片剪力墙的宽（长）度均不得小于层高的 1/3。

斜撑式剪力墙，由于地震和风荷载方向的不定性，如仅在主柱和支柱间设单方向的斜撑，可能受压，也可能受拉。这对于木斜撑两端的连接带来困难，很难做到既能受压又能受拉，故一般采用不在同墙段内设彼此交叉的斜杆，使其仅受压或只受拉。如图 11.5.1-4 所示的受压斜杆方案，当水平作用力向右时，则右端的斜杆受压参与工作，而左端斜杆不参与工作；若采用斜杆受拉方案，作用力向右时，左端斜杆受拉参与工作，右端斜杆不参与工作。图中水平构件为基础顶面的木垫梁或沿墙线的楼盖梁，竖向构件为主柱或支柱。符合构造设计法条件的木结构房屋，受压木斜杆截面不小于 30mm×90mm，受拉木斜杆截面为 15mm×90mm，也可用直径不小于 9mm 的钢筋充当。采用受压斜杆方案时，与斜杆上端相交的主柱或支柱中将产生上拔力，柱与垫梁或楼盖梁的连接应考虑这种上拔力（拉力）的作用，例如采用专门的丁字形金属连接件加强（图 11.5.1-5），垫梁也需可靠锚固。受拉斜杆两端的连接要求有较大的承载力，图 11.5.1-6 是一种增加钉数量的连接方法。这些斜杆不论设计为受拉或受压，均认为不承担竖向荷载。

板壁式剪力墙类似于轻型木结构剪力墙，区别在于用主柱和支柱代替墙骨，用上下层沿墙线的楼盖梁和垫梁代替地（底）、顶梁板，在一侧铺钉厚度不小于 7.5mm 的结构胶合板。由于主柱与各支柱间距为 910mm，为保证结构胶合板的平面外稳定（剪切失稳），柱间需增加截面为 45mm×45mm 的间柱（图 11.5.1-7），称隐柱安装。结构胶合板亦可

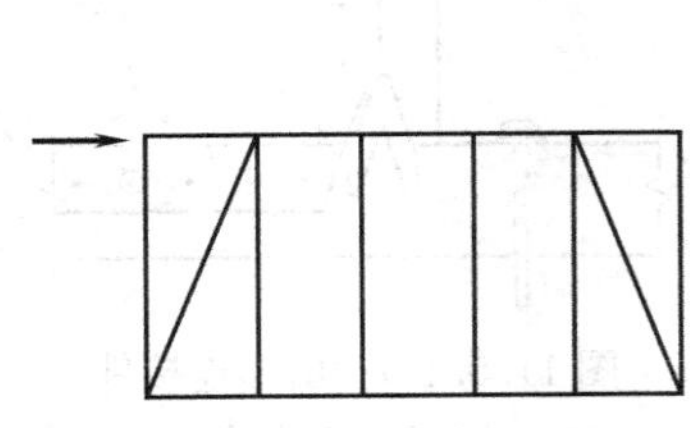

图 11.5.1-4 斜撑的设置方案

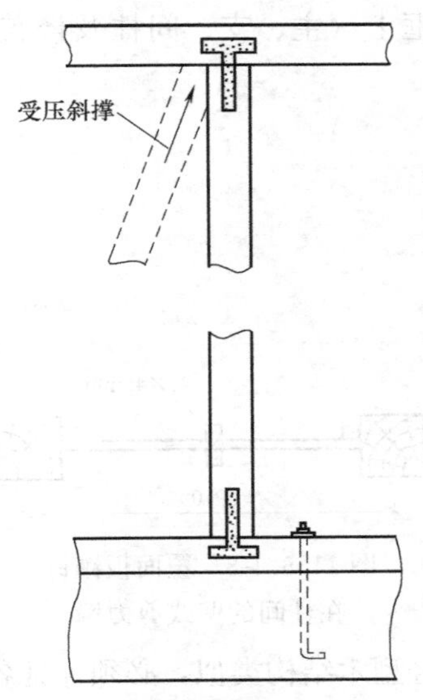

图 11.5.1-5 丁字形连接件加固

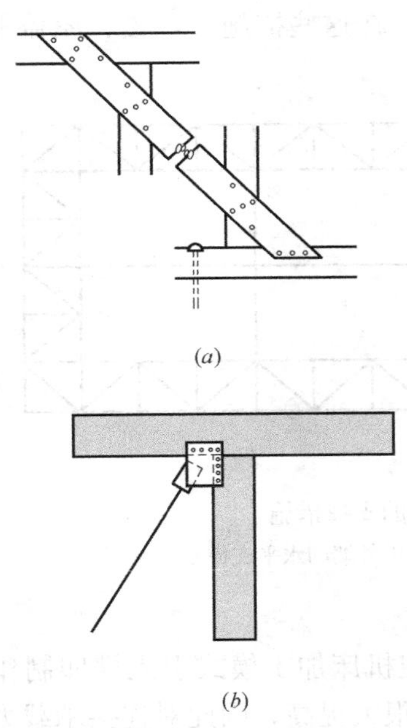

图 11.5.1-6 受拉斜杆的连接处理
(a) 木质斜拉撑；(b) 钢筋斜拉条

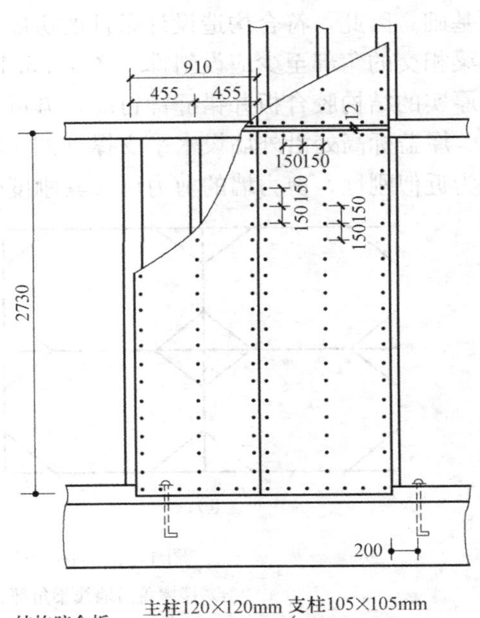

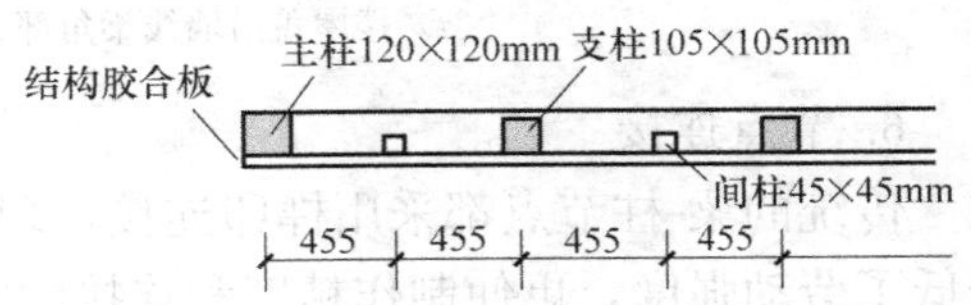

图 11.5.1-7 板壁式剪力墙

镶钉在主柱与支柱间（图 11.5.1-8），称明柱安装，此时可两侧铺钉结构胶合板。在水平荷载作用下，主柱与支柱也受到上拔力的作用，因此与梁的连接也要考虑这种上拔力（拉力）的作用，采用能承拉的连接件加固。图 11.5.1-9 所示为采用山形连接件加固的情况。同理，柱下垫梁也需加强锚固。结构胶合板通常用间距为 150mm、长为 50mm 的圆钉钉牢在木框上（主、支、间柱及楼盖梁、地梁），角部因受山形连接件影响，需加密间距钉牢。

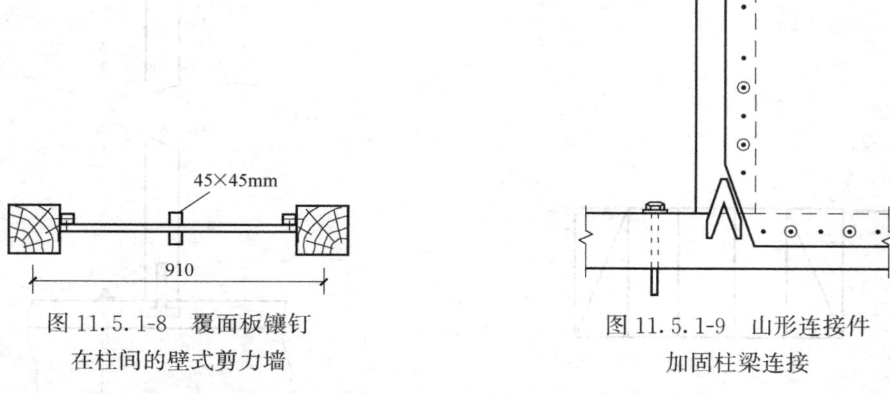

图 11.5.1-8 覆面板镶钉在柱间的壁式剪力墙

图 11.5.1-9 山形连接件加固柱梁连接

与轻型木结构类似，必须保证各层楼盖和屋盖在水平面内具有足够的抗剪刚度，以保证房屋不发生类似于图 9.1.1-2（*c*）所示的变形，并有利于层间剪力能传递至各片剪力墙和基础。因此，符合构造设计条件的房屋，在垫梁、各层沿墙线的楼盖梁和支承屋盖的顶层梁相交的角部至少应设斜撑（图 11.5.1-10*a*），以增强抵抗角变形的能力。只有当楼板用厚实的结构胶合板并错缝铺钉时，方可省去楼盖角部的斜撑。在较空旷的场合，最好在楼、屋盖标高处沿外墙设水平支撑（图 11.5.1-10*b*）。在这些措施下，楼、屋盖平面内可视为近似刚性，剪力墙的剪力可按其刚度分配。

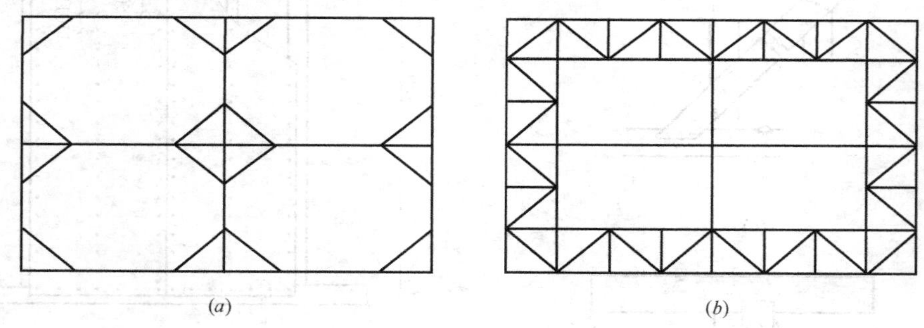

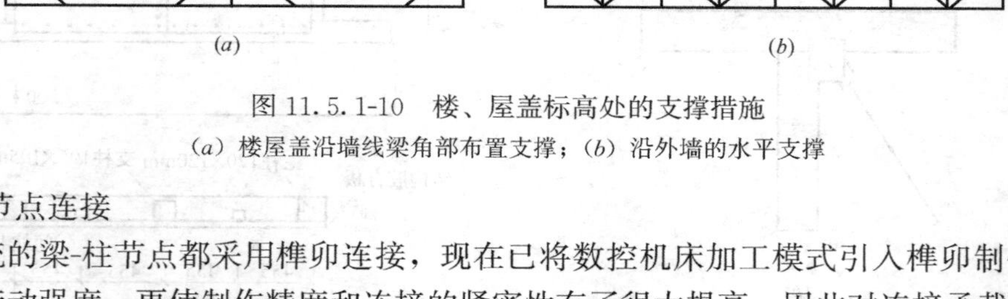

图 11.5.1-10 楼、屋盖标高处的支撑措施

（*a*）楼屋盖沿墙线梁角部布置支撑；（*b*）沿外墙的水平支撑

6. 节点连接

传统的梁-柱节点都采用榫卯连接，现在已将数控机床加工模式引入榫卯制作，不仅降低了劳动强度，更使制作精度和连接的紧密性有了很大提高，因此对连接承载力无特殊要求的场合仍在采用榫卯连接。如图 11.5.1-11 所示的垫梁相交处的燕尾榫连接、垫梁沿长度方向的对接及地梁与垫梁连接等。但榫卯对构件截面损伤大、连接承载力低，特别是

木材干缩引起的连接松动很难避免，木构件间的节点连接逐渐被各种金属连接件连接所取代。图 11.5.1-12 为几种柱脚、柱头、梁与柱、梁与梁或梁与搁栅间采用金属连接件连接的例子。这类连接方式连接承载力高，性能好，安全可靠，施工简便，应用广泛。

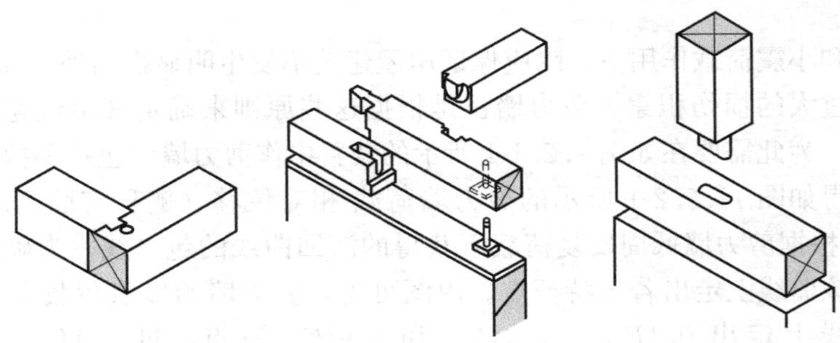

图 11.5.1-11 部分榫卯连接示例

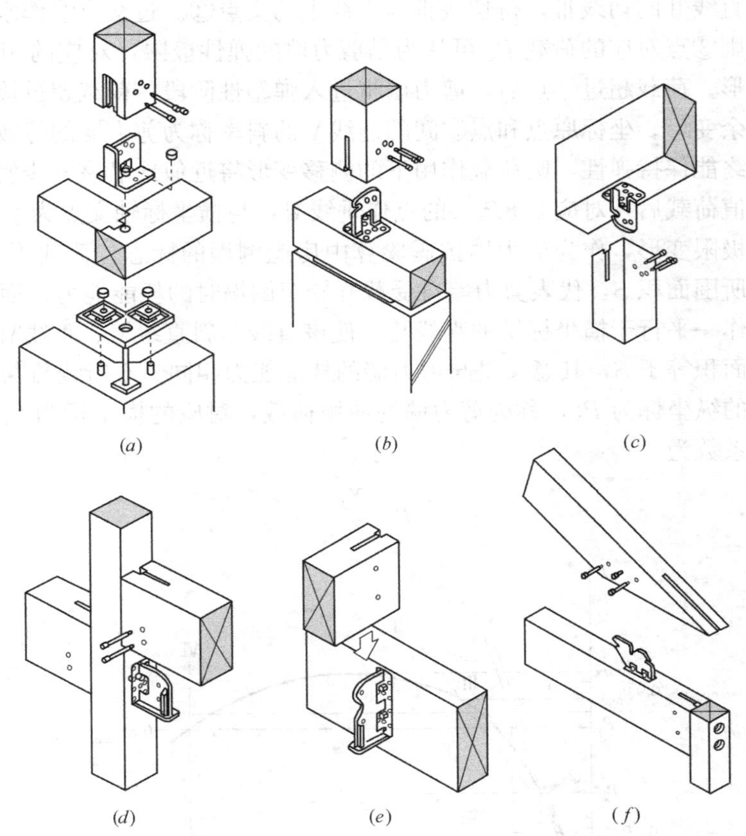

图 11.5.1-12 节点的金属连接件连接示例

(*a*) 角部主柱脚连接；(*b*) 支柱柱脚连接；(*c*) 支柱顶与沿墙线楼盖梁连接；(*d*) 梁与主柱连接；(*e*) 梁与搁栅连接；(*f*) 梁与斜梁连接

11.5.2 剪力墙设计指标的取值

在梁柱体系木结构中，剪力墙是抗侧力构件，主要抵御地震作用和风荷载。在结构抗震验算中，小震（多遇地震）时应不使房屋建筑遭受明显的损伤，大震（罕遇地震）时则应保证房屋建筑不发生倒塌。因此剪力墙抗剪承载力设计需考虑两种不同的验算过程（在日本，风和小震的结构验算包含在一次设计中，大震的抗倒塌验算包括在二次设计中）。

在风荷载和小震荷载作用下，除应保证房屋建筑不发生明显损伤外，尚应有足够的安全性和不发生过大的损伤积累。剪力墙正是根据这些原则来确定其单位宽度的允许剪力（安全系数法）。为此需要在如图9.2.1-1所示的装置中作剪力墙（包括斜撑式剪力墙）抗侧力试验，获得如图11.5.2-1所示的剪力墙荷载-相对位移（侧移与墙高之比γ）曲线。图11.5.2-1为根据剪力墙低周反复荷载下获得的滞回曲线的包络线，为确定剪力墙的允许剪力，需在该曲线上定出若干特征点。由图可见，剪力墙的峰值荷载为$P_{\max}$（破坏荷载），先在曲线上定出$0.1P_{\max}$、$0.4P_{\max}$和$0.9P_{\max}$三点，过$0.1P_{\max}$和$0.4P_{\max}$及$0.4P_{\max}$和$0.9P_{\max}$分别作直线Ⅰ、Ⅱ，再作曲线在$0.4P_{\max}$～$0.9P_{\max}$范围内的某一点①的，且平行于直线Ⅱ的切线Ⅲ，得切线Ⅲ与直线Ⅰ的交点②。过交点②作水平线Ⅳ与曲线相交于③点，则③点对应的荷载P_e可认为是剪力墙的弹性极限，对应的相对侧移γ_e，称为弹性极限变形。荷载超过③点后，剪力墙将进入弹塑性阶段，荷载超过该点后卸载，剪力墙将会有残余变形。坐标原点和点③间的连线Ⅴ的斜率称为剪力墙的等效刚度。其意义是若剪力墙始终能保持弹性，则荷载作用下的侧移变形将近似地沿该直线发展。在曲线下降段（即过峰值荷载后）对应$0.8P_{\max}$的点作垂线Ⅵ，与横坐标轴交点为γ_u，该侧移变形称为剪力墙的极限变形，作为剪力墙抗震验算中房屋倒塌的标志。荷载-位移曲线与横坐标轴及垂线Ⅵ所围面积S，代表剪力墙自受载开始至倒塌时的耗能能力，面积越大，抗震性能越好。再作一平行于横坐标轴的直线Ⅶ，使该直线与斜直线Ⅴ、垂线Ⅵ及横坐标轴围成的直角梯形面积等于S，其意义是与剪力墙的耗能能力相同。平行线Ⅶ与斜直线Ⅴ的交点为④，该点的纵坐标为P_y，称为剪力墙的屈服荷载，对应的横坐标为γ_y，称为屈服变形。定义延性系数为

$$\mu=\frac{\gamma_u}{\gamma_y} \tag{11.5.2-1}$$

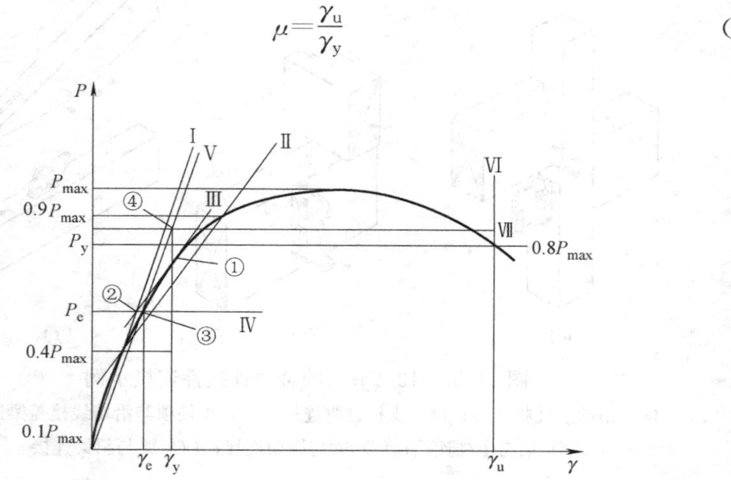

图11.5.2-1 剪力墙的荷载-相对位移曲线

日本木结构设计规范中取下列剪力值中的最低值P_0作为确定剪力墙允许剪力的基本

依据。

$$P_0=\min\{P_{max}/1.5, P_e, P_{120}, 0.2P_u\sqrt{2\mu-1}\} \quad (kN) \tag{11.5.2-2}$$

式中：P_{120}为按日本剪力墙抗侧力标准试验方法，当剪力墙相对侧移（无竖向荷载时）达到1/120（ASTM试验方法的相对侧移为1/300）时对应的抗力，1/120视为梁柱体系木结构建筑不发生明显损伤的最大相对侧移限值；1.5为安全系数；$0.2P_u\sqrt{2\mu-1}$为满足抗震要求的值（见12.1节）；P_e是弹性极限，如果剪力取值超过该值，剪力墙将产生残余变形而导致损伤累积。

日本规范中剪力墙的允许剪力用壁倍率表示，一个壁倍率等于单位宽度（m）剪力墙的允许剪力1.275kN。因此，被测试剪力墙的壁倍率α由下式计算：

$$\alpha=\frac{3}{4}\cdot\frac{P_0\alpha_1\beta}{1.275l} \tag{11.5.2-3}$$

式中：3/4为折减系数；α_1、β分别为考虑剪力墙材性和环境（湿度）影响的系数；l为试验剪力墙的宽度（m）。

在确定剪力墙的壁倍率时，尚需考虑试验批剪力墙的剪力P_0值的离散性。因此，规定取75%置信水平下限的0.5分位值。例如，如果完成3个剪力墙试验，取3个试验结果的平均值乘以系数（$1-0.471v$），v为剪力墙抗剪承载力的变异系数。对于按一定标准方法制作的剪力墙，有关设计标准将给出壁倍率。例如，用直径9mm钢筋作斜拉撑的剪力墙，其壁倍率α为1.0，允许剪力为1.275kN/m；采用90mm×90mm的方木作斜撑的剪力墙，壁倍率α为3.0，允许剪力为3.825kN/m；使用厚度为7.5mm结构胶合板（钉距150mm、钉长50mm）的板壁式剪力墙，壁倍率α为2.0，允许剪力为2.55kN/m。对于按某种“工法”特殊制作的剪力墙则可委托政府指定的检测单位，通过一定数量的试验，认定其壁倍率。

11.5.3 设计要点

对二～三层的木结构建筑，尤其是住宅建筑，承受竖向荷载的结构布置和结构分析是比较简单的。根据建筑要求在主柱网和梁格布置确定后，一般可按构件各自承担的荷载面积确定其内力，并按有关规定作承载力与变形验算即可。至于是否需要考虑水平荷载在梁、柱构件中产生的内力，在于对节点连接刚度的把握程度，这也是一个需要从概念上考虑的问题。对于小型的木结构建筑，如果符合构造设计条件，水平荷载由剪力墙承担，定量上可查阅相关的设计标准确定（见表11.5.3-1、表11.5.3-2），无需作抗剪承载力、变形等验算。当然剪力墙与梁、柱间的连接承载力是需要验算的。剪力墙平面和竖向布置应遵循的原则与工程设计法一致。

梁柱体系木结构中的剪力墙布置主要侧重于抗风和抗震要求，需从下列几个方面考虑。

（1）建筑平面应尽量规则，以呈方形、矩形最好。对于较复杂的L形、H形和I形平面，应划分成若干简单的规则形状（方形、矩形），分别考虑其抗侧力构件的布置。角部应布置主柱，主柱网不超过6m×6m，以4m左右为最经济，并应符合模数要求（日本为910mm）。

（2）剪力墙应布置在主柱网构成的各平面内（墙线），特别是外墙四周，如图

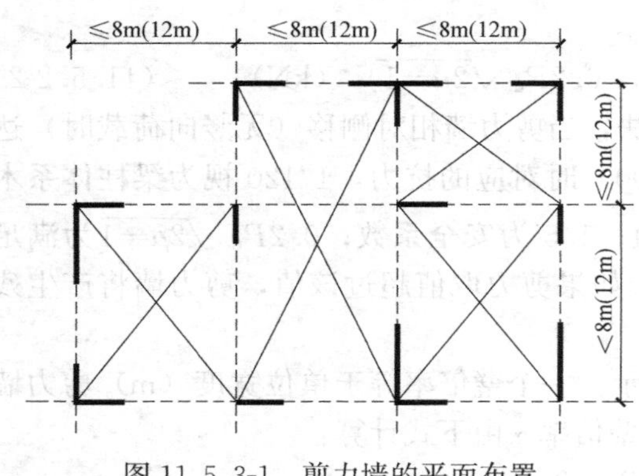

图 11.5.3-1　剪力墙的平面布置

11.5.3-1 所示。剪力墙间距不应大于 8m，个别楼、屋盖的平面内抗剪刚度及剪力墙抗震性能优异的，可放宽至 12m。建筑物周边和角部无剪力墙段（开口）的长度应加以限制。角部每边开口（无剪力墙）的长度（l_1 或 l_2）不大于 4m（图 11.5.3-2*a*）；角部两边均开口时，开口的总长度（l_1+l_2）不大于 4m；沿外墙长度方向，每一开口长度不大于 4m（图 11.5.3-2*b*），同一墙线上的总开口长度不大于墙总长的 3/4。

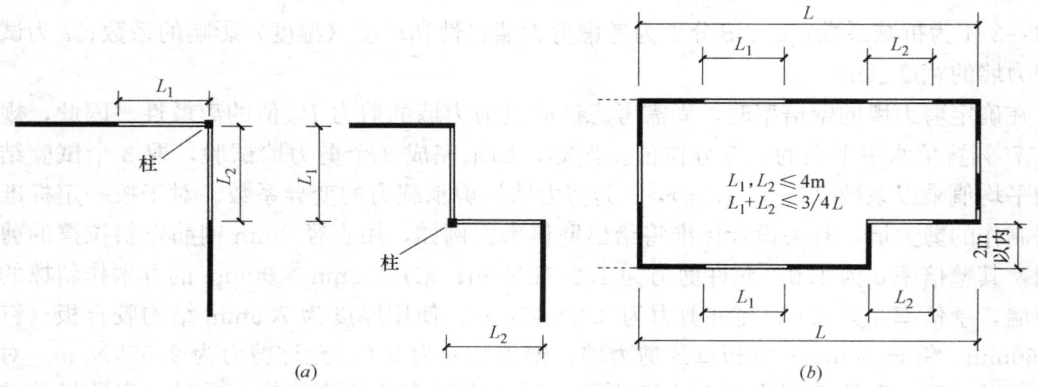

图 11.5.3-2　剪力墙开口的规定

（*a*）角部开口；（*b*）沿墙长开口

（3）剪力墙竖向上、下层应对齐（图 11.5.3-3*a*），也可以采用"市松式"布置（图 11.5.3-3*b*、*c*）。应避免架空式布置（图 11.5.3-3*d*），这是因为上层剪力墙对下层的楼盖梁会产生很大的弯矩而增加其负担。另一方面，梁的弯曲变形导致其上的剪力墙刚体转动，相当于削弱了其抗剪刚度，从而不能充分发挥其抗剪能力。在剪力墙平面内，上、下

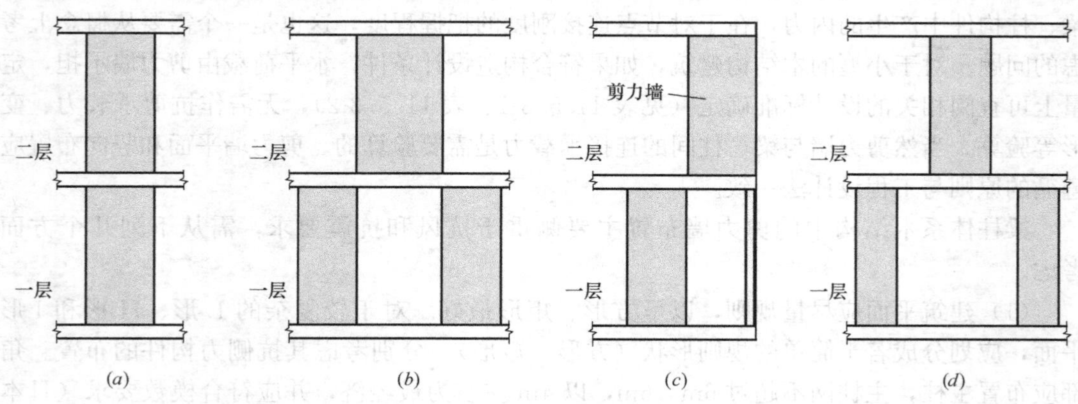

图 11.5.3-3　剪力墙竖向布置形式

（*a*）上、下对齐；（*b*）平面内市松式；（*c*）角部市松式；（*d*）架空形式

层剪力墙应位于同一平面内。当楼盖平面内的抗剪刚度和横向抗弯刚度很大时，允许上层外墙线剪力墙外挑出距下层剪力墙不大于 1.0m 的距离，内墙线剪力墙上、下层允许错开不大于 2.0m 的距离（图 11.5.3-4）。

（4）剪力墙平面布置应对称、均匀，刚度中心应与质量中心重合，纵横两个方向的偏心率均不应超过 0.15（见例题 12-1）。小型木结构建筑可采用 1/4 分割法检验偏心率（见例题 11-2）。即从房屋各层平面的纵、横两个方向的两端，各分割出宽度为 1/4 边长的条带，计算每一条带面积内剪力墙的壁倍率或宽（长）度的满足率（实有量/应有量）。如果某条带的满足率小于 1.0，则应计算与其相对条带满足率的比值，该比值不应小于 0.5。如果不满足此条件，说明偏心率过大，应予调整。若条带面积内的满足率均能大于或等于 1.0，则可不考虑偏心影响。

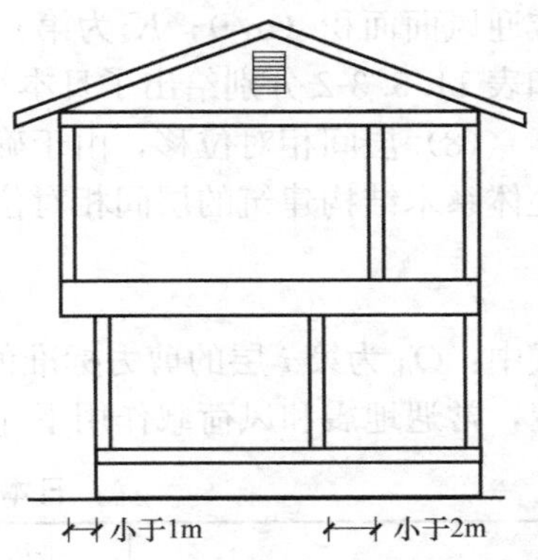

图 11.5.3-4 上下层剪力墙错位

（5）竖向各楼层的抗侧刚度或刚重比（见第 12.2.1 节）应均匀，不能有突变，以免形成薄弱层。即使顶层，刚度也不应过小，以降低鞭梢效应，避免结构受损。

（6）房屋每楼层需要的剪力墙长度由风荷载或地震作用产生的层剪力确定，并取两者的较大值。地震产生的层剪力将在第 12 章中介绍。风荷载作用下层剪力设计值 Q_i 可按下式计算：

$$Q_i = \gamma_Q \sum_{i}^{n} A_i W_{ki} \tag{11.5.3-1}$$

式中：γ_Q 为可变荷载分项系数；A_i 为第 i 层迎风面面积；W_{ki} 为第 i 层风荷载标准值（迎风面积和背风面均应计入）。

（7）剪力墙的量（称为宽度或长度），在结构抗侧向荷载计算中，日本木结构设计规范规定，这类梁柱体系木结构房屋，2/3 的层剪力应由剪力墙承担，其余 1/3 则由其他结构构件承担，比如梁柱构成的框架在围护墙体的辅助下也可承担部分水平剪力。因此，各层同一类别的剪力墙（壁倍率 α_i）所需要的总长度可由下式计算：

$$l_i = \frac{2Q_i}{3 \times 1.275\alpha_i} \approx \frac{Q_i}{1.96\alpha_i} \tag{11.5.3-2}$$

式中：剪力墙的壁倍率 α_i 是按日本资料取用的，如果按式（11.5.3-1）计算风荷载效应，则式（11.5.3-2）中 1.275 应乘以荷载分项系数后再计算所需要的剪力墙长度。

实际上，小型木结构建筑的结构自重和楼面活荷载等不会有很大差别，不同建筑各楼层单位面积或单位迎风面积需要的剪力墙宽度（长度）不至于相差太多。因此，在日本的有关标准中，用壁率 K（cm/m^2）来表示剪力墙的需要量。壁率的含义是，剪力墙的壁倍率 $\alpha=1$ 时，单位面积需要的剪力墙的长度（cm）。因此，根据要求的壁率 K 和建筑的楼层面积或迎风面积，即可计算出建筑各层在两个正交方向所需要的剪力墙长度 $S_i K_i$。如果同一方向存在不同壁倍率 α_i 的剪力墙，两个方向均应满足下式要求：

$$\sum_{j=1}^{n_i}\alpha_{ij}l_{ij}=S_iK_i \tag{11.5.3-3}$$

式中：α_{ij}、l_{ij}分别为第i层第j段剪力墙的壁倍率和长度（cm）；S_i为第i层的轴线面积或迎风面面积（m^2）；K_i为第i层要求的壁率；n_i为第i层剪力墙段的总数。表11.5.3-1和表11.5.3-2分别给出了日本小型建筑抗震设防和抗风要求的各层壁率。

（8）层间相对位移，由于确定剪力墙抗剪承载力时，规定侧移相对值为1/120，故梁柱体系木结构建筑的层间相对位移γ_i可用下式计算：

$$\gamma_i=\frac{1}{120}\times\frac{Q_{ik}}{1.96\sum\alpha_{ij}l_{ij}}\leqslant[\gamma] \tag{11.5.3-4}$$

式中：Q_{ik}为第i层的剪力标准值；$[\gamma]$为允许的层间相对位移。标准GB 50005—2017规定，常遇地震和风荷载作用下$[\gamma]=1/250$。

日本小型建筑抗震设防壁率 K（cm/m²）　　**表11.5.3-1**

建造类型		平房	两层楼		三层楼		
			一层	二层	一层	二层	三层
一般地区	轻屋面材料	11	29	15	46	34	18
	重屋面材料	15	33	21	50	39	24
多雪地区	积雪1m区	25	43	33	60	51	35
	积雪2m区	39	57	51	74	68	55

注：软弱地基土上的木建筑壁率增大1.5倍；积雪在1～2m间时，可用线性插入法决定。

日本小型建筑抗风壁率 K（cm/m²）　　**表11.5.3-2**

区　域	壁　率
一般地区50m/s以下	50
强风地区*	当风速超过50m/s但不大于70m/s时，按日本当地建设行政部门的规定

风作用面积(涂色部分)：

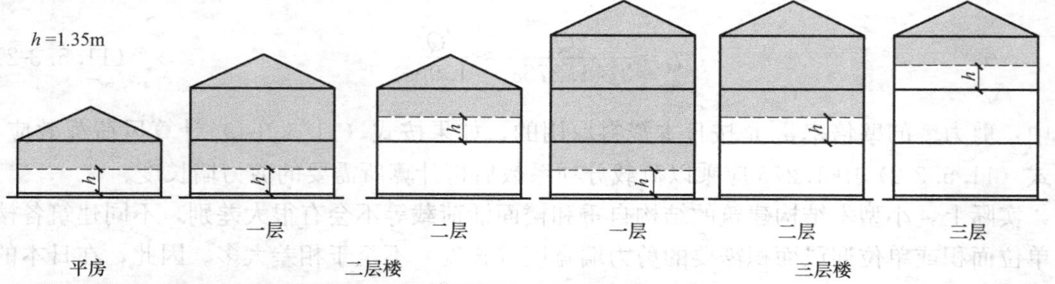

注：*建议根据风速换算成标准风压，计算决定各层剪力墙用量。

11.5.4　植筋连接节点的梁柱体系木结构

梁柱节点为刚接的框架是钢结构和混凝土结构最常用的结构形式。由于受方木与原木的截面尺寸和连接方法限制，以往较大型的木结构基本上不采用由梁、柱构成的这种框架结构形式。随着工程木的发展应用和连接技术的改进，小型木结构建筑也可采用框架建造，如图 11.5.4-1 所示的木建筑，系采用植筋连接节点的框架结构。

图 11.5.4-1 木框架建筑

由于竖向和水平荷载均需由梁、柱承担，且柱距较大，框架结构需要较大截面的木料，因此主材均选用层板胶合木或 LVL 等结构复合木材，梁柱节点采用植筋连接（图 11.5.4-2）。植筋连接不仅具有较好的连接性能（见 5.9.2 节），且连接件不外露，可获得良好的外观（图 11.5.4-3）。设计木框架结构的特点在于结构分析时需考虑框架节点半刚性连接对内力和结构侧移的影响。在钢结构和混凝土结构中，通常认为框架节点（梁、柱间的连接）为刚接，即认为节点处梁、柱间的交角在荷载（弯矩）作用下不发生改变。但即使采用植筋连接的木结构框架，这个假设仍是不可取的，也需考虑半刚性连接的影响。因此，通常用节点刚性系数 K（产生单位角位移时的节点弯矩 kN·m/rad）来表示节点的刚性。铰接时 $K=0$；刚接时 $K\rightarrow\infty$；处于中间值的称为半刚性连接，在一定角位移范围内，K 可视为常数。刚性系数与被连接构件的材质、截面大小和植筋直径等因素有关，需通过试验确定。图 11.5.4-2 所示的植筋连接节点，LVL 框架柱截面为 300mm×300mm，LVL 框架梁截面为 150mm×600mm，采用直径为 25mm 的螺纹钢植筋，上、下各两根，植入深度为 $20d$，其 K 值约为 25000～30000kN·m/rad，柱脚嵌固端的刚性系数大致为 15000～20000kN·m/rad。单从数值看似乎很大，但刚性系数对框架的结构分析

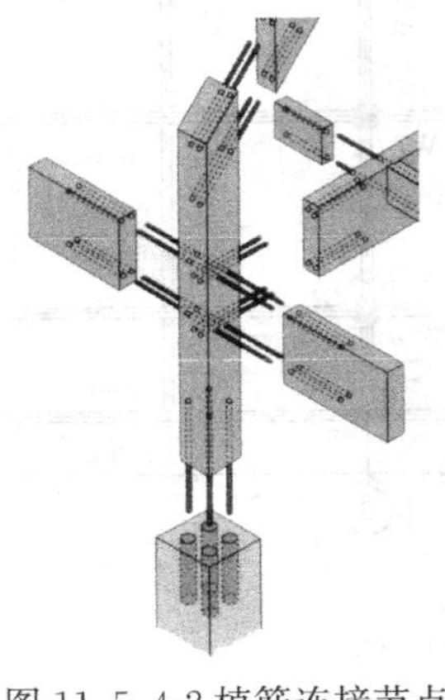

图 11.5.4-2 植筋连接节点

图 11.5.4-3 植筋连接节点外观

尤其是侧移的影响是不可忽视的。以最简单的两端嵌固（刚性）梁为例，在跨中集中力作用下，支座弯矩为 $PL/8$。如果两端嵌固不足，刚性系数为 K，则支座弯矩将降为 $PL/8$（$1+EI/KL$）。设该梁跨度为4m，截面为150mm×600mm的LVL梁的刚性系数为 $K=22500$kN·m/rad，支座弯矩因半刚性连接而降低20%，跨中弯矩增大20%，挠度将增大60%。可见，在对这类木结构进行结构分析时，必须将节点按半刚性连接处理。但这类植筋连接的刚性系数 K 需通过足尺试验确定，目前尚无适用公式可予估算。

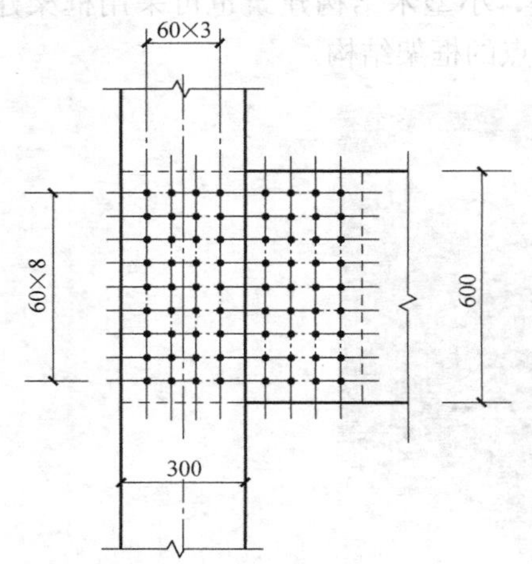

图11.5.4-4 内置钢板螺栓连接节点

当然，植筋连接并非梁柱半刚性连接的唯一方式，但较简单。如果上述相同截面的梁柱节点采用内置钢板螺栓连接，如图11.5.4-4所示，设螺栓直径为16mm，则需9行4列共36个螺栓。按式（5.1.6-3）计算，其转动刚度 $K_r=(1/2)\times2130$kN·m/rad，尚不及4根直径为25mm的螺纹钢筋植筋连接的效果。显然，植筋连接节点既构造简单，刚度又好。

图11.5.4-5（*a*）、（*b*）所示分别为一幢三层木框架建筑的结构平面图和横剖面图。楼面采用轻混凝土压型钢板组合板，框架柱为旋切版胶合木LVL，截面尺寸为300mm×300mm。框架梁亦为LVL，截面宽度为150mm，高度为450～600mm。梁柱节点均采用植筋连接。根据上述介绍，对应的框架纵、横两个方向结构分析计算简图分别如图10.5.4-5（*c*）、（*d*）所

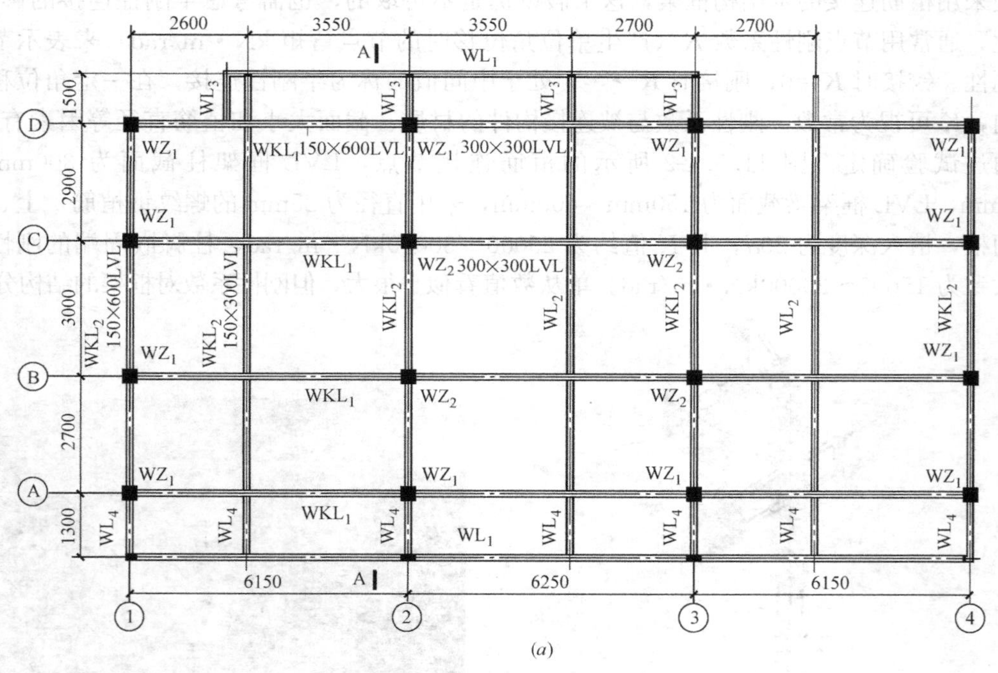

(*a*)

图11.5.4-5 某三层木框架结构（一）

（*a*）三层木框架平面图

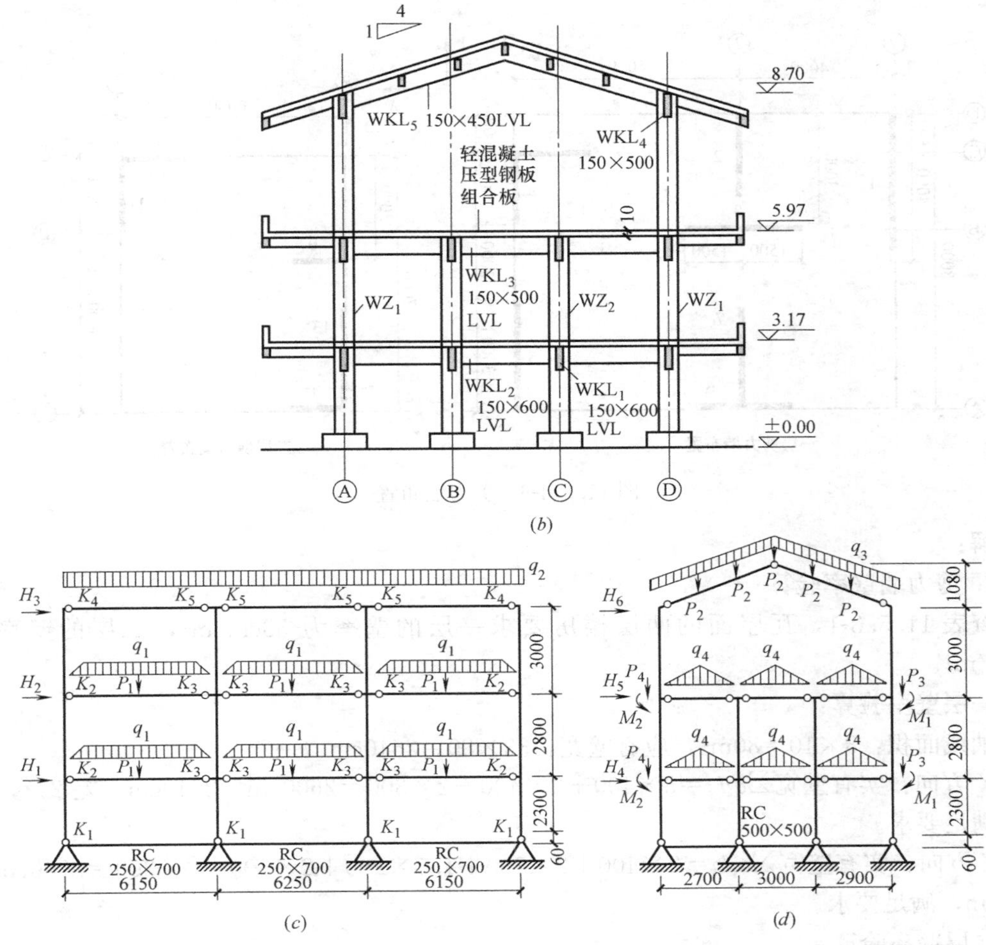

图 11.5.4-5　某三层木框架结构（二）

（b）三层木框架 A—A 剖面图；（c）Ⓐ轴纵向框架计算简图；（d）②轴横向框架计算简图

示。一般需用计算机求解，若刚性系数不为常数，分析更为复杂些。

结构分析所得的层间相对侧移应满足要求。《木结构设计标准》GB 50005—2017 并未区分结构形式，笼统地规定木结构建筑的层间相对侧移限值为 1/250。作为参考，日本的有关设计规定要求这类木框架房屋层间相对侧移不大于层高的 1/150。若不满足要求，则应调整梁、柱截面尺寸或增设剪力墙。这类结构各构件的承载力与变形验算，可按常规进行。至于节点的连接承载力验算，可参考第 5 章介绍的有关方法。

【例题 11-2】 某两层木结构住宅，层高为 2.73m，瓦屋面，各层剪力墙布置如图 11.5.4-6 所示，各剪力墙壁倍率及宽度见表 11.5.4-1。试验算剪力墙壁率及偏心率能否满足构造要求。

剪力墙宽度及壁倍率　　**表 11.5.4-1**

墙号	1	2	3	4	5	6	7	8	9	10	11	12	13
宽度(m)	4.0	2.0	4.0	2.0	3.0	4.0	3.0	3.0	1.5	2.0	2.0	2.0	3.0
壁倍率	2.0	2.0	3.0	1.5	2.0	2.0	2.0	2.0	2.0	1.0	1.5	2.0	2.0

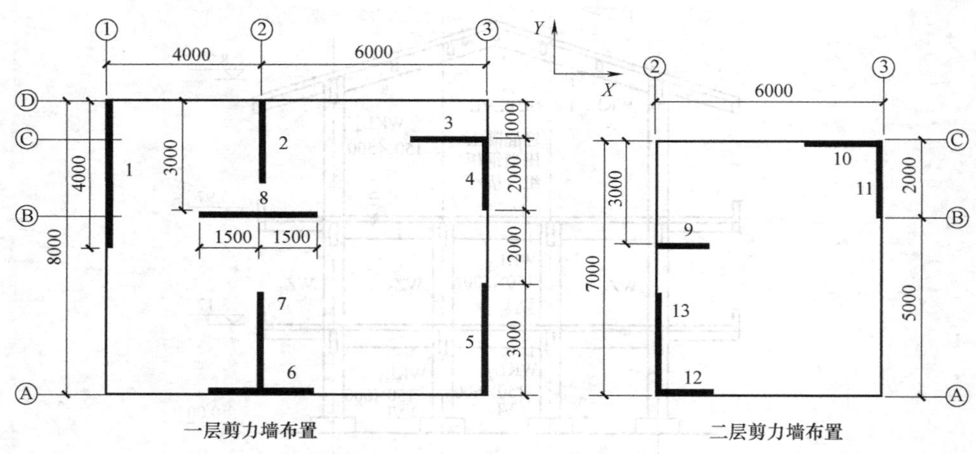

图 11.5.4-6　剪力墙布置

解：

1. 剪力墙壁率验算

查表 11.5.3-1，瓦屋面的两层楼房要求一层的壁率为 33cm/m^2，二层的壁率为 21cm/m^2。

一层壁率验算：

轴线面积：8×10=80m^2，应有壁宽：33×80=2640cm

X 方向：实有壁宽$\sum\alpha_i l_i$=3×400+2×400+2×300=2600cm≈2640cm，差 2%，可认为满足要求。

Y 方向：实有壁宽$\sum\alpha_i l_i$=2×400+2×200+1.5×200+2×300+2×300=2700cm>2640cm，满足要求。

二层壁率验算：

轴线面积 6×7=42m^2，应有壁宽：21×42=882cm。

X 方向：实有壁宽$\sum\alpha_i l_i$=1×200+2×200+2×150=900cm>882cm，满足要求。

Y 方向：实有壁宽$\sum\alpha_i l_i$=1.5×200+2×300=900cm>882cm，满足要求。

2. 偏心率验算

一层 Y 方向，一层平面图的左右两端各分割 1/4 长度的条带，面积均为 2.5×8=20m^2。

左条带：

应有壁宽：33×20=660cm

实有壁宽：$\sum\alpha_i l_i$=2.0×400=800cm

满足率：800/660=1.21

右条带：

应有壁宽：33×20=660cm

实有壁宽：$\sum\alpha_i l_i$=1.5×200+2×300=900cm

满足率：900/660=1.36

因左右条带满足率均大于 1.0，偏心率满足要求。

一层 X 方向，在一层平面图的上、下两端各分割 1/4 长度的条带，面积均为 10×2=20m^2。

上条带：

应有壁宽：33×20=660cm

实有壁宽：$\sum \alpha_i l_i$=3×400=1200cm

满足率：1200/660=1.82

下条带：

应有壁宽：33×20=660cm

实有壁宽：$\sum \alpha_i l_i$=2×400=800cm

满足率：800/660=1.21

因上、下条带满足率均大于 1.0，偏心率满足要求。

二层 Y 方向，在二层平面的左右两端各割 1/4 长度的条带，面积均为 1.5×7=10.5m^2，应有壁宽 21×10.5=220.5cm。

左条带：

实有壁宽：$\sum \alpha_i l_i$=2×300=600cm

满足率：600/220.5=2.72

右条带：

实有壁宽：$\sum \alpha_i l_i$=1.5×200=300cm

满足率：300/220.5=1.36

满足率均大于 1.0，偏心率满足要求。

二层 X 方向，在二层平面的上、下端各割 1/4 长度条带，面积均为 1.75×6=10.5m^2。

条带应有壁宽 21×10.5=220.5cm。

上条带：

实有壁宽：$\sum \alpha_i l_i$=1×200=200cm

满足率 200/220.5=0.907

下条带：

实有壁宽：$\sum \alpha_i l_i$=2×200=400cm

满足率：400/220.5=1.81

满足率比：0.907/1.814=0.50，刚好满足要求。

11.6 大跨及空间木结构

大跨木结构建筑适宜采用刚架或拱的结构形式，更大的跨度则可采用网壳或网架等空间结构形式，但这两类结构形式抵御外荷载的方式是不同的。

11.6.1 刚架或拱组成的大跨木结构

在第 10 章介绍了刚架与拱的受力特点及设计要点。但拱与刚架仍是一类平面结构（构件），本身只能抵御平面内的荷载。只有通过纵向构件或支撑体系将单榀的刚架或拱联系起来，才能构成完整的房屋结构体系，以抵御任意方向的荷载。图 11.6.1-1（*a*）是一刚架体系的大跨木结构示意图，檩条、屋面板除承受竖向荷载外尚起纵向联系作用，而柱间支撑和屋盖平面内的横向支撑是这类房屋结构必不可少的结构构件。图 11.6.1-1（*b*）则是一两铰拱体系的大跨木结构工程，拱曲面即屋面内的横向水平支撑也是不可缺少的结构构件，只有这样才能保证房屋结构体系的空间稳定性。

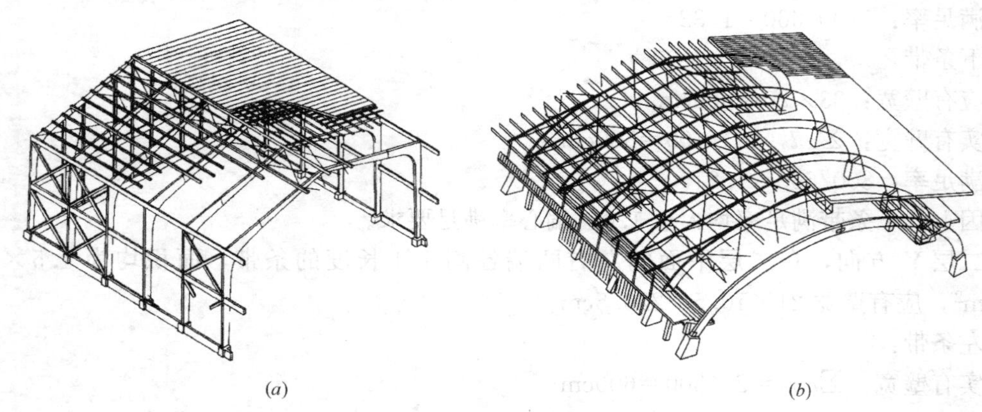

图 11.6.1-1 拱与刚架组成的大跨木结构
（*a*）平面刚架体系；（*b*）两铰拱体系

纵向联系在这类结构体系中的作用有两个。一是传递风和地震等产生的纵向水平作用，二是对刚架或拱起侧向支撑作用，保证其出平面的稳定性。如第 10 章所述，这类结构的设计是按平面单元计算的，即根据单榀刚架或拱的间距确定其所承担的恒荷载和各种活荷载，按荷载不利组合计算内力，进行截面设计或承载力验算。这类房屋结构的纵向联系，如图 11.6.1-1（*a*）所示的刚架木结构，在其屋顶斜梁部分的支撑可按梯形屋架上弦平面内的横向支撑布置，而柱部分则可按工业厂房排架柱，布置柱间支撑。这些支撑系统，特别是柱间支撑应能承担纵向的水平荷载（风荷载和地震作用），并应满足相应的侧移要求。但以往仅按经验设置，往往因纵向联系设置不充分造成工程事故。因此，对于这类大跨木结构中纵向联系的设置及其节点连接，应予特别重视，需根据结构纵向计算简图作内力分析后，进行细致的验算，才能保证整体结构的安全。

11.6.2 木网架

与刚架和拱不同，空间结构布置于三维空间的所有杆件可同时参与工作，能抵抗任意方向作用的荷载。空间木结构按其结构形式可以划分为三类：网架结构、网壳结构和薄壳结构。木薄壳结构在工程中应用不多，这里仅对前两种结构形式略作介绍。

1. 木网架的形式

由木杆件按正方形、矩形或三角形等规则的基本几何图形布置成上、下两层网格体系，用腹杆将两层网格体系的节点连接起来，即可形成双层网格的平板空间网架。根据各层网格的布置方式，木网架有如图 11.6.2-1 所示的几种常见形式。

（1）方形网格上下正放、对齐布置，如图 11.6.2-1（*a*）所示，上、下层方形网格大小相等、位置对齐，在两层网格杆件形成的相互垂直的竖向平面内的节点间设置腹杆联系两层网格。这种结构体系亦可看成是由两组正交的平面桁架组成的网架，其平面呈方形或

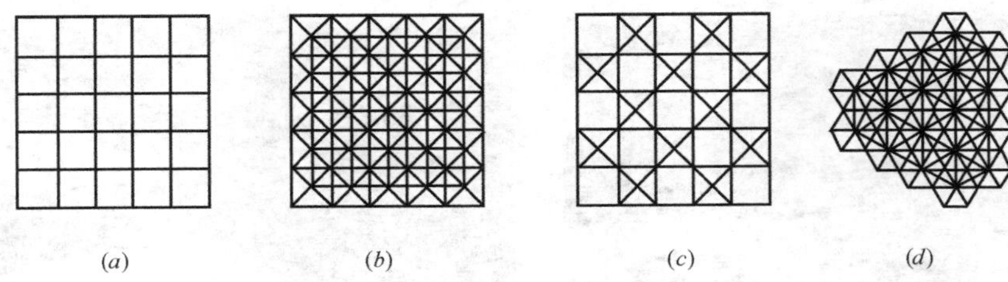

图 11.6.2-1　木网架的几何形式

(a) 正放方形网格；(b) 正放方形网格、错位布置；(c) 方形网格上层正放、下层斜放；(d) 上层三角形网格、下层六边形网格

矩形。

(2) 方形网格上下正放、错位布置，如图 11.6.2-1 (b) 所示，上、下层方形网格大小相等，但相对错进或错出半个网格的位置，节点之间以腹杆相连。这样上、下层平面在总尺寸上将有一个网格之差。

(3) 方形网格上层正放、下层斜放布置，如图 11.6.2-1 (c) 所示，下层网格旋转 45°斜放。由于下层网格受拉，不受稳定条件限制，网格可以适当大些，比如其边长可以是上层网格边长的$\sqrt{2}$倍。

(4) 三角形与六边形网格布置，如图 11.6.2-1 (d) 所示，上层为三角形、下层为六边形网格，节点间连以腹杆。这种网格体系其杆件在空间中三向布置，传力效果好，但构造复杂。

2. 木网架设计注意事项

木网架网格宜采用正多边形，使杆件尽量等长，便于制作、安装。确定网架的高度、网格的大小时应综合考虑其受力和经济的合理性。例如下层杆受拉，其网格尺寸可以较上层网格大些而使网架下层更为开敞；网格过小会增加节点数目，而木结构节点制作费用较高且不易施工；网格过大则会使杆件截面增大，木材用量增加。

木网架的杆件可采用方木与原木、Glulam 或 LVL 制作，节点为铰接。由于是超静定结构，木网架的内力及位移一般利用有限元法借助计算机求解。一般先初选杆件的截面尺寸，进行整体线性或非线性分析。然后根据求得的各杆内力，按两端铰支的轴心拉杆或压杆验算其强度及稳定性，并对截面尺寸进行必要的调整。当然，也可以通过编制电算程序，验算杆件的强度。

11.6.3　球面木网壳

就大跨空间结构而言，使用钢材能达到的跨度，使用木材同样可以达到。事实的确如此，世界各国采用空间结构形式已建成了众多的大型木结构建筑。日本秋田县大馆市树海体育馆（图 11.6.3-1），建筑外观呈半个巨卵形状，长向跨度达 178m，短向跨度为 157m，两个方向均采用胶合木拱，交叉布置，系现知已建成的跨度最大的木结构。美国华盛顿州塔科马市的塔科马穹顶（Tacoma Dome，图 1.6.3-2）以及北密西根大学体育馆超级穹顶（Superior Dome），均系采用胶合木建造的球面网壳结构，跨度均超过 160m，也是分列世界跨度第二、第三大的木结构穹顶。芬兰的 Oulu 穹顶，跨度达 115m，是采用旋切板胶合木 LVL 建造的最大穹顶。

图 11.6.3-1　日本大馆市树海体育馆图

图 11.6.3-2　美国塔科马穹顶

球面木网壳适合采用层板胶合木或旋切板胶合木建造，通常有如图 11.6.3-3 所示的几种典型的几何形式。

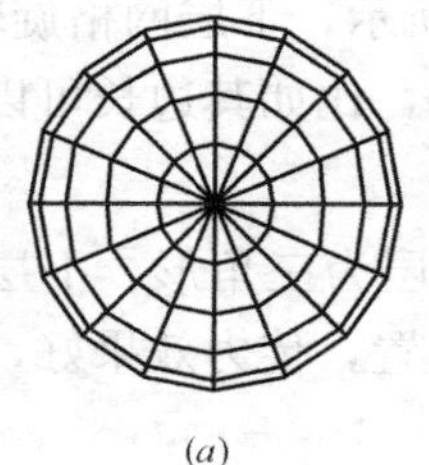

(*a*)

(*b*)

(*c*)

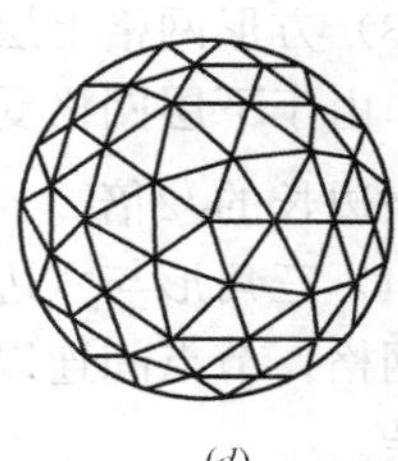

(*d*)

图 11.6.3-3　木网壳的几何形式

(*a*) 肋环型；(*b*) 肋环斜杆型；(*c*) 联方型；(*d*) 短程线型

肋环型网壳如图 11.6.3-3（*a*）所示，由一系列曲线形经向肋杆和纬向环杆构成。按照网壳规模之大小，选择肋杆的数目。在网壳的顶部须设置压力环以连接各肋杆，而底部的环杆是受拉的，肋杆在该两圆环间是连续的。

肋环斜杆型网壳（Schwedler）如图 11.6.3-3（*b*）所示，实为肋环形网壳的一种，是在网格中添设了斜撑。

在这两类网壳中，每一条肋杆可以看成是一片平面三铰拱。设计时根据荷载情况，尽量减少拱在平面内的弯矩，使其主要抵抗轴向压力。同其他受压的平面构件一样，拱容易发生出平面失稳。通过设置环向杆件和适当的斜向撑杆，形成三维的空间受力体系，使结构的稳定性得以保证。

三角形网格穹顶的形式如图 11.6.3-3（*c*）所示，又称联方型球面网壳，是由一系列人字形斜杆组成菱形网格形成的球面网壳。为增加结构刚度和稳定性，在环向设置杆件，便形成三角形网格。

短程线球面网壳 如图 11.6.3-3（*d*）所示，系 Fuller 发明。每一正多面体都有一个外接圆，通常将正 20 面体的每一个正三角形平面再细分成多个正三角形，然后将各节点投射到球面上，形成短程线网格。

这两类网壳实质上都是用杆件形成稳定的三角形网格球面，各杆主要承受轴向压力或拉力。

木网壳结构的整体计算分析一般采用有限单元法借助计算机完成，可以自行编制专门的程序或利用通用的商业软件进行计算。该类计算可按线弹性小变形假设求得内力和变形，更多的是考虑几何非线性及初始几何缺陷的影响，计算分析结构的屈曲承载能力和变形。完成结构的内力分析并使在保证其整体稳定性的基础上，进行杆件设计。小型网壳可采用方木与原木杆件，大型网壳则应采用层板胶合木杆件。刚性节点连接造价昂贵、制作困难，除通过节点的连续杆件外，杆件连接大多设计为铰接，或在计算中假设为铰接。因此，网壳中的杆件是按承受轴心拉、压和由节间荷载产生的次弯矩设计计算的，其原理与第7章介绍的轴心或偏心受力构件的计算无异。网壳中各杆件一般通过各类金属连接件连接，传力较大的节点及支座节点可采用预埋或插入钢板的方式配以螺栓连接。设计节点时应注意使各杆轴线通过节点中心，尽量减小偏心引起的弯矩；当连续杆件与非连续杆件连接时，例如肋杆与斜向撑杆的连接，尚应注意两者间剪力的传递，必要时可设置剪板。应予指出，很难给出网壳结构一种或几种通用的节点形式，设计者应该在充分掌握木结构构件和连接的设计计算原理及其受力性能的基础上，根据具体情况进行合理的节点连接设计。另外，在木结构应用比较普遍的国家和地区，还有节点乃至整个网壳体系的专利产品供选择使用。

第 12 章　木结构抗震

木结构建筑的抗震设防在我国可谓新课题。1976 年唐山地震后，我国对建筑结构抗震日益重视，如今抗震设防已成为衡量建筑结构安全的一个重要方面。我国早期的木结构并不是一个完整的建筑结构类型，一般仅限于木屋盖结构。由于木材资源匮乏，20 世纪 70 年代后不再将木材用作建筑结构的主要材料，致使木结构建筑抗震研究缺失。现行《建筑抗震设计规范》GB 50011—2010（以下简称抗震规范）中的主要内容，基本都是针对混凝土结构、钢结构和砌体结构的，涉及木结构建筑的条款不多，且并非针对现代木结构建筑。《木结构设计标准》GB 50005 中虽也作了一些关于抗震设防的规定，但这些规定多为对抗震规范的重复，未能针对木结构的特殊性作出适用的规定。本章除介绍木结构抗震的一般内容，还介绍木结构抗震设计中存在的一些有待解决的问题。

12.1　建筑结构的抗震设防目标

12.1.1　抗震设防目标

地震震级和地震烈度是两个不同的概念。地震震级是对地震释放能量大小的一种度量，用里氏（M_L）级表示。地震烈度则是某个特定地区受地震影响严重程度的一种主观度量，用地震加速度来量化。因此同一地震震级的地震，在不同地区有不同的烈度。某地区地震烈度的确定是依据历次地震对该地区地面和建筑物损坏的严重程度的评估，实际上与该地区距断裂带的距离等地质条件有关。抗震规范 GB 50011—2010 规定，抗震设防烈度为 6 度及以上地区的建筑均应作抗震设计，以保障人民生命财产安全。

木结构建筑应与其他材料的建筑一样，需满足抗震规范规定的三水准抗震设防目标要求，即遭受低于本地区抗震设防烈度的多遇地震（小震）作用时，主体结构应不受损坏，不经修理即可继续使用；当遭受相当于本地区抗震设防烈度的地震（中震）作用时，可能发生损坏，但经一般性修理仍可继续使用；当遭受高于本地区地震设防烈度的罕遇地震（大震）作用时，不致发生倒塌或危及生命的严重破坏。

多遇地震（小震）是根据我国华北、西北以及西南地区对建筑工程有影响的地震发生的概率统计分析，取其地震烈度为统计“众值”的烈度，约比基本烈度低一度半，是 50 年内超越概率为 63％的地震烈度；设防烈度（中震）则相当于 50 年内超越概率为 10％的地震烈度；而罕遇地震（大震）相当于 50 年内超越概率为 2％～3％的地震烈度。三水准抗震设防烈度的重现期分别为 50 年、475 年和 1600～2400 年。

12.1.2　抗震设计内容

对于结构抗震设计内容，除进行必要的抗震验算满足相应的抗力和变形要求外，更重要的是需遵循建筑抗震概念设计和抗震措施，包括抗震构造措施的有关规定，采取相应的各项技术措施，以达到上述三水准抗震设防目标。

建筑抗震概念设计是根据以往地震对不同建筑结构造成的各种损害，特别是倒塌的基本规律和工程经验中获得的某些有利于减少地震作用的基本原则和设计思想，确定建筑体形、结构总体布局和某些内部构造。例如建筑平面应尽量简单、对称，避免凹凸等不规则布置；结构的抗侧力中心应与建筑物的重力中心一致；建筑结构抗侧移刚度沿竖向应均匀变化，避免上刚下柔、上下层刚度突变等。再如对混凝土结构有强柱弱梁、抗剪强于抗弯、节点更强等原则性要求。这些规定的目的在于减轻或更好地适应地震作用，从而减轻地震的危害程度。

抗震措施（包括抗震构造措施）是指，除对那些在地震动中易倒塌或跌落的结构构件、附属物等采取必要的锚固措施外，更重要的是为保证建筑结构和构件具有足够的抗震能力所需采用的各种技术手段，有的需要计算，有的不需要计算（构造措施）。例如混凝土框架结构中针对不同的设防烈度，对框架柱的轴压比、梁柱箍筋在加密区的间距、直径、体积配箍率甚至对主筋屈强比等都有相应的限值要求。再如砌体结构中需要有圈梁、构造柱、抗震墙间距限值等规定。这些规定的目的，并不在于提高结构构件的抗力，而在于改善结构及构件的变形性能，避免脆性破坏，具有必要的延性，以更好地适应多遇地震以上特别是罕遇地震的作用。

延性是衡量结构构件超过其屈服荷载后仍能继续承载而不致倒塌的变形能力。延性对结构抗震能力的贡献，可以从建立木剪力墙的延性与抗震能力间的量化关系的过程来说明。图 11.5.2-1 所示为木剪力墙的荷载-侧移曲线，将图中无关的线段去掉，简化为图 12.1.2-1 所示的荷载-侧移曲线和有关线段。图中 0-⑤斜线的斜率即为等效（弹性）刚度；P_y 为屈服强度（对应于屈服荷载）；P_e 为弹性极限；γ_u 为极限变形，变形超过 γ_u，剪力墙将不能继续承载。直角梯形 0-④-⑥-γ_u 的面积与荷载-侧移曲线和直线⑥-γ_u 及横坐标轴所围成的面积相等，也就是两者的能量相同。因此，直角梯形面积代表的能量相当于剪力墙从受荷开始直至不再能继续承载为止所消耗的能量，也就是外力对剪力墙所做的功。如果剪力墙为线弹性的，随荷载增加，侧移变形将沿 0-⑤斜线发展直至某点 E，所对应的纵坐标 P_E 是剪力墙假想的抗力，相当于地震在该剪力墙中按其等效（弹性）刚度计算产生的作用力，即地震作用产生的内力。因此地震对剪力墙所做的功即为三角形 0-E-γ_E 的面积。实际剪力墙的弹性范围是有限的，过③点以后即进入弹塑性状态，剪力墙开始产生损伤。达到④点后，剪力墙的抗力将不再增大，而变形不断发展，剪力墙因损伤而不断耗能。直至⑥点剪力墙达到极限变形而不能继续承载。剪力墙消耗的总能量即为直角梯形 0-④-⑥-γ_u 的面积。如果地震对剪力墙所做的功（三角形 0-E-γ_E 的面积）不大于剪力墙所能消耗的能量，剪力墙尚能继续承载，否则剪力墙将不能继续承载而进入不可修复的状态，即超过罕遇地震的结构破损状态。其临界状态为直角梯形 0-④-⑥-γ_u 的面积与三角形 0-E-γ_E 的面积相

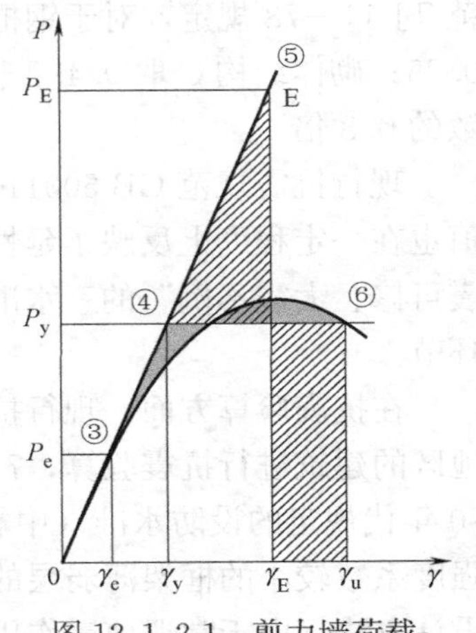

图 12.1.2-1　剪力墙荷载-侧移曲线

等。因此，假想的剪力墙抗力 P_{E} 可根据面积相等的条件获得：$\frac{1}{2}(\gamma_{\mathrm{E}}-\gamma_{\mathrm{y}})(P_{\mathrm{E}}-P_{\mathrm{y}})=P_{\mathrm{y}}(\gamma_{\mathrm{u}}-\gamma_{\mathrm{E}})$。因 $\gamma_{\mathrm{E}}=\gamma_{\mathrm{y}}\frac{P_{\mathrm{E}}}{P_{\mathrm{y}}}$，延性系数 $\mu=\frac{\gamma_{\mathrm{u}}}{\gamma_{\mathrm{y}}}$，故

$$P_{\mathrm{E}}=P_{\mathrm{y}}\sqrt{2\mu-1} \tag{12.1.2-1}$$

可见，只要按剪力墙的等效刚度计算得到的地震作用力（剪力）不超过其屈服抗力 P_{y} 的 $\sqrt{2\mu-1}$ 倍，即 $Q_{\mathrm{ud}}\leqslant P_{\mathrm{E}}=P_{\mathrm{y}}\sqrt{2\mu-1}$，剪力墙就可保持继续承载状态，从而保证结构整体不倒塌。这表明，结构构件的抗震能力与其延性系数 μ 密切相关。延性越好，假想的弹性抗力 P_{E} 就越大，抗震能力就越强。延性对抗震能力的影响，在早期的建筑抗震验算中也有充分的反映，延性系数和阻尼比结合，构成了构件类别影响系数 C：

$$C=\frac{1.5}{1+10\xi}\cdot\frac{1}{\sqrt{2\mu-1}} \tag{12.1.2-2}$$

建筑结构的地震作用计算中，阻尼比 ξ 通常取 0.05，故 C 简化为 $C=1/\sqrt{2\mu-1}$。只要延性系数 $\mu>1$，C 就是一个小于 1 的数。进一步研究表明，系数 C 并非如此简单，尚与结构的自振周期有关。有观点认为，对于中频，该式适用，对于低频，$C\approx1/\mu$。这样，早期的《工业与民用建筑抗震设计规范》TJ 11—78 按下式进行中震水准的抗震验算：

$$CQ_{\mathrm{ud}}\leqslant[P_{\mathrm{y}}] \tag{12.1.2-3}$$

即可将按结构等效刚度计算的地震作用力 Q_{ud} 乘以系数 C 作为真正的地震作用力。抗震规范 TJ 11—78 规定，对于钢框架结构，C 取 0.25；混凝土框架结构 C 取 0.3；木结构 C 取 0.25；砌体结构 C 取 0.45。$[P_{\mathrm{y}}]$ 为构件的允许抗力，其中的安全系数取静力验算安全系数的 0.8 倍。

现行抗震规范 GB 50011—2010 在小震承载力验算中，承载力抗震调整系数 γ_{ER} 的取值也在一定程度上反映了延性对结构构件抗震能力的影响。因此，为实现“小震不坏、中震可修、大震不倒”的三水准设防目标，建筑结构抗震措施是抗震设计中不可或缺的重要环节。

在抗震验算方面，现行抗震规范 GB 50011—2010 规定，只对设防烈度为 7 度及以上地区的建筑进行抗震验算，7 度以下的可不作抗震验算，而且验算的抗震水准从 20 世纪 70 年代规定的设防水准（中震）改为常遇地震水准（小震）和某些高层建筑、楼层屈服强度系数较小的框架薄弱层的罕遇地震（大震）水准的抗倒塌变形验算，即所谓的两阶段设计方法。由于常遇地震作用下建筑结构构件处于弹性工作状态，因此地震作用下的结构内力分析与静力荷载作用下一样简单。对于荷载效应基本组合，只需将荷载分项系数改用地震作用分项系数；对于结构抗力和变形的分析验算亦同静力验算一致，仅在承载力验算中增加了承载力抗震调整系数 γ_{ER}（R/γ_{ER}）。至于罕遇地震作用下的抗倒塌验算，要求层间弹塑性相对位移不超过限值，如混凝土框架结构不超过 $h/50$。分析中采用罕遇地震水准的标准荷载效应和结构的弹性刚度计算层间相对位移并乘以与楼层屈服强度系数有关的弹塑性位移增大系数 η 来估计层间弹塑性相对位移。

木结构建筑应与其他建筑结构一样，需进行认真细致的抗震设计。但木结构有其特殊性，抗震规范 GB 50011—2010 针对木结构抗震设计的条款并不充分。我国对木结构的抗震研究远未像其他结构那样深入，在木结构建筑推向多高层发展的呼声日益高涨的形势

下，深入开展木结构抗震研究就尤为重要。

12.2 基本规定

木结构建筑抗震设计应遵守的基本规定，实际上就是贯彻建筑抗震概念设计的思想。概念设计既包括对建筑设计也包括对结构设计的要求，期望通过这些规定的技术措施，减轻地震的作用和作用效应，使地震对结构的危害降到最低程度。地震的水平和竖向作用联合作用在结构构件上，但可分别计算其作用效应。本节介绍的基本规定主要是针对建筑结构抵抗水平作用的技术措施。这一方面是因为结构抵抗地震竖向作用所需要的技术措施，基本类似于非地震作用下的竖向荷载；另一方面，抗震规范 GB 50011—2010 规定对于 8 度和 9 度地震设防地区的大跨度、长悬臂结构和 9 度抗震设防地区的高层建筑，才应验算竖向地震作用。木结构建筑除个别特殊的大跨公共建筑才会遇到验算竖向地震作用的情况，不具普遍意义，故不作介绍。

12.2.1 建筑体型与抗侧力构件的布置

抗震设防区的建筑体型要规则，即建筑平面、立面和竖向剖面应规则、简单、对称，结构构件特别是抗侧力构件的布置更应均匀、对称。这些是构成规则结构的必要条件。结构不规则会增大地震作用和作用效应。不规则可区分为平面不规则和竖向不规则，两者对结构抗震的危害性是不同的。平面不规则会造成建筑结构产生大的扭转力矩，使距扭转中心较远的构件受更大的地震作用而损坏；竖向不规则会造成建筑结构某些薄弱层产生过大的层间变形而危及建筑整体安全。因此，对这些不规则应进行量化处理并将其控制在一定范围内。

平面不规则区分为扭转不规则、凹凸不规则和楼板局部不连续三种类型，如图 12.2.1-1 所示，量化指标则列于表 12.2.1-1。对于因建筑功能要求，平面布置复杂而无法满足规则要求的建筑，可根据房屋的高度设置宽度 100mm 左右的抗震缝分隔，使其成为各自独立的规则建筑单元。对于扭转不规则，可能是建筑设计造成的，也可能是结构设计中侧向抗力构件布置造成的，因此需要建筑和结构设计配合解决。

平面不规则定义及量化指标　　表 12.2.1-1

不规则类别	不规则定义及指标
扭转不规则	在规定的水平力作用下，楼层最大弹性水平位移(或层间位移)，大于该楼层弹性水平位移(或层间位移)平均值的 1.2 倍
凹凸不规则	平面凹进或凸出的尺寸，大于相应投影方向总尺寸的 30%
楼板局部不连续	同一层楼板的尺寸和平面内刚度急剧变化，例如有效楼板宽度小于该层典型宽度的 50%，或所开洞口的面积大于该层楼面面积的 30%，或有较大的楼层错层

作为参考，日本木结构设计规范（木質構造設計規準）采用偏心率来控制木结构建筑的扭转不规则。对于小型木结构建筑（高度≤13m）设计中采用 1/4 条带法来检查抗侧力构件布置的对称性（详见 11.5.3 节）。对于高度＞13m 的木结构建筑，需计算楼层的偏心率，要求不大于 0.15，否则需调整抗侧力构件布置或提高地震作用效应。偏心率是指结构侧向抗力中心（刚心）相对于荷载重力中心（重心）沿 X、Y 两个方向的偏心距与各自

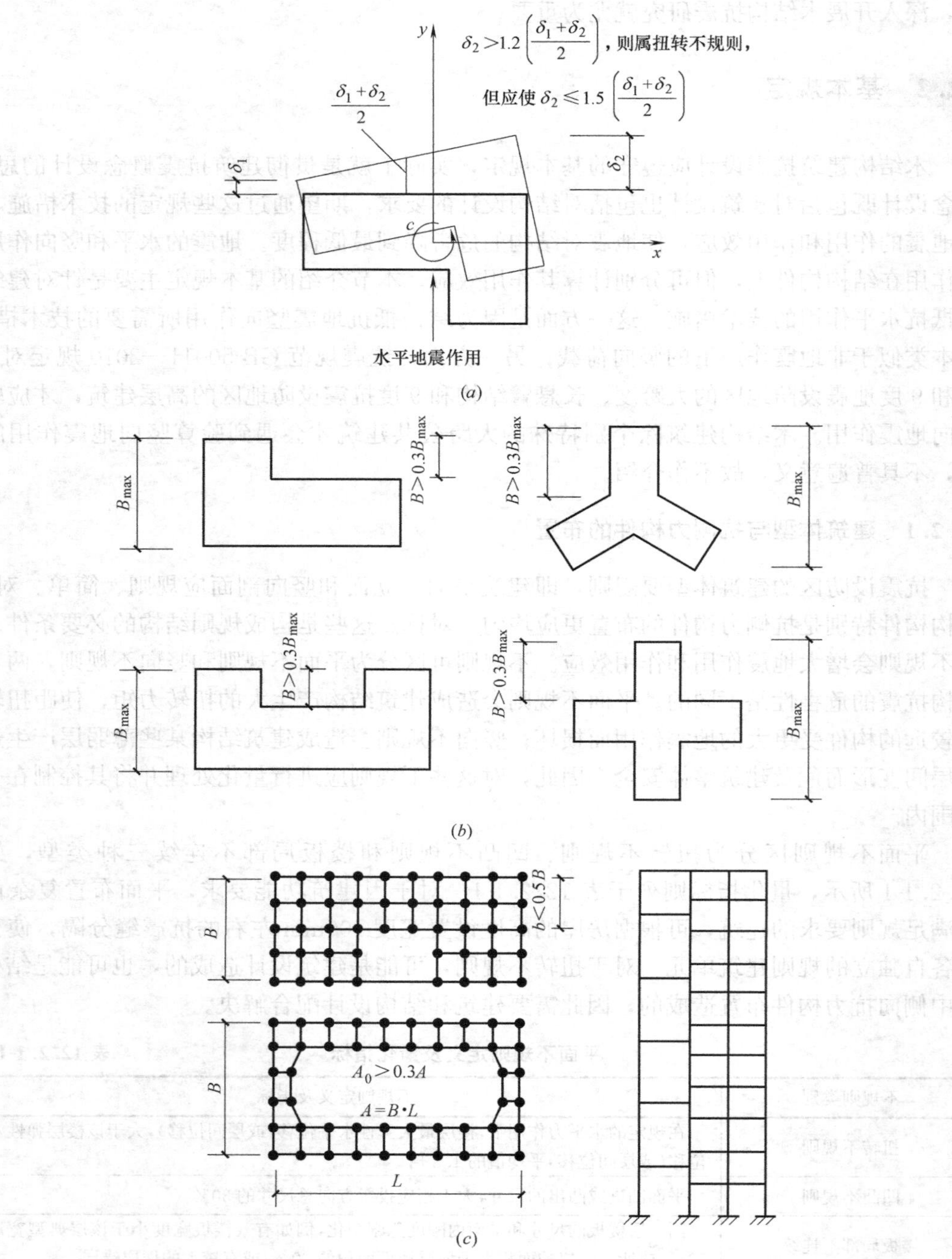

图 12.2.1-1　平面不规则示例

（*a*）扭转不规则；（*b*）凹凸不规则；（*c*）楼板局部不连续（大开洞及错层）

的"回转半径"之比，计算方法见例题 12-1。

竖向不规则分为侧向刚度不规则、竖向布置的抗侧力构件不连续和楼层抗侧承载力突变三类，其定义和量化指标见表 12.2.1-2。建筑设计应避免沿竖向有过大的内收或外挑，荷载大的楼层宜布置在下部。结构设计应使抗侧刚度沿建筑物高度均匀变化，避免层间侧向位移和抗力突变的情况，以致形成严重的薄弱层。

竖向不规则定义及量化指标 **表 12.2.1-2**

不规则类别	不规则定义及指标
侧向刚度不规则	该层的侧向刚度小于相邻上一层的 70%，或小于其上相邻三层平均刚度的 80%，除顶层或出屋面小建筑外，局部收进的水平尺寸大于相邻下一层的 25%
竖向抗侧力构件不连续	竖向布置的抗侧力构件（如剪力墙）上、下层不连续，或偏位过大，其水平剪力需要通过横隔传递至下层抗侧力构件
楼层抗侧承载力突变	抗侧力结构的层间抗剪承载力小于相邻上一楼层的 80%

对于竖向不规则，在日本木结构抗震设计中要求沿建筑物高度刚重比均匀。刚重比的含义是某层的抗侧刚度与该层的重力荷载之比，这似乎较刚度比更全面些。因为刚重比尚包含有重力荷载沿建筑物高度的分布要求，其量化指标用刚性率 R_{ei} 表示。某层的刚性率为该层刚性 $1/\gamma_{si}$ 与建筑物各层刚性的平均值 $1/\overline{\gamma_s}$ 之比，即 $R_{ei}=\overline{\gamma_s}/\gamma_{si}$，其中 γ_{si} 为该层的层间位移。对于高度超过 13m 的木结构建筑，要求 $R_e \geqslant 0.6$。层间位移 γ_{si} 的倒数 $1/\gamma_{si}$ 体现了楼层的刚性。由于层间位移（或相对位移）反比于层的抗侧刚度，正比于地震作用的层剪力，而层剪力又正比于楼层的重力荷载，因此用刚性率来反映竖向侧向刚度不规则更贴切些。

当建筑设计和抗侧力结构平面与竖向布置造成的不规则超过限值而不能改进时，抗震验算则需增大地震作用效应或采用调整地震作用的内力分析方法。例如对于竖向不规则的建筑，不应采用基底剪力法分析地震作用，而宜采用空间结构模型计算地震作用；对于抗侧刚度突变的楼层，在其抗侧承载力不小于上层的 65% 的条件下，其地震剪力应在正常分析的结果上乘以 1.15 倍的增大系数；对于竖向抗侧构件不连续的楼层，需传递水平剪力的构件（水平构件）的作用力应乘以 1.25～2.0 倍的增大系数。对于平面不规则，在横隔（楼、屋盖）的平面内刚度足够大的情况下，根据剪力墙的抗侧刚度分配剪力时，需计入扭转分量的影响；横隔因开洞口或因平面内刚度严重不足时，抗侧力构件应按其所承担的重力荷载分配地震剪力，且需验算横隔的剪变形。

建筑结构抵抗地震水平作用的机理与抵抗风荷载的机理基本相同，因此木结构抗震设计中针对轻型木结构、井干式木结构以及梁柱式木结构对抗侧力构件布置的具体要求和构造要求可参照第 11 章有关内容处理，这里不再重述。

在抗震设防区，建筑物的总高度越高，楼层数越多，则重力荷载越大，相应的地震水平剪力也越大，且与建筑高度并非呈简单的线性关系。建筑结构的侧向抗力必须满足抵抗这些地震作用的要求，侧移变形也需满足相应的限值要求。因此根据各类结构所用建筑材料的基本特性，从安全、经济以及各类结构在历次地震灾害中的不同表现等诸多因素，抗震规范 GB 50011—2010 规定了不同结构形式的混凝土、砌体、钢结构的总高度限值，砌体结构还规定了允许的楼层数。对于木结构的规定是，木柱、木桁架和穿斗式木结构房屋在设防烈度为 6～8 度地区不宜超过两层，总高度不超过 6m，9 度地区只能为单层，高度不超过 3m；对于木柱、木梁形式的房屋，宜为单层，高度不超过 3m，空旷的木结构建筑宜采用 4 柱落地的三跨排架结构。这些规定是否适用于现代木结构体系，尚需认真研究。作为参考，美国木结构抗风与抗震设计规范（Special Design Provisions for Wind and Seismic，ANSI/AF&PA SDPWS 2005）中提供了关于抗风、抗震的专门设计规定，但并未明确规定木结构建筑的层数和总高度限值。所涉及的条款均为层高 3.6m 以下、二至三层的轻型木结构的抗震设计规定，并未见对其他形式木结构建筑的相关要求。日本木结构设计规范对木结构建筑的规定较为详细，如多层木结构房屋高度可达 31m。对于层板胶合木为主材的公共建筑，如大型体育馆建筑高度可达 60m，但同时规定需要采用不同的抗震设计程序。如建筑面积不超过 $500m^2$，层数为二层或三层以下，总高度不超过 13m 的以锯材为主材的小型木结构房屋，可仅按构造设计法来满足抗震设防要求；对于三层和三层以上、总高度为 31m 以下的木结构建筑，则要进行地震作用下的结构承载力和变形验算，并满足相应的限值要求；对于特殊结构形式的建筑也有具体规定，如井干式木结构，允许一层带阁楼，檐口高度不超过 4m，总高度不超过 8.5m，但可建造在下部一、二层为砌体或混凝土的结构之上。这种详尽的规定值得借鉴。

至于在抗震设防区建设木结构建筑对场地土和地基基础的要求，除应满足木结构特殊的防腐规定外，与其他类型建筑结构规定一致，不再赘述。

12.2.2　结构体系

结构抗震设计中对结构体系的要求一是要解决水平作用力的可靠传递问题，二是要使选择的结构体系具有良好的耗能能力，保证结构体系具有延性破坏的特征。应根据所设计的木结构建筑归属的抗震设防类别（甲、乙、丙、丁四类）、建设所在地区的抗震设防烈度、建筑高度、场地类别以及施工条件等因素，经技术经济、使用条件等综合比较后确定适合的结构体系。

1. 地震水平作用的传递

结构体系应有明确简捷的荷载传递路径，特别是传递水平荷载的路径，并能构成清晰的计算简图。抵御水平荷载作用的木结构建筑体系有剪力墙体系、铰接框架（梁柱）-斜撑体系或铰接框架-剪力墙体系等可供选择。半刚性节点连接的框架结构若能将侧移变形控制在允许的范围内，也是可行的体系。在木结构工程实践中还会遇到另外两种结构体系，一为“混合结构”体系，即同一楼层或各楼层中既有木构件又有砌体、混凝土或钢构件“共同”承载的建筑；二是“组合结构”体系，又称“叠合结构”，即下部一、二层承重构件为非木结构的建筑，而上部几层承重构件为木结构体系的建筑。对于这些混杂结构，如何传递地震的水平作用，是需要认真研究的课题。

对于“混合结构”，抗震规范 GB 50011 明确规定，木结构房屋不应采用木柱与砖柱（砖墙）混合承重，山墙处应设木屋架（木梁），不得采用硬山搁檩。美国木结构抗风与抗震设计规范（ANSI/AF&PA SDPWS 2005）中则规定：在超过一层的建筑中，木剪力墙、横隔、桁架及其他构件或结构体系不应用以抵御砌体或混凝土墙产生的地震作用，但下述木楼、屋盖和木剪力墙可以除外。当砌体或混凝土墙传来的地震作用不产生扭转效应时，木楼盖和屋盖可用作能承受水平地震作用的横隔或水平桁架。在含有砌体或混凝土墙、层数为两层的建筑中，木基结构板剪力墙在满足下列条件时可用于抵御地震作用：①层间的墙高不超过 3.6m（12′）；②横隔不受扭也不在最外侧剪力墙处有悬臂；③横隔和剪力墙的总变形不致使所支承的砌体或混凝土墙产生超过层高 0.7%的层间侧移；④横隔中的覆面板在无支承边应设横撑（横档），两楼层中剪力墙覆面板的无支承边均应设横撑，且第一层中剪力墙覆面板的厚度不小于 12mm（15/33″）；⑤一、二楼层间的木基结构板剪力墙应位于同一竖向平面内，而不应面外错位。该规范还规定，木构件及体系可用以抵御混凝土楼盖、砌体或混凝土烟囱、壁炉或砌体或混凝土贴面等产生的地震作用。

对于同一楼层中有不同类型结构形式的抗侧构件的情况，由于这些抗侧构件的刚度特性不同，其楼层的各抗侧构件既不能采用按刚度分配地震剪力，也不能用简单的线性叠加的方法计算楼层抗剪能力。比较合适的处理方法是将不同结构形式的抗侧构件作为一、二道防线。如混凝土框架剪力墙结构中的剪力墙与框架的关系，剪力墙的刚度大，可作为第一道抗侧力防线，框架的极限变形大，可作为第二道防线，补充剪力墙的抗力衰退。

至于另一类“组合结构”建筑，下部是混凝土或砌体结构，上部是木结构，如轻型木结构或井干式木结构，只要总楼层数控制在一定范围内，各国木结构设计规范都是允许的。如《木结构设计标准》GB 50005—2017 允许设计建造上部轻型木结构不超过 3 层，总层数不超过 7 层的“组合木结构”建筑。日本有关规范也允许一、二层为砌体或混凝土结构，上建一层带阁楼的井干式木结构建筑。这里的“组合结构”建筑，因上、下部分相对独立，每一楼层不涉及不同刚度特性的抗侧力构件共同工作的问题，但在某些细节上如两者的刚度关系、相连部位的转换层和连接等处理上仍需重视。特别是转换层的楼盖结构，由于上部木结构建筑的剪力墙和下部砌体或混凝土结构的抗侧力构件如砌体结构的抗震墙，并不能全部落在同一轴线或同一位置上，上部木结构建筑的地震水平作用力需通过下部建筑的顶板传递至下部的抗侧力构件。因此，该顶板（转换层楼板）需要有足够的抗弯、抗剪承载力和足够的平面内的抗弯、抗剪刚度才能胜任，否则上部的木结构建筑将丧失“基础”的支承而无法保证安全。

2. 结构体系的延性

结构是由若干构件通过连接形成的稳定的能承受竖向荷载和水平荷载作用的平面或空间构架，以满足建筑功能的要求。结构体系可以是静定的，也可以是静不定的，但这两种结构体系获得延性的途径不完全相同。静定结构的延性主要取决于其某个构件截面或其连接节点破坏过程的变形性能。例如图 12.2.2-1 所示的静定结构，是由两根构件组成的构架。如果节点 C 的抗弯能力远大于杆 AC 和杆 BC，体系的延性将取决于两杆出现塑性铰后的变形能力。反之，如果节点 C 的抗弯能力低于两杆截面的抗弯能力，体系的延性则取决于节点连接破坏的过程（M-φ 曲线）。静定结构出现一个塑性铰后，结构将进入不稳定状态（机构），达到极限变形时结构即失效。这个塑性铰可以发生于构件的某个截面，也可以发生在某个连接节点上。结构的变形能力仅取决于构件截面和连接的变形能力。

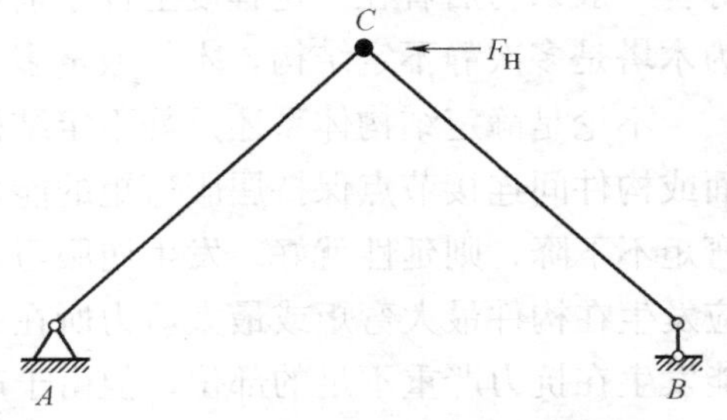

图 12.2.2-1 静定结构延性示意图

静不定结构的延性，首先来自于冗余度逐渐消失而进入静定结构体系的荷载历程，再由某构件或某连接节点的破坏过程决定。冗余度即结构由静不定体系转变为静定体系的多余约束的数量。图 12.2.2-2 所示为一平面框架（强柱弱梁的混凝土框架）及在水平荷载 F_H 作用下的荷载-侧移曲线。框架柱与基础固接，与框架梁刚接，是三次静不定结构。在水平力作用下，假定破坏过程由各构件的抗弯能力决定，且破坏的顺序依次为截面1、2、3、4。截面1首先达到屈服状态（形成塑性铰），则荷载-侧移曲线在点0、1间为近似直线，其斜率代表结构的有效刚度。荷载继续增大，截面2将进入屈服状态，直线1-2的斜率取决于截面1保持屈服弯矩（抗力）的能力，能力强（延性好），则斜率大；能力弱则斜率小。如果是脆性破坏，可以是负斜率。继续加载，截面3将进入屈服状态，直线2-3的斜率取决于截面1、2保持屈服弯矩的能力。截面1、2、3进入屈服状态后，框架成为静定结构。再加载，截面4将进入屈服状态，结构成为机构，但由于各塑性铰具有一定抗弯能力，结构仍可承受部分荷载作用。可见，框架的荷载-侧移曲线与木剪力墙类似（见图12.1.2-1），也可计算其延性系数μ。

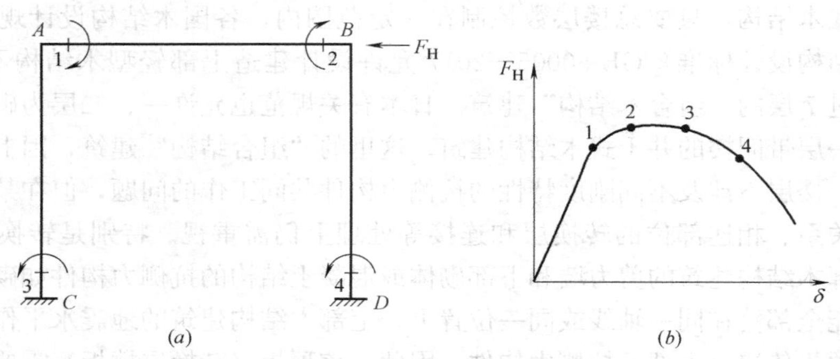

图12.2.2-2　框架及荷载-侧移曲线示意图

（a）混凝土框架；（b）荷载-侧移曲线

木结构建筑为获得良好的抗震能力，首先应选择在两个主轴方向都有一定冗余度的结构体系。有学者认为轻型木结构之所以具有良好的抗震性能，是因为这种结构形式是一种高冗余度的结构体系。高冗余度有利于提高结构抗震能力的概念还可拓宽一步。为满足延性要求，是采用单一的大截面构件好，还是采用若干根适当分散布置的较小截面的构件更好？一般认为后者在一定程度上优于前者。有学者认为应县木塔经历多次地震不倒，是因为木塔是多次静不定结构，木柱数量多（每层多达32根）是抗震能力强的一个重要原因。

不论是静定结构体系还是静不定结构体系，其延性在很大程度上又取决于构件某个截面或构件间连接节点保持屈服弯矩的能力。若在很大的变形（如转角）范围内能保持屈服弯矩不下降，则延性就好。发生屈服习惯上称形成塑性铰。结构在水平荷载作用下，屈服应发生在构件最大弯矩或最大剪力所在的截面，或发生在构件连接的节点位置，当然也可能发生在抗力严重不足的部位。但由于产生屈服的部位不同，内力的种类（弯矩或剪力）不同，所形成的塑性铰保持继续承载的能力也就不同-即延性不同。因此，结构体系在抗震设计中，还应采取措施使屈服发生在延性好的部位，而不是延性差的部位。抗震规范GB 50011中对钢筋混凝土结构要求强柱弱梁，防止剪切破坏先于弯曲破坏，是因为混凝土梁、柱的剪切破坏过程往往是屈服即破坏，呈脆性破坏特征；而混凝土梁、柱的受弯破坏过程可予以控制，只要为“适筋”梁，配置适当的箍筋，即可获得良好的延性。因此要求抗剪强于抗弯，保证屈服发生在最大弯矩作用的截面。要求强柱弱梁的另一原因是由于混凝土受弯构件的延性优于偏心受压构件。但在木结构中偏心受压构件的延性往往优于受弯构件，因此要求强柱弱梁的观点在木结构中不一定适用。

抗震规范 GB 50011 还规定"构件节点的破坏，不应先于其连接的构件"，即要求屈服不能先发生在连接的节点上。这是因为钢或混凝土结构的节点破坏主要是由剪力引起，受剪破坏的延性远不如构件受弯破坏的延性优越。对于木结构，这一规定是否适用，也值得推敲。其一，木结构构件的截面尺寸往往由连接节点处连接件布置的构造要求决定，结构的承载力一般取决于节点连接的承载力。其二，就结构抗震而言，木构件在拉、弯、剪作用下的破坏过程均呈脆性，且难以控制，唯有木材横纹承压表现出良好的延性，销连接中的销承弯工作也呈现良好的塑性。若要符合连接强于构件的要求，则势必需改变木构件受弯、受剪破坏的属性，这是难以做到的。与其如此，不如顺其自然，解决好木结构节点连接的延性。由此可见，适用于木结构抗震的设计原则仍需作进一步研究完善。

【例题 12-1】 图 12.2.2-3 所示为某木结构建筑中某层的抗侧力构件（剪力墙）布置图，各剪力墙的壁倍率 α（见 11.5.2 节）均为 2。表 12.2.2-1 为各分区的重力荷载（kg/m²），表 12.2.2-2 为各剪力墙的抗震能力（斜线上的数字），系由 $l\alpha\times1.275$kN 计算而得，其中 l 为各剪力墙的长度（斜线下的数字）。试核算其偏心率 k_{ex} 和 k_{ey} 是否满足平面规则要求。

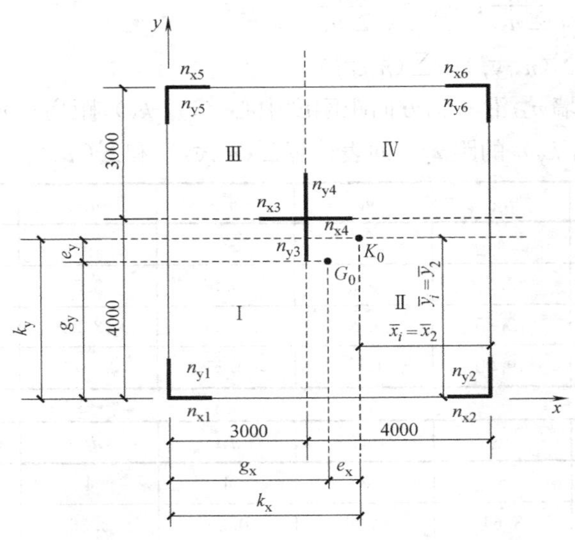

图 12.2.2-3　剪力墙布置图

重力荷载分布表（kg/m²）　　**表 12.2.2-1**

Ⅰ	Ⅱ	Ⅲ	Ⅳ
650	600	900	800

各墙段抗震能力　　**表 12.2.2-2**

方向	n_1	n_2	n_3	n_4	n_5	n_6
x	4/2	5/2.5	3/1.5	4/2	4/2	5/2.5
y	3/1.5	4/2	4/2	3/1.5	3/1.5	3/1.5

解： 重力荷载作用中心：

$$g_x=\frac{\sum g_i x_i}{\sum g_i}$$

$$=\frac{3\times4\times650\times1.5+4\times4\times600\times5+3\times3\times900\times1.5+3\times4\times800\times5}{3\times4\times650+4\times4\times600+3\times3\times900+3\times4\times800}=3.415\text{m}$$

$$g_y=\frac{\sum g_i y_i}{\sum g_i}$$

$$=\frac{3\times4\times650\times2+4\times4\times600\times2+3\times3\times900\times5.5+3\times4\times800\times5.5}{3\times4\times650+4\times4\times600+3\times3\times900+3\times4\times800}=3.675\text{m}$$

剪力墙抗侧力合力作用点（刚度中心）

$$k_x=\frac{\sum n_{yi}x_i}{\sum n_{yi}}=\frac{3\times0+4\times7+4\times3+3\times3+3\times0+3\times7}{3+4+4+3+3+3}=3.50\text{m}$$

$$k_y=\frac{\sum n_{xi}y_i}{\sum n_{xi}}=\frac{4\times0+5\times0+3\times4+4\times4+4\times7+5\times7}{4+5+3+4+4+5}=3.64\text{m}$$

回转半径：$e_{ex}=\sqrt{\frac{k_R}{\sum n_{xi}}}$；$e_{ey}=\sqrt{\frac{k_R}{\sum n_{yi}}}$

转动刚度：$k_R=\sum(n_{xi}\overline{y}_i^2)+\sum(n_{yi}\overline{x}_i^2)$

式中：$\overline{y}_i$ 为剪力墙 n_{xi} 沿 y 轴方向距刚度中心（k_x，k_y）距离；$\overline{x}_i$ 为剪力墙 n_{yi} 沿 x 轴方向距刚度中心（k_x，k_y）的距离。列表计算 $\sum(n_{xi}\overline{y}_i^2)$ 和 $\sum(n_{yi}\overline{x}_i^2)$：

	n_{y1}	n_{y2}	n_{y3}	n_{y4}	n_{y5}	n_{y6}	Σ
αl	3	4	4	3	3	3	20
$\overline{x}_i$	3.5	3.5	0.5	0.5	3.5	3.5	—
$\overline{x}_i^2$	12.25	12.25	0.25	0.25	12.25	12.25	—
$n_{yi}\overline{x}_i^2$	36.75	49.00	1.00	0.75	36.75	36.75	161

	n_{x1}	n_{x2}	n_{x3}	n_{x4}	n_{x5}	n_{x6}	Σ
αl	4	5	3	4	4	5	25
$\overline{x}_i$	3.64	3.64	0.36	0.36	3.36	3.36	—
$\overline{x}_i^2$	13.25	13.25	0.13	0.13	11.29	11.29	—
$n_{yi}\overline{x}_i^2$	53.00	66.25	0.39	0.52	45.16	56.45	221.77

所以
$$k_R=161+221.77=382.77\text{N}\cdot\text{m}^2$$

$$e_{ex}=\sqrt{\frac{k_R}{\sum n_{xi}}}=\sqrt{\frac{382.77}{4+5+3+4+4+5}}=3.913\text{m}$$

$$e_{ey}=\sqrt{\frac{k_R}{\sum n_{yi}}}=\sqrt{\frac{382.77}{3+4+4+3+3+3}}=4.375\text{m}$$

偏心率：x 方向 $k_{ex}=\frac{|k_y-g_y|}{e_{ex}}=\frac{|3.64-3.675|}{3.913}=0.009<0.15$

y 方向 $k_{ey}=\frac{|k_x-g_x|}{e_{ey}}=\frac{|3.5-3.415|}{4.375}=0.019<0.15$　偏心率满足要求

12.3 抗震验算

抗震规范 GB 50011—2010 规定，抗震设防烈度为 6 度时，乙、丙、丁类建筑可不作抗震验算，但需满足抗震概念设计和抗震构造措施要求。其中如中小学校舍、医院用房等乙类建筑，需要满足较本地区设防烈度高一度要求的抗震设防规定。对于抗震设防烈度为 7 度及以上的地区，均需对建筑结构进行地震作用下的承载力和变形验算。

12.3.1 地震作用计算

木结构建筑目前大多为低层建筑，在水平荷载作用下，建筑结构的侧移均以剪切变形为主。满足基本规则的木结构建筑，可采用基底剪力法计算地震动产生的水平作用力。其基底总剪力标准值 F_{Ek} 可按下式计算：

$$F_{Ek}=\alpha_1 G_{eq} \tag{12.3.1-1}$$

式中：G_{eq} 为建筑结构等效总重力荷载，单质点体系应取重力荷载代表值，多质点体系可取总重力荷载代表值的 0.85%；α_1 为对应于结构基本自振周期 T（第 1 振型）的水平地震响应系数。

重力荷载代表值是指建筑物的自重（恒载）与乘以组合系数后的可变荷载相加。例如楼面可变荷载和屋面雪荷载的组合系数为 0.5。

水平地震响应系数 α_1 的取值首先与建筑所在地区的设防烈度和设防水准有关，其中承载力验算取常遇地震水准，变形验算一是常遇水准，二是罕遇地震水准。水平地震响应系数 α_1 的取值还与建筑场地土特征周期 T_g 与建筑结构的基本周期 T 的比值 T_g/T 有关。比值 T_g/T 在 1.0 附近，相当于共振，响应系数处于最大值区间。不同类别场地土的特征周期 T_g 约在 0.2～0.9s 的范围内。木结构的基本自振周期并无精确的计算式，日本木结构设计规范对小型木结构建议按 $T=0.03H$ 计算，H 为房屋高度；美国统一建筑规范（Uniform Building Code）给出的可用于木结构的计算式为 $T=0.0487H^{0.75}$。两者对于三层以下的木结构建筑，自振周期的计算结果相差不大。也有资料显示，三层以下的木结构建筑，基本自振周期约在 0.1～0.8s 范围内，极个别的可达到 1.25s。《古建筑木结构加固规范》GB 50165 给出的古代木结构的自振周期计算式为 $T=0.05+0.075H$，对于三层以下的建筑所计算的周期稍长，但也在 1.0s 以内。可见，木结构的自振周期与场地土特征周期之比接近于 1.0，处于共振的不利区段。因此，影响系数 α_1 取最大值 α_{max}。最后，水平地震影响系数 α_1 尚与建筑结构的阻尼比 ξ 有关，阻尼比大，相应的 α_1 小些。木结构一般取阻尼比为 0.05。当阻尼比为 0.05 时，不同设防烈度的最大水平地震影响系数 α_{max} 见表 12.3.1-1。但当结构的自振周期确实很长，建筑场地土又特别好，使 $1.0<T/T_g\leqslant 5.0$，则水平地震影响系数可取 $\alpha_1=\alpha_{max}(T_g/T)^{0.9}$。

水平地震影响系数最大值 α_{max} **表 12.3.1-1**

抗震设防烈度	6 度	7 度	8 度	9 度
多遇地震	0.04	0.08(0.12)	0.16(0.24)	0.32
罕遇地震	0.28	0.50(0.72)	0.90(1.20)	1.40

注：括号内的数值分别用于设计基本地震加速度为 0.15g（7 度）和 0.30g（8 度）的地区。当阻尼比不为 0.05 时，α_{max} 需乘以系数 η_2 调整：$\eta_2=1+\frac{0.05-\xi}{0.08+1.6\xi}\geqslant 0.55$。

水平地震作用沿房屋高度呈倒三角形分布（图 12.3.1-1a），当各层质点重力荷载相同时，顶层水平地震作用最大，向下各层逐渐降低。如果共有 n 个质点（层），各质点的水平地震作用标准值 F_{ik} 可按下式计算：

$$F_{ik}=\frac{G_iH_i}{\sum_{j=1}^{n}G_jH_j}F_{Ek} \tag{12.3.1-2}$$

式中：$G_i(G_j)$ 为第 $i(j)$ 层质点的重力荷载代表值；$H_i(H_j)$ 为质点 $i(j)$ 的所在高度。第 i 层的剪力为（图 12.3.1-1b）：

$$V_{ik}=\sum_{j=i}^{n}F_{jk} \tag{12.3.1-3}$$

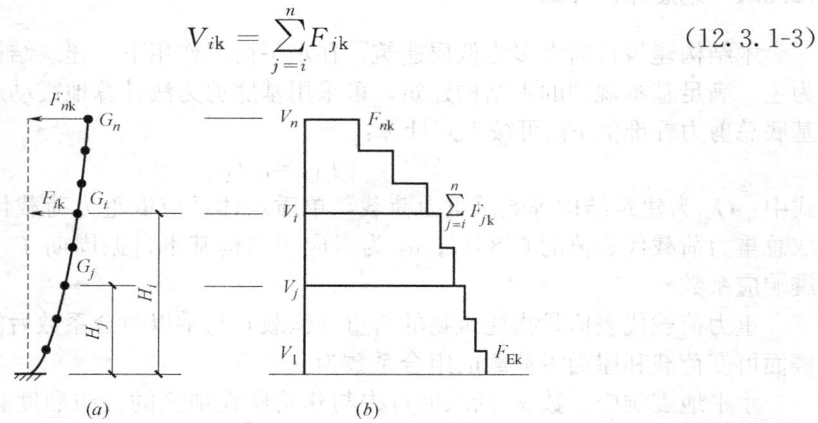

图 12.3.1-1　木结构建筑地震水平作用与层剪力分布示意图

在木结构建筑中，假设各层重力荷载代表值 G 集中在各层楼盖顶标高处和屋盖底标高处，计算高度应从基础顶标高开始计算。各层重力荷载代表值取该层楼盖重力荷载和该层上、下墙高的 1/2 重力荷载代表值之和。屋盖底标高处的重力荷载代表值取屋盖、搁栅、顶棚等重力荷载与顶层墙高一半的重力荷载代表值之和。

木屋盖所受地震水平作用标准值可按其重力荷载代表值 G_r 在顶层质点代表值 G_n 中的比例确定：

$$F_{ERr}=F_{nk}\frac{G_r}{G_n} \tag{12.3.1-4}$$

式中：F_{nk} 为顶层质点水平地震作用标准值。

对于竖向不规则的建筑结构，特别是"组合结构"采用基底剪力法分析水平地震作用，是不适宜的。对于"组合结构"，若下部非木结构部分的层平均抗侧刚度超过上层木结构层抗侧刚度的 10 倍以上，且"组合结构"整体的基本自振周期不大于上部木结构部分自振周期的 1.1 倍时，上、下两部分结构可分开处理，各采用基底剪力法分析地震作用，但上部结构需考虑鞭梢效应而采用地震作用增大系数 $\beta(\approx 1.7\sim 3.0)$，下部结构抗震验算时需计入上部结构基底总剪力的影响。不满足上述条件的"组合结构"和竖向不规则结构应采用振型分解法分析地震作用。这需要根据初步设计方案，估计各层抗侧刚度和层重力荷载代表值，并按结构动力学原理建立相应的振动方程组，求解各阶无阻尼振型（振型是指结构对应于某自振周期的变形模式，例如图 12.3.1-2 所示是一幢 5 层建筑的前 3 阶振型），并获得在各质点（楼层、屋盖）处的相对水平位移 X_{ji}。地震动在结构第 j 个振

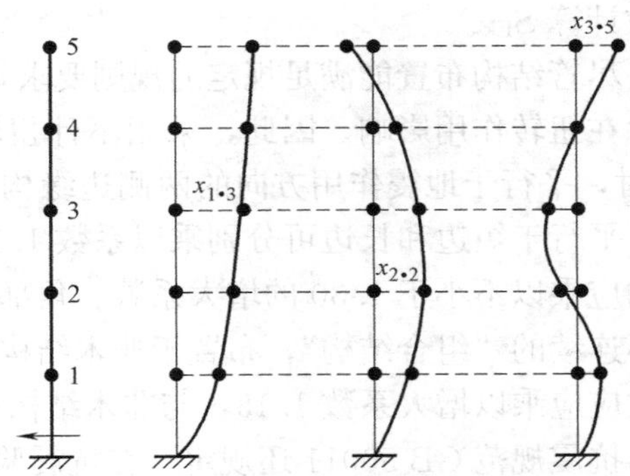

图 12.3.1-2 一栋 5 层建筑的前 3 阶振型示意图

型下第 i 层（质点）的水平地震作用标准值 $F_{ji\mathrm{k}}$ 可由下式计算：

$$F_{ji\mathrm{k}}=\alpha_j\gamma_jX_{ji}G_i \qquad (12.3.1\text{-}5)$$

$$\gamma_j=\frac{\sum_{i=1}^{n}X_{ji}G_i}{\sum_{i=1}^{n}X_{ji}^2G_i} \qquad (12.3.1\text{-}6)$$

式中：α_j 为相应于第 j 振型自振周期的水平地震影响系数，当自振周期小于或接近于场地土特征周期 T_g 时，α_j 仍取 $\alpha_{\max}$，否则按相应规定修正，但只要第 1 振型自振周期小于 T_g，其更高阶振型一定能满足；γ_j 为第 j 阶振型的参与系数。

由此可获得各阶振型下的层间剪力和各构件相应的水平地震作用效应 S_j。如果相邻振型周期比小于 0.85，可利用几何合成法获得各楼层层间总剪力和各构件总的水平地震作用效应 S_{Ek}。当相邻振型周期比大于 0.85 时，说明结构水平振动和扭转振动存在明显耦合作用，需采用与扭转振动有耦联作用的振型分解法，可参见抗震规范 GB 50011。

地震动竖向地震作用的计算式类似于式（12.3.1-1）和式（12.3.1-2），只需将其中的水平地震影响系数 α_1 替换为竖向地震影响系数 α_{vmax}，结构总等效重力荷载 G_{eq} 取 0.75 倍的总重力荷载代表值。由于一般民用木结构建筑可不考虑竖向地震作用的影响，这里不作介绍。

12.3.2 结构内力分析与作用效应组合

1. 内力分析

结构抗震验算时，需根据荷载规范规定的荷载类别计算其作用效应标准值。按抗震规范 GB 50011 的规定，在抗震验算中木结构建筑一般可不考虑地震作用与风荷载组合，因此仅需分别计算重力荷载代表值和水平地震作用的作用效应。重力荷载代表值和水平地震作用标准值按 12.3.1 节介绍的有关要求确定。如果建筑结构不规则超限，水平地震标准作用则需按 12.2.1 节中介绍的要求作修正。这些荷载的作用效应，可分别按一阶线弹性分析方法获得。如果采用空间整体模型分析水平地震作用效应，第 i 层的水平地震作用 $F_{i\mathrm{k}}$（或 $F_{ji\mathrm{k}}$）应均匀地分布在垂直于水平地震作用方向的相应楼层的楼盖长度上。如果采用平面模型分析，质点水平地震作用在各平面模型上的分配原则类似于第 9.3.1 节的介绍，对于木结构宜取按刚度分配和按从属面积分配中的较大者。对于用振型分解法获得的质点水平地震作用力 $F_{ji\mathrm{k}}$，求解结构构件作用效应的程序，首先应分别求解各振型下的作用效应 S_j（轴力、弯矩、剪力、变形），然后按下式合成水平地震作用下的总作用效应 S_{Ek}：

$$S_{\mathrm{Ek}}=\sqrt{\sum_{j=1}^{m}S_j^2} \qquad (12.3.2\text{-}1)$$

式中：m 为振型数。一般仅需取低端（自振频率）振型的前 3 阶（$m=3$）作用效应 S_j 计算。如果第 1 振型的自振周期大于 1.5s，或房屋高宽比大于 1：5，应适当增加参与的振

型数计算 S_{Ek}。

尽管结构布置能满足规定的规则要求，但刚心和质心并不可能完全重合，结构体系难免存在扭转作用影响。因此，采用不计扭转耦联作用的水平地震作用 F_{jik} 分析作用效应 S_j 时，平行于地震作用方向的两侧边缘构件，其地震作用效应乘以增大系数。一般情况下，平行于短边和长边可分别乘以系数 1.15 和 1.05。扭转刚度较小的结构体系，周边构件均应乘以不小于 1.30 的增大系数。角部构件应同时乘以两个方向的增大系数。对于上下不连续的"组合结构"，布置于非木结构顶板上的首层木结构抗侧力构件的水平地震作用效应应乘以增大系数 1.15，与非木结构顶板的连接承载力要求宜乘以提高系数 1.20。

抗震规范 GB 50011 还规定，在抗震验算中，结构任一层的水平地震剪力，应符合下式要求：

$$V_{Eki} > \lambda \sum_{j=i}^{n} G_j \tag{12.3.2-2}$$

式中：V_{Eki} 为第 i 层对应于水平地震作用标准值的楼层剪力；G_j 为第 j 层的重力荷载代表值；λ 为剪力系数，不应小于表 12.3.2-1 规定的楼层最小地震剪力系数。对竖向刚度不规则的薄弱层，尚应乘以放大系数 1.15。

楼层最小地震剪力系数值　　　　**表 12.3.2-1**

类别	6 度	7 度	8 度	9 度
扭转效应明显或基本周期小于 3.5s 的结构	0.008	0.016(0.024)	0.032(0.048)	0.064
基本周期大于 5.0s 的结构	0.006	0.012(0.018)	0.024(0.036)	0.048

注：括号内的数值分别适用于设计基本地震加速度为 $0.15g$（7 度）和 $0.30g$（8 度）的地区；对于基本周期为 3.5～5.0s 的结构，可采用插入法计算 λ 值。

如果经计算不满足式（12.3.2-2）的要求，则应调整结构竖向抗侧构件的布置，甚至需改变结构选型和结构布局，直到满足为止。当然，对于木结构建筑，这种情况基本上不会发生，因为地震响应系数 α_1 已取最大值 α_{max}，远大于表 12.3.2-1 中相应设防烈度下的 λ 系数值。除非为长周期的高层木结构，在 α_1 取值较小时才会发生。

2. 作用效应组合

结构构件抗震截面和连接的承载力验算时，其作用效应的基本组合 S_E 按下式计算：

$$S_E = \gamma_G S_{Gk} + \gamma_{Eh} S_{Ehk} \tag{12.3.2-3}$$

式中：S_{Gk} 为重力荷载（代表值）作用效应的标准值；S_{Ehk} 为水平地震作用效应标准值；γ_G 为重力荷载分项系数，取 $\gamma_G = 1.20$；γ_{Eh} 为水平地震作用分项系数，不计竖向地震作用效应组合时，取 $\gamma_{Eh} = 1.30$。

水平地震作用下验算结构的变形时，作用效应标准组合取：

$$S_{Ek} = S_{Gk} + S_{Ehk} \tag{12.3.2-4}$$

12.3.3　结构构件抗震验算

1. 多遇地震下构件截面和连接承载力验算

多遇地震下构件截面和连接承载力应按下式验算：

$$S_E \leqslant R/\gamma_{RE} \tag{12.3.3-1}$$

式中：R 为按标准 GB 50005 计算的结构构件或连接承载力的设计值；γ_{RE}为承载力抗震调整系数。

承载力抗震调整系数 γ_{RE}应符合抗震规范 GB 50011—2010 的规定，但该规范并未对木结构的各类构件和连接作出专门规定。《木结构设计标准》GB 50005—2017 给出了如表 12.3.3-1 所示的 γ_{RE}值。

木结构承载力抗震调整系数 γ_{RE} **表 12.3.3-1**

构件名称	系数 γ_{RE}
柱、梁	0.80
各类其他构件	0.85
轻型木结构剪力墙	0.85
连接	0.90

不同材料的结构和构件的 γ_{RE} 取值大致参照《工业与民用建筑抗震设计规范》TJ 11—78 中的有关安全系数和结构类别影响系数 C（见 12.1 节）的有关规定经换算而来。首先，规范 TJ 11—78 规定抗震验算的安全系数应取不考虑地震作用时的 80%，但不应低于 1.10。如果采用允许应力计算“抗力”，允许应力应取不考虑地震作用时的 125%。因此，在结构抗震验算中，如果材料强度设计值仍取不计地震作用时的规定值来计算抗力，则可乘以 1.25 的系数，其倒数即为承载力抗震调整系数 $\gamma_{RE}=0.8$。另一方面，规范 TJ 11—78 与现行抗震规范 GB 50011—2010 进行构件抗震验算所考虑的地震作用的水准是不同的。规范 TJ 11—78 以基本设防烈度（中震）加速度水准验算，但考虑了结构类别影响系数 C 的地震卸载作用，即地震作用为 $C\alpha G_{eq}$。抗震规范 GB 50011—2010 以多遇地震（小震）加速度水准验算，其中地震影响系数最大值 α_{max}大致为规范 TJ 11—78 的 1/3，可相当于结构类别影响系数约为 0.33 的作用。因此，如果抗震规范 GB 50011—2010 的承载力抗震调整系数 γ_{RE}也与结构类别影响系数 C 有关，那么原则上，结构类别影响系数 C 接近于 0.33 者，其承载力抗震调整系数 γ_{RE}为 0.8；大于 0.33 者，$\gamma_{RE}>0.8$；小于 0.33 者，$\gamma_{RE}<0.8$。例如钢框架，$C=0.25$（见规范 TJ 11—78），取 $\gamma_{RE}=0.75$（见规范 GB 50011—2010）；钢筋混凝土抗震墙，$C=0.35\sim0.40$，取 $\gamma_{RE}=0.85$。规范TJ 11—78中，木结构取 $C=0.25$，由此推算，木构件及连接的承载力抗震调整系数 γ_{RE}取值应在 0.8 以下更为合理。此外，木构件的延性与受力性质有关，受弯构件的延性要比受剪和受拉构件好一些，因此应与混凝土结构类似，其承载力抗震调整系数 γ_{RE}也宜与构件的受力性质挂钩，而不是只与构件的材料类别有关。

木结构构件承载力和连接承载力的验算与钢结构等其他材料结构的不同之处是，需计入荷载持续作用效应对木材力学性能的影响。因此在木材与木产品的强度设计值中均包含了荷载持续作用效应系数 K_{DOL}（K_{Q3}）。地震作用是短暂的，一次地震作用一般不超过 10min，而且最大地震作用更短暂。因此木结构构件与连接承载力在抗震验算中如何考虑荷载持续作用效应系数的取值是值得研究的。

目前大多数国家的木结构设计规范对恒载与地震作用或风荷载组合时验算承载力，均不计荷载持续作用效应，即取 $K_{DOL}=1.0$。但加拿大规范 CSA O86 考虑木材的损伤累积，取 $K_{DOL}=0.91$。式（12.3.3-1）直接采用了抗震规范 GB 50011—2010 规定的一般形式，从其各物理量的含义上理解，对木结构而言，该式中的承载力设计值R中包含了系数K_{DOL}（0.72）。因此，表12.3.3-1给出的承载力抗震调整系数γ_{RE}需要改进。如果像多数国家的木结构设计规范那样，地震作用不考虑荷载持续作用效应，承载力抗震调整系数γ_{RE}应乘以系数0.72。如果像加拿大规范那样处理，则应乘以系数0.870（=1/1.15）。否则应说明在计算承载力设计值R时应取短期强度设计值。实际上，轻型木结构剪力墙的抗剪强度设计值中，针对地震和风荷载，已规定要考虑K_{DOL}取值的不同（见表9.4.1-1附注）。

轻型木结构剪力墙和横隔的抗震验算仍可按式（9.4.1-4）和式（9.4.2-1）计算承载力，但式中的抗剪强度f_{vd}应除以承载力抗震调整系数γ_{RE}。对于满足构造要求的轻型木结构建筑，不同设防烈度下建筑各层上的剪力墙的最小宽度（长度）如果能满足表12.3.3-2的要求，可不作抗震验算。

按抗震构造要求设计时剪力墙的最小长度　　表12.3.3-2

抗震设防烈度		最大允许层数	剪力墙最大间距(m)	剪力墙最小长度(m)		
				单层、两层或三层的顶层	二层底层或三层的二层	三层底层
6度	—	3	10.6	0.02A	0.03A	0.04A
7度	0.10g	3	10.6	0.05A	0.09A	0.14A
	0.15g	3	7.6	0.08A	0.15A	0.23A
8度	0.20g	2	7.6	0.10A	0.20A	—

注：1. A为楼层面积；
2. 最小长度适用于一侧采用9.5mm厚的木基结构板、钉间距为150mm的木剪力墙，当两侧均为木基结构板时，长度为表中值的50%；
3. 采用抗剪强度为f_{vd}的其他剪力墙时，最小长度可乘以系数$3.5/f_{vd}$；
4. 楼面有混凝土面层时，剪力墙长度增加20%。

木结构其他主要构件截面的抗震验算，是否需要像混凝土结构那样，为保证"强柱弱梁、抗剪强于抗弯、节点更强"等原则的实现，需要将柱端弯矩、梁端剪力设计值乘以增大系数。木结构设计标准GB 50005—2017或抗震规范GB 50011—2010对此都没有明确规定，这是又一个需要进一步研究的课题。由于木构件受剪破坏的脆性较受弯破坏更为严重，适当提高剪力设计值是必要的。连接的抗震验算，根据第12.2.2节的介绍，不在于提高抗力，而在于改善延性。

由于水平地震作用可能超过风荷载作用，因此木结构建筑也应作水平地震作用下的抗倾覆验算。如果像《砌体结构设计规范》GB 50003那样，将抗倾覆验算归属于承载力极限状态，参照式（12.3.3-1），建议按下式对木结构进行抗倾覆验算：

$$(1.2S_{GE1}+1.3S_{Evk})-0.8S_{GE2}\leqslant R/\gamma_{RE} \tag{12.3.3-2}$$

式中：S_{GE1}、S_{GE2}分别为对抗倾覆不利和有利的重力荷载（代表值）的作用效应标准值；R为木结构建筑锚固装置提供的抗倾覆能力设计值；γ_{RE}为承载力抗震调整系数，宜参考针对钢结构的规定，取$\gamma_{RE}=0.75$。

2. 多遇地震下变形验算

木结构建筑在多遇地震作用标准组合下的层间位移Δu_e应满足下式的要求：

$$\Delta u_e\leqslant[\theta_e]h \tag{12.3.3-3}$$

式中：h 为层高（mm）；$[\theta_e]$ 为层间相对位移允许值，规范 GB 50005 规定为 1/250。确定允许相对位移的条件一是结构应处于弹性阶段，二是不影响使用功能，包括室内装修不受损等观感标志。木结构抗侧刚度小，弹性变形大，因此其层间位移接近于钢结构而大于混凝土结构（<1/500）。

主要由于节点连接性能上的差异，木结构与钢或混凝土结构层间位移的计算方法应有所不同。例如钢或混凝土框架结构，梁柱节点大多数情况下都设计成刚性连接。对应非高层建筑，水平荷载作用下的侧移（层间位移）主要取决于梁、柱自身的抗弯刚度（EI），不必考虑节点连接可能的相对转角对侧移的影响。梁、柱体系的木结构，因梁柱节点连接的非刚性，在水平荷载作用下会产生较大的相对转角，所产生的侧移将不可忽视。特别是无斜撑或未专设抗侧力构件的梁柱体系木结构，如我国古代梁柱体系木结构建筑，节点的非刚性连接几乎是产生侧移的唯一因素。尽管第 5.1.6 节已介绍过连接抗转动刚度的计算方法，但尚不能普遍适用。这是计算木结构层间位移需要研究解决的一关键问题。

轻型木结构的剪力墙体系，层间位移可按式（9.4.1-5）计算，但其中的压紧锚固变形和下层顶梁板转角对上层剪力墙顶水平位移的影响可不计入层间位移中，因为该两因素引起的是一种刚体转动。这正如高层建筑当弯曲变形不可忽略时层间位移可不计总弯曲变形，因为总弯曲变形并不是楼层在地震作用下的弹性变形。若剪力墙抗侧刚度已知，如第 11.5 节介绍的梁柱结构体系，侧向作用由木剪力墙承担，但木剪力墙的抗侧力已计入梁柱等构件的辅助作用，而木剪力墙的抗剪强度设计值已考虑侧移变形不超过 1/120 的要求，故可采用式（11.5.3-4）计算层间相对位移。

3. 罕遇地震下抗倒塌验算

抗震规范 GB 50011—2010 规定，罕遇地震作用下某些结构类别的薄弱层，需作弹塑性变形验算，要求其相对位移 Δu_p 不超过规定的限值 $[\theta_p]\ h$，$[\theta_p]$ 为弹塑性变形相对位移允许值，表示建筑结构尚不致倒塌。抗震规范 GB 50011—2010 尚未明确木结构是否需要进行抗倒塌验算。罕遇地震作用下，结构弹塑性层间侧移 Δu_p 可按下式计算：

$$\Delta u_p = \eta_p \Delta u_e \tag{12.3.3-4}$$

式中：Δu_e 为罕遇地震作用下结构的弹性层间侧移，计算水平地震作用时 α_1 应取表 12.3.1-1 中罕遇地震的对应值；η_p 为与楼层屈服强度系数有关的弹塑性层间侧移增大系数。

但抗震规范 GB 50011 和标准 GB 50005 并未规定木结构允许的弹塑性层间位移相对值 $[\theta_p]$，也未说明抗震规范 GB 50011 给出的增大系数 η_p 是否适用于木结构。因此，罕遇地震作用下木结构的抗侧移验算还存在一些困难。

根据一些国外的地震灾害调查报告，有包括轻型木结构在内的木结构房屋倒塌的例子，多数是因底层空旷、抗侧力构件布置极不对称等原因造成。因此，罕遇地震下薄弱层弹塑性变形验算尚有一定需要，但其限值大小和计算方法尚需研究。尽管从理论上可用三维弹塑性分析方法或弹塑性时程分析方法解决，但对工程技术人员除非有专用的计算软件，否则还应有像混凝土结构那样的计算弹塑性位移的简化方法。

罕遇地震作用下木结构建筑的抗倾覆验算，似乎可按式（12.3.3-2）的形式进行，但式中除将常遇水平地震作用效应改用罕遇地震作用效应外，各作用分项系数和承载力抗震调整系数 γ_{RE} 的取值均应予调整，这也是木结构抗震验算需要解决的一个问题。

【例题 12-2】 某三层轻型木结构房屋，平面布置如图 12.3.3-1（a）所示，抗侧力构件（剪力墙）竖向布置如图 12.3.3-1（b）所示，各层剪力墙构造相同，如图 12.3.3-1（c）所示。剪力墙两侧均用 OSB 作覆面板，墙骨采用 $\mathrm{IV_{c1}}$ 级南方松规格材，截面尺寸为 38mm×114mm，间距为 400mm。设防烈度为 7 度（0.15g）。各层重力代表值折合：一层为 3.5kN/m^2，二层为 3.5kN/m^2，三层为 2.5kN/m^2。试作抗震验算。

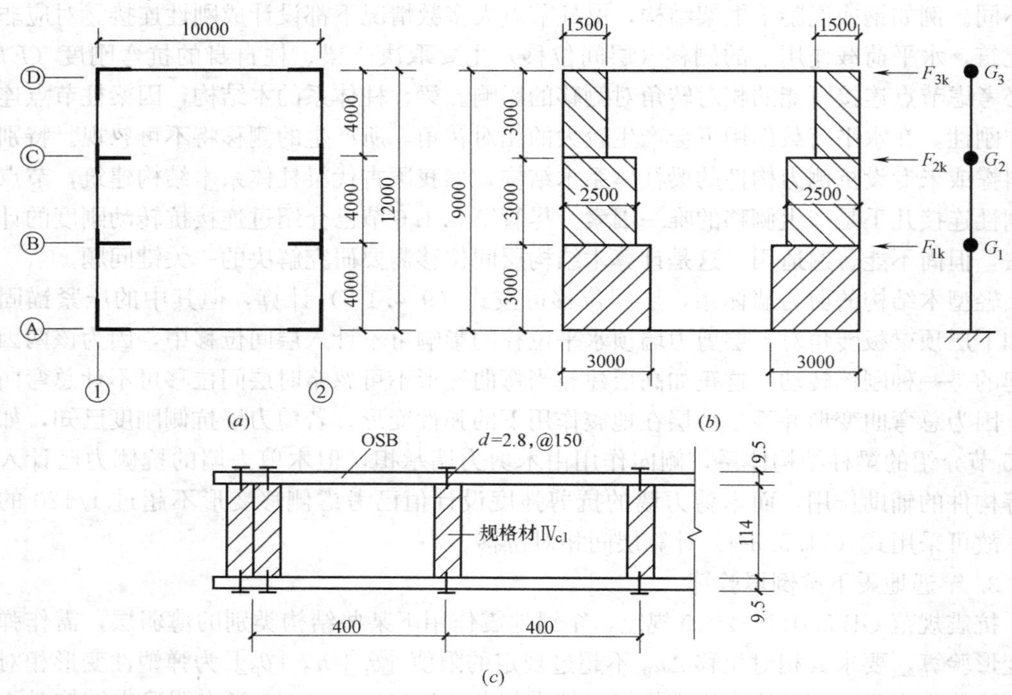

图 12.3.3-1 剪力墙布置及构造

（a）平面布置；（b）剪力墙竖向布置图；（c）剪力墙构造

解：由标准 GB 50005—2017 查得，剪力墙的抗剪强度设计值为 $f_{vd}=3.5$kN/m，$\mathrm{IV_{c1}}$ 级南方松规格材墙骨弹性模量 $E=8700$N/m^2，木基结构板 OSB 的剪切刚度 $B_v=9500$N/mm。

（1）计算地震作用

假设水平地震作用按从属面积计算，则可取Ⓑ或Ⓒ轴计算地震作用，且较为保守。采用基底剪力法，各质点的重力荷载代表值为：

$$G_1=G_2=10\times4\times3.5=140\text{kN}$$

$$G_3=10\times4\times2.5=100\text{kN}$$

抗震设防烈度 7 度（0.15g），多遇地震影响系数 $\alpha_1=\alpha_{max}=0.12$

基底剪力 $F_{Ek}=\alpha_1 G_{eq}=0.12\times(140\times2+100)\times0.85=38.76$kN

$$\sum G_i h_i=140\times3+140\times6+100\times9=2160\text{kN}\cdot\text{m}$$

各质点水平作用标准值：

$$F_{1k}=(140\times3/2160)\times38.76=7.54\text{kN}$$

$$F_{2k}=(140\times6/2160)\times38.76=15.07\text{kN}$$

$$F_{3k}=(100\times9/2160)\times38.76=16.15\text{kN}$$

（2）多遇地震下剪力墙抗剪承载力验算

由于重力荷载竖向作用不会在剪力墙中引起水平剪力，故各层剪力墙所受剪力仅由水平地震作用决定，其各层剪力墙水平剪力标准值为：

$V_{3k}=16.15\text{kN},V_{2k}=16.15+15.07=32.22\text{kN},V_{1k}=16.15+15.07+7.54=38.76\text{kN}$

剪力墙水平剪力设计值为：

$$V_3=16.15\times\gamma_{Eh}=16.15\times1.3=21\text{kN},V_2=32.22\times1.3$$
$$=41.89\text{kN},V_1=38.76\times1.3=50.39\text{kN}$$

剪力墙抗力设计值为：

$$V_{1r}=(2f_{vd}\times1.15/\gamma_{RE})\times k_1k_2k_3l_1$$
$$=(2\times3.5\times1.15/0.85)\times1.0\times1.0\times1.0\times6=56.82\text{kN}>50.39\text{kN}$$
$$V_{2r}=(2\times3.5\times1.15/0.85)\times1.0\times1.0\times1.0\times5=47.35\text{kN}>41.89\text{kN}$$
$$V_{3r}=(2\times3.5\times1.15/0.85)\times1.0\times1.0\times1.0\times3=28.42\text{kN}>21\text{kN}$$

（3）多遇地震下层间位移验算

剪力墙为双面覆面板，式（9.4.1-5）中覆面板的剪切刚度应取 $2B_v$，即剪力墙顶的位移为

$$\Delta_i=\frac{2V_{oi}h_i^3}{3E_iA_ib_i}+\frac{V_{oi}h_i}{2B_{vi}}+0.0025h_ie_{ni}+\frac{d_{ai}h_i}{b_i}+\theta_{i-1}h_i+\frac{M_{i+1}h_i^2}{E_iA_ib_i^2}$$

其中，$V_{o1}=38.76/6=6.46\text{kN/m}$，$V_{o2}=32.33/5=6.44\text{kN/m}$，$V_{o3}=16.15/3=5.38\text{kN/m}$。

每层剪力墙由两段组成，每段剪力墙上层对下层的作用弯矩 M_{i+1} 为：

三层：$M_{3+1}=M_4=0$；二层：$M_{2+1}=M_3=(16.15/2)\times3=24.22\text{kN}\cdot\text{m}$；

一层：$M_{1+1}=M_2=(16.15\times6+15.07\times3)/2=71.06\text{kN}\cdot\text{m}$。

$e_{ni}=(V_{oi}S/(77d^2))^2$

$e_{n1}=((3.23\times150)/(77\times2.8^2))^2=0.64\text{mm}$；$e_{n2}=((3.22\times150)/(77\times2.8^2))^2=0.64\text{mm}$；

$e_{n3}=((2.69\times150)/(77\times2.8^2))^2=0.45\text{mm}$。

层间相对位移不计压紧锚固变形和下层转角对上层的影响。

$$\Delta_1=\frac{2\times6.46\times3000^3}{3\times8700\times38\times114\times3000}+\frac{6.46\times3000}{9500\times2}+0.0025\times3000\times0.64$$
$$+\frac{71.06\times10^6\times3000^2}{8700\times38\times114\times3000^2}=8.73\text{mm}<\frac{3000}{250}=12\text{mm}$$

$$\Delta_2=\frac{2\times6.44\times3000^3}{3\times8700\times38\times114\times250}+\frac{6.44\times3000}{9500\times2}+0.0025\times3000\times0.64$$
$$+\frac{24.22\times10^6\times3000^2}{8700\times38\times114\times2500^2}=7.97\text{mm}<\frac{3000}{250}=12\text{mm}$$

$$\Delta_3=\frac{2\times5.38\times3000^3}{3\times8700\times38\times114\times1500}+\frac{5.38\times3000}{9500\times2}+0.0025\times3000\times0.45$$
$$+\frac{0\times3000^2}{8700\times38\times114\times1500^2}=5.93\text{mm}<\frac{3000}{250}=12\text{mm}$$

（4）抗倾覆验算

多遇地震水平作用产生的倾覆力矩设计值：

$$M_t = 1.3 \times (16.15 \times 9 + 15.07 \times 6 + 7.54 \times 3) = 335.91\text{kN} \cdot \text{m}$$

左、右肢剪力墙各承担的倾覆力矩为 $M_t/2 = 167.95\ \text{kN} \cdot \text{m}$

右肢剪力墙逆时针倾覆验算，重力荷载的抗倾覆力矩为

$$\begin{aligned} M_r &= [4 \times 1.5 \times 2.5 \times (3 - 1.5/2) + 4 \times 2.5 \times 3.5 \times (3 - 2.5/2) + 4 \times 3 \times 3.5 \times (3/2) \\ &\quad + 4 \times 3.5 \times 2.5 \times (3 - 1.5) + 4 \times 2.5 \times 3.5 \times (3 - 2.5) + 4 \times 2 \times 3.5 \times (0)] \times 0.8 \\ &= 182.4\text{kN} \cdot \text{m} > 167.95\ \text{kN} \cdot \text{m} \end{aligned}$$

说明不用压紧锚固螺栓也能满足逆时针方向的抗倾覆要求。但作为构造要求，②轴处尚应设置锚固螺栓，比如可采用直径为 12mm 的螺栓。

右肢剪力墙顺时针倾覆验算，

$$\begin{aligned} M_r &= [4 \times 1.5 \times 2.5 \times (1.5/2) + 4 \times 2.5 \times 3.5 \times (2.5/2) + 4 \times 3 \times 3.5 \times (3/2) \\ &\quad + 4 \times 3.5 \times 2.5 \times 1.5 + 4 \times 2.5 \times 3.5 \times 2.5 + 4 \times 2 \times 3.5 \times 3] \times 0.8 \\ &= 273.6\text{kN} \cdot \text{m} > 167.95\ \text{kN} \cdot \text{m} \end{aligned}$$

满足抗倾覆要求。

12.4 抗震构造措施

12.4.1 基本构造措施

混凝土在拉、压、弯、剪等应力作用下均表现出脆性破坏的特征，钢筋混凝土结构要保证其性能满足抗震设防目标，除应满足抗震概念设计、多遇地震作用下构件截面、节点的承载力和变形以及薄弱层在罕遇地震作用下的弹塑性层间位移等相关规定外，还需要采取一系列的基本构造措施，使其满足基本设防烈度以上应有的抗震性能要求，即保证结构系统具有良好的延性。例如混凝土结构中的框架柱需要限制轴压比，框架梁需要控制受压区高度，梁、柱端最大弯矩作用区段需配置足够的箍筋。这些措施的目的是使在这些部位屈服出现塑性铰后结构有较好的延性，防止混凝土快速破碎而导致结构系统脆性破坏。木材虽是黏弹性材料（见 2.4.6 节），但除横纹承压外，其受拉、受剪、受弯工作，特别是横纹受拉工作，均表现出脆性破坏特征。单纯顺纹受压的延性稍好一些，但木柱又取决于弯曲应力与轴力产生的压应力的比值。因此，木结构的延性，也需有相应的抗震基本构造措施来保证。这又是需研究的一个课题。

在第 12.2.2 节已经提到，木结构的延性不能寄希望于构件截面产生塑性铰，而应依赖于构件间连接节点的延性，故需要研究各类连接的抗震性能。但不论何种连接形式，首先是要防止木材横纹受拉失效，这是保证连接具有良好延性的前提条件。因此，对一些重要节点，在可能发生木材横纹受拉的连接部位，应采取加固措施。在抗震设防区采用齿连接，并不是好的节点连接方法，特别是当木材抗剪强度决定连接承载力时，更不应采用。齿连接也不能用于作用力有变号的情况。采用连接件的连接可分为销类、表面类和键连接三种类型。销类是采用钉、螺栓、木螺钉等连接件的连接；直径不大的销通过贴紧木材表面的金属侧板传力的连接（如齿板和木铆钉连接）称表面类连接。这两类连接因金属销的塑性变形能力使连接能获得较好的延性。键连接的特点是连接件是刚体，单个连接具有承

载力高、刚度大的特点（如裂环与剪板连接），但这类连接的受力性能基本上取决于木材，因此此类连接很难获得良好的延性。

承受侧向力作用的钉连接是一种典型的延性连接。试验研究表明，钉能抵抗很多次的反复荷载作用，钉子弯曲及其周围的木材挤压变形能消耗能量。在反复荷载作用下，钉会松动，在大的变形下，钉子还可能被稍许拔出，但钉连接并不完全丧失承载力。当然，钉连接良好的延性尚与钉间距、钉长和钉的强度有关。钉细而长、强度低、适当的间距有益于连接的延性。有观点认为，轻型木结构具有良好的抗震性能（延性好、较强的耗能能力），采用钉连接是个重要原因。

螺栓连接是木结构最常用的连接形式。为使连接具有良好的延性，螺栓宜采用延伸率好的软钢制作。直径粗大的螺栓不利于连接的延性。除应满足连接的边、中、端距要求外，螺栓或销连接的延性更取决于其长细比（构件厚度/螺栓直径，亦称厚径比）。图12.4.1-1为两种不同长细比的螺栓连接在侧向荷载作用下的滞回曲线，可见细长的螺栓连接的延性和耗能要比短粗的螺栓好得多。有学者建议，木结构抗震设计中，螺栓连接中螺栓的长细比宜大于10（指木构件宽度与销径之比）。

木铆钉连接具有明显的优点，安装时不需钻孔，刚度大、承载力高，是北美专用于层板胶合木结构的连接形式。木铆钉虽然属于高强度钉类，但只要合理选择钉距，可保证连

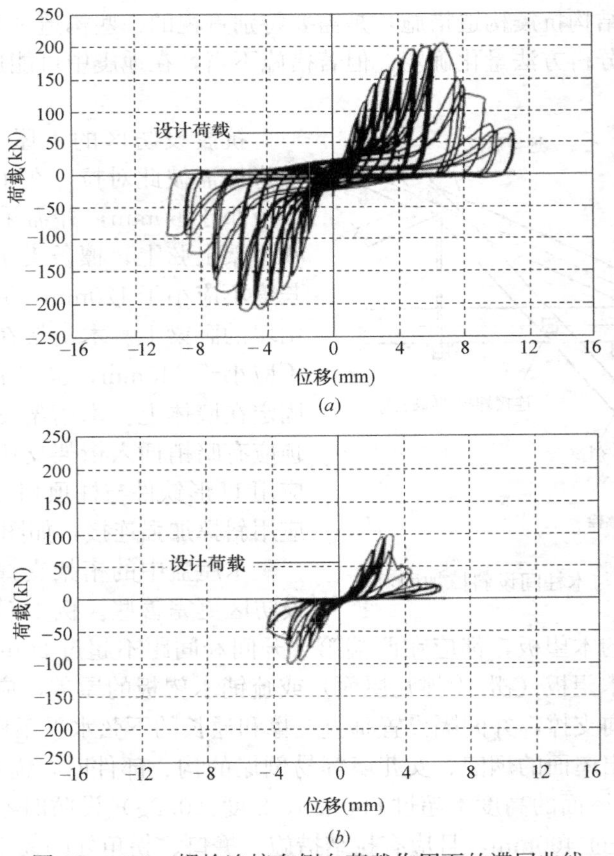

图12.4.1-1 螺栓连接在侧向荷载作用下的滞回曲线

(*a*) 细长螺栓；(*b*) 短粗螺栓

接中钉屈服而群钉区的木材不发生挤碎或块状剪切破坏，因此木铆钉连接具有优良的抗震性能。图 12.4.1-2 为木铆钉连接在侧向荷载作用下的滞回曲线。可见，在往复荷载作用下，变形有很大发展，而抗力降低的幅度不大，优于螺栓连接。

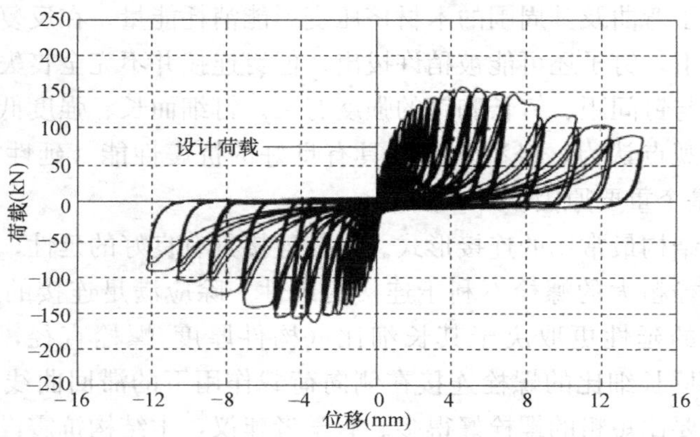

图 12.4.1-2　木铆钉连接在侧向荷载作用下的滞回曲线

12.4.2　其他抗震构造措施

本节所述的木结构抗震构造措施，是需要特别重视的一些构造细节但易被忽视。这些细节难以采用计算分析方法量化确定，但若措施不当，在地震中可能造成构件局部损坏或坍塌。

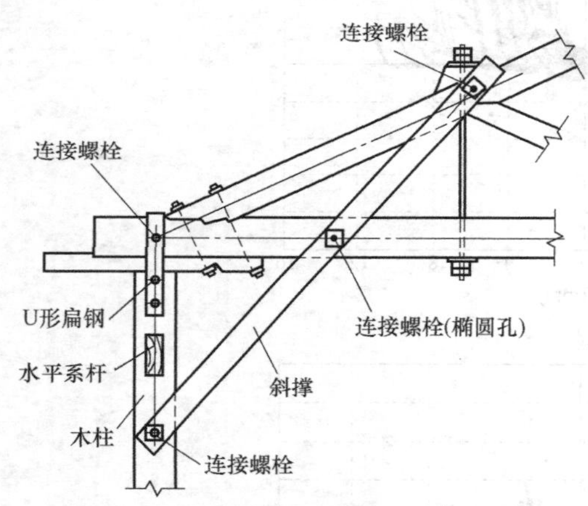

图 12.4.2-1　桁架与木柱间设斜撑加固示意

抗震设防区的木屋盖中，檩条应斜放，双脊檩需彼此对拉，在木桁架上的支承长度不应小于 60mm，并需采用螺栓和卡板固定在屋架上弦上；檩条支承在山墙上时，支承长度不应小于 120mm，并需采用螺栓锚固在山墙的卧梁上。木桁架在砖墙上的支承长度不应小于 240mm，也应采用螺栓通过木垫块固定在墙体上。木桁架支承在木柱上时，柱顶应有暗销插入桁架支座顶部，桁架支座处应用 U 形铁件与柱顶相锚，桁架与木柱间还应用斜撑加强连接，如图 12.4.2-1 所示。

木屋盖中的桁架支撑系统，应比非地震设防区更完善些。例如对于 9 度设防区，不论屋面是否设密铺的木望板，都应在两端第 2 开间和间距不超过 20m 的位置处设上弦横向支撑；对于不设木望板（楞/冷摊瓦屋面）或疏铺木望板的屋盖，应在设置上弦横向支撑的开间设下弦横向支撑，并间隔设置垂直支撑和通长的下弦水平系杆。

木结构建筑有出屋面的烟囱、女儿墙等易倒塌的构、部件时，需控制出屋面的高度，6 度、7 度设防时出屋面的高度不超过 600mm，8 度（0.2g）设防时不超过 500mm，8 度（0.3g）设防时不超过 400mm，且应有拉结措施。檐口、拐角处的黏土瓦等应用铜丝与挂瓦条等扎牢，防止地震时跌落。

第 13 章　木结构防火与防腐

木材具有可燃性，还易受微生物和昆虫蛀蚀，从而导致结构失效，这是木结构较之其他结构类型的一显著缺点。但只要措施得当，这些问题是可以解决的。正如我国山西的佛光寺大殿、应县木塔、挪威 Urnes 的木结构教堂（建于 1150 年）以及现存欧洲、北美和日本等地大量的 19 世纪木结构建筑已证实的那样，木结构可以具有良好的耐久性。本章介绍木结构防火和防护方面的基本知识，以便在木结构房屋设计、施工时采取适当措施，防患于未然。

13.1　木结构防火

建筑防火安全的含义是尽量减小建筑物内外的人员受到火灾威胁的可能性。为使建筑火灾的风险最小，建筑防火应着力采取以下的措施：

首先，建筑物的承重结构以及构筑防火隔断、防火通道的构件应具有一定的耐火能力，保证在着火后的一定时段内房屋不倒塌，通道不阻塞，为人员撤离提供基本条件。

防止起火、减小建筑物意外起火的可能性，如电线的铺设方法、烟道穿越木楼、屋盖的处理等。

监测火灾的发生，为逃生与灭火争取时间。需及时及早发现火情，如根据建筑面积及安全等级设置烟感器等装置。

控制火灾蔓延，避免火势扩大。如设置防火分隔区，必要的防火间距、挡火构造，以阻断火焰流窜。

设置逃生通道，提供有关人员逃离火灾现场的条件。如防火通道、设置防烟挡板等。

灭火，对已发生的火情应能迅速扑灭。如根据建筑规模和安全等级设置喷淋设备，以便在火灾初期将其扑灭；必要的室内外消火栓，便捷的消防通道，以便顺利开展灭火工作。

可见，建筑防火安全是一个多方面的系统工程，不仅是木结构建筑特有的。木结构建筑的防火需从上述几个方面着手，并需注意木结构的特殊性，即木材是可燃材料，格外重视其防火设计。

13.1.1　木材的燃烧性能及木构件的耐火极限

作为可燃材料，木材品种不同，其发热量也各异。在 100℃以下，木材仅蒸发水分，不发生分解。至 200℃开始分解出水蒸气、CO_2 和少量有机酸气体。但此阶段是木材的吸热过程，一般不发生燃烧。在没有空气的条件下，温度超过 200℃木材便开始分解，并随温度的升高，分解反应愈加强烈。至 260～330℃分解达到顶峰，释放出 CO、甲烷、甲醇以及焦油等，剩余木炭。温度达到 400～450℃时，木材完全炭化，并释放大量反应热。可见木材温度超过 200℃后为放热反应。木材分解释放出的可燃气体若与氧气相遇，就会发生强烈的氧化反应，即燃烧，这是木材燃烧的第一阶段。剩余物木炭本身不具有挥发性，只有在供氧的条件下与氧气起化学反应才使燃烧进入第二阶段，称为煅烧。进而产生的大量热又使木材内层升温并不断释放出可燃气体而继续燃烧，燃烧与煅烧如此往复交替而形成火势。

实际上可燃气体的燃烧是在距木材表面一定高度处进行的，形成的木炭层的传热性能仅为木材的 1/6，因此使木炭层以下的木材得到了一定程度的保护，降低了升温和分解反应的速度，使深层木材的炭化也随之减缓，这就是大截面木材构件不作防火处理亦能具有较长耐火极限的原因。

《木结构设计标准》GB 50005 规定了木结构建筑中各种构件的燃烧性能和耐火极限要求（表 13.1.1-1），是强制性的规定。其中燃烧性能分为三类，即不燃体、难燃体和燃烧体。不燃体即构件在空气中受到火烧高温作用不起火、不微燃、不炭化；难燃体是经难燃试验合格的材料或用可燃材料作基层而用不燃材料作保护层制作的构件，在火烧或高温作用时难起火、难微燃、难炭化。当火源撤离后，微燃能立即停止。燃烧体是指可燃烧或易燃烧材料制作的构件，在明火或高温下能立即燃烧，火源撤离后仍能继续燃烧或微燃。显然，裸露的未加阻燃处理的木构件应为燃烧体。构件的耐火极限是指构件从受到火的作用时起，到失去承载能力或完整性而破坏或失去隔火作用的时间间隔，以小时（h）计。当然这个时间间隔是由有关法定部门按国家标准《建筑构件耐火试验方法》GB/T 9978.1—2008 规定的方法通过试验确定的。（轻型）木结构各类构件的燃烧性能和耐火极限见表 13.1.1-2。

木结构建筑中各类构件的燃烧性能和耐火极限　　表 13.1.1-1

构件名称	耐久极限(h)	构件名称	耐火极限(h)
防火墙	不燃性 3.00	梁	可燃性 1.00
电梯井墙体	不燃性 1.00	楼板	难燃性 0.75
承重墙、住宅建筑单元之间的墙和分户墙、楼梯间的墙	难燃性 1.00	屋顶承重构件	可燃性 0.50
非承重外墙，疏散走道两侧的隔墙	难燃性 0.75	疏散楼梯	难燃性 0.50
房间隔墙	难燃性 0.50	吊顶	难燃性 0.15
承重柱	可燃性 1.00	—	—

注：1. 除现行国家标准《建筑设计防火规范》GB 50016 另有规定外，当同一座木结构建筑存在不同高度的屋顶时，较低部分的屋顶承重构件和屋面不应采用可燃性构件；当较低部分的屋顶承重构件采用难燃性构件时，其耐火极限不应低于 0.75h；

2. 轻型木结构建筑的屋顶，除防水层、保温层和屋面板外，其他部分均应视为屋顶承重构件，且不应采用可燃性构件；耐火极限不应低于 0.75h；

3. 当建筑的层数不超过 2 层，防火墙间的建筑面积小于 600mm²，且防火墙间的建筑长度小于 60m 时，建筑构件的燃烧性能和耐火极限应按现行国家标准《建筑设计防火规范》GB 50016 中有关四级耐火等级建筑的要求确定；

4. 本表摘自《木结构设计标准》GB 50005—2017。

木结构构件燃烧性能和耐火极限 **表 13.1.1-2**

	构件名称		截面图和结构厚度或截面最小尺寸(mm)	耐火极限(h)	燃烧性能
承重墙	两侧为耐火石膏板的承重内墙	(1)15mm 厚耐火石膏板 (2)墙骨最小截面 40mm×90mm (3)填充岩棉或玻璃棉 (4)15mm 厚耐火石膏板 (5)墙骨间距为 406mm 或 610mm	最小厚度 120mm	1.00	难燃性
承重墙	曝火面为耐火石膏板,另一侧为定向木片板的承重外墙	(1)15mm 厚耐火石膏板 (2)墙骨最小截面 40mm×90mm (3)填充岩棉或玻璃棉 (4)15mm 厚定向木片板 (5)墙骨间距为 406mm 或 610mm	最小厚度 120mm 曝火面	1.00	难燃性
非承重墙	两侧为石膏板的非承重内墙	(1)双层 15mm 厚耐火石膏板 (2)双排墙骨,截面 40mm×90mm (3)填充岩棉或玻璃棉 (4)双层 15mm 厚耐火石膏板 (5)墙骨间距为 406mm 或 610mm	厚度 245mm	2.00	难燃性
非承重墙	两侧为石膏板的非承重内墙	(1)双层 15mm 厚耐火石膏板 (2)双排墙骨交错放置在 40mm×140mm 的底梁板上,墙骨截面 40mm×90mm (3)填充岩棉或玻璃棉 (4)双层 15mm 厚耐火石膏板 (5)墙骨间距为 406mm 或 610mm	厚度 200mm	2.00	难燃性
非承重墙	两侧为石膏板的非承重内墙	(1)双层 12mm 厚耐火石膏板 (2)墙骨最小截面 40mm×90mm (3)填充岩棉或玻璃棉 (4)双层 12mm 厚耐火石膏板 (5)墙骨间距为 406mm 或 610mm	厚度 138mm	1.00	难燃性
非承重墙	两侧为石膏板的非承重内墙	(1)12mm 厚耐火石膏板 (2)墙骨最小截面 40mm×90mm (3)填充岩棉或玻璃棉 (4)12mm 厚耐火石膏板 (5)墙骨间距为 406mm 或 610mm	最小厚度 114mm	0.75	难燃性
非承重墙	两侧为石膏板的非承重内墙	(1)15mm 厚普通石膏板 (2)墙骨最小截面 40mm×90mm (3)填充岩棉或玻璃棉 (4)15mm 厚普通石膏板 (5)墙骨间距为 406mm 或 610mm	最小厚度 120mm	0.50	难燃性

续表

<table>
<tr><th colspan="3">构件名称</th><th>截面图和结构厚度或截面最小尺寸（mm）</th><th>耐火极限（h）</th><th>燃烧性能</th></tr>
<tr><td rowspan="2">非承重墙</td><td rowspan="2">一侧为石膏板，另一侧为定向木片板的非承重外墙</td><td>(1)12mm厚耐火石膏板
(2)墙骨最小截面40mm×90mm
(3)填充岩棉或玻璃棉
(4)12mm厚定向木片板
(5)墙骨间距为406mm或610mm</td><td>最小厚度114mm
曝火面 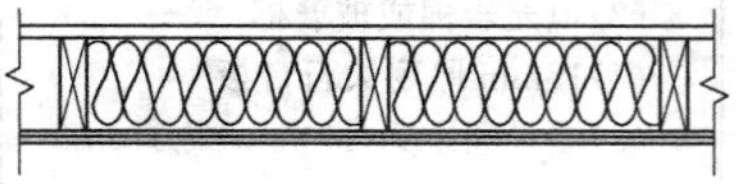</td><td>0.75</td><td>难燃性</td></tr>
<tr><td>(1)15mm厚普通石膏板
(2)墙骨最小截面40mm×90mm
(3)填充岩棉或玻璃棉
(4)15mm厚定向木片板
(5)墙骨间距为406mm或610mm</td><td>最小厚度120mm
曝火面 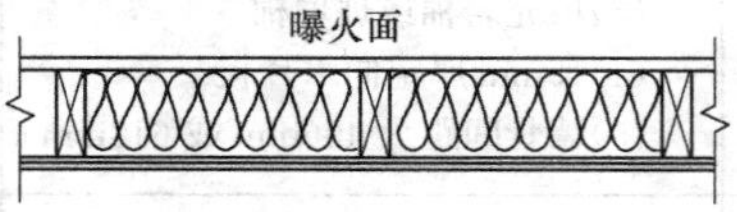</td><td>0.75</td><td>难燃性</td></tr>
<tr><td colspan="2" rowspan="2">楼盖</td><td>(1)楼面板为18mm厚定向木片板或胶合板
(2)实木搁栅或工字形木搁栅，间距为406mm或610mm
(3)填充岩棉或玻璃棉
(4)吊顶为双层12mm厚耐火石膏板</td><td> 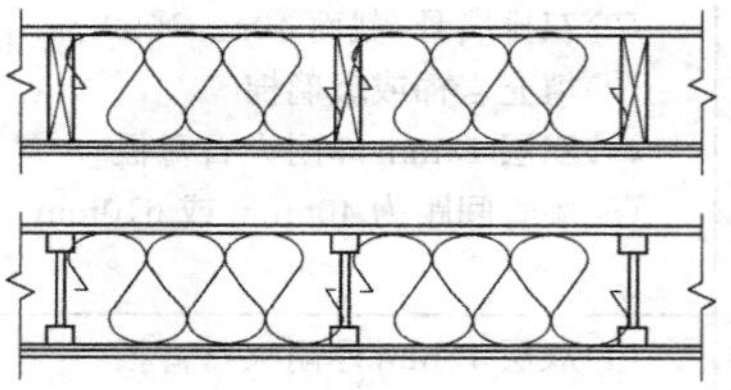</td><td>1.00</td><td>难燃性</td></tr>
<tr><td>(1)楼面板为15mm厚定向木片板或胶合板
(2)实木搁栅或工字形木搁栅，间距为406mm或610mm
(3)填充岩棉或玻璃棉
(4)13mm隔声金属龙骨
(5)吊顶为12mm厚耐火石膏板</td><td> 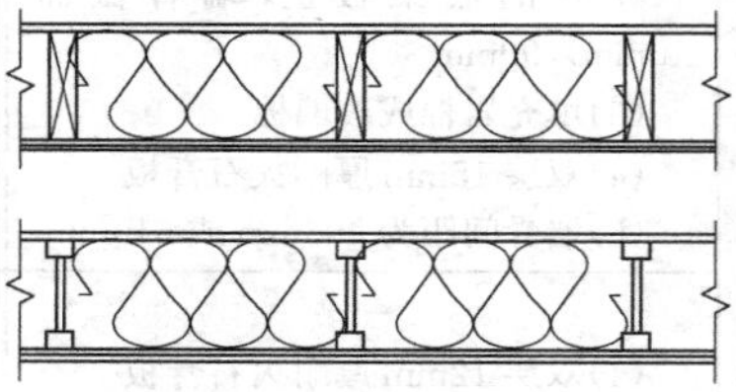</td><td>0.50</td><td>难燃性</td></tr>
<tr><td colspan="2">吊顶</td><td>(1)木楼盖
(2)木板条30mm×50mm，间距为406mm
(3)吊顶为12mm厚耐火石膏板</td><td>独立吊顶，厚度34mm 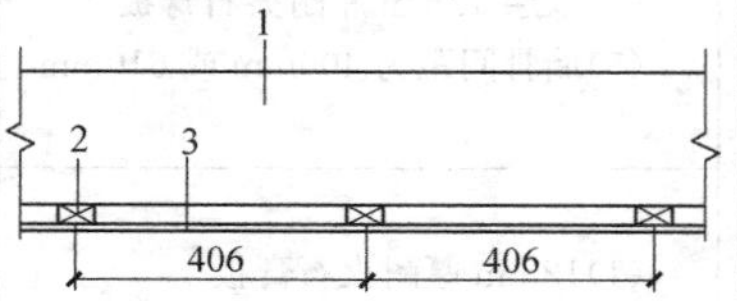
1
2 3
406 406</td><td>0.25</td><td>难燃性</td></tr>
<tr><td colspan="2">屋顶承重构件</td><td>(1)屋顶椽条或轻型木桁架
(2)填充保温材料
(3)吊顶为12mm厚耐火石膏板</td><td> 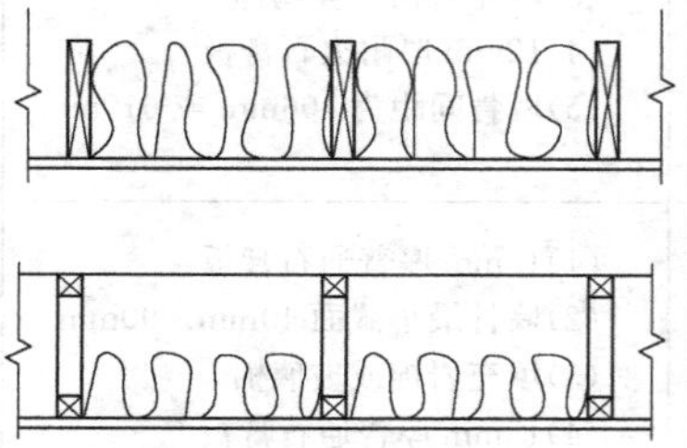</td><td>0.50</td><td>难燃性</td></tr>
</table>

注：本表摘自《木结构设计标准》GB 50005—2017。

13.1.2 木结构建筑防火设计

木结构的防火首先要注重木结构建筑的防火设计。一幢体量较大的木结构建筑发生火灾时起火点总是在某一局部位置，为不使火势蔓延到整幢建筑，需要将其划分为若干防火分区。根据构件的耐火极限和防火措施，木结构房屋的耐火等级介于《建筑设计防火规范》GB 50016 规定的三、四级之间。在吸收国外规范有关规定的基础上，建议木结构建筑不超过三层。为防止火势蔓延，不同层数房屋的最大长度与防火分区的面积建议不超过表 13.1.2-1 的规定。

木结构建筑防火墙间允许建筑长度和每层允许建筑面积　　表 13.1.2-1

层数	防火墙间允许建筑长度(m)	防火墙间每层允许建筑面积(m^2)
1	100	1800
2	80	900
3	60	600

鉴于木楼盖不能满足防火分区间隔构件的耐火极限要求，木结构建筑通常只能划分为竖向防火分区。防火分区之间需设不燃材料的防火墙或防火卷帘、水幕等以满足表 13.1.1-1 规定的耐火极限和燃烧性能的要求。应特别注意屋面的处理，按《建筑设计防火规范》GB 50016 的要求，若两侧屋面为非燃体，防火墙应高出屋面至少 400mm；若为燃烧体则不应低于 500mm。结构布置尚需考虑到，一个防火分区因火灾引起的结构倒塌，不致殃及相邻防火分区结构的损害甚至倒塌，以将火灾损失控制在较小范围内。木结构建筑附设车库时，车库面积不应超过 $60m^2$，不宜设置与室内相通的窗洞，可设置一道不与卧室直接相通的二级防火门，车库与室内的间隔墙的耐火极限不应低于 2h。

为避免火灾殃及周围建筑，建筑物间应有一定的间距，即防火间距。该间距与其相邻建筑物的耐火等级有关，相邻建筑物耐火等级高，间距可小一些，否则就需大一些。根据《建筑设计防火规范》GB 50016 和国外经验，建议木结构建筑的防火间距不小于表 13.1.2-2 的要求。

防火间距尚与两幢房屋相对的墙面上有无门窗有关。有门窗者，火可以随气流窜入，无门窗者则不致如此。因此当两木结构建筑两相对墙面均无洞口者，防火间距可缩减为 4.0m；若洞口尺寸不大于该墙面面积的 10%，则防火间距可取表 13.1.2-2 的规定值。

至于木结构建筑内部布置，凡涉及防火安全的问题，如楼梯宽度、疏散出口等，均应按《建筑设计防火规范》GB 50016 的有关规定执行。

防火间距　　表 13.1.2-2

建筑种类	一、二级建筑	三级建筑	木结构建筑	四级建筑
木结构建筑	8.00	9.0	10.00	11.00

13.1.3 木结构的防火措施

1. 构造措施

木结构工程防火应以构造措施为主。木构件在火的作用下丧失承载力主要有两个原因，即构件外层着火炭化使有效截面减小，木炭层下木材因温度升高强度降低。因此木结构室内暴露面用耐火的不燃材料覆盖是一种有效的防火措施。轻型木结构墙面、吊顶下铺钉 12.5mm 厚的耐火石膏板是该类建筑可以达到防火安全要求的措施。为使石膏板在火灾中不致脱落，铺钉石膏板的紧固件应有足够的锚固深度，通常应满足表 13.1.3-1 的要求。早期的木吊顶采用 20～30mm 厚石灰胶泥抹灰，在 950～1100℃的温度下烘烤 20～43min 后才破坏，破坏前使被覆盖的木材温度仅为 160℃左右而不致着火。

铺钉石膏板的紧固件最小钉入深度（mm）　　**表 13.1.3-1**

构件耐久等级	墙面		顶棚	
	钉	木螺丝	钉	木螺
45min	20	20	30	30
1h	20	20	45	45
1.5h	20	20	60	60

如果有空腔的夹心木墙、木顶棚或木屋面着火燃烧，由于辐射热聚积，温度高，若无隔断而形成气流，致使火焰流窜，燃烧会特别炽烈。因此，轻型木结构的墙体、楼盖中应设置必要的挡火装置，使竖向空腔长度不超过 3m，水平空腔长度或宽度不超过 20m，如图 11.3.1-1（*a*）所示连续墙骨中的挡火装置和图 13.1.3-1 中楼梯和楼盖中的挡火装置。挡火装置的材料可用厚度为 38mm 的规格材（图 13.1.3-1*a*）、厚 12.7mm 以上的石膏板或厚 12.5mm 以上的木基结构板材，还可用 0.4mm 厚的钢板。如果在空腔内填充燃烧性能不低于 B_1 的纤维物质，防火效果会更好些。

重要的金属连接件不应外露在木材表面，可用厚度不小于 40mm 的木材或厚度不小于 15mm 的耐火石膏防护。采用内置钢板连接时，销或螺栓端部应缩在孔内，并用木块或防火材料封堵。

木结构建筑室内电源线安装应严格遵守《建筑电气工程施工质量验收规范》GB 50303 的规定。在轻型木结构墙体的覆面板上安装电气插座、开关时，只允许单侧安装，

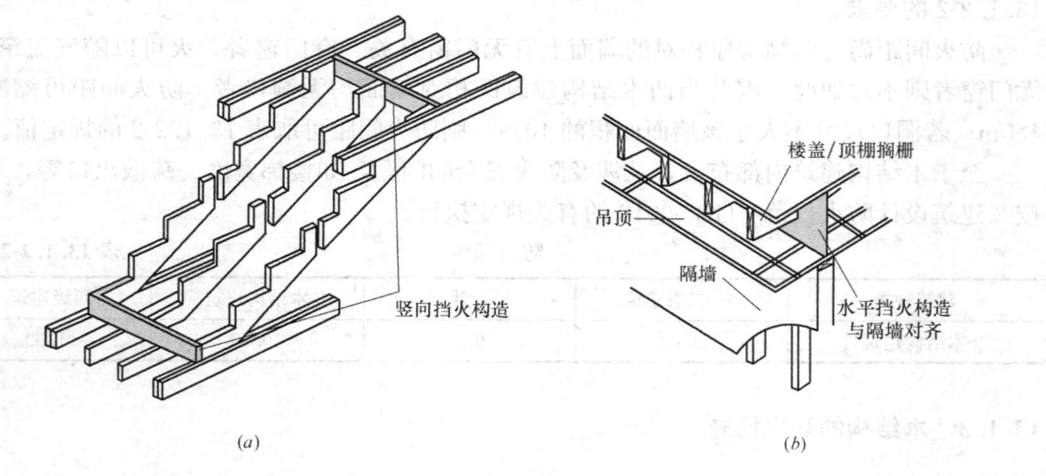

图 13.1.3-1　挡火装置

（*a*）梯段间的竖向挡火；（*b*）楼盖中的水平挡火

当需要在同一墙骨间内两侧的覆面板上均安装时，需有相应的防火分隔措施。轻型木结构房顶不允许安装避雷针，当需要采取防雷击措施时，应按国标《建筑物防雷设计规范》GB 50057 的要求设计，并按相应的规程施工。

烟囱等穿越楼、屋盖时，烟道应用不燃耐火材料砌体砌筑。烟囱壁厚不小于 240mm，木质构件距其外表距离不得小于 120mm，缝隙用不燃材料封堵，并作竖向挡火装置（见图 13.1.3-2）。隔墙、楼板上的空洞以及因管道穿越造成的缝隙，均应用防火材料严密封堵，防止烟气串流。

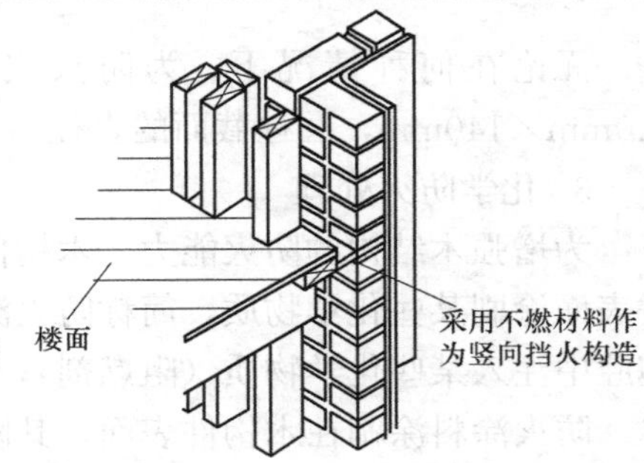

图 13.1.3-2　楼盖与烟囱间的防火处理

2. 构件耐火设计

大截面木构件，如大型的层板胶合木构件，相对外露面积小，如果着火时间不长，仅会烧伤截面的一部分，燃烧过的部分称为炭化层（图 13.1.3-3），残余截面仍可继续承载而不致造成房屋倒塌，为人员留出逃生的机会。大量试验表明，木构件表面着火后，其炭化速率大致为 0.60mm/min。最新的研究还表明炭化速率并非常数，燃烧时间越长，速率越快，针叶树种木材燃烧 2h 内的有效炭化速率可用下式计算：

$$\beta_{ef}=\frac{1.2\beta_n}{t^{0.187}} \tag{13.1.3-1}$$

式中：β_n 为受火 1h 时的名义炭化速率，可取 $\beta_n=38$mm/h；t 为燃烧时长（h）。燃烧经 t 小时后，炭化层的有效厚度为

$$d_{ef}=1.2\beta_n t^{0.813} \tag{13.1.3-2}$$

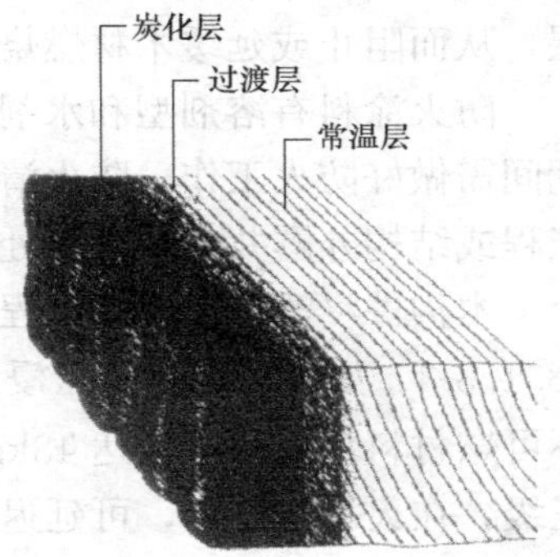

图 13.1.3-3　火灾中木构件表面的炭化

炭化的木材已失去强度，计算构件受火后有效承载面（残留截面）的几何性质时应扣除有效炭化层所占面积。需根据构件所处位置可能存在的受火面数（1～4 个面）计算规定的耐火极限 t（表 13.1.1-1）时段内的有效炭化层厚度 d_{ef}（式（13.1.3-2）），并依此获得残留截面的几何性质 A_f（面积、抗弯截面模量等）。

在规定的耐火极限时段 t 内，残留截面的承载力如能满足下式要求，则构件满足该等级耐火极限的要求：

$$S_k \leqslant R_f = fA_f \tag{13.1.3-3}$$

式中：S_k 为荷载效应的偶然组合，取恒载与可变荷载的标准值计算；R_f 为经受火 t 时段（耐火极限）后，构件抗力的平均值；A_f 为残留截面的几何性质；f 为构件木材的强度平均值，可按下式计算：

$$f=f_k k_f \tag{13.1.3-4}$$

式中：f_k 为构件木材的强度标准值；k_f 为将木材强度标准值换算为平均值的调整系数，见表 13.1.3-2。

结构木材强度标准值转化为平均值的调整系数　　表 13.1.3-2

材料品种	抗弯	抗拉	抗压
目测定级木材	2.36	2.36	1.49

续表

材料品种	抗弯	抗拉	抗压
机械定级木材	1.49	1.49	1.20
层板胶合木	1.36	1.36	1.36

无论在何种情况下，为防火安全，未经防火处理的木柱的截面尺寸不应小于140mm×140mm，圆柱截面的直径不小于184mm。

3. 化学防火处理

为增强木结构的防火能力，木构件可作化学防火处理，通常有两类方法：一类为在构件表面涂刷某些化学物质，简称防火涂料：另一类采用浸渍方式或加压浸渍方式使木材细胞腔中注入某些化学物质（阻燃剂），皆可使木构件达到要求的耐火极限。

防火涂料涂刷在木构件表面，其防火原理根据化学成分可概括为以下几种：①绝热：将经处理的构件与高温隔离，通常是厚型防火涂料；②密闭：防火涂料在高温作用下熔化，形成硬壳覆盖在构件表面，隔绝氧气；③吸热：防火涂料层大量吸热，使木构件表面温度低于燃点；④膨胀隔热：防火涂料在高温作用下，迅速膨胀，形成很厚的一层隔热层，从而阻止或延缓木材燃烧，保护木构件。

防火涂料有溶剂型和水剂型两类。溶剂型涂料耐水性能好，但属易燃化学药品，施工期间需做好防火工作。防火清漆是一种透明的涂料，不影响木纹外露，一般用于高级装修工程或结构外露并要求表面处理较高的场合。

木构件浸渍阻燃剂一定程度上可以改变木材的燃烧特性。常用的浸渍木材阻燃剂见表13.1.3-3。如果木构件加压浸渍后药剂吸收干量达80kg/m^{3}为一级浸渍，能使木材成为不可燃材料；吸收干量达48kg/m^{3}为二级，木材成为耐燃材料；吸收干量达20kg/m^{3}为三级，在火源作用下，可延迟木材起火燃烧。木材经阻燃剂处理强度会有一定降低，设计中是需要注意的。

浸渍用木材阻燃剂　　　　**表13.1.3-3**

编号	名称	配方成分(%)	特性	适用范围	处理方法
1	铵氟合剂	磷酸铵27 硫酸铵62 氟化钠11	空气相对湿度≥80%时易吸湿，降低木材强度10%～15%	不受潮的木结构	加压浸渍
2	氨基树脂1384型	甲醛46 尿素4 双氰胺18 磷酸32	空气相对湿度≤100%，温度为25℃时不吸湿，不降低木材强度	不受潮的细木工制品	加压浸渍
3	氨基树脂OP144型	甲醛26 尿素5 双氰胺7 磷酸28 氨水34	空气相对湿度≤85%，温度为20℃时，不吸湿，不降低木材强度	不受潮的细木工制品	加压浸渍

4. 消防设施防火

人员密集的木结构建筑或多层木结构建筑，应按《建筑设计防火规范》GB 50016的要求，设置喷淋、水幕等消防设施防火。

【例题 13-1】 某宾馆大楼层板胶合木中柱，胶合木强度等级为 TC_T24，柱截面尺寸为 250mm×250mm，计算长度 $l_{ef}=4.5m$。初步计算表明柱轴力 N 恒载标准值为 50kN，可变荷载效应标准值为 75kN，试验算该柱能否满足耐火极限要求。

解：查得：TC_T24，$f_c=14.8N/mm^2$，$f_{ck}=21N/mm^2$，$E=6500N/mm^2$，

$$E_k=1.05E(1-1.645V_E)=1.05\times6500\times(1-1.645\times0.1)=5700N/mm^2$$

非火灾情况下的承载力验算：

$$\lambda=\frac{\mu l}{i}=\frac{4500}{250/\sqrt{12}}=62.35>\lambda_p=c_c\sqrt{\frac{E_k}{f_{ck}}}=3.45\times\sqrt{\frac{5700}{21}}=56.84$$

$$\varphi=\frac{a_c\pi^2E_k}{\lambda^2f_{ck}}=\frac{0.91\times3.14^2\times5700}{62.35^2\times21}=0.626$$

稳定承载力：

$$N_r=\varphi f_cA_0=0.626\times14.8\times250\times250=579.05\times10^3N$$
$$=579.05kN>50\times1.2+75\times1.4=165kN$$

满足承载力要求。

耐火极限验算：

$$d_{ef}=1.2\beta_nt^{0.813}=1.2\times38\times1^{0.813}=45.6mm$$

大厅中柱，可能四侧面受火，故残留截面为：

$$A_f=(250-45.6\times2)\times(250-45.6\times2)=158.8mm\times158.8mm=25217mm^2$$

$$\lambda_f=\frac{\mu l}{i}=\frac{4500}{158.8/\sqrt{12}}=98.16>\lambda_p=56.84$$

$$\varphi_f=\frac{a_c\pi^2E_k}{\lambda^2f_{ck}}=\frac{0.91\times3.14^2\times5700}{98.16^2\times21}=0.253$$

$$f=f_{ck}k_f=21\times1.36=28.56N/mm^2$$

$$N_k=50+75=125kN$$

$$N_f=\varphi_ffA_f=0.253\times28.56\times25217=182.21\times10^3N=182.21kN>N_k=125kN$$

满足耐火极限的要求。

13.2 木结构防腐和防虫蛀

木材组织的可降解性，正是某些微生物、昆虫赖以生存的条件，木材的结构因而会受破坏。为保证木结构的耐久性，需做好木结构防护。

13.2.1 损害木结构的生物因素

1. 木腐菌导致木材腐朽

木腐菌是一种低等植物，在显微镜下可见到中空如丝状的菌丝，其孢子只要条件适宜便可在木材表面，尤其是在木材端部和裂缝处易生长蔓延。菌内含有水解酶、氧化还原酶及发酵酶等，可以分解木材细胞壁的纤维素、木质素等细胞物质作为其养料，从而破坏木材的物理、力学性能，造成腐朽。菌丝发展到一定阶段即形成子实体，例如蘑菇、木耳等菌类。子实体能产生亿万个孢子，如同高等植物的种子，一旦条件适宜，孢子又发芽形成菌丝。如此周而复始，不断腐朽破坏木材组织。

木腐菌有两种传播途径。一是接触传播，菌丝从木材感染部位蔓延到邻近木材上而继

续生长；二是孢子传播，亿万个轻而小的孢子，随风飘浮，遇到合适的条件就发芽生长。

腐朽初期，木材表面开始变色、发软，然后出现纵横交叉的细裂纹，并呈锈红色软块状，用手可捻成粉末；也有呈浅色的腐朽，用手可捻成纤维状。建筑物内若木腐菌处于生长旺期，可嗅到霉变气味。

木腐菌除以木材作营养基外，还需另外三个基本条件才能繁殖生长：①水分：木材含水率需在 18%～120%的范围内，以 30%～60%最为有利；②温度：需在 2～35℃范围内，以 15～25℃最为适宜；③氧气：除大气外，木材内也含有 3%～15%左右容积的空气。

只要消除上述四个条件中的任一条件，木腐菌就不能生长，木材就不会腐朽。例如长期浸在水中的木材，因缺氧而不腐朽。温度并不易控制，因为适合人类生存的温度条件与木腐菌相近。若使木材的含水率始终控制在 18%以下，就可避免木材腐朽。这就是木结构要做好通风等处理，使木材即使受潮也能很快风干的原因。

2. 昆虫对木材的蛀蚀

以木材为食以致危害木结构的昆虫主要有甲壳虫和白蚁两类。前者主要侵害含水率较低的木材，后者主要侵害含水率较高的木材。木结构遭昆虫侵害的规律比腐朽更难预测和控制。我国南方一些地区，昆虫对木结构房屋的侵害甚为猖獗，数年内可将木构件蛀空，重者倒塌伤人。

危害木结构的甲壳虫主要有家天牛、长蠹和粉蠹等，如图 13.2.1-1 所示。家天牛主要以木材纤维为食物，其幼虫能分秘纤维素酶，消化木质纤维。家天牛一年能繁殖一代或二年繁殖一代，在细小的缝隙中产卵，11～14 天孵化出幼虫，几小时后即可蛀入木材潜伏。木材外表无痕迹，幼虫在木材中蛀成各种坑道，其内充满蛀蚀的木屑和虫粪。幼虫成熟后在坑道末端化成蛹，蛹期 20 天左右，成虫在木材上咬一个椭圆孔飞出，再繁殖下一代。家天牛的危害性极大，有时在竣工后的木结构房屋中甚至可以听到幼虫咬蚀木材的声音。

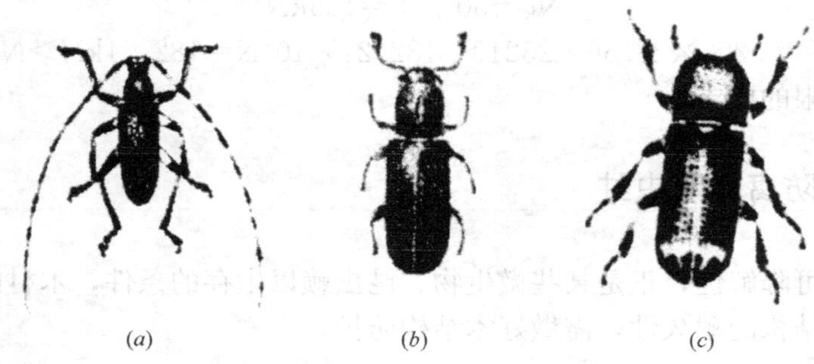

图 13.2.1-1 甲壳虫

(a) 家天牛；(b) 粉蠹；(c) 长蠹

长蠹和粉蠹的成虫喜选择木材粗糙面上的孔或裂缝中产卵，孵化成幼虫后，蛀入木材内部，将木材蛀成粉末状，形成弯曲的坑道，表层有虫孔，孔中撒落粉末状的排泄物。幼虫以木材中的淀粉和醣类为养分，故对阔叶树种的危害更为严重。

白蚁是一种活动隐蔽、群居性的昆虫。大多喜欢在潮湿和温暖的环境中生长繁殖，主要靠木材和纤维类物质作食物，分布广泛，危害严重。我国已知白蚁种类有 400 余种，主要分布在北京以南，尤其是南方潮湿的地区。

对木结构危害最大的白蚁在我国主要有：土木栖类的家白蚁、黄胸、黄肢散白蚁和黑胸散白蚁（图 13.2.1-2）；土栖类的黑翅白蚁、黄翅白蚁；部分地区木栖类的铲头堆沙白蚁和截头堆沙白蚁危害也较严重。土栖、木栖和土木栖分别指白蚁筑巢于土中、木材中、木材或土中均可。每类白蚁中有蚁王、蚁后、工蚁和兵蚁之分，各司其职，其中以工蚁对木结构危害最甚。

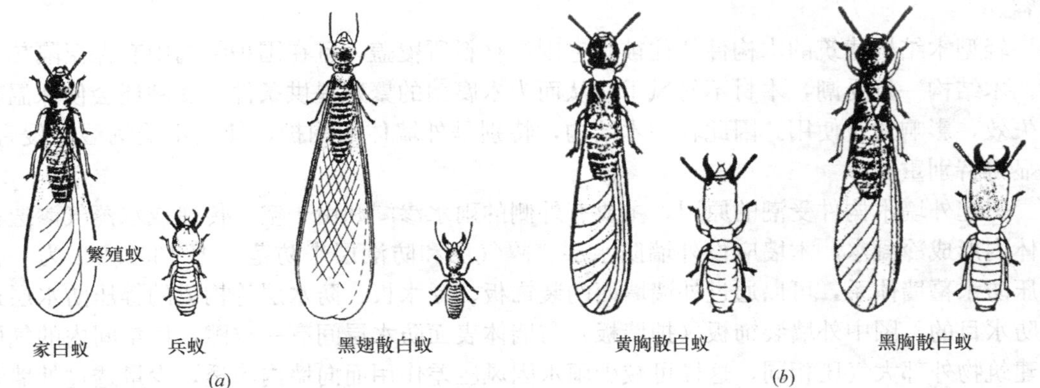

图 13.2.1-2　白蚁
（a）家白蚁；（b）散白蚁

13.2.2　木结构防护设计

木结构的防护应针对正常和非正常环境下使用的木结构，采用不同措施。所谓正常环境即结构或构件外部有围护结构保护，不受日晒雨淋、冷凝水等经常性侵害，不与土壤接触，不可能被水浸泡，也无昆虫危害等环境条件；非正常环境即木结构或构件甚或构件的一部分处于室外，经常受雨水侵蚀，或与土壤接触，处于室内但相对湿度较大，经常有冷凝水侵蚀，或有昆虫危害等不良环境。

正常环境下的木结构或木构件的防护主要是防潮和通风，即使偶然淋湿也能尽快风干，其木材含水率控制在18%以下；非正常环境下的木结构、构件或构件的局部则需作化学防护处理。

1. 木结构的防潮与通风

木柱与木墙体支承在混凝土或砌体基础上，接触面间应设防潮层，如油毡、聚氯乙烯膜（厚度不小于 0.05mm）等。基础顶面距室外地面的高度不应小于 0.3m，以使木构件不与土壤接触。

无地下室的首层地面采用木楼盖时，支承搁栅的基础或墙体顶面至少应比室外地面高 0.6m。搁栅与基础接触面间也应设防潮层，且搁栅支承端不应封砌在基础墙中，周围应留宽度不小于 30mm 的间隙，间隙中不可填充任何材料，以避免通风不畅。木楼盖应架空，与室内土地面间需有足够的距离，通常不小于 0.45m，轻型木结构中不得小于 0.15m。为使其架空的空间内空气流通，周围基础或墙体在该空间高度内需设通风口，通风口外侧设百叶窗，防止雨水浸入，通风口的面积不宜小于楼盖面积的 1/150，当室内土地面上设防潮层时，通风口面积可适当减小。

搁栅、梁、桁架等支承在混凝土或砌体结构上时，其接触面间均应设防潮层，避免毛细现象而导致木材受潮，其周围也应留有宽度不小于 30mm 的通风间隙，如图 11.2.4-3 所示。支承处应采用经化学防护处理或用特别耐腐蚀的木材如柚木、楠木、侧柏等作垫木，这样构件端部可免作化学防腐处理。

屋面采用内排水的工业厂房以及设置天窗架后的防雨水浸入处理，参见第 11 章有关内容。

轻型木结构建筑的木构件往往被其它围护材料所覆盖，且在围护结构中有保温隔热材料。木结构一旦受潮，木材不易风干，从而为木腐菌的繁殖提供条件。受潮还会使保温材料失效，影响建筑使用。因此轻型木结构，特别是外墙体的围护，使其不受潮湿的侵害，就显得特别重要。

引起外墙木构件受潮的原因，主要有外侧的雨水渗漏和由于空气传递或水蒸气渗透在墙体内形成冷凝水。木墙应设外墙防水层、隔气层和防潮层来防范。图 13.2.2-1 为一种等压防水幕墙体系，可以通过外墙墙面的装饰板、泛水板、防水层等构成的等压防水层达到防水目的。图中外墙装饰板（护墙板）与墙体表面防水层间有一空隙，该空间内的气压与建筑物外部大气压相同，这样可减少雨水因风压差作用而向墙内渗透，少量透过外墙装饰板的雨水，可以沿透气层下流，由泛水板排出墙外。泛水板可采用镀锌铁皮或其它耐腐蚀材料制作。透气层是一种能单向透气的防水材料（呼吸纸），能使木墙中可能存在的潮气排出，而又可防止外部的雨水向木墙内渗透。

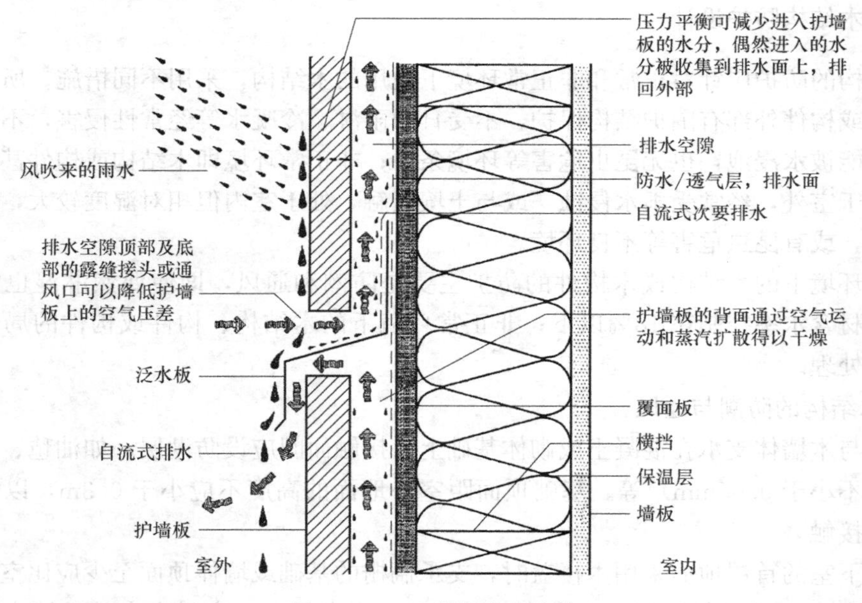

图 13.2.2-1　等压防水墙体

蒸汽压差和室内外空气压差使水蒸气随空气流动而穿越墙体，遇到低于露点温度的界面即产生冷凝水，故需设置蒸汽与空气屏障。空气屏障可设在墙的任何一侧，而蒸汽屏障应设置在墙体温度较高的一侧。例如寒冷的北方，冬季采暖室温高于室外温度，蒸汽屏障应设在墙面内侧；南方炎热的夏季，室内有空调降温，则应设在墙面外侧。通常将两者合而为一，俗称防潮层，采用 0.15mm 厚的聚乙烯塑料膜，设置的位置应按蒸汽屏障定，即设在墙的较暖侧。图 13.2.2-2 为空气屏障在墙与楼盖处连续铺设的例子。屋盖吊顶中也应设这种防潮层，因为一般情况下与外墙相似，处于冷热交界处。要注意的是它与墙体的防潮层也应连续，才能起到好的屏障效果。

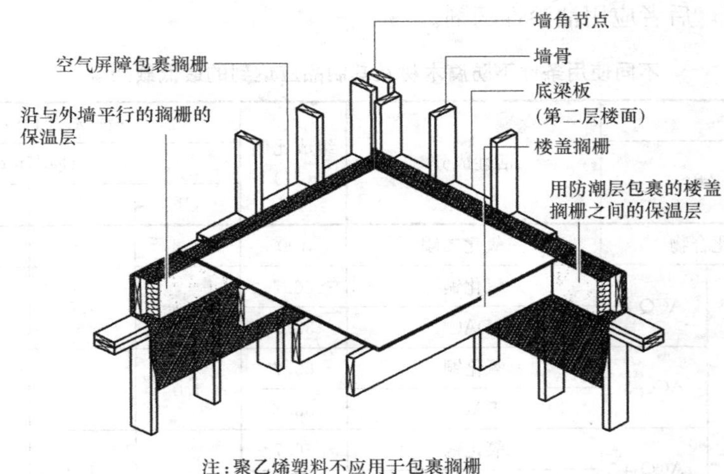

图 13.2.2-2　墙体与楼盖间的防潮层设置

2. 化学防腐处理

木结构或其中的个别构件，甚至构件的某一局部，如直接与混凝土或砌体接触的梁、搁栅、桁架等支座部分木材以及与土壤可能接触的柱脚等均需作防腐处理。当然，对于建设地区有昆虫的，则不分全部还是局部，均需作整个结构木材的防护处理。

《木结构工程施工质量验收规范》GB 50206 将需要防护处理的木结构构件或局部分为如表 13.2.2-1 所示的四类工作环境。在理解该表时应综合考虑使用条件、应用环境和主要生物败坏因素。如 C1 类木结构处于正常使用环境中，但有虫蛀的可能，需作防虫蛀处理。木结构构件化学防护处理的效果一是取决于使用药剂的品种，二是防护药剂在木材中的保持量（载药量）及药剂渗入木材内部的深度（透入度）。

木结构的四类使用环境　　**表 13.2.2-1**

使用分类	使用条件	应用环境	主要生物败坏因子	典型用途
C1	室内且不接触土壤	在室内干燥环境中使用，避免气候和水分的影响	蛀虫	楼盖搁栅墙骨
C2	室内且不接触土壤	在室内环境中使用，有时受潮湿和水分的影响，但避免气候的影响	虫蛀，木腐菌	未设防潮层的首层地板搁栅
C3	室外，但不接触土壤	在室外环境中使用，暴露在各种气候中，包括淋湿，但不长期泡在水中	虫蛀，木腐菌	建筑外门其它外楼梯，平台，室外廊柱，低梁板
C4A	室外，且接触土壤或浸在淡水中	在室外环境中使用，暴露在各种气候中，且与土壤接触或长期浸泡在淡水中	虫蛀，木腐菌	基础

防护药剂的品种应符合环保要求，不得危害人、畜，能有效地防护木材不受昆虫和木腐菌侵害。药剂可分为水溶性和油溶性两类，表 13.2.2-2、表 13.2.2-3 给出了木材和层

板胶合木常用的适用于各使用环境下的药剂种类和以活性成分干药量计的最小载药量及药剂透入度。结构胶合板及结构复合木材也可用类似于表 13.2.2-2 所示的药剂处理，前者应用水溶性药剂，后者应用油溶性药剂。

不同使用条件下防腐木材及其制品应达到的最低载药量　　　　表 13.2.2-2

防腐剂			活性成分	组成比例(%)	最低载药量(kg/m³)			
					使用环境			
类别	名称				C1	C2	C3	C4A
水溶性	硼化合物[1]		三氧化二硼	100	2.8	2.8[2]	NR[3]	NR
	季铵铜(ACQ)	ACQ-2	氧化铜	66.7	4.0	4.0	4.0	6.4
			DDAC[4]	33.3				
		ACQ-3	氧化铜	66.7	4.0	4.0	4.0	6.4
			BAC[5]	33.3				
		ACQ-4	氧化铜	66.7	4.0	4.0	4.0	6.4
			DDAC	33.3				
	铜唑(CuAz)	CuAz-1	铜	49	3.3	3.3	3.3	6.5
			硼酸	49				
			戊唑醇	2				
		CuAz-2	铜	96.1	1.7	1.7	1.7	3.3
			戊唑醇	3.9				
		CuAz-3	铜	96.1	1.7	1.7	1.7	3.3
			丙环唑	3.9				
		CuAz-4	铜	96.1	1.0	1.0	1.0	2.4
			戊唑醇	1.95				
			丙环唑	1.95				
	唑醇啉(PTI)		戊唑醇	47.6	0.21	0.21	0.21	NR
			丙环唑	47.6				
			吡虫啉	4.8				
	酸性铬酸铜(ACC)		氧化铜	31.8	NR	4.0	4.0	8.0
			三氧化铬	68.2				
	柠檬酸铜(CC)		氧化铜	62.3 37.7	4.0	4.0	4.0	NR
			柠檬酸					
油溶性	8-羟基喹啉铜(Cu8)		铜	100	0.32	0.32	0.32	NR
	环烷酸铜(CuN)		铜	100	NR	NR	0.64	NR

注：1. 硼化合物包括硼酸、四硼酸钠、八硼酸钠、五硼酸钠等及其混合物；

2. 有白蚁危害时 C2 环境下硼化合物应为 4.5kg/m³；

3. NR 为不建议使用；

4. 本表摘自《木结构工程施工质量验收规范》GB 50206—2012。

胶合木防腐处理最小载药量（kg/m³）和药剂透入度（mm）　　表 13.2.2-3

药剂			胶合前处理					胶合后处理				
类别	名称		最低载药量(kg/m³)				检测深度(mm)	最低载药量(kg/m³)				检测深度(mm)
			使用环境					使用环境				
			C1	C2	C3	C4A		C1	C2	C3	C4A	
水溶性	硼化合物		2.8	2.8[1]	NR	NR	13～25	NR	NR	NR	NR	—
	季铵铜ACQ	ACQ-2	4.0	4.0	4.0	6.4	13～25	NR	NR	NR	NR	—
		ACQ-3	4.0	4.0	4.0	6.4	13～25	NR	NR	NR	NR	—
		ACQ-4	4.0	4.0	4.0	6.4	13～25	NR	NR	NR	NR	—
	铜唑(CuAz)	CuAz-1	3.3	3.3	3.3	6.5	13～25	NR	NR	NR	NR	—
		CuAz-2	1.7	1.7	1.7	3.3	13～25	NR	NR	NR	NR	—
		CuAz-3	1.7	1.7	1.7	3.3	13～25	NR	NR	NR	NR	—
		CuAz-4	1.0	1.0	1.0	2.4	13～25	NR	NR	NR	NR	—
	唑醇啉(PTI)		0.21	0.21	0.21	NR	13～25	NR	NR	NR	NR	—
	酸性铬酸铜(ACC)		NR	4.0	4.0	8.0	13～25	NR	NR	NR	NR	—
	柠檬酸铜(CC)		4.0	4.0	4.0	NR	13～25	NR	NR	NR	NR	—
油溶性	8-羟基喹啉铜(Cu8)		0.32	0.32	0.32	NR	13～25	0.32	0.32	0.32	NR	0～15
	环烷酸铜(CuN)		NR	NR	0.64	NR	13～25	0.64	0.64	0.64	NR	0～15

注：1. 有白蚁危害时应为 4.5 kg/m³；

2. 本表摘自《木结构工程施工质量验收规范》GB 50206—2012。

一般在木结构构件基本制作完成后进行药剂处理，处理方法有喷洒法、涂刷法、浸渍法和加压浸渍法。喷洒或涂刷法不能使药剂渗入要求的深度，只能用于已作防腐处理的木材，因防护层局部破损后的修补。如在已处理好的木构件上钻孔，则可对钻孔造成防护层破坏的局部区段用喷洒法或涂刷法作防腐修补。浸渍法又可分为常温浸渍法和冷热槽浸渍法，仅适用于使用环境为 C1 的场合，其他几种使用环境情况均应采用加压浸渍法。

常温浸渍法是将已加工完成的干燥木构件浸泡在盛放药剂的容器中，使药剂逐渐渗入木材内部，直至达到规定的载药量或透入度。该方法效率低，特别是对于细密性较好的木材，很难达到规定的载药量。

冷热槽浸渍法则用两个槽，先将木构件放入一个盛水的槽中加热数小时，趁木构件在较热的状态下迅速放进盛有药剂的冷槽中，并保持一段时间，使药剂渗入木材。其原理是木材在热水槽中向外排气，在冷槽中利用木材细胞腔负压吸收药剂，以加速其浸渍时间。

压力浸渍法则将木构件放入盛有药剂的耐压容器中，如压力釜等，加压，强制将药剂注入木材内，使其尽快地达到规定的载药量或透入度。

对于密实性好的树种木材，即使采用压力浸渍法载药量也很难达到要求。在这种情况下，允许在木材表面顺纹刻痕，一般每 100cm² 可刻痕 80 条，刻痕深度约为 6～20mm，以提高药剂的渗透能力。

已作防腐处理的木构件应干燥至规定的木材含水率，才能安装使用。应避免遭受碰撞等导致防护层损坏，构件端部等位置应用塑料膜等材料封闭，防止药剂流失和构件端部干裂。木结构防护的化学处理通常应由专业企业完成，以保证防护施工的质量。

第 14 章　木结构加固与修缮

14.1　概述

木结构工程在役期间，受使用环境、自然灾害等因素作用，会遭受不同程度的损伤，如木材干裂、腐朽、虫蛀等使截面受损，从而影响正常使用，甚至危及安全。如果构件的剩余截面已不能继续承载，则需要加固处理；如果仍能承受后续荷载，但为延长其使用寿命或恢复正常使用功能，则可能需要修缮。又如遭遇偶然的飓风或地震，可能导致结构整体倾斜而影响正常使用，或某些承重构件严重受损而影响安全，也需处理。木结构的适修性较好，发生上述情况后通常采取加固修缮的措施，而不是拆除重建。此外，建筑使用功能的改变，常使某些构件的承载力不足以抵抗后续荷载，需加固处理。建筑结构加固改造已成为热门行业。我国尚存大量的古代木结构建筑，不少需修缮加固处理，虽然其中的大部分属文物建筑，其修缮加固有其特殊性，如需贯彻修旧如旧、恢复原状、保持现状等原则（见《古建筑木结构维护与加固技术规范》GB 50165），但其修缮加固的原理是一致的。因此，了解既有木结构修缮加固的基本原理和方法是必要的。

既有结构构件需要加固与否，取决于后续使用荷载、使用年限、结构构件的损伤程度及其现有的力学性能（如木材实际强度等）。后续使用荷载和使用年限应是明确的，通常由业主提出；既有结构构件的损伤程度和力学性能需检测鉴定。

结构构件的损伤一部分可通过宏观检查、丈量确定，如干裂裂缝、表面腐朽、结构的不均匀沉降和倾斜等。但有些仅靠宏观检查无法获得可靠信息，如大截面构件内部腐朽、白蚁蛀蚀等。为此需借助一些现代化检测设备解决，例如利用应力波检测仪，测定应力波（如锤击产生）在木材中的传播速度，依此确定其动态弹性模量（式（1.8.2-3））。根据应力波在截面不同方向上传播速度的差异，判别其内部质量（包括缺陷情况）。我国已颁布《木古建筑木构件内部腐朽和弹性模量应力波无损检测规程》GB/T 28900—2012。国外利用众多传感器同时感知应力波的三维应力波断层扫描设备和相应的计算软件能更精确地描述缺陷的三维形象。又如采用阻力仪检测，利用直径 1.5mm 的探针钻入木材内部（最深可达 1000mm），与地质勘探中的静力触探相似，绘制出不同深度处木材的阻力曲线。阻力与木材的密度相关，从而判断木材的内部质量。在这些无损检测结果的基础上，还可利用生长锥的空心钻钻入木材内部（最深可达 300mm），取出直径 5～6mm 的木材芯样，可从宏观上判别木材不同深度上的质量和腐朽程度。更详细的规定可参见《古建筑木构件非破坏性检测方法及腐朽分级》LY/T 2146—2013。尽管有学者研究过个别树种木材受不同菌类侵蚀程度对木材强度的影响，但目前尚无可靠的定量的相关关系以及能终止木材继续腐朽的可靠方法，因此，目前最保守的处理原则是，凡判别为已发生腐朽的部分，均作为构件无效截面，并均需彻底铲除。

既有木构件木材的力学性能通常应现场取样实测确立，取样数量、试验方法及木材强度的评定方法见附录C。如果存在不同树种木材的状况，应分别取样测定。为了解某具体工程中木材强度的变异性，尚可利用皮螺钉检测法测定木材的相对质量。该检测法的原理是，用一恒定的锤击力，将直径2mm的探针探入木材，木材的质量与探针被打入的深度有关，打入深度越深，质量愈差，对比击入实测强度试件木材的深度，即可识别其他构件木材质量的优劣。

当既有结构构件的剩余截面不足以满足后续荷载和使用年限（不同DOL的影响）对承载力或刚度的要求时，或既有构件的变形已达到不适于继续承载的程度，如受压构件的挠曲变形超过 $H/150$（H 为柱长），檩条、楼、屋盖、大梁、次梁等的挠度超过 $l^2/2100h$（$h/l>1/14$）或 $l/150(h/l\leqslant 1/14)$（l、h 分别为梁的跨度和截面高度），则这些结构构件需加固处理，原则上应使其满足国家现行设计标准的要求。

木结构的加固原理与钢筋混凝土等其他结构类型基本是相同的，加固的方法大致可归结为置换法、增大截面法、体外预应力法、约束加固法以及增设支点改变传力路径等方法。但由于木材力学性能的特点，会使加固设计中对结构构件承载性能的分析更复杂些。例如，受拉、受压构件采用增大截面法加固，承载力分析时，除与钢筋混凝土结构一样，需考虑既有荷载作用下原有构件存在的应力对加固材料设计强度取值的影响外，还需区分木材受拉、受压时不同的应力-应变关系。当加固材料的物理力学性能与木材不同时，有些构件尚考虑原有木材因应力增大产生蠕变，可能导致构件截面上应力重分布的影响，即需考虑木材发生蠕变前后两种不同的情况。此外，木结构构件间的节点和连接与其他结构有很大的不同。连接节点往往是木结构体系中的薄弱环节，其加固处理更需了解节点上作用力的传递路径，如需分别考虑剪力、弯矩的传递，弯矩又需考虑拉应力和压应力如何传递。并从构造上予以保证。

由于加固施工中，可能会造成原结构构件的进一步损伤而危及安全，例如对于已腐朽的木材需铲除腐朽，新的连接施工需要开设新的孔洞、槽齿，从而削弱构件截面而降低其承载能力，因此，加固施工的程序应贯彻先行临时支顶后加固施工的原则。临时支顶的撤除应在确认加固措施有效的前提下进行。采用改变结构传力路径的加固方法，建成新的结构体系后方可拆除原结构构件。木结构加固施工工艺类似于新建木结构工程的施工，这里不作介绍，其基本要求可参见《木结构工程施工规范》GB/T 50772—2012。

14.2 置换法

结构构件损伤严重，已无利用价值，可采用置换法处理。可以构件整体置换，也可置换构件的一部分。木结构采用置换法的有利条件，一是构件间的连接节点基本为铰接，大多为简支构件，因此临时支顶过程中原构件的位移不致明显地影响周围其他构件的受力状态；二是木结构自重轻，可用简易的设备完成支顶，如我国古代木建筑修缮中“打牮”的方法。工程中常见如下几种受损构件的置换法。

14.2.1 受弯构件

搁栅、檩条、梁等受弯构件很多状况下支承在砖墙上，因构件支座端部未作防腐处理，又不通风，年久失修，腐朽严重，而不能继续承载，常采用局部置换法加固处理。

图 14.2.1-1 所示为古代木建筑中常用的一种梁、搁栅类支座端采用双夹板局部置换的方法，其优点是简单易行。但需注意双夹板与原构件的连接除应能承担剪力作用外，还需有一定的抵抗弯矩和转动的能力，尽管置换截面距支座端距离不太远，弯矩不大。否则需将原铰支座改为固定支座，在有限的支承长度条件下，这一更改是不可能满足的。考虑弯矩与剪力联合作用，利用一般力学原理可解得两组连接的作用力，用下式计算：

$$\left.\begin{aligned} T_1 &= \frac{M_1}{S} \\ T_2 &= \frac{M_2}{S} \end{aligned}\right\} \tag{14.2.1-1}$$

式中：S 为两组连接件合力中心的间距；M_1、M_2 分别为两组连接件中心处所对应的梁的弯矩（图 14.2.1-1b）。

这种置换方法的另一缺点是螺栓连接或钉连接销槽呈横纹承压状态，在木材中产生横纹拉应力，将严重影响构件的抗剪能力。因此除按连接件数量验算连接承载力（抗剪）外，还应根据图中的受力边高度 h_e，按式（5.1.4-1）验算抗劈裂承载力 $F_{90\mathrm{Rd}}$。如果螺栓连接处不能满足要求，可改用裂环或剪板连接。另一种方案如图 14.2.1-1（d）所示，采用镀锌钢板挂件，图中截面Ⅰ-Ⅰ、Ⅱ-Ⅱ分别设在与图 14.2.1-1（a）中 T_1、T_2 对应的位置，在两挂件间另设贯通 3 根木料的定位螺栓，使 3 根构件不致分离。

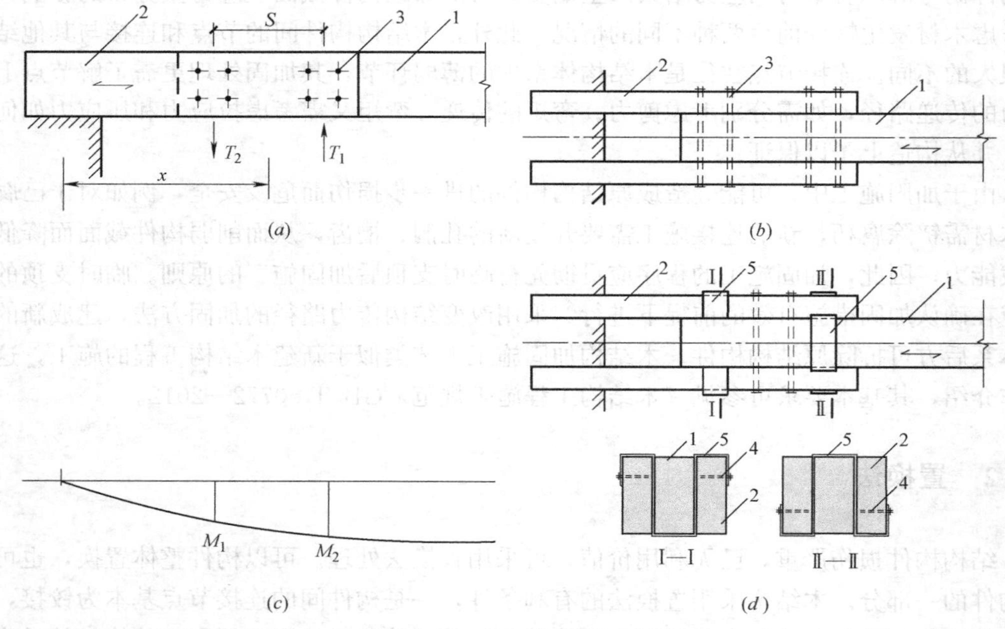

图 14.2.1-1　梁、搁栅类支座端采用双夹板局部置换

（a）侧视图；（b）俯视图；（c）弯矩图；（d）薄钢板套箍连接

1—原构件；2—双夹板；3—螺栓连接件；4—定位木螺钉；5—镀锌薄钢板挂件

当对置换后的受弯构件的变形有严格要求时，尚应估计双夹板置换连接处的相对转角对构件变形（如跨中挠度）的影响。连接的转动刚度 K_r 可按式（5.1.6-2）、式 5.1.6-3）计算，连接转动中心处的弯矩 M_x 产生的相对转角为 α（$=M_x/K_r$），跨中挠度增量为

$$\Delta w=\frac{l}{2}\tan\left(\alpha\frac{x}{l}\right) \qquad (14.2.1\text{-}2)$$

式中：x 为连接合力中心距支座的距离；l 为梁的跨度。

如果双夹板连接的抗剪、抗弯能力均不足，变形过大，可增设镀锌薄钢板挂件增强（图 14.2.1-1*d*）。

图 14.2.1-2 为受弯构件支座端用槽钢置换，要求槽钢绕弱轴有足够的抗弯刚度和抗剪能力，是一种简便的方法。连接的抗弯刚度和承载力主要取决于搭接长度 S 和受力锚固螺栓的抗拉能力 T_2 以及螺帽垫板下木材的横纹承压能力。至于该连接的抗弯承载力计算可参照图 14.2.1-2（*b*）所示梁端的平衡条件计算（$\sum F_y=0$，$\sum M=0$）。连接在弯矩作用下产生的转角取决于木构件端部和受力锚固螺栓垫板下木材的横纹承压变形。

图 14.2.1-3 为采用斜接头的另一种置换方法，抗剪承载力应根据高度 h_n 和式（6.2.1-4）验算，抗弯承载力取决于受拉钢夹板的连接承载力和构件顶部木材的顺纹拉压强度，亦用平衡条件计算。连接在弯矩作用下的转角，取决于钢夹板连接的抗滑移刚度 K_{ser}。

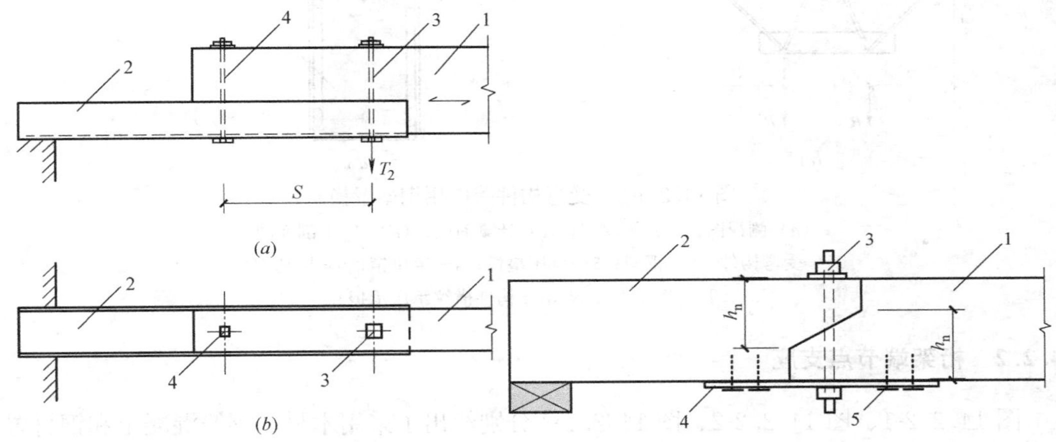

图 14.2.1-2 受弯构件支座端槽钢置换加固处理
1—原构件；2—槽钢；3—受力锚固螺栓；
4—定位螺栓（弯矩作用下不受力）

图 14.2.1-3 受弯构件支座端置换加固处理
1—原构件；2—端部置换段；3—受拉螺栓；
4—钢板；5—木螺钉
（受拉螺栓承担梁的剪力；钢板和木螺钉承担弯矩产生的拉力）

受弯构件支座端的局部置换，置换的位置原则上要求应尽量靠近支座，避免因弯矩过大使连接处相对转角过大，而改变原受弯构件的计算简图。

图 14.2.1-4、图 14.2.1-5 所示为受弯构件跨中针对木材局部腐朽或木材生长因素（木节、斜纹）造成的严重缺陷，所采取的局部置换加固方法。图 14.2.1-4 所示是支座端双夹板局部置换方法的延伸，双夹板的抗弯能力应能抵御原构件受损截面处的弯矩。夹板的厚度一般为原构件截面宽度的 1/2，高度与原截面相同。夹板的长度取决于连接件（组）连接的承载力，距支座越近，连接件的作用力越小。图 14.2.1-5 所示为利用空间钢架置换，钢架的计算简图近似如图 14.2.1-5（*c*）所示，其中 T_1、$T_1{}'$可按式（14.2.1-1）计算。该方案中的 T_1、$T_1{}'$、R、R'等是由原构件的木材横纹受压承担，承压垫板面积应足够大，连接件（图中 4）不受力，仅起定位作用，原构件中不应有轴向力（拉、压）。

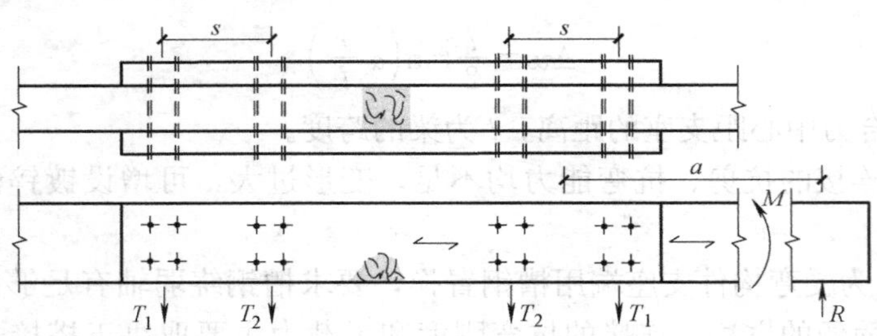

图 14.2.1-4 受弯构件跨内双夹板置换

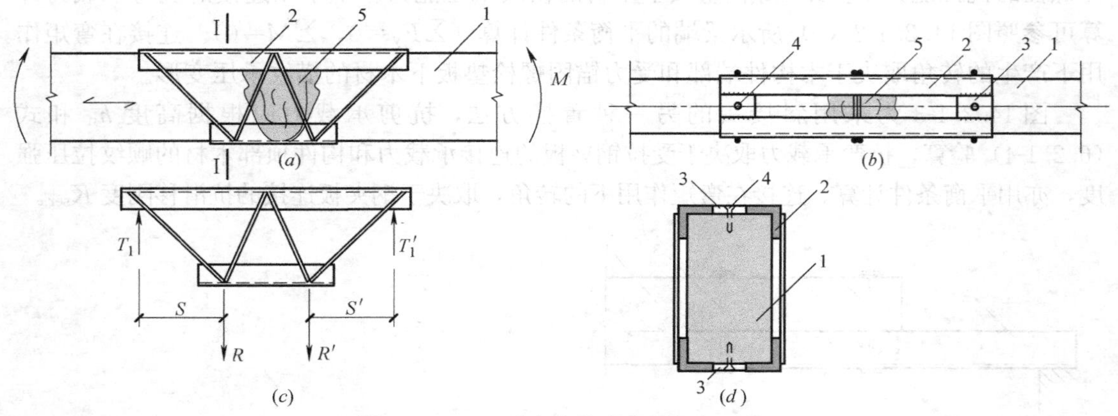

图 14.2.1-5 受弯构件跨内用钢架置换

(*a*)侧视图；(*b*)俯视图；(*c*)计算简图；(*d*)Ⅰ-Ⅰ剖面图

1—受弯构件；2—钢架；3—承压垫板；4—定位销；5—腐朽部位

（T_1、T_1'、R_1、R_1'由原构件横纹承压承担）

14.2.2 桁架端节点支座

图 14.2.2-1、图 14.2.2-2、图 14.2.2-3 分别给出了采用木材、钢筋混凝土和钢材置

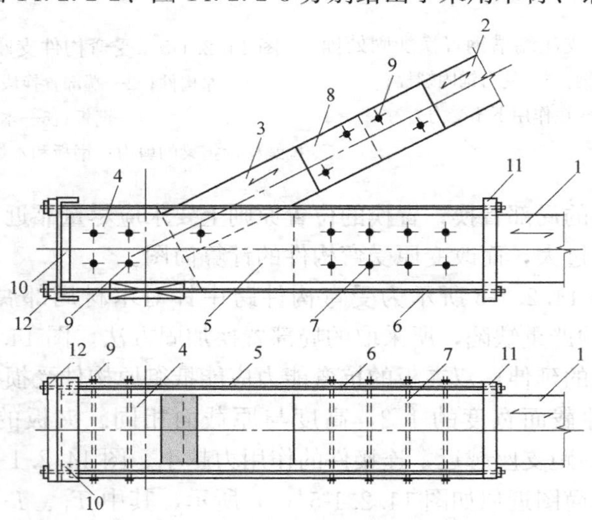

图 14.2.2-1 用木材置换桁架端节点支座

1—保留的下弦杆；2—保留的上弦杆；3—置换的上弦杆；4—硬木抵承墩；5—下弦夹板；6—螺栓拉杆；7—受力连接螺栓；8—上弦夹板；9—系紧螺栓；10—调整用缝隙；11—小垫梁；12—钢锚板

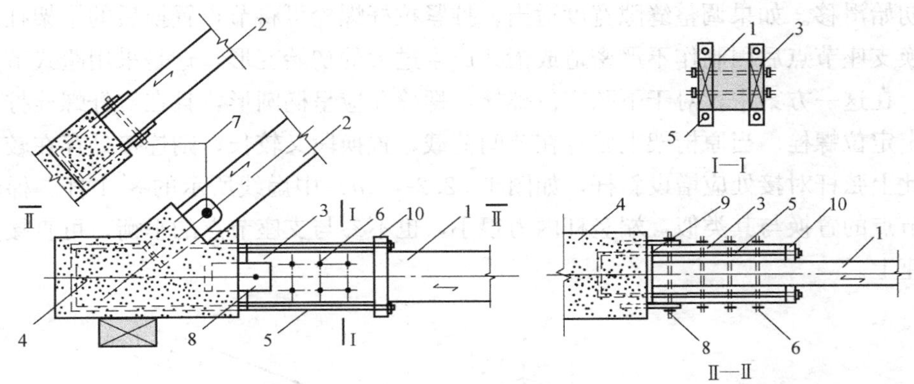

图 14.2.2-2 用混凝土置换桁架端节点支座

1—原桁架下弦杆；2—上弦杆；3—下弦杆夹板；4—预制混凝土端节点；5—钢拉杆；
6—受力连接螺栓；7—上弦定位 U 形埋件及定位连接螺栓；
8—下弦定位 U 形埋件及定位连接螺栓；9—调整用缝隙；10—小垫梁

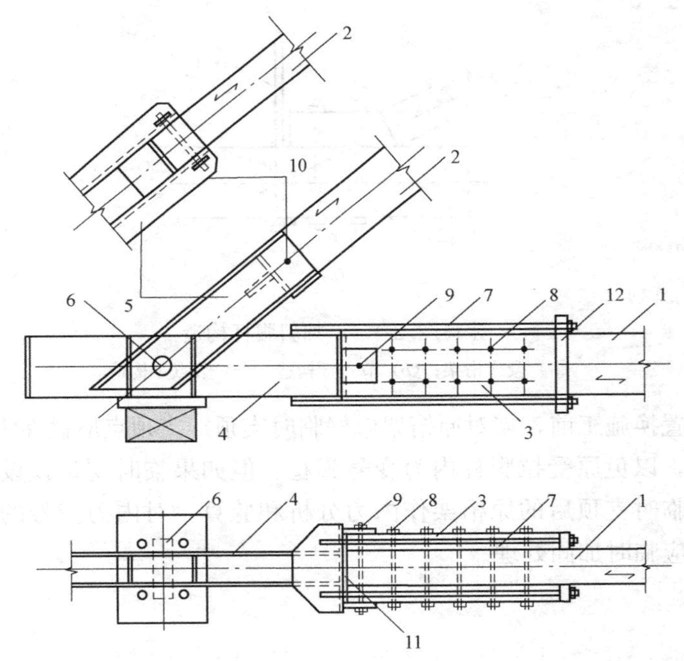

图 14.2.2-3 用钢材置换桁架端节点支座

1—原桁架下弦杆；2—原桁架上弦杆；3—下弦杆夹板；4—置换下弦夹板；
5—置换上弦槽钢；6—销轴；7—螺栓拉杆；8—受力连接螺栓；9—下弦定位螺栓；
10—上弦定位螺栓；11—调整用缝隙；12—小垫梁。

换桁架腐朽端节点支座的方法。置换后均为蹬式节点，切断的下弦杆两侧设双夹板，受力连接螺栓连接的承载力应能传递下弦杆的拉力，双夹板一端通过小垫梁用钢拉杆锚固在新的端节点端部。由于双夹板另一端与端节点对顶处留有一定的调整缝隙，故拧紧钢拉杆时可消除置换节点和原桁架上、下弦杆的接触变形，特别是消除双夹板和原下弦间受力连接螺栓的初始滑移。如果调整缝隙宽度适当，拧紧拉杆螺栓可将节点置换后的桁架扛起，可避免置换支座节点后因制作不严密造成桁架产生过大的初始变形，这是采用蹬式节点置换的优点。在这一方案中，对于下弦定位螺栓，螺栓孔应呈椭圆形，且在拉杆螺栓拧紧后再最终固定定位螺栓。当原桁架上弦存在节间荷载，置换段又较长，则连接处存在较大的弯矩，为此上弦杆对接处应增设斜杆，如图 14.2.2-4（*a*）中虚线所示的 3′-1 杆。梯形豪式桁架端节点的置换与其类似，端竖杆内力很小，也不参与支座节点的平衡，可直接支承到桁架支座上。

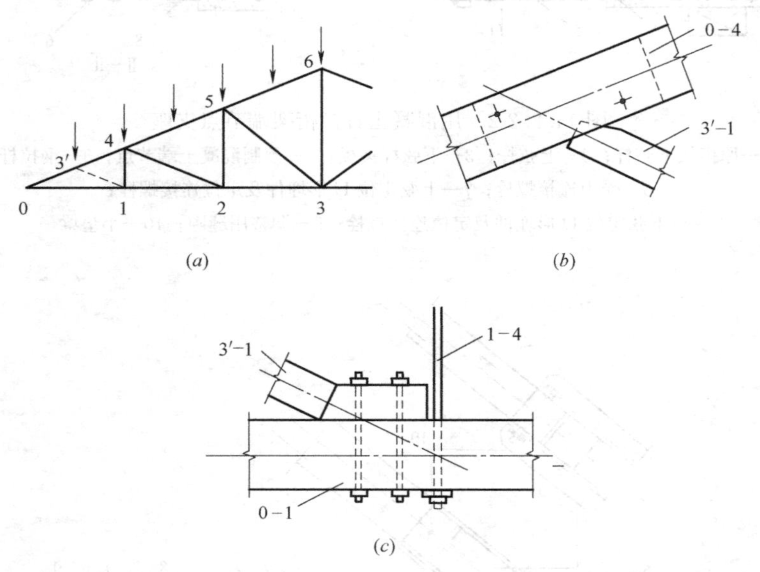

图 14.2.2-4　增加斜腹杆构造

（*a*）豪式桁架；（*b*）节点 3 构造；（*c*）节点 1 构造

桁架端支座置换施工前，需对原桁架做好临时支顶。支顶点应设在上弦节点处，不可设在下弦节点上，以免原受拉腹杆内力变号失稳。但如果临时支顶仅设在个别上弦节点处，则需对设置临时支顶后的原桁架作内力分析和验算，对内力变号的腹杆也需细致验算，强度不足时应临时加固处理。

14.2.3　柱根

由于地面潮湿，柱底以上的一段柱身易受潮腐朽，古代木结构中柱以受压为主，常采用如图 14.2.3-1 所示的两种墩接方法置换，分别称为巴掌榫和抄手榫。榫接段上下端需用铁箍或密缠的镀锌粗铁线捆牢，铁箍或铁线可设置在木柱上凿出的槽内，以保持柱外形尺寸一致。现代做法可用环向粘贴的 FRP 布取代。方形、矩形截面柱也可采用类似的方法局部置换。该方法虽简单，但榫加工需有足够的精度，务使两端均能紧密相抵，否则将影响柱的有效截面，且呈偏压柱，严重影响柱的承载力。如果采用直切面对顶置换，传递竖向荷载明确，但必须加双夹板固定，影响外观，很难使人接受。除非采用非木材置换，如空心钢管或箱形截面的钢短柱。

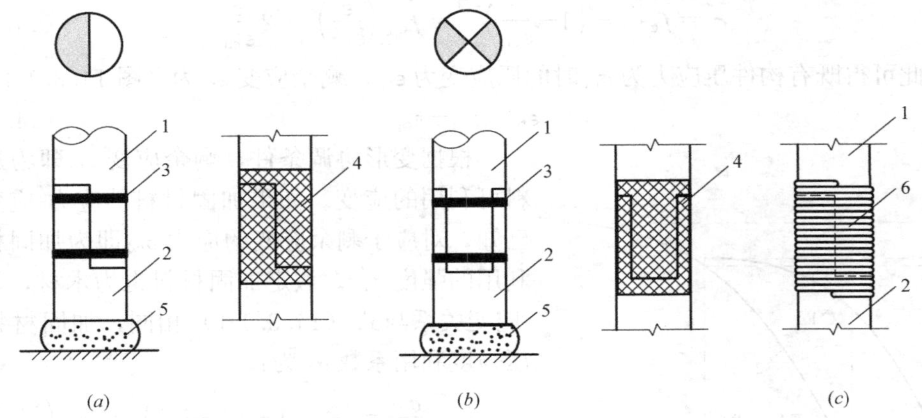

图 14.2.3-1 置换柱根

(a) 巴掌榫；(b) 抄手榫；(c) 钢筋缠绕加固

1—原柱；2—置换段；3—搭接铁箍；4—外包 FRP；5—柱础；6—密缠镀锌铁线

14.3 增大截面法

顾名思义，增大截面法加固是增大既有结构构件的有效截面，以抵御后续荷载的作用。新增截面的材料可以是木材，也可以是钢材或 FRP 纤维材料等。若构件加固施工能卸除全部荷载，并能在零荷载条件下停歇一段时间，让其木材蠕变变形有一定的恢复后进行，则加固后的构件承载性能，不论梁柱，也不论加固材料截面与原构件截面间是刚性连接还是半刚性连接，均可按第 6、7 章中的有关方法分析计算。实际工程中，一些构件的加固必须在既有荷载作用下进行，与钢筋混凝土构件在既有荷载下的加固类似，需顾及既有构件已存在的应力对加固材料强度取值的影响，以免加固后的构件因原截面材料先期应力达到强度极限，发生“各个击破”现象而提前失效。由于木材抗拉、抗压的应力-应变关系不同，原构件截面既有应力对加固材料设计强度取值的影响是不同的。本节将区分介绍不同受力构件在既有荷载作用下加固的承载性能分析等相关内容。

14.3.1 轴心受压构件

轴心受压构件在既有荷载作用下用增大截面法加固后，在后续荷载作用下原构件材料与加固材料应有一致的应变增量，这样原构件的应变将大于加固材料的应变。在加固材料的极限应变不低于原构件材料的极限应变的条件下，原构件的破坏总是先于后加固的材料。因此，根据一般力学原理，加固后轴心受压构件的承载力应为原构件的承载力与原构件破坏时加固材料所承担的荷载之和。这就是轴心受压构件在既有荷载作用下，用增大截面法加固的效果和确定加固材料强度的基本思路。设原受压构件截面既有平均压应力为 σ_{c1}，其抗压强度为 f_{c1}，当在后续荷载作用下应力达到 f_{c1} 时的剩余应变可由木材的受压应力-应变关系曲线确定。木材受压破坏呈延性特征，有关资料表明木材的极限应变 ε_{cu} 大致为 0.006～0.007，其关系曲线近似取二次抛物线，即：

$$\sigma_c = f_c\left[1-\left(1-\frac{\varepsilon}{\varepsilon_{cu}}\right)^2\right] = f_c\left[\left(\frac{\varepsilon}{\varepsilon_{cu}}\right)^2 - 2\frac{\varepsilon}{\varepsilon_{cu}}\right] \tag{14.3.1-1}$$

由此可得既有构件压应力为 σ_{c1} 时的压应变为 ε_{c1}，剩余应变 ε_{re} 为（图 14.3.1-1）：

$$\varepsilon_{re} = \varepsilon_{cu} - \varepsilon_{c1} \tag{14.3.1-2}$$

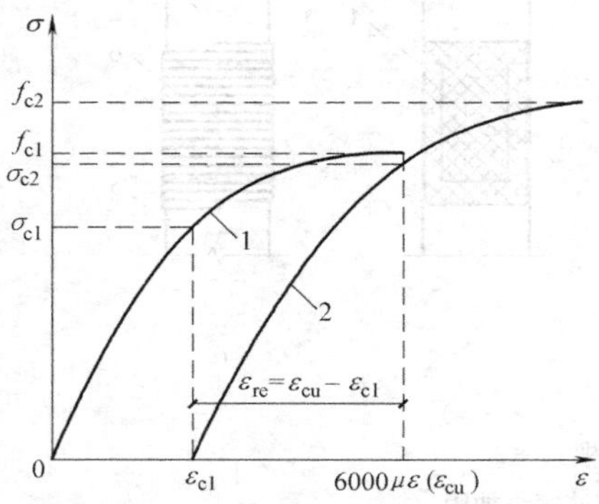

图 14.3.1-1　木材受压应力-应变曲线

1—原截面材料应力-应变关系；

2—新增截面材料应力-应变关系

根据变形协调条件，剩余应变 ε_{re} 即为加固材料可利用的应变。如果加固材料的应力-应变关系已知，对应于剩余应变的应力 σ_{c2} 即为加固材料可利用的强度 f'_{c2}。假定加固材料也为木材，其应力-应变关系与式（14.3.1-1）相同，加固材料的抗压强度利用系数 α_c 为：

$$\alpha_c = \frac{\sigma_{c2}}{f_{c2}} = \frac{f'_{c2}}{f_{c2}} = 1-\left(1-\frac{\varepsilon_{re}}{\varepsilon_{cu}}\right)^2 = 1-\left(\frac{\varepsilon_{c1}}{\varepsilon_{cu}}\right)^2 \tag{14.3.1-3}$$

令既有构件的应力水平指标为 β_c，有：

$$\beta_c = \frac{\sigma_{c1}}{f_{c1}} = 1-\left(1-\frac{\varepsilon_{c1}}{\varepsilon_{cu}}\right)^2 \tag{14.3.1-4}$$

由式（14.3.1-4）得 $\frac{\varepsilon_{c1}}{\varepsilon_{cu}} = 1-\sqrt{1-\beta_c}$，带入式（14.3.1-3）得：

$$\alpha_c = 1-(1-\sqrt{1-\beta_c})^2 = 2\sqrt{1-\beta_c}+(\beta_c-1) \tag{14.3.1-5}$$

表 14.3.1-1 列出了不同应力水平指标 β_c 下轴心受压构件加固木材的强度利用系数 α_c。

加固木材的强度利用系数 α_c　　　　**表 14.3.1-1**

β_c	0.1	0.2	0.3	0.4	0.5	0.6	0.7	0.8	0.9
α_c	0.99	0.98	0.97	0.95	0.91	0.86	0.79	0.69	0.5

由表可见，增大截面法加固，只有当既有构件应力水平指标较低时，才能较好地利用加固材料的强度，在 $\beta_c=1.0$ 的场合采用增大截面法加固，原则上是无效的，除非不考虑既有构件在后续荷载作用下的贡献，全部荷载由加固材料承担，即转化为置换法加固。

如果采用钢材加固，通常认为钢材为理想弹塑性材料，应变小于 f_y/E_s 前应力-应变为线性关系，应变大于 f_y/E_s 后取 f_y（f_y、E_s 分别为钢材的屈服强度和弹性模量），因此利用系数 α_c 可分别为 $E_s\varepsilon_{re}/f_y$（$\varepsilon_{re}\leqslant f_y/E_s$）和 1.0（$\varepsilon_{re}>f_y/E_s$）。由于钢材的屈服应变较小，利用系数较大，例如 Q235，即使 $\beta_c=0.9$，利用系数仍可达到 1.0。

用木材加固后，受压构件的稳定承载力可按下式计算：

$$N_d = \varphi(A_1 f_{c1} + A_2 f_{c2}\alpha_c) \tag{14.3.1-6}$$

式中：A_1、A_2 分别为受压构件原截面和加固材料截面面积；f_{c1}、f_{c2} 分别为原构件木材和加固木材的强度设计值；α_c 为强度利用系数；φ 为稳定系数，应取加固后截面相对两主轴（图 14.3.1-2）中的较低值。图 14.3.1-2 中对 y 轴的稳定性可按实心截面计算长细比。对 x 轴则应区分连接类型，机械连接（销、键）应计及连接滑移对抗弯刚度的影响，长细比应按拼合柱的有关方法计算。如果采用胶接，则可按实心截面计算长细比。计算稳定系数时，当加固木材与原木材不为同一品质等级的木材时，可参照拼合柱的方法计算（7.5.2 节）；原木与方木材料，宜保守地取两者中较低等级木材的力学指标。

既有木材与加固木材截面间采用机械连接时，连接件的数量、间距等要求也应按 7.5.2 节拼合柱的有关要求处理。加固施工时，对于加固木材两端与原结构构件间的处理，如果加固设计中提高受压构件承载力仅需提高稳定系数 φ 的方法解决，则加固木材两端并不需顶紧在原结构构件两端；如果提高承载力主要依靠加固木材截面的承载力，则两端应顶紧，以便后续荷载施加到加固木材上。如采用如图 14.3.1-3 所示的方法，加固木材的长度略长于原受压构件长度，并利用湿胀干缩（一面淋湿，另一面日晒）使其略呈弯曲，安装后再拧紧夹具复直，将其顶紧在原结构构件两端，使后续荷载的一部分直接由加固木材承担，在一定程度上尚可对原构件起卸荷作用。

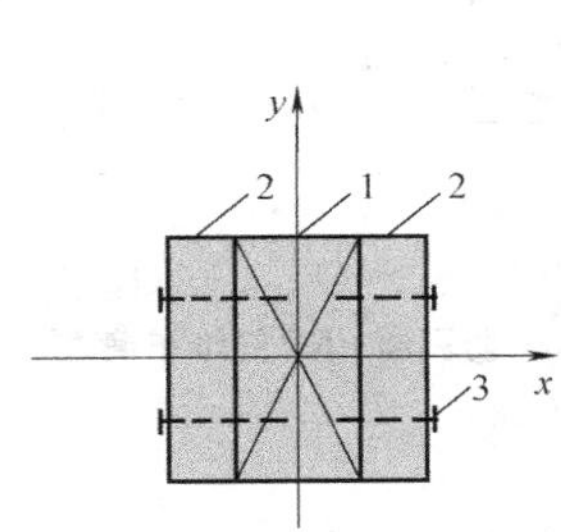

图 14.3.1-2 柱增大截面加固

1—原有截面；2—新增截面；3—连接件

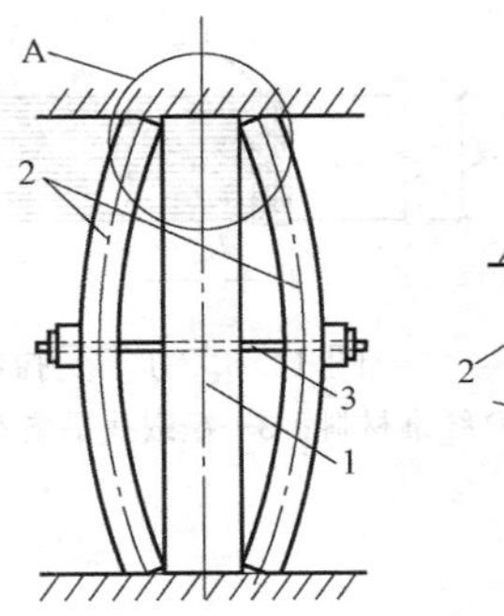

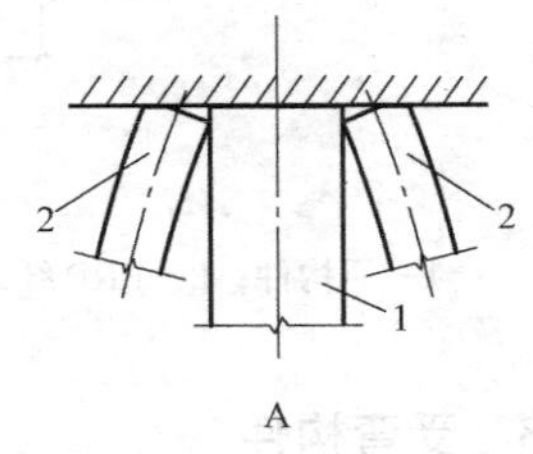

图 14.3.1-3 安装示意图

1—原构件；2—加固木材；3—夹具

14.3.2 轴心受拉构件

轴心受拉构件在既有荷载下加固与受压构件类似，也有加固材料的强度利用系数问题。但木材受拉破坏呈脆性，其应力-应变为线性关系。受拉极限变形 ε_{tu} 可近似取为 0.002。设原受拉构件应力水平指标为 $\beta_t=\sigma_t/f_t$，如果采用木材加固，加固木材的强度利用系数则为 $\alpha_t=1-\beta_t$。如果采用 FRP 纤维材料加固，其极限拉应变近似取为 0.01，利用系数则为 $\alpha_t=0.2(1-\beta_t)$。如果采用钢材加固，则 $\varepsilon_{tu}(1-\beta_t)\leqslant f_y/E_s$ 时，利用系数 $\alpha_t=(1-\beta_t)\varepsilon_{tu}E_s/f_y$，$\varepsilon_{tu}(1-\beta_t)>f_y/E_s$ 时，$\alpha_t=1.0$。

加固后构件的抗拉承载力为：

$$T_d=A_1f_{t1}+\alpha_tA_2f_{t2} \tag{14.3.2-1}$$

式中：f_{t1}、f_{t2} 分别为原构件材料和加固材料的抗拉强度设计值；其余符号同式（14.3.1-6）。

受拉构件增大截面法加固的效果取决于后续荷载如何可靠地作用到加固材料上，即加固材料两端与原结构连接的可靠性。可靠的连接能传递后续荷载对加固材料应有的作用力（$\alpha_tA_2f_{t2}$）。实际工程中，对受拉构件在既有荷载作用下进行全长加固，只有极个别情况才能做到。因此，受拉构件增大截面法加固主要适用于原构件局部长度范围内有截面受损的加固。采用类似于双夹板受拉构件接头的做法，但两端的锚固段应设在原构件截面完好的区段上，其连接需满足承载力要求。如果采用机械连接，应考虑滑移对荷载传递的影响。图 14.3.2-1 为粘贴 FRP 纤维材料加固示意图。如果是腐朽造成的损伤区段，应将腐朽层清除，并嵌入木片（粘结）垫平，FRP 片锚固在两端健全的木材上。如果按如图 14.3.2-1 所示的方式粘贴 FRP，锚固长度应符合下式要求：

$$l_{sp} \geqslant \frac{0.5\alpha_t A_2 f_{t2}}{f_v h} + 200 \quad (mm) \tag{14.3.2-2}$$

式中：f_v 为木材的顺纹抗剪强度。

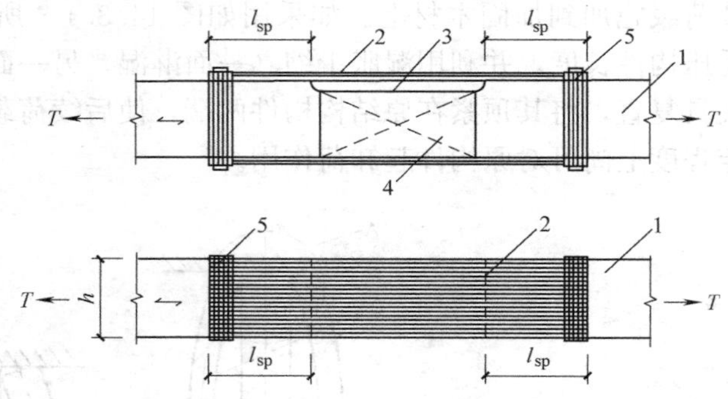

图 14.3.2-1　受拉构件 FRP 加固

1—原构件；2—FRP 纤维材料；3—镶嵌找平垫木；4—损伤区域；5—防剥离 FRP 纤维布箍

14.3.3　受弯构件

受弯构件在既有荷载作用下，采用增大截面法加固抗弯能力时，可按平面假设分析截面上的应力分布，也应保证在后续荷载作用下，原构件材料最大应力增量不超过剩余的构件强度 $f_m(1-\beta_m)$。工程中通常可采用如图 14.3.3-1 所示的两大类增大截面方案，其中图 14.3.3-1（*a*）所示为竖向拼合方案，图 14.3.3-1（*b*）所示为水平拼合方案。两种方案提高抗弯承载力的途径有所不同，具体的分析方法也就有所不同。竖向拼合加固后，未改变原截面中性轴的位置。只要保证后续荷载作用下，原材料与加固材料间变形协调，图 14.3.3-1（*a*）右侧截面加固后的抗弯承载力，可类似于轴心受压构件计算，即：

$$M_r = W_1 f_{m1} + \alpha_m W_2 f_{m2} \tag{14.3.3-1}$$

左侧截面：

$$M_r = W_1 f_{m1} + \alpha'_m W_2 f_{m2} \tag{14.3.3-2}$$

$$\alpha'_m = 1 - \left(1 - \frac{h_2}{h_1}\sqrt{1-\beta_m}\right)^2 \tag{14.3.3-3}$$

式中：f_{m1}、f_{m2}分别为原构件材料和加固材料的抗弯强度设计值；W_1、W_2 分别为原构件和加固材料截面的抗弯截面模量；α_m、α'_m分别为两类不同截面加固材料的抗弯强度利用系数，可参照轴心受压构件取值；β_m 为原构件弯曲应力水平指标（σ_{m1}/f_{m1}）；h_1、h_2 分别为原构件和加固材料的截面高度。

水平拼合加固，因加固后的截面中性轴位置与原构件截面中性轴的位置不同，所以加固后的承载力需分别计算后叠加。第一部分承载力是构件加固前既有荷载的弯矩，第二部分是加固后的截面在后续荷载作用下，使原截面边缘弯曲应力增大 $\Delta\sigma_m = f_{m1} - \sigma_{m1}$ 时的抗弯能力。如图 14.3.3-1（b）所示，拼合在原构件的受拉边，不论是哪种加固材料（木材、FRP 或钢板、嵌入钢筋等），也不论是哪种连接形式，加固后拼合截面的中性轴下移，后续荷载作用下的最大弯曲应力发生在受压边。当应力达到 $\Delta\sigma_{\mathrm{m}}$ 时，后续荷载产生的弯矩即第二部分抗弯能力，与第一部分之和，即为加固后的抗弯承载力。只要加固材料的极限变形不小于原构件的抗弯剩余变形（$\varepsilon_{\mathrm{re}}$），可不考虑加固材料的应力水平。同理，如果竖向拼合加固后截面的中性轴也不同于原构件，可采用类似于水平加固的方法分析抗弯承载力。可见，在既有荷载作用下采用这类拼合加固方法，加固材料的抗弯强度利用系数是不高的，其作用主要是增大了抗弯截面模量。

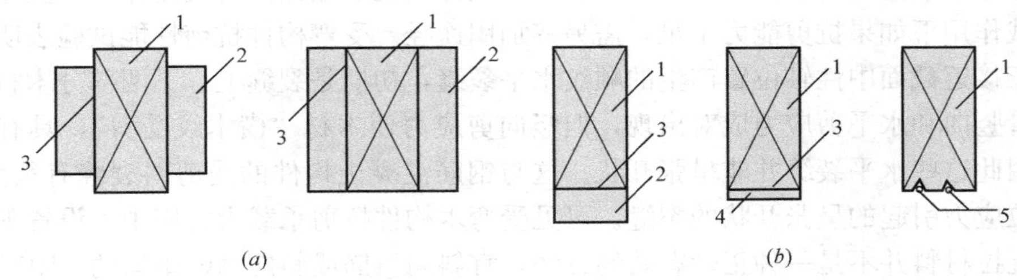

图 14.3.3-1 受弯构件加大截面法加固示意图

（a）竖向拼合；（b）覆盖受拉区的水平拼合

1—原构件截面；2—新增截面木材；3—结合面；4—FRP 或钢板；5—嵌入胶结钢筋

采用增大截面法加固后截面的抗弯性能与原构件和加固材料间的连接方式有关。采用胶合连接的可按实心截面计算抗弯性能，采用机械连接组成的拼合截面，应考虑连接滑移变形对抗弯性能的影响，可参照第 6.7.1 节、6.7.2 节介绍的方法计算。

受弯木构件采用增大截面法加固时，加固材料除用木材外，尚可用钢板和 FRP 纤维等材料，甚至嵌入钢筋等，承载力也可近似地按换算截面根据平面假设分析。但如果加固材料为理想的弹性材料，无蠕变现象，分析中尚应验算原木材在后续荷载增量作用下产生蠕变，造成的截面应力重分布的影响。一般地，在瞬时（不计木材蠕变）对原构件木材更不利，发生蠕变后，对加固材料和连接更为不利。

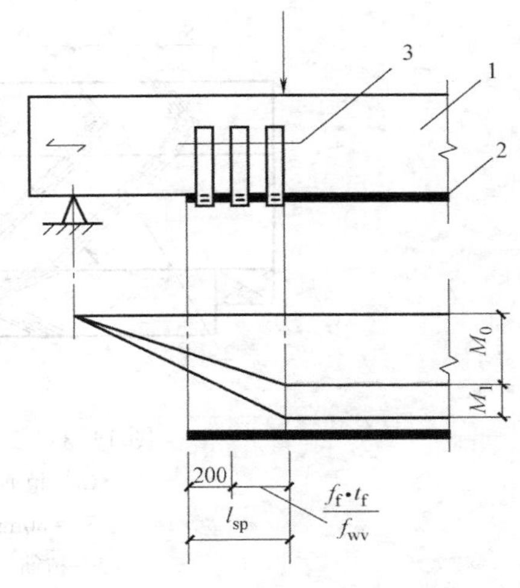

图 14.3.3-2 FRP 加固端头锚固示意图

1—既有木梁；2—粘贴的 FRP；3—U 形 FRP 箍；M_0—既有弯矩；M_1—后续荷载弯矩增量

受弯木构件通常为简支，沿构件跨度弯矩大小一般是不同的，因此需要加固的范围通常局限在一定长度范围内，无需在整个跨度上进行。特别是对于水平拼合截面，加固材料也无伸入两端支座的必要。在实际工程中，如果采用木材加固，考虑美观，大多采用满跨拼合，两端切成斜坡（见例题 14-1）。当采用粘贴钢板、FRP 纤维材料（碳纤维、芳纶纤维、玻璃纤维布或板等）加固时，两端需有足够的锚固长度（见图 14.3.3-2），应满足下式：

$$l_{\mathrm{sp}}=\frac{f_{\mathrm{f}}t_{\mathrm{f}}}{f_{\mathrm{wv}}}+200 \qquad (\mathrm{mm}) \tag{14.3.3-4}$$

式中：f_{f} 为加固材料的抗拉强度设计值（为经济性，可取承载力验算中加固材料的实际平均拉应力）；t_{f} 为加固材料的厚度；f_{wv} 为加固材料与木材间的抗剪强度，可取木材的顺纹抗剪强度。为防止两端钢板、FPR 纤维剥离，端部应粘贴一定数量的 U 形箍。

14.3.4 受剪

上述受弯构件增大截面法加固，是为了增强抗弯承载力，对抗剪能力的提高并无太大作用，除非采用竖向拼合截面并使加固材料两端伸入支承端而具有支座作用。受弯构件在后续荷载作用下如果抗剪能力不足，需另辟加固途径。受弯构件抗剪性能试验表明，受剪破坏始于接近截面中性轴位置产生的顺纹水平裂缝，初期是裂缝上、下两部分木材相对错动。尽管竖向和水平剪应力成对出现，但竖向剪应力使木材“横木纹受剪”，具有很高的强度，因此这些水平裂缝并非呈张开状。这与钢筋混凝土构件的受剪斜裂缝有很大区别，那是主拉应力引起的呈张开状的裂缝。可见受弯木构件抗剪承载力加固中，设置垂直于中性轴的抗拉材料并不是一种正确有效的方法，宜斜向植筋或斜向粘贴单向的 FRP 纤维布，如图 14.3.4-1 所示。可按下式计算单肢植筋或 FKP 纤维布条所提高的抗剪能力：

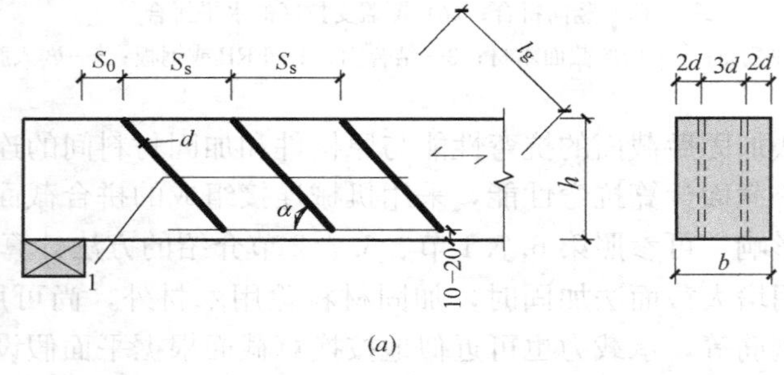

(*a*)

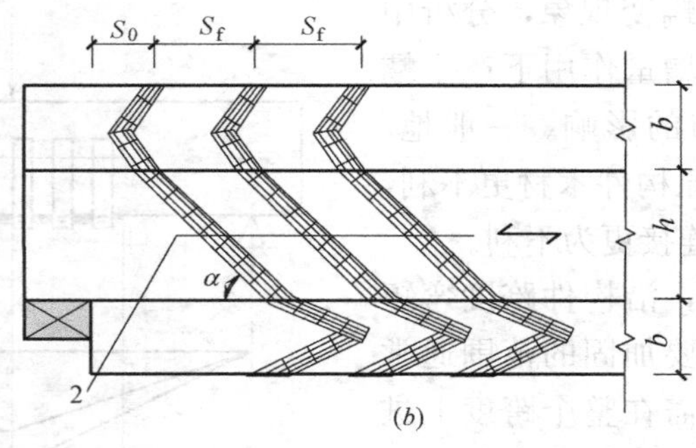

(*b*)

图 14.3.4-1 受弯构件抗剪加固示意图

(*a*) 植筋加固；(*b*) FRP 布加固

$S_0=50\mathrm{mm}$；$h\geqslant S_s\geqslant 10d$；$S_f\leqslant h$

1—植筋（螺纹钢）；2—FRP 布条

$$V_{\mathrm{r}}=k\frac{2h}{3S}T\cos\alpha \tag{14.3.4-1}$$

FRP 纤维加固：

$$T=A_{\mathrm{f}}f_{\mathrm{f}} \tag{14.3.4-2}$$

植筋（实木）加固：

$$T=\min\left\{A_{\mathrm{s}}f_{\mathrm{y}},\quad \frac{1}{2}l_{\mathrm{g}}D\pi f_{\mathrm{v}}\right\} \tag{14.3.4-3}$$

式中：k 为与木材抗剪承载力组合时的共同工作系数；T 为每肢植筋或 FRP 纤维布条的抗拉承载力；A_{f}、A_{s} 分别为 FRP 和植筋的截面面积；f_{f}、f_{y} 分别为 FRP 纤维材料和植入钢筋的抗拉强度设计值；h 为截面高度；S 为间距；D 为植筋孔直径；f_{v} 为木材的顺纹抗剪强度；l_{g} 为植筋总长度；当受弯构件为层板胶合木时，T 应按式（5.9.2-1）计算，式中 l 取 $l_{\mathrm{g}}/2$。

共同工作系数 k 需要进一步研究确定，理论上 k 值取决于构件产生受剪水平裂缝时 FRP、植筋达到的应力水平。这些加固材料斜向布置，又采用胶连接（刚性连接），使之直接承受构件腹部的主拉应力，这是斜向布置的最大优点。

采用斜向植筋或粘贴纤维材料后，一是要求梁在后续荷载（包括既有荷载）作用下的剪力不大于加固材料所能提供的抗剪能力（式（14.3.4-1）），二是要求梁加固后，梁木材中的剪应力不超过所用木材的抗剪强度。如果加固后梁中的剪应力仍超过抗剪强度，梁就可能产生水平裂缝。更严重时，由于开裂变为拼合梁（见 6.5.2 节），植筋等转变为非刚性连接件，梁的承载力将大幅降低。这是不允许的。加固后，梁木材中的剪应力可按刚度分配的原则估算。

$$\tau_{\mathrm{share}}=\tau\frac{bG_{\mathrm{w}}}{bG_{\mathrm{w}}+(bG)_{\mathrm{ef}}} \tag{14.3.4-4}$$

$$(bG)_{\mathrm{ef}}=\frac{E_{\mathrm{a}}A}{2S}\cos^2\alpha\sin\alpha \tag{14.3.4-5}$$

式中：τ_{share}为加固后梁中木材分担的剪应力；τ 为未加固梁在后续荷载作用下产生的剪应力；G_{w} 为梁所用木材的剪切模量；b 为梁的截面宽度；bG_{w} 为木材截面梁单位长度上的抗剪刚度；$(bG)_{\mathrm{ef}}$为加固材料（FRP 或植筋）沿梁单位长度上的当量抗剪刚度；E_{a} 为加固材料的弹性模量；A 为每根植筋或每条 FRP 的截面面积；S 为加固材料的间距；α 为植筋或 FRP 条与水平线的夹角。

【例题 14-1】 某楼盖中既有简支木梁的跨度为 4.0m，有可靠的侧向支撑，均布荷载 $q_1=8\mathrm{kN/m}$（设计值），矩形截面尺寸为 150mm×250mm（宽×高），强度等级为 TC15A。因使用功能改变，荷载增大至 $q=14.5\mathrm{kN/m}$（设计值）。采用 TC17B 木材水平拼合加固，加固材料的截面尺寸为 150mm×60mm，采用 $d=8\mathrm{mm}$、$l=160\mathrm{mm}$ 的木螺钉连接，间距为 $S=50\mathrm{mm}$，每处 2 枚，如图 14.3.4-2 所示。试验算既有荷载下加固后，承

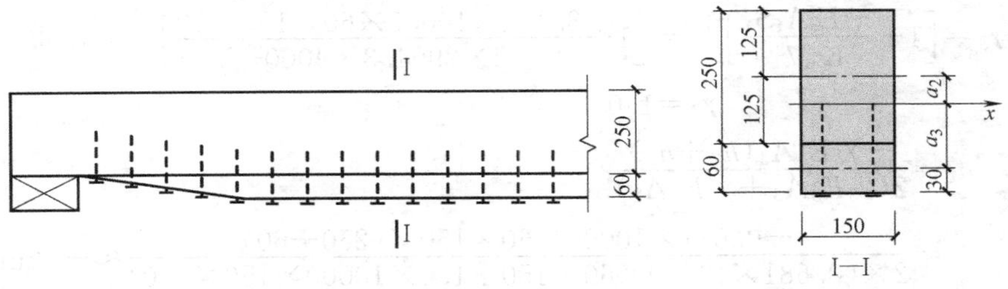

图 14.3.4-2 木梁增大截面加固

载力是否满足要求。

解：既有木材 TC15A，$E_1=10000\text{N/mm}^2$，$f_v=1.5\text{N/mm}^2$，$\rho_m=490\text{kg/m}^3$

因最小截面尺寸不小于 150mm，故 $f_{m1}=15\times1.1=16.5\text{N/mm}^2$，$f_{c1}=13\times1.1=14.3\text{N/mm}^2$

加固木材 TC17B，$E_2=10000\text{N/mm}^2$，$f_{m2}=17\text{N/mm}^2$，$f_{t2}=9.5\text{N/mm}^2$，$\rho_m=610\text{kg/m}^3$

既有木梁横截面惯性矩：$I_1=\dfrac{bh^3}{12}=\dfrac{150\times250^3}{12}=195.31\times10^6\text{mm}^4$

抗弯截面模量：$W_1=\dfrac{bh^2}{6}=\dfrac{150\times250^2}{6}=1.56\times10^6\text{mm}^3$

既有荷载作用下弯矩：$M_1=\dfrac{q_1l^2}{8}=\dfrac{8\times4^2}{8}=16\text{kN}\cdot\text{m}$

最大剪力：$V_1=\dfrac{q_1l}{2}=\dfrac{8\times4}{2}=16\text{kN}$

既有弯曲应力：$\sigma_{m1}=\dfrac{M_1}{W_1}=\dfrac{16\times10^6}{1.56\times10^6}=10.26\text{N/mm}^2$

既有木梁应力水平指标：$\beta_m=\dfrac{10.26}{16.5}=0.62$

后续荷载作用下的总弯矩：$M_2=\dfrac{ql^2}{8}=\dfrac{14.5\times4^2}{8}=29\text{kN}\cdot\text{m}$

剪力：$V_2=\dfrac{ql}{2}=\dfrac{14.5\times4}{2}=29\text{kN}$

如果既有木梁不加固，弯曲应力为：

$\sigma_m=\dfrac{M_2}{W_1}=\dfrac{29\times10^6}{1.56\times10^6}=18.59\text{N/mm}^2>16.5\text{N/mm}^2$，抗弯承载力不足。

剪应力：$\tau_m=\dfrac{3}{2}\dfrac{V_2}{bh}=\dfrac{3\times29\times10^3}{2\times150\times250}=1.16\text{N/mm}^2<1.5\ \text{N/mm}^2$，抗剪承载力尚可，仅需加固抗弯承载力。

加固后抗弯承载力验算：

木螺钉 $d=8\text{mm}$

$$K_{ser}=\frac{\rho_m{}^{1.5}d}{23}=\frac{(\sqrt{490\times610})^{1.5}\times8}{23}=4446.4\text{N/mm}^2$$

$$K_u=\frac{2}{3}K_{ser}=2964.3\text{N/mm}^2$$

$$\gamma_3=\left[1+\frac{\pi^2E_iA_iS_i}{K_{ui}l^2}\right]^{-1}=\left[1+\frac{3.14^2\times10000\times60\times150\times50}{2\times2964.3\times4000^2}\right]^{-1}=0.681$$

$$\gamma_2=1.0$$

$$a_2=\frac{-\gamma_3E_3A_3(h_2+h_3)}{2(\gamma_3E_3A_3+\gamma_2E_2A_2)}$$

$$=\frac{-0.681\times10000\times60\times150\times(250+60)}{2\times(0.681\times10000\times60\times150+1.0\times10000\times150\times250)}\approx-22\text{mm}$$

$$a_3=125-22+30=133\text{mm}(见图 14.3.4\text{-}2)$$

$(EI)_{ef}=\sum(E_iI_i+\gamma_iE_iA_ia_i^2)$

$=10000\times\left(195.31\times10^6+\dfrac{150\times60^3}{12}+1\times150\times250\times22^2+0.681\times60\times150\times133^2\right)$

$=324.6\times10^{10}\text{N}\cdot\text{mm}^2$

后续荷载作用下弯矩的增量：$\Delta M=M_2-M_1=29-16=13\text{kN}\cdot\text{m}$

既有木梁受压边缘应力增量：

$$\Delta\sigma_{m2}=\frac{0.5E_2h_2\Delta M}{(EI)_{ef}}=\frac{0.5\times10000\times250\times13\times10^6}{324.6\times10^{10}}$$

$$=5.0\text{N/mm}^2<16.5-10.26=6.24\text{N/mm}^2$$

可以。

尚有压应力：$\sigma_{c2}=\dfrac{\gamma_2a_2E_2\Delta M}{(EI)_{ef}}=\dfrac{1.0\times22\times10000\times13\times10^6}{324.6\times10^{10}}=0.88\text{N/mm}^2$

$$\frac{\sigma_{m2}}{f_{m2}}+\frac{\sigma_{c2}}{f_{c2}}=\frac{10.26+5.0}{16.5}+\frac{0.88}{14.3}=0.986<1.0$$

可以。

加固木材最大弯曲应力：

$\sigma_{m2}=\dfrac{0.5\times10000\times60\times13\times10^6}{324.6\times10^{10}}=1.20\text{N/mm}^2<f_{m2}=17\text{N/mm}^2$，可以。

加固木材平均拉应力：

$\sigma_t=\dfrac{\gamma_3a_3E_3\Delta M}{(EI)_{ef}}=\dfrac{0.681\times133\times10000\times13\times10^6}{324.6\times10^{10}}=3.63\text{N/mm}^2<9.5\text{N/mm}^2$，可以。

$$\frac{\sigma_{m2}}{f_{m2}}+\frac{\sigma_{t2}}{f_{t2}}=\frac{1.2}{17}+\frac{3.63}{9.5}=0.453<1.0$$

可以。

木螺钉连接承载力验算：

$F_3=\dfrac{\gamma_3E_3A_3a_3S\Delta V}{(EI)_{ef}}=\dfrac{0.681\times10000\times60\times150\times133\times50\times(29-16)\times10^3}{324.6\times10^{10}}=1633.1\text{N}$

因每连接点有两枚木螺钉，故每枚要求承载力为 1633.1/2=816.5N，参考例题 5-5 计算结果，8mm 直径的木螺钉可满足承载力要求。

加固后梁的变形验算：

$$\gamma_3=\left(1+\frac{\pi^2E_iA_iS_i}{K_{seri}l^2}\right)^{-1}=\left(1+\frac{3.14^2\times10000\times60\times150\times50}{2\times4446.4\times4000^2}\right)^{-1}=0.762$$

$$\gamma_2=1.0$$

$$a_2=\frac{-\gamma_3E_3A_3(h_2+h_3)}{2(\gamma_3E_3A_3+\gamma_2E_2A_2)}$$

$$=\frac{-0.762\times10000\times60\times150\times(250+60)}{2\times(0.762\times10000\times60\times150+1.0\times10000\times250\times150)}\approx-24\text{mm}$$

$$a_3=125-24+30=131\text{mm}$$

$(EI)_{ef}=\sum(E_iI_i+\gamma_iE_iA_ia_i^2)$

$=10000\times\left(195.31\times10^6+\dfrac{150\times60^3}{12}+1\times150\times250\times24^2+0.762\times60\times150\times131^2\right)$

$=337.3\times10^{10}\text{N}\cdot\text{mm}^2$

原构件在原有荷载下的挠度：

$$W_1=\frac{5M_1l^2}{48EI}=\frac{5\times16\times10^6\times4000^2}{48\times195.31\times10^6\times10000}=13.65\text{mm}$$

加固后的木梁在后续荷载增量作用下的挠度：

$$\Delta W=\frac{5\Delta Ml^2}{48(EI)_{\text{ef}}}=\frac{5\times(29-16)\times10^6\times4000^2}{48\times337.3\times10^{10}}=6.42\text{mm}$$

总挠度：$W=W_1+\Delta W=13.65+6.42=20.07\text{mm}\approx l/200=20\text{mm}$

14.4　体外预应力加固

14.4.1　预应力加固原理

在既有结构构件中，增设拉杆、索等，并通过对拉杆、索等施加预张力，以降低既有结构构件在既有荷载下的内力。所增设的拉杆、索等又作为新结构体系中的一部分，与既有结构构件共同抵御后续荷载。图 14.4.1-1 所示是有一定代表性的例子。图 14.4.1-1（*a*）中增设预应力拉杆以加固桁架下弦杆，拉杆施加预张力后反向作用于下弦拉杆上，其压力降低了原下弦杆的应力，降低的应力即为拉杆的有效张力 T_{re}除以下弦杆的截面面积。采用一阶线性法分析拉杆的预张力，并不会影响桁架上弦杆和腹杆的内力。显然，初始预张力也不能超过下弦杆在既有荷载下的最低拉力值。在后续荷载作用下，拉杆如同增大截面法加固的下弦杆那样工作，但由于增设的拉杆与桁架下弦中间节点未固接，因此后续荷载作用下拉杆相当于对桁架下弦杆施加了一对压力，其值为下弦杆的平均应变 $\Delta\varepsilon_{\text{Wm}}$乘以拉杆的刚度，拉应力增量需用迭代的方法求解。图 14.4.1-1（*b*）则通过拉杆或索施加的预张力，使既有结构产生反向弯矩，降低既有荷载作用下的弯曲应力。只要施加的瞬时预张力不使原木梁反向受弯破坏即可。可见，梁的体外预应力加固，有很大的卸荷作用。在后续荷载作用下，构件即为张弦梁。其中的拉杆或索可采用两种方案，一是拉杆或索是连续的，E、F 两处为固定铰接，假定水平段和两倾斜段有相同的预张力，可仅从一端进行张拉，此时竖杆 BE 和 CF 与梁的连接节点有一定的弯矩作用；二是拉杆分段，即分为两倾斜段和一水平段，从梁的两端对称张拉，竖杆与梁可为铰接。倾斜段的竖向分量尚可增强原梁的抗剪承载力。图 14.4.1-1（*c*）则用预应力拉杆或预应力拉索对桁架作加固处理，与图 14.4.1-1（*b*）类似，索或拉杆施加的预张力在桁架各杆中产生与既有荷载相反的内力，从而降低了桁架各杆原有的应力水平。在后续荷载作用下，理论上桁架与索共同工作，可提高桁架的承载力。由于桁架的刚度很大，索在横向集中荷载作用下的刚度不大，因此后续荷载作用下拉索的贡献不大，主要是索的预张力对桁架卸荷作用的贡献。当然，对有些桁架形式的个别构件，如图 14.4.1-1（*d*）所示的三角形豪式桁架的端斜腹杆，索的预张力反而会产生不利影响。因此，加固时需细致地分析验算，必要时对这些构件先加固或另设腹杆解决。

在上述讨论中认为拉杆或索的预张力会影响承载力，即预张力高，承载力提高幅度大。这是针对原结构而言的，但对加固后的新构件，如图 14.4.1-1（*b*）所示的张弦梁体

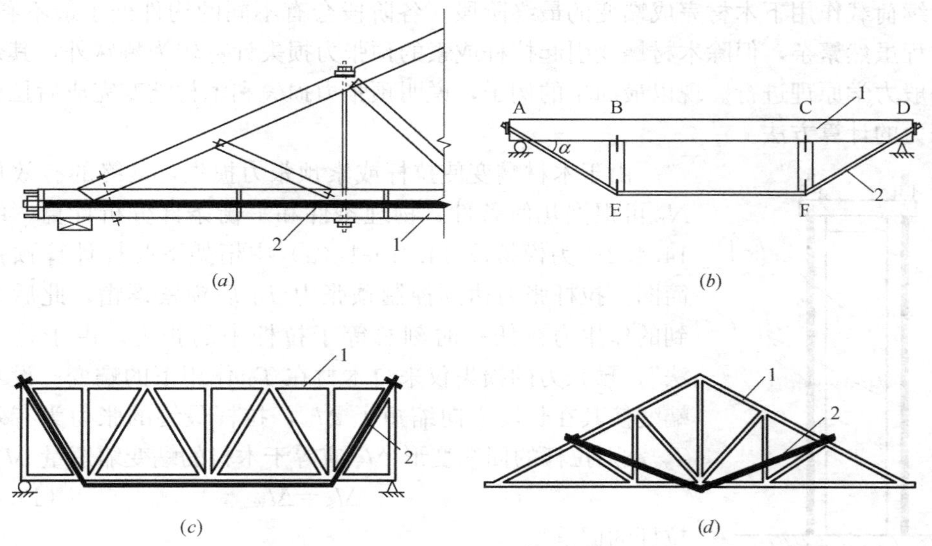

图 14.4.1-1 体外预应力加固示意图

(a) 预应力拉杆或索加固桁架下弦杆；(b) 预应力拉杆或索加固受弯构件；

(c) 预应力拉杆或索加固桁架；(d) 拉杆对桁架斜腹杆的不利影响

1—既有构件；2—预应力拉杆

系，拉杆中的预张力是否影响张弦梁的承载力，取决于张弦梁设计中控制截面的选择。如果控制截面选择在拉杆上，预张力高低不会影响张弦梁的承载力。但如果控制截面位于木梁上，拉杆的预张力就会影响张弦梁的承载力，预张力高，承载力就高。预应力钢筋混凝土受弯构件强调预应力高低不影响梁的抗弯承载力，其前提是构件失效是由钢筋及预应力筋首先屈服所致，即属于“适筋梁”。但如果是“超筋梁”，受压区混凝土首先进入极限状态而失效，提高预应力会使受压区混凝土有更大的预拉应力，需更大的外荷载抵消预拉、预压应力，梁的承载力就可得以提高，只要钢筋和预应力筋不首先屈服。这里所讨论的木构件加固后的承载力，前提条件就是加固材料（拉杆或索）不先失效，故预张力能提高构件的承载能力。

预应力混凝土结构的张拉工艺、预应力的控制、端锚方法等技术已十分成熟，这些技术也可应用于木结构体外预应力加固。对于小型构件，尚可拧紧拉杆两端螺帽施加预张力。当拉杆的长细比较大时，尚可用三点张拉法监测预张力 T（近似 $T=N_0l/(4W)$，$W\leqslant0.05l$，其中 N_0 为在拉杆自由长度 l 中点施加的横向作用力，W 为该点的横向位移）。

14.4.2 承载力分析

受荷载持续作用的木材产生蠕变，会使拉杆、索中的预张力松弛，进而使其对原木构件的卸荷作用降低。在后续荷载作用下，木材因应力增量也会产生蠕变，使构件内力重分布，拉杆、索将承担更大的荷载。因此，木结构采用体外预应力加固时对各构件的验算需区分不同的阶段，可分为如下几个阶段：一是拉杆或索受到预张力 N_0 作用的瞬间；二是预拉后木材尚未完成蠕变而立即受后续荷载作用的瞬间；三是木材基本完成蠕变，拉杆中为有效预应力 N_{re}（张拉控制力 N_0 减去损失的张力）时，受后续荷载作用的瞬间；最后是在后续荷载作用下木材完成蠕变的最终阶段。各阶段会有不同的构件处于最不利状态。验算过程虽然繁杂，但除木材蠕变引起拉杆或索的预张力损失计算较为特殊外，其余均可利用一般力学原理进行。现以最简单的例子，说明预张力损失和木材蠕变完成后拉杆或索有效张力的计算方法。

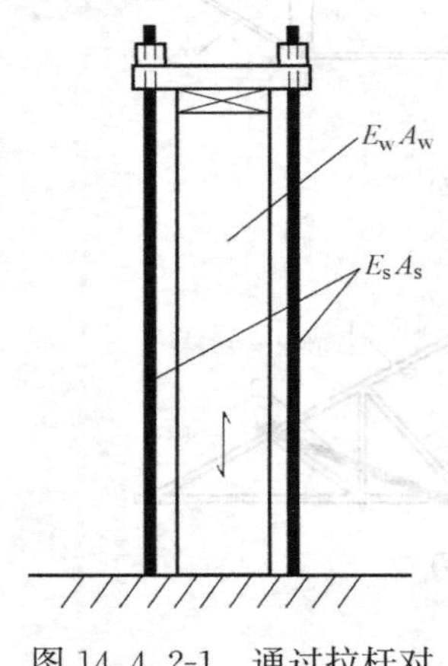

图 14.4.2-1　通过拉杆对木柱施加预压力

由于木材蠕变使拉杆或索预张力损失，最终的有效预张力 N_{re}可根据几何条件、物理条件和平衡条件分析计算。例如图 14.4.2-1 为模拟图 14.4.1-1（*a*）中桁架下弦杆计算预张力的简图。拉杆张力达到控制预张力 T_0 后锁紧螺帽，此后木材受到的作用力在任一时刻总等于拉杆中的张力。由于是“后张法”，预张力的损失仅来自木材在 T_0 作用下的蠕变。设木材的蠕变使其在长度方向缩短了 Δl_w，拉杆最终的张力为有效张力 T_{re}，则拉杆的回缩变形 Δl_s 应等于木材的蠕变缩短量 Δl_w，即

$$\Delta l_s = \Delta l_w \tag{14.4.2-1}$$

拉杆的回缩变形

$$\Delta l_s = \frac{T_0 - T_{re}}{E_s A_s} l \tag{14.4.2-2}$$

式中：A_s、E_s 分别为拉杆的截面面积和弹性模量；l 为拉杆的长度（木构件的长度）。

木材的回缩应为两部分变形的代数和，一是拉杆从控制张力 T_0 下降至有效张力 T_{re}，木构件的弹性伸长量 Δl_{ws}：

$$\Delta l_{ws} = -\frac{T_0 - T_{re}}{E_w A_w} l \tag{14.4.2-3}$$

二是木材的蠕变变形缩短量 Δl_{wcr}。木材在恒定荷载作用下的蠕变可按第 1.6.4 节介绍的方法计算。但本案例中，木材受到的作用力并非定值，由控制张力 T_0 逐步降低至有效张力 T_{re}，计算存在一定困难。这同预应力混凝土结构中计算混凝土徐变造成的预应力损失所遇到的困难类似，混凝土结构的有关文献中取张力 $0.9T_0$ 来计算徐变。对于木结构尚未见取值依据，建议可取 $0.5(T_0 + T_{re})$ 计算蠕变变形 Δl_{wcr}：

$$\Delta l_{wcr} = \frac{0.5(T_0 + T_{re})}{E_w A_w} k_{cr} l \tag{14.4.2-4}$$

式（14.4.2-3）、式（14.4.2-4）中：A_w、E_w 分别为木构件的截面面积和弹性模量；k_{cr} 为蠕变系数（表 1.6.4-1）。

将式（14.4.2-2）、式（14.4.2-3）、式（14.4.2-4）代入式（14.4.2-1）得：

$$T_{re} = T_0 \frac{E_w A_w + (1 - 0.5k_{cr}) E_s A_s}{(1 + 0.5k_{cr}) E_s A_s + E_w A_w} \tag{14.4.2-5}$$

可见相对预张力损失（T_{re}/T_0）不仅与蠕变系数有关，还与刚度比 E_sA_s/E_wA_w 有关，刚度比越大，相对损失越严重，即 T_{re}/T_0 值越小。对于图 14.4.1-1 所示拉杆布置，计算方法是类似的，即根据三个条件来求解，只是几何关系较为复杂。

【例题 14-2】 既有木梁的跨度 4.0m；既有荷载设计值 $q_0 = 5\text{kN/m}$（恒载与楼面活荷载组合）。截面尺寸为 100mm×200mm，强度等级为 TC17B。平面外有可靠支撑，可不考虑梁的侧向稳定问题。因改变使用功能，后续使用荷载设计值增大至 $q = 10\text{kN/m}$。拟

采用如图 14.4.2-2 所示的体外预应力加固，拉杆直径 $d=12$mm，材质为 HRB500（$f_y=460$N/mm^2），矢高为 500mm，拉杆控制预张力为 20kN。试验算各阶段构件的承载力。

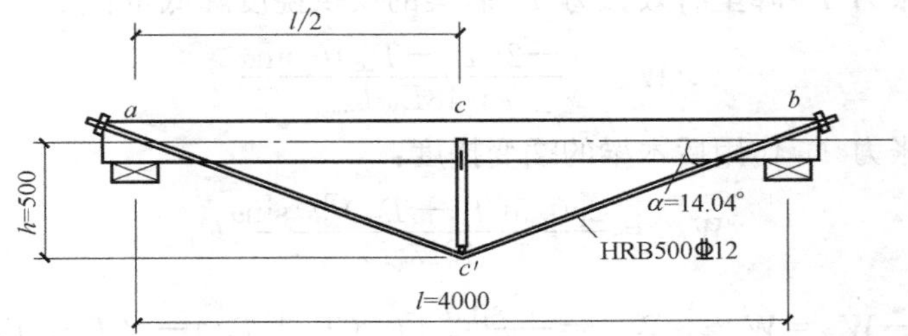

图 14.4.2-2 木梁体外预应力加固

解：查 TC17B：$f_m=17$N/mm^2，$E=10000$N/mm^2，$f_v=1.6$N/mm^2，$f_c=15$N/mm^2，$f_{mt}=9.5$N/mm^2，蠕变系数 $k_{cr}=0.8$。

HRB500：$f_y=460$N/mm^2，$E_s=2\times10^5$N/mm^2，$A_s=113$mm^2，

$E_sA_s=2.26\times10^7$N/mm^2

原梁截面几何性质：$I_w=bh^3/12=100\times200^3/12=6.67\times10^7$mm^4

$W_w=bh^2/6=100\times200^2/6=6.67\times10^5$mm^3

$E_wI_w=6.67\times10^{11}$N·mm^2

原梁的抗弯承载力：

$$M_{r0}=W_wf_m=6.67\times10^5\times17=11.34\text{kN}\cdot\text{m}>q_0l^2/8=5\times4^2/8=10\text{kN}\cdot\text{m}$$
$$<ql^2/8=10\times4^2/8=20\text{kN}\cdot\text{m}$$

抗弯承载力不足，需加固；

抗剪承载力：$V_{r0}=(2/3)bhf_v=(2/3)\times100\times200\times1.6=21.3\text{kN}>ql/2=10\times4/2=20\text{kN}$

抗剪承载力尚可，不必加固。

（1）拉杆达到控制预张力时

拉杆控制预张力 $T_0=20$kN，（$\sigma_0=20\times10^3/(3.14\times12^2/4)=177$N/mm^2）

瞬时在梁中产生的轴力：$N_{T0}=T_0\cos\alpha=20\times\cos(14.04)=19.4$kN

跨中反向弯矩：$M_{T0}=-2T_0\sin\alpha\times l/4=-2\times20\times\sin(14.04)\times4/4=-9.7$kN·m

原梁成为压弯构件：

压应力：$\sigma_{cT0}=N_{T0}/A=19.4\times10^3/(100\times200)=0.97$N/mm^2

弯曲应力：

$\sigma_{mT0}=(M_0+M_{T0})/W=(10-9.7)\times10^6/(6.67\times10^5)=0.45$N/mm^2（$M_0=q_0l^2/8$）

可见压应力与弯曲应力均很小，不用验算，构件是安全的，拉杆也是安全的。

（2）拉杆有效张力 T_{re} 作用下及蠕变发生后构件的应力

原梁在拉杆控制张力作用下，梁瞬间反拱的弹性挠度为 W_0，随木材蠕变的发生，最终反拱的挠度变为 W_{re}。就原木梁而言，挠度改变量（W_0-W_{re}）由两部分组成：一是木材蠕变使反拱挠度继续增大，二是由于木材蠕变使拉杆预张力降低（T_0-T_{re}），跨中竖向力减小，使反拱挠变减小。忽略竖杆（cc'）的变形，上述两种变形的代数和应等于拉杆因预张力的降低在图中 c' 点产生的竖向位移，由此可确定拉杆有效张力 T_{re}。

拉杆控制张力 T_0 作用下梁的弹性反拱挠度：$W_0=\dfrac{2T_0l^3\sin\alpha}{48E_\mathrm{w}I_\mathrm{w}}$

拉杆从控制张力 T_0 降至有效张力 T_re 后梁的反拱挠度降低量：

$$W_\mathrm{ws}=\frac{-2(T_0-T_\mathrm{re})l^3\sin\alpha}{48E_\mathrm{w}I_\mathrm{w}}$$

拉杆受控制张力 T_0 作用后木梁的蠕变挠度：

$$W_\mathrm{wcr}=\frac{2[0.5(T_0+T_\mathrm{re})]l^3\sin\alpha}{48E_\mathrm{w}I_\mathrm{w}}k_\mathrm{cr}$$

$$W_0-W_\mathrm{re}=W_\mathrm{wcr}+W_\mathrm{ws}=\frac{l^3\sin\alpha}{48E_\mathrm{w}I_\mathrm{w}}[k_\mathrm{cr}(T_0+T_\mathrm{re})-2(T_0-T_\mathrm{re})]$$

拉杆预张力降低值（T_0-T_re）与 c' 点的竖向位移 Δh 间的关系：

图中直角三角形（cbc' 或 acc'）的斜边长度为 $l_\mathrm{s}=\sqrt{h^2+(l/2)^2}$，$\mathrm{d}l_\mathrm{s}=\dfrac{\Delta hh}{\sqrt{h^2+(l/2)^2}}$

拉杆应变：$\varepsilon_\mathrm{s}=\mathrm{d}l_\mathrm{s}/l_\mathrm{s}$，则 $T_0-T_\mathrm{re}=\varepsilon_\mathrm{s}E_\mathrm{s}A_\mathrm{s}=(\mathrm{d}l_\mathrm{s}/l_\mathrm{s})E_\mathrm{s}A_\mathrm{s}$

$W_0-W_\mathrm{re}=\Delta h$，故有：

$$W_0-W_\mathrm{re}=\frac{(T_0-T_\mathrm{re})[h^2+(l/2)^2]}{hE_\mathrm{s}A_\mathrm{s}}=\frac{l^3\sin\alpha l^3}{48E_\mathrm{w}I_\mathrm{w}}[k_\mathrm{cr}(T_0+T_\mathrm{re})-2(T_0-T_\mathrm{re})]$$

解得：

$$T_\mathrm{re}=T_0\left[\frac{h^2+(l/2)^2}{hE_\mathrm{s}A_\mathrm{s}}-\frac{l^3\sin\alpha(k_\mathrm{cr}-2)}{48E_\mathrm{w}I_\mathrm{w}}\right]\left[\frac{h^2+(l/2)^2}{hE_\mathrm{s}A_\mathrm{s}}+\frac{l^3\sin\alpha(k_\mathrm{cr}+2)}{48E_\mathrm{w}I_\mathrm{w}}\right]^{-1}$$

代入各物理量，得：$T_\mathrm{re}=0.552T_0=0.552\times20000=11048\mathrm{N}\approx11.05\mathrm{kN}$

蠕变完成后构件各杆的应力：

木梁轴向压应力：$\sigma_\mathrm{c}=T_\mathrm{re}\cos\alpha/A_\mathrm{w}=11050\times\cos14.04/(100\times200)=0.54\mathrm{N/mm^2}$

弯曲应力：$\sigma_\mathrm{m}=(M_0-2T_\mathrm{re}\sin\alpha\times l/4)/W$

$=(10-2\times11.05\times0.243\times4/4)\times10^6/(6.67\times10^5)=6.95\mathrm{N/mm^2}<17\mathrm{N/mm^2}$

拉杆应力：$\sigma_\mathrm{t}=11050/113=97.79\mathrm{N/mm^2}<460\mathrm{N/mm^2}$

（3）后继荷载作用下构件的承载力

加固后原梁变为张弦梁，即跨中具有一弹性支座的一次超静定体系。可根据变形体协调条件求解内力。后续荷载作用下的挠度：

$$W_\mathrm{wq}=5(q-q_0)l^4[h^2+(l/2)^2][384E_\mathrm{w}I_\mathrm{w}(h^2+(l/2)^2)+16hl^3E_\mathrm{s}A_\mathrm{s}\sin\alpha]^{-1}$$

瞬时挠度：

$$W_\mathrm{wqinst}=5\times(10-5)\times4000^4\times[500^2+(4000/2)^2]\times\{384\times6.67\times10^{11}\times[500^2+(4000/2)^2]+16\times500\times4000^3\times2.26\times10^7\times0.243\}^{-1}=6.98\mathrm{mm}$$

蠕变完成后挠度：

$$W_\mathrm{wqfin}=5\times(10-5)\times4000^4\times[500^2+(4000/2)^2]\times\{384\times6.67\times10^{11}/(1+0.8)\times[500^2+(4000/2)^2]+16\times500\times4000^3\times2.26\times10^7\times0.243\}^{-1}=7.96\mathrm{mm}$$

拉杆的张力增量：

瞬时：

$$\Delta T_\mathrm{Sinst}=W_\mathrm{wqinst}hE_\mathrm{s}A_\mathrm{s}/(h^2+(l/2)^2)=6.98\times500\times2.26\times10^7/[500^2+(4000/2)^2]=18.56\mathrm{kN}$$

蠕变完成后：

$$\Delta T_{\mathrm{Sfin}}=W_{\mathrm{wqfin}}hE_{\mathrm{s}}A_{\mathrm{s}}/(h^2+(l/2)^2)=7.96\times500\times2.26\times10^7/[500^2+(4000/2)^2]$$
$$=21.18\mathrm{kN}$$

拉杆承载力验算：

拉杆张拉到控制预张力，木梁未发生蠕变时立即施加后续荷载（瞬时）：

$$T_{\mathrm{inst}}=T_0+\Delta T_{\mathrm{Sinst}}=20+18.56=38.56\mathrm{kN}<113\times460=51.98\mathrm{kN}$$

拉杆张拉和后续荷载增量作用下木材蠕变完成后（最终）：

$$T_{\mathrm{fin}}=T_{\mathrm{re}}+\Delta T_{\mathrm{Sfin}}=11.05+21.18=32.23\mathrm{kN}<51.98\mathrm{kN}$$

原木梁承载力验算：

瞬时：

$$M_{\mathrm{winst}}=ql^2/8-2(T_0+\Delta T_{\mathrm{Sinst}})\sin\alpha\times l/4=10\times4^2/8-2\times38.56\times\sin14.04^\circ\times4/4$$
$$=1.26\mathrm{kN\cdot m}$$

最大弯矩可能发生在 $l/4$ 处：

$$M_{\mathrm{winst0.25}l}=qx(l-x)/2-0.5\times2(T_0+\Delta T_{\mathrm{Sinst}})\sin\alpha\times l/4$$
$$=15-0.5\times2\times38.56\times\sin14.04^\circ\times4/4$$
$$=5.63\mathrm{kN\cdot m}$$

$$\sigma_{\mathrm{mwinst}}=5.63\times10^6/6.67\times10^5=8.44\ \mathrm{N/mm^2}<17\mathrm{N/mm^2}$$

最终：

$$M_{\mathrm{wfin}}=10\times4^2/8-2\times32.23\times\sin14.04^\circ\times4/4=4.31\mathrm{kN\cdot m}$$

$l/4$ 处：$M_{\mathrm{wfin0.25}l}=15-0.5\times2\times32.23\times\sin14.04^\circ\times4/4=7.16\mathrm{kN\cdot m}$

$$\sigma_{\mathrm{mwinst}}=7.16\times10^6/6.67\times10^5=10.73\mathrm{N/mm^2}<17\mathrm{N/mm^2}$$

实际是压弯构件，以木材蠕变结束后验算，$l/4$ 处最大弯矩为 7.16kN・m，轴向力 $N_{\mathrm{wfin}}=32.23\times\cos14.04^\circ=31.27\mathrm{kN}$。梁跨中点有支座，计算长度 $l_0=l/2=2000\mathrm{mm}$。

强度验算：$N_{\mathrm{wfin}}/(A_{\mathrm{w}}f_{\mathrm{c}})+M_{0.25l}/(W_{\mathrm{w}}f_{\mathrm{m}})$

$$=31.27\times10^3/(100\times200\times15)+7.16\times10^6/(6.67\times10^5\times17)$$
$$=0.104+0.631=0.735<1.0$$

稳定承载力验算：$\lambda=2000\times12^{1/2}/200=34.64<\lambda_{\mathrm{p}}=4.13\times(330)^{1/2}=75$

$$\varphi=\left(1+\frac{\lambda^2f_{\mathrm{ck}}}{\pi^2b_{\mathrm{c}}E_{0.05}}\right)^{-1}=\left(1+\frac{34.64^2}{3.14^2\times1.96\times330}\right)^{-1}=0.842$$

$$k=\frac{M+Ne_0}{Wf_{\mathrm{m}}\left(1+\sqrt{\frac{N}{Af_{\mathrm{c}}}}\right)}=\frac{7.16\times10^6+0}{6.67\times10^5\times17\times\left(1+\sqrt{\frac{31.27\times10^3}{100\times200\times15}}\right)}=0.477$$

$$k_0=\frac{Ne_0}{Wf_{\mathrm{m}}\left(1+\sqrt{\frac{N}{Af_{\mathrm{c}}}}\right)}=0$$

$$\varphi_{\mathrm{m}}=(1-k)^2(1-k_0)=(1-0.477)^2\times1.0=0.273$$

$$N_{\mathrm{r}}=A_{\mathrm{w}}f_{\mathrm{c}}\varphi_{\mathrm{m}}\varphi=100\times200\times15\times0.842\times0.273=68.98\mathrm{kN}>31.27\mathrm{kN}$$

（4）梁的变形

考虑木材蠕变后梁在 c 点的挠度为两部分的代数和，即木梁在全部荷载作用下 c 点的

挠度 W_{wqfin} 和拉杆最终张力作用下 c 点的挠度 W_{Tfin} 的代数和。

$$W_{wqfin}=5ql^4(1+k_{cr})/(384E_wI_w)=5\times10\times4000^4\times(1+0.8)/(384\times6.67\times10^{11})=90\text{mm}$$

$$\begin{aligned}W_{Tfin}&=-2(T_{re}+\Delta T_{Sfin})\ \sin\alpha l^3(1+k_{cr})/(48E_wI_w)\\&=-2\times(32.23\times10^3)\ \times\sin14.04°\times4000^3\times(1+0.8)/(48\times6.67\times10^{11})\\&=-56.44\text{mm}\end{aligned}$$

$$W_{cfin}=90-56.44=33.56\text{mm}$$

该挠度为长期挠度，短期挠度（弹性）大约为 33.56/1.8=18.64mm$<l/200=$ 20mm

14.5 约束加固

圆截面混凝土柱若配置间距 S 不大的螺旋箍筋，可提高混凝土的抗压强度。混凝土受压横向膨胀，使箍筋受拉、核心混凝土侧向受压，混凝土从单向受压转变为三向受压，表现为抗压强度提高。试验表明，螺旋箍筋产生的径向压应力 $\sigma_2(=A_{sv}f_{sv}/(DS))$ 可使混凝土抗压强度增加 $4\sigma_2$，效果显著。如果用 FRP 纤维布环向包裹混凝土圆柱加固，也可产生类似效果。

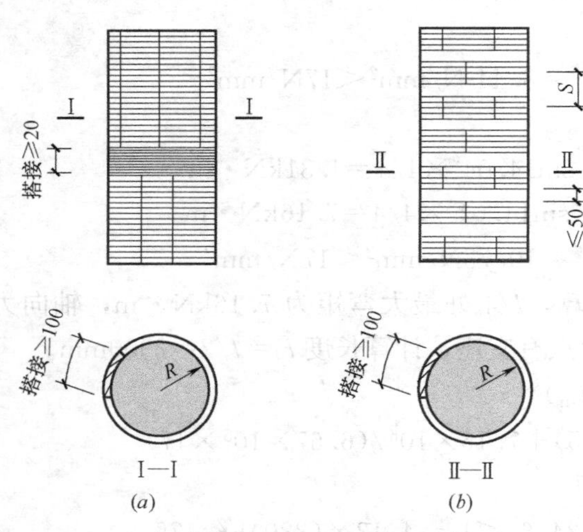

图 14.5-1　圆木柱 FRP 环向约束加固
(a) 全包；(b) 分条包

圆木柱采用环向粘贴 FRP 纤维布加固（图 14.5-1），也可提高其抗压承载力，但效果远不及混凝土圆柱。主要原因是木材径向（横纹）的弹性模量和强度过低，加固后的木柱破坏时，FRP 纤维达不到抗拉强度 f_{tFRP}。由试验可见，FRP 纤维有折断的现象。但这是木材纤维褶皱后 FRP 被撑断，并非达到抗拉强度而拉断，故实际径向压应力远比按 FRP 纤维被拉断而产生的名义径向压应力 $\sigma_2=f_{tFRP}t_m/R$（t_m 为 FRP 纤维材料沿柱高的平均厚度，R 为圆柱截面半径）低。因此对圆柱木材抗压强度的增强效果远远达不到混凝土的程度（$4\sigma_2$）。试验表明，增强效果仅为 $1.0\sigma_2$ 左右。另一方面，正因为木材的横纹抗压强度较低，过多地粘贴 FRP 纤维布并无作用。理论上平均厚度 t_m 不大于 Rf_{c90}/f_{tFRP}。因此建议圆木柱采用 FRP 纤维布环向加固后的承载力按下式计算：

$$N_r=A_w\left(f_c+\frac{f_{tFRP}t_m}{R}\right)\varphi\leqslant1.3A_wf_c\varphi \tag{14.5-1}$$

式中：A_w 为圆柱截面面积；f_c 为木材的抗压强度；t_m 为沿柱高 FRP 纤维材料的平均厚度，分条间隔粘贴时，$t_m=A_{FRP}/S$，A_{FRP} 为每条 FRP 横截面面积，S 为 FRP 条的间距；φ 为稳定系数。试验表明，粘贴 FRP 纤维布后，木柱的顺纹弹性模量也有所增大，基本上与强度提高的比例相同，故稳定系数可按未加固时的实木计算。

在构造上，对于干透的木材，可用满包的形式加固，否则宜采用分条粘贴的形式。

FRP 纤维布环向搭接长度不少于 100mm，对于分条粘贴间距不宜大于 50mm。粘结剂应用不饱和树脂粘结剂。对于矩形、方形截面柱，除非使用功能允许贴补成圆形或椭圆形截面，否则不建议采用该法加固。

14.6　增设支点法

如果建筑使用功能允许，增设支点或支撑加固是一种最可靠最有效的方法。增设支点或支撑的直接作用是改变原结构、构件的传力路径，使某些承载力不足的构件能降低在后续荷载作用下的应力水平，或改善结构体系的性能。如果既有荷载不能撤除，增设的支点在后续荷载施加前，无支反力，结构分析可分为两个阶段，一是原结构体系（计算简图）在既有荷载下作用效应的分析，二是增设支点或支撑后构成的新结构体系在后续荷载增量下作用效应的分析，取两者的代数和来评价加固效果，类似于例题 14-2 的求解过程。另一种方法是根据增设支点或支撑后构成的结构体系，在后续荷载（包括既有荷载）下的作用效应分析，评价加固效果。这种方法设计简单，但给加固施工造成很大困难，要求施工时增设的支点的支反力能达到既有荷载作用下应有作用力的值。例如某简支梁在跨中增设一支座加固，加固施工时要求增设的中间支座的支反力正好等于既有荷载下应有的支反力。这对于仅增设一个支点或一处支撑中的情况下，尚可实施。如果增设两个或两个以上支点时，调整起来将十分困难。当然，如果原结构构件在既有荷载作用下承载力不足，采用增设支点加固法，施工时必须使支点预顶到新结构体系中应有的作用力（如支反力）。不预顶，原则上将达不到预想的加固效果。任何情况下，这些支点的作用力，不论这些支点是刚性的（小变形）还是弹性的（大变形），原则上不应随意调整，否则增设支点加固法转变为第 14.4 节介绍的木梁体外预应力加固法，特别是弹性支点加固，在概念上就混淆了。下面介绍几个典型例子。

图 14.6-1 为悬挑阳台木搁栅抗弯承载力不足的两种加固方法。图 14.6-1（a）增设斜撑（受压），图 14.6-1（b）增设斜拉杆。斜撑为木压杆，变形小，称为刚性支点；斜拉杆为钢筋，轴向刚度（E_sA_s）小，受力后变形大，称为弹性支点。阳台悬挑木搁栅往往有

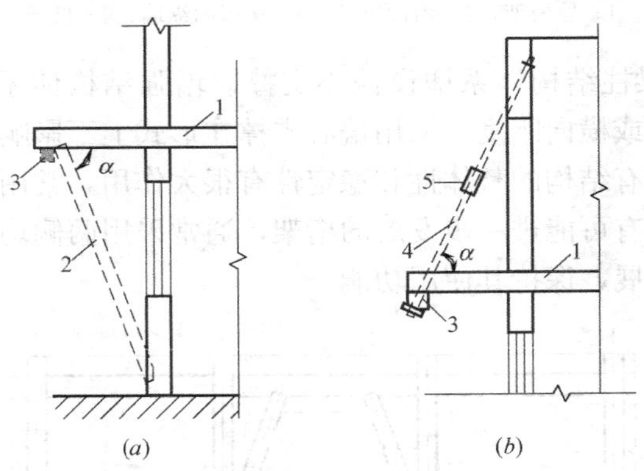

图 14.6-1　木悬挑阳台增设支点加固示意图

（a）斜撑杆加固；（b）斜拉杆加固

1—阳台挑梁；2—斜撑；3—纵向梁端木梁；4—拉杆；5—花篮螺栓

多根，支点只能设在最外侧的两根上，故需设垂直于搁栅的纵向木梁作“主梁”，纵梁两端设支点。由于用斜压杆或斜拉杆作支点，有水平力作用在墙上，产生附加弯矩。如果墙的抗弯能力足够，斜撑或斜拉杆的 α 角可以小一些；有利于外观形象。增设支点后，后续荷载作用下外挑搁栅将受压弯或拉弯作用，弯曲应力和端点挠度将大幅降低，效果明显。如果原搁栅在既有荷载作用下承载力不足，加固施工时斜杆应顶紧到简支阳台应有的支反力（可由阳台的反拱挠度控制），加固效果用全部荷载作用下简支阳台梁分析。采用钢筋斜拉的方案，只要掌握施工时的钢筋拉力，可根据变形协调条件分析后续荷载作用下钢筋的应力增量和加固效果。

图 14.6-2 所示为木桁架增设支点的加固。利用房屋中原有内纵墙在桁架下弦 d 节点处增设支座。实际上是将原桁架分为两个跨度较小的桁架，即桁架 adc' 和增设压杆 de' 后的桁架 $de'a'$（a' 为图中省略的右支座）。原上弦 $c'e'$ 段变为支承在两桁架上弦顶端节点上的斜梁，原 ed' 因妨碍 de' 杆的设置，可予拆除。如果斜梁 $c'e'$ 在上弦荷载作用下，抗弯能力满足要求（已无轴力），原拉杆 dd' 无用途，否则可在增设支点后改设竖向压杆。因荷载不大，可在节点两侧钉夹板，呈填块分肢柱状。施工时，用木楔调整支座高度，使 dd' 杆略有松动即可。

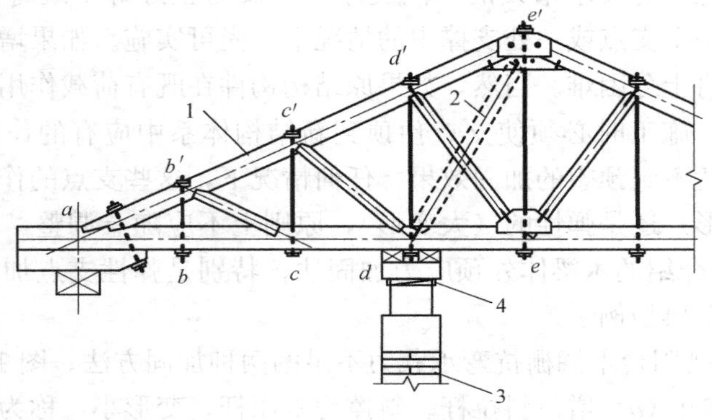

图 14.6-2　桁架增设支点加固

1—原桁架；2—增设压杆；3—房屋内纵墙；4—楔子

图 14.6-3 所示为梁柱结构体系增设偏心支撑以增强结构体系抵御水平荷载的能力，适用于增强房屋的纵向或横向刚度。采用偏心支撑在形式上不影响该跨的通行和门窗的位置。设置支撑对增强既有结构的整体性和稳定性有很大作用，常用于木屋盖系统中，如对个别已发生倾斜且倾斜有可能进一步发展的桁架，通常采用两侧均设垂直支撑与相邻桁架相连，使其倾斜不再发展，保持其使用功能。

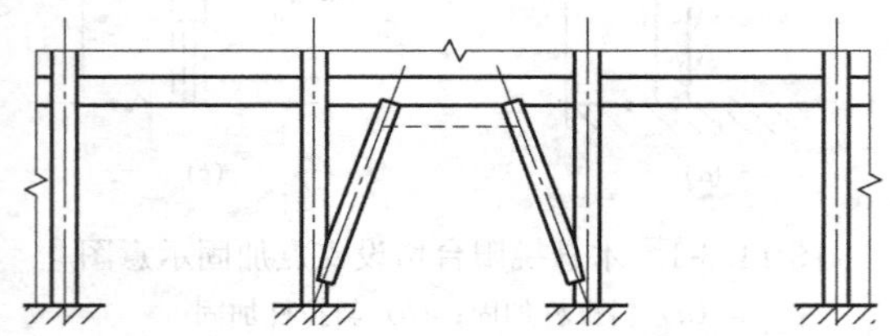

图 14.6-3　梁柱体系增设偏心支撑加固

14.7 节点与连接加固

既有木结构在后续荷载作用下，除构件承载力和变形不满足要求需加固外，许多情况下构件间的连接节点也可能不满足要求而需要加固。在木结构中，很难做到连接与被连接构件等强，因此，更应重视连接节点的可靠性。另一方面，木结构连接的多样化，使加固处理更为困难，不能像结构构件加固那样系统化、条理化。以下介绍几种节点与连接加固的方案，仍可从传力路径上去理解其原理。

14.7.1 连接节点部位木材横纹受拉、横纹承压和抗剪加固

如果连接节点的某些构造不合理，会使木材受到过大的横纹拉应力作用而开裂（见图5.1.4-1）。因此，工程中如果发现不满足构造要求的连接或部位，应及时进行加固处理。图14.7.1-1所示为常见的两类因构造不当可能导致横纹开裂的部位的几种加固方法，其中图14.7.1-1（*a*）、（*b*）、（*c*）分别为采用粘贴FRP纤维布箍、铺钉齿板和植筋的方法，图14.7.1-1（*d*）为不宜采用的螺栓加固方法。因螺栓在螺帽拧紧后虽可对木材施加一定的横纹预压力，以抵消部分因构造不合理而产生的横纹拉应力。但木材横纹的蠕变和干缩会使预压应力消失，无法防止木材可能的横纹受拉开裂。

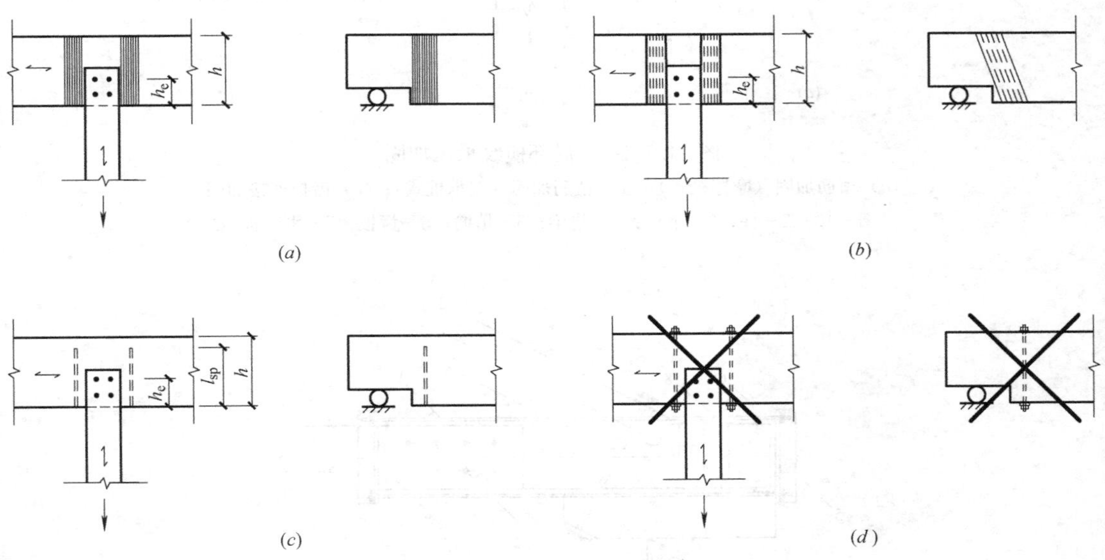

图14.7.1-1 木材局部横纹受拉加固

（*a*）粘贴FRP加固；（*b*）齿板加固；（*c*）植筋加固；（*d*）不建议采用的螺栓加固

图14.7.1-2示出了几种支座处木材横纹局部承压加固处理的方法，其中图14.7.1-2（*a*）、（*b*）利用植筋加固，但两者工作原理有所不同。图14.7.1-2（*a*）植筋类似于桩基工程中的摩擦桩，将荷载传递至较深层的木材，扩散承压面。植筋也可以贯穿梁高；植筋承载力可按式（5.9.2-1）估计。图14.7.1-2（*b*）植筋则类似于端承桩，荷载完全由钢筋承担。试验表明，只要植筋的间距满足第5.9.2节的有关规定，由于木材约束其侧向变

形，钢筋的承载力可不考虑稳定问题的影响。承压面上需设置钢垫板，以使木材和植筋变形协调，避免植筋端刺入支座垫木（或上、下柱）。图 14.7.1-2（c）为两侧钉入齿板对局部横纹承压加固，使部分荷载直接传至垫梁上，降低局部承压应力。据有关资料介绍，在满足一定的构造要求的条件下，局压承载力可提高 30%～200%，齿板底边距垫梁底应有一定距离，目的是垫梁发生承压变形时，齿板不致触底而被掀起。

图 14.7.1-3 为桁架端节点齿连接因抵承端剪切面承载力不足的一种加固方法，类似于蹬式节点的方式。图中防掀起木螺钉（8）是必需的，其作用是一旦抗剪失效，防止该块体被掀起致使桁架垮塌。图 14.7.1-4 为另一种在上、下弦杆上设夹板，由夹板上的齿连接承担全部上弦作用力的方法。

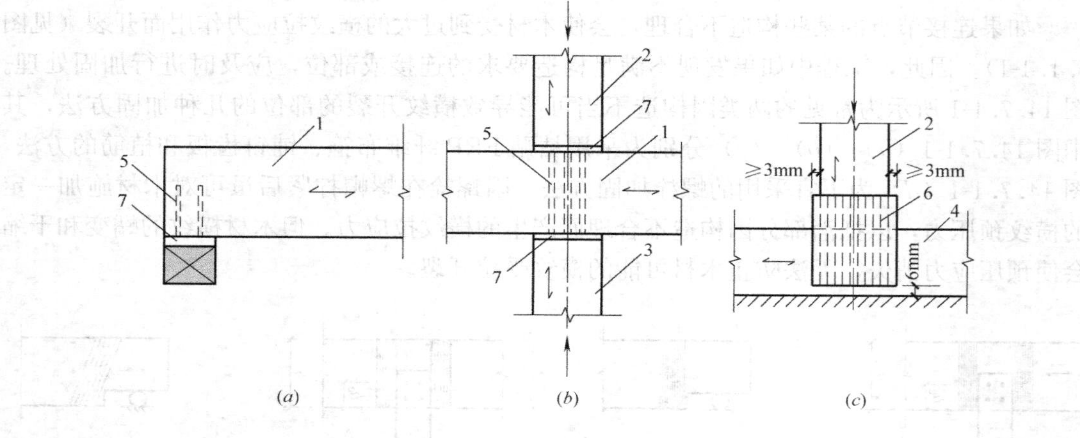

图 14.7.1-2　局部横纹承压加固

（a）植筋加固（摩擦桩式）；（b）植筋加固（端承桩式）；（c）齿板连接加固

1—梁；2—柱；3—下柱；4—垫梁；5—植筋；6—齿板；7—钢垫板

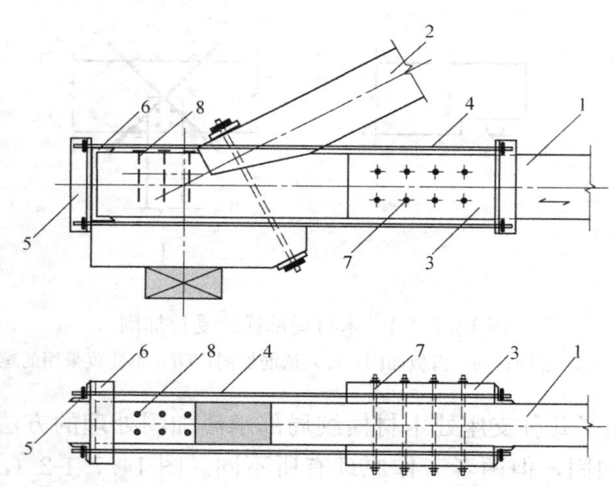

图 14.7.1-3　桁架端节点齿连接抗剪加固

1—下弦杆；2—上弦杆；3—木夹板；4—螺栓拉杆；

5—角钢；6—槽钢；7—螺栓；8—防掀起木螺钉

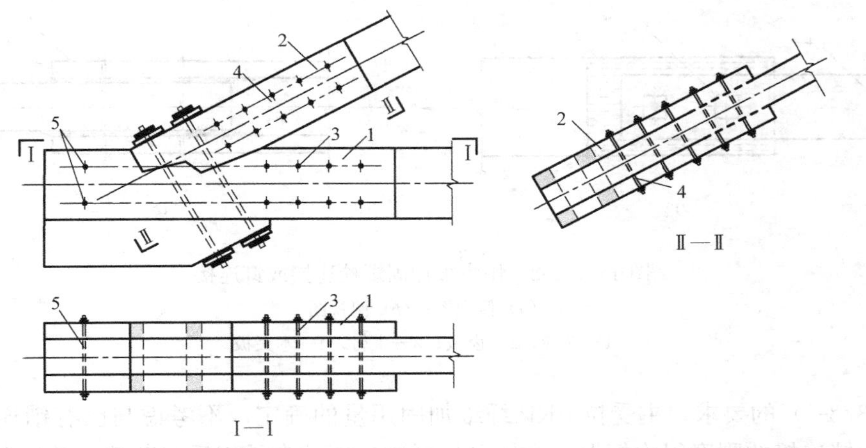

图 14.7.1-4　桁架端节点齿连接用夹板加固

1—新加下弦夹板；2—新加上弦夹板；3、4—受力螺栓；5—安装定位螺栓

14.7.2　销连接加固

图 14.7.2-1 为销槽承压强度不足的一种加固方法，用钢板孔承压替代木材销槽承压，因此钢板厚度、钉连接的数量取决于原螺栓连接每剪面的承载力（$T/2$）。图 14.7.2-2 为螺栓连接或钉连接（含木螺钉）因边、中、端距不满足要求的一种加固方法，齿板应分别铺钉在交接缝两侧的构件上（图 14.7.2-2*b*），利用齿板连接的抗拉能力，提高木材抗撕裂的能力。

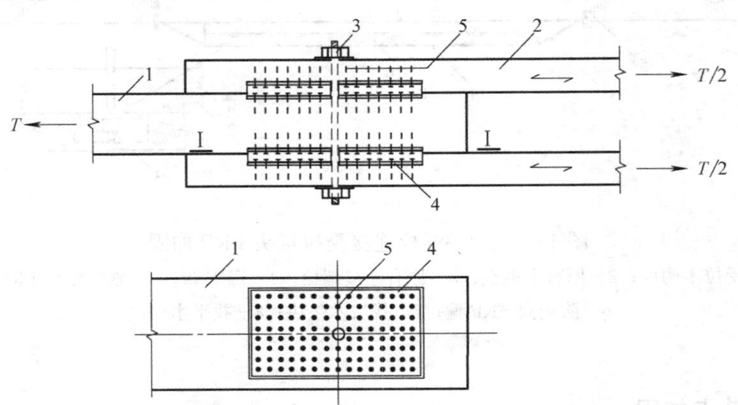

图 14.7.2-1　销连接销槽承压加固

1—主材；2—夹板；3—螺栓连接；4—钢板；

5—圆钉或木螺钉（4、5 可用钢板木铆钉连接代替）

图 14.7.2-3 所示为用 FRP 纤维布加固受拉接头，关键是粘贴的纤维布长度方向（拉力作用方向）不得有过小的阴角。可采用三角形木垫块找坡，坡度不宜大于 1∶5，且在阴角处设索状锁口 FRP 箍。两端设 FRP 箍是防止主受拉纤维剥离，锚固长度 l_{sp} 应满足

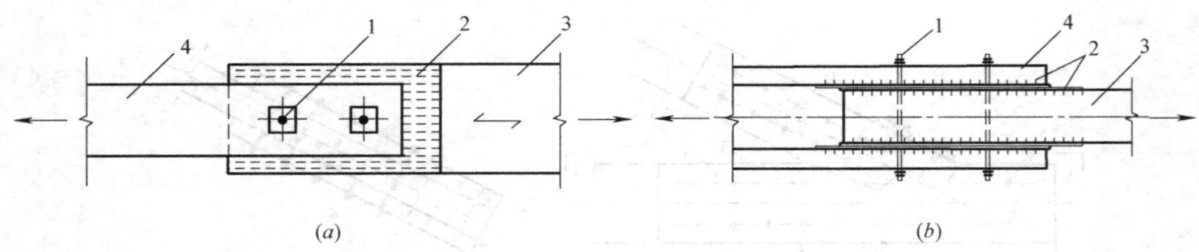

图 14.7.2-2　用齿板加固螺栓连接或钉连接

(a) 侧视图；(b) 俯视图

1—螺栓；2—齿板；3—主材；4—木夹板

式 (14.3.3-1) 的要求。主受拉 FRP 纤维加固用量的确定，不考虑与已有销连接共同工作，因为销连接的刚度很难把握，主体受拉纤维应能独自承担后续荷载，并应考虑三角形垫块斜坡的影响，即每侧纤维可承担的拉力不小于 $T/2\cos\alpha$，索状锁口 FRP 箍的抗拉能力不低于 $2T/\tan\alpha$。

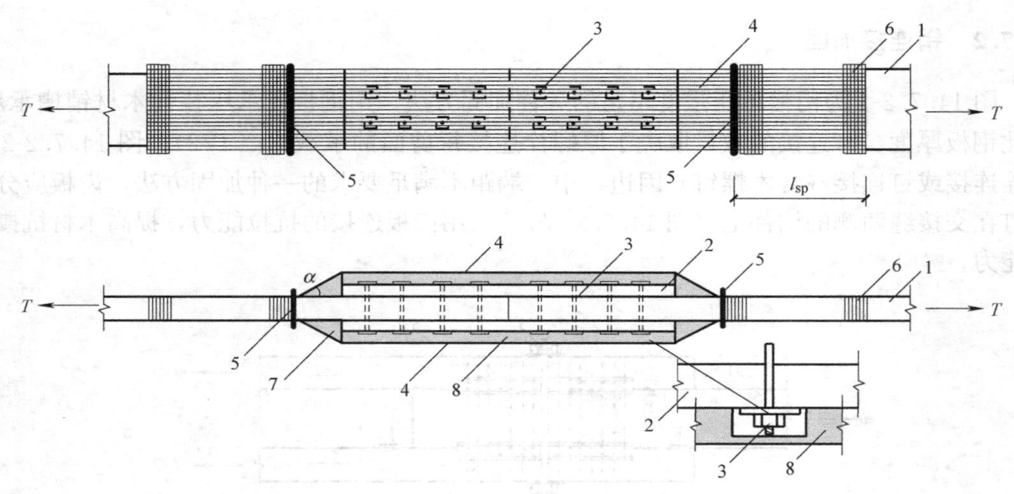

图 14.7.2-3　螺栓连接受拉接头 FRP 加固

1—受拉木构件；2—原有木夹板；3—原有连接螺栓；4—FRP 布；5—索状锁口 FRP 箍；6—防剥离 FRP 箍；7—找坡木垫块；8—找平木垫块

14.7.3　梁柱节点加固

梁-梁、梁-柱节点在后续荷载作用下，梁端支座的竖向承载力可能不足，或者可能因连接松动，使节点的半刚性嵌固能力失效，导致结构在水平荷载作用下，层间位移大幅增大而影响正常使用功能。甚至因 P-Δ 效应造成结构倒塌。这些也是木结构加固的重要内容，下面列举几个典型例子。

图 14.7.3-1、图 14.7.3-2 所示为分别用木螺钉和植筋加固梁端支座竖向承载力的方法。斜向拧入的木螺钉或植筋的钢筋可受拉，也可受压，其竖向分量之和即构成梁端支座

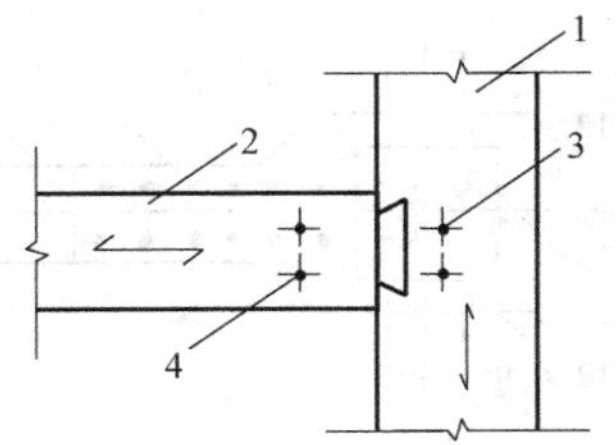

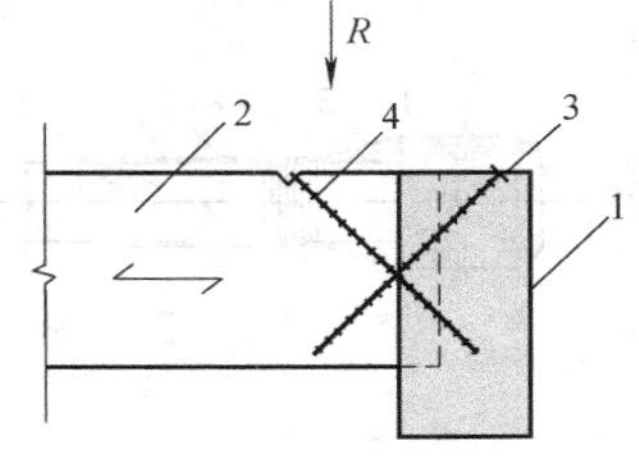

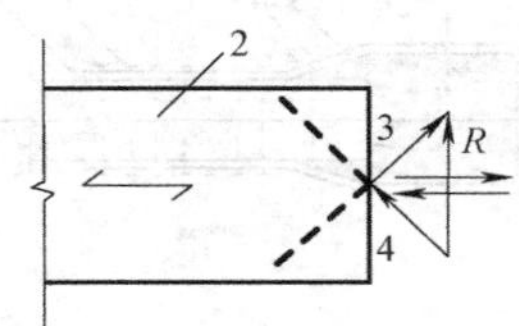

图 14.7.3-1 斜向木螺钉加固次梁支座

1—主梁；2—次梁；3、4—全螺纹木螺钉

反力。这种加固方法对于受拉的木螺钉或植入的钢筋，其水平分量使次梁-主梁或梁-柱互相靠拢，使两者的接触面更紧密，故可单独作为一种加固方法。但对于受压的木螺钉或植入的钢筋，其水平分量使两者互相排斥，从而使接触面缝隙扩大，故不宜单独采用。当两者共同使用时，宜使两者的交点在竖向平面上的投影落在两构件的接缝处，以免其水平分量形成力偶，并使接缝有张开的趋势。

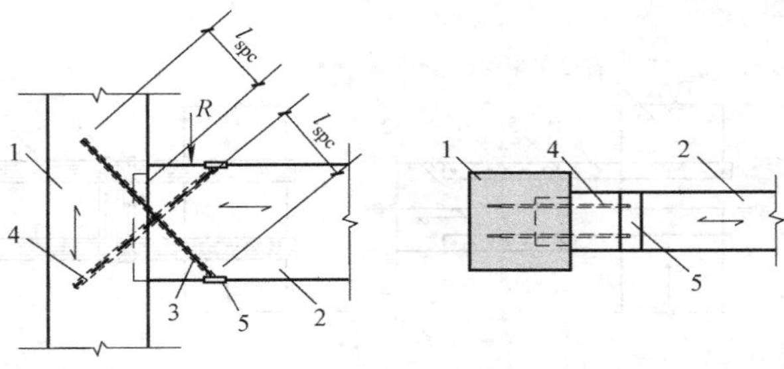

图 14.7.3-2 植筋加固梁端支座

1—柱；2—梁；3、4—植筋；5—锚板

图 14.7.3-3 为加固梁端支座竖向承载力不足的另一种方法——增设“隅撑”。对于中柱，因柱两侧对称设斜撑，其支撑力的水平分量相互抵消，对柱无影响；对于边柱，小斜撑仅设于一侧，其水平分量有使梁与柱分离的作用，固此，梁柱间需设钢板套相互拉结。

图 14.7.3-4 给出了几种增强边柱节点嵌固能力的加固方法，图 14.7.3-5 为加固中柱节点的方法。其基本原理均为使节点能抵抗一定的弯矩，即利用增设的加固材料（钢材或 FRP 纤维材料）来承受节点弯矩产生的拉应力。因此，如果梁上有较大的竖向荷载，在水平荷载作用下，节点不致产生正弯矩，则梁下边缘可不增设加固材料。在加固工程中，也需注意受拉钢板、FRP 在设置的长度范围内不得有过小的阴角，否则也需如图所示增设垫块找坡，阴角处设附加锚固，防止掀起剥离。至于采取何种加固方法，很大程度上取决于工程实际情况，如果条件允许，采用图 14.7.3-4（*c*）方案更好一些，主要是水平钢板套的锚固不受限制，嵌固刚度、抗弯能力和延性会更好一些。

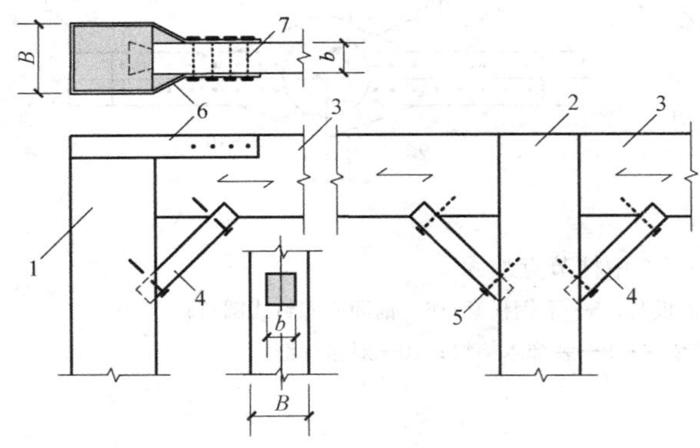

图 14.7.3-3 梁端支座承压强度不足时采用隅撑加固

1—边柱；2—中柱；3—梁；4—隅撑；

5—定位木螺钉；6—钢板套；7—锚固螺栓或螺钉

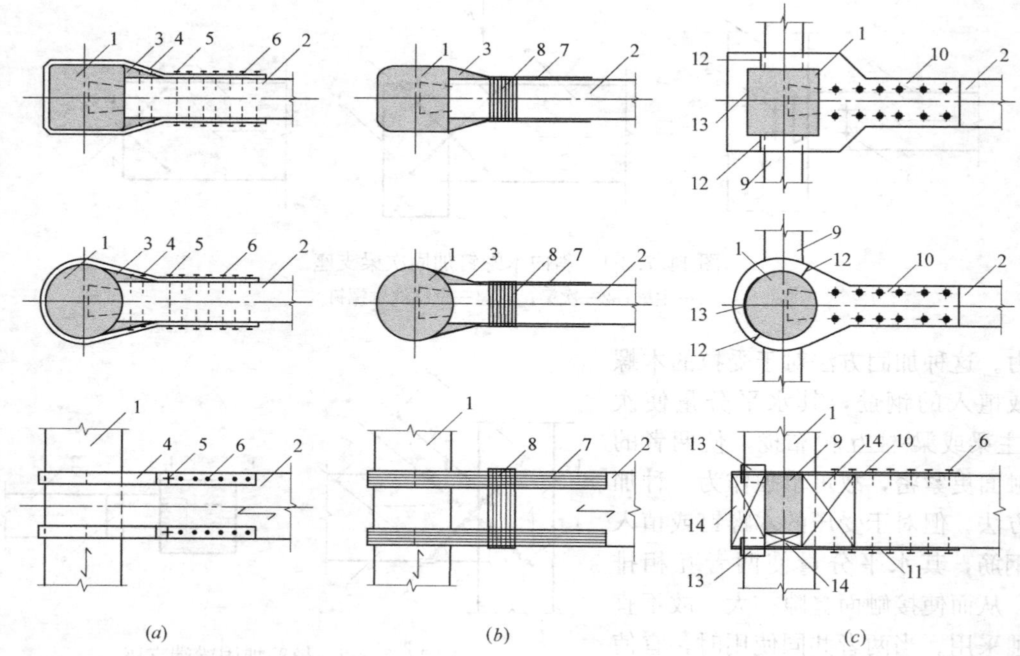

图 14.7.3-4　边柱节点加固

(a) 钢板套加固；(b) FRP 加固；(c) 水平钢板套加固

1—柱；2—梁；3—垫块；4—钢板条；5—锁口螺栓；6—锚固木螺钉或圆钉；7—FRP 布；8—锁口 FRP 箍；9—纵梁；10—上水平钢板套；11—下水平钢板套；12—对接焊缝；13—承压钢板；14—装饰垫木

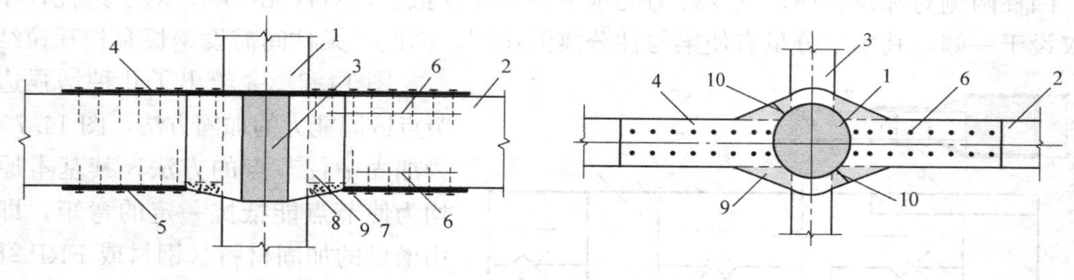

图 14.7.3-5　中柱节点加固

1—柱；2—横梁；3—纵梁；4—上钢板套；5—下钢板套；6—锚固木螺钉或圆钉；7—方头螺钉锁口；8—斜木垫块；9—装饰木垫块；10—对接焊缝

14.8　木结构修缮

如果木结构构件腐朽、损伤等虽未影响后续荷载作用下的安全性，但为防止损伤进一步发展，保证结构的耐久性和正常使用功能，则需进行合理修缮。

14.8.1　纠偏

木结构建筑由于地基基础不均匀沉降，或水平荷载作用下发生整体倾斜而影响正常使用，甚至危及安全，如木构架在荷载作用平面内倾斜超过 $H/100 \sim H/120$，或顶点水平位移达到 120～150mm，一般需要纠偏。在古代木建筑修缮中，称纠偏为打牮拨正，一些相关的施工方法仍值得借鉴。抬升已沉降的结构构件使其复位，称为打牮；通过推、拉已倾斜的结构，纠正其位置，称为拨正。例如图 14.8.1-1 某抬梁式殿堂，左金柱柱基下沉，用牮杆下的楔子或借用底部卧牮杆的杠杆原理将柱顶上的七架梁抬起，从而使柱卸荷，再使其复位。图中虚线部分为对已倾斜的结构施加水平力，纠正其倾斜。其过程是纠偏主索通过滑轮转向由绞磨等牵引器具对结构施加水平力，同时需收紧纠偏副索。副索是为防主索拉力万一中断，结构不超速返回而免受冲击，加大伤害。保险索应及时放松，目的是控制纠偏速度，并避免纠偏过度。各柱间的水平支撑是在纠偏过程中，防止柱发生相对滑移。为降低施工需要的作用力，通常需减轻原结构的负荷，如将屋顶上的泥瓦等重物卸下来（称落架——暂时卸下，后可继续使用），妨碍结构整体复位的非结构构件也需落架，如镶嵌在柱间的间壁等。打牮拨正完成后，对梁柱连接适当加固，如榫头打楔子、加设梁托等措施，增强连接的嵌固能力，保证结构整体横平竖直。可见古代木建筑打牮拨正的施工措施十分周详，有可靠的措施保证纠偏安全。这些经验的引用，结合现代计算分析和现代化的器具和传感器的应用，使结构纠偏能更安全精准。

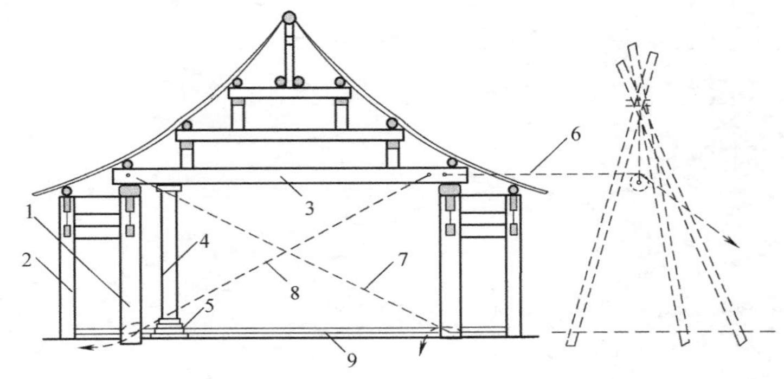

图 14.8.1-1　打牮拨正示意图

1—金柱；2—檐柱；3—七架梁；4—牮杆；5—木楔；
6—纠偏主索；7—纠偏副索；8—保险索；9—柱间底撑

14.8.2　木材干裂修补

如第 1.3.3 节所述，由于天然木材环向（或弦向）的干缩率远大于径向，大截面木构件在服役期间随着核心部分木材的含水率逐步降低至接近当地的平衡含水率，会产生不同程度的干裂。这些裂缝均沿木纹方向，在构件的端面上可见到径向裂缝，外宽里窄，其长度即是干裂裂缝的深度。如果这些裂缝不与构件的受剪面重合，或其深度不超过截面边长的 1/4～1/3，则可认为尚不影响构件的承载能力，干裂裂缝可仅作修缮处理。

在正常使用环境下，对于宽度 3mm 以下的干裂裂缝，可嵌入环氧腻子（环氧树脂胶粘剂中加适量如锯木粉等填料）密封；对于宽度 3mm 以上的裂缝需嵌入适当厚度的干燥木片并用胶粘剂粘结，并应在干裂缝两起始端和适当间距设环向钢板箍或 FRP 纤维布箍，或用密绕直径稍大的镀锌铁线箍箍紧，每支箍宽度不小于 50mm，防止干裂裂缝继续发展。

14.8.3　腐朽与白蚁侵蚀处理

如果木构件表层腐朽，应将腐朽层彻底铲除，并在保留截面的适当厚度范围内钻小孔灌注水溶性防腐药剂，干燥后用粘结剂嵌补同树种或物理性能相近的木材找平。如果嵌补的木材长度较长，两端也宜设钢板箍等箍牢。

白蚁常常蛀蚀木构件内部，从柱根开始使其成为空心柱。如果蛀蚀尚不致影响结构安全，则可采用高分子材料灌浆修缮。需从柱一侧开槽，清除空洞中已被蛀蚀的木材，并喷洒如氯丹等杀虫剂，后用木条嵌补开槽的缺口并留灌浆口，灌入高分子浆液固化。高分子浆液可用环氧糠醛树脂。较经济的是，可用不饱和聚酯（不饱和聚酯 100 份加过氧化环己酮 4 份加萘酸钴苯乙烯 2～3 份，加适当填料）。每次灌注量应控制在 2～3kg，一次灌注量过多会造成聚合温度过高而暴聚失效。如果空洞较大，可适量填入木材，以不影响灌浆料流淌为准。

附录 A 部分结构复合木材与木基结构板材的力学性能

A.1 部分欧洲产旋切板胶合木（LVL）强度标准值和弹性模量

部分欧洲产旋切板胶合木（Kerto LVL）强度标准值和弹性模量（N/mm²） 表 A.1-1

力学性能	Kerto-S 厚度 21～90mm	Kerto-Q 厚度 21～24mm	Kerto-Q 厚度 27～69mm
侧立顺纹抗弯强度	44	28	32
平置顺纹抗弯强度	50	32	36
平置横纹抗弯强度	—	8.0	8.0
顺纹抗拉强度	35	19	26
面内横纹抗拉强度	0.8	6.0	6.0
顺纹抗压强度	35	19	26
面内横纹抗压强度	6	9	9
面外横纹抗压强度	1.8	2.2	2.2
侧立顺纹抗剪强度	4.1	4.5	4.5
平置顺纹抗剪强度	2.3	1.3	1.3
平置横纹抗剪强度	—	0.6	0.6
顺纹弹性模量平均值	13800	10000	10500
横纹弹性模量平均值	—	1200	2000
面内横纹弹性模量平均值	430	2400	2400
面外横纹弹性模量平均值	130	130	130
顺纹弹性模量标准值	11600	8300	8800
横纹弹性模量标准值	—	1000	1700
面内横纹弹性模量标准值	350	2000	2000
面外横纹弹性模量标准值	100	100	100
侧立剪切模量平均值	600	600	600
平置顺纹剪切模量平均值	600	60	120
平置横纹剪切模量平均值	—	22	22
侧立剪切模量标准值	400	400	400
平置顺纹剪切模量标准值	400	50	100
平置横纹剪切模量标准值	—	16	16
密度平均值(kg/m³)	510	510	510
密度标准值(kg/m³)	480	480	480

注：1. 侧立抗弯强度截面高度调整系数 $k_h=\left(\frac{300}{h}\right)^{0.12}\leqslant 1.2$，抗拉强度长度调整系数 $k_l=\left(\frac{3000}{l}\right)^{0.06}\leqslant 1.1$；

2. 本表摘自瑞典木业（Swedish Wood）Design of timber structures Volume 2。

A.2 北美产旋切板胶合木（LVL）强度标准值和弹性模量

北美产旋切板胶合木（Microlam LVL）强度标准值和弹性模量（N/mm²） 表 A.2-1

树种	弹性模量（N/mm²）	轴向受力		侧立受弯强度标准值			平置受弯强度标准值		
		f_{tk}	f_{ck}	f_{mk}	f_{vk}	f_{c90k}	f_{mk}	f_{vk}	f_{c90k}
花旗松 黑松 西部铁杉 毛坯厚19.1～45mm	11000	17.9	30.5	30.9	4.2	8.7	36.5	2.7	5.5
	12400	21.0	31.2	35.3	4.2	8.7	44.1	2.7	5.5
	13100	22.5	32.9	37.6	4.2	8.7	44.3	2.7	5.5
	13800	23.9	34.6	39.7	4.2	8.7	47.0	2.7	5.5
	15200	26.9	37.6	44.3	4.2	8.7	52.3	2.7	5.5
	16500	30.0	40.3	48.7	4.2	8.7	57.5	2.7	5.5
	17900	33.0	42.8	53.1	4.2	8.7	62.8	2.7	5.5
南方松 毛坯厚19.1～89mm	12400	22.9	31.2	35.3	4.2	10.2	42.0	2.7	6.0
	13100	24.4	32.9	37.6	4.2	10.2	44.3	2.7	6.0
	13800	26.0	34.6	39.7	4.2	10.2	47.0	2.7	6.0
	15200	29.4	37.6	44.3	4.2	10.2	52.3	2.7	6.0
	16500	32.8	40.3	48.7	4.2	10.2	57.5	2.7	6.0
	17900	35.9	42.8	53.1	4.2	10.2	62.8	2.7	6.0
黄杨 毛坯厚19.1～89mm	11000	19.5	27.6	30.9	4.2	10.2	36.5	2.7	7.5
	12400	22.9	31.2	35.3	4.2	10.2	42.0	2.7	7.5
	13100	24.4	32.9	37.6	4.2	10.2	44.3	2.7	7.5
	13800	26.0	34.6	39.7	4.2	10.2	47.0	2.7	7.5
	15200	29.4	37.6	44.3	4.2	10.2	52.3	2.7	7.5

注：1. 侧立受弯时，抗弯强度应乘以截面高度调整系数 $C_V=\left(\frac{305}{h}\right)^{0.136}\leqslant 1.18$；

2. 摘自ICBO（International Conference of Building Officials）Evaluation Service Inc，EVALUATION REPORT ER4979（1999.4）中的部分产品，但将强度设计值换算为标准值，即抗弯、抗拉、抗剪强度乘以2.1，抗压强度乘以1.9，横纹承压强度乘以1.67（北美的横纹承压强度为平均值）。

A.3 北美产平行木片胶合木（Parallam PSL）强度标准值和弹性模量

北美产平行木片胶合木（Parallam PSL）强度标准值和弹性模量（N/mm²） 表 A.3-1

树种	弹性模量（N/mm²）	轴向受力		侧立受弯强度标准值			平置受弯强度标准值		
		f_{tk}	f_{ck}	f_{mk}	f_{vk}	f_{c90k}	f_{mk}	f_{vk}	f_{c90k}
花旗松	12400	28.1	32.7	36.1	3.4	6.8	34.7	2.75	4.89
	13100	30.5	35.4	39.1	3.8	7.8	37.6	2.90	5.18
	13800	32.6	38.0	42.0	4.2	8.7	40.5	3.05	5.46
	14500	34.7	40.7	44.9	4.6	9.5	43.5	3.19	5.76
南方松	12400	28.1	32.7	36.1	3.4	6.8	34.7	2.075	4.89
	13100	30.5	35.4	39.1	3.8	7.8	37.6	2.90	5.46
	13800	32.6	38.0	42.0	4.2	8.7	40.5	3.05	6.05
	14500	34.7	40.7	44.9	4.6	9.5	43.5	3.19	6.61

续表

树种	弹性模量（N/mm²）	轴向受力		侧立受弯强度标准值			平置受弯强度标准值		
		f_{tk}	f_{ck}	f_{mk}	f_{vk}	f_{c90k}	f_{mk}	f_{vk}	f_{c90k}
西部铁杉	12400	28.1	32.7	36.1	3.4	5.85	34.7	2.75	4.38
	13100	30.5	35.4	39.1	3.8	6.68	37.6	2.90	4.78
	13800	32.6	38.0	42.0	4.2	7.52	40.5	3.05	5.18
	14500	34.7	40.7	44.9	4.6	8.02	43.5	3.19	5.46
黄杨或红槭	12400	28.1	32.7	36.1	3.4	6.8	34.7	2.75	6.05
	13100	30.5	35.4	39.1	3.8	7.8	37.6	2.90	6.90
	13800	32.6	38.0	42.0	4.2	8.7	40.5	3.05	7.77
	14500	34.7	40.7	44.9	4.6	9.5	43.5	3.19	8.63

注：1. 抗弯强度应乘以截面高度调整系数 $C_V=\left(\frac{305}{h}\right)^{0.111}\leqslant 1.15$；

2. 本表摘自 ICBO（International Conference of Building Officials）Evaluation Service Inc，EVALUATION REPORT ER4979（1999.4）中的部分产品，但将强度设计值换算为标准值，即抗弯、抗拉、抗剪强度乘以 2.1，抗压强度乘以 1.9，横纹承压强度乘以 1.67（北美的横纹承压强度为平均值）。

A.4 欧洲产定向木片板（OSB）强度标准值及弹性模量

欧洲产定向木片板（OSB）强度标准值和弹性模量（N/mm²）　　表 A.4-1

力学性能	OSB/2　OSB/3			OSB/4		
	>6～10mm	>10～18mm	>18～25mm	>6～10mm	>10～18mm	>18～25mm
纵向抗弯强度 f_{mk}	18.0	16.4	14.8	24.5	22.0	21.0
横向抗弯强度 f_{m90k}	9.0	8.2	7.4	13.0	12.2	11.4
纵向抗拉强度 f_{tk}	9.9	9.4	9.0	11.9	11.4	10.9
横向抗拉强度 f_{t90k}	7.2	7.0	6.8	8.5	8.2	8.0
纵向抗压强度 f_{ck}	15.9	15.4	14.8	18.1	17.6	17.0
横向抗压强度 f_{c90k}	12.9	12.7	12.4	14.3	14.0	13.7
剪切面平行于板面（Planar shear）抗剪强度 f_{rk}	1.0	1.0	1.0	1.1	1.1	1.1
剪切面垂直于板面（Panel shear）抗剪强度 f_{vk}	6.8	6.8	6.8	6.9	6.9	6.9
纵向抗弯弹性模量 E_m	4930	4930	4930	6780	6780	6780
横向抗弯弹性模量 E_{m90}	1980	1980	1980	2680	2680	2680
纵向抗拉弹性模量 E_t	3800	3800	3800	4300	4300	4300
横向抗拉弹性模量 E_{t90}	3000	3000	3000	3200	3200	3200
纵向抗压弹性模量 E_c	3800	3800	3800	4300	4300	4300
横向抗压弹性模量 E_{c90}	3000	3000	3000	3200	3200	3200
剪切模量 G_v	1080	1080	1080	1090	1090	1090
滚切模量 G_r	50	50	50	60	60	60
密度标准值 ρ_k（kg/m³）	550	550	550	550	550	550

注：1. 弹性模量标准值取平均值的 0.85 倍；

2. 本表摘自瑞典木业（Swedish Wood）Design of timber structures Volume 2。

A.5 部分欧洲产结构胶合板（Plywood）强度标准值和弹性模量

部分欧洲产结构胶合板（Plywood）的强度标准值（N/mm²） 表 A.5-1

强度等级	表层木纹方向		
	0和90	0	90
	抗弯强度 f_m	抗拉强度 f_t 抗压强度 f_c	
F3	3	1.2	1.5
F5	5	2	2.5
F10	10	4	5.0
F15	15	6	7.5
F20	20	8	10.0
F25	25	10	12.5
F30	30	12	15.0
F40	40	16	20
F50	50	20	25
F60	60	24	30
F70	70	28	35
F80	80	32	40

注：本表摘自瑞典木业（Swedish Wood）Design of timber structures Volume 2。

部分欧洲产结构胶合板（Plywood）的弹性模量（N/mm²） 表 A.5-2

弹性模量等级	外表木纹方向弹性模量		
	0和90	0	90
	抗弯 E_m	抗拉 E_t 抗压 E_c	
E5	500	250	400
E10	1000	500	800
E15	1500	750	1200
E20	2000	1000	1600
E25	2500	1250	2000
E30	3000	1500	2400
E40	4000	2000	3200
E50	5000	2500	4000
E60	6000	3000	4800
E70	7000	3500	5600
E80	8000	4000	6400
E90	9000	4500	7200
E100	10000	5000	8000
E120	12000	6000	9600
E140	14000	7000	11200

注：1. 弹性模量标准值为平均值乘以系数 x，平均密度＜640kg/m³，x 取 0.67；平均密度≥640kg/m³，x 取 0.84；

2. 本表摘自瑞典木业（Swedish Wood）Design of timber structures Volume 2。

部分欧洲产结构胶合板（plywood）抗剪强度标准值和切剪模量（N/mm^2）

表 A. 5-3

密度 $\rho_{w,mean}$(kg/m^3)	切剪模量	抗剪强度	滚剪模量	滚剪强度
350	220	1. 8	7. 3	0. 4
400	270	2. 7	11	0. 5
450	310	3. 5	16	0. 6
500	360	4. 3	22	0. 7
550	400	5. 0	32	0. 8
600	440	5. 7	44	0. 9
650	480	6. 3	60	1. 0
700	520	6. 9	82	1. 1
750	550	7. 5	110	1. 2

注：1. 密度标准值取 $\rho_k=0.823\rho_{w,mean}$；

2. 本表摘自瑞典木业（Swedish Wood）Design of timber structures Volume 2。

附录B　部分北美产预制工字型木搁栅的力学性能

部分北美产预制工字型木搁栅的承载力标准值和刚度　　表B-1

APA EWS I-Joist	抗弯刚度 $\times 10^6$ (kN·mm²)	抗弯承载力[a] (N·m)	抗剪承载力[b] (kN)	中间支座承压[c] (kN)	端支座承压[d] (kN)	剪切变形计算系数 K^e $\times 10^3$(kN)
结构复合木材翼缘						
I×10-C2	403	5711	12.66	13.97	5.95	21.98
I×10-C4	462	7974	12.66	14.16	7.02	21.98
I×10-C6	534	9370	12.66	15.16	7.54	21.98
I×12-C8	726	7618	14.98	13.97	5.95	27.50
I×12-C10	804	10580	14.98	14.16	7.02	27.50
I×12-C12	924	12460	14.98	15.16	7.54	27.50
I×14-C14	1378	15237	18.03	15.16	7.54	32.40
I×14-C16	1760	20278	18.03	17.35	8.62	32.40
I×16-C18	1903	17857	20.78	15.16	7.54	37.02
I×16-C20	2415	23781	20.78	17.35	8.62	37.02
锯材翼缘						
I×10-S2	554	5981	11.39	16.05	8.03	21.98
I×10-S4	663	9242	11.39	16.05	8.03	21.98
I×10-S6	947	8003	14.55	18.58	8.92	27.50
I×12-S8	1137	12346	14.55	18.58	8.92	27.50
I×12-S10	1570	17458	14.55	20.51	9.51	27.50
I×12-S12	1677	15151	18.03	18.58	8.92	32.40
I×14-S14	2303	21431	18.03	22.44	9.51	32.40
I×14-S16	2294	17800	20.78	18.58	8.92	37.00
I×16-S18	3135	25190	20.78	22.44	9.51	37.00

注：本表摘自 Keith F. Faherty 等 Wood Engineering and Construction Handbook（Third edition），并经相关换算；APA EWS—The Engineered Wood Association Engineered Wood System；

[a] 指抗弯承载力标准值（75%置信水平下取的0.05分位值）；确定承载力设计值时，需考虑荷载持续作用效应，且抗力分项系数宜按承载力取决于受拉翼缘考虑；

[b] 抗剪承载力标准值；

[c] 中间支座承压系指中间支座横纹承压长度不小于89mm时的承载力（平均值）；

[d] 端支座承压系指端支座横纹承压长度不小于44.5mm时的承载力（平均值）；

[e] K为剪切变形计算系数，即工字形木搁栅因剪切变形产生的跨中挠度，均布荷载 $\delta_V=\frac{ql^2}{K}$，跨中集中力 $\delta_V=\frac{2Pl}{K}$。

附录 C　各类木材的强度设计值、强度标准值和弹性模量

C.1　各类木材的强度设计值、标准值和弹性模量

C.1.1　方木与原木

方木与原木及普通层板胶合木的强度设计值与弹性模量（N/mm²）　　表 C.1.1-1

强度等级	组别	抗弯 f_m	顺纹受压及承压 f_c	顺纹受拉 f_t	顺纹受剪 f_v	横纹承压 f_{c90}			弹性模量 E
						全表面	局部表面和齿面	拉力螺栓垫板下	
TC17	A	17	16	10	1.7	2.3	3.5	4.6	10000
	B		15	9.5	1.6				
TC15	A	15	13	9.0	1.6	2.1	3.1	4.2	10000
	B		12	9.0	1.5				
TC13	A	13	12	8.5	1.5	1.9	2.9	3.8	10000
	B		10	8.0	1.4				9000
TC11	A	11	10	7.5	1.4	1.8	2.7	3.6	9000
	B		10	7.0	1.2				
TB20		20	18	12	2.8	4.2	6.3	8.4	12000
TB17		17	16	11	2.4	3.8	5.7	7.6	11000
TB15		15	14	10	2.0	3.1	4.7	6.2	10000
TB13		13	12	9.0	1.4	2.4	3.6	4.8	8000
TB11		11	10	8.0	1.3	2.1	3.2	4.1	7000

注：强度等级对应的树种组合见表 1.1.1-1；检验时各强度等级的评定标准见 C.5；各项调整系数见 C.2。

C.1.2　国产目测定级规格材

国产目测定级规格材的强度与弹性模量（N/mm²）　　表 C.1.2-1

树种	品质等级	截面最大尺寸（mm）	抗弯强度		抗压强度		抗拉强度		弹性模量 E（N/mm²）
			设计值 f_m	标准值 f_{mk}	设计值 f_c	标准值 f_{ck}	设计值 f_t	标准值 f_{tk}	
杉木	$Ⅰ_c$	285	9.5	15.2	11.0	15.6	6.5	11.6	10000
	$Ⅱ_c$	285	8.0	13.5	10.5	14.9	6.0	10.3	9500
	$Ⅲ_c$	285	8.0	13.5	10.0	14.8	5.0	9.4	9500

续表

树种	品质等级	截面最大尺寸(mm)	抗弯强度		抗压强度		抗拉强度		弹性模量 E (N/mm^2)
			设计值 f_m	标准值 f_{mk}	设计值 f_c	标准值 f_{ck}	设计值 f_t	标准值 f_{tk}	
兴安落叶松	Ⅰ$_c$	285	11.0	17.6	15.5	22.5	5.1	10.5	13000
	Ⅱ$_c$	285	6.0	11.2	13.3	18.9	3.9	7.6	12000
	Ⅲ$_c$	285	6.0	11.2	11.4	16.9	2.1	4.9	12000
	Ⅳ$_c$	285	5.0	9.6	9.0	14.0	2.0	3.5	11000

注：各项调整系数见C.2。

C.1.3 进口北美目测定级规格材

进口北美目测定级规格材的强度与弹性模量（N/mm^2）　　表C.1.3-1

树种	品质等级	截面最大尺寸(mm)	抗弯强度		抗压强度		抗拉强度		抗剪强度设计值 f_v	横纹承压强度设计值 f_{c90}	弹性模量 E (N/mm^2)
			设计值 f_m	标准值 f_{mk}	设计值 f_c	标准值 f_{ck}	设计值 f_t	标准值 f_{tk}			
花旗松-落叶松(美国)	Ⅰ$_c$	285	18.1	29.9	16.1	23.2	8.7	17.3	1.8	7.2	13000
	Ⅱ$_c$		12.1	20.0	13.8	19.9	5.7	11.4	1.8	7.2	12000
	Ⅲ$_c$		9.4	17.2	12.3	17.8	4.1	9.4	1.8	7.2	10000
	Ⅳ$_c$，Ⅳ$_{c1}$		5.4	10.0	7.1	10.3	2.4	5.4	1.8	7.2	9700
	Ⅱ$_{c1}$	90	10.0	18.3	15.4	22.2	4.3	9.9	1.8	7.2	10000
	Ⅲ$_{c1}$		5.6	10.2	12.7	18.3	2.4	5.6	1.8	7.2	9000
花旗松-落叶松(加拿大)	Ⅰ$_c$	285	14.8	24.4	17.0	23.2	6.7	17.3	1.8	7.2	13000
	Ⅱ$_c$		10.0	16.6	14.6	19.9	4.5	11.4	1.8	7.2	12000
	Ⅲ$_c$		8.0	14.6	13.0	17.8	3.4	9.4	1.8	7.2	11000
	Ⅳ$_c$，Ⅳ$_{c1}$		4.6	8.4	7.5	10.3	1.9	5.4	1.8	7.2	10000
	Ⅱ$_{c1}$	90	8.4	15.5	16.0	22.2	3.6	9.9	1.8	7.2	10000
	Ⅲ$_{c1}$		4.7	8.6	13.0	18.3	2.0	5.6	1.8	7.2	9400
铁杉-冷杉(美国)	Ⅰ$_c$	285	15.9	26.4	14.3	20.7	7.9	15.7	1.5	4.7	11000
	Ⅱ$_c$		10.7	17.8	12.6	18.1	5.2	10.4	1.5	4.7	10000
	Ⅲ$_c$		8.4	15.4	12.0	16.8	3.9	8.9	1.5	4.7	9300
	Ⅳ$_c$，Ⅳ$_{c1}$		4.9	8.9	6.7	9.7	2.2	5.1	1.5	4.7	8300
	Ⅱ$_{c1}$	90	8.9	16.4	14.3	20.6	4.1	9.4	1.5	4.7	9000
	Ⅲ$_{c1}$		5.0	9.1	12.0	17.3	2.3	5.3	1.5	4.7	8000
铁杉-冷杉(加拿大)	Ⅰ$_c$	285	14.8	24.5	15.7	22.7	6.3	12.5	1.5	4.7	12000
	Ⅱ$_c$		10.8	17.9	14.0	20.2	4.5	9.0	1.5	4.7	11000
	Ⅲ$_c$		9.6	17.6	13.0	19.2	3.7	8.6	1.5	4.7	11000
	Ⅳ$_c$，Ⅳ$_{c1}$		5.6	10.2	7.7	11.1	2.2	5.0	1.5	4.7	10000
	Ⅱ$_{c1}$	90	10.2	18.7	16.1	23.3	4.0	9.1	1.5	4.7	10000
	Ⅲ$_{c1}$		5.7	10.4	13.7	19.8	2.2	5.1	1.5	4.7	9400

续表

树种	品质等级	截面最大尺寸(mm)	抗弯强度		抗压强度		抗拉强度		抗剪强度设计值 f_v	横纹承压强度设计值 f_{c90}	弹性模量 E (N/mm²)
			设计值 f_m	标准值 f_{mk}	设计值 f_c	标准值 f_{ck}	设计值 f_t	标准值 f_{tk}			
南方松	Ⅰ$_c$	285	16.2	26.8	15.7	22.8	10.2	20.3	1.8	6.5	12000
	Ⅱ$_c$		10.6	17.5	13.4	19.4	6.2	12.2	1.8	6.5	11000
	Ⅲ$_c$		7.8	14.4	11.8	17.0	3.9	8.5	1.8	6.5	97000
	Ⅳ$_c$,Ⅳ$_{c1}$		4.5	8.3	6.8	9.8	2.1	4.9	1.8	6.5	8700
	Ⅱ$_{c1}$	90	8.3	15.2	14.8	21.4	3.9	9.0	1.8	6.5	9200
	Ⅲ$_{c1}$		4.7	8.5	12.1	17.5	2.2	5.0	1.8	6.5	8300
云杉-松-冷杉	Ⅰ$_c$	285	13.4	22.1	13.0	18.8	5.7	11.2	1.4	4.9	10500
	Ⅱ$_c$		9.8	16.1	11.5	16.7	4.0	8.0	1.4	4.9	10000
	Ⅲ$_c$		8.7	15.9	10.9	15.7	3.2	7.5	1.4	4.9	9500
	Ⅳ$_c$,Ⅳ$_{c1}$		5.0	9.2	6.3	9.1	1.9	4.3	1.4	4.9	8500
	Ⅱ$_{c1}$	90	9.2	16.8	13.2	19.1	3.4	7.9	1.4	4.9	9000
	Ⅲ$_{c1}$		5.1	9.4	11.2	16.2	1.9	4.4	1.4	4.9	8100
产其他北美针叶树种	Ⅰ$_c$	285	10.0	16.5	14.5	20.9	3.7	7.4	1.4	4.9	8100
	Ⅱ$_c$		7.2	11.8	12.1	17.4	2.7	5.3	1.4	4.9	7600
	Ⅲ$_c$		6.1	11.2	10.1	14.7	2.2	5.0	1.4	4.9	7000
	Ⅳ$_c$,Ⅳ$_{c1}$		3.5	6.5	5.9	8.5	1.3	2.9	1.4	4.9	6400
	Ⅱ$_{c1}$	90	6.5	11.9	13.0	18.8	2.3	5.3	1.4	4.9	6700
	Ⅲ$_{c1}$		3.6	6.6	10.4	15.1	1.3	3.0	1.4	4.9	6100

注：本表品质等级与北美品质等级关系：Ⅰ$_c$=Select structural，Ⅱ$_c$=No.1，Ⅲ$_c$=No.2，Ⅳ$_c$=No.3，Ⅳ$_{c1}$=Stud，Ⅱ$_{c1}$=Construction，Ⅲ$_{c1}$=Standard；各项调整系数见C.2。

C.1.4　进口北美目测定级方木

进口北美目测定级方木的强度与弹性模量（N/mm²）　　　表C.1.4-1

树种	用途	品质等级	抗弯强度		抗压强度		抗拉强度		抗剪强度设计值 f_v	横纹承压强度设计值 f_{c90}	弹性模量 E (N/mm²)
			设计值 f_m	标准值 f_{mk}	设计值 f_c	标准值 f_{ck}	设计值 f_t	标准值 f_{tk}			
花旗松-落叶松(美国)	梁	Ⅰ$_e$	16.2	23.2	10.1	14.4	7.9	13.8	1.7	6.5	11000
		Ⅱ$_e$	13.7	19.6	8.5	12.1	5.6	9.8			11000
		Ⅲ$_e$	8.9	12.7	5.5	7.9	3.5	6.2			9000
	柱	Ⅰ$_f$	15.2	21.7	10.5	15.1	8.3	14.5	1.7	6.5	11000
		Ⅱ$_f$	12.1	17.4	9.2	13.1	6.8	12.0			11000
		Ⅲ$_f$	7.6	10.9	6.4	9.2	3.9	6.9			9000

续表

树种	用途	品质等级	抗弯强度 设计值 f_m	抗弯强度 标准值 f_{mk}	抗压强度 设计值 f_c	抗压强度 标准值 f_{ck}	抗拉强度 设计值 f_t	抗拉强度 标准值 f_{tk}	抗剪强度设计值 f_v	横纹承压强度设计值 f_{c90}	弹性模量 E (N/mm²)
花旗松-落叶松（加拿大）	梁	Ⅰ$_e$	16.2	23.2	10.1	14.4	7.9	13.8	1.7	6.5	11000
		Ⅱ$_e$	13.2	18.8	8.5	12.1	5.6	9.8			11000
		Ⅲ$_e$	8.9	12.7	5.5	7.9	5.5	6.2			9000
	柱	Ⅰ$_f$	15.2	21.7	10.5	15.1	8.3	14.5	1.7	6.5	11000
		Ⅱ$_f$	12.1	17.4	9.2	13.1	6.8	12.0			11000
		Ⅲ$_f$	7.3	10.5	6.4	9.2	3.9	6.9			9000
铁-冷杉类（美国）	梁	Ⅰ$_e$	13.2	18.8	8.5	12.1	6.2	10.9	1.4	4.2	9000
		Ⅱ$_e$	10.6	15.2	6.9	9.8	4.3	7.6			9000
		Ⅲ$_e$	6.8	9.8	4.6	6.6	2.9	5.1			7600
	柱	Ⅰ$_f$	12.1	17.4	8.9	12.8	6.6	11.6	1.4	4.2	9000
		Ⅱ$_f$	9.9	14.1	7.8	11.1	5.4	9.4			9000
		Ⅲ$_f$	5.8	8.3	5.3	7.5	3.1	5.4			7600
铁-冷杉类（加拿大）	梁	Ⅰ$_e$	12.7	18.1	8.2	11.8	6.0	10.5	1.4	4.2	9000
		Ⅱ$_e$	10.1	14.5	6.9	9.8	4.1	7.2			9000
		Ⅲ$_e$	5.8	8.3	4.3	6.2	2.7	4.7			7600
	柱	Ⅰ$_f$	11.6	16.7	8.7	12.5	6.4	11.2	1.4	4.2	9000
		Ⅱ$_f$	9.4	13.4	7.8	11.0	5.2	9.1			9000
		Ⅲ$_f$	5.6	8.0	5.3	7.5	3.1	5.4			7600
南方松	梁	Ⅰ$_e$	15.2	21.7	8.7	12.5	8.3	14.5	1.3	4.4	10300
		Ⅱ$_e$	13.7	19.2	7.6	10.8	7.4	13.0			10300
		Ⅲ$_e$	8.6	12.3	4.8	6.9	4.6	8.0			8300
	柱	Ⅰ$_f$	15.2	21.7	8.7	12.5	8.3	14.5	1.3	4.4	10300
		Ⅱ$_f$	13.7	19.2	7.6	10.8	7.4	13.0			10300
		Ⅲ$_f$	8.6	12.3	4.8	6.9	4.6	8.0			8300
云杉-松-冷杉	梁	Ⅰ$_e$	11.1	15.9	7.1	10.2	5.4	9.4	1.7	3.9	9000
		Ⅱ$_e$	9.1	13.0	5.7	8.2	3.7	6.5			9000
		Ⅲ$_e$	6.1	8.7	3.9	5.6	2.5	4.3			6900
	柱	Ⅰ$_f$	10.6	15.2	7.3	11.5	5.8	10.1	1.7	3.9	9000
		Ⅱ$_f$	8.6	12.3	6.4	9.2	4.6	8.0			9000
		Ⅲ$_f$	5.1	7.2	4.6	6.6	2.7	4.7			6900
其他北美针叶树种	梁	Ⅰ$_e$	10.6	15.2	6.9	9.8	5.2	9.1	1.3	3.6	7600
		Ⅱ$_e$	9.1	13.0	5.7	8.2	3.7	6.5			7600
		Ⅲ$_e$	5.8	8.3	3.9	5.6	2.5	4.3			6200
	柱	Ⅰ$_f$	10.6	14.5	7.3	11.0	5.6	9.8	1.3	3.6	7600
		Ⅱ$_f$	8.1	11.6	6.4	9.2	4.3	7.6			7600
		Ⅲ$_f$	4.8	6.9	4.3	6.2	2.7	4.7			6200

注：本表品质等级与北美品质等级关系：Ⅰ$_e$、Ⅰ$_f$＝Select structural；Ⅱ$_e$、Ⅱ$_f$＝No.1；Ⅲ$_e$、Ⅲ$_f$＝No.2；各项调整系数见C.2。

C.1.5 进口北美机械应力定级规格材

进口北美机械应力定级规格材的强度与弹性模量（N/mm²） 表 C.1.5-1

强度等级	抗弯强度		抗压强度		抗拉强度		弹性模量 E
	设计值 f_m	标准值 f_{mk}	设计值 f_c	标准值 f_{ck}	设计值 f_t	标准值 f_{tk}	
2850Fb-2.3E	28.3	41.3	19.7	28.2	20.0	33.3	15900
2700Fb-2.2E	26.8	39.1	19.2	27.5	18.7	31.1	15200
2550Fb-2.1E	25.3	36.9	18.5	26.5	17.8	29.7	14500
2400Fb-2.0E	23.8	34.8	18.1	25.9	16.7	27.9	13800
2250Fb-1.9E	22.3	32.6	17.6	25.2	15.2	25.3	13100
2100Fb-1.8E	20.8	30.4	17.2	24.6	13.7	22.8	12400
1950Fb-1.7E	19.4	28.2	16.5	23.6	11.9	19.9	11700
1800Fb-1.6E	17.9	26.1	16.0	22.9	10.2	17.0	11000
1650Fb-1.5E	16.4	23.9	15.6	22.3	8.9	14.8	10300
1500Fb-1.4E	14.5	21.7	15.3	21.6	7.4	13.0	9700
1450Fb-1.3E	14.0	21.0	15.0	21.3	6.6	11.6	9000
1350Fb-1.3E	13.0	19.6	14.8	21.0	6.2	10.9	9000
1200Fb-1.2E	11.6	17.4	12.9	18.3	5.0	8.7	8300
900Fb-1.0E	8.7	13.0	9.7	13.8	2.9	5.1	6900

注：抗剪强度设计值 f_v 和横纹抗压强度设计值可按树种（树种组合）查表 C.1.4-1 确定；

各项调整系数见 C.2。

C.1.6 进口欧洲锯材

进口欧洲锯材的强度与弹性模量设计指标（N/mm²） 表 C.1.6-1

强度等级	抗弯强度		抗压强度		抗拉强度		抗剪强度设计值 f_v	横纹承压强度设计值 f_{c90}	弹性模量 E
	设计值 f_m	标准值 f_{mk}	设计值 f_c	标准值 f_{ck}	设计值 f_t	标准值 f_{tk}			
C40	25.6	38.6	15.5	22.4	12.9	24.0	1.9	5.5	14000
C35	23.2	33.8	14.9	21.5	11.3	21.0	1.9	5.3	13000
C30	19.8	28.9	13.7	19.8	9.7	18.0	1.9	5.2	12000
C27	17.9	26.0	13.1	18.9	8.6	16.0	1.9	5.0	11500
C24	15.9	23.2	12.5	18.1	7.5	14.0	1.9	4.8	11000
C22	14.6	21.2	11.9	17.2	7.0	13.0	1.8	4.6	10000
C20	13.2	19.3	11.3	16.4	6.4	12.0	1.7	4.4	9500
C18	11.9	17.4	10.7	15.5	5.9	11.0	1.6	4.2	9000
C16	10.6	15.4	10.1	14.6	5.4	10.0	1.5	4.2	8000
C14	9.3	13.5	9.5	13.8	4.3	8.0	1.4	3.8	7000

注：各项调整系数见 C.2。

C.1.7 进口新西兰锯材

进口新西兰锯材的强度与弹性模量设计指标（N/mm²） **表 C.1.7-1**

强度等级	抗弯强度		抗压强度		抗拉强度		抗剪强度设计值 f_v	横纹承压强度设计值 f_{c90}	弹性模量 E
	设计值 f_m	标准值 f_{mk}	设计值 f_c	标准值 f_{ck}	设计值 f_t	标准值 f_{tk}			
SG15	23.6	41.0	23.4	35.0	9.3	23.0	1.8	6.0	15200
SG12	16.1	28.0	16.7	25.0	5.6	14.0	1.8	6.0	12000
SG10	11.5	20.0	13.4	20.0	3.2	8.0	1.8	6.0	10000
SG8	8.1	14.0	12.0	18.0	2.4	6.0	1.8	6.0	8000
SG6	5.8	10.0	10.0	15.0	1.6	4.0	1.8	6.0	6000

注：各项调整系数见C.2。

C.1.8 目测定级与机械弹性模量定级层板胶合木

对称异等组坯层板胶合木

对称异等组坯层板胶合木的强度与弹性模量（N/mm²） **表 C.1.8-1**

强度等级	抗弯强度		抗压强度		抗拉强度		弹性模量 E
	设计值 f_m	标准值 f_{mk}	设计值 f_c	标准值 f_{ck}	设计值 f_t	标准值 f_{tk}	
$TC_{YD}40$	27.7	40.0	21.7	31.0	16.8	27.0	14000
$TC_{YD}36$	24.9	36.0	19.6	28.0	14.9	24.0	12500
$TC_{YD}32$	22.2	32.0	17.5	25.0	13.0	21.0	11000
$TC_{YD}28$	19.4	28.0	15.4	22.0	11.2	18.0	9500
$TC_{YD}24$	16.6	24.0	13.3	19.0	9.9	16.0	8000

注：荷载作用于层板窄面时抗弯强度乘以系数0.7，弹性模量乘以系数0.9；各项调整系数见C.2。

同等组坯层板胶合木

同等组坯层板胶合木的强度与弹性模量（N/mm²） **表 C.1.8-2**

强度等级	抗弯强度		抗压强度		抗拉强度		弹性模量 E
	设计值 f_m	标准值 f_{mk}	设计值 f_c	标准值 f_{ck}	设计值 f_t	标准值 f_{tk}	
TC_T40	27.7	40.0	23.1	33.0	18.0	29.0	12500
TC_T36	24.9	36.0	21.0	30.0	16.1	26.0	11000
TC_T32	22.2	32.0	18.9	27.0	14.3	23.0	9500
TC_T28	19.4	28.0	16.8	24.0	12.4	20.0	8000
TC_T24	16.6	24.0	14.7	21.0	10.6	17.0	6500

注：荷载作用于层板窄面时抗弯强度乘以系数0.7，弹性模量乘以系数0.9（相关规范未作此规定，系作者建议）；各项调整系数见C.2。

非对称异等组坯层板胶合木

非对称异等组坯层板胶合木的强度与弹性模量（N/mm²）　　表 C.1.8-3

强度等级	抗弯强度		抗压强度		抗拉强度		弹性模量 E
	设计值 f_m	标准值 f_{mk}	设计值 f_c	标准值 f_{ck}	设计值 f_t	标准值 f_{tk}	
$TC_{YF}38$	26.3	38.0	21.0	30.0	15.5	25.0	13000
$TC_{YF}34$	23.5	34.0	18.2	26.0	13.7	22.0	
$TC_{YF}31$	21.5	31.0	16.8	24.0	12.4	20.0	
$TC_{YF}27$	18.7	27.0	14.7	21.0	11.2	18.0	
$TC_{YF}23$	15.9	23.0	11.9	17.0	9.3	15.0	

注：反向受弯时，抗弯强度乘以系数 0.738；荷载作用于层板窄面上时，抗弯强度乘以系数 0.7，弹性模量乘以系数 0.9；各项调整系数见 C.2。

层板胶合木的抗剪强度设计值

层板胶合木的抗剪强度设计值 f_v（N/mm²）　　表 C.1.8-4

树种组合	抗剪强度设计值 f_v
SZ1	2.2
SZ2、SZ3	2.0
SZ4	1.8

注：异等组坯时，应按被验算层的树种组合取用抗剪强度，机械定级层板也按树种组合确定抗剪强度 f_v，树种组合举例见表 C.1.8-6。

层板胶合木的横纹承压强度设计值

层板胶合木横纹承压强度设计值 f_{c90}（N/mm²）　　表 C.1.8-5

树种组合	构件中部局部横纹承压	构件端部局部横纹承压	全表面横纹承压
SZ1	7.5	6.0	3.0
SZ2、SZ3	6.2	5.0	2.5
SZ4	5.0	4.0	2.0

注：机械定级层板应查明树种类别并按树种组合确定 f_{c90}，树种组合举例见表 C.1.8-6。

树种组合举例

树种组合举例　　表 C.1.8-6

树种组合	适 用 树 种
SZ1	南方松 花旗松-落叶松 欧洲落叶松以及其他符合本强度等级的树种
SZ2	欧洲云杉 东北落叶松以及其他符合本强度等级的树种
SZ3	阿拉斯加黄扁柏 铁-冷杉 西部铁杉 欧洲赤松 樟子松以及其他符合本强度等级的树种
SZ4	鱼鳞云杉 云杉-松-冷杉以及其他符合本强度等级的树种

注：本表摘自《胶合木结构技术规范》GB/T 50708—2012，与产品标准《结构用集成材》GB/T 50708—2011 的规定有所不同。

C.2　各类木材强度与弹性模量的调整系数

除特殊说明外，强度与弹性模量的各种调整系数同时存在时，应连乘。

C.2.1　为满足可靠度要求，不同荷载效应组合及可变荷载与恒载标准效应比对应的强度设计值调整系数应符合下述规定。

C.2.1.1　除方木与原木（表C.1.1-1）外，各类木材的抗拉、抗压、抗弯、抗剪和横纹承压强度等，当恒载与雪荷载效应组合或恒载与其他多项荷载效应组合但以雪荷载效应为第一大可变荷载效应时，均应乘以强度调整系数0.83；当恒载与风荷载效应组合或风荷载效应为第一大可变荷载效应时，应乘以调整系数0.91。

C.2.1.2　当恒载与雪或风以外的可变荷载效应组合时，当可变荷载与恒载的标准作用效应之比 $\rho<1.0$ 时，强度设计值应乘以调整系数 $K_D=0.83+0.17\rho$。

C.2.1.3　当构件受轴力和弯矩等联合作用时，木材强度调整系数应由相对基本作用效应（如 N/f_cA，M/f_mW 等）比较大的内力因素的荷载效应标准组合确定，并按C.2.1.1或C.2.1.2条的规定计算。

C.2.2　不同使用条件下木材强度设计值和弹性模量的调整系数见表C.2.2-1。

不同使用条件下木材强度设计值和弹性模量的调整系数　　表C.2.2-1

使用条件	强度设计值	弹性模量
露天环境	0.9	0.85
长期生产性高温环境，木材表面温度达40～50℃	0.8	0.8
按恒载验算	0.8	0.8
用于木构筑物	0.9	1.0
施工维修时的短暂情况	1.2	1.0

注：当仅有恒荷载或恒荷载产生的内力超过全部荷载所产生内力的80%时，应单独按恒荷载验算；弹性模量调整系数仅适用于按《木结构设计标准》GB 50005—2017计算变形，不适用于计算稳定系数。

C.2.3　不同设计使用年限木材强度设计值与弹性模量的调整系数见表C.2.3-1。

不同使用年限的强度设计值与弹性模量调整系数　　表C.2.3-1

设计使用年限	强度设计值	弹性模量
5年	1.10	1.10
25年	1.05	1.05
50年	1.00	1.00
100年及以上	0.90	0.90

注：弹性模量调整系数仅适用于按《木结构设计标准》GB 50005—2017计算变形，不适用于计算稳定系数。

C.2.4　各类木材强度设计值和弹性模量的尺寸（体积）调整系数

C.2.4.1　表C.1.1-1中的矩形截面方木，当最小边长不小于150mm时，其强度设计值可提高10%。验算部位未经切削的原木，其顺纹抗压、抗弯强度设计值和弹性模量可提高15%。

C.2.4.2　目测定级规格材的强度调整系数见表C.2.4-1。

目测定级规格材截面高度对强度设计值的调整系数　　表 C.2.4-1

<table>
<tr><th rowspan="3">品质等级</th><th rowspan="3">截面高度(mm)</th><th colspan="2">抗弯强度</th><th rowspan="3">抗压强度</th><th rowspan="3">抗拉强度</th><th rowspan="3">其他强度</th></tr>
<tr><th colspan="2">宽面宽度(mm)</th></tr>
<tr><th>40,65</th><th>90</th></tr>
<tr><td rowspan="6">$Ⅰ_c$
$Ⅱ_c$
$Ⅲ_c$
$Ⅳ_c$
$Ⅳ_{c1}$</td><td>≤90</td><td>1.50</td><td>1.50</td><td>1.15</td><td>1.50</td><td>1.00</td></tr>
<tr><td>115</td><td>1.40</td><td>1.40</td><td>1.10</td><td>1.40</td><td>1.00</td></tr>
<tr><td>140</td><td>1.30</td><td>1.30</td><td>1.10</td><td>1.30</td><td>1.00</td></tr>
<tr><td>185</td><td>1.20</td><td>1.20</td><td>1.05</td><td>1.20</td><td>1.00</td></tr>
<tr><td>235</td><td>1.10</td><td>1.10</td><td>1.00</td><td>1.10</td><td>1.00</td></tr>
<tr><td>285</td><td>1.00</td><td>1.00</td><td>1.00</td><td>1.00</td><td>1.00</td></tr>
<tr><td>$Ⅱ_{c1}$,$Ⅲ_{c1}$</td><td>≤90</td><td>1.00</td><td>1.00</td><td>1.00</td><td>1.00</td><td>1.00</td></tr>
</table>

C.2.4.3　规格材平置受弯时的抗弯强度设计值调整系数见表 C.2.4-2。

规格材平置受弯时抗弯强度设计值调整系数　　表 C.2.4-2

<table>
<tr><th rowspan="2">品种</th><th rowspan="2">截面厚度(mm)</th><th colspan="6">截面宽度(mm)</th></tr>
<tr><th>40,65</th><th>90</th><th>115</th><th>140</th><th>185</th><th>≥235</th></tr>
<tr><td>目测/机械定级规格材</td><td>t≤65</td><td>1.00</td><td>1.10</td><td>1.10</td><td>1.15</td><td>1.15</td><td>1.20</td></tr>
<tr><td>目测定级规格材</td><td>65<t≤90</td><td>1.00</td><td>1.00</td><td>1.05</td><td>1.05</td><td>1.05</td><td>1.10</td></tr>
</table>

C.2.4.4　进口北美目测定级方木抗弯强度设计值和弹性模量的截面尺寸调整系数见表 C.2.4-3。

进口北美目测定级方木荷载作用方向及截面尺寸对抗弯强度设计值和弹性模量的调整系数　　表 C.2.4-3

<table>
<tr><th>荷载作用方向</th><th colspan="2">调整条件</th><th>抗弯强度</th><th>弹性模量</th></tr>
<tr><td rowspan="2">垂直于窄面</td><td rowspan="2">截面高度</td><td>≤305</td><td>1.00</td><td rowspan="2">1.00</td></tr>
<tr><td>>305</td><td>$C_F=(305/h)^{1/9}$</td></tr>
<tr><td rowspan="3">垂直于宽面(平置受弯)</td><td rowspan="3">品质等级</td><td>$Ⅰ_eⅠ_f$</td><td>0.86</td><td>1.00</td></tr>
<tr><td>$Ⅱ_eⅡ_f$</td><td>0.74</td><td>0.90</td></tr>
<tr><td>$Ⅲ_eⅢ_f$</td><td>1.00</td><td>1.00</td></tr>
</table>

C.2.4.5　进口欧洲锯材抗弯强度截面尺寸调整系数，当截面高度 h 小于 150mm 时，抗弯强度设计值调整系数取 $k_h=(150/h)^{0.2}\leqslant 1.3$。

C.2.4.6　目测分等与机械分等层板胶合木抗弯强度尺寸调整系数 C_V：

(1) 水平层板胶合木

$$C_V=\left(\frac{6400}{L}\right)^{\frac{1}{x}}\left(\frac{305}{h}\right)^{\frac{1}{x}}\left(\frac{130}{b}\right)^{\frac{1}{x}}\leqslant 1.0 \quad (C2.4.6\text{-}1)$$

式中：L、h、b 分别为受弯构件的跨度、截面高度和宽度，均以 mm 计。北美南方松取 $x=20$，其他北美树种取 $x=10$。

(2) 竖向层板胶合木(包括荷载作用方向平行于层板宽面的水平层板胶合木)

$$C_V=\left(\frac{305}{h}\right)^{\frac{1}{9}} \quad (C.2.4.6\text{-}2)$$

(3) 普通层板胶合木抗弯强度截面高度调整系数见表C.2.4-4。

普通层板胶合木抗弯强度截面高度调整系数 **表C.2.4-4**

截面宽度	截面高度(mm)						
	<150	150～500	600	700	800	1000	≥200
b<150	1.0	1.0	0.95	0.90	0.85	0.80	0.75
b≥150	1.0	1.15	1.05	1.00	0.90	0.85	0.80

C.2.5 规格材抗弯强度设计值的共同工作调整系数

机械定级、目测定级规格材用作楼、屋盖搁栅、椽条或桁架弦杆、墙骨等时，数量3根及3根以上，间距不大于610mm，且顶部铺钉木基结构板时，抗弯强度设计值可乘以调整系数1.15。

C.3 几种特殊的木材力学性能指标

(1) 木材的横纹抗拉强度无特殊规定时可取顺纹抗剪强度的1/3。

(2) 木材的滚剪强度可取顺纹抗剪强度的1/4～1/3。

(3) 木材的剪切模量可取顺纹弹性模量的1/16，滚剪模量可取顺纹剪切模量的1/10。

(4) 无特殊规定时，各类木材弹性模量的变异系数，目测应力定级木材可取COV_E=25%；机械应力定级木材可取COV_E=10%；机械评级木材可取COV_E=15%；六层及六层以上的层数胶合木可取COV_E=10%；欧洲锯材和欧洲层板胶合木分别可取COV_E=20%和COV_E=11.5%。

(5) 无特殊规定时，锯材和层板胶合木横纹方向弹性模量的平均值分别可取顺纹弹性模量的1/20和1/24。

C.4 方木与原木强度等级检验标准

C.4.1 检验标准

检验批木材抽样，以弦向静曲强度作为强度等级的评定依据。各强度等级木材的静曲强度应不低于表C.4.1-1的规定。

方木与原木强度等级评定标准 **表C.4.1**

树种	软木类				硬木类				
强度等级	TC11	TC13	TC15	TC17	TB11	TB13	TB15	TB17	TB20
静曲强度	44	51	58	72	58	68	78	88	98

C.4.2 检验方法

(1) 在检验批中随机取三根木材，剖解后，避开髓心部分，从每根木材上的清材（无节疤、裂纹等缺陷）处切取三个标准几何尺寸的受弯试件中，各自为一组，共三组，并在标准条件下养护至平衡含水率（≈12％）。

（2）按标准试验方法，测定各试件的抗弯强度，试验时荷载作用方向应平行于试件截面上年轮的弦向，并应测得试件的实际含水率，需在12％±3％的范围内。

（3）将试件的抗弯强度调整至含水率为12％的强度。

（4）计算每组的抗弯强度平均值，取三组中平均抗弯强度的最低值为评定依据。但当被检木材树种不明时，应按所属强度等级中的B组使用。

附录D　部分树种木材的全干相对密度与气干密度

部分树种木材的全干相对密度与气干密度（平均值）

常见树种木材的全干相对密度和平均气干密度　　**表 D-1**

树种和树种组合	全干相对密度	机械应力定级木材(MSR)	全干相对密度
阿拉斯加黄扁柏	0.46	花旗松-落叶松	
海岸西加云杉	0.39	E≤13000MPa	0.50
花旗松-落叶松(加)	0.49	E=13800MPa	0.51
花旗松-落叶松(美)	0.50	E=14500MPa	0.52
花旗松(美)	0.46	E=15200MPa	0.53
东部铁杉,东部云杉	0.41	E=15800MPa	0.54
东部白松	0.36	E=16500MPa	0.55
铁-冷杉(加)	0.46	南方松	
铁-冷杉(美)	0.43	E=11700MPa	0.42
北部其他树种	0.35	E=12400MPa	0.57
北美黄松,西加云杉	0.43	云杉-松-冷杉	
南方松	0.55	E=11700MPa	0.42
云杉-松-冷杉	0.42	E=12400MPa	0.46
西部铁杉	0.47	西部针叶树种	
欧洲云杉	0.46	E=6900MPa	0.36
欧洲赤松	0.52	铁-冷杉	
欧洲冷杉	0.43	E≤10300MPa	0.43
欧洲黑松,欧洲落叶松	0.58	E=11000MPa	0.44
欧洲花旗松	0.50	E=11700MPa	0.45
东北落叶松	0.55	E=12400MPa	0.46
樟子松,红松,华北落叶松	0.42	E=13100MPa	0.47
新疆落叶松,云南松	0.44	E=13800MPa	0.48
鱼鳞云杉,西南云杉	0.44	E=14500MPa	0.49
丽江云杉,红皮云杉	0.41	E=15200MPa	0.50
西北云杉	0.37	E=15900MPa	0.51
马尾松	0.44	E=16500MPa	0.52
冷杉	0.36	欧洲锯材	平均气干密度(kg/m^3)
南亚松	0.45	C40	500
铁杉	0.47	C35	480
油杉	0.48	C30	460
油松	0.43	C27	450
杉木	0.34	C24	420
速生松	0.30	C22	410
		C20	390
		C18	380
		C16	370
		C14	350

附录E 美国规范NDSWC中裂环与剪板的边、端、间距及几何调整系数$C_{\triangle}$

E.1 术语

端距：剪板中心顺木纹方向至构件端头的距离A，如图E.1-1中剪板①、②的端距A_1、A_2所示。

边距：剪板中心横木纹方向至构件边缘的距离，如图E.1-1中剪板①、②的边距B_1、B_2所示。如果边距是由剪板中心沿作用力方向量取的，则称为受力边边距，如B_2；如果边距是由剪板中心逆作用力方向量取的，则称为非受力边边距，如B_1。

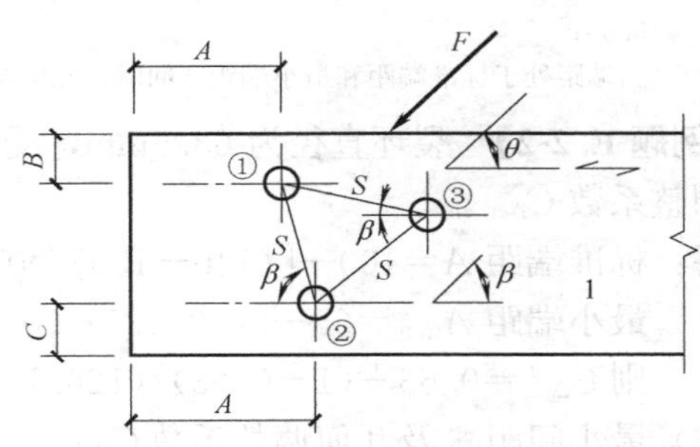

图E.1-1 剪板与裂环的边、端、间距

间距：相邻剪板的中心距，如图E.1-1中3个剪板对应3个中心距。

夹角θ：剪板所受作用力方向与木纹的夹角，如图E.1-1中作用力F与构件1木纹的夹角。

夹角β：相邻剪板中心的连线与木纹的夹角，如图E.1-1中3根连线与构件1木纹有3个夹角。

几何调整系数C_{Δ}：裂环与剪板排列的几何因素对连接承载力的调整系数，称为几何调整系数，应取裂环与剪板群中因端距、边距、间距影响各自造成的几何调整系数$C_{\Delta i}$中的最小值。

E.2 最小端距、边距、间距及几何调整系数C_{Δ}

(1) 最小边距及几何调整系数$C_{\Delta ed}$见表E.2-1。

最小边距C (mm) 及几何调整系数$C_{\Delta ed}$ 表E.2-1

裂环剪板尺寸	$\theta=0°$	作用力与木纹夹角θ		
		$45°\leqslant\theta\leqslant 90°$		
		非受力边	受力边	
		最小$C_{\Delta}=0.83$		标准$C_{\Delta}=1.0$
67mm(63.5mm)	45	45	45	70
102mm	70	70	70	95

注：1. 当$0°<\theta<45°$时，受力边标准边距按线性插值法计算；

2. 受力边边距45mm$<C<$70mm（67mm裂环与剪板）时或70mm$<C<$95mm（102mm裂环与剪板）时，几何调整系数按线性插值法计算。

【例题E. 2-1】 裂环直径为63.5mm，$\theta=30°$，最小边距为45mm，实际的受力边距为50mm，试确定几何调整系数$C_{\Delta ed}$。

解： 受力边标准边距应为$C=45+[(70-45)/45]\times30=61.7$mm

则$C_{\Delta ed}=0.83+(1-0.83)/(61.7-45)\times(50-45)=0.88$

（2）最小端距及几何调整系数$C_{\Delta en}$见表E. 2-2。

最小端距A（mm）及几何调整系数$C_{\Delta ed}$　　　　**表E. 2-2**

裂环剪板尺寸	受压构件$\theta=0°$		受压构件$\theta=90°$，受拉构件$\theta=0°\sim90°$	
	最小$C_{\Delta}=0.63$	标准$C_{\Delta}=1.0$	最小$C_{\Delta}=0.63$	标准$C_{\Delta}=1.0$
67mm(63.5mm)	65	100	70	140
102mm	85	140	90	180

注：1. 受压构件，当$0°<\theta<90°$时，按线性插值法计算标准和最小端距，对应的几何调整系数C_{Δ}仍分别为1.0和0.63；

2. 当端距处于标准端距和最小端距之间时，几何调整系数按线性插值法计算。

【例题E. 2-2】 裂环直径为63.5mm，受压构件$\theta=60°$，实际端距为90mm，试确定几何调整系数$C_{\Delta en}$。

解： 标准端距$A=100+[(140-100)/90°]\times60°=126.7$mm　（$C_{\Delta}=1.0$）

最小端距$A_{min}=65+[(70-65)/90°]\times60°=68.3$mm　（$C_{\Delta}=0.63$）

则$C_{\Delta en}=0.63+(1-0.63)/(126.7-68.3)\times(90-68.3)=0.765$

（3）最小间距S及几何调整系数$C_{\Delta S}$

① 当相邻裂环与剪板中心连线与木纹夹角β为0°或90°时，最小间距及几何调整系数$C_{\Delta S}$见表E. 2-3。

最小间距S（mm）及几何调整系数$C_{\Delta S}$　　　　**表E. 2-3**

裂环剪板尺寸	$\theta=0°$		$\theta=60°\sim90°$			
	$\beta=0°$		$\beta=90°$	$\beta=0°$	$\beta=90°$	
	最小$C_{\Delta}=0.5$	标准$C_{\Delta}=1.0$	—	—	最小$C_{\Delta}=0.5$	标准$C_{\Delta}=1.0$
67mm(63.5mm)	90	170	90	90	90	110
102mm	130	230	130	130	130	150

注：1. 受压构件，当θ在0°～90°之间时，按线性插值法计算标准和最小间距，对应的几何调整系数C_{Δ}仍分别为1.0和0.5；

2. 当间距处于标准间距和最小间距之间时，几何调整系数按线性插值法计算。

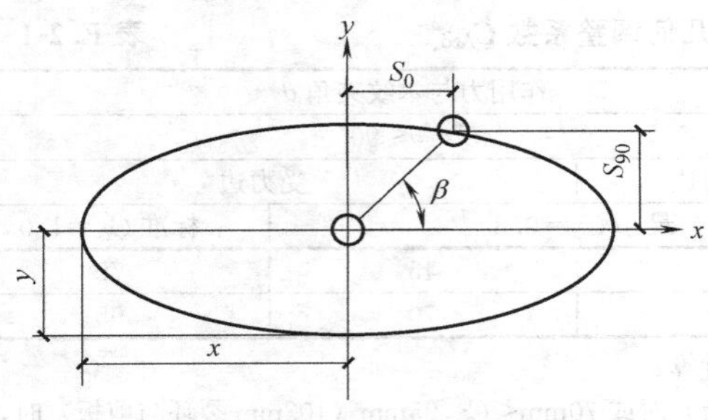

图E. 2-1　剪板与裂环的顺纹间距和横纹间距

② 当相邻裂环与剪板中心连线与木纹的夹角为$0°<\beta<90°$时，其标准间距与最小间距由按下列各式计算的顺纹间距S_0和横纹间距S_{90}计算。

顺纹间距　$S_0=\sqrt{\dfrac{x^2y^2}{x^2\tan^2\beta+y^2}}$

横纹间距　$S_{90}=S_0\tan\beta$

式中：x、y分别为椭圆的长轴与短轴半径或圆半径（图 E.2-1），长轴平行于木纹。

标准间距（$C_\Delta=1.0$）的椭圆长、短轴半径 x、y 按表 E.2-4 确定。

标准间距（$C_\Delta=1.0$）时椭圆长、短轴半径 x、y 取值　　表 E.2-4

裂环剪板尺寸	椭圆轴	$0°\leqslant\theta<60°$	$60°\leqslant\theta\leqslant90°$
67mm(63.5mm)	x	$170-1.33\theta$	90
	y	$90+0.33\theta$	110
102mm	x	$220-1.67\theta$	130
	y	$130+0.33\theta$	150

注：θ 的单位为弧度。

最小间距（$C_\Delta=0.5$）其 x、y 为圆的半径，67mm（63.5mm）的裂环与剪板，$x=y=90$mm；102mm 的裂环与剪板，$x=y=130$mm。

【例题 E.2-3】 裂环直径为 63.5mm，$S=110$，$\beta=30°$，$\theta=10°$，试计算几何调整系数 C_Δ。

解： 标准间距时：$x=170-1.33\theta=170-1.33\times10/57.3=162.4$mm

$$y=90+0.33\theta=90+0.33\times10/57.3=90.06\text{mm}$$

$$S_0=\sqrt{\frac{x^2y^2}{x^2\tan^2\beta+y^2}}=\sqrt{\frac{162.4^2\times90.06^2}{162.4^2\tan^2 30°+90.06^2}}=112.5\text{mm}$$

$$S_{90}=S_0\tan\beta=112.5\times\tan30°=64.95\text{mm}$$

$$S=\sqrt{S_0^2+S_{90}^2}=\sqrt{112.5^2+64.95^2}=129.9\text{mm}$$

最小间距时：$x=y=90$mm

$$S_{0\min}=\sqrt{\frac{90^2\times90^2}{90^2\tan^2 30°+90^2}}=77.94\text{mm}$$

$$S_{90\min}=77.94\times\tan30°=45\text{mm}$$

$$S_{\min}=\sqrt{77.94^2+45^2}=90\text{mm}$$

$$C_{\Delta S}=0.5+(110-90)\times(1-0.5)/(129.9-90)=0.75$$

（4）断切面的端、边、间距

① 直断面（$\alpha=90°$）和 $45°\leqslant\alpha<90°$ 的斜切面，无论作用力的方向如何，裂环与剪板的布置（端、边、间距）均应满足表 E.2-1、表 E.2-2 和表 E.2-3 中 $\theta=90°$ 的要求。

② 斜切面（$0°<\alpha<45°$），当作用力平行于竖向轴时，裂环与剪板的布置（端、边、间距）应满足表 E.2-1 和表 E.2-3 中 $\theta=0°$ 的要求。

③ 斜切面（$0°<\alpha<45°$），当作用力垂直于竖向轴时，裂环与剪板的布置（端、边、间距）应满足表 E.2-1 和表 E.2-3 中 $\theta=90°$ 的要求。

④ 斜切面（$0°<\alpha<45°$），当作用与竖向轴呈交角 φ 时，裂环与剪板的布置（端、边、间距）应满足表 E.2-1和表 E.2-3 中 $\theta=0°\sim90°$ 的要求。

【例题 E.2-4】 两裂环直径为 63.5mm，布置如图 E.2-2 所示。试计算几何调整系数 C_Δ。

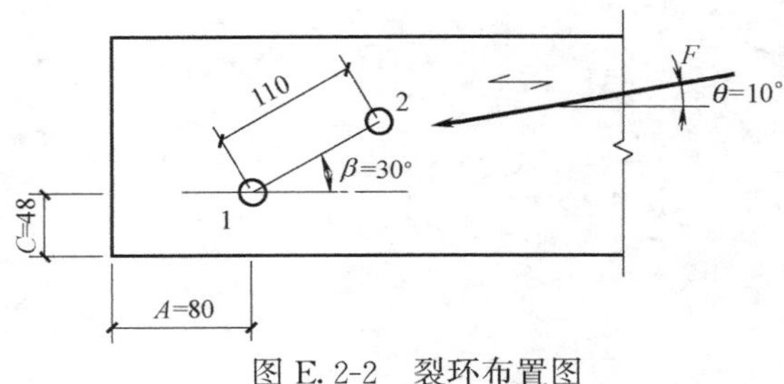

图 E.2-2　裂环布置图

解：对于边、端距几何调整系数，裂环1处于不利位置。

边距$C_{\Delta ed}$：夹角$\theta=10°$处于$0°\sim45°$范围内，标准边距$C=45+(70-45)\times10°/45°=50.6mm$，由表E.2-1查得最小间距$C_{min}=45mm$。故$C_{\Delta ed}=0.83+(1-0.83)\times(48-45)/(50.6-45)=0.92$

端距$C_{\Delta en}$：受压构件，$\theta=10°$，处于$0°\sim90°$范围内，

标准端距$A=100+(140-100)\times10°/90°=104.4mm$，($C_{\Delta en}=1.0$)

最小端距$A_{min}=65+(70-65)\times10°/90°=65.6mm$，($C_{\Delta en}=0.63$)

故$C_{\Delta en}=0.63+(1-0.63)\times(80-65.6)/(104.4-65.6)=0.767$

间距几何调整系数同例题E.2-3，即$C_{\Delta S}=0.75$

最终几何调整系数$C_\Delta=\min\{C_{\Delta ed},C_{\Delta en},C_{\Delta S}\}=\min\{0.92,0.767,0.75\}=0.75$

附录 F 加拿大规范 CSA O86 中裂环与剪板的边、端、间距及几何调整系数 C_Δ

F.1 术语同附录 E。

F.2 裂环与剪板连接的端距、边距、间距及几何调整系数 C_Δ。

如果裂环与剪板连接的任一端距、边距、间距小于表 F.2.1-1、表 F.2.2-1 或表 F.2.3-1 中对应的最低值，则其抗力应不予考虑。几何调整系数 C_Δ应分别由最不利位置的裂环与剪板的端距、边距、间距单独确定，取其最小值作为连接中所有裂环与剪板的几何调整系数 C_Δ。

F.2.1 裂环与剪板在木构件连接中端距（受拉）及几何调整系数 C_Δ见表 F.2.1-1。

裂环与剪板在木构件连接中端距（受拉）及几何调整系数 C_Δ **表 F.2.1-1**

端距(mm)		调整系数 C_Δ	
构件厚度 ≥130mm	构件厚度 <130mm	裂环 63.5mm 剪板 67mm	裂环 102mm 剪板 102mm
		$\theta=0°\sim90°$	$\theta=0°\sim90°$
70	105	0.62	—
75	115	0.65	—
80	120	0.68	—
90	130	0.7	0.63
95	145	0.76	0.65
100	150	0.78	0.67
105	160	0.81	0.69
110	165	0.84	0.71
115	175	0.86	0.73
120	180	0.89	0.75
125	190	0.92	0.77
130	195	0.94	0.79
135	205	0.97	0.82
140	210	1	0.84
145	220	1	0.86
150	225	1	0.88
155	235	1	0.9
160	240	1	0.92
165	250	1	0.94
170	255	1	0.96
175	265	1	0.98
180	270	1	1

注：1. θ指荷载与木纹夹角；

2. 裂环或剪板受压时，几何调整系数 $C_\Delta=1.0$，最小端距与表中裂环或剪板受拉时的最小端距相同；

3. 裂环或剪板受拉即指受力端，裂环或剪板受压即指非受力端（作者注）。

F. 2. 2　裂环与剪板连接中受力边最小边距及几何调整系数 C_Δ 见表 F. 2. 2-1。当作用力方向与木纹夹角 θ 处于表中某两数值之间时，可采用线性插值法计算几何调整系数 C_Δ。非受力边不计几何调整系数，63. 5mm 和 67mm 裂环与剪板的最小边距为 40mm，102mm 裂环与剪板的最小边距为 65mm。

裂环与剪板在木构件连接中的边距（受力边）和调整系数 C_Δ　　　**表 F. 2. 2-1**

边距（mm）	63mm 裂环和 67mm 剪板				102mm 裂环和剪板			
	$\theta=0°$	$\theta=15°$	$\theta=30°$	$\theta=45°\sim90°$	$\theta=0°$	$\theta=15°$	$\theta=30°$	$\theta=45°\sim90°$
45	1	0. 94	0. 88	0. 83	—	—	—	—
50	1	0. 97	0. 91	0. 87	—	—	—	—
55	1	1	0. 94	0. 9	—	—	—	—
60	1	1	0. 98	0. 93	—	—	—	—
65	1	1	1	0. 97	—	—	—	—
70	1	1	1	1	1	0. 93	0. 88	0. 83
75	1	1	1	1	1	0. 97	0. 91	0. 86
80	1	1	1	1	1	1	0. 94	0. 89
85	1	1	1	1	1	1	0. 97	0. 93
90	1	1	1	1	1	1	1	0. 96
95	1	1	1	1	1	1	1	1
100	1	1	1	1	1	1	1	1

F. 2. 3　裂环与剪板连接的间距及几何调整系数 C_Δ 见表 F2. 3-1。当间距处于标准间距与最小间距之间时，可采用线性插值法计算几何调整系数 C_Δ。

裂环与剪板在木构件连接中的间距和调整系数 C_Δ　　　**表 F. 2. 3-1**

荷载与木纹间夹角 θ	间距连线与木纹夹角 β	连接件的间距 S(mm)			
		63mm 裂环和 67mm 剪板		102mm 裂环和剪板	
		最小($C_\Delta=0.75$)	标准($C_\Delta=1.00$)	最小($C_\Delta=0.75$)	标准($C_\Delta=1.00$)
0	0	90	170	125	230
	15	90	160	125	215
	30	90	135	125	185
	45	90	110	125	155
	60	90	100	125	140
	75	90	90	125	130
	90	90	90	125	125
15	0	90	150	125	205
	15	90	145	125	195
	30	90	130	125	180
	45	90	115	125	160
	60	90	105	125	145
	75	90	100	125	135
	90	90	95	125	135

续表

荷载与木纹间夹角θ	间距连线与木纹夹角β	连接件的间距S(mm)			
		63mm裂环和67mm剪板		102mm裂环和剪板	
		最小(C_Δ=0.75)	标准(C_Δ=1.00)	最小(C_Δ=0.75)	标准(C_Δ=1.00)
30	0	90	130	125	180
	15	90	125	125	175
	30	90	120	125	165
	45	90	110	125	155
	60	90	105	125	145
	75	90	100	125	145
	90	90	100	125	140
45	0	90	110	125	150
	15	90	110	125	150
	30	90	110	125	150
	45	90	110	125	150
	60	90	105	125	145
	75	90	105	125	145
	90	90	105	125	145
60～90	0	90	90	125	125
	15	90	90	125	125
	30	90	90	125	125
	45	90	100	125	135
	60	90	100	125	145
	75	90	105	125	150
	90	90	100	125	150

附录G　木铆钉连接的侧向抗力

木铆钉连接顺纹侧向抗力 P_w（kN）　　表G-1

木铆钉连接顺纹侧向抗力 P_w（kN，长度：40mm，间距：S_p＝25mm，S_q＝25mm）

构件厚度(mm)	每行铆钉数(列数)n_C	铆钉行数(行平行于受力方向)n_R									
		2	4	6	8	10	12	14	16	18	20
80	2	24	56	88	125	160	195	225	260	290	330
	4	35	74	110	155	200	240	270	310	350	390
	6	46	92	135	185	240	280	320	360	410	460
	8	58	108	160	215	270	320	370	410	460	520
	10	68	125	180	245	310	370	410	460	510	580
	12	76	140	205	270	340	400	450	510	570	640
	14	84	155	220	300	370	440	490	560	630	710
	16	88	170	245	320	410	480	530	600	680	770
	18	98	185	270	350	430	510	570	640	730	810
	20	104	205	280	370	460	540	600	680	770	850
130	2	31	62	72	88	112	130	150	180	235	290
	4	44	80	92	108	135	160	180	215	260	310
	6	60	98	112	130	165	190	215	250	310	360
	8	76	116	130	150	190	215	245	280	340	390
	10	88	135	150	175	215	245	270	310	370	440
	12	100	150	170	195	240	270	300	350	410	480
	14	108	170	185	215	260	300	330	380	450	520
	16	114	185	205	235	290	330	360	410	500	580
	18	125	200	225	250	310	350	390	450	540	610
	20	135	220	240	270	330	380	420	490	590	660
175	2	34	58	66	80	104	120	140	170	215	270
	4	50	74	84	100	125	150	170	200	245	290
	6	66	90	102	120	150	175	200	235	280	330
	8	84	108	120	140	175	200	225	260	310	360
	10	98	125	140	160	200	225	250	290	350	410
	12	110	140	155	180	220	250	280	330	390	450
	14	120	155	175	200	245	280	310	360	420	490
	16	125	170	190	215	270	300	330	390	460	540
	18	140	185	205	235	290	330	360	420	510	570
	20	150	205	225	250	310	350	390	460	550	620

续表

构件厚度(mm)	每行铆钉数(列数)n_C	铆钉行数(行平行于受力方向)n_R									
		2	4	6	8	10	12	14	16	18	20
215及以上	2	34	56	66	80	102	118	135	165	215	270
	4	50	72	84	98	125	145	165	195	240	290
	6	66	90	100	118	150	170	195	230	280	320
	8	84	106	118	140	170	195	225	260	310	350
	10	98	120	135	155	195	225	250	290	340	400
	12	110	135	155	175	215	250	270	320	380	440
	14	120	155	170	195	240	270	300	350	410	480
	16	125	170	185	210	260	300	330	380	460	530
	18	140	185	200	230	280	320	360	410	500	560
	20	150	200	220	245	300	350	390	450	540	610

木铆钉连接顺纹侧向抗力 P_w（kN，长度：40mm，间距：S_p＝40mm，S_q＝25mm）

构件厚度(mm)	每行铆钉数(列数)n_C	铆钉行数(行平行于荷载方向)n_R									
		2	4	6	8	10	12	14	16	18	20
80	2	27	64	100	140	185	225	260	300	340	380
	4	40	86	125	175	225	280	320	360	400	450
	6	52	106	155	215	270	330	370	410	470	530
	8	66	125	185	245	310	370	430	470	520	590
	10	76	145	210	280	350	420	480	530	590	660
	12	86	160	235	310	390	460	530	590	650	730
	14	94	180	250	340	420	510	580	640	720	810
	16	100	195	280	370	460	550	620	700	780	880
	18	110	215	310	400	490	590	670	740	830	930
	20	118	235	330	420	520	620	710	790	870	970
130	2	35	66	82	106	145	180	225	290	390	490
	4	50	94	118	150	205	250	310	380	500	590
	6	68	120	150	185	250	310	380	470	610	690
	8	86	150	180	225	300	370	450	540	680	770
	10	100	175	210	260	350	420	510	610	760	860
	12	112	200	240	290	390	480	560	690	840	950
	14	125	225	270	320	430	530	620	760	930	1050
	16	130	250	300	360	430	580	680	830	1010	1140
	18	145	270	320	390	520	630	750	910	1090	1210
	20	150	290	350	420	560	680	810	990	1140	1270
175	2	39	60	76	98	135	170	205	260	360	480
	4	56	88	110	135	190	235	280	350	470	590
	6	76	114	140	175	235	290	350	440	570	710
	8	96	140	170	205	280	340	410	500	650	790
	10	110	160	195	240	320	390	470	570	730	910
	12	125	185	225	270	360	440	520	640	810	1010
	14	135	210	250	300	400	490	580	710	900	1110
	16	145	230	280	330	440	540	630	770	990	1230
	18	160	250	300	360	480	580	700	850	1090	1310
	20	170	270	330	390	520	630	760	920	1190	1400

续表

构件厚度(mm)	每行铆钉数(列数)n_C	铆钉行数(行平行于受力方向)n_R									
		2	4	6	8	10	12	14	16	18	20
215及以上	2	39	60	74	96	130	165	205	260	360	480
	4	56	86	108	135	185	230	280	350	460	580
	6	76	112	135	170	235	290	350	430	560	700
	8	96	135	165	205	280	340	410	500	640	780
	10	110	160	190	235	320	380	470	560	710	890
	12	125	180	220	260	360	440	510	630	800	1000
	14	135	205	245	300	400	480	570	700	880	1090
	16	145	225	270	320	430	530	620	760	980	1210
	18	160	250	290	360	470	570	680	830	1080	1290
	20	170	270	320	380	510	620	740	910	1170	1410

木铆钉连接顺纹侧向抗力 P_w（kN，长度：40mm，间距：S_p＝25mm，S_q＝15mm）

构件厚度(mm)	每行铆钉数(列数)n_C	铆钉行数(行平行于受力方向)n_R				
		2	4	6	8	10
80	2	21	34	48	68	92
	4	31	44	60	86	114
	6	39	54	74	104	140
	8	46	64	88	120	160
	10	54	74	102	140	180
	12	62	84	116	155	205
	14	70	94	130	170	225
	16	78	104	140	190	245
	18	86	114	155	205	260
	20	92	125	165	220	290
130	2	24	34	46	66	86
	4	31	42	60	82	106
	6	39	54	74	98	130
	8	46	64	88	116	150
	10	54	74	100	130	170
	12	62	84	114	145	186
	14	70	94	125	165	205
	16	78	104	140	180	225
	18	86	114	150	195	245
	20	94	125	165	210	260

续表

构件厚度(mm)	每行铆钉数(列数)n_C	铆钉行数(行平行于受力方向)n_R				
		2	4	6	8	10
175 及以上	2	24	34	46	64	84
	4	31	42	60	80	104
	6	39	54	74	96	125
	8	46	64	86	114	145
	10	54	74	100	130	165
	12	62	84	112	145	180
	14	70	94	125	160	200
	16	78	104	140	175	220
	18	86	114	150	190	235
	20	94	125	160	205	250

木铆钉连接顺纹侧向抗力 P_w（kN，长度：65mm，间距：S_p＝25mm，S_q＝25mm）

构件厚度(mm)	每行铆钉数(列数)n_C	铆钉行数(行平行于荷载方向)n_R									
		2	4	6	8	10	12	14	16	18	20
130	2	27	64	98	140	180	220	250	290	330	370
	4	39	84	125	175	225	270	310	350	390	440
	6	52	104	150	210	270	320	360	410	460	520
	8	66	120	180	245	310	360	410	460	520	580
	10	76	140	205	280	350	410	460	520	580	650
	12	86	155	230	310	390	450	510	570	640	720
	14	94	175	250	340	420	500	560	630	710	800
	16	98	195	280	360	460	540	600	680	770	860
	18	110	210	300	390	490	570	650	720	820	920
	20	116	230	320	420	520	610	680	770	860	960
175	2	31	74	114	160	210	250	300	340	380	430
	4	44	96	145	200	260	310	350	400	460	520
	6	60	120	175	240	300	340	390	440	530	600
	8	76	140	210	270	330	370	420	480	560	640
	10	88	165	240	300	360	410	450	510	600	690
	12	100	180	270	320	390	440	480	550	640	740
	14	110	205	290	350	420	470	510	590	680	780
	16	114	225	320	370	450	500	540	620	730	840
	18	125	245	350	400	470	530	580	660	790	870
	20	135	270	370	420	500	560	610	700	830	930
215	2	35	82	125	160	205	235	270	320	410	490
	4	50	108	150	180	220	260	290	330	410	480
	6	68	135	170	200	250	280	320	370	440	510
	8	86	160	195	225	280	310	350	390	470	530
	10	100	185	215	245	300	340	370	420	500	580
	12	112	205	240	270	320	370	400	460	540	620
	14	120	225	260	290	350	390	430	490	570	650
	16	130	245	280	310	370	420	450	520	610	710
	18	145	270	290	330	390	440	480	550	660	730
	20	150	280	310	350	420	470	510	590	700	780

续表

构件厚度(mm)	每行铆钉数(列数)n_C	铆钉行数(行平行于荷载方向)n_R									
		2	4	6	8	10	12	14	16	18	20
265	2	39	90	118	145	185	215	245	290	370	460
	4	56	112	135	160	200	235	260	300	370	440
	6	76	135	160	185	225	260	290	340	400	470
	8	96	155	180	205	250	280	310	360	430	480
	10	110	175	200	225	270	310	340	390	460	530
	12	125	195	215	245	300	330	360	420	490	570
	14	135	215	235	260	320	360	390	450	520	600
	16	145	230	250	280	340	380	410	470	560	650
	18	160	250	270	300	360	400	440	510	600	670
	20	170	260	290	320	380	430	470	540	640	720
315及以上	2	40	88	114	140	180	205	235	280	360	450
	4	60	110	130	155	195	225	250	290	360	420
	6	80	130	155	175	215	245	280	320	380	440
	8	100	150	170	195	240	270	300	340	410	460
	10	116	170	190	215	260	290	320	370	430	500
	12	130	185	205	230	280	320	350	400	470	540
	14	145	205	225	250	300	340	370	430	500	570
	16	150	220	240	270	320	360	390	450	540	620
	18	170	240	260	290	340	380	420	480	580	640
	20	175	250	270	300	360	410	450	520	620	690

木铆钉连接顺纹侧向抗力 P_w（kN，长度：65mm，间距：S_p＝40mm，S_q＝25mm）

构件厚度(mm)	每行铆钉数(列数)n_C	铆钉行数(行平行于受力方向)n_R									
		2	4	6	8	10	12	14	16	18	20
130	2	31	72	114	160	205	250	300	340	380	430
	4	44	96	145	200	260	310	360	400	450	510
	6	60	120	175	240	310	370	420	470	530	600
	8	74	140	205	280	350	420	480	530	590	670
	10	86	160	235	310	390	480	540	600	660	750
	12	98	180	260	350	440	520	600	660	730	830
	14	108	200	290	390	480	580	650	720	810	910
	16	112	220	320	420	520	620	700	790	880	990
	18	125	240	350	450	560	670	760	840	940	1050
	20	130	260	370	480	590	700	800	890	990	1100
175	2	35	84	130	185	240	300	350	390	440	500
	4	52	112	165	230	300	360	420	470	520	590
	6	68	140	205	280	350	430	490	540	610	690
	8	86	165	240	320	410	490	560	620	690	780
	10	100	190	270	360	460	560	630	690	770	870
	12	114	210	310	410	510	660	700	770	850	960
	14	125	235	330	450	560	670	760	840	940	1060
	16	130	260	370	480	600	730	810	910	1020	1150
	18	145	280	400	520	650	770	880	970	1090	1220
	20	155	310	430	550	680	820	930	1030	1150	1270

续表

构件厚度(mm)	每行铆钉数(列数)n_C	铆钉行数(行平行于受力方向)n_R									
		2	4	6	8	10	12	14	16	18	20
215	2	40	94	140	185	250	310	380	440	490	560
	4	58	125	185	230	310	380	450	520	590	660
	6	76	155	220	270	360	440	530	610	690	780
	8	98	185	260	310	410	490	590	690	770	870
	10	112	210	290	340	450	540	640	770	860	970
	12	125	235	320	380	490	590	690	840	950	1080
	14	140	260	350	410	540	640	750	900	1050	1190
	16	145	290	380	440	570	690	800	960	1140	1290
	18	160	310	400	470	610	730	860	1030	1230	1370
	20	170	340	430	500	650	780	910	1100	1290	1430
265	2	44	94	130	170	230	280	350	440	550	620
	4	64	130	170	210	280	350	410	510	650	740
	6	86	160	205	245	330	400	480	590	760	860
	8	108	190	235	280	370	450	540	650	820	970
	10	125	220	260	310	420	500	590	710	890	1080
	12	140	245	290	340	450	540	630	770	970	1190
	14	155	270	320	370	490	590	690	830	1040	1270
	16	165	290	340	400	530	630	730	880	1130	1380
	18	180	320	370	430	560	670	790	950	1210	1450
	20	190	340	390	460	600	710	840	1020	1300	1550
315及以上	2	46	92	125	160	220	270	330	420	580	650
	4	68	125	165	200	270	330	400	490	640	780
	6	90	160	195	240	320	390	470	570	730	900
	8	114	185	225	270	360	430	520	620	790	960
	10	130	210	250	300	400	480	570	680	860	1060
	12	150	235	280	330	430	520	610	740	930	1150
	14	165	260	300	360	470	560	650	790	1000	1230
	16	170	280	330	380	500	600	700	840	1080	1340
	18	190	310	350	410	530	640	750	910	1160	1390
	20	200	330	370	430	570	680	800	970	1240	1490

木铆钉连接顺纹侧向抗力强 P_w（kN，长度：65mm，间距：S_p＝25mm，S_q＝15mm）

构件厚度(mm)	每行铆钉数(列数)n_C	铆钉行数(行平行于荷载方向)n_R				
		2	4	6	8	10
130	2	24	36	50	72	100
	4	34	46	66	92	125
	6	42	58	80	110	150
	8	50	68	94	130	175
	10	58	80	110	150	195
	12	66	90	125	165	220
	14	76	102	140	185	240
	16	84	112	150	200	260
	18	92	125	165	220	280
	20	100	135	180	240	310

续表

构件厚度（mm）	每行铆钉数（列数）n_C	铆钉行数（行平行于受力方向）n_R				
		2	4	6	8	10
175及以上	2	26	36	50	72	100
	4	34	46	66	92	125
	6	42	58	80	110	150
	8	50	68	94	130	170
	10	58	80	110	150	195
	12	66	90	125	165	215
	14	76	102	135	185	240
	16	84	112	150	200	260
	18	92	125	165	220	280
	20	100	135	180	235	310

木铆钉连接顺纹侧向抗力强 P_w（kN，长度：90mm，间距：S_p＝25mm，S_q＝25mm）

构件厚度（mm）	每行铆钉数（列数）n_C	铆钉行数（行平行于荷载方向）n_R									
		2	4	6	8	10	12	14	16	18	20
175	2	28	66	102	145	190	230	270	300	350	390
	4	40	86	130	180	235	280	320	360	410	460
	6	54	108	160	220	280	330	380	420	480	540
	8	68	125	190	250	320	380	430	480	540	610
	10	80	145	215	290	360	430	480	540	600	680
	12	90	165	240	320	400	470	540	600	670	750
	14	98	180	260	350	440	520	580	650	740	830
	16	104	200	290	380	480	560	620	710	800	900
	18	114	220	310	410	510	600	670	760	860	960
	20	120	240	340	430	540	630	710	810	900	1000
215	2	31	72	114	160	210	250	290	330	380	430
	4	44	96	145	200	260	310	350	400	450	510
	6	60	118	175	240	310	370	410	470	530	600
	8	76	140	205	280	350	420	470	530	590	670
	10	88	160	235	320	400	470	530	590	660	750
	12	98	180	260	350	440	520	590	660	730	830
	14	108	200	290	390	480	570	640	720	810	910
	16	114	220	320	420	520	620	690	780	880	990
	18	125	240	340	450	560	660	740	830	950	1050
	20	135	260	370	480	590	690	780	890	990	1100
265	2	34	80	125	180	235	280	330	370	420	480
	4	50	106	160	225	290	340	390	450	500	570
	6	66	130	195	270	340	410	460	520	590	670
	8	84	155	230	310	390	470	530	590	660	750
	10	98	180	260	350	440	500	550	610	700	800
	12	110	200	290	390	470	520	550	630	720	820
	14	120	225	320	410	490	540	570	650	740	840
	16	125	245	350	430	500	550	590	660	780	880
	18	140	270	380	440	520	570	610	690	810	890
	20	150	290	410	460	540	590	640	720	850	930

续表

构件厚度(mm)	每行铆钉数(列数)n_C	铆钉行数(行平行于荷载方向)n_R									
		2	4	6	8	10	12	14	16	18	20
315	2	38	90	140	195	260	310	360	410	470	530
	4	54	118	175	245	320	380	430	490	560	630
	6	74	145	215	300	380	420	470	530	630	720
	8	94	170	250	320	390	430	470	520	610	680
	10	108	200	280	330	400	440	470	530	610	700
	12	120	220	310	340	410	450	480	540	630	720
	14	135	245	320	360	420	470	500	560	650	730
	16	140	270	340	370	440	480	510	580	680	770
	18	155	300	360	390	450	490	530	600	710	780
	20	165	320	370	400	470	510	560	630	740	820
365及以上	2	40	96	150	210	280	330	390	450	510	570
	4	60	125	190	270	340	410	450	520	600	680
	6	80	155	225	290	360	400	440	500	590	670
	8	100	180	250	300	360	400	430	490	570	640
	10	116	205	270	310	370	410	440	490	570	650
	12	130	230	290	320	380	420	450	510	590	670
	14	145	250	310	340	400	440	460	520	600	690
	16	150	280	320	350	410	450	480	540	630	720
	18	165	300	330	360	420	460	500	560	670	740
	20	175	310	350	370	440	480	520	590	700	770

木铆钉连接顺纹侧向抗力强 P_w（kN，长度：90mm，间距：S_p＝40mm，S_q＝25mm）

构件厚度(mm)	每行铆钉数(列数)n_C	铆钉行数(行平行于荷载方向)n_R									
		2	4	6	8	10	12	14	16	18	20
175	2	32	76	118	165	215	270	310	350	390	450
	4	46	100	150	205	270	330	380	420	470	530
	6	62	125	180	250	320	390	440	490	550	620
	8	78	145	215	290	370	440	510	550	620	700
	10	90	170	245	330	410	500	560	620	690	780
	12	102	190	270	370	460	550	630	690	760	860
	14	112	210	300	400	500	600	680	750	840	950
	16	118	230	330	430	540	650	730	820	910	1030
	18	130	250	360	470	580	700	790	870	980	1090
	20	140	280	390	500	610	730	830	930	1030	1150
215	2	35	84	130	180	235	290	340	390	430	490
	4	50	110	165	230	290	360	410	460	520	580
	6	68	135	200	270	350	430	490	540	600	680
	8	86	160	240	320	400	480	560	610	680	770
	10	100	185	270	360	450	550	620	680	760	860
	12	112	205	300	400	500	600	690	760	840	950
	14	120	230	330	440	550	660	750	830	930	1050
	16	130	250	360	480	600	720	800	900	1000	1130
	18	145	280	400	510	640	760	870	960	1080	1200
	20	150	300	420	540	670	810	910	1020	1130	1260

续表

构件厚度(mm)	每行铆钉数(列数)n_C	铆钉行数(行平行于荷载方向)n_R									
		2	4	6	8	10	12	14	16	18	20
265	2	39	94	145	205	260	330	380	430	480	550
	4	56	125	185	250	330	400	460	510	580	650
	6	76	150	225	310	390	470	540	600	670	760
	8	96	180	260	350	450	540	620	680	760	860
	10	110	210	300	400	510	610	690	760	850	960
	12	125	230	340	450	560	670	770	850	940	1060
	14	135	260	370	500	610	740	840	930	1030	1170
	16	145	280	410	530	670	800	900	1010	1120	1270
	18	160	310	440	570	710	850	970	1070	1210	1340
	20	170	340	470	600	750	900	1020	1140	1260	1410
315	2	42	102	160	225	290	360	420	470	530	600
	4	62	135	205	280	360	440	510	570	630	720
	6	84	170	245	340	430	520	600	660	740	840
	8	106	200	290	390	490	600	680	750	830	940
	10	120	230	330	420	540	630	740	840	930	1050
	12	140	250	370	440	560	660	760	910	1030	1170
	14	150	280	400	460	590	700	790	950	1140	1290
	16	160	310	420	480	610	720	830	990	1240	1400
	18	175	340	440	500	640	750	870	1040	1320	1480
	20	185	370	460	520	670	790	920	1100	1390	1550
365及以上	2	46	102	175	240	310	390	460	510	580	650
	4	68	145	220	300	390	480	550	610	690	780
	6	90	180	270	350	460	550	640	710	800	910
	8	114	215	310	370	480	560	660	780	900	1020
	10	130	250	340	390	500	590	690	810	1010	1140
	12	150	270	360	410	530	620	710	850	1060	1260
	14	165	310	380	430	550	650	750	890	1100	1340
	16	170	340	400	450	580	680	780	930	1170	1430
	18	190	360	410	470	600	700	820	980	1240	1470
	20	200	380	430	490	630	740	860	1030	1310	1550

木铆钉连接顺纹侧向抗力强 P_w（kN，长度：90mm，间距：S_p＝25mm，S_q＝15mm）

构件厚度(mm)	每行铆钉数(列数)n_C	铆钉行数(行平行于荷载方向)n_R				
		2	4	6	8	10
175及以上	2	25	36	52	74	100
	4	34	46	66	92	125
	6	42	58	80	112	125
	8	50	70	96	130	175
	10	60	80	110	150	200
	12	68	92	125	170	220
	14	76	102	140	185	245
	16	84	114	155	205	270
	18	94	125	165	225	290
	20	102	135	180	240	310

注：1. 两对边用钢夹板连接时，构件厚度即指构件的实有厚度 b（图 5.7.1-2）；当仅一侧采用钢侧板连接时，厚度取构件实有厚度的 2 倍；

2. 锯材厚度介于表列尺寸之间时，可采用插值法确定铆钉连接的侧向抗力；

3. 本表摘自加拿大木结构设计规范 CSA O86。

木铆钉连接横纹侧向抗力 Q_w（kN）

木铆钉连接横纹侧向抗力 Q_w（kN，间距：S_p＝25mm）　　**表 G-2**

S_q (mm)	每行铆钉数(列数) n_C	铆钉行数(行平行于受力方向)n_R							
		1	2	3	4	5	6	8	10
15	2	0.57	0.57	0.61	0.61	0.67	0.71	0.84	0.97
	3	0.57	0.57	0.61	0.63	0.66	0.7	0.82	0.93
	4	0.6	0.6	0.65	0.66	0.71	0.74	0.85	0.95
	5	0.63	0.63	0.69	0.7	0.75	0.78	0.89	0.99
	6	0.71	0.71	0.76	0.77	0.81	0.84	0.95	1.06
	7	0.77	0.77	0.82	0.82	0.87	0.89	1	1.11
	8	0.86	0.86	0.9	0.9	0.94	0.96	1.07	1.18
	9	0.91	0.91	0.97	0.97	1.01	1.03	1.13	1.25
	10	0.97	0.97	1.05	1.06	1.1	1.12	1.21	1.35
	11	1.05	1.05	1.12	1.13	1.17	1.18	1.28	1.43
	12	1.14	1.14	1.21	1.21	1.24	1.25	1.38	1.52
	13	1.26	1.26	1.29	1.29	1.33	1.33	1.45	1.59
	14	1.42	1.42	1.4	1.37	1.42	1.44	1.54	1.68
	15	1.5	1.5	1.5	1.47	1.5	1.5	1.62	1.78
	16	1.61	1.61	1.62	1.6	1.6	1.58	1.71	1.89
	17	1.73	1.73	1.72	1.69	1.69	1.67	1.79	1.96
	18	1.88	1.88	1.85	1.8	1.8	1.77	1.87	2.04
	20	1.84	1.84	1.91	1.91	1.93	1.93	2.08	2.24
25	2	0.67	0.67	0.7	0.69	0.75	0.79	0.93	1.08
	3	0.66	0.66	0.7	0.72	0.74	0.78	0.91	1.03
	4	0.7	0.7	0.75	0.75	0.8	0.83	0.94	1.06
	5	0.73	0.73	0.8	0.79	0.84	0.87	0.98	1.1
	6	0.82	0.82	0.87	0.86	0.91	0.94	1.05	1.18
	7	0.9	0.9	0.94	0.93	0.97	1	1.11	1.23
	8	1.01	1.01	1.04	1.02	1.06	1.08	1.19	1.31
	9	1.06	1.06	1.11	1.1	1.14	1.15	1.26	1.39
	10	1.13	1.13	1.2	1.2	1.24	1.25	1.34	1.5
	11	1.22	1.22	1.29	1.28	1.3	1.32	1.43	1.59
	12	1.33	1.33	1.39	1.37	1.39	1.4	1.53	1.69
	13	1.47	1.47	1.48	1.45	1.48	1.49	1.61	1.77
	14	1.65	1.65	1.61	1.55	1.59	1.61	1.71	1.86
	15	1.75	1.75	1.72	1.66	1.68	1.68	1.8	1.97
	16	1.87	1.87	1.86	1.8	1.79	1.77	1.9	2.1
	17	2.02	2.02	1.97	1.91	1.89	1.87	1.98	2.18
	18	2.19	2.19	2.12	2.03	2.01	1.98	2.08	2.27
	20	2.14	2.14	2.19	2.15	2.17	2.16	2.31	2.49

续表

S_q (mm)	每行铆钉数(列数) n_C	铆钉行数(行平行于受力方向)n_R							
		1	2	3	4	5	6	8	10
40	2	0.96	0.96	0.98	0.93	0.98	1.03	1.2	1.38
	3	0.95	0.95	0.98	0.96	0.98	1.02	1.16	1.32
	4	1.02	1.02	1.05	1	1.05	1.07	1.21	1.36
	5	1.06	1.06	1.11	1.06	1.11	1.13	1.26	1.41
	6	1.19	1.19	1.22	1.16	1.2	1.22	1.35	1.51
	7	1.3	1.3	1.32	1.24	1.28	1.3	1.43	1.58
	8	1.45	1.45	1.45	1.36	1.4	1.4	1.53	1.68
	9	1.53	1.53	1.55	1.47	1.5	1.5	1.61	1.79
	10	1.63	1.63	1.69	1.6	1.63	1.63	1.72	1.93
	11	1.76	1.76	1.8	1.71	1.72	1.71	1.83	2.04
	12	1.92	1.92	1.94	1.83	1.84	1.82	1.96	2.17
	13	2.12	2.12	2.08	1.94	1.96	1.94	2.07	2.27
	14	2.39	2.39	2.25	2.07	2.1	2.09	2.2	2.39
	15	2.53	2.53	2.41	2.22	2.22	2.19	2.31	2.53
	16	2.7	2.7	2.61	2.41	2.36	2.3	2.44	2.69
	17	2.91	2.91	2.76	2.55	2.49	2.43	2.54	2.79
	18	3.17	3.17	2.97	2.72	2.66	2.58	2.66	2.91
	20	3.1	3.1	3.07	2.88	2.86	2.8	2.96	3.19

注：见表G-1。

附录 H　清材小试件几何形状与尺寸

H.1　标准 GB 1927～1946 采用的清材小试件几何形状与尺寸

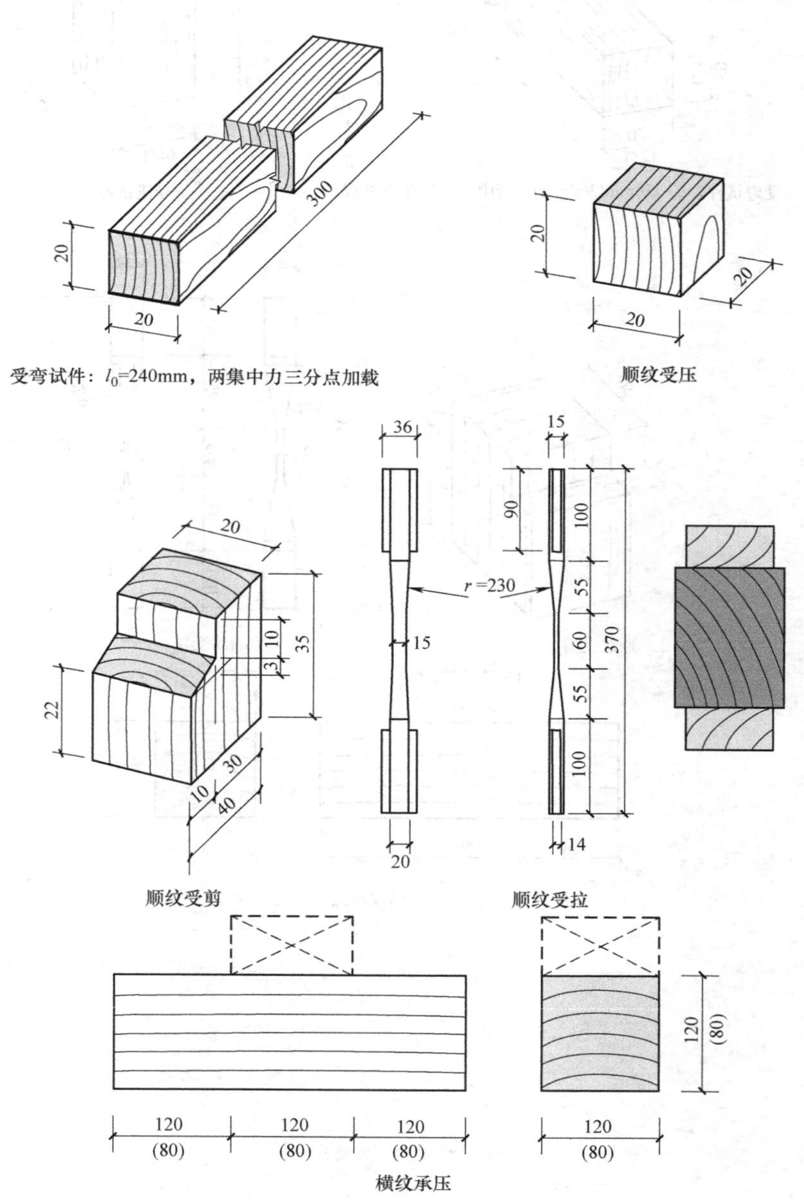

H.2　标准 ASTM D 143-94 采用的清材小试件几何形状与尺寸

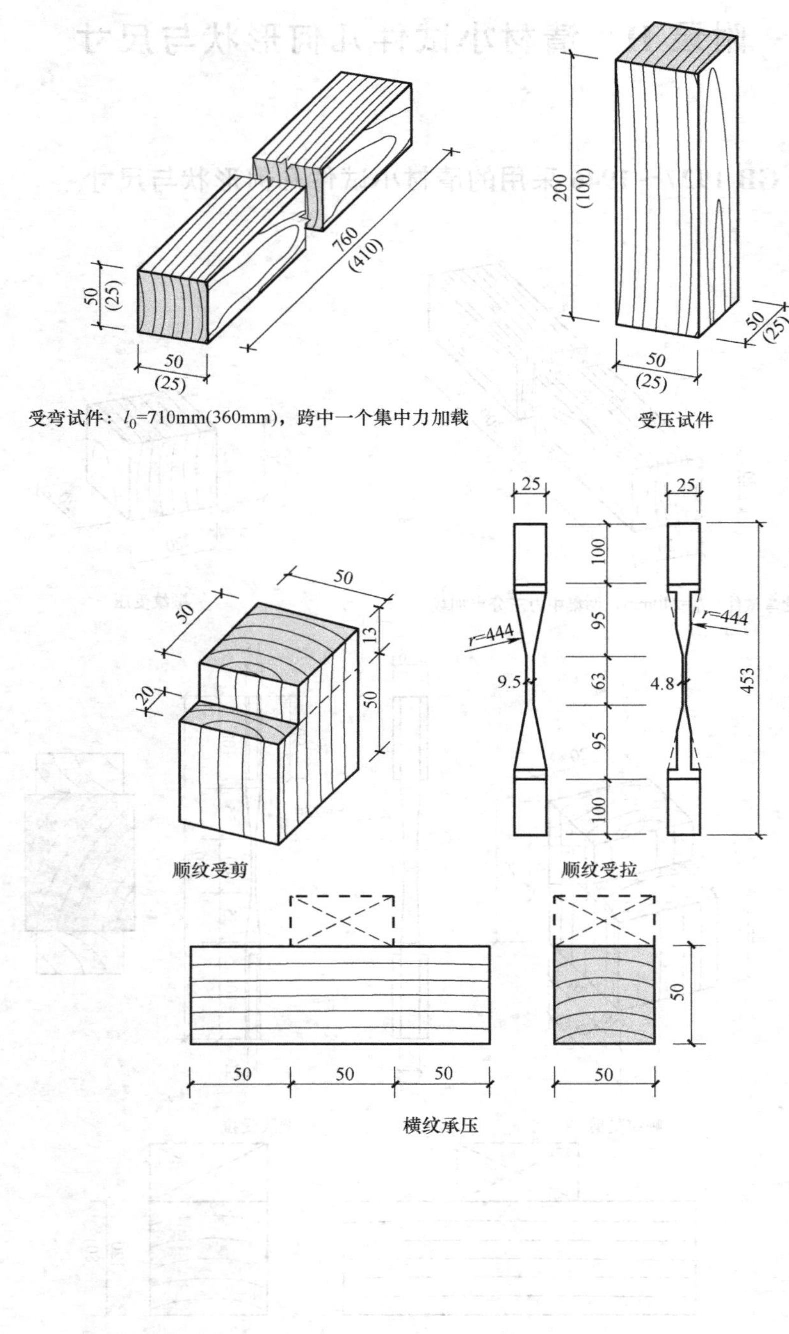

参考文献

[1] 哈尔滨建筑工程学院，重庆建筑工程学院，福州大学. 木结构. 北京：中国建筑工业出版社，1981.

[2]《木结构设计手册》编辑委员会. 木结构设计手册（第三版）. 北京：中国建筑工业出版社，2005.

[3] 何敏娟，Frank Lam，杨军，张盛东. 木结构设计. 北京：中国建筑工业出版社，2008.

[4] 樊承谋，张盛东，陈松来，陈志勇. 木结构基本原理. 北京：中国建筑工业出版社，2008.

[5] 祝恩淳，潘景龙. 木结构设计中的问题探讨. 北京：中国建筑工业出版社，2017.

[6] 菊池重昭. 建築木質構造. 东京：株式会社オーム社，2001.

[7] 梁思成. 清式营造则例. 北京：清华大学出版社，2006.

[8] 梁思成. 清式工部《工程做法则例》图解. 北京：清华大学出版社，2007.

[9] 袁建力，杨韵. 打牮拨正 木结构古建筑纠偏工艺的传承与发展. 北京：科学出版社，2017.

[10] Г. Г. КАРЛСЕН，В. В. БОЛЬШАКОВ，М. Е. КАГАН，Г. В. СВЕНЦИЦКИЙ. ДЕРЕВЯННЫЕ КОНСТРУКЦИИ. Москва：ГОСУДАРСТВЕННОЕ ИЗДАТЕЛЬСТВО ЛИТЕРАТУРЫ ПО СТРОИТЕЛЬСТВУ И АРХИТЕКТУРЕ，1952.

[11] Foschi，R. O.，Folz，B. R. and Yao，F. Z. Reliability-based design of wood structures. Structural Research Series，Report No. 34. Department of Civil Engineering，University of British Columbia，First Folio Printing Corp. Ltd.，Vancouver，B. C.，Canada，1989.

[12] Ranta-Maunus，A.，Fonselius，M.，Kurkela，J.，Toratti T. Reliability analysis of timber structures. VTT Research Notes 2109，Technical Research Centre of Finland，Espoo，Finland，2001.

[13] Sven Thelandersson and Hans J. Larsen. Timber Engineering. John Wiley & Sons Ltd，Chichester，West Sussex，UK，2003.

[14] H. J. Blass et al. Timber Engineering (STEP 1，STEP 2). Centrum Hout，The Netherlands，1995.

[15] Keith F. Faherty，Thomas G. Wood Engineering and Construction Handbook (Third Edition)，McGraw-Hill Inc，New York，USA，1999.

[16] Larsen Hans，Enjily Vahik. Practical design of timber structures to Eurocode 5，London，UK，2009.

[17] Swedish Wood. Design of timber structures (Volume 1-Structural aspects of timber construction；Volume 2-Rules and formulas according to Eurocode 5；Volume 3-Examples). Stockholm，Sweden，2015.

[18] Barrett，J. D.，Lau，W. Canada Lumber Properties. Canadian Wood Council，Ottawa，Ontario，Canada，1994.

[19] Madsen，B. Structural behaviour of timber. Timber Engineering Ltd.，North Vancouver，BC，Canada，1992.

[20] Desch H. E.，Dinwoodie J. M. Timber-Structure，Properties，Conversion and Use (Seventh Edition). Houndmills，MACMILAN PRESS LTD，London，UK，1996.

[21] Canadian Wood Council. Introduction to Wood Design. Ottawa，ON，Canada，1999.

[22] Canadian Wood Council. Wood Design Manual. Ottawa，ON，Canada，2001.

[23] S. Timoshenko and J. M. Gere. Theory of Elastic Stability (2nd Edition). McGraw-Hill Book Co. Inc，New York，USA，1961.

[24] 中华人民共和国住房和城乡建设部. 木结构设计标准 GB 50005—2017. 北京：中国建筑工业出版社，2018.

[25] 中华人民共和国建设部. 木结构设计规范 GB 50005—2003（2005 版）. 北京：中国建筑工业出版社，2006.

[26] 中华人民共和国建设部. 木结构设计规范 GBJ 5—88. 北京：中国建筑工业出版社，1989.
[27] 中国建筑西南设计院. 木结构设计规范 GBJ 5—88 条文说明. 北京：中国建筑工业出版社，1989.
[28] 中华人民共和国国家基本建设委员会. 木结构设计规范 GBJ 5—73. 北京：中国建筑工业出版社，1973.
[29] 中华人民共和国建筑工程部技术司. 木结构设计暂行规范 规结—3—55. 北京：建筑工程出版社，1955.
[30] 中华人民共和国住房和城乡建设部. 胶合木结构技术规范 GB/T 50708—2012. 北京：中国建筑工业出版社，2012.
[31] 中华人民共和国住房和城乡建设部. 轻型木桁架技术规范 JGJ/T 265—2012. 北京：中国建筑工业出版社，2012.
[32] 中华人民共和国住房和城乡建设部. 木结构试验方法标准 GB/T 50329—2012. 北京：中国标准出版社，2012.
[33] 中国国家标准化管理委员会. 木材物理力学性能试验方法 GB/T 1927—2009～1943—2009. 北京：中国标准出版社，2009.
[34] 中华人民共和国住房和城乡建设部. 木结构工程施工质量验收规范 GB 50206—2012. 北京：中国建筑工业出版社，2012.
[35] 中华人民共和国建设部. 木结构工程施工及验收规范 GBJ 206—83. 北京：中国建筑工业出版社，1984.
[36] 中国国家标准化管理委员会. 结构用集成材 GB/T 26899—2011. 北京：中国标准出版社，2011年12月.
[37] 中华人民共和国住房和城乡建设部. 建筑抗震设计规范 GB 50011—2010. 北京：中国建筑工业出版社，2010.
[38] 中华人民共和国住房和城乡建设部. 建筑结构荷载规范 GB 50009—2012. 北京：中国建筑工业出版社，20012.
[39] 中华人民共和国建设部. 建筑结构可靠度设计统一标准 GB 50068—2001. 北京：中国建筑工业出版社，2001.
[40] 中华人民共和国住房和城乡建设部. 工程结构可靠性设计统一标准 GB 50153—2008. 北京：中国建筑工业出版社，2008.
[41] 日本建築学会. 木質構造設計規準・同解説. 东京：技報堂，2005.
[42] International Organization for Standardization TC 98/SC 2. ISO 2394：2015 General principles on reliability for structures. Geneva，Switzerland，2015.
[43] Canadian Standards Association. CSA O86-14 Engineering Design in Wood. Ottawa，ON，Canada，2014.
[44] Canadian Standards Association. CAS 086-01 Engineering Design in Wood. Ottawa，ON，Canada，2001.
[45] American Forest & Paper Association，American Wood Council. National design specification (NDS) for wood construction 2015 Edition. Washington DC，USA，2014.
[46] American Forest & Paper Association，American Wood Council. National design specification for wood construction ASD/LRFD. Washington DC，USA，2005.
[47] American Forest & Paper Association，American Wood Council. National design specification for wood construction commentary. Washington DC，USA，2005.
[48] American Forest & Paper Association，American Wood Council. National Design Specification for Wood Construction. Washington DC，USA，1997.

[49] American Forest & Paper Association, American Wood Council. Special design provisions for wind and seismic with commentary 2005 Edition. Washington DC, USA, 2007.

[50] Truss Plate Institute of Canada. Truss Design Procedures and Specifications for Light Metal Plate Connected Wood Trusses. Bradford, Ontario, Canada, 2014.

[51] European Committee for Standardization. EN 1990: 2002: Eurocode-Basis of structural design. Brussels, Belgium, 2002.

[52] European Committee for Standardization. EN 1995-1-1: 2004 Eurocode 5: Design of timber structures. Brussels, Belgium, 2004.

[53] СП 64. 13330. 2011. ДЕРЕВЯННЫЕ КОНСТРУКЦИИ. Москва: Издание официальное, 2011.

[54] Standards Australia. AS 1720. 1—1997: Timber structures Part 1: Design methods [S]. Sydney, Australia, 2001.

[55] ASTM International. Annual Book of ASTM Standards 2005, Volume 04. 10, Wood, West Conshohocken, PA, USA, 2005.

[56] European Committee for Standardization. EN 338: 2003: Structural timber-Strength classes. Brussels, Belgium, 2003.

[57] European Committee for Standardization. EN 1194: 1999: Timber structures-Glued laminated timber-Strength classes and determination of characteristic values. Brussels, Belgium, 1999.

[58] European Committee for Standardization. EN 408: 2010: Timber structures-Structural timber and glued laminated timber-Determination of some physical and mechanical properties. Brussels, Belgium, 2010.

[59] 黄绍胤. 木结构设计规范中压弯构件计算公式简述. 建筑结构学报，1999，20（3）：50-57.

[60] 黄绍胤，余培明，洪敬源. 木结构轴心杆的稳定系数 φ 值曲线及可靠度验. 重庆建筑工程学院学报，1988，32（2）：1-10.

[61] 黄绍胤，周淑容. 关于木结构轴心压杆 φ 值连续公式的建议. 工程建设标准化，2004（4）：11-14.

[62] 王永维. 概率极限状态设计方法及在木结构设计规范中的应用（一、二、三、四、五）. 四川建筑科学研究，1982（1）：40-46，1982（2）：64-73，1982（3）：73-89，1982（4）：28-31，1983（1）：63-66.

[63] 祝恩淳，潘景龙，周晓强，周华樟. 木结构螺栓连接试验研究及承载力设计值确定. 建筑结构学报，2016，37（4）：54-63.

[64] 祝恩淳，武国芳，张迪，潘景龙. 轴心受压木构件稳定系数的统一算法. 建筑结构学报，2016，37（10）：10-17.

[65] 祝恩淳，牛爽，乔梁，潘景龙. 木结构可靠度分析及木材强度设计值的确定方法. 建筑结构学报，2017，38（2）：28-36.

[66] 古天纯. 建筑结构安全度研究的发展和应用介绍. 中国工程建设标准化委员会木结构技术委员会，木结构标准规范学术报告汇集，1981（3）：1-38.

[67] 樊承谋. 密层胶合木及其在建筑中的应用. 中国工程建设标准化委员会木结构技术委员会，木结构标准规范学术报告汇集，1981（3）：1-14.

[68] 王振家. 圆钢梢连接承弯、承压承载能力可靠度分析. 哈尔滨建筑工程学院学报，1984（4）：32-45.

[69] 樊承谋. 木结构螺栓联结的工作原理及计算公式. 哈尔滨建筑工程学院学报，1982（1）：18-36.

[70] 樊承谋. 弹塑性工作原理推导木结构螺栓连接计算公式的基本原则. 哈尔滨建筑工程学院学报，1986（3）：137-141.

[71] 樊承谋. 弹塑性工作原理推导木结构螺栓连接计算公式的基本原则（续）. 哈尔滨建筑工程学院

学报，1986（4）：109-128.

[72] Arvo Ylinen. A method of determining the buckling stress and the required cross-sectional area for generally loaded straight columns in elastic and inelastic range. Publication of the International Association for Bridge and structural Engineering，1956（16）：529-550.

[73] Brandner R.，Flatscher G.，Ringhofer A.，Schickhofer G.，Thiel A. Cross laminated timber (CLT)：overview and development. European Journal of Wood Products，2016，74（3）：331-351.

[74] R. F. Hooley and B. Madsen. Lateral Stability of Glue Laminated Beams. Journal of the Structural Division，ASCE，ST3，1964：201-208.

[75] Rosowsky，D.，Gromala，D. S.，Line，P. Reliability-based code calibration for design of wood members using load and resistance factor design. Journal of the Structural Engineering，2005（2）：338-344.